案例详解视频大讲堂

AutoCAD 2016 室内家装设计案例详解

CAX 技术联盟

李秀峰　谭贡霞　编著

電子工業出版社
Publishing House of Electronics Industry
北京 · BEIJING

内 容 简 介

本书主要针对室内设计领域，以理论结合实践的写作手法，系统讲解了 AutoCAD 2016 在家装和工装设计领域内的具体应用技能。本书采用“完全案例”的编写形式，技术实用、逻辑清晰，是一本简明易学的参考书。

全书共 15 章，主要介绍 AutoCAD 室内设计基础知识、室内绘图样板的制作、室内常用家具模块的绘制、单居室小户型装修设计、多居室普通住宅布置图设计、多居室吊顶设计、多居室立面设计、高档住宅别墅一层装修设计、别墅二层装修设计、别墅三层装修设计、星级大酒店包间设计、学院阶梯教室设计、夜总会 KTV 包间设计、星级宾馆套房设计以及室内施工图的后期打印等内容。

本书实例通俗易懂，实用性和操作性极强，层次性和技巧性突出，不仅可以作为室内设计初、中级读者的学习用书，也可以作为大中专院校相关专业的教材。

图书在版编目（CIP）数据

AutoCAD 2016 室内家装设计案例详解/李秀峰，谭贡霞编著. —北京：电子工业出版社，2017.2
（案例详解视频大讲堂）
ISBN 978-7-121-30797-3

I. ①A… II. ①李… ②谭… III. ①室内装饰设计－计算机辅助设计－AutoCAD 软件 IV. ①TU238-39

中国版本图书馆 CIP 数据核字（2017）第 007405 号

策划编辑：许存权
责任编辑：许存权　　　　特约编辑：谢忠玉等
印　　刷：北京嘉恒彩色印刷有限责任公司
装　　订：北京嘉恒彩色印刷有限责任公司
出版发行：电子工业出版社
　　　　　北京市海淀区万寿路 173 信箱　　邮编：100036
开　　本：787×1 092　1/16　印张：29　字数：836 千字
版　　次：2017 年 2 月第 1 版
印　　次：2017 年 2 月第 1 次印刷
定　　价：79.00 元（含 DVD 光盘 1 张）

凡所购买电子工业出版社图书有缺损问题，请向购买书店调换。若书店售缺，请与本社发行部联系，联系及邮购电话：（010）88254888，88258888。

质量投诉请发邮件至 zlts@phei.com.cn，盗版侵权举报请发邮件至 dbqq@phei.com.cn。

本书咨询联系方式：（010）88254484，xucq@phei.com.cn。

前　　言

AutoCAD 是美国 Autodesk 公司计算机辅助设计的旗舰产品，广泛应用于建筑、机械、航空航天、电子、兵工、轻工、纺织等诸多设计领域，如今，此软件先后经历二十多次的版本升级换代，已成为一个功能完善的计算机首选绘图软件，受到世界各地数以百万计工程设计人员的青睐，是广大技术设计人员不可或缺的得力工具。

本书采用“完全案例”的编写形式，案例典型、步骤详尽，与设计理念和创作构思相辅相成，专业性、层次性、技巧性等特点的组合搭配，使该书的实用价值达到一个新的层次。

■ 本书内容

本书主要针对室内装修设计领域，以 AutoCAD 2016 中文版为设计平台，由浅入深、循序渐进地讲述了家装和工装等室内施工图的基本绘制方法和全套操作技能，全书分为 4 部分共 15 章，具体内容如下。

第一部分为基础篇，主要介绍室内设计理论知识、AutoCAD 基础操作技能、室内绘图模板的制作、室内平立面模块的绘制等内容，具体的章节安排如下。

第 1 章　AutoCAD 室内设计基础　　第 2 章　制作室内施工图样板文件

第 3 章　绘制室内常用构图模块

第二部分为家装篇，主要介绍一居室单身公寓装修、多居室普通住宅装修以及高档住宅别墅装修等内容，方案图纸涉及装修布置图、地面材质图、吊顶图、灯具图、室内立面图等多种，具体的章节安排如下。

第 4 章　一居室单身公寓装修设计　　第 5 章　多居室普通住宅布置图设计

第 6 章　多居室普通住宅吊顶设计　　第 7 章　多居室普通住宅立面设计

第 8 章　高档住宅别墅一层装修设计　　第 9 章　高档住宅别墅二层装修设计

第 10 章　高档住宅别墅三层装修设计

第三部分为公装篇，主要介绍星级酒店的包间设计、阶梯教室装饰设计、夜总会 KTV 包厢设计、宾馆客房设计等内容，方案图纸涉及装修布置图、地面材质图、吊顶图、灯具图、室内立面图等多种，具体的章节安排如下。

第 11 章　星级大酒店包间设计　　第 12 章　阶梯教室设计方案

第 13 章　夜总会 KTV 包厢设计　　第 14 章　星级宾馆客房装修设计

第四部分为输出篇，主要介绍打印设备的配置、图纸的页面布局、模型快速打印、布局精确打印以及多种比例并列打印等内容，具体的章节安排如下。

第 15 章　室内施工图的后期打印

本书最后的附录中给出了 AutoCAD 的一些常用的命令快捷键，掌握这些快捷键可以改善绘图环境，提高绘图效率。

本书结构严谨、内容丰富、图文结合、通俗易懂，实用性、操作性和技巧性等贯穿全书，具有极强的实用价值和操作价值，不仅适合高等学校、高职高专院校的教学用书，尤其适合作为建筑制图设计人员和急于投身到该制图领域的广大读者的最佳向导。

■ 随书光盘

本书附带了 DVD 多媒体动态演示光盘，本书所有综合范例最终效果及在制作范例时所用到的图块、素材文件等，都收录在随书光盘中，光盘内容主要有以下几部分。

- ◆ "\效果文件\"目录：书中所有实例的最终效果文件按章收录在随书光盘的"效果文件"文件夹中，读者可随时查阅。
- ◆ "\图块文件\"目录：书中所使用的图块收录在随书光盘中的"图块文件"文件夹中。
- ◆ "\素材文件\"目录：书中所使用到的素材文件收录在光盘的"素材文件"文件夹中，以供读者随时调用。
- ◆ "\样板文件\"目录：书中所使用到的素材文件收录在光盘的"素材文件"文件夹中，以供读者随时调用。
- ◆ "\视频文件\"目录：书中所有工程案例的多媒体教学文件，按章收录在随书光盘的"视频文件"文件夹中，避免了读者的学习之忧。

■ 读者对象

本书适合 AutoCAD 初、中级读者和期望提高 AutoCAD 设计应用能力的读者，具体说明如下。

- ★ 工程设计领域从业人员
- ★ 初学 AutoCAD 的技术人员
- ★ 大中专院校的师生
- ★ 相关培训机构的教师和学员
- ★ 参加工作实习的"菜鸟"

■ 本书作者

本书主要由李秀峰、谭贡霞编写，另外，陈晓东、王晓明、陈磊、周晓飞、张明明、吴光中、魏鑫、石良臣、刘冰、林晓阳、唐家鹏、温正、李昕、刘成柱、乔建军、张迪妮、张岩、温光英、郭海霞、王芳、丁伟、张樱枝、矫健、丁金滨等也为本书的编写做了大量工作，虽然作者在本书的编写过程中力求叙述准确、完善，但由于水平有限，书中欠妥之处在所难免，请读者及各位同行批评指正。

■ 读者服务

为了方便解决本书疑难问题，读者在学习过程中遇到与本书有关的技术问题，可以发邮件到邮箱 caxbook@126.com，或访问作者博客 http://blog.sina.com.cn/caxbook，我们将尽快给予解答，竭诚为您服务。

编　者

目　　录

第一部分　基　础　篇

第三部分 公 装 篇

第四部分 输 出 篇

第一部分 基 础 篇

第1章 AutoCAD室内设计基础

本章主要学习有关AutoCAD室内施工图设计的基础知识，包括室内设计概念、设计原则、设计风格、设计内容、常用尺寸以及AutoCAD 2016工作界面、文件操作、图形选择与绘制编辑等基础技能，为以后的工作和学习提供便利。

■ **学习内容**

- ✧ 室内设计概述
- ✧ 室内设计表达内容
- ✧ 室内设计常用尺寸
- ✧ AutoCAD室内设计基础
- ✧ 室内常用图元的绘制与修改
- ✧ 室内设计制图规范

1.1 室内设计概述

“室内设计”是指包含人们一切生活空间的内部装潢设计，具体来说就是根据建筑物的使用性质、环境以及使用需求，运用一定的技术手段和建筑美学原理，对建筑内部空间进行的规划、组织和空间再造，营造符合人们物质和精神双重生活需要的室内环境。

1.1.1 室内设计相关步骤

室内设计一般可以分为设计准备阶段、方案设计阶段、施工图设计阶段和设计实施阶段四个步骤，具体内容如下。

- **设计准备阶段**

设计准备阶段主要是接受委托任务书，明确设计期限并制订设计计划进度安排，明确设计任务和要求，熟悉设计有关的规范和定额标准，收集分析必要的资料和信息，包括对现场的调查踏勘以及对同类型实例的参观等。在签订合同或制定投标文件时，还包括设计进度安排，设计费率标准。

- **方案设计阶段**

方案设计阶段是在设计准备阶段的基础上，进一步收集、分析、运用与设计任务有关的资料与信息，构思立意，进行初步方案设计，以及方案的分析与比较，确定初步设计方案，提供设计文件。室内初步方案的文件通常包括如下内容。

◆ 平面布置图。平面布置图主要用于表明建筑室内外种种装修布置的平面形状、位置、大小和所用材料，表明这些布置与建筑主体结构之间，以及这些布置与布置之间的相互关系等，常用比例 1: 50，1∶10。

◆ 室内立面图。立面装饰详图主要用于表明建筑内部某一装修空间的立面形式、尺寸及室内配套布置等内容，常用比例 1∶50，1∶100。

◆ 天花图、室内详图、大样图及透视图等。

◆ 设计意图说明和造价概算。

● **施工图设计阶段**

施工图设计阶段需要补充施工所必要的有关平面布置、室内立面和平顶等图纸，还需包括构造节点详细、细部大样图以及设备管线图，编制施工说明和造价预算。

● **设计实施阶段**

设计实施阶段也即是工程的施工阶段。室内工程在施工前，设计人员应向施工单位进行设计意图说明及图纸的技术交底；工程施工期间需按图纸要求核对施工实况，有时还需根据现场实况提出对图纸的局部修改或补充；施工结束时，会同质检部门和建设单位进行工程验收。

1.1.2 了解室内设计原则

在进行室内设计时，需要充分考虑到以下原则要求。

◆ 满足使用功能要求。室内设计是以创造良好的室内空间环境为宗旨，把满足人们在室内进行生活、工作、休息的要求置于首位，所以在室内设计时要充分考虑使用功能要求，使室内环境合理化、舒适化、科学化。

◆ 满足精神功能要求。室内设计在考虑使用功能要求的同时，还必须考虑精神功能的要求。室内设计的精神就是要影响人们的情感，乃至影响人们的意志和行动，所以要研究人们的认识特征和规律；研究人的情感和意志；研究人和环境的相互作用。设计者要运用各种理论和手段去冲击影响人的情感，使其升华达到预期的设计效果。

◆ 满足现代技术要求。现代室内设计置身于现代科学技术的范畴之中，要使室内设计更好地满足精神功能的要求，就必须最大限度地利用现代科学技术的最新成果，协调好建筑空间的创新和结构造型的创新，充分考虑结构造型中美的形象，把艺术和技术融合在一起，这就要求室内设计者必须具备必要的结构类型知识，熟悉和掌握结构体系的性能、特点。

◆ 符合地域特点与民族风格要求。由于人们所处的地区、地理气候条件的差异，各民族生活习惯与文化传统也会有所不同，同样在建筑风格、室内设计方面也有所不同。在室内设计中还要兼顾以各自不同的风情特点，要体现出民族风格和地区特点。

1.1.3 室内设计涉及范围

室内设计范围，并不是仅仅局限于人们居住空间环境的设计，还包括一些限定性空间以及非限定空间环境的设计，具体如下。

◆ 人居环境空间设计。具体包括公寓住宅、别墅住宅、集合式住宅等。

◆ 限定性空间的设计。具体包括学校、幼儿园、办公楼、教堂等。

◆ 非限定性公共空间室内设计，具体包括旅馆、酒店、娱乐厅、图书馆、火车站、综合商业设施等。

各类建筑中不同类型的建筑之间，还有一些使用功能相同的室内空间，例如：门厅、过厅、电梯厅、中庭、盥洗间、浴厕，以及一般功能的门卫室、办公室、会议室、接待室等。当然在具体工程项目的设计任务中，这些室内空间的规模、标准和相应的使用要求还会有不少差异，需要具体分析。

1.1.4 室内设计风格概述

室内设计的风格主要可分为传统风格、现代风格、后现代风格、自然风格以及混合型风格等。

● 传统风格

传统风格的室内设计，是在室内布置、线形、色调以及家具、陈设的造型等方面，吸取传统装饰“形”、“神”的特征。例如吸取我国传统木构架建筑室内的藻井天棚、挂落、雀替的构成和装饰，明、清家具造型和款式特征，又如西方传统风格中仿罗马风格、哥特式、文艺复兴式、巴洛克、洛可可、古典主义等，传统风格常给人们以历史延续和地域文脉的感受，它使室内环境突出了民族文化渊源的形象特征。

● 现代风格

现代风格起源于鲍豪斯学派，强调突破旧传统，创造新建筑，重视功能和空间组织，注意发挥结构构成本身的形式美，造型简洁，反对多余装饰，崇尚合理的构成工艺，讲究材料自身的质地和色彩的配置效果，发展了非传统的以功能布局为依据的不对称的构图手法。现时，广义的现代风格也可泛指造型简洁新颖，具有当今时代感的建筑形象和室内环境。

● 后现代风格

后现代风格是对现代风格中纯理性主义倾向的批判，后现代风格强调建筑及室内装潢应具有历史的延续性，但又不拘泥于传统的逻辑思维方式，探索创新造型手法，讲究人情味，常在室内设置夸张、变形的柱式和断裂的拱券，或把古典构件的抽象形式以新的手法组合在一起，即采用非传统的混合、叠加、错位、裂变等手法和象征、隐喻等手段，以期创造一种融感性与理性、集传统与现代、揉大众与行家于一体的即“亦此亦彼”的建筑形象与室内环境。

● 自然风格

自然风格倡导“回归自然”，美学上推崇自然、结合自然，才能在当今高科技、高节奏的社会生活中，使人们能取得生理和心理的平衡，因此室内多用木料、织物、石材等天然材料，显示材料的纹理，清新淡雅。

此外，由于其宗旨和手法的类同，也可把田园风格归入自然风格一类。田园风格在室内环境中力求表现悠闲、舒畅、自然的田园生活情趣，也常运用天然木、石、藤、竹等材质质朴的纹理。巧于设置室内绿化，创造自然、简朴、高雅的氛围。

● 混合型风格

近年来，建筑设计和室内设计在总体上呈现多元化，兼容并蓄的状况。室内布置中也有既趋于现代实用，又吸取传统的特征，在装潢与陈设中，融古今中西于一体，例如传统的屏风、摆设和茶几，配以现代风格的墙面及门窗装修、新型的沙发；欧式古典的琉璃灯具和壁面装饰，配以东方传统的家具和埃及的陈设、小品等。

混合型风格虽然在设计中不拘一格，运用多种体例，但设计中仍然是匠心独具，深入推敲形体、色彩、材质等方面的总体构图和视觉效果。

1.2 室内设计表达内容

室内设计主要包括室内空间的再造与界面处理、室内家具、室内织物、室内陈设、室内照明、室内色彩以及室内绿化设计等。

1.2.1 空间组织与界面设计

室内空间组织包括平面布置，首先需要对原有建筑设计的意图充分理解，对建筑物的总体布局、功能分析、人流动向以及结构体系等有深入的了解，在室内设计时对室内空间和平面布置予以完善、调整或再创造。

室内界面处理，是指对室内空间的各个围合，包括地面、墙面、隔断、平顶等各界的使用功能和特点，界面的形状、图形线脚、肌理构成的设计，以及界面和结构的连接构造，界面和风、水、电等管线设施的协调配合等方面的设计。界面设计应从物质和人的精神审美方面来综合考虑。

1.2.2 室内家具设计

家具是室内设计中的一个重要组成部分，与室内环境形成一个有机的统一整体。家具在室内设计中具体有以下作用。

- 为人们的日常起居，生活行为提供必要的支持和方便；
- 通过家具组织限定空间；
- 家具能装饰渲染气氛，陶冶审美情趣；
- 反映文化传统，表达个人信息。

1.2.3 织物与陈设设计

当代织物已渗透到室内设计的各个方面，其种类主要有“地毯、窗帘、家具的蒙面织物、陈设覆盖织物、靠垫、壁挂”等。由于织物在室内的覆盖面积较大，所以对室内的气氛、格调、意境等起很大的作用，主要体现在“实用性、分隔性、装饰性”三方面。室内陈设也是室内设计中不可少的一项内容，室内陈设品的放置方式主要有“壁面装饰陈设、台面摆放陈设、橱架展示陈设、空中悬吊陈设”四种。

室内陈设品的布置原则主要有以下几个方面。

- 满足布景要求（在适当的必要的位置摆放）；
- 构图要求（规则式与不规则式）；
- 功能要求（如茶具等）；
- 动态要求（视季节性或具体情况增减和调整）。

1.2.4 照明及灯具设计

室内照明是指室内环境自然光和人工照明，光照除了能满足正常的工作生活环境的采光、照明要求外，光照和光影效果还能有效地起到烘托室内环境气氛的作用。

自然光可以向人们提供室内环境中时空变化的信息气氛，它随着季节、昼夜的不断变化，使室内生机勃勃；人工照明可以恒定地描述室内环境和随心所欲的变换光色明暗，加强空间的容量和感觉，在室内设计中主要有“光源组织空间、塑造光影效果、利用光突出重点、光源演绎色彩”等作用，其照明方式主要有“整体（普通）照明、局部（重点）照明、装饰照明、综合（混合）照明”；其安装方式可分为台灯、落地灯、吊灯、吸顶灯、壁灯、嵌入式灯具、投射灯等。

1.2.5 室内色彩设计

色彩是室内设计中最为生动、最为活跃的因素，室内色彩往往给人们留下室内环境的第一印象。色彩最具表现力，通过人们的视觉感受产生的生理、心理和类似物理的效应，形成丰富的联想、深刻的寓意和象征。室内色彩除了必须遵守一般的色彩规律外，还随着时代审美观的变化而有所不同。

色彩在室内设计中的作用主要有以下几方面。

- 为人创造适宜的心理感受；
- 调整室内空间；
- 调节室内光线；
- 营造空间环境的气氛。

1.2.6 室内绿化设计

绿化已成为改善室内环境的重要手段，在室内设计中具有不能代替的特殊作用。室内绿化可以吸附粉尘，改善室内环境条件，满足精神心理需求，美化室内环境，组织室内空间。更为主要的是，室内绿化使室内环境生机盎然，带来自然气息，令人赏心悦目，起到柔化室内人工环境，在高节奏的现代生活中具有协调人们心理使之平衡的作用。

在运用室内绿化时，首先应考虑室内空间主题气氛等的要求，通过室内绿化的布置，充分发挥其强烈的艺术感染力，加强和深化室内空间所要表达的主要思想；其次还要充分考虑使用者的生活习惯和审美情趣。

1.3 室内设计常用尺寸

以下列举了室内设计中一些常用的基本尺寸，单位为毫米（mm）。

- **墙面尺寸**
- 踢脚板高：80～200mm。
- 墙裙高：800～1500mm。
- 挂镜线高：1600～1800（画中心距地面高度）mm。
- **餐厅用具尺寸**
- 餐桌高：750～790mm。
- 餐椅高：450～500mm。
- 圆桌直径：二人 500mm、三人 800mm、四人 900mm、五人 1100mm、六人 1100～1250mm、八人 1300mm、十人 1500mm、十二人 1800mm。
- 方餐桌尺寸：二人 700mm×850mm、四人 1350mm×850mm、八人 2250mm×850mm，
- 餐桌转盘直径：700～800mm。
- 餐桌间距：（其中座椅占 500mm）应大于 500mm。
- 主通道宽：1200～1300mm。
- 内部工作道宽：600～900mm。
- 酒吧台高：900～1050mm、宽 500mm。

- 酒吧凳高：600～750mm。

● 商场营业厅尺寸

- 单边双人走道宽：1600mm。
- 双边双人走道宽：2000mm。
- 双边三人走道宽：2300mm。
- 双边四人走道宽：3000mm。
- 营业员柜台走道宽：800mm。
- 营业员货柜台：厚600mm、高800～1000mm。
- 单背立货架：厚300～500mm、高1800～2300mm。
- 双背立货架：厚600～800mm、高1800～2300mm
- 小商品橱窗：厚500～800mm、高400～1200mm。
- 陈列地台高：400～800mm。
- 敞开式货架：400～600mm。
- 放射式售货架：直径2000mm。
- 收款台：长1600mm、宽600mm。

● 饭店客房

- 标准面积：大型客房25平方米、中型客房为16～18平方米、小型客房为16平方米。
- 床高：400～450mm。
- 床头高：850～950mm。
- 床头柜：高500～700mm、宽500～800mm。
- 写字台：长1100～1500mm、宽450～600mm、高700～750mm。
- 行李台：长910～1070mm宽500mm高400mm。
- 衣柜：宽800～1200mm、高1600～2000mm、深500mm。
- 沙发：宽600～800mm、高350～400mm、背高1000mm。
- 衣架高：1700～1900mm。

● 卫生间常用尺寸

- 卫生间面积：3～5平方米。
- 浴缸长度一般有三种1220、1520、1680mm、宽720mm、高450mm。
- 坐便：750mm×350mm。
- 冲洗器：690mm×350mm。
- 盥洗盆：550mm×410mm。
- 淋浴器高：2100mm。
- 化妆台：长1350mm、宽450 mm。

● 会议室尺寸

- 中心会议室客容量：会议桌边长600mm。
- 环式高级会议室客容量：环形内线长700～1000mm。
- 环式会议室服务通道宽：600～800mm。

● 交通空间尺寸

- 楼梯间休息平台净空：等于或大于2100mm。

- 楼梯跑道净空：等于或大于2300mm。
- 客房走廊高：等于或大于2400mm。
- 两侧设座的综合式走廊宽度等于或大于2500mm。
- 楼梯扶手高：850～1100mm。
- 门的常用尺寸：宽850～1000mm。
- 窗的常用尺寸：宽400～1800mm（不包括组合式窗子）。
- 窗台高：800～1200mm。

灯具尺寸

- 大吊灯最小高度：2400mm。
- 壁灯高：1500～1800mm。
- 反光灯槽最小直径：等于或大于灯管直径两倍。
- 壁式床头灯高：1200～1400mm。
- 照明开关高：1000mm。

办公空间

- 办公桌：长1200～1600mm、宽500～650mm 、高700～800mm。
- 办公椅：高400～450mm、长×宽为450mm×450mm。
- 沙发：宽600～800mm、高350～400mm、背面1000mm。
- 茶几：前置型900mm×400mm×400mm、中心型900mm×900mm×400mm、左右型600mm×400mm×400mm。
- 书柜：高1800mm、宽1200～1500mm、深450～500mm。
- 书架：高1800mm 、宽1000～1300mm 、深350～450mm。

室内家具尺寸

- 衣橱：深度600～650mm；推拉门700mm，衣橱门宽度400～650mm。
- 推拉门：宽750～1500mm、高度1900～2400mm。
- 矮柜：深度350～450mm、柜门宽300～600mm。
- 电视柜：深450-600 mm、高度600-700 mm。
- 单人床：宽度有900mm、1050mm、1200mm三种；长度有1800mm、1860mm、2000mm、2100mm。
- 双人床：宽度有1350mm、1500mm、1800mm三种；长度有1800mm、1860mm、2000mm、2100mm。
- 圆床： 直径1860mm、2125mm、2424mm（常用）。
- 室内门：宽800～950mm；高度有1900mm、2000mm、2100mm、2200mm、2400mm。
- 厕所、厨房门：宽800mm、900mm；高度1900mm、2000mm、2100mm。
- 窗帘盒：高120～180mm；深度：单层布120mm、双层布160～180mm。
- 单人沙发：长度800～950mm、深度850～900mm、坐垫高350～420mm、背高700～900mm。
- 双人沙发：长1260～1500mm、深度800～900mm。
- 三人沙发：长1750～1960mm、深度800～900mm。
- 四人沙发：长2320～2520mm、深度800～900mm。
- 小型茶几（长方形）：长度600～750mm，宽度450～600mm，高度380～500mm（380mm最佳）。
- 中型茶几（长方形）：长度1200～1350mm；宽度380～500mm。
- 中型茶几（正方形）：长度750～900mm，高度430～500mm。
- 大型茶几（长方形）：长度1500～1800mm、宽度600～800mm，高度330～420mm（330mm最佳）。

- 大型茶几（圆形）：直径 750mm、900mm、1050mm、1200mm；高度 330～420mm。
- 大型茶几（正方形）：宽度 900mm、1050mm、1200mm、1350mm、1500mm；高度 330～420mm。
- 书桌（固定式）：深度 450～700mm（600mm 最佳）、高度 750mm。
- 书桌（活动式）：深度 650～800mm、高度 750～780mm。
- 书桌下缘离地至少 580mm；长度最少 900mm（1500～1800mm 最佳）。
- 餐桌：高度 750～780mm（一般）、西式高度 680～720mm。
- 长方桌宽度 800mm、900mm、1050mm、1200mm；长度 1500mm、1650mm、1800mm、2100mm、2400mm。
- 圆桌：直径 900mm、1200mm、1350mm、1500mm、1800mm。
- 书架：深度 250～400mm（每一格）、长度 600～1200mm、下大上小型下方深度 350～450mm、高度 800～900mm。
- 活动未及顶高柜：深度 450mm，高度 1800～2000mm。

1.4 AutoCAD 2016 室内设计基础

本节主要概述 AutoCAD 2016 室内设计的基础必备技能，具体有工作界面、文件操作、对象选择、绘图设置、视图实时调控以及坐标精确输入等。

1.4.1 初识 AutoCAD 2016 界面

安装 AutoCAD 2016 软件后，通过双击桌面上的图标，或者单击“开始”→“程序”→“Autodesk”→“AutoCAD 2016”中的AutoCAD 2016 - 简体中文选项，即可启动该软件，进入如图 1-1 所示的启动界面。

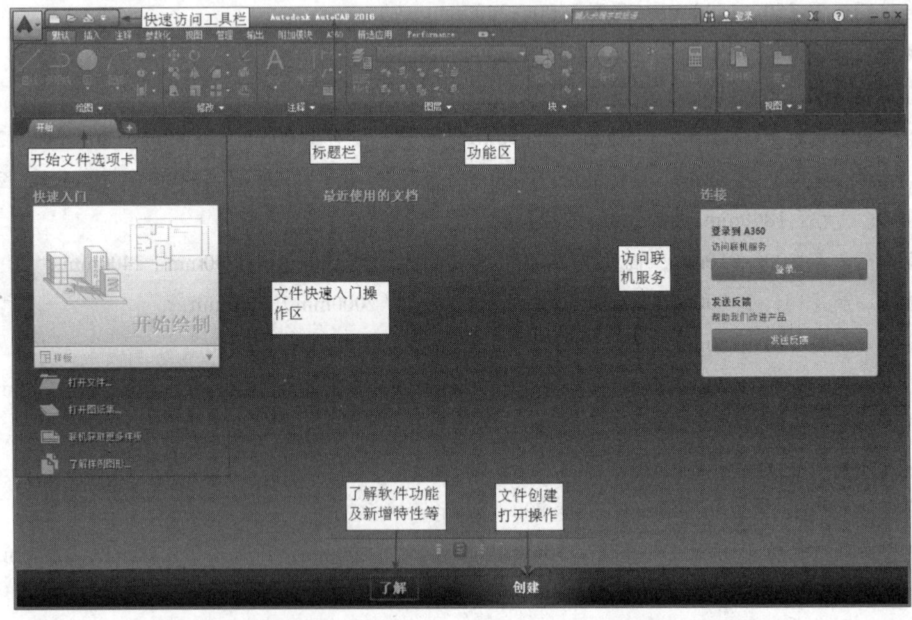

图 1-1 启动界面

在图 1-1 所示的启动界面中，除了可以新建文件、打开文件及图纸集等操作外，还可以了解软件的功能及新特性、访问一些联机帮助等操作。

在文件快速入门区单击“开始绘制”按钮，或单击“开始”选项卡右端的+号，即可快速新建一个绘图文件，进入如图 1-2 所示的工作界面。

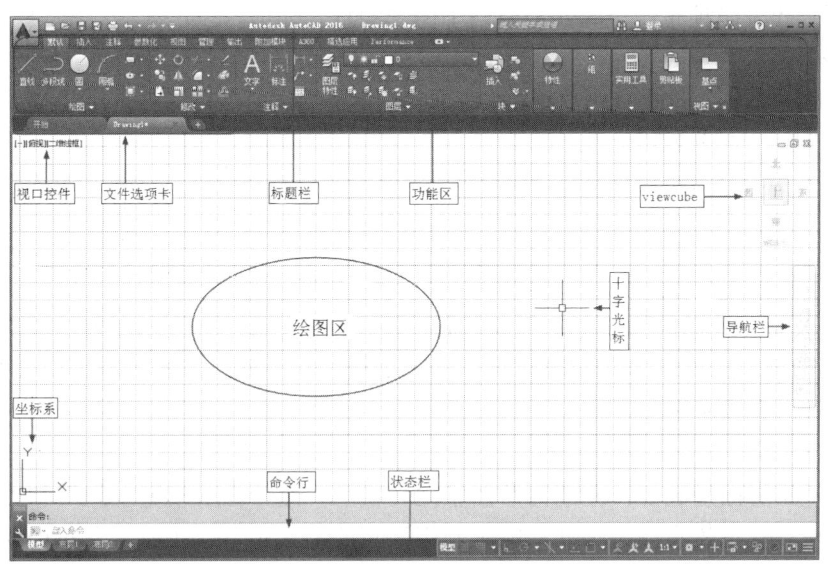

图 1-2　工作界面

操作提示：如图 1-2 所示的界面其实是 AutoCAD 2016 的“草图与注释”工作空间，除此之外，AutoCAD 2016 版本继续延用先前版本中的“三维基础”和“三维建模”两种空间，主要用于三维模型的制作，通过单击状态栏上的⚙按钮，即可切换工作空间。

AutoCAD 具有良好的用户界面，此界面主要包括标题栏、菜单栏、功能区、绘图区、命令行、状态栏等几部分，具体如下。

- **标题栏**

标题栏位于界面最顶部，包括应用程序菜单、快速访问工具栏、程序名称显示区、信息中心和窗口控制按钮等。

◆ “应用程序菜单”A用于访问常用工具、搜索菜单和浏览最近的文档。

◆ “快速访问工具栏”用于访问某些命令以及自定义快速访问工具栏等。

◆ 标题栏最右端的“最小化▁”、“◫ 恢复/ ◻ 最大化”、“✕ 关闭”等按钮用于控制 AutoCAD 窗口的大小和关闭。

- **菜单栏**

默认设置下菜单栏是隐藏的，通过单击“快速访问”工具栏右端的下三角按钮，选择“显示菜单栏”选项，即可在界面中显示菜单栏。

与上一版本一样，在菜单栏上共包括“文件”、“编辑”、“视图”、“插入”、“格式”、“工具”、“绘图”、“标注”、“修改”、“参数”、“窗口”、“帮助”十二个菜单项，AutoCAD 的常用制图工具都分门别类的排列在这些主菜单中，用户可以非常方便地启动各主菜单中的相关菜单项，进行必要的图形绘图工作。

● **绘图区**

绘图区位于界面正中央，图形设计工作就是在此区域内进行的。绘图区中的十符号即为十字光标，它由“拾取点光标”和“选择光标”叠加而成。绘图区左下部有 3 个标签，即模型、布局 1、布局 2。“模型”标签代表的是模型空间，是图形的主要设计空间；“布局 1”和“布局 2”分别代表两种布局空间，主要用于图形的打印输出。

● **命令行**

命令行是用户与 AutoCAD 软件进行数据交流的平台，主要功能就是用于提示和显示用户当前的操作步骤，如图 1-3 所示。

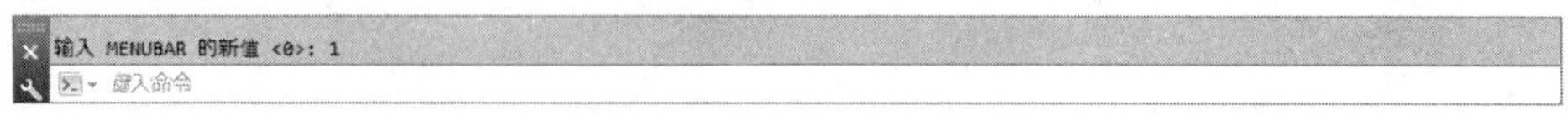

图 1-3 命令行

“命令行”位于绘图区的下侧，包括“命令输入窗口”和“命令历史窗口”两部分，上面一行为“命令历史窗口”，用于记录执行过的操作信息；下面一行是“命令输入窗口”，用于提示用户输入命令或命令选项。

● **状态栏**

状态栏位于界面最底部，左端为绘图空间切换区，用于在“模型空间”和“布局空间”之间进行切换。状态栏右侧为辅助功能区，用于点的追踪定位、快速查看布局与图形以及界面元素的固定等。

1.4.2 绘图文件的基础操作

在绘图之前，首先需要设置相关的绘图文件，本节主要学习文件的新建、打开、保存和清理。

1. 新建文件

如图 1-4 所示，通过单击“开始”选项卡/“开始绘制”按钮，或单击选项卡右端按钮，即可快速新建绘图文件。

如果需要以调用样板的方式新建文件，可单击展开下侧的“样板”下拉列表，如图 1-5 所示，单击需要调用的样板文件后，也可新建绘图文件。

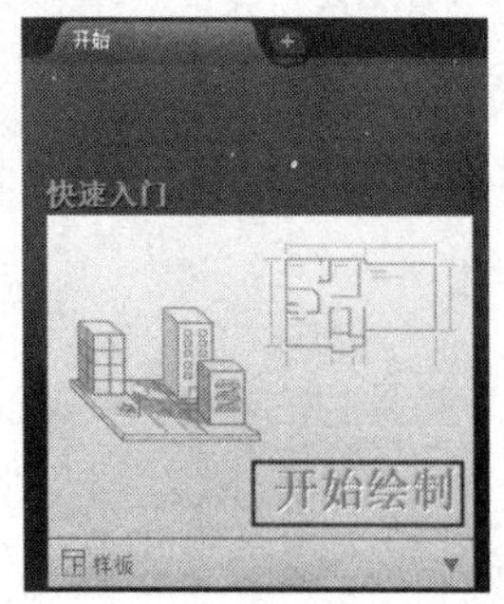

图 1-4 “开始”选项卡

图 1-5 “样板”下拉列表

在“样板”下拉列表中，“acadISo-Named Plot Styles”和“acadiso”是公制单位的样板文

件，两者的区别就在于前者使用的打印样式为“命名打印样式”，后者为“颜色相关打印样式”，读者可以根据需求进行取舍。

另外，用户也可以通过执行“新建”命令，在打开的“选择样板”对话框中新建绘图文件，如图 1-6 所示。执行“新建”命令有以下几种方式。

- ◆ 选择菜单栏“文件”→“新建”命令。
- ◆ 单击“快速访问”工具栏→“新建”按钮。
- ◆ 在命令行输入 New。
- ◆ 按组合键 Ctrl+N。

2. 保存文件

“保存”命令用于将绘制的图形以文件的形式进行存盘，存盘的目的就是为了方便以后查看、使用或修改编辑等。执行“保存”命令主要有以下几种方法。

- ◆ 选择菜单栏“文件”→“保存”命令。
- ◆ 单击“快速访问”工具栏→“保存”按钮。
- ◆ 在命令行输入 Save。
- ◆ 按组合键 Ctrl+S。

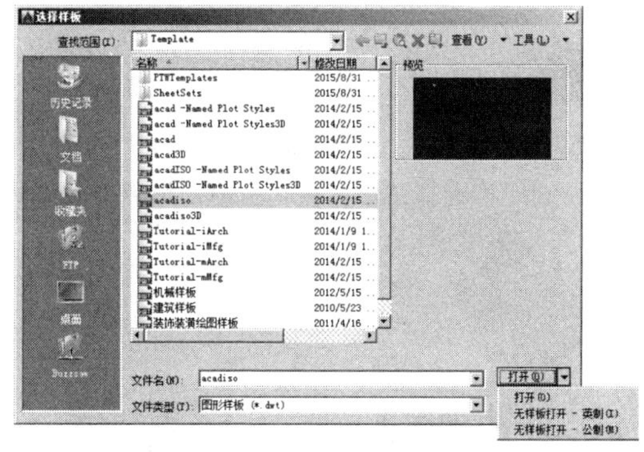

选择样板
查找范围(I):
Template
文件名(N):
acadiso
文件类型(T):
图形样板 (*.dwt)
打开(O)

图 1-6 “选择样板”对话框

图形另存为
保存于(I):
我的文档
文件名(N):
Drawing3.dwg
文件类型(T):
AutoCAD 2013 图形 (*.dwg)
保存(S)
取消

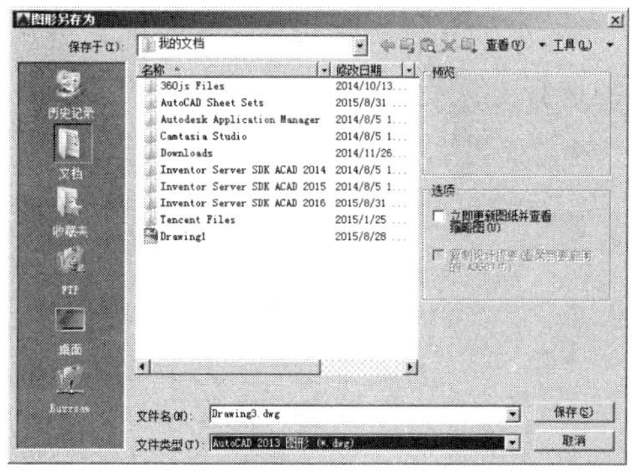

图 1-7 “图形另存为”对话框

执行“保存”命令后，可打开如图 1-7 所示的“图形另存为”对话框，在此对话框内进行如下操作。

- ◆ 设置存盘路径。单击上侧的“保存于”列表，设置存盘路径。
- ◆ 设置文件名。在“文件名”文本框内输入文件的名称。
- ◆ 设置文件格式。单击对话框底部的“文件类型”下拉列表，设置文件的格式类型，如图 1-8 所示。

当设置好路径、文件名以及文件格式后，单击 保存(S) 按钮，即可将当前文件存盘。另外，如果需要在已存盘图形的基础上进行修改工作，又不想将原来的图形覆盖，则可以单击“快速访问工具栏”上的“另存为”按钮，使用“另存为”命令，将修改后的图形以不同的路径或不同的文件名进行存盘。

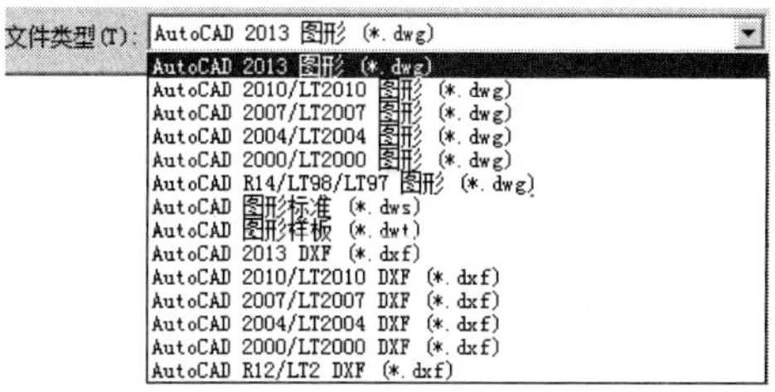

文件类型(T):
AutoCAD 2013 图形 (*.dwg)
AutoCAD 2013 图形 (*.dwg)
AutoCAD 2010/LT2010 图形 (*.dwg)
AutoCAD 2007/LT2007 图形 (*.dwg)
AutoCAD 2004/LT2004 图形 (*.dwg)
AutoCAD 2000/LT2000 图形 (*.dwg)
AutoCAD R14/LT98/LT97 图形 (*.dwg)
AutoCAD 图形标准 (*.dws)
AutoCAD 图形样板 (*.dwt)
AutoCAD 2013 DXF (*.dxf)
AutoCAD 2010/LT2010 DXF (*.dxf)
AutoCAD 2007/LT2007 DXF (*.dxf)
AutoCAD 2004/LT2004 DXF (*.dxf)
AutoCAD 2000/LT2000 DXF (*.dxf)
AutoCAD R12/LT2 DXF (*.dxf)

图 1-8 “文件类型”下拉列表

3. 打开文件

当用户需要查看、使用或编辑已经存盘的图形时，可以使用“打开”命令。执行“打开”命令主要有以下几种方法。

- 选择菜单栏“文件”→“打开”命令。
- 单击“标准”工具栏或“快速访问工具栏”→“打开”按钮。
- 在命令行输入 Open。
- 按组合键Ctrl+O。

4. 清理文件

使用“清理”命令可以将文件内部的一些无用的垃圾资源（如图层、样式、图块等）进行清理掉。执行“清理”命令主要有以下种方法。

- 选择菜单栏“文件”→“图形实用程序”→“清理”命令。
- 在命令行输入 Purge。
- 使用命令简写 PU。

1.4.3 图形对象的选择技能

“对象的选择”是 AutoCAD 的重要基本技能之一，常用于对图形进行修改编辑之前。常用的选择方式有点选、窗口和窗交三种。

- “点选”方式一次选择一个对象。在命令行“选择对象：”的提示下，系统默认为点选模式，光标指针为矩形选择框，将选择框放在对象的边沿上单击左键即可选择图形，被选择的图形以蓝色粗线显示，如图 1-9 所示。

图 1-9 点选示例

- “窗口选择”一次可选择多个对象。在命令行“选择对象：”提示下从左向右拉出一矩形选择框，此选择框即为窗口选择框，选择框以实线显示，内部以浅蓝色填充，如图 1-10 所示。当指定窗口选择框的对角点之后，所有完全位于框内的对象都能被选择，如图 1-11 所示。

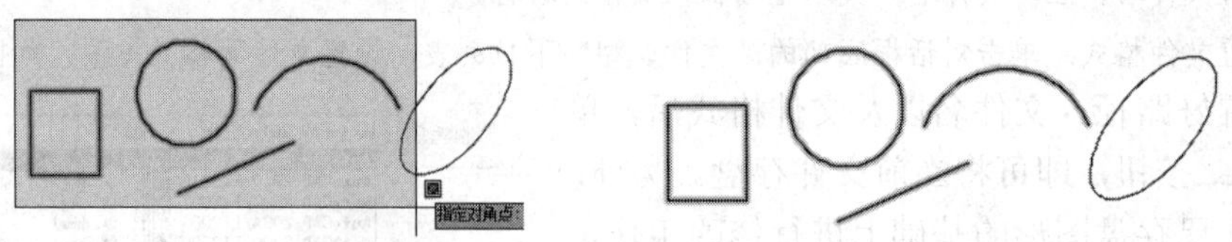

图 1-10 窗口选择框　　图 1-11 选择结果

- “窗交选择”方式一次也可以选择多个对象。在命令行“选择对象：”提示下从右向左拉出一矩形选择框，此选择框即为窗交选择框，选择框以虚线显示，内部填充绿色，如图 1-12 所示。当指定选择框的对角点之后，所有与选择框相交和完全位于选择框内的对象都能被选择，如图 1-13 所示。

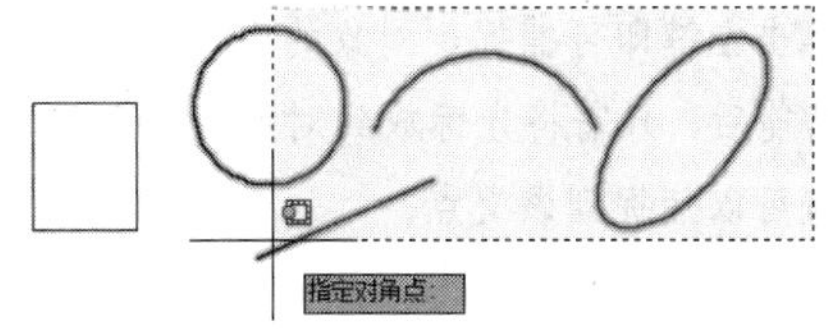

图 1-12 窗交选择框

图 1-13 选择结果

1.4.4 绘图环境的设置与应用

本节主要学习 AutoCAD 2016 基本绘图环境的设置技能，具体有设置点的捕捉模式、追踪模式、图形界限及绘图单位等。

1. 设置点的捕捉模式

“对象捕捉”功能用于精确定位图形上的端点、中点、圆心等特征点。AutoCAD 共提供了 14 种特征点的捕捉功能，以对话框的形式出现的对象捕捉模式为“自动捕捉”，如图 1-14 所示，一旦设置了某种捕捉模式后，系统将一直保持着这种捕捉模式，直到用户取消为止。自动对象捕捉主要有以下几种执行方式。

- 使用快捷键 F3。
- 单击状态栏上的“对象捕捉”按钮。
- 在图 1-14 所示的“草图设置”对话框中勾选“启用对象捕捉”复选项。

操作提示：选择菜单“工具”→“草图设置”命令，或在状态栏“对象捕捉”按钮上单击右键，选择“对象捕捉设置”选项，可打开“草图设置”对话框

如果用户按住 Ctrl 键或 Shift 键单击右键，可打开如图 1-15 所示的临时捕捉菜单，一旦激活了菜单上的某捕捉功能之后，系统仅允许捕捉一次。

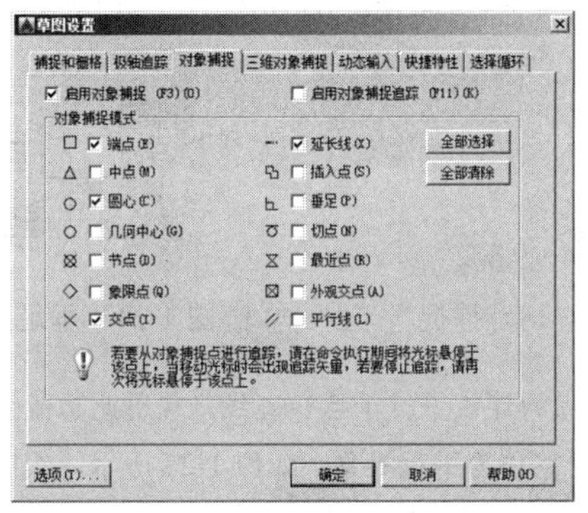

图 1-14 “草图设置”对话框

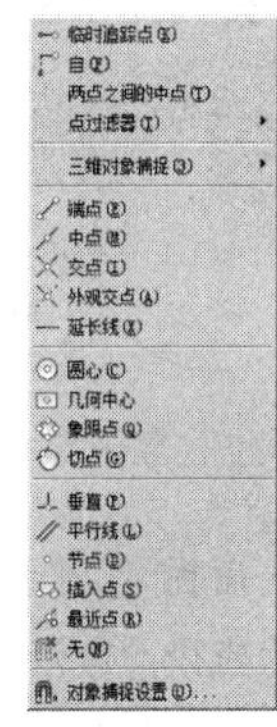

图 1-15 临时捕捉菜单

十四种对象的捕捉功能如下。

- 端点捕捉用于捕捉线、弧的端点和矩形、多边形等角点。在命令行 “指定点”的提示下激活此功能，将光标放在对象上，系统会在距离光标最近处显示矩形状的端点标记符号，如图 1-16 所示，此时单击左键即可捕捉到该端点。
- 中点捕捉用于捕捉到线、弧等对象的中点。激活此功能后将光标放在对象上，系统会在对象中点

处显示出中点标记符号，如图 1-17 所示，此时单击左键即可捕捉到对象的中点。

◆ 交点捕捉用于捕捉对象之间的交点。激活此功能后，只需将光标放到对象的交点处，系统自动显示出交点标记符号，如图 1-18 所示，单击左键就可以捕捉到该交点。

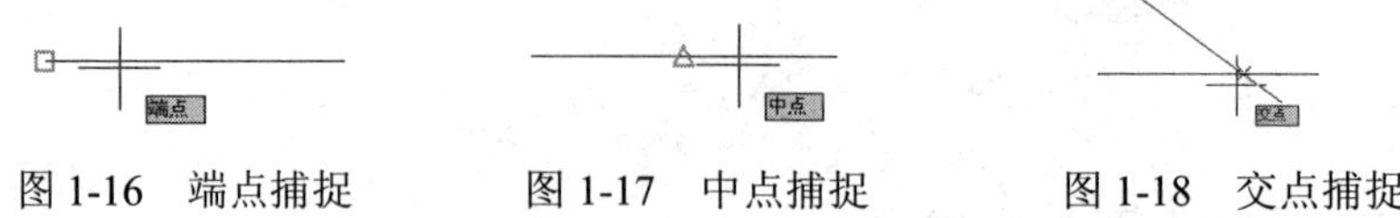

图 1-16　端点捕捉　　图 1-17　中点捕捉　　图 1-18　交点捕捉

◆ 几何中心点用于捕捉由二维多段线或样条曲线围成的闭合图形的中心点，如图 1-19 所示。

◆ 外观交点用于捕捉三维空间中、对象在当前坐标系平面内投影的交点，也可用于在二维制图中捕捉各对象的相交点或延伸交点。

◆ 延长线捕捉用于捕捉线、弧等延长线上的点。激活此功能后将光标放在对象的一端，然后沿着延长线方向移动光标，系统会自动在延长线处引出一条追踪虚线，如图 1-20 所示，此时输入一个数值或单击左键，即可在对象延长线上捕捉点。

◆ 圆心捕捉用于捕捉圆、弧等对象的圆心。激活此功能后将光标放在圆、弧对象上的边缘上或圆心处，系统会自动在圆心处显示出圆心标记符号，如图 1-21 所示，此时单击左键即可捕捉到圆心。

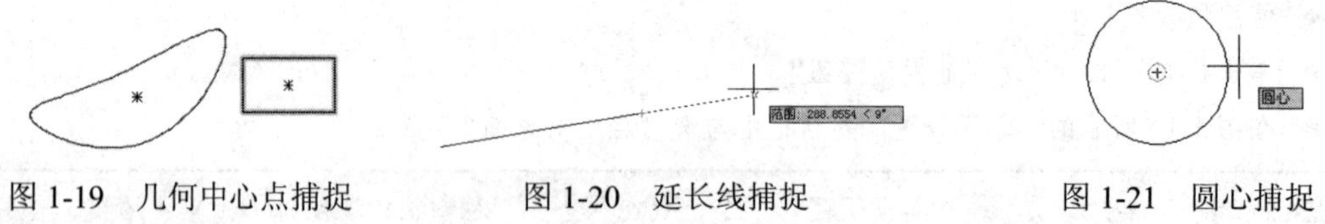

图 1-19　几何中心点捕捉　　图 1-20　延长线捕捉　　图 1-21　圆心捕捉

◆ 象限点捕捉用于捕捉圆、弧等的象限点，如图 1-22 所示。

◆ 切点捕捉用于捕捉到圆弧、圆、椭圆、椭圆弧或样条曲线的切点，以绘制对象的切线。如图 1-23 所示。

◆ 垂足捕捉用于捕捉到与圆、弧直线、多段线、等对象上的垂足点，以绘制对象的垂线，如图 1-24 所示。

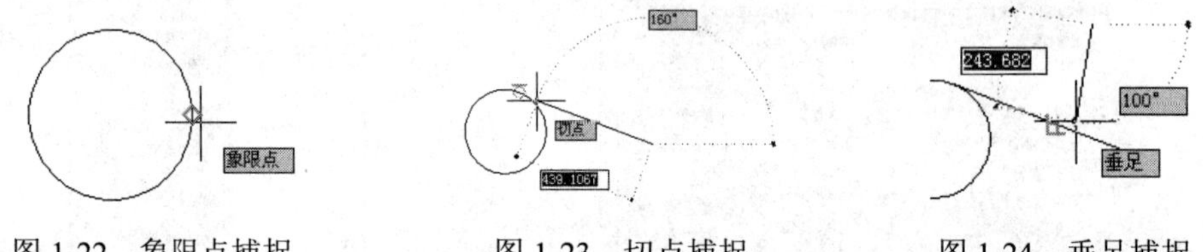

图 1-22　象限点捕捉　　图 1-23　切点捕捉　　图 1-24　垂足捕捉

◆ 平行线捕捉用于捕捉一点，使已知点与该点的连线平行于已知直线。常用此功能绘制与已知线段平行的线段。激活此功能后，需要拾取已知对象作为平行对象，如图 1-25 所示，然后引出一条向两方无限延伸的平行追踪虚线，如图 1-26 所示。在此平行追踪虚线上拾取一点或输入一个距离值，即可绘制出与已知线段平行的线，如图 1-27 所示。

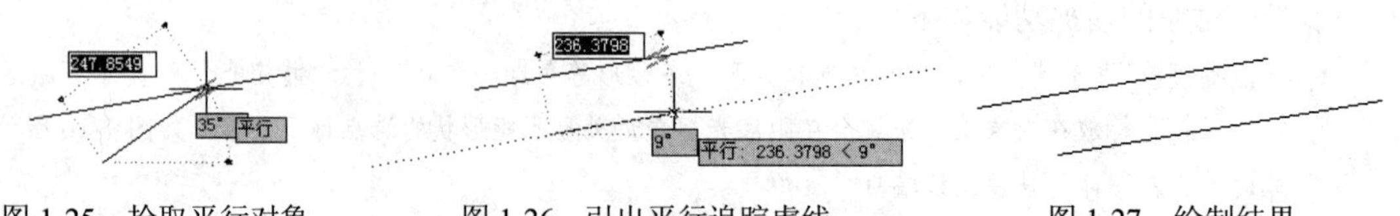

图 1-25　拾取平行对象　　图 1-26　引出平行追踪虚线　　图 1-27　绘制结果

◆ 节点捕捉 用于捕捉使用“点”命令绘制的对象，如图1-28所示。
◆ 插入点捕捉 用于捕捉图块、参照、文字、属性或属性定义等的插入点。
◆ 最近点捕捉 用于捕捉光标距离图形对象上的最近点，如图1-29所示。

图1-28 节点捕捉　　图1-29 最近点捕捉

2. 设置点的追踪模式

相对追踪功能主要是在指定的方向矢量上进行捕捉定位目标点。具体有“正交追踪”、“极轴追踪”、“对象捕捉追踪”、“临时追踪点”四种。

◆ “正交追踪”用于将光标强制性地控制在水平或垂直方向上，以辅助绘制水平和垂直的线段。单击状态栏上的按钮 或按 F8 功能键，都可激活该功能。
◆ “极轴追踪”是按事先给定的极轴角及其倍数进行显示相应的方向追踪虚线，进行精确跟踪目标点。单击状态栏上的“极轴追踪” 按钮 ，或按下 F10 键，都可激活此功能。另外，在如图1-30所示的“草图设置”对话框中勾选“启用极轴追踪”复选项，也可激活此功能。
◆ “对象捕捉追踪”也称为对象追踪，它是按与对象的某种特定关系来追踪点的，也就是控制光标沿着基于对象特征点的对象追踪虚线进行追踪。按下 F11 键或单击状态栏中的按钮 ，都可激活此功能。
◆ “临时追踪点” 。此功能用于捕捉临时追踪点之外的X轴方向、Y轴方向上的所有点。单击“捕捉替代”下一级菜单中的“临时追踪点 ”或在命令行输入“_tt”，都可以激活此功能。

3. 设置绘图单位

“单位”命令主要用于设置长度单位、角度单位、角度方向以及各自的精度等参数。执行“图形单位”命令主要有以下几种方法。

◆ 选择菜单栏“格式”→“单位”命令。
◆ 在命令行输入Units或UN。

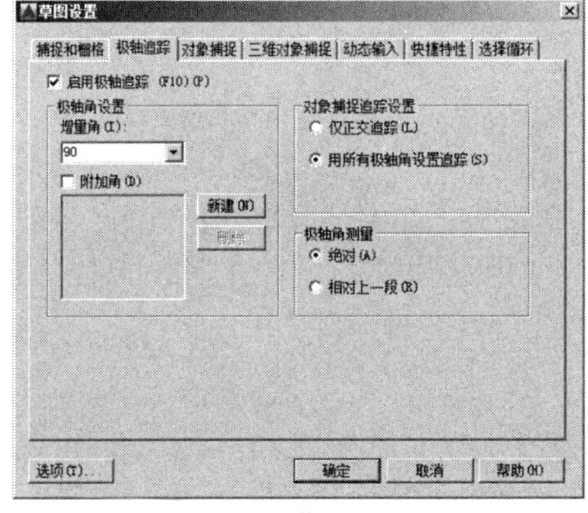

图1-30 “极轴追踪”选项卡

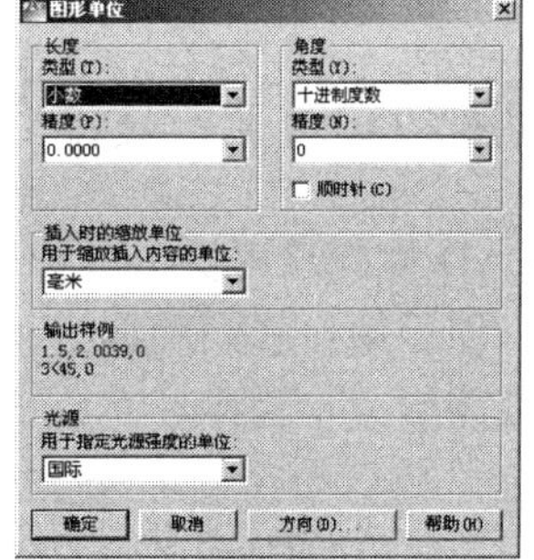

图1-31 “图形单位”对话框

执行“单位”命令后，可打开如图1-31所示的“图形单位”对话框，此对话框主要用于设置如下内容。

◆ 设置长度单位。在“长度”选项组中单击“类型”下拉列表框，进行设置长度的类型，默认为“小数”。

◆ 设置长度精度。展开“精度”下拉列表框，设置单位的精度，默认为“0.000”，用户可以根据需要设置单位的精度。

◆ 设置角度单位。在“角度”选项组中单击“类型”下拉列表，设置角度的类型，默认为“十进制度数”。

◆ 设置角度精度。展开“精度”下拉列表框，设置角度的精度，默认为“0”，用户可以根据需要进行设置。

◆ “顺时针”单选项是用于设置角度方向的，如果勾选该选项，那么在绘图过程中就以顺时针为正角度方向，否则以逆时针为正角度方向。

◆ “插入时的缩放单位”选项组用于确定拖放内容的单位，默认为“毫米”。

◆ 设置角度的基准方向。单击 方向(D)... 按钮，打开“方向控制”对话框，用来设置角度测量的起始位置。

4. 设置图形界限

“图形界限”相当于手工绘图时事先准备的图纸。设置“图形界限”最实用的一个目的，就是为了满足不同范围的图形在有限绘图区窗口中的恰当显示，以便于视窗的调整及用户的观察编辑等。执行“图形界限”命令主要有以下几种方法。

◆ 选择菜单栏“格式”→“图形界限”命令。

◆ 在命令行输入Limits。

下面通过将图形界限设置为200×100，学习“图形界限”命令的使用方法和技巧，具体操作如下。

（1）执行“图形界限”命令，在“指定左下角点或 [开（ON）/关（OFF）] <0.0000,0.0000>: ”提示下按Enter键，以默认原点作为图形界限的左下角点。

（2）继续在命令行“指定右上角点<420.0000,297.0000>: ”提示下，输入“200,100”，并按Enter键。

（3）选择菜单栏“视图”→“缩放”→“全部”命令，将图形界限全部显示。

（4）当设置了图形界限之后，可以开启状态栏上的“栅格”功能，通过栅格点，可以将图形界限进行直观地显示出来，如图1-32所示。

1.4.5 视图的实时调控技能

AutoCAD为用户提供了多种视图调控工具，使用这些视图调控工具，可以方便、直观地控制视图，便于用户观察和编辑视图内的图形。

执行视图缩放工具主要有以下几种方式。

◆ 选择菜单栏“修改”→“缩放”下一级菜单选项。

◆ 单击导航栏上的缩放按钮，在弹出的按钮菜单中选择相应功能，如图1-33所示。

◆ 在命令行输入Zoom后按Enter键。

◆ 在命令行输入Z后按Enter键。

◆ 单击“视图”选项卡→“导航”面板上的各按钮，如图1-34所示。

图 1-32 图形界限

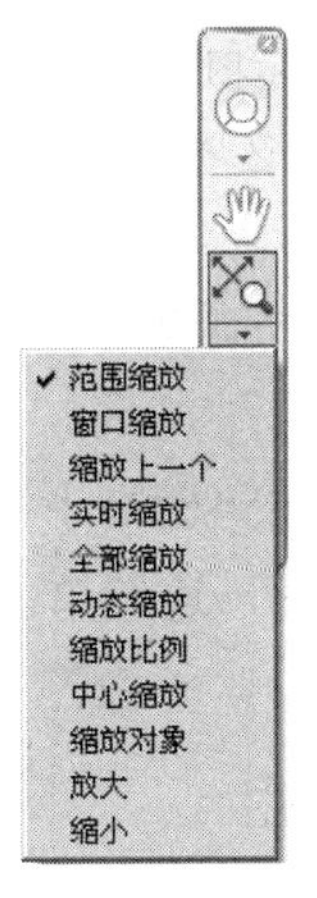

图 1-33 导航栏

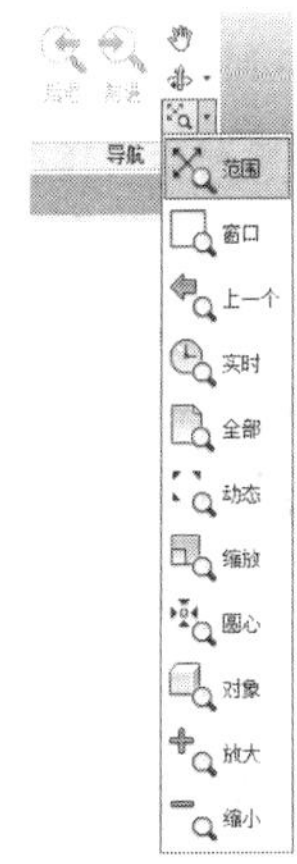

图 1-34 导航面板

1. 平移视图

由于屏幕窗口有限，有时我们绘制的图形并不能完全显示在屏幕窗口内，此时使用“实时平移”工具，对视图进行适当的平移，就可以显示出屏幕外被遮挡的图形。此工具可以按照用户的意向进行平移视窗，激活该工具后，光标变为“”形状，此时可以按住左键向需要的方向进行平移。

2. 实时缩放

“实时缩放”工具是一个简捷实用的视图缩放工具，使用此工具可以实时地放大或缩小视图。执行此功能后，屏幕上将出现一个放大镜形状的光标，此时便进入了实时缩放状态，按住左键向下拖动鼠标，则可缩小视图；向上拖动鼠标，则可放大视图。

3. 缩放视图

- “窗口缩放”用于缩放由两个角点定义的矩形窗口内的区域，使位于选择窗口内的图形尽可能地被放大。
- “动态缩放”用于动态地缩放视图。激活该工具后，屏幕将出现三种视图框，“蓝色虚线框”代表图形界限视图框，用于显示图形界限和图形范围中较大的一个；“绿色虚线框”代表当前视图框；“选择视图框”是一个黑色的实线框，它有平移和缩放两种功能。
- “比例缩放”是按照指定的比例进行放大或缩小视图，在缩放过程中，视图的中心点保持不变。

操作提示： 输入的比例值后加X，表示相对于当前视图的缩放倍数；直接输入比例数字，表示相对于图形界限的倍数；在比例数字后加字母XP，表示根据图纸空间单位确定缩放比例。

- “圆心缩放”用于根据指定的点作为新视图的中心点，进行缩放视图。确定中心点后，AutoCAD要求用户输入放大系数或新视图的高度。如果在输入的数值后加一个X，则为放大倍数，否则AutoCAD将这一数值作为新视图的高度。
- “缩放对象”用于最大化显示所选择的图形对象。
- “放大”用于放大视图，单击一次，视图被放大一倍显示，连续单击，则连续放大视图。
- “缩小”用于缩放视图，单击一次，视图被缩小一倍显示，连续单击，则连续缩小视图。

◆ "全部缩放"用于最大化显示图形界限。如果图形超出了图形界限，AutoCAD将最大化显示图形界限和图形这两部分所决定的区域；如果图形的范围远远超出图形界限，那么AutoCAD将最大化显示所有图形。

◆ "范围缩放"用于最大化显示视图内的所有图形，使其最大限度地充满整个屏幕。

5. 恢复视图

在对视图进行调整之后，使用"缩放上一个"工具可以恢复显示到上一个视图。单击一次按钮，系统将返回上一个视图，连续单击，可以连续恢复视图。AutoCAD一般可恢复最近的10个视图。

1.4.6 坐标点的精确输入技能

坐标点的精确输入主要包括"绝对坐标"、"绝对极坐标"、"相对直角坐标"和"相对极坐标"四种，具体内容如下。

1. 绝对直角坐标

绝对直角坐标是以坐标系原点（0,0）作为参考点，进行定位其他点的。其表达式为（x,y,z），用户可以直接输入该点的x、y、z绝对坐标值来表示点。在如图1-35所示的A点，其绝对直角坐标为（4,7），其中4表示从A点向X轴引垂线，垂足与坐标系原点的距离为4个单位；7表示从A点向Y轴引垂线，垂足与原点的距离为7个单位。

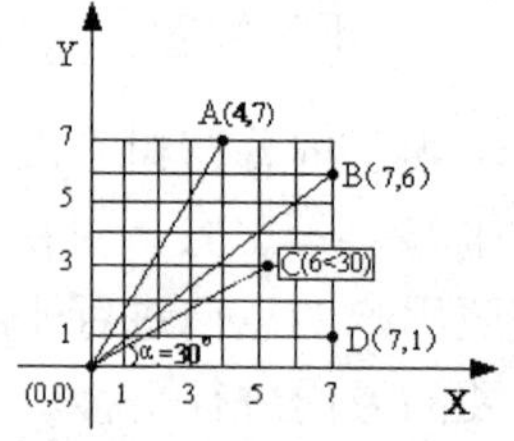

图1-35 坐标系示例

2. 绝对极坐标

绝对极坐标也是以坐标系原点作为参考点，通过某点相对于原点的极长和角度来定义点的。其表达式为（L<α），L表示某点和原点之间的极长，即长度；α表示某点连接原点的边线与X轴的夹角。如图1-35中的C（6<30）点就是用绝对极坐标表示的，6表示C点和原点连线的长度，30°表示C点和原点连线与X轴的正向夹角。

3. 相对直角坐标

相对直角坐标是某一点相对于对照点X轴、Y轴和Z轴三个方向上的坐标变化。其表达式为（@x,y,z）。在实际绘图当中常把上一点看作参照点，后续绘图操作是相对于前一点而进行的。如图1-35所示的坐标系中，如果以B点作为参照点，使用相对直角坐标表示A点，那么表达式则为（@7-4,6-7）=（@3,-1）。

4. 相对极坐标点

相对极坐标是通过相对于参照点的极长距离和偏移角度来表示的，其表达式为（@L<α），L表示极长，α表示角度。在图1-35所示的坐标系中，如果以D点作为参照点，使用相对极坐标表示B点，那么表达式则为（@5<90），其中5表示D点和B点的极长距离为5个图形单位，偏移角度为90°。

操作提示： 在输入相对坐标点时，可配合状态栏上的"动态输入"功能，当激活该功能后，输入的坐标点看作相对坐标点，用户只需输入点的坐标值即可，不需要输入符号"@"。单击状态栏按钮，或按F12功能键，都可激活"动态输入"功能。

1.5 室内常用图元的绘制与修改

本节主要学习各类常用几何图元的绘制功能和编辑细化功能，具体有点、线、曲线、折线、图形的复制与编辑等。

1.5.1 绘制点线图元

1. 绘制点

“单点”命令用于绘制单个点对象。执行此命令后，单击左键或输入点的坐标，即可绘制单个点，系统会自动结束命令，执行“单点”命令主要有以下几种方法。

- 选择菜单栏“绘图”→“点”→“单点”命令。
- 在命令行输入 Point 或 PO。

操作提示： *在命令行输入 Ptype 后按 Enter 键，从打开的“点样式”对话框中可以选择点的样式，如图 1-36 所示，那么绘制的点就会以当前选择的点样式进行显示，如图 1-37 所示。*

“多点”命令可以连续地绘制多个点对象，直至按下Esc为止。执行“多点”命令主要有以下几种方法。

- 选择菜单栏“绘图”→“点”→“多点”命令。
- 单击“默认”选项卡→“绘图”面板→“多点” 按钮。

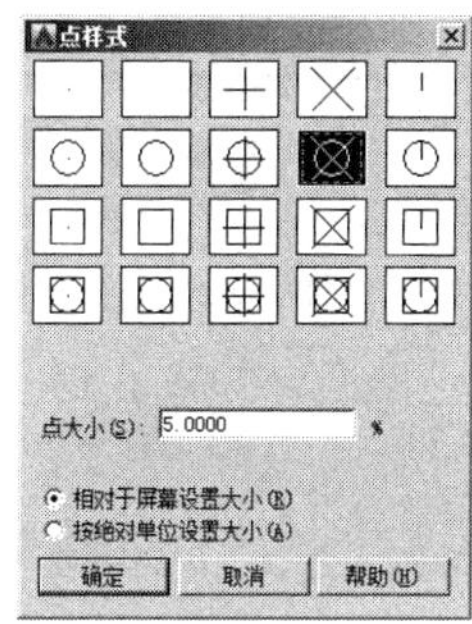

图 1-36 设置点参数

图 1-37 绘制单点

2. 定数等分

“定数等分”命令用于将图形按照指定的等分数目进行等分，并在等分点处放置点标记符号，执行“定数等分”命令主要有以下几种方法。

- 选择菜单栏“绘图”→“点”→“定数等分”命令。
- 单击“默认”选项卡→“绘图”面板→“定数等分”按钮。
- 在命令行输入 Divide 或 DIV。

绘制长度为 100 的水平线段，然后执行“定数等分”命令对其等分，命令行操作如下。

```
命令： _divide
选择要定数等分的对象：                    //单击刚绘制的线段
输入线段数目或 [块(B)]：                  //5 Enter，等分结果如图 1-38 所示
```

图 1-38　等分结果

3. 定距等分

“定距等分”命令用于将图形按照指定的等分间距进行等分，并在等分点处放置点标记符号。执行“定距等分”命令主要有以下几种方法。

- ◆ 选择菜单栏“绘图”→“点”→“定距等分”命令。
- ◆ 单击“默认”选项卡→“绘图”面板→“定距等分”按钮。
- ◆ 在命令行输入 Measure 或 ME。

使用画线命令绘制长度为 100 的水平线段，然后执行“定距等分”命令将其等分，命令行操作如下。

```
命令： _measure
选择要定距等分的对象：                //在绘制的线段左侧单击左键
指定线段长度或 [块(B)]：              //25 Enter，等分结果如图 1-39 所示
```

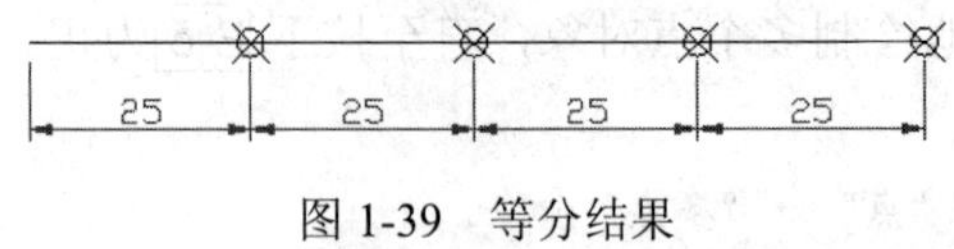

图 1-39　等分结果

操作提示： 在选择等分对象时，鼠标单击的位置，即是对象等分的起始位置。

4. 绘制直线

“直线”命令是最简单、最常用的一个绘图工具，常用于绘制闭合或非闭合图线。执行此命令主要有以下几种方法。

- ◆ 选择菜单栏“绘图”→“直线”命令。
- ◆ 单击“默认”选项卡→“绘图”面板→“直线”按钮。
- ◆ 在命令行输入 Line 或 L。

5. 绘制多线

“多线”命令用于绘制两条或两条以上的平行元素构成的复合线对象。执行“多线”命令主要有以下几种方法。

- ◆ 选择菜单栏“绘图”→“多线”命令。
- ◆ 在命令行输入 Mline 或 ML。

执行“多线”命令后，其命令行操作如下。

```
命令： _mline
当前设置：对正 = 上，比例 = 20.00，样式 = STANDARD
指定起点或 [对正(J)/比例(S)/样式(ST)]：              //s Enter，激活“比例”选项
输入多线比例 <20.00>：                               //40 Enter，设置多线比例
当前设置：对正 = 上，比例 = 50.00，样式 = STANDARD
```

```
指定起点或 [对正(J)/比例(S)/样式(ST)]:          //在绘图区拾取一点作为起点
指定下一点:                                    //@500,0 Enter
指定下一点或 [放弃(U)]:                         // Enter
```

6. 绘制多段线

“多段线”命令用于绘制由直线段或弧线段组成的图形，无论包含多少条直线段或弧线段，系统都将其作为一个独立对象。执行“多段线”命令主要有以下几种方法。

◆ 选择菜单栏“绘图”→“多段线”命令。

◆ 单击“默认”选项卡→“绘图”面板→“多段线”按钮。

◆ 在命令行输入 Pline 或 PL。

执行“多段线”命令后，命令行操作如下。

```
命令: _pline
指定起点:                                          //单击左键定位起点
当前线宽为 0.0000
指定下一个点或 [圆弧(A)/半宽(H)/长度(L)/放弃(U)/宽度(W)]:       //w Enter
指定起点宽度 <0.0000>:                              //10 Enter，设置起点宽度
指定端点宽度 <10.0000>:                             // Enter，设置端点宽度
指定下一个点或 [圆弧(A)/半宽(H)/长度(L)/放弃(U)/宽度(W)]:       //@2000,0 Enter
指定下一点或 [圆弧(A)/闭合(C)/半宽(H)/长度(L)/放弃(U)/宽度(W)]:  //a Enter
指定圆弧的端点或[角度(A)/圆心(CE)/闭合(CL)/方向(D)/半宽(H)/直线(L)/半径(R)/第二
个点(S)/放弃(U)/宽度(W)]:                            //@0,-1200 Enter
指定圆弧的端点或[角度(A)/圆心(CE)/闭合(CL)/方向(D)/半宽(H)/直线(L)/半径(R)/第二
个点(S)/放弃(U)/宽度(W)]:                            //l Enter，转入画线模式
指定下一点或 [圆弧(A)/闭合(C)/半宽(H)/长度(L)/放弃(U)/宽度(W)]:   //@-2000,0 Enter
指定下一点或 [圆弧(A)/闭合(C)/半宽(H)/长度(L)/放弃(U)/宽度(W)]:   //a Enter
指定圆弧的端点或[角度(A)/圆心(CE)/闭合(CL)/方向(D)/半宽(H)/直线(L)/半径(R)/第二
个点(S)/放弃(U)/宽度(W)]:                            //cl Enter，闭合图形，绘制结果如图 1-40 所示
```

7. 绘制构造线

“构造线”命令用于绘制向两方无限延伸的直线。执行“构造线”命令主要有以下几种方法。

◆ 选择菜单栏“绘图”→“构造线”命令。

◆ 单击“默认”选项卡→“绘图”面板→“构造线”按钮。

◆ 在命令行输入 Xline 或 XL。

执行“构造线”命令后，其命令行操作如下。

```
命令: _xline
指定点或 [水平(H)/垂直(V)/角度(A)/二等分(B)/偏移(O)]:      //在绘图区拾取一点
指定通过点:               //@1,0 Enter，绘制水平构造线
指定通过点:               //@0,1 Enter，绘制垂直构造线
指定通过点:               //@1<45 Enter，绘制 45°构造线
指定通过点:               // Enter，绘制结果如图 1-41 所示
```

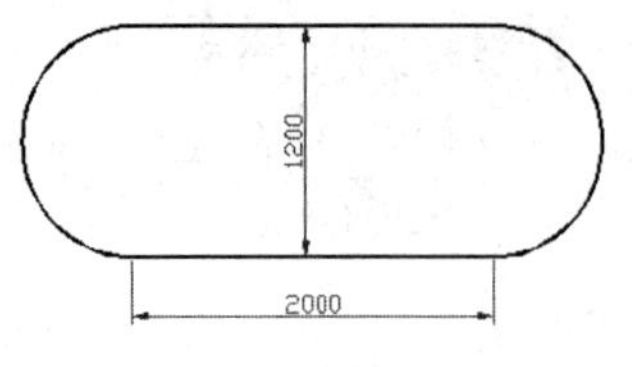

图 1-40　绘制多段线

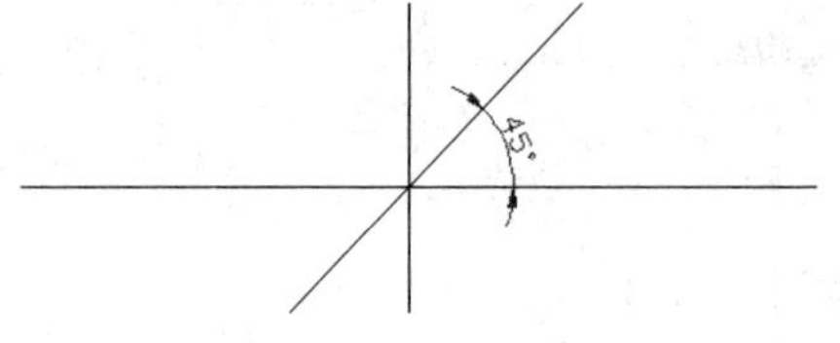

图 1-41　绘制构造线

8. 样条曲线

“样条曲线”命令用于绘制由某些数据点拟合而成的光滑曲线，执行此命令主要有以下几种方法。

- 选择菜单栏“绘图”→“样条曲线”命令。
- 单击“默认”选项卡→“绘图”面板→“样条曲线”按钮。
- 在命令行输入 Spline 或 SPL。

执行“样条曲线”命令，根据 AutoCAD 命令行的步骤提示绘制样条曲线，具体操作过程如下。

```
命令: _spline
当前设置: 方式=拟合    节点=弦
指定第一个点或 [方式(M)/节点(K)/对象(O)]:                    //捕捉点 1
输入下一个点或 [起点切向(T)/公差(L)]:                        //捕捉点 2
输入下一个点或 [端点相切(T)/公差(L)/放弃(U)/闭合(C)]:  //捕捉点 3
输入下一个点或 [端点相切(T)/公差(L)/放弃(U)/闭合(C)]:  //捕捉点 4
输入下一个点或 [端点相切(T)/公差(L)/放弃(U)/闭合(C)]:  // Enter，结果如图 1-42 所示
```

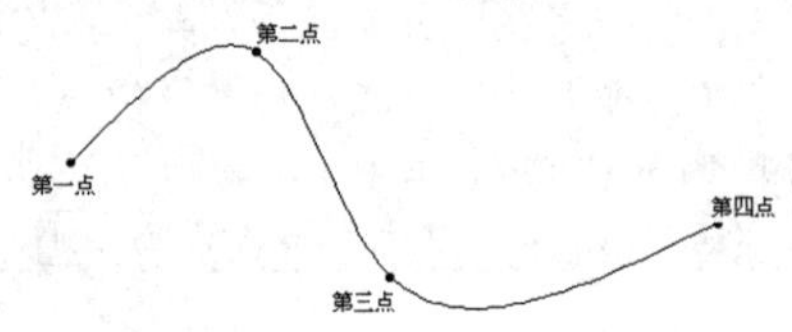

图 1-42　样条曲线示例

9. 圆弧

“圆弧”命令是用于绘制弧形曲线的工具，AutoCAD 共提供了十一种画弧功能，如图 1-43 所示。执行此命令主要有以下几种方法。

- 选择菜单栏“绘图”→“圆弧”级联菜单中的各命令。
- 单击“默认”选项卡→“绘图”面板→“圆弧”按钮。
- 在命令行输入 Arc 或 A。

默认设置下的画弧方式为“三点画弧”，用户只需指定三个点，即可绘制圆弧。除此之外，其他十种画弧方式可以归纳为以下四类，具体内容如下。

- “起点、圆心”画弧方式分为“起点、圆心、端点”、“起点、圆心、角度”和“起点、圆心、长度”三种，如图 1-44 所示。当用户指定了弧的起点和圆心后，只需定位弧端点、或角度、长度等，即可精确画弧。

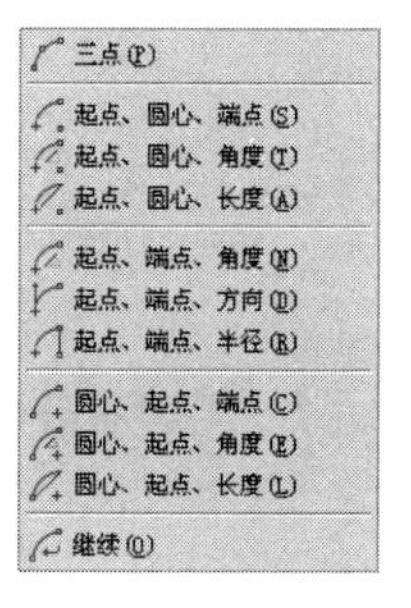

图 1-43 十一种画弧功能

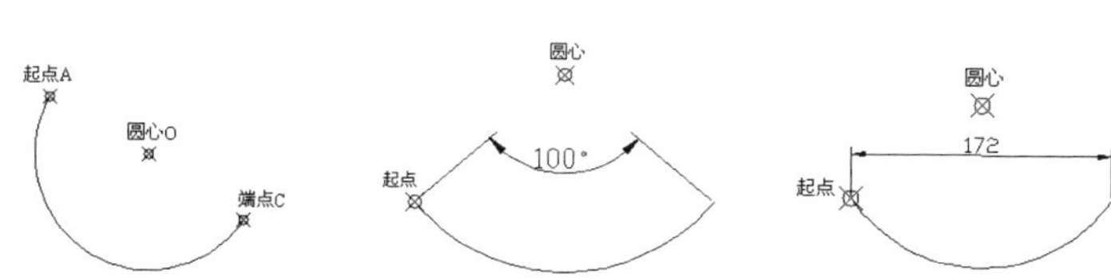

图 1-44 “起点、圆心”方式画弧

◆ “起点、端点”画弧方式分为“起点、端点、角度”、“起点、端点、方向”和“起点、端点、半径”三种，如图 1-45 所示。当用户指定了圆弧的起点和端点后，只需定位出弧的角度、切向或半径，即可精确画弧。

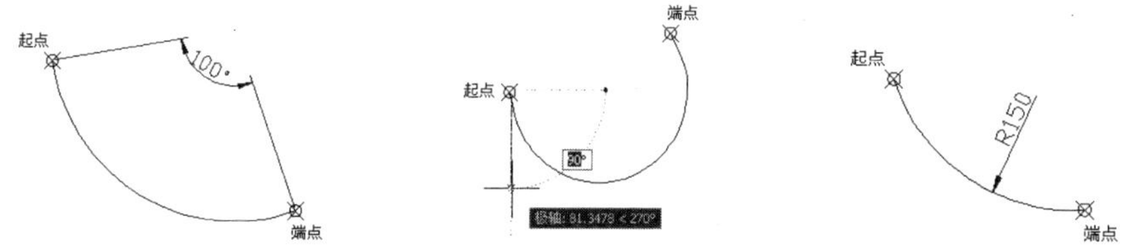

图 1-45 “起点、端点”方式画弧

◆ “圆心、起点”画弧方式分为“圆心、起点、端点”、“圆心、起点、角度”和“圆心、起点、长度”三种，如图 1-46 所示。当指定了弧的圆心和起点后，只需定位出弧的端点、角度或长度，即可精确画弧。

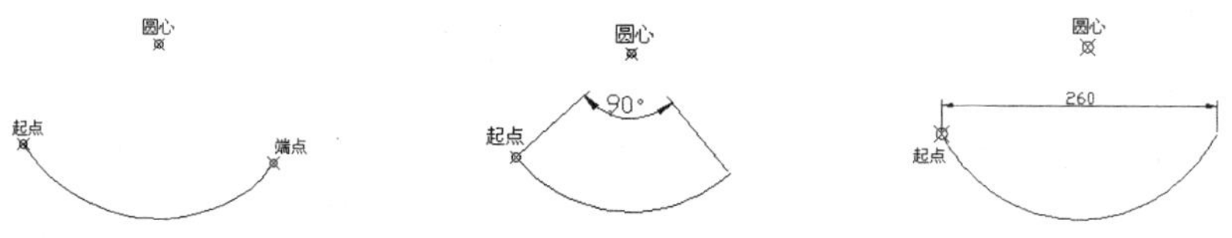

图 1-46 “圆心、起点”方式画弧

◆ 连续画弧。当结束“圆弧”命令后，选择菜单栏“绘图”→“圆弧”→“继续”命令，即可进入“连续画弧”状态，绘制的圆弧与前一个圆弧的终点连接并与之相切，如图 1-47 所示。

图 1-47 连续画弧方式

图 1-48 六种画圆方式

1.5.2 绘制闭合图元

1. 画圆

AutoCAD 为用户提供了六种画圆方式，如图 1-48 所示，执行这些命令一般有以下几种方法：

◆ 选择菜单栏“绘图”→“圆”级联菜单中的各种命令。

◆ 单击“默认”选项卡→“绘图”面板→“圆”按钮。

◆ 在命令行输入 Circle 或 C。

各种画圆方式如下。

◆ “圆心、半径”画圆方式为系统默认方式，当用户指定圆心后，直接输入圆的半径，即可精确画圆。

◆ “圆心、直径”画圆方式用于输入圆的直径进行精确画圆。

◆ “两点”画圆方式。此方式用于指定圆直径的两个端点，进行精确定圆。

◆ “三点”画圆方式用于指定圆周上的任意三个点，进行精确定圆。

◆ “相切、相切、半径”画圆方式用于通过拾取两个相切对象，然后输入圆的半径，即可绘制出与两个对象都相切的圆图形，如图 1-49 所示。

◆ “相切、相切、相切” 画圆方式用于绘制与已知的三个对象都相切的圆，如图 1-50 所示。

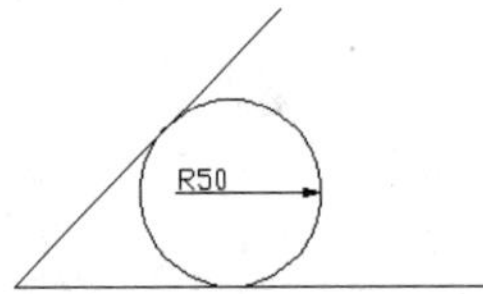

图 1-49 “相切、相切、半径”画圆

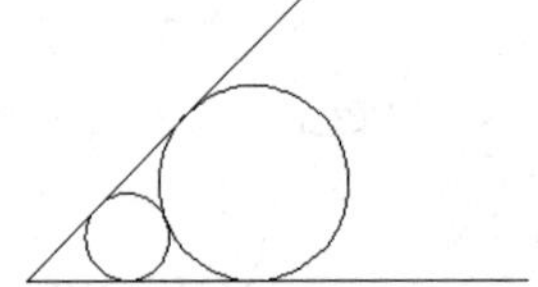

图 1-50 “相切、相切、相切”画圆

2. 椭圆

“椭圆”命令用于绘制由两条不等的轴所控制的闭合曲线，它具有中心点、长轴和短轴等几何特征。执行此命令主要有以下几种方法。

◆ 选择菜单栏“绘图”→“椭圆”下一级菜单命令。

◆ 单击“默认”选项卡→“绘图”面板→“椭圆”按钮。

◆ 在命令行输入 Ellipse 或 EL。

下面通过绘制长度为 150、短轴为 60 的椭圆，学习使用“椭圆”命令，命令行操作如下。

```
命令: _ellipse
指定椭圆轴的端点或 [圆弧(A)/中心点(C)]:      //拾取一点，定位椭圆轴的一个端点
指定轴的另一个端点:                          //@150,0 Enter
指定另一条半轴长度或 [旋转(R)]:              //30 Enter，绘制结果如图 1-51 所示
```

3. 矩形

“矩形”命令用于绘制矩形，执行此命令主要有以下几种方法。

◆ 选择菜单栏“绘图”→“矩形”命令。

◆ 单击“默认”选项卡→“绘图”面板→“矩形”按钮。

◆ 在命令行输入 Rectang 或 REC。

默认设置下画矩形的方式为“对角点”方式，用户只需定位出矩形的两个对角点，即可精确绘制矩形，命令行操作如下。

```
命令: _rectang
指定第一个角点或 [倒角(C)/标高(E)/圆角(F)/厚度(T)/宽度(W)]:     //拾取一点
指定另一个角点或 [面积(A)/尺寸(D)/旋转(R)]: //@200,100 Enter，结果如图 1-52 所示
```

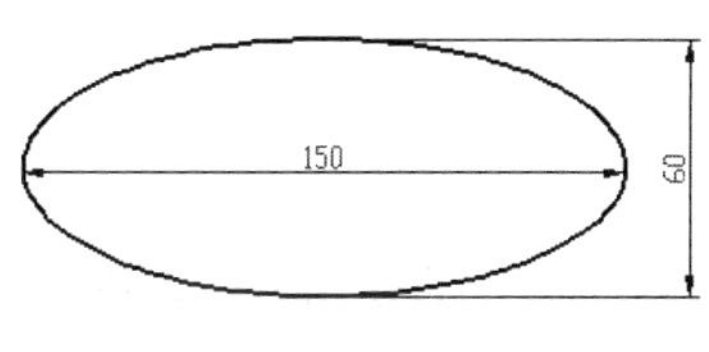

图 1-51　绘制椭圆

图 1-52　绘制结果

操作提示：使用命令中的"倒角"选项可以绘制具有一定倒角的特征矩形，如图 1-53 所示；使用"圆角"选项可以绘制圆角矩形，如图 1-54 所示。

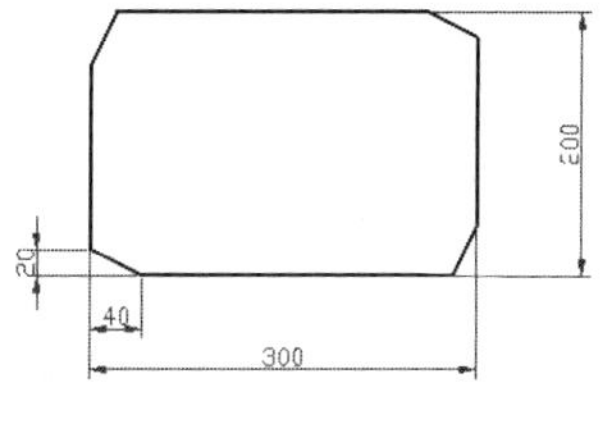

图 1-53　倒角矩形

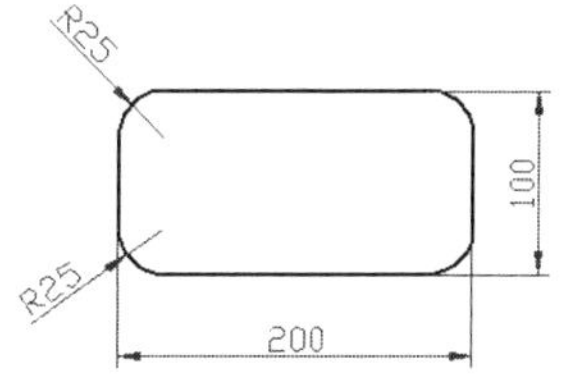

图 1-54　圆角矩形

4．正多边形

"正多边形"命令用于绘制等边、等角的封闭几何图形，执行此命令主要有以下几种方法。

- 选择菜单栏"绘图"→"正多边形"命令。
- 单击"默认"选项卡→"绘图"面板→"正多边形"按钮。
- 在命令行输入 Polygon 或 PO L。

执行"正多边形"命令后，命令行操作如下。

```
命令: _polygon
输入边的数目 <4>:                         //5 Enter，设置正多边形的边数
指定正多边形的中心点或 [边(E)]:            //拾取一点作为中心点
输入选项 [内接于圆(I)/外切于圆(C)] <I>:    //I Enter，激活"内接于圆"选项
指定圆的半径:                             //100Enter，绘制结果如图 1-55 所示
```

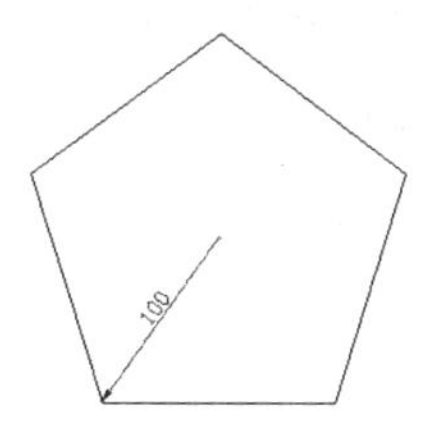

图 1-55　绘制结果

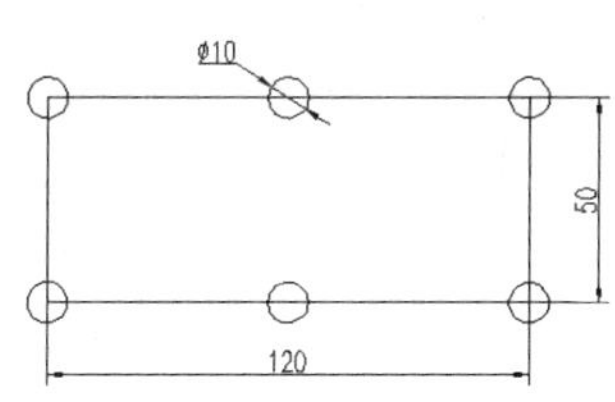

图 1-56　绘制结果

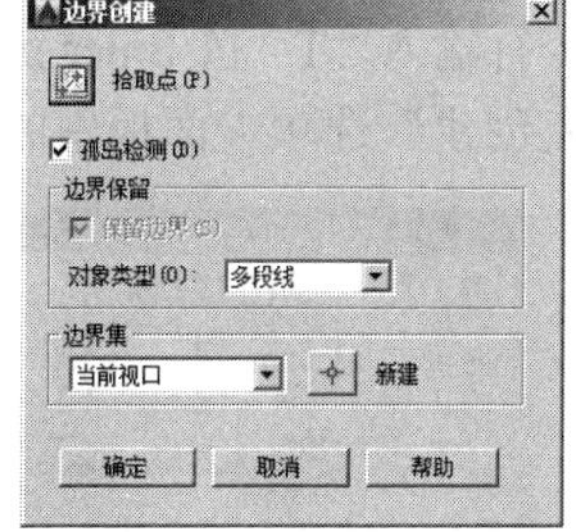

图 1-57 "边界创建"对话框

5．边界

"边界"就是从多个相交对象中进行提取或将多个首尾相连的对象转化成的多段线，执行"边界"命令主要有以下几种方法。

◆ 选择菜单栏“绘图”→“边界”命令。

◆ 单击“默认”选项卡→“绘图”面板→“边界”按钮。

◆ 在命令行 Boundary 或 BO。

下面通过从多个对象中提取边界，学习“边界”命令的使用方法，操作步骤如下。

（1）根据图示尺寸，绘制如图 1-56 所示的矩形和圆。

（2）执行“边界”命令，打开如图 1-57 所示的“边界创建”对话框。

（3）单击左上角的“拾取点”按钮，返回绘图区在矩形内部拾取一点，此时系统自动分析出一个闭合的虚线边界，如图 1-58 所示。

（4）继续在命令行“拾取内部点：”的提示下，按 Enter 键，结束命令，结果创建出一个闭合的多段线边界。

（5）使用快捷键“M”激活“移动”命令，选择刚创建的闭合边界，将其外移，结果如图 1-59 所示。

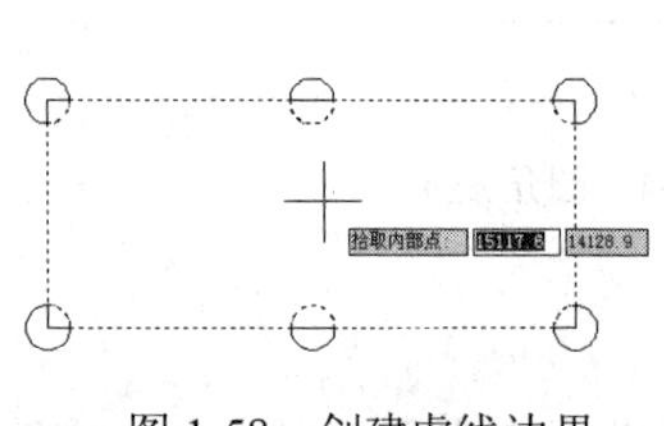

图 1-58　创建虚线边界

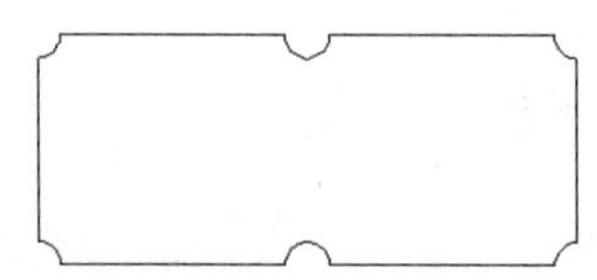

图 1-59　移出边界

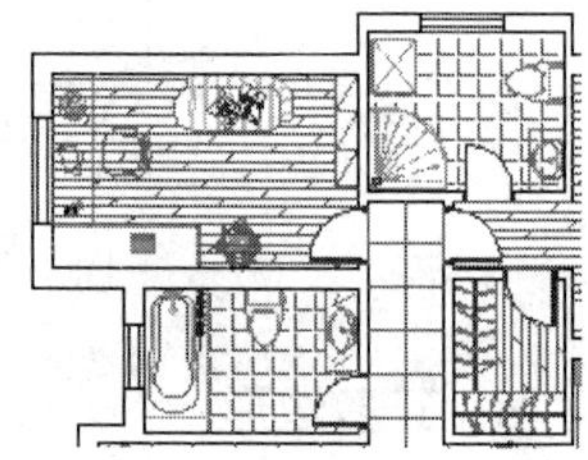

图 1-60　图案填充示例

1.5.3　绘制图案填充

“图案”是由各种图线进行不同的排列组合而构成的一种图形元素，此类元素作为一个独立的整体被填充到各种封闭的区域内，以表达各自的图形信息，如图 1-60 所示。执行“图案填充”命令主要有以下几种方法。

◆ 选择菜单栏“绘图”→“图案填充”命令。

◆ 单击“默认”选项卡→“绘图”面板→“图案填充”按钮。

◆ 在命令行输入 Bhatch 或 H 或 BH。

执行“图案填充”命令后，可打开如图 1-61 所示的“图案填充创建”选项卡面板，此时在命令行输入“T”按 Enter 键，可打开“图案填充和渐变色”对话框，此对话框中囊括了“图案填充创建”选项卡面板中的所有功能，，下面通过实例学习义图案的具体填充过程。

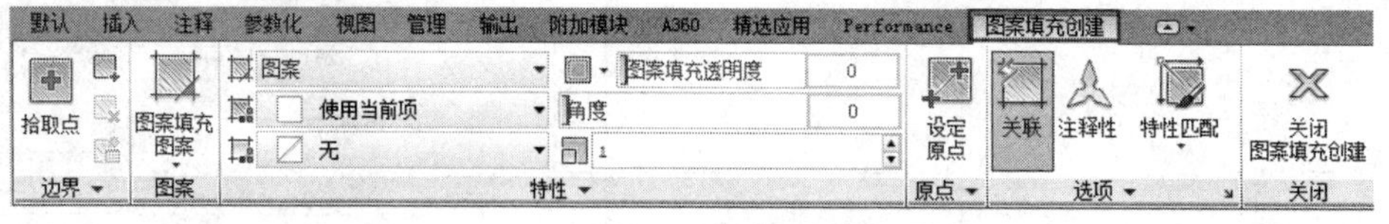

图 1-61　“图案填充创建”选项卡面板

1．填充预定义图案

（1）打开光盘“/素材文件/卧室立面图.dwg”，如图 1-62 所示。

（2）执行“图案填充”命令，然后激活命令中的“设置”选项，打开“图案填充和渐变色”对话框，。

（3）单击“样列”文本框中的图案，或单击“图案”列表右端的按钮[...]，打开“填充图案选项板”对话框，选择如图 1-63 所示的填充图案。

（4）返回“图案填充和渐变色”对话框，设置填充比例为 2、填充角度为 0，如图 1-64 所示。

（5）单击“添加:选择对象”按钮，返回绘图区分别在如图 1-65 所示的 A、B、C、E、F 等五个区域内部单击左键，指定填充边界。

（6）按 Enter 键返回“图案填充和渐变色”对话框，单击 确定 按钮结束命令，填充结果如图 1-66 所示。

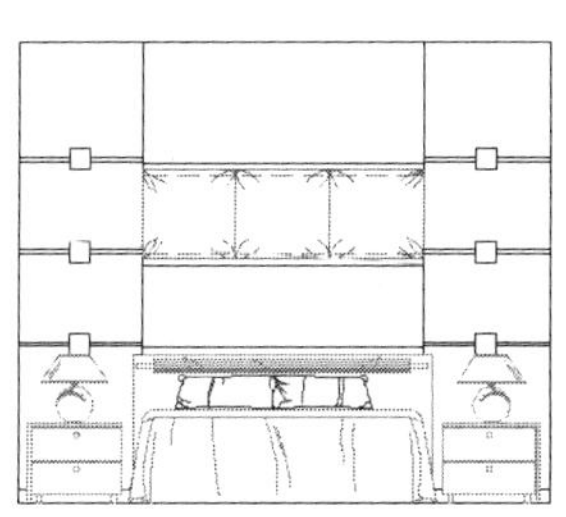

图 1-62　打开结果

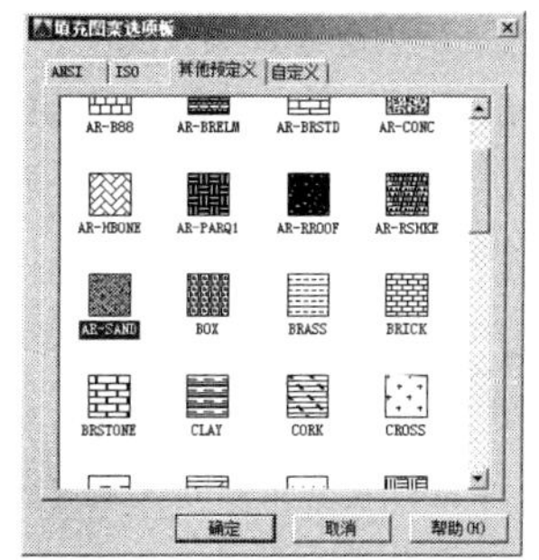

图 1-63　选择填充图案

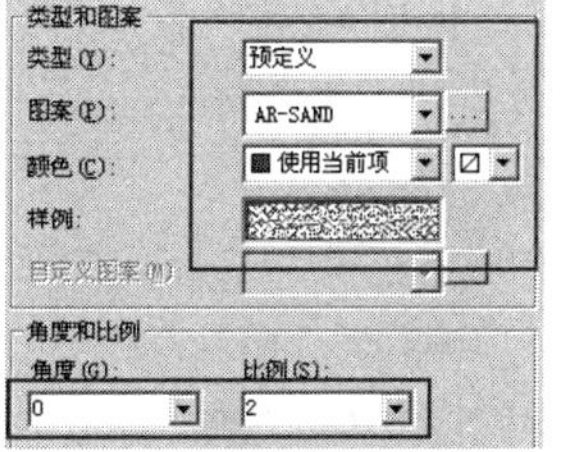

图 1-64　设置填充参数

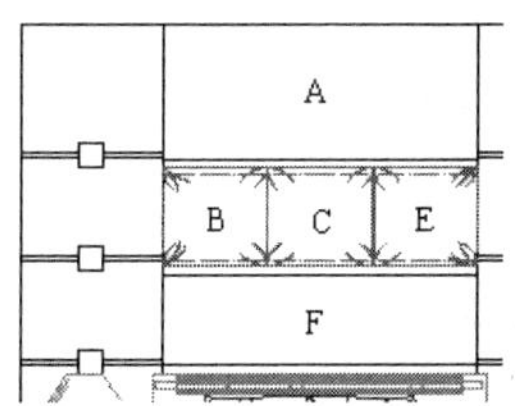

图 1-65　定位填充边界

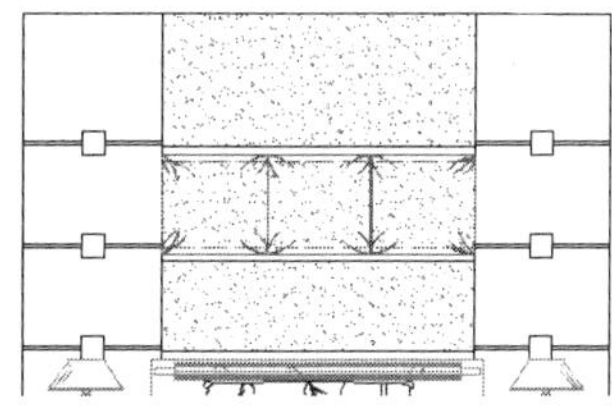

图 1-66　填充结果

对话框选项解析如下。

◆ “角度”下拉文本框用于设置图案的角度；“比例”下拉文本框用于设置图案的填充比例。

◆ “添加：拾取点”按钮用于在填充区域内部拾取任意一点，AutoCAD 将自动搜索到包含该内点的区域边界，并以虚线显示边界。

◆ “添加：选择对象”按钮用于直接选择需要填充的单个闭合图形。

◆ “删除边界”按钮用于删除位于选定填充区内但不填充的区域；“查看选择集”按钮用于查看所确定的边界。

◆ “继承特性”按钮用于在当前图形中选择一个已填充的图案，系统将继承该图案类型的一切属性并将其设置为当前图案。

◆ “关联”复选项与“创建独立的图案填充”复选项用于确定填充图形与边界的关系。分别用于创建关联和不关联的填充图案。

◆ “注释性”复选项用于为图案添加注释特性。

◆ “绘图次序”下拉列表用于设置填充图案和填充边界的绘图次序。

◆ “图层”下拉列表用于设置填充图案的所在层。

◆ “透明度”列表用于设置图案透明度，拖曳下侧的滑块，可以调整透明度值。当指定透明度后，需要打开状态栏上的按钮，以显示透明效果。

2. 绘制用户定义图案

（1）在“图案填充和渐变色”对话框中展开“类型”下拉列表，选择“用户定义”图案类型，然后设置填充比例等参数如图1-67所示。

（2）单击“添加:选择对象”按钮，返回绘图区指定填充边界，填充如图1-68所示的图案。

“图案填充”选项卡用于设置填充图案的类型、样式、填充角度及填充比例等，各常用选项如下。

- “类型”列表框内包含“预定义”、“用户定义”、“自定义”三种类型。“预定义”只适用于封闭的填充边界；“用户定义”可以使用当前线型创建填充图样；“自定义”图样是使用自定义的PAT文件中的图样进行填充。
- “图案”列表框用于显示预定义类型的填充图案名称。用户可从下拉列表框中选择所需的图案。
- “相对于图纸空间”选项仅用于布局选项卡，它是相对图纸空间单位进行图案的填充。运用此选项，可以根据适合布局的比例显示填充图案。
- “间距”文本框可设置用户定义填充图案的直线间距，只有激活了“类型”列表框中的“用户自定义”选项，此选项才可用。
- “双向”复选框仅适用于用户定义图案，勾选该复选框，将增加一组与原图线垂直的线。
- “ISO笔宽”选项决定运用ISO剖面线图案的线与线之间的间隔，它只在选择ISO线型图案时才可用。

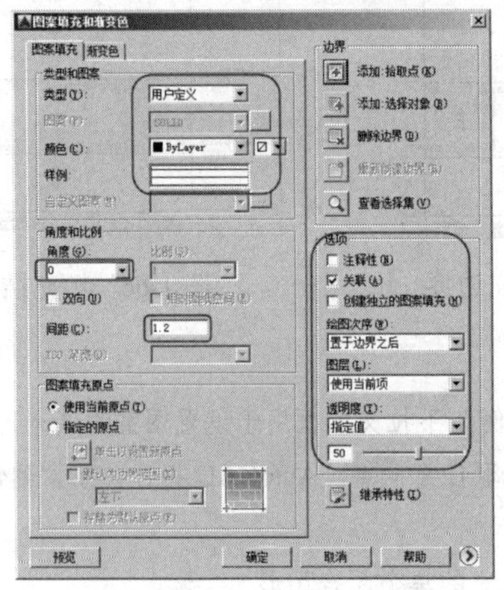

图1-67　设置填充图案和参数

图1-68　填充结果

3. 绘制渐变色图案

下面通过为灯罩和灯座填充渐变色，学习渐变色图案的填充过程，操作步骤如下。

（1）展开“渐变色”选项卡，然后勾选“双色”单选项。

（2）将颜色1的颜色设置为211号色；将颜色2的颜色设置为黄色，然后设置渐变方式等，如图1-69所示。

（3）单击“添加:选择对象”按钮，返回绘图区指定填充边界，填充如图1-70所示的渐变色。

“渐变色”选项卡解析如下。

- “单色”单选项用于以一种渐变色进行填充；显示框用于显示当前的填充颜色，双击该颜色框或单击其右侧的...按钮，可以打开”选择颜色”对话框，用户可根据需要选择所需的颜色。

◆ “暗——明”滑动条：拖动滑动块可以调整填充颜色的明暗度，如果用户激活“双色”选项，此滑动条自动转换为颜色显示框。

◆ “双色”选项用于以两种颜色的渐变色作为填充色；“角度”选项用于设置渐变填充的倾斜角度。

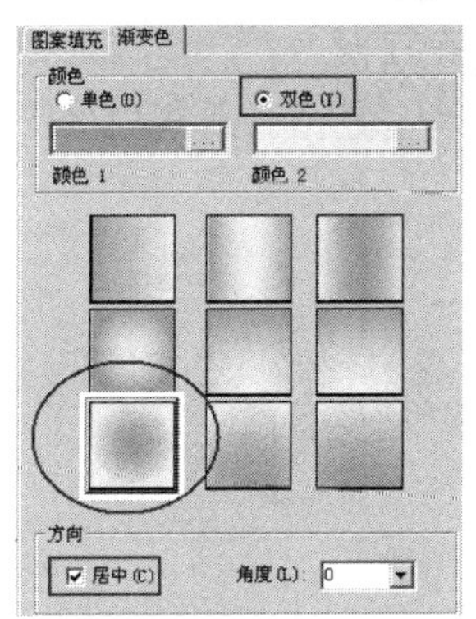

图 1-69 设置渐变色

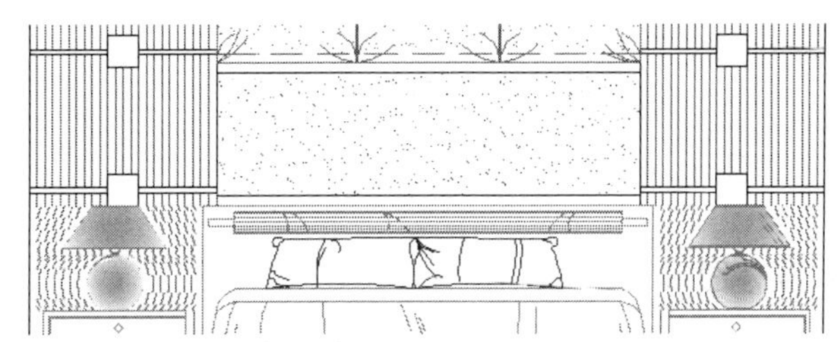
图 1-70 填充渐变色

1.5.4 绘制复合图元

1. 复制图形

“复制”命令用于将图形对象从一个位置复制到其他位置。执行“复制”命令主要有以下几种方法。

◆ 选择菜单栏“修改”→“复制”命令。

◆ 单击“默认”选项卡→“修改”面板→“复制”按钮。

◆ 在命令行输入 Copy 或 Co。

执行“复制”命令后，其命令行操作如下。

```
命令: _copy
选择对象:                                            //选择内部的小圆
选择对象:                                            //按 Enter 键，结束选择
当前设置:  复制模式 = 多个
指定基点或 [位移(D)/模式(O)] <位移>:                  //捕捉圆心作为基点
指定第二个点或[阵列(A)] <使用第一个点作为位移>:        //捕捉圆上象限点
指定第二个点或[阵列(A)/退出(E)/放弃(U)] <退出>:       //捕捉圆下象限点
… …                                                  //捕捉圆的其他象限点
指定第二个点或[阵列(A)/退出(E)/放弃(U)] <退出>:       //按 Enter 键，复制结果如图 1-71 所示。
```

2. 镜像图形

“镜像”命令用于将图形沿着指定的两点进行对称复制，源对象可以保留，也可以删除。执行“镜像”命令主要有以下几种方法。

◆ 选择菜单栏“修改”→“镜像”命令。

◆ 单击“默认”选项卡→“修改”面板→“镜像”按钮。

◆ 在命令行输入 Mirror 或 MI。

执行“镜像”命令后，其命令行操作如下。

```
命令: _mirror
选择对象:                                          //选择单开门图形
选择对象:                                          //按Enter键，结束选择
指定镜像线的第一点:                                //捕捉弧线下端点
指定镜像线的第二点:                                //@0,1 按Enter键
要删除源对象吗? [是(Y)/否(N)] <N>:                 //按Enter键，镜像结果如图 1-72 所示
```

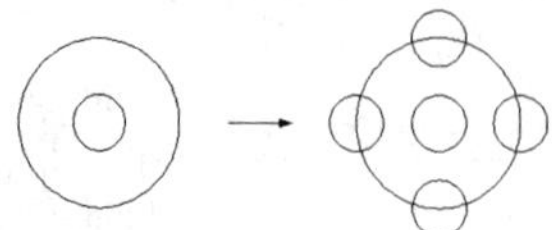

图 1-71　复制结果

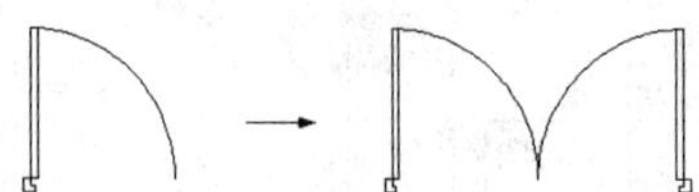

图 1-72　镜像结果

3. 偏移图形

“偏移”命令用于将图形按照指定的距离或目标点进行偏移复制。执行“偏移”命令主要有以下几种方法。

- ◆ 选择菜单栏“修改”→“偏移”命令。
- ◆ 单击“默认”选项卡→“修改”面板→“偏移”按钮。
- ◆ 在命令行输入 Offset 或 O。

绘制半径为 30 的圆和长度为 130 的直线段，然后执行“偏移”命令对其距离偏移，命令行操作如下。

```
命令: _offset
当前设置: 删除源=否  图层=源  OFFSETGAPTYPE=0
指定偏移距离或 [通过(T)/删除(E)/图层(L)] <10.0000>:      //20 按Enter键, 设置偏移距离
选择要偏移的对象, 或 [退出(E)/放弃(U)] <退出>:            //单击圆形作为偏移对象
指定要偏移的那一侧上的点, 或 [退出(E)/多个(M)/放弃(U)] <退出>://在圆的外侧拾取一点
选择要偏移的对象, 或 [退出(E)/放弃(U)] <退出>:            //单击直线作为偏移对象
指定要偏移的那一侧上的点, 或 [退出(E)/多个(M)/放弃(U)] <退出>://在直线上侧拾取一点
选择要偏移的对象, 或 [退出(E)/放弃(U)] <退出>:            //按Enter键,结果如图1-73 所示
```

4. 矩形阵列

“矩形阵列”命令是一种用于将图形对象按照指定的行数和列数，呈“矩形”的排列方式进行大规模复制。执行“矩形阵列”命令主要有以下几种方法。

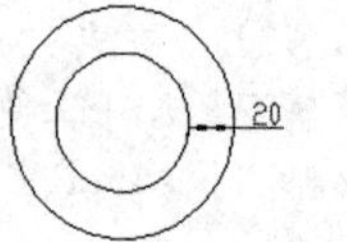

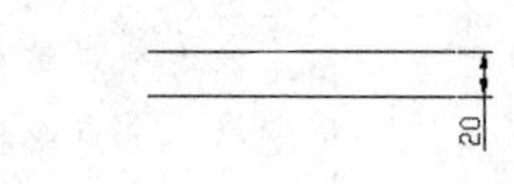

图 1-73　偏移结果

- ◆ 选择菜单栏“修改”→“阵列”→“矩形阵列”命令。
- ◆ 单击“默认”选项卡→“修改”面板→“矩形阵列”按钮。
- ◆ 在命令行输入 Arrayrect 或 AR。

下面通过实例学习“矩形阵列”命令的操作方法和操作技巧，操作步骤如下。

（1）打开随书光盘“/素材文件/矩形阵列.dwg”文件。

（2）执行“矩形阵列”命令，选择如图 1-74 示的对象进行阵列，命令行操作如下。

```
命令: _arrayrect
选择对象:                                          //窗交选择如图 1-74 对象
```

```
    选择对象:                                     // Enter
    类型 = 矩形  关联 = 是
    选择夹点以编辑阵列或 [关联(AS)/基点(B)/计数(COU)/间距(S)/列数(COL)/行数(R)/层数
(L)/退出(X)] <退出>:                              //COU Enter
    输入列数或 [表达式(E)] <4>:                    //8Enter
    输入行数或 [表达式(E)] <3>:                    //1 Enter
    选择夹点以编辑阵列或 [关联(AS)/基点(B)/计数(COU)/间距(S)/列数(COL)/行数(R)/层数
(L)/退出(X)] <退出>:                              //S Enter
    指定列之间的距离或 [单位单元(U)] <7610>:       //215ter
    指定行之间的距离 <4369>:                       //1 Enter
    选择夹点以编辑阵列或 [关联(AS)/基点(B)/计数(COU)/间距(S)/列数(COL)/行数(R)/层数
(L)/退出(X)] <退出>:                              // Enter, 阵列结果如图 1-75 所示
```

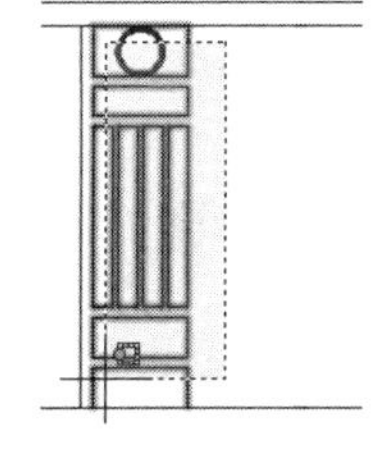

图 1-74 窗交选择

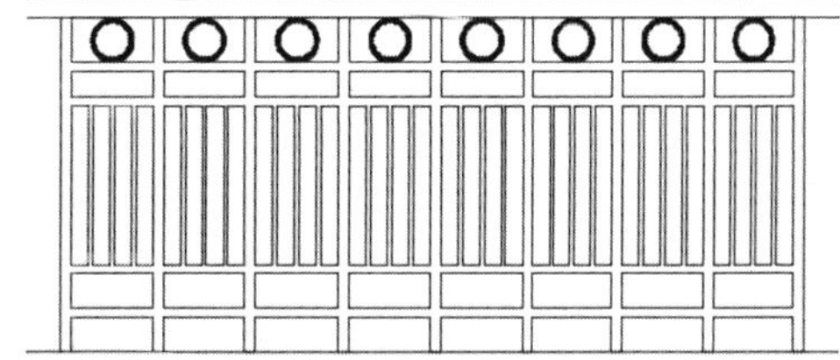

图 1-75 阵列结果

5. 环形阵列

“环形阵列”指的是将图形按照阵列中心点和数目，呈“环形”排列，以快速创建聚心结构图形。执行“环形阵列”命令主要有以下几种方法。

- 选择菜单栏“修改”→“阵列”→“环形阵列”命令。
- 单击“默认”选项卡→“修改”面板→“环形阵列”按钮。
- 在命令行输入 Arraypolar 或 AR。

下面通过实例学习“环形阵列”命令的使用方法和操作技巧，操作步骤如下。

（1）打开随书光盘中的“/素材文件/环形阵列.dwg”。

（2）执行“环形阵列”命令，窗口选择如图 1-76 所示的对象进行阵列，命令行操作如下。

```
    命令: _arraypolar
    选择对象:                                        //选择如图 1-76 所示的对象
    选择对象:                                        // Enter
    类型 = 极轴  关联 = 是
    指定阵列的中心点或 [基点(B)/旋转轴(A)]:          //捕捉同心圆的圆心
    选择夹点以编辑阵列或 [关联(AS)/基点(B)/项目(I)/项目间角度(A)/填充角度(F)/行
(ROW)/层(L)/旋转项目(ROT)/退出(X)] <退出>:         //I Enter
    输入阵列中的项目数或 [表达式(E)] <6>:            //25 Enter
    选择夹点以编辑阵列或 [关联(AS)/基点(B)/项目(I)/项目间角度(A)/填充角度(F)/行
(ROW)/层(L)/旋转项目(ROT)/退出(X)] <退出>:         //F Enter
    指定填充角度(+=逆时针、-=顺时针)或 [表达式(EX)] <360>:      // Enter
    选择夹点以编辑阵列或 [关联(AS)/基点(B)/项目(I)/项目间角度(A)/填充角度(F)/行
(ROW)/层(L)/旋转项目(ROT)/退出(X)] <退出>:         // Enter, 阵列结果如图 1-77 所示
```

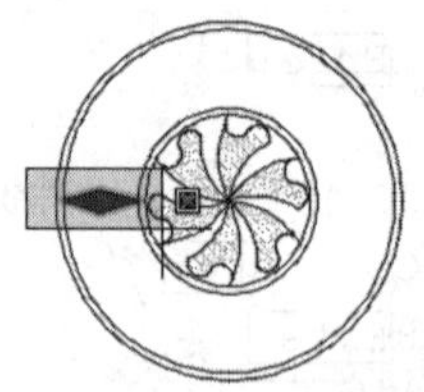
图 1-76 窗口选择

图 1-77 阵列结果

6. 路径阵列

"路径阵列"命令用于将对象沿指定的路径或路径的某部分进行等距阵列，执行"环形阵列"命令主要有以下几种方法。

- ◆ 选择菜单栏"修改"→"阵列"→"路径阵列"命令。
- ◆ 单击"默认"选项卡→"修改"面板→"路径阵列"按钮。
- ◆ 在命令行输入 A rraypath 或 AR。

下面通过实例学习"路径阵列"命令的使用方法和操作技巧，操作步骤如下。

（1）打开随书光盘中的"/素材文件/路径阵列.dwg"文件。

（2）单击"默认"选项卡→"修改"面板→"路径阵列"按钮，窗口选择楼梯栏杆进行阵列，命令行操作如下。

```
命令：_arraypath
选择对象：                              //窗交选择如图 1-78 所示的栏杆
选择对象：                              // Enter
类型 = 路径  关联 = 是
选择路径曲线：                          //选择如图 1-79 所示的扶手轮廓线
选择夹点以编辑阵列或 [关联(AS)/方法(M)/基点(B)/切向(T)/项目(I)/行(R)/层(L)/对齐项目(A)/Z 方向(Z)/退出(X)] <退出>：   //M Enter
输入路径方法 [定数等分(D)/定距等分(M)] <定距等分>：      //M Enter
选择夹点以编辑阵列或 [关联(AS)/方法(M)/基点(B)/切向(T)/项目(I)/行(R)/层(L)/对齐项目(A)/Z 方向(Z)/退出(X)] <退出>：   //I Enter
指定沿路径的项目之间的距离或 [表达式(E)] <75>：          //652 Enter
最大项目数 = 11
指定项目数或 [填写完整路径(F)/表达式(E)] <11>：          //11 Enter
选择夹点以编辑阵列或 [关联(AS)/方法(M)/基点(B)/切向(T)/项目(I)/行(R)/层(L)/对齐项目(A)/Z 方向(Z)/退出(X)] <退出>：       //A Enter
是否将阵列项目与路径对齐？[是(Y)/否(N)] <否>：           //N Enter
选择夹点以编辑阵列或 [关联(AS)/方法(M)/基点(B)/切向(T)/项目(I)/行(R)/层(L)/对齐项目(A)/Z 方向(Z)/退出(X)] <退出>：       // Enter，阵列结果如图 1-80 所示
```

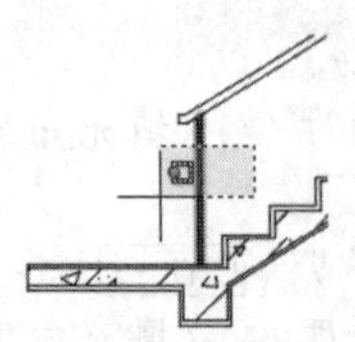
图 1-78 窗交选择

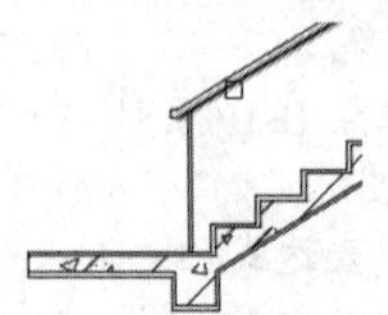
图 1-79 选择扶手轮廓线

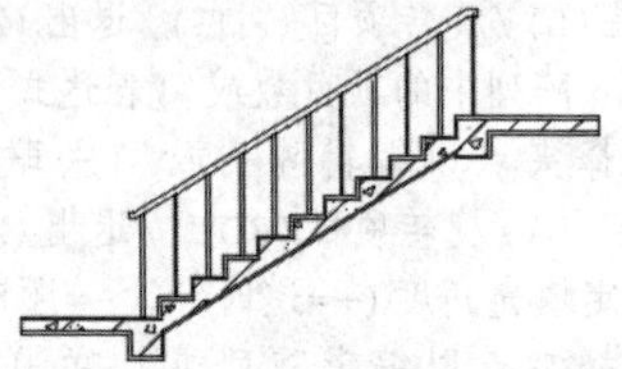
图 1-80 阵列结果

1.5.5 图形的边角细化

1. 修剪图形

“修剪”命令用于沿着指定的修剪边界，修剪掉图形上指定的部分。执行“修剪”命令主要有以下几种方法。

- 选择菜单栏“修改”→“修剪”命令。
- 单击“默认”选项卡→“修改”面板→“修剪”按钮。
- 在命令行输入 Trim 或 TR。

执行“修剪”命令后，命令行操作如下。

```
命令: _trim
当前设置:投影=UCS, 边=无
选择剪切边...
选择对象或 <全部选择>:                    //选择直线
选择对象:                                 // Enter, 结束选择
选择要修剪的对象, 或按住 Shift 键选择要延伸的对象, 或[栏选(F)/窗交(C)/投影式(P)/边(E)/删除(R)/放弃(U)]:    //在圆的上侧单击左键, 定位需要修剪的部分
选择要修剪的对象, 或按住 Shift 键选择要延伸的对象, 或[栏选(F)/窗交(C)/投影(P)/边(E)/删除(R)/放弃(U)]:    // Enter, 修剪结果如图 1-81 所示
```

2. 延伸图形

“延伸”命令用于延长对象至指定的边界上。执行“延伸”命令主要有以下几种方法。

- 选择菜单栏“修改”→“延伸”命令。
- 单击“默认”选项卡→“修改”面板→“延伸”按钮。
- 在命令行输入 Extend 或 EX。

执行“延伸”命令后，命令行操作如下。

```
命令: _extend
当前设置:投影=UCS, 边=无
选择边界的边...
选择对象或 <全部选择>:          //选择水平线段
选择对象:                       // Enter, 结束选择
选择要延伸的对象, 或按住 Shift 键选择要修剪的对象, 或[栏选(F)/窗交(C)/投影(P)/边(E)/放弃(U)]:    //在垂直线段的下端单击左键
选择要延伸的对象, 或按住 Shift 键选择要修剪的对象, 或[栏选(F)/窗交(C)/投影(P)/边(E)/放弃(U)]:    // Enter, 延伸结果如图 1-82 所示
```

图 1-81　修剪结果　　　图 1-82　延伸结果

3. 倒角图形

“倒角”命令主要是使用一条线段连接两个非平行的图线。执行“倒角”命令主要有以下

几种方法。

- 选择菜单栏“修改”→“倒角”命令。
- 单击“默认”选项卡→“修改”面板→“倒角”按钮。
- 在命令行输入 Chamfer 或 CHA。

执行“倒角”命令后，命令行操作如下。

```
命令: _chamfer
("修剪"模式) 当前倒角距离 1 = 0.0000, 距离 2 = 0.0000
选择第一条直线或 [放弃(U)/多段线(P)/距离(D)/角度(A)/修剪(T)/方式(E)/多个(M)]:
                                         // d Enter
指定第一个倒角距离 <0.0000>:               //150 Enter, 设置第一倒角长度
指定第二个倒角距离 <25.0000>:              //100 Enter, 设置第二倒角长度
选择第一条直线或 [放弃(U)/多段线(P)/距离(D)/角度(A)/修剪(T)/方式(E)/多个(M)]:
                                         //选择水平线段
选择第二条直线, 或按住 Shift 键选择要应用角点的直线:
                                         //选择倾斜线段, 倒角结果如图 1-83 所示
```

4. 圆角图形

“圆角”命令主要是使用一段圆弧光滑地连接两条图线。执行“圆角”命令主要有以下几种方法。

- 选择菜单栏“修改”→“圆角”命令。
- 单击“默认”选项卡→“修改”面板→“圆角”按钮。
- 在命令行输入 Fillet 或 F。

执行“圆角”命令后，命令行操作如下。

```
命令: _fillet
当前设置: 模式 = 修剪, 半径 = 0.0000
选择第一个对象或 [放弃(U)/多段线(P)/半径(R)/修剪(T)/多个(M)]:   //r Enter
指定圆角半径 <0.0000>:                       //100 Enter, 设置圆角半径
选择第一个对象或 [放弃(U)/多段线(P)/半径(R)/修剪(T)/多个(M)]:   //选择倾斜线段
选择第二个对象, 或按住 Shift 键选择要应用角点的对象:      //选择圆弧, 圆角结果如图 1-84 所示
```

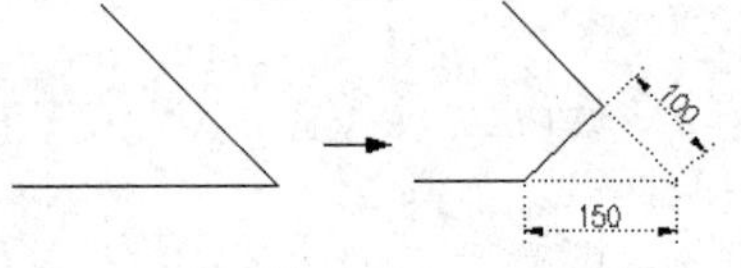

图 1-83　倒角结果

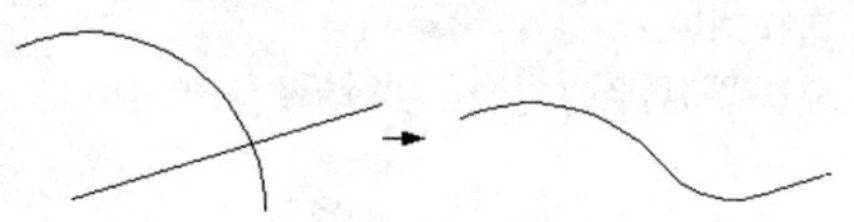
图 1-84　圆角结果

5. 打断图形

“打断”命令用于打断并删除图形上的一部分，或将图形打断为相连的两部分。执行“打断”命令主要有以下几种方法。

- 选择菜单栏“修改”→“打断”命令。
- 单击“默认”选项卡→“修改”面板→“打断”按钮。
- 在命令行输入 Break 或 BR。

执行“打断”命令后，命令行操作如下。

```
命令: _break
选择对象:                              //选择上侧的线段
指定第二个打断点 或 [第一点(F)]:       //f Enter，激活“第一点”选项
指定第一个打断点:                      //捕捉线段中点作为第一断点
指定第二个打断点:                      //@50,0 Enter，打断结果如图 1-85 所示
```

6. 合并图形

“合并”命令用于将同角度的两条或多条线段合并为一条线段，还可以将圆弧或椭圆弧合并为一个整圆和椭圆。执行此命令主要有以下几种方法。

- ◆ 选择菜单栏“修改”→“合并”命令。
- ◆ 单击“默认”选项卡→“修改”面板→“合并”按钮。
- ◆ 在命令行输入 Join 或 J。

执行“合并”命令，将两条线段合并为一条线段，命令行操作如下。

```
命令: _join
选择源对象或要一次合并的多个对象:      //选择左侧线段
选择要合并的对象:                      //选择右侧线段
选择要合并的对象:                      // Enter，合并线段结果如图 1-86 所示
已将 1 条直线合并到源
```

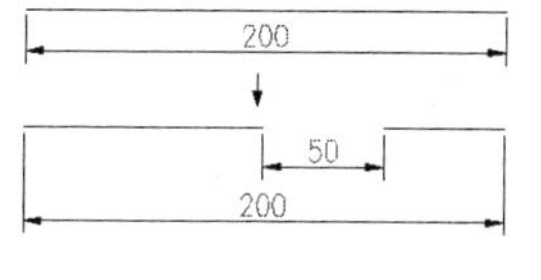

图 1-85　打断结果

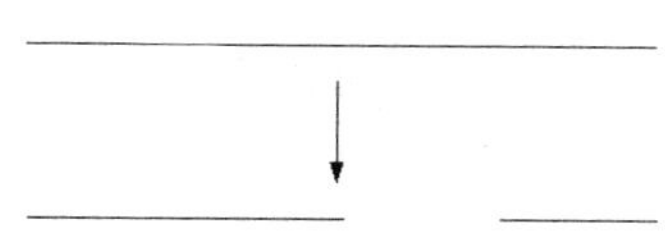

图 1-86　合并线段结果

1.5.6　图形的基本编辑

本节主要学习图形的基本编辑功能，具体有“拉伸”、“拉长”、“缩放”、“旋转”、“分解”和“移动”等。

1. 拉伸图形

“拉伸”命令用于通过拉伸图形中的部分元素，达到修改图形的目的。执行“拉伸”命令主要有以下几种方法。

- ◆ 选择菜单栏“修改”→“拉伸”命令。
- ◆ 单击“默认”选项卡→“修改”面板→“拉伸”按钮。
- ◆ 在命令行输入 Stretch 或 S。

执行“拉伸”命令，命令行操作如下。

```
命令: _stretch
以交叉窗口或交叉多边形选择要拉伸的对象...
选择对象:                              //拉出如图 1-87 所示的窗交选择框
选择对象:                              // Enter，结束选择
```

```
指定基点或 [位移(D)] <位移>:                     //捕捉矩形的左下角点
指定第二个点或 <使用第一个点作为位移>:            //@50,0 Enter，拉伸结果如图 1-88 所示
```

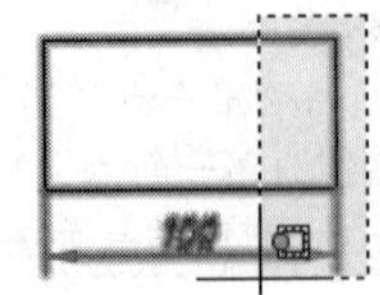

图 1-87　窗交选择

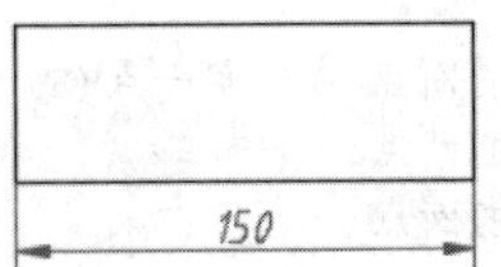

图 1-88　拉伸结果

2. 拉长图形

“拉长”命令主要用于更改直线的长度或弧线的角度。执行“拉长”命令主要有以下几种方法。

- 选择菜单栏“修改”→“拉长”命令。
- 单击“默认”选项卡→“修改”面板→“拉伸”按钮。
- 在命令行输入 Lengthen 或 LEN。

绘制长度为 200 的直线段，然后执行“拉长”命令，将线段拉长 50 个单位，命令行操作如下。

```
命令: _lengthen
选择对象或 [增量(DE)/百分数(P)/全部(T)/动态(DY)]:        //DE Enter
输入长度增量或 [角度(A)] <0.0000>:                 //50 Enter，设置长度增量
选择要修改的对象或 [放弃(U)]:                      //在直线的左端单击左键
选择要修改的对象或 [放弃(U)]:                      // Enter，拉长结果如图 1-89 所示
```

3. 旋转图形

“旋转”命令用于将图形围绕指定的基点进行旋转。执行“旋转”命令主要有以下几种方法。

- 选择菜单栏“修改”→“旋转”命令。
- 单击“默认”选项卡→“修改”面板→“旋转”按钮。
- 在命令行输入 Rotate 或 RO。

执行“旋转”命令，将矩形旋转 30 度放置，命令行操作如下。

```
命令: _rotate
UCS 当前的正角方向: ANGDIR=逆时针  ANGBASE=0
选择对象:                                         //选择矩形
选择对象:                                         // Enter，结束选择
指定基点:                                         //捕捉矩形左下角点作为基点
指定旋转角度，或 [复制(C)/参照(R)] <0>:           //30 Enter，旋转结果如图 1-90 所示
```

图 1-89　拉长线段　　　　图 1-90　旋转结果

4．缩放图形

“缩放”命令用于将图形进行等比放大或等比缩小。此命令主要用于创建形状相同、大小不同的图形结构。执行“缩放”命令主要有以下几种方法。

- 选择菜单栏“修改”→“缩放”命令。
- 单击“默认”选项卡→“修改”面板→“缩放”按钮。
- 在命令行输入 Scale 或 SC。

执行“缩放”命令后，其命令行操作如下：

```
命令：_scale
选择对象：                                    //选择 1-91（左）所示的图形
选择对象：                                    // Enter，结束选择
指定基点：                                    //捕捉会议桌一侧的中点
指定比例因子或 [复制(C)/参照(R)] <1.0000>：//0.5 Enter，缩放结果如图 1-91（右）所示
```

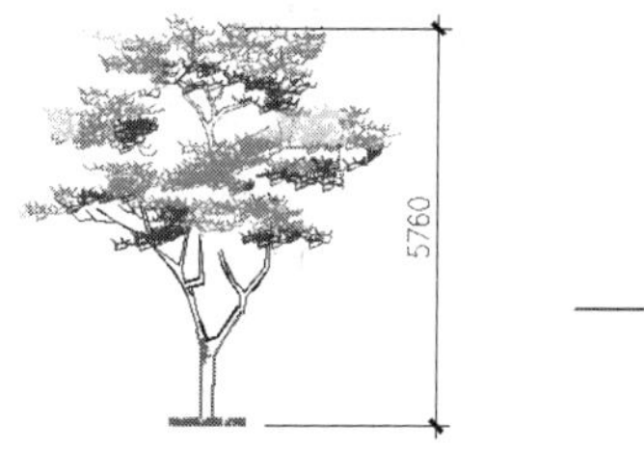

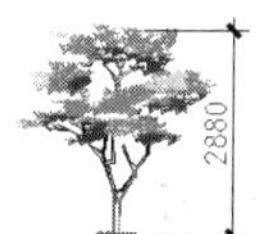

图 1-91　缩放示例

5．移动图形

“移动”命令主要用于将图形从一个位置移动到另一个位置。执行“移动”命令主要有以下几种方法。

- 选择菜单栏“修改”→“移动”命令。
- 单击“默认”选项卡→“修改”面板→“移动”按钮。
- 在命令行输入 Move 或 M。

执行“移动”命令后，其命令行操作如下。

```
命令：_move
选择对象：                                    //选择如图 1-92 所示的矩形
选择对象：                                    // Enter，结束对象的选择
指定基点或 [位移(D)] <位移>：                 //捕捉矩形左侧垂直边的中点
指定第二个点或 <使用第一个点作为位移>：       //捕捉直线的右端点，移动结果如图 1-93 所示
```

图 1-92　定位基点

图 1-93　移动结果

6．分解图形

“分解”命令主要用于将组合对象分解成各自独立的对象，以方便对各对象进行编辑。执行“分解”命令主要有以下几种方法。

◆ 选择菜单栏“修改”→“分解”命令。

◆ 单击“默认”选项卡→“修改”面板→“”按钮 按钮。

◆ 在命令行输入 Explode 或 X。

例如，矩形是由四条直线元素组成的单个对象，如果用户需要对其中的一条边进行编辑，则首先将矩形分解还原为四条线对象，如图 1-94 所示。

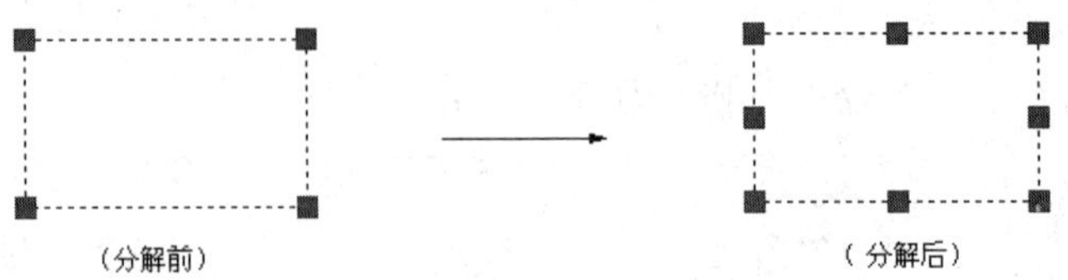

图 1-94　分解示例

1.6　室内设计制图规范

室内施工图与建筑施工图一样，一般都是按照正投影原理以及视图、剖视和断面等的基本图示方法绘制的，其制图规范也应遵循建筑制图和家具制图中的图标规定。

1.6.1　图纸幅面与尺寸

CAD 工程图要求图纸的大小必须按照规定图纸幅面和图框尺寸裁剪。在建筑施工图中，经常用到的图纸幅面和图框尺寸如表 1-1 所示。

表 1-1　图纸幅面和图框尺寸（mm）

尺寸代号	A0	A1	A2	A3	A4
L×B	1188×841	841×594	594×420	420×297	297×210
c	10			5	
a	25				
e	20			10	

表 1-1 中的 L 表示图纸的长边尺寸，B 为图纸的短边尺寸，图纸的长边尺寸 L 等于短边尺寸 B 的根下 2 倍。当图纸是带有装订边时，a 为图纸的装订边，尺寸为 25mm；c 为非装订边，A0～A2 号图纸的非装订边的边宽为 10mm，A3、A4 号图纸的非装订边的边宽为 5mm；当图纸为无装订边图纸时，e 为图纸的非装订边，A0～A2 号图纸边宽尺寸为 20mm，A3、A4 号图纸边宽为 10mm，各种图纸图框尺寸如图 1-95 所示。

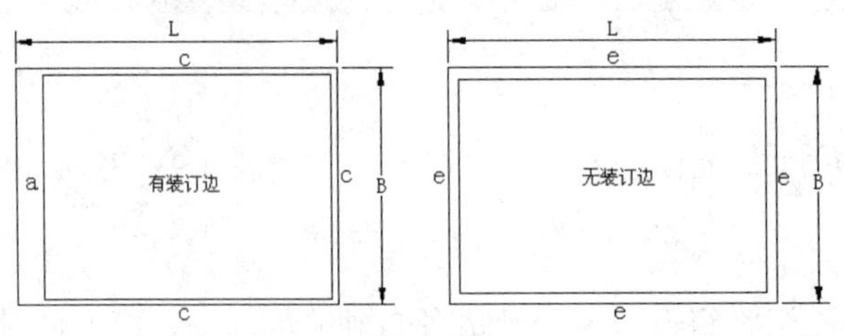

图 1-95　图纸图框尺寸

操作提示：图纸的长边可以加长，短边不可加长，长边加长时须符合标准：对于 A0、A2 和 A4 幅面可按 A0 长边的 1/8 的倍数加长，对于 A1 和 A3 幅面可按 A0 短边的 1/4 的倍数进行加长。

1.6.2 标题栏与会签栏

在一张标准的工程图纸上，总有一个特定的位置用来记录该图纸的有关信息资料，这个特定的位置就是标题栏。标题栏的尺寸是有规定的，但是各行各业却可以有自己的规定和特色。一般来说，常见的 CAD 工程图纸标题栏有四种形式，如图 1-96 所示。

一般从零号图纸到四号图纸的标题栏尺寸均为 40mm×180mm，也可以是 30mm×180mm 或 40mm×180mm。另外，需要会签栏的图纸要在图纸规定的位置绘制出会签栏，作为图纸会审后签名使用，会签栏的尺寸一般为 20mm×75mm，如图 1-97 所示。

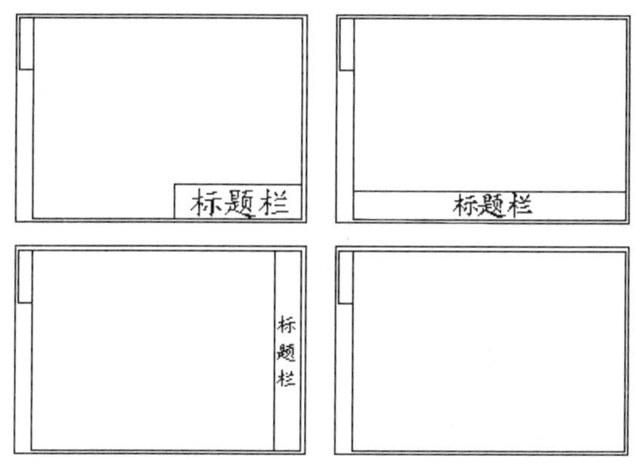

图 1-96 图纸标题栏格式

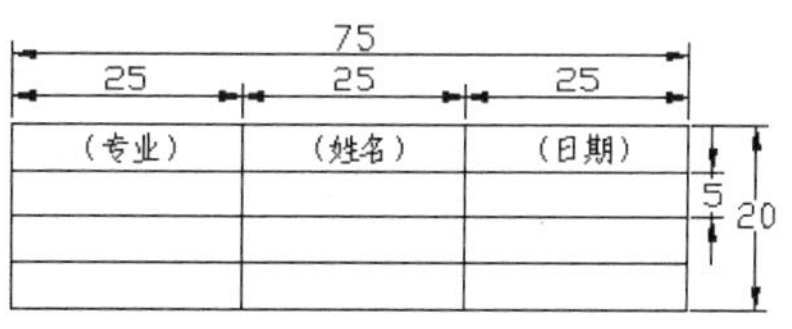

图 1-97 会签栏

1.6.3 施工图比例

建筑物形体庞大，必须采用不同的比例来绘制。对于整幢建筑物、构筑物的局部和细部结构都分别予以缩小绘出，特殊细小的线脚等有时不缩小，甚至需要放大绘出。建筑施工图中，各种图样常用的比例如表 1-2 所示。

表 1-2 施工图比例

图　　名	常 用 比 例	备　　注
总平面图	1:500、1:1000、1:2000	
平面图、立面图、剖视图	1:50、1:100、1:200	
次要平面图	1:300、1:400	次要平面图指屋面平面图等
详图	1:1、1:2、1:5、1:10、1:20、1:25、1:50	1:25 仅适用于结构构件详图

1.6.4 常用图线

在建筑施工图中，为了表明不同内容并使层次分明，须采用不同线型和线宽的图线绘制。每个图样，应根据复杂程度与比例大小，首先要确定基本线宽 b，然后再根据制图需要，确定各种线型的线宽。图线的线型和线宽按表 1-3 的说明来选用。

表 1-3　图线的线型、线宽及用途

名　称	线　宽	用　途
粗实线	b	1. 平面图、剖视图中被剖切的主要建筑构造（包括构配件）的轮廓线 2. 建筑立面图的外轮廓线 3. 建筑构造详图中被剖切的主要部分的轮廓线 4. 建筑构配件详图中的构配件的外轮廓线
中实线	0.5b	1. 平面图、剖视图中被剖切的次要建筑构造（包括构配件）的轮廓线 2. 建筑平面图、立面图、剖视图中建筑构配件的轮廓线 3. 建筑构造详图及构配件详图中的一般轮廓线
细实线	0.35b	小于 0.5b 的图形线、尺寸线、尺寸界线、图例线、索引符号、标高符号等
中虚线	0.5b	1. 建筑构造及建筑构配件不可见的轮廓线 2. 平面图中的起重机轮廓线 3. 拟扩建的建筑物轮廓线
细虚线	0.35b	图例线、小于 0.5b 的不可见轮廓线
粗点画线	b	起重机轨道线
细点画线	0.35b	中心线、对称线、定位轴线
折断线	0.35b	不需绘制全的断开界线
波浪线	0.35b	不需绘制全的断开界线、构造层次的断开界线

1.6.5　图纸字体

图纸上所标注的文字、字符和数字等，应做到排列整齐、清楚正确，尺寸大小要协调一致。当汉字、字符和数字并列书写时，汉字的字高要略高于字符和数字；汉字应采用国家标准规定的矢量汉字，汉字的高度应不小于 2.5mm，字母与数字的高度应不小于 1.8mm；图纸及说明中汉字的字体应采用长仿宋体，图名、大标题、标题栏等可选用长仿宋体、宋体、楷体或黑体等；汉字的最小行距应不小于 2mm，字符与数字的最小行距应不小于 1mm，当汉字与字符数字混合时，最小行距应根据汉字的规定使用。

1.6.6　尺寸标注

图纸上的尺寸应包括尺寸界线、尺寸线、尺寸起止符号和尺寸数字等。尺寸界线是表示所度量图形尺寸的范围边界，应用细实线标注；尺寸线是表示图形尺寸度量方向的直线，它与被标注的对象之间的距离不宜小于 10mm，且互相平行的尺寸线之间的距离要保持一致，一般为 7～10mm；尺寸数字一律使用阿拉伯数字注释，在打印出图后的图纸上，字高一般为 2.5～3.5mm，同一张图纸上的尺寸数字大小应一致，并且图样上的尺寸单位，除建筑标高和总平面图等建筑图纸以 m 为单位之外，均应以 mm 为单位。

1.7　本 章 小 结

AutoCAD 是集多功能于一体的高精度计算机辅助设计软件，使用此软件可以轻松高效地进行图形的设计与绘制工作，本章在简单概述室内设计理念知识的基础上，重点讲述了使用 AutoCAD 2016 进行室内设计的基本操作技能以及室内图纸的绘制和修改技能，使读者快速了解相关的理论知识和初步应用 AutoCAD，为后续章节的学习打下基础。

通过本章的学习，能使无 AutoCAD 操作基础的读者和相关设计理论知识比较薄弱的读者，对其有一个宏观的认识和了解，如果读者对以上内容有所了解，也可以跳过本章内容，直接从第 2 章开始学习。

第 2 章　制作室内施工图样板文件

在 AutoCAD 制图中，“样板文件”也称“样板图”，或“绘图样板”等，此类文件指的就是包含一定的绘图环境、参数变量、绘图样式、页面设置等内容，但并未绘制图形的空白文件，当将此空白文件保存为“.dwt”格式后，就成为了样板文件。

用户在样板文件的基础上绘图，可以避免许多参数的重复性设置，大大节省绘图时间，不但提高绘图效率，还可以使绘制的图形更符合规范、更标准，保证图面、质量的完整统一。

■ 学习内容

✧ 设置室内绘图环境
✧ 设置室内常用层及特性
✧ 设置室内常用绘图样式
✧ 绘制室内设计标准图框
✧ 室内样板图的页面布局

2.1　设置室内绘图环境

本章以设置一个 A2-H 幅面的室内绘图样板文件为例，主要学习室内绘图样板文件的详细制作过程和技巧。下面首先从室内设计绘图环境的设置，具体包括绘图单位、图形界限、捕捉模数、追踪功能以及常用变量等。

2.1.1　设置单位与精度

（1）单击“快速访问”工具栏→“新建”按钮，打开“选择样板”对话框。

（2）在“选择样板”对话框中选择“acadISO -Named Plot Styles”作为基础样板，新建空白文件，如图 2-1 所示。

图 2-1　“选择样板”对话框

操作提示：“acadISO -Named Plot Styles”是一个命令打印样式样板文件，如果用户需要使用“颜色相关打印样式”作为样板文件的打印样式，可以选择“acadiso”基础样式文件。

（3）选择菜单栏“格式”→“单位”命令，或使用快捷键“UN”激活“单位”命令，打开“图形单位”对话框。

（4）在“图形单位”对话框中设置长度类型、角度类型以及单位、精度等参数，如图 2-2 所示。

2.1.2 设置绘图区域

（1）选择菜单栏“格式”→“图形界限”命令，设置默认作图区域为 59400×42000。命令行操作如下。

```
命令: '_limits
重新设置模型空间界限:
指定左下角点或 [开(ON)/关(OFF)] <0.0,0.0>:   //Enter
指定右上角点 <420.0,297.0>:                 //59400,42000Enter
```

（2）选择菜单栏“视图”→“缩放”→“全部”命令，将图形界限最大化显示。

操作提示：如果用户想直观地观察到设置的图形界限，可按下 F7 功能键，打开“栅格”功能，通过坐标的栅格线或栅格点，直观形象地显示出图形界限，如图 2-3 所示。

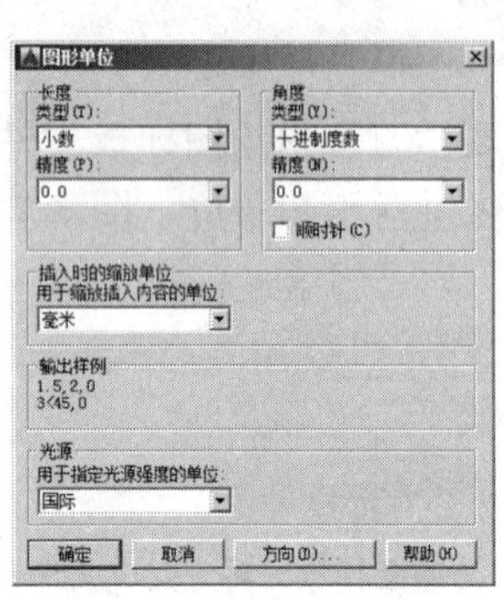

图 2-2 设置单位与精度

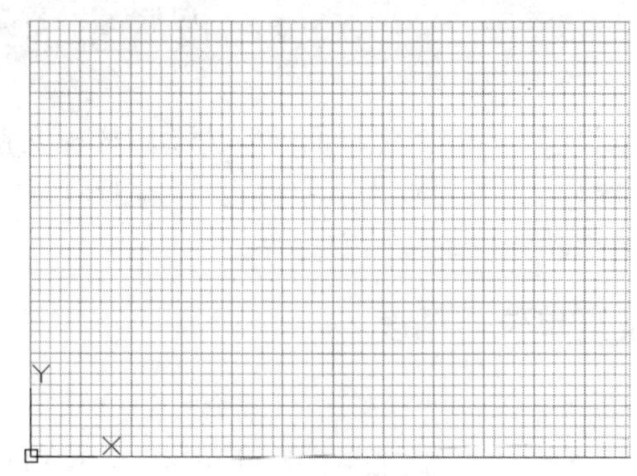

图 2-3 栅格显示界限

2.1.3 设置捕捉与追踪

（1）在状态栏“对象捕捉”按钮上单击右键，选择“对象捕捉设置”选项，或使用快捷键“DS”激活“草图设置”命令，打开“草图设置”对话框。

（2）展开“对象捕捉”选项卡，启用和设置常用的对象捕捉模式，如图 2-4 所示。

（3）展开“极轴追踪”选项卡，设置追踪角参数如图 2-5 所示。

操作提示：此处设置的捕捉和追踪模式不是绝对的，用户可以在实际操作过程中随时更改。

（4）单击 确定 ，关闭“草图设置”对话框。

（5）按下 12 功能键，打开状态栏上的“动态输入”功能。

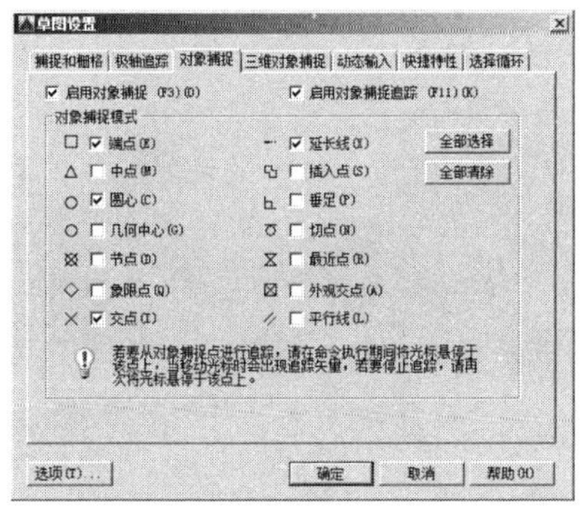

图 2-4 设置捕捉参数

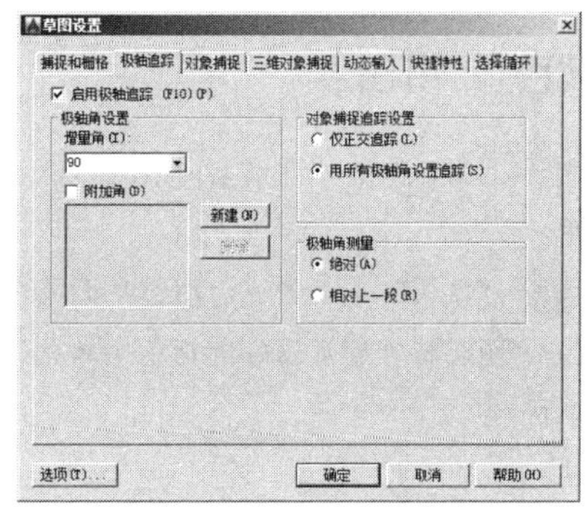

图 2-5 设置追踪角参数

2.1.4 设置常用系统变量

（1）在命令行输入系统变量“LTSCALE”，以调整线型的显示比例，命令行操作如下。

```
命令: LTSCALE                          // Enter
输入新线型比例因子 <1.0000>:           // 100 Enter
正在重生成模型。
```

（2）使用系统变量“DIMSCALE”设置和调整尺寸标注样式的比例，具体操作如下。

```
命令: DIMSCALE                         // Enter
输入 DIMSCALE 的新值 <1>:              //100 Enter
```

操作提示： 将尺寸比例调整为 100，并不是绝对参数值，用户也可根据实际情况进行修改设置。

（3）系统变量“MIRRTEXT”用于设置镜像文字的可读性。当变量值为 0 时，镜像后的文字具有可读性；当当变量为 1 时，镜像后的文字不可读，具体设置如下。

```
命令: MIRRTEXT                         // Enter
输入 MIRRTEXT 的新值 <1>:              // 0 Enter
```

（4）由于属性块的引用一般有“对话框”和“命令行”两式，可以使用系统变量“ATTDIA”，进行控制属性值的输入方式，具体操作如下。

```
命令: ATTDIA                           // Enter
输入 ATTDIA 的新值 <1>:                //0 Enter
```

操作提示： 当变量 ATTDIA=0 时，系统将以“命令行”形式提示输入属性值；为 1 时，以“对话框”形式提示输入属性值。

（5）最后使用“保存”命令，将当前文件命名存储为“设置室内绘图环境.dwg”。

2.2 设置室内常用层及特性

下面通过为室内样板文件设置常用的图层及图层特性，学习层及层特性待的设置方法和技巧，以方便用户对各类图形资源进行组织和管理。

2.2.1 设置常用图层

（1）打开上例存储的“设置室内绘图环境.dwg”，或直接从随书光盘中的“\效果文件\第 2 章\”目录下调用此文件。

（2）单击“默认”选项卡→“图层”面板→“图层特性”按钮，打开“图层特性管理器”对话框。

（3）在“图层特性管理器”对话框中单击“新建图层”按钮，创建一个名为“墙线层”的新图层，如图 2-6 所示。

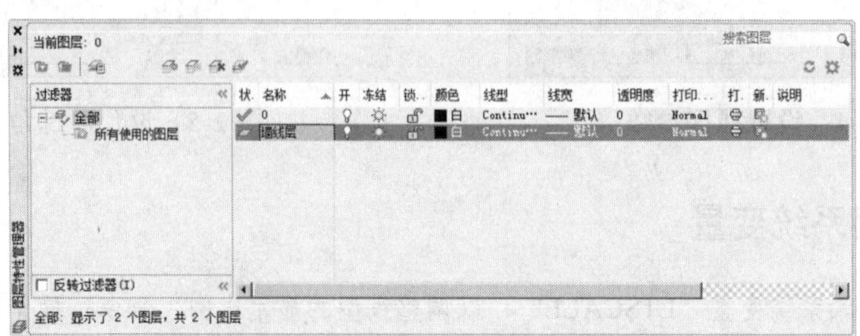

图 2-6 新建图层

（4）连续按 Enter 键，分别创建灯具层、吊顶层、家具层、轮廓线等图层，如图 2-7 所示。

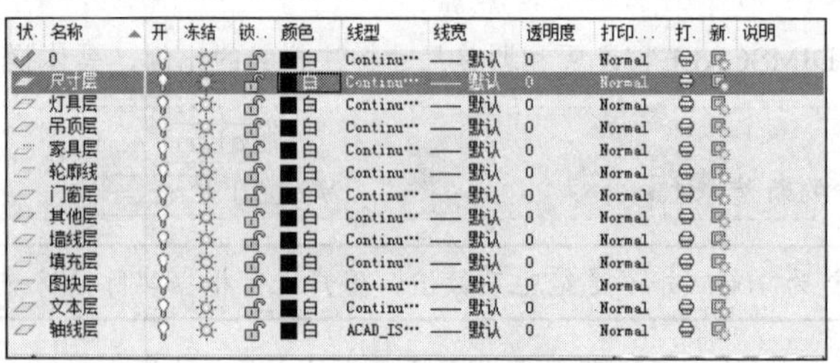

图 2-7 设置图层

操作提示：连续两次按 Enter 键，也可以创建多个图层。在创建新图层时，所创建出的新图层将继承先前图层的一切特性（如颜色、线型等）。

2.2.2 设置颜色特性

（1）选择“尺寸层”，在如图 2-8 所示的颜色图标上单击左键，打开“选择颜色”对话框。

（2）在“选择颜色”对话框中的“颜色”文本框中输入蓝，为所选图层设置颜色值，如图 2-9 所示。

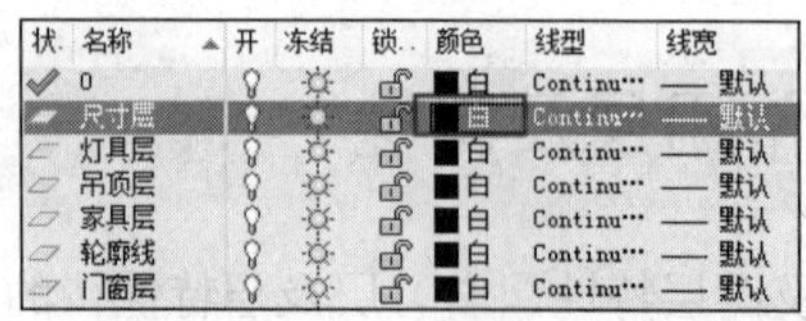

图 2-8 定位图层页

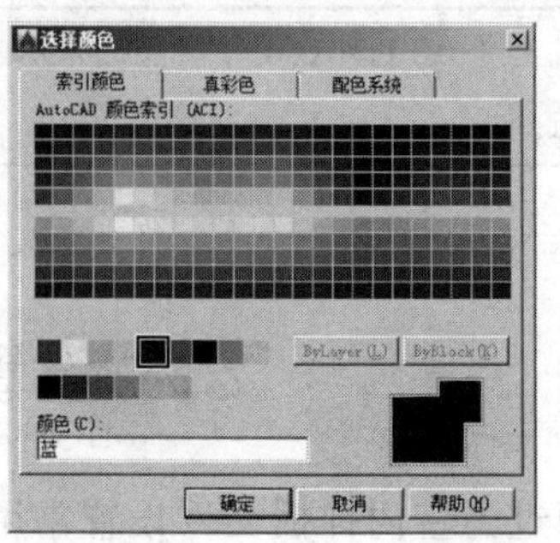

图 2-9 “选择颜色”对话框

（3）单击 确定 按钮返回“图层特性管理器”对话框，结果“尺寸层”的颜色被设置为“蓝色”，如图2-10所示。

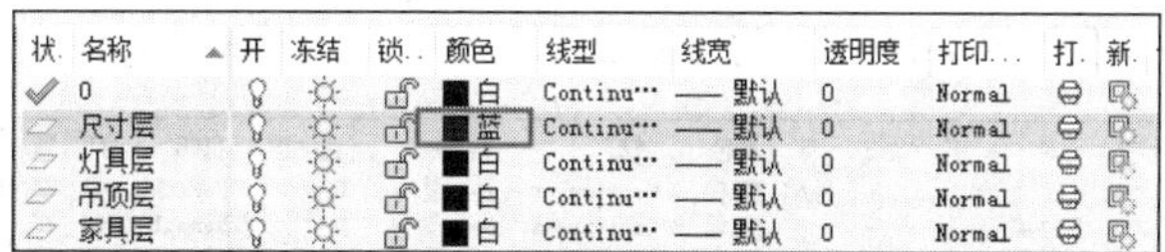

图 2-10 设置结果

（4）参照上面，分别为其他图层设置颜色特性，设置结果如图2-11所示。

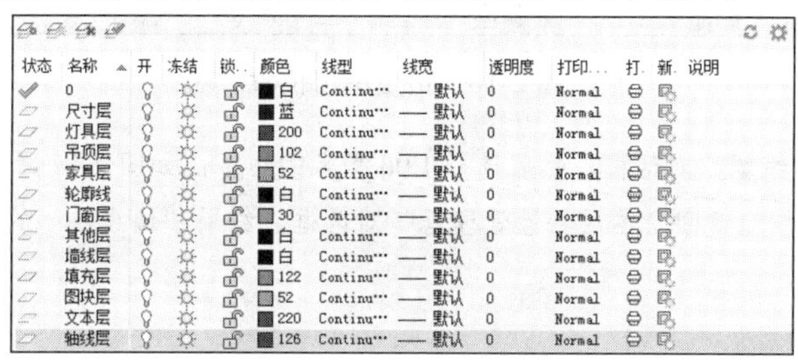

图 2-11 设置颜色特性

2.2.3 设置线型特性

（1）选择“轴线层”，在如图2-12所示的“Continuous”位置上单击左键，打开“选择线型”对话框。

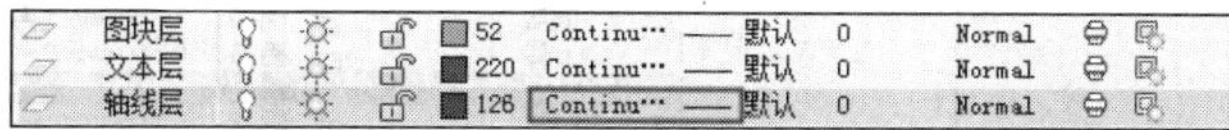

图 2-12 指定位置

（2）在“选择线型”对话框中单击 加载(L)... ，从打开的“加载或重载线型”对话框中选择如图2-13所示的“ACAD_ISO04W100”线型。

（3）单击 确定 按钮，结果选择的线型被加载到“选择线型”对话框中，如图2-14所示。

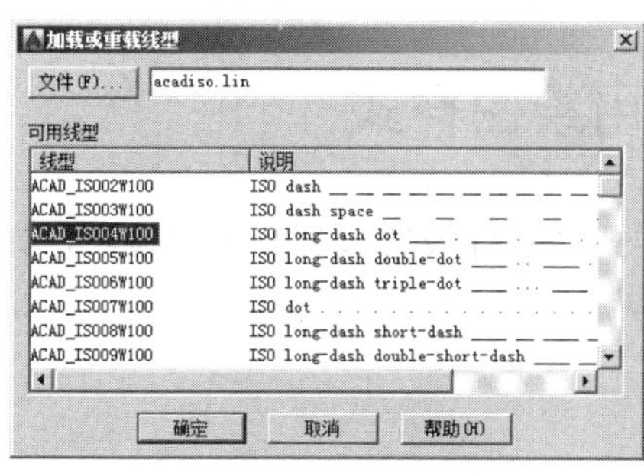

图 2-13 选择线型

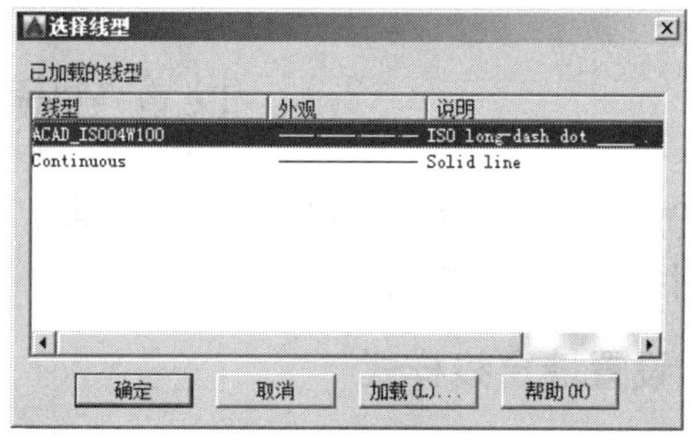

图 2-14 加载线型

（4）选择刚加载的线型单击 确定 按钮，将加载的线型附给当前被选择的“轴线层”，结果如图2-15所示。

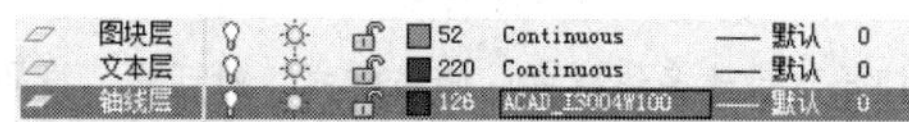

图 2-15 设置图层线型

2.2.4 设置线宽特性

（1）选择“墙线层”，在如图 2-16 所示的位置上单击左键，以对其设置线宽。

状态	名称	开	冻结	锁..	颜色	线型	线宽	透明度	打印...	打.	新.
	0				白	Continuous	—— 默认	0	Normal		
	尺寸层				蓝	Continuous	—— 默认	0	Normal		
	灯具层				200	Continuous	—— 默认	0	Normal		
	吊顶层				102	Continuous	—— 默认	0	Normal		
	家具层				52	Continuous	—— 默认	0	Normal		
	轮廓线				白	Continuous	—— 默认	0	Normal		
	门窗层				30	Continuous	—— 默认	0	Normal		
	其他层				白	Continuous	—— 默认	0	Normal		
	墙线层				白	Continuous	—— 默认	0	Normal		
	填充层				122	Continuous	—— 默认	0	Normal		

图 2-16 指定单击位置

（2）此时系统打开“线宽”对话框，然后选择 1.00 毫米的线宽，如图 2-17 所示。

（3）单击 确定 按钮返回“图层特性管理器”对话框，结果“墙线层”的线宽被设置为 0.35mm，如图 2-18 所示。

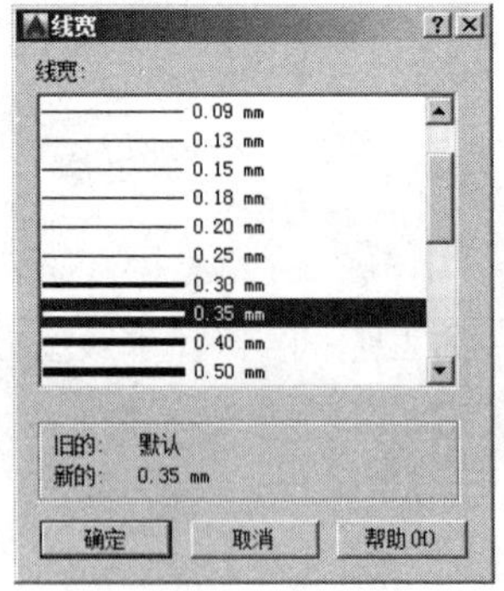

图 2-17 选择线宽

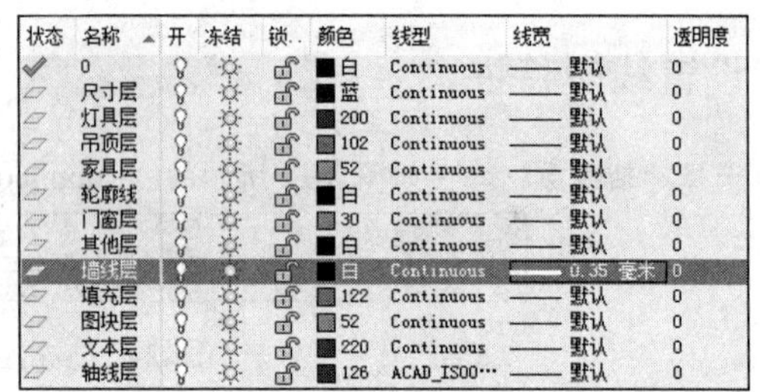

状态	名称	开	冻结	锁..	颜色	线型	线宽	透明度
	0				白	Continuous	—— 默认	0
	尺寸层				蓝	Continuous	—— 默认	0
	灯具层				200	Continuous	—— 默认	0
	吊顶层				102	Continuous	—— 默认	0
	家具层				52	Continuous	—— 默认	0
	轮廓线				白	Continuous	—— 默认	0
	门窗层				30	Continuous	—— 默认	0
	其他层				白	Continuous	—— 默认	0
	墙线层				白	Continuous	—— 0.35 毫米	0
	填充层				122	Continuous	—— 默认	0
	图块层				52	Continuous	—— 默认	0
	文本层				220	Continuous	—— 默认	0
	轴线层				126	ACAD_ISO0···	—— 默认	0

图 2-18 设置线宽

（4）在“图层特性管理器”对话框中单击 X，关闭对话框。

（5）最后执行“另存为”命令，将文件另名存储为“设置室内常用图层及特性.dwg”。

2.3 设置室内常用绘图样式

本节主要学习室内设计样板图中，各种常用样式的具体设置过程和设置技巧，如文字样式、尺寸样式、墙线样式、窗线样式等。

2.3.1 设置墙窗线样式

（1）打开上例存储的“设置室内常用图层及特性.dwg”，或直接从随书光盘中的“\效果文件\第 2 章\”目录下调用此文件。

（2）在命令行输入“mlstyle”后按 Enter 键，打开“多线样式”对话框。

（3）单击 新建(N)... 按钮，打开“创建新的多线样式”对话框，为新样式赋名，如图 2-19 所示。

（4）单击 继续 按钮，打开“新建多线样式：墙线样式”对话框，设置多线样式的形口形式，如图 2-20 所示。

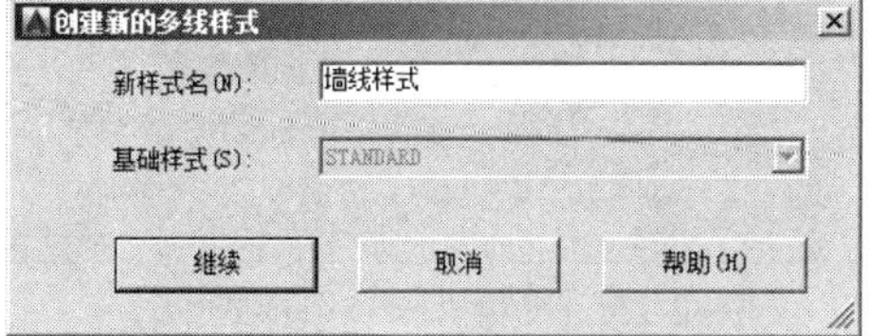

图 2-19 为新样式赋名

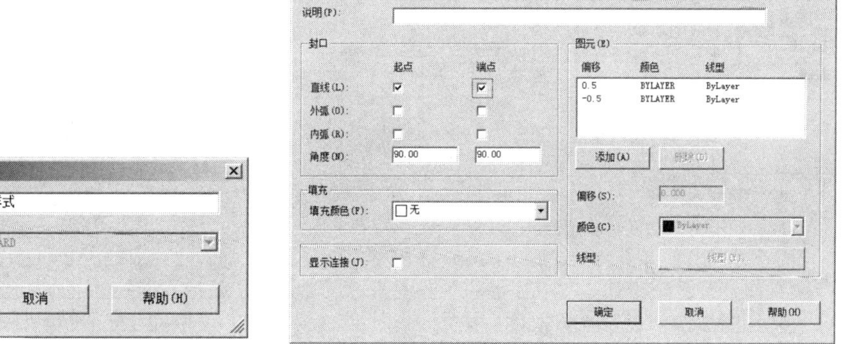

图 2-20 设置封口形式

（5）单击 确定 按钮返回“多线样式”对话框，结果设置的新样式显示在预览框内。

（6）参照上述操作步骤，设置“窗线样式”样式，其参数设置和效果预览分别如图 2-21 和图 2-22 所示。

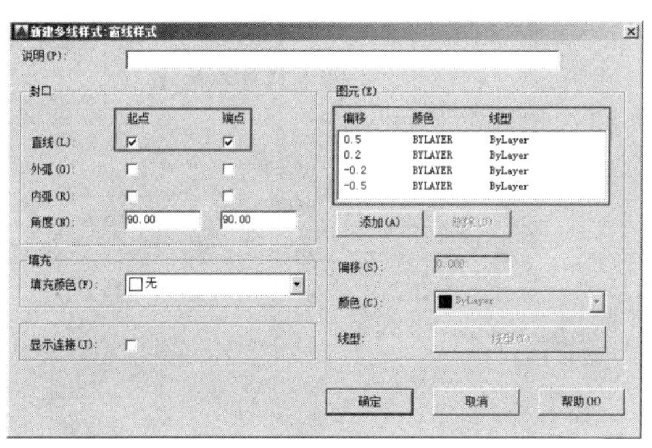

图 2-21 设置参数

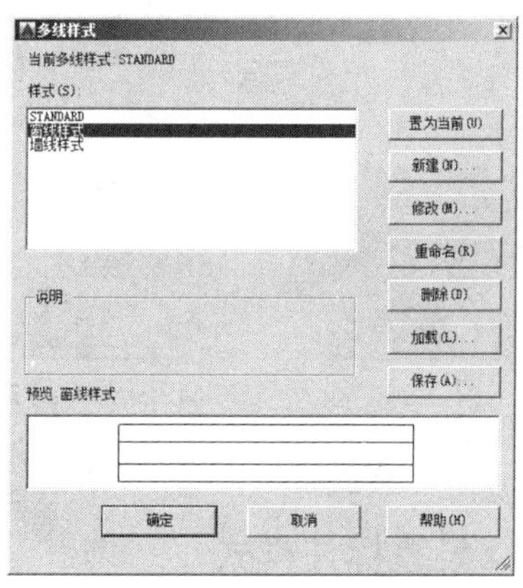

图 2-22 设置窗线样式

操作提示：如果需要将新样式应用在其他文件中，可以单击 保存(A)... 按钮，以“*mln”的格式进行保存，在其他文件中使用时，仅需要加载即可。

（7）在“多线样式管理器”对话框中选择“墙线样式”单击 置为当前(U) 按钮，将其设为当前样式，并关闭对话框。

2.3.2 设置文字样式

（1）单击“默认”选项卡→“注释”面板→“文字样式”按钮，打开“文字样式”对话框。

（2）在打开的“文字样式”对话框中单击 新建(N)... 按钮，打开“新建文字样式”对话框，为新样式赋名，如图 2-23 所示。

（3）单击 确定 按钮返回“文字样式”对话框，设置新样式的字体、字高以及宽度比例等参数，如图 2-24 所示。

（4）单击 应用(A) 按钮，至次创建了一种名为“仿宋体”文字样式。

图 2-23 设置样式名

（5）参照第 2～4 操作步骤，设置一种名为“宋体”的文字样式，其参数设置如图 2-25 所示。

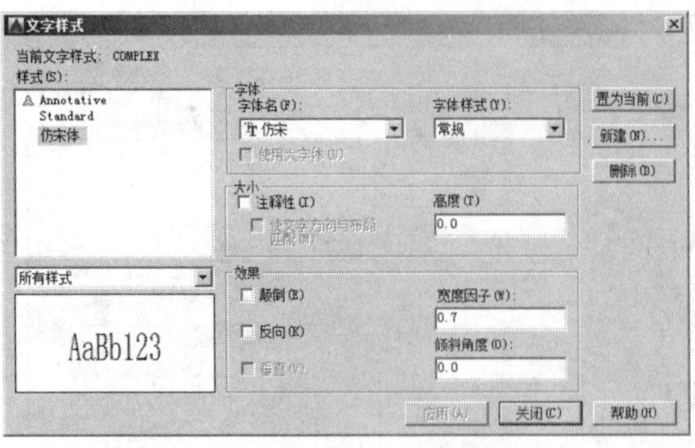

图 2-24 设置“仿宋体”样式

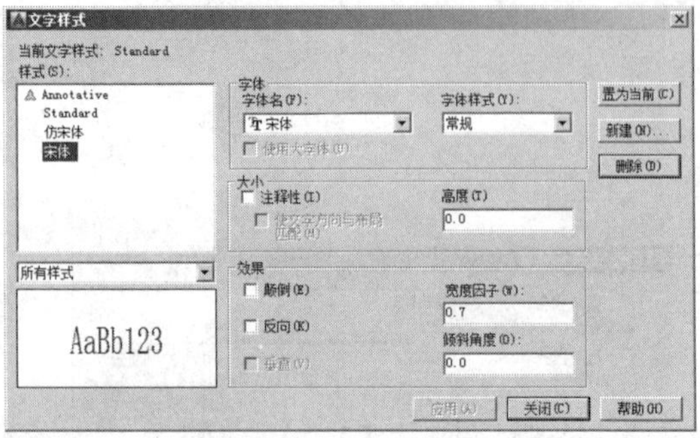

图 2-25 设置“宋体”样式

（6）参照第 2~4 操作步骤，设置一种名为“COMPLEX”的轴号字体样式，其参数设置如图 2-26 所示。

（7）参照第 2~4 操作步骤，设置一种名为“SIMPLEX”的文字样式，其参数设置如图 2-27 所示。

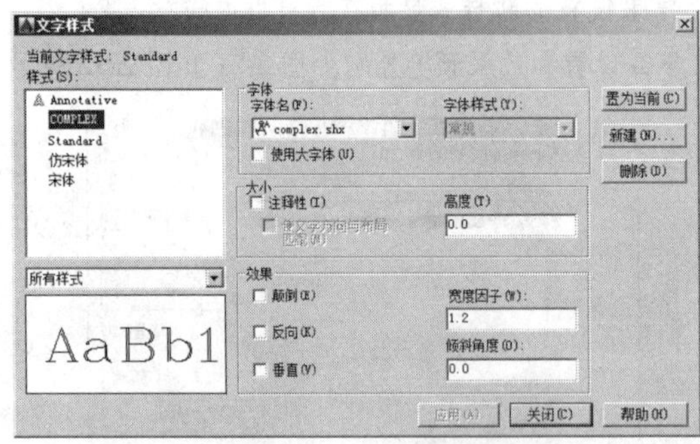

图 2-26 设置“COMPLEX”样式

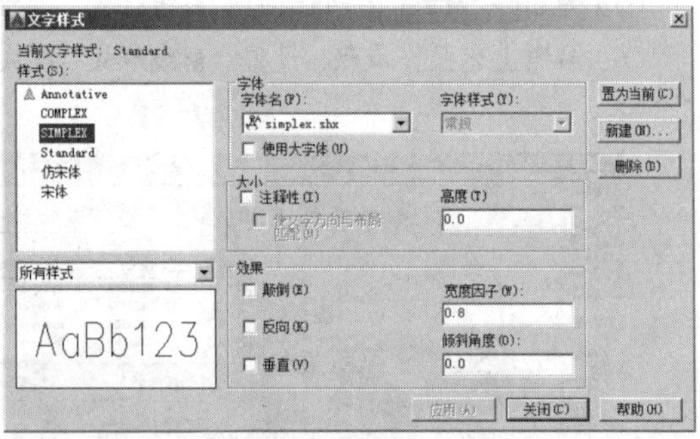

图 2-27 设置“SIMPLEX”样式

（8）单击 关闭(C) 按钮，关闭“文字样式”对话框。

2.3.3 设置标注样式

（1）单击“默认”选项卡→“绘图”面板→“多段线”按钮，绘制宽度为 0.5、长度为 2 的多段线，作为尺寸箭头。

（2）使用“直线”命令绘制一条长度为 3 的水平线段，并使直线段的中点与多段线的中点对齐，如图 2-28 所示。

（3）单击“默认”选项卡→“修改”面板→“旋转”按钮，将箭头进行旋转 45°，如图 2-29 所示。

图 2-28 绘制细线

图 2-29 旋转结果

（4）单击“默认”选项卡→“块”面板→“创建”按钮，打开“块定义”对话框。

（5）单击“拾取点”按钮，返回绘图区捕捉多段线中点作为块的基点，将其创建为图块，块名为“尺寸箭头”。

（6）单击“默认”选项卡→“注释”面板→“标注样式”按钮，在打开的“标注样式管理器”对话框中单击 新建(N)... 按钮，为新样式赋名，如图 2-30 所示。

（7）单击 继续 按钮，打开“新建标注样式：建筑标注”对话框，设置基线间距、起点偏移量等参数，如图 2-31 所示。

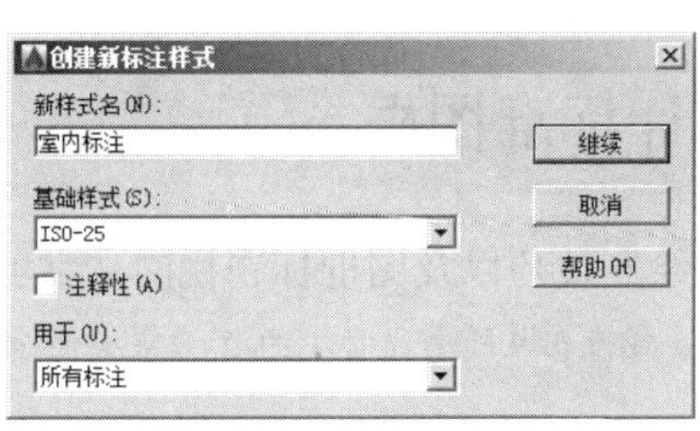

图 2-30 “创建新标注样式”对话框

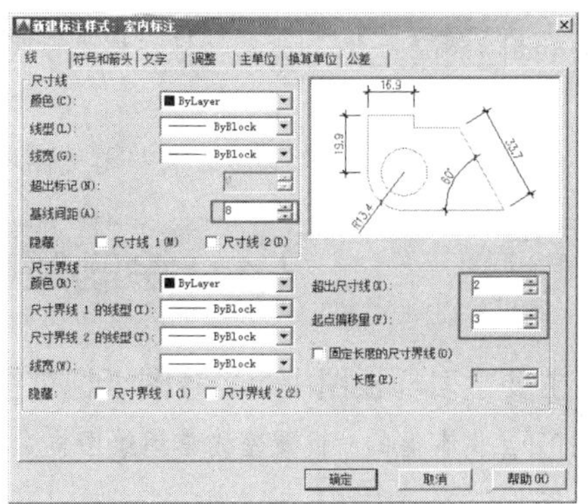

图 2-31 设置“线”参数

（8）展开“符号和箭头”选项卡，然后单击“箭头”组合框中的“第一项”列表框，选择列表中的“用户箭头”选项。此时打开“选择自定义箭头块”对话框，然后选择“尺寸箭头”块作为尺寸箭头。

（9）返回“符号和箭头”选项卡，然后设置参数如图 2-32 所示。

（10）展开“文字”选项卡，设置尺寸字体的样式、颜色、大小等参数，如图 2-33 所示。

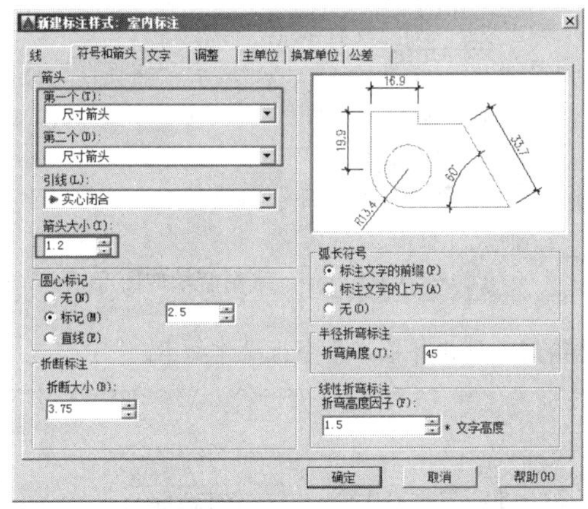

图 2-32 设置直线和箭头参数

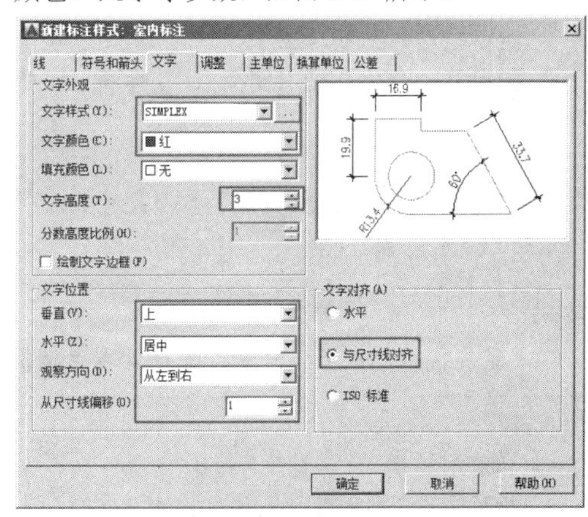

图 2-33 设置文字参数

（11）展开“调整”选项卡，调整文字、箭头与尺寸线等的位置如图 2-34 所示。

（12）展开“主单位”选项卡，设置线型参数和角度标注参数如图 2-35 所示。

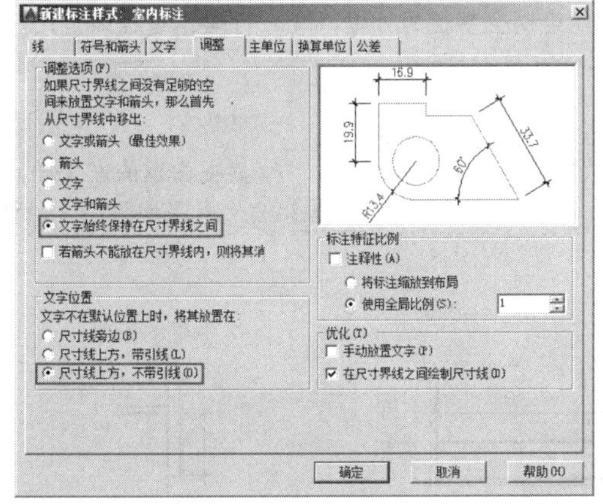

图 2-34 “调整”选项卡

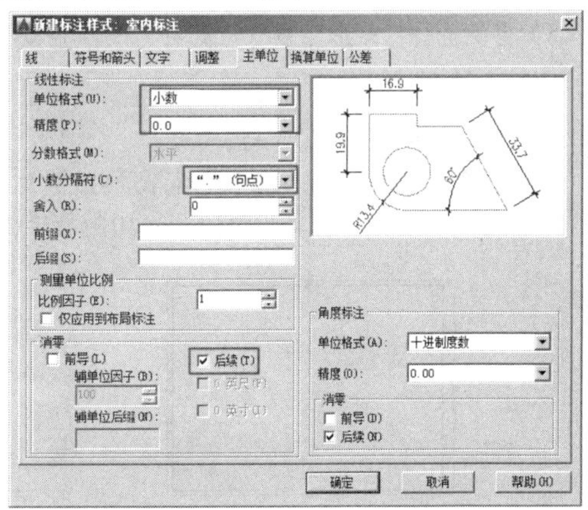

图 2-35 “主单位”选项卡

（13）单击 确定 按钮返回“标注样式管理器“对话框，单击 置为当前(U)，将“室内标注”设置为当前样式。

（14）最后执行“另存为”命令，将当前文件名另存储为“设置室内常用绘图样式.dwg”。

2.4 绘制室内设计标准图框

本节主要学习样板图中，2号图纸标准图框的绘制技巧以及图框标题栏的文字填充技巧。

（1）打开上例存储的“设置室内常用绘图样式.dwg”，或直接从随书光盘中的“\效果文件\第2章\”目录下调用此文件。

（2）单击“默认”选项卡→“绘图”面板→“矩形”按钮，绘制长度为594、宽度为420的矩形，作为2号图纸的外边框。

（3）重复执行“矩形”命令，配合“捕捉自”功能绘制内框，命令行操作如下。

```
命令:                                                //Enter
RECTANG 指定第一个角点或 [倒角(C)/标高(E)/圆角(F)/厚度(T)/宽度(W)]: //w Enter
指定矩形的线宽 <0>:                                  //2 Enter，设置线宽
指定第一个角点或 [倒角(C)/标高(E)/圆角(F)/厚度(T)/宽度(W)]: //激活“捕捉自”功能
_from 基点:                                          //捕捉外框的左下角点
<偏移>:                                              //@25,10 Enter
指定另一个角点或 [面积(A)/尺寸(D)/旋转(R)]:  //激活“捕捉自”功能
_from 基点:                                          //捕捉外框右上角点
<偏移>:                                              //@-10,-10 Enter，绘制结果如图2-36所示
```

（4）重复执行“矩形”命令，配合“端点捕捉”功能绘制标题栏外框，命令行操作如下。

```
命令: _rectang
当前矩形模式: 宽度=2.0
指定第一个角点或 [倒角(C)/标高(E)/圆角(F)/厚度(T)/宽度(W)]:  // w Enter
指定矩形的线宽 <2.0>:                                        //1.5 Enter，设置线宽
指定第一个角点或 [倒角(C)/标高(E)/圆角(F)/厚度(T)/宽度(W)]:  //捕捉内框右下角点
指定另一个角点或 [面积(A)/尺寸(D)/旋转(R)]: //@-240,50 Enter，绘制结果如图2-37所示
```

（5）重复执行“矩形”命令，配合“端点捕捉”功能绘制会签栏的外框，命令行操作过程如下。

```
命令: _rectang
当前矩形模式: 宽度=1.5
指定第一个角点或 [倒角(C)/标高(E)/圆角(F)/厚度(T)/宽度(W)]:    //捕捉内框的左上角点
指定另一个角点或 [面积(A)/尺寸(D)/旋转(R)]: //@-20,-100 Enter，绘制结果如图2-38所示
```

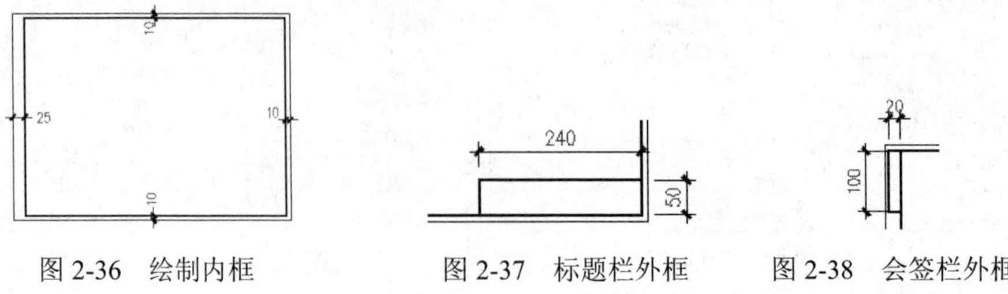

图2-36 绘制内框　　图2-37 标题栏外框　　图2-38 会签栏外框

（6）使用快捷键“L”激活“直线”命令，参照所示尺寸绘制标题栏和会签栏内部的分格线，如图 2-39 和图 2-40 所示。

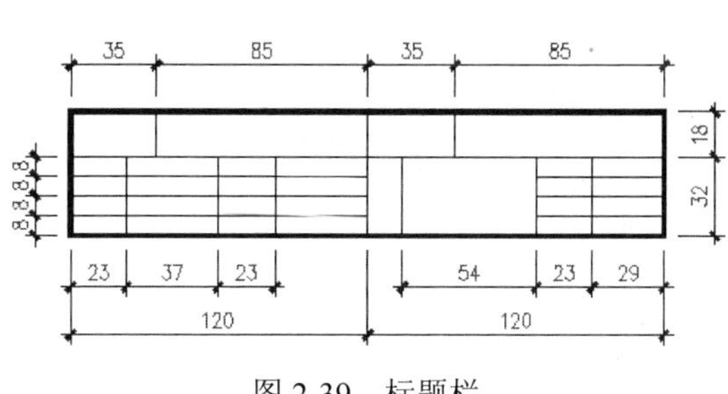

图 2-39　标题栏

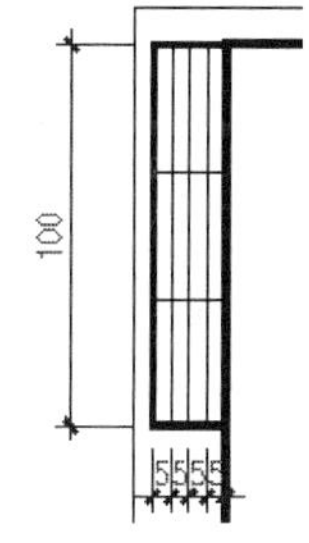

图 2-40　会签栏

（7）单击“默认”选项卡→“注释”面板→“多行文字”按钮 A，分别捕捉如图 2-41 所示的方格对角点 A 和 B，打开“文字编辑器”选项卡。

（8）在“文字编辑器”选项卡相应面板中设置文字的对正方式为正中，设置文字样式为“宋体”、字体高度为 8，然后填充如图 2-42 所示的文字。

图 2-41　定位捕捉点

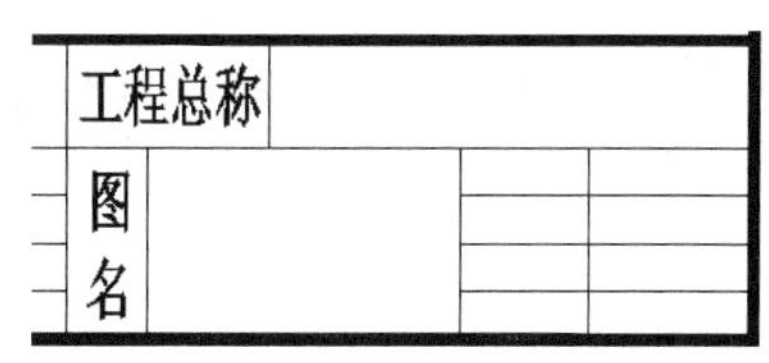

图 2-42　填充结果

（9）重复执行“多行文字”命令，设置字体样式为“宋体”、字体高度为 4.6、对正方式为“正中”，填充标题栏其他文字，如图 2-43 所示。

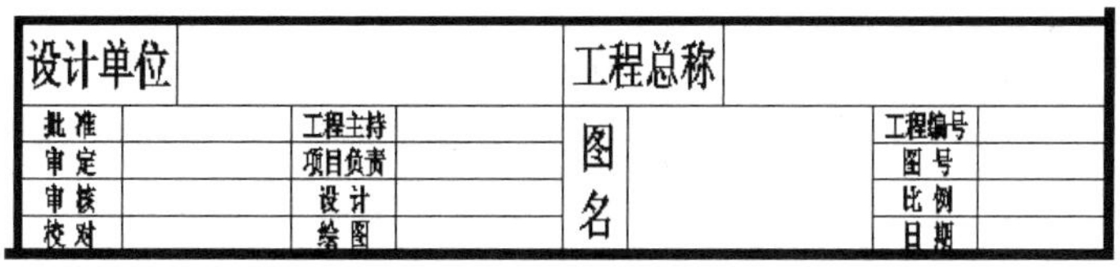

设计单位				工程总称			
批准		工程主持		图名		工程编号	
审定		项目负责				图号	
审核		设计				比例	
校对		绘图				日期	

图 2-43　填充结果

（10）单击“默认”选项卡→“修改”面板→“旋转”按钮，选择会签栏进行旋转–90°。

（11）使用快捷键“T”激活“多行文字”命令，设置样式为“宋体”、高度为 2.5，对正方式为“正中”，为会签栏填充文字，结果如图 2-44 所示。

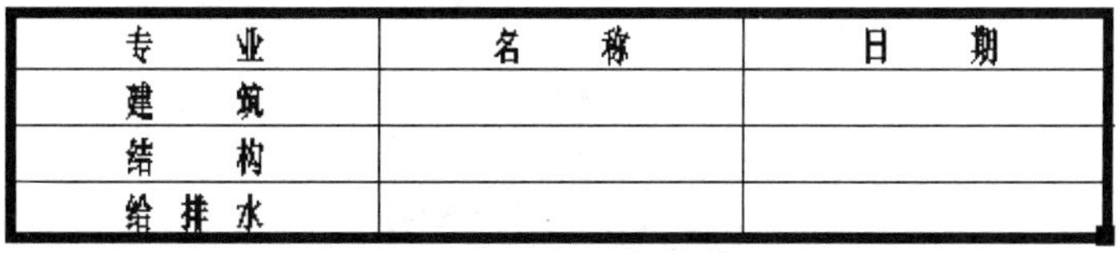

专　业	名　称	日　期
建　筑		
结　构		
给排水		

图 2-44　填充文字

（12）单击“默认”选项卡→“修改”面板→“旋转”按钮，将会签栏及填充的文字旋转-90°，基点不变。

（13）单击“默认”选项卡→“块”面板→“创建块”按钮，设置块名为“A2-H”，基点为外框左下角点，其他块参数如图2-45所示，将图框及填充文字创建为内部块。

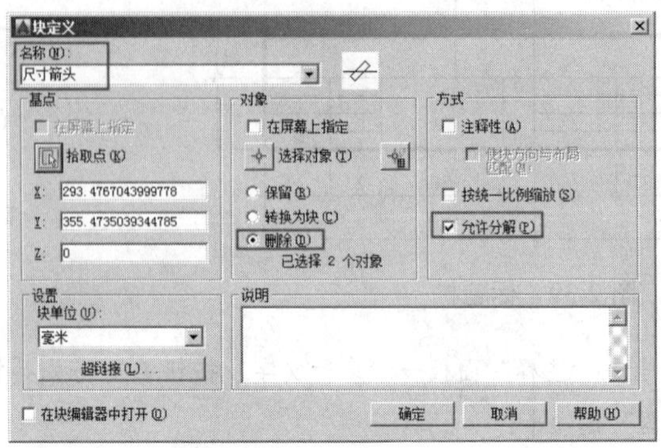

图2-45　设置块参数

（14）最后执行“另存为”命令，将当前文件名另存储为“绘制室内设计标准图框.dwg”。

2.5　室内样板图的页面布局

本节主要学习室内设计样板图的页面设置、图框配置以及样板文件的存储方法和具体的操作过程等内容。

2.5.1　设置图纸打印页面

（1）打开上例存储的“绘制室内设计标准图框.dwg”，或直接从随书光盘中的“\效果文件\第2章\”目录下调用此文件。

（2）单击绘图区底部的“布局1”标签，进入到如图2-46所示的布局空间。

（3）单击“输出”选项卡→“打印”面板→“页面设置管理器”按钮，打开“页面设置管理器”对话框。

（4）单击 新建(N)... 按钮，打开“新建页面设置”对话框，为新页面赋名，如图2-47所示。

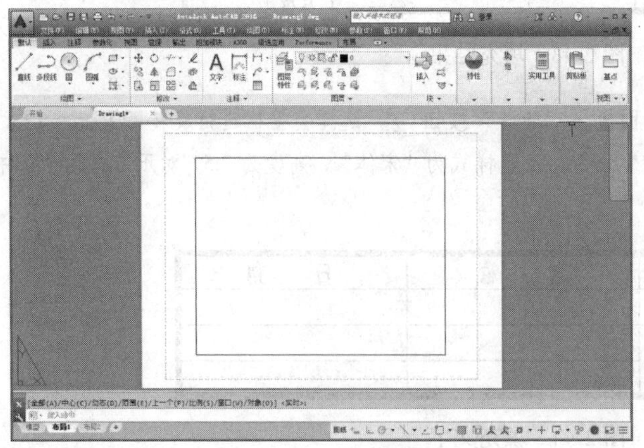

图2-46　布局空间

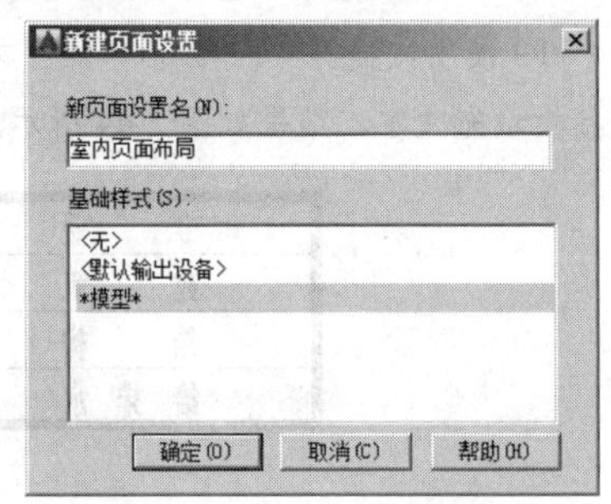

图2-47　为新页面赋名

（5）单击 确定 按钮进入“页面设置-布局 1”对话框，然后设置打印设备、图纸尺寸、打印样式、打印比例等各页面参数，如图 2-48 所示。

（6）单击 确定 按钮返回“页面设置管理器”对话框，将刚设置的新页面设置为当前，如图 2-49 所示。

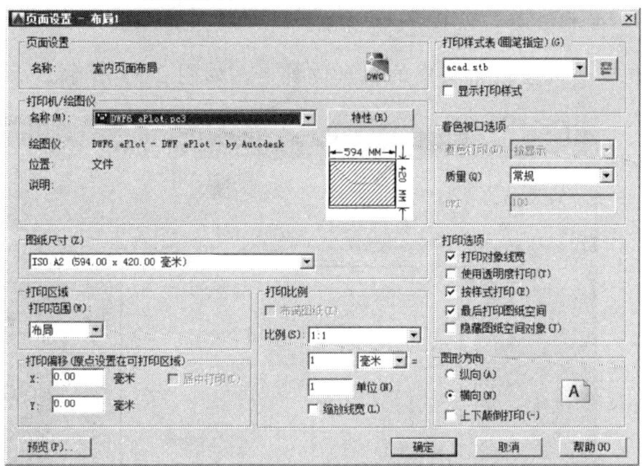
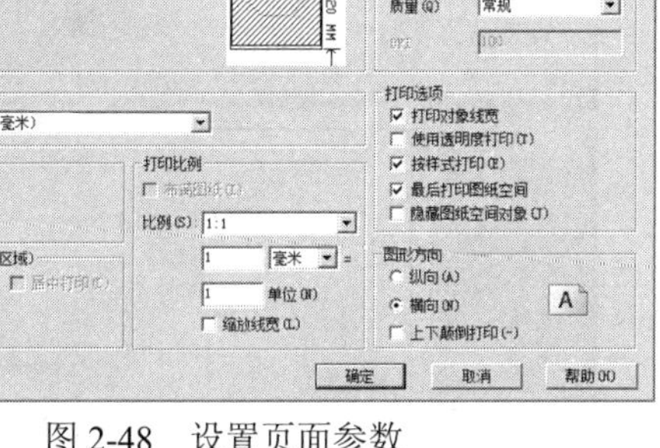

图 2-48　设置页面参数

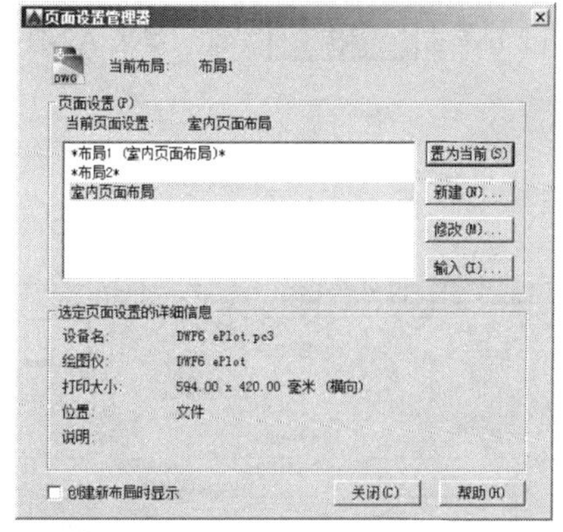

图 2-49　“页面设置管理器”话框

（7）单击 关闭(C) 按钮，页面设置后的效果如图 2-50 所示。

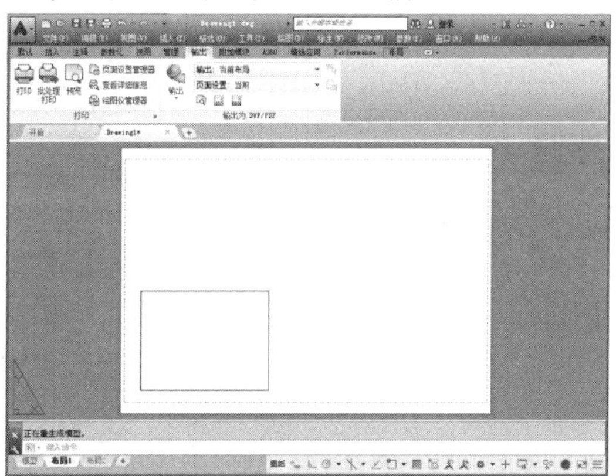

图 2-50　页面设置效果

（8）使用快捷键“E”激活“删除”命令，选择布局内的矩形视口边框进行删除，新布局的页面设置效果如图 2-51 所示。

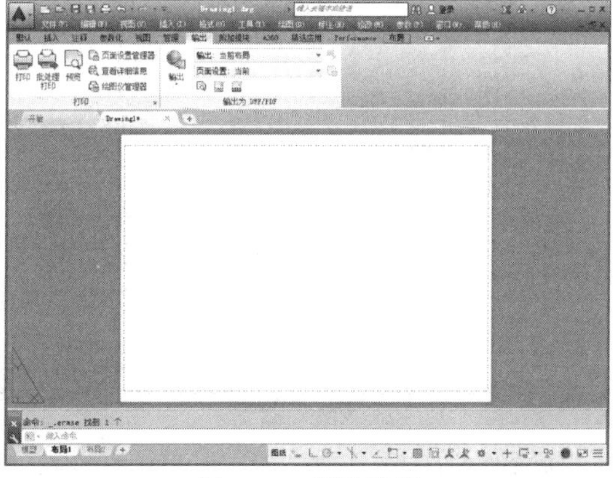

图 2-51　删除结果

2.5.2 配置标准图纸边框

（1）单击“默认”选项卡→“绘图”面板→“插入块”按钮，打开“插入”对话框。

（2）在“插入”对话框中设置插入点、缩放比例等参数，如图2-52所示。

（2）单击 确定 按钮，结果A2-H图表框被插入当前布局中的原点位置上，如图2-53所示。

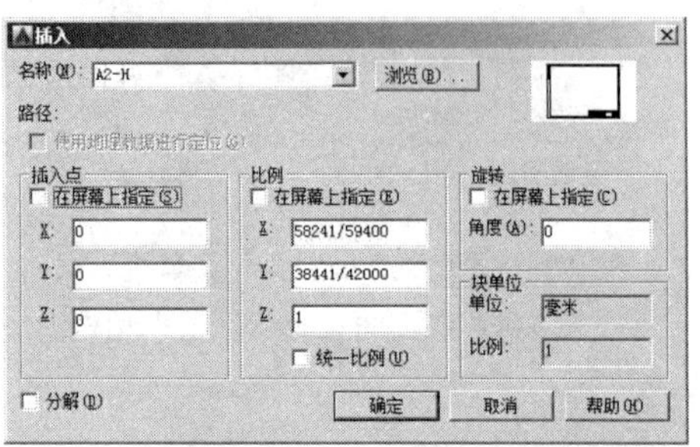

图2-52 设置块参数

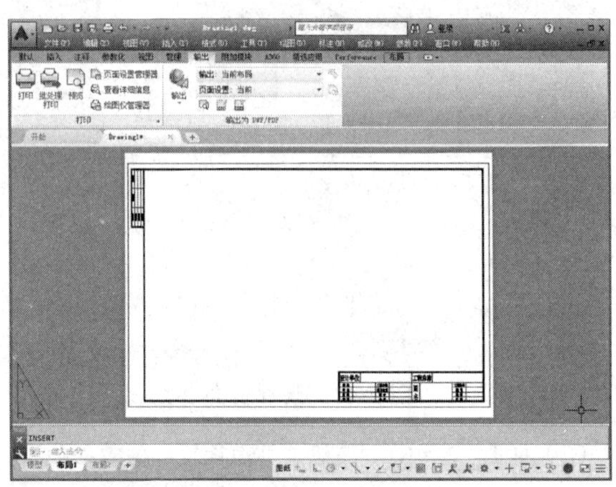

图2-53 插入结果

2.5.3 室内样板图的存储

（1）单击状态栏上的 图纸 图标，返回模型空间。

（2）按Ctrl+Shift+S组合键，打开“图形另存为”对话框。

（3）在“图形另存为“对话框中的设置文件的存储类型为“AutoCAD 图形样板（*dwt）”，如图2-54所示。

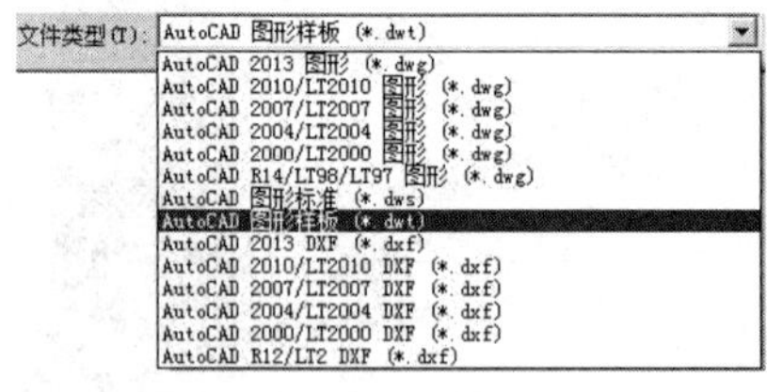

图2-54 “文件类型”下拉列表框

（4）在“图形另存为”对话框下部的“文件名”文本框内输入“室内设计样板.dwt”，如图2-55所示。

（5）单击 保存(S) 按钮，打开“样板选项”对话框，输入“A2-H幅面室内施工图样板文件”，如图2-56所示。

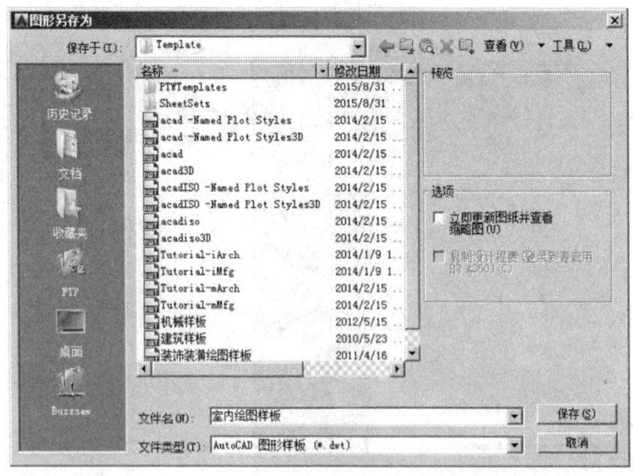

图2-55 样板文件的存储

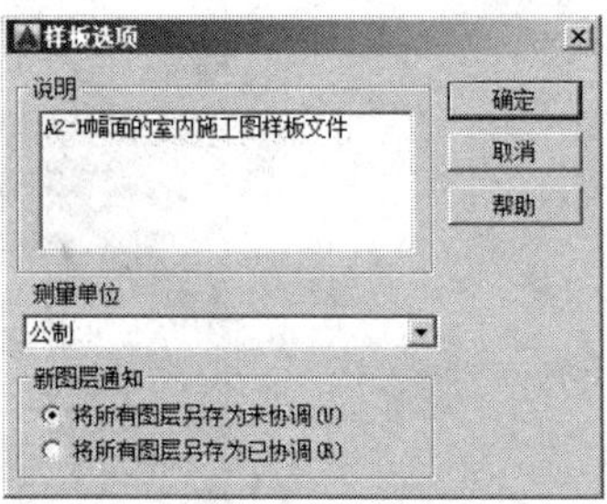

图2-56 “样板选项”对话框

（6）单击 确定 按钮，结果创建了制图样板文件，保存于 AutoCAD 安装目录下的“Template”文件夹目录下。

（7）最后执行“另存为”命令，将当前文件命名存储为“室内样板图的页面布局.dwg”。

2.6 本章小结

本章在了解样板文件概念及功能的前提下，学习了室内设计绘图样板文件的具体制作过程和相关技巧，为以后绘制施工图纸做好了充分的准备。在具体的制作过程中，需要掌握绘图环境的设置、图层及特性的设置、各类绘图样式的设置以及打印页面的布局、图框的合理配置和样板的另名存储等技能。

第 3 章　绘制室内常用构图模块

上两章主要概述了 AutoCAD 室内设计的基础操作技能以及室内绘图样板文件的制作过程，本章则集中讲述室内施工图制图领域中，各类常用构图模块的绘制过程以及常用工具的组合搭配技能。

■ 学习内容

✧ 绘制休闲椅平面模块
✧ 绘制木质门立面模块
✧ 绘制沙发与茶几组合
✧ 绘制衣柜立面模块
✧ 绘制橱柜立面模块
✧ 绘制洗手池平面模块
✧ 绘制写字台立面模块
✧ 绘制沙发立面模块
✧ 绘制双人床立面模块
✧ 绘制浴盆平面模块
✧ 绘制吊灯平面模块
✧ 绘制煤气灶平面模块
✧ 绘制双人床与床头柜

3.1　绘制休闲椅平面模块

本实例通过绘制休闲椅的平面模块，主要学习圆弧连接结构的快速绘制技能。本例最终绘制效果如图 3-1 所示。

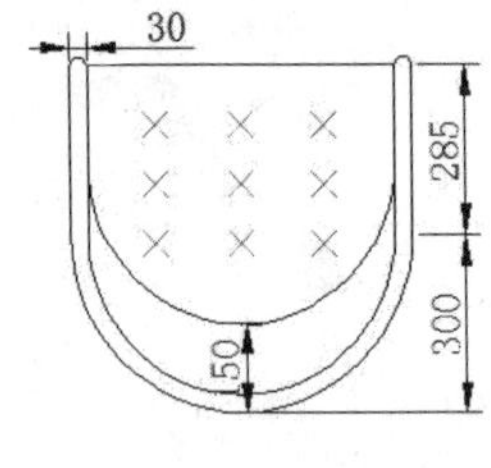

图 3-1　本例效果

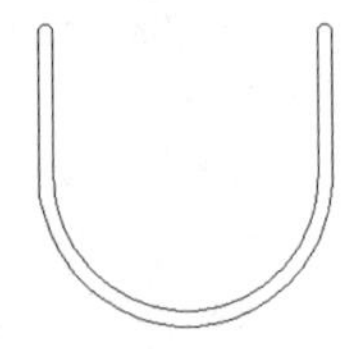
图 3-2　绘制结果

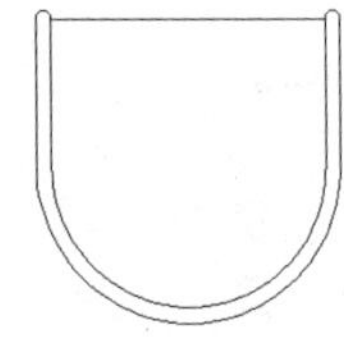
图 3-3　绘制直线

操作步骤

（1）新建文件并启用“极轴追踪”和“对象捕捉”功能。

（2）执行“图形界限”命令，设置图形界限为 600×600，并将其最大化显示。

（3）单击“默认”选项卡→“绘图”面板→“多段线”按钮，配合“极轴追踪”或坐标输入功能绘制椅子轮廓线，命令行操作如下。

```
命令: _pline
指定起点:                                    //拾取一点作为起点
当前线宽为 0.0000
指定下一个点或 [圆弧(A)/半宽(H)/长度(L)/放弃(U)/宽度(W)]:       //@0,-285 Enter
指定下一点或 [圆弧(A)/闭合(C)/半宽(H)/长度(L)/放弃(U)/宽度(W)]:     //a Enter
指定圆弧的端点或[角度(A)/圆心(CE)/闭合(CL)/方向(D)/半宽(H)/直线(L)/半径(R)/第二个点(S)/放弃(U)/宽度(W)]:            //@600,0 Enter
指定圆弧的端点或[角度(A)/圆心(CE)/闭合(CL)/方向(D)/半宽(H)/直线(L)/半径(R)/第二个点(S)/放弃(U)/宽度(W)]:            //l Enter
指定下一点或 [圆弧(A)/闭合(C)/半宽(H)/长度(L)/放弃(U)/宽度(W)]:   //@0,285 Enter
指定下一点或 [圆弧(A)/闭合(C)/半宽(H)/长度(L)/放弃(U)/宽度(W)]:   //a Enter
指定圆弧的端点或[角度(A)/圆心(CE)/闭合(CL)/方向(D)/半宽(H)/直线(L)/半径(R)/第二个点(S)/放弃(U)/宽度(W)]:       //水平向左移动光标，引出水平追踪虚线，输入 30 Enter
指定圆弧的端点或[角度(A)/圆心(CE)/闭合(CL)/方向(D)/半宽(H)/直线(L)/半径(R)/第二个点(S)/放弃(U)/宽度(W)]:            //l Enter
指定下一点或 [圆弧(A)/闭合(C)/半宽(H)/长度(L)/放弃(U)/宽度(W)]:    //@0,-285 Enter
指定下一点或 [圆弧(A)/闭合(C)/半宽(H)/长度(L)/放弃(U)/宽度(W)]:    //a Enter
指定圆弧的端点或[角度(A)/圆心(CE)/闭合(CL)/方向(D)/半宽(H)/直线(L)/半径(R)/第二个点(S)/放弃(U)/宽度(W)]:       //水平向左移动光标，引出水平追踪虚线，输入 540 Enter
指定圆弧的端点或[角度(A)/圆心(CE)/闭合(CL)/方向(D)/半宽(H)/直线(L)/半径(R)/第二个点(S)/放弃(U)/宽度(W)]:            //l Enter
指定下一点或 [圆弧(A)/闭合(C)/半宽(H)/长度(L)/放弃(U)/宽度(W)]:    //@0, 285 Enter
指定下一点或 [圆弧(A)/闭合(C)/半宽(H)/长度(L)/放弃(U)/宽度(W)]:    //a Enter
指定圆弧的端点或[角度(A)/圆心(CE)/闭合(CL)/方向(D)/半宽(H)/直线(L)/半径(R)/第二个点(S)/放弃(U)/宽度(W)]:       //cl Enter，闭合图形，绘制结果如图 3-2 所示
```

（4）使用快捷键“L”激活“直线”命令，配合端点捕捉功能绘制，分别连接内轮廓线上侧的两个端点，绘制如图 3-3 所示的直线。

（5）选择菜单栏“工具”→“新建 UCS”→“原点”命令，捕捉刚绘制的直线中点作为新坐标系的原点。

（6）选择菜单栏“绘图”→“圆弧”→“三点”命令，配合点的坐标输入功能，绘制内部的弧形轮廓线。命令行操作如下。

```
命令: _arc
指定圆弧的起点或 [圆心(C)]:                   //-270,-185Enter
指定圆弧的第二个点或 [圆心(C)/端点(E)]:       //@270,-250Enter
指定圆弧的端点:                               //@270,250Enter，绘制结果如图 3-4 所示
```

（7）将当前坐标系恢复为世界坐标系，然后选择菜单栏“格式”→“点样式”命令，设置当前点的显示样式及大小，如图 3-5 所示。

（8）单击“默认”选项卡→“绘图”面板→“”按钮“多点”按钮，在适当位置绘制如图 3-6 所示的九个点标记。

（9）最后执行“保存”命令，将图形命名存储为“休闲椅.dwg”。

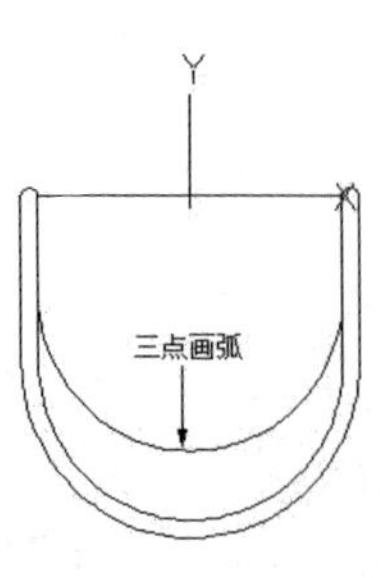

图 3-4 绘制结果

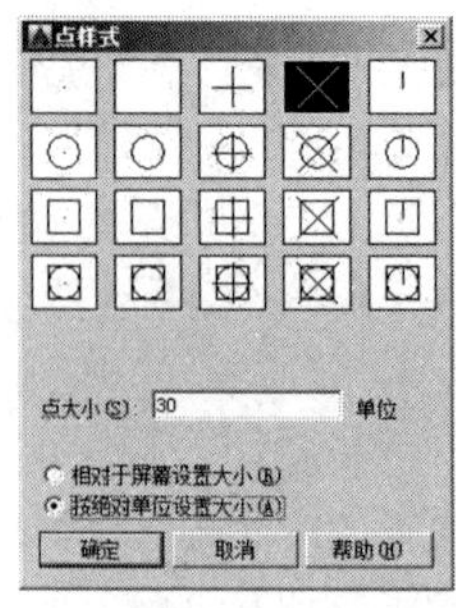

图 3-5 设置点样式

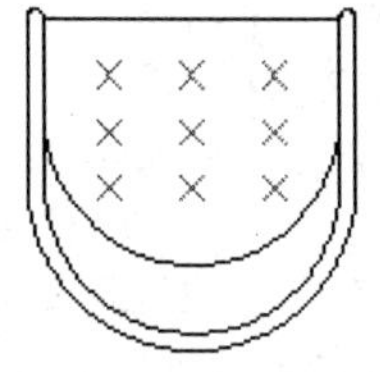

图 3-6 绘制点标记

3.2 绘制木质门立面模块

本实例通过绘制木质门的立面模块，主要学习双线结构的快速绘制技能。本例最终绘制效果如图 3-7 所示。

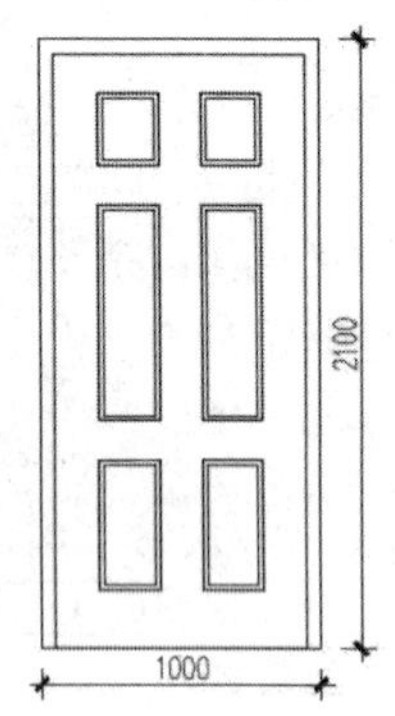

图 3-7 本例效果

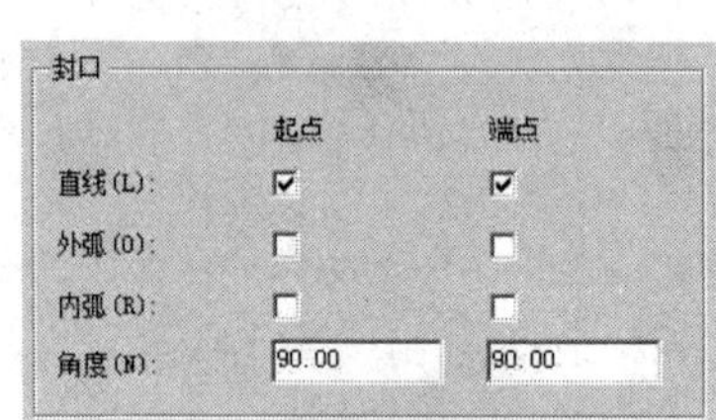

图 3-8 设置当前样式

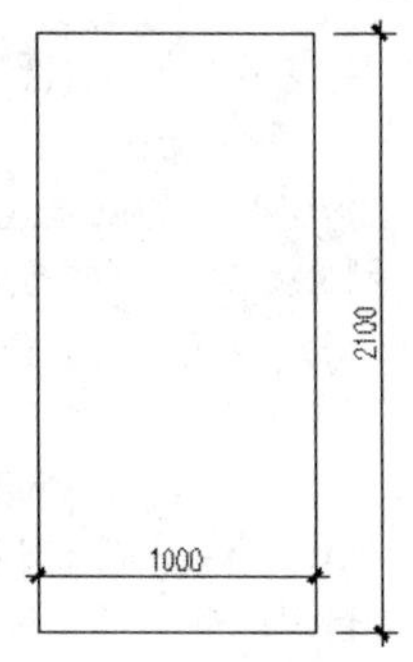

图 3-9 绘制结果

操作步骤

（1）新建文件并设置捕捉模式为端点捕捉和中点捕捉。

（2）选择菜单栏“格式”→“多线样式”命令，在打开的“多线样式”对话框内单击 修改(M)... 按钮，修改多线的封口形式为直线，如图 3-8 所示。

（3）选择菜单栏“绘图”→“多线”命令，绘制宽度为 1000 的立面门外框，命令行操作如下。

```
命令: _mline
当前设置: 对正 = 上, 比例 = 20.00, 样式 = STANDARD
指定起点或 [对正(J)/比例(S)/样式(ST)]:          //s Enter
输入多线比例 <20.00>:                           //1000 Enter
当前设置: 对正 = 上, 比例 = 240.00, 样式 = STANDARD
指定起点或 [对正(J)/比例(S)/样式(ST)]:          //j Enter
输入对正类型 [上(T)/无(Z)/下(B)] <上>:          //z Enter
当前设置: 对正 = 无, 比例 = 1000.00, 样式 = STANDARD
指定起点或 [对正(J)/比例(S)/样式(ST)]:          //在绘图区拾取一点
指定下一点:                                     //@0,2100 Enter
指定下一点或 [放弃(U)]:                         // Enter, 绘制结果如图 3-9 所示
```

（4）重复执行“多线”命令，以下侧水平边中点作为起点，绘制宽度为900、高度为2050的内框，绘制结果如图3-10所示。

（5）使用快捷键“ML”激活“多线”命令，配合“捕捉自”功能绘制内部结构，命令行操作如下。

```
命令: ml
MLINE 当前设置: 对正 = 无，比例 = 900.00，样式 = STANDARD
指定起点或 [对正(J)/比例(S)/样式(ST)]:   //s Enter
输入多线比例 <900.00>:                   //220 Enter
当前设置: 对正 = 无，比例 = 220.00，样式 = STANDARD
指定起点或 [对正(J)/比例(S)/样式(ST)]:   //激活“捕捉自”功能
_from 基点:                              //捕捉外侧门框的左下角端点
<偏移>:                                  // @315,200 Enter
指定下一点:                              //@0,450 Enter
指定下一点或 [放弃(U)]:                  // Enter
命令:                                    // Enter
MLINE 当前设置: 对正 = 无，比例 = 220.00，样式 = STANDARD
指定起点或 [对正(J)/比例(S)/样式(ST)]:   //激活“捕捉自”功能
_from 基点:                              //捕捉如图 3-11 所示的中点
 <偏移>:                                 // @0,135 Enter
指定下一点:                              // @0,745 Enter
指定下一点或 [放弃(U)]:                  // Enter
命令:                                    // Enter
MLINE 当前设置: 对正 = 无，比例 = 220.00，样式 = STANDARD
指定起点或 [对正(J)/比例(S)/样式(ST)]:   //激活“捕捉自”功能
_from 基点:                              //捕捉如图 3-12 所示的中点
 <偏移>:                                 //@0,135 Enter
指定下一点:                              //@0,250 Enter
指定下一点或 [放弃(U)]:                  // Enter，绘制结果如图 3-13 所示
```

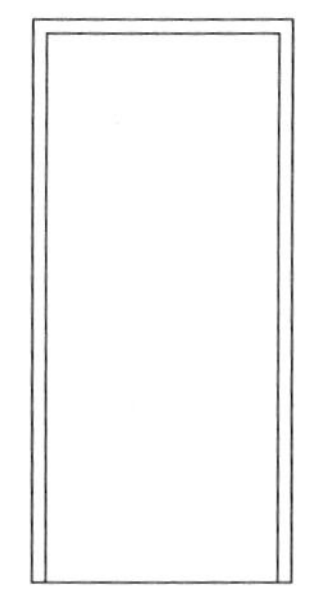

图3-10　绘制结果

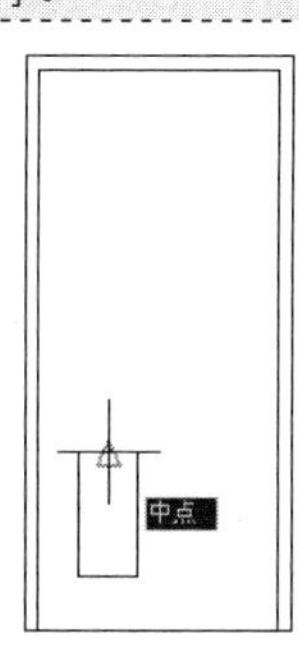

图3-11　捕捉中点

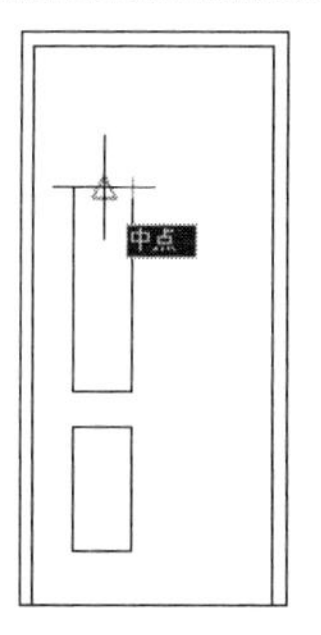

图3-12　捕捉中点

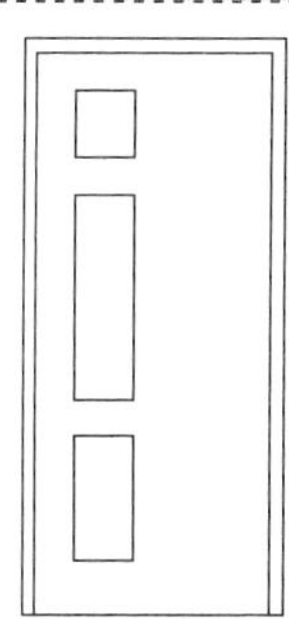

图3-13　绘制结果

（6）使用快捷键“BO”激活“边界”命令，在如图3-14所示的三个虚线区域内拾取点，创建三条闭合边界。

（7）使用快捷键“O”激活“偏移”命令，将提取的三条边界分别向内侧偏移18个单位，绘制结果如图3-15所示。

（8）使用快捷键“MI”激活“镜像”命令，窗交选择如图3-16所示的图形进行镜像，绘制结果如图3-17所示。

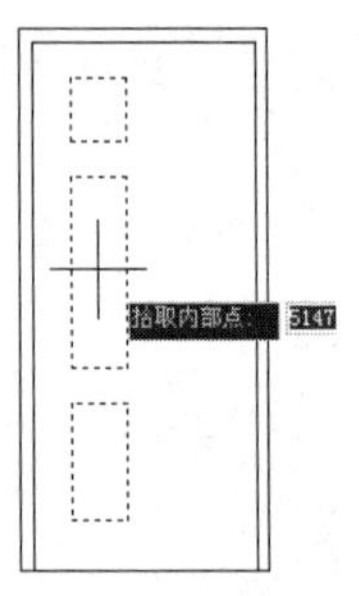
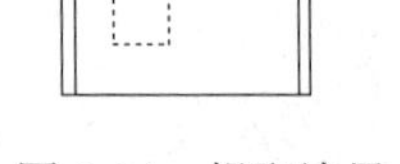

图 3-14　提取边界

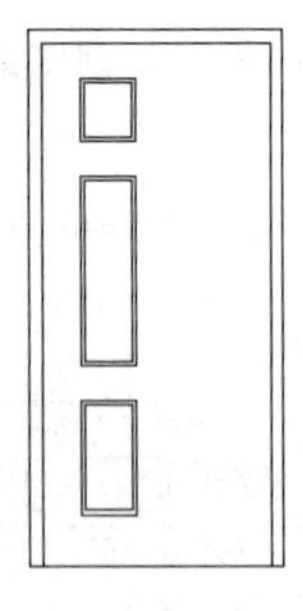
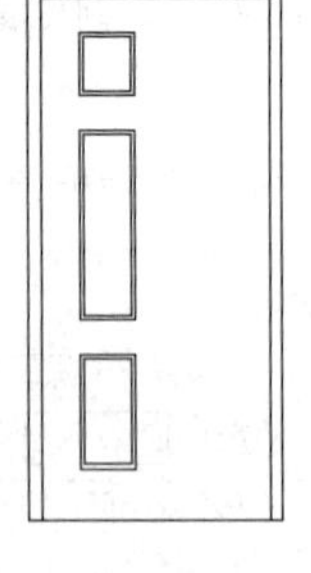

图 3-15　偏移结果

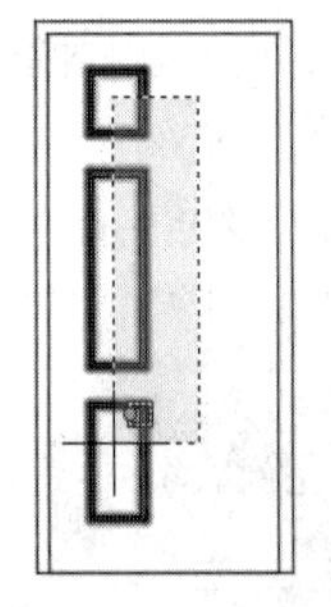

图 3-16　窗交选择

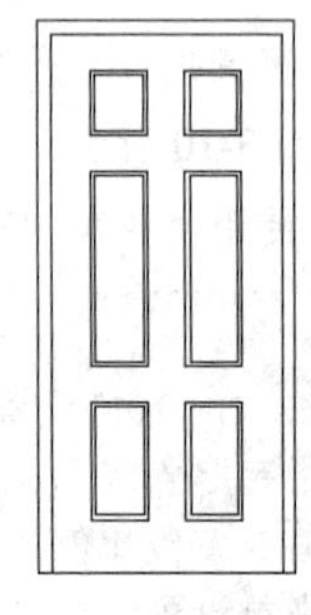

图 3-17　镜像结果

（9）最后执行“保存”命令，将图形命名存储为“木质门.dwg”。

3.3　绘制沙发与茶几组合

本实例通过绘制沙发与茶几的平面组合模块，主要学习图形的拉伸、复制、旋转等常规编辑技能。本例最终绘制效果如图 3-18 所示。

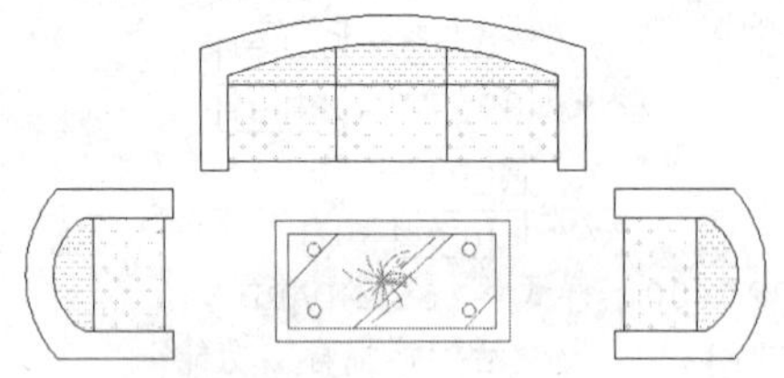

图 3-18　本例效果

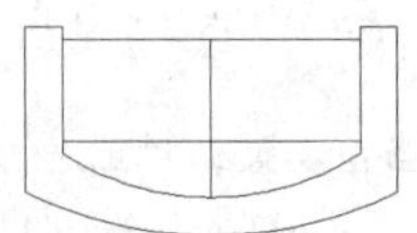

图 3-19　打开结果

操作步骤

（1）打开随书光盘中的“\图块文件\双人沙发.dwg”文件，如图 3-19 所示。

（2）单击“默认”选项卡→“修改”面板→“复制”按钮，选择沙发图形复制一份。

（3）单击“默认”选项卡→“修改”面板→“拉伸”按钮，将双人沙发拉伸为三人沙发，命令行操作如下。

```
命令: _stretch
以交叉窗口或交叉多边形选择要拉伸的对象...
选择对象:                                  //拉出如图 3-20 所示的选择框
选择对象:                                  // Enter，结束选择
指定基点或 [位移(D)] <位移>:                //捕捉水平轮廓线 L 的左端点
指定第二个点或 <使用第一个点作为位移>:        //捕捉线 L 的中点，结果如图 3-21 所示
```

（4）单击“默认”选项卡→“修改”面板→“复制”按钮，将内部的垂直分界线水平向右复制 600 个单位。

（5）使用快捷键“TR”激活“修剪”命令，以内侧的弧形轮廓线作为剪切边界，修剪掉位于其下侧的部分图线，并将三人沙发水平镜像，镜像结果如图 3-22 所示。

（6）选择菜单栏“修改”→“拉伸”命令，将复制出的双人沙发拉伸为单人沙发，并删除源分界线，拉伸结果如图 3-23 所示。

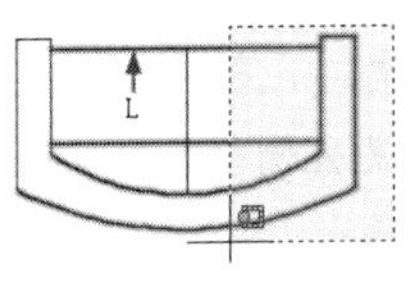

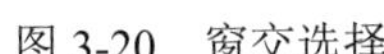
图 3-20　窗交选择

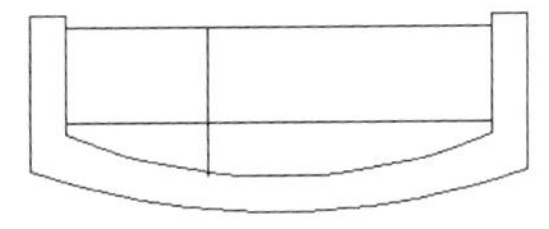
图 3-21　拉伸结果

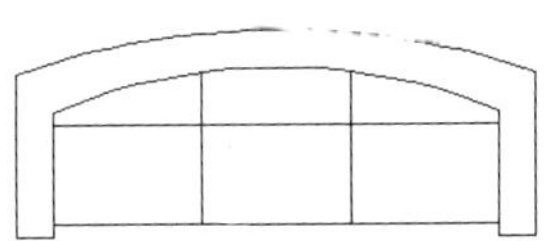
图 3-22　修剪与镜像结果

（7）将单人沙发顺时针旋转 90°，然后将其位移，移动结果如图 3-24 所示。

（8）单击“默认”选项卡→“修改”面板→“镜像”按钮，选择单人沙发镜像到另一侧。

（9）使用快捷键“I”激活“插入块”命令，插入随书光盘中的“\图块文件\方形茶几.dwg”，插入结果如图 3-25 所示。

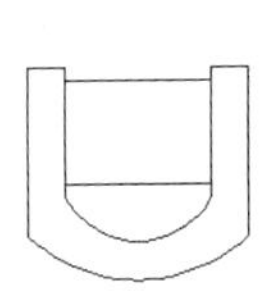
图 3-23　拉伸结果

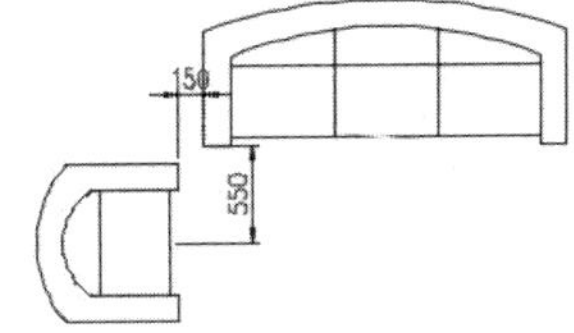

图 3-24　移动结果

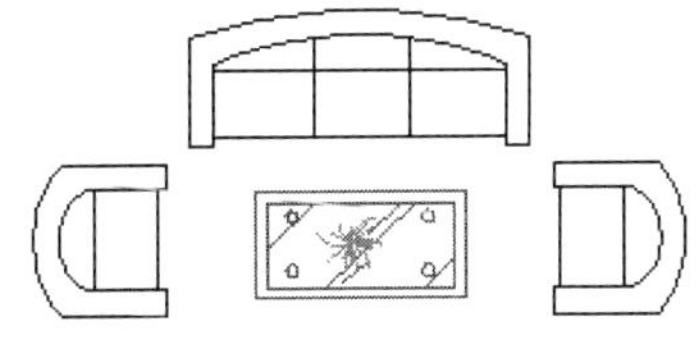
图 3-25　插入结果

（10）使用快捷键“H”激活“图案填充”命令，为沙发组合填充 CROSS 图案，填充色为 111 号色，填充比例为 10，最终结果如图 3-18 所示。

（11）最后执行“保存”命令，将图形命名存储为“沙发与茶几.dwg”。

3.4　绘制衣柜立面模块

本实例主要学习卧室衣柜立面模块的具体绘制技能。卧室衣柜立面模块的最终绘制效果如图 3-26 所示。

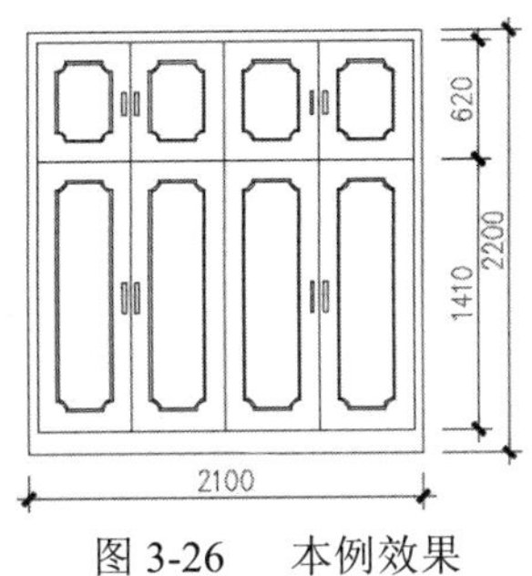

图 3-26　本例效果

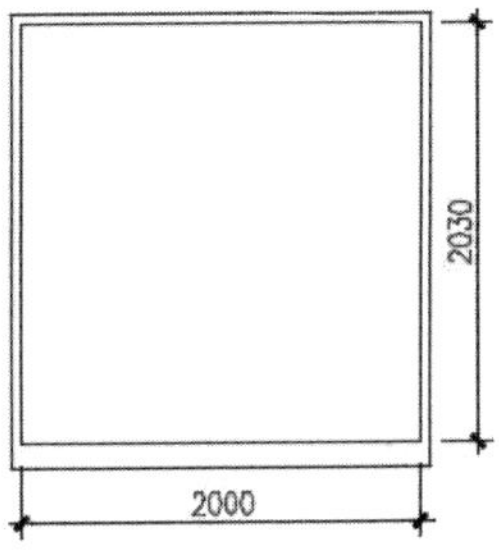

图 3-27　绘制结果

操作步骤

（1）新建文件并设置图形界限为 3000x3000。

（2）全部缩放图形界限，然后绘制长度为 2100、宽为 2200 的矩形作为外框。

（3）重复执行“矩形”命令，配合“捕捉自”功能绘制内框，命令行操作如下。

```
命令: _rectang
指定第一个角点或 [倒角(C)/标高(E)/圆角(F)/厚度(T)/宽度(W)]: //激活“捕捉自”功能
_from 基点:                //捕捉外框的左下角端点
<偏移>:                    //@50,120 Enter
指定另一个角点或 [面积(A)/尺寸(D)/旋转(R)]://@2000,2030 Enter，绘制结果如图 3-27 所示
```

（4）将两个矩形分解，然后使用“偏移”命令，将内侧矩形的上侧水平边向下偏移620。

（5）单击“默认”选项卡→“修改”面板→“矩形阵列”按钮，将内框左侧垂直边向右阵列3份，列间距为500，阵列结果如图3-28所示。

（6）使用快捷键“REC”激活“矩形”命令，配合“捕捉自”功能绘制长度为300、宽度为1200的内框，绘制结果如图3-29所示。

（7）单击“默认”选项卡→“绘图”面板→“圆”按钮，以矩形四个角点为圆心，绘制半径为50的圆，如图3-30所示。

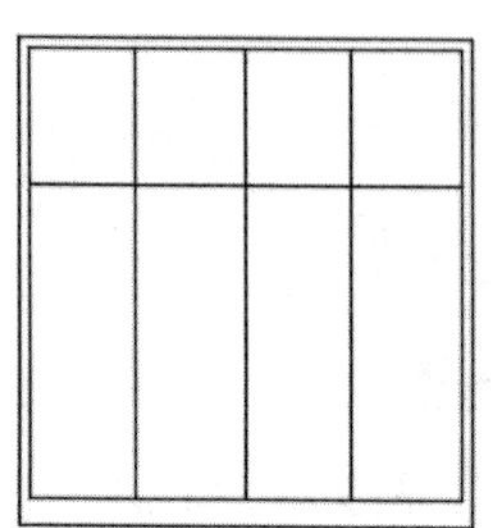

图3-28　阵列结果

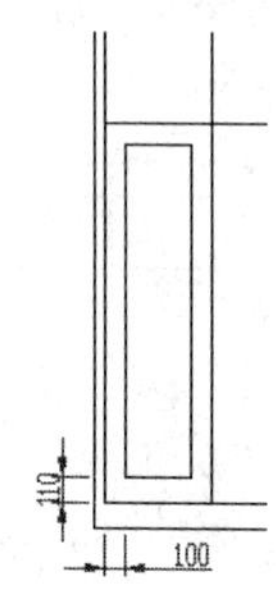

图3-29　绘制结果

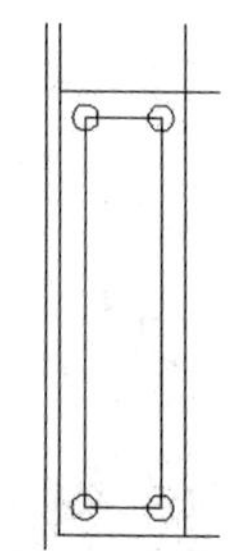

图3-30　绘制圆

（8）单击“默认”选项卡→“绘图”面板→“边界”按钮，在内框区域内拾取一点，提取一条闭合边界。

（9）单击“默认”选项卡→“修改”面板→“偏移”按钮，将边界向内偏移10个单位，并删除圆和矩形，偏移结果如图3-31所示。

（10）单击“默认”选项卡→“修改”面板→“镜像”按钮，以图线L作为镜像轴，将两个边界镜像，镜像结果如图3-32所示。

（11）单击“默认”选项卡→“修改”面板→“拉伸”按钮，窗交选择镜像出的两个边界，垂直向下拉伸780，拉伸结果如图3-33所示。

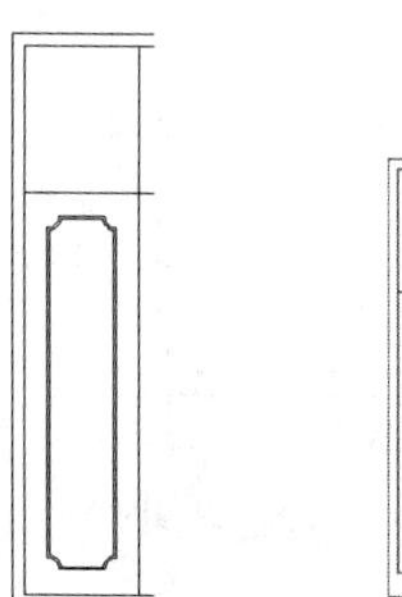

图3-31　偏移结果

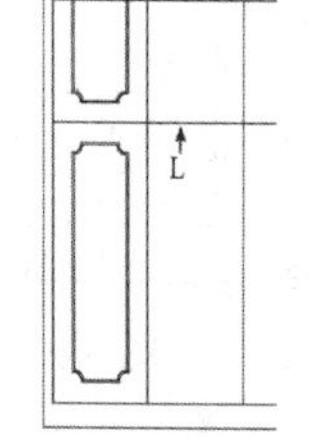

图3-32　镜像结果

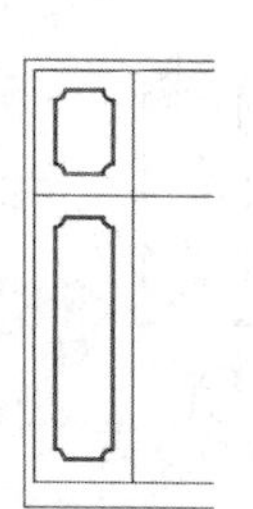

图3-33　拉伸结果

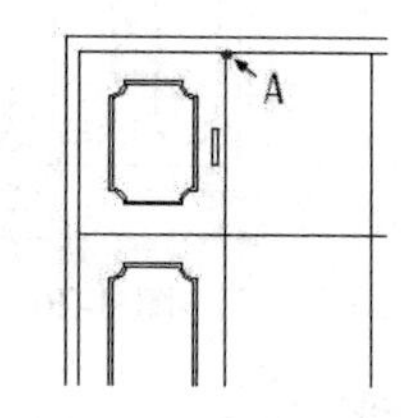

图3-34　绘制把手

（12）单击“默认”选项卡→“绘图”面板→“矩形”按钮，以端点A作为参照点，以@-25,-260的点作为右上角点配合“捕捉自”功能绘制长度为20、宽度为120的矩形作为把手，如图3-34所示。

（13）单击“默认”选项卡→“修改”面板→“复制”按钮，配合中点捕捉功能复制把手，结果如图3-35所示。

（14）使用快捷键“MI”激活“镜像”命令，窗口选择如图3-36所示的图形进行镜像，镜像结果如图3-37所示。

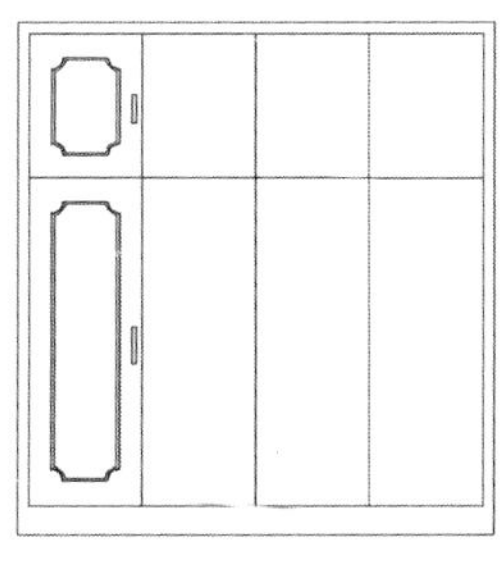
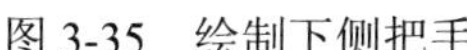
图 3-35 绘制下侧把手

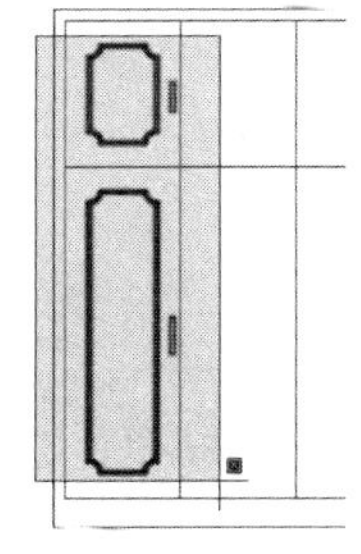
图 3-36 窗口选择

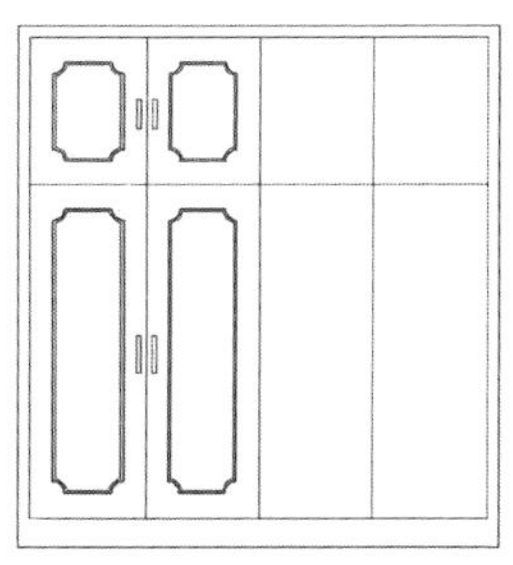
图 3-37 镜像结果

（15）重复执行“镜像”命令，继续对把手及内框边界进行镜像，最终结果如图 3-26 所示。

（16）最后执行“保存”命令，将图形命名存储为“衣柜.dwg”。

3.5 绘制橱柜立面模块

本实例主要学习橱柜立面模块的具体绘制技能。橱柜立面模块的最终绘制效果如图 3-38 所示。

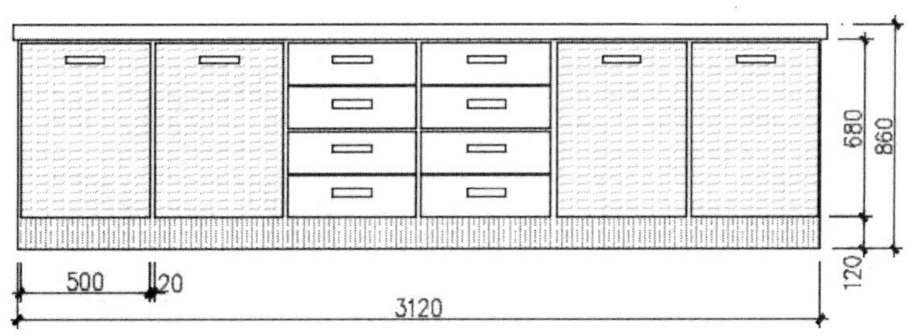

图 3-38 本例效果

操作步骤

（1）新建文件，并设置视图高度为 1000。

（2）使用快捷键“REC”激活“矩形”命令，绘制长度为 520、宽度为 800 的矩形外框。

（3）直重复执行“矩形”命令，配合“捕捉自”功能，绘制长度为 500、宽度为 670 的矩形，如图 3-39 所示。

（4）重复执行“矩形”命令，配合“捕捉自”功能，绘制长度为 150、宽度为 30 的矩形作为把手，命令行操作如下。

```
命令：RECTANG
指定第一个角点或 [倒角(C)/标高(E)/圆角(F)/厚度(T)/宽度(W)]： //激活“捕捉自”功能
_from 基点：                    //捕捉内矩形上侧水平边的中点
<偏移>：                        //@-75,-50 Enter
指定另一个角点或 [面积(A)/尺寸(D)/旋转(R)]： //@150,-30 Enter，结果如图 3-40 所示
```

（5）使用快捷键“CO”激活“复制”命令，复制三个矩形，基点为大矩形左下角点，目标点为大矩形右下角点，复制结果如图 3-41 所示。

（6）使用快捷键“MI”激活“镜像”命令，配合“捕捉自”功能对图形进行镜像，命令行操作如下。

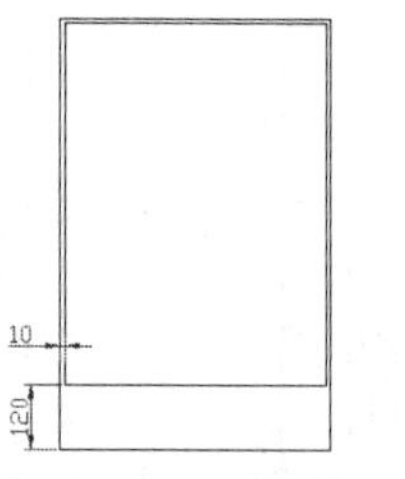

图 3-39　绘制结果

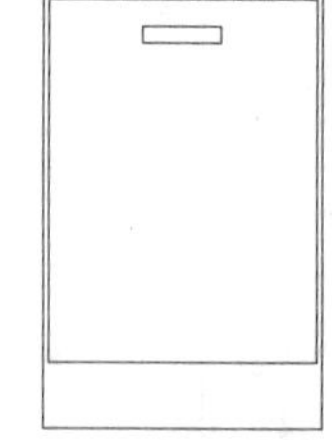

图 3-40　绘制把手

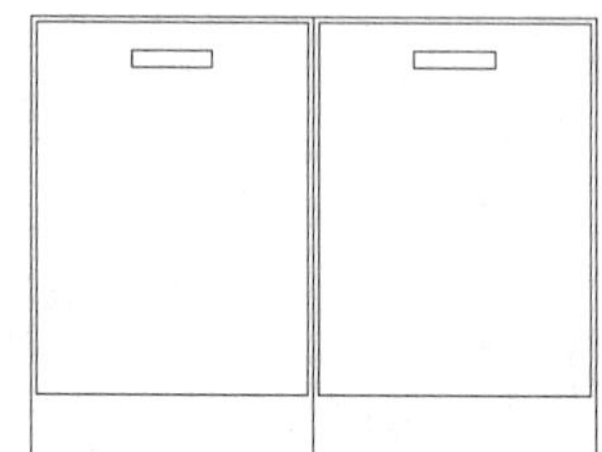

图 3-41　复制结果

```
命令: miMIRROR
选择对象:                                    //all Enter
选择对象:                                    // Enter
指定镜像线的第一点:                          //激活“捕捉自”功能
_from 基点:                                  //选择右侧大矩形的右下角点
<偏移>:                                      //@520,0 Enter
指定镜像线的第二点:                          //@0,1 Enter
是否删除源对象? [是(Y)/否(N)] <N>:           // Enter。
```

（7）执行“矩形”命令，配合“捕捉自”功能绘制台面轮廓线。命令行操作如下。

```
命令: RECTANG 指定第一个角点或 [倒角(C)/标高(E)/圆角(F)/厚度(T)/宽度(W)]:
                                    //激活“捕捉自”功能
_from 基点:                         //捕捉左侧大矩形的左上角点
<偏移>:                             //@-20,0 Enter
指定另一个角点或 [面积(A)/尺寸(D)/旋转(R)]://@3160,60Enter，绘制结果如图 3-42 所示
```

（8）重复执行“矩形”命令，配合“捕捉自”功能绘制抽屉及把手，如图 3-43 所示。

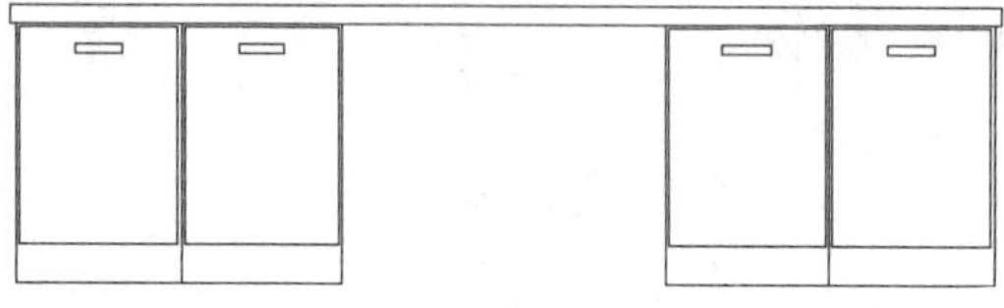

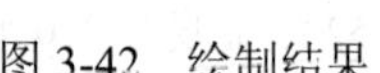
图 3-42　绘制结果

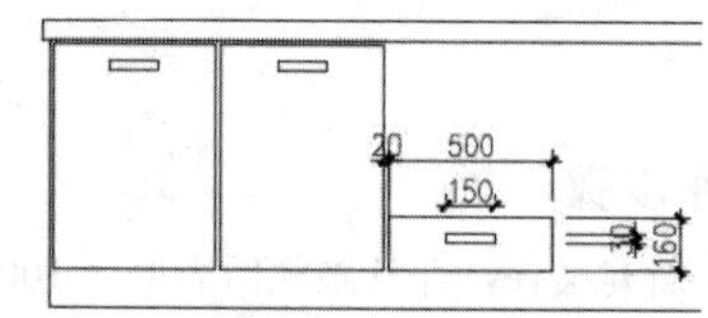

图 3-43　绘制结果

（9）单击“默认”选项卡→“修改”面板→“环形阵列”按钮，对抽屉和拉手进行阵列 4 行 2 列，行偏移为 170、列偏移为 520，阵列结果如图 3-44 所示。

（10）单击“默认”选项卡→“修改”面板→“分解”按钮，将下侧的四个矩形分解，然后删除垂直的矩形边，结果如图 3-45 所示。

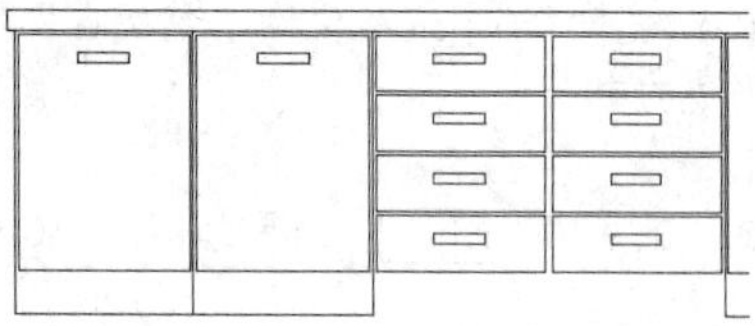

图 3-44　阵列结果

图 3-45　删除结果

（11）使用快捷键“J”激活“合并”命令，将下侧两条水平直线合并为一条直线。

（12）使用快捷键“H”激活“图案填充”命令，设置填充色为青色、填充比例为 5，为立面图填充 FLEX 图案，结果如图 3-46 所示的图案。

（13）重复执行“图案填充”命令，设置填充图案和填充参数如图 3-47 所示，继续为图形填充图案，最终结果如图 3-38 所示。

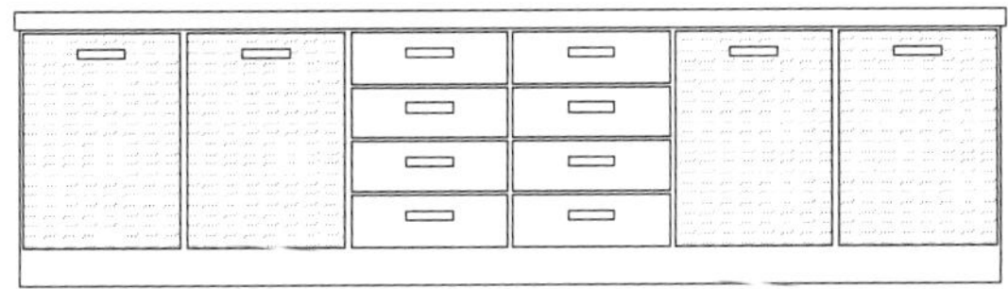

图 3-46　填充结果

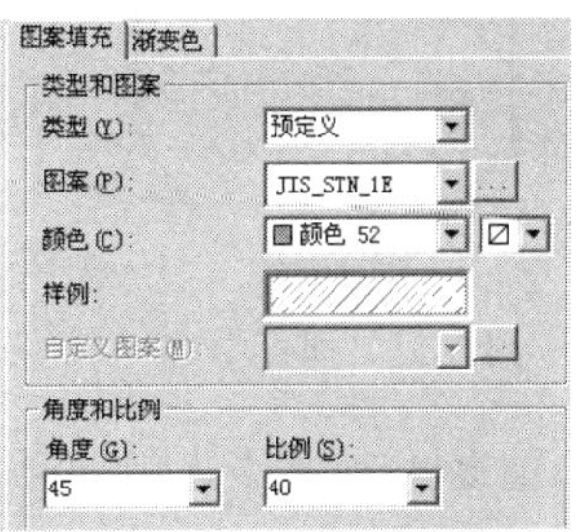

图 3-47　设置填充参数

（14）最后执行“保存”命令，将图形保存为“橱柜.dwg”。

3.6　绘制多边吊顶模块

本实例主要学习多边形吊顶平面模块的具体绘制技能。多边形吊顶平面模块的最终绘制效果如图 3-48 所示。

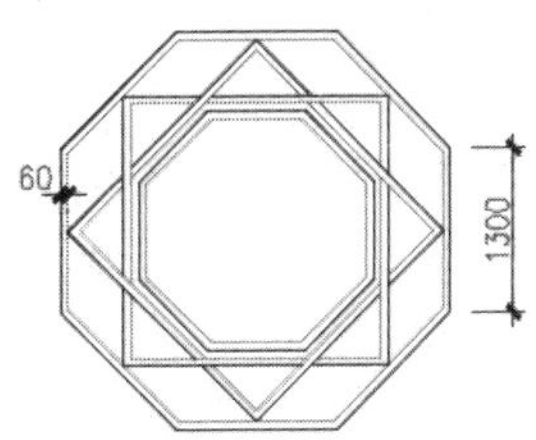

图 3-48　本例效果

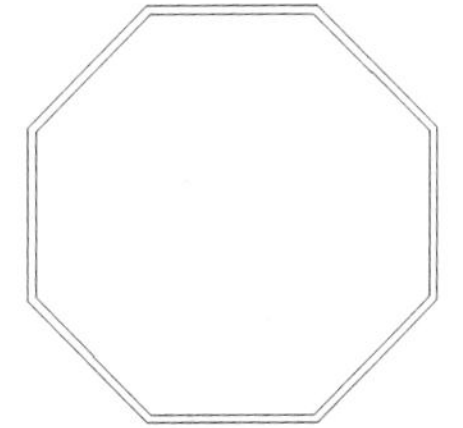

图 3-49　偏移结果

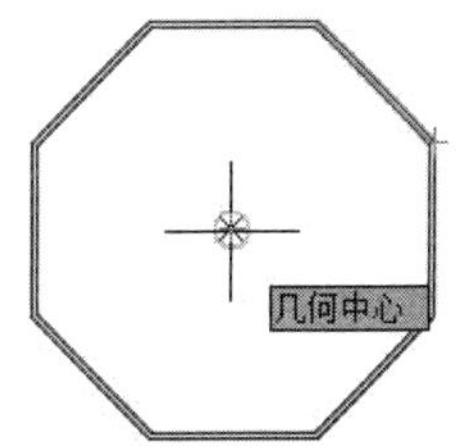

图 3-50　捕捉几何中心

操作步骤

（1）新建文件并设置视图高度为 4000。

（2）单击“默认”选项卡→“绘图”面板→“正多边形”按钮，绘制边长为 1300 的正八边形，然后将正八边形向内偏移 60，结果如图 3-49 所示。

（3）重复执行“正多边形”命令，绘制内侧的正四边形，命令行操作如下。

```
命令: _polygon
输入边的数目 <8>:                                //4,Enter
指定正多边形的中心点或 [边(E)]:                   //捕捉如图 3-50 所示的几何中心点
输入选项 [内接于圆(I)/外切于圆(C)] <C>:           //IEnter，激活“内接于圆”选项
指定圆的半径:                                     //捕捉如图 3-51 所示的中点，
命令:                                             //Enter，重复执行命令
POLYGON 输入边的数目 <8>:                         //Enter，采用当前设置
指定正多边形的中心点或 [边(E)]:                   //捕捉正多边形的几何中心
```

```
输入选项 [内接于圆(I)/外切于圆(C)] <I>:  //IEnter
指定圆的半径:                 //捕捉如图 3-52 所示的中点，绘制结果如图 3-53 所示
```

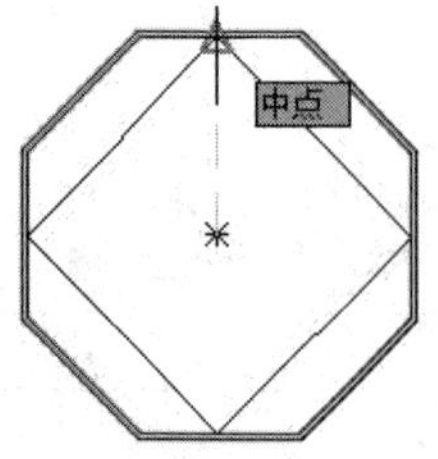

图 3-51　捕捉中点

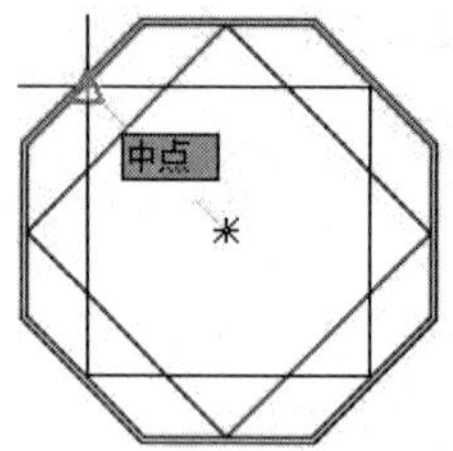

图 3-52　捕捉中点

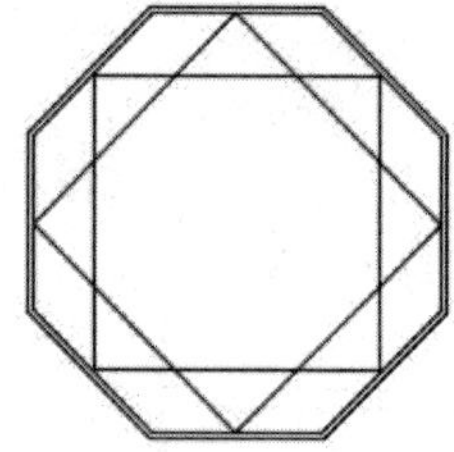
图 3-53　绘制结果

（4）重复执行“正多边形”命令，捕捉正多边形的几何中心点，绘制内切圆半径为 945 的正八边形，结果如图 3-54 所示。

（5）单击“默认”选项卡→“修改”面板→“偏移”按钮，将刚绘制的正八边形和两个正四边形分别向内侧偏移 60 个单位，结果如图 3-55 所示。

（6）单击“默认”选项卡→“修改”面板→“修剪”按钮，对图形进行修剪编辑，结果如图 3-56 所示。

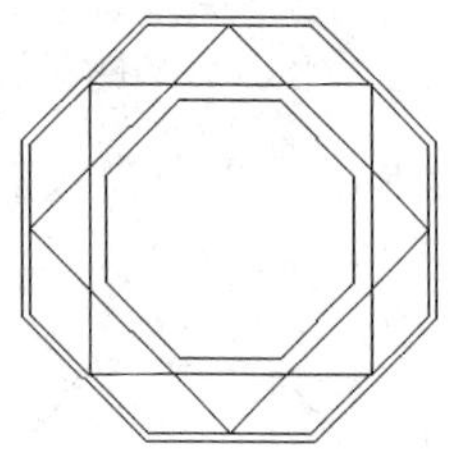
图 3-54　绘制结果

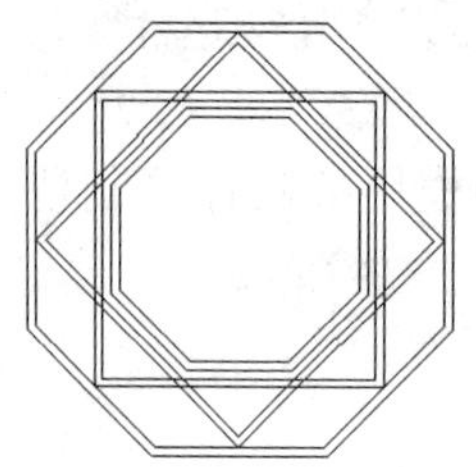
图 3-55　偏移结果

图 3-56　修剪结果

（7）最后执行“保存”命令，将图形保存为“多边形吊顶.dwg”。

3.7　绘制洗手池平面模块

本实例主要学习洗手池平面模块的具体绘制技能。洗手池平面模块的最终绘制效果如图 3-57 所示。

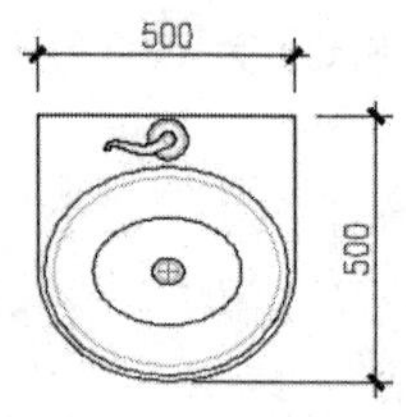

图 3-57　实例效果

图 3-58　绘制椭圆弧

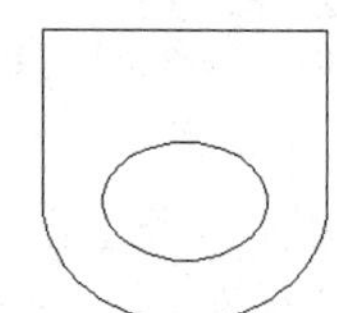
图 3-59　绘制椭圆

操作步骤

（1）新建文件并绘制长度为 500、宽度为 293 的矩形。

（2）使用快捷键“X”激活“分解”命令，将矩形分解并删除下侧的水平边。

（3）单击“默认”选项卡→“绘图”面板→“椭圆弧”按钮，绘制椭圆弧轮廓线。命令行操作如下。

```
命令: _ellipse
指定椭圆的轴端点或 [圆弧(A)/中心点(C)]: a
指定椭圆弧的轴端点或 [中心点(C)]:              //捕捉左侧垂直边的下端点
指定轴的另一个端点:                            //捕捉右侧垂直线的下端点
指定另一条半轴长度或 [旋转(R)]:                //207 Enter
指定起始角度或 [参数(P)]:                      //0 Enter
指定终止角度或 [参数(P)/包含角度(I)]:          //180 Enter，绘制椭圆弧结果如图 3-58 所示
```

（4）单击“默认”选项卡→“绘图”面板→“椭圆”按钮，以椭圆弧的圆心作为中心点，绘制长轴为 288、短轴为 202 的椭圆，如图 3-59 所示。

（5）重复执行“椭圆”命令，配合圆心捕捉功能绘制内部的椭圆形阀孔。命令行操作如下。

```
命令: _ellipse
指定椭圆的轴端点或 [圆弧(A)/中心点(C)]:               //c Enter，激活“中心点”选项
指定椭圆的中心点:                                     //捕捉椭圆的圆心
指定轴的端点:                                         //@30,0 Enter
指定另一条半轴长度或 [旋转(R)]:                       //24 Enter
命令:                                                 //Enter
ELLIPSE 指定椭圆的轴端点或 [圆弧(A)/中心点(C)]:        //c Enter
指定椭圆的中心点:                                     //捕捉圆心
指定轴的端点:                                         //@19.5,0 Enter
指定另一条半轴长度或 [旋转(R)]:                       //18.5 Enter，绘制结果如图 3-60 所示
```

（6）使用快捷键“L”激活“直线”命令，配合“象限点捕捉”功能绘制如图 3-61 所示的中心线。

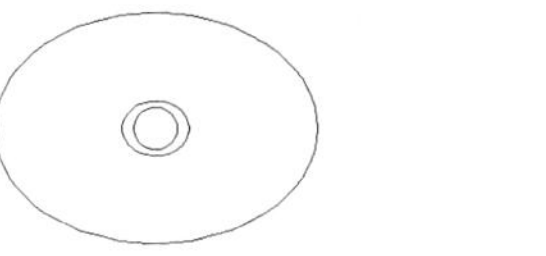
图 3-60　绘制结果

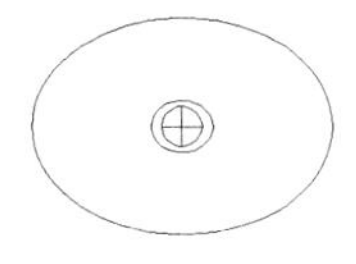
图 3-61　绘制结果

（7）重复执行“椭圆”命令，配合中点捕捉功能绘制内部的椭圆形轮廓。命令行操作如下。

```
命令: _ellipse
指定椭圆的轴端点或 [圆弧(A)/中心点(C)]:               //cEnter
指定椭圆的中心点:                                     //捕捉椭圆的圆心
指定轴的端点:                                         //@219,0Enter
指定另一条半轴长度或 [旋转(R)]:                       //176Enter
命令:                                                 //Enter
ELLIPSE 指定椭圆的轴端点或 [圆弧(A)/中心点(C)]:        //cEnter
指定椭圆的中心点:                                     //捕捉圆心
指定轴的端点:                                         //@237.5,0 Enter
指定另一条半轴长度或 [旋转(R)]:                       //195Enter，绘制结果如图 3-62 所示
```

（8）打开随书光盘“\素材文件\水阀.dwg”文件，如图 3-63 所示。

（9）使用多文档间的数据共享功能，或使用复制粘贴的方式，将打开的水阀图形共享到洗手池平面图中，如图 3-64 所示。

（10）最后执行“保存”命令，将图形保存为“洗手池.dwg”。

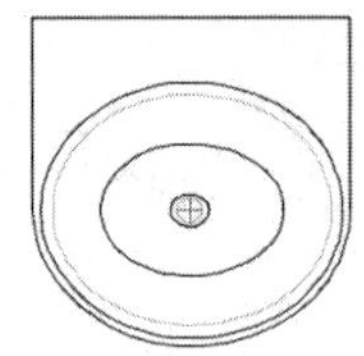
图 3-62　绘制结果

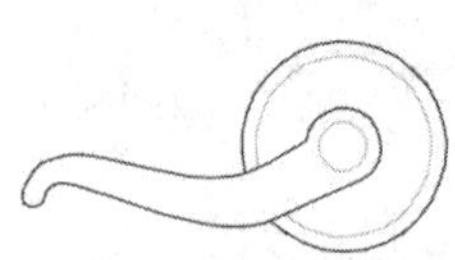
图 3-63　打开图形

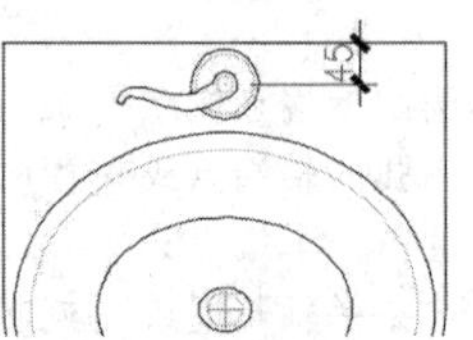

图 3-64　共享结果

3.8　绘制写字台立面模块

本实例主要学习写字台立面模块的具体绘制技能。写字台立面模块的最终绘制效果如图 3-65 所示。

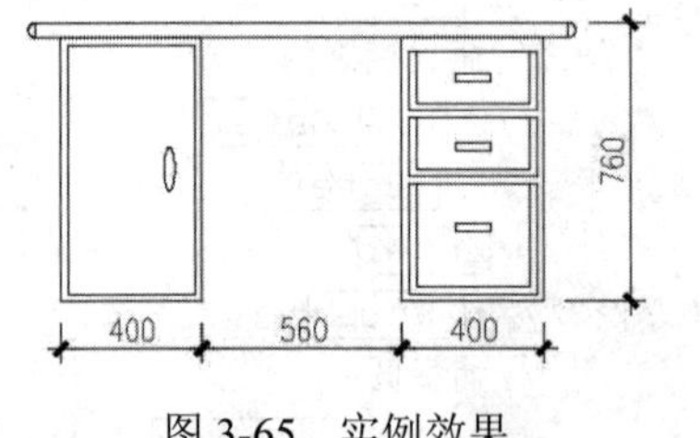

图 3-65　实例效果

图 3-66　绘制矩形

操作步骤

（1）新建文件，并绘制长度为 1500、宽度为 40 的矩形桌面板。

（2）重复执行“矩形”命令，配合“捕捉自”功能，以桌面板左下角点作为偏移的基点，以点（@70,0）作为左上角点，绘制长度为 400、宽度为 720 的矩形，如图 3-66 所示。

（3）将绘制的矩形向内偏移 20，然后再配合中点捕捉进行镜像，结果如图 3-67 所示。

（4）将桌面板分解，然后对桌面板两端进行圆角，结果如图 3-68 所示。

（5）执行“椭圆”命令，以距离内框中点水平向左 70 个单位的点作为中心点，绘制长轴为 120、短轴为 30 的椭圆形把手，如图 3-69 所示。

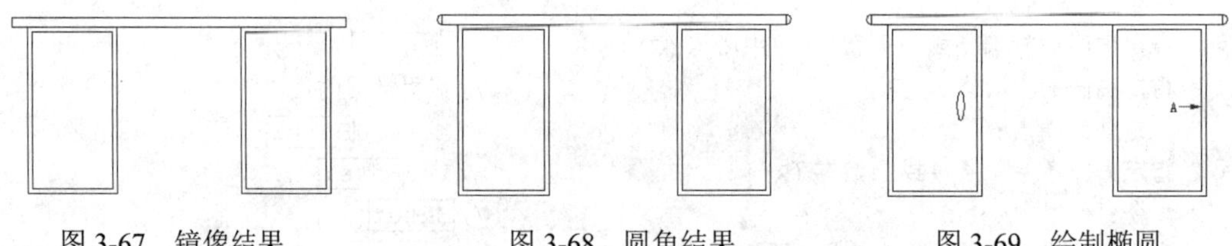

图 3-67　镜像结果　　图 3-68　圆角结果　　图 3-69　绘制椭圆

（6）将内框矩形 A 分解，然后将分解后的矩形下侧水平边向上偏移，偏移距离分别为 20、280、20、20、140、20、20、140；将矩形两侧的垂直边向内偏移 20，结果如图 3-70 所示。

（7）执行“修剪”命令，对各图线进行编辑，并删除多余图线，结果如图 3-71 所示。

（8）执行“矩形”命令，配合“捕捉自”功能，以图 3-71 所示的 D 点作为偏移的基点，以点（@110,-100）作为左上角点，绘制长度为 100、宽度为 20 的矩形把手，如图 3-72 所示。

（9）执行“复制”命令，将矩形把手进行复制，基点为任意点，目标点分别为（@0,220）、（@0,410），复制结果如图 3-65 所示。

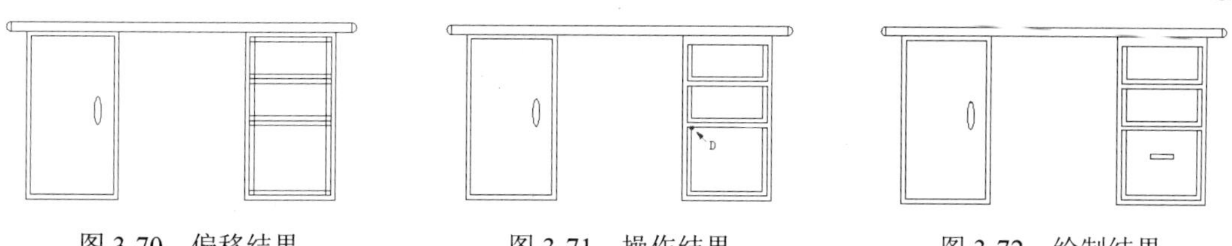

图 3-70　偏移结果　　图 3-71　操作结果　　图 3-72　绘制结果

（10）最后执行“保存”命令，将图形命名存储为“写字台.dwg”。

3.9　绘制沙发立面模块

本实例主要学习沙发立面模块的具体绘制技能。沙发立面模块的最终绘制效果如图 3-73 所示。

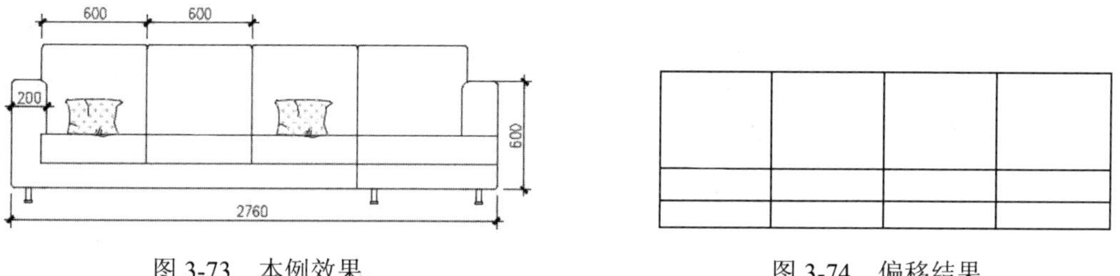

图 3-73　本例效果　　图 3-74　偏移结果

操作步骤

（1）新建文件，并绘制长为 2420、宽为 800 的矩形。

（2）将矩形分解，然后将下侧水平边向上偏移 140 和 300 个单位。

（3）单击“默认”选项卡→“修改”面板→“偏移”按钮，对分解后的矩形两条垂直边向内偏移，间距为 600，结果如图 3-74 所示。

（4）单击“默认”选项卡→“绘图”面板→“矩形”按钮，配合“捕捉自”功能，以左下角点水平向右 30 个单位的点作为起点，向左上方绘制尺寸为 200×600 的矩形，作为沙发扶手，如图 3-75 所示。

（5）重复“矩形”命令，以扶手左下角端点水平向右 85 个单位的点作为起点，向右下方绘制尺寸为 30×70 的矩形作为沙发脚。

（6）重复执行“矩形”命令，以沙发脚左下角点水平向左 5 个单位的点为起点，向右下绘制尺寸为 40×10 的矩形，作为沙发脚垫，如图 3-76 所示。

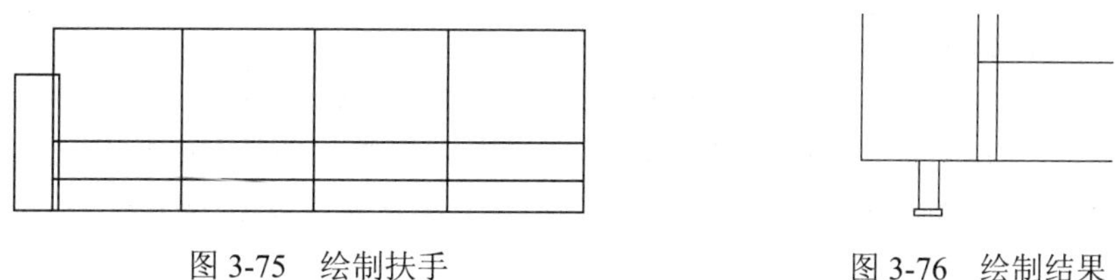

图 3-75　绘制扶手　　图 3-76　绘制结果

（7）执行“镜像”命令，将扶手及沙发脚、脚垫镜像到沙发右侧，然后将镜像后的沙发脚及脚垫向左复制 590 个单位。

（8）综合“修剪”和“延伸”等命令对图形编辑，结果如图 3-77 所示。

（9）单击“默认”选项卡→“修改”面板→“圆角”按钮，设置圆角半径为50，分别对沙发左、右两侧的扶手进行编辑。

（10）重复“圆角”命令，设置圆角半径为20，依次对其余的角进行编辑，结果如图3-78所示。

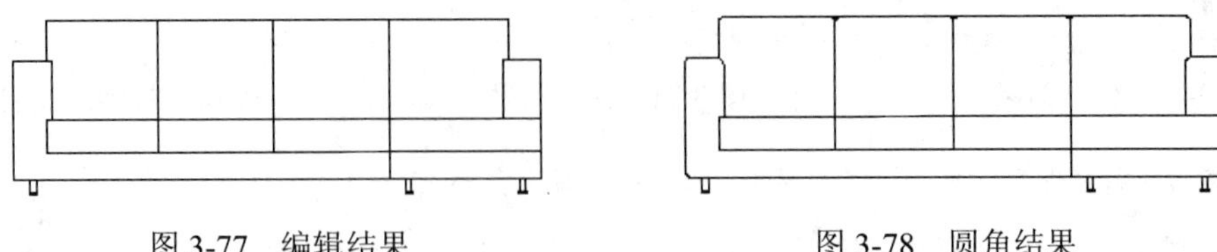

图3-77　编辑结果　　　　图3-78　圆角结果

（11）综合使用“修剪”、“延伸”等命令对图形进行修整完善，结果如图3-79所示。

（12）使用快捷键“I”激活“插入块”命令，插入随书光盘中的“/素材文件/靠垫.dwg”，如图3-80所示。

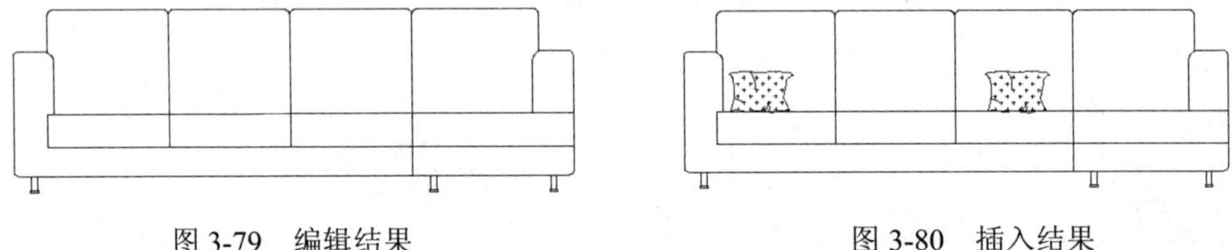

图3-79　编辑结果　　　　图3-80　插入结果

（13）执行“保存”命令，将图形命名保存为“沙发.dwg”。

3.10　绘制双人床立面模块

本实例主要学习双人床立面模块的具体绘制技能。写字台立面模块的最终绘制效果如图3-81所示。

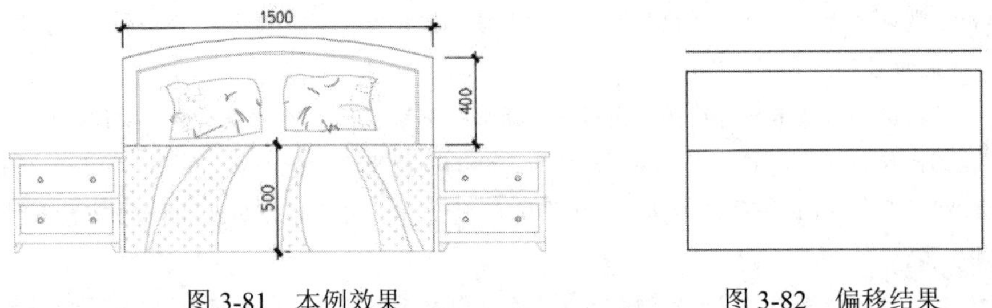

图3-81　本例效果　　　　图3-82　偏移结果

操作步骤

（1）新建文件并设置视图高度为1500。

（2）单击“默认”选项卡→“绘图”面板→“矩形”按钮，绘制长度为1500、宽度为900矩形。

（3）分解矩形，然后将矩形上侧的水平边向上偏移100、向下偏移400，如图3-82所示。

（4）单击“默认”选项卡→“绘图”面板→“圆弧”按钮，配合端点和中点捕捉绘制如图3-83所示的圆弧。

（5）删除上侧的两条水平图线，然后执行“偏移”命令，将圆弧向下偏移70和80；将两条垂直边向内偏移70和80，结果如图3-84所示。

（6）单击“默认”选项卡→“修改”面板→“修剪”按钮，对偏移出的图线进行编辑，结果如图3-85所示。

（7）使用“圆弧”或“样条曲线”命令，配合最近点捕捉绘制如图3-86所示的示意线。

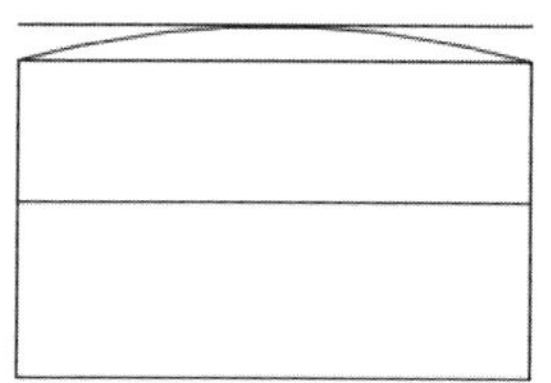
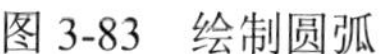

图 3-83 绘制圆弧

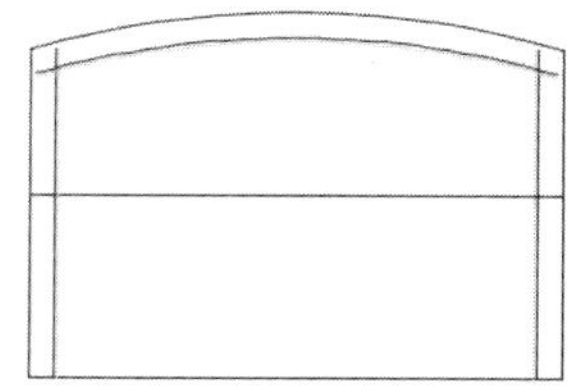

图 3-84 偏移结果

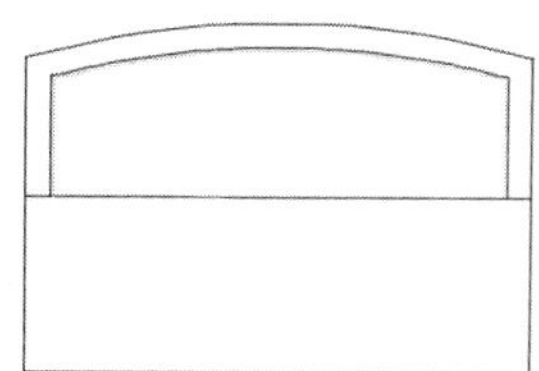

图 3-85 修剪结果

（8）单击“默认”选项卡→“绘图”面板→“图案填充”按钮，为立面图填充 CROSS 图案，填充比例为 5，结果如图 3-87 所示。

（9）使用快捷键“I”激活“插入块”命令，以默认参数插入随书光盘中的“/图块文件/”目录下“床头柜.dwg 和枕头.dwg”，如图 3-88 所示。

（10）单击“默认”选项卡→“修改”面板→“镜像”按钮，对插入的床头柜和枕头进行镜像，结果如图 3-81 所示。

（11）最后执行“保存”命令，将图形命名保存为“双人床.dwg”。

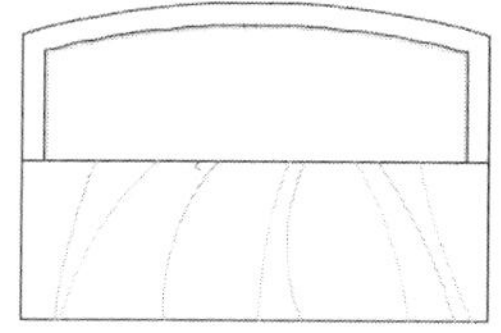

图 3-86 绘制结果

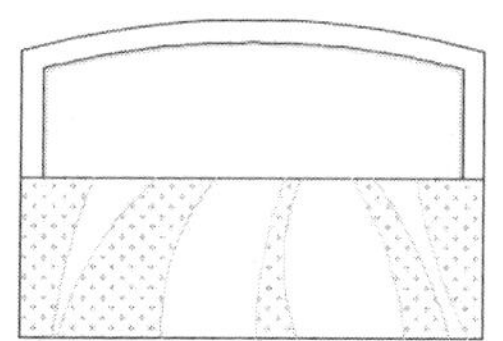

图 3-87 填充结果

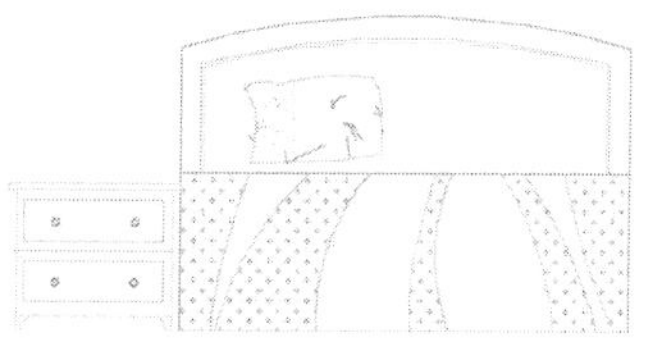

图 3-88 插入结果

3.11 绘制浴盆平面模块

本实例主要学习浴盆平面模块的绘制技能。浴盆平面模块的最终绘制效果如图 3-89 所示。

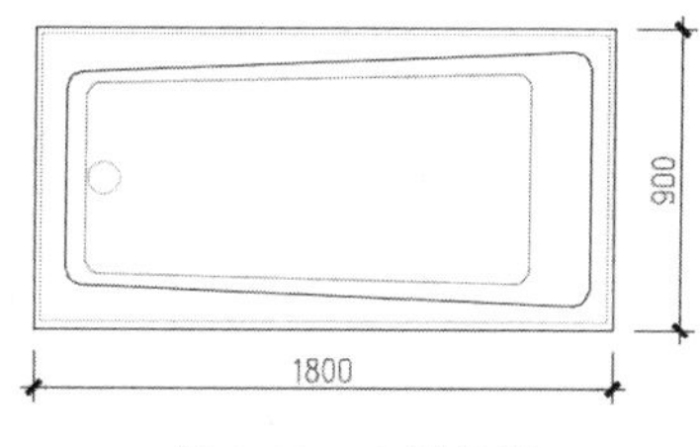

图 3-89 本例效果

操作提示

（1）新建文件并设置视图高度为 1200。

（2）使用“矩形”、“偏移”命令绘制浴盆外侧轮廓线。

（3）使用“直线”、“偏移”、“修剪”等命令绘制内侧轮廓线。

（4）最后使用“圆”、“圆角”等命令对图形进行编辑完善。

3.12 绘制吊灯平面模块

本实例主要学习吊灯平面模块的绘制技能。吊灯平面模块的最终绘制效果如图 3-90 所示。

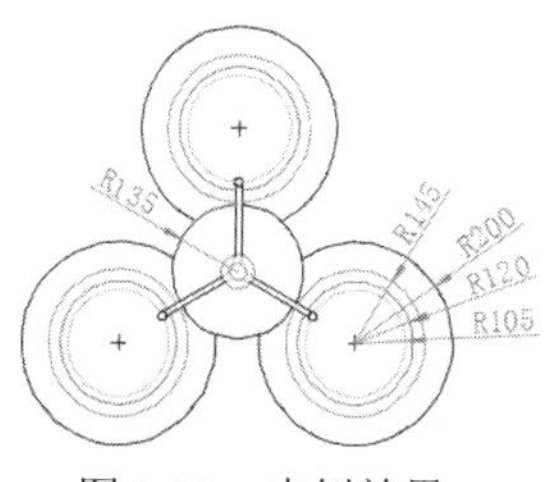

图 3-90 本例效果

操作提示

（1）新建文件并设置视图高度为 1000。

（2）使用“圆”和“多线”命令绘制内侧支架结构。

（3）使用“圆”和“偏移”命令绘制外侧灯具结构。

（4）使用“环形阵列”命令对灯具进行阵列。

（5）最后使用“修剪”命令对平面图进行完善。

3.13 绘制煤气灶平面模块

本实例主要学习厨房灶具平面模块的绘制技能。厨房灶具平面模块的最终绘制效果如图 3-91 所示。

操作提示

（1）新建文件并设置视图高度为 800。

（2）使用“矩形”和“偏移”命令绘制灶具外侧轮廓线。

（3）使用“圆”、“直线”、“偏移”和“环形阵列”命令绘制灶具轮廓线。

（4）使用“矩形”、“圆”命令绘制开关。

（5）最后使用“镜像”命令对内侧结构进行镜像。

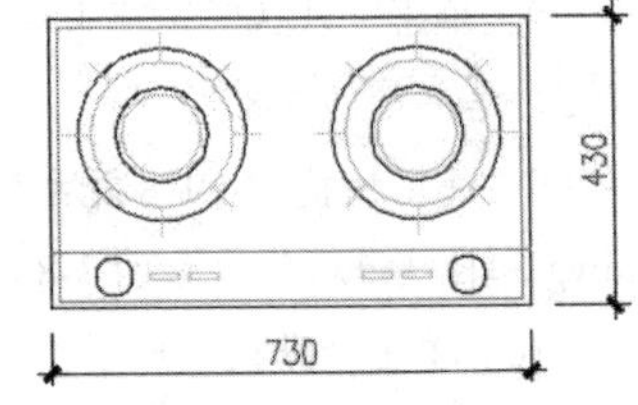

图 3-91 实例效果

3.14 绘制双人床与床头柜

本实例主要学习双人床及床头柜平面模块的绘制技能。双人床及床头柜平面模块的最终绘制效果如图 3-92 所示。

操作提示

（1）新建文件并设置视图高度为 3000。

（2）使用“矩形”、“直线”和“偏移”命令绘制双人床平面图。

（3）使用“图案填充”命令对双人床和枕头填充图案。

（4）最后使用“矩形”、“偏移”、“圆”和“直线”等命令绘制床头柜，并对其进行镜像。

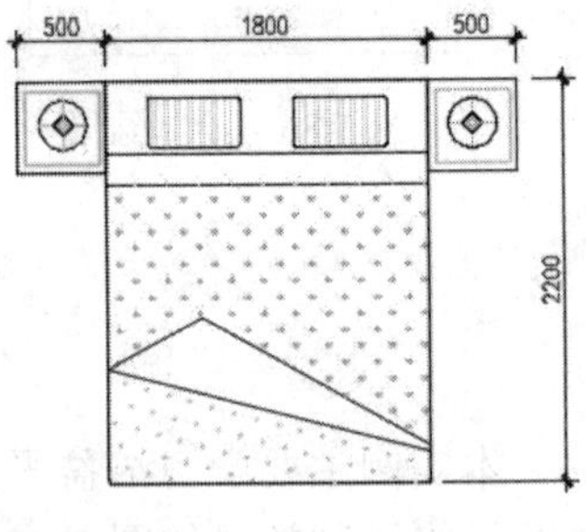

图 3-92 本例效果

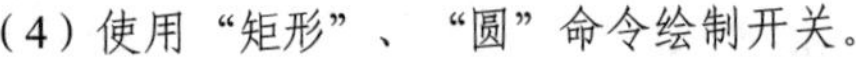

3.15 本 章 小 结

本章在综合巩固和应用常用制图工具的前提下，主要学习了客厅、卧室、厨房、卫生间等室内常用构图模块的快速绘制技能和相关技巧，在具体绘制过程中要注意各类工具的组合搭配技能，以方便快捷地绘制各类图形结构。

本章所绘制的各类图例，都是后续施工图中经常用到的构图图例，在实用时直接以块的方式调用即可。

第二部分　家　装　篇

第 4 章　一居室单身公寓装修设计

近年来，单身公寓式的小户型是越来越受到都市青年朋友们的喜爱，所谓的单身公寓，大多也就只有一个人或夫妻俩居住，属于一种过渡性的小户型住宅，也正是由于单身公寓整体面积较小这一特点，因而在设计以及室内的结构上都比较简单。

现在的单身公寓装修，一般以简约派的现代风格为主，大多是采取自然流畅的空间感装修为主题，装修的色彩、结构追求简洁明快，营造一个简单、舒适的家。

■ 学习内容

✧ 一居室公寓设计概述
✧ 常用图纸的表达特点
✧ 绘制一居室公寓平面布置图
✧ 绘制一居室公寓天花平面图
✧ 绘制一居室公寓天花灯具图
✧ 绘制一居室公寓客厅立面图

4.1　一居室公寓设计概述

一居室公寓式的小户型的设计，需要从色彩、布局、少而精的家具以及简约的处理手法上重点考虑，只要处理得当，小户型同样可以亮丽起来。

- 色彩是打造小户型不可缺少的元素。一般说来，小户型整体色彩最好用浅色调，如白色、米色或淡绿色等，因为浅色可以拓展居室空间。如想再增加一些居室与众不同的感觉，可以局部运用重彩的方法加以修饰，但不宜过多，局部使用重彩一定适度，色彩搭配均匀，比例得当。
- 打造小户型的另一法则是尽量让空间的使用功能扩大、延伸，因此空间的重叠应用就显得格外重要了。
- 小空间的家具以少而精为原则。首先要选定所喜好的家具风格，并协调好整体空间的搭配与居室布置，优先考虑空间活动的灵活性和机能性，使家具既可以独立使用，又能与其他相搭配，创造出家具的多重功效。
- 居室的饰品也要力争少而精，起到画龙点睛之作用即可。
- 使用轻薄的纱，多褶的落地窗帘，避免采用长而多褶的落地窗帘；窗帘的大小应与窗户大小一致利落，清爽，在色彩上应以淡色为主。
- 至于影音设备，电视可选择体薄质轻、能够壁挂的产品，尽量减少电视柜的占用空间。音响设备尽量安装在墙面与顶面，既可以获得好的音效，又不会让面积紧张的地面更加繁杂琐碎。
- 最该把握的是简洁法则。小居室在设计上最忌讳用过多的曲线，而横、直线条则有利于小空间的视觉拓展，感到空间的宽敞。所以，在格局上，一定以简单、方正为主，切不可过于复杂；在陈设与装饰上，也不易太杂，一定要体现时代感。

可见，蜗居虽小，但同样可以设计出现代感强且又具有实用性的格调来。

4.2　常用图纸的表达特点

在室内装修设计中，常用到的图纸主要有室内布置图、天花图、室内立面图以及装修节点和详图等。

其中，面布置图是绘制和识读建筑装修施工图的重点和基础，是装修施工的首要图纸。此种图纸细分为家具布置图、地面铺装图两种，也可以将两种图纸合并为一种图纸，即在布置图中既能体现室内陈设的各种布置，又可体现出地面的铺装、材料及施工说明等。布置图是假想用一个水平的剖切平面，在窗台上方位置，将经过室内外装修的房屋整个剖开，移去以上部分向下所作的水平投影图。要绘制平面布置图，除了要表明楼地面、门窗、楼梯、隔断、装饰柱、护壁板或墙裙等装饰结构的平面形式和位置外，还要标明室内家具、陈设、绿化和室外水池、装饰小品等配套设置体的平面形装、数量和位置等。

天花也称为天棚、顶棚、天花板等，天花图一般采用镜像投影法绘制，将地面看作一面镜子，采用镜像投影法而得到的吊顶图案平面图可以真实地反映天花吊顶图案的实际情况，有利于施工人员看图施工。另外，在具体设计时也需要要根据室内的结构布局，进行天花板的设计和灯具的布置，与室内其他内容构成一个有机联系的整体，让人们从光、色、形体等方面感受室内环境。

室内立面图具体需要表现室内立面上各种装饰品，如壁画、壁挂、金属等的式样、位置和大小尺寸，另外还需要体现门窗、花格、装修隔断等构件的高度尺寸和安装尺寸以及家具和室内配套产品的安放位置、尺寸以及饰面材料色彩及注解等内容。

4.3　绘制一居室公寓墙体图

本例主要学习一居室单身公寓墙体结构图的具体绘制过程和绘图技巧。一居室单身公寓墙体结构图最终绘制效果如图 4-1 所示。

4.3.1　绘制纵横定位轴线

（1）单击“快速访问”工具栏→“新建”按钮，在打开的“选择样板”对话框中选择如图 4-2 所示的样板作为基础样板，新建文件。

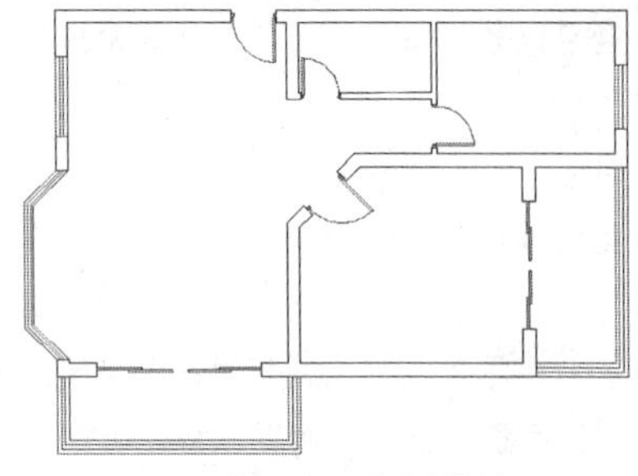

图 4-1　本例效果

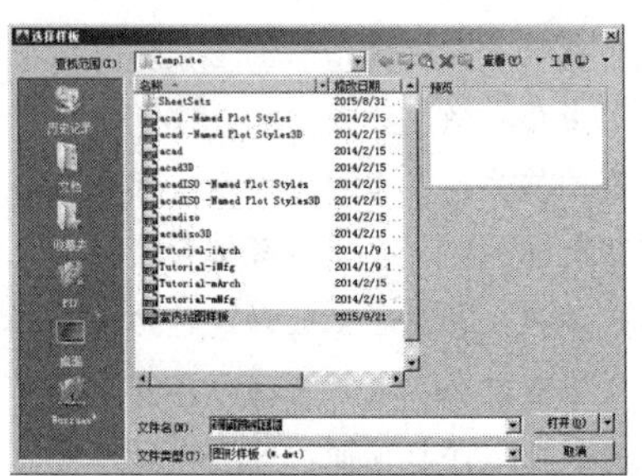

图 4-2　选择样板

技巧提示：用户可以直接调用随书光盘中的“\绘图样板\室内绘图样板.dwt”，也可以直接将此样板文件拷贝至 AutoCAD 2016 安装目录下的“Template”文件夹内，以方便调用。

（2）展开“默认”选项卡→“图层”面板→“图层”下拉列表，选择“轴线层”设置为当前图层，如图 4-3 所示。

（3）单击“默认”选项卡→“绘图”面板→“直线”按钮，绘制如图 4-4 所示的两条直线作为基准轴线。

（4）单击“默认”选项卡→“修改”面板→“偏移”按钮，将水平基准轴线向上偏移，间距为 2700、1200、1200 和 1500；将垂直基准线向右偏移，间距为 4500、2700、1800 和 1800，结果如图 4-5 所示。

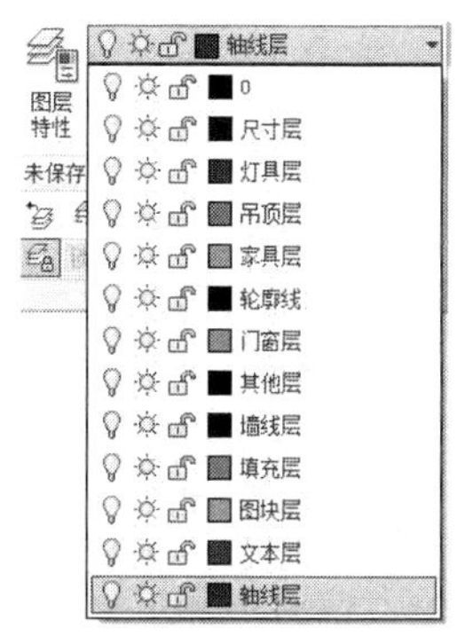

图 4-3 设置当前层

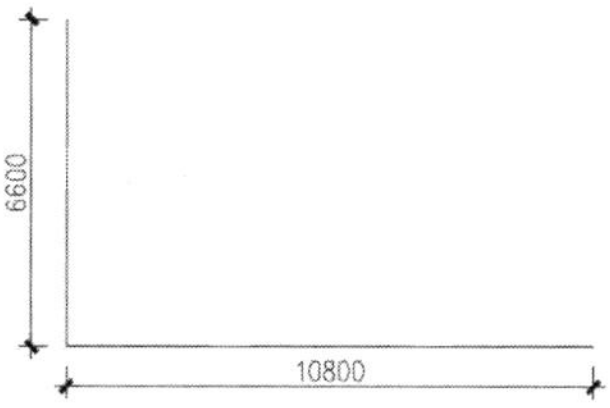

图 4-4 绘制定位轴线

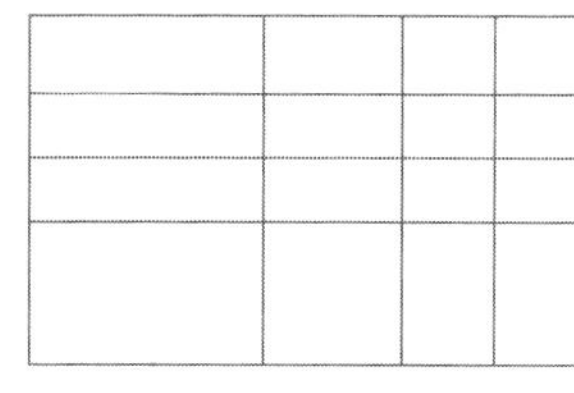

图 4-5 偏移水平轴线

（5）在无命令执行的前提下选择最右侧垂直轴线，使其呈现夹点显示。

（6）单击最下侧的夹点，使其变为夹基点（此时该点变为红色），然后在命令行“** 拉伸 ** 指定拉伸点或 [基点（B）/复制（C）/放弃（U）/退出（X）]:”提示下捕捉如图 4-6 所示的交点，对其进行夹点拉伸，结果如图 4-7 所示。

（7）按 Esc 键取消夹点显示状态，然后分别对其他轴线进行夹点拉伸，编辑轴线，结果如图 4-8 所示。

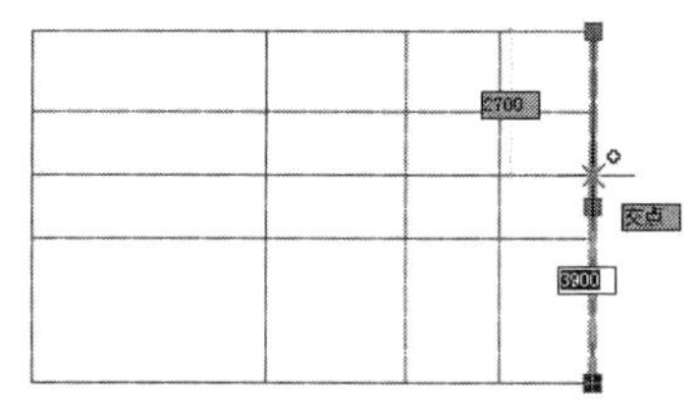

图 4-6 捕捉端点

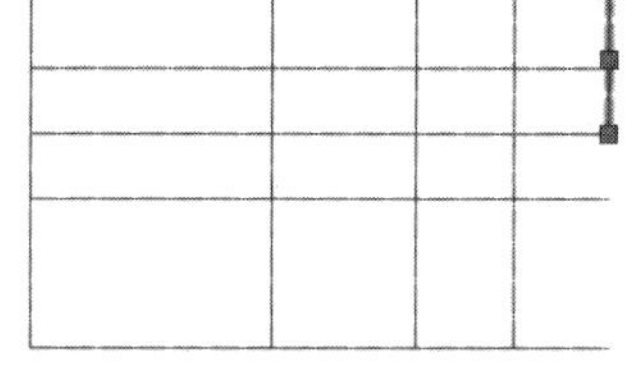

图 4-7 拉伸结果

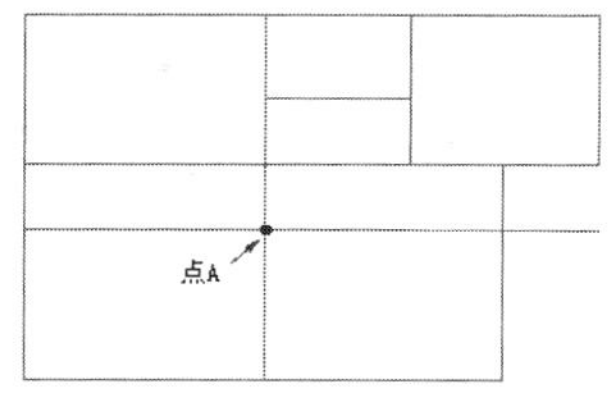

图 4-8 夹点编辑结果

（8）打开“极轴追踪”功能，并设置增量角为 45°，然后配合交点捕捉绘制角度为 45° 的倾斜轴线，如图 4-9 所示。

（9）单击“默认”选项卡→“修改”面板→“修剪”按钮，以倾斜轴线和水平轴 1 作为边界，对两条边界之间的垂直轴线和水平轴线 2 进行修剪，并删除水平轴线 3，结果如图 4-10 所示。

4.3.2 定位门洞和窗洞

（1）继续上节操作。

（2）单击“默认”选项卡→“修改”面板→“偏移”按钮，将最左侧的垂直轴线向右偏移 650 和 3850，以创建辅助线，结果如图 4-11 所示。

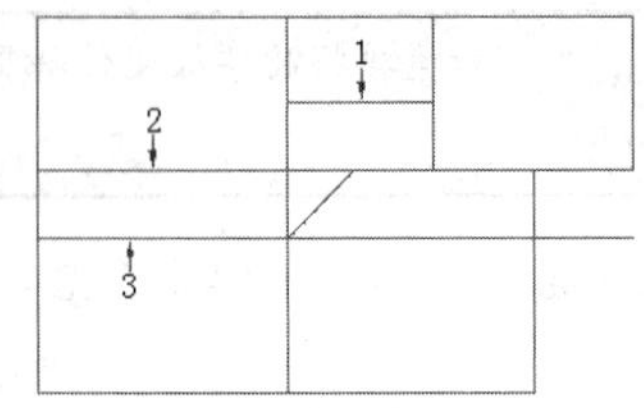

图 4-9　绘制结果

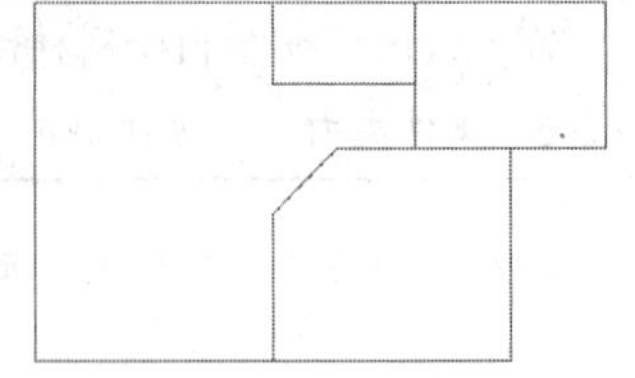

图 4-10　操作结果

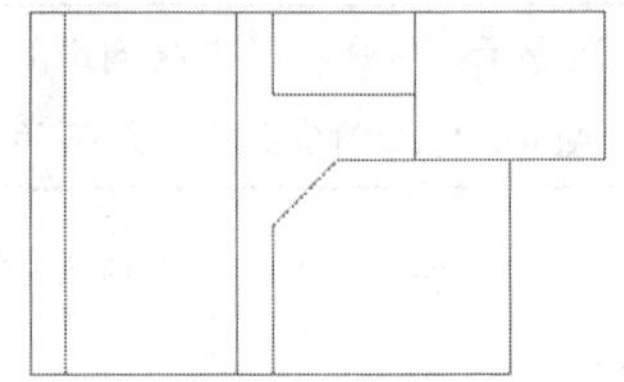

图 4-11　偏移结果

（3）单击“默认”选项卡→“修改”面板→“修剪”按钮，以刚偏移出的两条辅助轴线作为边界，对下侧的水平轴线进行修剪，创建宽度为3200的门洞，并删除偏移出的两条辅助轴线，结果如图 4-12 所示。

（4）单击“默认”选项卡→“修改”面板→“打断”按钮，创建宽度为1800的窗洞，命令行操作如下。

```
命令：_break
选择对象：                              //选择最左侧的垂直轴线
指定第二个打断点 或 [第一点(F)]：       //FEnter，重新指定第一断点
指定第一个打断点：                      //激活“捕捉自”功能
_from 基点：                            //捕捉最左侧垂直线的下端点
<偏移>：                                //@0,180 Enter
指定第二个打断点：                      //@0,3540Enter，打断结果如图 4-13 所示
```

（5）综合运用以上方法，创建其他位置的门洞和窗洞，结果如图 4-14 所示。

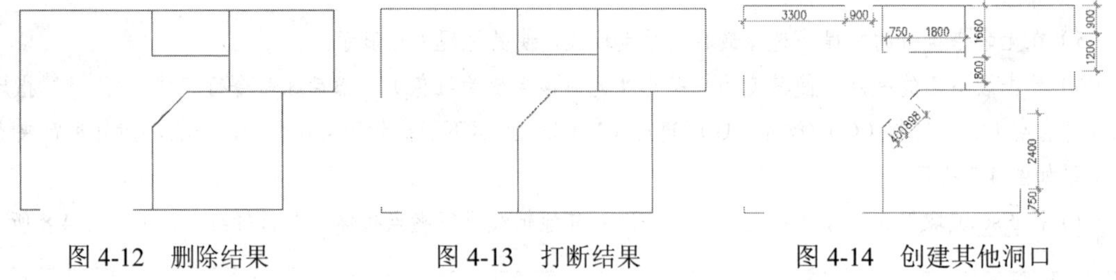

图 4-12　删除结果　　图 4-13　打断结果　　图 4-14　创建其他洞口

4.3.3　绘制纵横墙线布置图

（1）继续上节操作。

（2）展开“默认”选项卡→“图层”面板→“图层”下拉列表，选择“墙线层”设置为当前图层。

（3）选择菜单栏“绘图”→“多线”命令，配合端点捕捉绘制主墙线，其中多线比例为 240、对正方式为无，结果如图 4-15 所示。

（4）重复执行“多线”命令，设置多线对正方式不变，绘制宽度为 120 的非承重墙线，如图 4-16 所示。

（5）展开“图层控制”下拉列表，关闭“轴线层”，结果如图 4-17 所示。

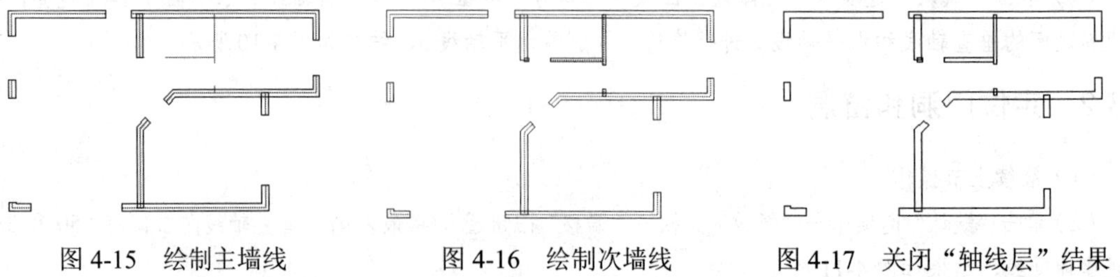

图 4-15　绘制主墙线　　图 4-16　绘制次墙线　　图 4-17　关闭“轴线层”结果

（6）在墙线上双击左键，打开“多线编辑工具”对话框，然后单击对话框中的 “T形合并”按钮 ”功能。

（7）返回绘图区在“选择第一条多线：”提示下选择如图4-18所示的墙线。

（8）在“选择第二条多线：”提示下，选择如图4-19所示的墙线，结果这两条T形相交的多线被合并，如图4-20所示。

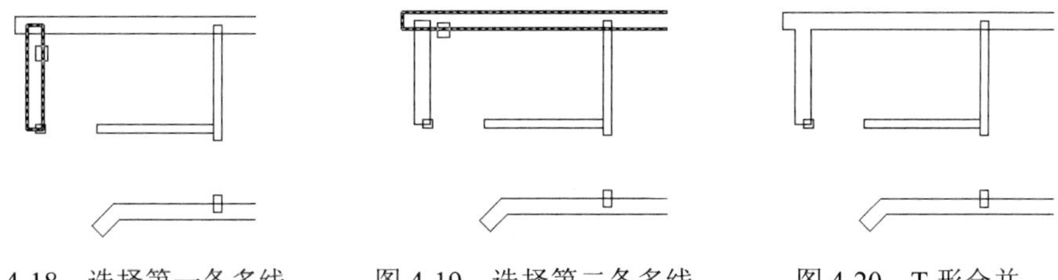

图4-18 选择第一条多线　　图4-19 选择第二条多线　　图4-20 T形合并

（9）继续在“选择第一条多线或 [放弃（U）]：”提示下，分别选择其他位置T形墙线进行合并，合并结果如图4-21所示。

（10）在任一墙线上双击左键，在打开的“多线编辑工具”对话框中激活“角度结合”按钮。

（11）返回绘图区，在“选择第一条多线或 [放弃（U）]：”提示下，单击如图4-22所示的墙线1。

（12）在“选择第二条多线：”提示下选择如图4-22所示的墙线2，结果这两条T形相交的多线被合并，如图4-23所示。

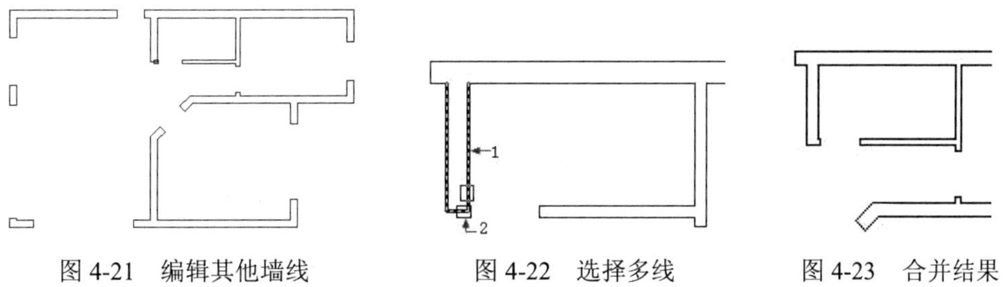

图4-21 编辑其他墙线　　图4-22 选择多线　　图4-23 合并结果

4.3.4 绘制门、窗及阳台构件

（1）继续上节操作。

（2）展开“默认”选项卡→“图层”面板→“图层”下拉列表，将“门窗层”设置为当前图层。

（3）选择菜单栏“格式”→“多线样式”命令，在打开的“多线样式”对话框中设置窗线样式”为当前样式。

（4）使用快捷键“ML”激活“多线”命令，配合中点捕捉功能绘制宽度为240的窗线，多线的对正方式为无，结果如图4-24所示。

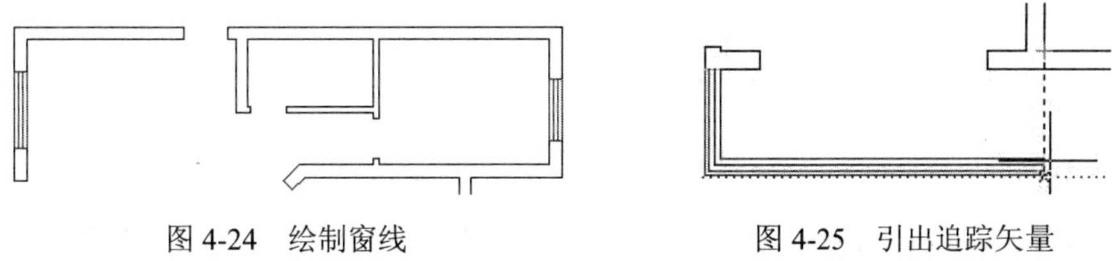

图4-24 绘制窗线　　图4-25 引出追踪矢量

（5）重复执行“多线”命令，配合捕捉追踪等功能绘制左下侧窗线，命令行操作如下。

```
命令:ML                                        // Enter
MLINE 当前设置：对正 = 无，比例 = 240.00，样式 = 窗线样式
指定起点或 [对正(J)/比例(S)/样式(ST)]:          //j Enter
输入对正类型 [上(T)/无(Z)/下(B)] <无>:          //b Enter
当前设置：对正 = 下，比例 = 240.00，样式 = 窗线样式
指定起点或 [对正(J)/比例(S)/样式(ST)]:          //捕捉左下角墙线的外角点
指定下一点:                                    //@0,1440 Enter
指定下一点或 [放弃(U)]:                         //捕捉如图 4-25 所示的追踪虚线交点
指定下一点或 [闭合(C)/放弃(U)]:                 // Enter，绘制结果如图 4-26 所示
```

（6）参照上一步骤，根据图示尺寸，配合“捕捉与追踪”功能绘制出其他位置的窗线，绘制结果如图 4-27 所示。

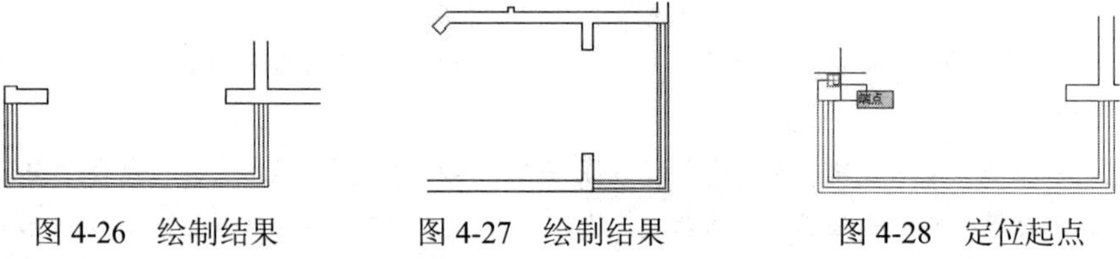

图 4-26 绘制结果　　图 4-27 绘制结果　　图 4-28 定位起点

（7）单击“默认”选项卡→“绘图”面板→“多段线”按钮，配合坐标输入功能绘制凸窗轮廓线，命令行操作如下。

```
命令: _pline
指定起点:                                 //捕捉如图 4-28 所示的端点
当前线宽为 0.0
指定下一个点或 [圆弧(A)/半宽(H)/长度(L)/放弃(U)/宽度(W)]: //@-670,670 Enter
指定下一点或 [圆弧(A)/闭合(C)/半宽(H)/长度(L)/放弃(U)/宽度(W)]: //@0,2200 Enter
指定下一点或 [圆弧(A)/闭合(C)/半宽(H)/长度(L)/放弃(U)/宽度(W)]: //@670,670 Enter
指定下一点或 [圆弧(A)/闭合(C)/半宽(H)/长度(L)/放弃(U)/宽度(W)]:
                                          // Enter，绘制结果如图 4-29 所示
```

（8）使用快捷键“O”激活“偏移”命令，将刚绘制的窗子轮廓线向左偏移 56、112、170，结果如图 4-30 所示。

（9）使用快捷键“TR”激活“修剪”命令，对偏移出的多段线进行修剪，结果如图 4-31 所示。

（10）综合使用“矩形”、“复制”和“镜像”命令，绘制如图 4-32 所示的矩形推拉门，其中矩形长度为 50、宽度为 600。

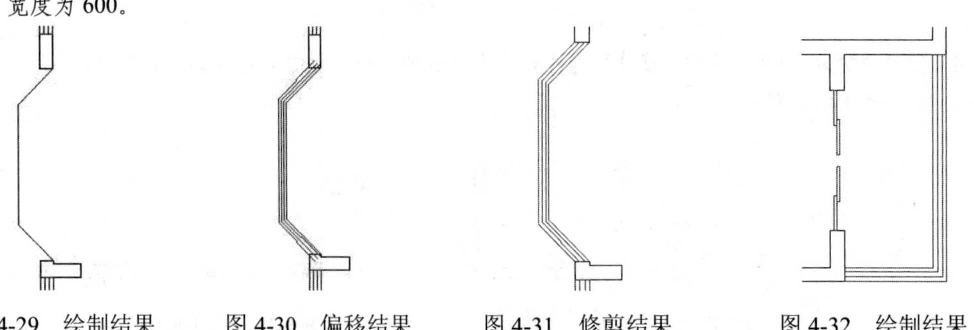

图 4-29 绘制结果　　图 4-30 偏移结果　　图 4-31 修剪结果　　图 4-32 绘制结果

（11）重复使用“矩形”、“复制”、“镜像”等命令，绘制下侧的四扇推拉门，结果如图 4-33 所示。

（12）使用快捷键“I”激活“插入块”命令，插入随书光盘“\图块文件\单开门.dwg”，块参数设置如图 4-34 所示，插入点如图 4-35 所示。

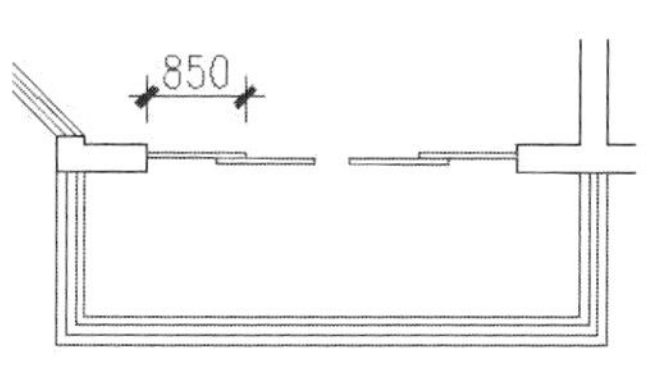

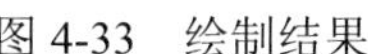

图 4-33　绘制结果

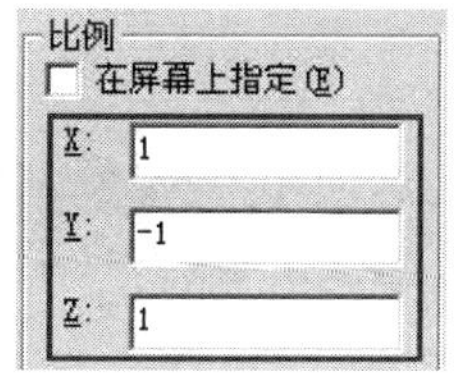

图 4-34　设置参数

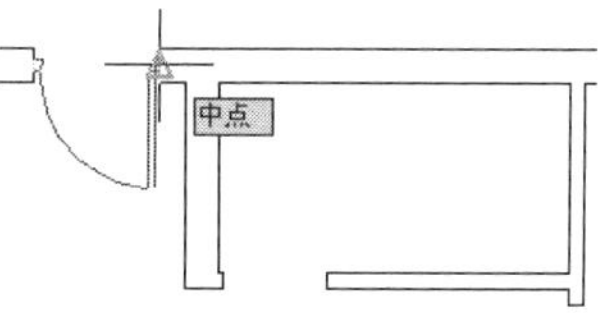

图 4-35　定位插入点

（13）重复执行“插入块”命令，设置插入参数如图 4-36 所示，插入点如图 4-37 所示。

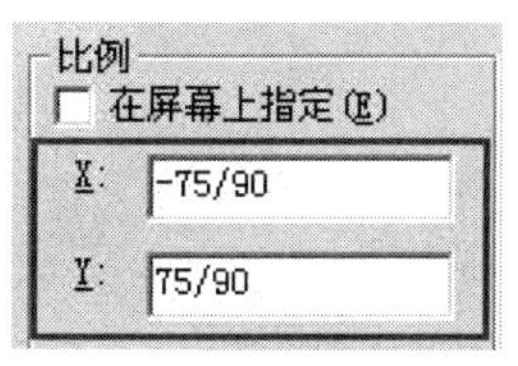

图 4-36　设置参数

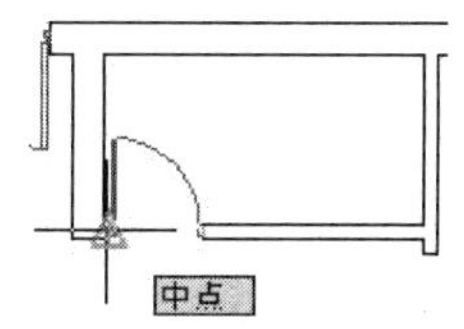

图 4-37　定位插入点

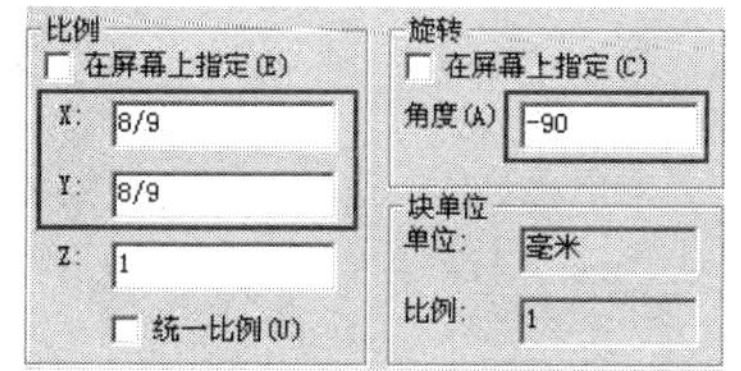

图 4-38　设置参数

（14）重复执行“插入块”命令，设置插入参数如图 4-38 所示，插入点如图 4-39 所示。

（15）重复执行“插入块”命令，设置插入参数如图 4-40 所示，插入结果如图 4-41 所示。

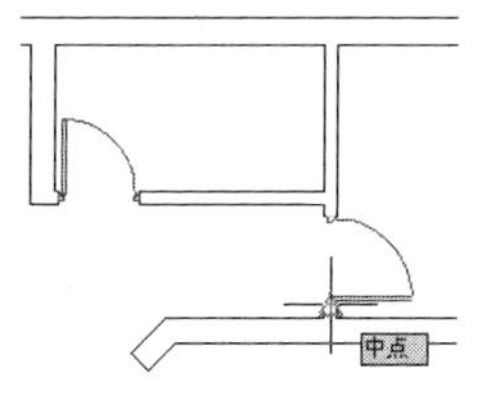

图 4-39　定位插入点

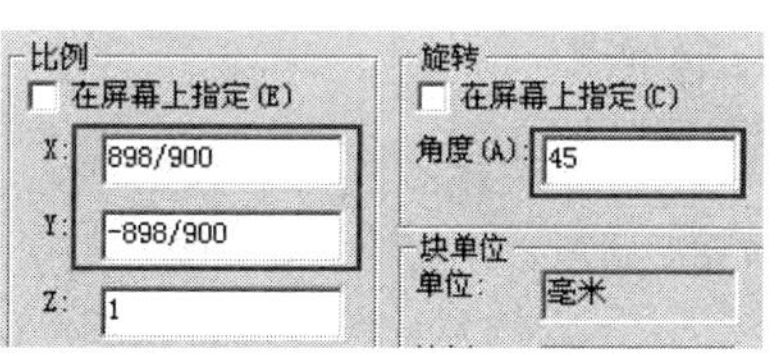

图 4-40　设置参数

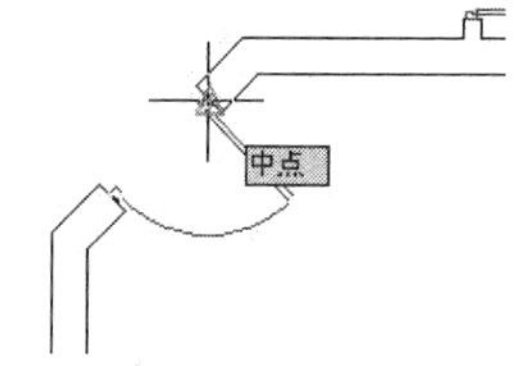

图 4-41　定位插入点

（16）最后执行“保存”命令，将图形命名存储为“一居室公寓墙体图.dwg”。

4.4　绘制一居室公寓平面布置图

本例主要学习一居室单身公寓平面布置图的具体绘制过程和绘图技巧。一居室单身公寓平面布置图最终绘制效果如图 4-42 所示。

4.4.1　绘制室内家具布置图

（1）打开上例存储的“一居室公寓墙体图.dwg”，并设置“家具层”为当前层。

（2）使用快捷键“I”激活“插入块”命令，以默认参数插入随书光盘中的“\图块文件\电视柜.dwg”，插入点为图 4-43 所示的墙线中点。

（3）重复执行“插入块”命令，以默认参数插入配书光盘中“\图块文件\三人沙发.dwg”，结果如图 4-44 所示。

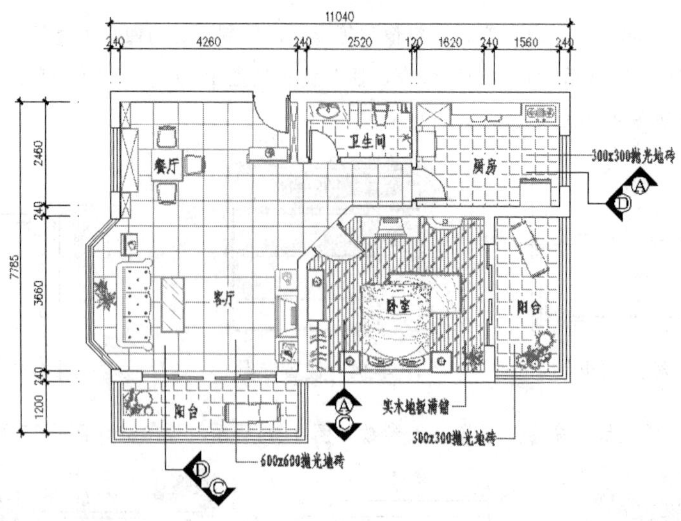

图 4-42　实例效果

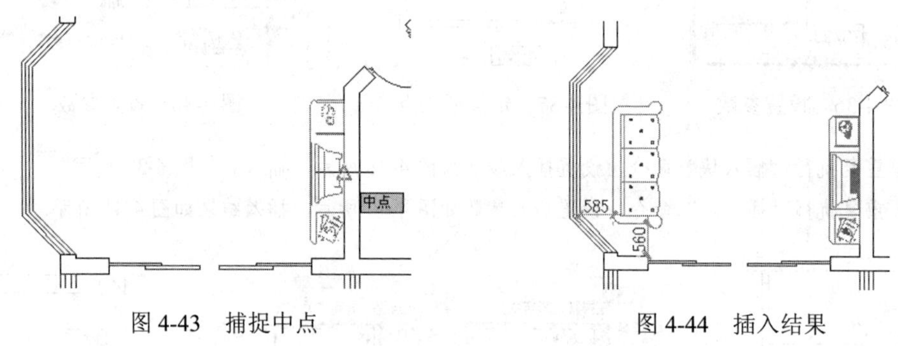

图 4-43　捕捉中点　　　　图 4-44　插入结果

（4）单击“默认”选项卡→“视图”面板→“设计中心”按钮，打开设计中心窗口，定位随书光盘中的“图块文件”文件夹。

操作提示： 用户可以事先将随书光盘中的“图块文件”拷贝至用户机上，然后通过“设计中心”工具进行定位。

（5）然后右键单击“双人床 01.dwg”，选择“插入为块”选项，如图 4-45 所示，将此图形以块的形式共享到平面图中。

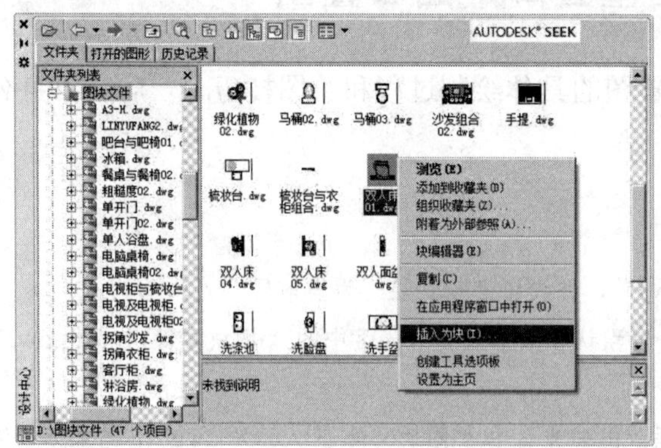

图 4-45　选择文件

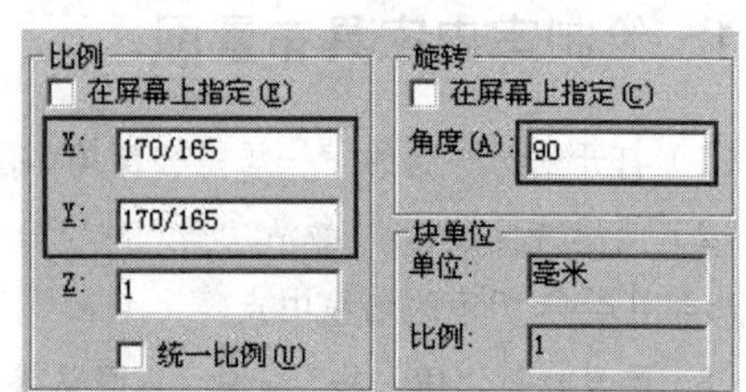

图 4-46　设置块参数

（6）此时系统弹出“插入”对话框，设置块参数如图 4-46 所示，返回绘图区捕捉如图 4-47 所示的中点作为插入点，将双人床插入平面图中。

（7）参照上述操作，综合使用“插入块”、“设计中心”命令，分别为其他房间布置室内用具图例，结果如图 4-48 所示。

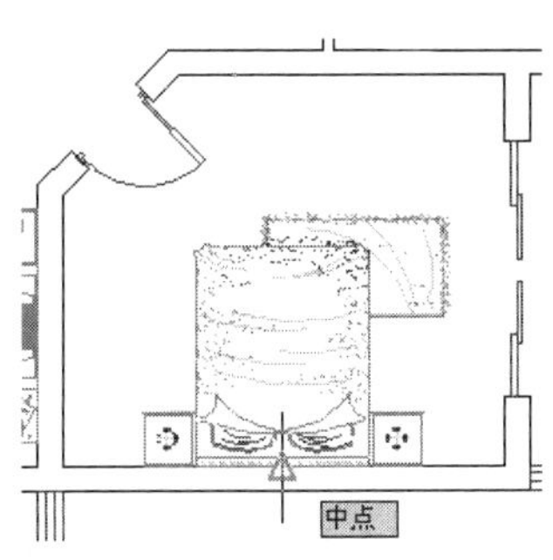

图 4-47　定位插入点

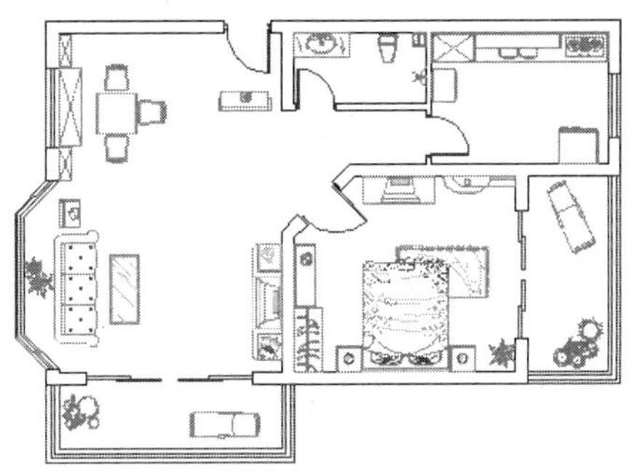

图 4-48　布置其他家具

（8）接下来使用“多段线”、“矩形”等命令，绘制鞋柜以及卫生间内的玻璃隔断，效果如图 4-49 所示。

4.4.2　绘制卧室地板材质图

（1）继续上节操作并设置“地面层”为当前图层。

（2）使用快捷键“PL”激活“多段线”命令，封闭门洞，然后分别沿着双人床、玄关以及各植物图例外边沿绘制闭合多段线边界。

（3）分别单击卧室内的衣柜、电视柜以及双人床和植物的封闭外边界，然后展开“图层控制”列表，将其暂时放置在“0 图层”上，并冻结“家具层”和“图块层”，此时平面图的显示效果如图 4-50 所示。

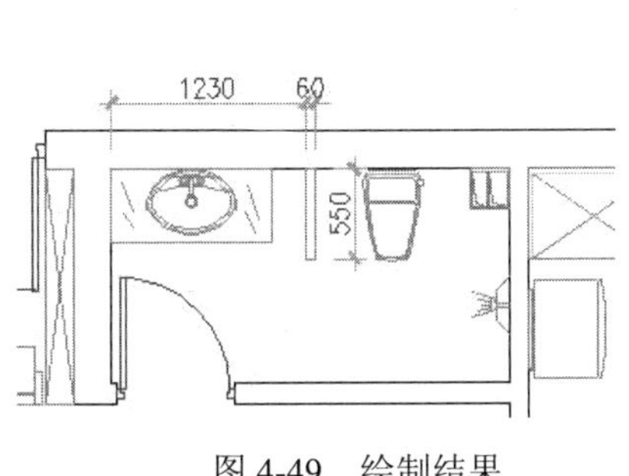

图 4-49　绘制结果

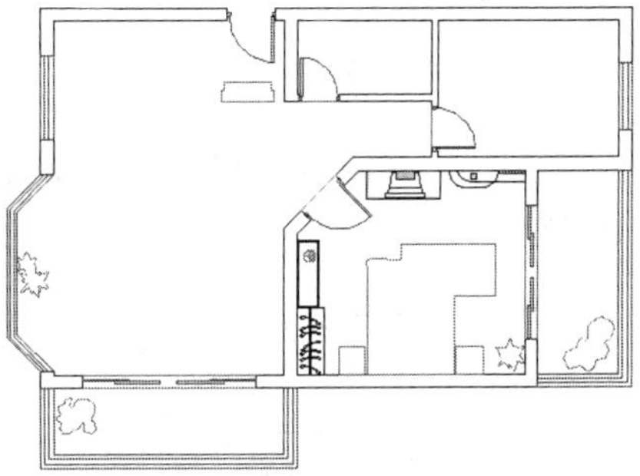

图 4-50　冻结图层后的显示

操作提示：更改图层及冻结“家具层”层的目的就是为了方便地面图案的填充，如果不关闭图块层，由于图块太多，会大大影响图案的填充速度。

（4）单击“默认”选项卡→“绘图”面板→“图案填充”按钮，设置填充图案及参数如图 4-51 所示。为卧室填充如图 4-52 所示的地板图案。

（5）将卧室内的各家具图例放置到“家具层”上，然后解冻“家具层”及“图块层”，结果如图 4-53 所示。

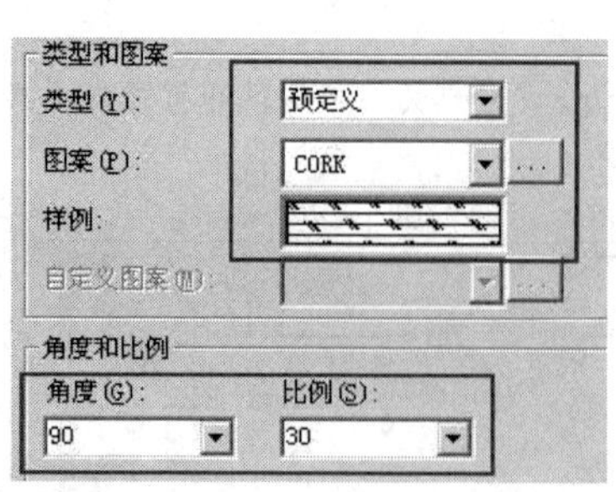

图 4-51　设置填充参数

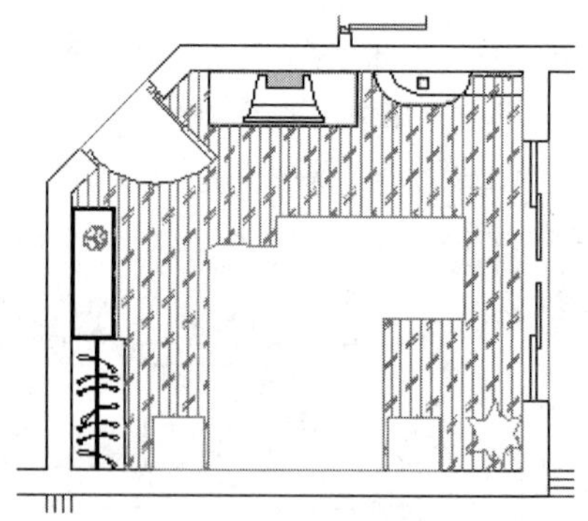

图 4-52　填充结果

4.4.3　绘制客厅等地砖材质

（1）继续上节操作。

（2）在无命令执行的前提下夹点显示客厅、餐厅内的家具图例以及玄关、植物图例的封闭边界，将其放置在“0 图层上”，并冻结“家具层”和“图块层”，平面图的显示效果如图 4-54 所示。

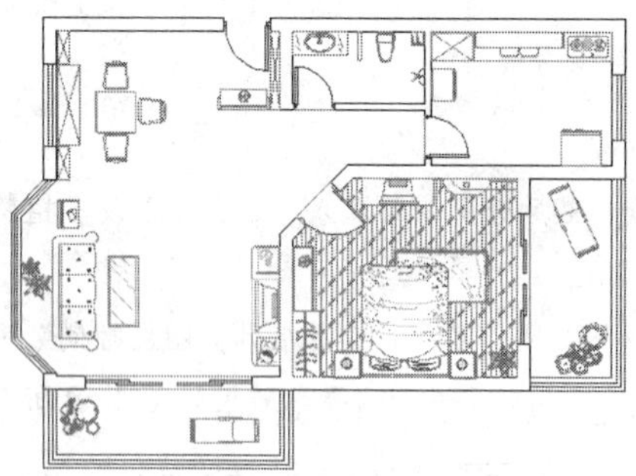

图 4-53　操作结果

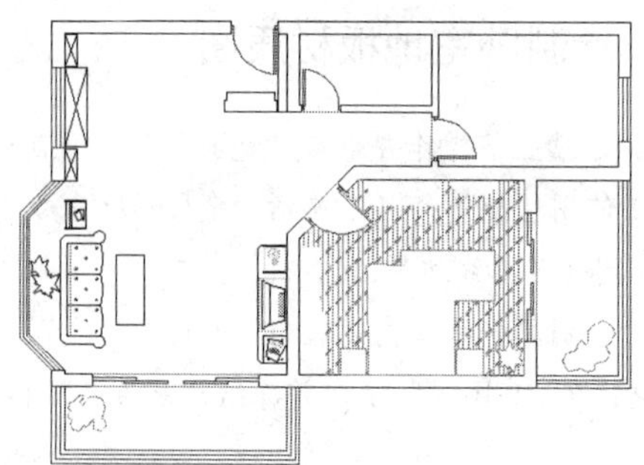

图 4-54　冻结图层后的显示

（3）使用快捷键“H”激活“图案填充”命令，设置填充图案与填充参数如图 4-55 所示，填充如图 4-56 所示的地砖图案。

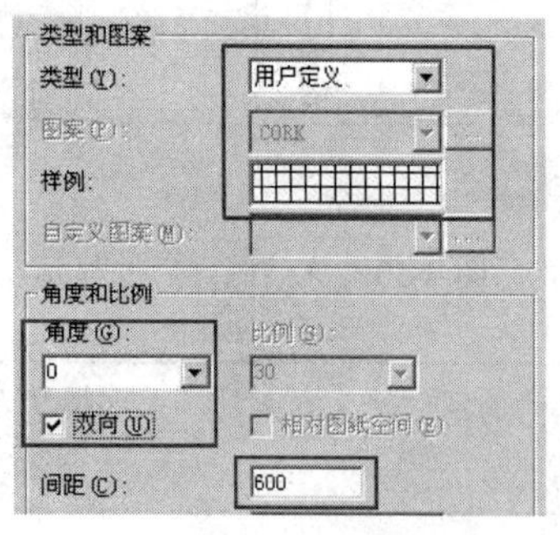

图 4-55　设置填充图案与参数

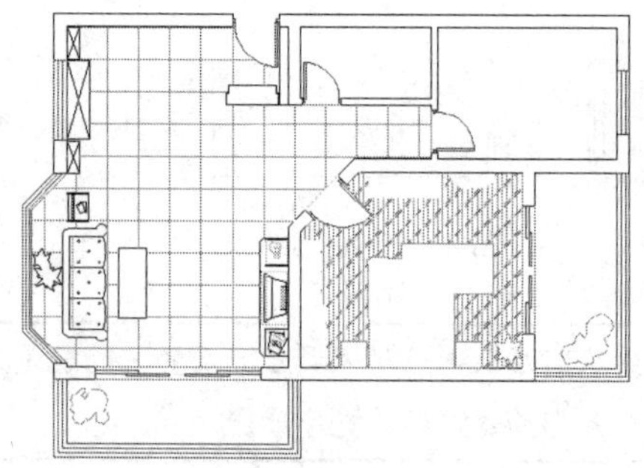

图 4-56　填充结果

（4）将客厅和餐厅内的各家具图例放置到“家具层”上，然后解冻“家具层”及“图块层”。

（5）将卫生间、厨房、阳台位置的各用具图例放到 0 图层上，然后冻结“家具层”和“图块层”，结果如图 4-57 所示。

（6）使用快捷键“H”激活“图案填充”命令，设置填充图案及参数如图 4-58 所示，分别在厨房、卫生间、阳台等空白区域填充如图 4-59 所示的地砖图案。

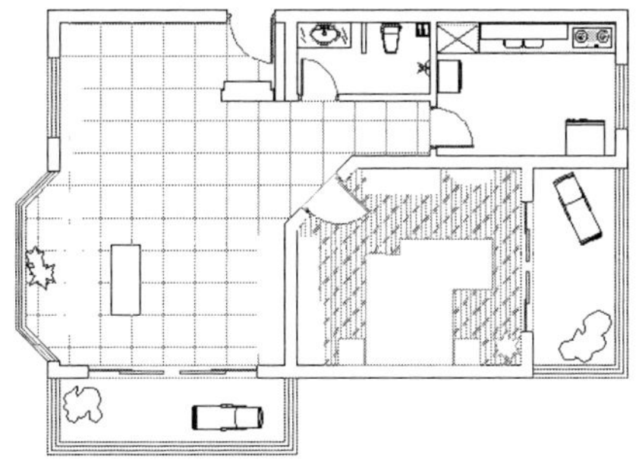

图 4-57 操作结果

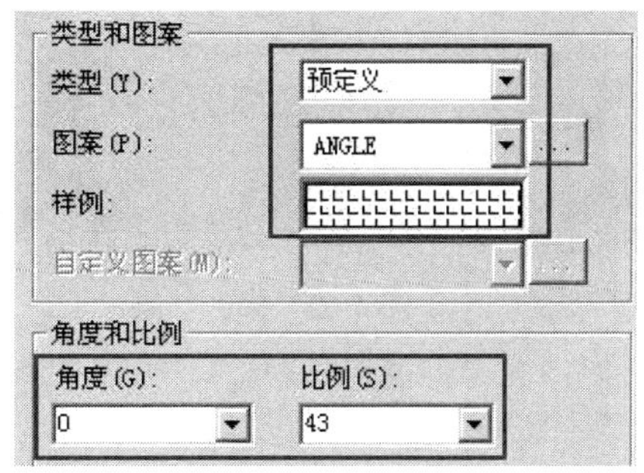

图 4-58 设置填充参数

（7）夹点显示客厅图案，然后单击右键选择“设定原点”选项，在命令行“选择新的图案填充原点”提示下按住 Shift 键单击右键，激活“两点之间的中点”功能。

（8）在命令行：“ _m2p 中点的第一点：”提示下，捕捉如图 4-60 所示位置的端点。

（9）在命令行“中点的第二点：”提示下，捕捉如图 4-61 所示位置的端点。

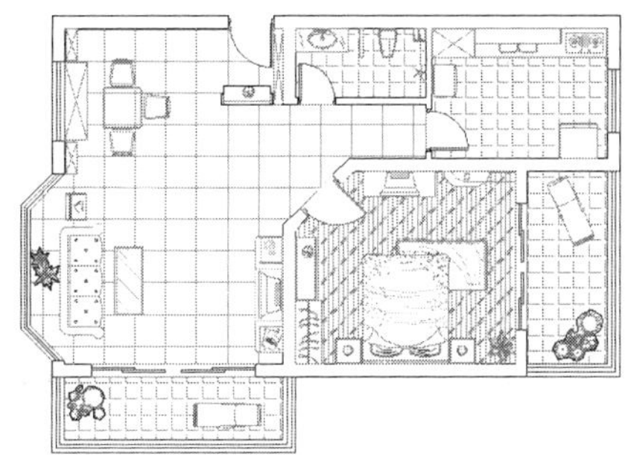

图 4-59 填充结果

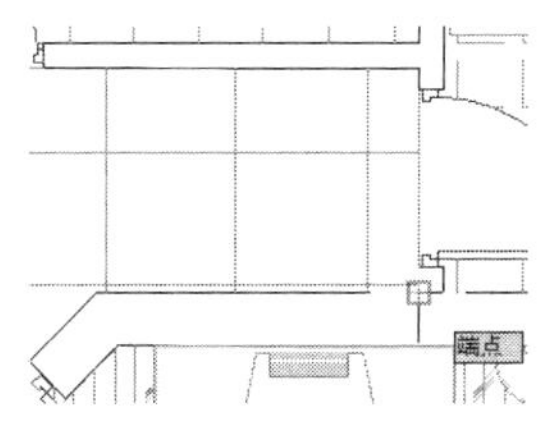

图 4-60 定位第一点

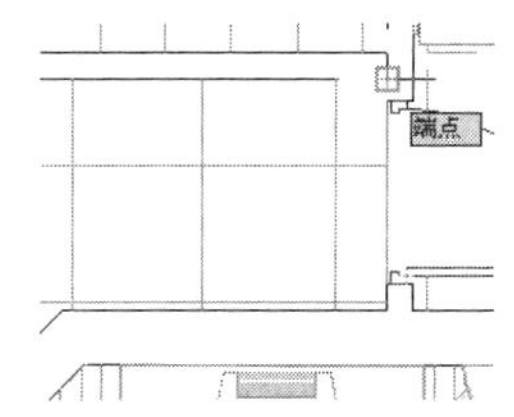

图 4-61 定位第二点

（10）系统将以两点之间的中点作为图案的填充原点，调整图案，结果如图 4-62 所示。

4.4.4 标注布置图文字注释

（1）继续上节操作，并设置“文本层”为当前图层。

（2）单击“默认”选项卡→“注释”面板→“文字样式”按钮，在打开的“文字样式”对话框中设置“仿宋体”为当前文字样式。

（3）单击“默认”选项卡→“注释”面板→“单行文字”按钮，在命令行“指定文字的起点或 [对正（J）/样式（S）]：”提示下，在客厅适当位置上单击左键，拾取一点作为文字起点。

（4）继续在命令行“指定高度 <2.5>：”提示下，输入 280 并按 Enter 键，将当前文字的高度设置为 280 个单位。

（5）在“指定文字的旋转角度<0.00>：”提示下按 Enter 键，此时绘图区会出现单行文字输入框，如图 4-63 所示。

（6）在单行文字输入框内输入“客厅”，此时所输入的文字会出现在单行文字输入框内，如图 4-64 所示。

（7）分别将光标移至其他房间内，标注各房间的功能，结果如图 4-65 所示。

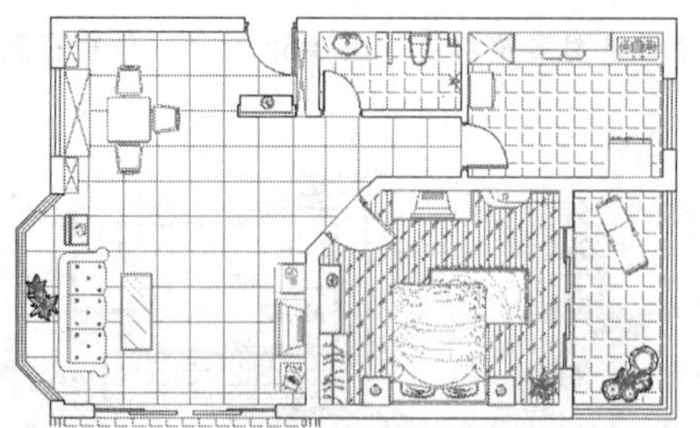
图 4-62　修改结果

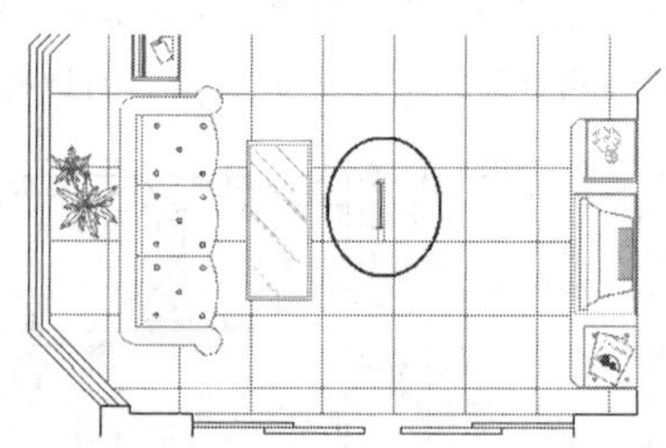

图 4-63　单行文字输入框

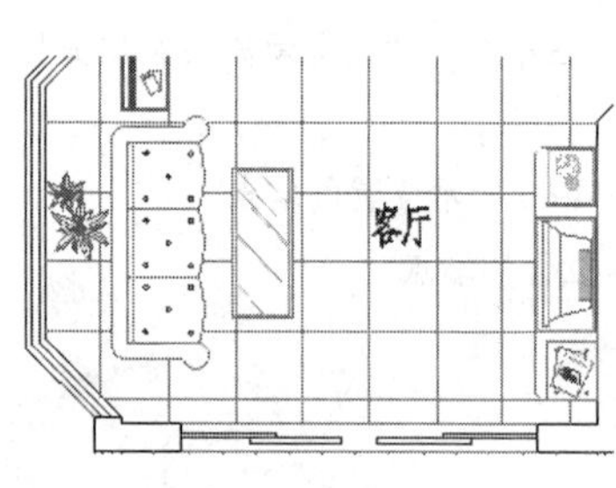

图 4-64　标注结果

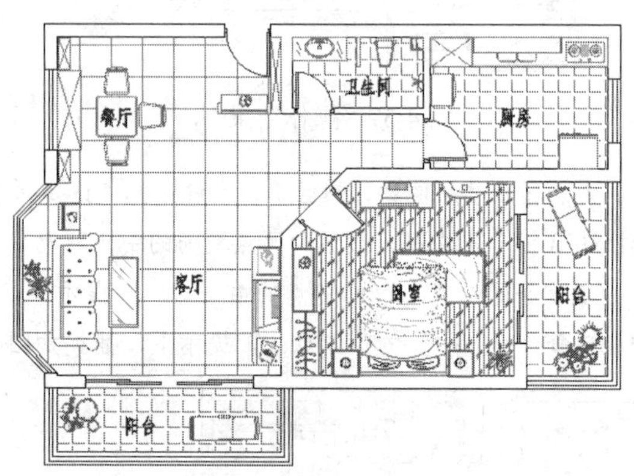

图 4-65　标注其他房间功能

（8）在客厅地板填充图案上双击左键，打开“图案填充编辑器”选项卡面板，然后单击“选择边界对象”按钮。

（9）在命令行“选择对象:”提示下，选择“客厅”文字对象，结果被选择文字对象区域的图案被删除，如图 4-66 所示。

（10）参照 8、9 操作步骤，分别修改阳台、厨房、卫生间内的地砖填充图案，结果如图 4-67 所示。

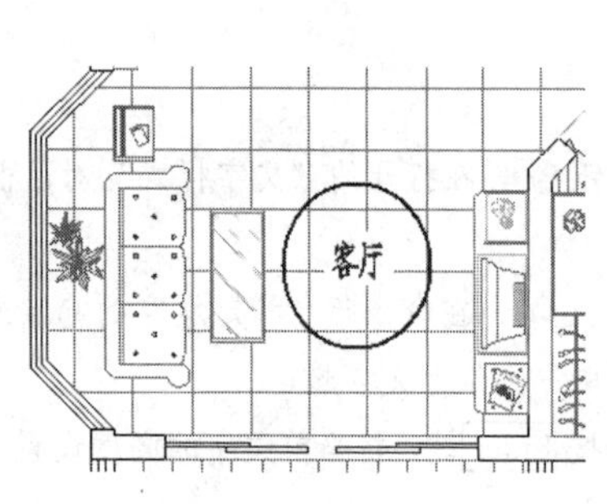

图 4-66　修改结果

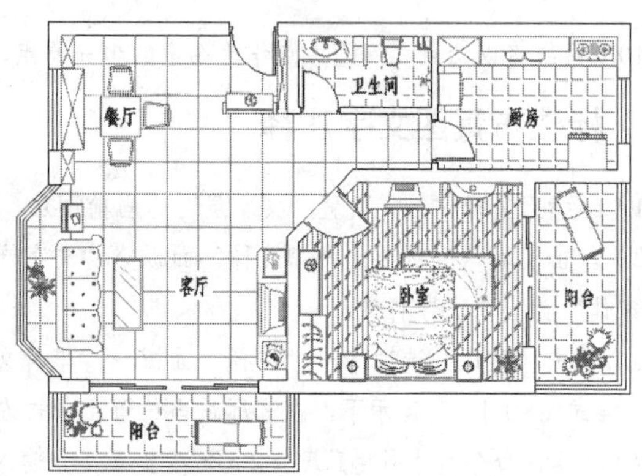

图 4-67　修改其他图案

（11）使用快捷键“L”激活“直线”命令，绘制如图 4-68 所示的直线作为文字指示线。

（12）使用快捷键“CO”激活“复制”命令，将“客厅”文字分别复制到指示线末端，结果如图 4-69 所示。

（13）在复制出的文字上双击左键，此时文字呈现反白显示的单行文字输入框状态，然后输入正确的文字内容，结果如图4-70所示。

（14）接下来分别在其他文字上双击左键，修改文字内容，结果如图4-71所示。

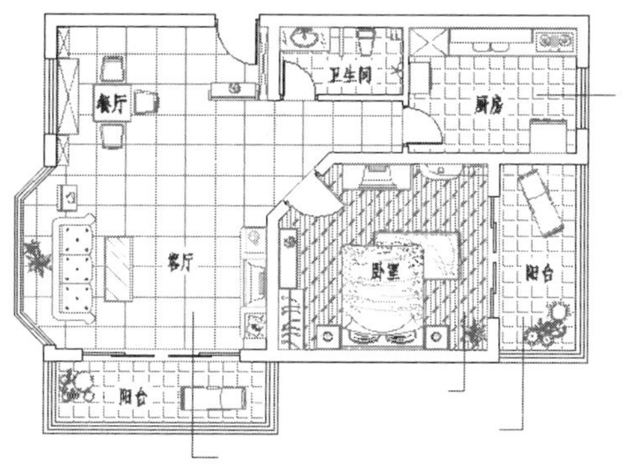

图4-68 绘制文字指示线

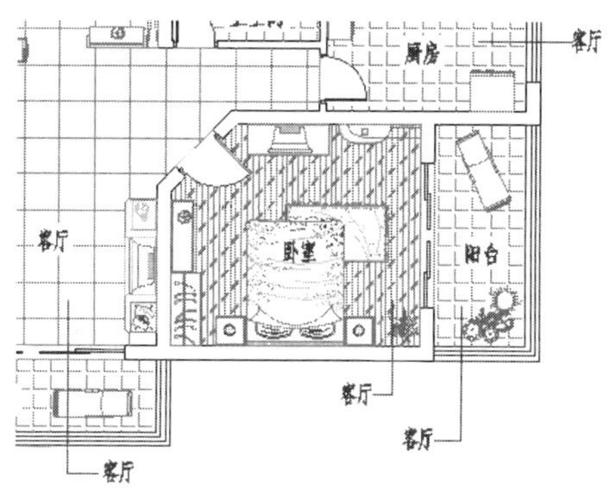

图4-69 复制结果

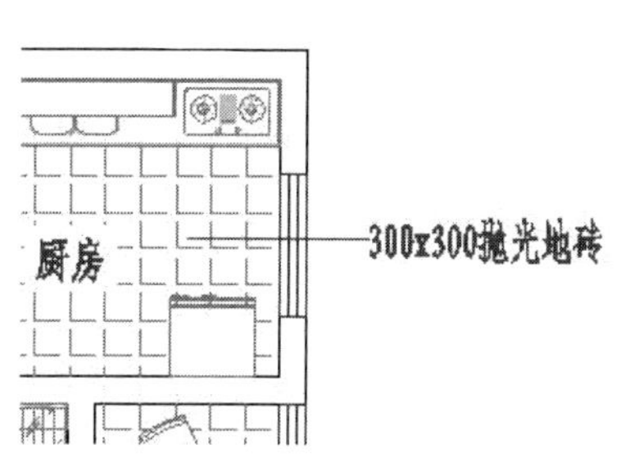

图4-70 修改结果

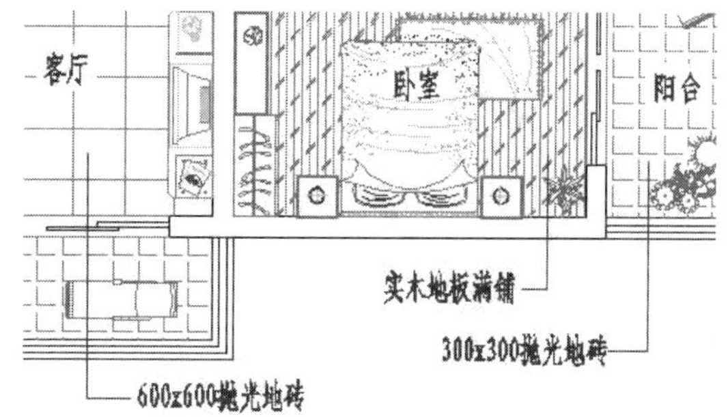

图4-71 修改其他文字

4.4.5 标注布置图投影与尺寸

（1）继续上节操作并将“其他层”设置为当前图层，并关闭“文本层”。

（2）使用快捷键“L”激活“直线”命令，分别在卧室、客厅以及厨房内引出如图4-72所示的指示线。

（3）使用快捷键“I”激活“插入块”命令，插入随书光盘“\图块文件\投影符号.dwg”属性块，块的缩放比例为60，插入结果如图4-73所示。

（4）综合使用“复制”、“镜像”等命令将投影符号编辑为如图4-74所示的状态。

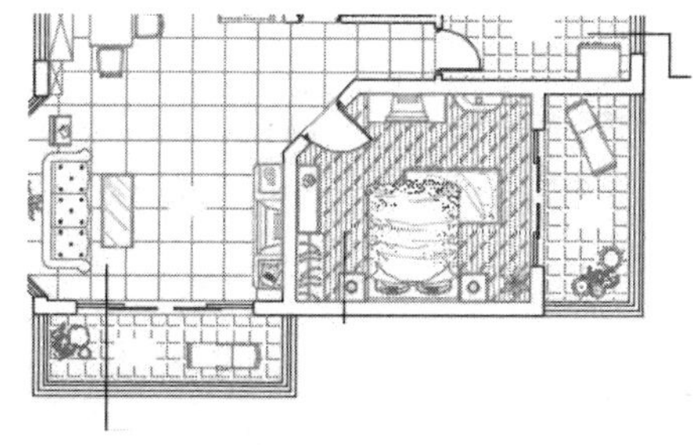

图4-72 绘制指示线

图4-73 插入结果

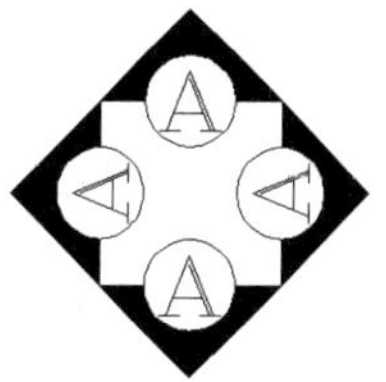

图4-74 编辑结果

（5）双击右侧的投影符号，在弹出的“增强属性编辑器”对话框内修改属性值如图 4-75 所示，修改属性文本的旋转角度如图 4-76 所示，此时属性块的修改结果如图 4-77 所示。

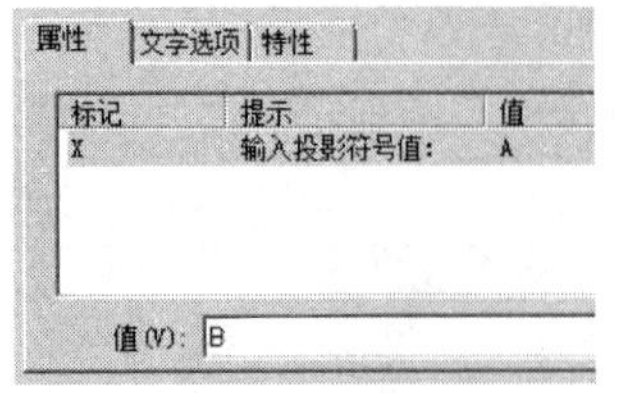

图 4-75　修改属性值

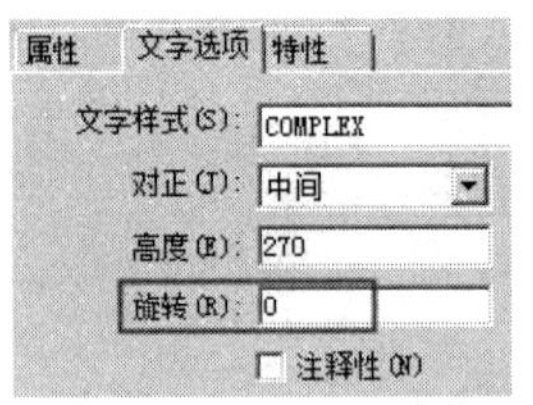

图 4-76　修改角度

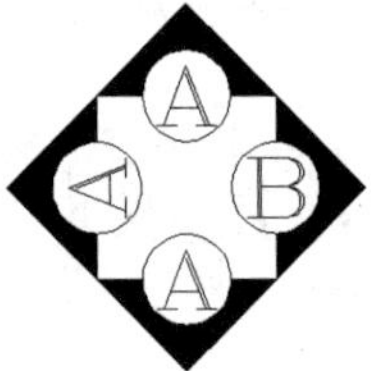

图 4-77　修改结果

（6）接下来分别单击其他属性块，修改属性值及角度，结果如图 4-78 所示。

（7）使用快捷键“CO”激活“复制”命令，选择相应的属性块进行复制，并删除多余属性，结果如图 4-79 所示。

图 4-78　修改其他属性块

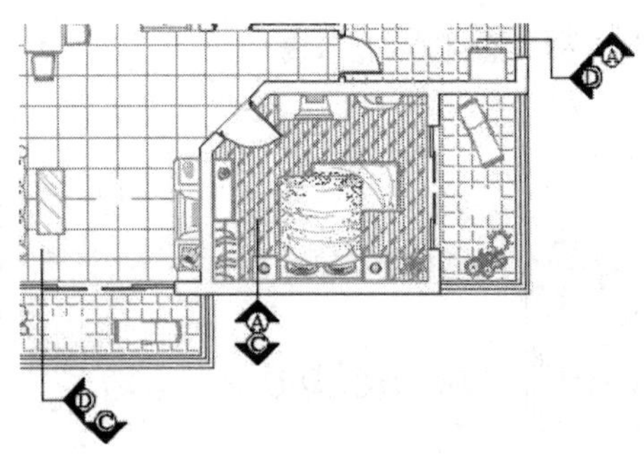

图 4-79　复制结果

（8）设置“尺寸层”为当前层，然后使用快捷键“XL”激活“构造线”命令，分别通过平面图左侧和上侧最外部端点，绘制两条构造线作为尺寸定位线，如图 4-80 所示。

（9）使用快捷键“O”激活“偏移”命令，将两条构造线分别向外侧偏移 200，并删除源构造线。

（10）单击“默认”选项卡→“注释”面板→“标注样式”按钮，将“建筑标注”设为当前样式，同时修改标注比例为 65，如图 4-81 所示。

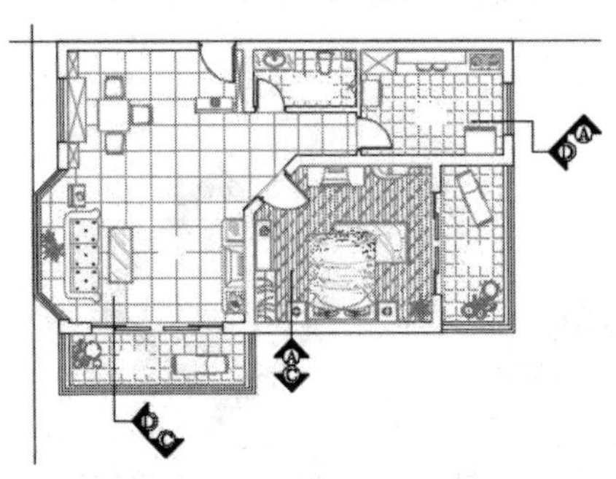

图 4-80　绘制结果

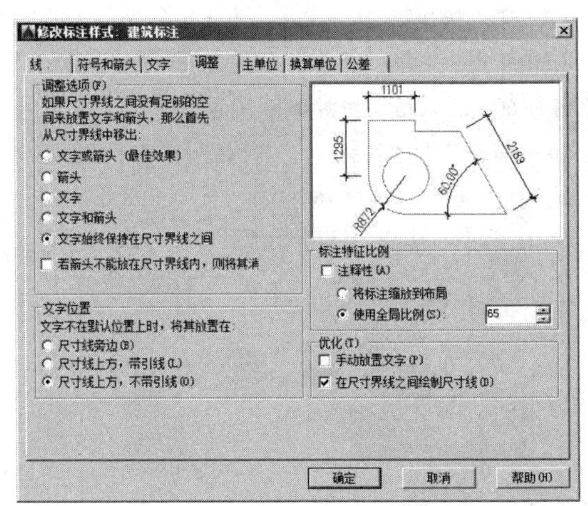

图 4-81　修改当前样式及比例

（11）打开“文本层”，然后单击“默认”选项卡→“注释”面板→“线性”按钮，在命令行“指定第一个尺寸界线原点或 <选择对象>：”提示下，捕捉如图 4-82 所示的追踪交点。

（12）在“指定第二条尺寸界线原点:”提示下，捕捉追踪虚线与辅助线的交点点，如图 4-83 所示。

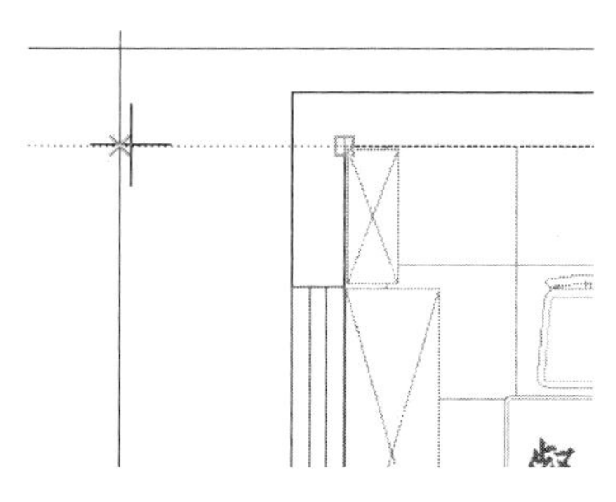

图 4-82 定位第一原点

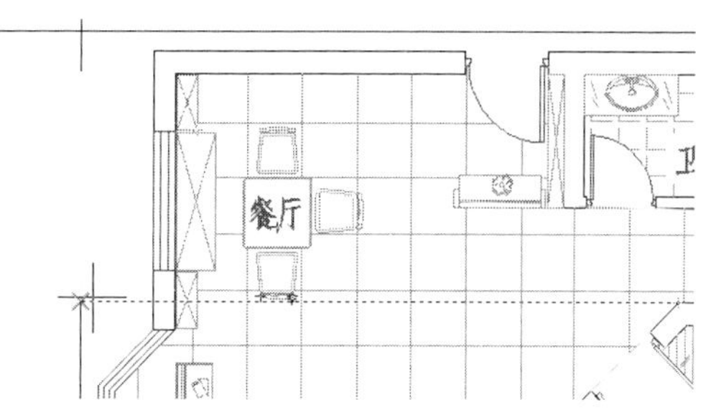

图 4-83 定位第二原点

（13）在“指定尺寸线位置或 [多行文字（M）/文字（T）/角度（A）/水平（H）/垂直（V）/旋转（R）]：”提示下，向左移动光标输入 800 并按 Enter 键，表示尺寸线距离延伸线原点的距离为 800 个单位，结果如图 4-84 所示。

（14）单击“注释”选项卡→“标注”面板→“连续”按钮，系统自动以刚标注的线型尺寸第二条尺寸界线作为连续标注的第一个尺寸界线。

（15）接下来根据命令行的提示，配合追踪和捕捉等辅助功能标注如图 4-85 所示的连续尺寸。

（16）接下来综合使用“线型”和“连续”命令，并配合捕捉与追踪功能，标注平面图上侧的细部尺寸，结果如图 4-86 所示。

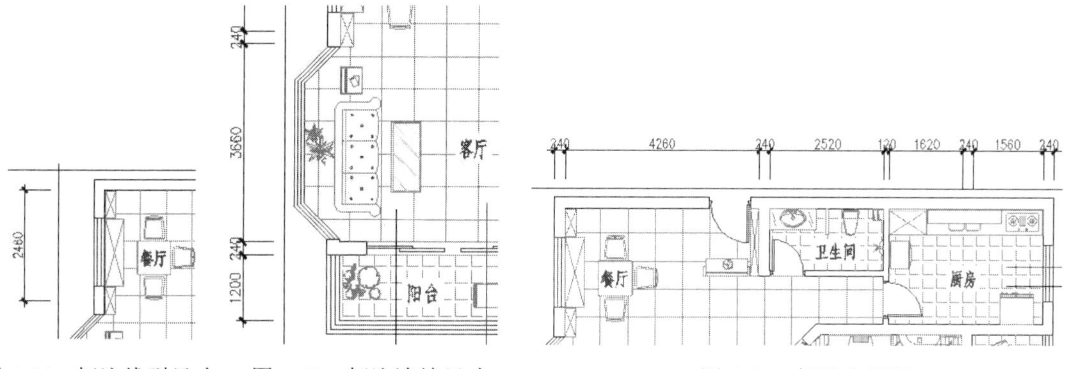

图 4-84 标注线型尺寸　图 4-85 标注连续尺寸　图 4-86 标注上侧尺寸

（17）重复执行“线型”命令，配合捕捉与追踪功能，分别标注平面图两侧的总体尺寸，尺寸线之间的间隔为 600 个单位，标注结果如图 4-42 所示。

（18）删除尺寸定位辅助线，然后将图形另存为“绘制一居室公寓布置图.dwg”。

4.5 绘制一居室公寓天花平面图

本例主要学习一居室单身公寓天花平面图的具体绘制过程和绘图技巧。一居室单身公寓天花平面图最终绘制效果如图 4-87 所示。

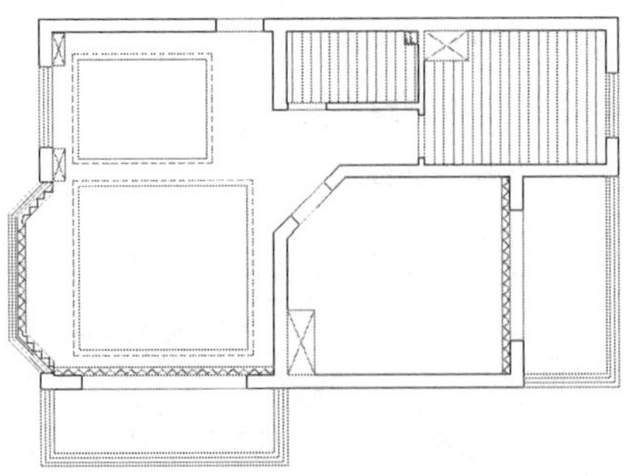

图 4-87　实例效果

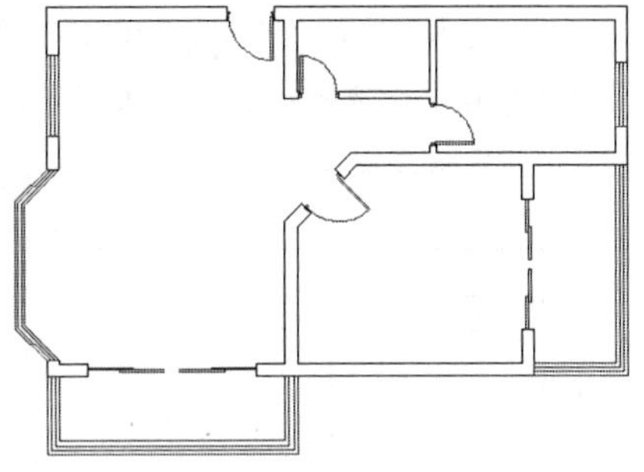

图 4-88　图形的显示结果

4.5.1　绘制公寓天花墙体图

（1）打开上例存储的“绘制一居室公寓布置图.dwg”。

（2）展开“图层控制”下拉列表，将“吊顶层”设置为当前图层，然后冻结尺寸层、填充层、其他层、文本层、家具层和图块层，此时平面图的显示效果如图 4-88 所示。

（3）删除单开门和推拉门构件，然后将窗线和阳台等放到“吊顶层”上，结果如图 4-89 所示。

（4）使用快捷键“L”激活“直线”命令，分别连接各门洞两侧的端点，绘制过梁底面的轮廓线，然后解冻“家具层”，此时平面图的显示效果如图 4-90 所示。

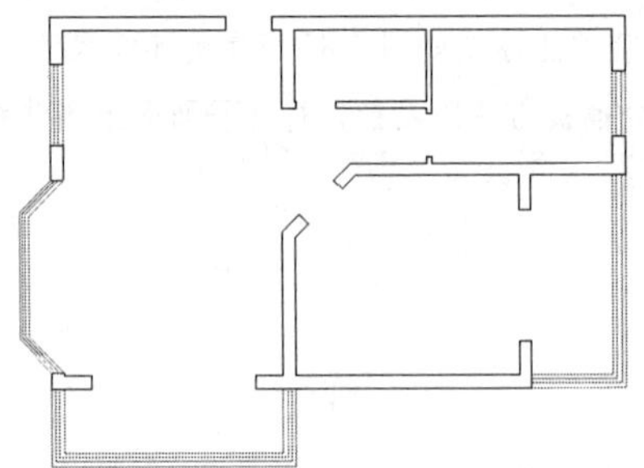

图 4-89　更改颜色后的显示

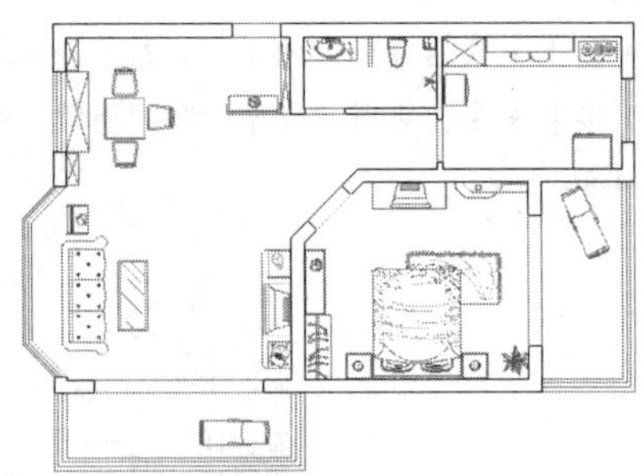

图 4-90　操作结果

（5）重复使用“直线”命令，配合捕捉与追踪功能，分别沿着厨房高柜、卧室衣柜、排气孔等构建外轮廓，绘制轮廓线，并冻结“家具层”，结果如图 4-91 所示。

4.5.2　绘制公寓天花窗帘构件

（1）继续上节操作。

（2）使用快捷键“L”激活“直线”命令，配合“对象追踪”和“极轴追踪”功能绘制窗帘盒轮廓线。命令行操作如下：

```
命令： _line
指定第一点：                    //水平向左引出如图 4-92 所示的方矢量，输入 150 Enter
指定下一点或 [放弃(U)]：        //垂直向上引出极轴矢量，捕捉如图 4-93 所示的交点
指定下一点或 [放弃(U)]：        // Enter，绘制结果如图 4-94 所示
```

（3）使用快捷键“O”激活“偏移”命令，设置偏移距离为 150，选择刚绘制的窗帘盒轮廓线向右偏移 75 个单位，作为窗帘轮廓线。

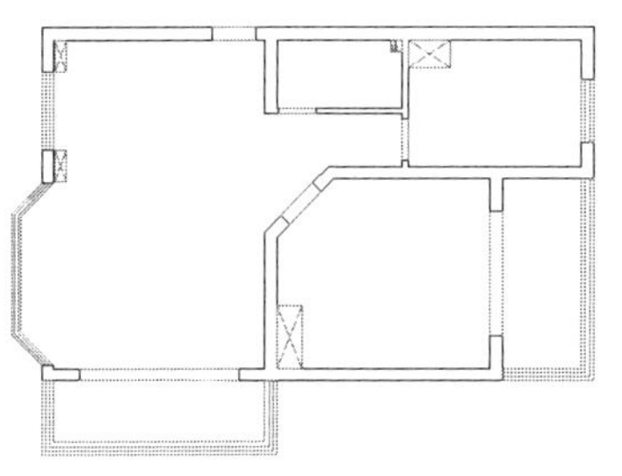
图 4-91 操作结果

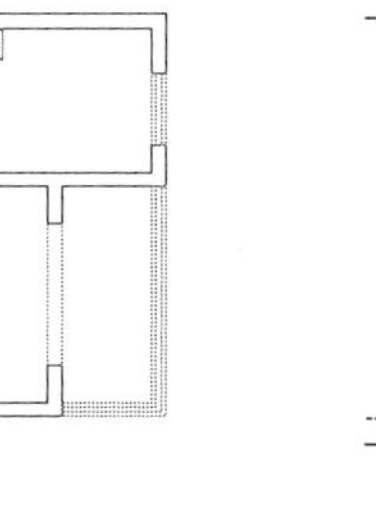

图 4-92 引出对象追踪矢量

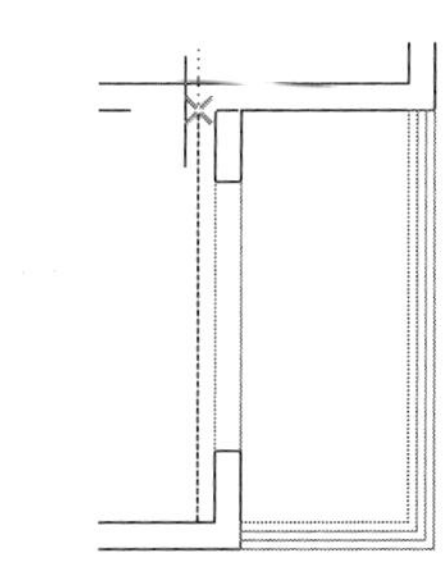
图 4-93 引出极轴矢量

（4）使用快捷键“LT”激活“线型”命令，在打开的“线型管理器”对话框中加载线型并设置线型比例如图 4-95 所示。

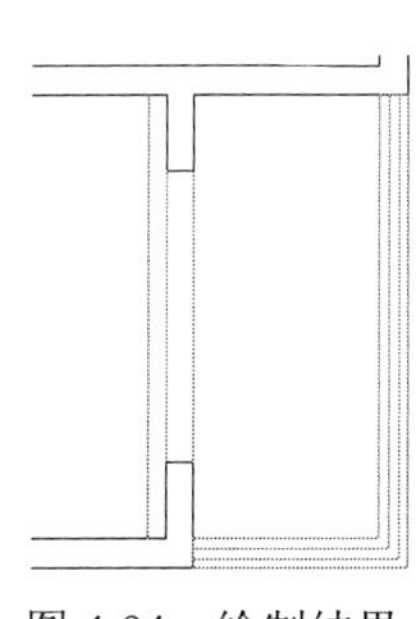
图 4-94 绘制结果

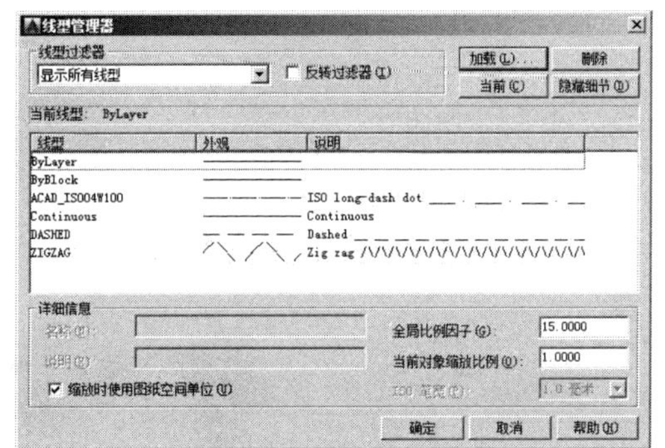

图 4-95 设置线型与比例

（5）双击窗帘轮廓线，在打开的“快捷特性”面板上修改颜色为洋红，修改线型为刚加载的线型，如图 4-96 所示。

（6）取消对象的夹点显示，观看操作后的效果，如图 4-97 所示。

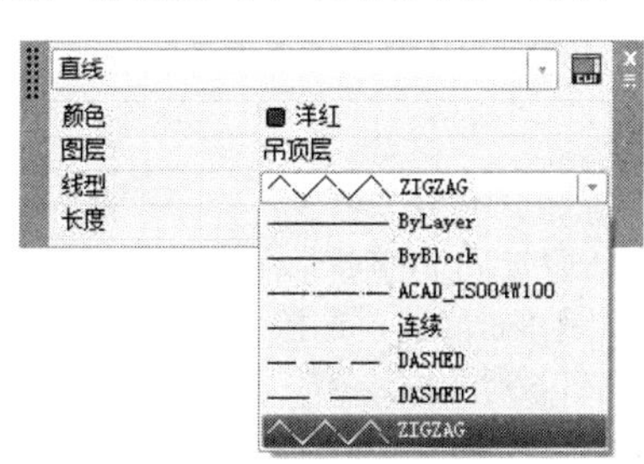

图 4-96 “快捷特性”面板

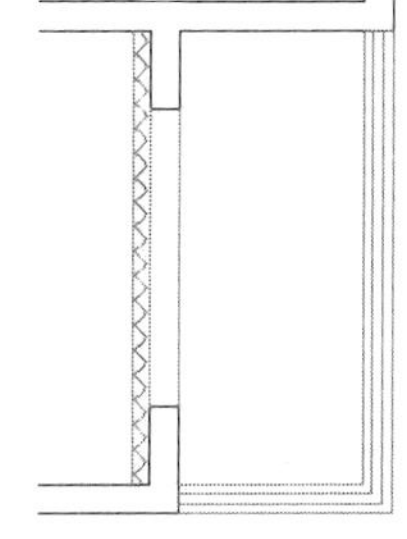
图 4-97 修改后的效果

（7）参照第（2）～（6）操作步骤，绘制客厅房间内的窗帘及窗帘盒轮廓线，绘制结果如图 4-98 所示。

（8）使用快捷键“O”激活“偏移”命令，选择如图 4-99 所示的窗子轮廓线，向右侧偏移 75 和 150，分别作为窗帘和窗帘盒，结果如图 4-100 所示。

（9）使用快捷键“L”激活“直线”命令，配合端点捕捉功能绘制如图 4-101 的垂直直线段。

（10）单击“默认”选项卡→“修改”面板→“修剪”按钮，对窗帘及窗帘盒轮廓线进行修剪，结果如图 4-102 所示。

（11）使用快捷键“MA”激活“特性匹配”命令，选择如图 4-103 所示的窗帘作为源对象，将其线型和颜色特性匹配凸窗位置的窗帘，匹配结果如图 4-104 所示。

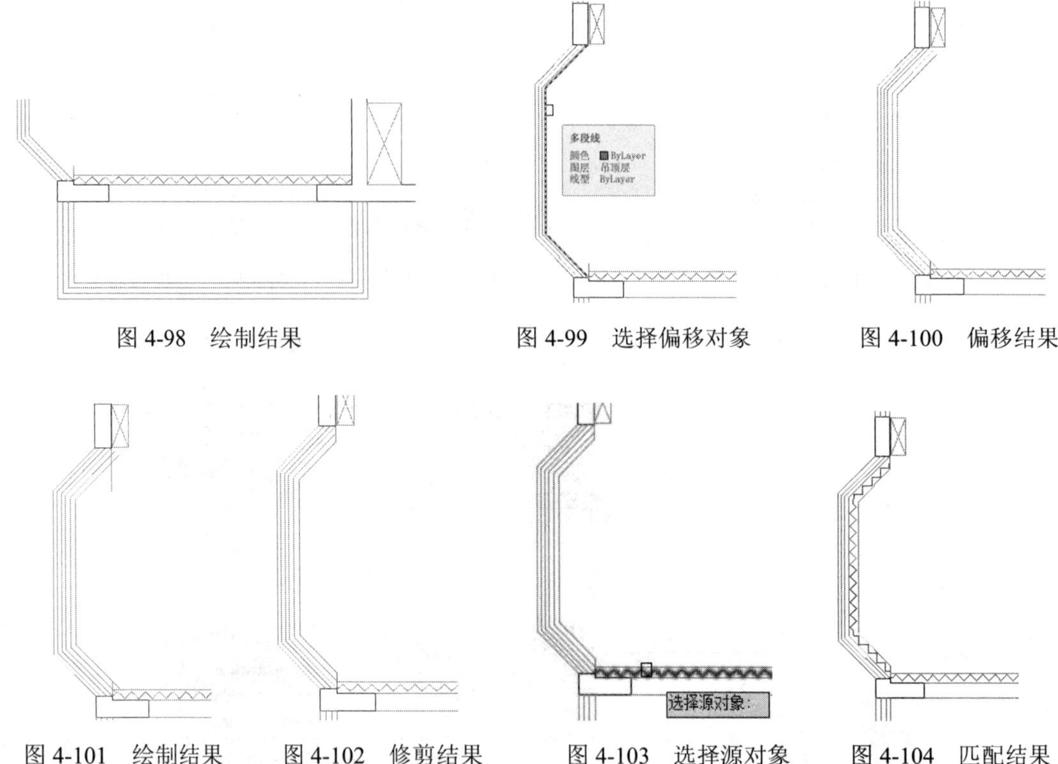

图 4-98　绘制结果　　图 4-99　选择偏移对象　　图 4-100　偏移结果

图 4-101　绘制结果　　图 4-102　修剪结果　　图 4-103　选择源对象　　图 4-104　匹配结果

4.5.3　绘制客厅与餐厅吊顶

（1）继续上节操作。

（2）单击“默认”选项卡→“绘图”面板→“矩形”按钮，配合“捕捉自”功能绘制客厅的矩形吊顶，命令行操作如下。

```
命令: _rectang
指定第一个角点或 [倒角(C)/标高(E)/圆角(F)/厚度(T)/宽度(W)]:
                              //按住Shift键单击右键，选择“自”选项
_from 基点:                    //捕捉如图 4-105 所示的端点
<偏移>:                        //@-500,330 Enter
指定另一个角点或 [面积(A)/尺寸(D)/旋转(R)]:
//@-3260,3030 Enter，绘制结果如图 4-106 所示
```

（3）使用快捷键“O”激活“偏移”命令，将刚绘制的矩形吊顶向外偏移 100 作为灯带轮廓线。

（4）使用快捷键“LT”激活“线型”命令，加载名为 DASHED 的线型。

（5）在无命令执行的前提下夹点显示偏移出的灯带轮廓线，如图 4-107 所示。

（6）展开“默认”选项卡→“特性”面板→“线型”下拉列表，更改夹点对象的线型为 DASHED 的线型，结果如图 4-108 所示。

（7）参照上述操作，综合使用“矩形”、“偏移”等命令，绘制餐厅位置的吊顶及灯轮廓线，结果如图 4-109 所示。

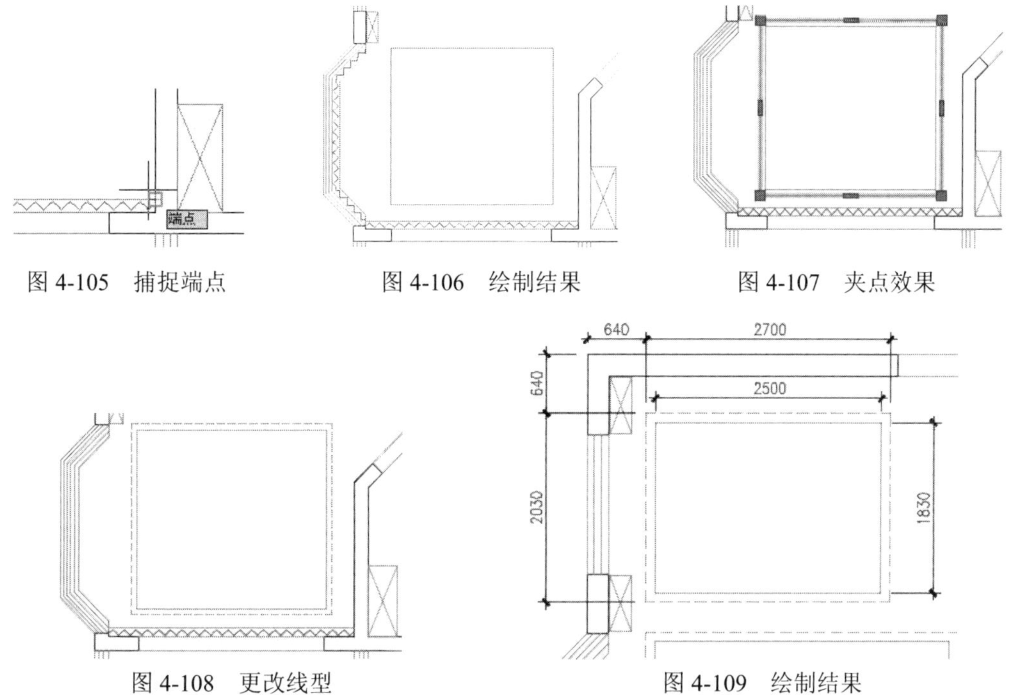

图 4-105 捕捉端点 图 4-106 绘制结果 图 4-107 夹点效果

图 4-108 更改线型 图 4-109 绘制结果

4.5.4 绘制厨房与卫生间吊顶

（1）继续上节操作。

（2）使用快捷键“H”激活“图案填充”命令，打开“图案填充创建”选项卡面板。

（3）在“特性”面板中选择“用户定义”图案，同时设置图案的填充角度及填充间距参数，如图 4-110 所示。

（4）在“边界”面板中单击 “添加：拾取点”按钮，返回绘图区分别在卫生间和厨房内单击左键，拾取填充边界，填充结果如图 4-111 所示。

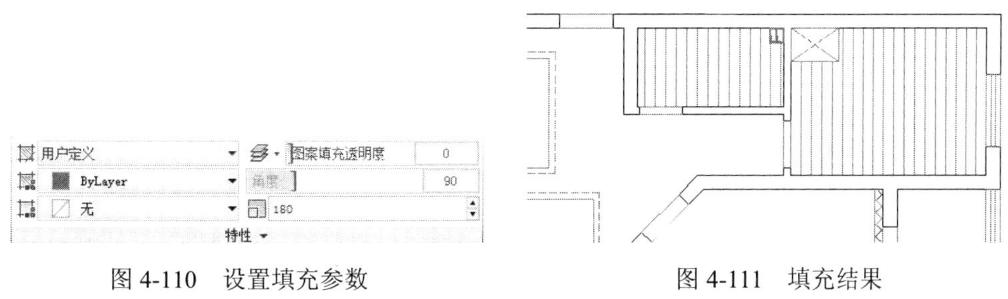

图 4-110 设置填充参数 图 4-111 填充结果

（5）最后执行“另存为”命令，将图形命名存储为“绘制一居室公寓天花图.dwg”。

4.6 绘制一居室公寓天花灯具图

本例主要学习一居室单身公寓天花灯具图的具体绘制过程和布图技巧。一居室单身公寓天花灯具图最终绘制效果如图 4-112 所示。

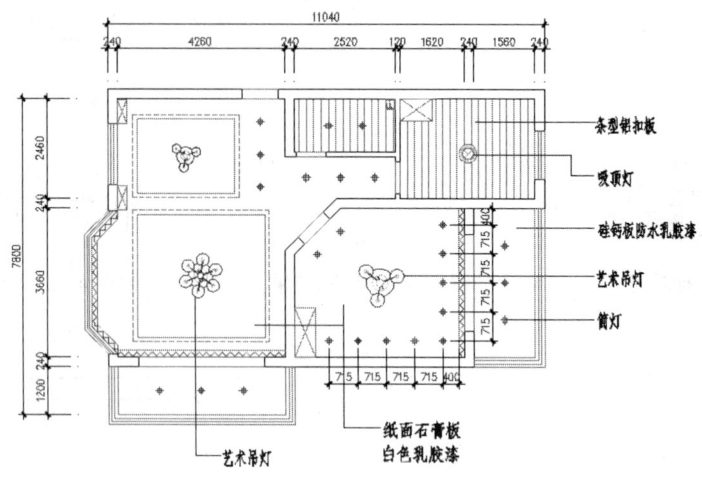

图 4-112　实例效果

4.6.1　布置艺术吊灯与吸顶灯

（1）打开上例保存的“绘制一居室公寓天花图.dwg”。

（2）展开“默认”选项卡→“图层”面板→“图层”下拉列表，选择“灯具层”设置为当前图层。

（3）使用快捷键“I”激活“插入块”命令，打开“插入”对话框。

（4）在“插入”对话框中单击 浏览(B)... 按钮，在打开的“选择图形文件”对话框中选择随书光盘中的“\图块文件\艺术吊灯 01.dwg”。

（5）返回“插入”对话框，以默认参数插入客厅吊顶位置。在命令行“指定插入点或 [基点（B）/比例（S）/旋转（R）]:”提示下，引出如图 4-113 所示的两条追踪矢量。

（6）捕捉两条对象追踪虚线的交点作为插入点，插入结果如图 4-114 所示。

（7）重复执行“插入块”命令，插入随书光盘中的“\图块文件\艺术吊灯 02.dwg”，块的缩放比例为 0.65，插入点为图 4-115 所示的中点追踪虚线的交点。

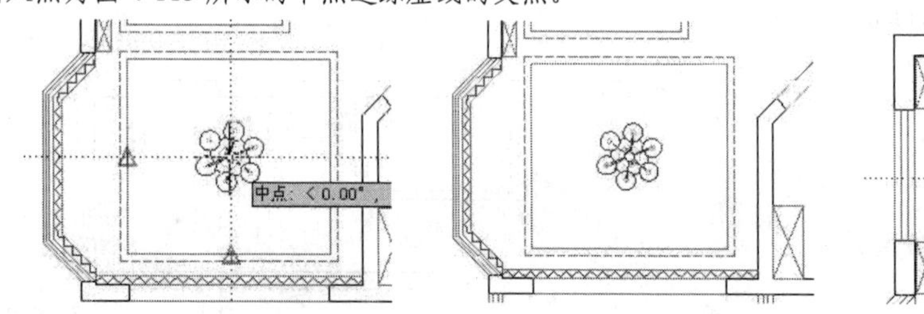

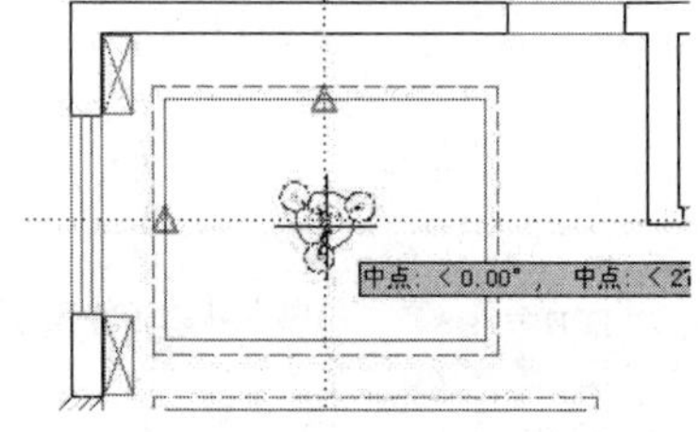

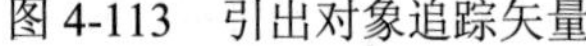

图 4-113　引出对象追踪矢量　　图 4-114　插入结果　　图 4-115　定位插入点

（8）重复执行“插入块”命令，采用默认参数插入随书光盘“\图块文件\吸顶灯.dwg”，在命令行“指定插入点或 [基点（B）/比例（S）/旋转（R）]:”提示下，激活“两点之间的中点”功能。

（9）在“_m2p 中点的第一点:”提示下，捕捉如图 4-116 所示的中点。

（10）继续在“中点的第二点:”提示下，水平向左引出如图 4-117 所示的中点追踪虚线。

（11）捕捉水平追踪虚线与左侧墙线的交点，作为中点的第二点，插入后的结果如图 4-118 所示。

（12）在厨房吊顶填充图案上单击左键，打开“图案填充编辑器”选项卡。

（13）在“图案填充编辑器”选项卡→“选项”面板中设置填充孤岛的检测样式，如图 4-119 所示。

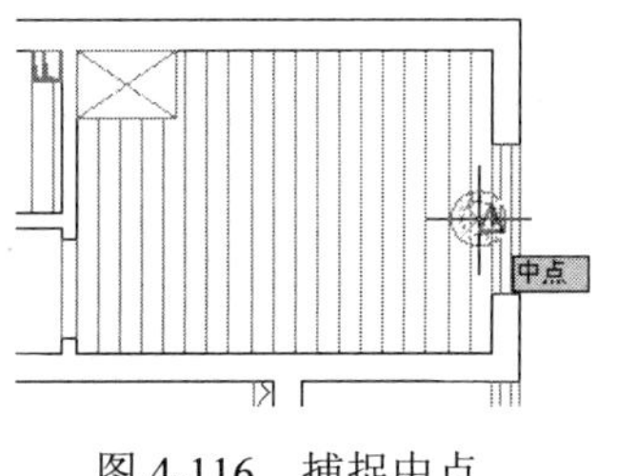

图 4-116　捕捉中点

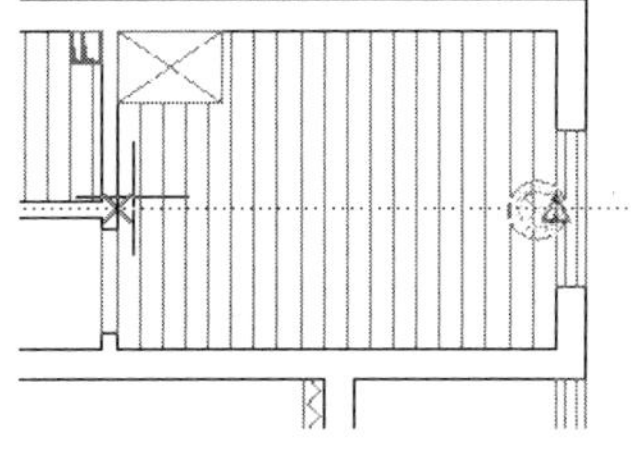
图 4-117　捕捉交点

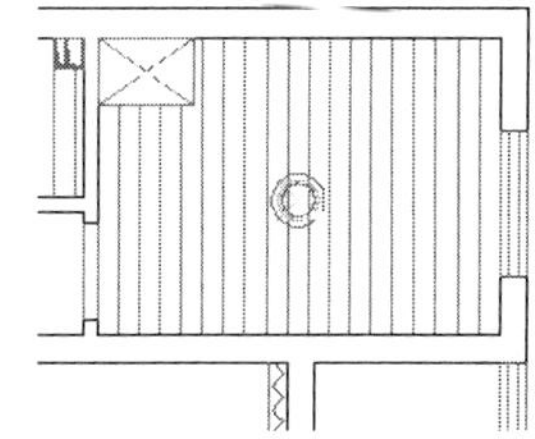
图 4-118　插入结果

（14）在“边界”面板中单击“选择边界对象”按钮，返回绘图区选择刚插入的吸顶灯图块，编辑后的效果如图 4-120 所示。

（15）重复执行“插入块”命令，采用默认参数插入随书光盘“\图块文件\艺术吊灯 02.dwg”，插入点为图 4-121 所示的追踪虚线的交点。

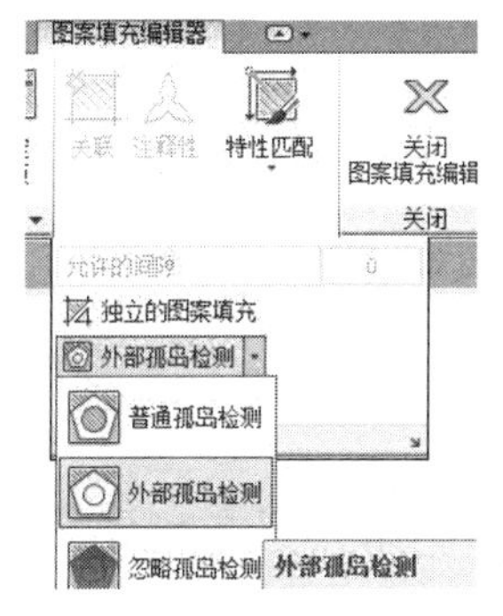

图 4-119　设置孤岛检测

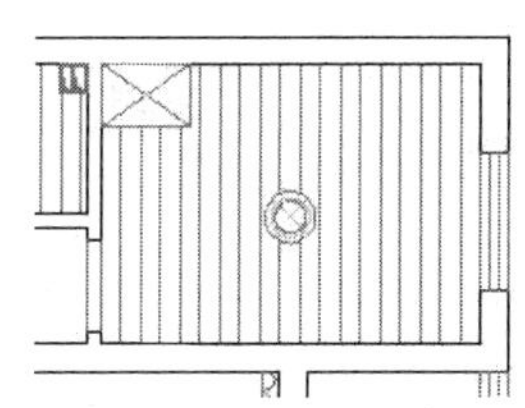
图 4-120　编辑结果

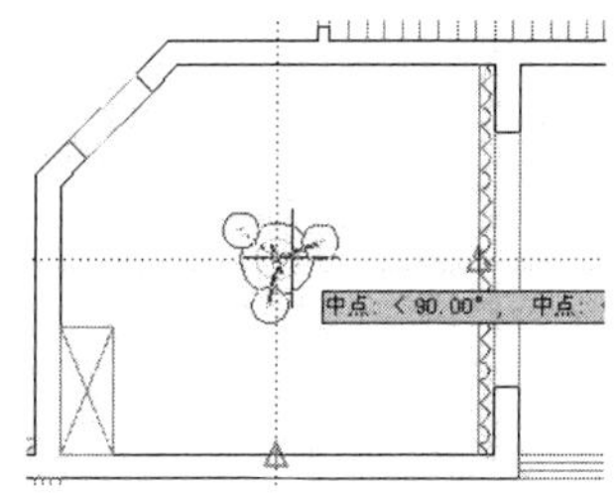

图 4-121　定位插入点

4.6.2 布置卧室辅助灯具

（1）继续上节操作。

（2）在命令行输入 Ptype 后按 Enter 键，打开“点样式”对话框，设置当前点的样式和点的大小，如图 4-122 所示。

（3）使用快捷键“O”激活“偏移”命令，将卧室房间的窗帘盒和门洞处的直线向内偏移 400 个单位，如图 4-123 所示。

（4）单击“默认”选项卡→“特性”面板→“颜色控制”下拉列表，设置当前颜色为“洋红”。

（5）使用快捷键“EX”激活“延伸”命令，对偏移出的倾斜图线进行两端延伸，然后使用“直线”命令绘制水平直线作为筒灯定位辅助线，如图 4-124 所示。

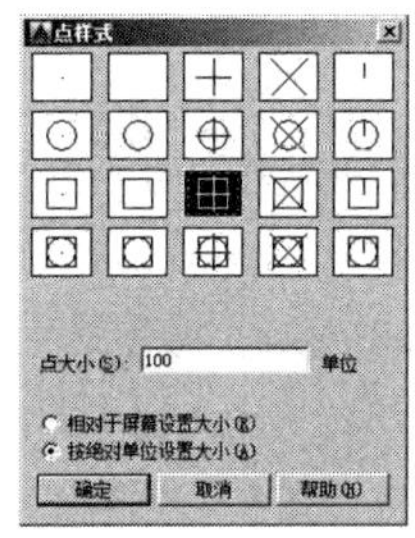

图 4-122　设置点样式

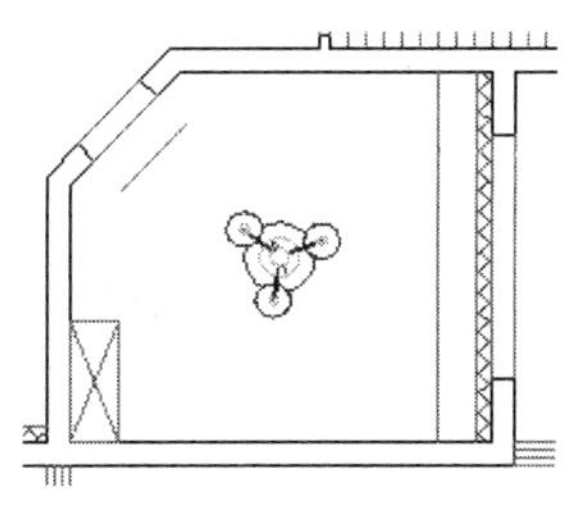
图 4-123　偏移结果

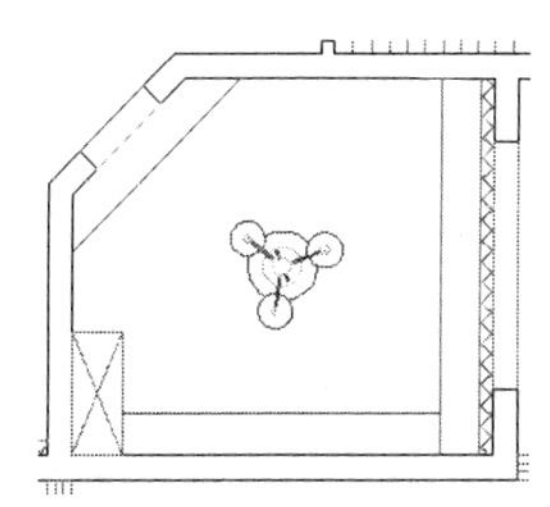
图 4-124　绘制结果

（6）使用快捷键“len”激活“拉长”命令，对垂直辅助线两端缩短400个单位，结果如图4-125所示。

（7）单击“默认”选项卡→“绘图”面板→“定数等分”按钮，选择倾斜辅助线等分三份，在等分点处放置点标记代表筒灯，结果如图4-126所示。

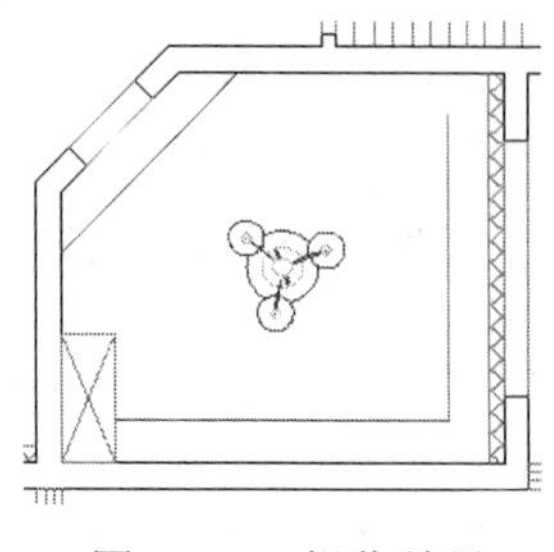

图4-125　操作结果

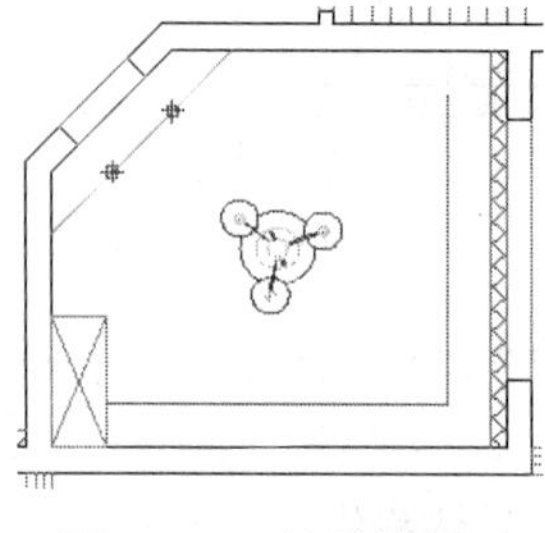
图4-126　等分结果

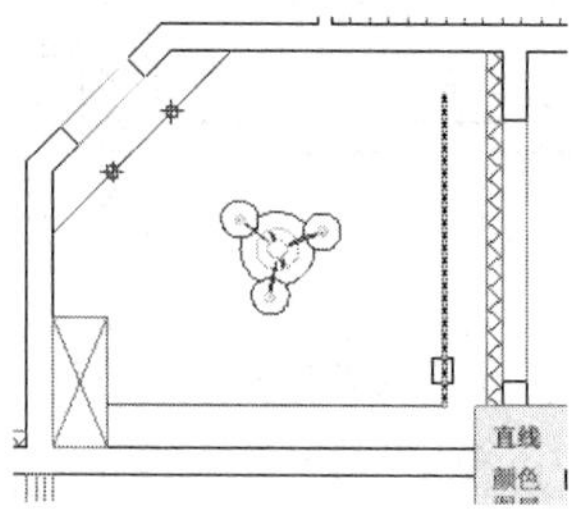

图4-127　指定单击位置

（8）单击“默认”选项卡→“绘图”面板→“定距等分”按钮，将为垂直定位线和水平定位线进行等分，命令行操作如下。

```
命令： _measure
选择要定距等分的对象：                //在如图4-127所示的位置单击
指定线段长度或 [块(B)]：              //715 Enter
命令：                                // Enter
MEASURE
选择要定距等分的对象：                //在如图4-128所示的位置单击
指定线段长度或 [块(B)]：              //715 Enter，等分结果如图4-129所示
```

（9）使用快捷键“CO”激活“复制”命令，选择其中的一个点标记复制到水平定线的右端点上，然后删除三条定位辅助线，结果如图4-130所示。

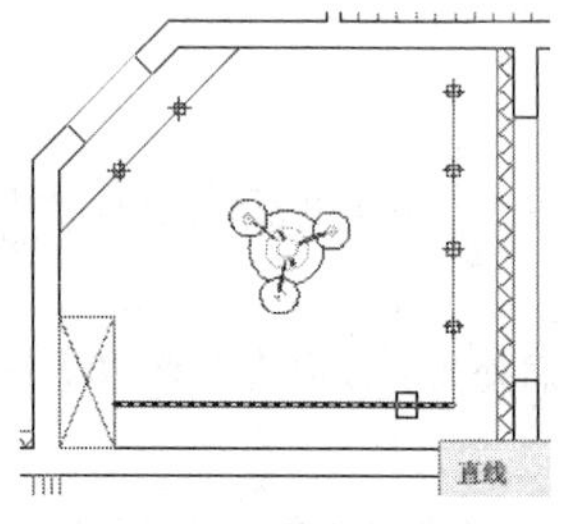

图4-128　指定单击位置

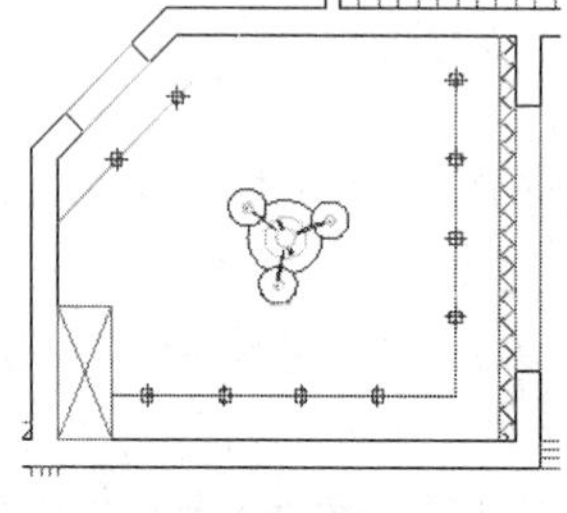
图4-129　等分结果

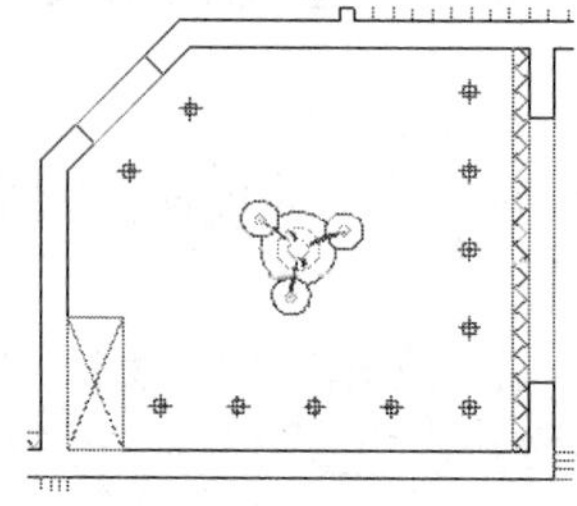
图4-130　删除结果

4.6.3　布置阳台、卫生间筒灯

（1）继续上节操作。

（2）使用快捷键“L”激活“直线”命令，配合中点捕捉和交点捕捉等功能分别在阳台、卫生间以及过道上等位置绘制如图4-131所示的五条直线作为灯具定位辅助线。

（3）使用快捷键“DIV”激活“定数等分”命令，将定位辅助线3等分两份；将辅助线1和2等分4份，等分结果如图4-132所示。

（4）单击“默认”选项卡→“绘图”面板→“多点”按钮，分别在定位线4和5的中点处绘制点作为筒灯，如图4-133所示。

（5）单击“默认”选项卡→“修改”面板→“复制”按钮，将定位线4上的点对称左右对称复制850个单位，将定位线5上的点上下对称复制800个单位，结果如图4-134所示。

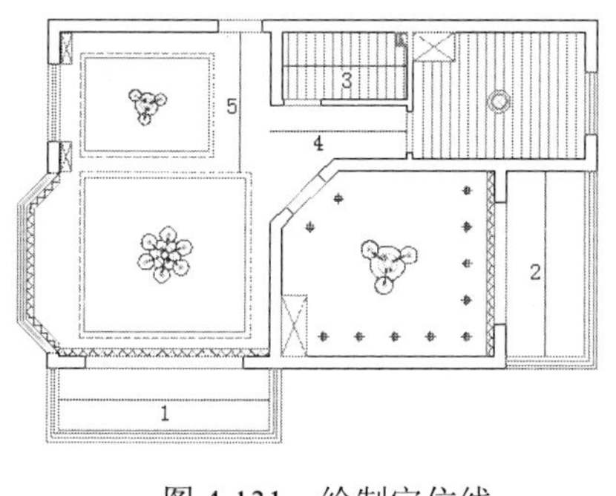

图4-131 绘制定位线

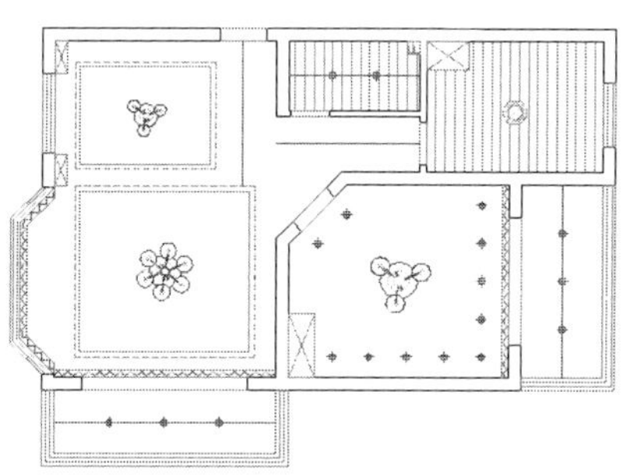

图4-132 等分结果

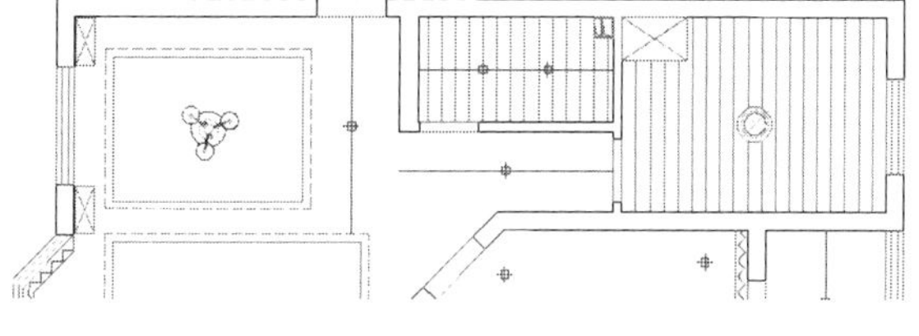

图4-133 绘制结果

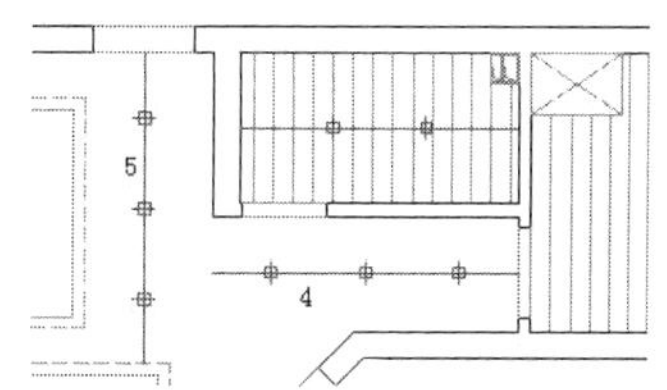

图4-134 复制结果

（6）解冻“文本层”，并将其设置为当前操作层，然后删除灯具定位辅助线、文字指示线以及所有文字对象，结果如图4-135所示。

（7）单击“默认”选项卡→“注释”面板→“文字样式”下拉列表，将“仿宋体”设置为当前文件样式。

（8）单击“默认”选项卡→“特性”面板→“对象颜色”列表 →“更多颜色”，打开“选择颜色”对话框，将当前颜色设置为12号色。

（9）使用快捷键“PL”激活“多段线”命令，在平面图中绘制如图4-136所示的多段线作为文本指示线。

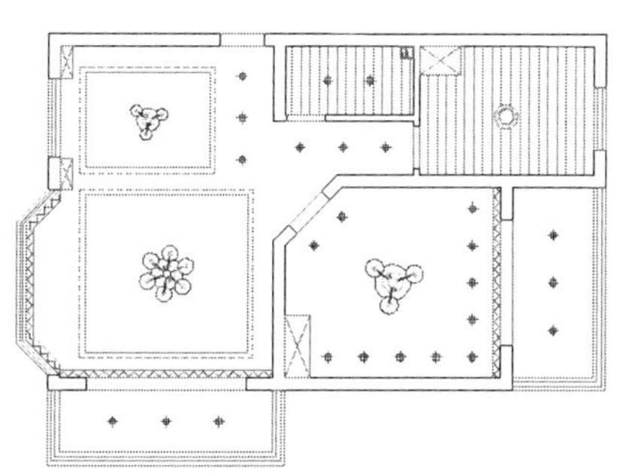

图4-135 删除结果

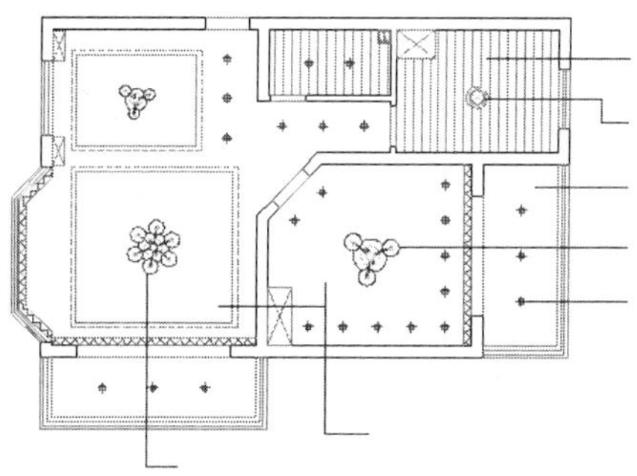

图4-136 绘制指示线

4.6.4 标注天花图文字注释

（1）继续上节操作。

（2）单击“默认”选项卡→“注释”面板→“多行文字”按钮A，激活“多行文字”命令，根据命令行的提示，在指示线末端处，从左上向右下拉出如图4-137所示的矩形框，打开“文字编辑器”选项卡。

（3）在“样式”面板中设置字高为320、在“段落”面板中设置对正方式为正中。

（4）在下侧的多行文字输入框内输入“条型铝扣板”，文字的创建结果如图4-138所示。

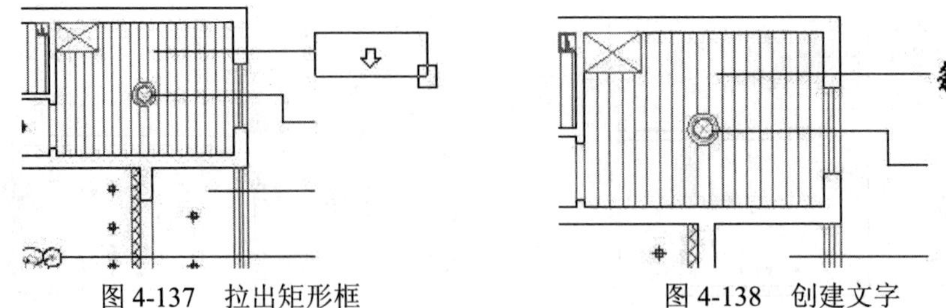

图4-137　拉出矩形框　　　　图4-138　创建文字

（5）参照（2）~（4）操作步骤，使用“多行文字”命令分别创建其他位置的文字注释，结果如图4-139所示。

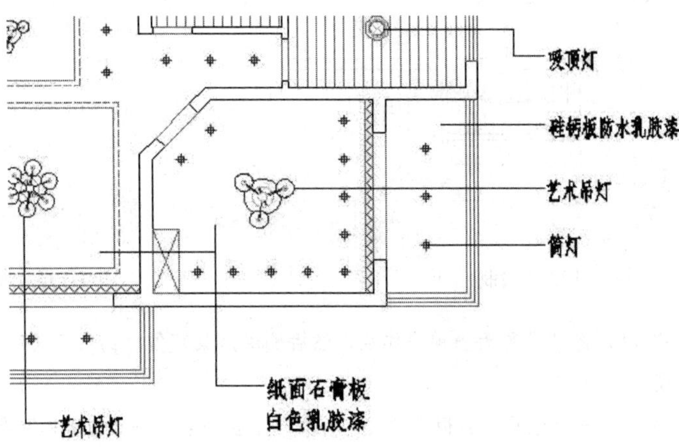

图4-139　创建其他文字

4.6.5　标注天花图尺寸注释

（1）继续上节操作。

（2）展开“默认”选项卡→“图层”面板→“图层”下拉列表，解冻“尺寸层”，并将其设置为当前图层。

（3）单击“默认”选项卡→“注释”面板→“线性”按钮，配合节点捕捉和端点捕捉功能标注如图4-140所示的线性尺寸。

（4）单击“注释”选项卡→“标注”面板→“连续”按钮，分别以刚标注的两个线性尺寸作为基准尺寸，标注如图4-141所示的连续尺寸，作为灯具的定位尺寸。

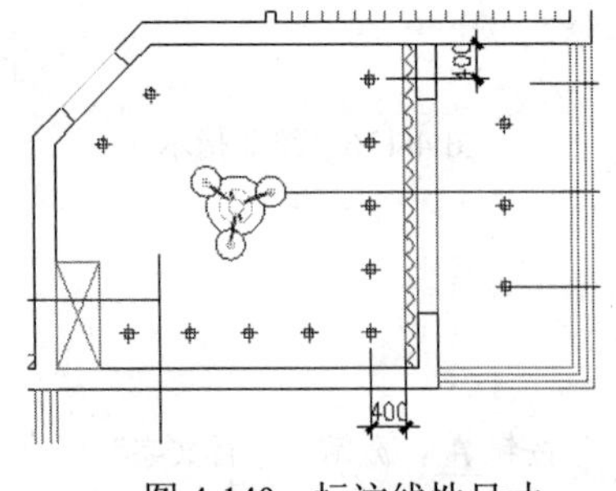

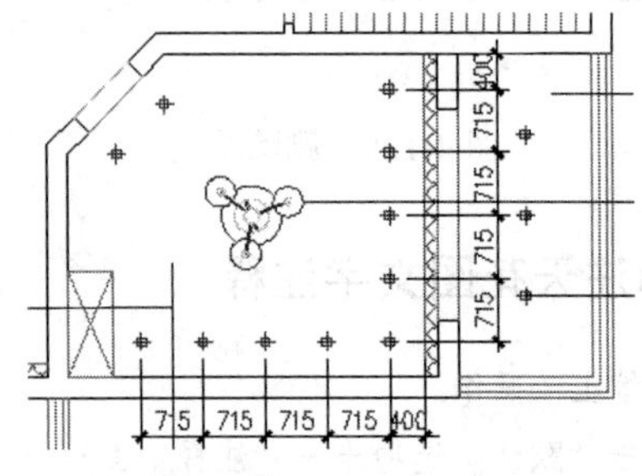

图4-140　标注线性尺寸　　　　图4-141　标注连续尺寸

（5）调整视图，使图形全部显示，最终效果如图 4-112 所示。

（6）最后执行“另存为”命令，将图形命名存储为“绘制一居室公寓灯具图.dwg”。

4.7　绘制一居室公寓客厅立面图

本例主要学习一居室单身公寓客厅 D 向立面图的具体绘制过程和布图技巧。一居室单身公寓客厅立面图最终绘制效果如图 4-142 所示。

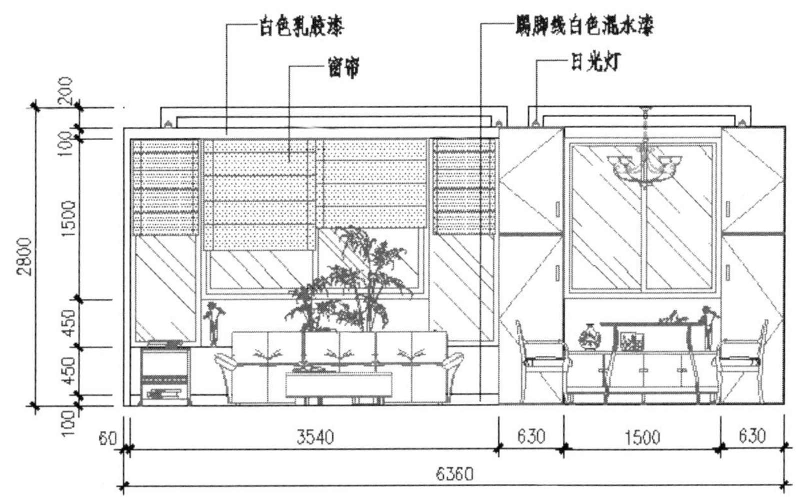

图 4-142　实例效果

4.7.1　绘制公寓客厅墙面轮廓图

（1）单击“快速访问”工具栏→“新建”按钮，调用随书光盘中的“\样板文件\室内绘图样板.dwt”。

（2）展开“默认”选项卡→“图层”面板→“图层”下拉列表，选择“轮廓线”为当前图层。

（3）单击“默认”选项卡→“绘图”面板→“矩形”按钮，绘制长度为 6360、宽度为 2600 的矩形作为墙面主体轮廓线。

（4）使用快捷键“X”激活“分解”命令，将刚绘制的矩形分解为四条独立的线段。

（5）使用快捷键“O”激活“偏移”命令，以右侧的垂直边作为起始偏移对象，以偏移出的直线作为下一次偏移对象，创建间隔分别为 630、1500、630、3540 垂直轮廓线，如图 4-143 所示。

（6）重复执行“偏移”命令，以下侧的水平作为起始偏移对象，以偏移出的直线作为下一次偏移对象，创建间隔分别为 100、450、450 和 1500 水平轮廓线，如图 4-144 所示。

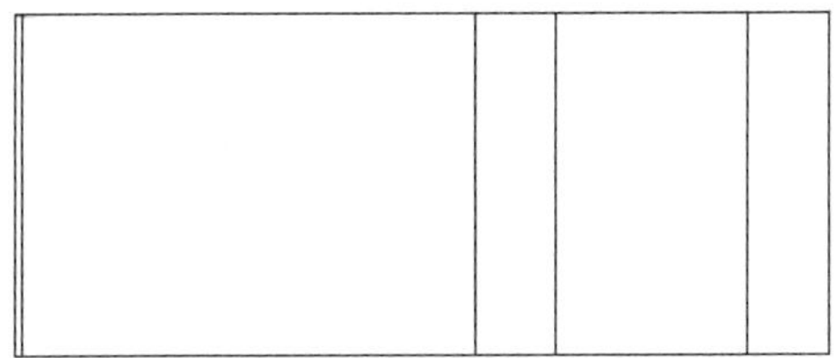

图 4-143　偏移结果

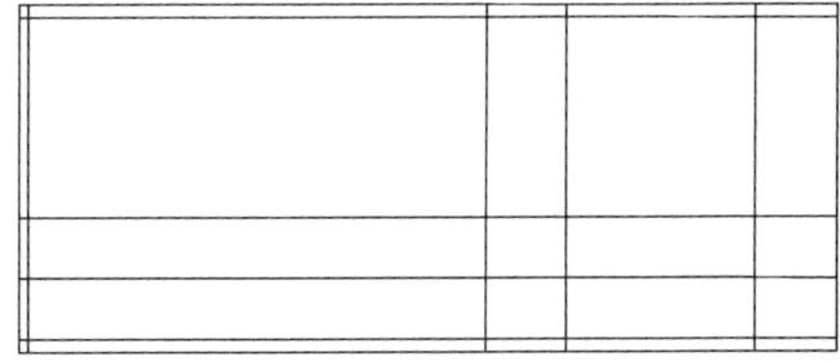

图 4-144　偏移结果

（7）使用快捷键“TR”激活“修剪”命令，对偏移出的纵横向轮廓线进行修剪编辑，修剪掉多余的轮廓线，结果如图 4-145 所示。

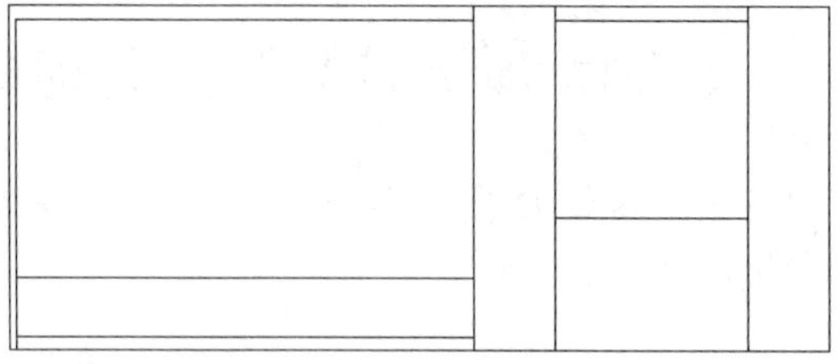

图 4-145　修剪结果

（8）单击“默认”选项卡→“绘图”面板→“直线”按钮，配合坐标输入功能绘制上侧的轮廓线，命令行操作如下。

```
命令: _line
指定第一点:                          //激活“捕捉自”功能
_from 基点:                          //捕捉矩形的左上角点
<偏移>:                              //@350,0 Enter
指定下一点或 [放弃(U)]:              //@0,200 Enter
指定下一点或 [放弃(U)]:              //@3330,0 Enter
指定下一点或 [闭合(C)/放弃(U)]:      //@0,-200 Enter
指定下一点或 [闭合(C)/放弃(U)]:      //Enter, 绘制结果如图 4-146 所示
```

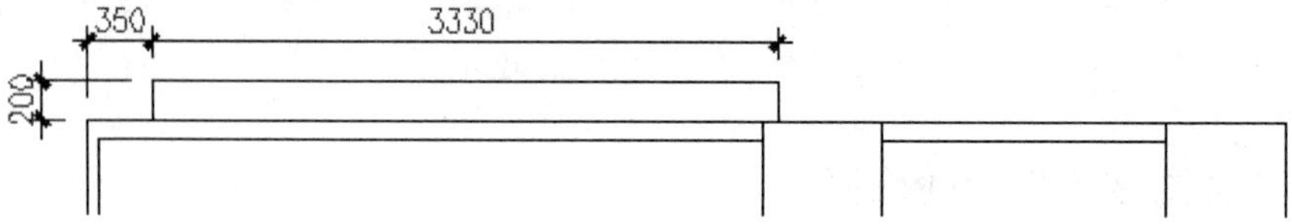

图 4-146　绘制结果

（9）参照上一步操作，重复执行“直线”命令，绘制内侧和右侧的吊顶轮廓线，绘制结果如图 4-147 所示。

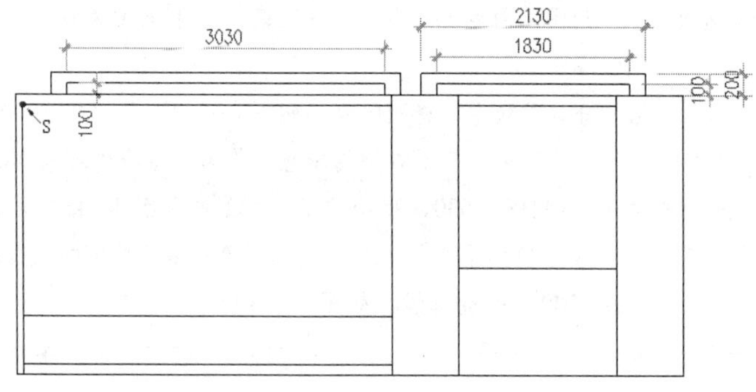

图 4-147　绘制结果

4.7.2　绘制公寓客厅墙面构件图

（1）继续上节操作。

（2）展开“默认”选项卡→“图层”面板→“图层”下拉列表，选择“图块层”设置为当前图层。

（3）使用快捷键“I”激活“插入块”命令，打开“插入”对话框。

（4）在对话框中单击 浏览(B)... 按扭，从弹出的“选择图形文件”对话框中的打开随书光盘中的“\图块文件\凸窗.dwg”。

（5）返回绘图区，以默认设置，将凸窗插入立面图中，插入点为左下角轮廓线的交点，结果如图4-148所示。

（6）重复执行“插入块”命令，插入随书光盘中的“\图块文件\”目录下的窗帘.dwg、立面高柜.dwg、双扇立面窗.dwg、立面矮柜.dwg、立面餐桌.dwg、立面餐椅.dwg和日光灯.dwg”等构件，结果如图4-149所示。

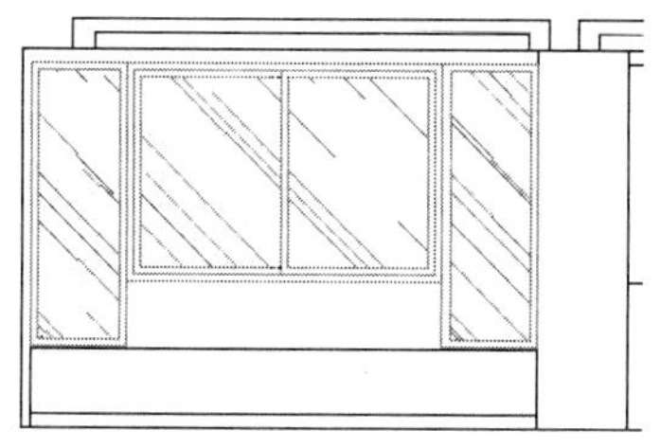

图4-148 插入结果

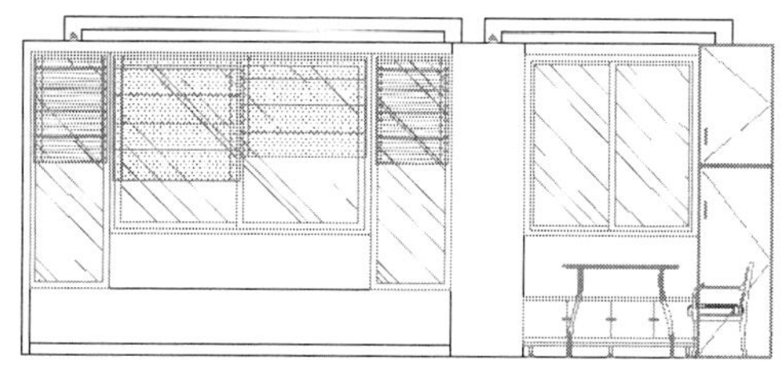

图4-149 插入结果

（7）使用快捷键“MI”激活“镜像”命令，对日光灯、高柜、立面餐椅等图块进行镜像，结果如图4-150所示。

（8）重复执行“插入块”命令，插入随书光盘中的“\图块文件\”目录下的“立面移动柜.dwg、多人沙发01.dwg、摆设.dwg、装饰罐.dwg、茶壶.dwg、装饰花.dwg、立面植物01.dwg”等构件，结果如图4-151所示。

（9）单击“默认”选项卡→“修改”面板→“缩放”按钮，将左侧的立面植物图块缩放0.65倍，将右侧的立面植物图块缩放1.25倍，结果如图4-152所示。

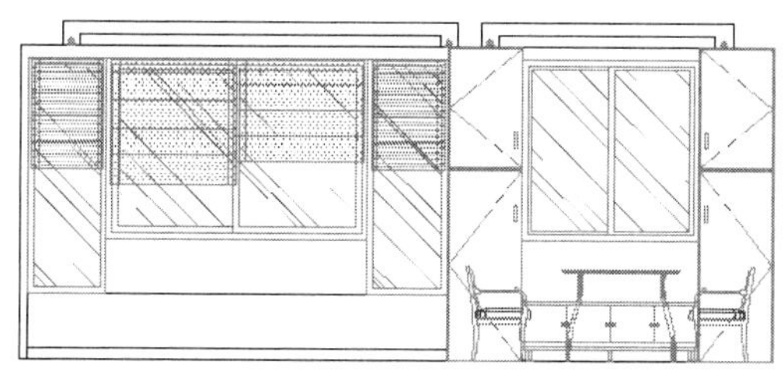

图4-150 镜像结果

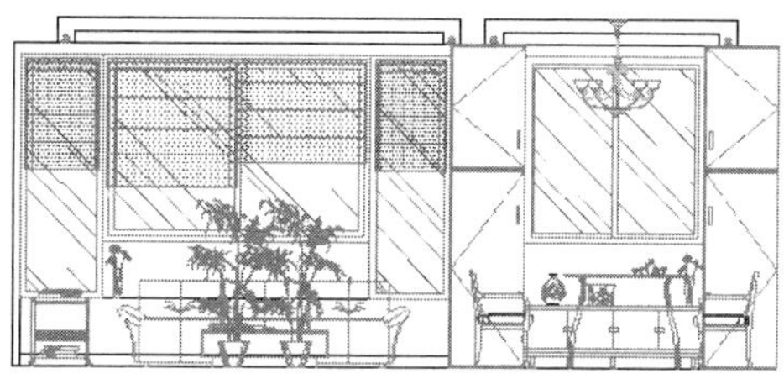

图4-151 插入结果

（10）综合使用“分解”、“修剪”和“删除”等命令，将被遮挡住的轮廓线删除，结果如图4-153所示。

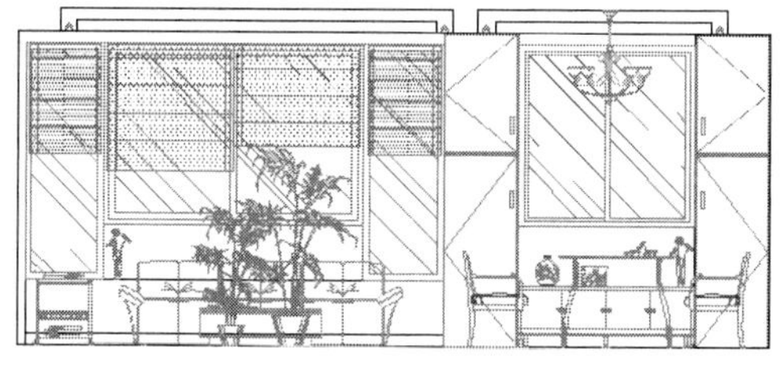

图4-152 缩放结果

图4-153 修剪结果

4.7.3 标注公寓客厅立面尺寸

（1）继续上节操作。

（2）单击“默认”选项卡→“注释”面板→“标注样式”按钮，将“建筑标注”设为当前样式，同时修改标注比例为35。

（3）单击“默认”选项卡→“注释”面板→“线性”按钮，标注如图4-154所示的线性尺寸作为基准尺寸。

（4）单击“注释”选项卡→“标注”面板→“连续”按钮，配合捕捉与追踪功能，标注如图4-155所示的连续尺寸。

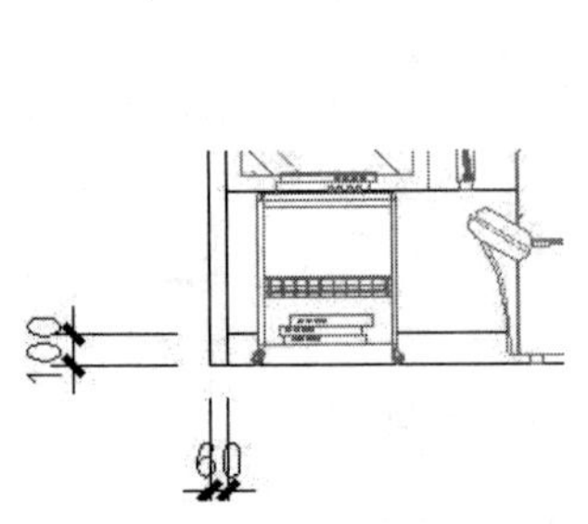

图4-154　标注线性尺寸

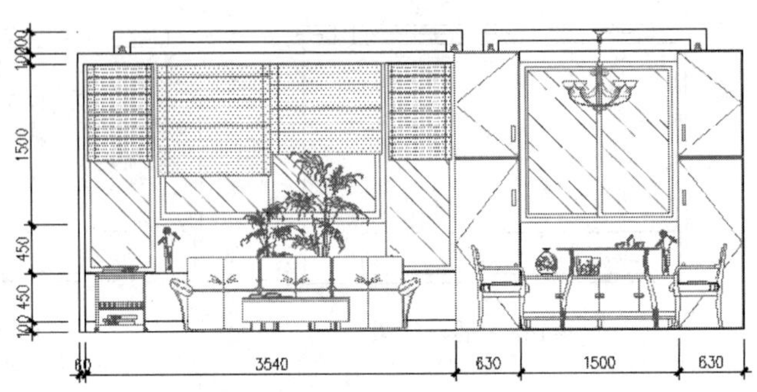

图4-155　标注连续尺寸

（5）在无命令执行的前提下单击尺寸文字为100的尺寸，使其呈现夹点显示，如图4-156所示。

（6）单击尺寸文字位置的蓝色夹点，然后在适当位置单击左键，调整尺寸文字的位置，结果如图4-157所示。

（7）按Esc键取消尺寸的夹点显示，结果如图4-158所示。

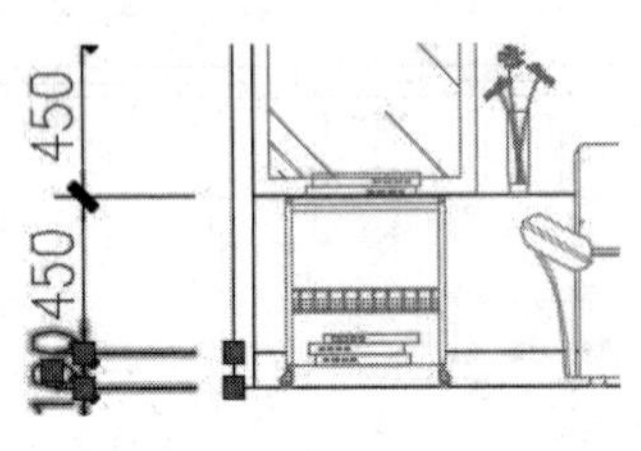

图4-156　夹点显示

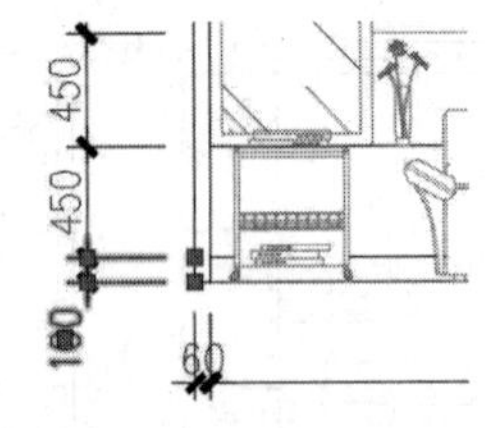

图4-157　调整结果

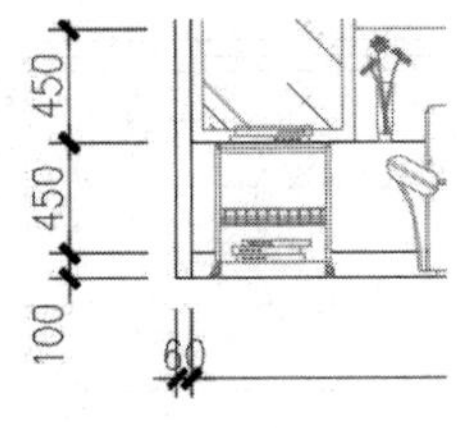

图4-158　取消夹点

（8）参照（5）～（7）操作步骤，分别调整其他位置的尺寸文字至适当的位置，结果如图4-159所示。

（9）单击“默认”选项卡→“注释”面板→“线性”按钮，配合捕捉或追踪功能标注立面图两侧的总尺寸，结果如图4-160所示。

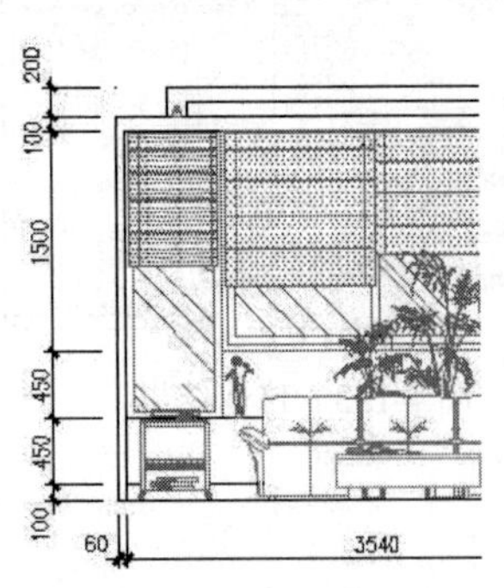

图4-159　调整其他尺寸

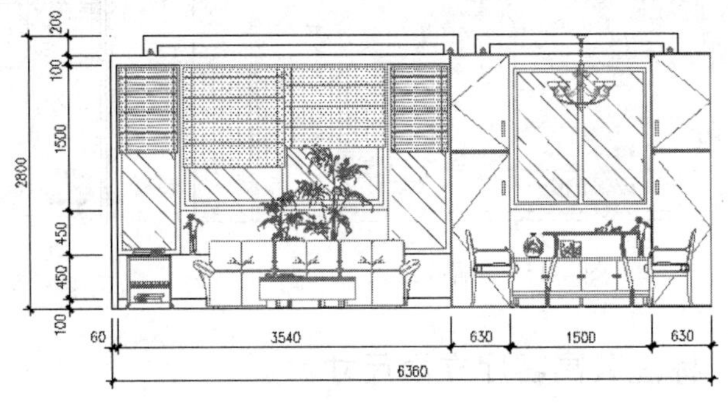

图4-160　标注总尺寸

4.7.4 标注公寓客厅墙面材质

（1）继续上节操作。

（2）展开“默认”选项卡→“图层”面板→“图层”下拉列表，将“文本层”设置为当前图层。

（3）展开“默认”选项卡→“注释”面板→“文字样式”下拉列表，设置“仿宋体”为当前文字样式。

（4）使用快捷键“L”激活“直线”命令，绘制如图 4-161 所示的直线作为指示线。

（5）使用快捷键“DT”激活“单行文字”命令，在“指定文字的起点或 [对正（J）/样式（S）]：”提示下，输入 J 并按 Eenter 键。

（6）在“输入选项 [左（L）/居中（C）/右（R）/对齐（A）/中间（M）/布满（F）/左上（TL）/中上（TC）/右上（TR）/左中（ML）/正中（MC）/右中（MR）/左下（BL）/中下（BC）/右下（BR）]:”提示下，输入 ML 并按 Ecnter 键，设置文字的对正方式。

（7）在“指定文字的左中点：”提示下，捕捉左侧指示线的右端点。

（8）在 “指定高度 <3>：”提示下，输入 150 按 Enter 键，设置文字的高度为 150 个单位。

（9）在“指定文字的旋转角度 <0.00>”提示下按 Enter 键，此时在绘图区所指定的文字起点位置上出现一个文本输入框，输入“踢脚线白色混水漆”按 Enter 键，结果如图 4-162 所示。

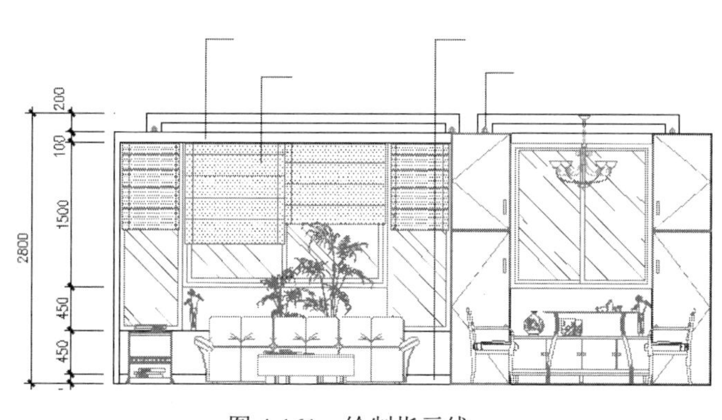

图 4-161 绘制指示线

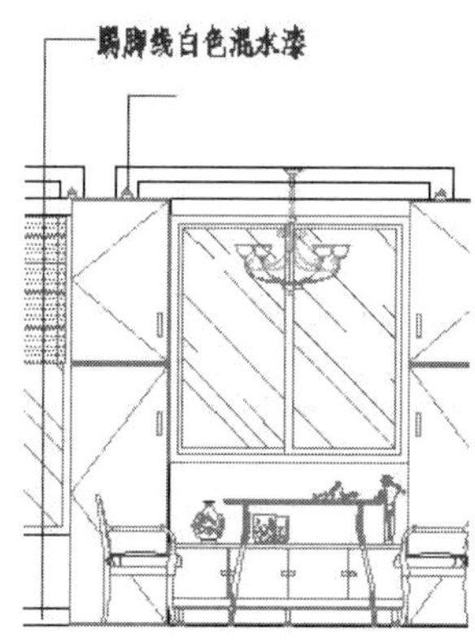

图 4-162 标注结果

（10）重复执行“单行文字”命令，设置对正方式、文字高度及旋转角度不变，标注其他位置的文字注释，结果如图 4-163 所示。

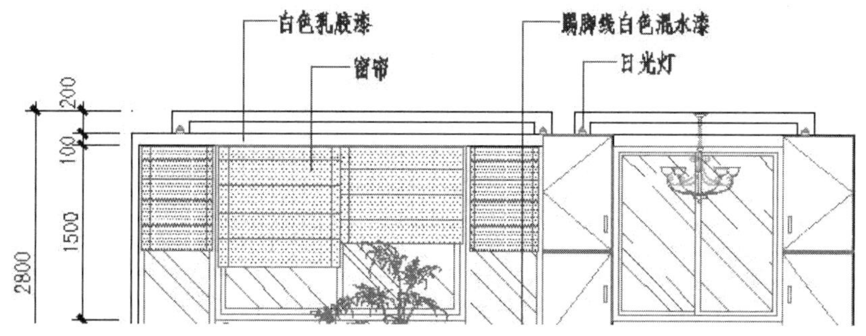

图 4-163 标注其他位置的文字 2

（11）最后执行“保存”命令，将图形命名存储为“绘制一居室公寓客厅立面图.dwg”。

4.8 本章小结

本章在概述单身公寓式小户型装修设计理念的前提下，以绘制一居室公寓装修设计方案为例，按照实际设计流程，详细而系统地讲述了公寓式小户型装修的设计方法、设计思路、绘图技巧以及具体的绘图过程。具体分为“绘制一居室公寓墙体图、一居室公寓装修布置图、一居室公寓天花平面图、一居室公寓天花灯具图以及一居室公寓装修立面图”五个经典操作案例。

希望读者通过本章的学习，对公寓式小住宅装修知识能有所了解和认知，通过本章装修案例的系统学习，能掌握相关的设计流程、设计方法和具体的绘图技能。

第 5 章　多居室普通住宅布置图设计

从消费角度上说，民用住宅一般分为普通住宅和高档住宅两种，普通住宅是指建筑容积率在 1.0 以上、单套建筑面积约在 140 平方米以下、按一般民用住宅标准建造的居住用住宅。此类住宅主要有多层和高层两种，多层住宅是指 2 至 6 层的楼房；高层住宅多是指 6 层以上的楼房。

本章在概述多居室普通住宅室内设计要点的前提下，主要学习多居室普通住宅装修布置图的具体设计过程和相关操作技能。

■ **学习内容**

✧ 多居室住宅室内设计要点
✧ 多居室住宅室内设计要求
✧ 绘制多居室墙体结构图
✧ 绘制多居室家具布置图
✧ 绘制多居室地面材质图
✧ 标注多居室装修布置图

5.1　多居室住宅室内设计要点

多居室住宅，顾名思义就是包含有多个居室的户型住宅，此类户型的室内设计需要根据不同的功能需求，采用众多的手法进行空间的再创造，使室内环境科学性、实用性、审美性，在视觉效果、比例尺度、层次美感、虚实关系、个性特征等方面达到完美的结合，使业主在生理及心理上获得团聚、舒适、温馨、和睦的感受，真正体现出“家”的主题，在整体上应该遵循以下要点。

5.1.1　居室功能布局

多居室室内空间功能主要包括睡眠、休息、饮食、盥洗、家庭团聚、会客、视听、娱乐以及学习、工作等。这些功能因素又形成环境的静与闹、群体与私密、外向与内敛等不同特点的区分。

（1）群体生活区（闹）及主要功能体现

◆ 起居室——谈聚、音乐、电视、娱乐、会客等。

◆ 餐室——用餐、交流等。

◆ 休闲室——游戏、健身、琴棋、电视等。

（2）私密生活区（静）及主要功能体现

◆ 卧室（分主卧室、次卧室、客房）——睡眠、盥洗、梳妆、阅读、视听、嗜好等。

◆ 儿女室——睡眠、书写、嗜好等。

◆ 书房（工作间）——阅读、书写、嗜好等。

（3）家务活动区及其主要功能体现

◆ 厨房——配膳清洗、储藏物品、烹调等。

◆ 贮藏间——储藏物品、洗衣等。

多居室室内空间的合理利用，在于不同功能区域的合理分割、巧妙布局，充分发挥居室的使用功能。例如：卧室、书房要求静，可设置在靠里边一些的位置以不被其他室内活动干扰；起居室、客厅是对外接待、交流的场所，可设置靠近入口的位置；卧室、书房与起居室、客厅相连处又可设置过渡空间或共享空间，起间隔调节作用。此外，厨房应紧靠餐厅，卧室与卫生间贴近。

5.1.2 居室平面布局

平面布局主要包括区域划分和交通流线两个内容。区域划分是指室内空间的组成，交通流线是指室内各活动区域之间以及室内外环境之间的联系，它包括有形和无形两种，有形的指门厅、走廊、楼梯、户外的道路等；无形的指其他可能供作交通联系的空间。设计时应尽量减少有形的交通区域，增加无形的交通区域，以达到空间充分利用且自由、灵活、和缩短距离的效果。

另外，区域划分与交通流线是居室空间整体组合的要素，区域划分是整体空间的合理分配，交通流线寻求的是个别空间的有效连接。唯有两者相互协调作用，才能取得理想的效果。

5.1.3 内含物的布置

室内内含物主要包括家具、陈设、灯具、绿化等设计内容，这些室内内含物通常要处于视觉中显著的位置，它可以脱离界面布置于室内空间内，不仅具有实用和观赏的作用，对烘托室内环境气氛，形成室内设计风格等方面也起到举足轻重的作用。

5.1.4 整体上的统一

“整体上的统一”指的是将同一空间的许多细部，以一个共同的有机因素统一起来，使它变成一个完整而和谐的视觉系统。设计构思时，就需要根据业主的职业特点、文化层次、个人爱好、家庭成员构成、经济条件等做综合的设计定位。

5.2 多居室住宅室内设计要求

多居室住宅室内设计要求如下：

（1）适应不同年龄人群及不同行为能力人群的正当需求；

（2）真正体现人性化设计，以“人”为最根本对象；

（3）建立在综合考虑下的完善设计；

（4）满足设计的安全性；

（5）满足环境的和谐。

5.3　绘制多居室墙体结构图

本例主要学习多居室普通住宅墙体结构图的具体绘制过程和绘图技巧。多居室普通住宅墙体结构图的最终绘制效果如图 5-1 所示。

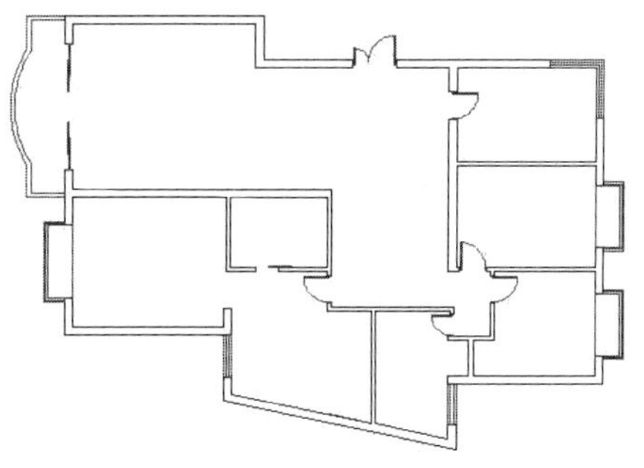

图 5-1　实例效果

5.3.1　绘制户型墙体轴线图

（1）单击“快速访问”工具栏→“新建”按钮，调用随书光盘中的“\样板文件\室内绘图样板.dwt”。

（2）使用快捷键“LA”激活“图层”命令，在打开的“图层特性管理器”对话框中双击“轴线层”，将其设置为当前图层。

（3）在命令行输入 Ltscale 并按 Enter 键，或使用快捷键“LT 活“线型”命令，比例设置为 40。

（4）单击状态栏上的按钮或按下 F8 功能键，打开“正交”功能。

技巧提示：“正交”是一个辅助绘图工具，用于将光标强制定位在水平位置或垂直位置上。

（5）单击“默认”选项卡→“绘图”面板→“直线”按钮，配合坐标输入功能绘制两条垂直相交的直线作为基准轴线，如图 5-2 所示。

（6）单击“默认”选项卡→“修改”面板→“偏移”按钮，激活“偏移”命令，将垂直基准轴线向右偏移，偏移结果如图 5-3 所示。

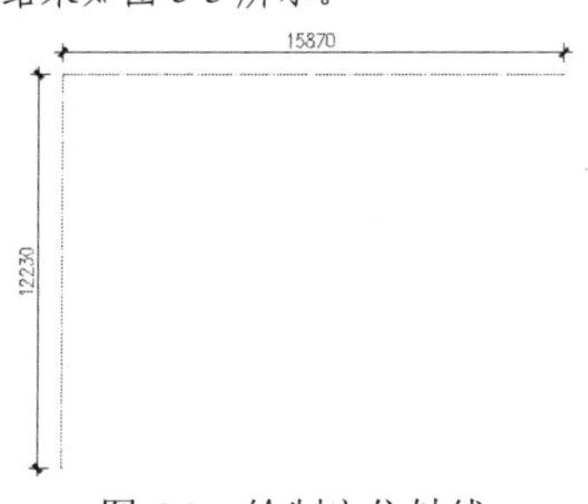

图 5-2　绘制定位轴线

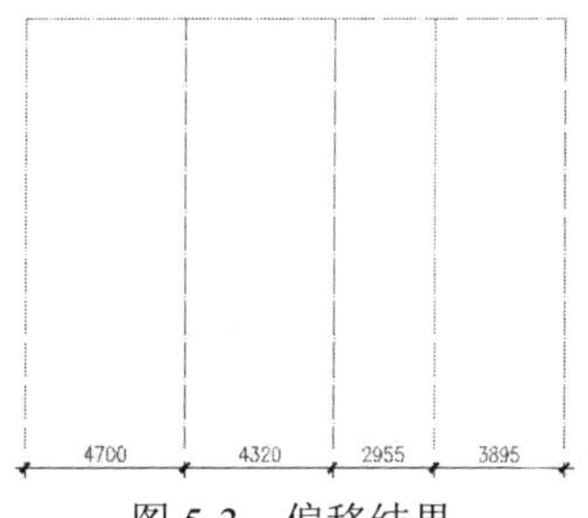

图 5-3　偏移结果

（7）重复执行“偏移”命令，将最左侧的垂直轴线向右偏移 5630、7730 和 11420 个单位；将最右侧的垂直轴线向左偏移 3270 和 4450 个单位。

（8）重复执行“偏移”命令，对水平基准轴线进行偏移，偏移间距与偏移结果如图 5-4 所示。

（9）重复执行“偏移”命令，继续对将水平基准轴线进行偏移，偏移间距与偏移结果如图 5-5 所示。

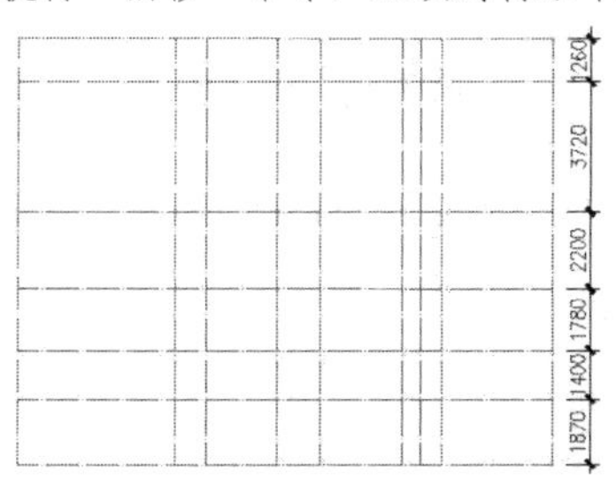

图 5-4　偏移水平轴线

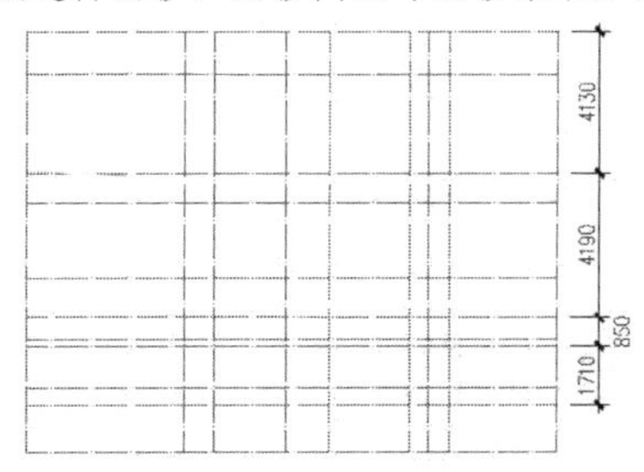

图 5-5　偏移垂直轴线

（10）在无命令执行的前提下，选择最左侧的垂直轴线，使其呈现夹点显示状态，如图 5-6 所示。

（11）在最下侧的夹点上单击左键，使其变为夹基点（也称热点），此时该点变为红色。

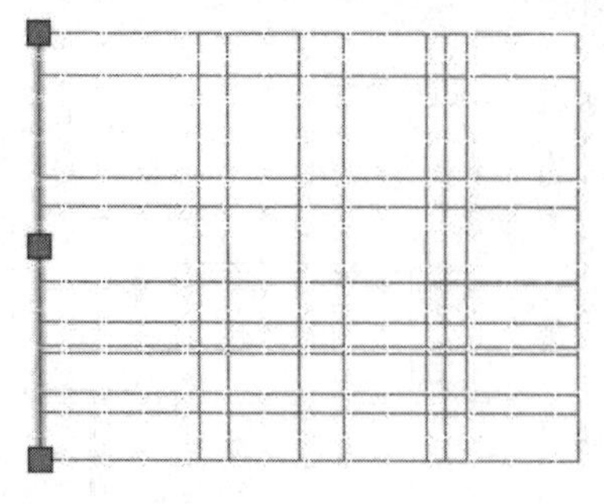

图 5-6　夹点显示轴线

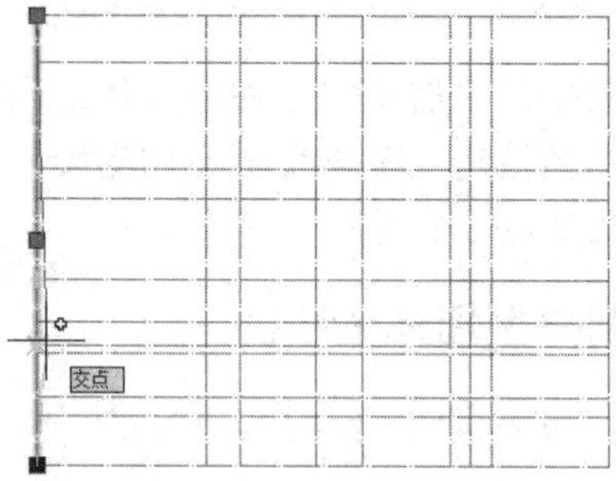

图 5-7　捕捉端点

（12）在“** 拉伸 ** 指定拉伸点或 [基点（B）/复制（C）/放弃（U）/退出（X）]:”提示下捕捉如图 5-7 所示的交点，对其进行夹点拉伸，结果如图 5-8 所示。

（13）按 Esc 键，取消对象的夹点显示状态，结果如图 5-9 所示。

（14）参照第 9～12 操作步骤，配合端点捕捉和交点捕捉功能，分别对其他轴线进行夹点拉伸，编辑结果如图 5-10 所示。

（15）使用快捷键“L”激活“直线”命令，配合端点捕捉功能绘制如图 5-11 所示的倾斜轴线。

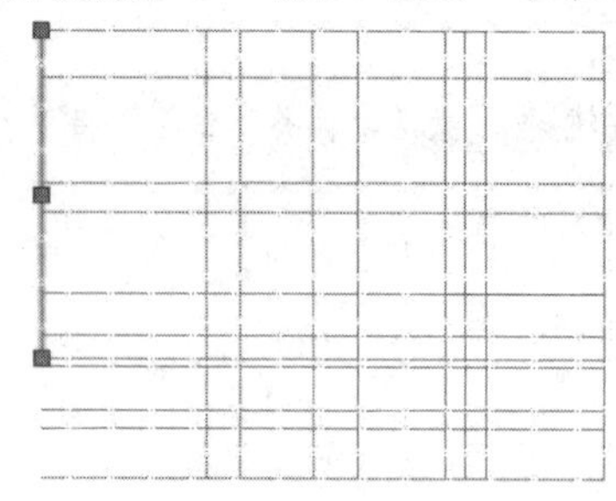

图 5-8　拉伸结果

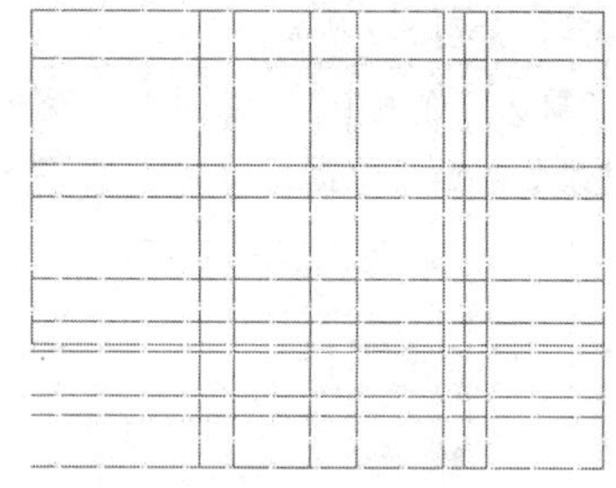

图 5-9　取消夹点后的效果

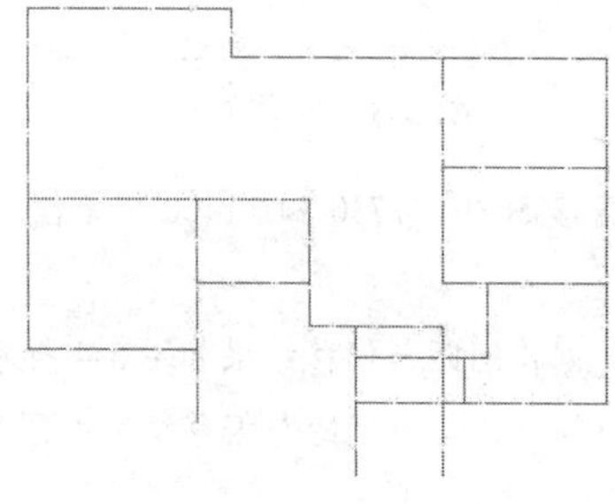

图 5-10　编辑其他轴线

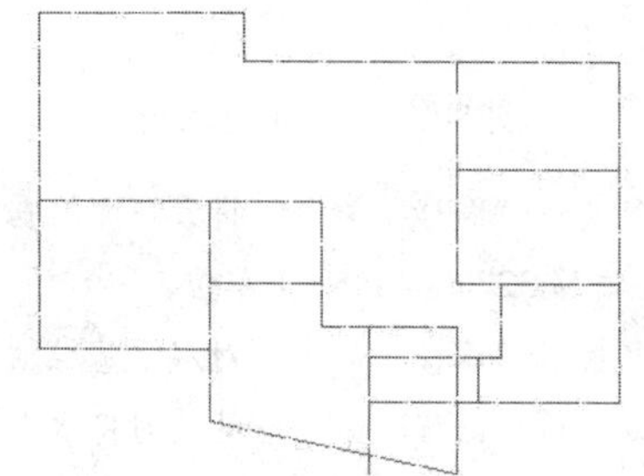

图 5-11　编辑结果

至次，多居室户型墙体定位轴线绘制完毕，下一小节将学习门窗洞口的开洞方法和开洞技巧。

5.3.2　绘制户型图门窗洞口

（1）继续上节操作。

（2）单击“默认”选项卡→“修改”面板→“偏移”按钮，将最左侧的垂直轴线向右偏移 8410 和 9670 个单位，偏移结果如图 5-12 所示。

（3）单击“默认”选项卡→“修改”面板→“修剪”按钮，以刚偏移出的两条辅助轴线作为边界，对最上侧水平轴线进行修剪，以创建宽度为 1260 的门洞，修剪结果如图 5-13 所示。

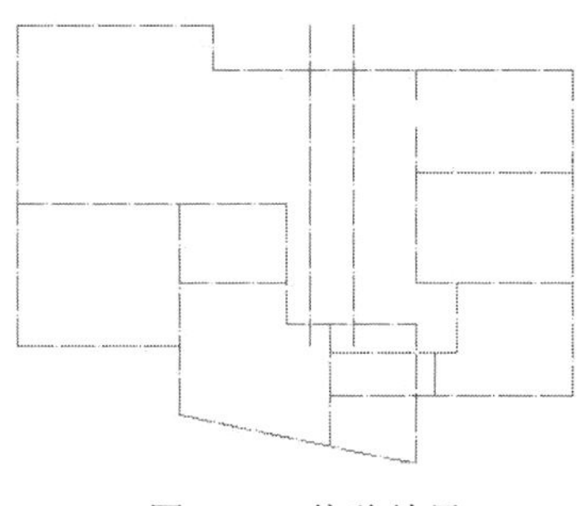
图 5-12 偏移结果

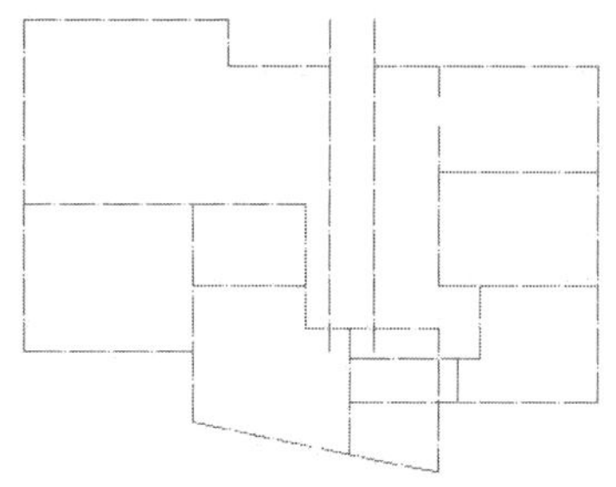
图 5-13 修剪结果

（4）单击“默认”选项卡→“修改”面板→“删除”按钮，删除刚偏移出的两条水平辅助线，结果如图 5-14 所示。

（5）单击“默认”选项卡→“修改”面板→“打断”按钮，激活“打断”命令，在最左侧的轴线上创建宽度为 2100 的窗洞，命令行操作如下。

```
命令: _break
选择对象:                              //选择最左侧的垂直轴线
指定第二个打断点或 [第一点(F)]:         //F 按 Enter，重新指定第一断点
指定第一个打断点:                       //激活“捕捉自”功能
 _from 基点:                           //捕捉最左侧垂直轴线的下端点
 <偏移>:                               //@0,940 Enter
指定第二个打断点:                       //@0,2100Enter，打断结果如图 5-15 所示
```

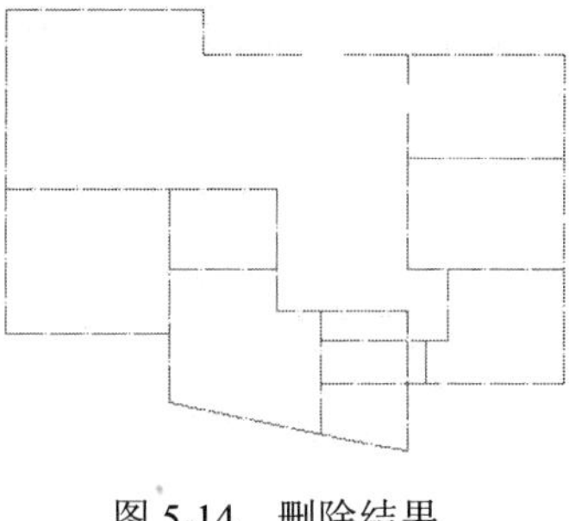
图 5-14 删除结果

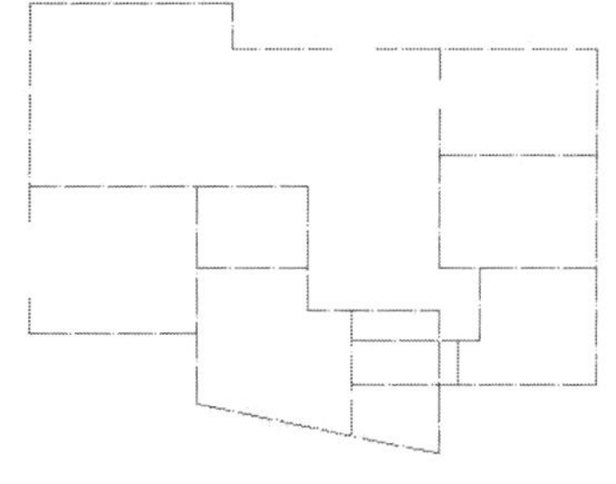
图 5-15 打断结果

（6）参照上述打洞方法，综合使用“偏移”、“修剪”和“打断”命令，分别创建其他位置的门洞和窗洞，结果如图 5-16 所示。

至此，门窗洞口创建完毕，下一小节将学习主墙线和次墙线的快速绘制过程和绘制技巧。

5.3.3 绘制户型图纵横墙线

（1）继续上节操作。

（2）展开“默认”选项卡→“图层”面板→“图层”下拉列表，设置“墙线层”设为当前图层。

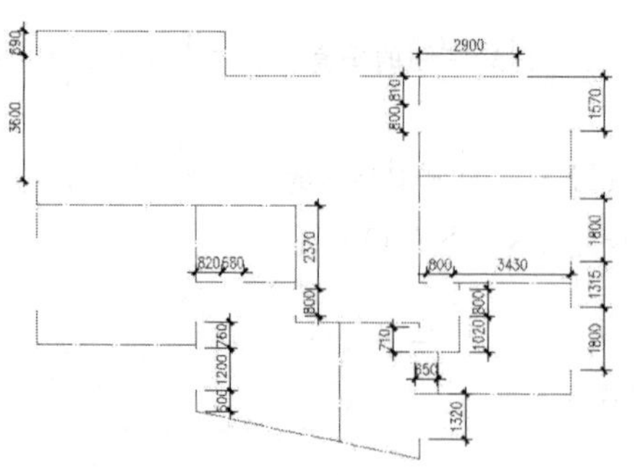

图 5-16　创建其他洞口

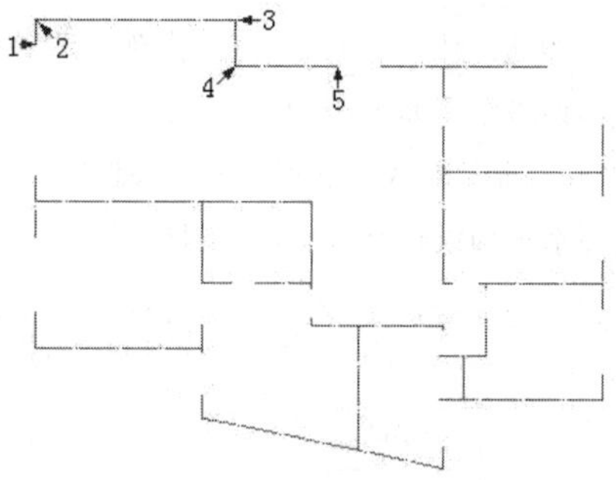

图 5-17　定位端点

（3）选择菜单栏“格式”→“多线样式”命令，在打开的“多线样式”对话框中设置“墙线样式”为当前样式。

（4）选择菜单栏“绘图”→“多线”命令，配合“端点捕捉“功能绘制主墙线，命令行操作如下。

```
命令：_mline
当前设置：对正 = 上，比例 = 20.00，样式 = 墙线样式
指定起点或 [对正(J)/比例(S)/样式(ST)]:          //s Enter
输入多线比例 <20.00>:                          //240 Enter
当前设置：对正 = 上，比例 = 200.00，样式 = 墙线样式
指定起点或 [对正(J)/比例(S)/样式(ST)]:          //j Enter
输入对正类型 [上(T)/无(Z)/下(B)] <上>:          //z Enter
当前设置：对正 = 无，比例 = 240.00，样式 = 墙线样式
指定起点或 [对正(J)/比例(S)/样式(ST)]:          //捕捉如图 5-17 所示的端点 1
指定下一点:                                    //捕捉的端点 2
指定下一点或 [放弃(U)]:                         //捕捉端点 3
指定下一点或 [闭合(C)/放弃(U)]:                 //捕捉端点 4
指定下一点或 [闭合(C)/放弃(U)]:                 //捕捉端点 5
指定下一点或 [闭合(C)/放弃(U)]:                 // Enter，绘制结果如图 5-18 所示
```

（5）重复执行“多线”命令，设置多线比例和对正方式保持不变，配合端点捕捉和交点捕捉功能绘制其他主墙线，结果如图 5-19 所示。

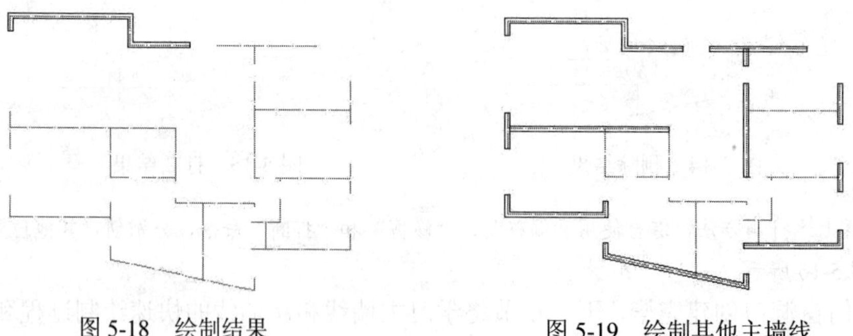
图 5-18　绘制结果　　　图 5-19　绘制其他主墙线

（6）重复执行“多线”命令，设置多线对正方式不变，绘制宽度为 120 的非承重墙线，命令行操作如下。

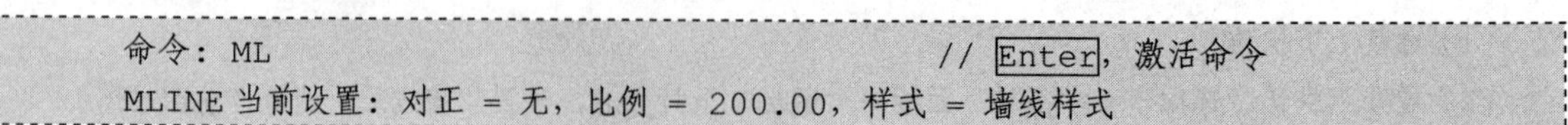

```
命令：ML                                       // Enter，激活命令
MLINE 当前设置：对正 = 无，比例 = 200.00，样式 = 墙线样式
```

```
指定起点或 [对正(J)/比例(S)/样式(ST)]:        //S Enter
输入多线比例 <200.00>:                       //120 Enter
指定起点或 [对正(J)/比例(S)/样式(ST)]:        //捕捉如图 5-20 所示的端点
指定下一点:                                  //捕捉如图 5-21 所示的端点
指定下一点或 [放弃(U)]:                      // Enter，结果如图 5-22 所示
```

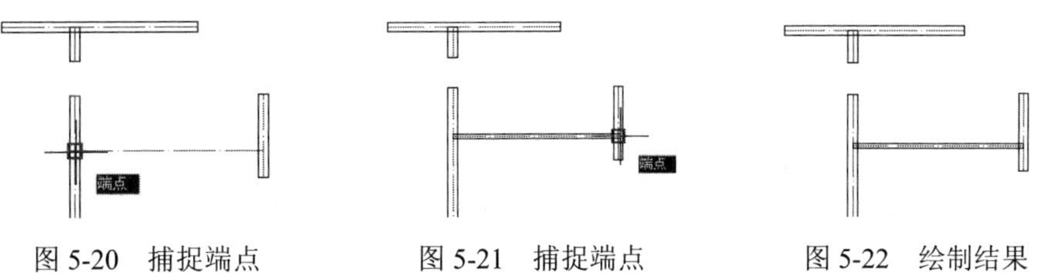

图 5-20　捕捉端点　　图 5-21　捕捉端点　　图 5-22　绘制结果

（7）重复执行“多线”命令，设置多线比例与对正方式不变，配合对象捕捉功能分别绘制其他位置的非承重墙线，结果如图 5-23 所示。

（8）展开“默认”选项卡→“图层”面板→“图层”下拉列表，关闭“轴线层”，结果如图 5-24 所示。

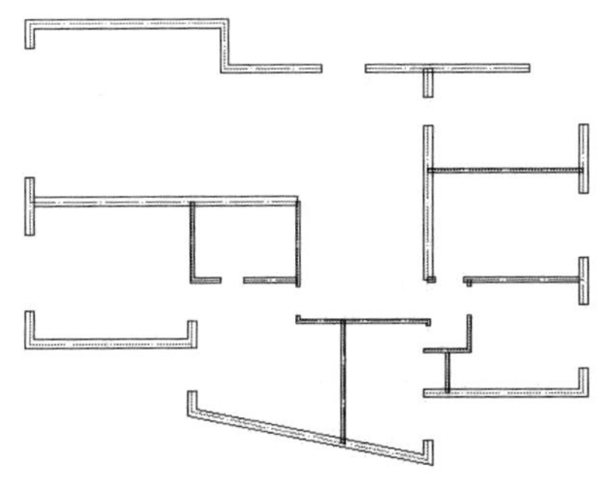

图 5-23　绘制其他非承重墙

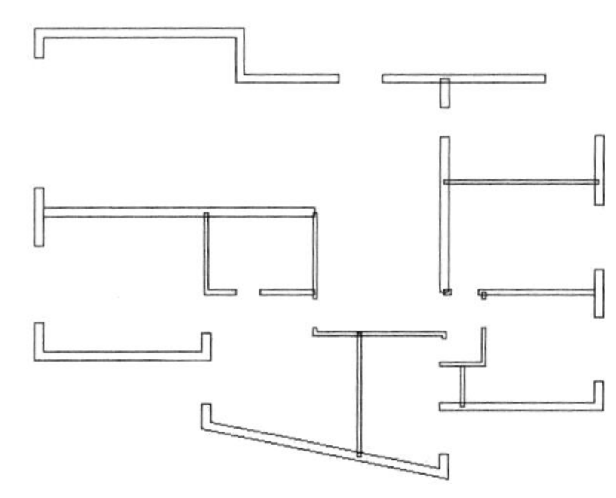

图 5-24　关闭“轴线层”后的显示

（9）执行菜单栏中的”修改”→“对象”→“多线”命令，在打开的“多线编辑工具”对话框内单击按钮，激活“T 形合并”功能。

（10）返回绘图区，在命令行的“选择第一条多线：”提示下，选择如图 5-25 所示的墙线。

（11）在“选择第二条多线：”提示下，选择如图 5-26 所示的墙线，结果这两条 T 形相交的多线被合并，如图 5-27 所示。

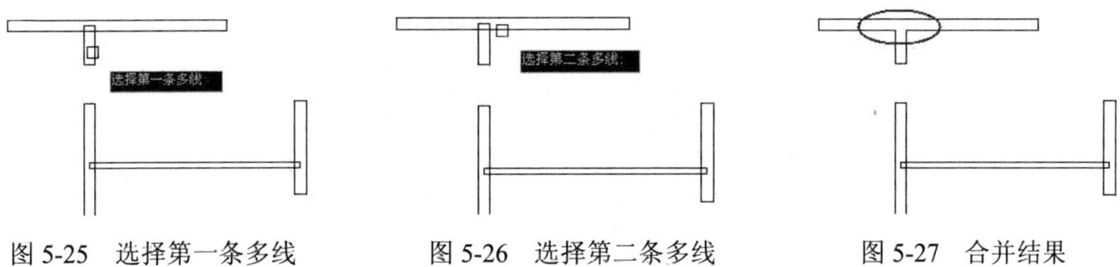

图 5-25　选择第一条多线　　图 5-26　选择第二条多线　　图 5-27　合并结果

（12）继续在“选择第一条多线或 [放弃（U）]：”提示下，分别选择其他位置 T 形墙线进行合并，合并结果如图 5-28 所示。

（13）在任一墙线上双击左键，在打开的“多线编辑工具”对话框中单击“角点结合”按钮。

（14）返回绘图区，在“选择第一条多线或 [放弃（U）]：”提示下，单击如图 5-29 所示的墙线。

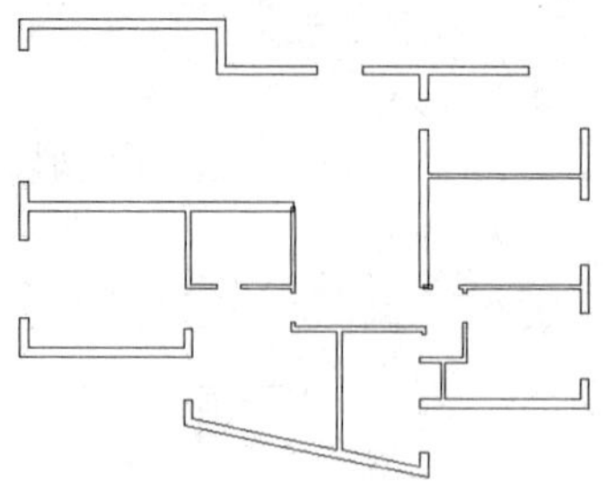

图 5-28　T形合并其他墙线

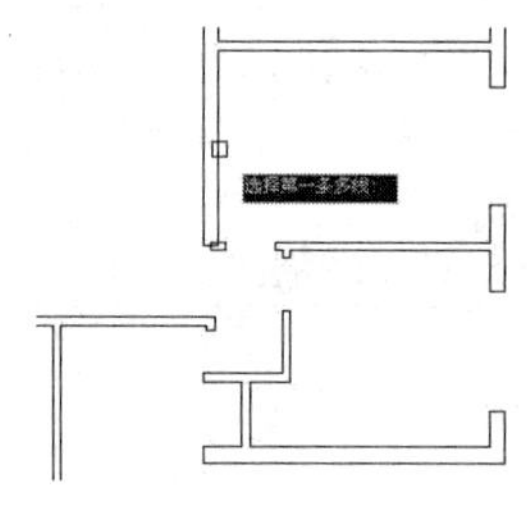

图 5-29　选择第一条多线

（15）在“选择第二条多线：”提示下，选择如图 5-30 所示的墙线，结果这两条 T 形相交的多线被合并，如图 5-31 所示。

（16）继续根据命令行的提示，对其他位置的拐角墙线进行编辑，编辑结果如图 5-32 所示。

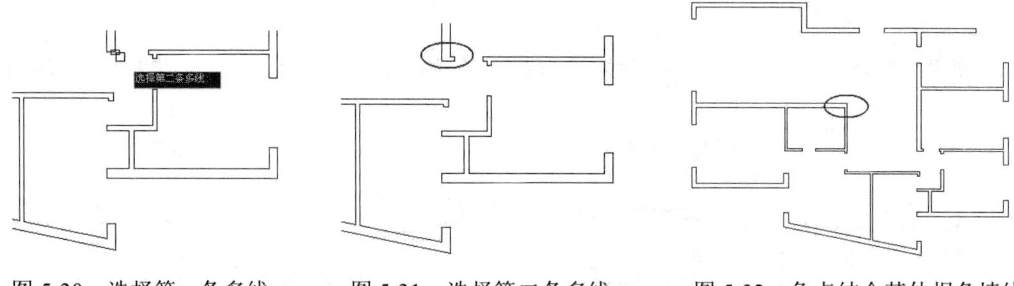

图 5-30　选择第一条多线　　图 5-31　选择第二条多线　　图 5-32　角点结合其他拐角墙线

至此，户型图纵横墙线编辑完毕，下一小节将学习户型图的平面窗、凸窗、阳台等建筑构件的绘制方法和技巧。

5.3.4　绘制窗子与阳台构件

（1）继续上节操作。

（2）展开“默认”选项卡→“图层”面板→“图层”下拉列表，设置“门窗层”为当前图层。

（3）选择菜单栏”格式”→“多线样式”命令，在打开的“多线样式”对话框中设置“窗线样式”为当前样式。

（4）选择菜单栏“绘图”→“多线”命令，配合中点捕捉功能绘制窗线，命令行操作如下。

```
命令: _mline
当前设置: 对正 = 上, 比例 = 100.00, 样式 = 窗线样式
指定起点或 [对正(J)/比例(S)/样式(ST)]:          //s Enter
输入多线比例 <100.00>:                          //240 Enter
当前设置: 对正 = 上, 比例 = 240.00, 样式 = 窗线样式
指定起点或 [对正(J)/比例(S)/样式(ST)]:          //j Enter
输入对正类型 [上(T)/无(Z)/下(B)] <上>:          //z Enter
当前设置: 对正 = 无, 比例 = 240.00, 样式 = 窗线样式
指定起点或 [对正(J)/比例(S)/样式(ST)]:          //捕捉如图 5-33 所示中点
指定下一点:                                     //捕捉如图 5-34 所示交点
指定下一点或 [放弃(U)]:                         // Enter, 绘制结果如图 5-35 所示
```

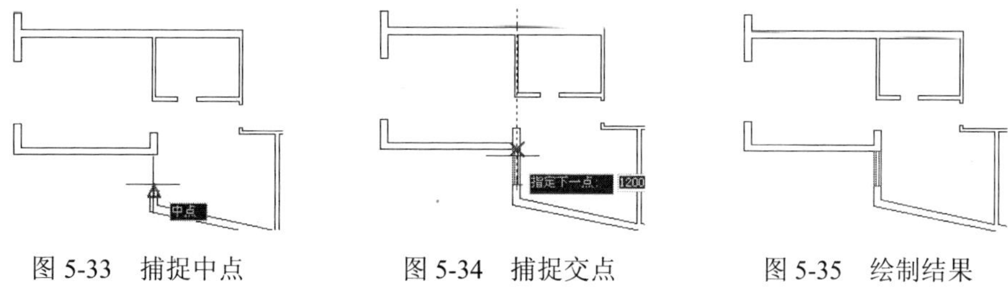

图 5-33 捕捉中点　　图 5-34 捕捉交点　　图 5-35 绘制结果

（5）重复上一步骤，设置多线比例和对正方式保持不变，配合“极轴追踪”、“对象捕捉追踪”和中点捕捉功能绘制其他窗线，结果如图 5-36 所示。

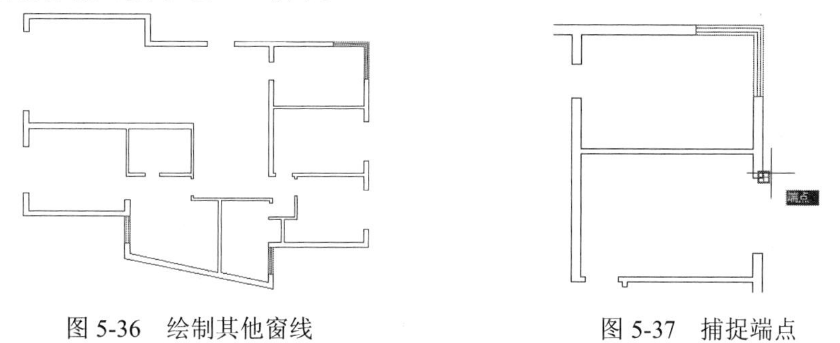

图 5-36 绘制其他窗线　　图 5-37 捕捉端点

（6）单击“默认”选项卡→“绘图”面板→“多段线”按钮，配合点的追踪和坐标输入功能绘制凸窗轮廓线。命令行操作如下。

```
命令: _pline
指定起点:                          //捕捉图 5-37 所示的端点
当前线宽为 0.0
指定下一个点或 [圆弧(A)/半宽(H)/长度(L)/放弃(U)/宽度(W)]: //@500,0 Enter
指定下一点或 [圆弧(A)/闭合(C)/半宽(H)/长度(L)/放弃(U)/宽度(W)]: //@0,-1800 Enter
指定下一点或 [圆弧(A)/闭合(C)/半宽(H)/长度(L)/放弃(U)/宽度(W)]: //@0,-500 Enter
指定下一点或 [圆弧(A)/闭合(C)/半宽(H)/长度(L)/放弃(U)/宽度(W)]:
                                   // Enter, 绘制结果如图 5-38 所示
```

（7）使用快捷键“O”激活“偏移”命令，将凸窗轮廓线向右侧偏移 50 和 100 个单位，结果如图 5-39 所示。

（8）使用快捷键“L”激活“直线”命令，配合端点捕捉功能绘制如图 5-40 所示的垂直轮廓线。

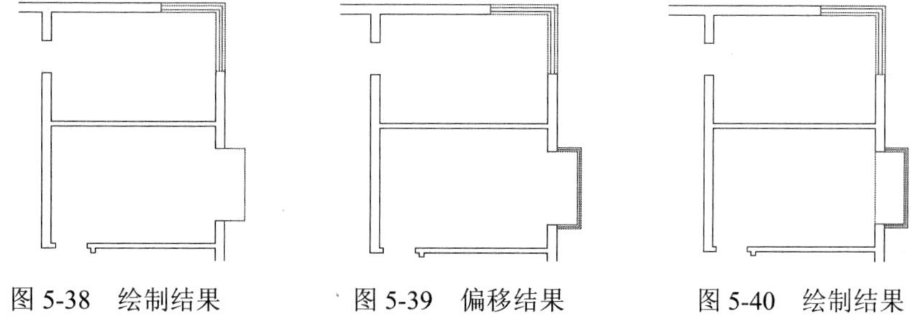

图 5-38 绘制结果　　图 5-39 偏移结果　　图 5-40 绘制结果

（9）参照第 6～8 操作步骤，综合使用“多段线”和“偏移”命令分别绘制其他位置的凸窗轮廓线，结果如图 5-41 所示。

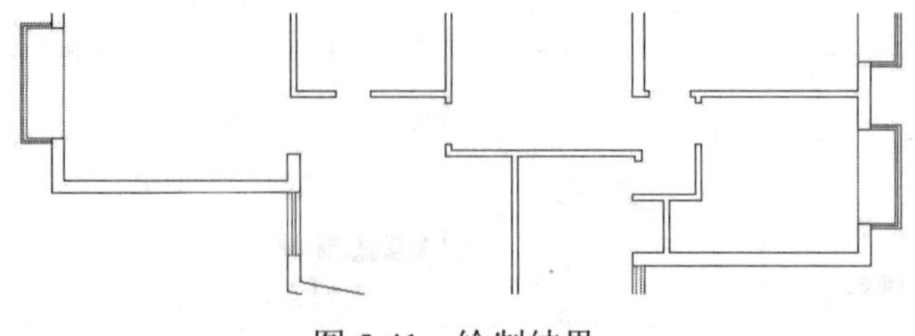

图 5-41　绘制结果

（10）单击“默认”选项卡→“绘图”面板→“多段线”按钮，配合坐标输入功能绘制阳台外轮廓线。命令行操作如下。

```
命令: _pline
指定起点:                          //捕捉如图 5-42 所示的端点
当前线宽为 0
指定下一个点或 [圆弧(A)/半宽(H)/长度(L)/放弃(U)/宽度(W)]:  //@-1120,0 Enter
指定下一点或 [圆弧(A)/闭合(C)/半宽(H)/长度(L)/放弃(U)/宽度(W)]:  //@0,-960 Enter
指定下一点或 [圆弧(A)/闭合(C)/半宽(H)/长度(L)/放弃(U)/宽度(W)]:  //a Enter
指定圆弧的端点或[角度(A)/圆心(CE)/闭合(CL)/方向(D)/半宽(H)/直线(L)/半径(R)/第二个点(S)/放弃(U)/宽度(W)]:          //s Enter
指定圆弧上的第二个点:              //@-480,-1650 Enter
指定圆弧的端点:                    //@480,-1650 Enter
指定圆弧的端点或[角度(A)/圆心(CE)/闭合(CL)/方向(D)/半宽(H)/直线(L)/半径(R)/第二个点(S)/放弃(U)/宽度(W)]:          //l Enter
指定下一点或 [圆弧(A)/闭合(C)/半宽(H)/长度(L)/放弃(U)/宽度(W)]:  //@0,-960 Enter
指定下一点或 [圆弧(A)/闭合(C)/半宽(H)/长度(L)/放弃(U)/宽度(W)]:  //@1120,0 Enter
指定下一点或 [圆弧(A)/闭合(C)/半宽(H)/长度(L)/放弃(U)/宽度(W)]:
                                   // Enter，绘制结果如图 5-43 所示
```

（11）使用快捷键“O”激活“偏移”命令，将刚绘制的阳台轮廓线向右侧偏移 120 个单位，结果如图 5-44 所示。

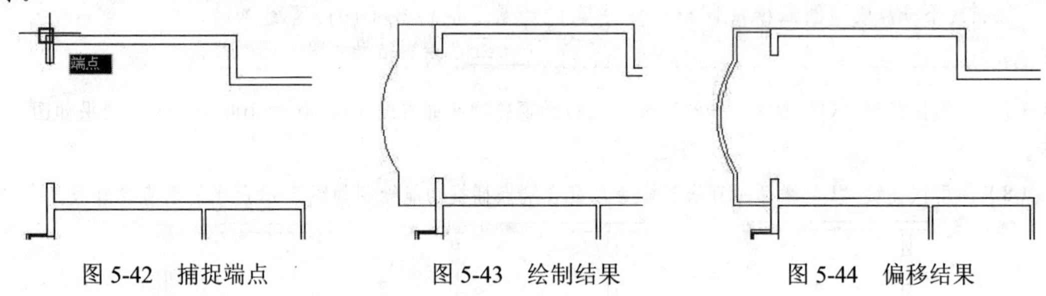

图 5-42　捕捉端点　　图 5-43　绘制结果　　图 5-44　偏移结果

至此，户型图中的平面窗、阳台等建筑构件绘制完毕，下一小节将学习单开门、推拉门等构件的快速绘制方法和技巧。

5.3.5　绘制单开门和推拉门

（1）继续上节操作。

（2）单击“默认”选项卡→“块”面板→“插入块”按钮，插入随书光盘“\图块文件\子母门.dwg”，块参数设置如图 5-45 所示，插入点如图 5-46 所示的中点。

（3）重复执行“插入块”命令，插入随书光盘“\图块文件\单开门.dwg”，参数如图 5-47 所示，插入点如图 5-48 所示的中点。

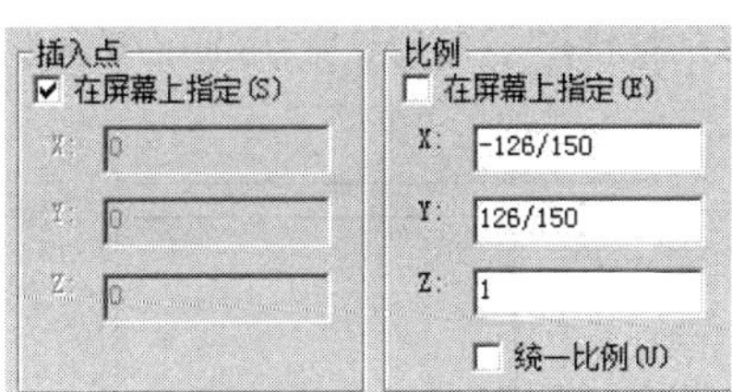

图 5-45 设置参数

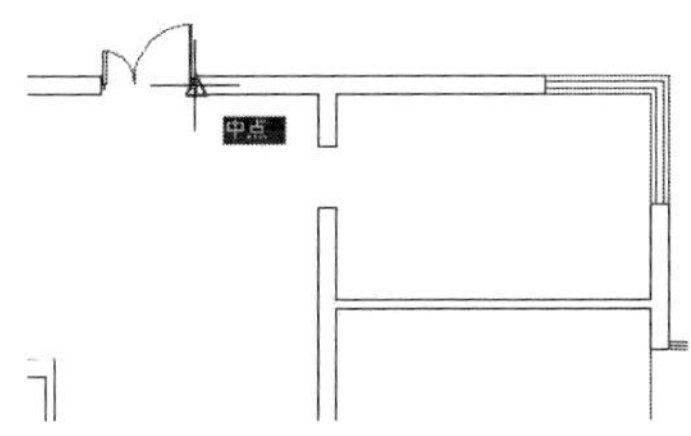

图 5-46 定位插入点

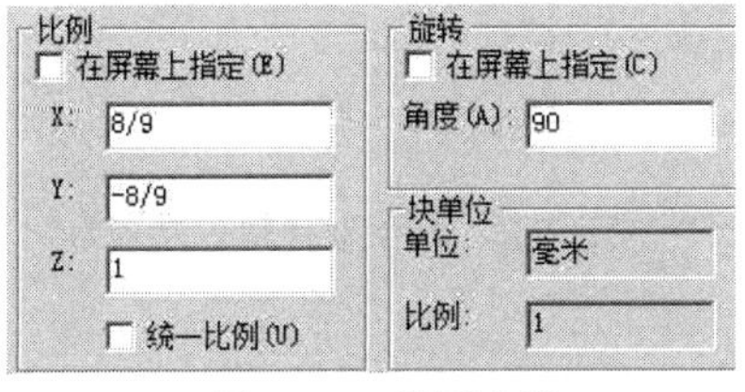

图 5-47 设置参数

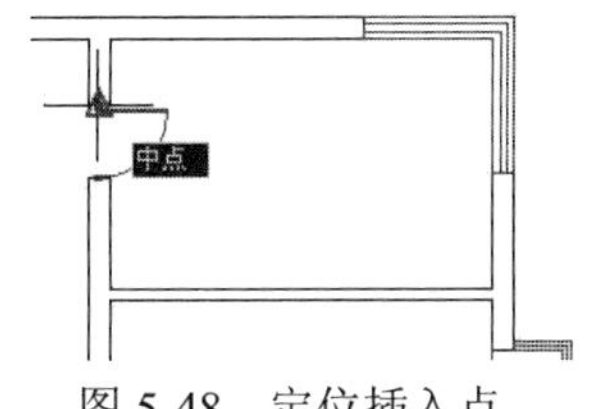

图 5-48 定位插入点

（4）重复执行“插入块”命令，设置插入参数如图 5-49 所示，插入点如图 5-50 所示的中点。

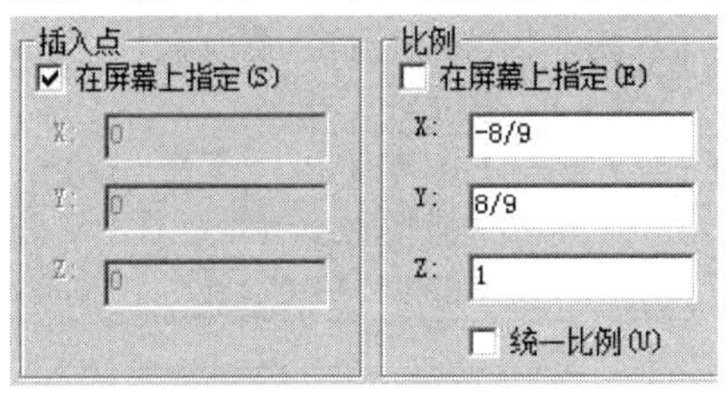

图 5-49 设置参数

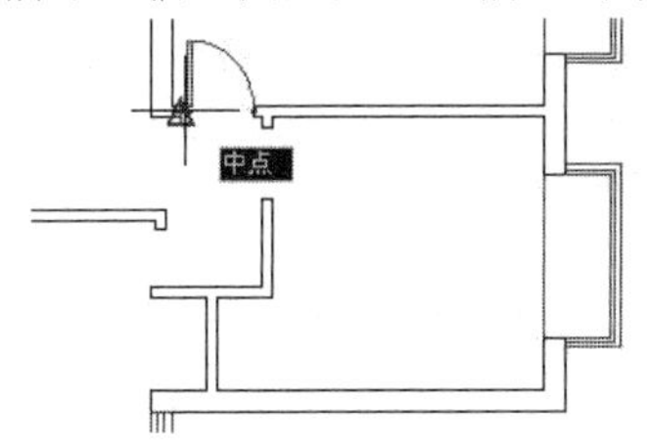

图 5-50 定位插入点

（5）重复执行“插入块”命令，设置插入参数如图 5-51 所示，插入结果如图 5-52 所示的中点。

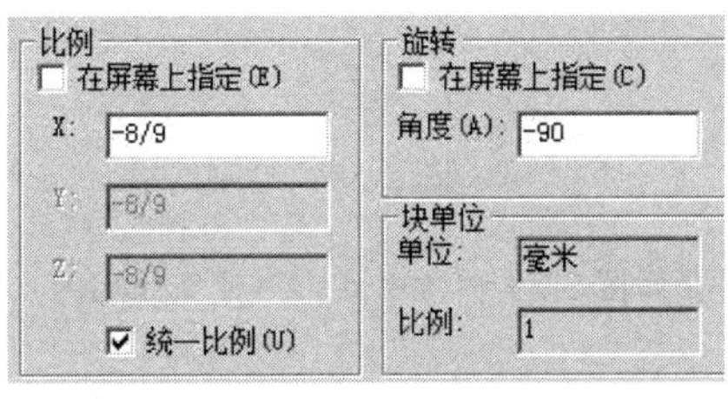

图 5-51 设置参数

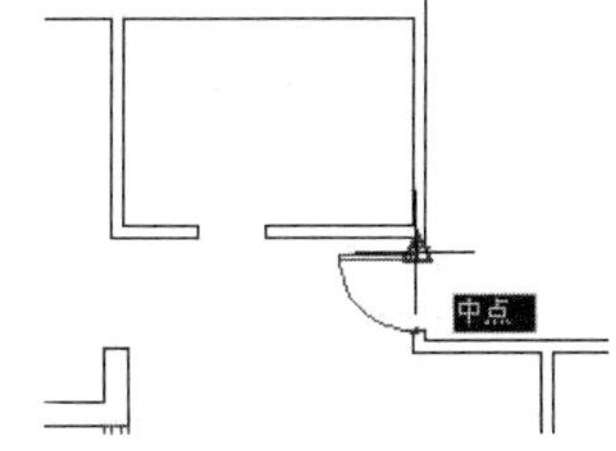

图 5-52 定位插入点

（6）重复执行“插入块”命令，设置插入参数如图 5-53 所示，插入结果如图 5-54 所示的中点。

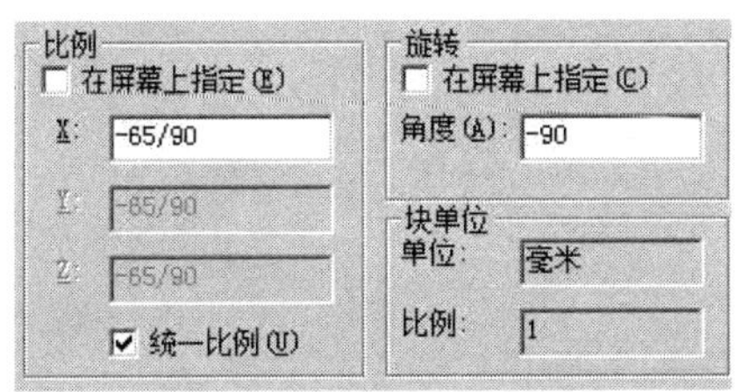

图 5-53 设置参数

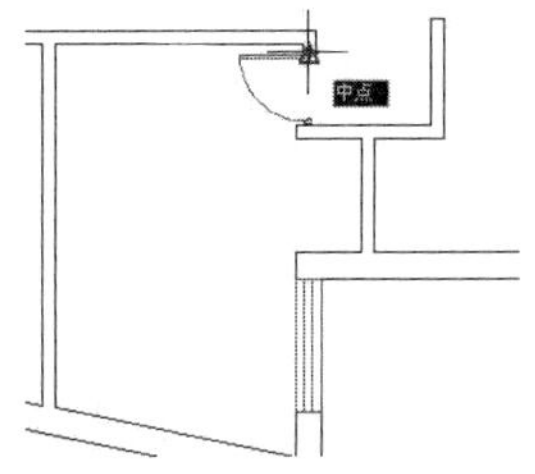

图 5-54 定位插入点

（7）单击“默认”选项卡→“修改”面板→“复制”按钮，配合中点捕捉功能对上侧的单开门进行复制，如图5-55所示。

（8）单击“默认”选项卡→“绘图”面板→“矩形”按钮，绘制长度为680、宽度为50的推拉门，如图5-56所示。

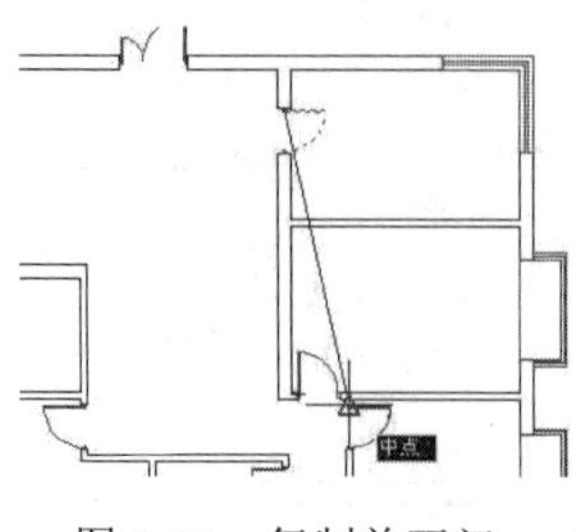

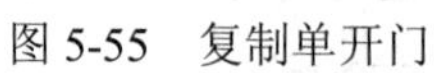
图5-55 复制单开门

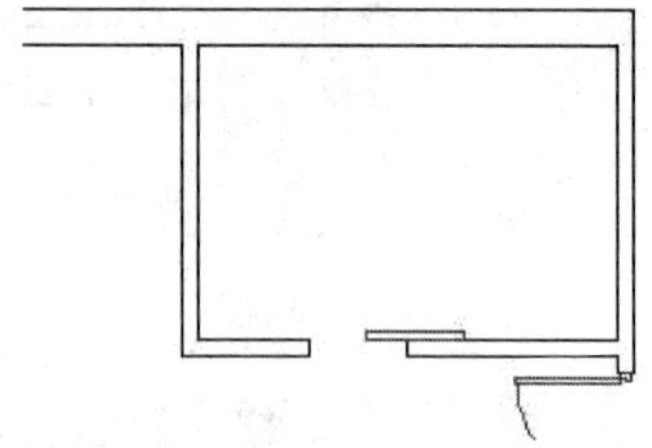
图5-56 绘制结果

（9）单击“默认”选项卡→“绘图”面板→“矩形”按钮，配合坐标输入功能和“对象捕捉”功能继续绘制推拉门，命令行操作如下。

```
命令: _rectang
指定第一个角点或 [倒角(C)/标高(E)/圆角(F)/厚度(T)/宽度(W)]:
//捕捉如图 5-57 所示的中点
指定另一个角点或 [面积(A)/尺寸(D)/旋转(R)]:    //@50,900 Enter
命令:                                           // Enter
RECTANG 指定第一个角点或 [倒角(C)/标高(E)/圆角(F)/厚度(T)/宽度(W)]:
                                                //捕捉刚绘制的矩形左侧垂直边的中点
指定另一个角点或 [面积(A)/尺寸(D)/旋转(R)]:    //@-50,900 Enter，结果如图 5-58 所示
```

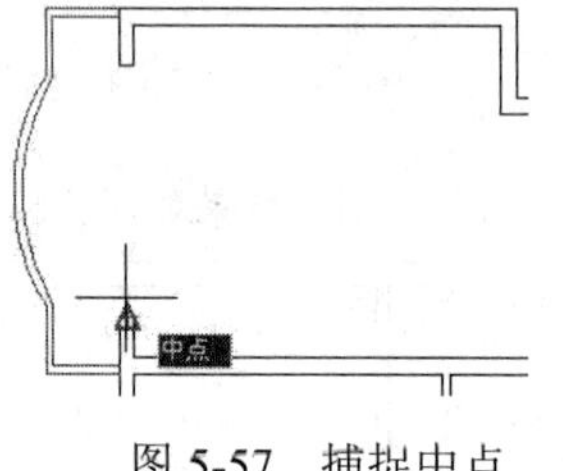

图5-57 捕捉中点

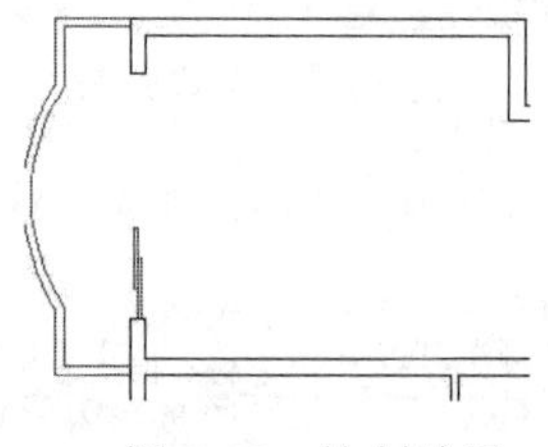
图5-58 绘制结果

（10）使用快捷键“MI”激活“镜像”命令，捕捉如图5-59所示中点作为镜像线上的点，对刚绘制的推拉门进行镜像，镜像结果如图5-60所示。

（11）单击“默认”选项卡→“绘图”面板→“矩形”按钮，绘制宽度为50的隔墙以及长度为700、宽度为40的推拉门，如图5-61所示。

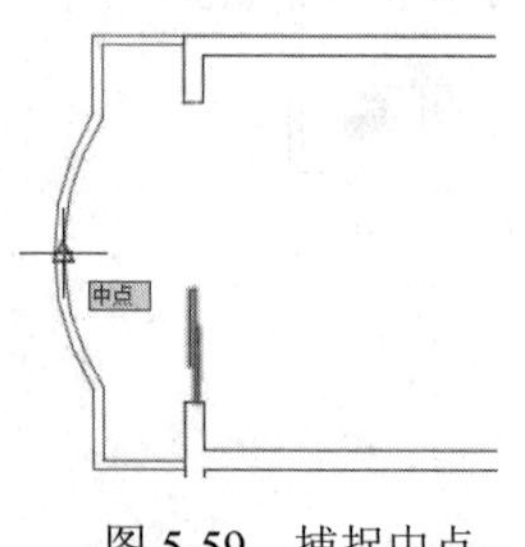

图5-59 捕捉中点

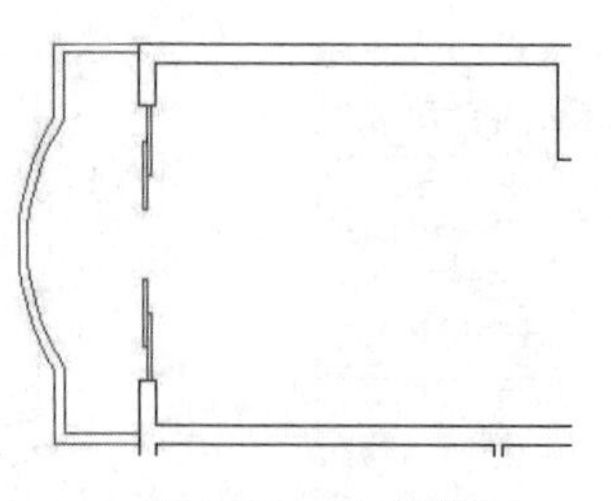
图5-60 镜像结果

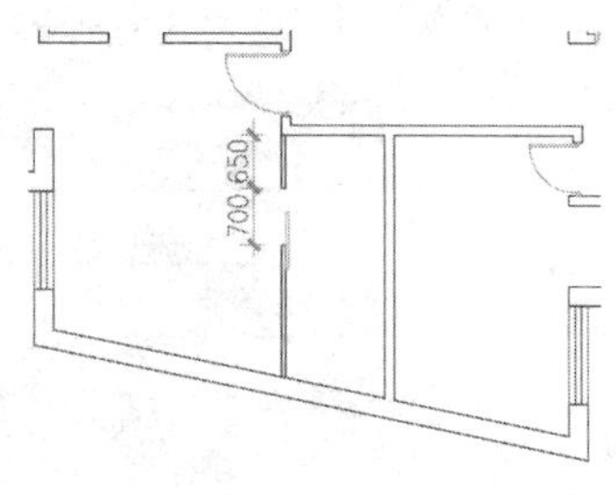

图5-61 绘制结果

（12）重复执行“矩形”命令，绘制厨房位置的隔墙和主卫生间内的推拉门，门的宽度为 50、长度为 680，结果如图 5-62 所示。

（13）重复执行“矩形”命令，配合坐标输入功能和“对象捕捉”功能继续绘制推拉门，命令行操作如下。

```
命令: _rectang
指定第一个角点或 [倒角(C)/标高(E)/圆角(F)/厚度(T)/宽度(W)]:
                                         //捕捉如图 5-63 所示的中点
指定另一个角点或 [面积(A)/尺寸(D)/旋转(R)]:    //@40,600 Enter
命令:                                     // Enter
RECTANG 指定第一个角点或 [倒角(C)/标高(E)/圆角(F)/厚度(T)/宽度(W)]:
                                         //捕捉厨房矩形隔墙的上水平边的中点
指定另一个角点或 [面积(A)/尺寸(D)/旋转(R)]:    //@-40,600 Enter，结果如图 5-64 所示
```

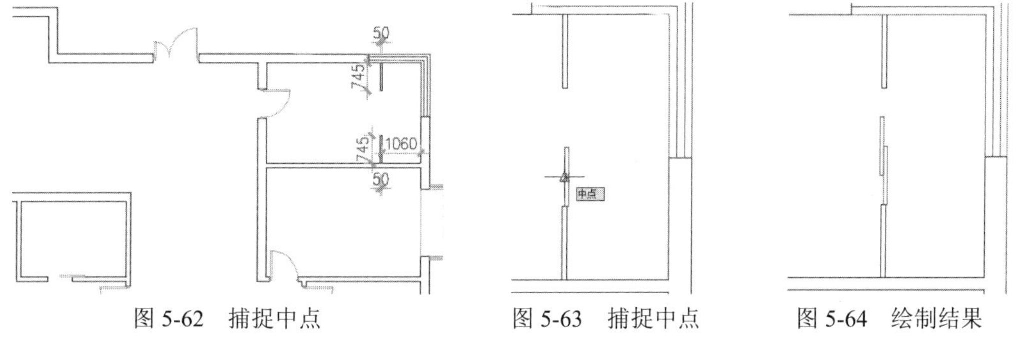

图 5-62　捕捉中点　　图 5-63　捕捉中点　　图 5-64　绘制结果

（14）重复执行“矩形”命令，绘制主卫生间内的推拉门，门的宽度为 50、长度为 680。

（15）调整视图，使图形全部显示，结果如图 5-1 所示。

（16）最后执行“保存”命令，将图形命名存储为“绘制多居室墙体结构图.dwg”。

5.4　绘制多居室家具布置图

本例主要学习多居室普通住宅家具布置图的具体绘制过程和绘图技巧。多居室普通住宅家具布置图的最终绘制效果如图 5-65 所示。

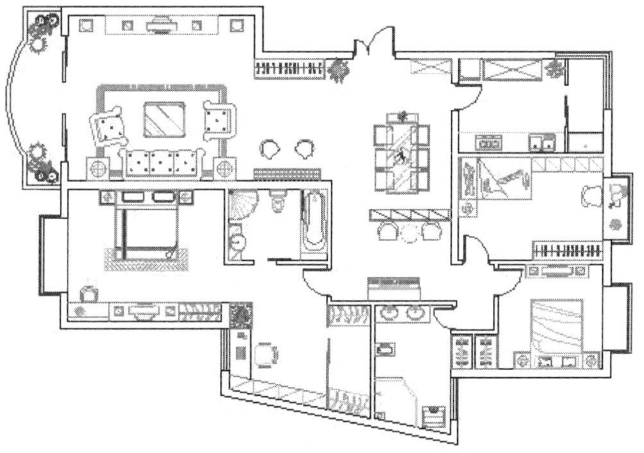

图 5-65　实例效果

5.4.1 绘制客厅与餐厅布置图

（1）单击“快速访问”工具栏→“打开”按钮，打开上例存储的“绘制多居室墙体结构图.dwg”。

也可以直接从随书光盘中的“\效果文件\第5章\”目录下打开此文件。

（2）使用快捷键“LA”激活“图层”命令，将“家具层”设置为当前图层。

（3）单击“默认”选项卡→“块”面板→“插入块”按钮，在打开的“插入”对话框中单击 浏览(B)... 按钮，然后选择随书光盘中的“\图块文件\电视柜01.dwg”。

（4）返回“插入”对话框，设置块参数如图5-66所示，将图块插入客厅平面图中，插入点为图5-67所示的中点。

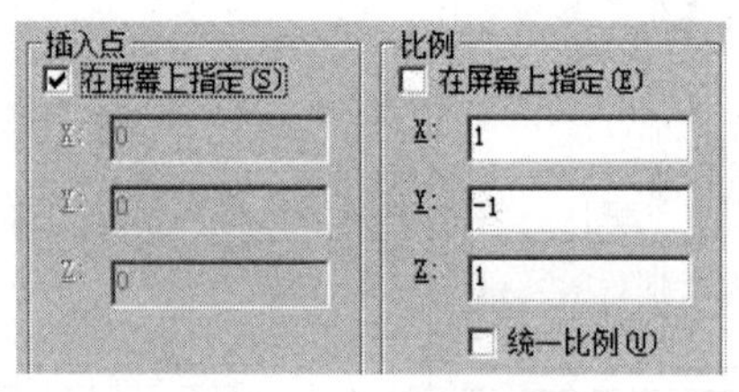

图5-66 设置插入参数

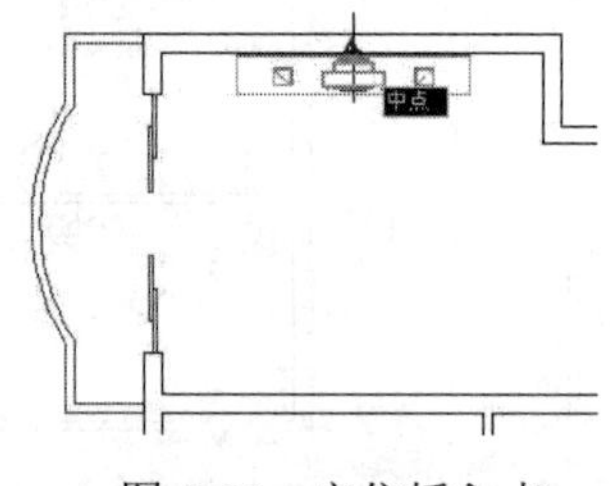

图5-67 定位插入点

（5）重复执行“插入块”命令，在打开的“插入”对话框中单击 浏览(B)... 按钮，选择插入配书光盘中的“\图块文件\沙发组合.dwg”文件。

（6）返回“插入”对话框，采用默认参数设置，配合“端点捕捉”和“对象追踪”功能功能将电视与电视柜图块插入平面图中。

（7）在命令行“指定插入点或 [基点（B）/比例（S）/旋转（R）]：”提示下，垂直向下引出如图5-68所示的对象追踪虚线，然后输入2695后按Enter键，定位插入点，插入结果如图5-69所示。

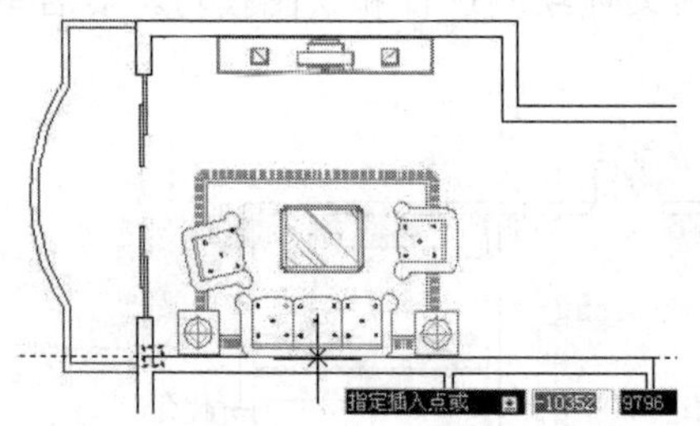

图5-68 引出对象追踪虚线

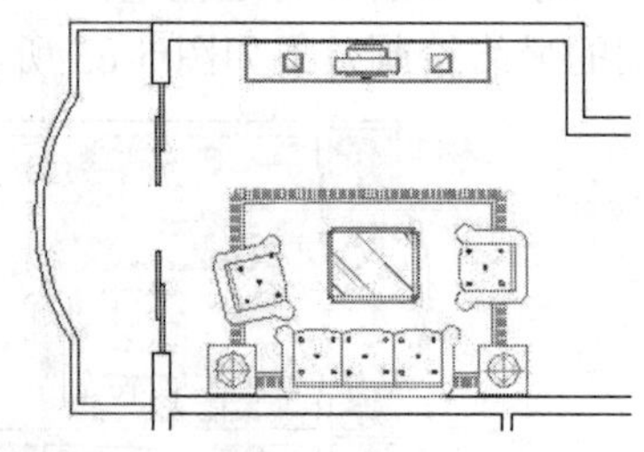

图5-69 插入结果

（8）将插入的沙发组合图块垂直向上移动20个单位，然后执行“插入块”命令，插入随书光盘中的“\图块文件\玄关01.dwg”，将其以默认参数插入平面图中。

（9）在命令行“指定插入点或 [基点（B）/比例（S）/旋转（R）]：”提示下激活“捕捉自”功能，捕捉如图5-70所示的端点作为偏移基点，输入目标点“@-1450,-1820”，插入结果如图5-71所示。

（10）重复执行“插入块”命令，插入随书光盘中的“\图块文件\餐桌与餐椅.dwg”，将其以默认参数插入平面图中，插入点为图5-72所示中点，插入如图5-73所示。

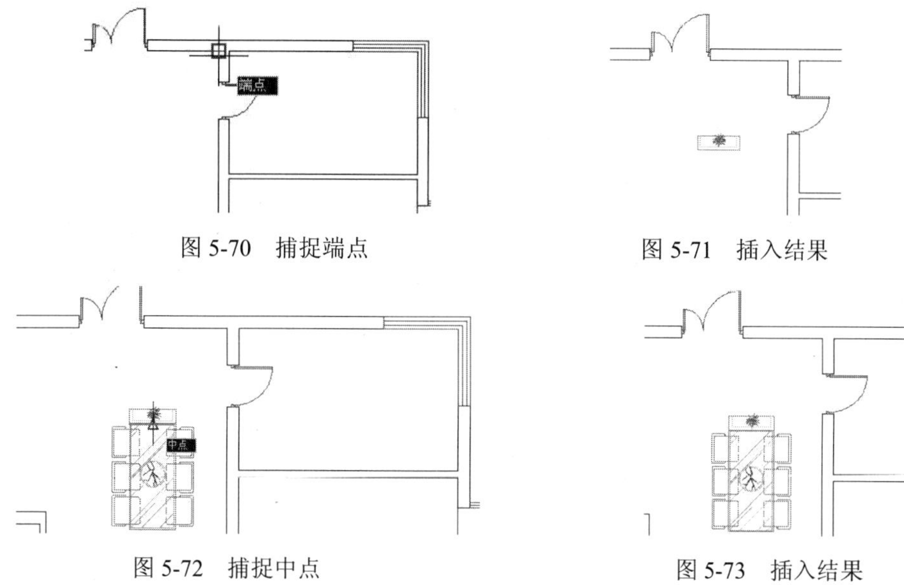

图 5-70 捕捉端点

图 5-71 插入结果

图 5-72 捕捉中点

图 5-73 插入结果

（11）重复执行“插入块”命令，以默认参数插入随书光盘中的“\图块文件\”目录下的“绿化植物 01.dwg、绿化植物 05.dwg、音响 01.dwg、衣柜 01.dwg、壁炉.dwg、鞋柜.dwg、休闲桌椅.dwg、多功能装饰柜.dwg”，结果如图 5-74 所示。

（12）使用快捷键“MI”激活“镜像”命令，配合中点捕捉功能，将刚插入的植物图块进行镜像，结果如图 5-75 所示。

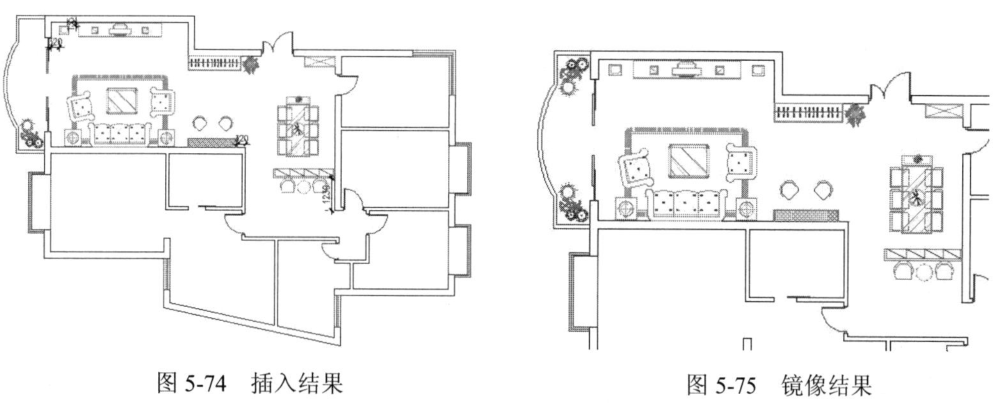

图 5-74 插入结果

图 5-75 镜像结果

至此，客厅与餐厅家具布置图绘制完毕，下一小节将学习主卧室和主卫家具布置图的绘制过程和绘制技巧。

5.4.2 绘制主卧室和主卫布置图

（1）继续上节操作。

（2）单击“视图”选项卡→“选项板”面板→“设计中心”按钮，定位随书光盘中的“图块文件”文件夹，如图 5-76 所示。

（3）在右侧的窗口中选择“双人床 03.dwg”文件，然后单击右键，选择“插入为块”选项，如图 5-77 所示，将此图形以块的形式共享到平面图中。

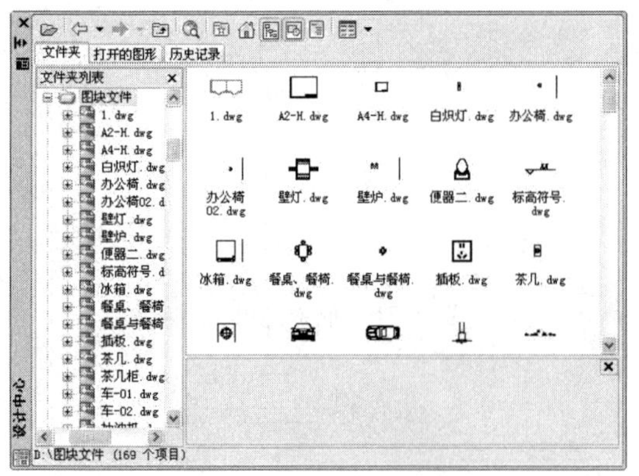
图 5-76　定位目标文件夹

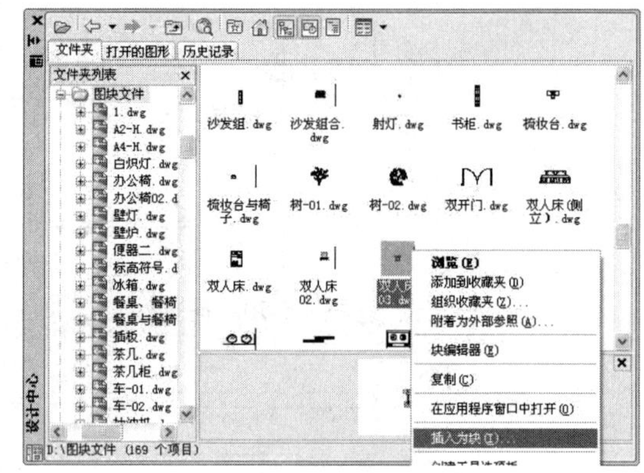
图 5-77　选择文件

（4）此时系统打开“插入”对话框，在此对话框内设置参数如图 5-78 所示，然后配合端点捕捉功能将该图块插入平面图中，插入点如图 5-79 所示的端点。

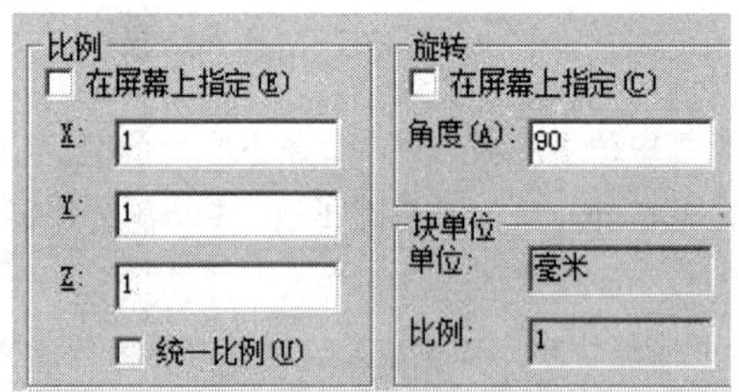

图 5-78　设置参数

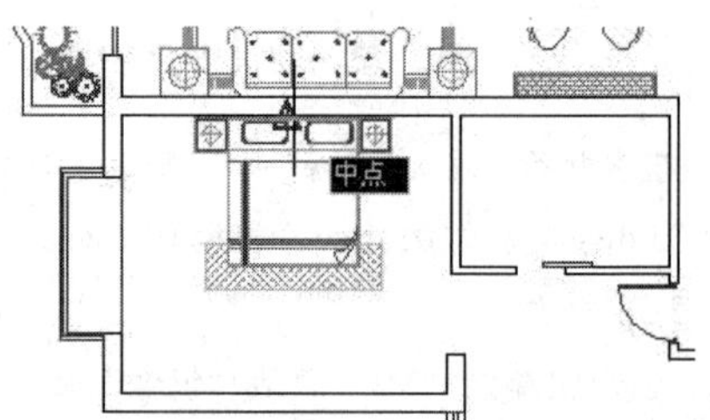

图 5-79　定位插入点

（5）在“设计中心”右侧的窗口中向下移动滑块，找到“多功能组合柜.dwg”文件并选择，如图 5-80 所示。

（6）按住左键不放将其拖曳至平面图中，以默认参数将图块插入平面图中，插入点为图 5-81 所示的端点。

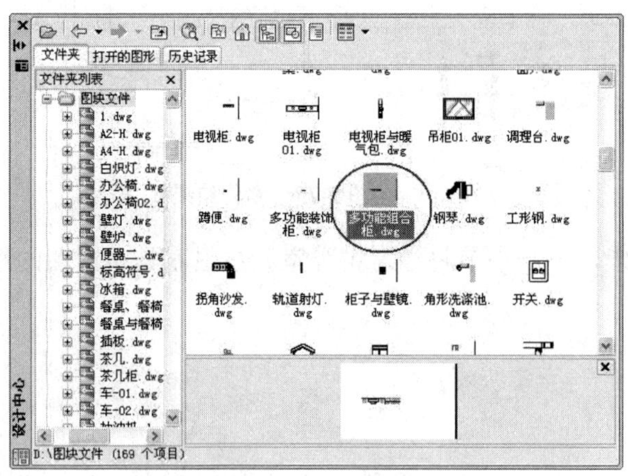
图 5-80　定位文件

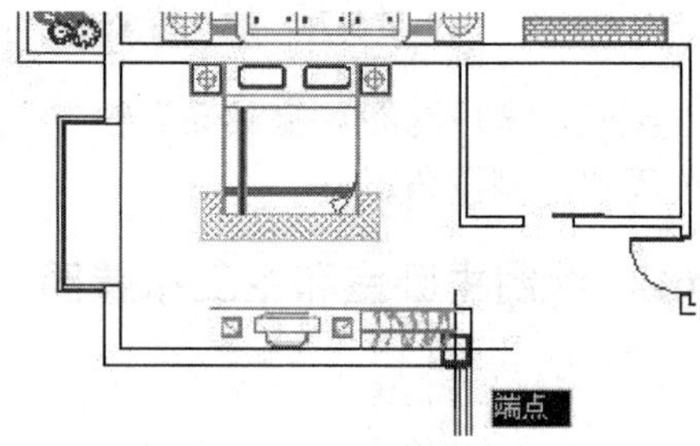

图 5-81　捕捉端点

（7）参照上两步操作，为主卧室布置“梳妆台与椅子”图块，结果如图 5-82 所示。

（8）在右侧窗口中定位“浴盆 01.dwg”图块，然后单击右键选择“复制”选项，如图 5-83 所示。

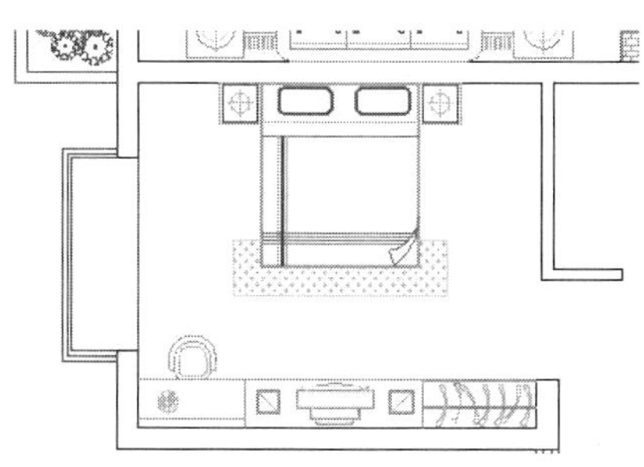

图 5-82 插入结果

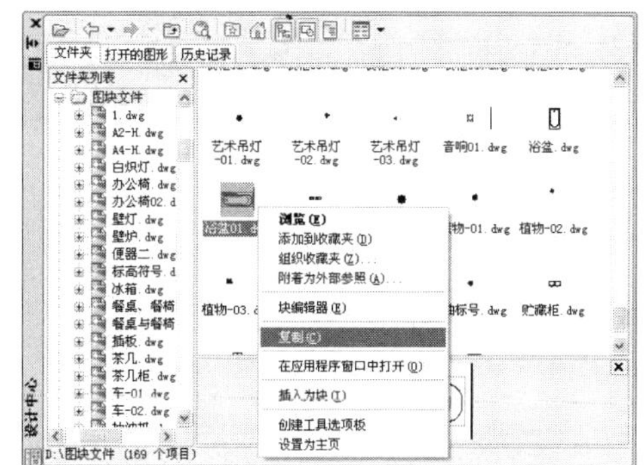

图 5-83 定位文件

（9）返回绘图区，使用“粘贴”命令将衣柜图块粘贴到平面图中，命令行操作如下。

```
命令: _pasteclip
命令: _-INSERT 输入块名或 [?]
"D:\素材\图块文件\浴盆 01.dwg"
单位: 毫米    转换:      1.0
指定插入点或 [基点(B)/比例(S)/X/Y/Z/旋转(R)]:          //捕捉如图 5-84 所示的端点
输入 X 比例因子, 指定对角点, 或 [角点(C)/XYZ(XYZ)] <1>:   // Enter
输入 Y 比例因子或 <使用 X 比例因子>:                   // -1Enter
指定旋转角度 <0.0>:                              // -90Enter, 结果如图 5-85 所示
```

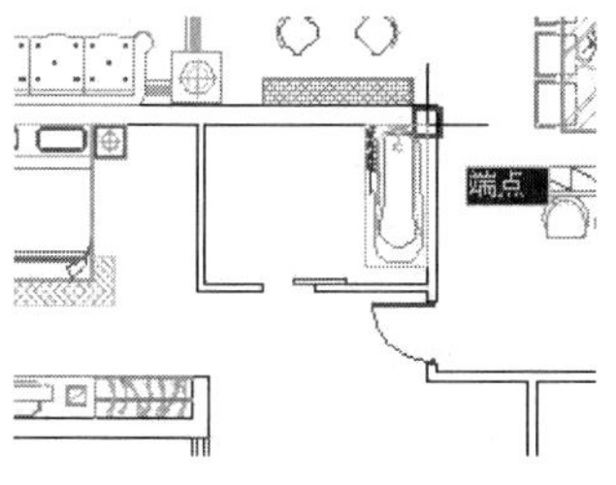

图 5-84 捕捉端点

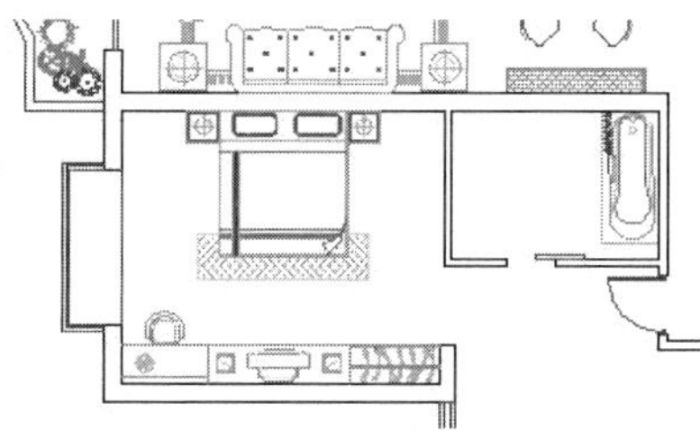

图 5-85 粘贴结果

（10）参照上述操作，将“淋浴房 03.dwg”、“洗手盆 02.dwg”、“马桶 02.dwg”等图块共享到卧室平面图中，结果如图 5-86 所示。

至此，主卧室与主卫家具布置图绘制完毕，下一小节将学习书房和更衣室家具布置图的绘制过程和绘制技巧。

5.4.3 绘制书房与更衣室布置图

（1）继续上节操作并将“墙线层”设为当前图层。

（2）绘制隔墙。使用快捷键“XL”激活“构造线”命令，配合端点捕捉功能绘制两条构造线，结果如图 5-87 所示。

（3）使用快捷键“O”激活“偏移”命令，将水平构造线向下偏移 650 和 1350；将垂直构造线向右偏移 50，偏移结果如图 5-88 所示。

（4）单击“默认”选项卡→“修改”面板→“修剪”按钮 -/--，对构造线进行修剪，并删除多余图线，结果如图 5-89 所示。

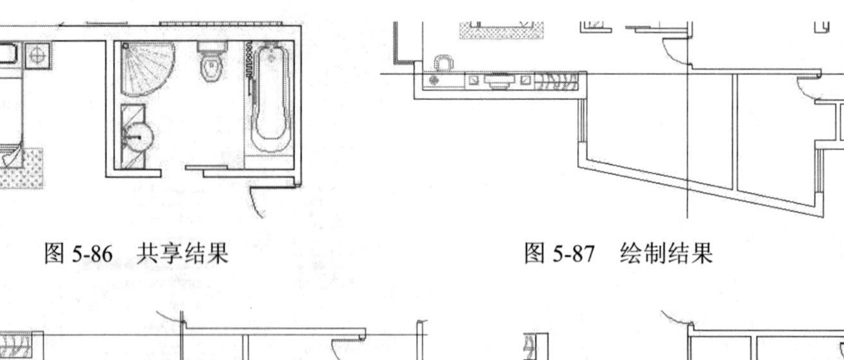

图 5-86　共享结果　　图 5-87　绘制结果

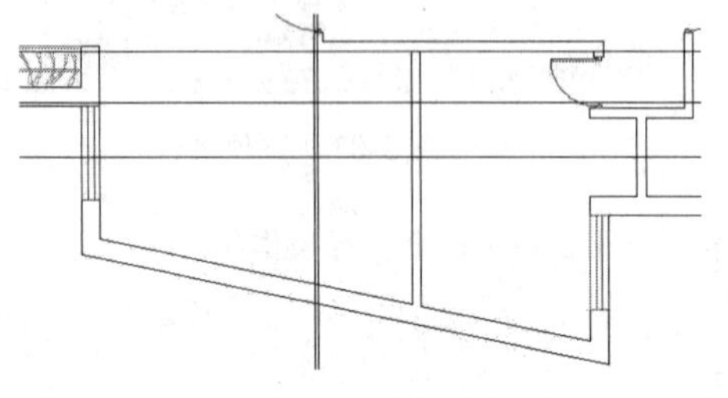

图 5-88　偏移结果

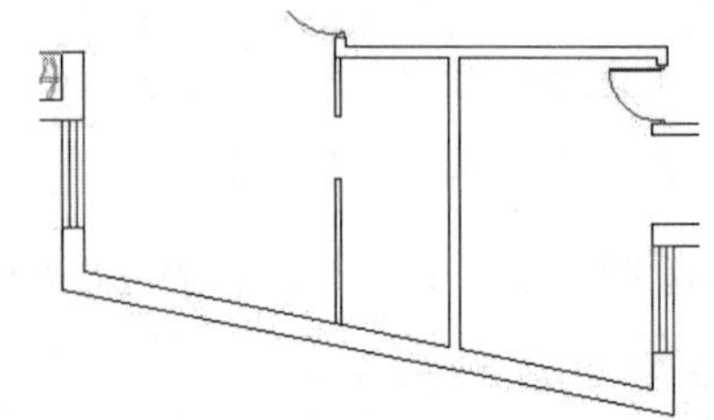

图 5-89　修剪结果

（5）单击“默认”选项卡→“绘图”面板→“矩形”按钮，配合“捕捉自”功能在“门窗层”内绘制长度为 40、宽度为 700 的矩形推拉门，如图 5-90 所示。

（6）展开“默认”选项卡→“图层”面板→“图层”下拉列表，将“家具层”设置为当前图层。

（7）绘制书柜与电脑桌。使用快捷键“XL”激活“构造线”命令，使用命令中的“偏移”选项功能绘制如图 5-91 所示的四条构造线。

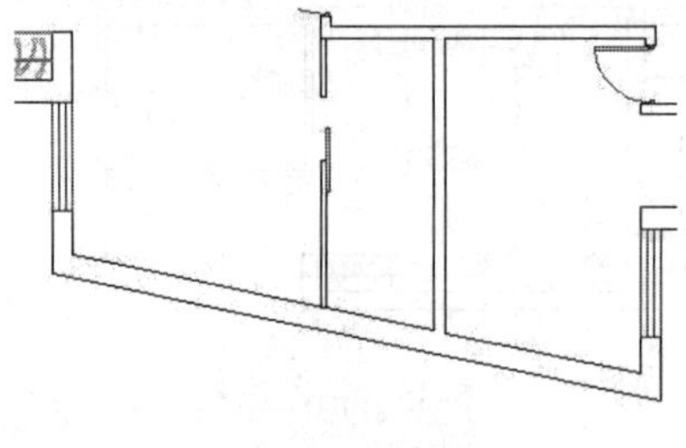

图 5-90　绘制结果

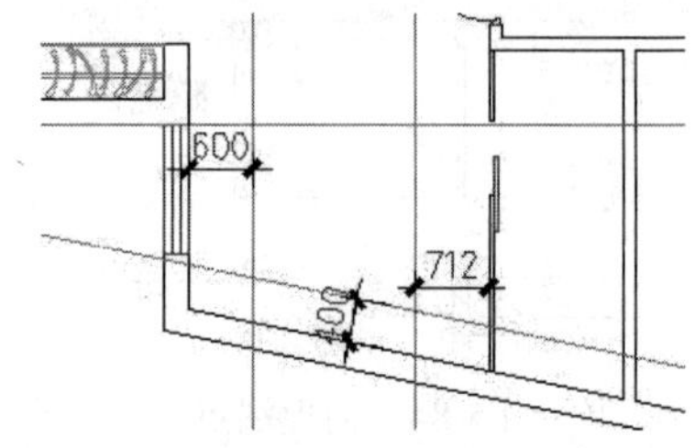

图 5-91　绘制结果

（8）使用快捷键“TR”激活“修剪”命令，对构造线进行修剪，修剪结果如图 5-92 所示。

（9）使用快捷键“O”激活“偏移”命令，将垂直构造线向左偏移 712 和 1424，偏移结果如图 5-93 所示。

（10）使用快捷键“TR”激活“修剪”命令，对构造线进行修剪，修剪结果如图 5-94 所示。

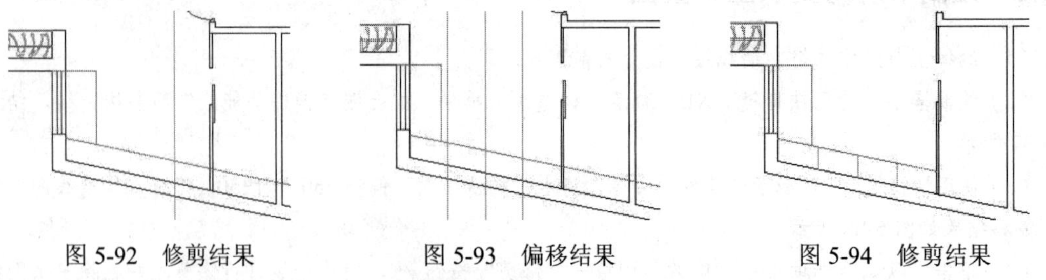

图 5-92　修剪结果　　图 5-93　偏移结果　　图 5-94　修剪结果

（11）使用快捷键“L”激活“直线”命令，配合端点捕捉和交点捕捉功能绘制如图 5-95 所示的轮廓线。

（12）使用快捷键“I”激活“插入块”命令，以默认参数插入随书光盘中的“/图块文件/办公椅02.dwg”，结果如图5-96所示。

（13）接下来重复执行“插入块”命令，以默认参数插入随书光盘“/图块文件/”目录下的“电脑02.dwg、电话.dwg、柜子与壁镜.dwg、衣柜05.dwg、衣柜06.dwg、”结果如图5-97所示。

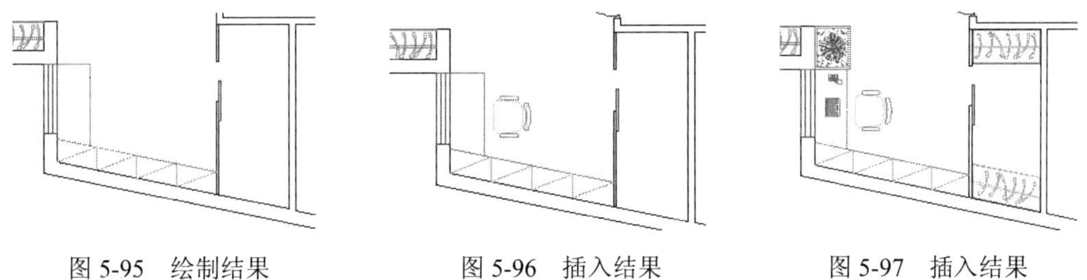

图5-95 绘制结果　　图5-96 插入结果　　图5-97 插入结果

至此，书房与更衣室家具布置图绘制完毕，下一小节将学习厨房与女孩房家具布置图的绘制过程和绘制技巧。

5.4.4 绘制厨房与女孩房布置图

（1）继续上节操作并将“墙线层”设为当前图层。

（2）绘制隔墙。使用快捷键“XL”激活“构造线”命令，配合端点捕捉功能绘制两条构造线，结果如图5-98所示。

（3）使用快捷键“O”激活“偏移”命令，将水平构造线向上偏移145和1345；将垂直构造线向左偏移50，偏移结果如图5-99所示。

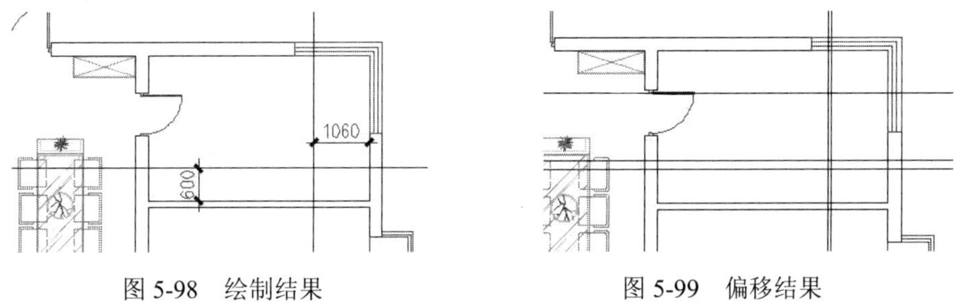

图5-98 绘制结果　　图5-99 偏移结果

（4）使用快捷键“TR”激活“修剪”命令，对构造线进行修剪，并删除多余图线，结果如图5-100所示。

（5）使用快捷键“O”激活“偏移”命令，将修剪后的操作台轮廓线向下偏移25个单位，并调整图线的所示在层，结果如图5-101所示。

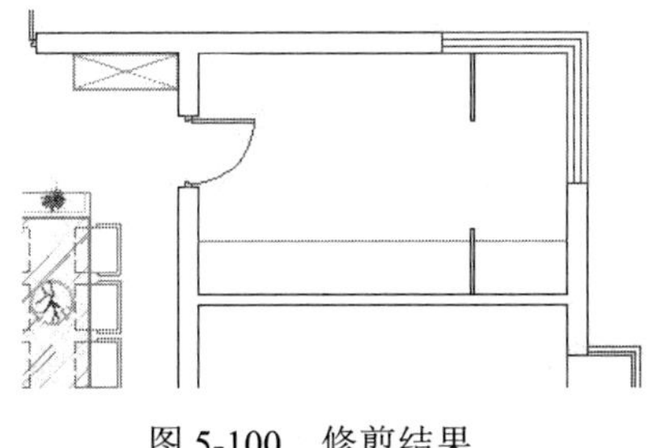

图5-100 修剪结果

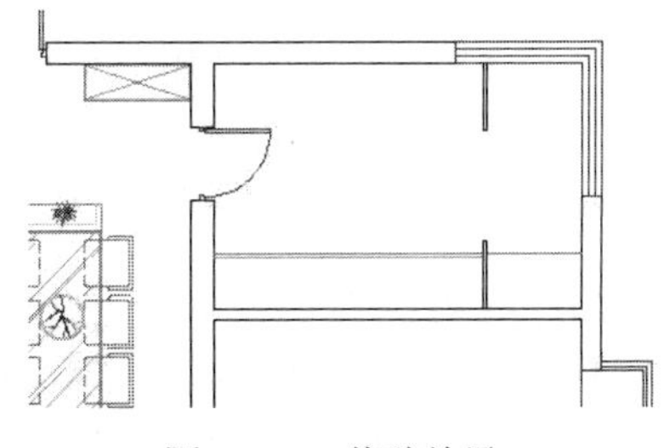

图5-101 偏移结果

（6）单击“默认”选项卡→“绘图”面板→“矩形”按钮▭，配合“捕捉自”功能，在“门窗层”内绘制长度为40、宽度为600的矩形作为推拉门，如图5-102所示。

（7）展开“默认”选项卡→“图层”面板→“图层”下拉列表，将“图块层”设置为当前图层。

（8）使用快捷键“I”激活“插入块”命令，以默认参数插入随书光盘中的“/图块文件/燃气灶.dwg”，结果如图5-103所示。

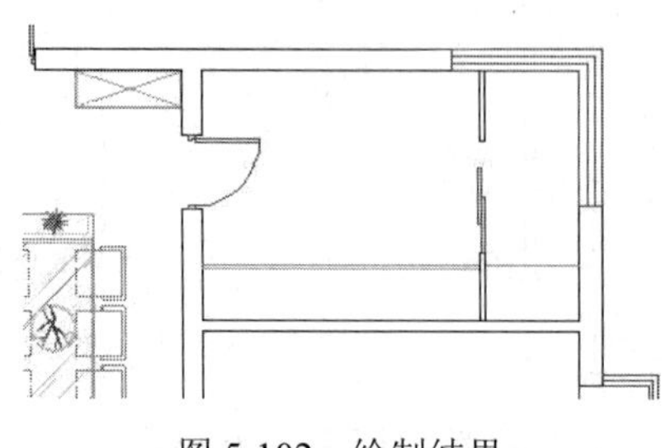

图5-102　绘制结果

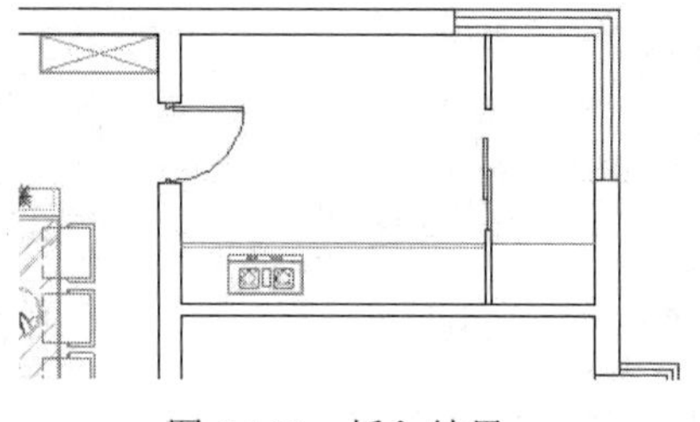

图5-103　插入结果

（9）重复执行“插入块”命令，以默认参数插入随书光盘中的“/图块文件/”目录下的“洗菜池.dwg、橱柜.dwg、冰箱.dwg、绿化植物03.dwg”，插入结果如图5-104所示。

（10）使用快捷键“BO”激活“边界”命令，将“对象类型”设置为“多段线”，然后提取如图5-105所示的虚线边界。

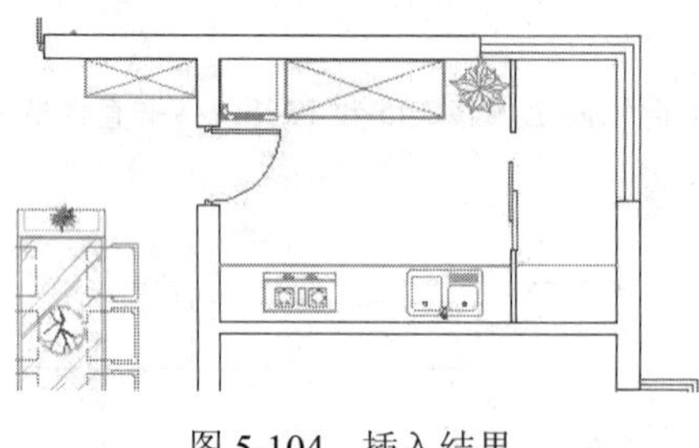

图5-104　插入结果

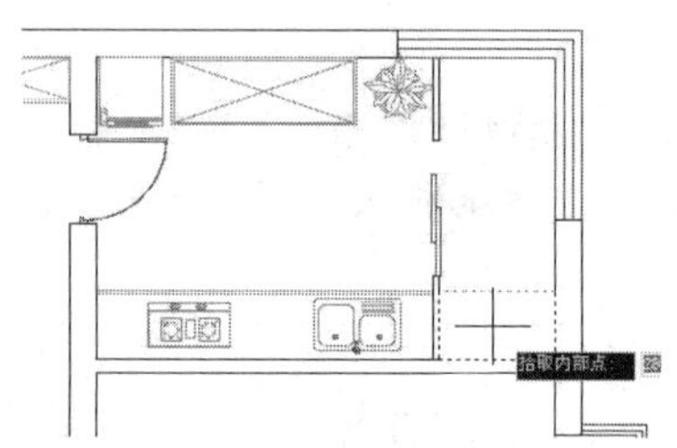

图5-105　提取边界

（11）使用快捷键“O”激活“偏移”命令，将提取的多段线边界向内侧偏移50个单位，结果如图5-106所示。

（12）使用快捷键“C”激活“圆”命令，绘制直径为50的圆形漏水孔，结果如图5-107所示。

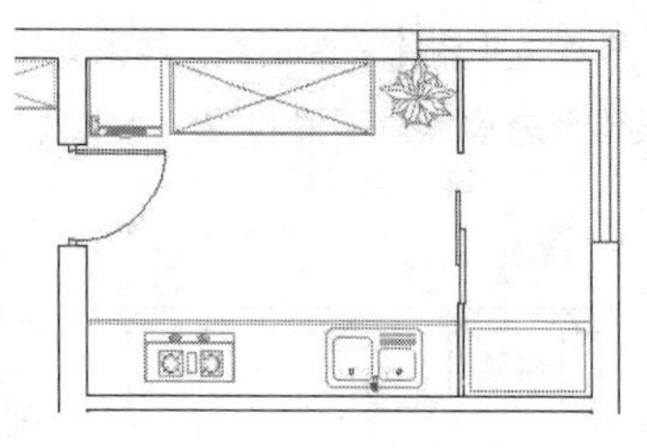

图5-106　偏移结果

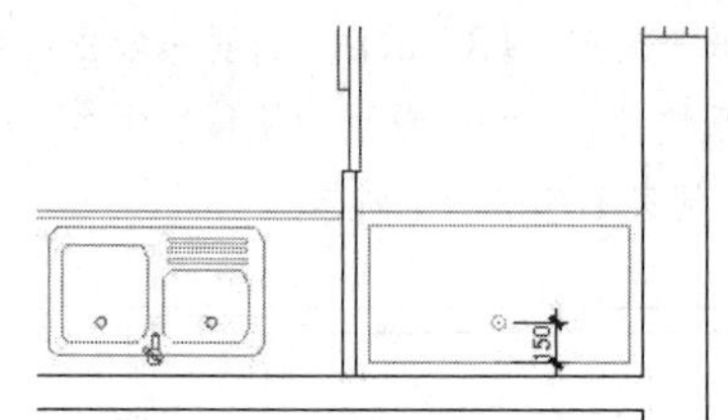

图5-107　绘制结果

（13）执行“设计中心”命令，在打开的“设计中心”窗口中定位“图块文件”文件夹，然后单击右键，选择“创建块的工具选项板”选项，如图5-108所示，将“图块文件”文件夹创建为选项板，创建结果如图5-109所示。

（14）在“工具选项板”窗口中向下拖动滑块，然后定位“床与床头柜01.dwg”文件图标，如图5-110所示。

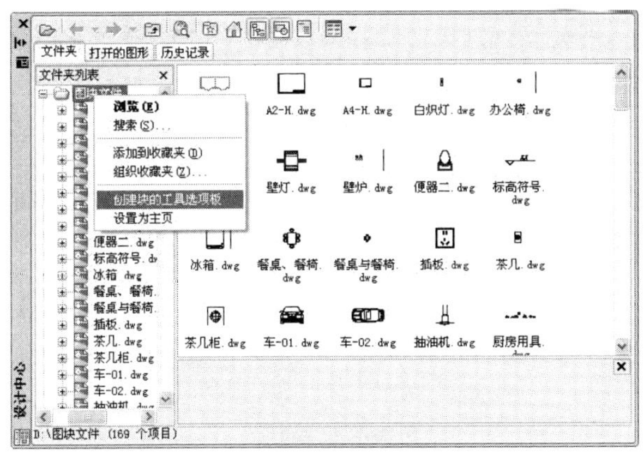

图 5-108 “设计中心”窗口

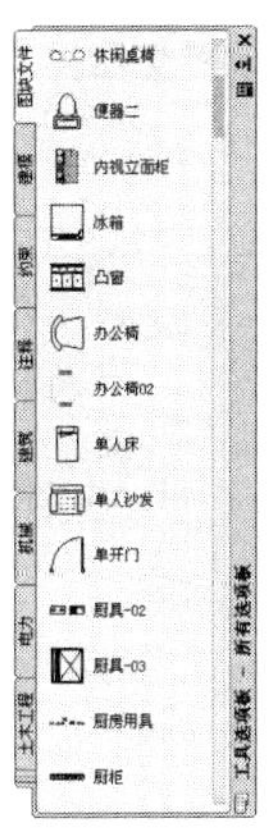

图 5-109 创建结果

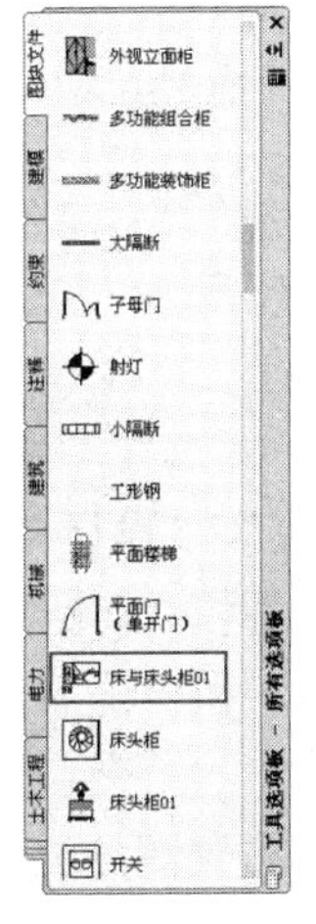

图 5-110 定位文件

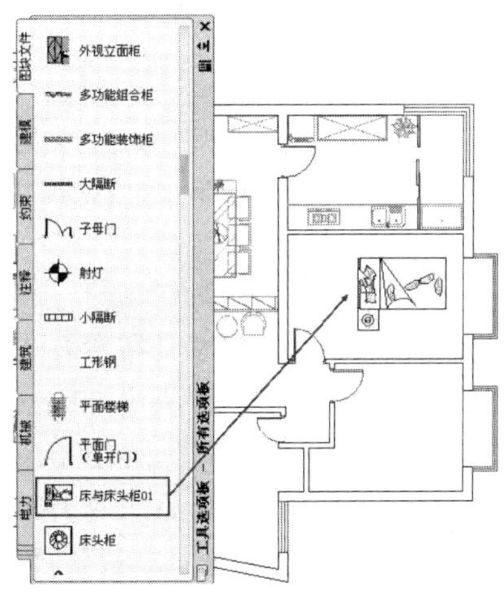

图 5-111 以“拖曳”方式共享

（15）在“床与床头柜 01.dwg”文件上按住鼠标左键不放，将其拖曳至绘图区，如图 5-111 所示，以块的形式共享此图形，并对其进行适当的位移，结果如图 5-112 所示。

（16）在“工具选项板”窗口中单击“衣柜 02.dwg”文件图标，如图 5-113 所示，然后将光标移至绘图区，此时图形将会呈现虚显状态。

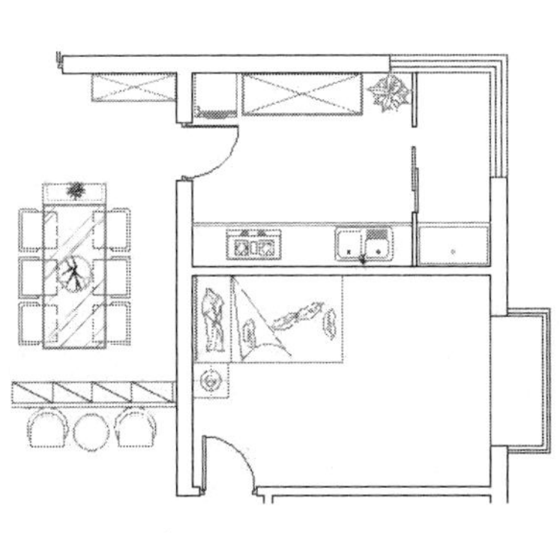

图 5-112 共享结果

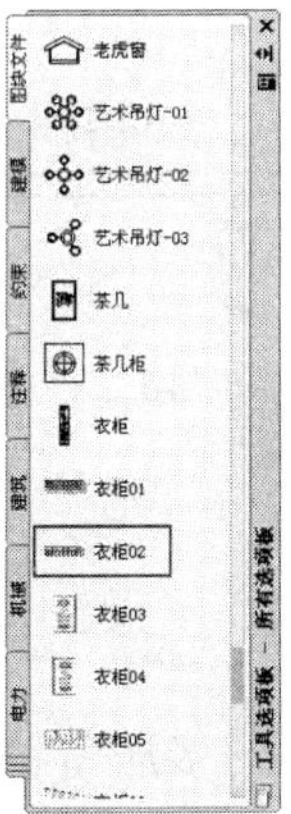

图 5-113 以“单击”方式共享

（17）返回绘图区在命令行“指定插入点或 [基点（B）/比例（S）/旋转（R）]:”提示下，捕捉如图 5-114 所示的端点作为插入点，插入结果如图 5-115 所示。

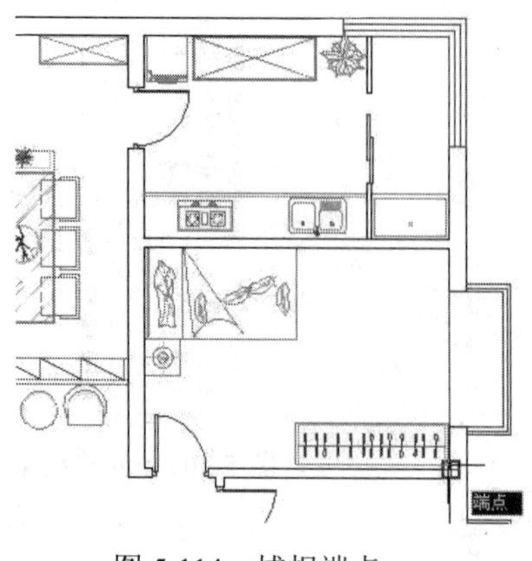

图 5-114　捕捉端点

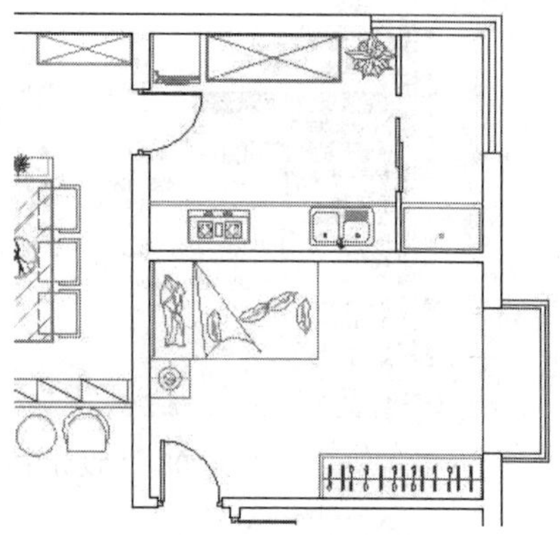
图 5-115　插入结果

（18）接下来重复执行“工具选项板”命令，分别以“单击”和“拖曳”的形式，为女孩房布置“衣柜 02.dwg、办公椅.dwg、电脑与台灯.dwg 和书柜.dwg”图块，布置结果如图 5-116 所示。

5.4.5　绘制其他家具布置图

参照第 5.4.1～5.4.4 小节中的家具布置方法，综合使用“插入块”、“设计中心”和“工具选项板”等命令，为次卧室布置“双人床 02.dwg”、“电视柜 02.dwg”和“衣柜 03.dwg”图例；为卫生间布置“双人洗脸盆.dwg”、“ 蹲便.dwg”、“淋浴房 02.dwg”和“洗衣机 02.dwg”图例；为过道布置“钢琴.dwg”，布置后的效果如图 5-117 所示。

最后使用“另存为”命令将图形命名存储为“绘制多居室家具布置图.dwg”。

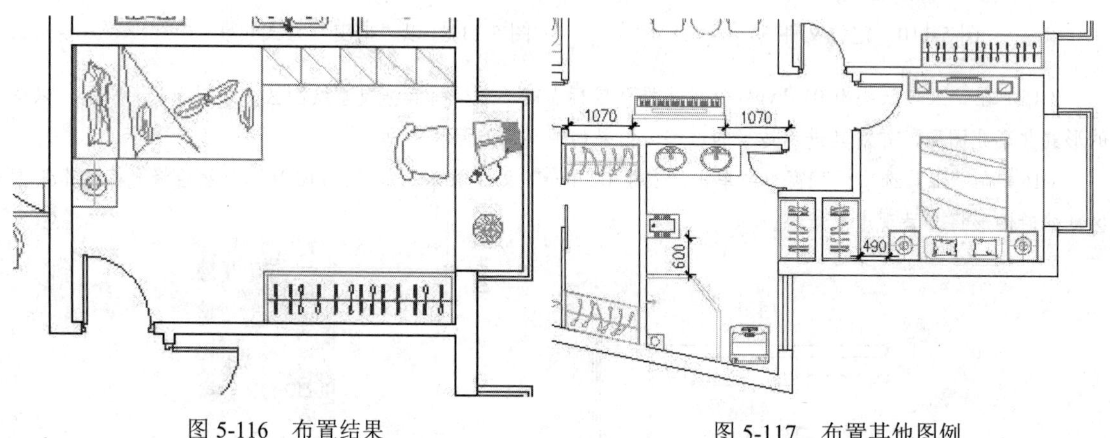

图 5-116　布置结果　　　图 5-117　布置其他图例

5.5　绘制多居室地面材质图

本例主要学习多居室普通住宅地面材质图的具体绘制过程和绘图技巧。多居室普通住宅地面材质图的最终绘制效果，如图 5-118 所示。

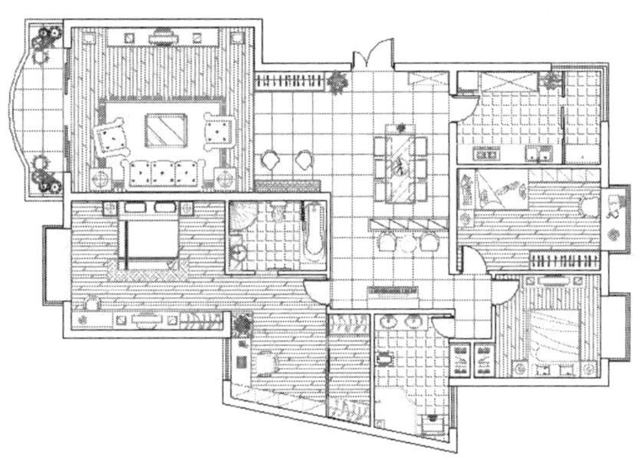

图 5-118 实例效果

5.5.1 绘制客厅、卧室、书房地板材质图

（1）打开上例存储的“绘制多居室家具布置图.dwg”，或直接从随书光盘中的“\效果文件\第 5 章\”目录下调用此文件。

（2）使用快捷键“LA”激活“图层”命令，在打开的“图层特性管理器”对话框中，双击“填充层”，将其设置为当前层。

（3）使用快捷键“L”激活“直线”命令，配合捕捉功能分别将各房间两侧门洞连接起来，以形成封闭区域，如图 5-119 所示。

（4）在无命令执行的前提下，夹点显示客厅与次卧室房间内的家具图块，如图 5-120 所示。

（5）展开“默认”选项卡→“图层”面板→“图层”下拉列表，将夹点显示的对象暂时放置在“0 图层上。

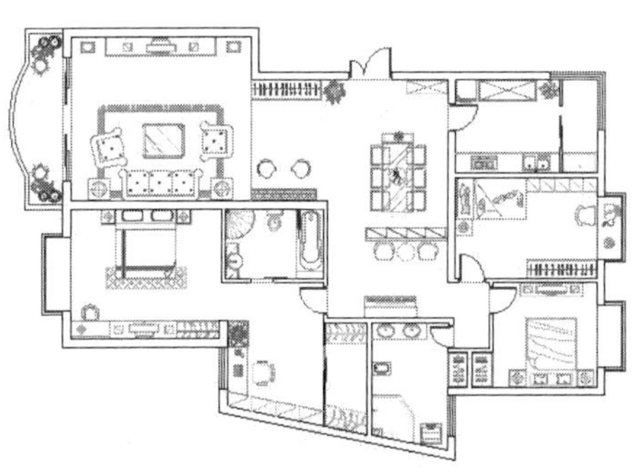

图 5-119 绘制结果

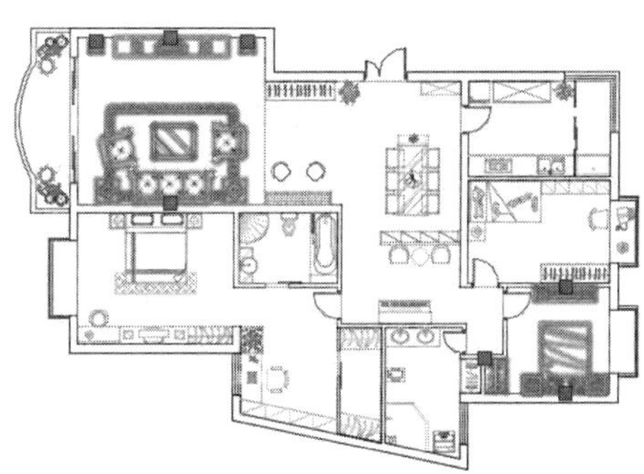

图 5-120 夹点结果

（6）取消对象的夹点显示，然后展开“图层”面板→“图层”下拉列表，冻结“家具层”和“图块层”，此时平面图的显示效果如图 5-121 所示。

（7）单击“默认”选项卡→“绘图”面板→“图案填充”按钮，激活“图案填充”命令，然后在命令行“拾取内部点或 [选择对象（S）/设置（T）]:”提示下，激活“设置”选项，打开“图案填充和渐变色”对话框。

（8）在“图案填充和渐变色”对话框中选择填充图案并设置填充比例、角度、关联特性等，如图 5-122 所示。

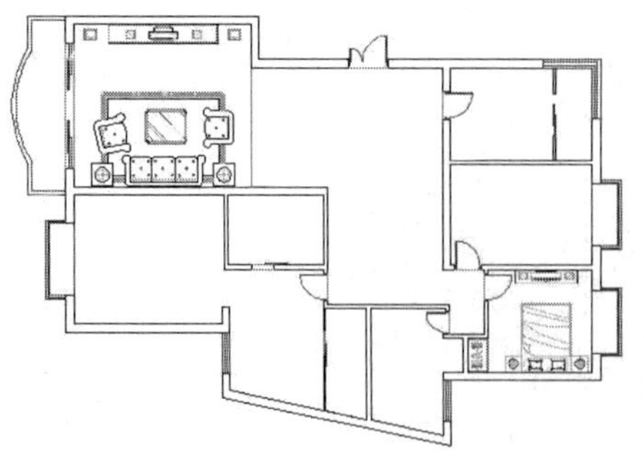

图 5-121 冻结图层后的效果

图 5-122 设置填充图案与参数

（9）单击“添加：拾取点”按钮，返回绘图区在主卧室房间空白区域内单击左键，系统自动分析出填充边界并按照当前的图案设置进行填充，填充如图 5-123 所示图案。

（10）参照第（7）～（9）操作步骤，分别为主卧室、书房和更衣室填充地板图案，其中填充图案与参数设置如图 5-124 所示，填充结果如图 5-125 所示。

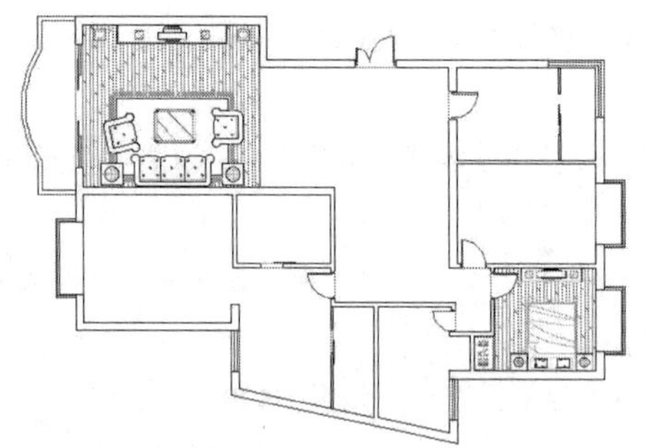

图 5-123 填充结果

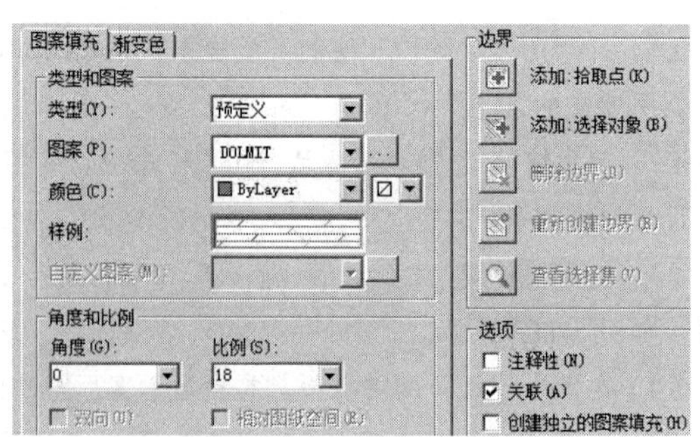

图 5-124 设置填充图案与参数

技 巧

更改图层及冻结“家具层”层的目的就是为了方便地面图案的填充，如果不关闭图块层，由于图块太多，会大大影响图案的填充速度。

（11）单击“默认”选项卡→“实用工具”面板→“快速选择”按钮，设置过滤参数如图 5-126 所示，选择“0 图层”上的所有对象，选择结果如图 5-127 所示。

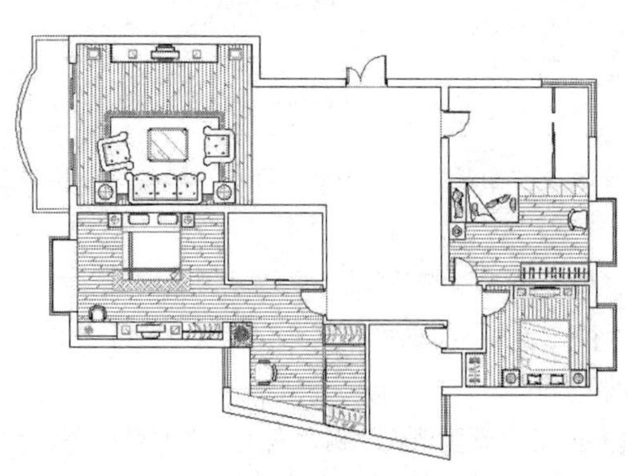

图 5-125 填充结果

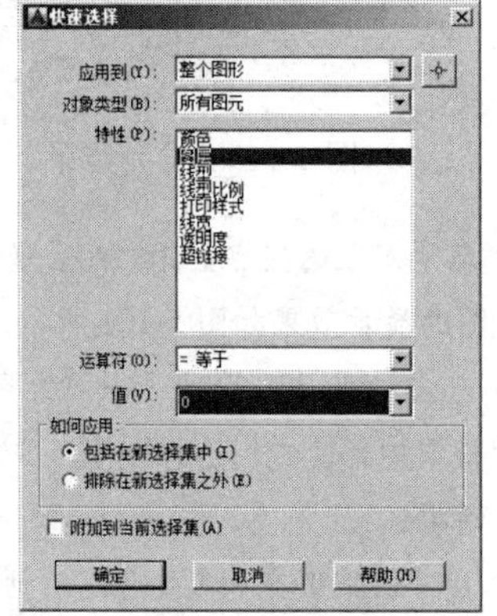

图 5-126 设置过滤参数

（12）展开“默认”选项卡→“图层”面板→“图层”下拉列表，，将夹点显示的图形对象放到“家具层”上，同时解冻“家具层”，此时平面图的显示效果如图 5-128 所示。

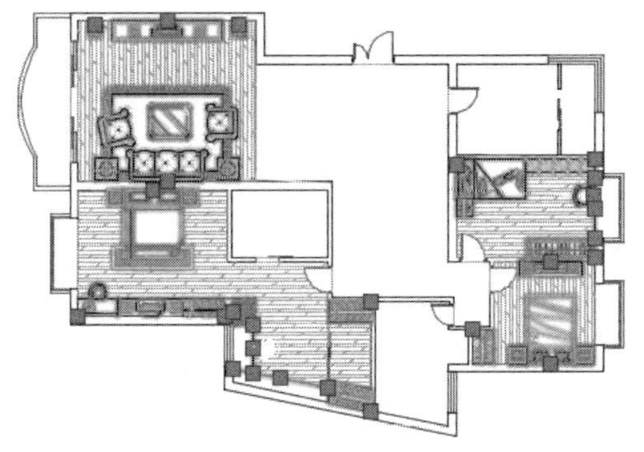

图 5-127　选择结果

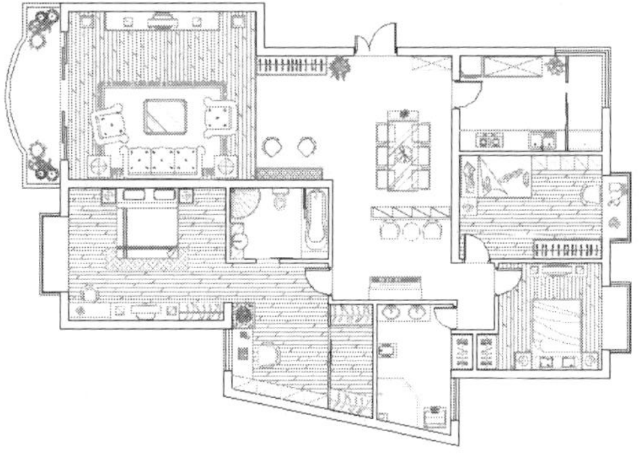

图 5-128　解冻图层后的效果

至此，客厅、卧室、书房等房间内的地板材质图绘制完毕，下一小节学习餐厅、过道与阳台抛光地砖材质图的绘制过程和绘制技巧。

5.5.2　绘制餐厅、过道与阳台抛光砖材质

（1）继续上节操作。

（2）在无命令执行的前提下，夹点显示餐厅与过道房间内的家具图块，如图 5-129 所示。

（3）展开“默认”选项卡→“图层”面板→“图层”下拉列表，，将夹点显示的对象暂时放置在“0 图层上。

（4）取消对象的夹点显示，然后在展开“默认”选项卡→“图层”面板→“图层”下拉列表，，将夹点显示的图形暂时放置在“0 图层上”，并冻结“家具层”和“图块层”，平面图的显示效果如图 5-130 所示。

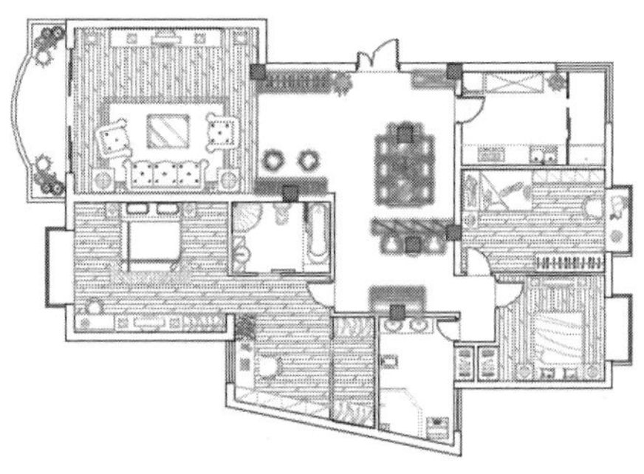

图 5-129　夹点结果

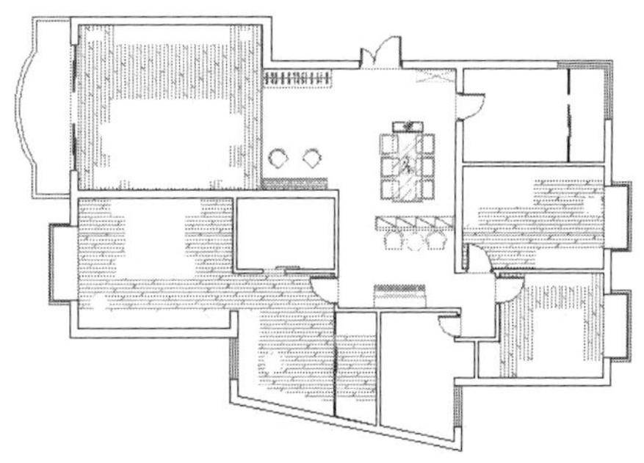

图 5-130　冻结图层后的效果

（5）单击“默认”选项卡→“绘图”面板→“图案填充”按钮，在命令行“拾取内部点或 [选择对象（S）/设置（T）]:”提示下，激活“设置”选项，打开“图案填充和渐变色”对话框。

（6）在“图案填充和渐变色”对话框中选择填充图案并设置填充比例、角度、关联特性等，如图 5-131 所示。

（7）单击““添加：拾取点”按钮，返回绘图区拾取如图 5-132 所示的填充区域和阳台区域。

（8）按 Enter 键结束“图案填充”命令，填充结果如图 5-133 所示。

（9）将餐厅、过道等位置的各家具图例放置到“家具层”上，此时平面图的显示效果如图 5-134 所示。

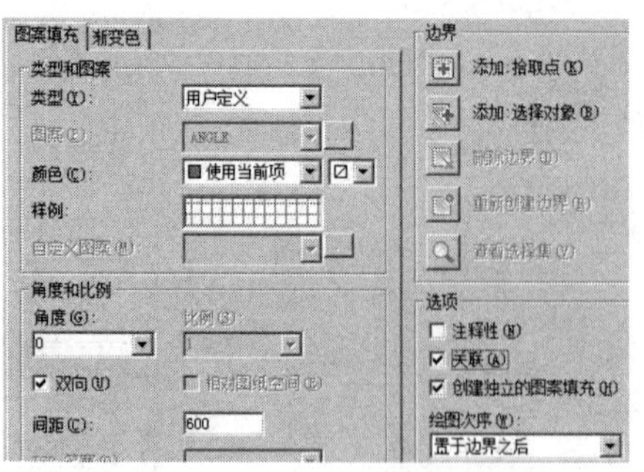

图 5-131　设置填充图案与参数

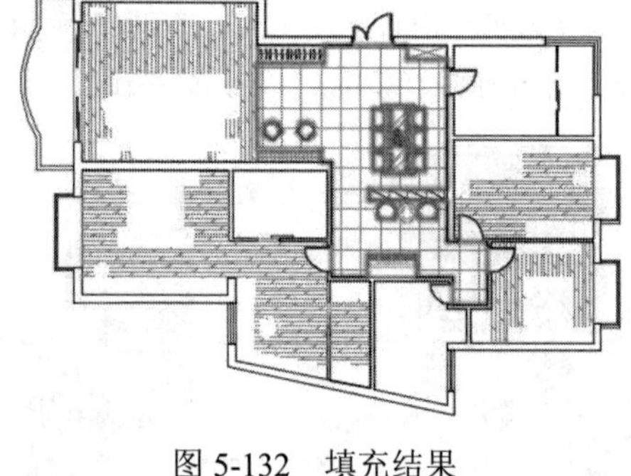

图 5-132　填充结果

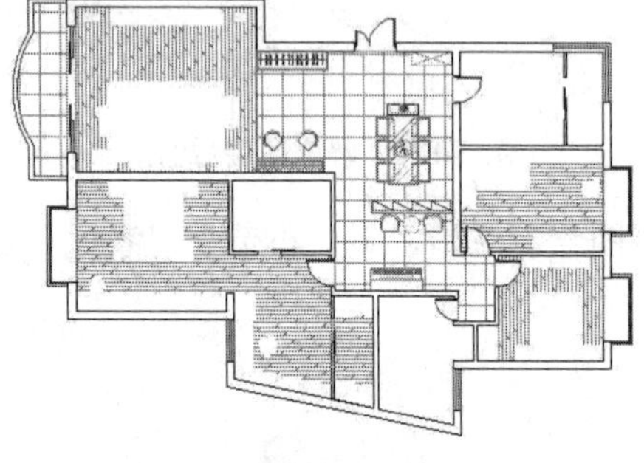

图 5-133　填充结果

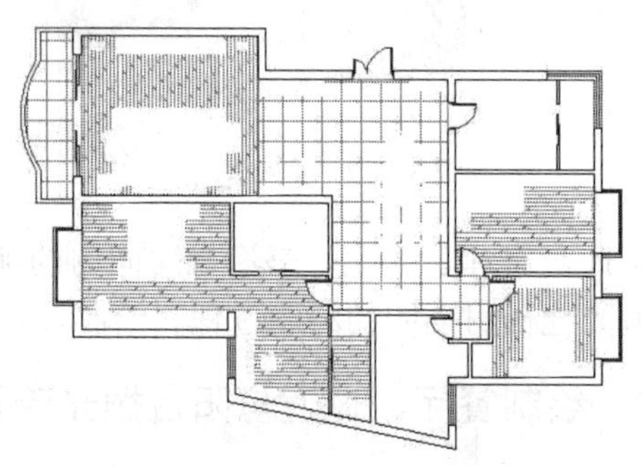

图 5-134　操作结果

（10）在无命令执行的前提下夹点显示刚填充的地砖图案，然后单击右键，选择“设定原点”选项，如图 5-135 所示。

（11）返回绘图区根据命令行的提示捕捉如图 5-136 所示的中点，重新设置图案填充原点，更改填充原点后的效果如图 5-137 所示。

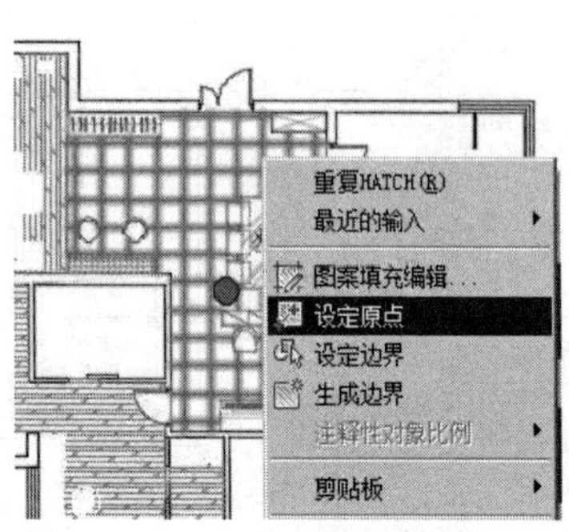

图 5-135　图案右键菜单

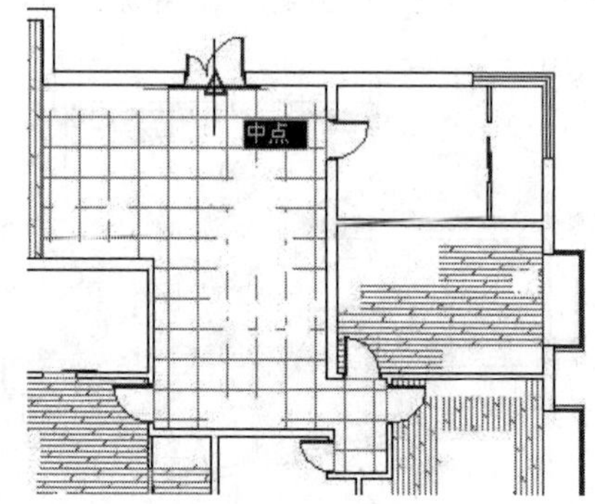

图 5-136　捕捉中点

技 巧

在更改图案填充原点时，为了避免填充线延伸至填充边区域之外，可以事先冻结“家具层”。

（12）参照上述操作，更改阳台地砖图案的填充原点，填充原点为图 5-138 所示的中点，更改后的效果如图 5-139 所示。

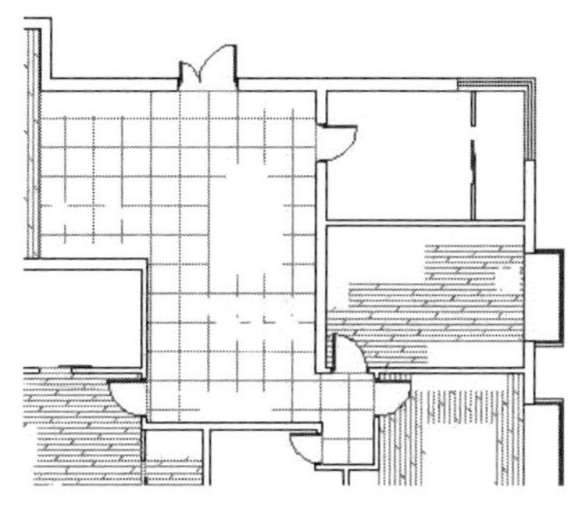

图 5-137　更改填充原点后的效果

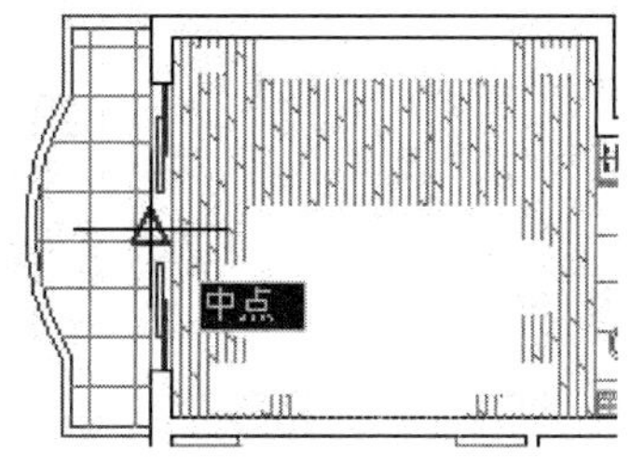

图 5-138　捕捉中点

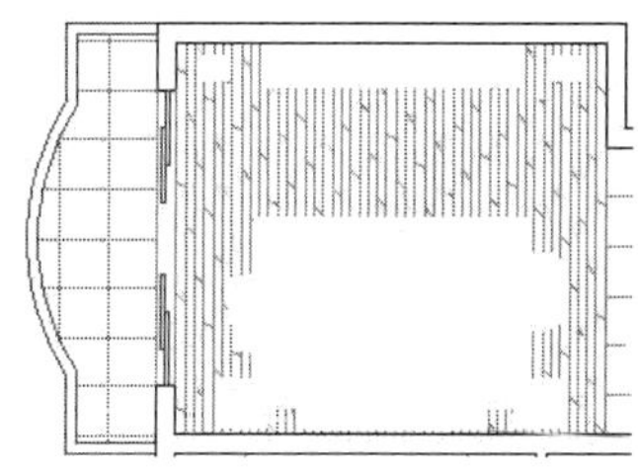

图 5-139　更改结果

（13）执行"快速选择"命令，选择"0 图层"上的所有对象，将其放到"家具层"上。

（14）展开"默认"选项卡→"图层"面板→"图层"下拉列表，解冻"家具层"和"图块层"，平面图的显示效果如图 5-140 所示。

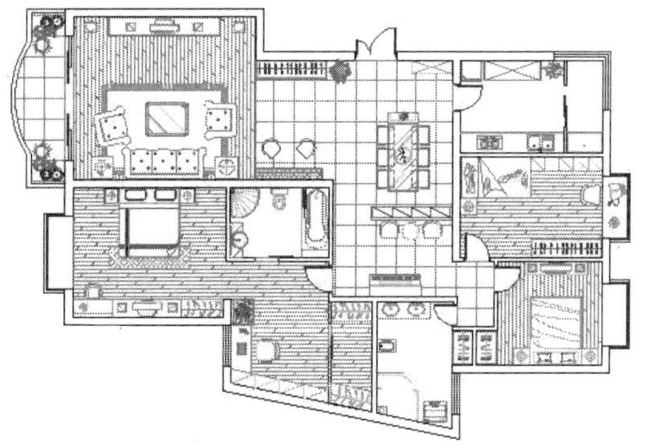

图 5-140　解冻"家具层"后的效果

至此，餐厅和阳台地面材质图绘制完毕，下一小节学习厨房、卫生间等地砖材质图的绘制过程。

5.5.3　绘制厨房与卫生间防滑地砖材质图

（1）继续上节操作。

（2）在无命令执行的前提下单击厨房、卫生间内的用具图块，使其呈现夹点显示，如图 5-141 所示。

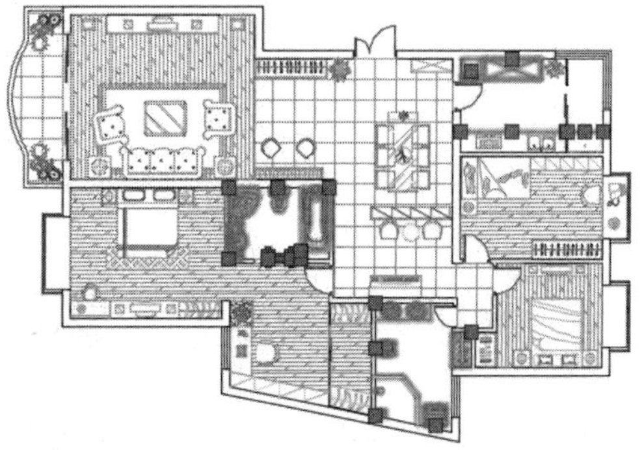

图 5-141　夹点效果

（3）展开“默认”选项卡→“图层”面板→“图层”下拉列表，，将夹点显示的图形放到 “0 图层”上，并冻结“图块层”和“家具层”，平面图的显示效果如图 5-142 所示。

（4）单击“默认”选项卡→“绘图”面板→“图案填充”按钮，在命令行“拾取内部点或 [选择对象（S）/设置（T）]:”提示下，激活“设置”选项，打开“图案填充和渐变色”对话框。

（5）在“图案填充和渐变色”对话框中选择填充图案并设置填充比例、角度、关联特性等，如图 5-143 所示。

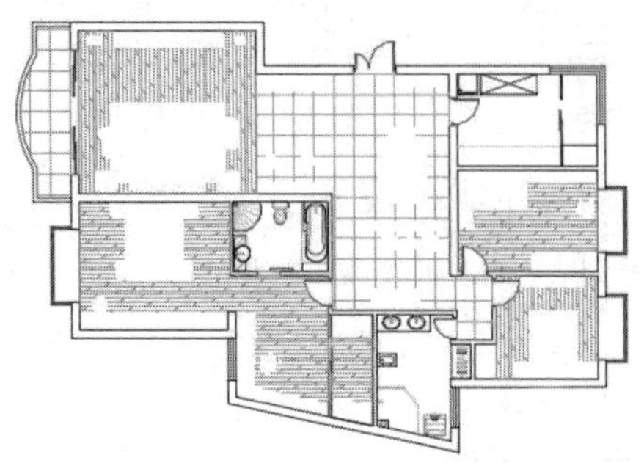

图 5-142　平面图的显示

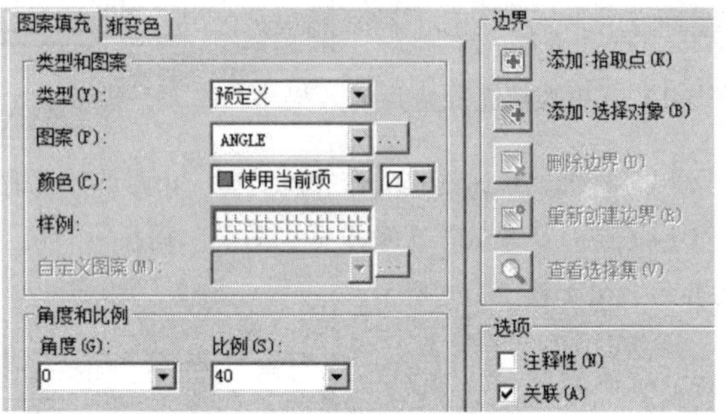

图 5-143　设置填充图案与参数

（6）单击“添加：拾取点”按钮，返回绘图区分别在厨房、卫生间等空白区域内单击左键，系统自动分析出填充边界并按照当前的填充图案与参数进行填充，填充结果如图 5-144 所示。

（7）执行“快速选择”命令，选择“0 图层”上的所有对象，将其放置到“图块层”上，此时平面图的显示效果如图 5-145 所示。

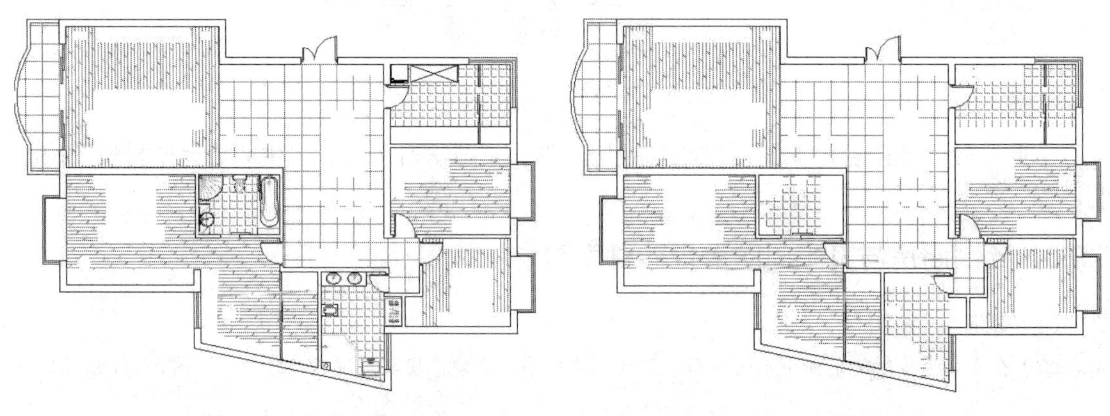

图 5-144　填充结果　　　　图 5-145　操作结果

（8）展开“默认”选项卡→“图层”面板→“图层”下拉列表，解冻“家具层”和“图块层”，最终效果如图 5-118 所示。

（9）最后执行“另存为”命令，将图形另名存储为“绘制多居室地面材质图.dwg”。

5.6　标注多居室装修布置图

本例通过为多居室户型户型布置图标注房间功能、地面材质注解、墙面投影以及施工尺寸，主要学习室内布置图的后期标注过程和标注技巧。本例最终标注效果如图 5-146 所示。

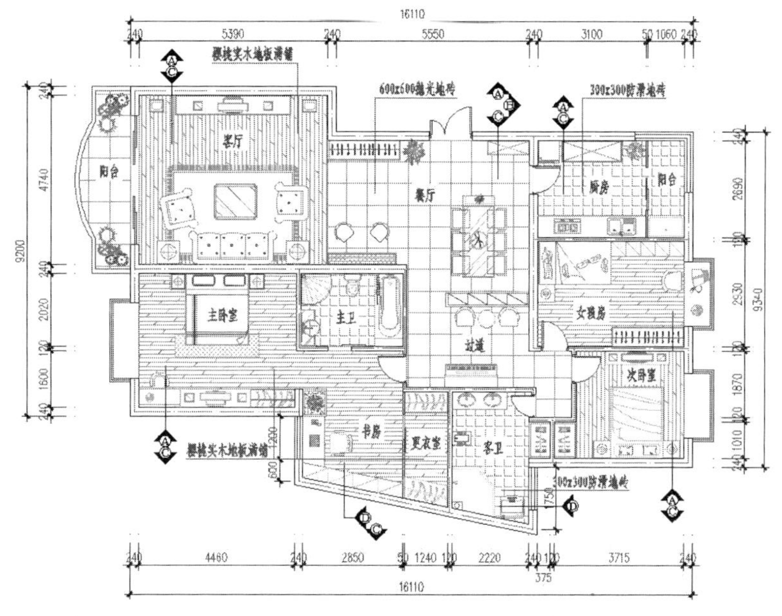

图 5-146 实例效果

5.6.1 标注布置图房间功能

（1）打开上例存储的“绘制多居室地面材质图.dwg”，或直接从随书光盘中的“\实例效果文件\第 5 章\”目录下调用此文件。

（2）使用快捷键“LA”激活“图层”命令，在打开的“图层特性管理器”对话框中双击“文本层”，将其设置为当前图层。

（3）单击“默认”选项卡→“注释”面板→“文字样式”按钮，在打开的“文字样式”对话框中设置“仿宋体”为当前文字样式。

（4）单击“默认”选项卡→“注释”面板→“单行文字”按钮，在命令行“指定文字的起点或 [对正（J）/样式（S）]: ”的提示下，在客厅房间内的适当位置上单击左键，拾取一点作为文字的起点。

（5）继续在命令行“指定高度 <2.5>: ”提示下，输入 300 并按 Enter 键，将当前文字的高度设置为 300 个绘图单位。

（6）在“指定文字的旋转角度<0.00>: ”提示下，直接按 Enter 键，表示不旋转文字。此时绘图区会出现一个单行文字输入框，如图 5-147 所示。

（7）在单行文字输入框内输入“客厅”，此时所输入的文字会出现在单行文字输入框内，如图 5-148 所示。

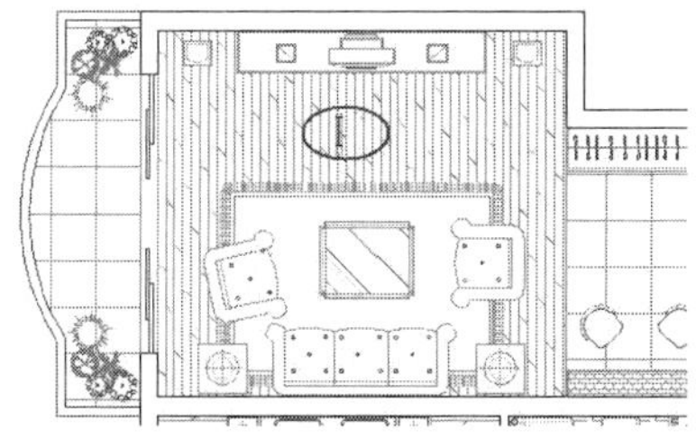

图 5-147 单行文字输入框

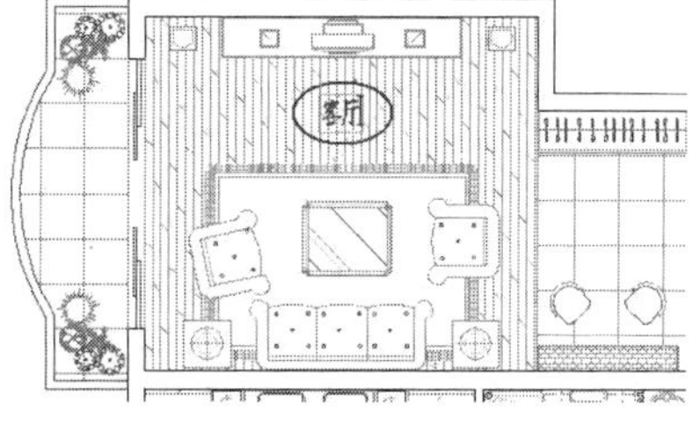

图 5-148 输入文字

（8）分别将光标移至其他房间内，标注各房间的功能性文字注释，然后连续两次按Enter键，结束“单行文字”命令，标注结果如图5-149所示。

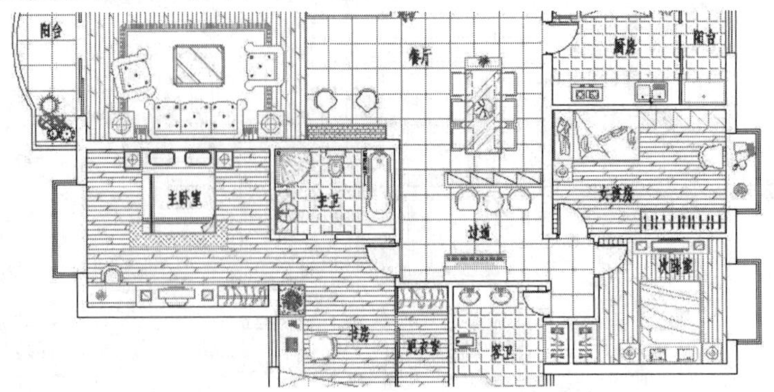

图5-149　标注其他房间功能

（9）在无命令执行的前提下单击客厅房间内的地板填充图案，使其呈现图案夹点显示状态，如图5-150所示。

（10）单击“图案填充编辑器”选项卡→“边界”面板→“选择边界对象”按钮，然后在命令行“选择对象”提示下，选择“客厅”文字对象。

（11）继续在“选择对象：”提示下按Enter键结束命令，结果所选择的文字对象以孤岛的形式，被排除在填充区域之外，如图5-151所示。

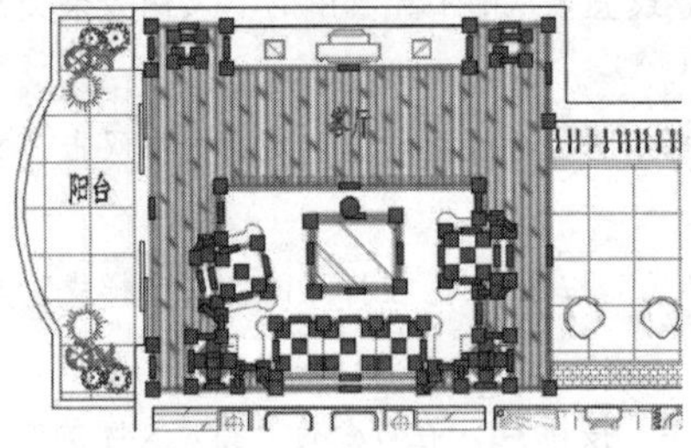

图5-150　图案右键菜单

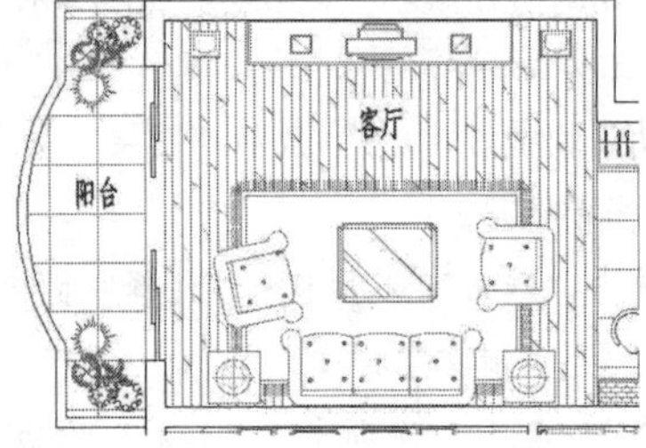

图5-151　操作结果

（12）参照上述步骤，分别修改其他房间等内的填充图案，将图案内的文字以孤岛的形式排除在图案区域外，结果如图5-152所示。

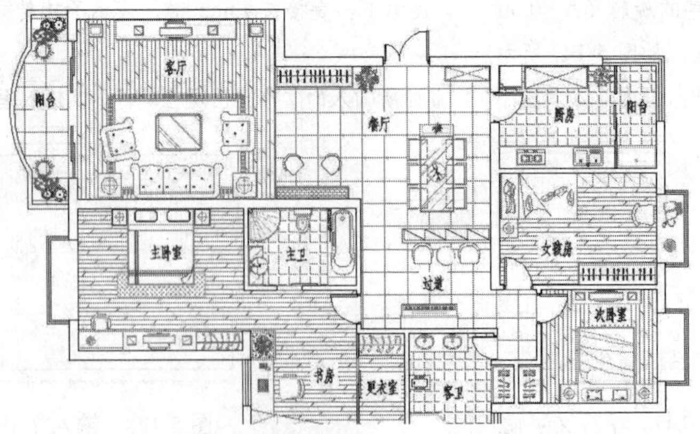

图5-152　修改其他填充图案

至此，多居室户型布置图的房间功能性注释标注完毕，下一小节将学习地面材质注释的标注方法和技巧。

5.6.2 标注布置图装修材质

（1）继续上节操作。

（2）使用快捷键“L”激活“直线”命令，绘制如图 5-153 所示的直线作为文字指示线。

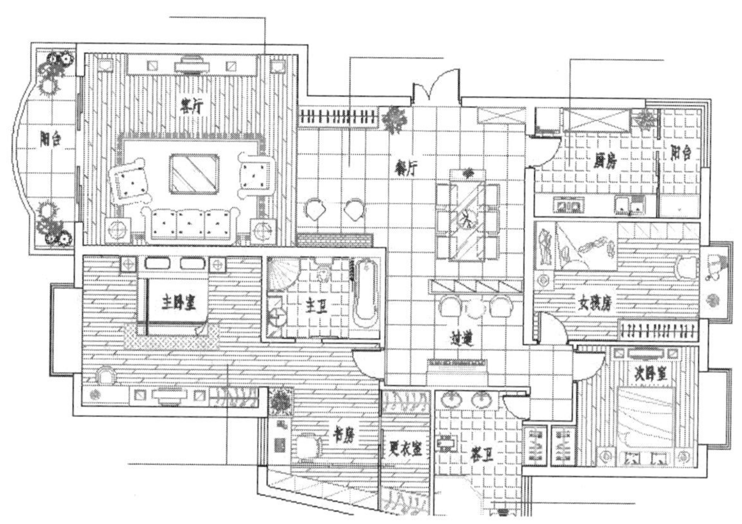

图 5-153 绘制文字指示线

（3）使用快捷键“CO”激活“复制”命令，选择其中的一个单行文字注释，将其复制到其他指示线上，结果如图 5-154 所示。

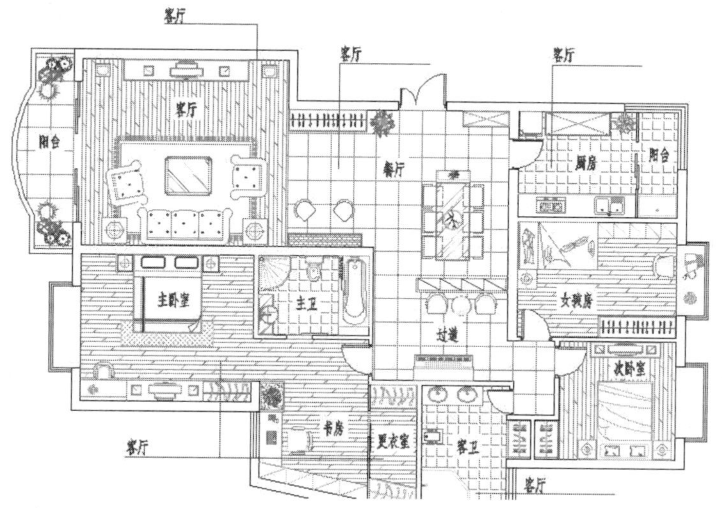

图 5-154 复制结果

（4）在复制出的文字对象上双击左键，此时该文字呈现反白显示的单行文字输入框状态，如图 5-155 所示。

（5）在反白显示的单行文字输入框内输入正确的文字注释，并适当调整文字的位置，修改后的结果如图 5-156 所示。

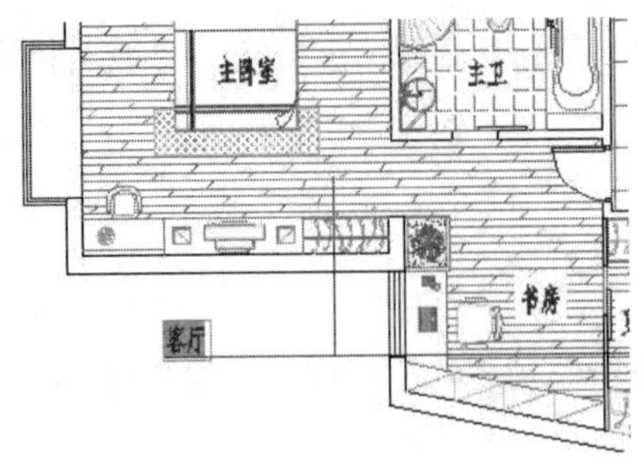

图 5-155 选择文字对象

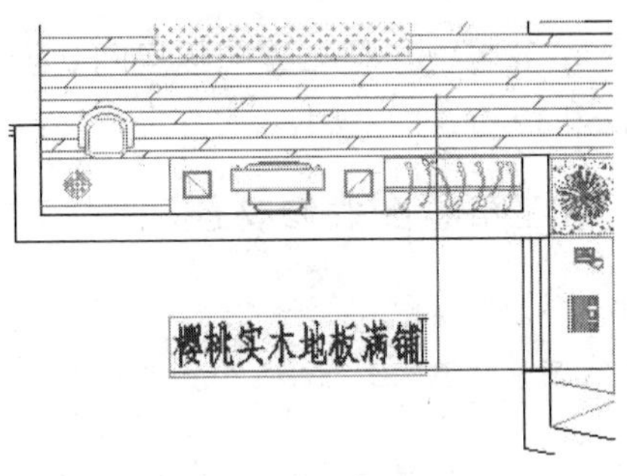

图 5-156 修改结果

（6）继续在命令行“选择文字注释对象或[放弃（U）]：”的提示下，修改右侧文字，如图 5-157 所示。

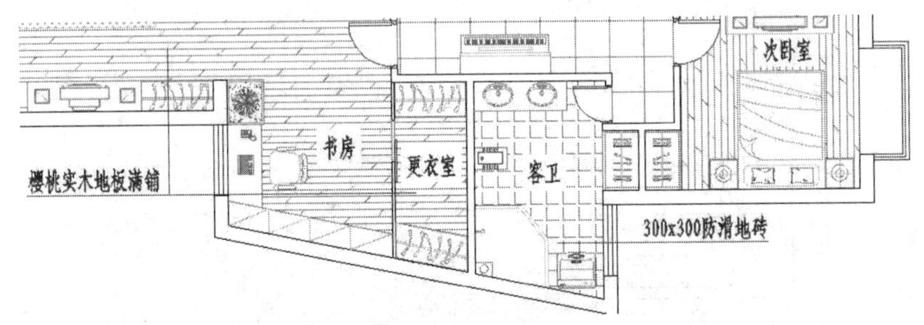

图 5-157 修改结果

（7）继续在命令行“选择文字注释对象或[放弃（U）]：”的提示下，分别单击其他文字对象进行编辑，输入正确的文字内容，并适当调整文字的位置，结果如图 5-158 所示。

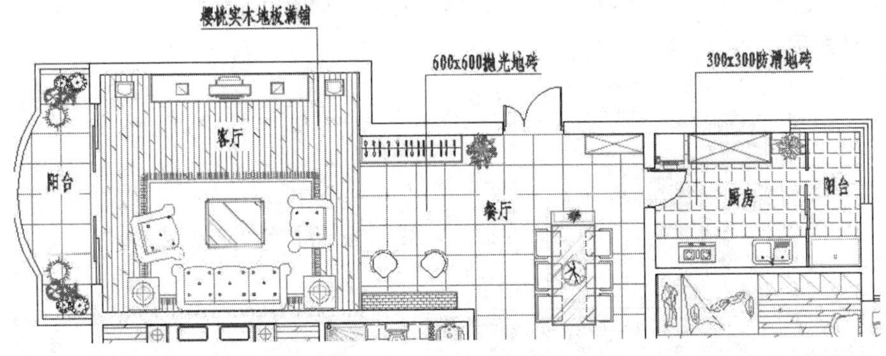

图 5-158 修改其他文字

（8）继续在命令行“选择文字注释对象或[放弃（U）]：”的提示下，连续两次按 Enter 键，结束命令。

至此，多居室户型地面材质注解标注完毕，下一小节将学习多居室户型布置图墙面投影符号的标注过程。

5.6.3 标注布置图墙面投影

（1）继续上节操作。

（2）使用快捷键“LA”激活“图层”命令，在打开的“图层特性管理器”对话框中双击“0 图层”，将其设置为当前图层。

（3）单击“默认”选项卡→“绘图”面板→“多段线”按钮，配合“极轴追踪”和“坐标输入”功能绘制如图 5-159 所示的投影符号。

（4）单击“默认”选项卡→“绘图”面板→“圆”按钮，配合“中点捕捉”绘制半径为 4 的圆，如图 5-160 所示。

（5）单击“默认”选项卡→“修改”面板→“修剪”按钮，对投影符号进行修剪，结果如图 5-161 所示。

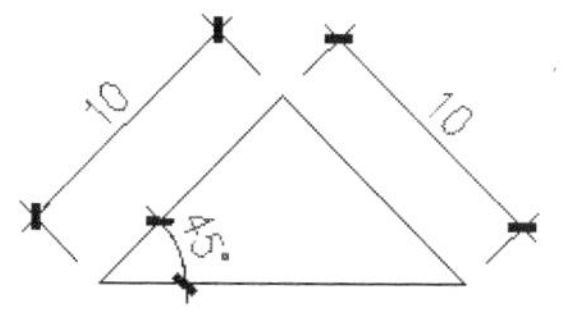

图 5-159 绘制结果

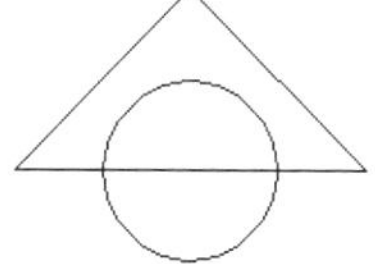
图 5-160 绘制圆

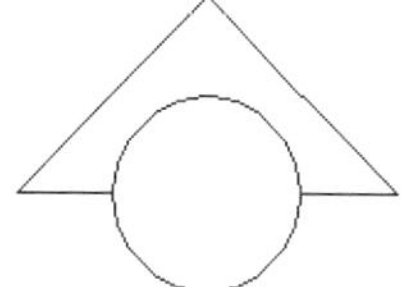
图 5-161 修剪结果

（6）单击“默认”选项卡→“绘图”面板→“图案填充”按钮，为投影符号填充实体图案，填充结果如图 5-162 所示。

（7）在“默认”选项卡→“注释”面板中设置“COMPLEX”为当前文字样式。

（8）单击“默认”选项卡→“块”面板→“定义属性”按钮，在打开的“属性定义”对话框中设置属性如图 5-163 所示，为投影符号定义文字属性，属性的插入点为圆心，定义结果如图 5-164 所示。

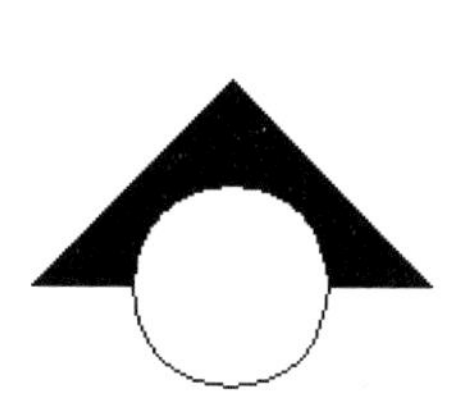
图 5-162 填充结果

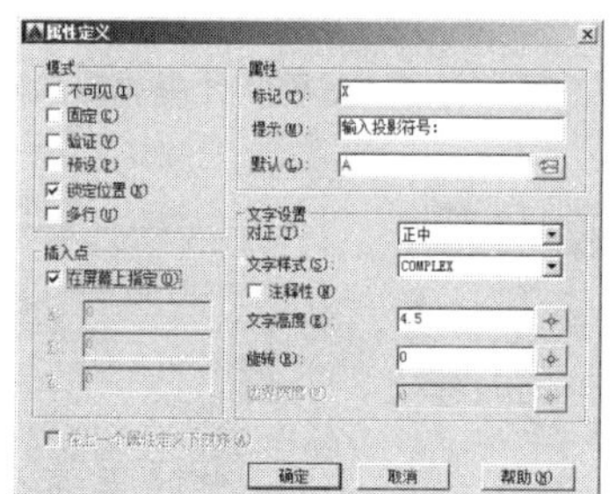

图 5-163 “属性定义”对话框

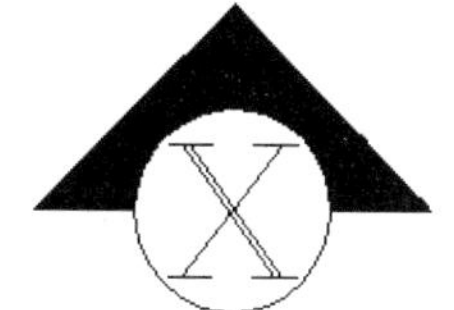

图 5-164 定义结果

（9）单击“默认”选项卡→“块”面板→“创建块”按钮，将投影符号和定义的文字属性一块创建为属性块，块名为“投影符号”，基点为投影符号上端的角点。

（10）展开“默认”选项卡→“图层”面板→“图层”下拉列表，设置“其他层”为当前操作层，并关闭“文本层”。

（11）单击“默认”选项卡→“绘图”面板→“直线”按钮，绘制如图 5-165 所示的直线作为投影符号的指示线。

（12）单击“默认”选项卡→“块”面板→“插入”按钮，将刚定义的投影符号属性块，以 45 倍的等比缩放比例，插入指示线的端点处，结果如图 5-166 所示。

（13）重复执行“插入块”命令，设置块参数如图 5-167 所示，继续为布置图标注投影符号，属性值为 D，标注结果如图 5-168 所示。

（14）单击“默认”选项卡→“修改”面板→“镜像”按钮，配合象限点捕捉功能个投影符号 A 进行镜像。

（15）在镜像出的 A 投影符号属性块上双击左键，打开“增强属性编辑器”对话框，然后修改属性值如图 5-169 所示。

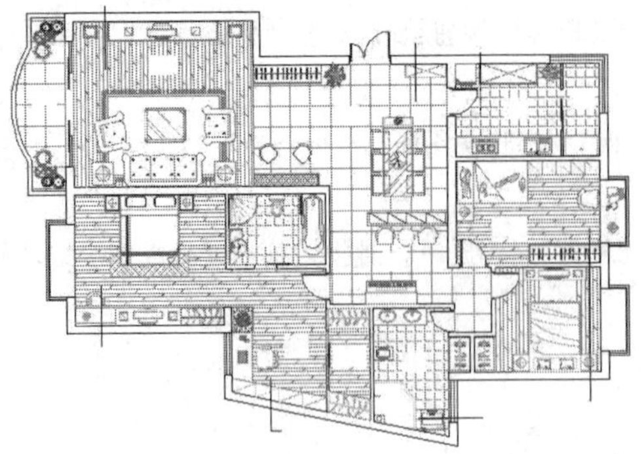

图 5-165　绘制指示线

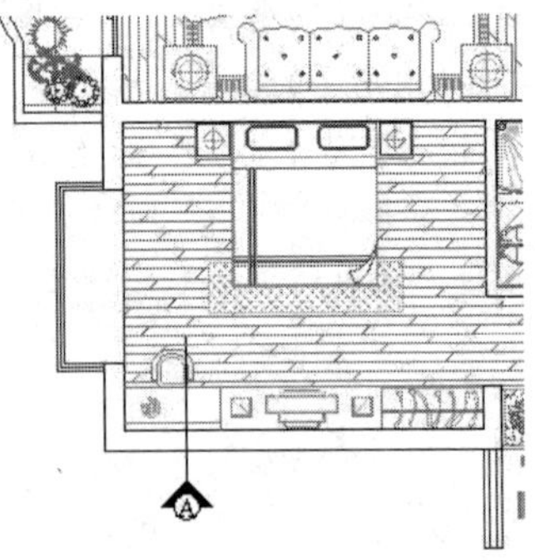

图 5-166　插入结果

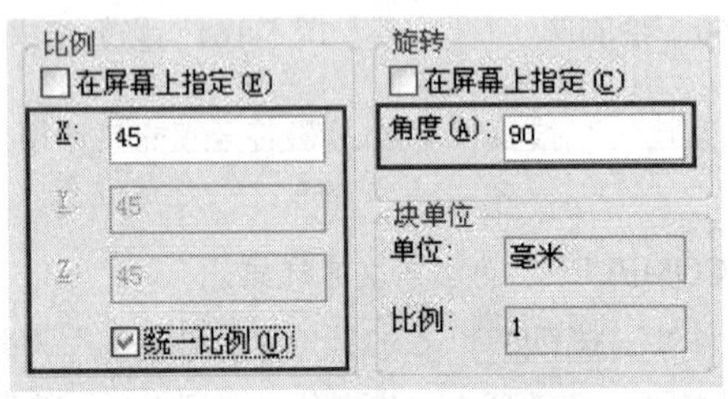

图 5-167　设置参数

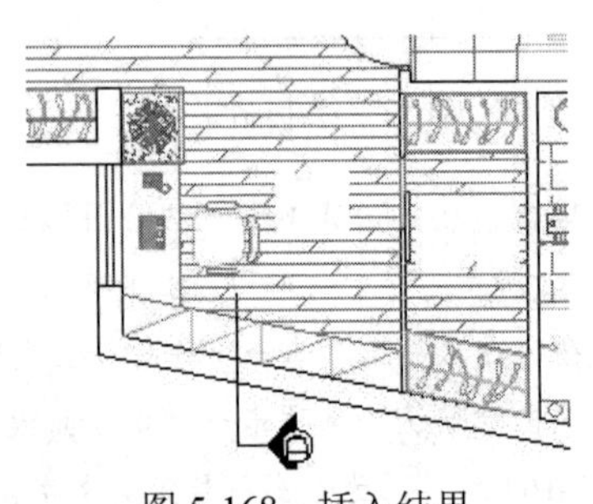

图 5-168　插入结果

（16）在 D 投影符号属性块上双击左键，打开“增强属性编辑器”对话框，然后修改属性值的旋转角度，如图 5-170 所示。

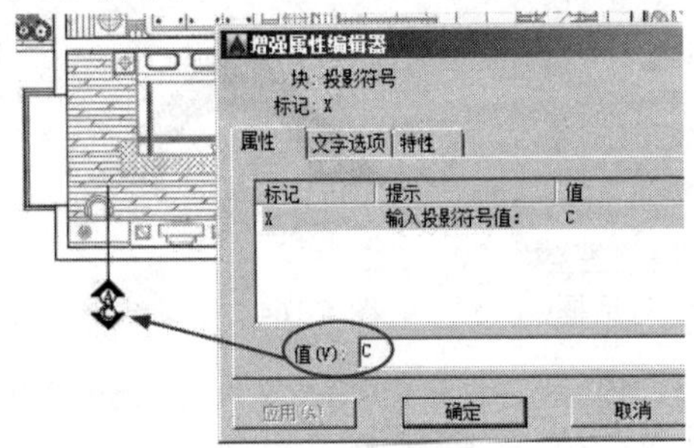

图 5-169　修改属性值

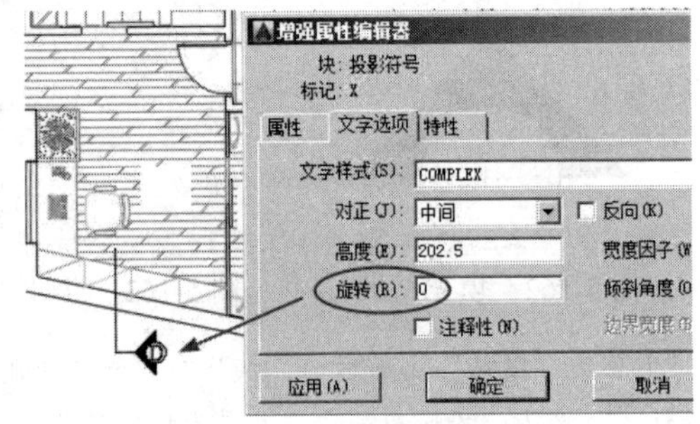

图 5-170　修改属性值角度

（17）参照第 12～16 操作步骤，综合使用“插入块”、“复制”、“旋转”、和“移动”等命令，继续标注投影符号，结果如图 5-171 所示。

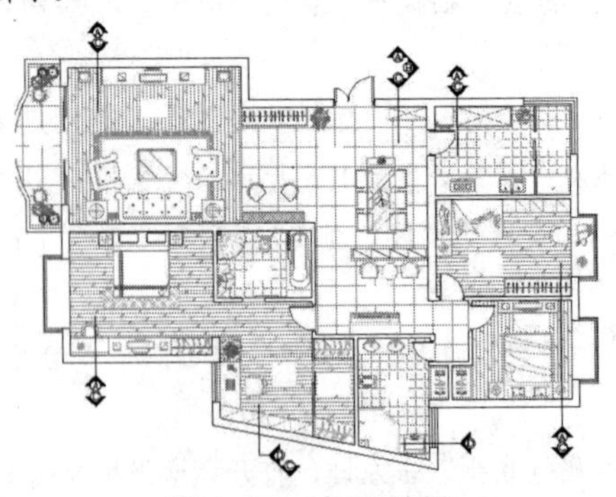

图 5-171　标注结果

至此，布置图的墙面投影符号标注完毕，下一小节将学习布置图尺寸的标注过程及技巧。

5.6.4 标注室内布置图尺寸

（1）继续上节操作。

（2）展开“默认”选项卡→“图层”面板→“图层”下拉列表，设置“尺寸层”为当前图层。

（3）单击“默认”选项卡→“绘图”面板→“构造线”按钮，配合捕捉与追踪功能绘制如图 5-172 所示的构造线作为尺寸定位线。

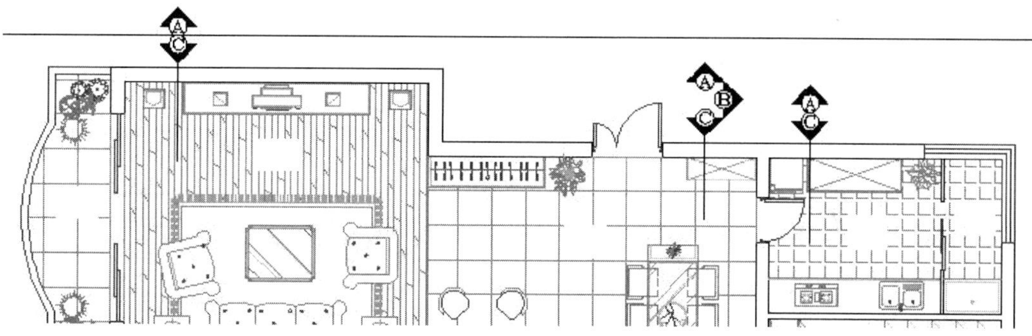

图 5-172 绘制构造线

（4）使用快捷键“D”激活“标注样式”命令，将“建筑标注”设为当前标注样式，并修改标注比例为 80。

（5）单击“默认”选项卡→“注释”面板→“线性”按钮，在命令行“指定第一条尺寸界线原点或 <选择对象>：”提示下，捕捉如图 5-173 所示的交点作为第一条标注界线的起点。

（6）在“指定第二条尺寸界线原点:”提示下，捕捉追踪虚线与辅助线线的交点作为第二条标注界线的起点，如图 5-174 所示。

（7）在“指定尺寸线位置或 [多行文字（M）/文字（T）/角度（A）/水平（H）/垂直（V）/旋转（R）]：”提示下，向下移动光标并指定尺寸线位置，标注结果如图 5-175 所示。

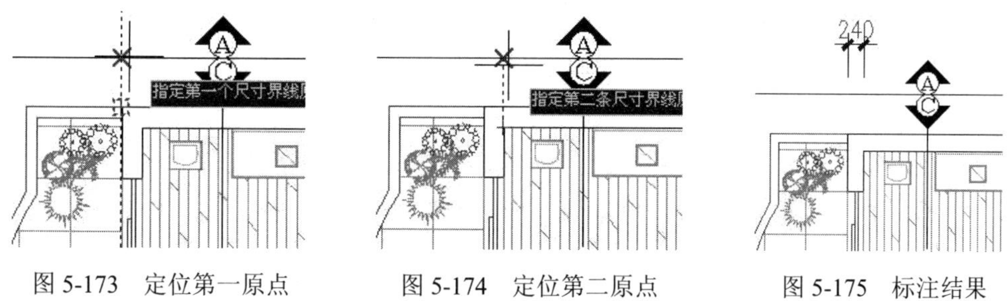

图 5-173 定位第一原点　　图 5-174 定位第二原点　　图 5-175 标注结果

（8）单击“注释”选项卡→“标注”面板→“连续”按钮，在“指定第二条尺寸界线原点或 [放弃（U）/选择（S）] <选择>：”提示下，配合捕捉与追踪功能标注上侧的连续尺寸，标注结果如图 5-176 所示。

（9）连续两次敲击键盘上的 Enter 键，结束“连续”命令。

（10）重复执行“线性”命令，配合捕捉与追踪功能标注如图 5-177 所示的总尺寸。

（11）参照上述操作，综合使用“构造线”、“线性”和“连续”命令分别标注平面图其他侧的尺寸，结果如图 5-178 所示。

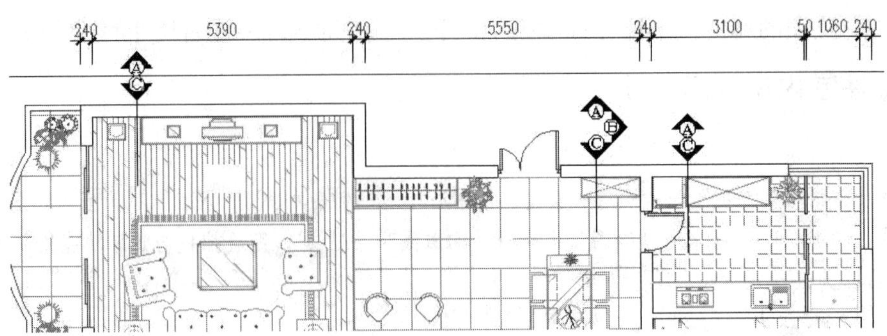

图 5-176　标注结果

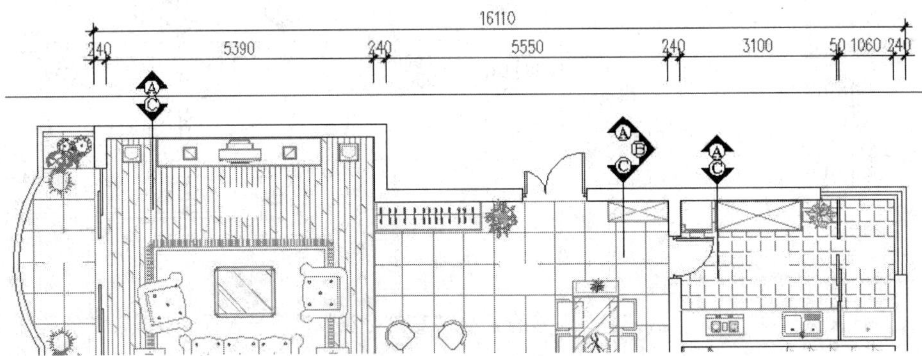

图 5-177　标注结果

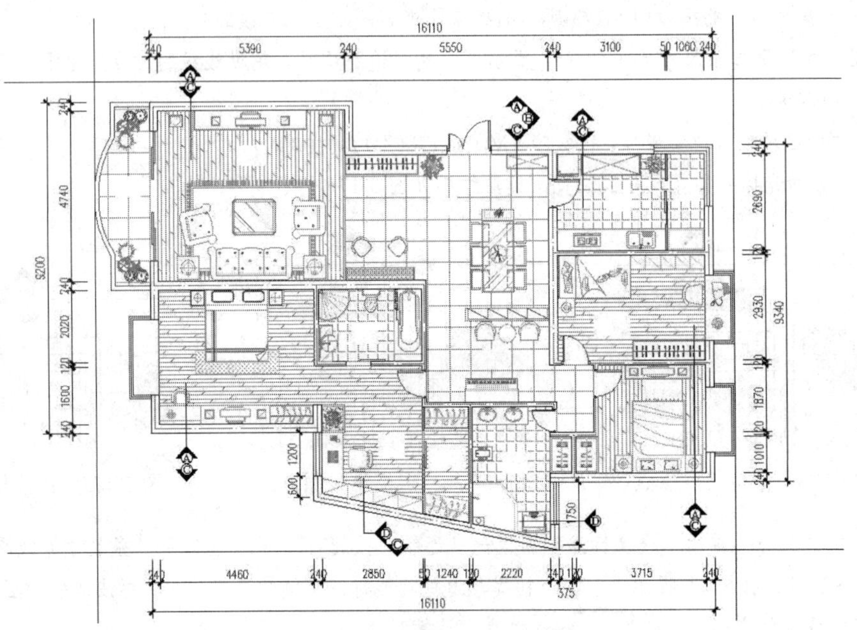

图 5-178　标注其他侧尺寸

（12）删除尺寸定位辅助线，关闭“轴线层”，并打开“文本层”，最终结果如图 5-146 所示。

（12）最后使用“另存为”命令，将当前图形另存为“标注多居室装修布置图.dwg”。

5.7 本章小结

室内装修布置图控制着水平向纵横轴的尺寸数据，其他视图又多数从平面布置图中引出的，因而布置图是绘制和识读室内装修施工图的重点和基础，是装修施工的首要图纸。本章在简述多居室室内设计理念知识的前提下，主要学习了多居室普通住宅墙体结构图、家具布置图、地面材质图的绘制技能，以及布置图的文字尺寸等注释内容的标注技巧。通过本章的学习，在了解多居室普通住宅相关设计知识的前提下，主要掌握多居室布置图方案的表达内容、完整的绘图过程和相图纸的表达技巧。

第 6 章　多居室普通住宅吊顶设计

与室内布置图一样，吊顶图也是室内装修行业中的一种举足轻重的设计图纸，本章在概述室内吊顶功能概念及常用类型等基本理论知识的前提下，通过绘制某居室户型装修吊顶图，主要学习 AutoCAD 在室内吊顶设计方面的具体应用技能和相关技巧。理解和掌握吊顶图的表达内容、绘制思路和具体绘制过程。

■ 本章内容

- ✧ 室内吊顶图理论概述
- ✧ 室内吊顶常见类型
- ✧ 绘制多居室吊顶轮廓图
- ✧ 绘制多居室造型吊顶图
- ✧ 绘制多居室吊顶灯具图
- ✧ 绘制多居室吊顶辅助灯具
- ✧ 标注多居室吊顶装修

6.1　室内吊顶图理论概述

本小节主要简单概述室内吊顶图的基本概念、形成方式、主要用途以及常见的室内吊顶类型等设计理论知识。

6.1.1　吊顶图的基本概念

吊顶也称天花、天棚、顶棚、天花板等，它是室内装饰的重要组成部分，也是室内空间装饰中最富有变化、最引人注目的界面，其透视感较强。

吊顶是室内设计中经常采用的一种手法，人们的视线往往与他接触的时间较多，因此吊顶的形状及艺术处理很明显地影响着空间效果。

6.1.2　吊顶的形成及用途

吊顶平面图一般采用镜像投影法绘制，它主要是根据室内的结构布局，进行天花板的设计、再配以合适的灯具造型，与室内其他内容构成一个有机联系的整体，让人们从光、色、形体等方面综合地感受室内环境。通过不同界面的处理，能增强空间的感染力，使顶面造型丰富多彩，新颖美观。

一般情况下，吊顶的设计常常要从审美要求、物理功能、建筑照明、设备安装管线敷设、防火安全等多方面进行综合考虑。

6.1.3　吊顶图的绘制流程

在绘制室内吊顶平面图时，具体可以遵循如下思路。

（1）初步准备墙体平面图；

（2）接下来进行补画室内吊顶图的细部构件，具体有门洞、窗洞、窗帘和窗帘盒等细节构件；

（3）为吊顶平面图绘制吊顶轮廓、灯池及灯带等内容；

（4）为吊顶平面图布置艺术吊顶、吸顶灯以及其他灯具等；

（5）为吊顶平面图布置辅助灯具，如筒灯、射灯等；

（6）为吊顶平面图标注尺寸及必要的文字注释。

6.2 室内吊顶常见类型

归纳起来，吊顶一般可分为平板吊顶、异型吊顶、局部吊顶、格栅式吊顶、藻井式吊顶等五大类型，具体如下。

- ◆ 平板吊顶。此种吊顶一般是以PVC板、铝扣板、石膏板、矿棉吸音板、玻璃纤维板、玻璃等作为主要装修材料，照明灯卧于顶部平面之内或吸于顶上。此种类型的吊顶多适用于卫生间、厨房、阳台和玄关等空间。
- ◆ 异型吊顶。异型吊顶是局部吊顶的一种，使用平板吊顶的形式，把顶部的管线遮挡在吊顶内，顶面可嵌入筒灯或内藏日光灯，使装修后的顶面形成两个层次，不会产生压抑感。异型吊顶采用的云型波浪线或不规则弧线，一般不超过整体顶面面积的三分之一，超过或小于这个比例，就难以达到好的效果。
- ◆ 格栅式吊项。此种吊顶需要使用木材作成框架，镶嵌上透光或磨沙玻璃，光源在玻璃上面。这也属于平板吊顶的一种，但是造型要比平板吊顶生动和活泼，装饰的效果比较好。一般适用于餐厅、门厅、中厅或大厅等大空间，它的优点是光线柔和、轻松自然。
- ◆ 藻井式吊顶。藻井式吊顶是在房间的四周进行局部吊顶，可设计成一层或两层，装修后的效果有增加空间高度的感觉，还可以改变室内的灯光照明效果。这类吊顶需要室内空间具有一定的高度，而且房间面积较大。
- ◆ 局部吊顶。局部吊顶是为了避免室内的顶部有水、暖、气管道，而且空间的高度又不允许进行全部吊顶的情况下，采用的一种局部吊顶的方式。
- ◆ 无吊顶装修。由于城市的住房普遍较低，吊顶后会使人感到压抑和沉闷。随着装修的时尚，无顶装修开始流行起来。所谓无顶装修就是在房间顶面不加修饰的装修。无吊顶装修的方法是，顶面做简单的平面造型处理，采用现代的灯饰灯具，配以精致的角线，也给人一种轻松自然的怡人风格。

什么样的室内空间选用相应的吊顶，不但可以弥补室内空间的缺陷，还可以给室内增加个性色彩。

6.3 绘制多居室吊顶轮廓图

本例主要学习多居室普通住宅吊顶轮廓图的具体绘制过程和绘图技巧。多居室普通住宅吊顶轮廓图的最终绘制效果如图6-1所示。

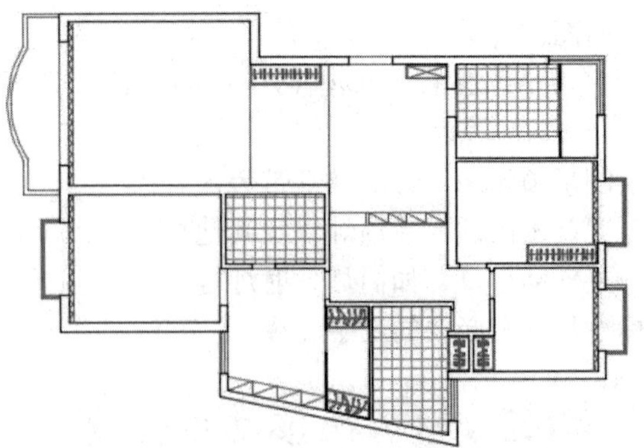

图 6-1　实例效果

6.3.1　绘制多居室吊顶墙体图

（1）单击“快速访问” 工具栏→“打开”按钮，打开随书光盘“\效果文件\第 5 章\标注多居室装修布置图.dwg”。

（2）在“默认”选项卡→“图层”面板中设置“吊顶层”为当前图层，并冻结“尺寸层、文本层、填充层、其他层和轴线层”，此时平面图的显示效果如图 6-2 所示。

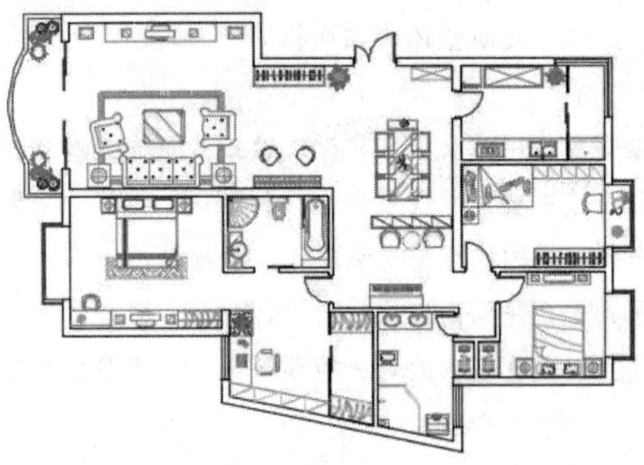

图 6-2　冻结图层后的效果

（3）单击“默认”选项卡→“修改”面板→“删除”按钮，删除与当前操作无关的对象，结果如图 6-3 所示。

（4）在无命令执行的前提下单击平面图中的窗线以及柜子图块，使其呈现夹点显示，结果如图 6-4 所示。

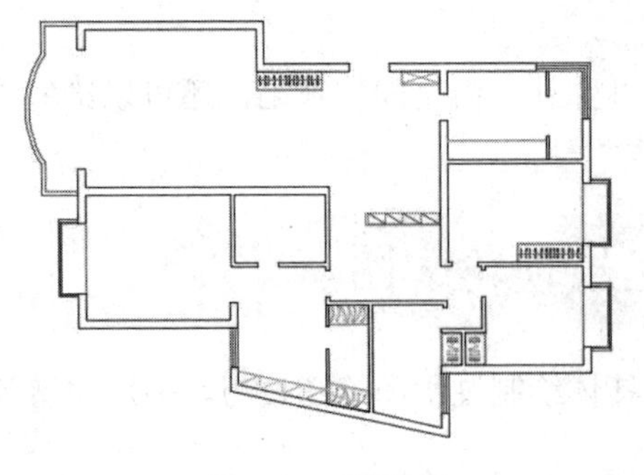

图 6-3　删除结果

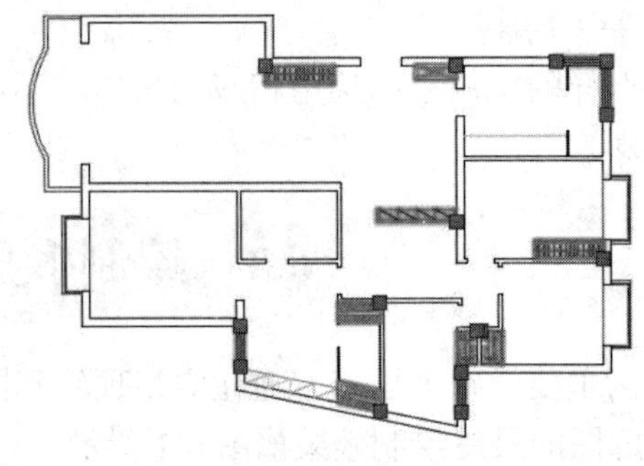

图 6-4　夹点效果

（5）单击“默认”选项卡→“修改”面板→“分解”按钮，将夹点显示的图块分解。

（6）在“默认”选项卡→“图层”面板中暂时关闭“墙线层”，此时平面图的显示效果如图 6-5 所示。

（7）夹点显示图 6-5 中的所有对象，然后在“默认”选项卡→“图层” →“图层”下拉列表中，更改其图层为“吊顶层”，在“特性” →“对象颜色”下拉列表中修改对象颜色为随层。

（8）取消对象的夹点显示，然后打开被关闭的“墙线层”，此时平面图的显示效果如图 6-6 所示。

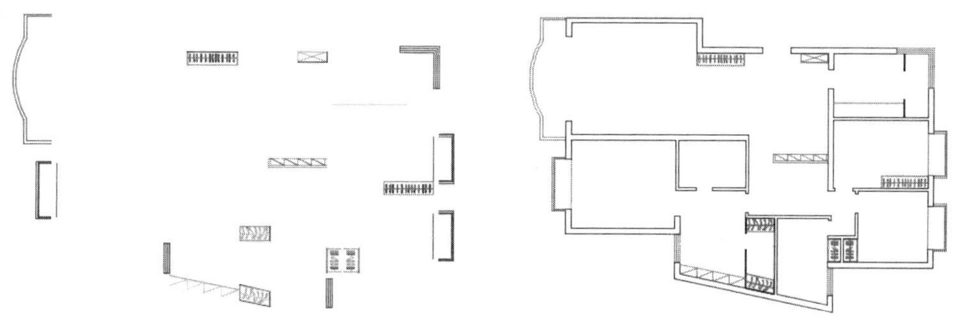

图 6-5 关闭“墙线层”　　图 6-6 打开墙线后的效果

（9）单击“默认”选项卡→“绘图”面板→“直线”按钮，分别连接各门洞两侧端点，绘制过梁底面的轮廓线，结果如图 6-7 所示。

（10）重复执行“直线”命令，配合“极轴追踪”和“对象捕捉”功能绘制如图 6-8 所示的吊顶分割线。

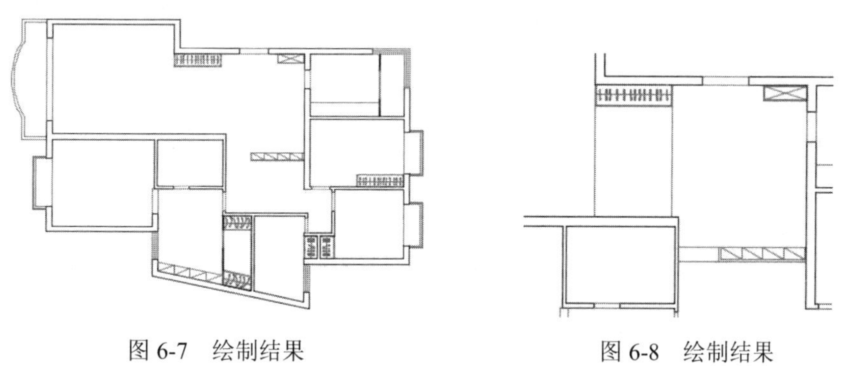

图 6-7 绘制结果　　图 6-8 绘制结果

至此，吊顶墙体图绘制完毕，下一小节将学习窗帘及窗帘盒构件的具体绘制过程和绘制技巧。

6.3.2 绘制窗帘及窗帘盒构件

（1）继续上节操作。

（2）单击“默认”选项卡→“绘图”面板→“直线”按钮，配合“对象追踪”和“极轴追踪”功能绘制窗帘盒轮廓线，命令行操作如下。

```
命令: _line
指定第一点:                //向左引出如图 6-9 所示的对象追踪矢量，然后输入 150 Enter
指定下一点或 [放弃(U)]: //向上引出极轴追踪矢量，然后捕捉追踪虚线与墙线的交点，如图 6-10 所示
指定下一点或 [放弃(U)]: // Enter，绘制结果如图 6-11 所示
```

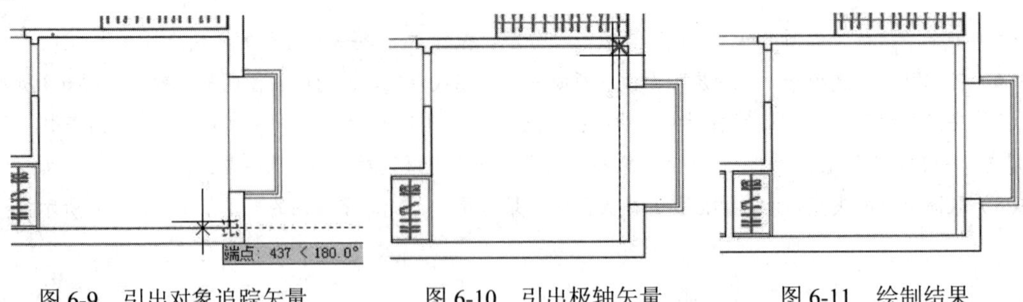

图 6-9　引出对象追踪矢量　　图 6-10　引出极轴矢量　　图 6-11　绘制结果

（3）单击“默认”选项卡→“修改”面板→“偏移”按钮，选择刚绘制的窗帘盒轮廓线向右偏移 75 个单位，作为窗帘轮廓线，结果如图 6-12 所示。

（4）使用快捷键“LT”激活“线型”命令，打开“线型管理器中”对话框中加载名为“ZIGZAG”线型，并设置线型比例为 15。

（5）在无命令执行的前提下夹点显示窗帘轮廓线，然后按 Ctrl+1 组合键，激活“特性”命令，在打开的“特性”窗口中修改窗帘轮廓线的线型及颜色特性，如图 6-13 所示。

（6）按 Ctrl+1 组合键，关闭“特性”窗口。

（7）按 Esc 键，取消对象的夹点显示状态，观看线型特性修改后的效果，如图 6-14 所示。

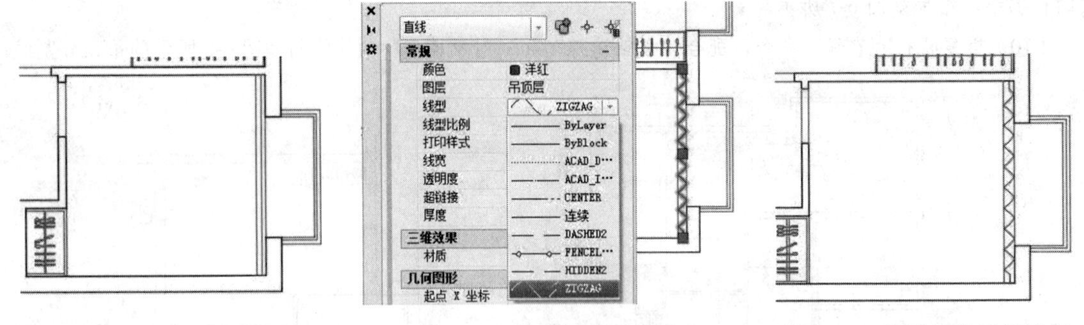

图 6-12　偏移结果　　图 6-13　修改线型及颜色　　图 6-14　特性编辑后的效果

（8）参照第 2～7 操作步骤，分别绘制其他房间内的窗帘及窗帘盒轮廓线，绘制结果如图 6-15 所示。

至此，窗帘和窗帘盒轮廓线绘制完毕，下一小节将学习厨房、卫生间吊顶的绘制过程和绘制技巧。

6.3.3　绘制厨房与卫生间吊顶

（1）继续上节操作。

（2）单击“默认”选项卡→“绘图”面板→“图案填充”按钮，激活“图案填充”命令，然后在命令行“拾取内部点或 [选择对象（S）/设置（T）]:”提示下，激活“设置”选项，打开“图案填充和渐变色”对话框。

（3）在“图案填充和渐变色”对话框中选择“用户定义”图案，同时设置图案的填充角度及填充间距参数，如图 6-16 所示。

（4）单击“图案填充创建”选项卡→“边界”面板→“拾取点”按钮，返回绘图区分别在卫生间、厨房等位置单击左键，拾取填充区域。

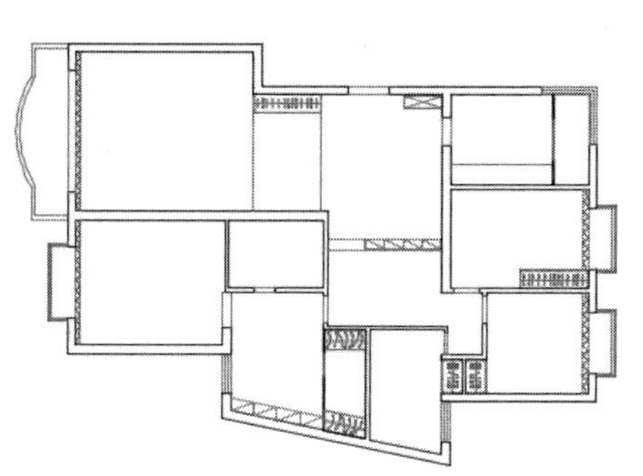
图 6-15 绘制其他窗帘及窗帘盒

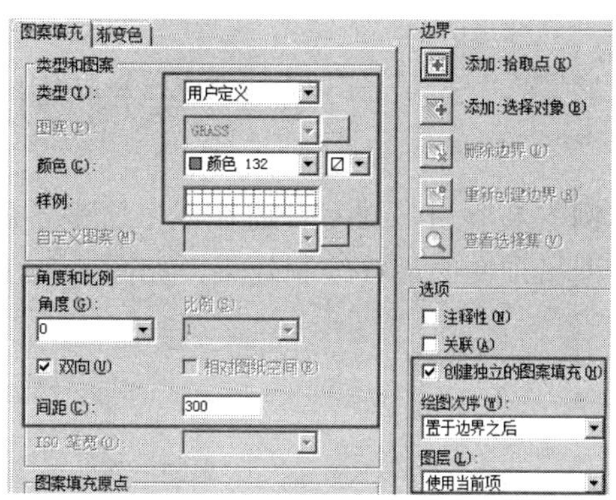

图 6-16 设置填充图案与参数

（5）返回“图案填充和渐变色”对话框后单击 确定 按钮，结束命令，填充后的结果如图 6-17 所示。

（6）在无命令执行的前提下单击刚填充的主卫吊顶图案，使其呈现夹点显示状态，如图 6-18 所示。

图 6-17 填充结果

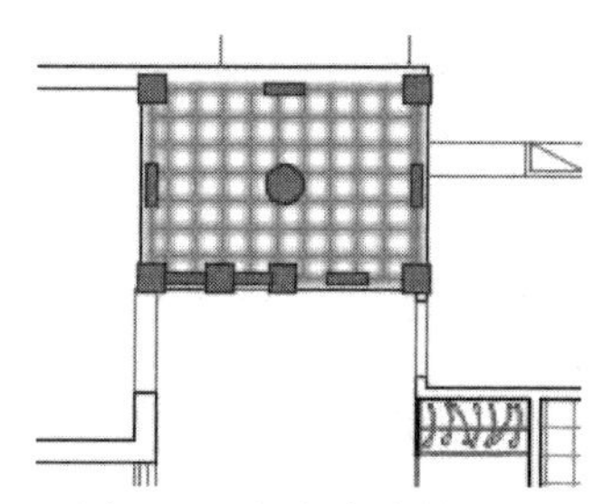
图 6-18 图案夹点效果

（7）单击“图案填充编辑器”选项卡→“原点”面板→“设定原点”按钮，配合“两点之间的中点”和“中点捕捉”功能，重新设置图案填充原点，命令行操作如下。

```
命令: _-HATCHEDIT
输入图案填充选项 [解除关联(DI)/样式(S)/特性(P)/绘图次序(DR)/添加边界(AD)/删除边界(R)/重新创建边界(B)/关联(AS)/独立的图案填充(H)/原点(O)/注释性(AN)/图案填充颜色(CO)/图层(LA)/透明度(T)] <特性>: _O[使用当前原点(U)/设置新原点(S)/默认为边界范围(D)] <使用当前原点>: _S
选择点:                          //激活“两点之间的中点”功能
m2p 中点的第一点:                 //捕捉如图 6-19 所示的中点
中点的第二点:                     //捕捉如图 6-20 所示的中点
要存储为默认原点吗? [是(Y)/否(N)] <N>:
                                 // Enter，并取消图案的夹点显示，结果如图 6-21 所示
```

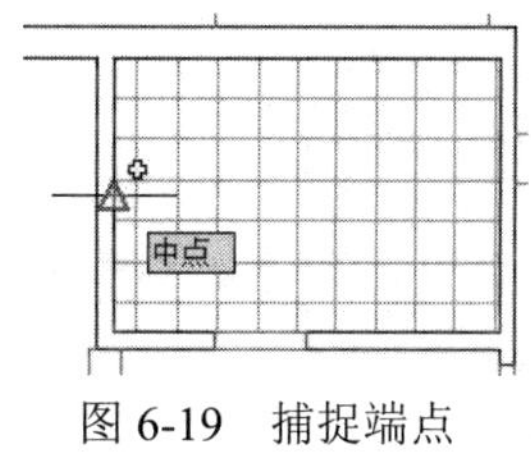

图 6-19 捕捉端点

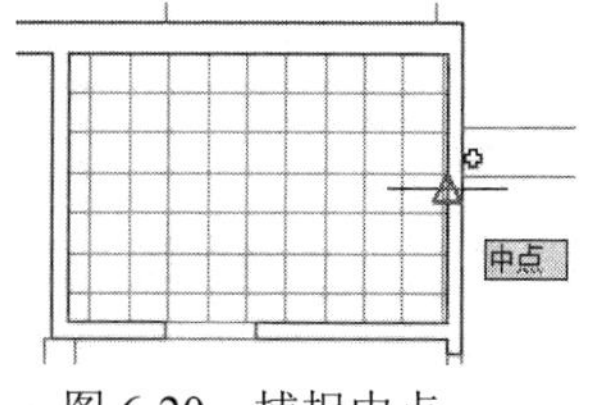

图 6-20 捕捉中点

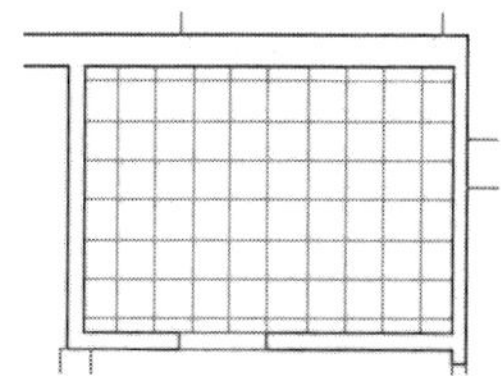
图 6-21 操作结果

（8）最后执行“另存为”命令，将图形另名存储为“绘制多居室吊顶轮廓图.dwg”。

6.4　绘制多居室造型吊顶图

本例主要学习多居室普通住宅多居室各房间造型吊顶图的具体绘制过程和绘制技巧。多居室造型吊顶图的最终绘制效果，如图 6-22 所示。

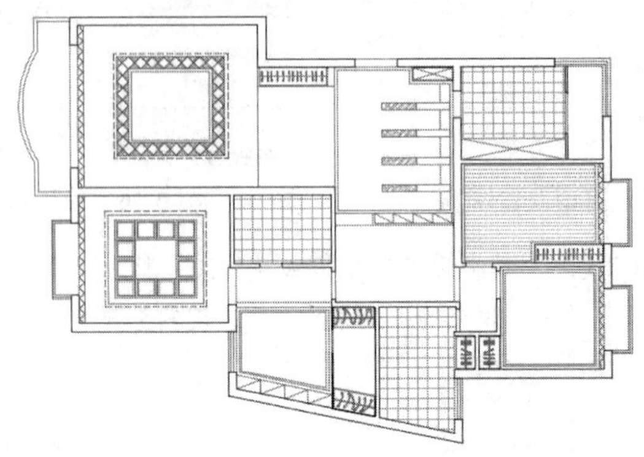

图 6-22　实例效果

6.4.1　绘制客厅造型吊顶图

（1）打开上例存储的“绘制多居室吊顶轮廓图.dwg”，或直接从随书光盘中的“\效果文件\第 6 章\”目录下调用此文件。

（2）单击“默认”选项卡→“绘图”面板→“矩形”按钮，配合“捕捉自”功能绘制客厅矩形吊顶，命令行操作如下。

```
命令: _rectang
指定第一个角点或 [倒角(C)/标高(E)/圆角(F)/厚度(T)/宽度(W)]:  //激活“捕捉自”功能
_from 基点:                //捕捉如图 6-23 所示的端点
<偏移>:                    //@-1000,-930 Enter
指定另一个角点或 [面积(A)/尺寸(D)/旋转(R)]:
                           //@-3240,-2880 Enter，绘制结果如图 6-24 所示
```

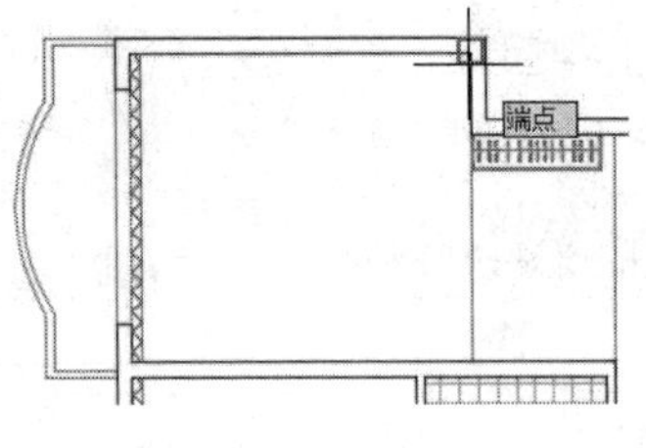

图 6-23　捕捉端点

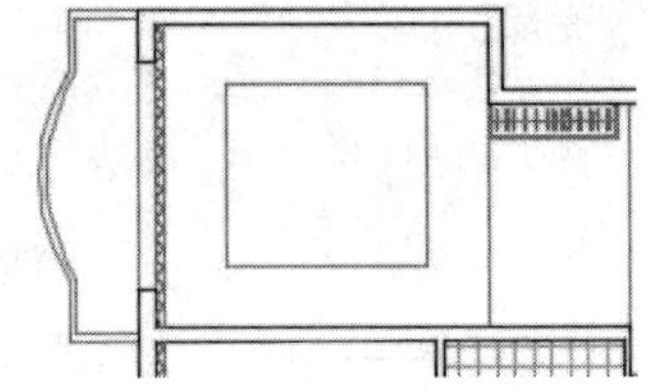

图 6-24　绘制结果

（3）单击“默认”选项卡→“修改”面板→“偏移”按钮，将刚绘制的矩形向内侧偏移 360 和 435 个绘图单位，结果如图 6-25 所示。

（4）单击“默认”选项卡→“绘图”面板→“直线”按钮，配合“对象追踪”和“对象捕捉”捕捉功能绘制如图 6-26 所示的分隔线，并修改分隔线的颜色为 200 号色。

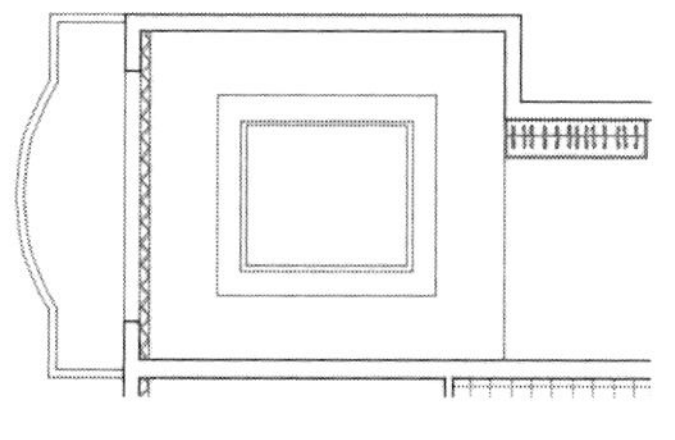

图 6-25　偏移结果

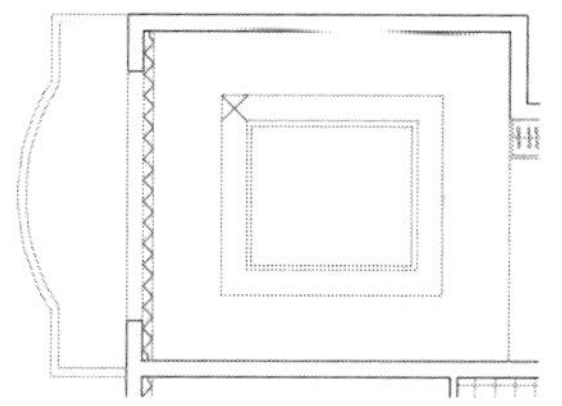

图 6-26　绘制结果

（5）单击“默认”选项卡→“修改”面板→“矩形阵列”按钮，将分隔线进行矩形阵列，命令行操作如下。

```
命令: _arrayrect
选择对象:                                   //窗口选择如图 6-27 所示的对象
选择对象:                                   // Enter
类型 = 矩形  关联 = 是
选择夹点以编辑阵列或 [关联(AS)/基点(B)/计数(COU)/间距(S)/列数(COL)/行数(R)/层数(L)/退出(X)] <退出>:     //COU Enter
输入列数数或 [表达式(E)] <4>:                //9 Enter
输入行数数或 [表达式(E)] <3>:                //8 Enter
选择夹点以编辑阵列或 [关联(AS)/基点(B)/计数(COU)/间距(S)/列数(COL)/行数(R)/层数(L)/退出(X)] <退出>:     //s Enter
指定列之间的距离或 [单位单元(U)] <540>:       //360 Enter
指定行之间的距离 <540>:                      //-360 Enter
选择夹点以编辑阵列或 [关联(AS)/基点(B)/计数(COU)/间距(S)/列数(COL)/行数(R)/层数(L)/退出(X)] <退出>:     //AS Enter
创建关联阵列 [是(Y)/否(N)] <是>:              //N Enter
选择夹点以编辑阵列或 [关联(AS)/基点(B)/计数(COU)/间距(S)/列数(COL)/行数(R)/层数(L)/退出(X)] <退出>:     // Enter，阵列结果如图 6-28 所示
```

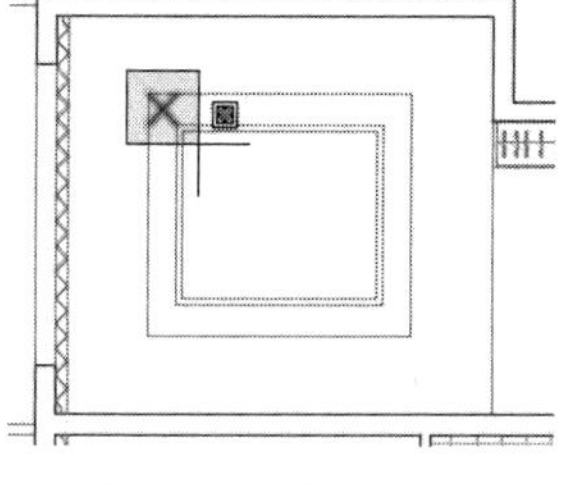

图 6-27　窗口选择

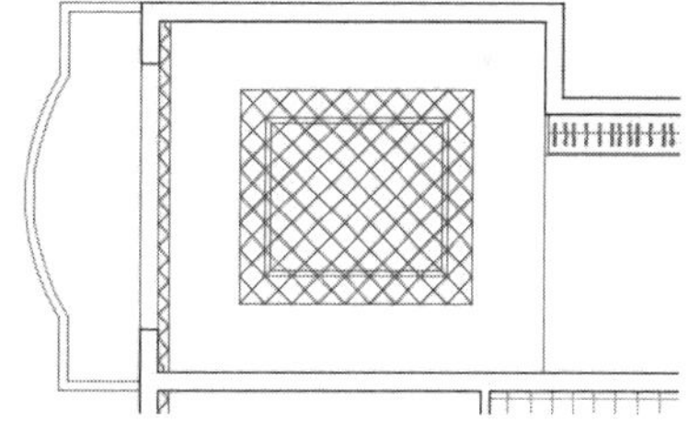

图 6-28　阵列结果

（6）单击“默认”选项卡→“修改”面板→“删除”按钮，窗交选择如图 6-29 所示的对象进行删除，结果如图 6-30 所示。

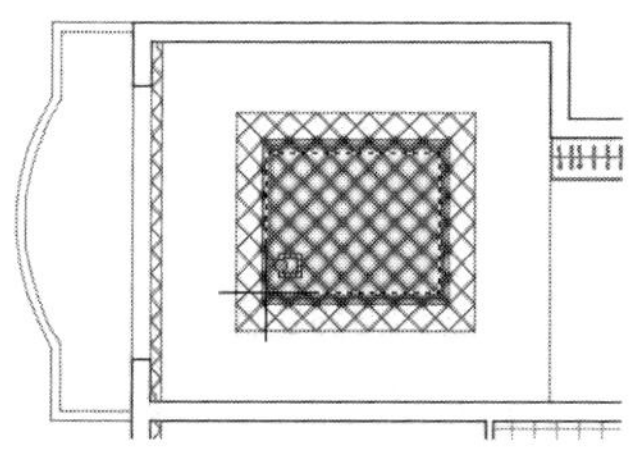

图 6-29　窗交选择

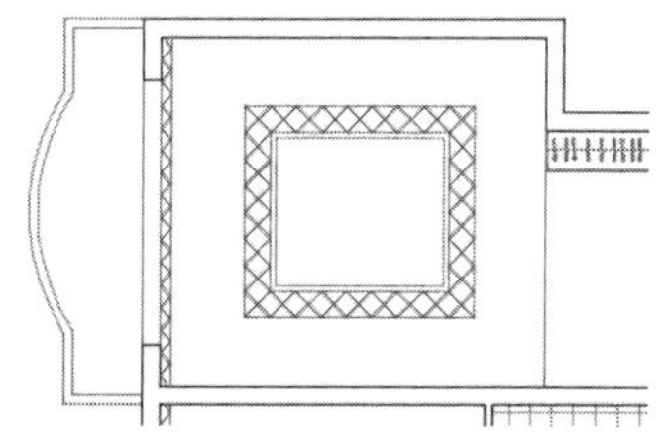

图 6-30　删除结果

（7）使用快捷键“H”激活“图案填充”命令，使用命令行中的“设置”功能，设置填充图案与填充参数如图6-31所示，为吊顶填充如图6-32所示的图案。

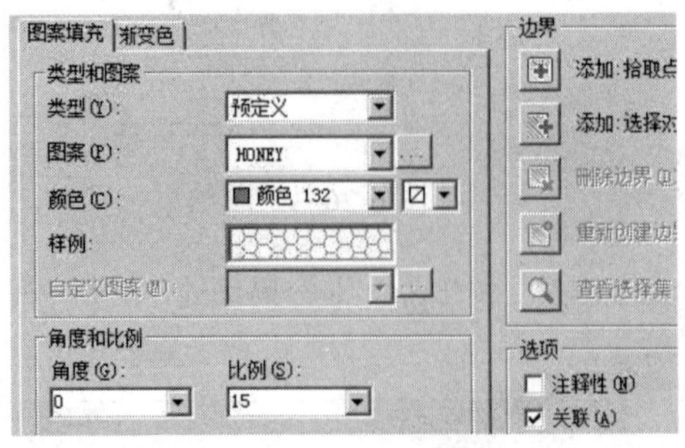

图6-31　设置填充图案与参数

图6-32　填充结果

至此，客厅造型吊顶图绘制完毕，下一小节将学习主卧室造型吊顶图的绘制过程和绘制技巧。

6.4.2　绘制主卧室造型吊顶

（1）继续上节操作。

（2）单击“默认”选项卡→“绘图”面板→“矩形”按钮，配合“捕捉自”功能绘制主卧室矩形吊顶，命令行操作如下。

```
命令: _rectang
指定第一个角点或 [倒角(C)/标高(E)/圆角(F)/厚度(T)/宽度(W)]: //激活“捕捉自”功能
_from 基点:                    //捕捉如图 6-33 所示的端点
<偏移>:                        //@-720,575 Enter
指定另一个角点或 [面积(A)/尺寸(D)/旋转(R)]:
                               //@-2870,2590 Enter，绘制结果如图 6-34 所示
```

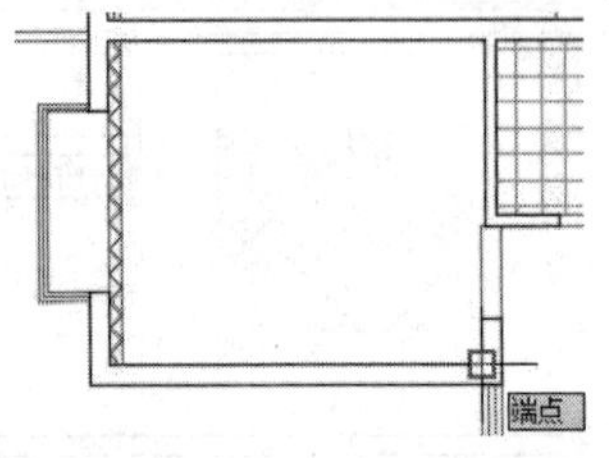

图6-33　捕捉端点

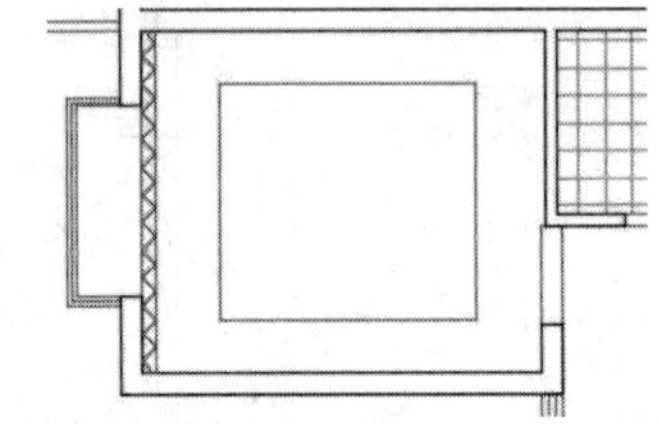

图6-34　绘制结果

（3）单击“默认”选项卡→“修改”面板→“分解”按钮，将矩形分解。

（4）单击“默认”选项卡→“修改”面板→“偏移”按钮，将分解后的两条垂直边向内侧偏移200个单位，将两条水平边向内侧偏移160个单位，结果如图6-35所示。

（5）单击“默认”选项卡→“修改”面板→“圆角”按钮，将圆角半径设置为0，然后配合使用命令中的“多个”功能，对偏移出的四条图线进行圆角，结果如图6-36所示。

技 巧

在此也可以使用“倒角”命令，将两个倒角距离都设置为0，然后在“修剪”模式下快速为四条内图线进行倒角。

（6）单击“默认”选项卡→“修改”面板→“矩形阵列”按钮，将圆角后的左侧垂直图线向右阵列4份，列间距为617.5；将圆角后的上侧水平图线向下阵列4分，行间距为567.5，结果如图6-37所示。

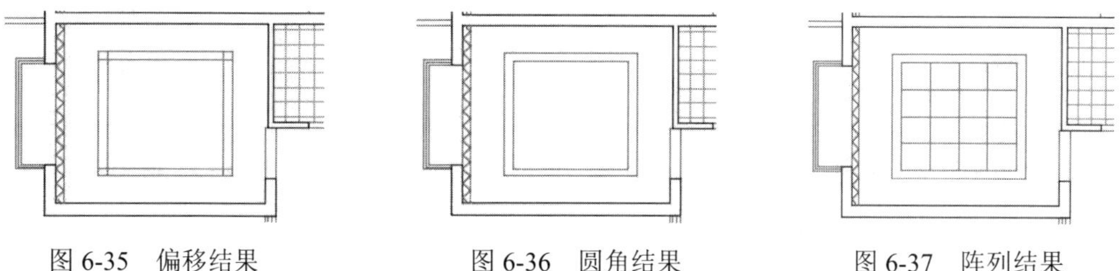

图6-35 偏移结果　　图6-36 圆角结果　　图6-37 阵列结果

（7）单击“默认”选项卡→“修改”面板→“修剪”按钮，对阵列出的图线进行修剪，结果如图6-38所示。

（8）使用快捷键“BO”激活“边界”命令，在如图6-39所示的区域拾取点，提取一条闭合的多段线边界。

（9）单击“默认”选项卡→“修改”面板→“偏移”按钮，将提取的多段线边界向内侧偏移50和90个单位，并删除源边界，结果如图6-40所示。

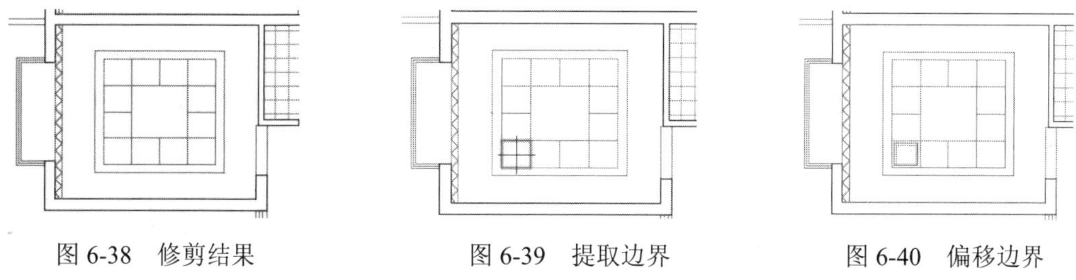

图6-38 修剪结果　　图6-39 提取边界　　图6-40 偏移边界

（10）单击“默认”选项卡→“修改”面板→“矩形阵列”按钮，将偏移出的两条边界进行矩形阵列，命令行操作如下。

```
命令: _arrayrect
选择对象:                                  //窗口选择如图 6-41 所示的对象
选择对象:                                  // Enter
类型 = 矩形  关联 = 是
选择夹点以编辑阵列或 [关联(AS)/基点(B)/计数(COU)/间距(S)/列数(COL)/行数(R)/层数(L)/退出(X)] <退出>:                   //COU Enter
输入列数数或 [表达式(E)] <4>:               //Enter
输入行数数或 [表达式(E)] <3>:               //4 Enter
选择夹点以编辑阵列或 [关联(AS)/基点(B)/计数(COU)/间距(S)/列数(COL)/行数(R)/层数(L)/退出(X)] <退出>:                   //s Enter
指定列之间的距离或 [单位单元(U)] <540>:    //617.5 Enter
指定行之间的距离 <540>:                    //567.5 Enter
选择夹点以编辑阵列或 [关联(AS)/基点(B)/计数(COU)/间距(S)/列数(COL)/行数(R)/层数(L)/退出(X)] <退出>:                   //AS Enter
创建关联阵列 [是(Y)/否(N)] <是>:           //N Enter
选择夹点以编辑阵列或 [关联(AS)/基点(B)/计数(COU)/间距(S)/列数(COL)/行数(R)/层数(L)/退出(X)] <退出>:                   // Enter，阵列结果如图 6-42 所示
```

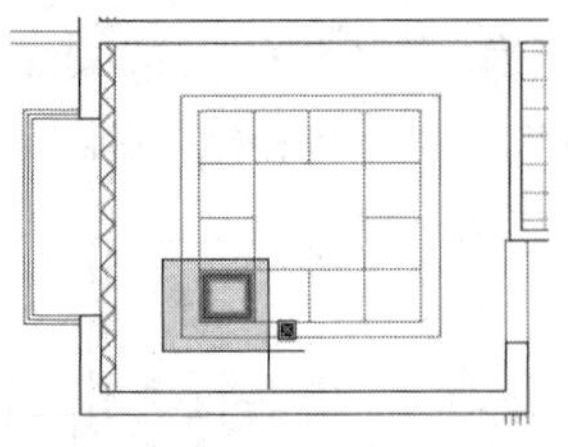
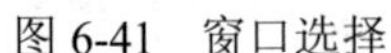
图 6-41　窗口选择

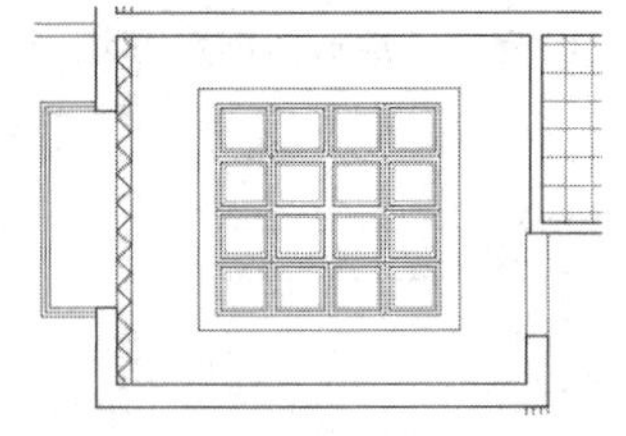
图 6-42　阵列结果

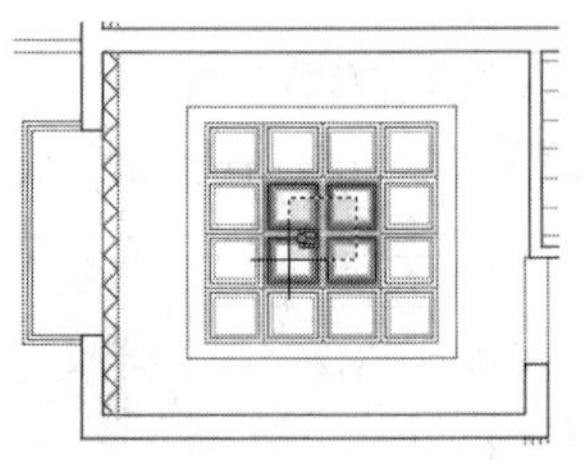
图 6-43　窗交选择

（11）单击“默认”选项卡→“修改”面板→“删除”按钮，窗交选择如图 6-43 所示的对象进行删除，结果如图 6-44 所示。

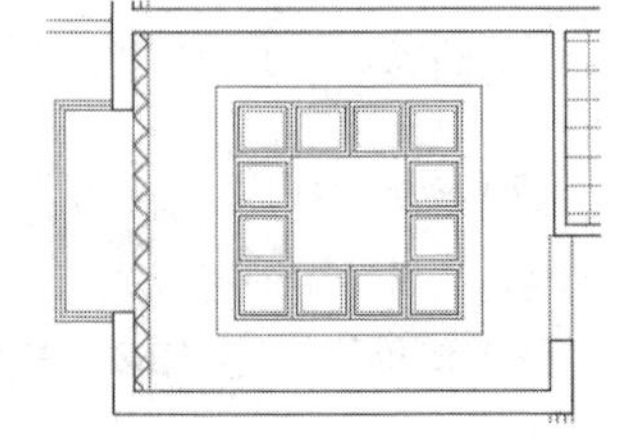
图 6-44　删除结果

至此，主卧室造型吊顶图绘制完毕，下一小节将学习女儿房造型吊顶图的绘制过程和绘制技巧。

6.4.3　绘制女儿房造型吊顶

（1）继续上节操作。

（2）使用快捷键“BO”激活“边界”命令，在打开的“边界创建”对话框中，将对象类型设置为“多段线”。

（3）单击“拾取点”按钮，在女儿房房间内单击左键，提取如图 6-45 所示的多段线边界。

（4）单击“默认”选项卡→“修改”面板→“偏移”按钮，将提取的边界向内侧偏移 80，并删除源边界，结果如图 6-46 所示。

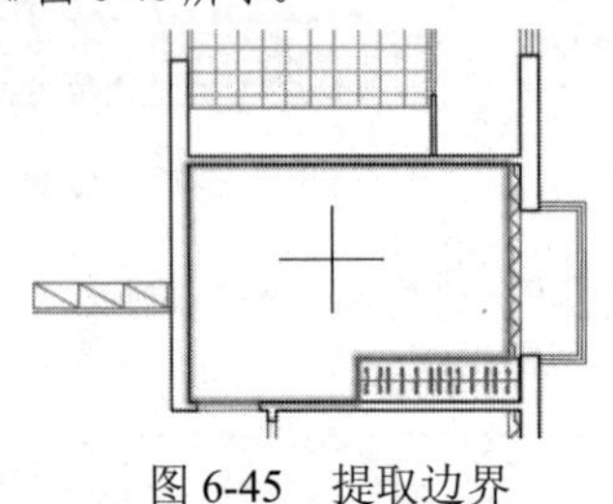
图 6-45　提取边界

图 6-46　偏移结果

（1）单击“默认”选项卡→“绘图”面板→“直线”按钮，配合“交点捕捉”功能绘制如图 6-47 所示的柜子示意线。

（2）使用快捷键“H”激活“图案填充”命令，激活命令行中的“设置”选项功能，打开“图案填充和渐变色”对话框。

（3）在“图案填充和渐变色”对话框中设置填充图案与填充参数如图 6-48 所示，为吊顶填充如图 6-49 所示的图案。

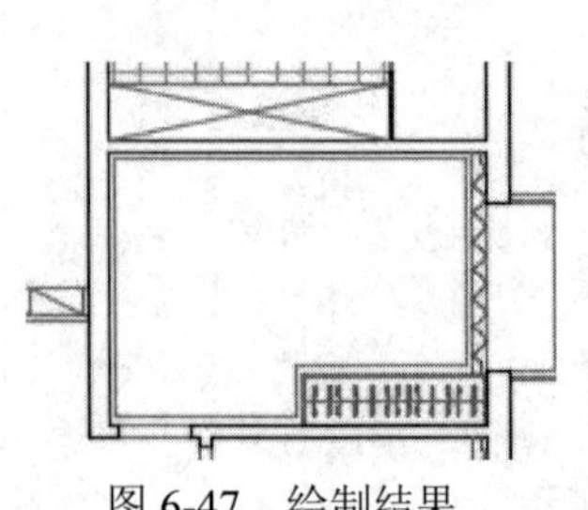
图 6-47　绘制结果

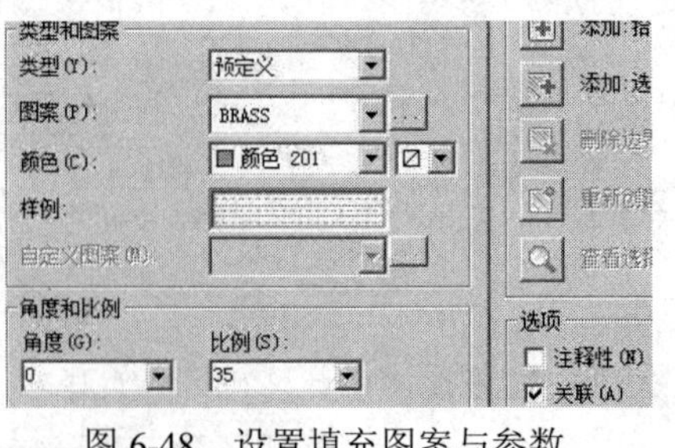

图 6-48　设置填充图案与参数

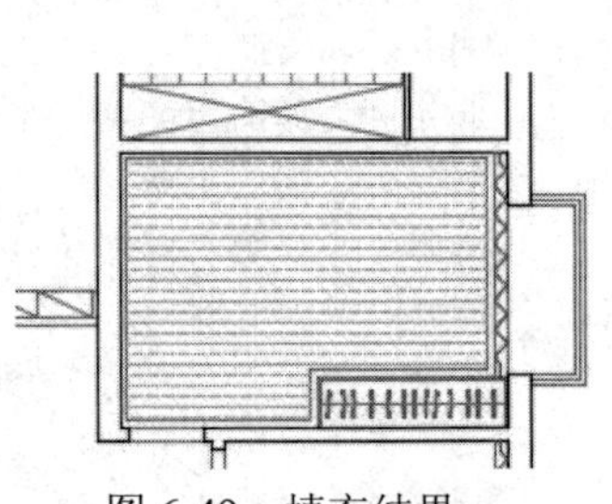
图 6-49　填充结果

至此，女儿房造型吊顶图绘制完毕，下一小节将学习餐厅吊顶图的绘制过程和绘制技巧。

6.4.4 绘制餐厅造型吊顶图

（1）继续上节操作。

（2）使用快捷键“BO”激活“边界”命令，在餐厅房间内单击左键，提取如图 6-50 所示的多段线边界。

（3）单击“默认”选项卡→“修改”面板→“偏移”按钮，将提取的边界向内侧偏移 90，并删除源边界，结果如图 6-51 所示。

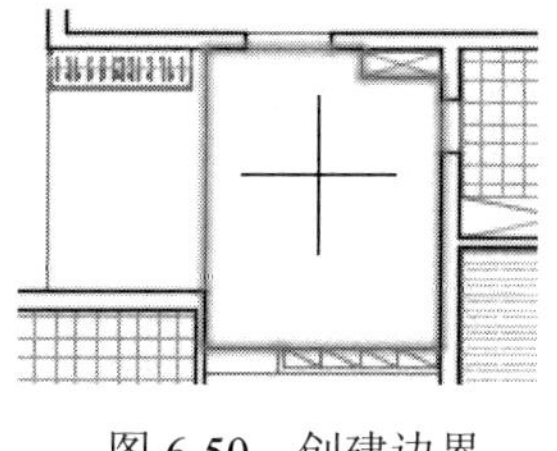

图 6-50 创建边界

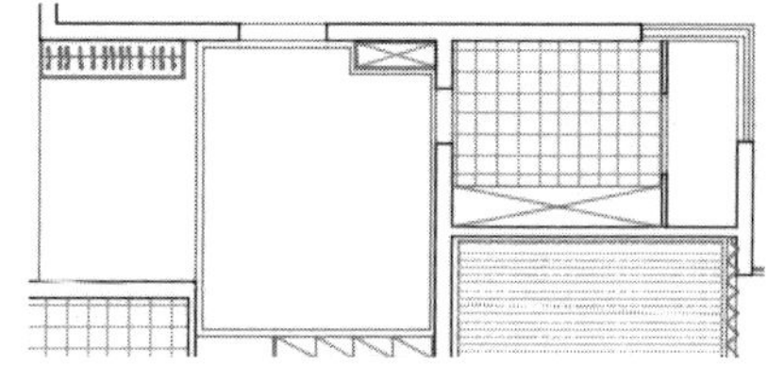

图 6-51 偏移结果

（4）单击“默认”选项卡→“绘图”面板→“直线”按钮，配合端“交点捕捉”和“极轴追踪”功能绘制如图 6-52 所示的垂直轮廓线。

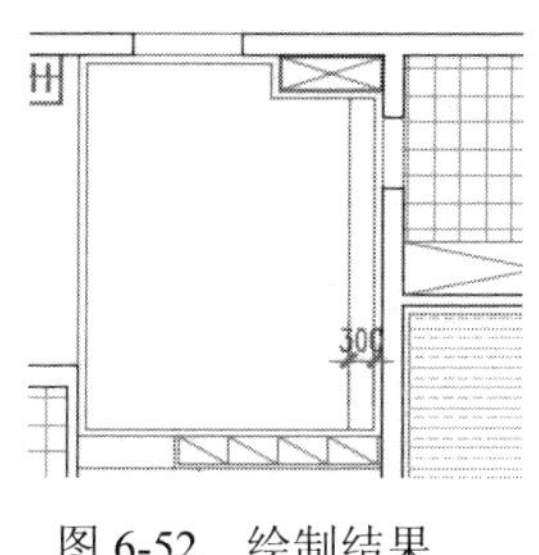

图 6-52 绘制结果

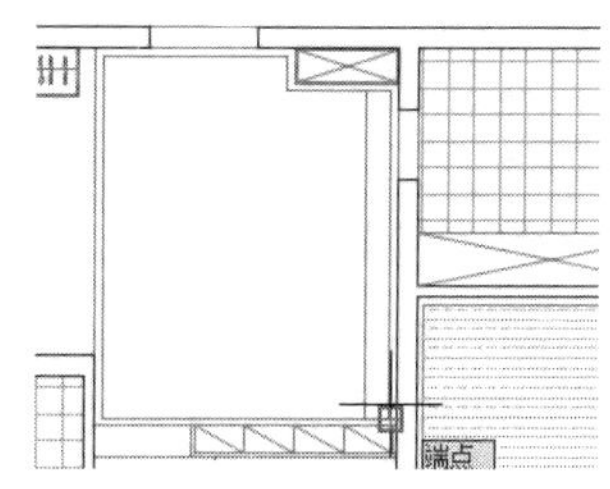

图 6-53 捕捉端点

（5）单击“默认”选项卡→“绘图”面板→“矩形”按钮，配合“捕捉自”功能绘制矩形结构，命令行操作如下。

```
命令: _rectang
指定第一个角点或 [倒角(C)/标高(E)/圆角(F)/厚度(T)/宽度(W)]: //激活“捕捉自”功能
_from 基点:                    //捕捉如图 6-53 所示的端点
<偏移>:                        //@0,545 Enter
指定另一个角点或 [面积(A)/尺寸(D)/旋转(R)]:
                               //@-2000,200 Enter，绘制结果如图 6-54 所示
```

（6）单击“默认”选项卡→“修改”面板→“阵列”按钮，选择刚绘制的矩形向上阵列 4 份，行间距为 800，结果如图 6-55 所示。

（7）单击“默认”选项卡→“修改”面板→“修剪”按钮，以四个矩形作为边界，对垂直轮廓线进行修剪，修剪结果如图 6-56 所示。单击“默认”选项卡→“绘图”面板→“构造线”按钮，配合延伸捕捉功能绘制如图 6-57 所示的水平构造线。

（8）单击“默认”选项卡→“修改”面板→“修剪”按钮，窗交选择如图 6-58 所示矩形作为边界，对构造线进行修剪，结果如图 6-59 所示。

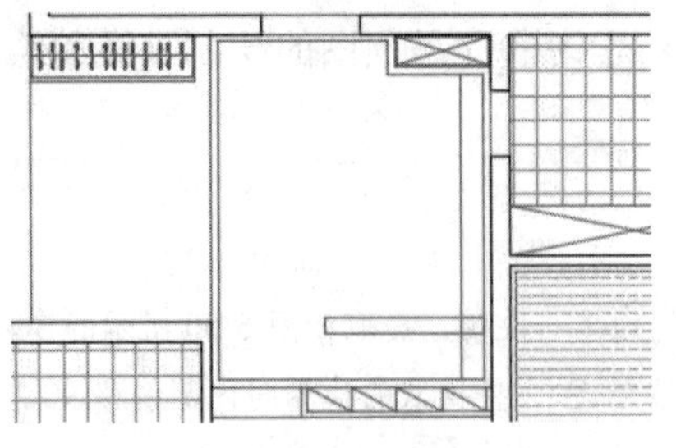
图 6-54　绘制结果

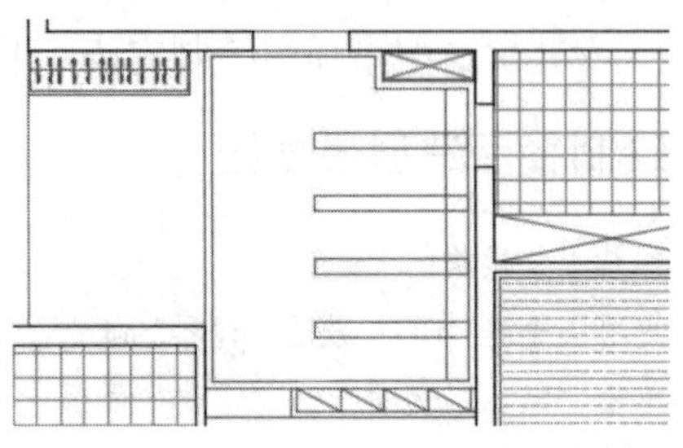
图 6-55　阵列结果

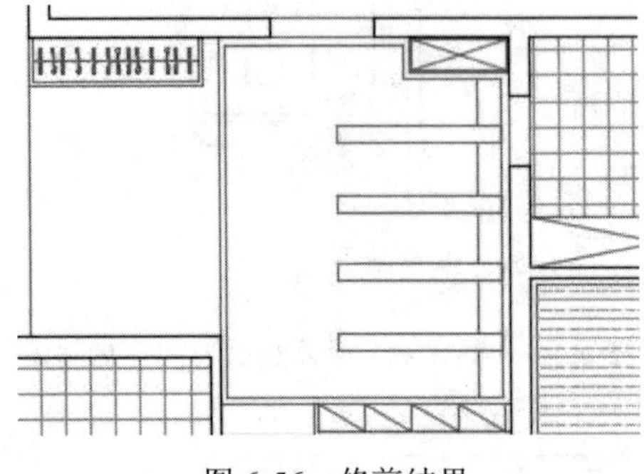
图 6-56　修剪结果

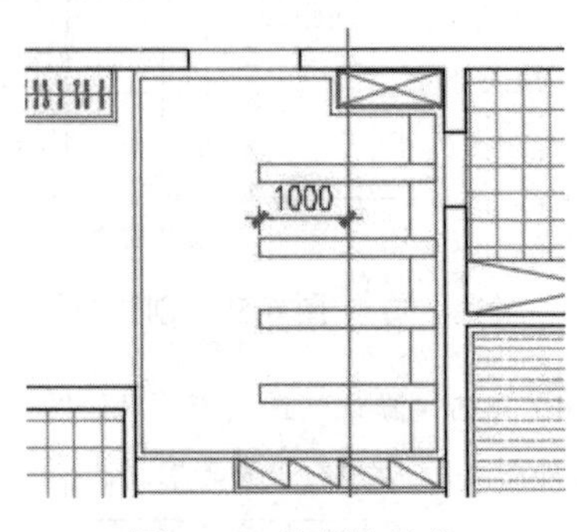

图 6-57　绘制构造线

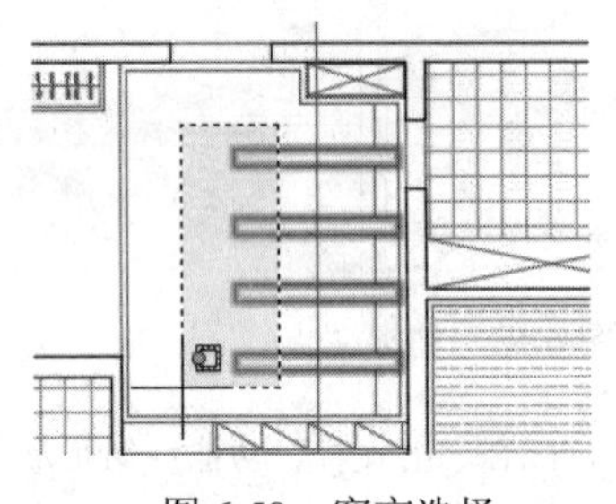
图 6-58　窗交选择

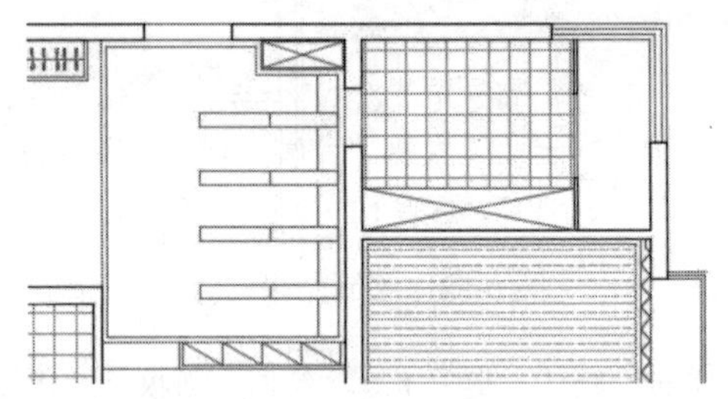
图 6-59　修剪结果

（9）单击“默认”选项卡→“绘图”面板→“图案填充”按钮，设置填充图案与参数如图 6-60 所示，填充如图 6-61 所示的图案。

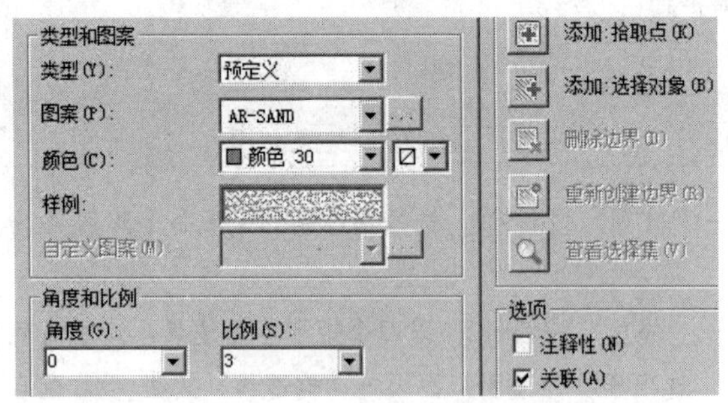

图 6-60　设置填充图案与参数

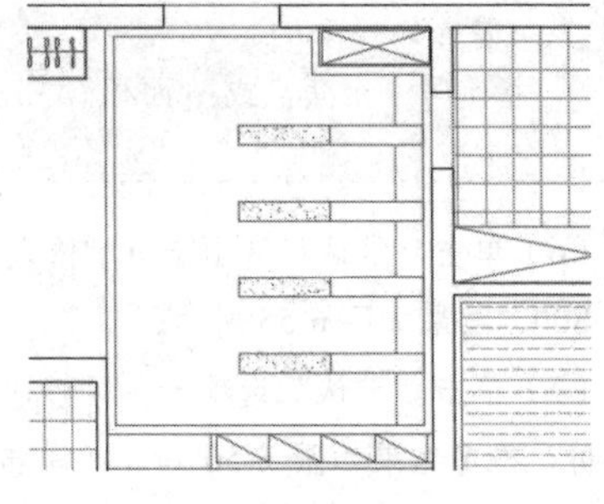
图 6-61　填充结果

（10）重复执行“图案填充”命令，设置填充图案与参数如图 6-62 所示，填充如图 6-63 所示的图案。

餐厅造型吊顶图绘制完毕，下一小节将学习书房和次卧室吊顶图的绘制过程和绘制技巧。

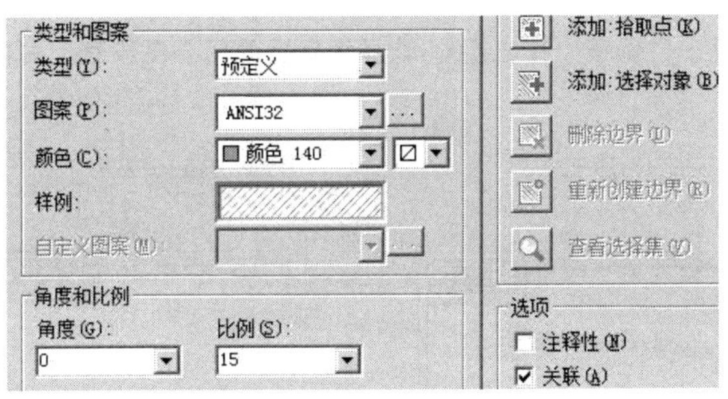

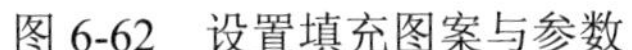
图 6-62　设置填充图案与参数

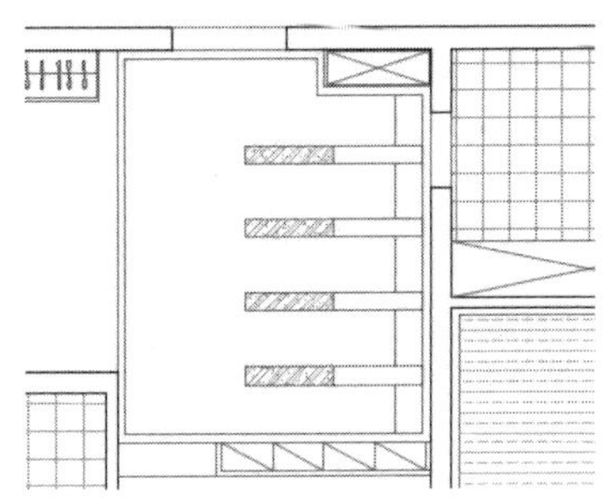
图 6-63　填充结果

6.4.5　绘制书房和次卧吊顶

（1）继续上节操作。

（2）单击“默认”选项卡→“绘图”面板→“构造线”按钮，绘制 6 条构造线，结果如图 6-64 所示。

（3）单击“默认”选项卡→“修改”面板→“偏移”按钮，将书房内的四条构造线分别向内侧偏移 90 个单位，并对其他构造线进行修剪和删除，结果如图 6-65 所示。

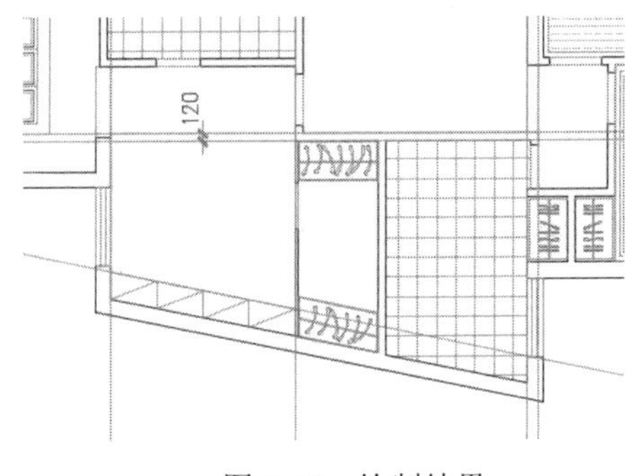

图 6-64　绘制结果

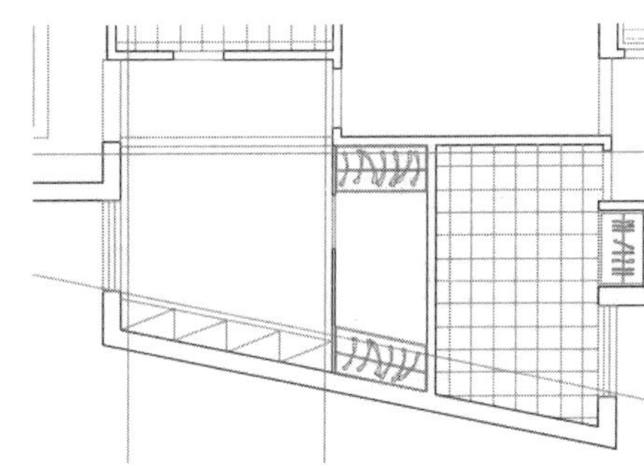
图 6-65　偏移结果

（4）单击“默认”选项卡→“修改”面板→“圆角”按钮，将圆角半径设置为 0，对构造线进行圆角，结果如图 6-66 所示。

（5）使用快捷键“pe”激活“编辑多段线”命令，将圆角后的四条图线编辑成一条多段线。命令行操作如下：

```
命令: PE                                  // Enter
PEDIT 选择多段线或 [多条(M)]:             //选择圆角后的其中一条图线
选定的对象不是多段线
是否将其转换为多段线? <Y>                 // Enter
输入选项 [闭合(C)/合并(J)/宽度(W)/编辑顶点(E)/拟合(F)/样条曲线(S)/非曲线化(D)/
线型生成(L)/反转(R)/放弃(U)]:             //J Enter
选择对象:                                 //分别选择圆角后的四条图线，如图 6-67 所示
选择对象:                                 // Enter
多段线已增加 3 条线段
输入选项 [闭合(C)/合并(J)/宽度(W)/编辑顶点(E)/拟合(F)/样条曲线(S)/非曲线化(D)/
线型生成(L)/反转(R)/放弃(U)]:             // Enter
```

（6）单击“默认”选项卡→“修改”面板→“偏移”按钮，选择编辑后的闭合多段线，向内侧偏移60，结果如图 6-68 所示。

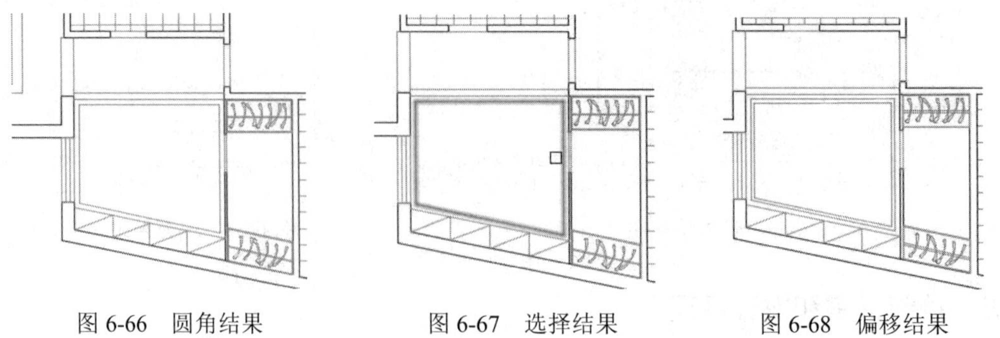

图 6-66　圆角结果　　图 6-67　选择结果　　图 6-68　偏移结果

（7）使用快捷键“BO”激活“边界”命令，在次卧室房间内拾取点，提取如图 6-69 所示的多段线边界。

（8）单击“默认”选项卡→“修改”面板→“偏移”按钮，将提取的边界向内侧偏移 90 和 150 个单位，并删除源对象，结果如图 6-70 所示。

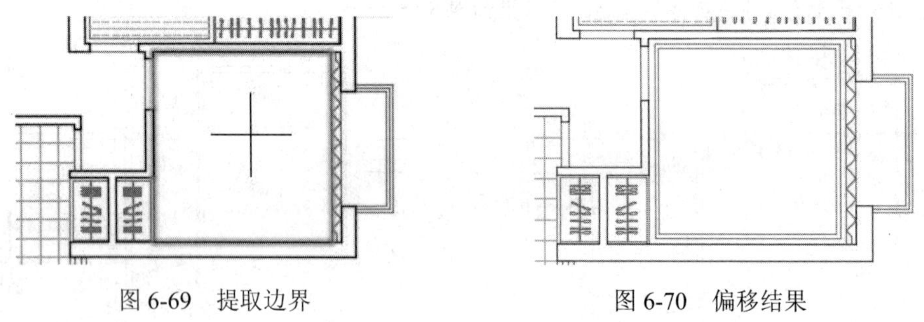

图 6-69　提取边界　　图 6-70　偏移结果

（9）最后执行“另存为”命令，将图形另名存储为“绘制多居室造型吊顶图.dwg”。

6.5　绘制多居室吊顶灯具图

本例主要学习多居室普通住宅吊顶灯具图的具体绘制过程和绘图技巧。多居室普通住宅吊顶灯具图的最终绘制效果，如图 6-71 所示。

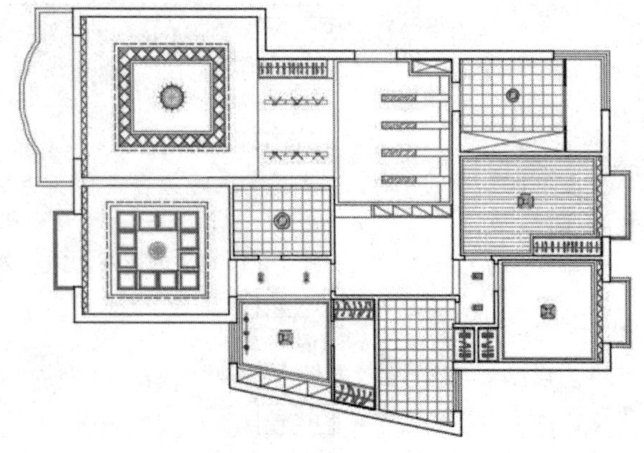

图 6-71　实例效果

6.5.1 绘制客厅与主卧灯带

（1）打开上例存储的“绘制多居室造型吊顶图.dwg”，或直接从随书光盘中的“\效果文件\第 6 章\”目录下调用此文件。

（2）使用快捷键“LT”激活“线型”命令，使用“线型管理器”对话框中的“加载”功能，加载一种名为“DASHED”的线型，并设置线型比例为 15，如图 6-72 所示。

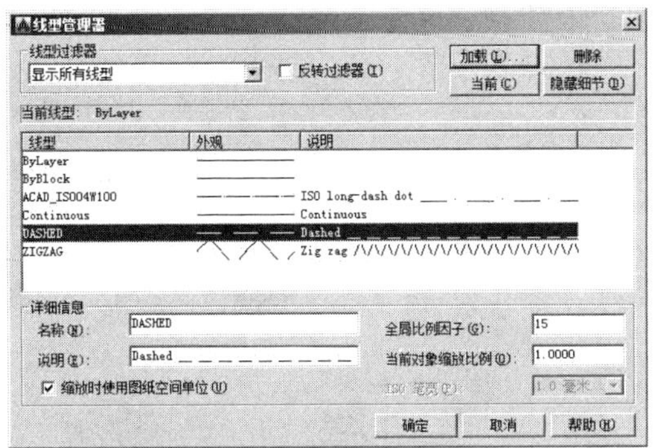

图 6-72 加载线型

（3）单击“默认”选项卡→“修改”面板→“偏移”按钮，选择如图 6-73 所示的轮廓线向外侧偏移 100 个单位，作为灯具轮廓线，结果如图 6-74 所示。

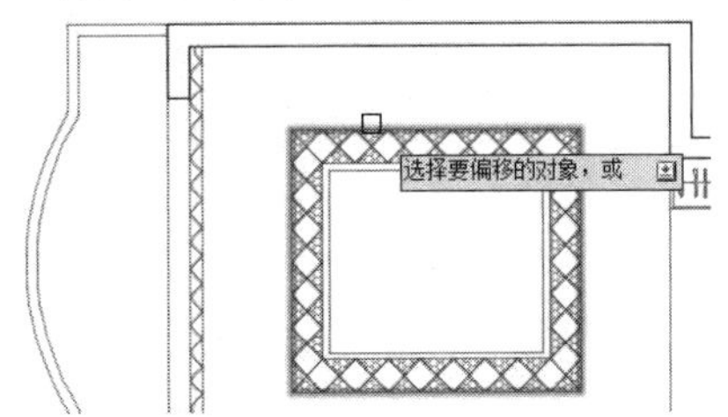

图 6-73 选择偏移对象

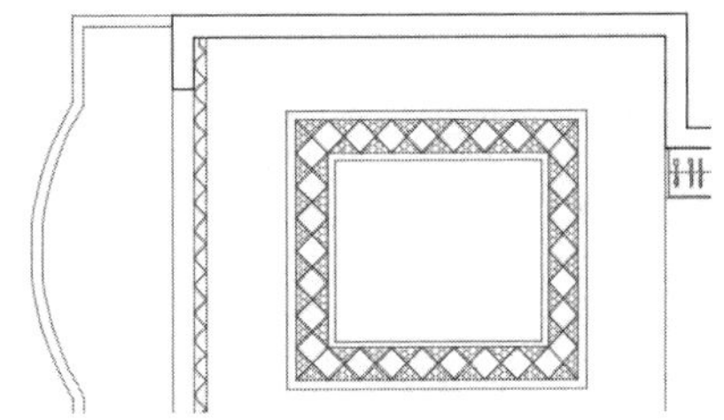

图 6-74 偏移结果

（4）在无命令执行的前提下单击刚偏移出的轮廓线，使其呈现夹点显示状态，如图 6-75 所示。

（5）按下 Ctrl+1 组合键，打开“特性”窗口，修改夹点图线的颜色特性和线型特性，如图 6-76 所示。

（6）关闭“特性”窗口，然后按 Esc 键取消对象的夹点显示，特性修改后的效果如图 6-77 所示。

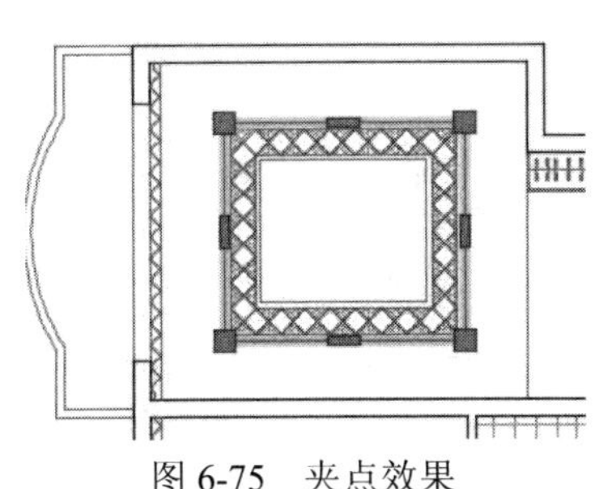

图 6-75 夹点效果

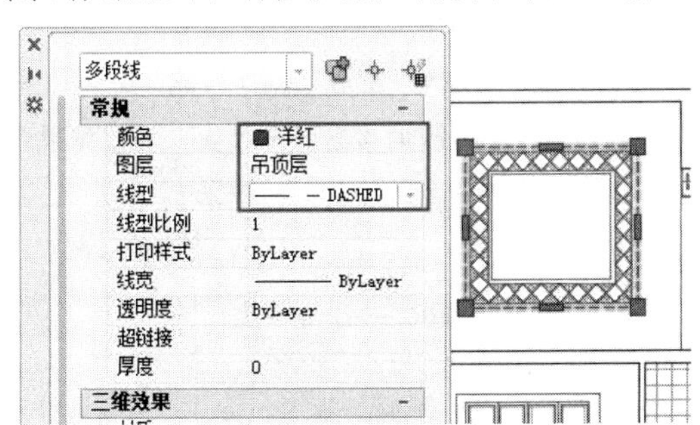

图 6-76 修改线型

（7）使用快捷键“PE”激活“编辑多段线”命令，将图 6-78 所示的 a、b、c、d 四条轮廓线编辑成一条多段线。命令行操作如下。

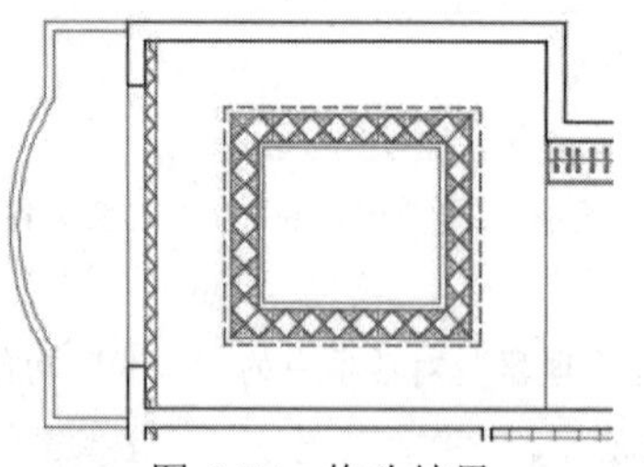
图 6-77　修改结果

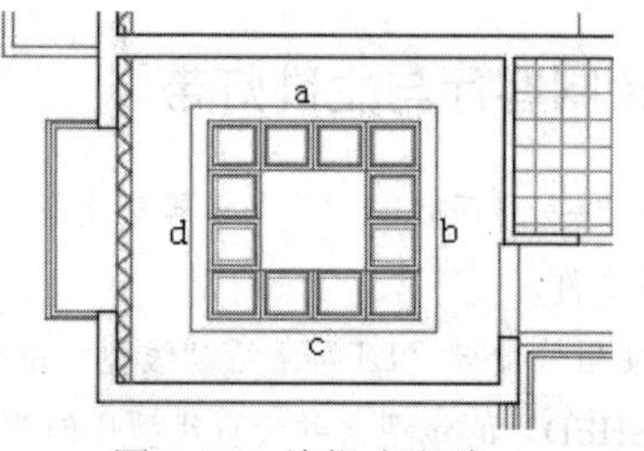

图 6-78　编辑多段线

```
    命令: PE                                    // Enter
    PEDIT 选择多段线或 [多条(M)]:               //m Enter
    选择对象:                                   //选择图 6-78 所示的轮廓线 a
    选择对象:                                   //选择轮廓线 b
    选择对象:                                   //选择轮廓线 c
    选择对象:                                   //选择轮廓线 d
    选择对象:                                   // Enter
    是否将直线、圆弧和样条曲线转换为多段线? [是(Y)/否(N)]? <Y>  // Enter
    输入选项 [闭合(C)/打开(O)/合并(J)/宽度(W)/拟合(F)/样条曲线(S)/非曲线化(D)/线型
生成(L)/反转(R)/放弃(U)]:                        // J Enter
    合并类型 = 延伸
    输入模糊距离或 [合并类型(J)] <0.0>:  // Enter
    多段线已增加 3 条线段
    输入选项 [闭合(C)/打开(O)/合并(J)/宽度(W)/拟合(F)/样条曲线(S)/非曲线化(D)/线型
生成(L)/反转(R)/放弃(U)]:                        // Enter, 合并后的夹点效果如图 6-79 所示
```

（8）单击“默认”选项卡→“修改”面板→“偏移”按钮，夹点显示的多段线向外侧偏移 90 个单位，结果如图 6-80 所示。

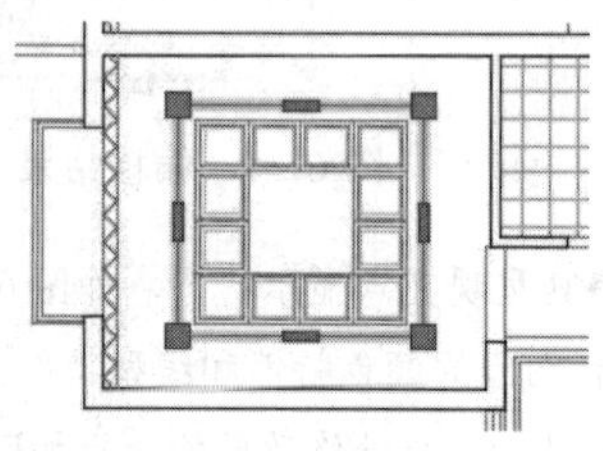
图 6-79　多段线夹点效果

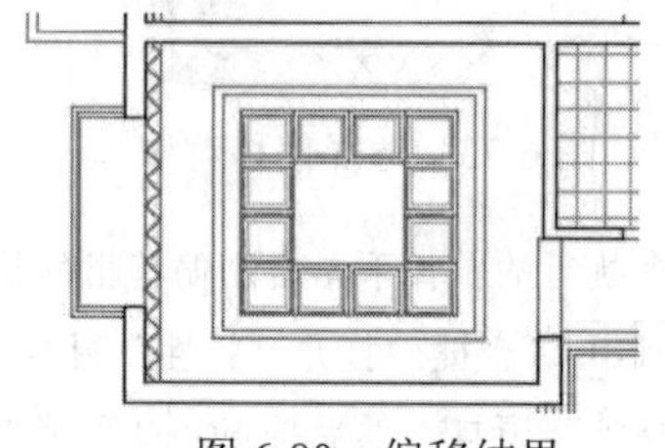
图 6-80　偏移结果

（9）使用快捷键“MA”激活“特性匹配”命令，选择如图 6-81 所示的灯带轮廓线作为源对象，将其线型特性和颜色特性匹配给刚偏移出的多段线，匹配结果如图 6-82 所示。

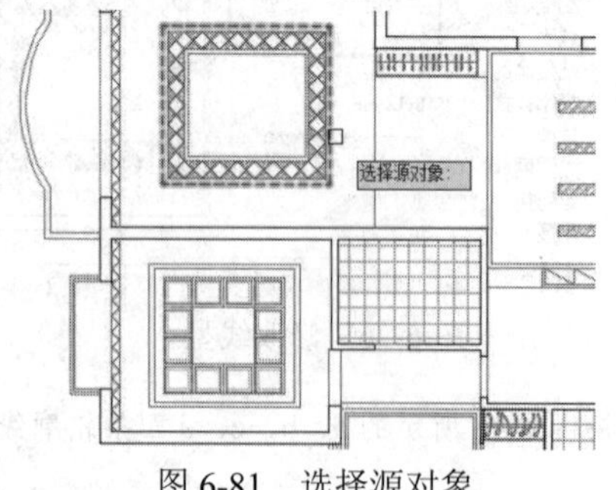

图 6-81　选择源对象

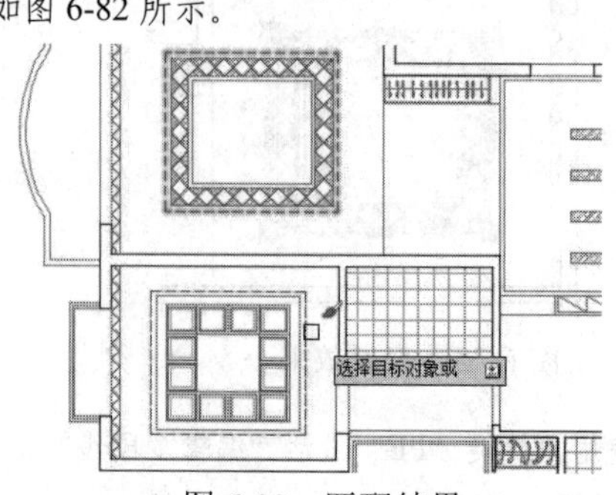

图 6-82　匹配结果

至此，吊顶灯带轮廓线绘制完毕，下一小节将学习客厅艺术吊灯的布置过程和布置制技巧。

6.5.2 布置客厅吊顶艺术吊灯

（1）继续上节操作。

（2）打开状态栏上的“对象捕捉”与“对象追踪”功能。

（3）使用快捷键“LA”激活“图层”命令，在打开的“图层特性管理器”对话框中创建名为“灯具层”的新图层，图层颜色为230号色，并将此图层设置为当前图层。

（4）单击“默认”选项卡→“块”面板→“插入块”按钮，在打开的“插入”对话框中单击 浏览(B)... 按钮，然后选择随书光盘中的“\图块文件\艺术吊灯1.dwg”。

（5）返回“插入”对话框，设置块的插入参数如图6-83所示，将图块插入客厅吊顶图中。

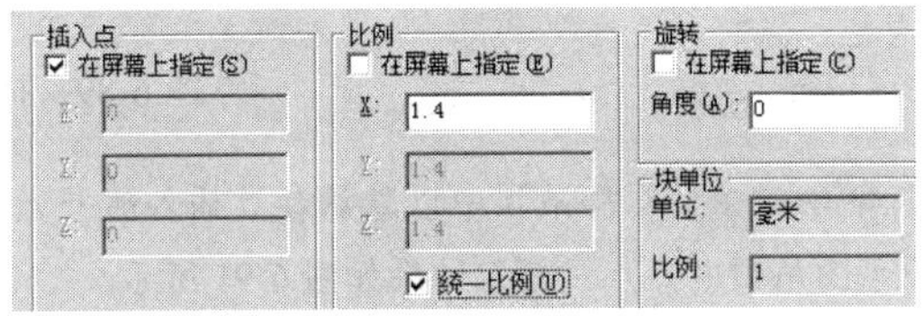

图6-83 设置参数

（6）在命令行“指定插入点或 [基点（B）/比例（S）/旋转（R）]:”提示下，配合“对象捕捉”和“对象追踪”功能，引出如图6-84所示的两条追踪矢量。

（7）接下来捕捉两条追踪矢量的交点作为图块的插入点，插入结果如图6-85所示。

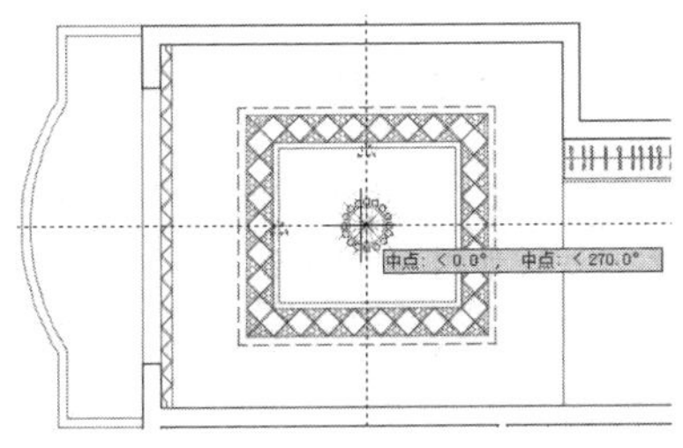

图6-84 引出中点追踪虚线

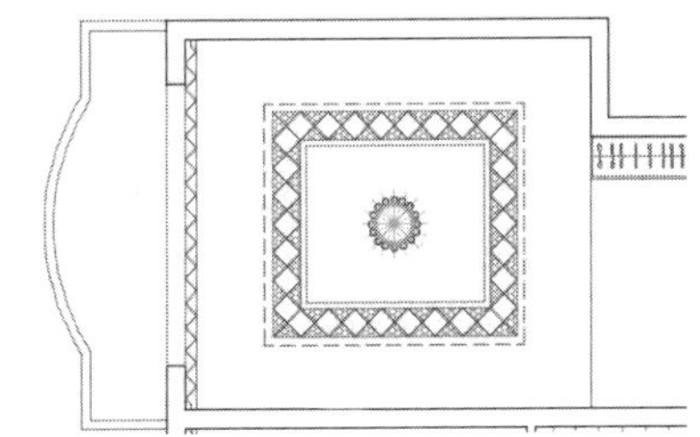

图6-85 插入结果

接下来为卧室书房等房间吊顶布置造型灯具。

6.5.3 布置卧室书房造型灯具

（1）继续上节操作。

（2）单击“默认”选项卡→“块”面板→“插入块”按钮，，在打开的“插入”对话框中单击 浏览(B)... 按钮，然后选择随书光盘中的“\图块文件\造型灯具02.dwg”。

（3）返回绘图区，配合“对象捕捉”和“对象追踪”功能，以默认参数将图块插入主卧室吊顶中，插入点为图6-86所示的追踪矢量和延伸矢量的交点，插入结果如图6-87所示。

（4）重复执行“插入块”命令，在书房吊顶中以默认参数插入随书光盘中的“\图块文件\造型灯具01.dwg”。

（5）返回绘图区，在命令行“指定插入点或 [基点（B）/比例（S）/旋转（R）]:”提示下，捕捉吊顶的几何中心点作为插入点，如图6-88所示，插入结果如图6-89所示。

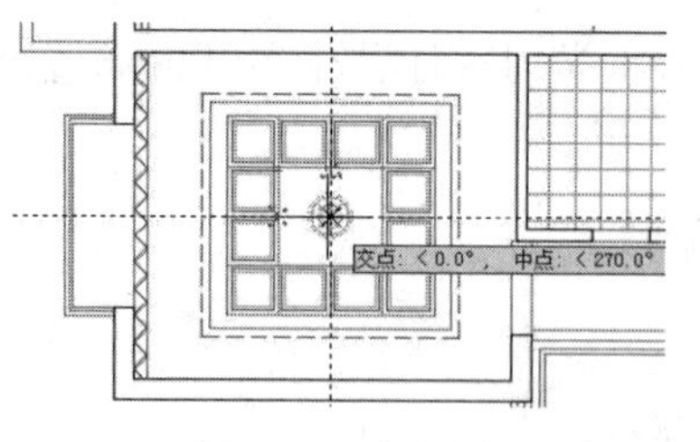

图 6-86 定位插入点

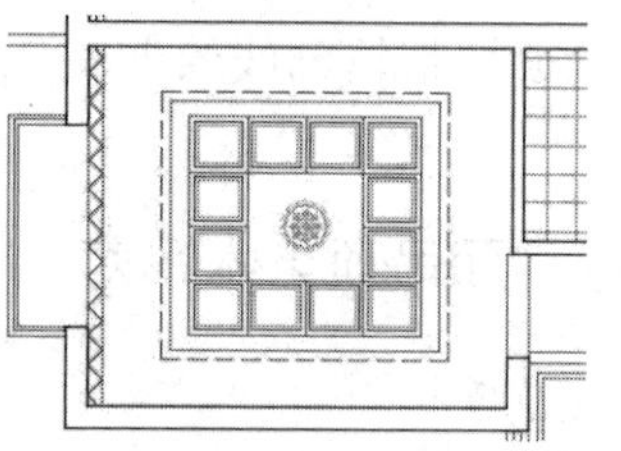

图 6-87 插入结果

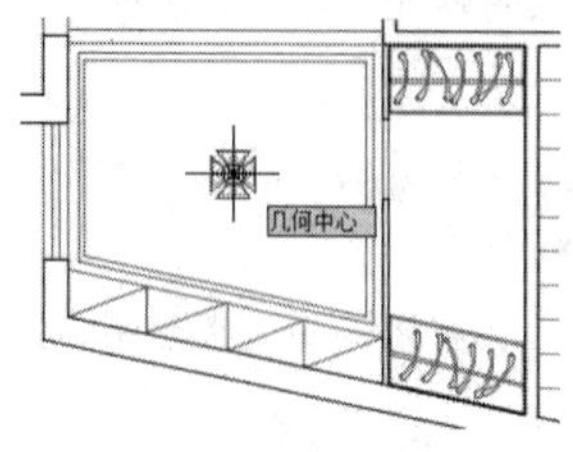

图 6-88 定位插入点

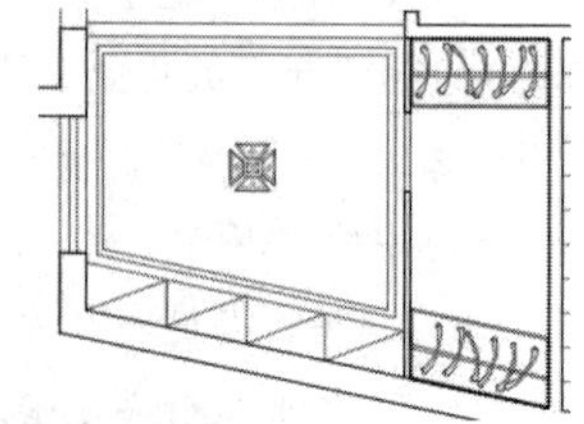

图 6-89 插入结果

（6）重复执行“插入块”命令，在女儿房吊顶中以默认参数插入随书光盘中的“\图块文件\造型灯具01.dwg”，插入点为图 6-90 所示的吊顶中心点，插入结果如图 6-91 所示。

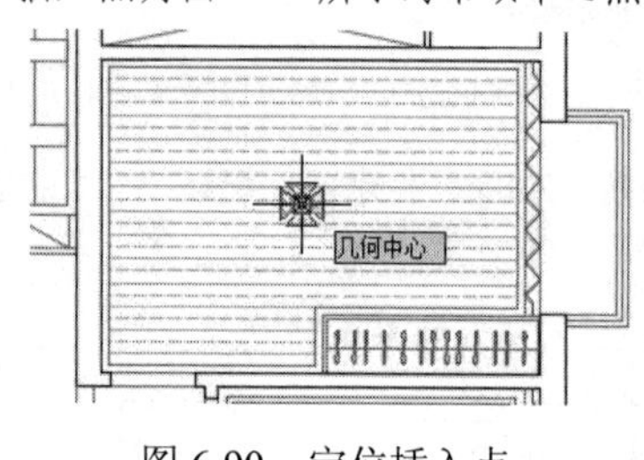

图 6-90 定位插入点

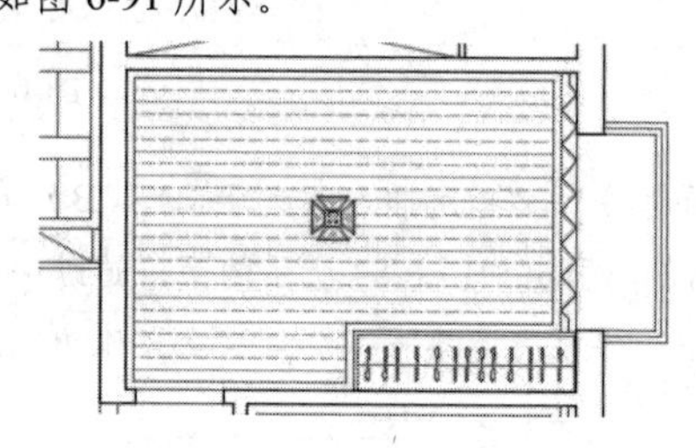

图 6-91 插入结果

（7）重复执行“插入块”命令，在次卧室吊顶中以默认参数插入随书光盘中的“\图块文件\造型灯具01.dwg”，插入点为图 6-92 所示的中点追踪虚线的交点，插入结果如图 6-93 所示。

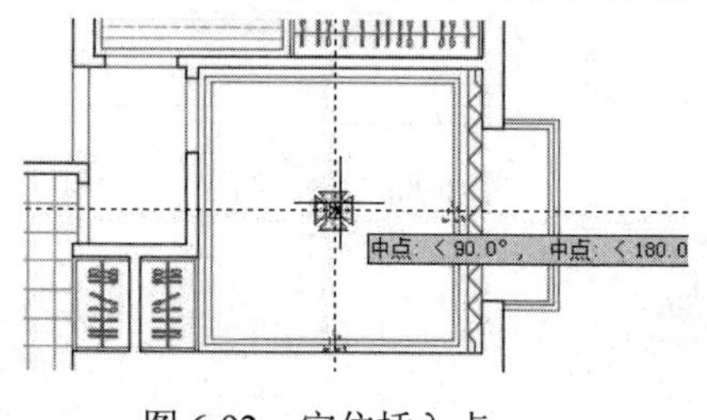

图 6-92 定位插入点

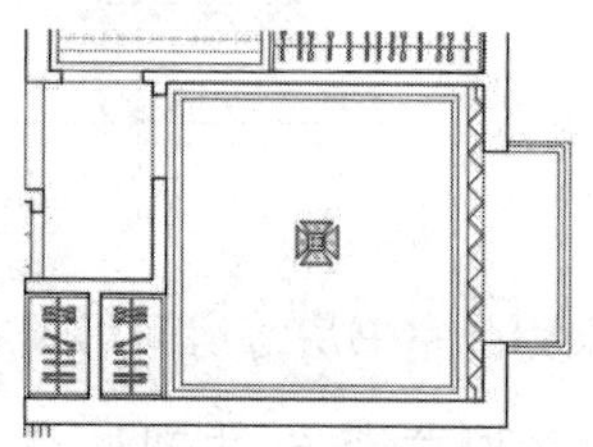

图 6-93 插入结果

至此，主卧室、书房以及次卧室造型灯具布置完毕，在定位插入点时，要注意捕捉与追踪功能的双重应用技能以及几何中心点的巧妙捕捉技能。下一小节将学习吸顶灯的快速布置技能。

6.5.4 布置厨房卫生间吸顶灯

（1）继续上节操作。

（2）单击“默认”选项卡→“绘图”面板→“直线”按钮，配合“交点捕捉”功能绘制如图 6-94 所示的灯具定位辅助线。

（3）单击“默认”选项卡→“块”面板→“插入块”按钮，在打开的“插入”对话框中单击 浏览(B)... 按钮，然后选择随书光盘中的“\图块文件\吸顶灯.dwg”。

（4）返回“插入”对话框设置缩放比例为0.8，将图块插入厨房吊顶中。

（5）在命令行“指定插入点或 [基点（B）/比例（S）/旋转（R）]:”提示下，捕捉灯具定位辅助线的中点作为插入点，插入结果如图6-95所示。

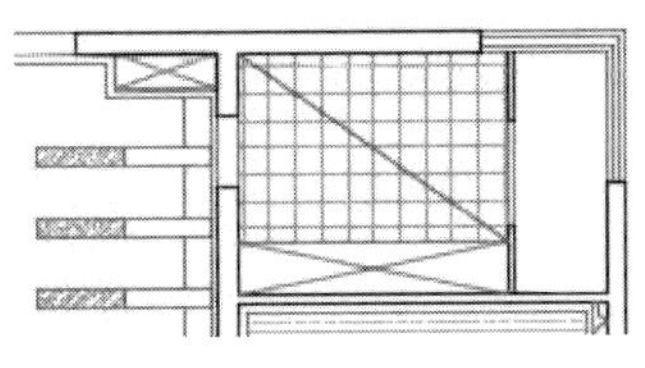
图6-94　绘制辅助线

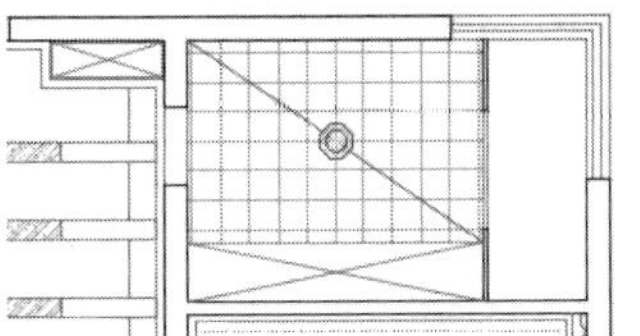
图6-95　插入结果

（6）删除辅助线，然后重复执行“插入块”命令，以默认参数插入随书光盘中的“\图块文件\吸顶灯03.dwg”。

（7）在命令行“指定插入点或 [基点（B）/比例（S）/旋转（R）]:”提示下，激活“两点之间的中点”功能。

（8）在“_m2p 中点的第一点: ”提示下捕捉如图6-96所示的交点。

（9）继续在“中点的第二点:”提示下捕捉如图6-97所示的交点，插入结果如图6-98所示。

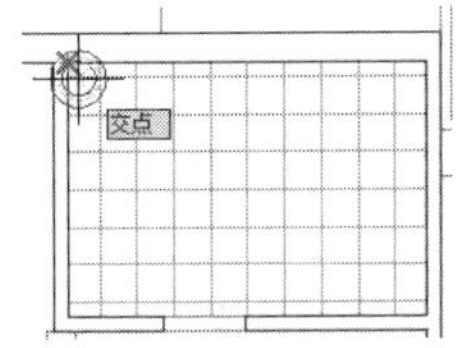

图6-96　捕捉交点

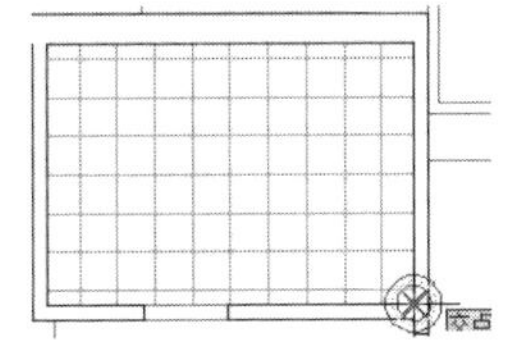

图6-97　捕捉交点

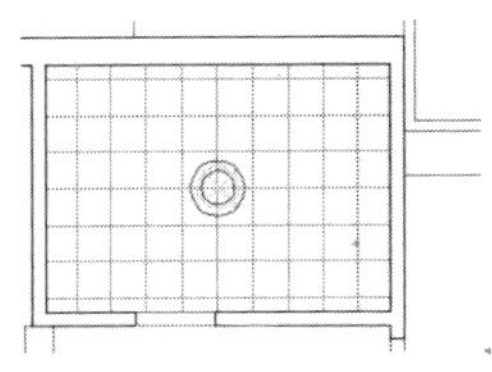
图6-98　插入结果

至此，吊顶吸顶灯具布置完毕，下一小节将学习转向灯、轨道射灯和双头雷士射灯的快速布置技能。

6.5.5　布置转向灯和轨道射灯

（1）继续上节操作。

（2）单击“默认”选项卡→“块”面板→“插入块”按钮，以默认参数插入随书光盘中的“\图块文件\转向灯.dwg”。

（3）在命令行“指定插入点或 [基点（B）/比例（S）/旋转（R）]:”提示下，激活“两点之间的中点”功能。

（4）在“_m2p 中点的第一点: ”提示下捕捉如图6-99所示的交点。

（5）继续在“中点的第二点:”提示下捕捉如图6-100所示的交点，插入结果如图6-101所示。

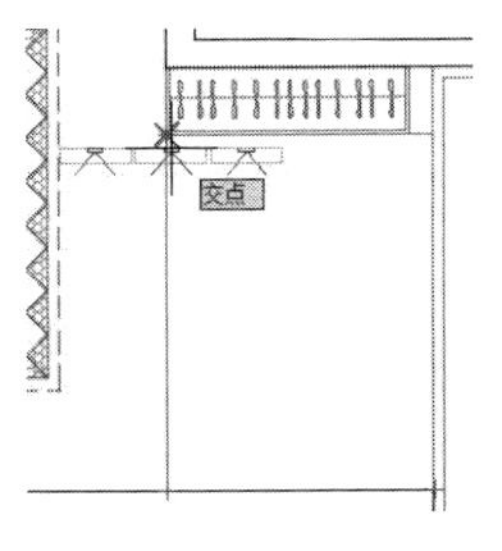

图6-99　捕捉交点

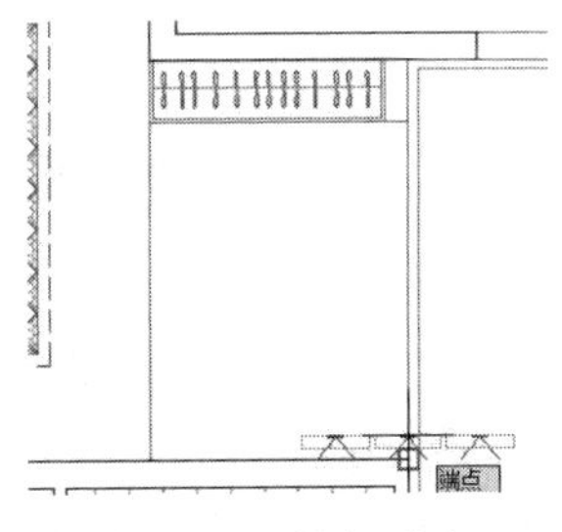

图6-100　捕捉端点

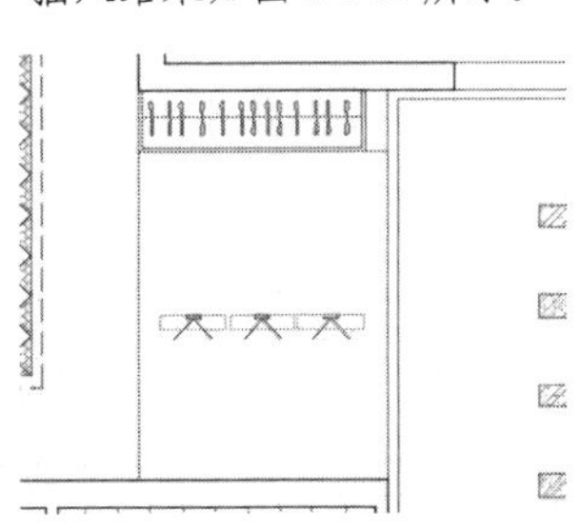
图6-101　插入结果

（6）使用快捷键“M”激活“移动”命令，选择转向灯图块，垂直下移695个单位，结果如图6-102所示。

（7）单击“默认”选项卡→“修改”面板→“镜像”按钮，配合“中点捕捉”和“极轴追踪”功能对转向灯进行镜像，镜像线上的点为图6-103所示中点，镜像结果如图6-104所示。

（8）单击“默认”选项卡→“块”面板→“插入块”按钮，以默认参数插入随书光盘中的“\图块文件\轨道射灯.dwg”。

（9）在命令行“指定插入点或 [基点（B）/比例（S）/旋转（R）]:”提示下，激活“捕捉自”功能。

（10）在命令行“ _from 基点: ”提示下捕捉如图6-105所示的端点。

（11）继续在命令行“<偏移>:”提示下，输入 @145,860.4 后按Enter键，插入结果如图6-106所示。

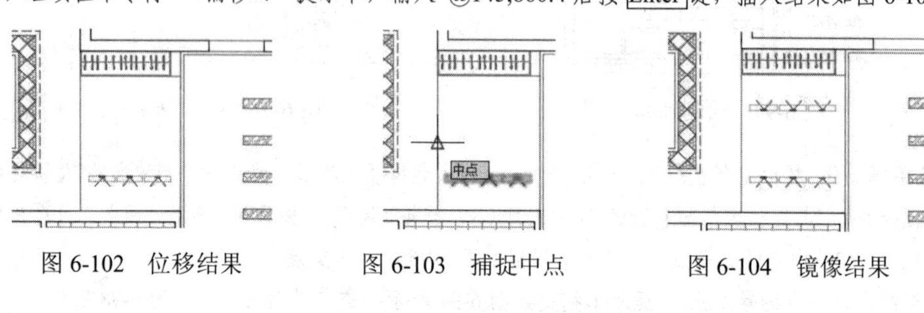

图6-102　位移结果　　图6-103　捕捉中点　　图6-104　镜像结果

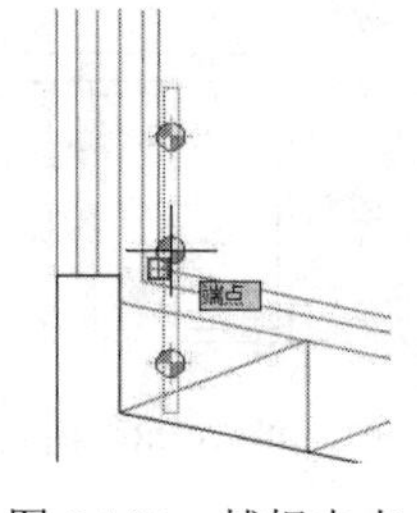

图6-105　捕捉中点

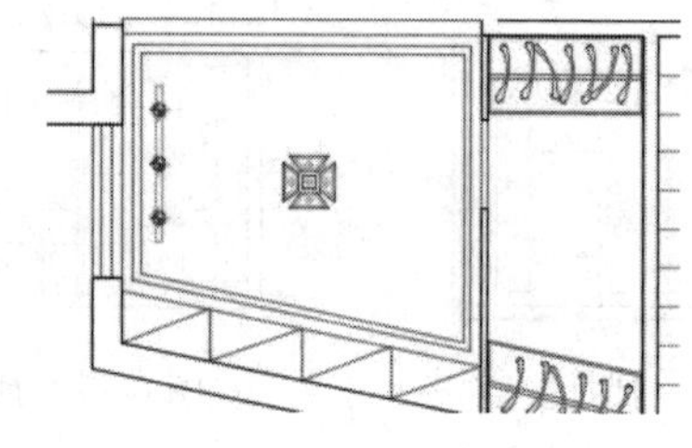

图6-106　插入结果

（12）单击“默认”选项卡→“块”面板→“插入块”按钮，插入随书光盘中的“\图块文件\双头雷士射灯.dwg”，块参数设置如图6-107所示。

（13）返回绘图区在命令行“指定插入点或 [基点（B）/比例（S）/旋转（R）]:”提示下水平向左引出如图6-108所示的中点追踪虚线。

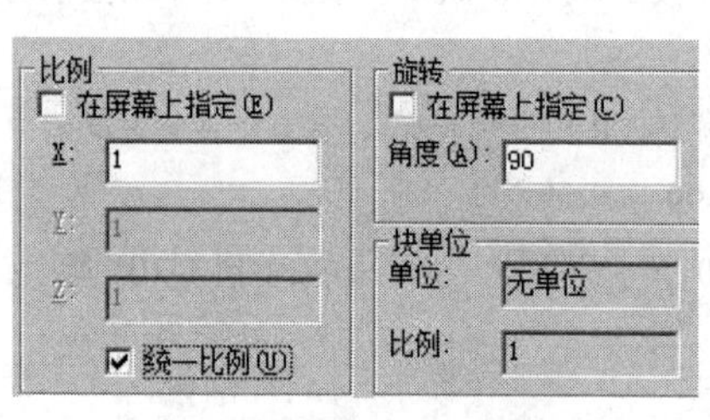

图6-107　设置块参数

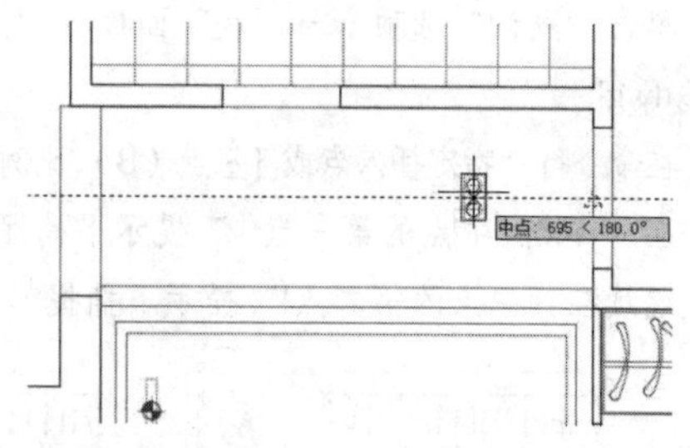

图6-108　引出中点追踪虚线

（14）此时在命令行输入750后按Enter键，定位插入点。

（15）单击“默认”选项卡→“修改”面板→“镜像”按钮，选择雷士射灯进行镜像，镜像线上的点为图6-109所示中点，镜像结果如图6-110所示。

（16）使用快捷键“L”激活“直线”命令，配合端点捕捉功能绘制如图6-111所示的辅助线，然后以辅助线中点作为插入点，以默认参数再次插入随书光盘中的“\图块文件\双头雷士射灯.dwg”，结果如图 6-112 所示。

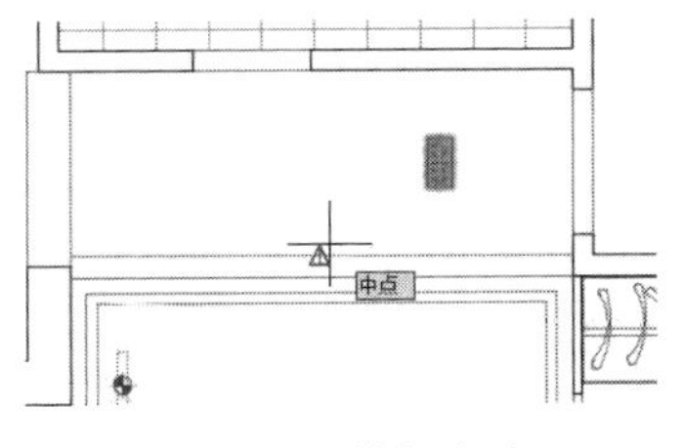

图 6-109 捕捉中点

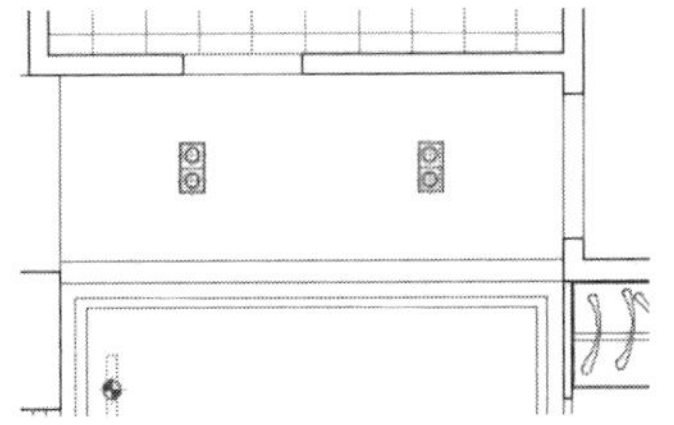

图 6-110 镜像结果

（17）使用快捷键“M”激活“移动”命令，选择插入的灯具图块垂直下移 450 个单位，结果如图 6-113 所示。

（18）单击“默认”选项卡→“修改”面板→“镜像”按钮，以辅助线中点作为镜像线上的点，对位移后的射灯进行镜像，并删除辅助线，结果如图 6-114 所示。

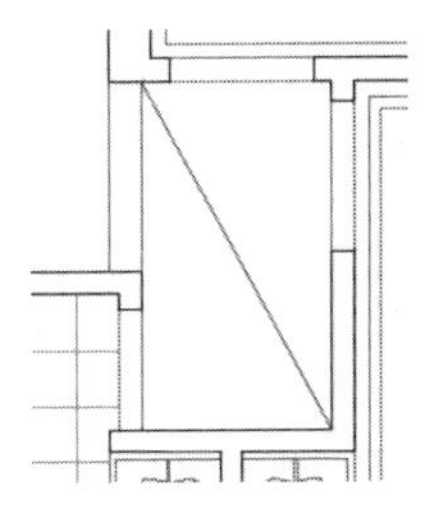

图 6-111 绘制辅助线

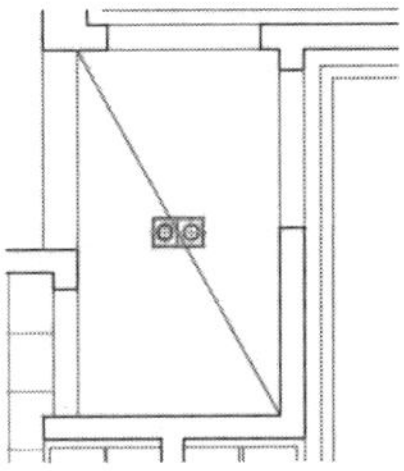

图 6-112 插入结果

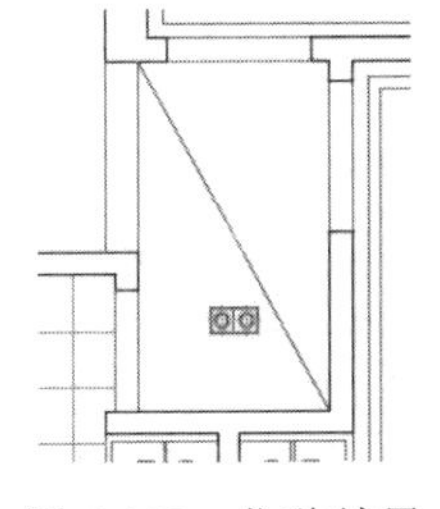

图 6-113 位移结果

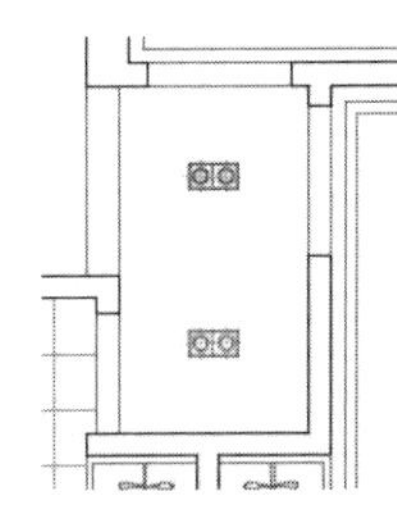

图 6-114 镜像结果

（19）最后执行“另存为”命令，将图形命名存储为“绘制多居室吊顶灯具图.dwg”。

6.6 绘制多居室吊顶辅助灯具

本例主要学习多居室普通住宅吊顶辅助灯具图的具体绘制过程和绘图技巧。多居室普通住宅吊顶辅助灯具图的最终绘制效果，如图 6-115 所示。

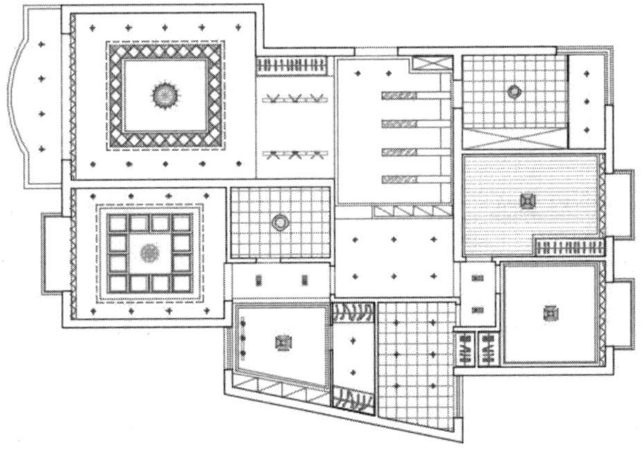

图 6-115 实例效果

6.6.1 绘制客厅吊顶辅助灯具

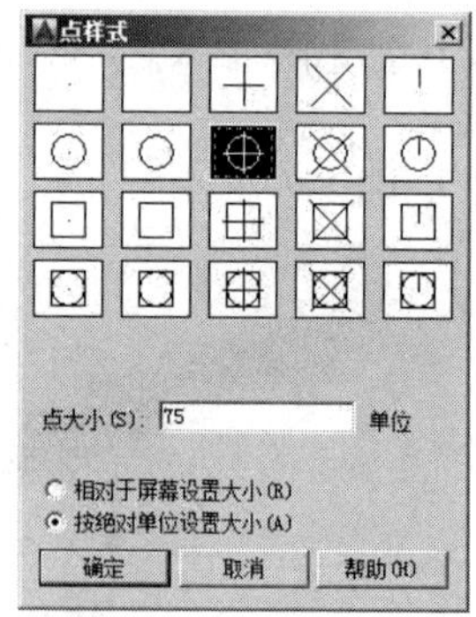

图 6-116 加载线型

（1）打开上例存储的“绘制多居室吊顶灯具图.dwg”。

（2）单击“默认”选项卡→“实用工具”面板→“点样式”按钮，在打开的“点样式”对话框中设置当前点的样式和点的大小，如图 6-116 所示。

（3）单击“默认”选项卡→“修改”面板→“偏移”按钮，选择如图 6-117 所示的客厅灯带轮廓线，向外侧偏移 400 个单位，结果如图 6-118 所示。

（4）单击“默认”选项卡→“修改”面板→“移动”按钮 “分解”按钮，将偏移出的对象分解。

（5）单击“默认”选项卡→“绘图”面板→“定数等分”按钮，选择上侧的水平辅助线，将其等分四份，在等分点处放置三个点标记作为筒灯，如图 6-119 所示。

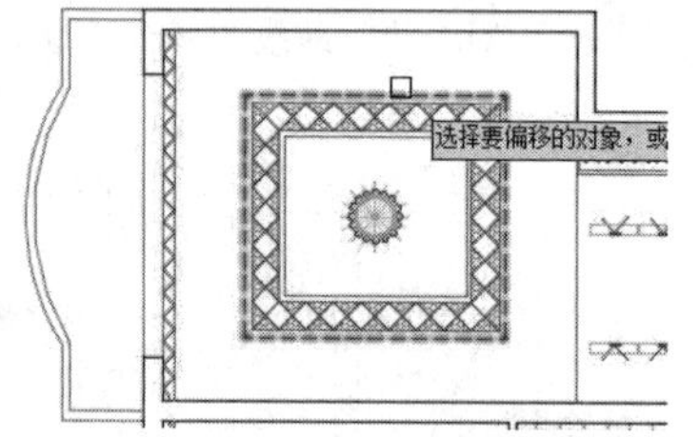

图 6-117 选择对象

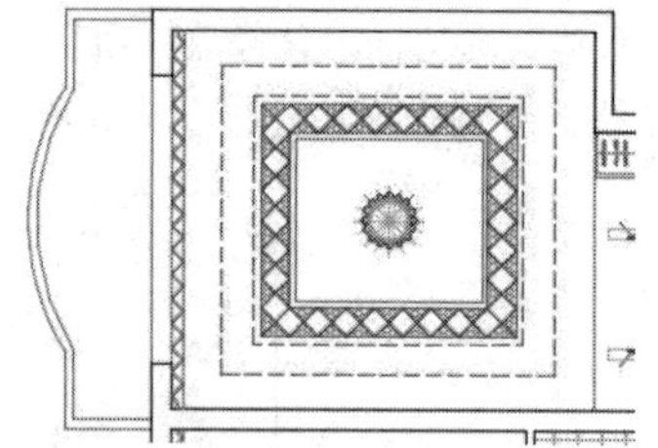
图 6-118 偏移结果

（6）单击“默认”选项卡→“绘图”面板→“多点” 按钮，在水平辅助线的两端绘制两个点作为筒灯，如图 6-120 所示。

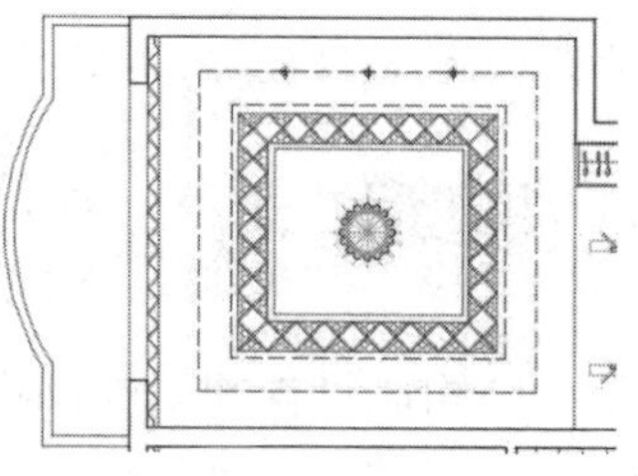
图 6-119 选择对象

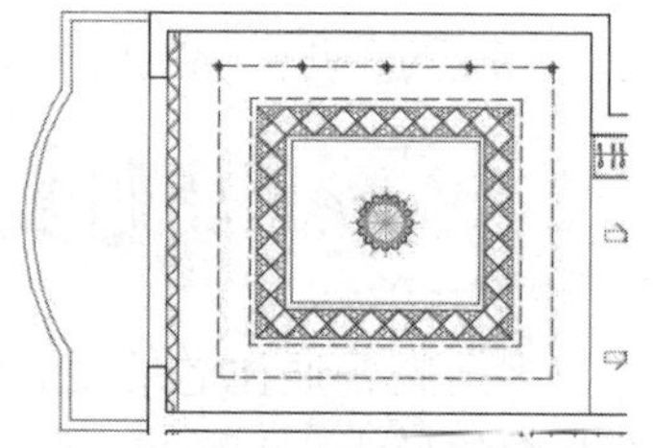
图 6-120 偏移结果

（7）单击“默认”选项卡→“修改”面板→“镜像”按钮，捕捉如图 6-121 所示辅助线中点为镜像线上的点，对五个筒灯进行镜像，并删除辅助线，结果如图 6-122 所示。

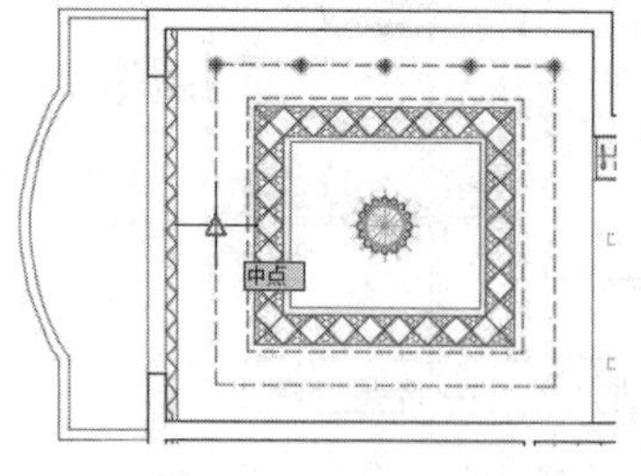

图 6-121 捕捉中点

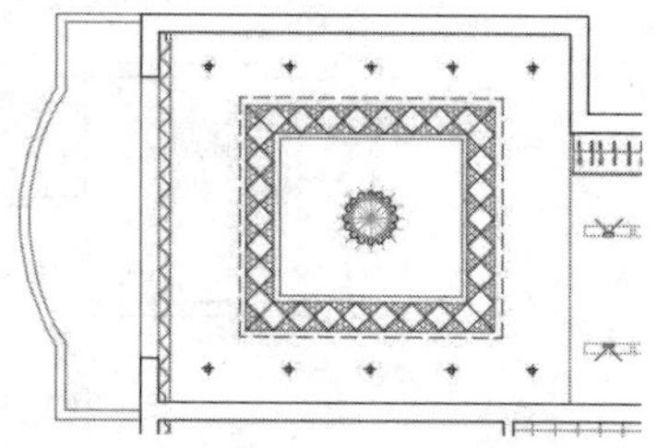
图 6-122 镜像结果

至此，客厅辅助灯具绘制完毕，下一小节将学习主卧室辅助灯具的绘制过程。

6.6.2 绘制主卧吊顶辅助灯具

（1）继续上节操作。

（2）单击“默认”选项卡→“修改”面板→“偏移”按钮，将主卧室窗帘盒向右偏移 505，将灯带向外侧偏移 240，结果如图 6-123 所示。

（3）重复执行“偏移”命令，将偏移了的垂直辅助线向右偏移 3300 个单位，结果如图 6-124 所示。

（4）使用快捷键“tr”激活“修剪”命令，选择如图 6-125 所示的两条垂直辅助线作为修剪边界，对偏移出的灯带进行修剪，结果如图 6-126 所示。

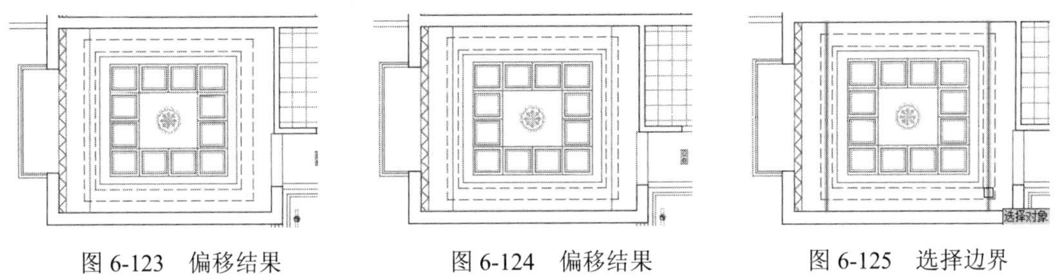

图 6-123 偏移结果　　图 6-124 偏移结果　　图 6-125 选择边界

（5）单击“默认”选项卡→“绘图”面板→“定距等分”按钮，分别在两条水平辅助线的左端单击，将水平辅助线定距等分，等分距离为 1100，等分结果如图 6-127 所示。

（6）单击“默认”选项卡→“绘图”面板→“多点”按钮，在水平辅助线的两端绘制两个点作为筒灯，如图 6-128 所示。

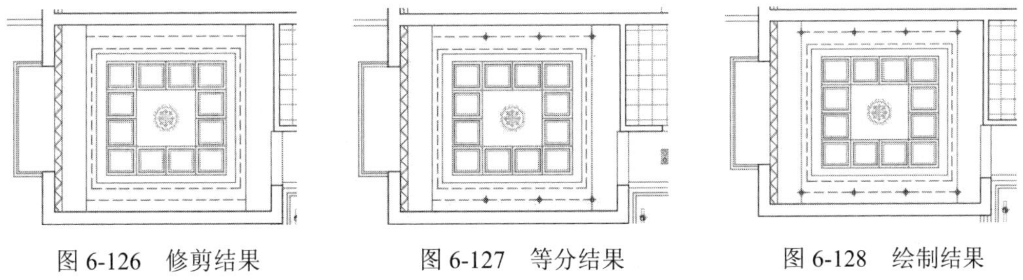

图 6-126 修剪结果　　图 6-127 等分结果　　图 6-128 绘制结果

（7）在无命令执行的前提下夹点显示如图 6-129 所示辅助线，然后按 Delete 键，将其删除，结果如图 6-130 所示。

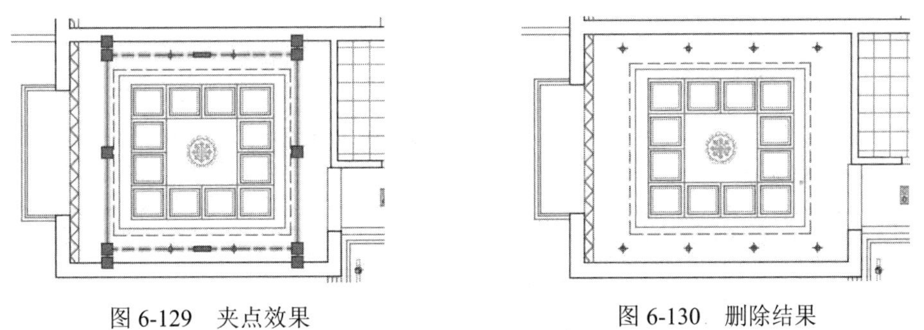

图 6-129 夹点效果　　图 6-130 删除结果

至此，主卧室辅助灯具绘制完毕，下一小节将学习卫生间吊顶辅助灯具的绘制过程。

6.6.3 绘制过道吊顶辅助灯具

（1）继续上节操作。

（2）使用快捷键“O”激活“偏移”命令，选择图 6-131 所示的图线 1 向下偏移 600 和 1650；选择图线 2 向右偏移 600；选择图线 3 向左偏移 600，偏移结果如图 6-132 所示。

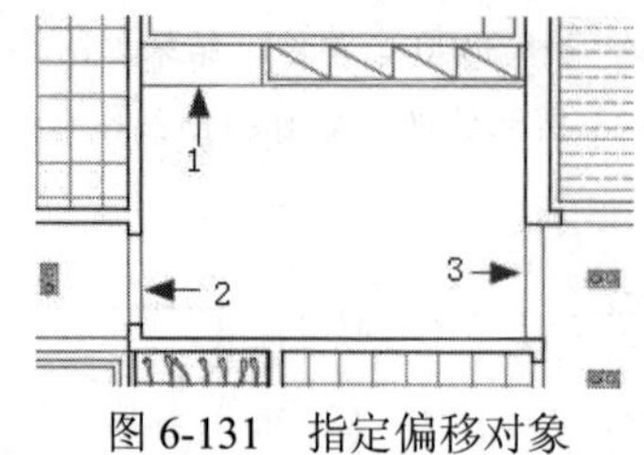

图 6-131 指定偏移对象

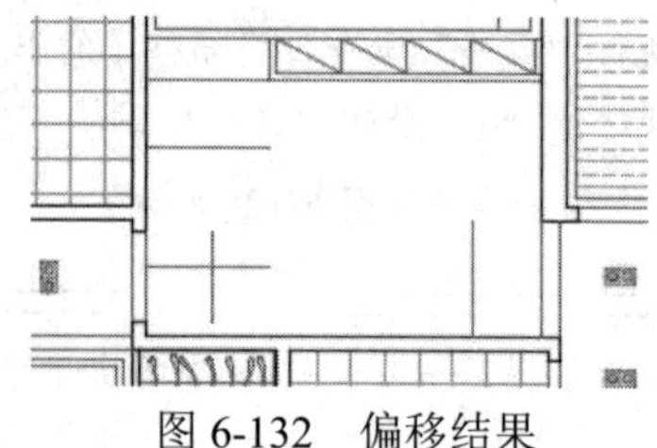
图 6-132 偏移结果

（3）使用快捷键“F”激活“圆角”命令，将圆角半径设置为 0，对偏移出的四条图线进行圆角，圆角结果如图 6-133 所示。

（4）单击“默认”选项卡→“绘图”面板→“多点” 按钮，配合端点和中点捕捉，绘制如图 6-134 所示的六个点作为筒灯。

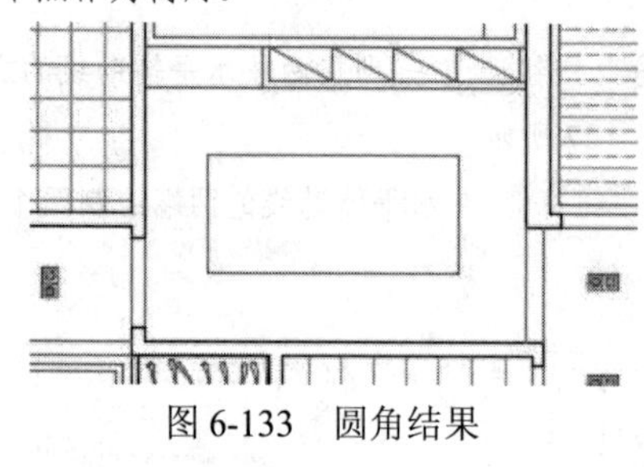
图 6-133 圆角结果

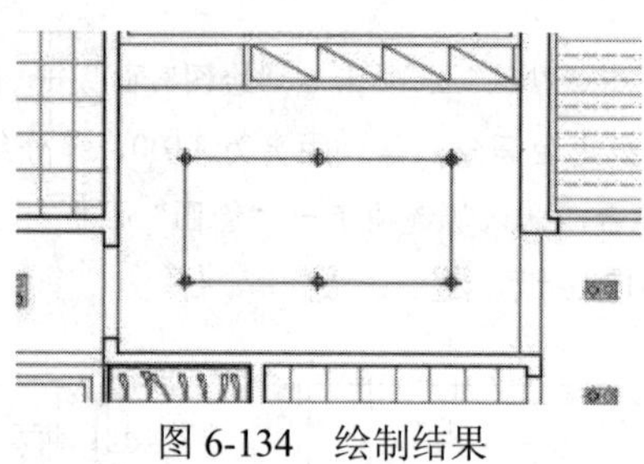
图 6-134 绘制结果

（5）单击“默认”选项卡→“绘图”面板→“直线”按钮，配合捕捉与追踪功能绘制如图 6-135 所示的灯具定位辅助线。

（6）单击“默认”选项卡→“绘图”面板→“多点” 按钮，向右引出如图 6-136 所示的端点追踪虚线，输入 610 按 Enter 键。

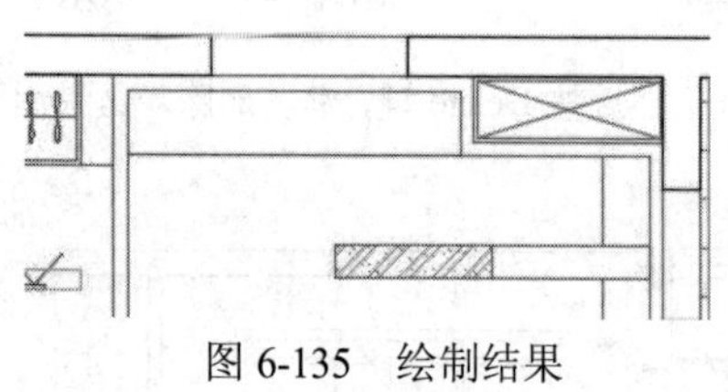
图 6-135 绘制结果

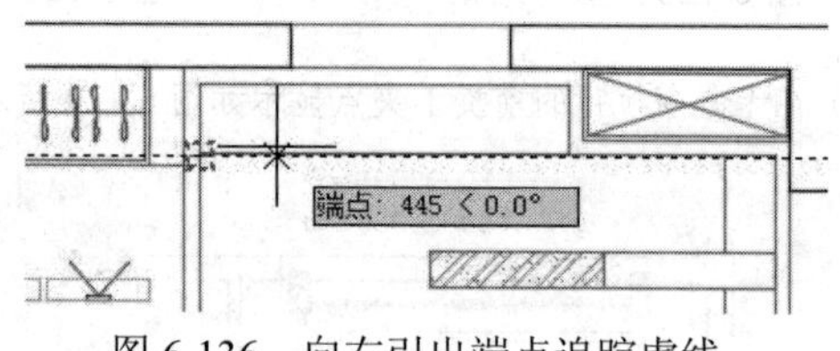

图 6-136 向右引出端点追踪虚线

（7）继续根据命令行的提示向左引出如图 6-137 所示的端点追踪虚线，输入 610 按 Enter，绘制点作为筒灯，结果如图 6-138 所示。

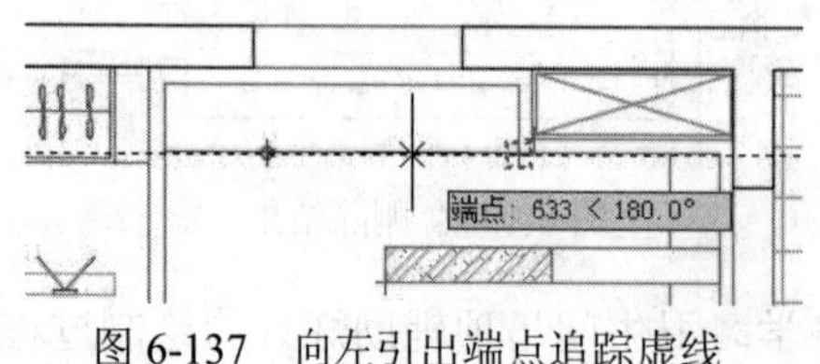

图 6-137 向左引出端点追踪虚线

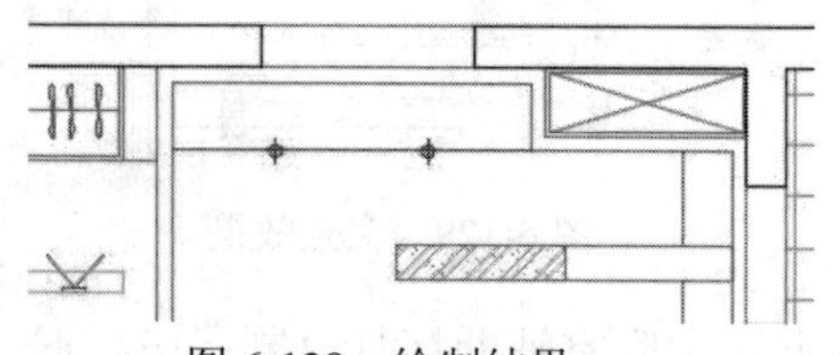
图 6-138 绘制结果

（8）在命令执行的前提下夹点显示如图 6-139 所示的辅助线，然后按 Enter 键删除，结果如图 6-140 所示。

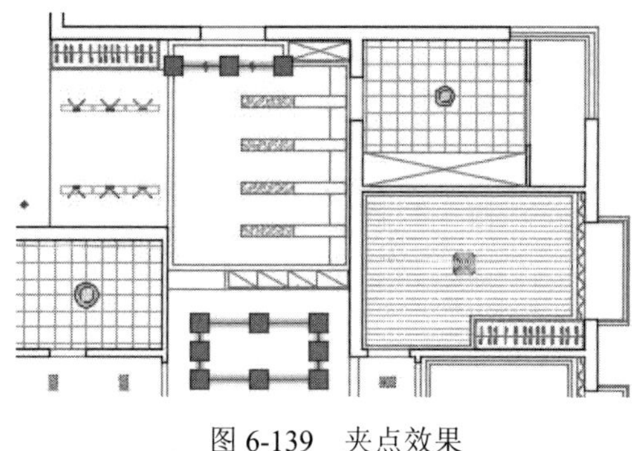

图 6-139 夹点效果

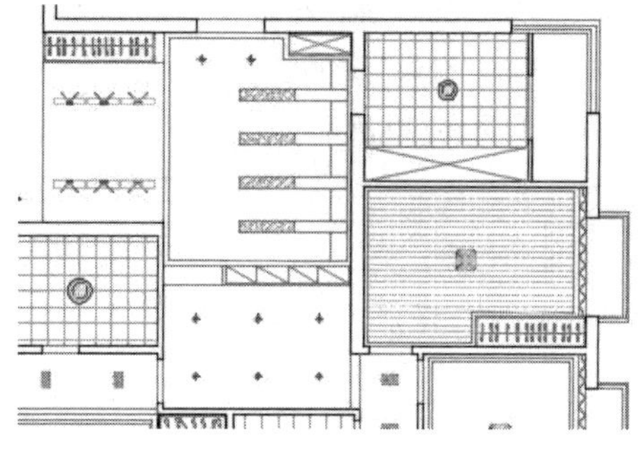

图 6-140 删除结果

至此，过道吊顶辅助灯具绘制完毕，下一小节将学习阳台辅助灯具的具体绘制过程。

6.6.4 绘制阳台吊顶辅助灯具

（1）继续上节操作。

（2）单击“默认”选项卡→“绘图”面板→“直线”按钮，水平向左引出如图 6-141 所示的端点追踪虚线，输入 600 按 Enter 键，定位第一点。

（3）根据命令行的提示垂直向下引出极轴追踪虚线，捕捉如图 6-142 所示的交点，绘制一条垂直的灯具定位辅助线，结果如图 6-143 所示。

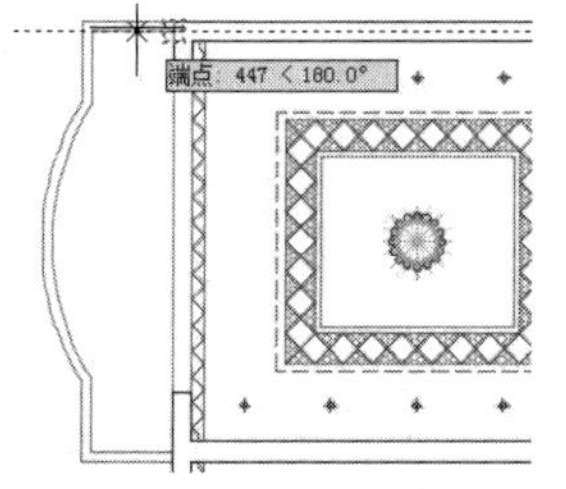

图 6-141 引出端点追踪虚线

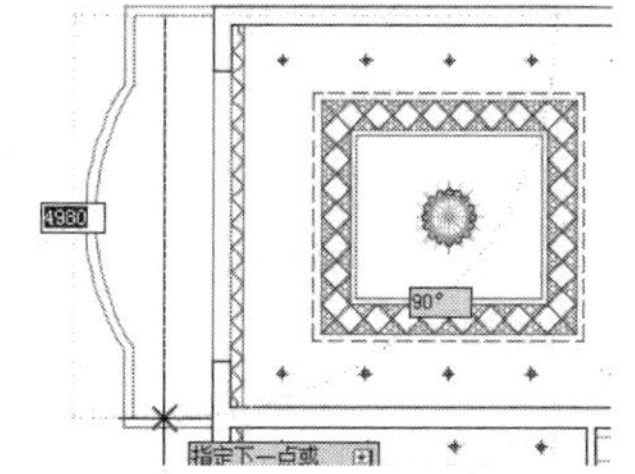

图 6-142 捕捉交点

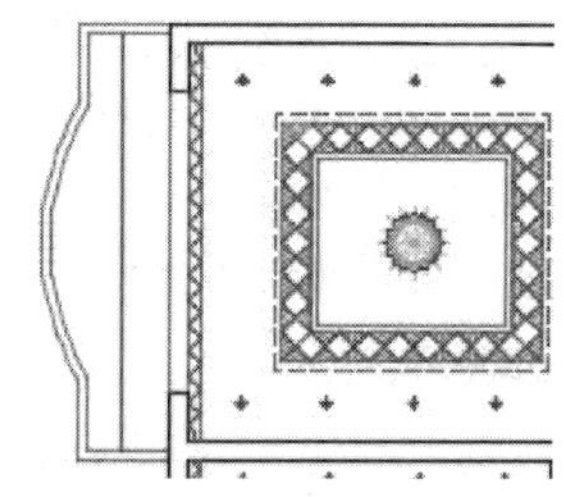

图 6-143 绘制结果

（4）单击“默认”选项卡→“绘图”面板→“定数等分”按钮，选择刚绘制辅助线，将其等分五份，在等分点处放置四个点标记作为筒灯，如图 6-144 所示。

（5）使用快捷键“E”激活“删除“命令，删除辅助线，结果如图 6-145 所示。

（6）使用快捷键“L”激活“直线“命令，配合“两点之间的中点”和端点捕捉功能绘制如图 6-146 所示的灯具定位辅助线。

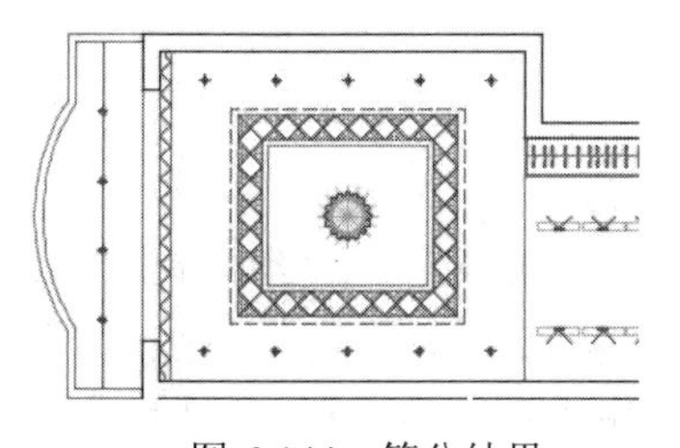

图 6-144 等分结果

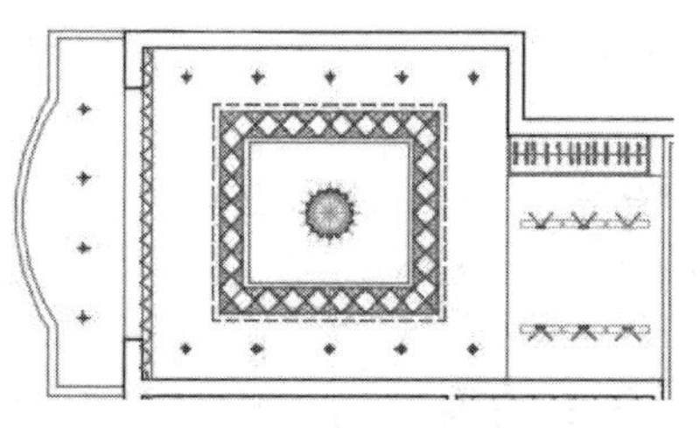

图 6-145 删除结果

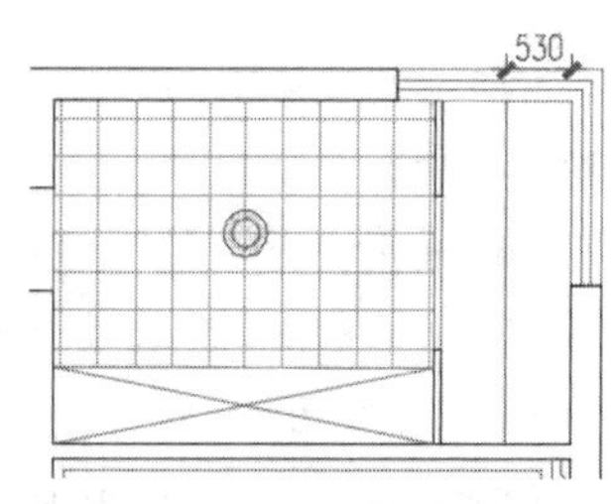

图 6-146 绘制结果

（7）单击“默认”选项卡→“绘图”面板→“多点” 按钮，向下引出如图6-147所示的端点追踪虚线，输入545按Enter键，绘制如图6-148所示的点作为筒灯。

（8）单击“默认”选项卡→“修改”面板→“复制”按钮，将刚绘制的筒灯向下复制800和1600个单位，结果如图6-149所示。

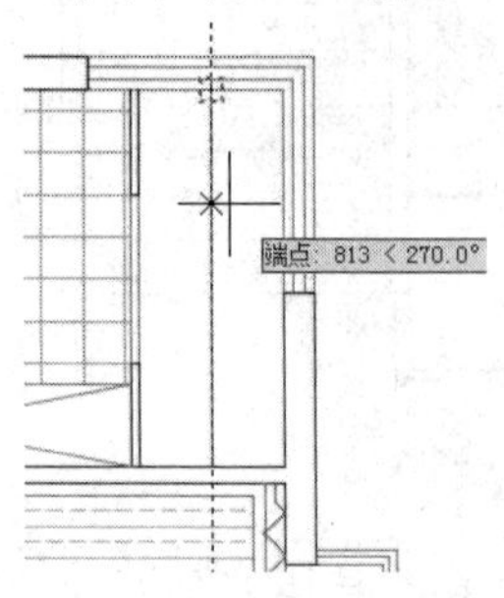

图6-147 引出端点追踪虚线

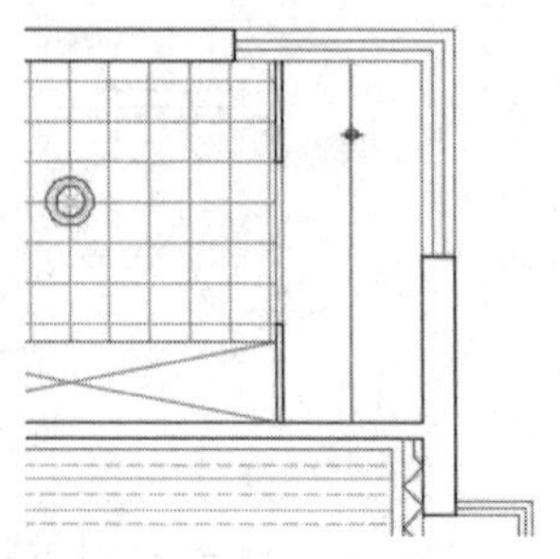
图6-148 绘制结果

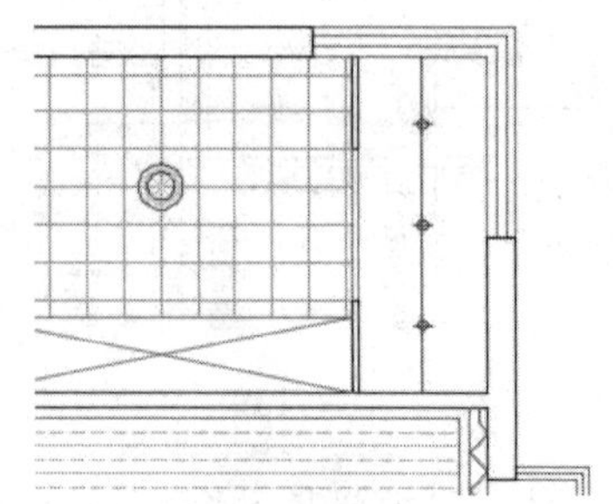
图6-149 复制结果

（9）使用快捷键“E”激活“删除”命令，删除阳台位置的垂直辅助线。

至此，阳台位置的辅助筒灯绘制完毕，下一小节将学习客卫和更衣室吊顶辅助灯具的绘制过程。

6.6.5 绘制更衣室和客卫筒灯

（1）继续上节操作。

（2）使用快捷键“L”激活“直线”命令，配合中点捕捉功能绘制更衣室灯具辅助线，如图6-150所示。

（3）单击“默认”选项卡→“绘图”面板→“多点”按钮，配合“中点捕捉”功能绘制如图6-151所示的点作为筒灯。

（4）单击“默认”选项卡→“修改”面板→“复制”按钮，将绘制的筒灯对称复制450个单位，如图6-152所示。

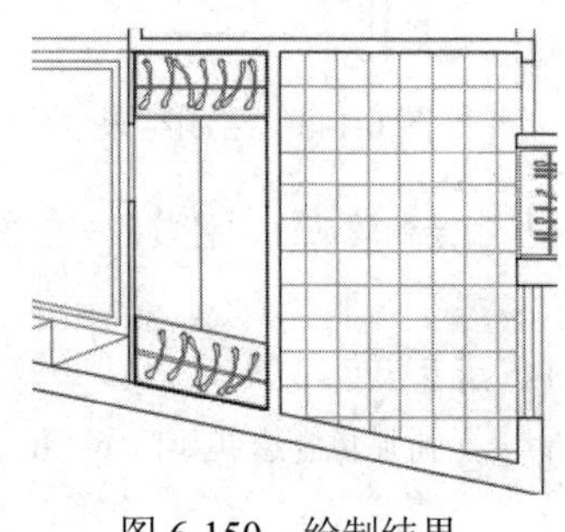
图6-150 绘制结果

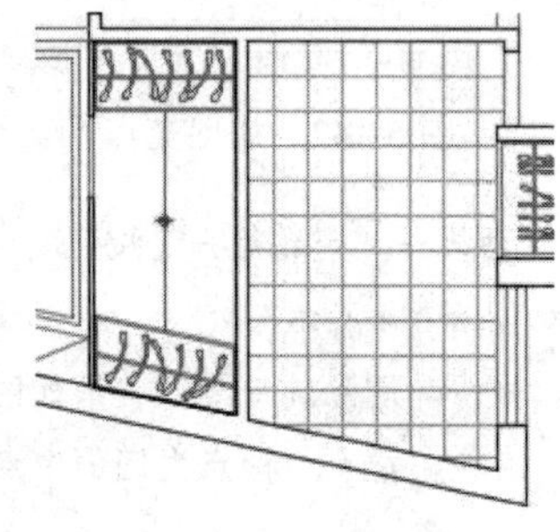
图6-151 等分结果

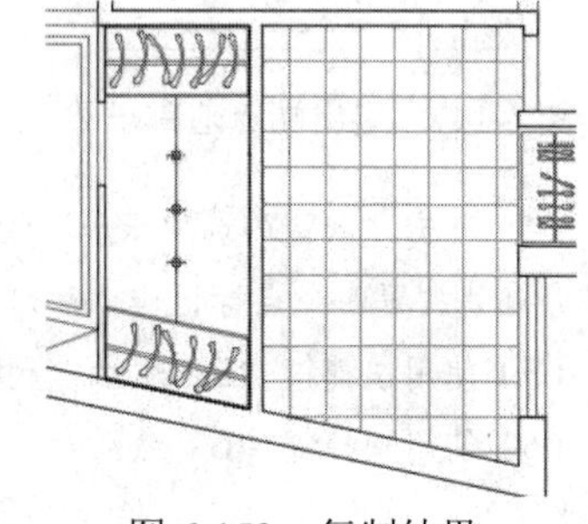
图6-152 复制结果

（5）使用快捷键“E”激活“删除”命令，窗交选择如图6-153所示的垂直辅助线和点进行删除，结果如图6-154所示。

（6）使用快捷键“X”激活“分解”命令，选择如图6-155所示的吊顶图案进行分解。

（7）单击“默认”选项卡→“绘图”面板→“多点”按钮，配合“交点捕捉”功能绘制如图6-156所示的三个点作为筒灯。

（8）单击“默认”选项卡→“修改”面板→“复制”按钮，选择刚绘制的三个点标记水平向右复制1050个单位，结果如图6-157所示。

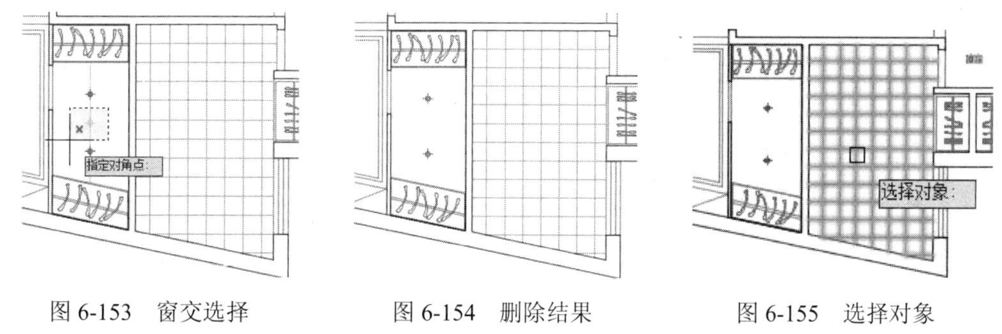

图 6-153　窗交选择　　图 6-154　删除结果　　图 6-155　选择对象

（9）在无命令执行的前提下单击厨房吊顶填充图案，打开“图案填充编辑器”选项卡面板，然后在“选项”面板中设置孤岛检测样式如图 6-158 所示。

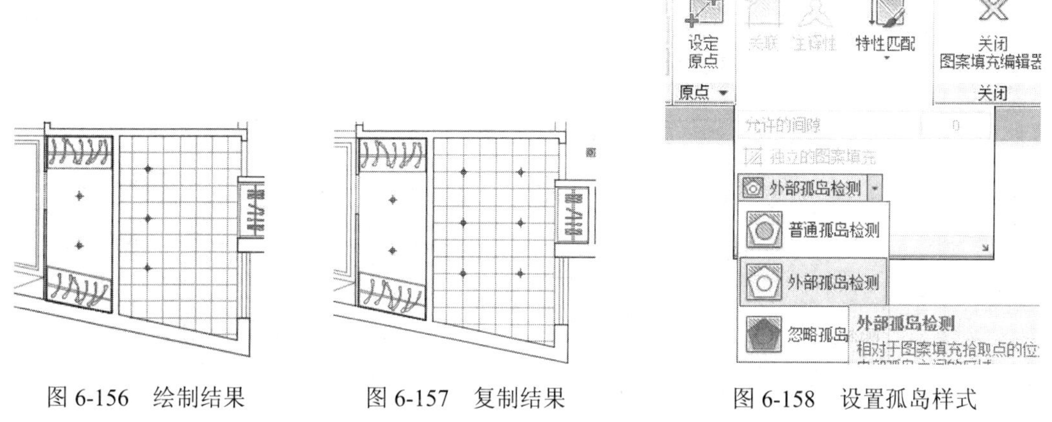

图 6-156　绘制结果　　图 6-157　复制结果　　图 6-158　设置孤岛样式

（10）单击“图案填充编辑器”选项卡→“边界”面板→“选择边界对象”按钮，返回绘图区在命令行“选择对象”提示下，选择如图 6-159 所示的灯具图块。

（11）继续在“选择对象：”提示下按 Enter 键结束命令，并取消图案的夹点显示，结果所选择的灯具图块以孤岛的形式被排除在填充区域之外，如图 6-160 所示。

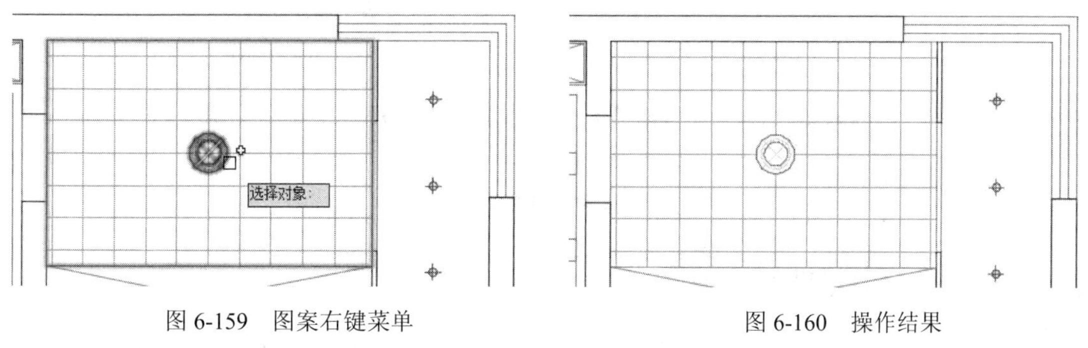

图 6-159　图案右键菜单　　图 6-160　操作结果

（12）参照上述步骤，分别修改主卫和女儿房吊顶图案，将吊顶处的灯具图块以孤岛的形式排除在图案区域外，如图 6-161 所示和图 6-162 所示。

（13）调整视图，使平面图全部显示，最终结果如图 6-115 所示。

（14）最后执行“另存为”命令，将图形命名存储为“绘制多居室辅助灯具图.dwg”。

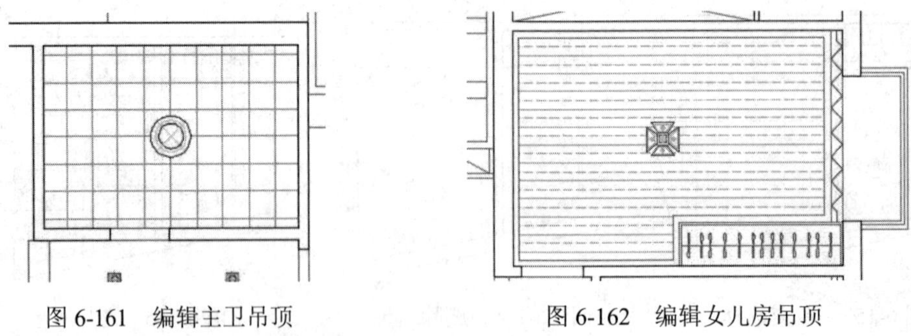

图 6-161　编辑主卫吊顶　　　　图 6-162　编辑女儿房吊顶

6.7　标注多居室吊顶装修图

本例主要学习多居室普通住宅吊顶图文字注释和尺寸注释等内容的具体标注过程和标注技巧。多居室普通住宅吊顶图文字与尺寸的最终标注效果，如图 6-163 所示。

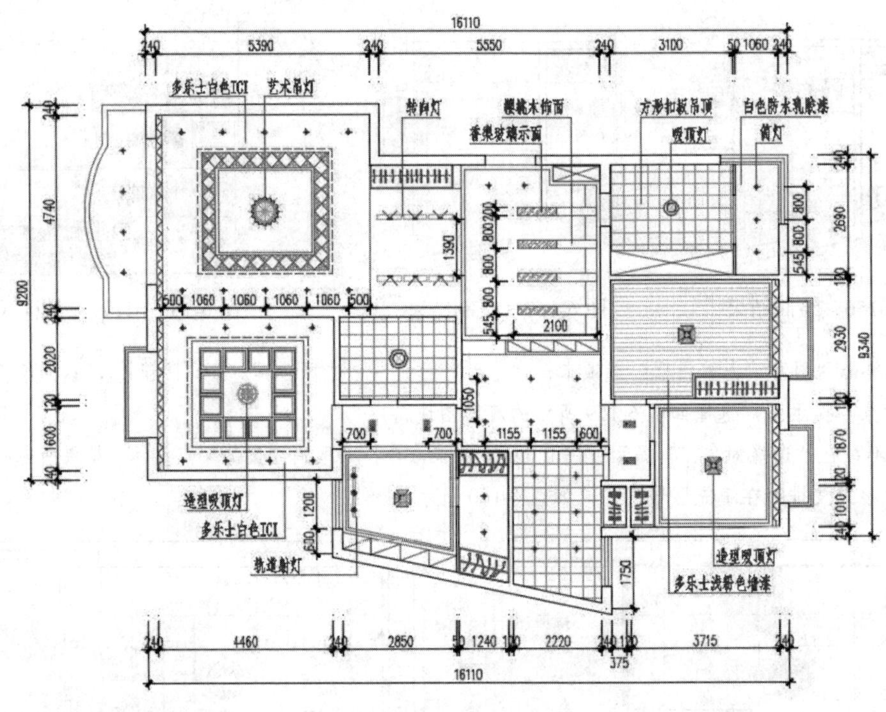

图 6-163　实例效果

6.7.1　绘制多居室吊顶指示线

（1）打开上例存储的“绘制多居室辅助灯具图.dwg”，或直接从随书光盘中的“\效果文件\第 6 章\”目录下调用此文件。

（2）在“默认”选项卡→“图层”面板中解冻“文本层”并将此图层设置为当前操作层。

（3）单击“默认”选项卡→“实用工具”面板→“快速选择”按钮，设置过滤参数如图 6-164 所示，选择“文本层”上的所有对象进行删除。

（4）在“默认”选项卡→“注释”面板中设置“仿宋体”作为当前文字样式。

（5）暂时关闭状态栏上的“对象捕捉”功能。

（6）使用快捷键“PL”激活“多段线”命令，绘制如图 6-165 所示的多段线，作为文本注释的指示线。

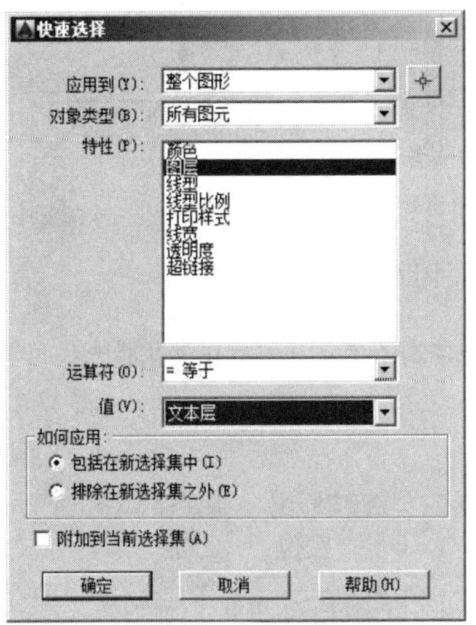

图 6-164　设置过滤参数

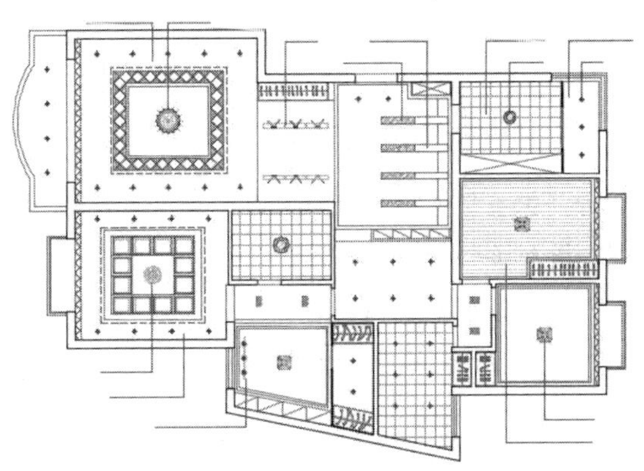

图 6-165　绘制指示线

技巧提示：在绘制指示线时，可以配合状态栏上的“正交”或“极轴追踪”功能。

至此，文字指示线绘制完毕，下一小节将学习吊顶图文字注释的具体标注过程和标注技巧。

6.7.2　标注多居室吊顶文字注释

（1）继续上节操作。

（2）使用快捷键“ST”激活“文字样式”命令，修改当前文字样式的高度为 300。

（3）单击“默认”选项卡→“注释”面板→“多行文字”按钮 A，激活“多行文字”命令，根据命令行的提示，在指示线上端拉出如图 6-166 所示的矩形框。

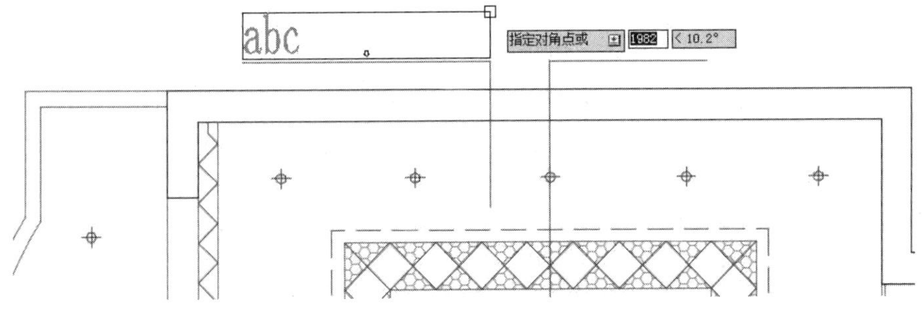

图 6-166　拉出矩形框

（4）当指定了矩形框的右下角点时，系统自动打开“文字编辑器”选项卡及相应功能面板。

（5）在下侧的文字输入框内单击左键，以指定文字的输入位置，然后输入“多乐士白色 ICI”字样，如图 6-167 所示。

（6）关闭“文字编辑器”，并适当调整文字的位置，结果如图 6-168 所示。

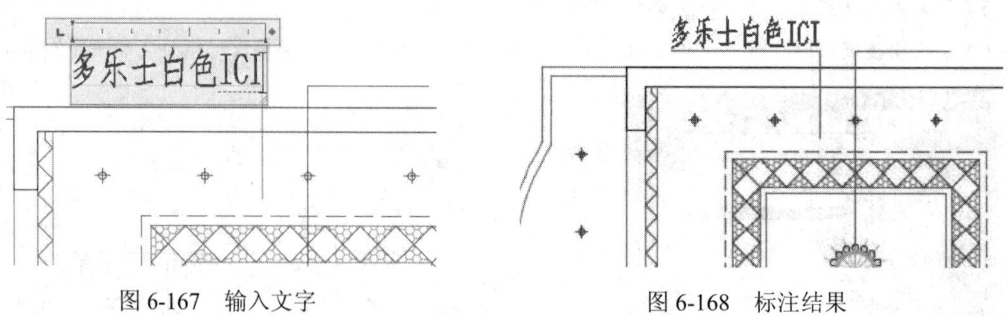

图 6-167　输入文字　　图 6-168　标注结果

（7）接下来重复使用“多行文字”命令，设置当前文字样式与字高不变，分别标注其他指未线位置的文字，结果如图 6-169 和图 6-170 所示。

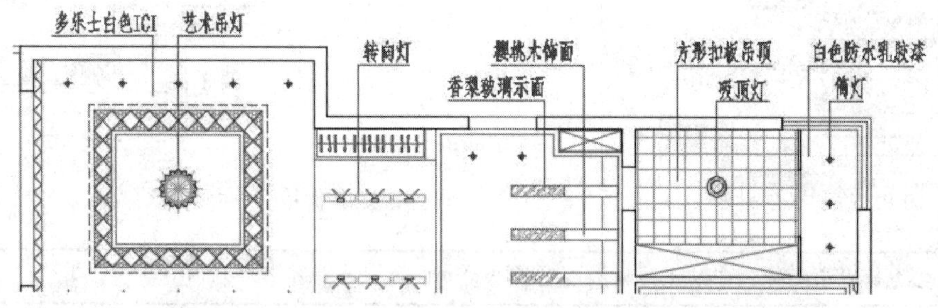

图 6-169　标注结果

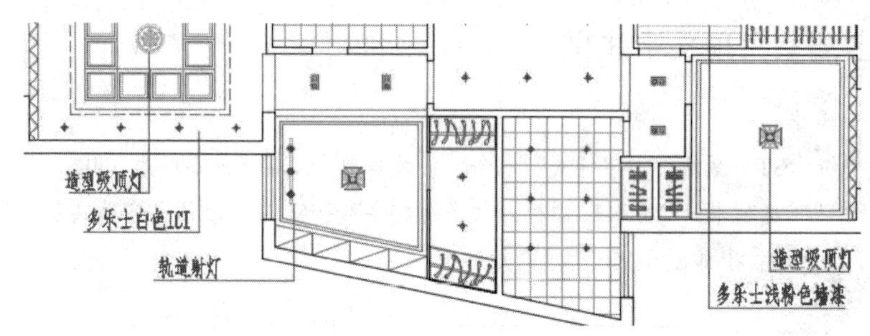

图 6-170　标注结果

至此，吊顶图中的文字注释标注完毕。下一小节学习吊顶图尺寸的快速标注过程和标注技巧。

6.7.3　标注多居室吊顶图尺寸

（1）继续上节操作。

（2）在“默认”选项卡→“图层”面板中解冻“尺寸层”，并将此图层设置为当前图层。

（3）单击“默认”选项卡→“注释”面板→“线性”按钮，配合“节点捕捉”和“端点捕捉”功能标注如图 6-171 所示的线性尺寸。

（4）单击“注释”选项卡→“标注”面板→“连续”按钮，以刚标注的线性尺寸作为基准尺寸，标注如图 6-172 所示的连续尺寸作为定位尺寸。

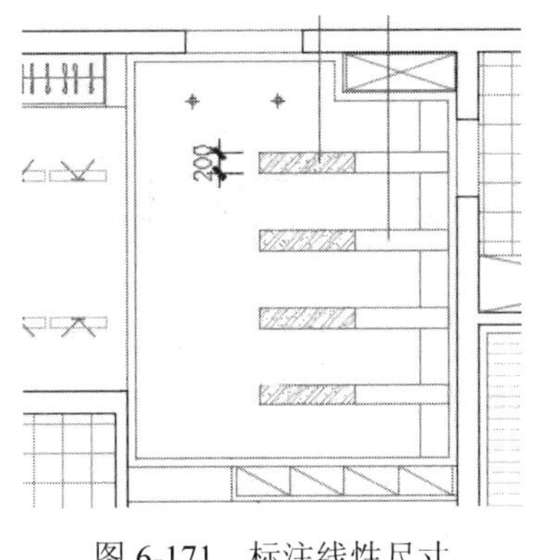

图 6-171 标注线性尺寸

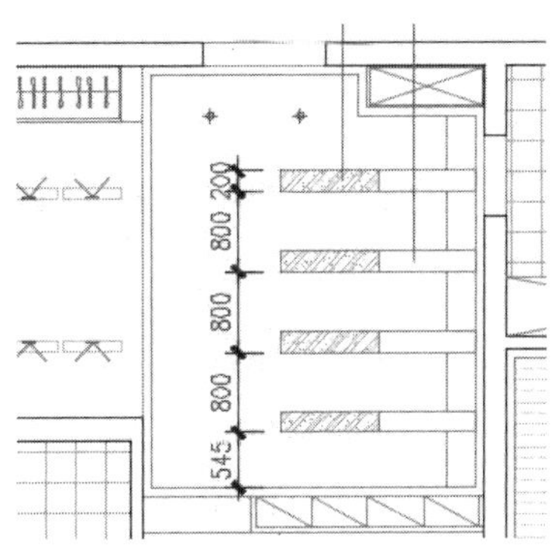

图 6-172 标注连续尺寸

（5）综合使用“线性”和“连续”命令，分别标注其他位置的灯具定位尺寸，结果如图 6-173 所示。

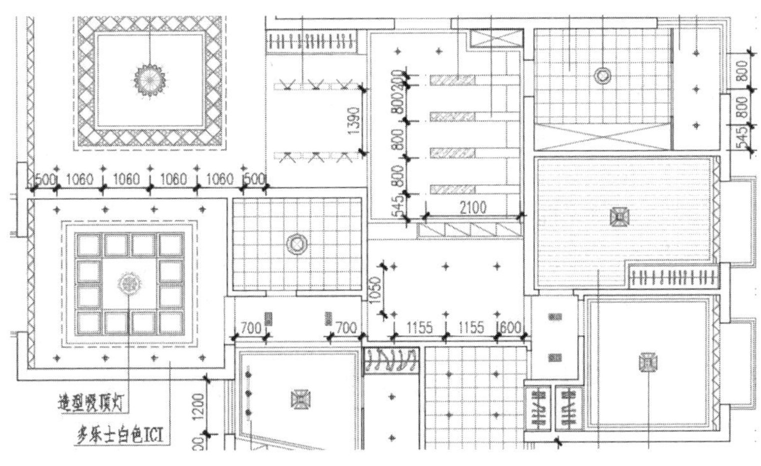

图 6-173 标注其他尺寸

（6）调整视图，使吊顶图完全显示，最终效果如图 6-163 所示。

（7）最后执行“另存为”命令，将图形另名存储为“标注多居室吊顶图文字与尺寸.dwg”。

6.8 本章小结

吊顶是室内装饰的重要组成部分，它不但可以弥补室内空间的缺陷，还可以给室内增加个性色彩。本章在概述室内吊顶的形成、用途、设计类型等知识的前提下，主要学习了多居室普通住宅吊顶图的绘制方法和绘制技巧。在具体的绘制过程中，主要分为“绘制多居室吊顶轮廓图、绘制多居室造型吊顶图、绘制多居室吊顶灯具图、绘制多居室吊顶辅助灯具图以及标注多居室吊顶图文字尺寸”等操作环节。在绘制吊顶轮廓图时，巧妙使用了“图案填充命令中的用户定义图案，快速创建出卫生间与厨房内的吊顶图案，此种技巧有极强的代表性；在布置灯具时，则综合使用了“插入块”、“定数等分”、“定距等分”、“复制”以及“阵列”等多种命令，以绘制点标记来代表吊顶筒灯，这种操作技法简单直接，巧妙方便。

另外，在绘制灯带轮廓线时，通过加载线型，修改对象特性等工具的巧妙组合，快速、明显的区分出灯带轮廓线与其他轮廓线，也是一种常用技巧。

第 7 章　多居室普通住宅立面设计

室内立面图主要用于表明室内装修的造型和样式，在此种图纸上不但要体现出门窗、花格、装修隔断等构件的高度尺寸和安装尺寸以及家具和室内配套产品的安放位置和尺寸等内容，除此外还要体现出室内墙面上各种装饰品，如壁画、壁挂、金属等的式样、位置和大小尺寸等。本章在简单了解室内装修立面图表达内容及形成特点等相关理论知识的前提下，主要学习多居室普通住宅室内立面图的绘制技能和相关技巧。

■ 本章内容

✧ 室内立面图形成方式
✧ 室内立面图设计思路
✧ 绘制多居室客厅 A 向立面图
✧ 标注多居室客厅 A 向立面图
✧ 绘制多居室客厅 C 向立面图
✧ 标注多居室客厅 C 向立面图
✧ 绘制多居室女孩房装修立面图

7.1　室内立面图形成方式

室内立面装饰图的形成，归纳起来主要有以下三种方式。

（1）假想将室内空间垂直剖开，移去剖切平面前的部分，对余下的部分作正投影而成。这种立面图实质上是带有立面图示的剖面图。它所示图像的进深感比较强，并能同时反映顶棚的选级变化。但此种形式的缺点是剖切位置不明确（在平面布置上没有剖切符号，仅用投影符号表明视向），其剖面图示安排较难与平面布置图和顶棚平面图应。

（2）假想将室内各墙面沿面与面相交处拆开，移去暂时不予图示的墙面，将剩下的墙面及其装饰布置，向垂直投影面作投影而成。这种立面图不出现剖面图像，只出现相邻墙面及其上装饰构件与该墙面的表面交线。

（3）设想将室内各墙面沿某轴阴角拆开，依次展开，直至都平等于同一垂直投影面，形成立面展开图。这种立面图能将室内各墙面的装饰效果连贯地展示在人们眼前，以便人们研究各墙面之间的统一与反差及相互衔接关系，对室内装饰设计与施工有着重要作用。

7.2　室内立面图设计思路

在设计并绘制室内立面图时，具体可以参照如下思路。

（1）首先根据地面布置图，定位需要投影的立面，并绘制主体轮廓线。

（2）绘制立面内部构件定位线，如果立面图结构复杂，可以采取从外到内、从整体到局部的绘图方式。

（3）布置各种装饰图块。将常用的装饰用具以块的形式整理起来，在绘制立面图时直接插入装饰块就可以了，不需要再逐一绘制。

（4）填充立面装饰图案。在绘制立面图时，有些装饰用具以及饰面装饰材料等不容易绘制和表达，此时可采用填充图案的方式进行表示。

（5）标注文本注释，以体现出饰面材料及施工要求等。

（6）标注立面图的装饰尺寸和各构件的安装尺寸。

7.3 绘制多居室客厅 A 向立面图

本例在综合所学知识的前提下，主要学习客厅 A 向装修立面图的具体绘制过程和绘制技巧。客厅 A 向立面图的最终绘制效果如图 7-1 所示。

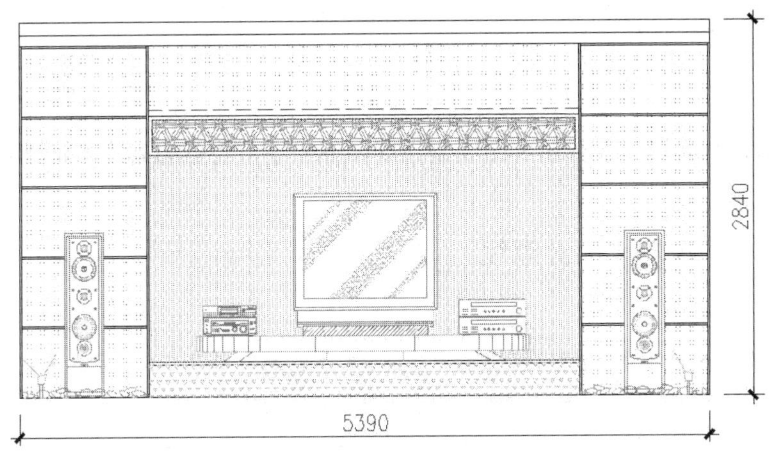

图 7-1 实例效果

7.3.1 绘制客厅 A 向墙面结构图

（1）单击“快速访问”工具栏→“新建”按钮，调用随书光盘中的“\样板文件\室内绘图样板.dwt”。

（2）展开“默认”选项卡→“图层”面板→“图层”下拉列表，设置“轮廓线”为当前操作层。

（3）单击“默认”选项卡→“绘图”面板→“矩形”按钮，绘制长度为 5390、宽度为 2840 的矩形作为墙面外轮廓线，如图 7-2 所示。

（4）单击“默认”选项卡→“修改”面板→“分解”按钮，将矩形分解为四条独立的线段。

（5）单击“默认”选项卡→“修改”面板→“偏移”按钮，将上侧的矩形水平边向下偏移 100、180 和 710 个绘图单位，将下侧的矩形水平边向上偏移 250、270 和 1830 个绘图单位，结果如图 7-3 所示。

（6）重复执行“偏移”命令，将两侧的两条垂直边分别向中间偏移 15、1005 和 1020 个绘图单位，偏移结果如图 7-4 所示。

（7）单击“默认”选项卡→“修改”面板→“修剪”按钮，对偏移出的轮廓线进行修剪，结果如图 7-5 所示。

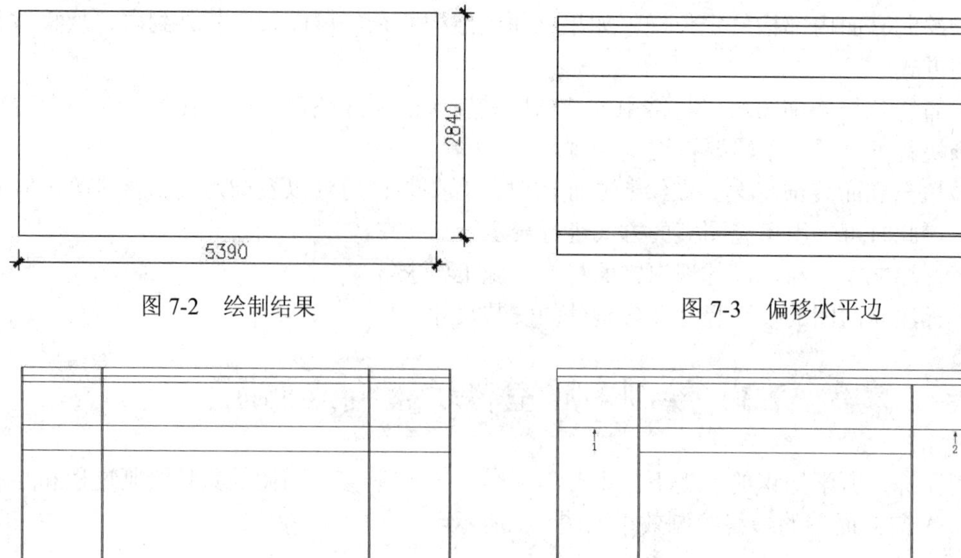

图 7-2　绘制结果

图 7-3　偏移水平边

图 7-4　偏移结果

图 7-5　修剪结果

至此，客厅 A 向墙面主体轮廓图绘制完毕，下一小节将学习客厅墙面细部分隔线的绘制过程。

7.3.2　绘制客厅 A 向墙面分隔线

（1）继续上节操作。

（2）单击“默认”选项卡→“修改”面板→“偏移”按钮，将图 7-5 所示的两条水平边 1 和 2 分别向上侧偏移 515、向下侧偏移 15 个绘图单位，结果如图 7-6 所示。

图 7-6　偏移结果

（3）单击“默认”选项卡→“修改”面板→“矩形阵列”按钮，将分隔线进行矩形阵列，命令行操作如下。

```
命令: _arrayrect
选择对象:                                          //选择如图 7-7 所示的两条图线
选择对象:                                          // Enter
类型 = 矩形  关联 = 是
选择夹点以编辑阵列或 [关联(AS)/基点(B)/计数(COU)/间距(S)/列数(COL)/行数(R)/层数(L)/退出(X)] <退出>:          //COU Enter
输入列数数或 [表达式(E)] <4>:                      //2 Enter
```

```
    输入行数数或 [表达式(E)] <3>:                         //4 Enter
    选择夹点以编辑阵列或 [关联(AS)/基点(B)/计数(COU)/间距(S)/列数(COL)/行数(R)/层数
(L)/退出(X)] <退出>:                                      //s Enter
    指定列之间的距离或 [单位单元(U)] <540>:               //4370 Enter
    指定行之间的距离 <540>:                               //-530 Enter
    选择夹点以编辑阵列或 [关联(AS)/基点(B)/计数(COU)/间距(S)/列数(COL)/行数(R)/层数
(L)/退出(X)] <退出>:                                      //AS Enter
    创建关联阵列 [是(Y)/否(N)] <是>:                      //N Enter
    选择夹点以编辑阵列或 [关联(AS)/基点(B)/计数(COU)/间距(S)/列数(COL)/行数(R)/层数
(L)/退出(X)] <退出>:                                      // Enter, 阵列结果如图 7-8 所示
```

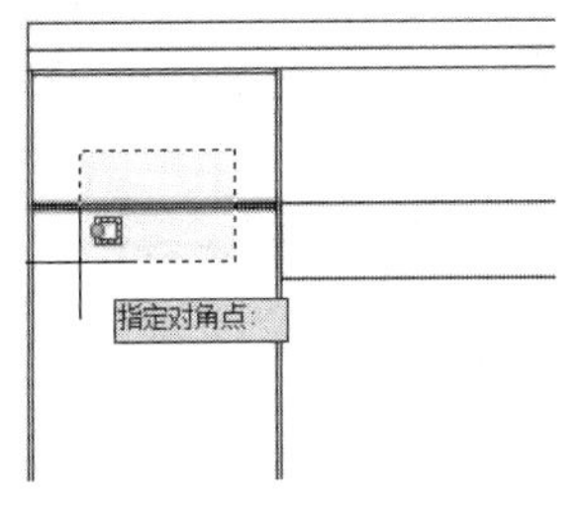

图 7-7　窗交选择

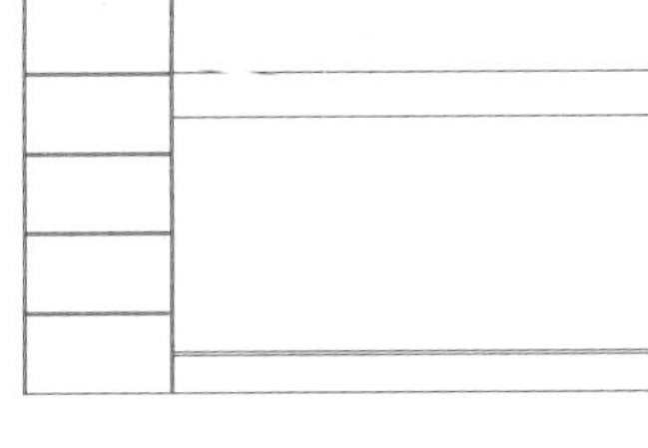

图 7-8　阵列结果

（4）使用快捷键“BO”激活“边界”命令，将“对象类型”设置为“多段线”，然后提取如图 7-9 所示的虚线边界。

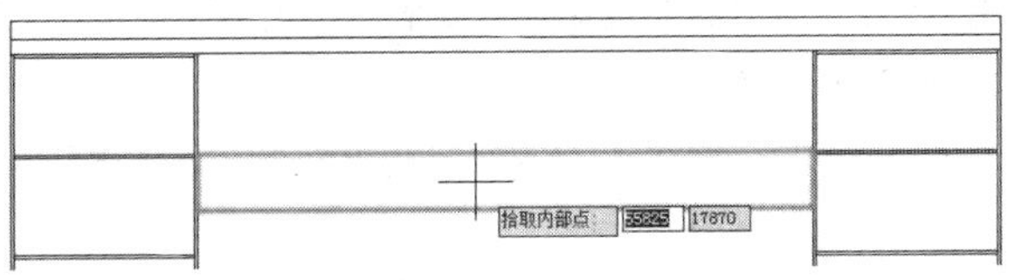

图 7-9　提取边界

（5）单击“默认”选项卡→“修改”面板→“偏移”按钮，将提取的多段线边界向内侧偏移 30 个绘图单位，命令行操作如下。

```
    命令: _offset
    当前设置: 删除源=否  图层=源  OFFSETGAPTYPE=0
    指定偏移距离或 [通过(T)/删除(E)/图层(L)] <20>:          // EEnter
    要在偏移后删除源对象吗? [是(Y)/否(N)] <否>:             //YEnter
    指定偏移距离或 [通过(T)/删除(E)/图层(L)] <20>:          //30Enter
    选择要偏移的对象, 或 [退出(E)/放弃(U)] <退出>:          //选择刚提取的多段线边界
    指定要偏移的那一侧上的点, 或 [退出(E)/多个(M)/放弃(U)] <退出>:
     //在多段线内侧拾取点
    选择要偏移的对象, 或 [退出(E)/放弃(U)] <退出>: // Enter, 偏移结果如图 7-10 所示
```

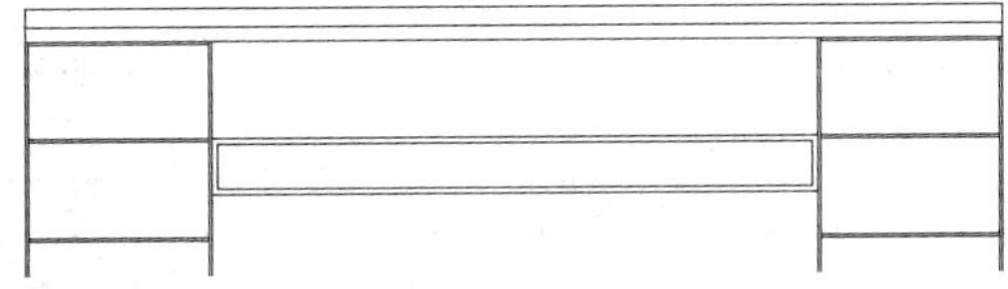

图 7-10　偏移结果

至此，客厅A墙面轮廓图绘制完毕，下一小节将学习客厅墙面构件图绘制过程。

7.3.3 绘制客厅A向墙面构件图

（1）继续上节操作。

（2）展开“默认”选项卡→“图层”面板→“图层”下拉列表，设置“家具层”为当前操作层。

（3）单击“默认”选项卡→“绘图”面板→“插入块”按钮，插入选择随书光盘中的“\图块文件\立面音响.dwg”，块的缩放比例为1.3。

（4）返回绘图区根据命令行的提示捕捉如图7-11所示中点追踪虚线与下侧水平轮廓线的交点作为插入点，插入结果如图7-12所示。

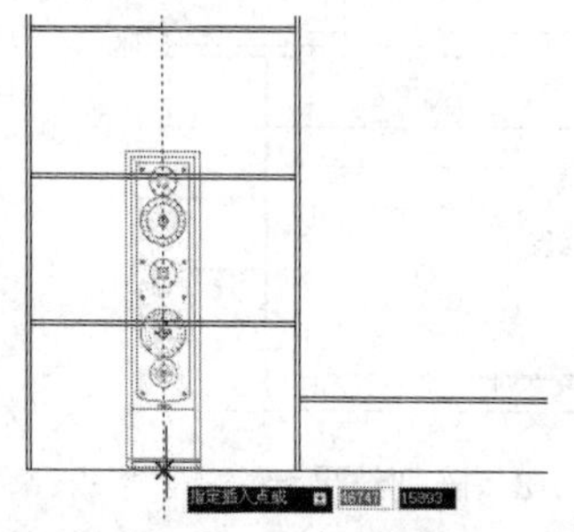

图7-11 引出中点追踪虚线

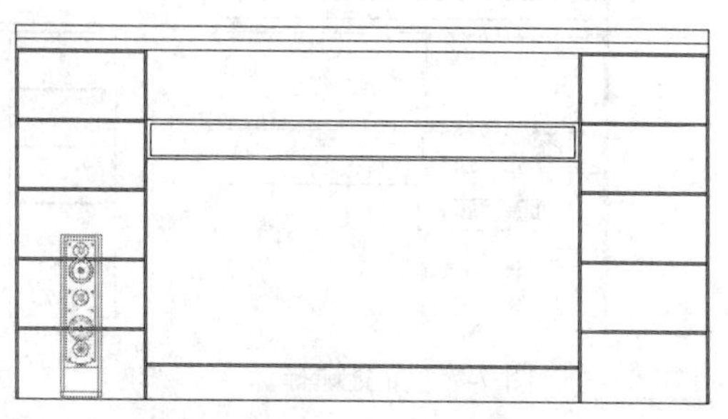

图7-12 插入结果

（5）重复执行“插入块”命令，以默认参数插入随书光盘“\图块文件\地射灯与鹅卵石.dwg”，插入点为左下角外轮廓线交点，结果如图7-13所示。

（6）使用快捷键“MI”激活“镜像”命令，配合中点捕捉功能，选择刚插入的音响和鹅卵石图块进行镜像，结果如图7-14所示。

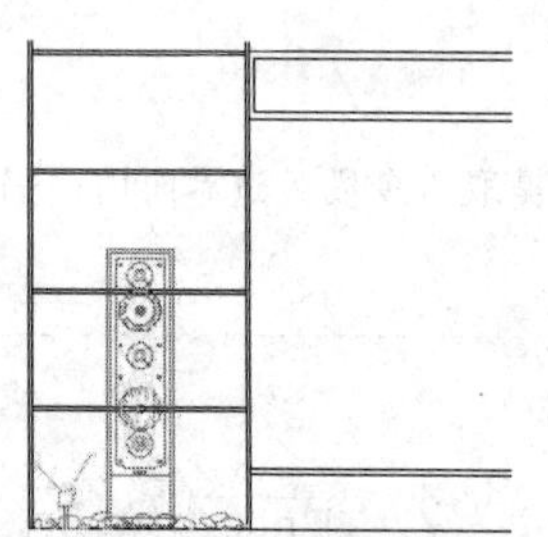

图7-13 窗交选择

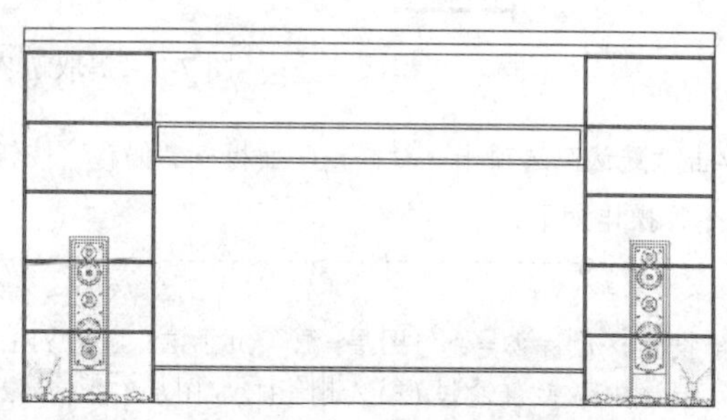

图7-14 镜像结果

（7）重复执行“插入块”命令，以默认参数插入随书光盘中的“\图块文件\立面电视.dwg”，插入点为图7-15所示的中点。

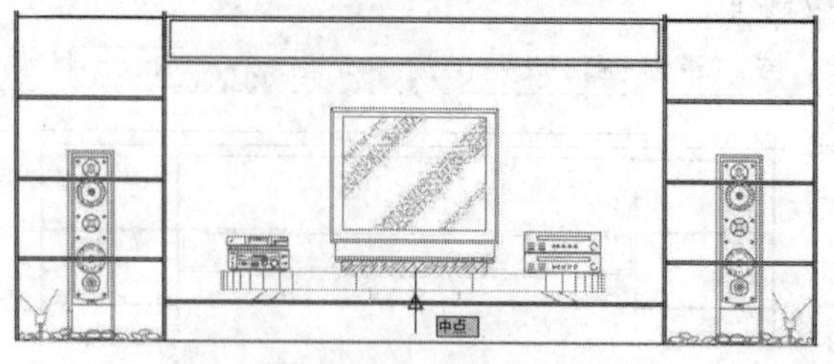

图7-15 插入结果

（8）单击“默认”选项卡→“修改”面板→“修剪”按钮-/--，对立面图轮廓线进行修剪，修剪结果如图 7-16 所示。

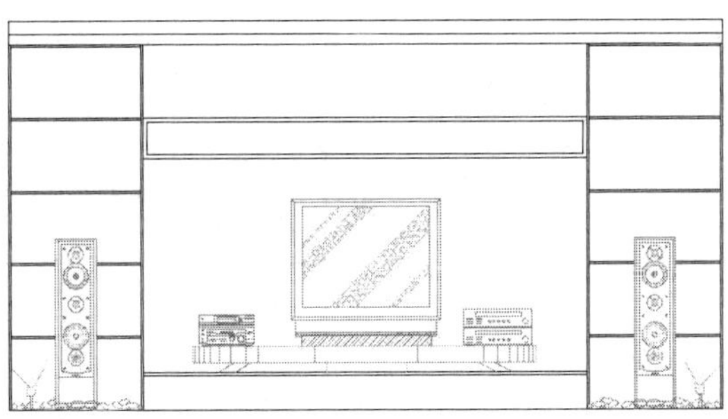

图 7-16 修剪结果

至此，客厅 A 向墙面构件图绘制完毕，下一小节将学习客厅电视墙灯带轮廓图的表达技巧和绘制过程。

7.3.4 绘制电视墙灯带轮廓图

（1）继续上节操作。

（2）展开“默认”选项卡→“图层”面板→“图层”下拉列表，设置“轮廓线”为当前操作层。

（3）单击“默认”选项卡→“修改”面板→“偏移”按钮，选择立面图最上侧的水平轮廓线，向下偏移 670 个绘图单位，作为灯带，偏移结果如图 7-17 所示。

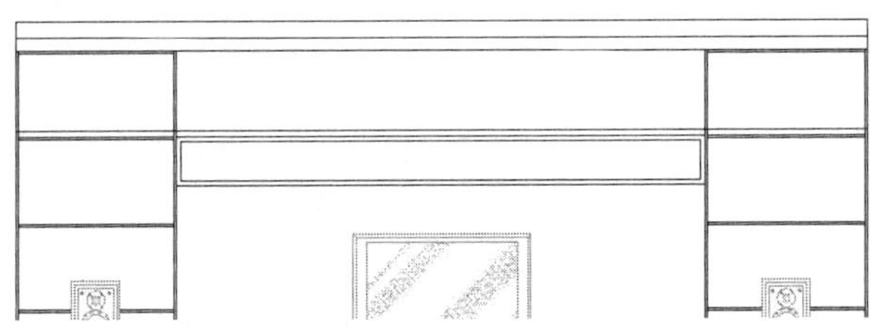

图 7-17 偏移结果

（4）单击“默认”选项卡→“修改”面板→“修剪”按钮-/--，根据命令行的提示，选择如图 7-18 所示的两条垂直轮廓线作为边界，对偏移出的灯带轮廓线进行修剪，修剪结果如图 7-19 所示。

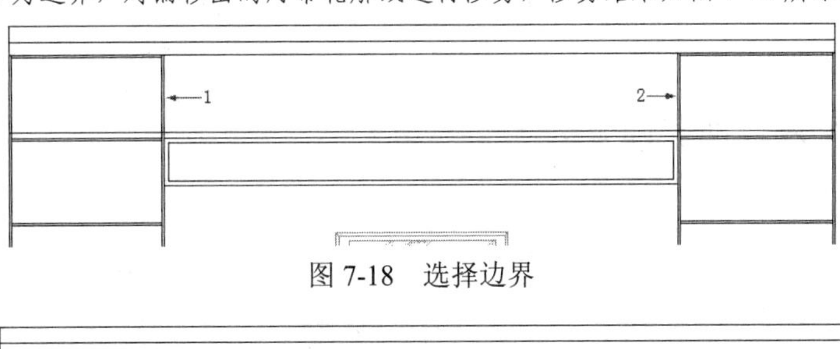

图 7-18 选择边界

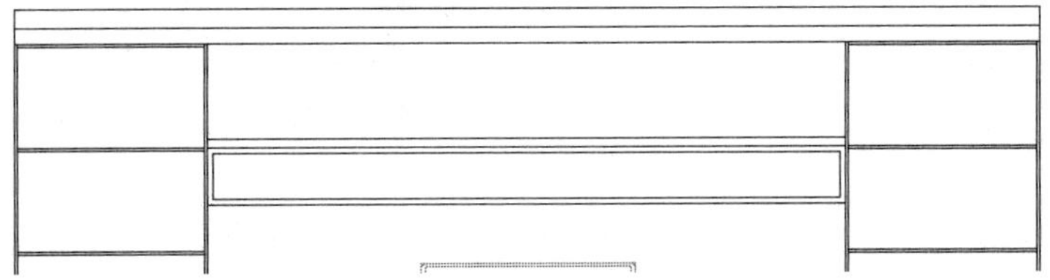

图 7-19 修剪结果

（5）使用快捷键“LT”激活“线型”命令，加载名为DASHED的线型，并设置线型比例如图7-20所示。

（6）在无命令执行的前提下单击灯带，使其夹点显示，如图7-21所示。

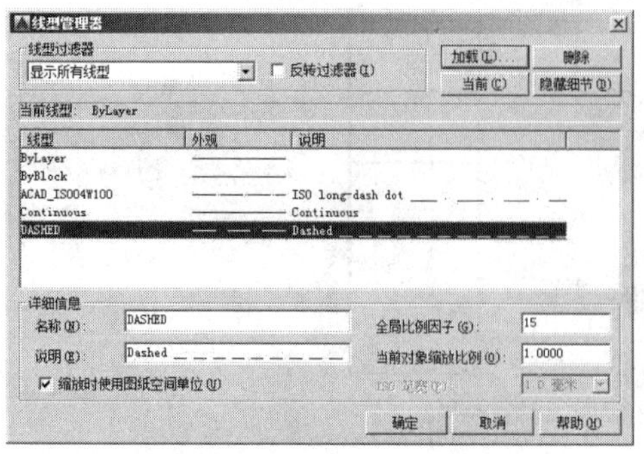

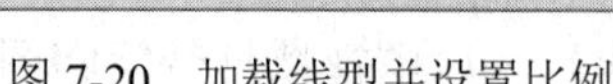

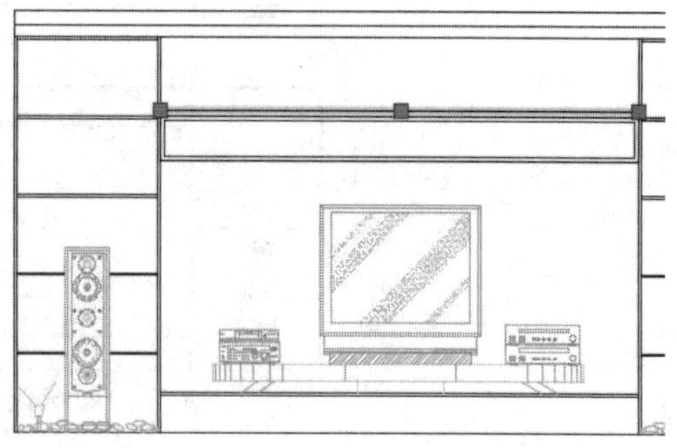

图7-20　加载线型并设置比例　　　　图7-21　夹点效果

（7）按Ctrl+1组合键，执行“特性”命令，在打开的“特性”窗口内修改颜色为洋红，修改线型如图7-22所示。

（8）关闭“特性”窗口，然后取消图线的夹点显示，结果如图7-23所示。

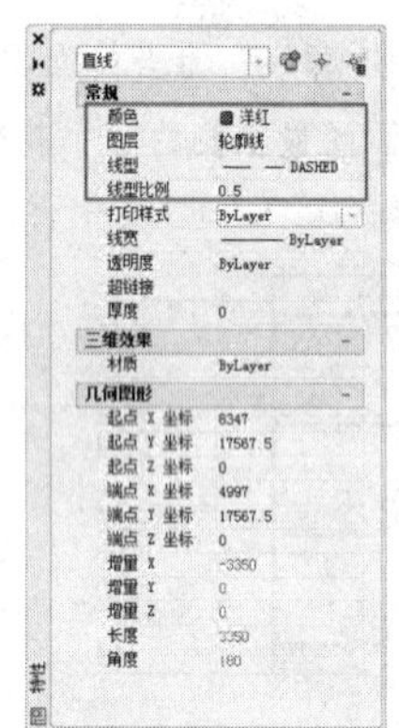

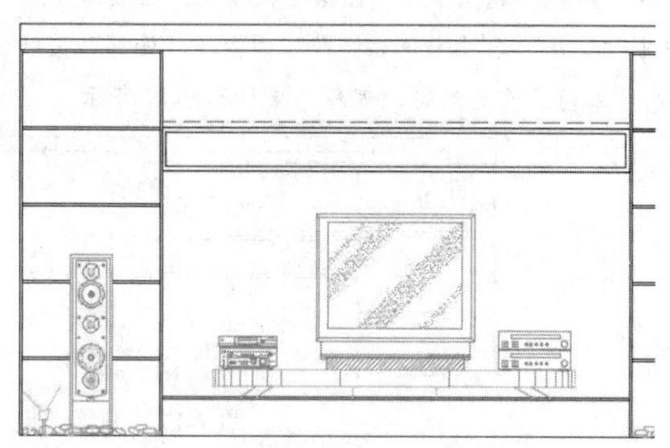

图7-22　修改线型及颜色　　　　图7-23　修改线型及颜色后的效果

至此，客厅电视墙灯带轮廓图绘制完毕，下一小节将学习客厅A向墙面壁纸的快速表达技巧和绘制过程。

7.3.5　绘制客厅A墙面装饰壁纸

（1）继续上节操作。

（2）展开“默认”选项卡→“图层”面板→“图层”下拉列表，设置“填充层”为当前操作层。

（3）单击”默认”选项卡→“绘图”面板→“图案填充”按钮，激活“图案填充”命令，然后在命令行“拾取内部点或 [选择对象（S）/设置（T）]:”提示下，激活“设置”选项，打开“图案填充和渐变色”对话框。

（4）在“图案填充和渐变色”对话框中选择“预定义”图案，同时设置图案的填充角度及填充间距参数，如图7-24所示。

（5）单击“图案填充创建”选项卡→“边界”面板→“拾取点”按钮，返回绘图区拾取填充区域，为立面图填充如图7-25所示的墙面壁纸图案。

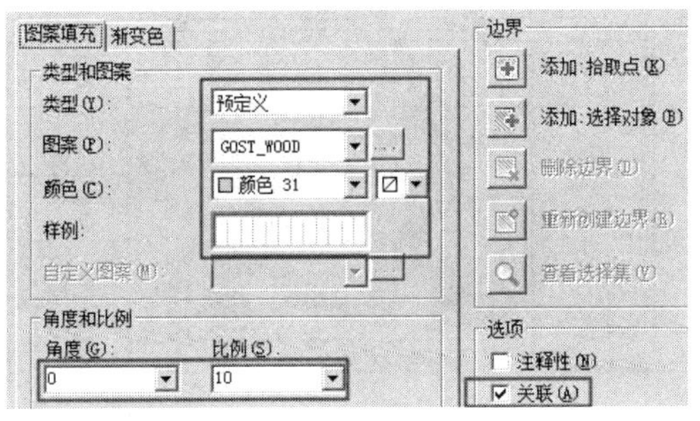

图 7-24 设置填充图案与参数

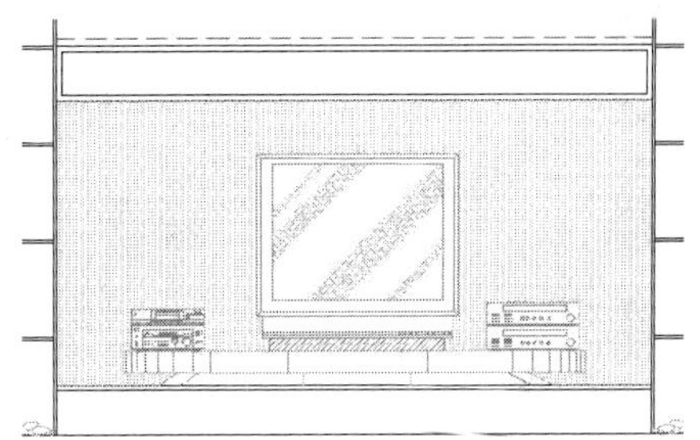

图 7-25 填充结果

(6) 重复执行“图案填充”命令，在打开的“图案填充和渐变色”对话框中设置填充图案与填充参数如图 7-26 所示，为立面图填充如图 7-27 所示的装饰图案。

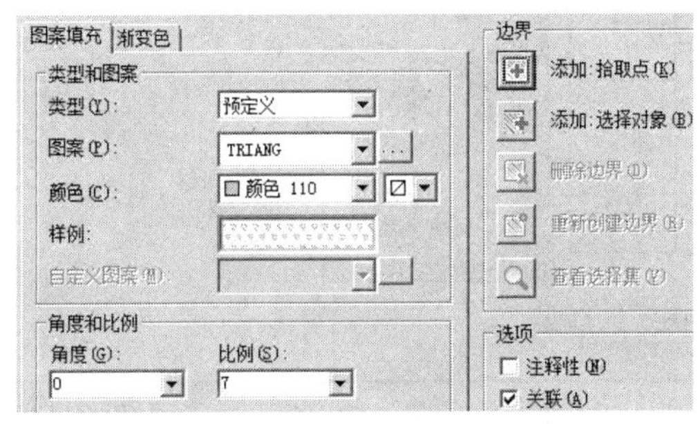

图 7-26 设置填充图案与参数

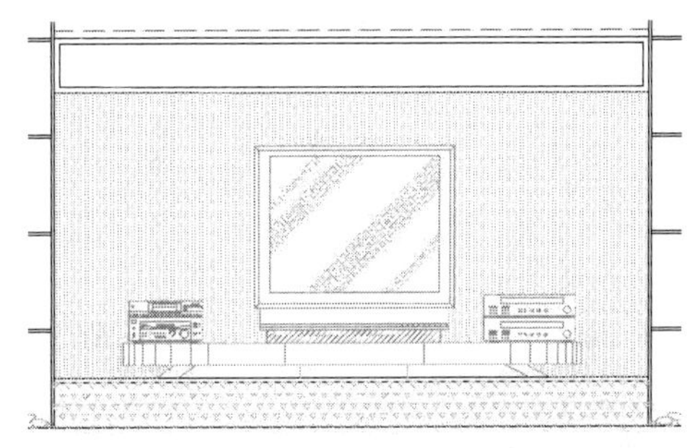

图 7-27 填充结果

(7) 重复执行“图案填充”命令，在打开的“图案填充和渐变色”对话框中设置填充图案与填充参数如图 7-28 所示，为立面图填充如图 7-29 所示的装饰图案。

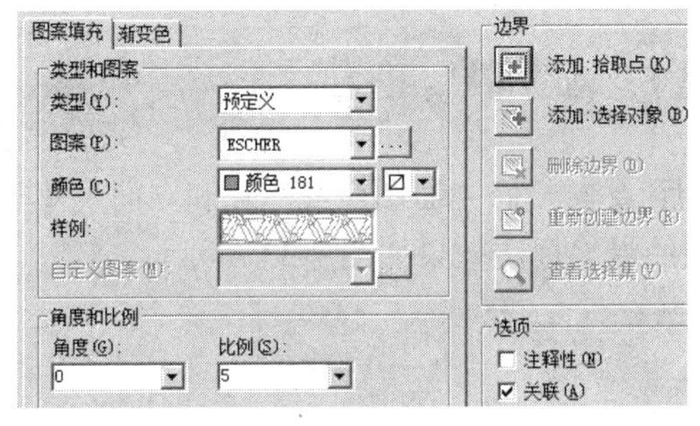

图 7-28 设置填充图案与参数

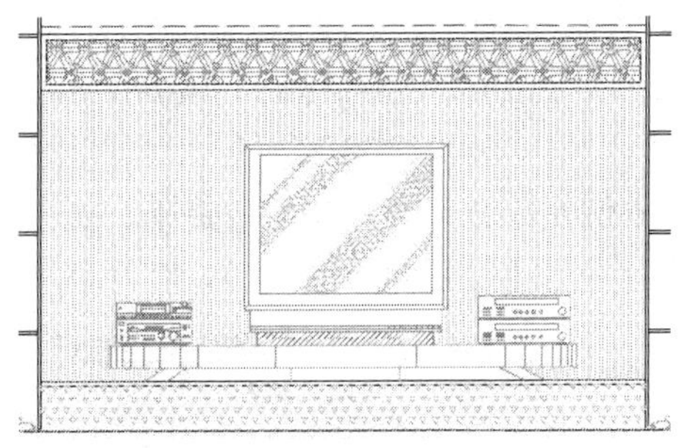

图 7-29 填充结果

(8) 重复执行“图案填充”命令，在打开的“图案填充和渐变色”对话框中设置填充图案与填充参数如图 7-30 所示，为立面图填充如图 7-31 所示的装饰图案。

(9) 使用快捷键“LT”激活“线型”命令，打开“线型管理器”对话框，使用对话框中的“加载”功能，加载一种名为“ACAD_ISO07W100”的线型。

(10) 在无命令执行的前提下单击刚填充的墙面壁纸图案，使其呈现夹点显示状态。

(11) 按下 Ctrl+1 组合键，在打开的“特性”窗口中修改夹点图案的线型为“ACAD_ISO07W100”，如图 7-32 所示。

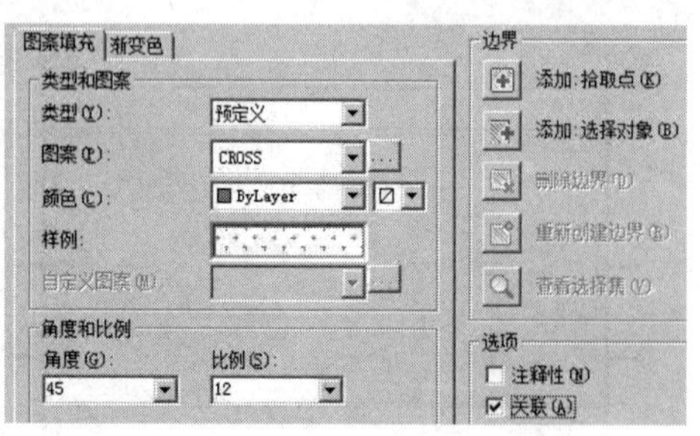

图 7-30　设置填充图案与参数

图 7-31　填充结果

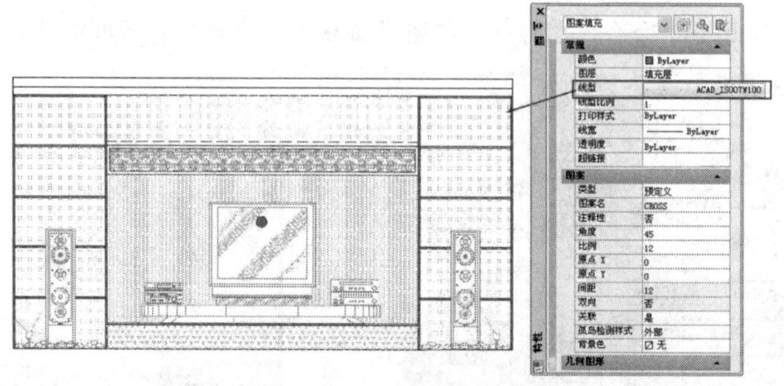

图 7-32　修改图案的线型

技巧提示：如果更改填充图案的线型后，图案无显示效果，可以事先将填充图案分解，然后再修改填充图案的线型。

（12）关闭"特性"窗口，然后取消图案的夹点显示，修改后的结果如图 7-1 所示。

（13）最后执行"保存"命令，将图形命名存储为"绘制客厅 A 向立面图.dwg"。

7.4　标注多居室客厅 A 向立面图

本例在综合所学知识的前提下，主要学习客厅 A 向装修立面图引线注释和立面尺寸等内容的具体标注过程和标注技巧。客厅 A 向立面图的最终标注效果如图 7-33 所示。

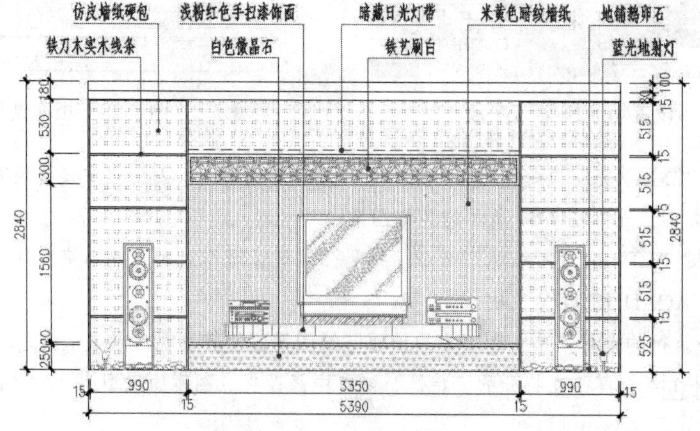

图 7-33　实例效果

7.4.1 标注客厅 A 向立面图尺寸

（1）打开上例存储的“绘制客厅 A 向立面图.dwg”，或直接从随书光盘中的“\效果文件\第 7 章\”目录下调用此文件。

（2）展开“默认”选项卡→“图层”面板→“图层”下拉列表，设置“尺寸层”为当前操作层。

（3）打开状态栏上的“对象捕捉”和“对象追踪”功能。

（4）使用快捷键“D”激活“标注样式”命令，将“建筑标注”设为当前样式，同时修改标注比例为 32。

（5）单击“默认”选项卡→“注释”面板→“线性”按钮，配合“对象捕捉”与“极轴追踪”功能标注如图 7-34 所示的线性尺寸。

（6）单击“注释”选项卡→“标注”面板→“连续”按钮，以刚标注的线性尺寸作为基准尺寸，标注如图 7-35 所示的细部尺寸。

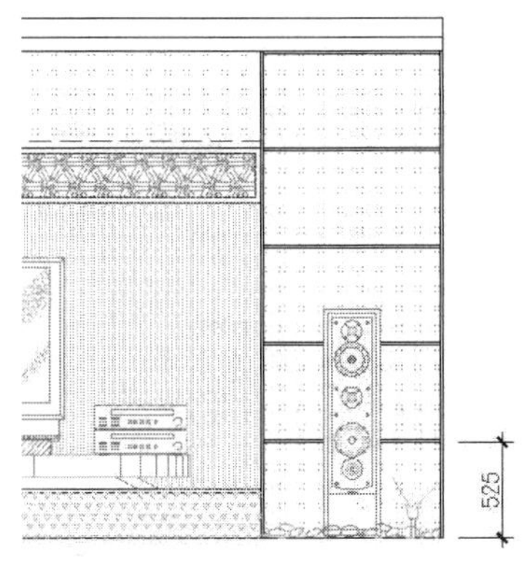

图 7-34 标注结果

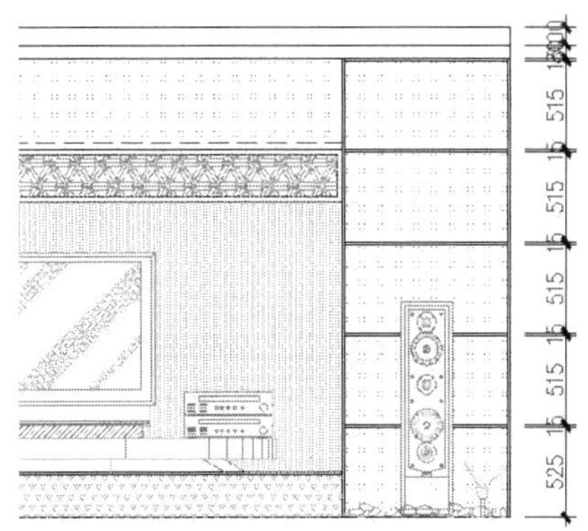

图 7-35 标注连续尺寸

（7）在无命令执行的前提下单击如图 7-36 所示的细部尺寸，使其呈现夹点显示状态。

（8）将光标放在尺寸文字夹点上，然后从弹出的快捷菜单中选择“仅移动文字”选项。

（9）接下来在命令行“** 仅移动文字 **指定目标点:”提示下，在适当位置指定文字的位置，结果如图 7-37 所示。

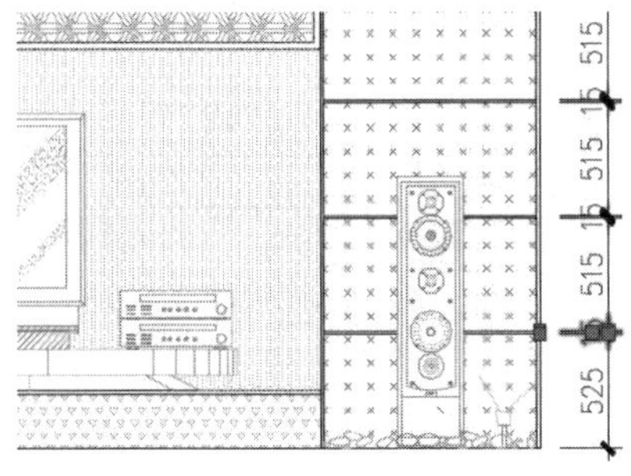

图 7-36 夹点显示尺寸

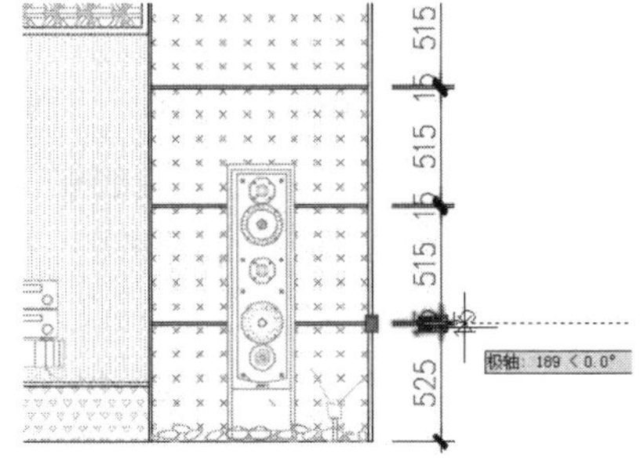

图 7-37 尺寸文字夹点菜单

（10）按下键盘上的 Esc 键，取消尺寸的夹点显示状态，结果如图 7-38 所示。

（11）参照 9～12 操作步骤，分别对其他位置的尺寸文字进行协调位置，结果如图 7-39 所示。

（12）单击“默认”选项卡→“注释”面板→“线性”按钮，配合“端点捕捉”功能标注立面图右侧的总尺寸，结果如图 7-40 所示。

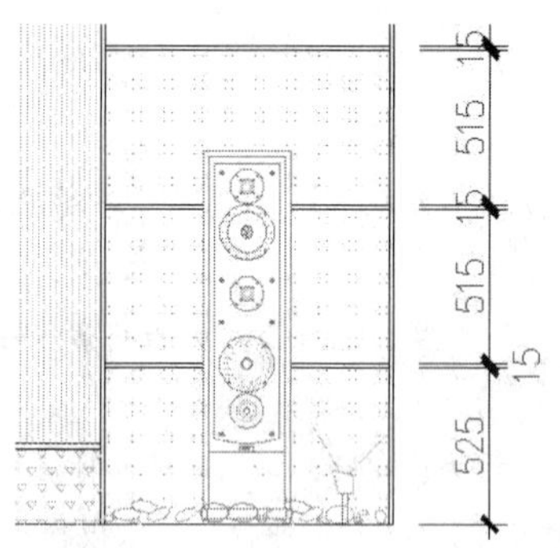

图 7-38 夹点移动尺寸文字

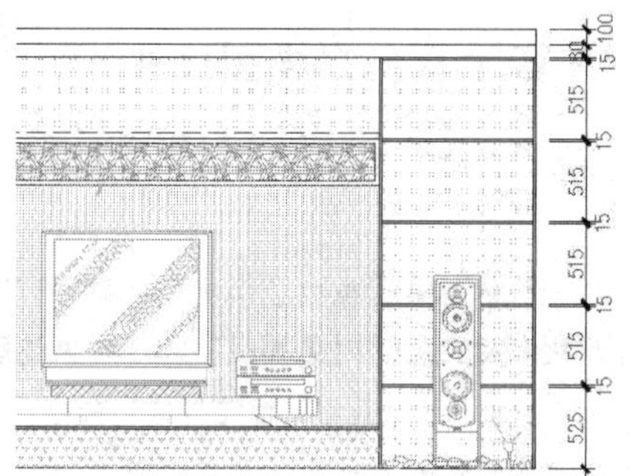

图 7-39 夹点编辑后的效果

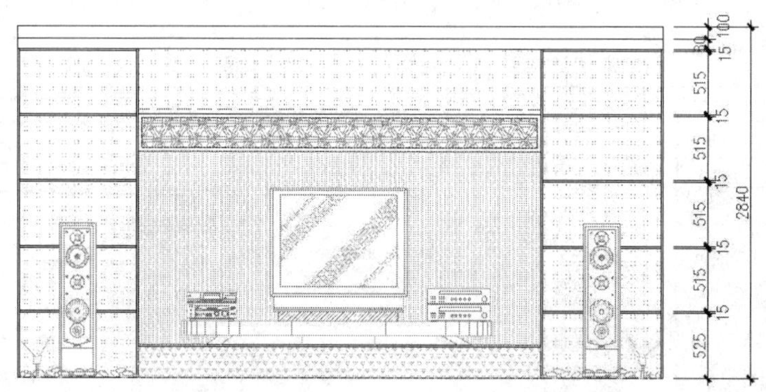

图 7-40 标注总尺寸

（13）参照 4～14 操作步骤，综合使用“线性”、“连续”等命令，分别标注立面图两侧的细部尺寸和总尺寸，并对尺寸文字进行协调位置，结果如图 7-41 所示。

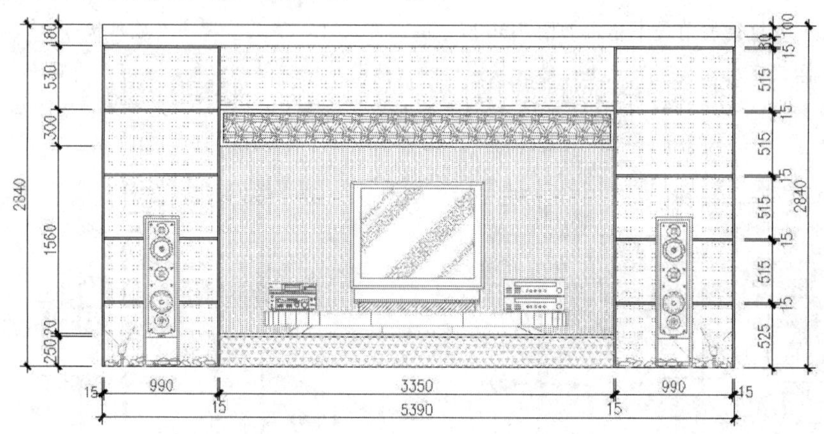

图 7-41 标注两侧尺寸

至此，客厅 A 向立面图的尺寸标注完毕，下一小节将学习立面引线注释样式的设置过程。

7.4.2 设置立面图引线注释样式

（1）继续上节操作。

（2）展开“默认”选项卡→“图层”面板→“图层”下拉列表，设置“文本层”为当前操作层。

（3）使用快捷键“D”激活“标注样式”命令，打开“标注样式管理器”话框。

（4）在“标注样式管理器”话框中单击 替代(O)... 按钮，然后在“替代当前样式：建筑标注”对话框中展开“符号和箭头”选项卡，设置引线的箭头及大小，如图 7-42 所示。

（5）在“替代当前样式：建筑标注”对话框中展开“文字”选项卡，设置文字样式如图 7-43 所示。

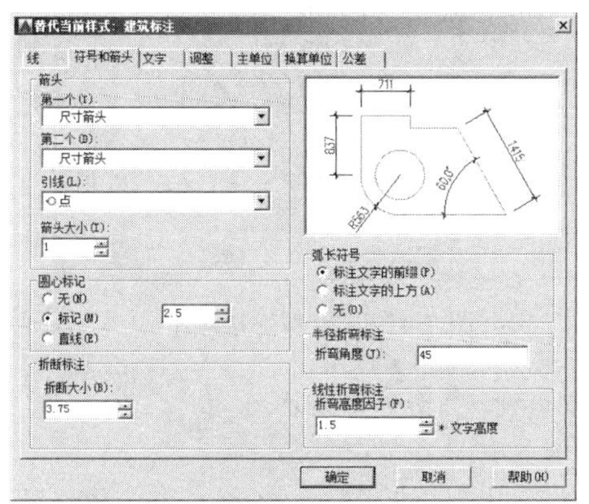

图 7-42　设置箭头及大小

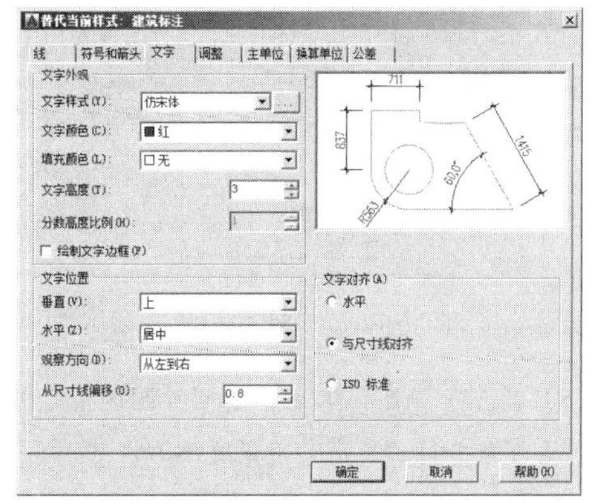

图 7-43　设置文字样式

（6）在“替代当前样式：建筑标注”对话框中展开“调整”选项卡，设置标注全局比例，如图 7-44 所示。

（7）在“替代当前样式：建筑标注”对话框中单击 确定 按钮，返回“标注样式管理器”对话框，样式的替代效果如图 7-45 所示。

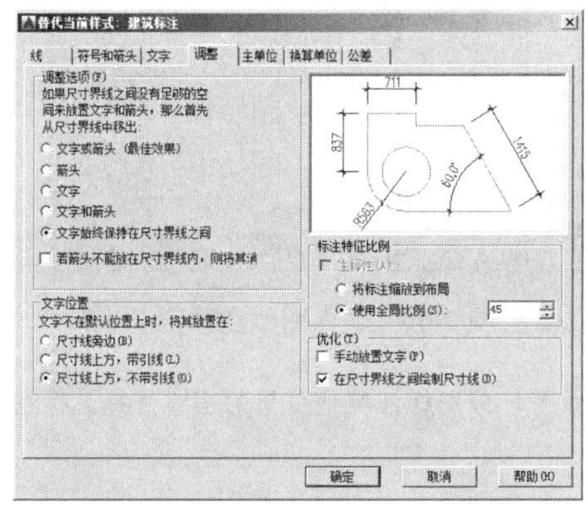

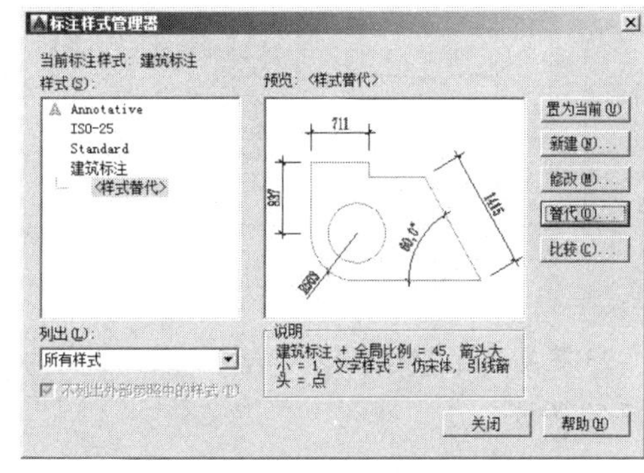

图 7-44　设置比例

图 7-45　样式的替代效果

（8）在“标注样式管理器”对话框中单击 关闭 按钮，结束命令。

至此，立面图引线注释样式设置完毕，下一小节将详细学习立面图引线注释的具体标注过程和标注技巧。

7.4.3　标注客厅 A 向墙面材质

（1）继续上节操作。

（2）使用快捷键“LE”激活“快速引线”命令，在命令行“指定第一个引线点或 [设置（S）] <设置>：”提示下激活“设置”选项，打开“引线设置”对话框。

（3）在“引线设置”对话框中展开“引线和箭头”选项卡，然后设置参数如图 7-46 所示。

（4）在“引线设置”对话框中展开“附着”选项卡，设置引线注释的附着位置，如图 7-47 所示。

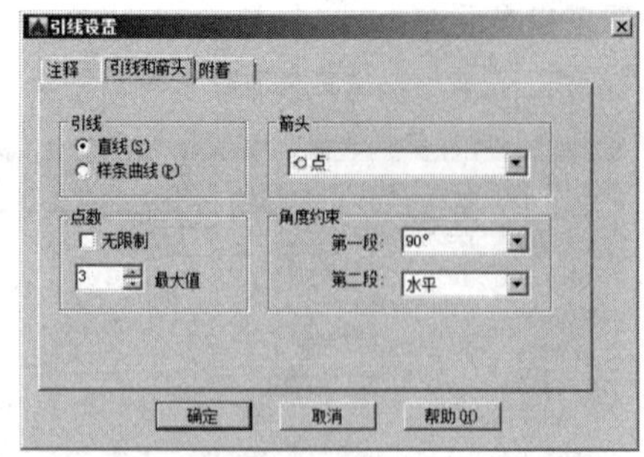

图 7-46 “引线和箭头”选项卡

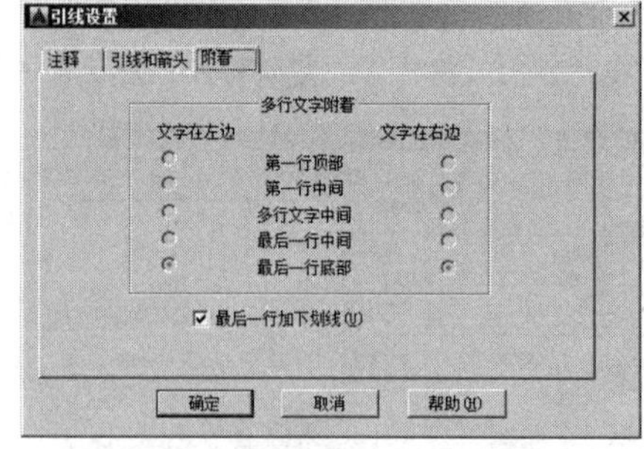

图 7-47 “附着”选项卡

（5）单击 确定 按钮，返回绘图区指定引线点绘制引线，如图 7-48 所示。

（6）在命令行“指定文字宽度 <0>:”提示下按 Enter 键。

（7）在命令行“输入注释文字的第一行 <多行文字（M）>:”提示下，输入“白色微晶石”，并按 Enter 键。

（8）继续在命令行“输入注释文字的第一行 <多行文字（M）>:”提示下，按 Enter 键结束命令，标注结果如图 7-49 所示。

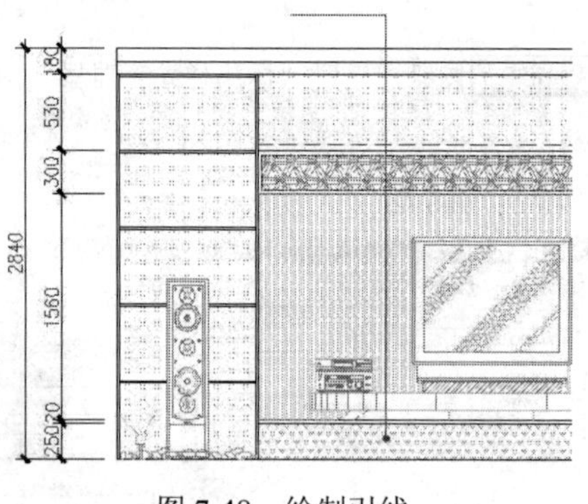

图 7-48 绘制引线

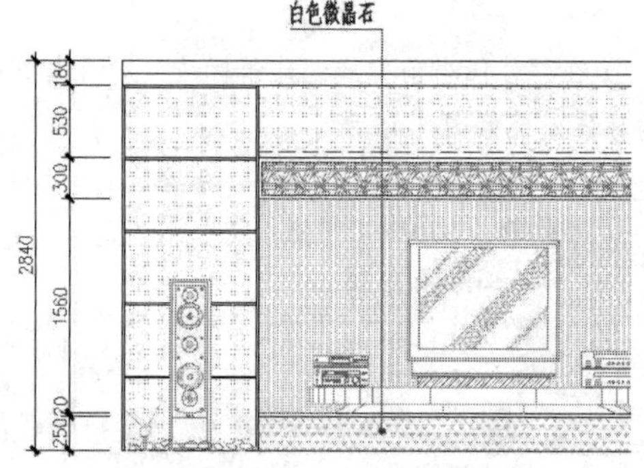

图 7-49 输入引线注释

（9）重复执行“快速引线”命令，按照当前的引线参数设置，分别标注其他位置的引线注释，标注结果如图 7-50 所示。

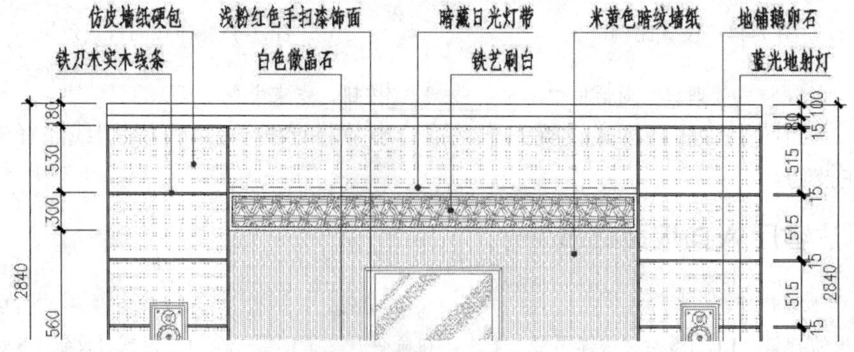

图 7-50 标注其他注释

（10）调整视图，将图形全部显示，最终效果如图 7-33 所示。

（11）最后执行“另存为”命令，将图形命名存储为“标注客厅 A 向立面图.dwg”。

7.5　绘制多居室客厅 C 向立面图

本例在综合所学知识的前提下，主要学习客厅 C 向装修立面图的具体绘制过程和绘制技巧。客厅 C 向立面图的最终绘制效果，如图 7-51 所示。

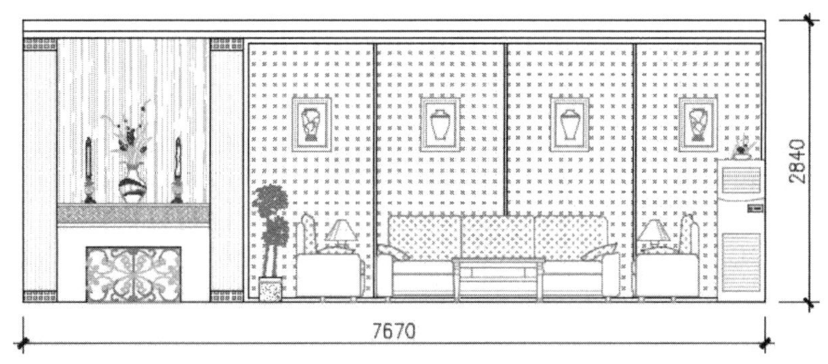

图 7-51　实例效果

7.5.1　绘制客厅 C 向墙面轮廓图

（1）单击“快速访问”工具栏→“新建”按钮，调用随书光盘中的“\样板文件\室内绘图样板.dwt”。

（2）展开“默认”选项卡→“图层”面板→“图层”下拉列表，设置“轮廓线”为当前操作层。

（3）单击“默认”选项卡→“绘图”面板→“矩形”按钮，绘制长度为 7670、宽度为 2840 的矩形作为墙面外轮廓线。

（4）单击“默认”选项卡→“修改”面板→“分解”按钮，将矩形分解为四条独立的线段。

（5）单击“默认”选项卡→“修改”面板→“偏移”按钮，将上侧的矩形水平边向下偏移 100 和 180 个绘图单位，结果如图 7-52 所示。

（6）单击“默认”选项卡→“修改”面板→“偏移”按钮，将左侧的矩形垂直边向右偏移 350 和 1930 个绘图单位，将右侧的矩形垂直边向左偏移 5390 个绘图单位，结果如图 7-53 所示。

图 7-52　偏移水平边

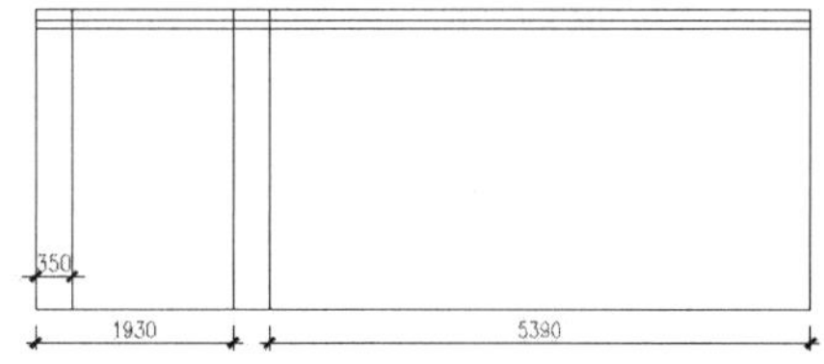

图 7-53　偏移垂直边

（7）单击“默认”选项卡→“修改”面板→“修剪”按钮，选择图 7-54 所示的水平边作为修剪边界，对内部垂直轮廓线进行修剪，结果如图 7-55 所示。

（8）单击“默认”选项卡→“修改”面板→“偏移”按钮，将最下侧的水平轮廓线向上偏移 120 和 2540 个绘图单位，结果如图 7-56 所示。

图 7-54　选择修剪边界

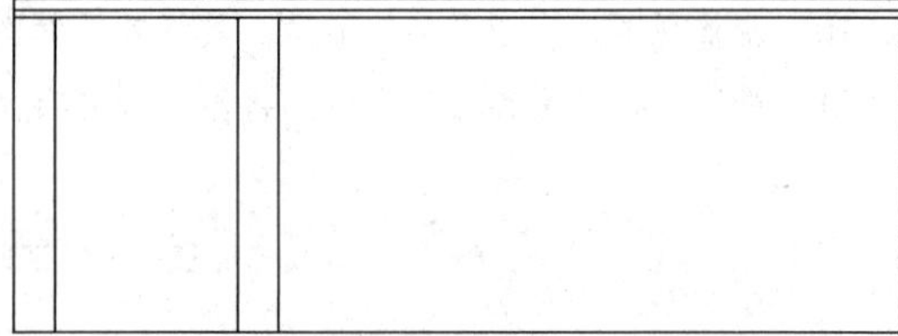

图 7-55　修剪结果

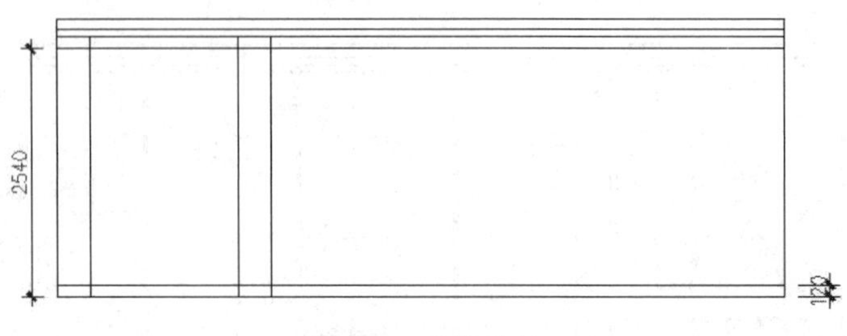

图 7-56　偏移结果

（9）单击“默认”选项卡→“修改”面板→“修剪”按钮，对内部的水平轮廓线进行修剪，结果如图 7-57 所示。

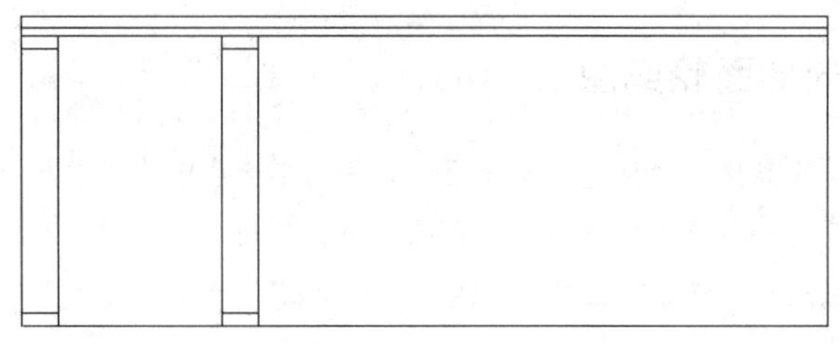

图 7-57　修剪结果

至此，客厅 C 向墙面主体轮廓图绘制完毕，下一小节将学习客厅 C 向墙面细部分隔线的绘制过程。

7.5.2　绘制客厅 C 向墙面分隔线

（1）继续上节操作。

（2）单击“默认”选项卡→“修改”面板→“偏移”按钮，将图 7-58 所示水平边 2 向上侧偏移 50 个单位、将水平边 4 向下侧偏移 50 个单位。

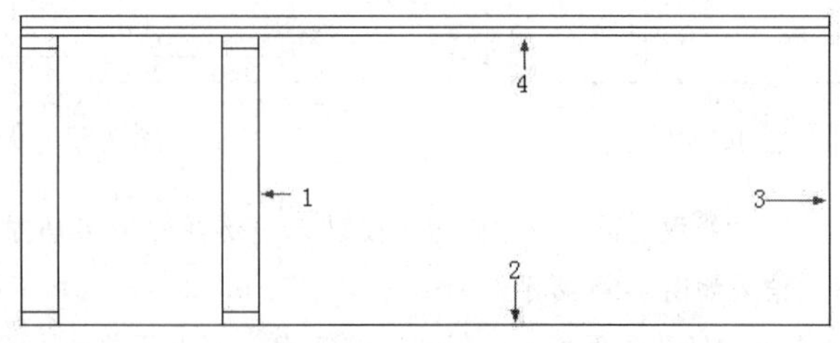

图 7-58　指定偏移边

（3）重复执行“偏移”命令，将图 7-58 所示的垂直边 1 向右侧偏移 50 个单位、将垂直边 3 向左侧偏移 50 个单位，偏移结果如图 7-59 所示。

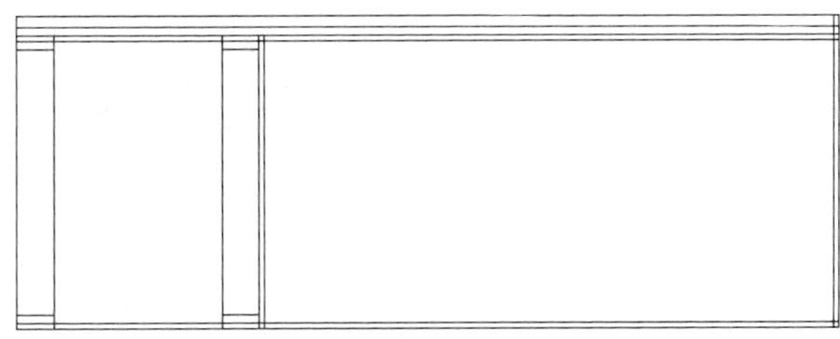

图 7-59 偏移结果

（4）单击“默认”选项卡→“修改”面板→“圆角”按钮，将圆角半径设置为 0，对刚偏移出的四条图线进行圆角编辑，圆角结果如图 7-60 所示。

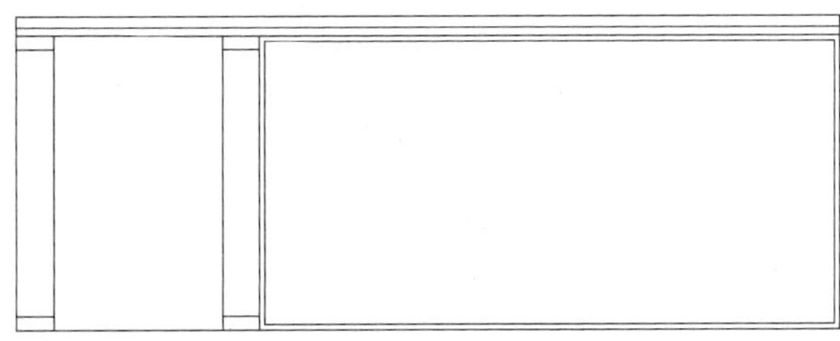

图 7-60 圆角结果

（5）单击“默认”选项卡→“修改”面板→“偏移”按钮，选择如图 7-61 所示的垂直边 A 向右侧偏移 1303.75 个单位，偏移结果如图 7-62 所示。

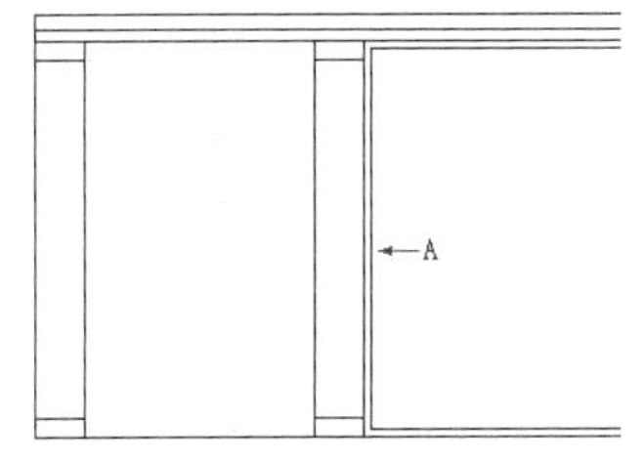

图 7-61 选择偏移边

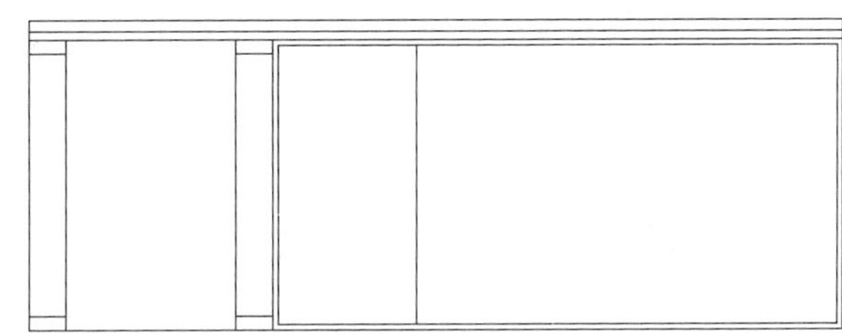

图 7-62 偏移结果

（6）重复执行“偏移”命令，选择刚偏移出的垂直轮廓线，向右侧偏移 25 个单位，结果如图 7-63 示。

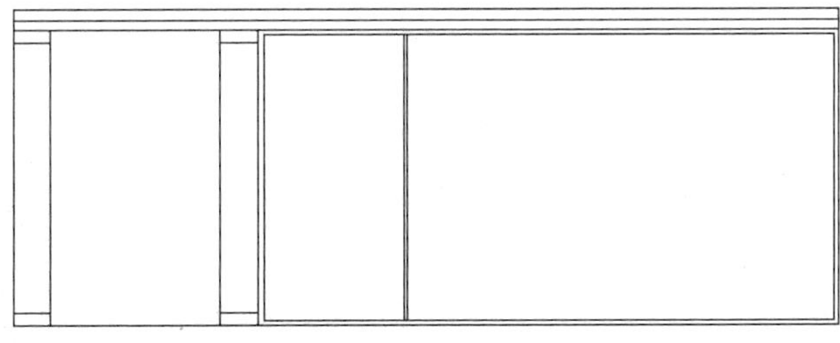

图 7-63 偏移结果

（7）单击“默认”选项卡→“修改”面板→“矩形阵列”按钮，将分隔线进行矩形阵列。命令行操作如下：

```
命令: _arrayrect
选择对象:                                //窗交选择如图 7-64 所示的两条垂直图线
选择对象:                                // Enter
类型 = 矩形  关联 = 是
选择夹点以编辑阵列或 [关联(AS)/基点(B)/计数(COU)/间距(S)/列数(COL)/行数(R)/层数(L)/退出(X)] <退出>:           //COU Enter
输入列数数或 [表达式(E)] <4>:            //3 Enter
输入行数数或 [表达式(E)] <3>:            //1 Enter
选择夹点以编辑阵列或 [关联(AS)/基点(B)/计数(COU)/间距(S)/列数(COL)/行数(R)/层数(L)/退出(X)] <退出>:           //s Enter
指定列之间的距离或 [单位单元(U)] <540>:  //1328.75 Enter
指定行之间的距离 <540>:                  //1 Enter
选择夹点以编辑阵列或 [关联(AS)/基点(B)/计数(COU)/间距(S)/列数(COL)/行数(R)/层数(L)/退出(X)] <退出>:           //AS Enter
创建关联阵列 [是(Y)/否(N)] <是>://N Enter
选择夹点以编辑阵列或 [关联(AS)/基点(B)/计数(COU)/间距(S)/列数(COL)/行数(R)/层数(L)/退出(X)] <退出>:           // Enter,阵列结果如图 7-65 所示
```

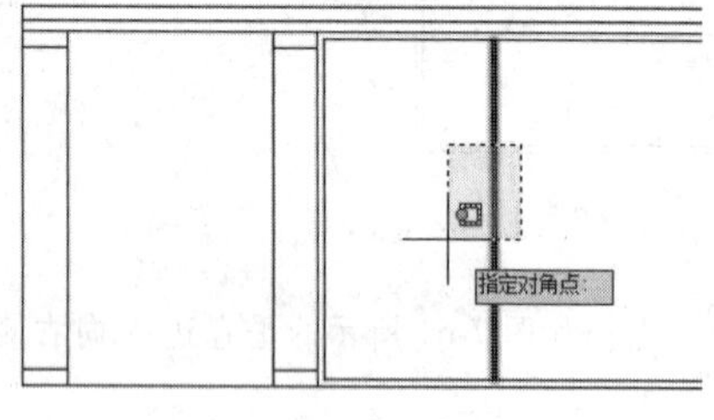

图 7-64　窗交选择

图 7-65　阵列结果

至此，客厅 C 向墙面分隔线绘制完毕，下一小节将学习壁炉立面结构图的绘制过程和表达技巧。

7.5.3　绘制客厅壁炉立面结构图

（1）继续上节操作。

（2）展开“默认”选项卡→“图层”面板→“图层”下拉列表，设置“家具层”为当前操作层。

（3）单击“默认”选项卡→“修改”面板→“偏移”按钮，选择最下侧的水平轮廓线向上偏移，命令行操作如下。

```
命令: _offset
当前设置: 删除源=否  图层=源  OFFSETGAPTYPE=0
指定偏移距离或 [通过(T)/删除(E)/图层(L)] <800>:          //LEnter
输入偏移对象的图层选项 [当前(C)/源(S)] <源>:             //CEnter
指定偏移距离或 [通过(T)/删除(E)/图层(L)] <800>:          //770Enter
选择要偏移的对象, 或 [退出(E)/放弃(U)] <退出>:           //选择最下侧的水平轮廓线
指定要偏移的那一侧上的点, 或 [退出(E)/多个(M)/放弃(U)] <退出>:
                                                         //在所选轮廓线的上侧拾取点
选择要偏移的对象, 或 [退出(E)/放弃(U)] <退出>:        //Enter, 偏移结果如图 7-66 所示
```

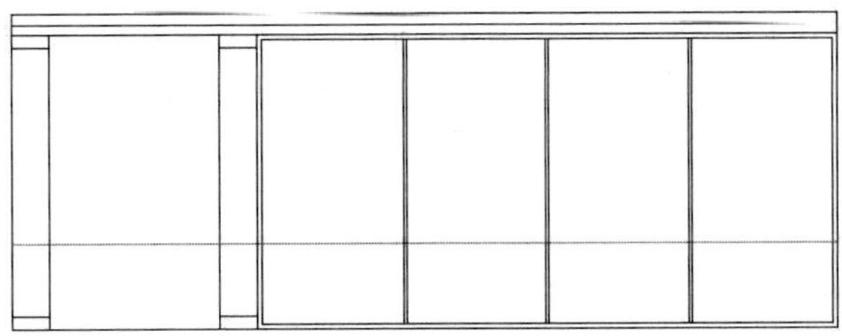

图 7-66 偏移结果

（4）重复执行“偏移”命令，将偏移出的水平轮廓线继续向上偏移 30、200 和 230 个单位，结果如图 7-67 所示。

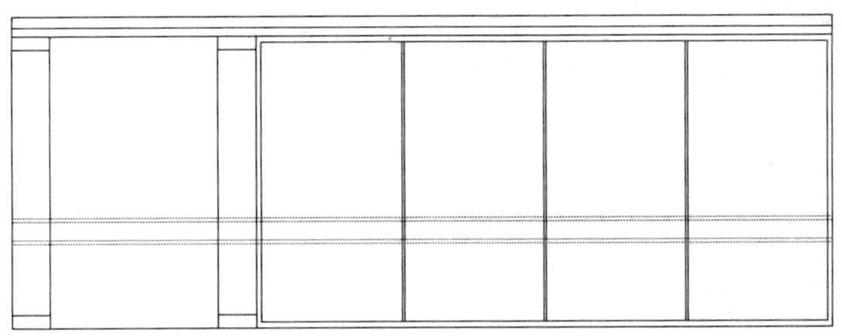

图 7-67 偏移结果

（5）单击“默认”选项卡→“修改”面板→“修剪”按钮，对偏移出的水平轮廓线进行修剪，结果如图 7-68 所示。

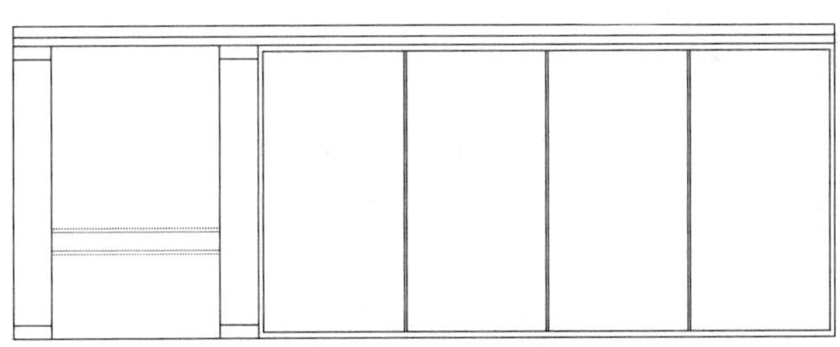

图 7-68 修剪结果

（6）单击“默认”选项卡→“修改”面板→“偏移”按钮，选择图 7-69 所示的垂直轮廓边 1 向右偏移 300；将垂直轮廓边向左偏移 300；将水平轮廓边向下偏移 220 个单位，偏移结果如图 7-70 所示。

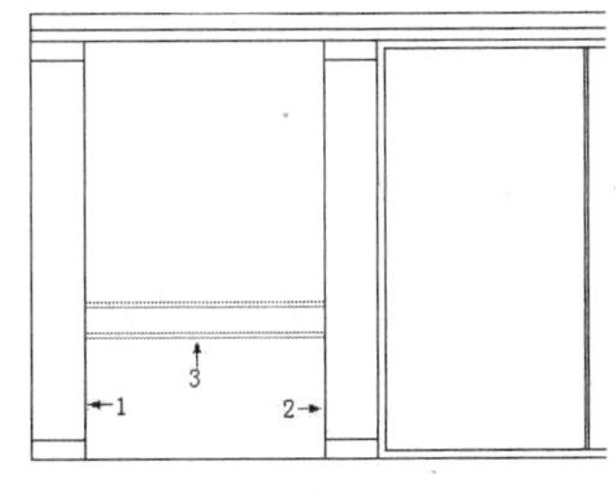

图 7-69 指定偏移边

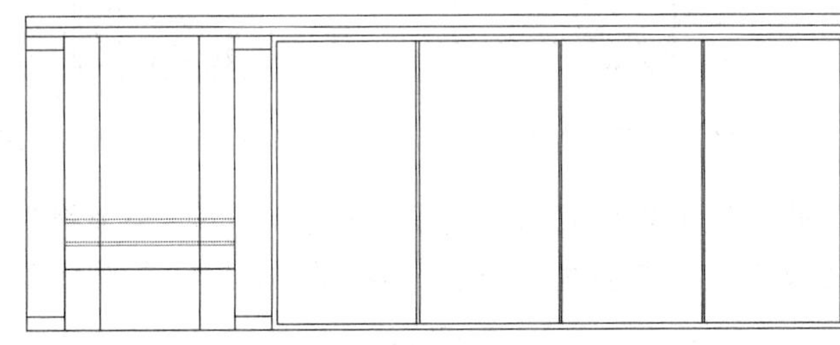

图 7-70 偏移结果

（7）使用快捷键“BO”激活“边界”命令，将“对象类型”设置为“多段线”，然后提取如图 7-71 所示的虚线边界。

（8）使用快捷键“E”激活“删除”命令，将偏移出的三条轮廓线删除，删除结果如图 7-72 所示。

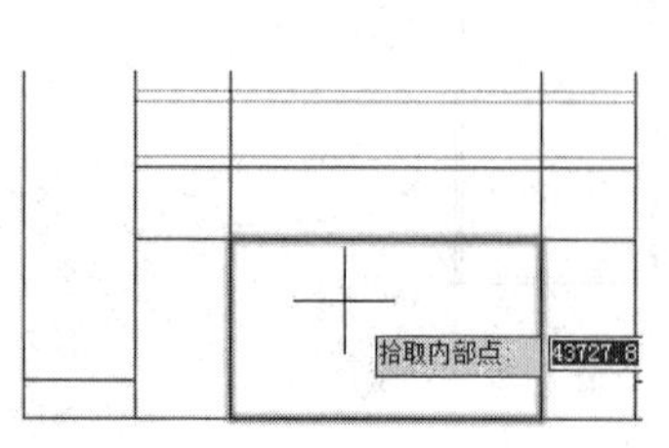

图 7-71 提取边界

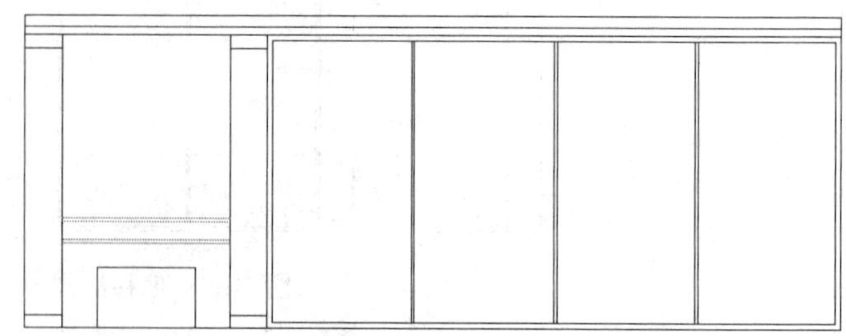

图 7-72 删除结果

（9）单击“默认”选项卡→“修改”面板→“偏移”按钮，将提取的边界向内侧偏移 10 个单位。

（10）使用快捷键“H”激活“图案填充”命令，设置填充图案与填充参数如图 7-73 所示，为图形填充如图 7-74 所示的图案。

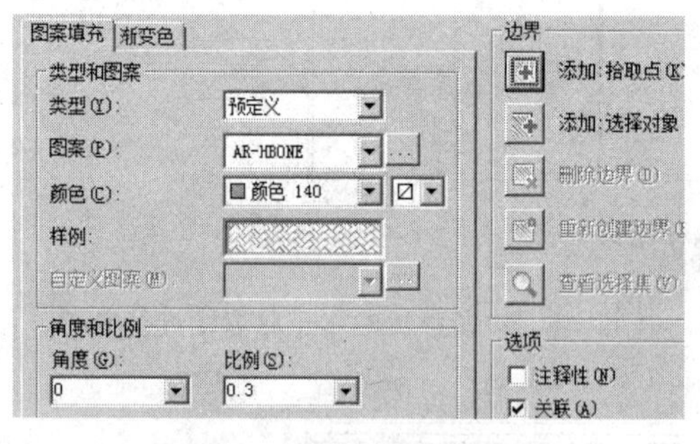

图 7-73 设置填充图案与参数

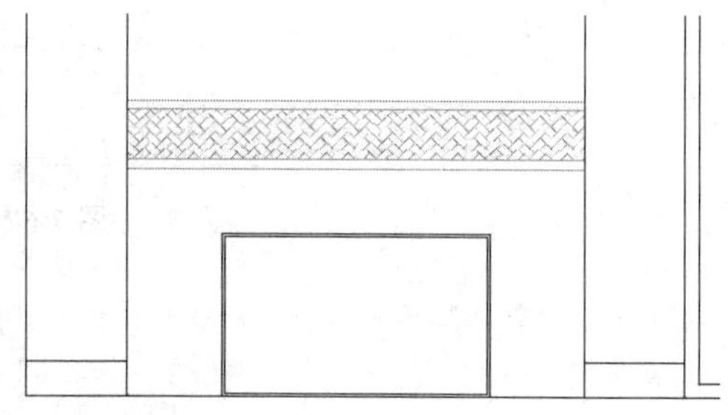

图 7-74 填充结果

（11）使用快捷键“I”激活“插入块”命令，以默认参数插入随书光盘中的“\图块文件\铁艺炉门.dwg”。

（12）返回绘图区，然后在命令行“指定插入点或 [基点（B）/比例（S）/旋转（R）]:”提示下捕捉如图 7-75 所示的中点作为插入点，插入结果如图 7-76 所示。

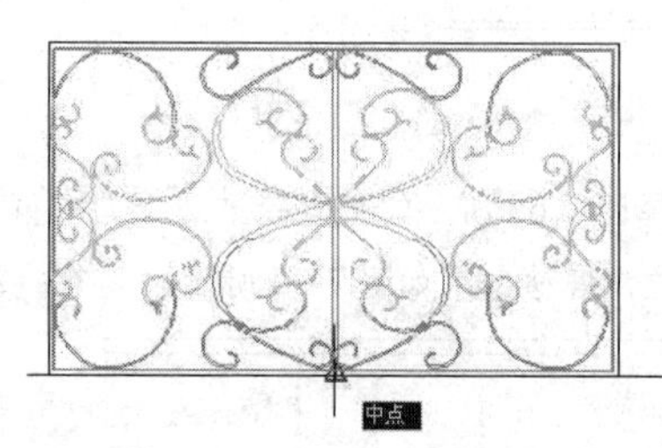

图 7-75 定位插入点

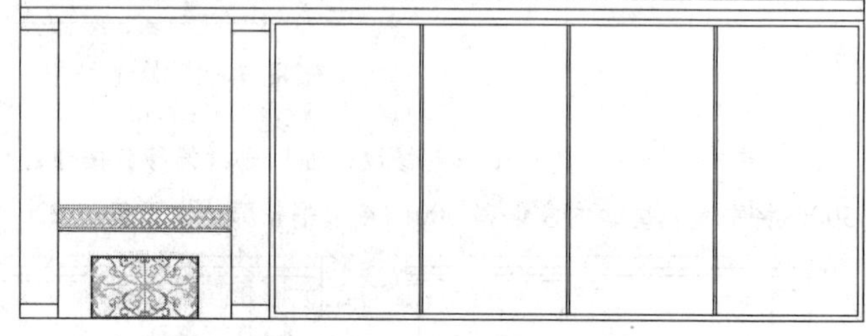

图 7-76 插入结果

至此，客厅壁炉立面轮廓图绘制完毕。下一小节将学习客厅 C 向立面家具图的绘制过程和表达技巧，具体包括多功能立面沙发、台灯、茶几以及饮水机等。

7.5.4 绘制客厅 C 向墙面家具图

（1）继续上节操作。

（2）单击“默认”选项卡→“绘图”面板→“插入块”按钮，以默认参数将图块插入随书光盘中的“\图块文件\立面沙发组合.dwg”。

（3）在命令行“指定插入点或 [基点（B）/比例（S）/旋转（R）]：”提示下水平向左引出如图 7-77 所示的端点追踪虚线，然后输入 2695 并按 Enter 键，插入结果如图 7-78 所示。

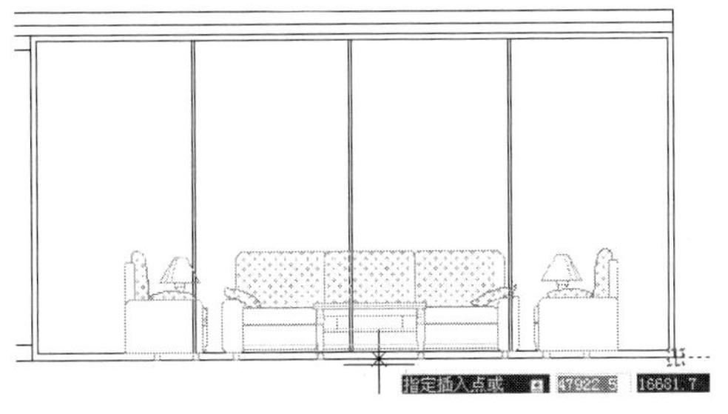

图 7-77 引出端点追踪虚线

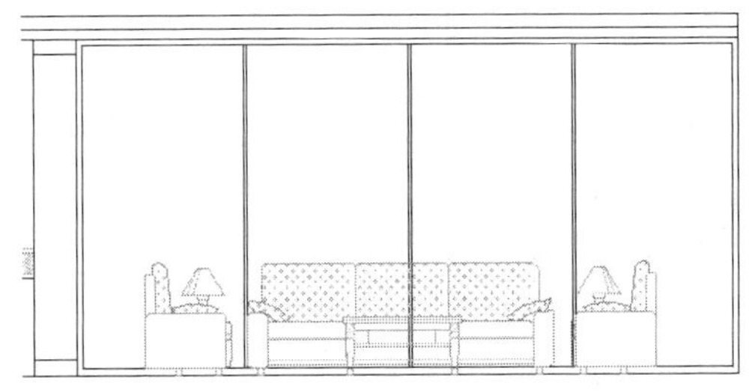

图 7-78 插入结果

（4）单击“默认”选项卡→“绘图”面板→“插入块”按钮，以默认参数插入随书光盘中的“\图块文件\饮水机.dwg”，插入点为下侧水平轮廓线的右端点，插入结果如图 7-79 所示。

（5）重复执行“插入块”命令，以默认参数插入随书光盘中的“\图块文件\立面盆景 01.dwg”，插入结果如图 7-80 所示。

图 7-79 插入结果

图 7-80 插入结果

（6）单击“默认”选项卡→“绘图”面板→“插入块”按钮，以默认参数插入随书光盘中的“\图块文件\装饰画 02.dwg”，在命令行“指定插入点或 [基点（B）/比例（S）/旋转（R）]：”提示下，激活“捕捉自”功能。

（7）在命令行“_from 基点：”提示下捕捉如图 7-81 所示廓线 A 的上端点。

（8）继续在命令行“<偏移>：”提示下输入“@652,-1085”并按 Enter 键，插入结果如图 7-82 所示。

图 7-81 捕捉端点

图 7-82 插入结果

（9）单击“默认”选项卡→“绘图”面板→“插入块”按钮，以默认参数插入随书光盘中的“\图块文件\装饰画 03.dwg”，在命令行“指定插入点或 [基点（B）/比例（S）/旋转（R）]：”提示下，激活“捕捉自”功能。

（10）在命令行“_from 基点：”提示下，捕捉如图 7-83 所示垂直轮廓线 B 的上端点。

（11）继续在命令行“<偏移>：”提示下输入“@652,-1085”并按 Enter 键，插入结果如图 7-84 所示。

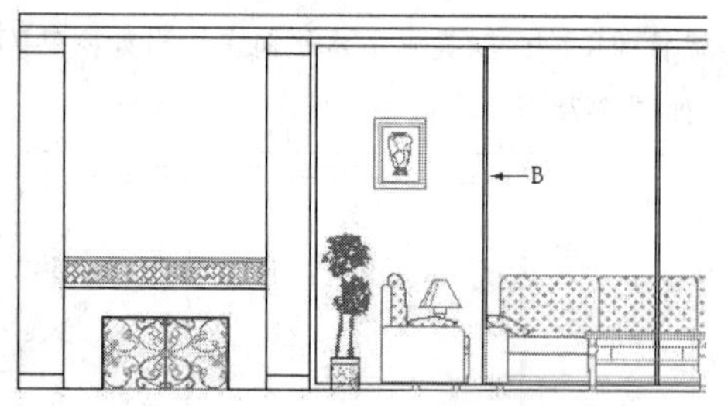

图 7-83　捕捉插入点

图 7-84　插入结果

（12）单击“默认”选项卡→“修改”面板→“镜像”按钮，配合“中点捕捉”功能，窗口选择如图 7-85 所示的装饰画图块进行镜像，镜像结果如图 7-86 所示。

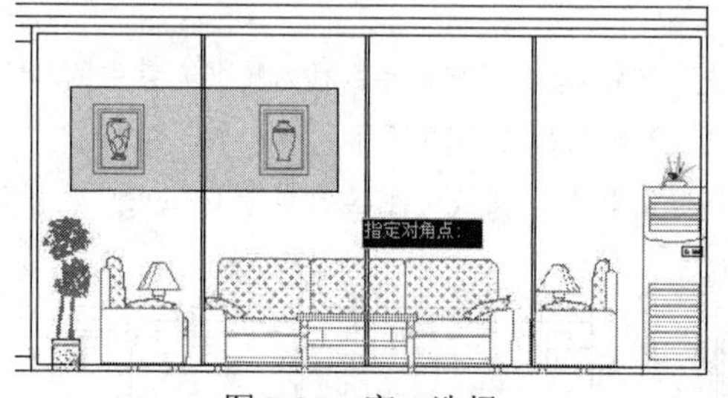

图 7-85　窗口选择

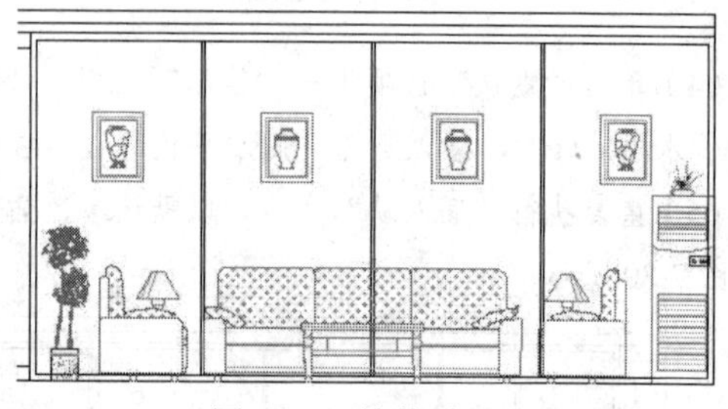

图 7-86　镜像结果

（13）单击“默认”选项卡→“绘图”面板→“插入块”按钮，采用默认参数插入随书光盘“\图块文件\”目录下的“装饰花瓶 01.dwg 和烛台.dwg”，结果如图 7-87 所示。

（14）单击“默认”选项卡→“修改”面板→“镜像”按钮，配合“中点捕捉”功能，对插入的烛台图块进行镜像，结果如图 7-88 所示。

图 7-87　插入结果

图 7-88　镜像结果

（15）单击“默认”选项卡→“修改”面板→“修剪”按钮，对立面图构件轮廓线进行修整，删除被遮挡住的图线，结果如图 7-89 所示。

图 7-89　修整结果

至此，客厅 C 向墙面构件图绘制完毕，下一小节将学习客厅 C 向墙面装饰图案的快速绘制过程。

7.5.5 绘制客厅 C 墙面装饰图案

（1）继续上节操作。

（2）展开“默认”选项卡→“图层”面板→“图层”下拉列表，设置“填充层”为当前操作层。

（3）单击“默认”选项卡→“绘图”面板→“图案填充”按钮，在命令行“拾取内部点或 [选择对象（S）/设置（T）]:”提示下，激活“设置”选项，打开“图案填充和渐变色”对话框。

（4）在“图案填充和渐变色”对话框中选择“预定义”图案，同时设置图案的填充角度及填充间距参数，如图 7-90 所示。

（5）单击“图案填充创建”选项卡→“边界”面板→“拾取点”按钮，返回绘图区拾取填充区域，为立面图填充如图 7-91 所示的墙面壁纸图案。

图 7-90 设置填充图案与参数

图 7-91 填充结果

（6）单击“默认”选项卡→“绘图”面板→“图案填充”按钮，激活“图案填充”命令，设置填充图案与填充参数如图 7-92 所示，为立面图填充如图 7-93 所示的装饰图案。

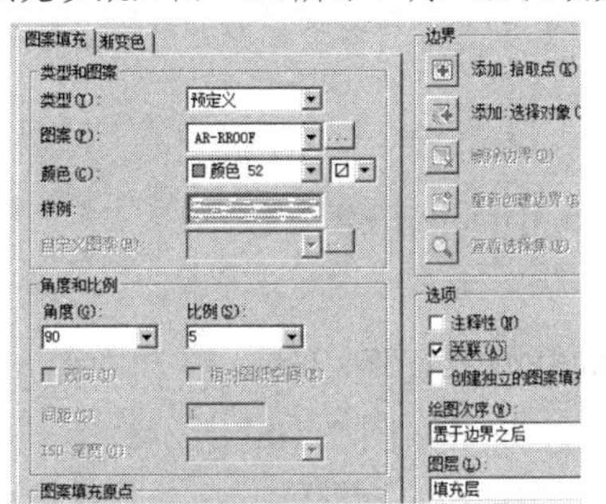

图 7-92 设置填充图案与参数

图 7-93 填充结果

（7）单击“默认”选项卡→“绘图”面板→“图案填充”按钮，激活“图案填充”命令，设置填充图案与填充参数如图 7-94 所示，为立面图填充如图 7-95 所示的装饰图案。

（8）单击“默认”选项卡→“绘图”面板→“图案填充”按钮，激活“图案填充”命令，设置填充图案与填充参数如图 7-96 所示，为立面图填充如图 7-97 所示的装饰图案。

（9）在无命令执行的前提下夹点显示如图 7-98 所示的墙面壁纸图案。

（10）使用快捷键“X”激活“分解”命令，将夹点显示的图案分解，然后使用“修剪”和“删除”命令对其进行修剪完善，结果如图 7-99 所示。

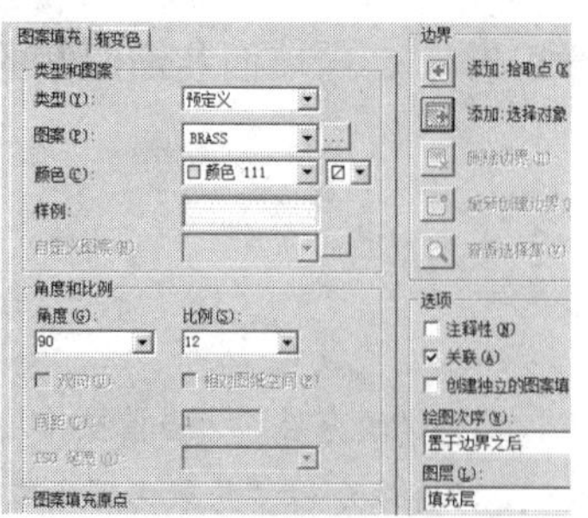

图 7-94 设置填充图案与参数

图 7-95 填充结果

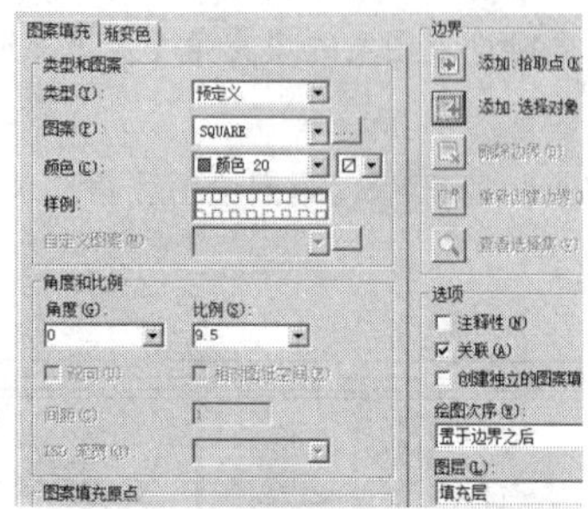

图 7-96 设置填充图案与参数

图 7-97 填充结果

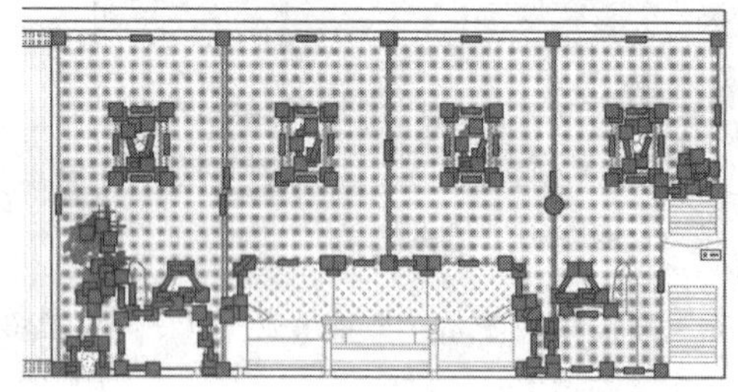

图 7-98 图案夹点效果

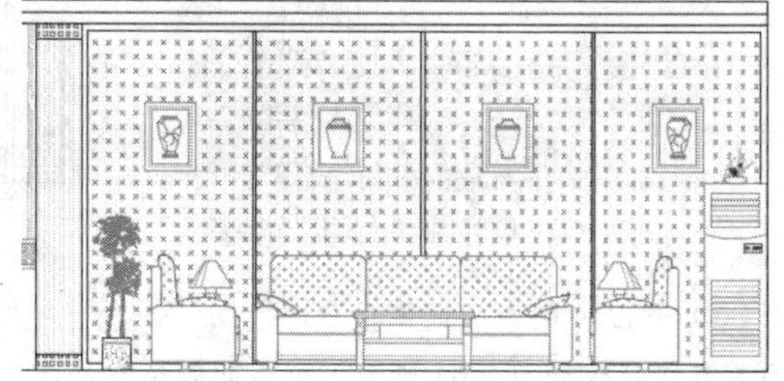

图 7-99 修改线型后的效果

（11）最后将图形命名存储为“绘制客厅 C 装修立面图.dwg”。

7.6 标注多居室客厅 C 向立面图

本例在综合所学知识的前提下，主要学习客厅 C 向装修立面图引线注释和立面尺寸等内容的具体标注过程和标注技巧。客厅 C 立面图的最终标注效果如图 7-100 所示。

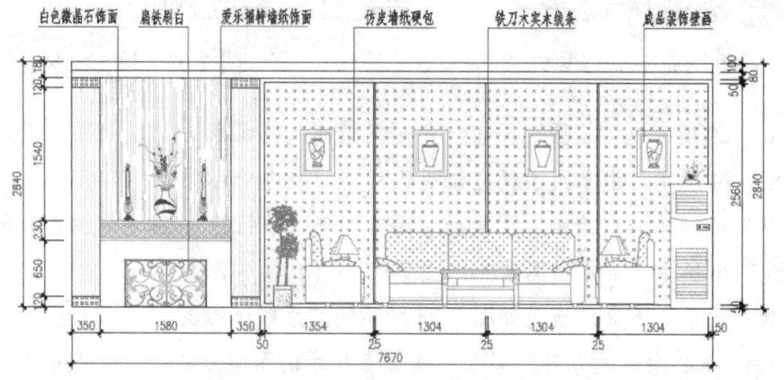

图 7-100 实例效果

7.6.1 标注客厅 C 向立面尺寸

（1）打开上例存储的“绘制客厅 C 装修立面图.dwg”，或直接从随书光盘中的“\效果文件\第 6 章\”目录下调用此文件。

（2）展开“默认”选项卡→“图层”面板→“图层”下拉列表，设置“尺寸层”为当前操作层。

（3）在”默认”选项卡→“注释”面板中设置“建筑标注”为当前标注样式。

（4）在命令行设置系统变量 DIMSCALE 的值为 32。

（5）单击“默认”选项卡→“注释”面板→“线性”按钮，配合“端点捕捉”功能标注如图 7-101 所示的线性尺寸。

（6）单击“注释”选项卡→“标注”面板→“连续”按钮，以刚标注的线性尺寸作为基准尺寸，标注如图 7-102 所示的细部尺寸。

图 7-101 标注线性尺寸　　图 7-102 标注连续尺寸

（7）在无命令执行的前提下单击如图 7-103 所示的细部尺寸，使其呈现夹点显示状态。

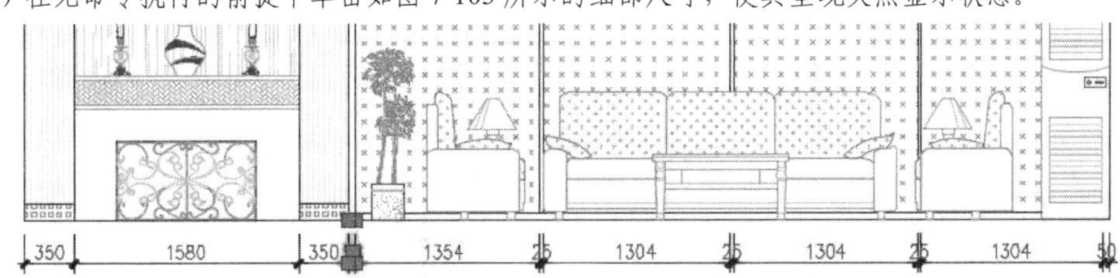

图 7-103 夹点显示尺寸

（8）将光标放在尺寸文字夹点上，然后从弹出的快捷菜单中选择“仅移动文字”选项。

（9）接下来在命令行“** 仅移动文字 **指定目标点:”提示下，在适当位置指定文字的位置，结果如图 7-104 所示。

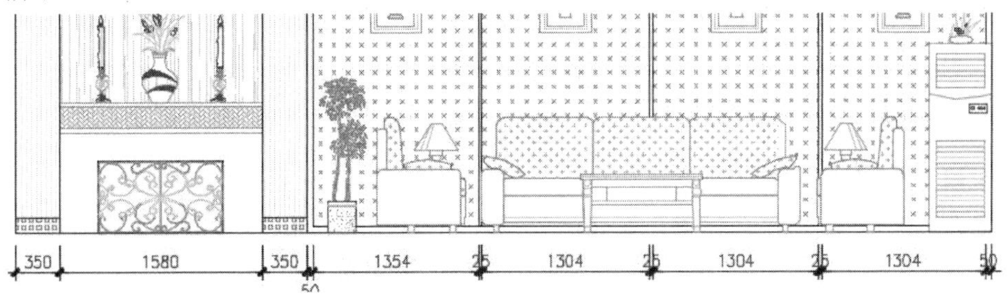

图 7-104 夹点编辑后的效果

（10）参照 7～9 操作步骤，分别对其他位置的尺寸文字进行协调位置，结果如图 7-105 所示。

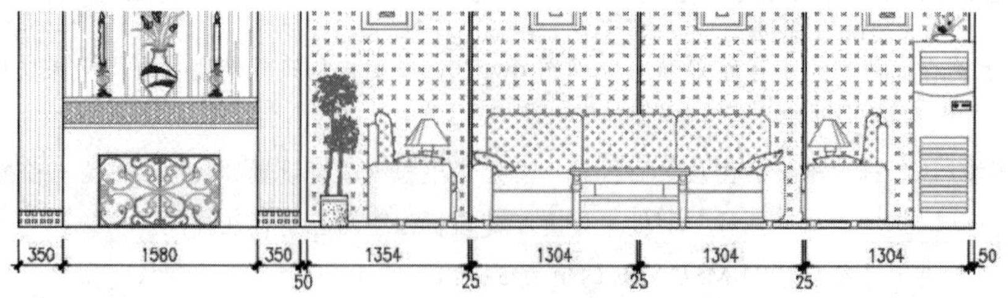

图 7-105　调整结果

（11）单击“默认”选项卡→“注释”面板→“线性”按钮，配合 “端点捕捉”功能标注立面图下侧的总尺寸，结果如图 7-106 所示。

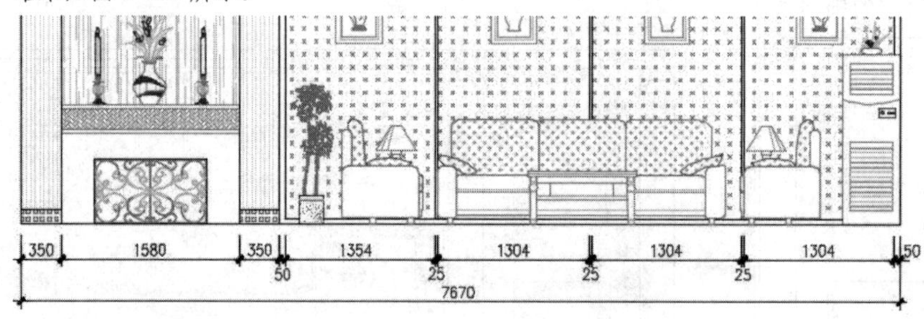

图 7-106　标注总尺寸

（12）参照 5～11 操作步骤，综合使用“线性”、“连续”等命令，分别标注立面图两侧的细部尺寸和总尺寸，并对尺寸文字进行协调位置，结果如图 7-107 所示。

图 7-107　标注两侧尺寸

至此，客厅 C 向立面图的尺寸标注完毕，下一小节将为客厅 C 向装修立面图标注墙面材质说明。

7.6.2　标注客厅 C 向墙面材质

（1）继续上节操作。

（2）展开“默认”选项卡→“图层”面板→“图层”下拉列表，设置“文本层”为当前操作层。

（3）在”默认”选项卡→“注释”面板中设置“仿宋体”为当前文字样式。

（4）单击“默认”选项卡→“绘图”面板→“多段线”按钮，绘制如图 7-108 所示的文本注释指示线。

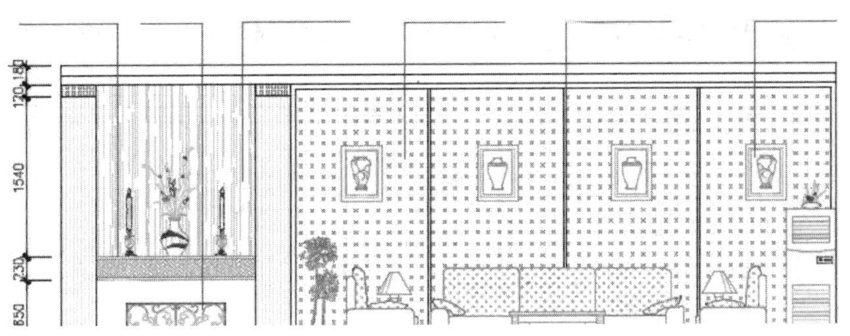

图 7-108 绘制指示线

（5）单击“默认”选项卡→“注释”面板→“单行文字”按钮，在命令行“指定文字的起点或 [对正（J）/样式（S）]: ”提示下输入 J 按 Eenter 键。

（6）在“输入选项 [左（L）/居中（C）/右（R）/对齐（A）/中间（M）/布满（F）/左上（TL）/中上（TC）/右上（TR）/左中（ML）/正中（MC）/右中（MR）/左下（BL）/中下（BC）/右下（BR）]:: ”提示下，输入 BL 并按 Eenter 键，设置文字的对正方式。

（7）在“指定文字的左下点: ”提示下捕捉如图 7-109 所示指示线的端点。

（8）在 “指定高度 <3>: ”提示下输入 120 并敲击 Enter 键，设置文字的高度为 120 个绘图单位。

（9）在“指定文字的旋转角度 <0.00>”提示下，直接敲击 Enter 键，此时在绘图区所指定的文字起点位置上出现一个文本输入框，输入“白色微晶石饰面”敲击 Enter 键，结果如图 7-110 所示。

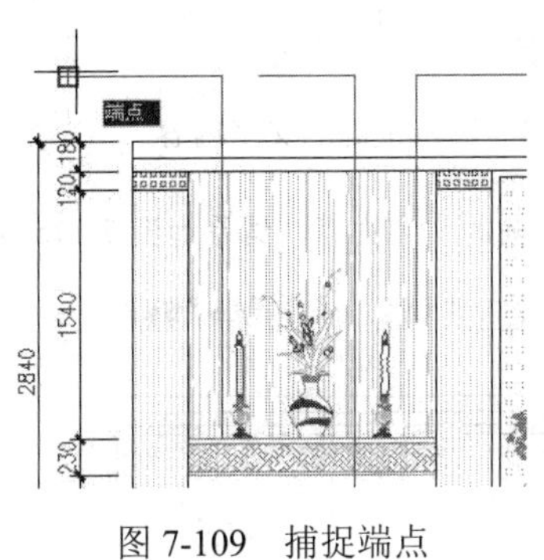

图 7-109 捕捉端点

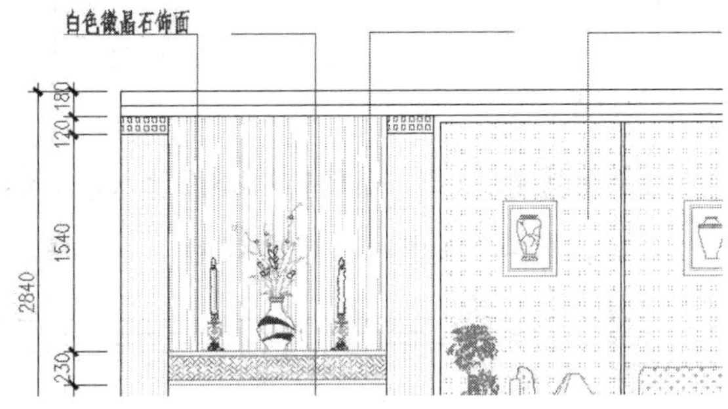

图 7-110 输入文字

（10）单击“默认”选项卡→“修改”面板→“移动”按钮，将刚输入的文字注释垂直向上移动 30 个单位，结果如图 7-111 所示。

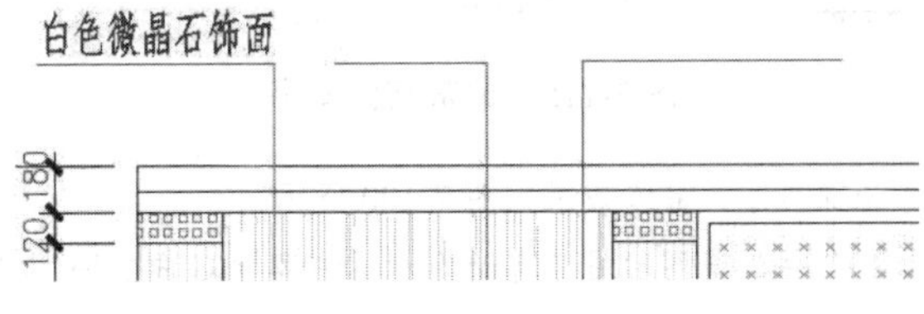

图 7-111 移动结果

（11）单击“默认”选项卡→“修改”面板→“复制”按钮，将位移后的文字分别复制到其他指示线上，结果如图 7-112 所示。

（12）在复制出的文字上双击左键，此时文字呈反白状态，如图 7-113 所示。

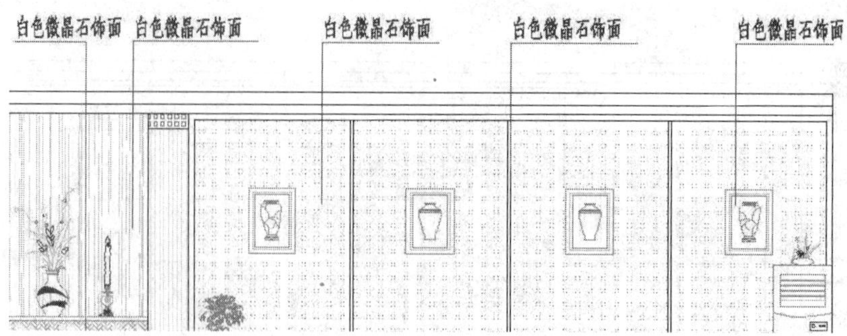

图 7-112　复制结果

（13）在反白显示的文字输入框内输入正确的文字内容，修改后的文字如图 7-114 所示。

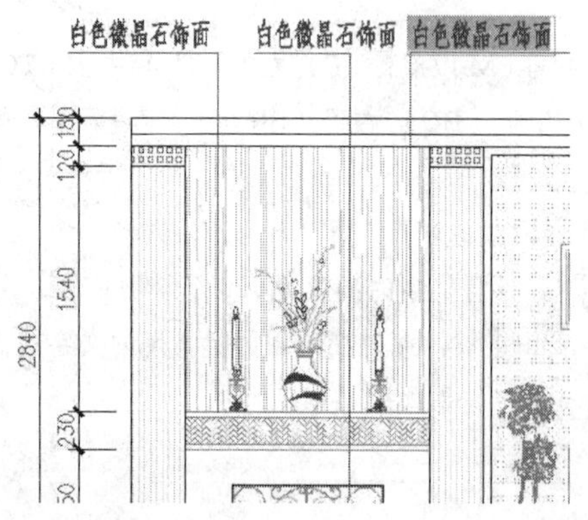

图 7-113　双击文字后的效果

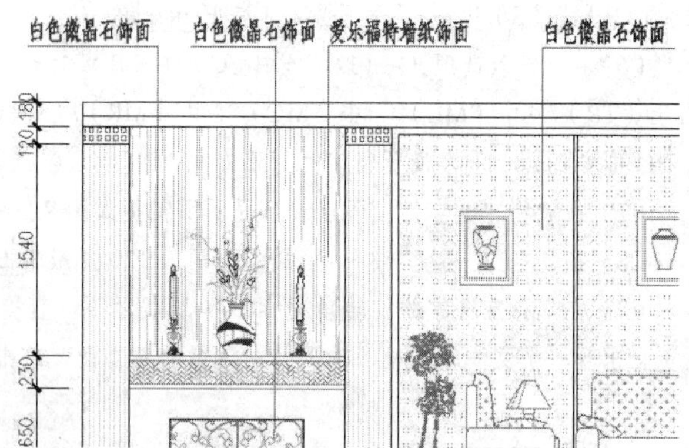

图 7-114　输入正确的文字内容

（14）参照上两操作步骤，分别在其他文字上双击左键，输入正确的文字内容，结果如图 7-115 所示。

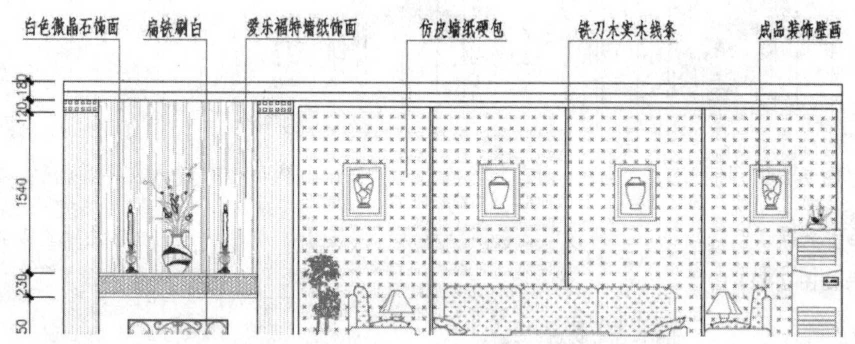

图 7-115　编辑其他文字

（15）调整视图，将图形全部显示，最终效果如图 7-100 所示。

（16）最后执行“另存为”命令，将图形另名存储为“标注客厅 C 向立面图.dwg”。

7.7　绘制多居室女孩房装修立面图

本例主要学习多居室女孩房装修立面图的具体绘制过程和相关绘图技能。女孩房装修立面图的最终绘制效果，如图 7-116 所示。

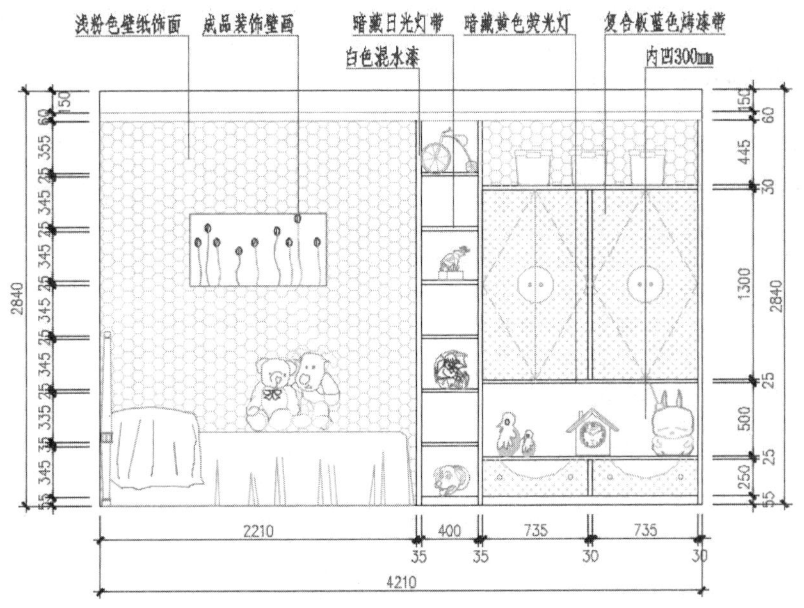

图 7-116 实例效果

7.7.1 绘制女孩房墙面轮廓图

（1）单击“快速访问”工具栏→“新建”按钮，调用随书光盘中的“\样板文件\室内绘图样板.dwt”。

（2）展开“默认”选项卡→“图层”面板→“图层”下拉列表，设置“轮廓线”为当前操作层。

（3）单击“默认”选项卡→“绘图”面板→“矩形”按钮，绘制长度为 4210、宽度为 2840 的矩形作为墙面外轮廓线。

（4）单击“默认”选项卡→“修改”面板→“分解”按钮，将矩形分解为四条独立的线段。

（5）单击“默认”选项卡→“修改”面板→“偏移”按钮，将上侧的矩形水平边向下偏移 150、210、655 和 685 个绘图单位；将下侧的水平边向上偏移 55、305 和 330 个单位，结果如图 7-117 所示。

（6）重复执行“偏移”命令，将左侧的矩形垂直边向右偏移 2210 和 2245 个绘图单位，将右侧的矩形垂直边向左偏移 30、1530 和 1565 个绘图单位，结果如图 7-118 所示。

图 7-117 偏移水平边

图 7-118 偏移垂直边

（7）单击“默认”选项卡→“修改”面板→“修剪”按钮，对偏移出的轮廓线进行修剪，修剪结果如图 7-119 所示。

（8）单击“默认”选项卡→“修改”面板→“偏移”按钮，选择修剪后的水平轮廓线A向上偏移345和370个单位，结果如图7-120所示。

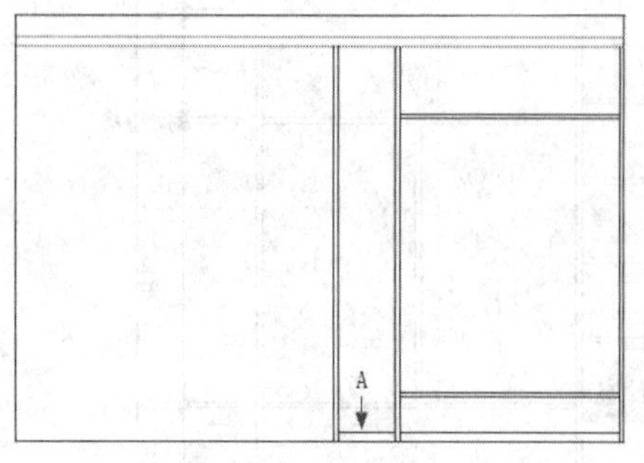

图7-119 修剪结果

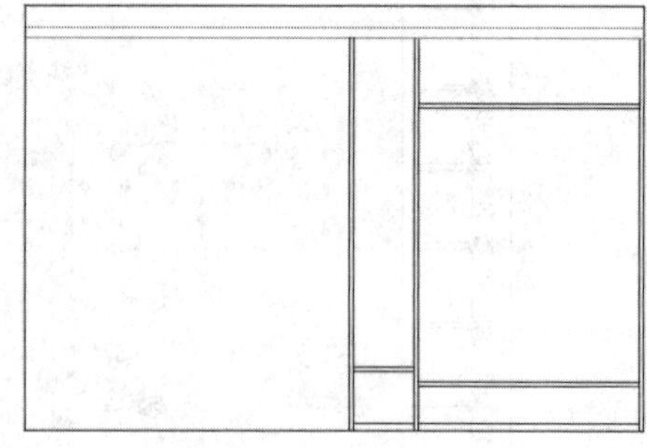

图7-120 偏移结果

（9）单击“默认”选项卡→“修改”面板→“矩形阵列”按钮，将偏移图线进行矩形阵列，命令行操作如下。

```
命令: _arrayrect
选择对象:                               //选择如图 7-121 所示的两条图线
选择对象:                               // Enter
类型 = 矩形  关联 = 是
选择夹点以编辑阵列或 [关联(AS)/基点(B)/计数(COU)/间距(S)/列数(COL)/行数(R)/层数(L)/退出(X)] <退出>:                   //COU Enter
输入列数数或 [表达式(E)] <4>:           //1 Enter
输入行数数或 [表达式(E)] <3>:           //6 Enter
选择夹点以编辑阵列或 [关联(AS)/基点(B)/计数(COU)/间距(S)/列数(COL)/行数(R)/层数(L)/退出(X)] <退出>:                   //s Enter
指定列之间的距离或 [单位单元(U)] <540>:  //1 Enter
指定行之间的距离 <540>:                 //370 Enter
选择夹点以编辑阵列或 [关联(AS)/基点(B)/计数(COU)/间距(S)/列数(COL)/行数(R)/层数(L)/退出(X)] <退出>:                   //AS Enter
创建关联阵列 [是(Y)/否(N)] <是>://N Enter
选择夹点以编辑阵列或 [关联(AS)/基点(B)/计数(COU)/间距(S)/列数(COL)/行数(R)/层数(L)/退出(X)] <退出>:                   // Enter, 阵列结果如图 7-122 所示
```

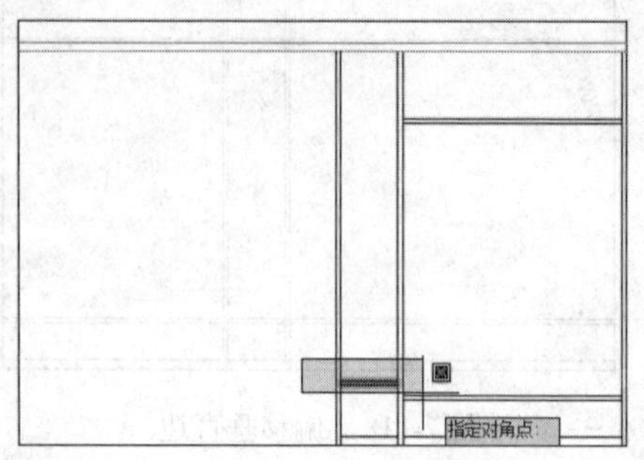

图7-121 窗交选择

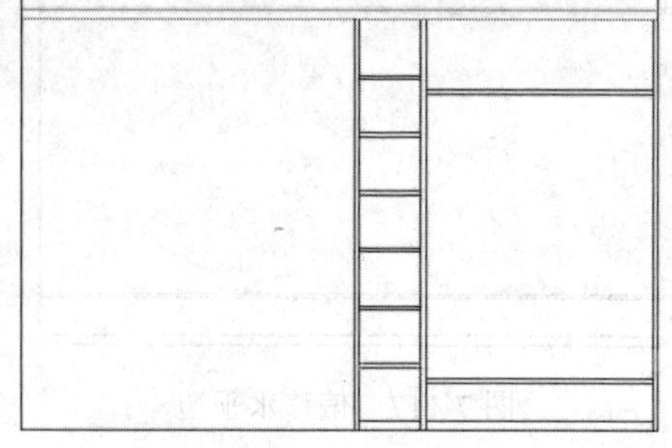

图7-122 阵列结果

下一小节将学习女孩房组合衣柜细部结构的绘制过程。

7.7.2 绘制组合衣柜立面图

（1）继续上节操作。

（2）单击“默认”选项卡→“修改”面板→“复制”按钮，窗交选择如图 7-123 所示的图线垂直向上复制 525 个单位，结果如图 7-124 所示。

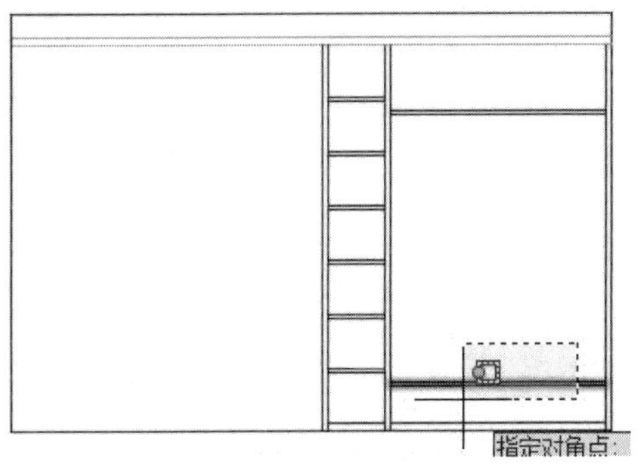

图 7-123 窗交选择

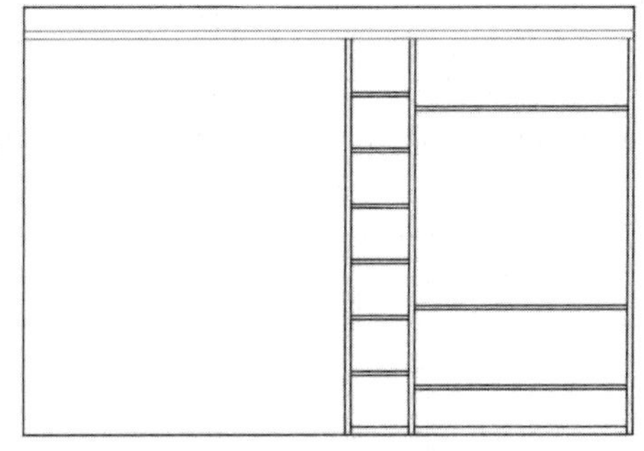

图 7-124 复制结果

（3）单击“默认”选项卡→“修改”面板→“偏移”按钮，将最右侧的垂直轮廓线向左偏移 398 和 765 个单位，结果如图 7-125 所示。

（4）单击“默认”选项卡→“修改”面板→“修剪”按钮，对偏移出的轮廓线进行修剪，修剪结果如图 7-126 所示。

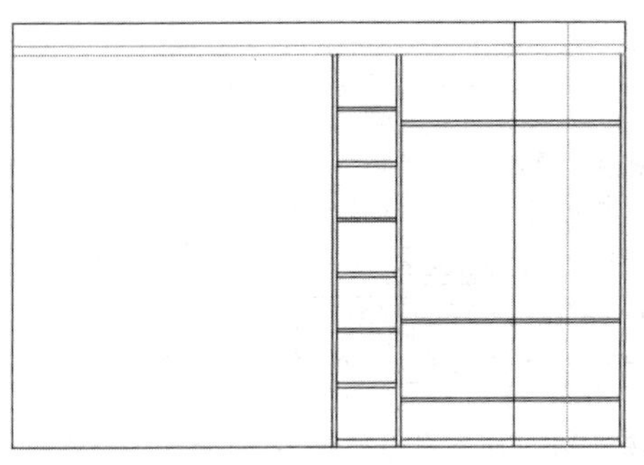

图 7-125 偏移结果

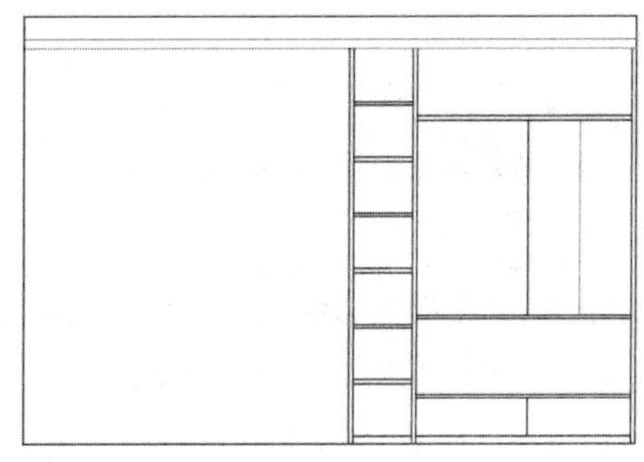

图 7-126 修剪结果

（5）单击“默认”选项卡→“绘图”面板→“圆”按钮，配合中点捕捉功能绘制直径为 250 的圆形拉手，如图 7-127 所示。

（6）重复执行“圆”命令，在距离圆心 40 个单位的水平方向上绘制两个对称的圆，圆的直径为 20，如图 7-128 所示。

（7）使用快捷键“LT”激活“线型”命令，在打开的“线型管理器”对话框中加载名为 DASHED 的线型，并设置线型比例为 6，如图 7-129 所示。

（8）将刚加载的线型设置为当前线型，然后使用快捷键“Pl”激活“多段线”命令，配合端点和中点捕捉功能绘制如图 7-130 所示的方向线。

（9）单击“默认”选项卡→“特性”面板→“线型”下拉列表，将当前线型设置为“随层”，如图 7-131 所示。

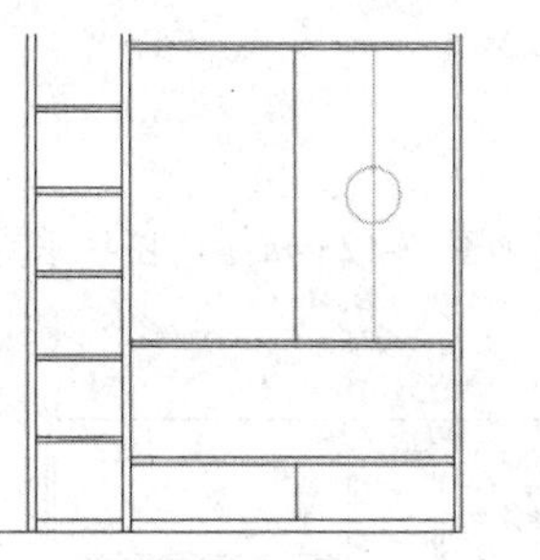

图 7-127 绘制结果

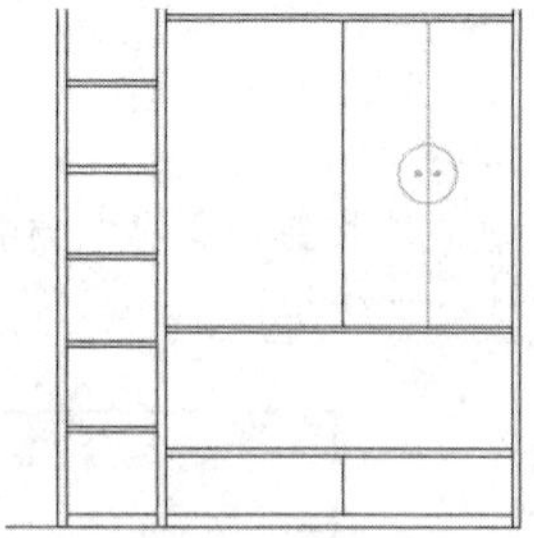

图 7-128 绘制结果

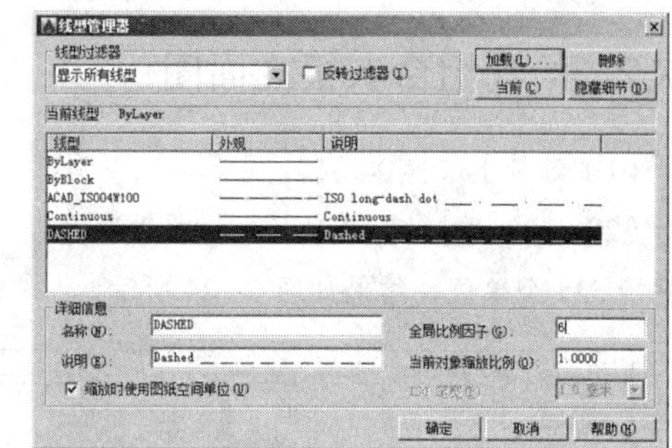

图 7-129 加载线型

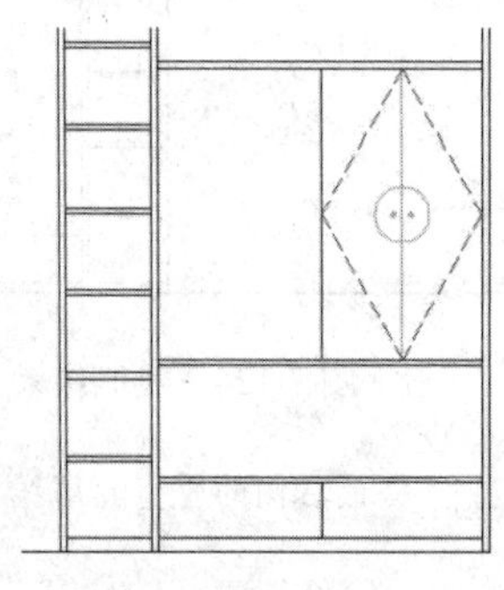

图 7-130 绘制结果

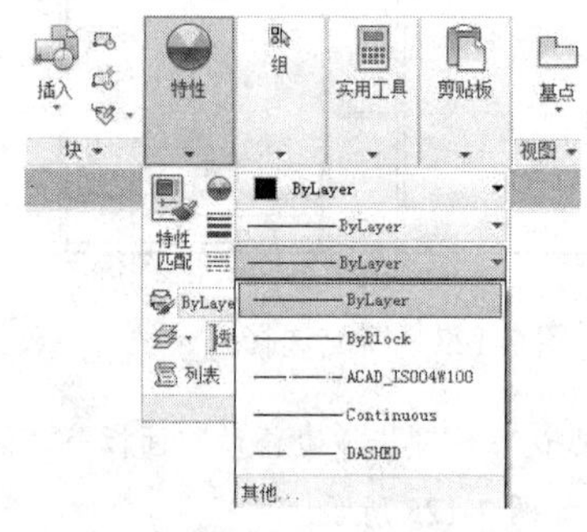

图 7-131 设置当前线型

（10）单击“默认”选项卡→“绘图”面板→“圆弧”按钮，配合“捕捉自”功能绘制圆弧，命令行操作如下。

```
命令：_arc
指定圆弧的起点或 [圆心(C)]:                    //激活“捕捉自”功能
_from 基点:                                    //捕捉如图 7-132 所示的交点
<偏移>:                                        //@-120,0 Enter
指定圆弧的第二个点或 [圆心(C)/端点(E)]:        //@-247.5,-125 Enter
指定圆弧的端点:                                //@-247.5,125 Enter，绘制结果如图 7-133 所示
```

（11）单击“默认”选项卡→“绘图”面板→“圆”按钮，向下引出如图 7-134 所示的追踪虚线输入 120 按 Enter 键，定位圆心，绘制直径为 30 的圆，结果如图 7-135 所示。

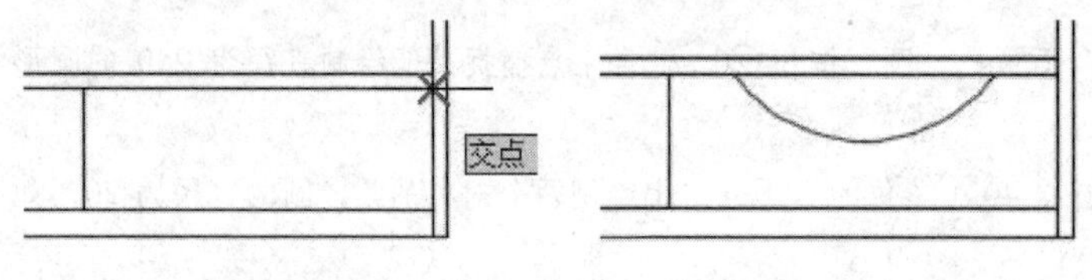

图 7-132 捕捉交点

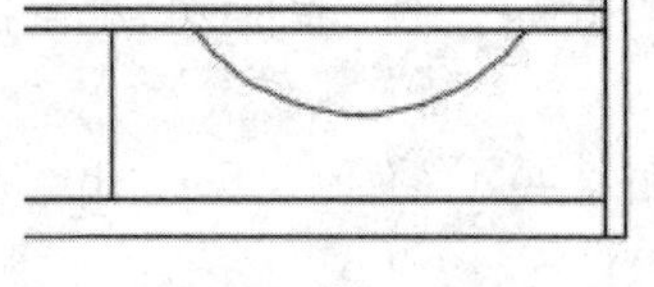

图 7-133 绘制结果

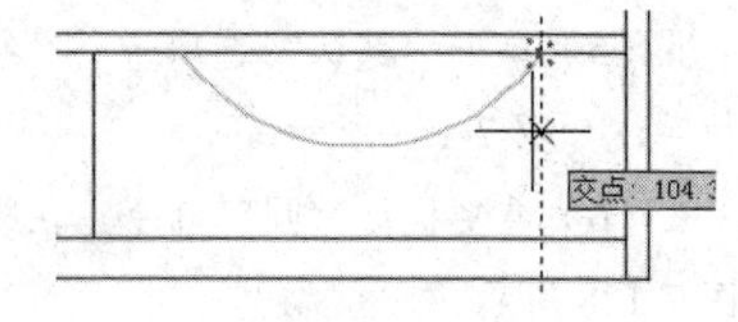

图 7-134 引出交点追踪虚线

（12）使用快捷键“CO”激活“复制”命令，将刚绘制的圆水平向左复制 495 个单位，结果如图 7-136 所示。

（13）使用快捷键“MI”激活“镜像”命令，窗口选择如图 7-137 所示的对象进行镜像，捕捉如图 7-138 所示中点作为镜像线上的点，镜像结果如图 7-139 所示。

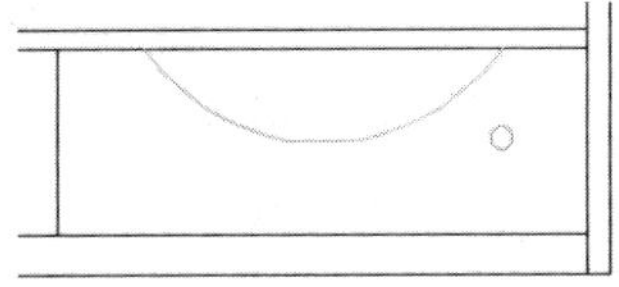

图 7-135 绘制结果

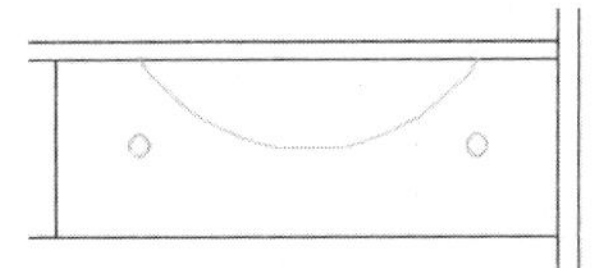

图 7-136 复制结果

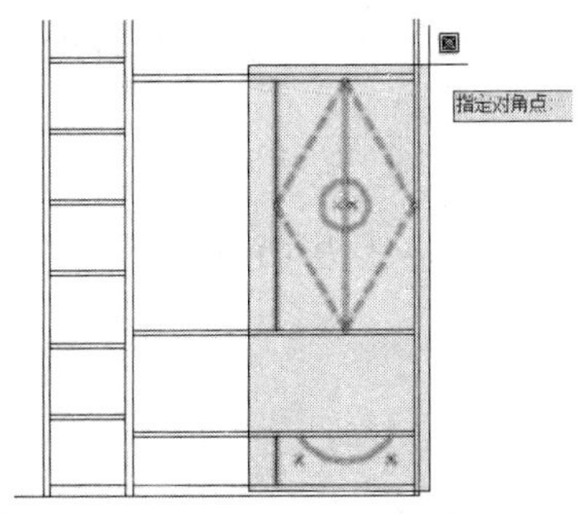

图 7-137 窗口选择

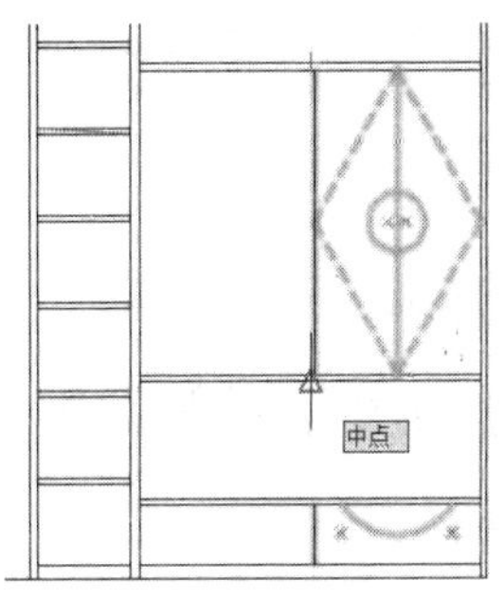

图 7-138 捕捉中点

至此，女孩房组合衣柜立面图绘制完毕，下一小节将学习女孩房墙面构件图的绘制过程。

7.7.3 绘制女孩房墙面构件图

（1）继续上节操作。

（2）展开“默认”选项卡→“图层”面板→“图层”下拉列表，设置“家具层”为当前操作层。

（3）单击“默认”选项卡→“绘图”面板→“插入块”按钮，以默认参数插入选择随书光盘中的“\图块文件\立面床01.dwg”，插入点为最下侧水平图线的左端点，结果如图7-140所示。

（4）重复执行“插入块”命令，以默认参数插入随书光盘中的“\图块文件\装饰壁画.dwg”。

（5）返回绘图区，在命令行“指定插入点或 [基点（B）/比例（S）/旋转（R）]:”提示下激活“捕捉自”功能。

（6）继续在命令行“_from 基点:”提示下，捕捉最左侧垂直轮廓线的上端点。

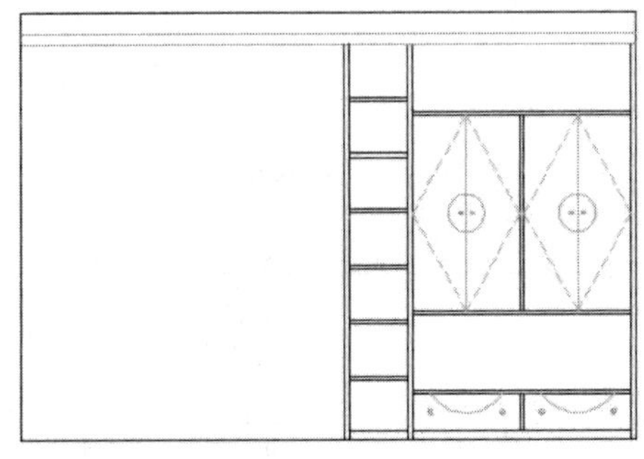

图 7-139 镜像结果

图 7-140 插入结果

（7）在命令行“ <偏移>: ”提示下输入“@1105,-1340”，定位插入点，插入结果如图7-141所示。

（8）接下来重复执行“插入块”命令，以默认参数分别插入随书光盘“图块文件”目录下的“block2.dwg、block3.dwg、block5.dwg、block07.dwg、block08.dwg、block11.dwg、装饰品01.dwg和装饰品02.dwg”，结果如图7-142所示。

图 7-141　插入结果

图 7-142　插入其他图块

至此，女孩房墙面构件图绘制完毕，下一小节将学习女孩房墙面装饰图案的快速绘制过程。

7.7.4　绘制女孩房墙面装饰图案

（1）继续上节操作。

（2）展开“默认”选项卡→“图层”面板→“图层”下拉列表，设置“填充层”为当前操作层。

（3）单击“默认”选项卡→“绘图”面板→“图案填充”按钮，在命令行“拾取内部点或 [选择对象（S）/设置（T）]:”提示下，激活“设置”选项，打开“图案填充和渐变色”对话框。

（4）在“图案填充和渐变色”对话框中选择“预定义”图案，同时设置图案的填充角度及填充间距参数，如图 7-143 所示。

（5）单击“图案填充创建”选项卡→“边界”面板→“拾取点”按钮，返回绘图区拾取填充区域，为立面图填充如图 7-144 所示的墙面壁纸图案。

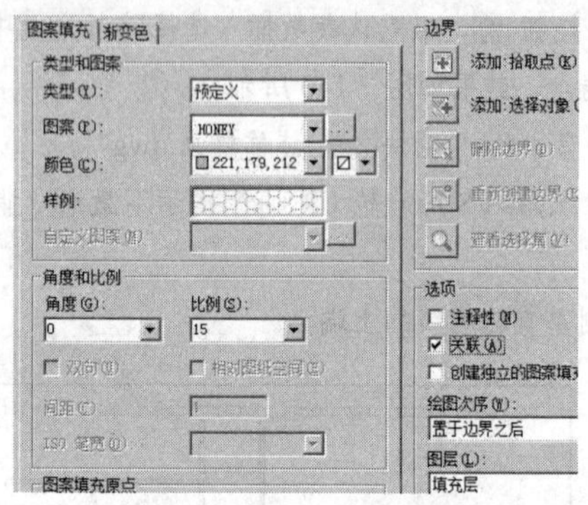

图 7-143　设置填充图案与参数

图 7-144　填充结果

（6）使用快捷键“X”激活“分解”命令，将刚填充的墙面图案分解。

（7）综合使用“修剪”和“删除”命令，对分解后的图案进行修剪完善，删除被挡住的图线，结果如图 7-145 所示。

（8）单击“默认”选项卡→“绘图”面板→“图案填充”按钮，激活“图案填充”命令，设置填充图案与填充参数如图 7-146 示，为立面图填充如图 7-147 示的装饰图案。

图 7-145　编辑结果

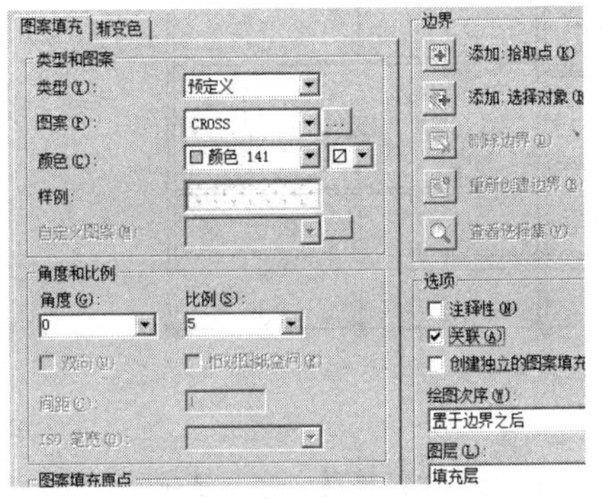

图 7-146　设置填充图案与参数

图 7-147　填充结果

至此，女孩房立面图墙面装饰图案绘制完毕，下一小节将学习女孩房立面图的尺寸的标注过程。

7.7.5　标注女孩房立面图尺寸

（1）继续上节操作。

（2）展开“默认”选项卡→“图层”面板→“图层”下拉列表，设置“尺寸层”为当前操作层。

（3）在”默认”选项卡→“注释”面板中设置“建筑标注”为当前标注样式。

（4）在命令行设置系统变量 DIMSCALE 的值为 27。

（5）单击“默认”选项卡→“注释”面板→“线性”按钮，配合“端点捕捉”功能标注如图 7-148 所示的线性尺寸。

图 7-148　标注结果

（6）单击“注释”选项卡→“标注”面板→“连续”按钮，以刚标注的线性尺寸作为基准尺寸，标注如图 7-149 所示的细部尺寸。

图 7-149　标注连续尺寸

（7）在无命令执行的前提下单击如图 7-150 所示的细部尺寸，使其呈现夹点显示状态。

图 7-150 夹点显示尺寸

（8）将光标放在尺寸文字夹点上，然后从弹出的快捷菜单中选择“仅移动文字”选项。

（9）接下来在命令行“** 仅移动文字 **指定目标点:”提示下，在适当位置指定文字的位置，并取消夹点，结果如图 7-151 所示。

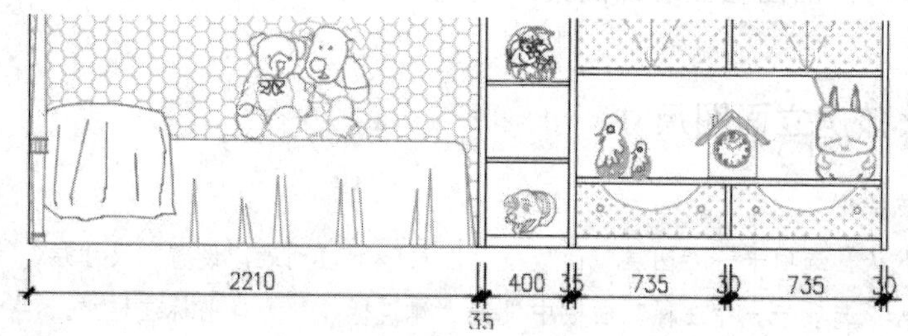

图 7-151 夹点编辑后的效果

（10）参照（7）～（9）操作步骤，分别对其他位置的尺寸文字进行协调位置，结果如图 7-152 所示。

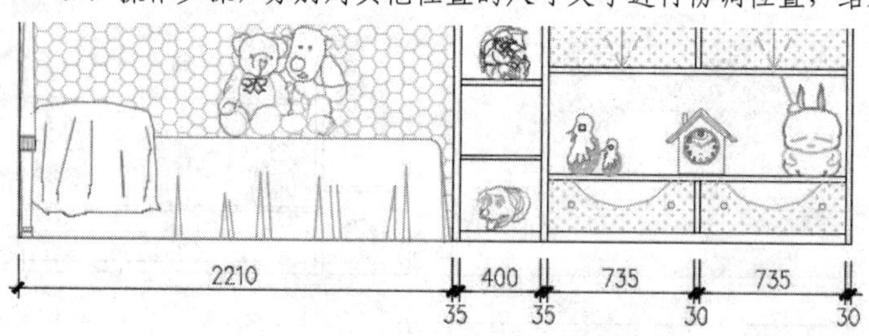

图 7-152 调整结果

（11）单击“默认”选项卡→“注释”面板→“线性”按钮，配合“端点捕捉”功能标注立面图下侧的总尺寸，结果如图 7-153 所示。

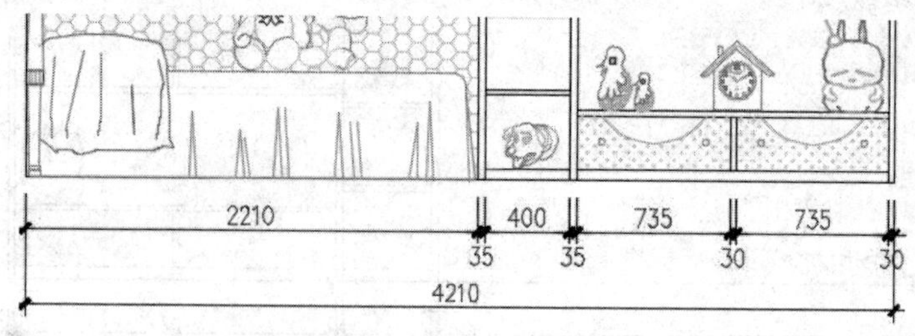

图 7-153 标注总尺寸

（12）参照（5）～（11）操作步骤，综合使用“线性”、“连续”等命令，分别标注立面图两侧的细部尺寸和总尺寸，并对尺寸文字进行协调位置，结果如图 7-154 所示。

图 7-154 标注两侧尺寸

至此，女孩房立面图的尺寸标注完毕，下一小节将为女孩房立面图标注墙面材质注释。

7.7.6 标注女孩房墙面材质注释

（1）继续上节操作。

（2）展开“默认”选项卡→“图层”面板→“图层”下拉列表，设置“文本层”为当前操作层。

（3）在”默认”选项卡→“注释”面板中设置“仿宋体”为当前文字样式。

（4）单击“默认”选项卡→“绘图”面板→“多段线”按钮，绘制如图 7-155 所示的文本注释指示线。

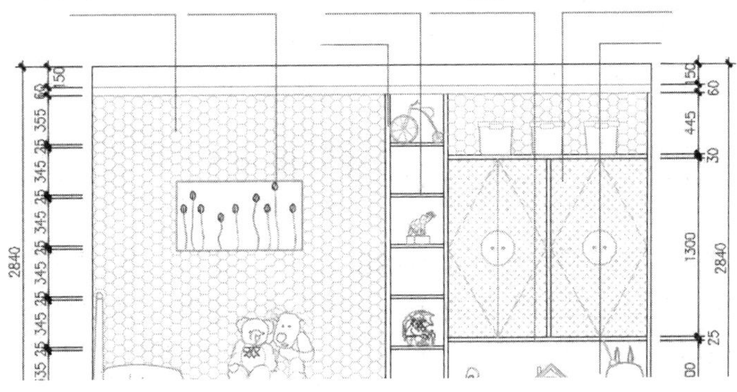

图 7-155 绘制指示线

（5）单击“默认”选项卡→“注释”面板→“单行文字”按钮，在命令行“指定文字的起点或 [对正（J）/样式（S）]: ”提示下输入 J 按 Eenter 键。

（6）在“输入选项 [左（L）/居中（C）/右（R）/对齐（A）/中间（M）/布满（F）/左上（TL）/中上（TC）/右上（TR）/左中（ML）/正中（MC）/右中（MR）/左下（BL）/中下（BC）/右下（BR）]:”提示下，输入 BL 并按 Eenter 键，设置文字的对正方式。

（7）在“指定文字的左下点: ”提示下捕捉如图 7-156 所示指示线的端点。

（8）在 “指定高度 <3>: ”提示下输入 105 并敲击 Enter 键，设置文字的高度为 105 个绘图单位。

（9）在“指定文字的旋转角度 <0.00>”提示下敲击 Enter 键，然后输入“浅粉色壁纸饰面”，结果如图 7-157 所示。

（10）单击“默认”选项卡→“修改”面板→“移动”按钮，适当调整文字的位置。

（11）参照上述操作步骤，分别标注其他位置的文字注释，结果如图 7-158 所示。

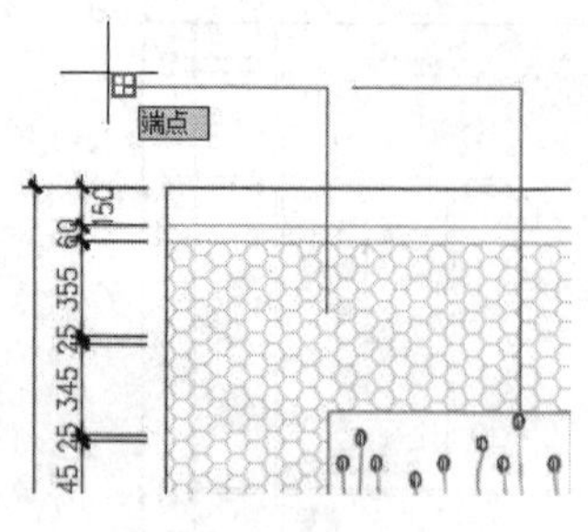

图 7-156 捕捉端点

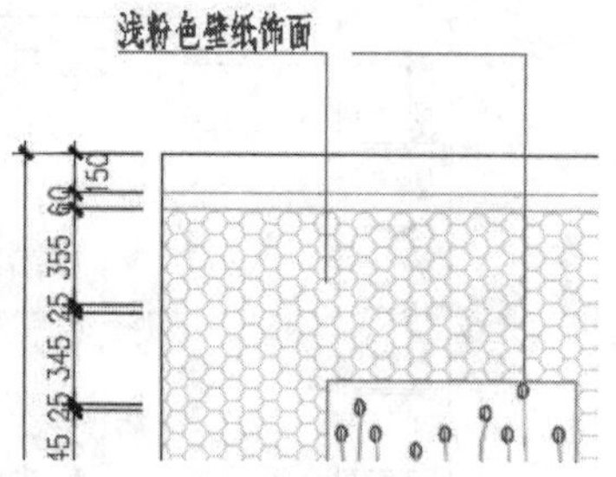

图 7-157 输入文字

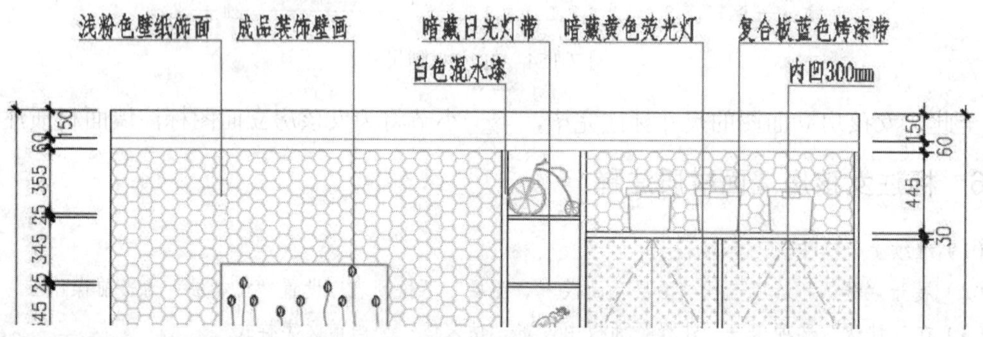

图 7-158 标注其他文字

（12）调整视图，将图形全部显示，最终效果如图 7-116 所示。

（13）最后执行“另存为”命令，将图形另名存储为“绘制女孩房装修立面图.dwg”。

7.8 本 章 小 结

本章在概述室内立面装修图设计理念及绘图思路的前提下，通过客厅和女孩房两个内空间进行立面装饰，并以典型实例的形式，详细讲述了多居室客厅 A 立面图、多居室客厅 C 立面图以及多居室女孩房等装饰立面图的一般表达内容和具体的绘图过程。在绘制此类立面图时，一般使用“从外到内、最后完善细节”的绘制技巧，这种“蚕食”的绘图方法，能使用户充分顾全整体结构、而又兼顾到内部的细节，从而精确定位出各模块的具体位置。

第 8 章　高档住宅别墅一层装修设计

相对普通住宅而言，高档住宅指的是建筑造价和销售价格明显超出普通住宅建筑标准的高标准住宅，通常包括别墅和高档公寓。别墅是指拥有私家车库、花园、草坪、院落等的园林式住宅；高档公寓是指单位建筑面积销售价格高于普通住宅销售价格一倍以上的高档次住宅，通常为复式住宅、跃层住宅、顶层有花园或多层住宅配有电梯，并拥有较好的绿化、商业服务、物业管理等配套设施的住宅。

本章通过绘制某联排别墅底层装修设计方案，主要学习高档住宅室内装修图的相关设计流程、设计方法和具体的绘图技能。

■ 本章内容

- ✧ 高档住宅别墅装修设计概述
- ✧ 高档住宅别墅空间规划要点
- ✧ 高档住宅别墅一套设计思路
- ✧ 绘制高档住宅别墅一层墙体图
- ✧ 绘制高档住宅别墅一层布置图
- ✧ 标注高档住宅别墅一层布置图
- ✧ 绘制高档住宅别墅一层吊顶图
- ✧ 绘制高档住宅别墅一层立面图

8.1　高档住宅别墅装修设计概述

随着经济水平的提高，人们对生活品质的追求也越来越高，购买别墅的业主越来越多，面对别墅如何装修，往往会不知所措。装修风格的选择、空间功能的划分、主材的选用、品牌的考虑和装修总价的控制等，往往是业主门困惑的问题。

首先，别墅设计的重点是对功能和风格的把握。由于别墅面积较大，一般有八九个房间，对于家庭成员较少的家庭来说，如何分配空间功能就是头大的问题。现阶段由于一些别墅设计师的不专业，往往使大面积的空间功能重复，让客户觉得其生活质量并没有很大程度的提高。原因在于设计师以公寓的生活模式去理解别墅设计。

其实，别墅设计与一般满足居住功能的公寓是不一样的概念。别墅里可能会有健身房、娱乐房、洽谈室、书房，客厅还可能有主、次、小客厅之分等等，别墅设计要以理解别墅居住群体的生活方式为前提，才能够真正将空间功能划分到位。

关于别墅风格的选择，不仅取决于业主的喜好，还取决于业主生活的性质。有的是作为日常居住，有的则是第二居所。作为日常居住的别墅，首先要考虑到日常生活的功能，不能太艺术化、太乡村化，应多一些实用性功能。而度假性质的别墅，则可以相对多元化一点，可以营造一种与日常居家不同的感觉。

8.2 高档住宅别墅空间规划要点

在别墅空间的规划设计中，须兼顾以下几个要点。

（1）别墅设计生活空间

设计生活空间不仅要满足最起码的功能需求，更要满足因为提高生活品质所需要的空间，因事业拓展所需求的生活空间。生活空间不再是为生活而生活的空间，而是达到为事业更上一层楼的生活、工作进取观，因此在设计这个生活空间时，要尽多地考虑业主的工作习惯和生活习惯。

（2）别墅设计的心理空间

一套别墅不论空间大小，价位高低，能否体现主人的需求，能否体现主人精神，能否体现主人意识，这是关系到别墅设计所涉及的心理空间。心理空间是实用功能空间设计第二空间，如果把空间设计比喻一个人的身躯，那么心理空间设计那肯定是这个身躯的灵魂。

（3）别墅设计的个性空间

别墅空间的性质因为有山有水，有充裕的庭院空间，有独立的自然环境等，彼此伴随的独立因素比起其他房型必然会产生更多的个性特征，具体体现在以下五个方面。

- 别墅空间独特的建筑原形态。
- 主人思想境界的表述。
- 主人的文化层次的体现。
- 主人性格爱好的体现。
- 设计师自身的资历和整体把握。

（4）别墅的舒适空间

别墅设计决不是硬要往里堆砌豪华的建材，搞的像总统套房，那毕竟是一种星级酒店的商用标准，这样花巨资不说，但不一定能让人的心理感到舒服和适合。家和酒店毕竟是有区别的，家的概念，第一必须体现温馨，随便那个房间，甚至哪个角落都可以坐下来倍感轻松和休闲，不存在任何的心理负荷，也不存在任何的心理障碍，住的舒服，适合自己和家人居住是第一位的。

综上所述，一个好的别墅设计方案，其室内空间的设计，必定要做到以下几点。

- 功能空间要实用。
- 心理空间要实际。
- 休闲空间要宽松自然。
- 自然空间要陶冶精神，放松心情。
- 生活空间要以人为本。
- 私密空间满足人性最大程度的空间释放。

8.3 高档住宅别墅一层设计思路

本章所要绘制的装修设计方案，则为某别墅一层设计方案，其室内空间主要划分成了门厅、客厅和卫生间、储物区等四部分，而门厅和客厅是方案设计的重点。在具体设计一层装修方案时，可以参照如下思路。

（1）初步准备一层墙体图，包括墙、窗、门、楼梯等。

（2）在墙体结构图的基础上，合理、科学的规划空间，绘制家具布置图。

（3）在家具布置图的基础上，绘制地面材质图，以体现地面的装修概况。

（4）接下来标注必要的尺寸、以文字的形式表达出装修材质；利用属性的特有功能标注墙面投影。

（5）根据一层装修布置图绘制一层吊顶图，要注意空间的呼应。

（6）根据布置图绘制墙面立面图，并标注尺寸及装修材质。

8.4 绘制高档住宅别墅一层墙体图

本例主要学习高档住宅别墅一层墙体结构平面图的具体绘制过程和绘制技巧。别墅一层墙体平面图的最终绘制效果，如图 8-1 所示。

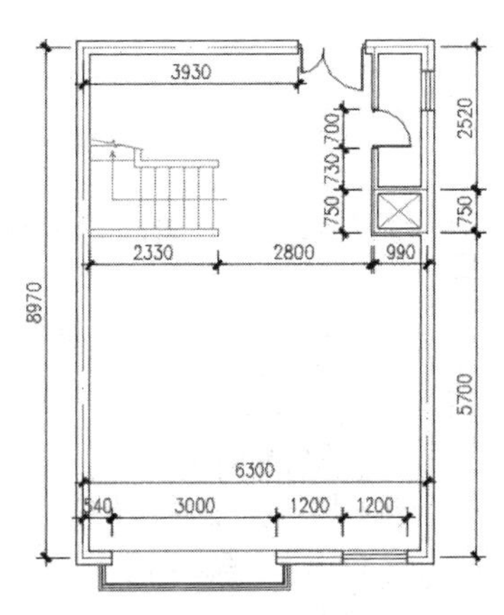

图 8-1 实例效果

8.4.1 绘制定位轴线

（1）单击“快速访问”工具栏→“新建”按钮，调用随书光盘中的“\样板文件\室内绘图样板.dwt”。

（2）展开“默认”选项卡→“图层”面板→“图层”下拉列表，设置“轴线层”为当前操作层。

（3）单击“默认”选项卡→“绘图”面板→“矩形”按钮，绘制长度为 6300、宽度为 8970 的矩形。

（4）单击“默认”选项卡→“修改”面板→“分解”按钮，将刚绘制矩形分解。

（5）单击“默认”选项卡→“修改”面板→“偏移”按钮，偏移矩形水平边和垂直边，结果如图 8-2 所示。

（6）单击“默认”选项卡→“修改”面板→“修剪”按钮，对偏移出的轴线进行编辑，结果如图 8-3 所示。

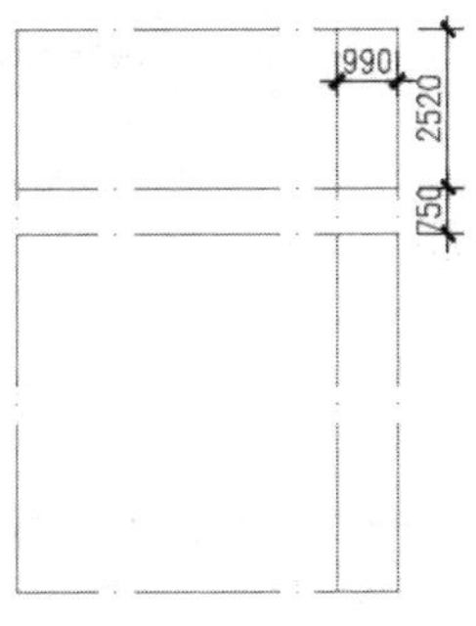

图 8-2 绘制结果

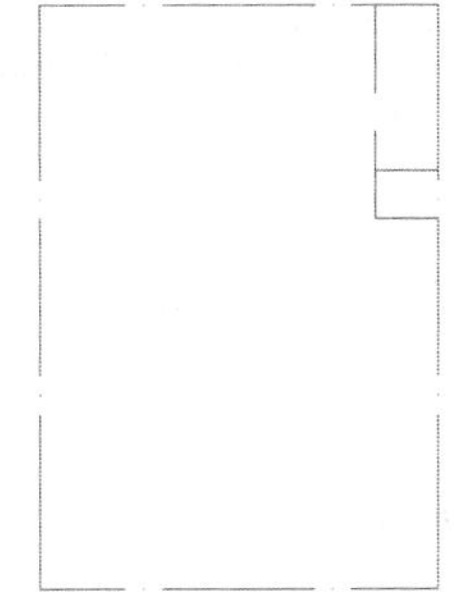

图 8-3 偏移结果

8.4.2 绘制门窗洞口

（1）继续上节操作。

（2）单击“默认”选项卡→“修改”面板→“偏移”按钮，将左侧垂直边向右偏移，间距分别为540、3000、1200、1200，结果如图8-4所示。

（3）单击“默认”选项卡→“修改”面板→“修剪”按钮，以偏移出的垂直线段作为修剪边界，对下侧水平轴线进行修剪，创建窗洞，并删除偏移出的图线，结果如图8-5所示。

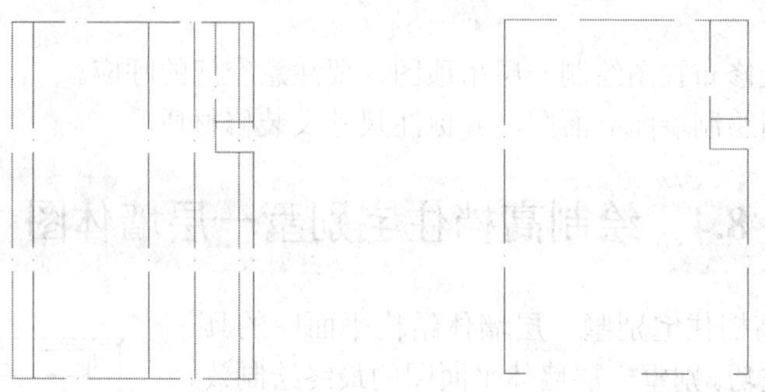

图8-4　偏移结果　　　　图8-5　创建窗洞

（4）单击“默认”选项卡→“修改”面板→“打断”按钮，配合“捕捉自”功能创建宽度为1200的门洞，命令行操作如下。

```
命令: _break
选择对象:                               //选择最上侧的水平轴线
指定第二个打断点或 [第一点(F)]:          //FEnter
指定第一个打断点:                        //激活“捕捉自“功能
_from 基点:                              //捕捉上侧水平轴线右端点
<偏移>:                                  //@-1170,0 Enter
指定第二个打断点:                        //@-1200,0Enter，结果如图 8-6 所示
```

（5）重复执行“打断”命令，配合“对象追踪”功能继续创建洞口，命令行操作如下。

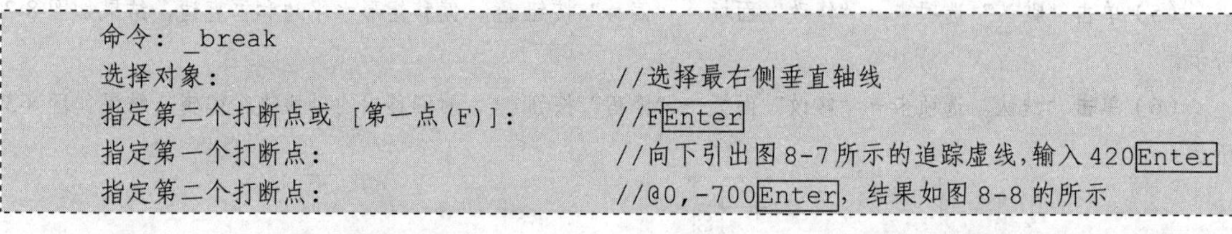

```
命令: _break
选择对象:                               //选择最右侧垂直轴线
指定第二个打断点或 [第一点(F)]:          //FEnter
指定第一个打断点:                        //向下引出图 8-7 所示的追踪虚线，输入 420Enter
指定第二个打断点:                        //@0,-700Enter，结果如图 8-8 的所示
```

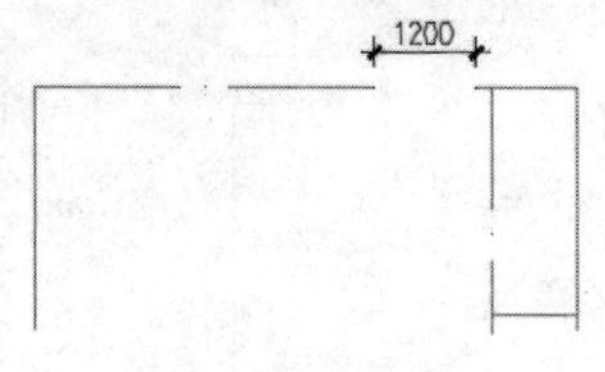

图8-6　创建门洞

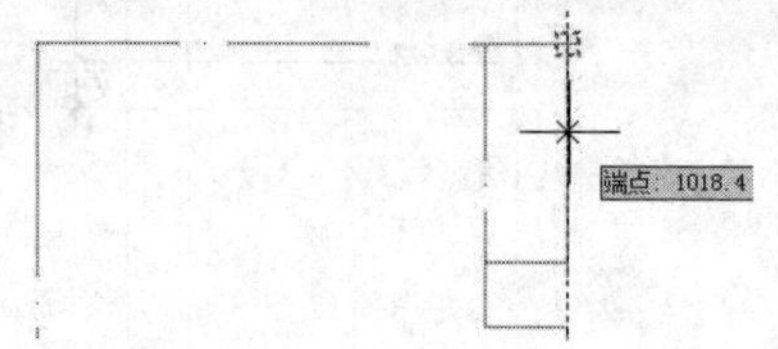

图8-7　引出延伸矢量

（6）重复执行“打断”命令，在内侧垂直轴线上创建宽度为700的门洞，命令行操作如下。

```
命令: _break
选择对象:                               //选择内侧的垂直轴线
指定第二个打断点或 [第一点(F)]:          //FEnter
```

```
指定第一个打断点:                          //激活“捕捉自”功能
_from 基点:                                //捕捉内侧垂直轴线上端点
<偏移>:                                    //@0,-1090 Enter
指定第二个打断点:                          //@0,-700Enter,结果如图 8-9 所示
```

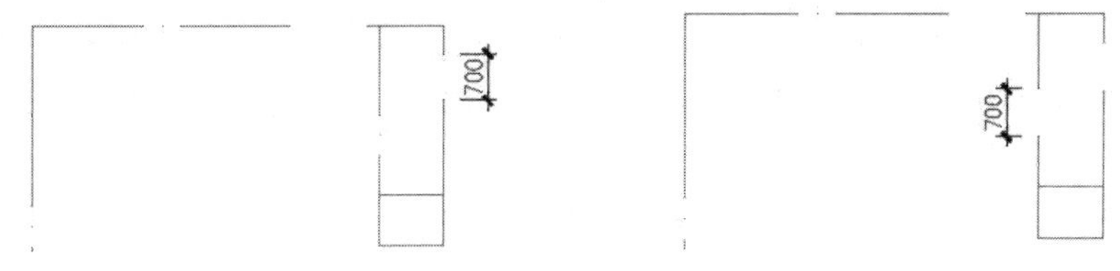

图 8-8 创建窗洞　　　　图 8-9 打断结果

8.4.3 绘制纵横墙线

（1）继续上节操作。

（2）展开“默认”选项卡→“图层”面板→“图层”下拉列表，将“墙线层”设为当前图层。

（3）使用快捷键“ML”激活“多线”命令，设置对正方式为无，然后配合端点捕捉功能绘制宽度为 240 的承重墙体，结果如图 8-10 所示。

（4）重复执行“多线”命令，设置多线对正方式不变，绘制宽度为 120 的非承重墙线，如图 8-11 所示。

（5）展开“默认”选项卡→“图层”面板→“图层”下拉列表，关闭“轴线层”。

（6）在墙线上双击左键，打开“多线编辑工具”对话框，然后单击“T 形合并”按钮。

（7）返回绘图区在命令行的“选择第一条多线：”提示下单击如图 8-12 所示的墙线。

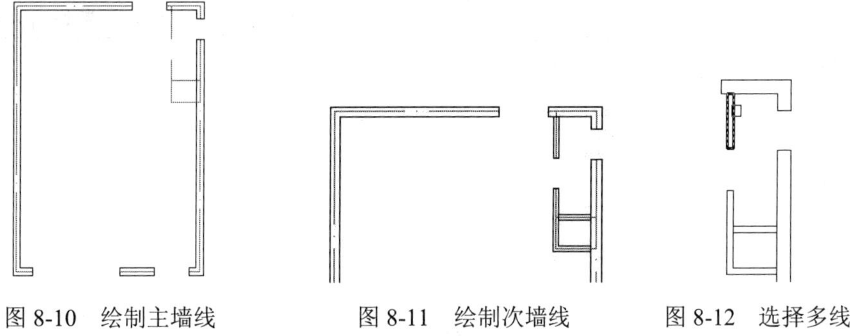

图 8-10 绘制主墙线　　　　图 8-11 绘制次墙线　　　　图 8-12 选择多线

（8）在“选择第二条多线：”提示下，选择如图 8-13 所示的墙线，结果这两条 T 形相交的多线被合并，如图 8-14 所示。

（9）继续在“选择第一条多线或 [放弃（U）]：”提示下，分别选择其它位置 T 形墙线进行合并，合并结果如图 8-15 所示。

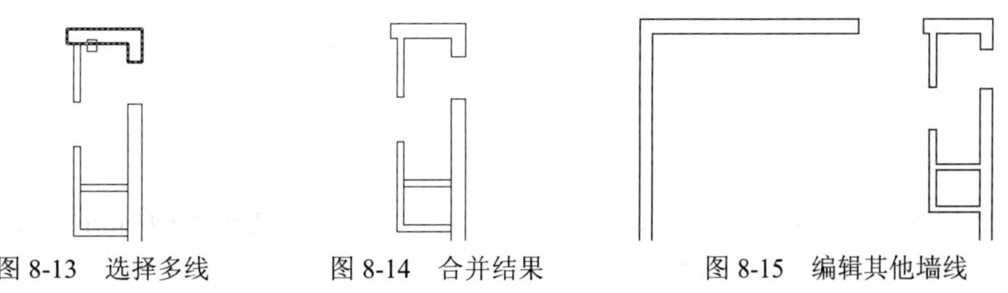

图 8-13 选择多线　　　　图 8-14 合并结果　　　　图 8-15 编辑其他墙线

8.4.4 绘制建筑构件

（1）继续上节操作。

（2）展开“默认”选项卡→“图层”面板→“图层”下拉列表，将“门窗层”设置为当前图层。

（3）在命令行输入命令 MLSTYLE，打开“多线样式”对话框，然后设置“窗线样式”为当前样式。

（4）使用快捷键“ML”激活“多线”命令，将对正方式设置为无，多线比例设置为 240，配合中点捕捉功能绘制如图 8-16 所示窗线。

（5）重复执行“多线”命令， 配合“捕捉自”功能绘制下侧的凸窗轮廓线，命令行操作如下。

```
命令: _mline
当前设置: 对正 = 无, 比例 = 240.00, 样式 = 窗线样式
指定起点或 [对正(J)/比例(S)/样式(ST)]:          //j Enter
输入对正类型 [上(T)/无(Z)/下(B)] <无>:         //b Enter
当前设置: 对正 = 下, 比例 = 240.00, 样式 = 窗线样式
指定起点或 [对正(J)/比例(S)/样式(ST)]:          //s Enter
输入多线比例 <240.00>:  120 Enter
当前设置: 对正 = 下, 比例 = 120.00, 样式 = 窗线样式
指定起点或 [对正(J)/比例(S)/样式(ST)]:          //捕捉如图 8-17 所示的端点
_from 基点:                                     //激活“捕捉自”功能
<偏移>:                                         //@-240,0 Enter
指定下一点:                                     //@0,-450 Enter
指定下一点或 [放弃(U)]:                         //@3480,0 Enter
指定下一点或 [闭合(C)/放弃(U)]:                 //@0,450 Enter
指定下一点或 [闭合(C)/放弃(U)]:                 // Enter, 绘制结果如图 8-18 所示
```

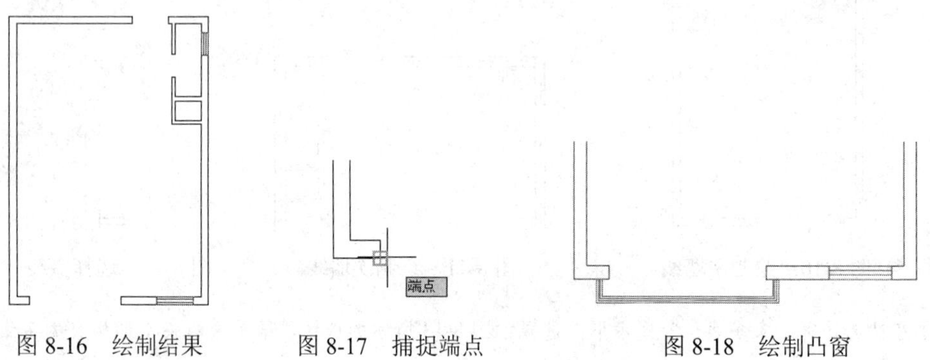

图 8-16　绘制结果　　图 8-17　捕捉端点　　图 8-18　绘制凸窗

（6）使用快捷键“L”激活“直线”命令，绘制内侧水平图线，结果如图 8-19 所示。

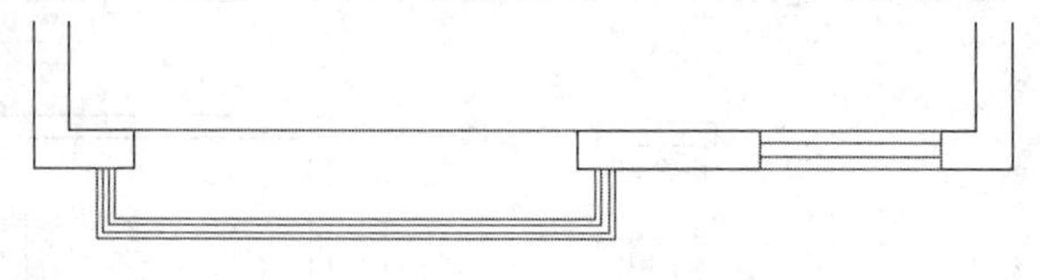

图 8-19　绘制结果

（7）使用快捷键“I”激活“插入块”命令，插入随书光盘中的“\图块文件\单开门.dwg”，块参数设置如图 8-20 所示，插入点为图 8-21 所示中点。

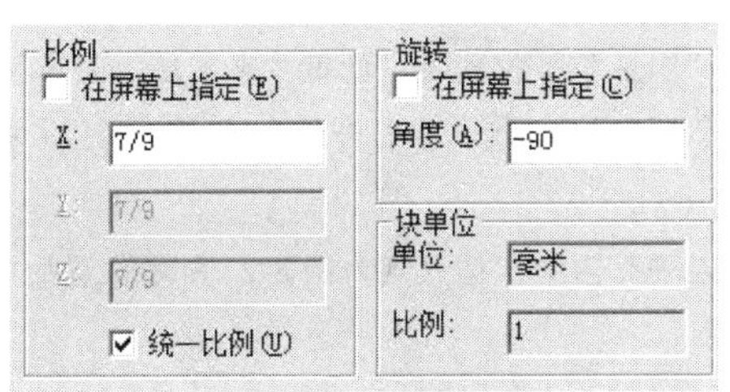

图 8-20　设置参数

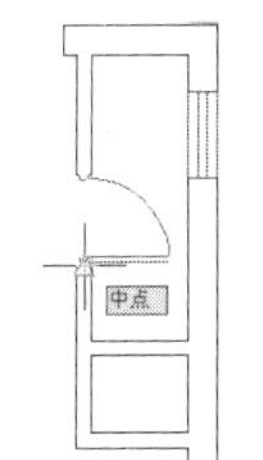

图 8-21　定位插入点

（8）重复执行“插入块”命令，插入随书光盘中的“\图块文件\子母门.dwg”，设置插入参数如图 8-22 所示，插入点如图 8-23 所示。

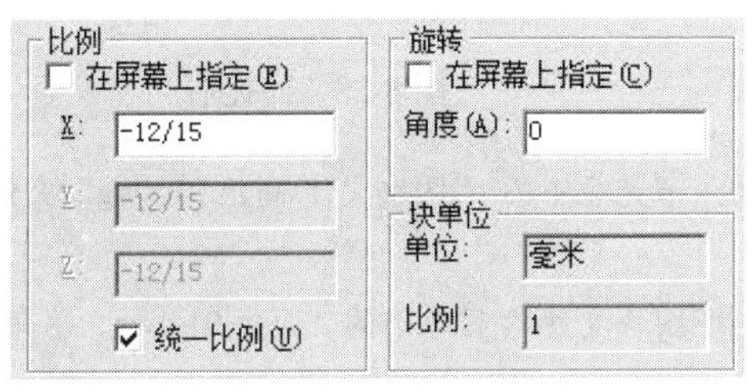

图 8-22　设置参数

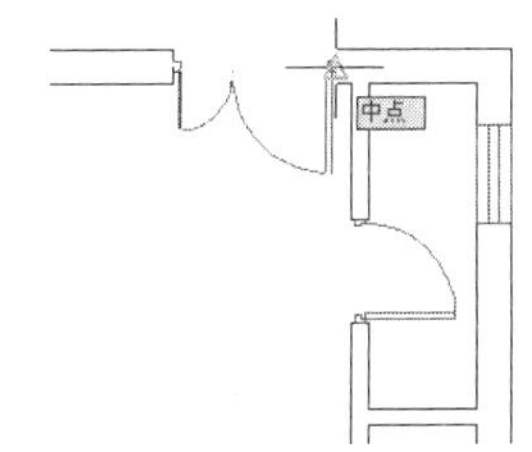

图 8-23　定位插入点

（9）重复执行“插入块”命令，以默认参数插入随书光盘中的“\图块文件\楼梯 01.dwg”，插入结果如图 8-24 所示。

（10）使用快捷键“L”激活“直线”命令，绘制如图 8-25 所示的柱子示意线。

（11）最后执行“保存”命令，将图形命名存储为“绘制别墅一层墙体图. dwg”。

8.5　绘制高档住宅别墅一层布置图

本例主要学习高档住宅别墅一层装修布置图的具体绘制过程和绘制技巧。别墅一层装修布置图的最终绘制效果，如图 8-26 所示。

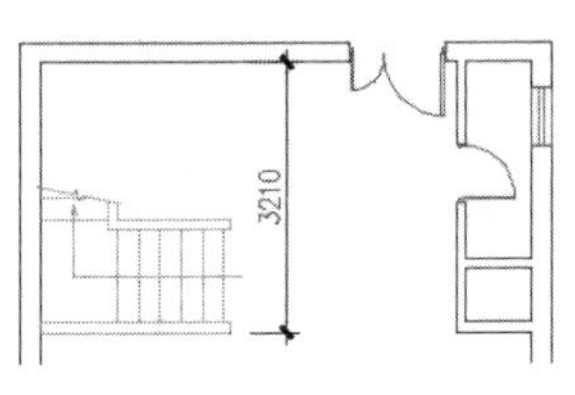

图 8-24　插入结果

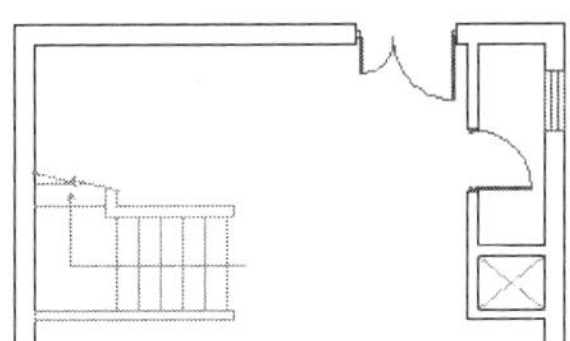

图 8-25　绘制示意线

图 8-26　实例效果

8.5.1　绘制别墅一层家具图

（1）打开上例存储的“绘制别墅一层墙体图.dwg”，或直接从随书光盘中的“\效果文件\第 8 章\”目录下调用此文件。

（2）展开“默认”选项卡→“图层”面板→“图层”下拉列表，设置“家具层”为当前层。

（3）单击“默认”选项卡→“块”面板→“插入块”按钮，在打开的“插入”对话框中单击 浏览(B)... 按钮，然后选择随书光盘中的“\图块文件\马桶 01.dwg”。

（4）返回绘图区，以默认设置将马桶图块插入平面图中，插入点为图 8-27 所示位置的中点。

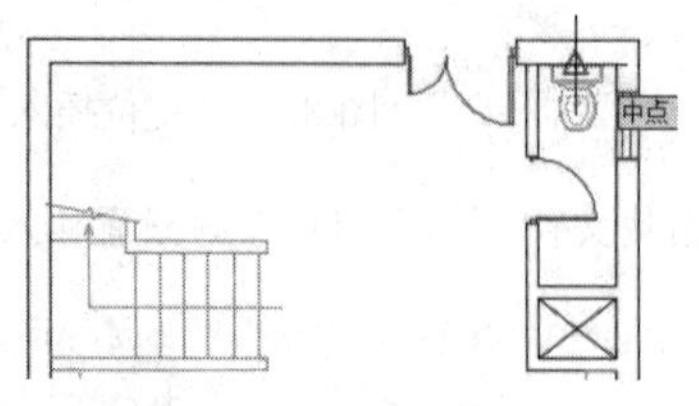

图 8-27　定位插入点

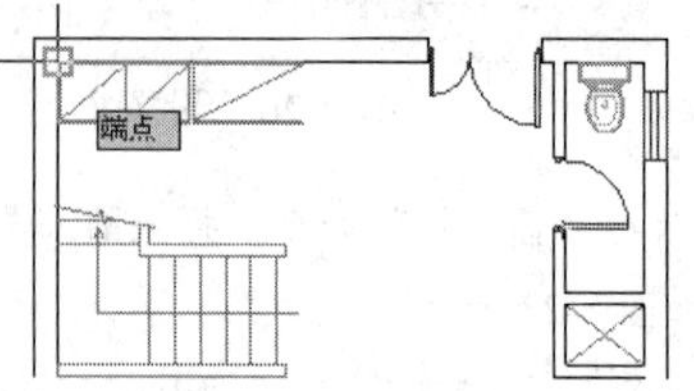

图 8-28　捕捉端点

（5）重复执行“插入块”命令，以默认参数插入书光盘中的“\图块文件\高柜 01.dwg”文件，插入点如图 8-28 所示的端点。

（6）重复执行“插入块”命令，插入随书光盘“\图块文件\”目录下的“面盆 01.dwg、拐角沙发组.dwg、墙面装饰柜 01.dwg、墙面装饰柜 02.dwg、茶几柜.dwg”文件，并适当调整其位置，插入结果如图 8-29 所示。

（7）使用快捷键“REC”激活“矩形”命令，绘制长度为 600、宽度为 1000 的矩形作为茶几，如图 8-30 所示。

（8）单击“默认”选项卡→“修改”面板→“偏移”按钮，将绘制的矩形几内偏移 20 个单位，并修改偏移矩形的颜色为 221 号色。

8.5.2　绘制门厅地面材质图

（1）继续上节操作。

（2）展开“默认”选项卡→“图层”面板→“图层”下拉列表，将“填充层”设置为当前图层。

（3）单击“默认”选项卡→“绘图”面板→“矩形”按钮，配合端点捕捉功能，以点 1 和点 2 作为对角点，绘制门厅地面分割线，如图 8-31 所示。

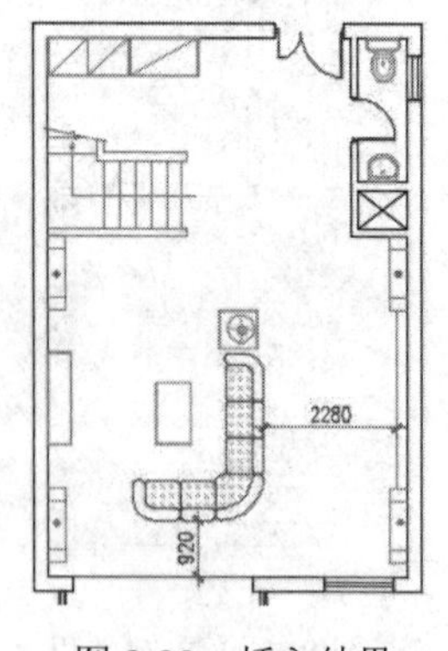

图 8-29　插入结果

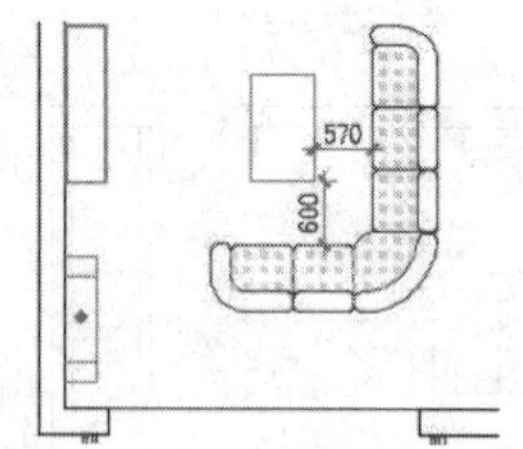

图 8-30　绘制结果

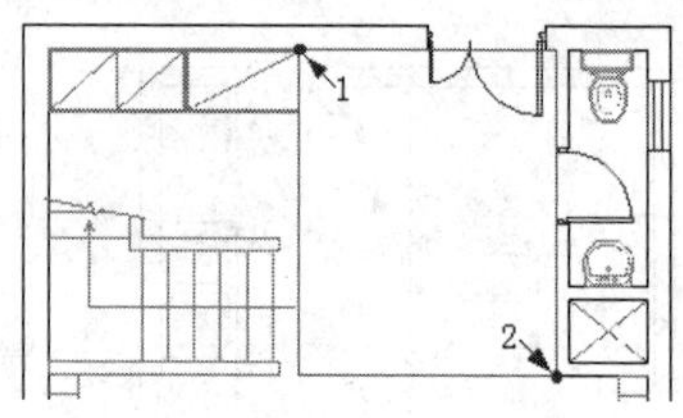

图 8-31　绘制结果

（4）使用快捷键“X”激活“分解”命令，将刚绘制的矩形分解。

（5）使用快捷键“O”激活“偏移”命令，将分解后的四条边向内偏移 200 个单位，结果如图 8-32 所示。

（6）重复执行“偏移”命令，分别将内侧的两条水平边向内偏移 1305 个单位，结果如图 8-33 所示。

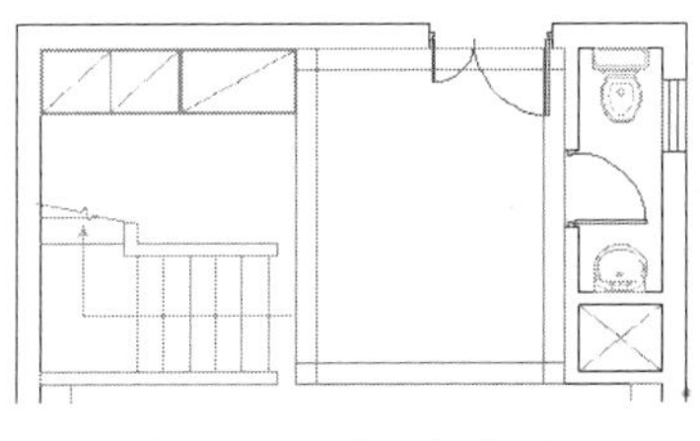

图 8-32 分解并偏移

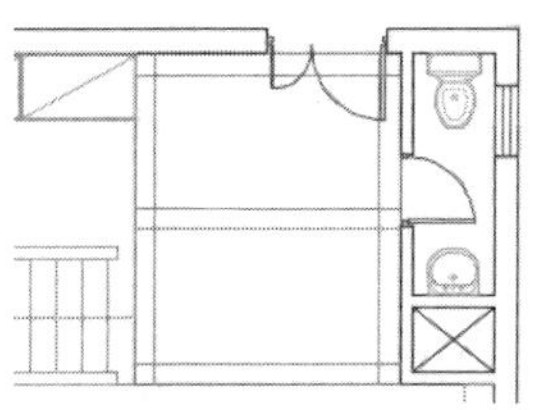

图 8-33 偏移结果

（7）使用快捷键“tr”激活“修剪”命令，以内侧的两条垂直边作为修剪边界，对刚偏移出的两条水平边进行修剪，结果如图 8-34 所示。

（8）使用快捷键“H”激活“图案填充”命令，设置填充图案与参数如图 8-35 所示，填充如图 8-36 所示的实体图案。

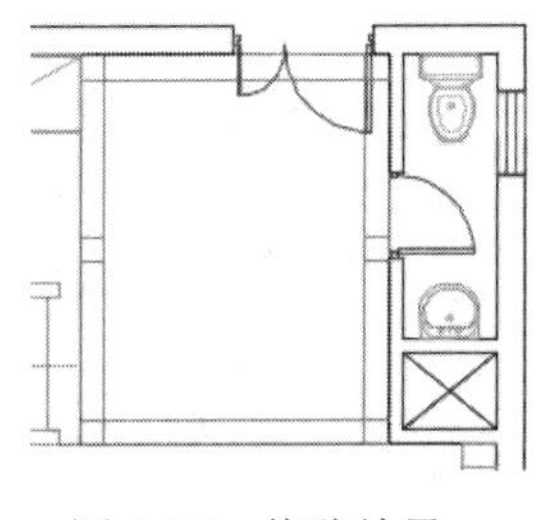

图 8-34 偏移结果

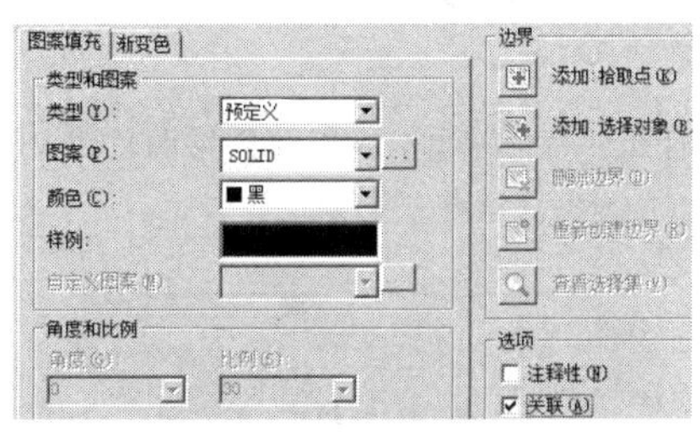

图 8-35 设置填充图案

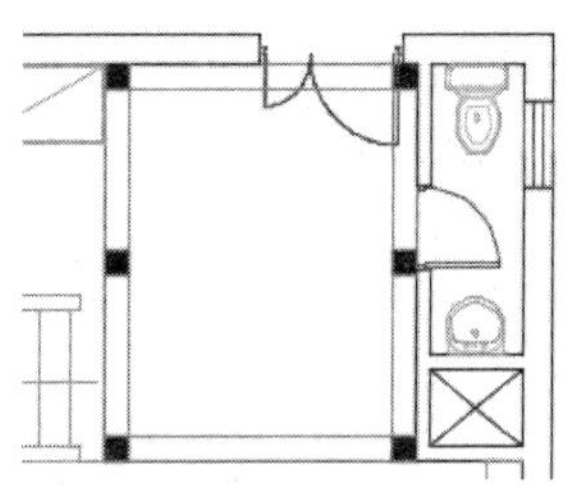

图 8-36 填充结果

（9）使用快捷键“I”激活“插入块”命令，以默认参数插入随书光盘中的“\图块文件\地面拼花.dwg”，插入点为图 8-37 所示中点追踪虚线的交点。

8.5.3 绘制客厅地面材质图

（1）继续上节操作。

（2）使用快捷键“L”激活“直线”命令，配合端点捕捉功能绘制封闭门洞等，以形成封闭的填充区域，如图 8-38 所示。

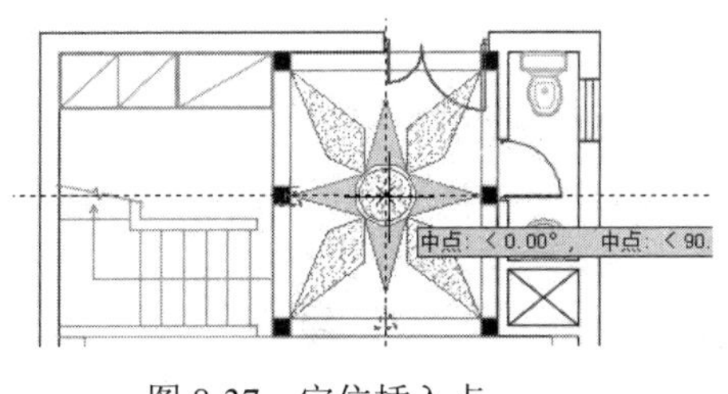

图 8-37 定位插入点

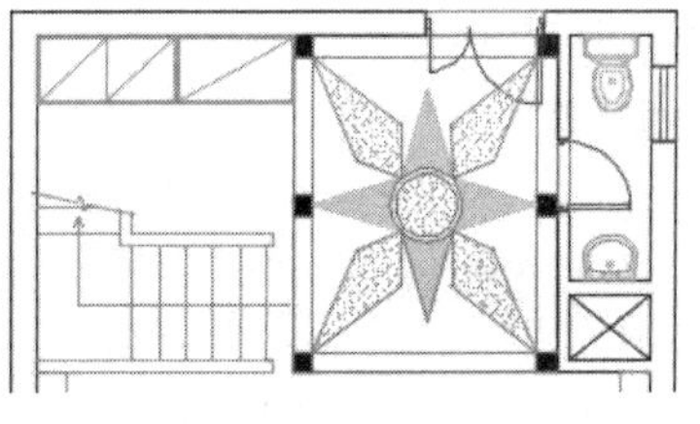

图 8-38 绘制结果

（3）单击“默认”选项卡→“绘图”面板→“图案填充”按钮，在命令行“拾取内部点或 [选择对象（S）/设置（T）]:”提示下，激活“设置”选项，打开“图案填充和渐变色”对话框。

（4）在“图案填充和渐变色”对话框中选择填充图案并设置填充比例、角度、关联特性等，如图 8-39 所示。

（5）单击“添加：拾取点”按钮，返回绘图区在客厅空白区域内单击左键，系统自动分析出填充边界并按照当前的图案设置进行填充，填充如图 8-40 所示图案。

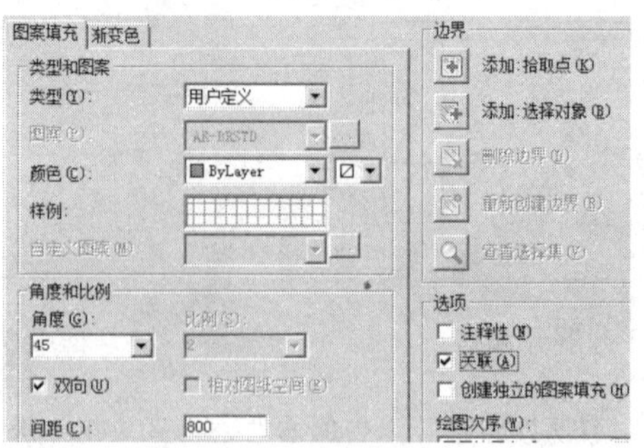

图 8-39　设置填充图案与参数

（6）使用快捷键“CO”激活“复制”命令，选择刚填充的图案在原位置复制一份。

（7）使用快捷键“M”激活“移动”命令，单击复制出的图案，垂直向下移动 50 个单位，位移后的局部效果如图 8-41 所示。

（8）单击位移后的填充图案，打开“特性”窗口，修改图案颜色为 91 号色，结果如图 8-42 所示。

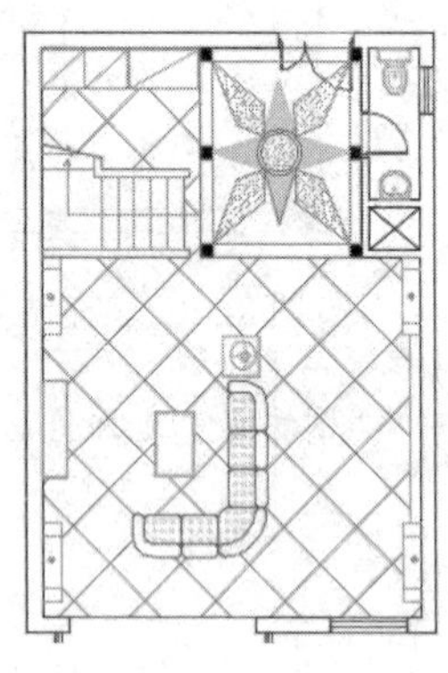

图 8-40　填充结果

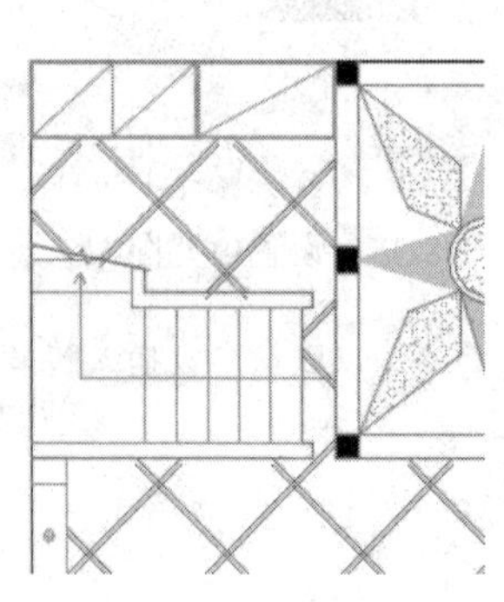

图 8-41　位移结果

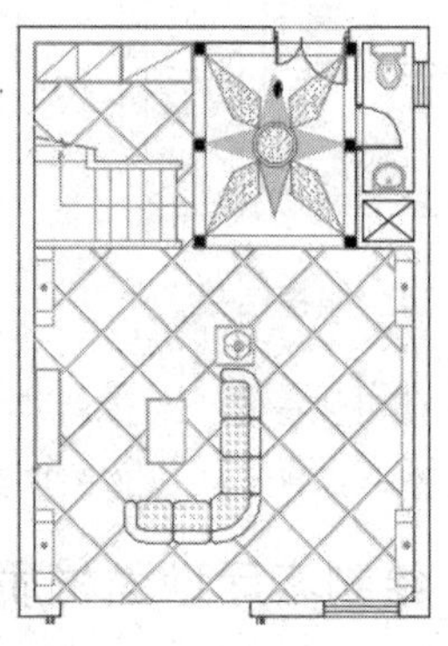

图 8-42　更改颜色特性

8.5.4　绘制卫生间地面材质

（1）继续上节操作。

（2）使用快捷键“H”激活“图案填充”命令，在“图案填充和渐变色”对话框中设置填充图案与填充参数如图 8-43 所示，为卫生间填充如图 8-44 所示的地砖图案。

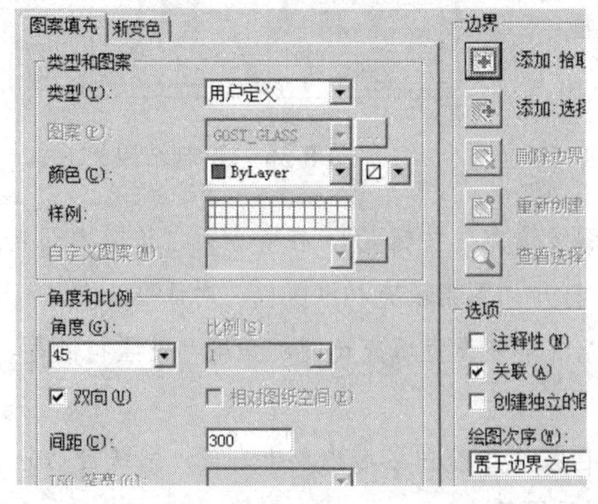

图 8-43　设置填充图案与参数

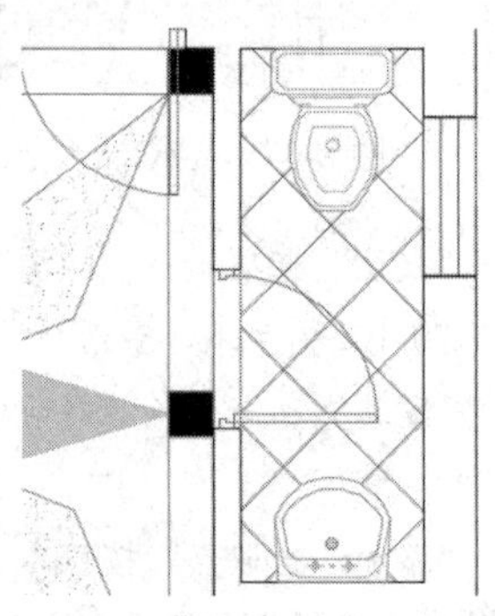

图 8-44　填充结果

（3）使用快捷键“CO”激活“复制”命令，选择卫生间填充图案，原位置复制一份。

（4）使用快捷键“M”激活“移动”命令，将复制出的图案垂直下移 50 个单位，如图 8-45 所示。

（5）单击位移后的填充图案，打开“特性”窗口，修改图案颜色为 91 号色。

（6）最后执行“另存为”命令，将图形命名存储为“绘制别墅一层装修布置图图.dwg”。

8.6 标注高档住宅别墅一层布置图

本例主要学习高档住宅别墅一层装修布置图文字、尺寸与墙面投影符号等内容的具体标注过程和标注技巧。别墅一层装修布置图的最终标注效果，如图 8-46 所示。

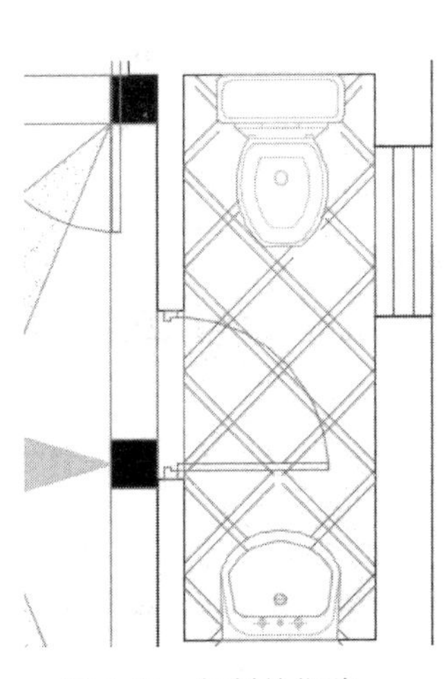

图 8-45 复制并位移

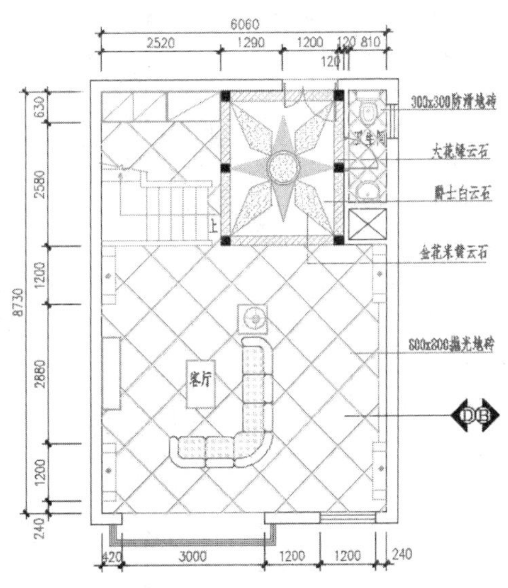

图 8-46 实例效果

8.6.1 标注装修布置图尺寸

（1）打开上例存储的“绘制别墅一层装修布置图.dwg”，或直接从随书光盘中的“\效果文件\第 8 章\”目录下调用此文件。

（2）展开“默认”选项卡→“图层”面板→“图层”下拉列表，选择“尺寸层”，将其设置为当前图层。

（3）使用快捷键“D”激活“标注样式”命令，将“建筑标注”设为当前标注样式，并修改标注比例为 65。

（4）单击“默认”选项卡→“注释”面板→“线性”按钮，在命令行“指定第一个尺寸界线原点或 <选择对象>：”提示下，捕捉追踪虚线与内墙线的交点作为第一个尺寸界线的起点，如图 8-47 所示。

（5）在“指定第二条尺寸界线原点:”提示下，捕捉追踪虚线与外墙线的交点作为第二条标注界线的起点，如图 8-48 所示。

（6）在“指定尺寸线位置或 [多行文字（M）/文字（T）/角度（A）/水平（H）/垂直（V）/旋转（R）]：”提示下在适当位置指定尺寸线位置，标注结果如图 8-49 所示。

（7）单击“注释”选项卡→“标注”面板→“连续”按钮，系统自动以刚标注的线型尺寸作为连续标注的第一条延伸线，标注如图 8-50 所示的连续尺寸作为细部尺寸。

（8）在无命令执行的前提下单击标注文字为 120 的对象，使其呈现夹点显示状态，如图 8-51 所示。

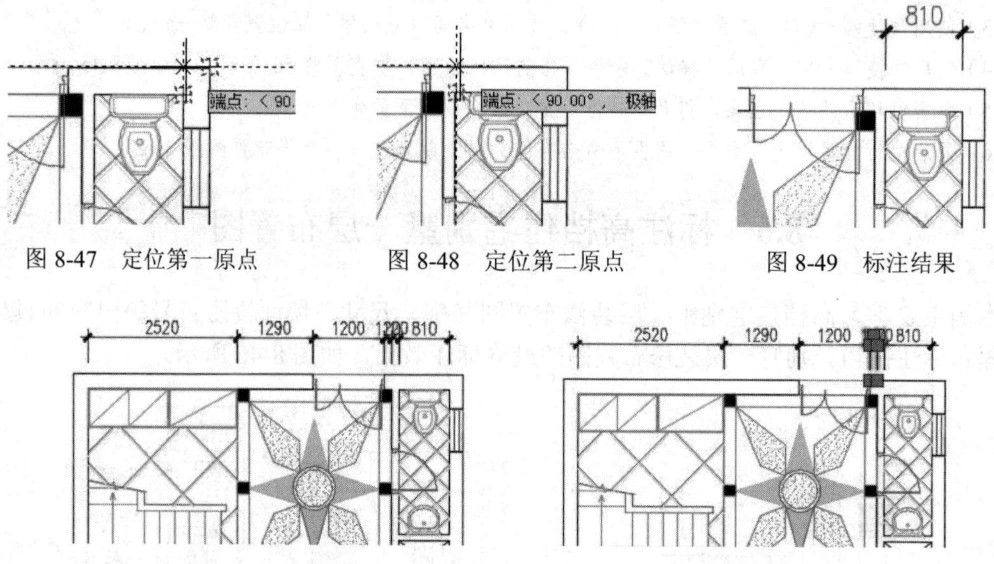

图 8-47 定位第一原点　图 8-48 定位第二原点　图 8-49 标注结果

图 8-50 标注结果　图 8-51 夹点效果

(9) 将光标放在标注文字夹点上，然后从弹出的快捷菜单中选择“仅移动文字”选项。

(10) 在命令行“** 仅移动文字 **指定目标点:”提示下，在适当位置指定文字的位置，并取消夹点，结果如图 8-52 所示。

(11) 单击“默认”选项卡→“注释”面板→“线性”按钮，配合捕捉与追踪功能，标注如图 8-53 所示的总尺寸。

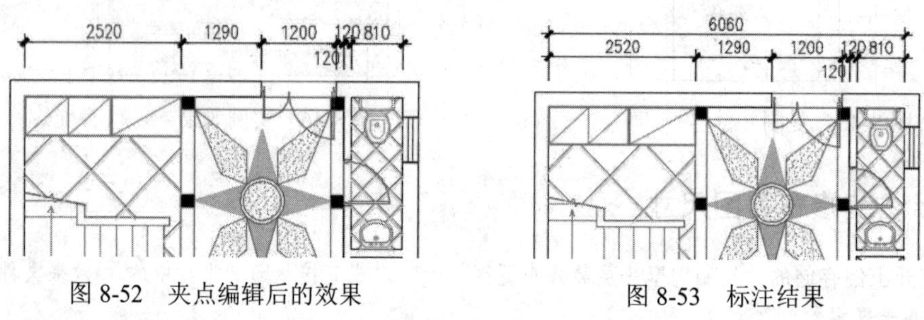

图 8-52 夹点编辑后的效果　图 8-53 标注结果

(12) 参照第 4～11 操作步骤，分别标注平面图其他侧的尺寸，结果如图 8-54 所示。

8.6.2 标注布置图文字注释

(1) 继续上节操作。

(2) 展开“默认”选项卡→“图层”面板→“图层”下拉列表，设置“文字层”为当前图层。

(3) 在“默认”选项卡→“注释”面板→“文字样式”下拉列表中设置“仿宋体”为当前文字样式。

(4) 单击“默认”选项卡→“注释”面板→“单行文字”按钮，在命令行“指定文字的起点或 [对正 (J) /样式 (S)]: ”的提示下，在客厅适当位置拾取一点。

(5) 继续在命令行“指定高度 <2.5>: ”提示下，输入 240 按 Enter，将文字高度设置为 240 个单位。

(6) 在“指定文字的旋转角度<0.00>: ”提示下按 Enter，然后输入如图 8-55 所示的文字。

(7) 分别将光标移至楼梯及卫生间位置内，标注如图 8-56 所示的文字注解。

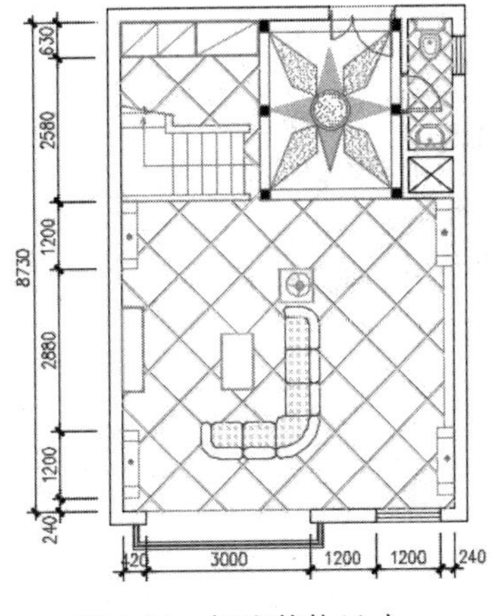

图 8-54　标注其他尺寸

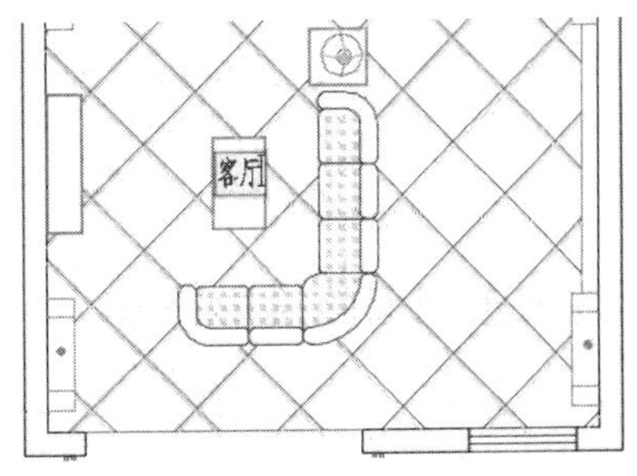

图 8-55　输入文字

（8）暂时关闭“对象捕捉”功能，使用快捷键“PL”激活“多段线“命令，配合“极轴追踪”功能绘制如图 8-57 所示的直线作为文本注释的指示线。

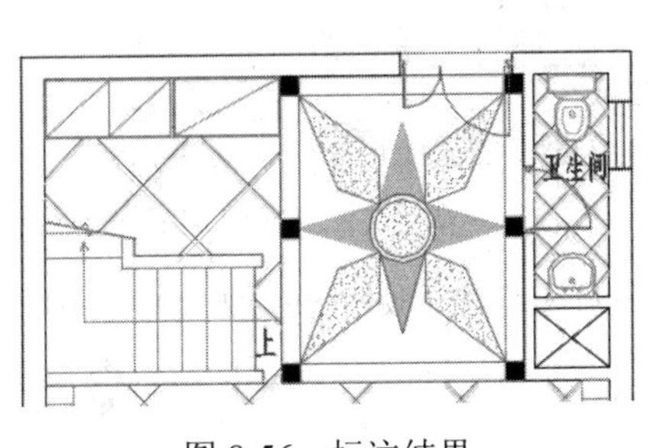

图 8-56　标注结果

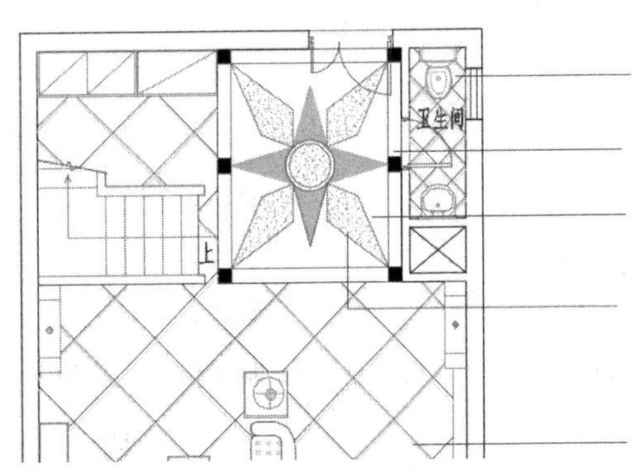

图 8-57　绘制指示线

（9）使用快捷键“CO”激活“复制”命令，选择任一位置的文字，将其复制到指示线上，如图 8-58 所示。

（10）使用快捷键“ED”激活“编辑文字”命令，根据命令行的提示选择复制出的文字，修改文字内容如图 8-59 所示。

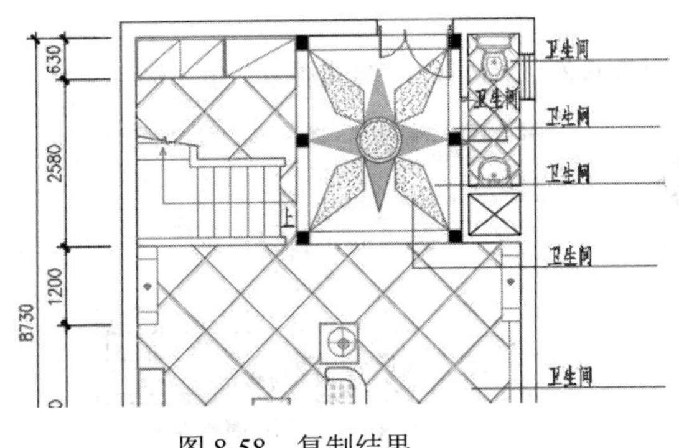

图 8-58　复制结果

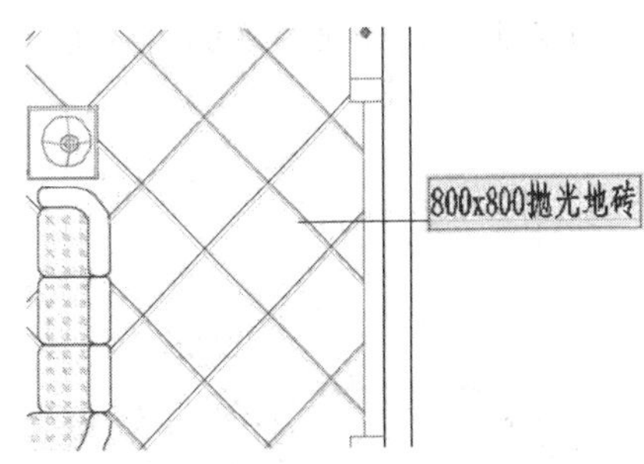

图 8-59　修改文字内容

（11）接下来重复使用“编辑文字”命令，分别修改其他位置的文字，结果如图 8-60 所示。

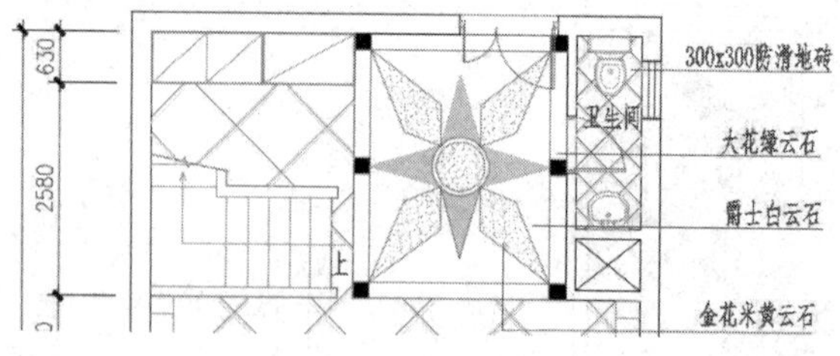

图 8-60　修改其他文字

8.6.3　标注布置图墙面投影符号

（1）继续上节操作。

（2）展开“默认”选项卡→“图层”面板→“图层”下拉列表，将“其他层”设置为当前图层。

（3）使用快捷键“L”激活“直线”命令，绘制如图 8-61 所示的水平直线作为投影符号指示线。

（4）使用快捷键“I”激活“插入块”命令，插入随书光盘“\图块文件\投影符号.dwg”属性块，设置块参数如图 8-62 所示。

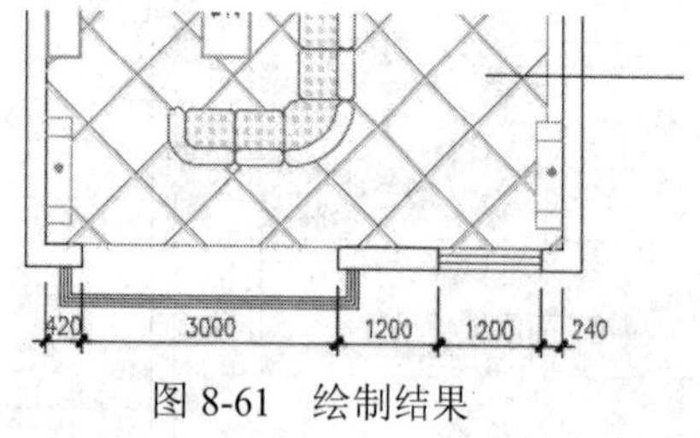

图 8-61　绘制结果

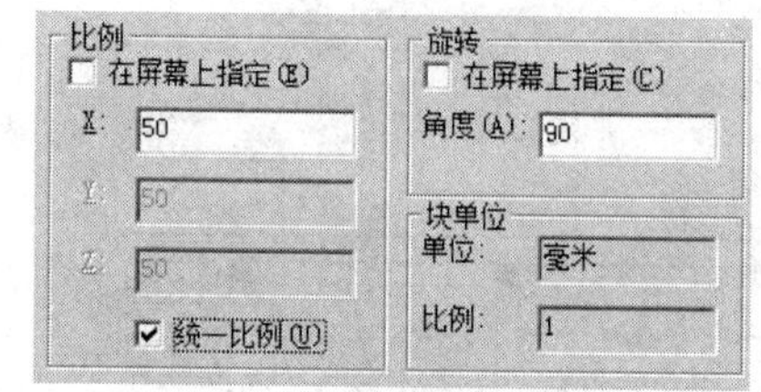

图 8-62　设置块参数

（5）返回绘图区根据命令行的提示捕捉如图 8-63 所示的端点作为插入点，插入投影符号，结果如图 8-64 所示。

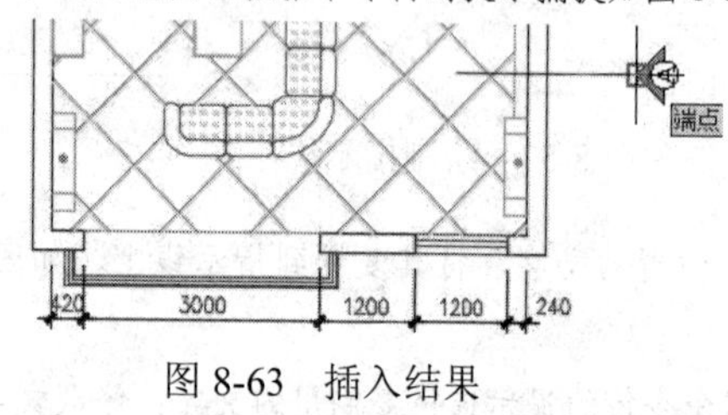

图 8-63　插入结果

图 8-64　移动结果

（6）使用快捷键“MI”激活“镜像”命令，配合象限点捕捉功能，对投影符号进行镜像，镜像结果如图 8-65 所示。

（7）双击镜像出的投影符号，在弹出的“增强属性编辑器”对话框内修改属性值如图 8-66 示。

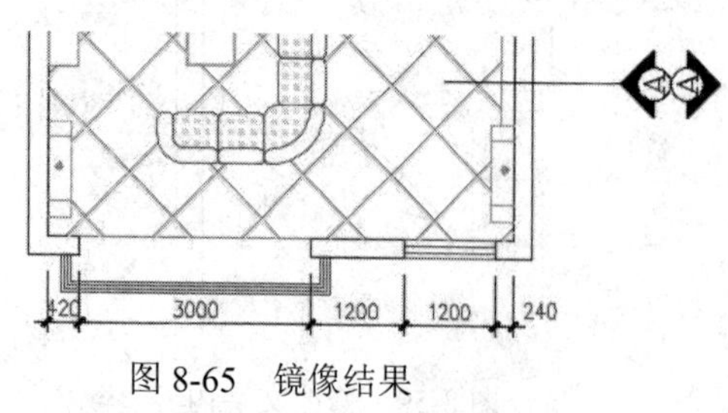

图 8-65　镜像结果

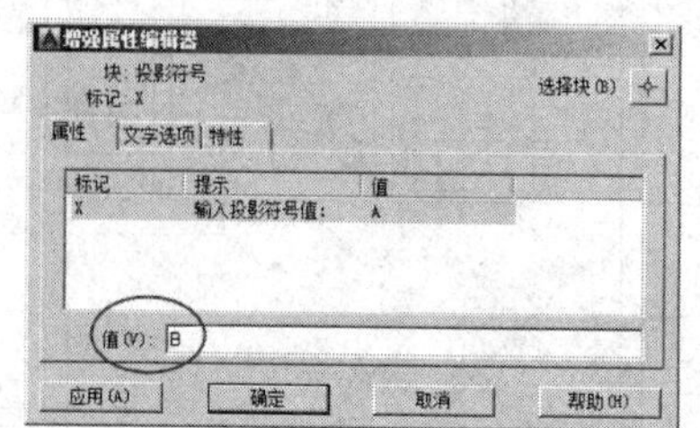

图 8-66　修改属性值

（8）在“增强属性编辑器”对话框中展开“文字选项”选项卡，修改属性的旋转角度，如图 8-67 所示。

（9）单击 应用(A) 按钮，属性的修改结果如图 8-68 所示。

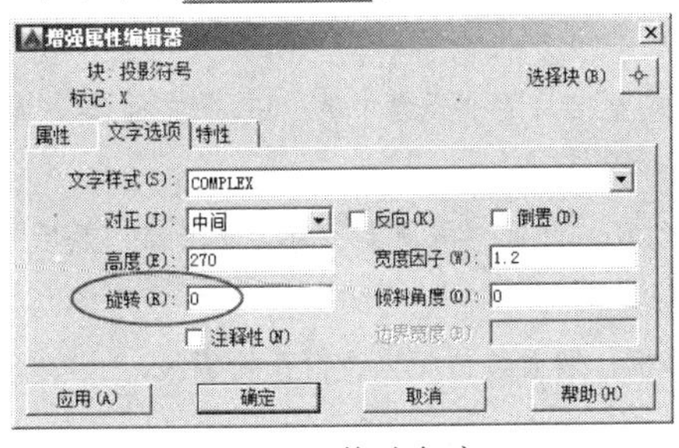

图 8-67 修改角度

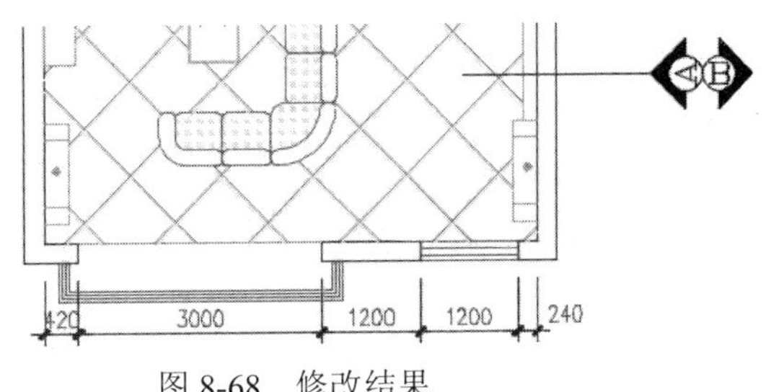

图 8-68 修改结果

（10）单击“增强属性编辑器”右上角“选择块”按钮，选择左侧的属性块，修改属性值如图 8-69 所示，属性的旋转角度为 0，结果如图 8-70 所示。

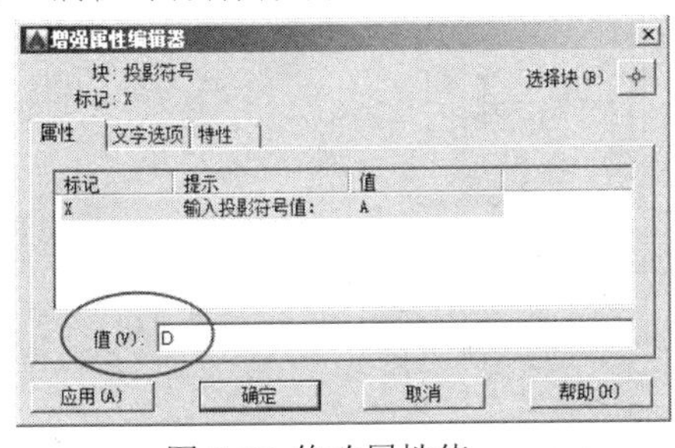

图 8-69 修改属性值

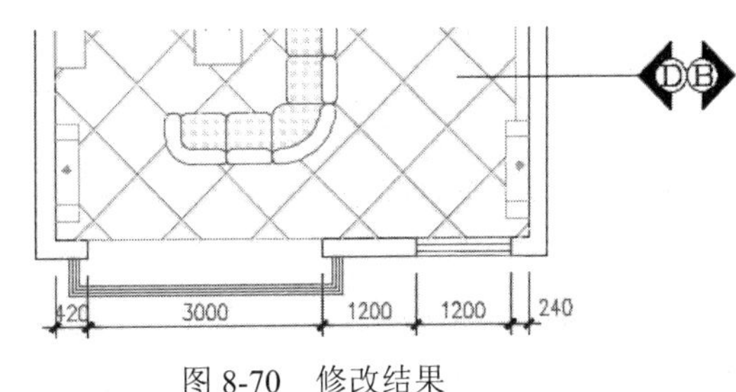

图 8-70 修改结果

（11）最后执行“另存为”命令，将图形命名存储为“标注别墅一层装修布置图.dwg”。

8.7 绘制高档住宅别墅一层吊顶图

本例主要学习高档住宅别墅一层吊顶装修图的具体绘制过程和绘制技巧。别墅一层吊顶装修图的最终绘制效果，如图 8-71 所示。

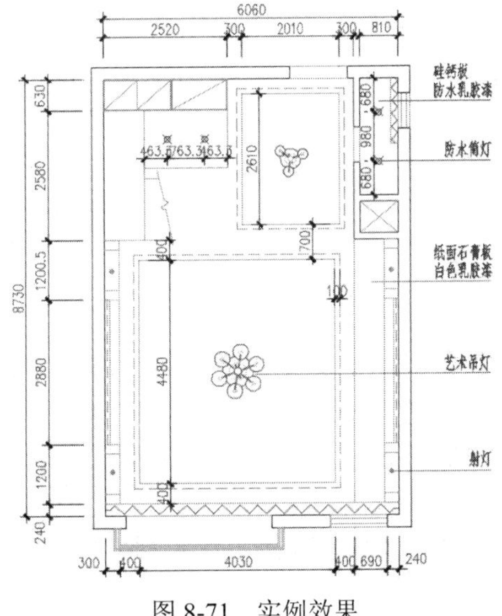

图 8-71 实例效果

8.7.1 绘制吊顶轮廓图

（1）打开上例存储的“绘制别墅一层装修布置图.dwg”，或直接从随书光盘中的“\效果文件\第 8 章\”目录下调用此文件。

（2）展开“默认”选项卡→“图层”面板→“图层”下拉列表，设置“吊顶层”为当前图层，然后冻结尺寸层、文本层、其他层和填充层，此时平面图的显示效果如图 8-72 所示。

（3）在无命令执行的前提下，夹点显示如图 8-73 所示的高柜、墙面装饰柜以及窗子轮廓线。

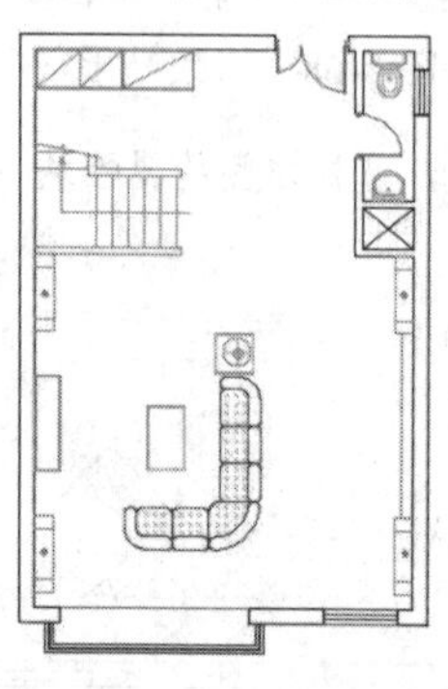
图 8-72 显示结果

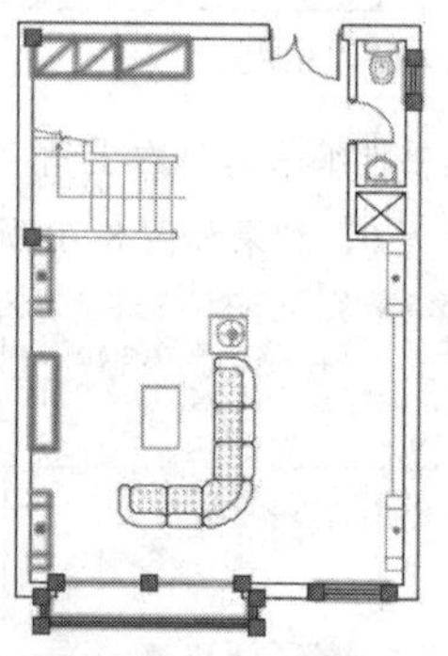
图 8-73 夹点显示

（4）使用快捷键“X”激活“分解”命令，将夹点显示的对象分解。

（5）在无命令执行的前提下夹点显示如图 8-74 所示的沙发、马桶等图块。

（6）按下键盘上的 Delete 键，将夹点显示的对象删除，结果如图 8-75 所示。

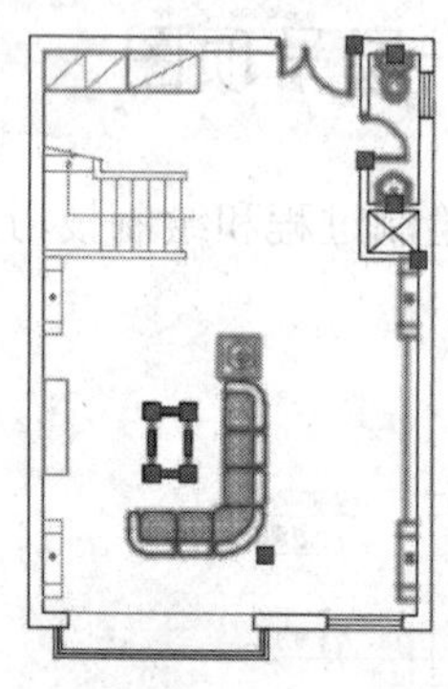
图 8-74 夹点效果

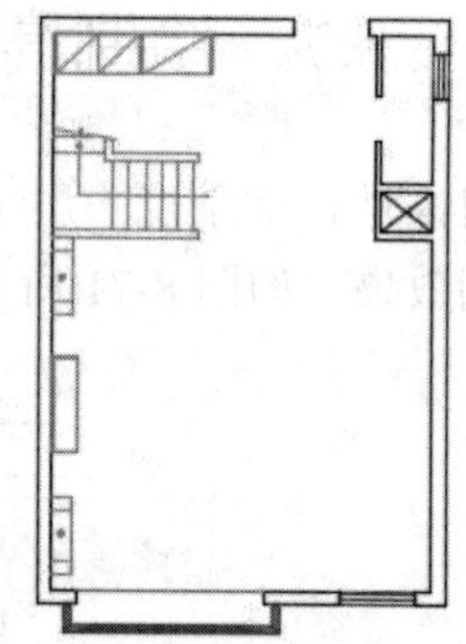
图 8-75 删除结果

（7）展开“默认”选项卡→“图层”面板→“图层”下拉列表，暂时关闭“墙线层”和“楼梯层”，此时平面图的显示结果如图 8-76 所示。

（8）夹点显示图 8-76 所示的所有对象，然后在“特性”面板中修改颜色和图层，如图 8-77 所示。

（9）取消夹点，然后打开“墙线层”和“楼梯层”，平面图的显示结果如图 8-78 所示。

（10）使用快捷键“L”激活“直线”命令，配合端点捕捉功能绘制门洞位置的轮廓线，结果如图 8-79 所示。

（11）使用快捷键“PL”激活“多段线”命令，配合捕捉或追踪功能，绘制楼梯位置处的吊顶轮廓线及折断线，如图 8-80 所示。

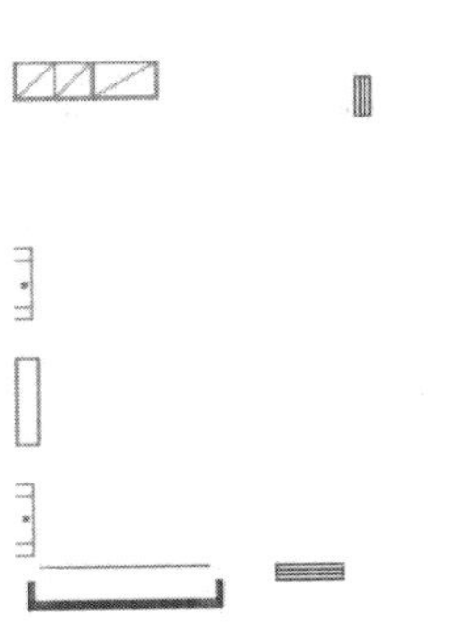

图 8-76 显示结果

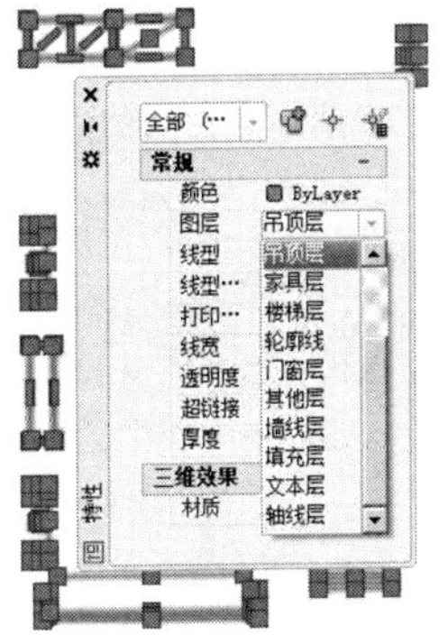

图 8-77 修改颜色和图层

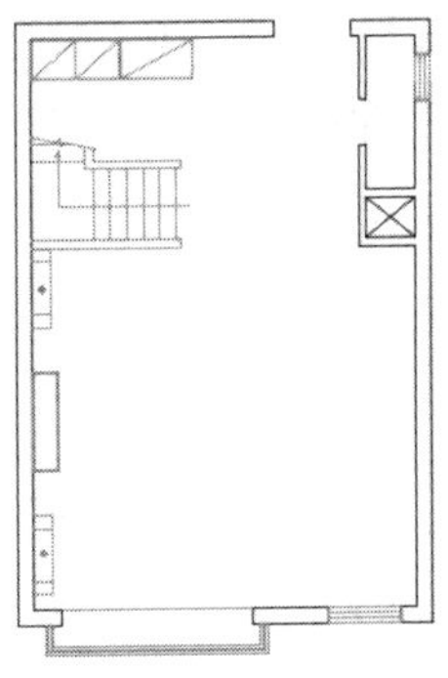

图 8-78 显示结果

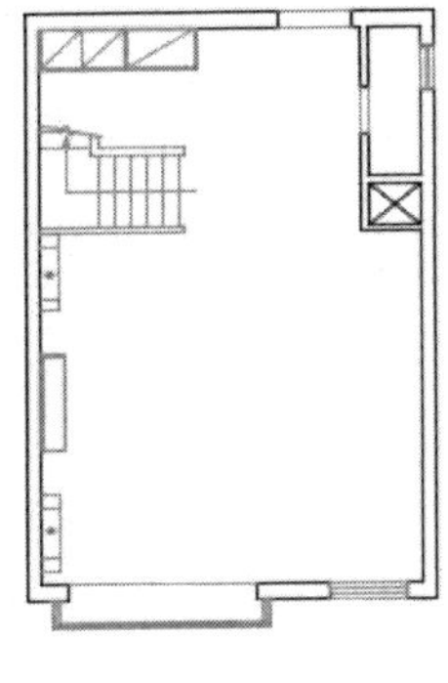

图 8-79 绘制结果

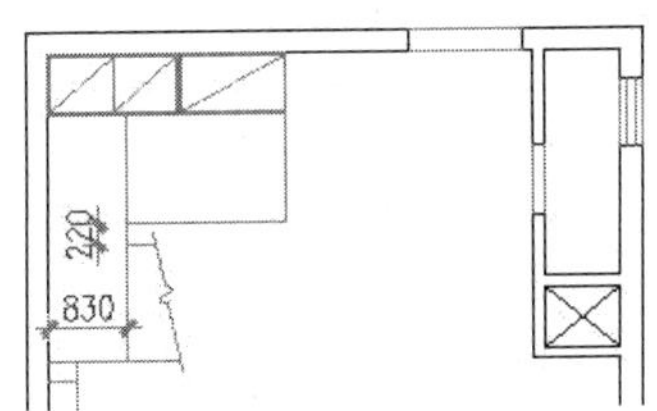

图 8-80 绘制结果

8.7.2 绘制窗帘与窗帘盒

（1）继续上节操作。

（2）使用快捷键“L”激活“直线”命令，配合捕捉或追踪功能，绘制如图 8-81 所示的窗帘及窗帘盒轮廓线。

（3）使用快捷键“LT”激活“线型”命令，在打开的“线型管理器”对话框中加载线型并设置线型比例如图 8-82 所示。

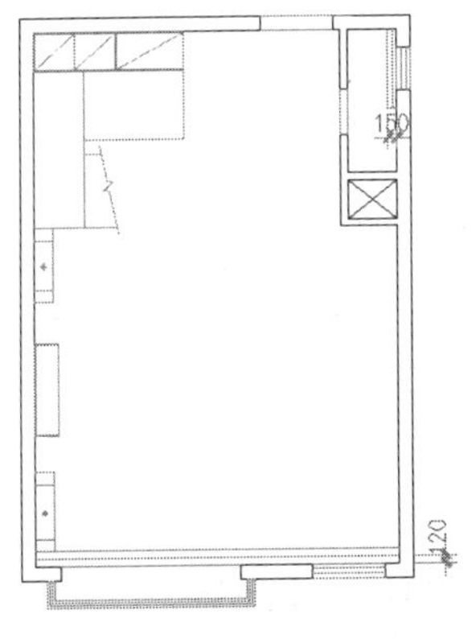

图 8-81 绘制窗帘及窗帘盒

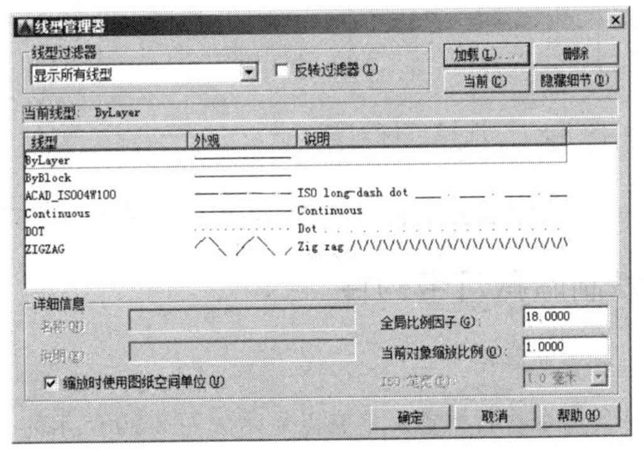

图 8-82 加载线型

（4）在无命令执行的前提下夹点显示窗帘轮廓线，如图 8-83 所示。

（5）按 Ctrl+1 键，打开“特性”窗口，修改夹点图线的颜色为洋红、线型及线型比例如图 8-84 所示。

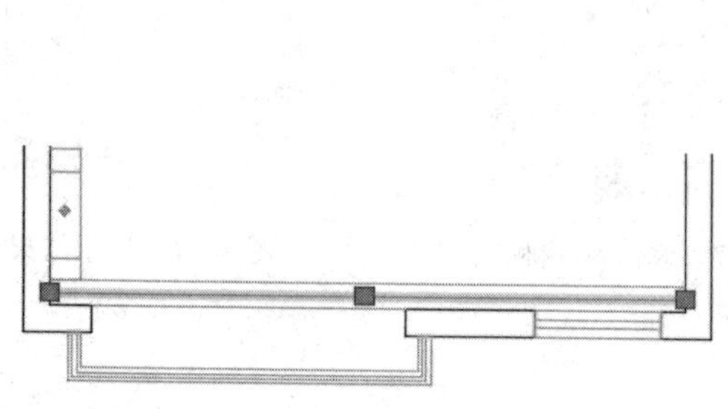

图 8-83　夹点效果

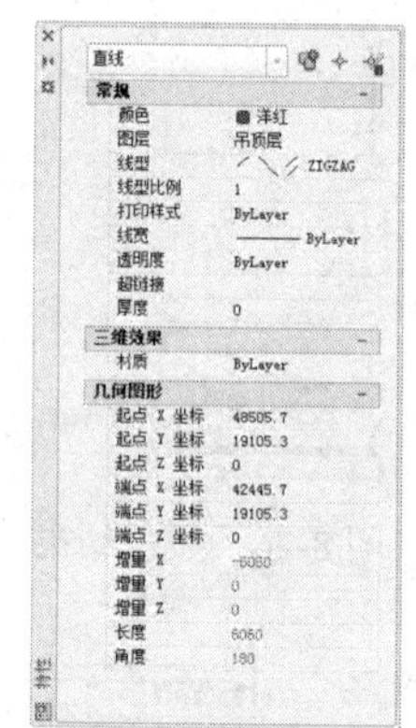

图 8-84　修改对象特性

（6）关闭“特性”窗口，并取消对象夹点，操作后的效果如图 8-85 所示。

（7）使用快捷键“MA”激活“特性匹配”命令，选择如图 8-86 所示的对象作为源对象。

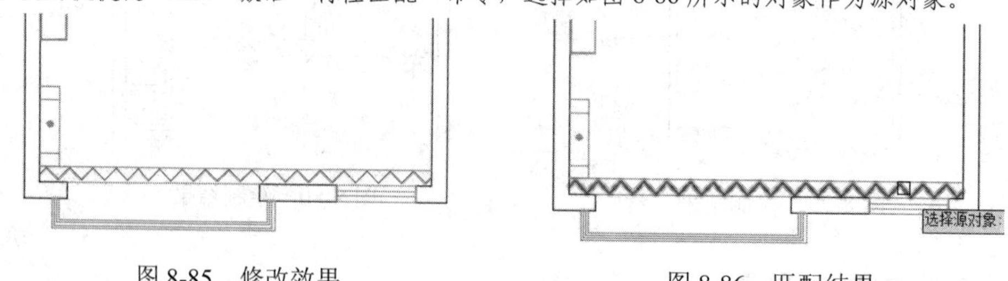

图 8-85　修改效果

图 8-86　匹配结果

（8）在命令行“选择目标对象或[设置（S）]:”提示下，选择如图 8-87 所示的窗帘，匹配结果如图 8-88 所示。

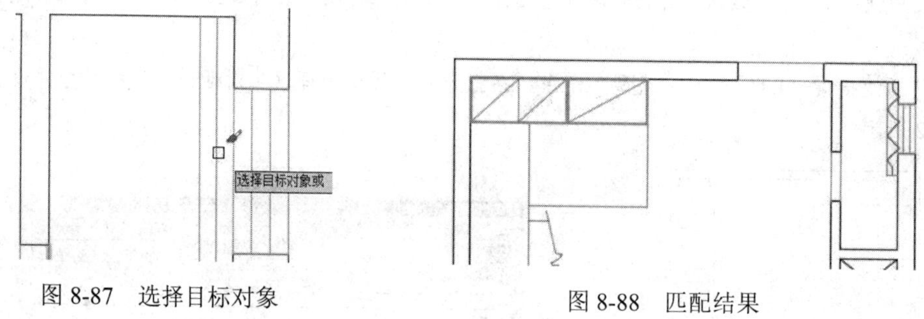

图 8-87　选择目标对象

图 8-88　匹配结果

（9）夹点显示匹配后的窗帘轮廓线，打开“特性”窗口，修改线型比例为 0.04，如图 8-89 所示。

8.7.3　绘制暗藏灯带构件

（1）继续上节操作。

（2）在无命令执行的前提下夹点显示如图 8-90 所示的对象，然后按 Delete 键删除。

（3）使用快捷键“L”激活“直线”命令，配合“极轴追踪”、“端点捕捉”和“交点捕捉”功能绘制如图 8-91 所示的吊顶界面线。

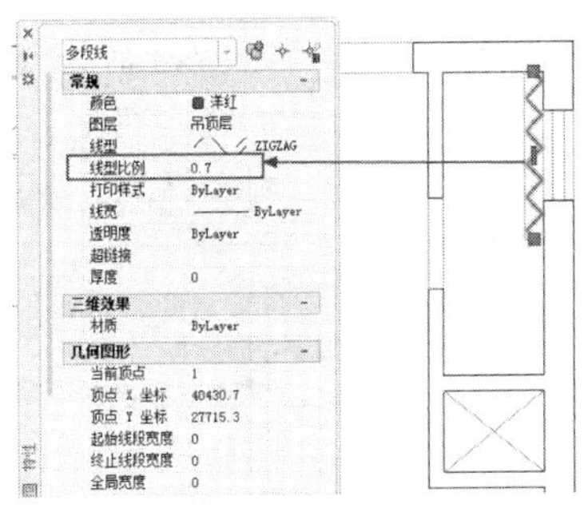

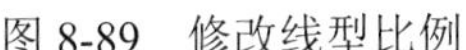

图 8-89 修改线型比例

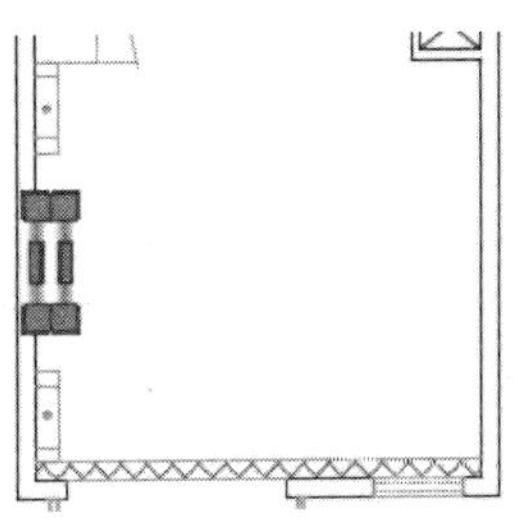

图 8-90 夹点效果

（4）使用快捷键“LT”激活“线型”命令，加载 DASHED 线型，然后配合端点捕捉功能绘制如图 8-92 所示的垂直轮廓线 L。

（5）单击“默认”选项卡→“修改”面板→“偏移”按钮，将垂直轮廓线 L 向左偏移 200 和 250 个单位，结果如图 8-93 所示。

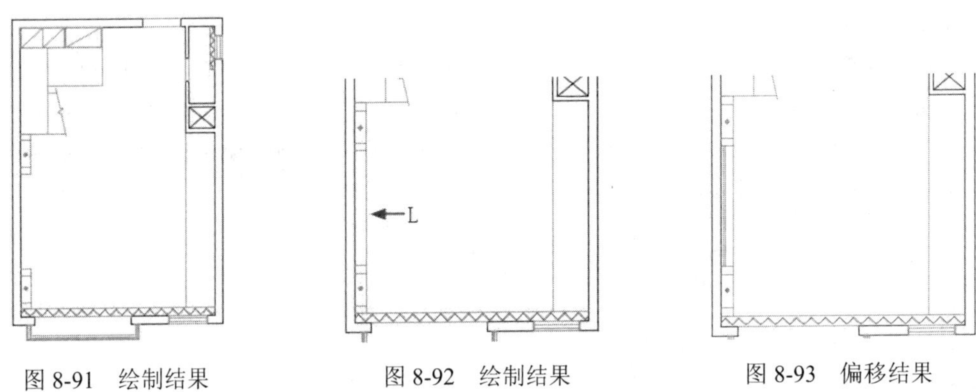

图 8-91 绘制结果　　图 8-92 绘制结果　　图 8-93 偏移结果

（6）在无命令执行的前提下单击偏移距离为 250 的垂直图线，使其呈现夹点显示状态，如图 8-94 所示。

（7）按 Ctrl+1 组合键，执行“特性”命令。在“特性”窗口中更改其线型及颜色特性如图 8-95 所示，特性编辑后的显示效果如图 8-96 所示。

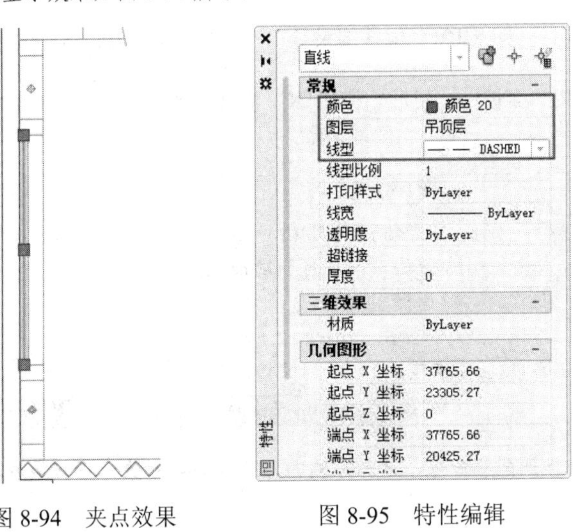

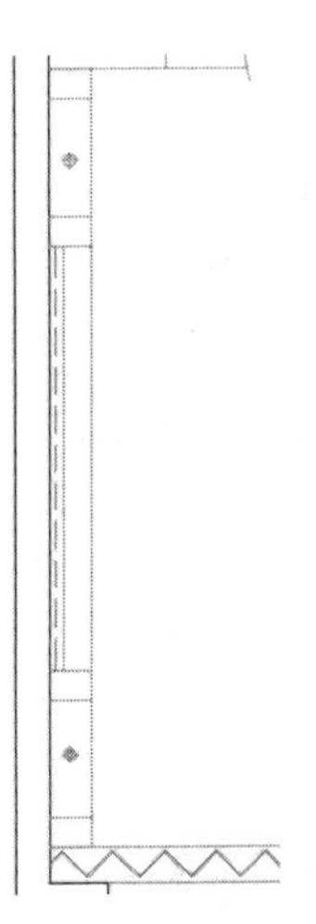

图 8-94 夹点效果　　图 8-95 特性编辑　　图 8-96 编辑结果

（8）使用快捷键“MI”激活“镜像”命令，捕捉如图 8-97 所示中点作为镜像线上的点，窗口选择如图 8-98 所示的对象进行镜像，结果如图 8-99 所示。

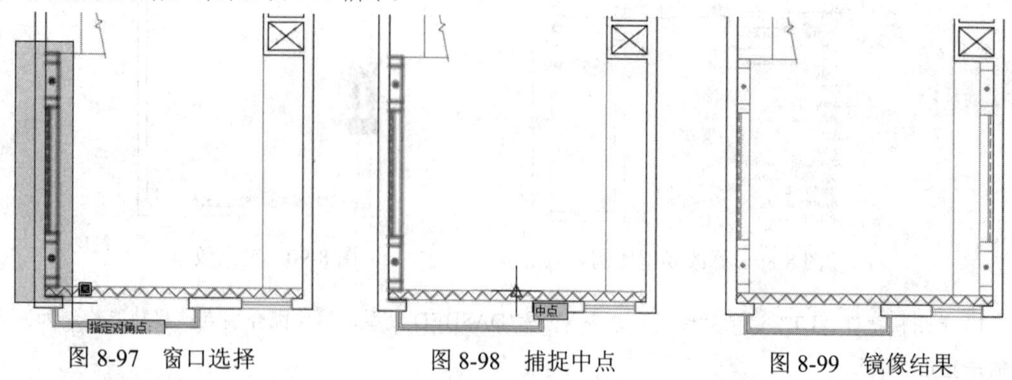

图 8-97　窗口选择　　图 8-98　捕捉中点　　图 8-99　镜像结果

8.7.4　绘制矩形吊顶及灯带

（1）继续上节操作。

（2）使用快捷键“O”激活“偏移”命令，选择图 8-100 所示的四条图线 1、2、3 和 4，向中心偏移 300 个单位，结果如图 8-101 所示。

（3）使用快捷键“O”激活“圆角”命令，将圆角半径设置为 0，分别对偏移出的四条图线进行编辑，作为客厅吊顶灯带，结果如图 8-102 所示。

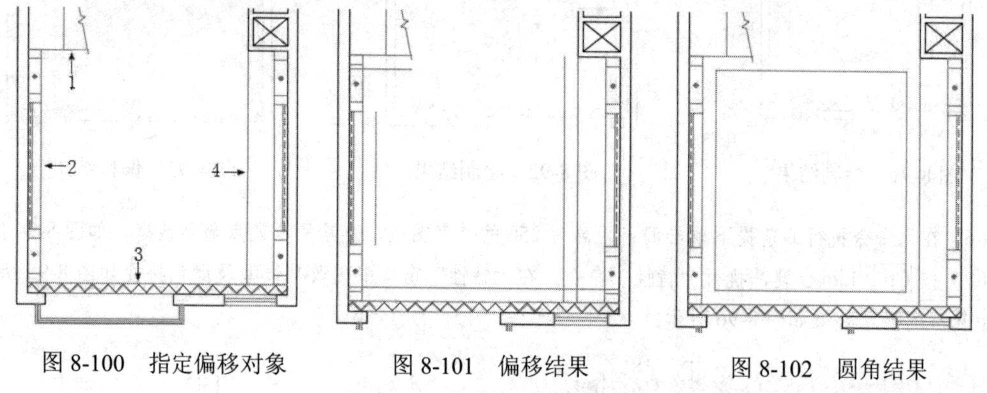

图 8-100　指定偏移对象　　图 8-101　偏移结果　　图 8-102　圆角结果

（4）单击“默认”选项卡→“绘图”面板→“矩形”按钮▭，配合“捕捉自”功能绘制客厅吊顶轮廓线，命令行操作如下。

```
命令: _rectang
指定第一个角点或 [倒角(C)/标高(E)/圆角(F)/厚度(T)/宽度(W)]:
                                    //激活“捕捉自”功能
_from 基点:                          //捕捉图 8-103 所示的端点
<偏移>:                              //@100,100 Enter
指定另一个角点或 [面积(A)/尺寸(D)/旋转(R)]:
                                    //@4030,4480 Enter，绘制结果如图 8-104 所示
```

（5）使用快捷键“MA”激活“特性匹配”命令，选择左侧的灯带作为源对象，将其线型、颜色特性匹配客厅位置的灯带，结果如图 8-105 所示。

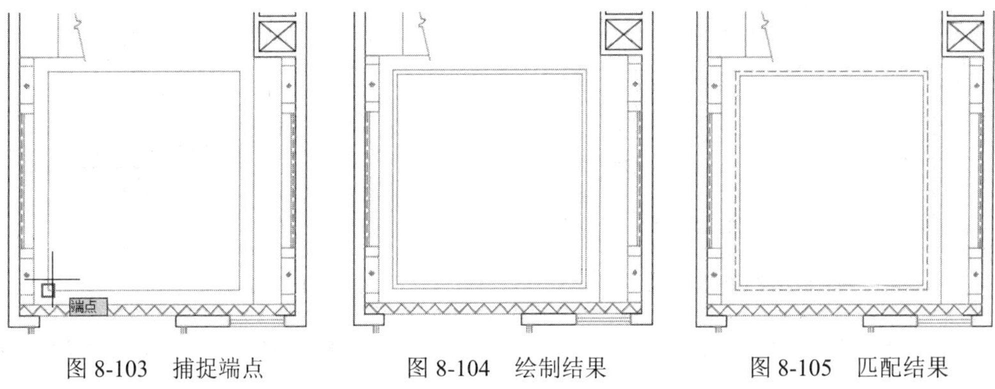

图 8-103 捕捉端点　　图 8-104 绘制结果　　图 8-105 匹配结果

（6）单击“默认”选项卡→“绘图”面板→“矩形”按钮，配合“捕捉自”功能绘制门厅吊顶灯带，命令行操作如下。

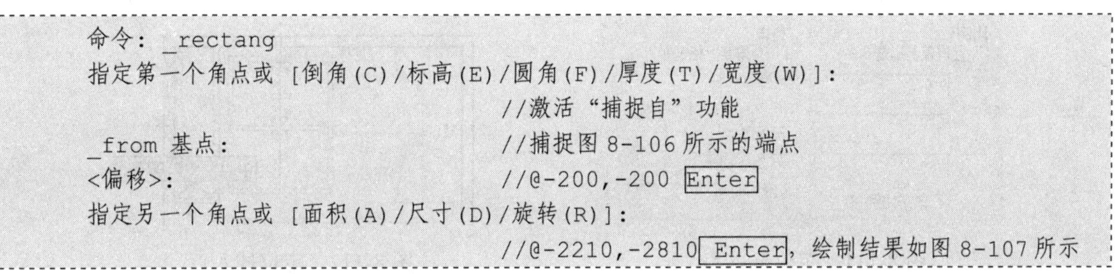

```
命令： _rectang
指定第一个角点或 [倒角(C)/标高(E)/圆角(F)/厚度(T)/宽度(W)]:
                                        //激活“捕捉自”功能
_from 基点:                             //捕捉图 8-106 所示的端点
<偏移>:                                 //@-200,-200 Enter
指定另一个角点或 [面积(A)/尺寸(D)/旋转(R)]:
                                        //@-2210,-2810 Enter，绘制结果如图 8-107 所示
```

（7）使用快捷键“O”激活“偏移”命令，将刚绘制的矩形向内偏移 100 个单位，作为吊顶轮廓，结果如图 8-108 所示。

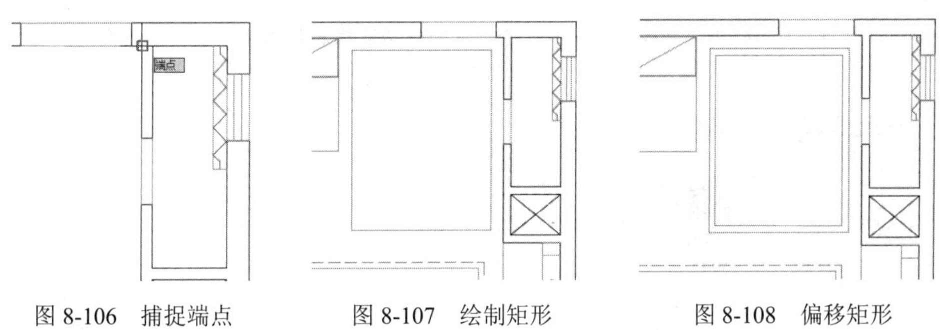

图 8-106 捕捉端点　　图 8-107 绘制矩形　　图 8-108 偏移矩形

（8）使用快捷键“MA”激活“特性匹配”命令，选择客厅灯带作为源对象，将其线型、颜色等特性匹配刚门厅吊顶位置的灯带，匹配结果如图 8-109 所示。

至此，一层别墅吊顶图绘制完毕，下一小节将为吊顶图布置灯具。

8.7.5 绘制吊顶灯具图

（1）继续上例操作。

（2）展开“默认”选项卡→“图层”面板→“图层”下拉列表，将“灯具层”设置为当前图层。

（3）使用快捷键“I”激活“插入块”命令，以默认参数插入随书光盘中的“\图块文件\艺术吊顶 01.dwg”。

（4）返回绘图区，在命令行“指定插入点或 [基点（B）/比例（S）/旋转（R）]:”提示下捕捉如图 8-110 所示的中点追踪虚线的交点作为插入点。

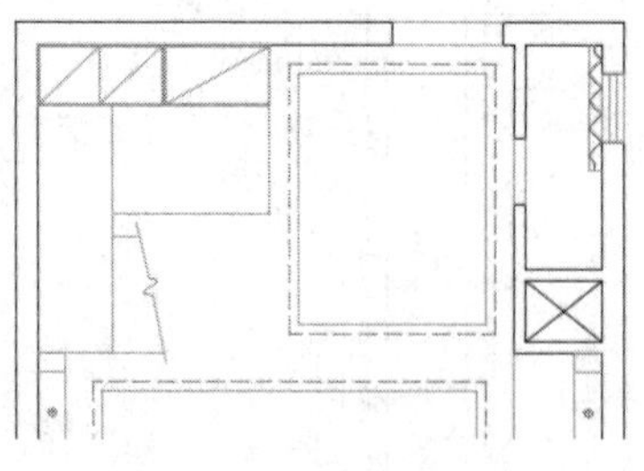

图 8-109　匹配结果

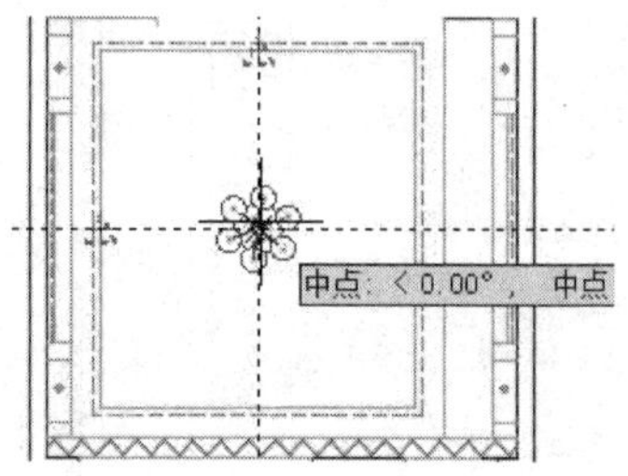

图 8-110　定位插入点

（5）重复执行“插入块”命令，插入光盘“\图块文件\艺术吊灯 02.dwg”文件，块参数设置如图 8-111 所示。

（6）在命令行“指定插入点或 [基点（B）/比例（S）/旋转（R）]:”提示下捕捉如图 8-112 所示的追踪虚线的交点作为插入点。

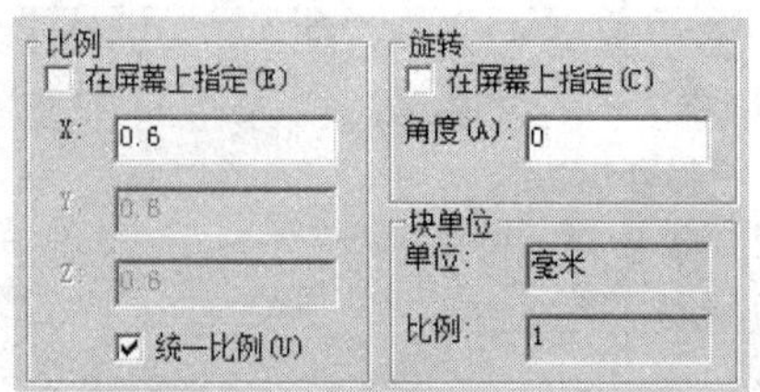

图 8-111　定位插入点

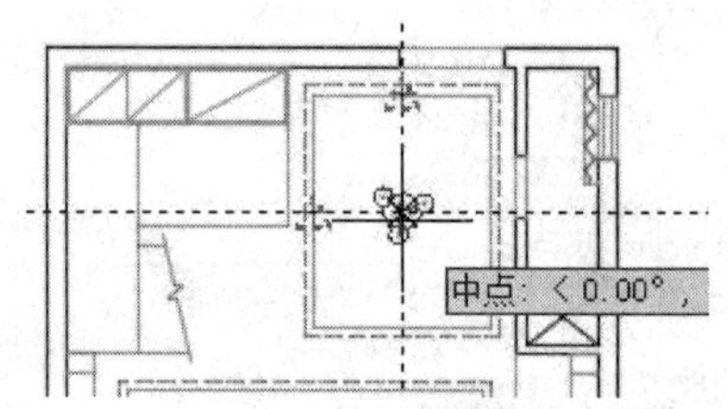

图 8-112　定位插入点

（7）使用快捷键“PT”激活“点样式”命令，在打开的“点样式”对话框中，设置当前点的样式和点的大小，如图 8-113 所示。

（8）使用快捷键“L”激活“直线”命令，配合中点捕捉功能绘制如图 8-114 所示的直线作为筒灯定位辅助线。

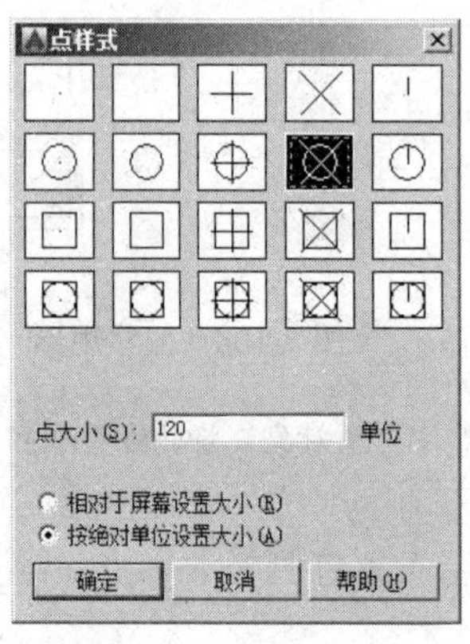

图 8-113　设置点样式

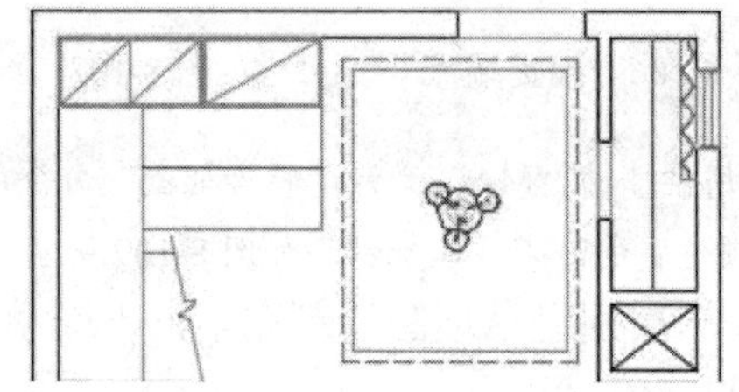

图 8-114　绘制定位线

（9）使用快捷键“DIV”激活“定数等分”命令，将两条定位线分别等分三份，在等分点处放置点标记，作为辅助筒灯，结果如图 8-115 所示。

（10）将定位辅助线删除，然后使用“移动”命令，将等分点分别向定位线两端位移 100 个单位，结果如图 8-116 所示。

至此，吊顶图灯具布置完毕，下一小节将为一层吊顶图标注尺寸。

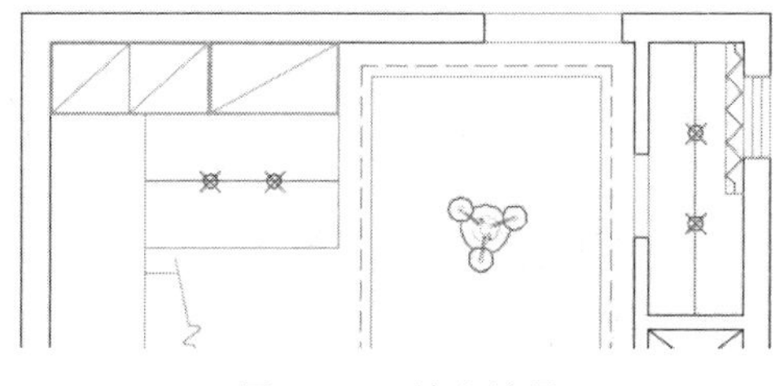

图 8-115　等分结果

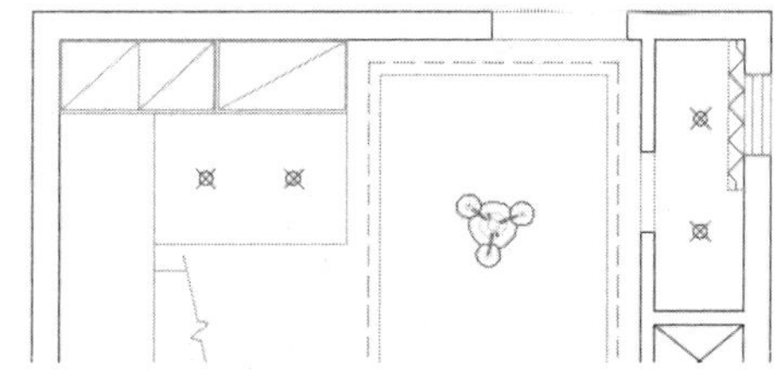

图 8-116　位移结果

8.7.6　标注吊顶尺寸和文字

（1）继续上节操作。

（2）展开“默认”选项卡→“图层”面板→“图层”下拉列表，解冻“尺寸层”，并设置其为当前图层。

（3）使用快捷键“E”激活“删除”命令，删除一些不相关的尺寸，结果如图 8-117 所示。

（4）单击“注释”选项卡→“标注”面板→“连续”按钮，根据命令行的提示选择如图 8-118 所示的尺寸作为基准尺寸。

（5）在命令行“指定第二个尺寸界线原点或 [选择（S）/放弃（U）] <选择>:”提示下，捕捉端点追踪虚线与外墙线交点，如图 8-119 所示。

（6）继续在命令行“指定第二条尺寸界线原点或 [选择（S）/放弃（U）] <选择>:”提示下，捕捉端点追踪虚线与外墙线交点，如图 8-120 所示。

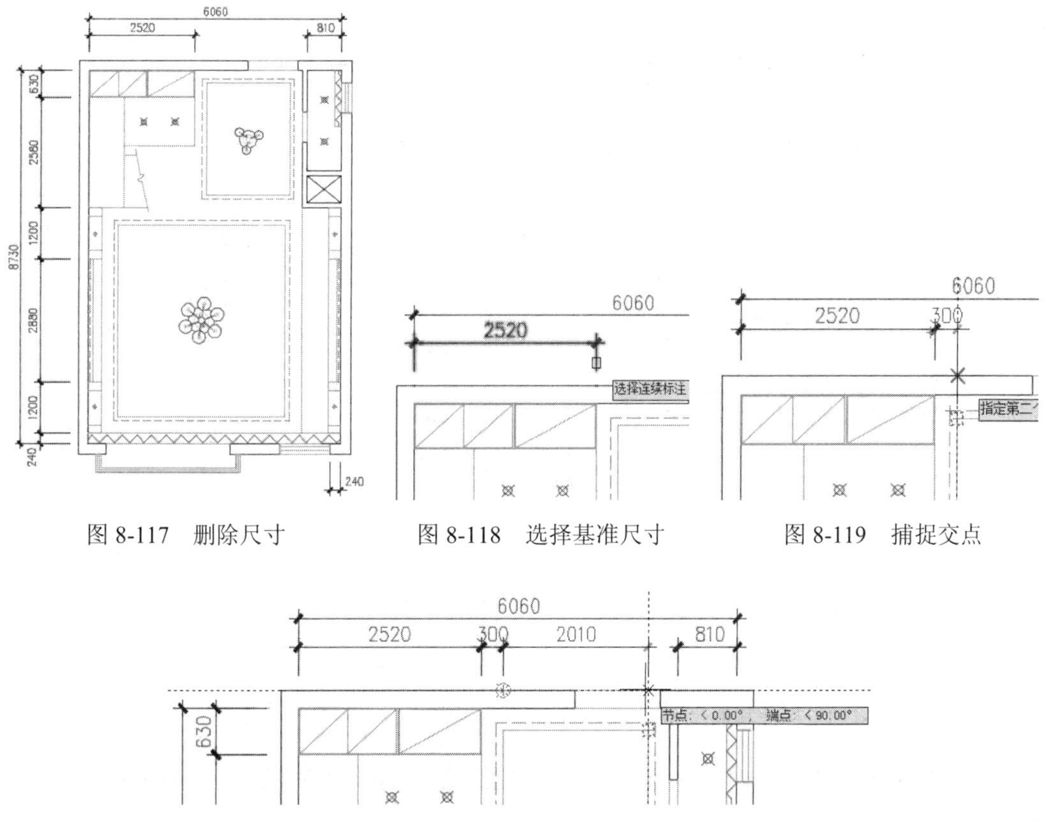

图 8-117　删除尺寸

图 8-118　选择基准尺寸

图 8-119　捕捉交点

图 8-120　捕捉交点

（7）继续在命令行“指定第二个尺寸界线原点或 [选择（S）/放弃（U）] <选择>:”提示下，捕捉端点追踪虚线与外墙线交点，如图 8-121 所示。

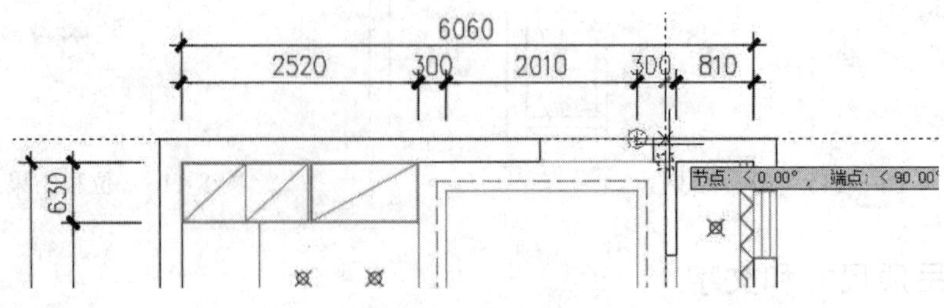

图 8-121 捕捉交点

（8）按 Enter 键，选择右下角尺寸文字为 240，作为基准尺寸，标注如图 8-122 所示尺寸。

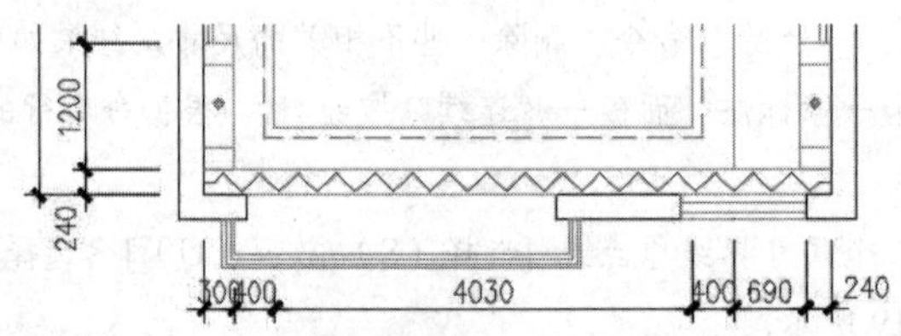

图 8-122 标注结果

（9）参照上述操作，综合使用“线性”、“连续”等命令，分别标注其他位置的定位尺寸，结果如图 8-123 所示。

（10）展开“默认”选项卡→“图层”面板→“图层”下拉列表，解冻“文本层”，并将“文本层”设为当前层。

（11）删除“文本层”上的所有对象，然后使用快捷键“L”激活“直线”命令，绘制如图 8-124 所示的文字指示线。

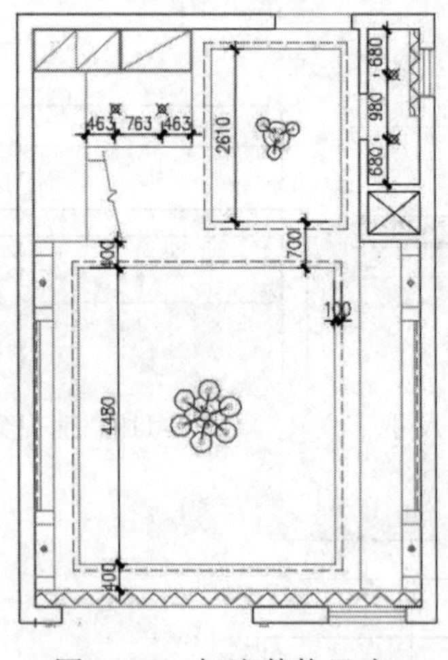

图 8-123 标注其他尺寸

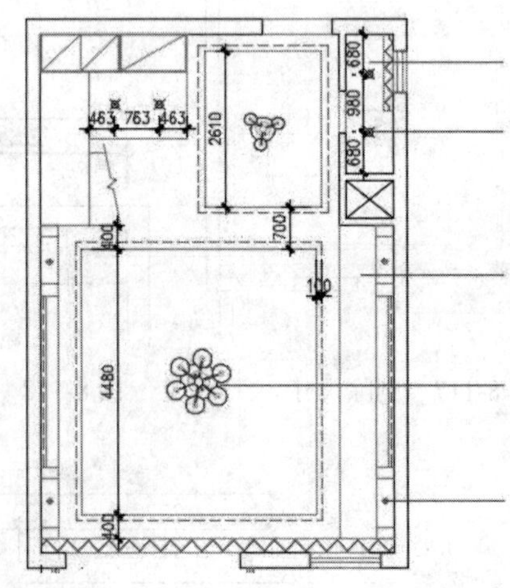

图 8-124 绘制指示线

（12）使用快捷键“D”激活“单行文字”命令，设置字度为 240，为吊顶图标注如图 8-125 所示的文字注释。

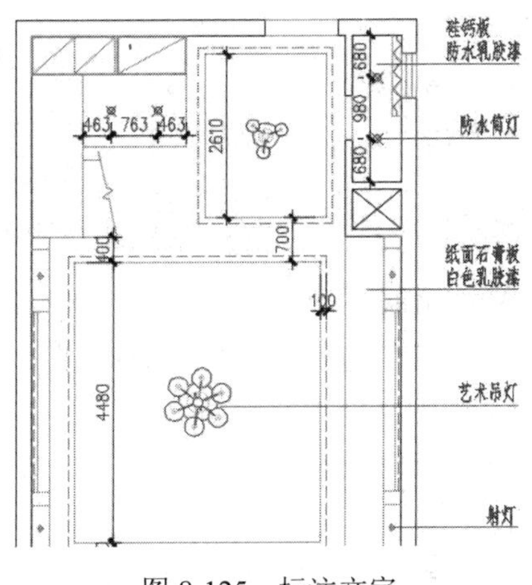

图 8-125　标注文字

（13）最后执行"另存为"命令，将图形另名存储为"绘制别墅一层吊顶装修图.dwg"。

8.8　绘制高档住宅别墅一层立面图

本例主要学习高档住宅别墅一层装修立面图的具体绘制过程和绘制技巧。别墅一层装修立面图的最终绘制效果，如图 8-126 所示。

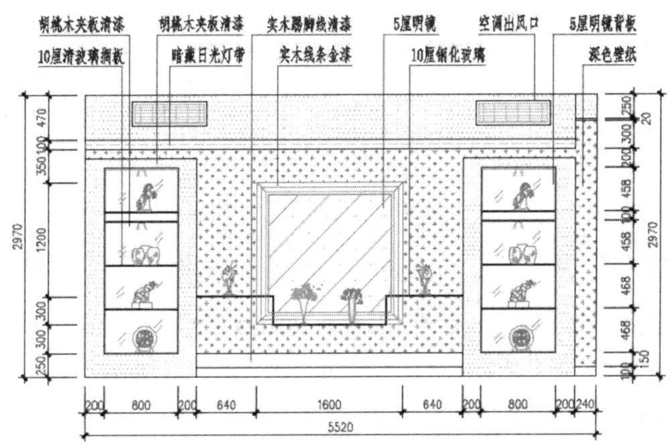

图 8-126　实例效果

8.8.1　绘制墙面主体轮廓图

（1）单击"快速访问"工具栏→"新建"按钮，调用随书光盘中的"\样板文件\室内绘图样板.dwt"。

（2）展开"默认"选项卡→"图层"面板→"图层"下拉列表，将"轮廓线"设置为当前图层。

（3）单击"默认"选项卡→"绘图"面板→"直线"按钮，配合坐标输入功能绘制客厅墙面轮廓线，命令行操作如下。

```
命令：_line
指定第一点：                          //在绘图区拾取一点
指定下一点或 [放弃(U)]:               //@-5520,0 Enter
```

```
指定下一点或 [放弃(U)]:                  //@0,2500 Enter
指定下一点或 [闭合(C)/放弃(U)]:          //@5280,0 Enter
指定下一点或 [闭合(C)/放弃(U)]:          //@0,220 Enter
指定下一点或 [闭合(C)/放弃(U)]:          //@240,0 Enter
指定下一点或 [闭合(C)/放弃(U)]:          //c Enter，绘制结果如图 8-127 所示
```

（4）单击“默认”选项卡→“修改”面板→“偏移”按钮，将上侧的水平边向下偏移 100 和 200；将下侧的水平边向上偏移 100 和 250；将左侧的垂直边向右偏移 1200；将右侧的垂直边向左偏移 240 和 1440，结果如图 8-128 所示。

（5）单击“默认”选项卡→“修改”面板→“修剪”按钮，分别对偏移出的纵横向轮廓线进行修剪编辑，结果如图 8-129 所示。

（6）使用快捷键“O”激活“偏移”命令，将上侧的水平轮廓线 1 向下偏移 50；将水平轮廓线 2 向下偏移 20，结果如图 8-130 所示。

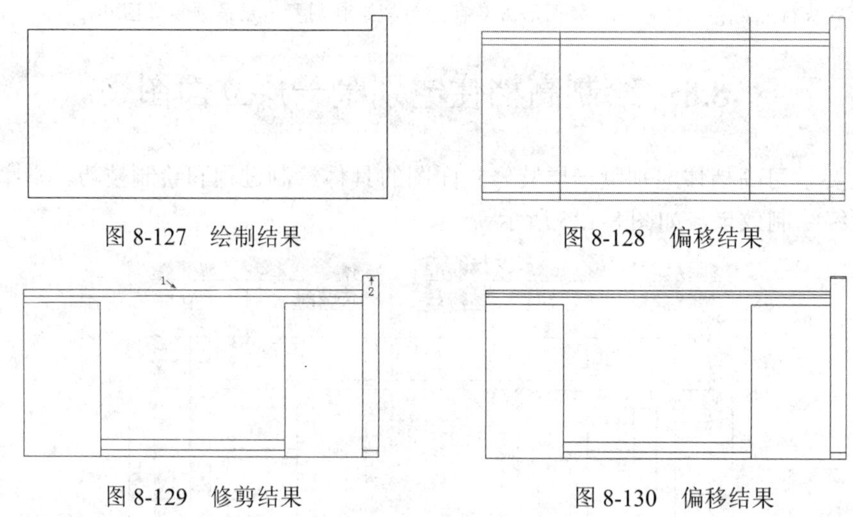

图 8-127　绘制结果　　图 8-128　偏移结果

图 8-129　修剪结果　　图 8-130　偏移结果

（7）使用快捷键“LT”激活“线型”命令，加载 DASHED 线型，并设置线型比例为 100。

（8）在无命令执行的前提下夹点显示偏移距离为 50 的水平图线，然后按下 Ctrl+1 组合键，在打开的“特性”窗口中修改线型和颜色特性如图 8-131 所示。

（9）接下来关闭“特性”窗口，并按 Esc 键取消夹点显示，修改结果如图 8-132 所示。

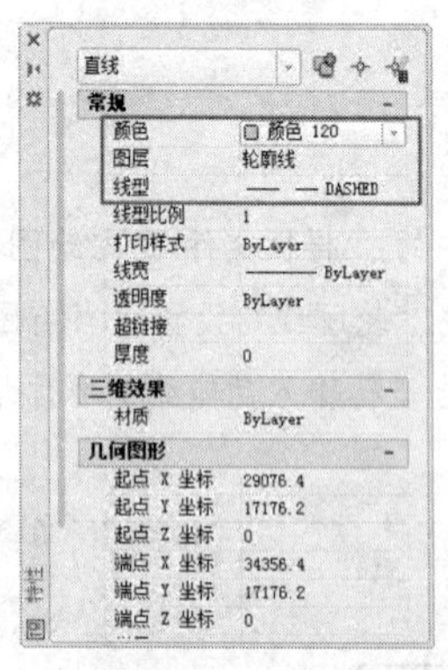

图 8-131　修改特性

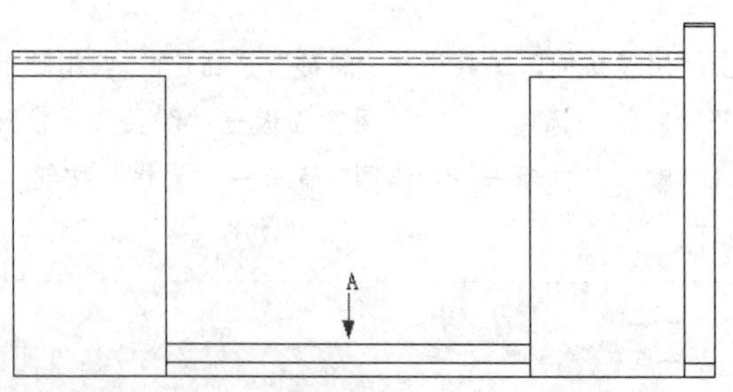

图 8-132　修改结果

（10）单击“默认”选项卡→“绘图”面板→“矩形”按钮，配合“捕捉自”功能绘制长度为800、宽度为1950的矩形，命令行操作如下。

```
命令: _rectang
指定第一个角点或 [倒角(C)/标高(E)/圆角(F)/厚度(T)/宽度(W)]:
                                    //激活“捕捉自”功能
_from 基点:                          //捕捉如图 8-132 所示水平线 A 的左端点
<偏移>:                              //@-200,0 Enter
指定另一个角点或 [面积(A)/尺寸(D)/旋转(R)]:
                                    //@-800,1950 Enter，绘制结果如图 8-133 所示
```

（11）使用快捷键“MI”激活“镜像”命令，配合中点捕捉将矩形进行镜像，结果如图8-134所示。

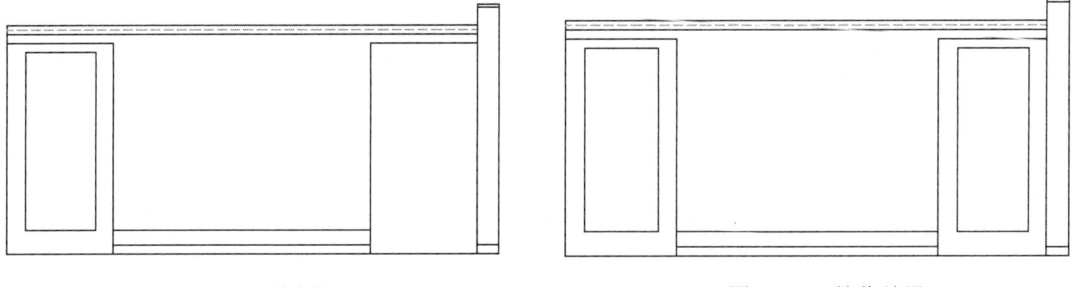

图 8-133　绘制矩形　　　　图 8-134　镜像结果

（12）单击“默认”选项卡→“绘图”面板→“直线”按钮，配合坐标输入功能绘制上侧的墙轮廓线，命令行操作如下。

```
命令: _line
指定第一点:                          //捕捉左侧垂直轮廓线的上端点
指定下一点或 [放弃(U)]:              //@0,470 Enter
指定下一点或 [放弃(U)]:              //@5520,0 Enter
指定下一点或 [闭合(C)/放弃(U)]:      //@0,-250 Enter
指定下一点或 [闭合(C)/放弃(U)]:      // Enter，绘制结果如图 8-135 所示
```

（13）单击“默认”选项卡→“修改”面板→“延伸”按钮，以最上侧水平轮廓线作为边界，对垂直轮廓线L进行延长，结果如图8-136所示。

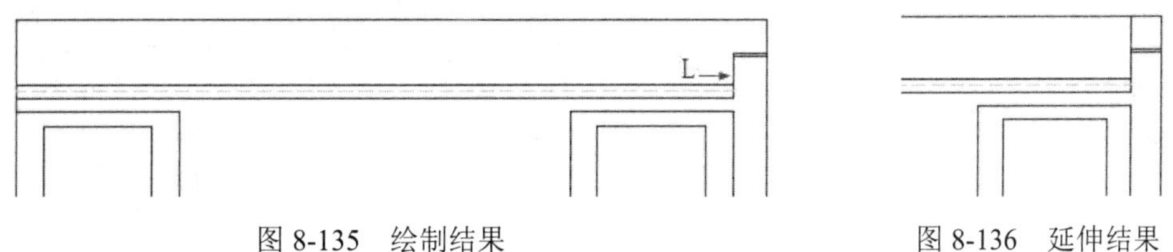

图 8-135　绘制结果　　　　图 8-136　延伸结果

8.8.2　绘制立面装饰构件图

（1）继续上节操作。

（3）使用快捷键“ML”激活“多线”命令，配合坐标输入功能绘制内部轮廓线，命令行操作如下。

（2）展开“默认”选项卡→“图层”面板→“图层”下拉列表，将“家具层”设置为当前图层。

```
命令: _mline
当前设置: 对正 = 上, 比例 = 20.00, 样式 = 墙线样式
指定起点或 [对正(J)/比例(S)/样式(ST)]:          //j Enter
输入对正类型 [上(T)/无(Z)/下(B)] <上>:         //b Enter
当前设置: 对正 = 下, 比例 = 20.00, 样式 = 墙线样式
指定起点或 [对正(J)/比例(S)/样式(ST)]:          //激活"捕捉自"功能
_from 基点:                                   //捕捉水平线 A 的左端点
<偏移>:                                       //@0,600 Enter
指定下一点:                                   //@820,0 Enter
指定下一点或 [放弃(U)]:                        //@0,-310 Enter
指定下一点或 [闭合(C)/放弃(U)]:                //@1240,0 Enter
指定下一点或 [闭合(C)/放弃(U)]:                //@0,310 Enter
指定下一点或 [闭合(C)/放弃(U)]:                //@820,0 Enter
指定下一点或 [闭合(C)/放弃(U)]:                // Enter, 绘制结果如图 8-137 所示
```

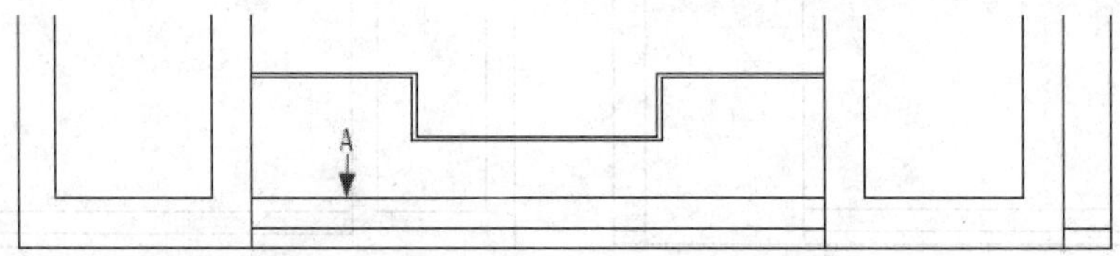

图 8-137　绘制结果

（4）使用快捷键“I”激活“插入块”命令，采用系统的默认设置插入随书光盘中的“\图块文件\立面陈列架 01.dwg”。

（5）返回绘图区，在命令行“指定插入点或 [基点（B）/比例（S）/旋转（R）]:”提示下捕捉如图 8-138 所示的端点作为插入点。

（6）使用快捷键“MI”激活“镜像”命令，配合端点捕捉功能将刚插入的图块进行复制，结果如图 8-139 所示。

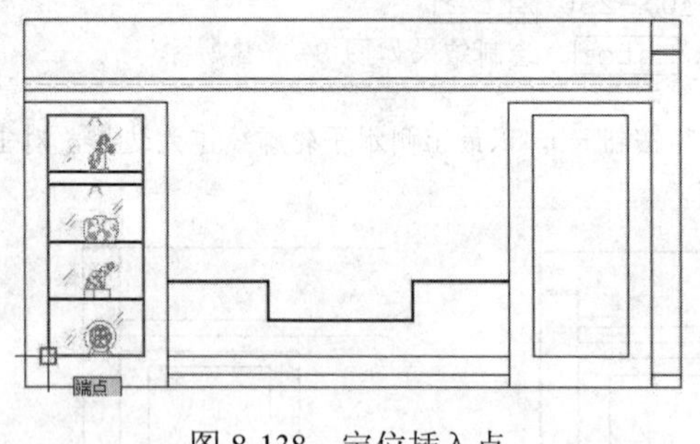

图 8-138　定位插入点

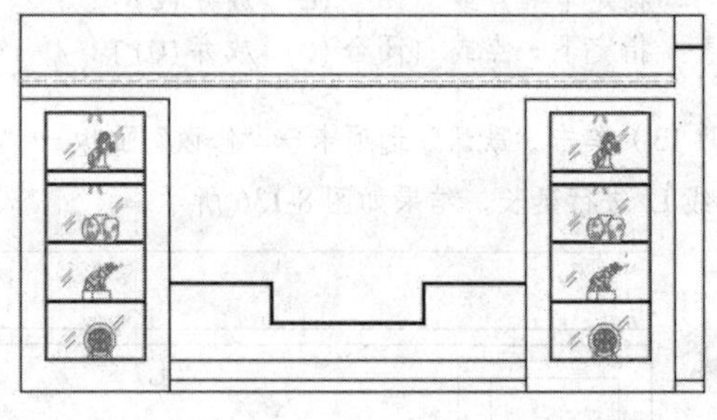

图 8-139　复制结果

（7）使用快捷键“I”激活“插入块”命令，采用默认参数插入随书光盘中的“\图块文件\壁镜.dwg”，插入点为图 8-140 所示的中点。

（8）重复执行“插入块”命令，插入随书光盘中的“\图块文件\”目录下的饰品 01.dwg～饰品 03.dwg、空调.dwg”等，插入结果如图 8-141 所示。

（9）使用快捷键“MI”激活“镜像”命令，配合中点捕捉功能将插入的空调图块进行镜像，结果如图 8-142 所示。

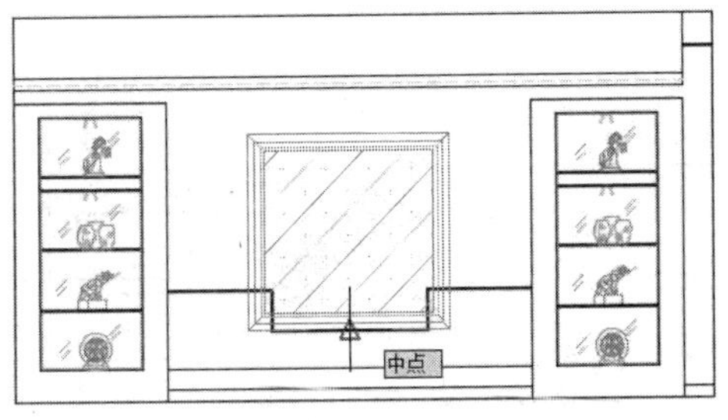

图 8-140 插入结果

图 8-141 插入其他图块

（10）使用快捷键“X”激活“分解”命令，将壁镜图块分解，并将分解后的图线放置到“家具层”内。

（11）单击“默认”选项卡→“修改”面板→“修剪”按钮-/--，将遮挡住的图线修剪掉，结果如图 8-143 所示。

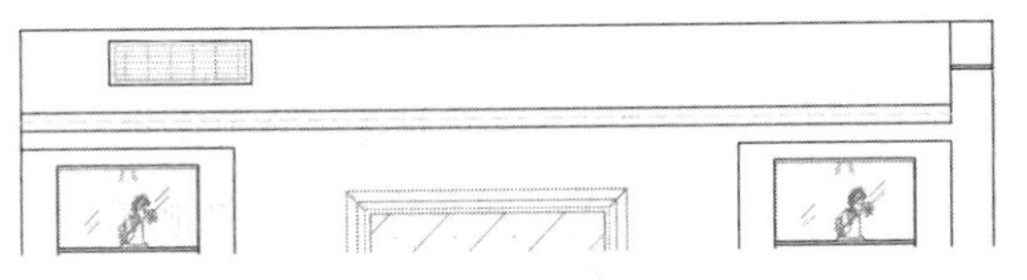

图 8-142 镜像结果

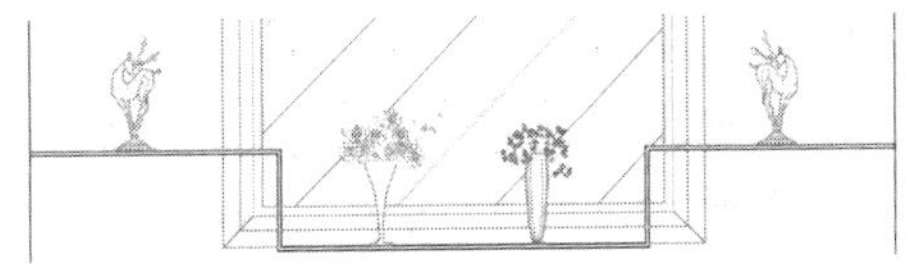

图 8-143 修剪结果

8.8.3 绘制墙面装饰图案

（1）继续上例操作。

（2）展开“默认”选项卡→“图层”面板→“图层”下拉列表，设置“填充层”为当前操作层。

（3）使用快捷键“H”激活“图案填充”命令，在命令行“拾取内部点或 [选择对象（S）/设置（T）]:”提示下，激活“设置”选项，打开“图案填充和渐变色”对话框。

（4）在“图案填充和渐变色”对话框中选择填充图案并设置填充比例、角度、关联特性等，如图 8-144 所示。

（5）单击“添加：拾取点”按钮，返回绘图区在所需区域单击左键，系统自动分析出填充边界并按当前设置进行填充，结果如图 8-145 所示。

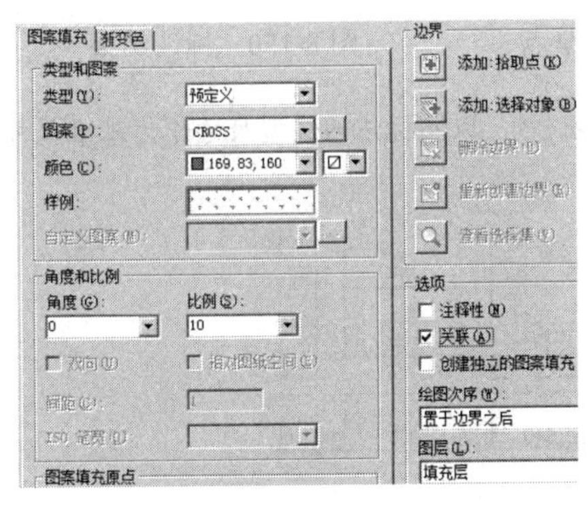

图 8-144 设置填充图案与参数

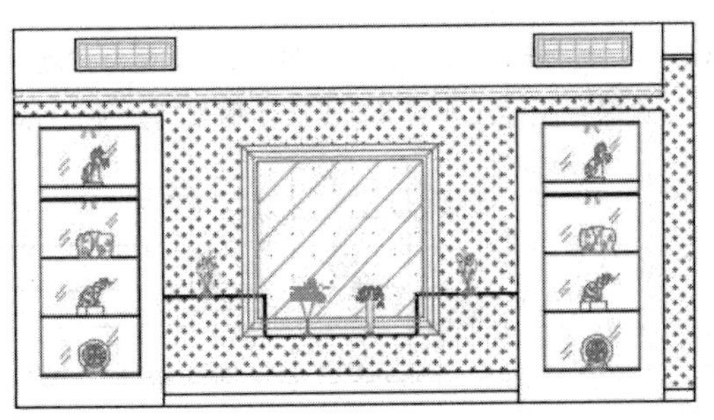

图 8-145 填充结果

（6）重复执行“图案填充”命令，在“图案填充和渐变色”对话框中设置填充图案与填充参数如图 8-146 所示，填充如图 8-147 所示的图案。

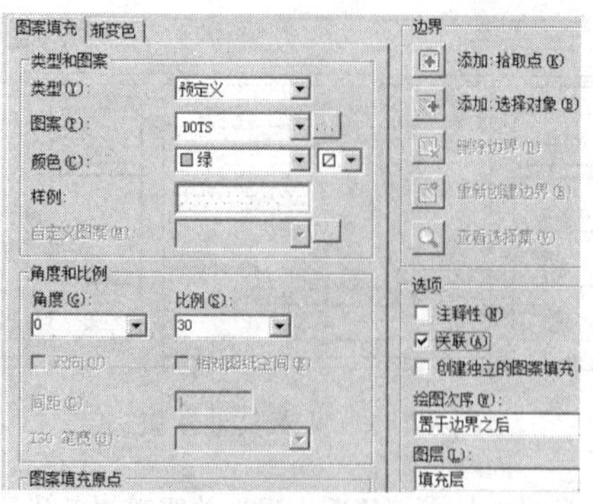

图 8-146　设置填充图案与参数

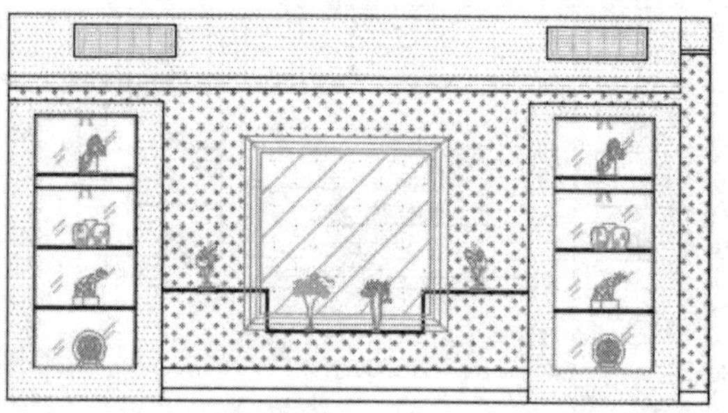

图 8-147　填充结果

8.8.4　标注立面图墙面尺寸

（1）继续上例操作。

（2）展开“默认”选项卡→“图层”面板→“图层”下拉列表，将“尺寸层”设置为当前图层。

（3）展开“默认”选项卡→“注释”面板→“标注样式”下拉列表，设置“建筑标注”为当前标注样式。

（4）使用快捷键“D”激活“标注样式“命令，打开“标注样式管理器”对话框中修改标注比例为 30。

（5）使用命令简写“dimln”激活“线性”标注命令，在命令行“指定第一个尺寸界线原点或 <选择对象>：”提示下，捕捉如图 8-148 所示的端点作为第一个尺寸界线的原点。

（6）在“指定第二条尺寸界线原点:”提示下，捕捉如图 8-149 所示的交点作为第二条标注界线的原点。

（7）在“指定尺寸线位置或 [多行文字（M）/文字（T）/角度（A）/水平（H）/垂直（V）/旋转（R）]：”提示下，在适当位置指定尺寸线位置，标注结果如图 8-150 所示。

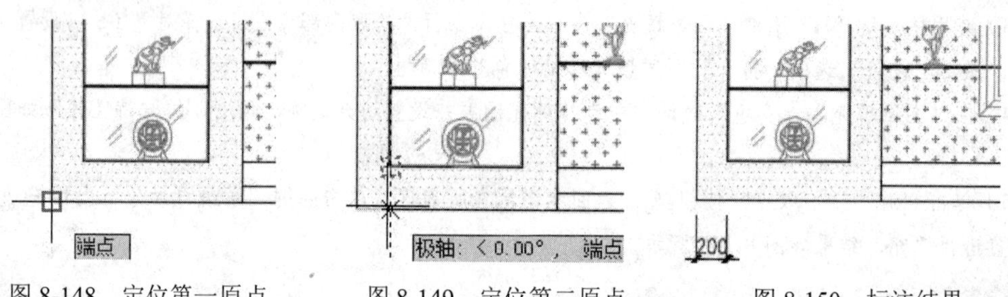

图 8-148　定位第一原点　　图 8-149　定位第二原点　　图 8-150　标注结果

（8）单击“注释”选项卡→“标注”面板→“连续”按钮，以刚标注的线型尺寸作为基准尺寸，配合捕捉与追踪功能标注如图 8-151 所示的细部尺寸。

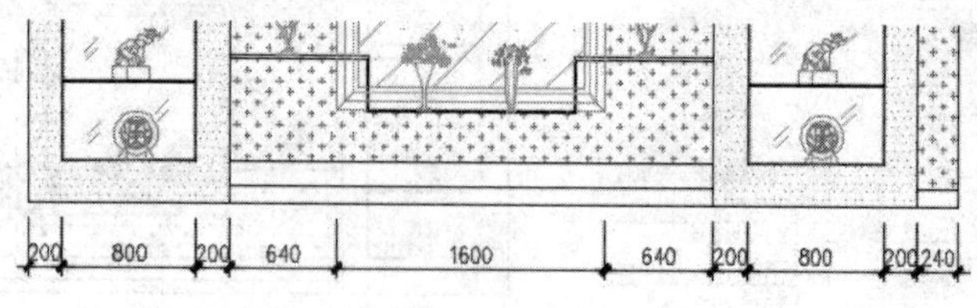

图 8-151　标注细部尺寸

（9）重复执行“线性”标注命令，配合端点捕捉功能标注下侧的总尺寸，结果如图 8-152 所示。

（10）接下来参照上述操作，综合使用“线性”和“连续”命令，标注立面图两侧的细部尺寸和总尺寸，结果如图 8-153 所示。

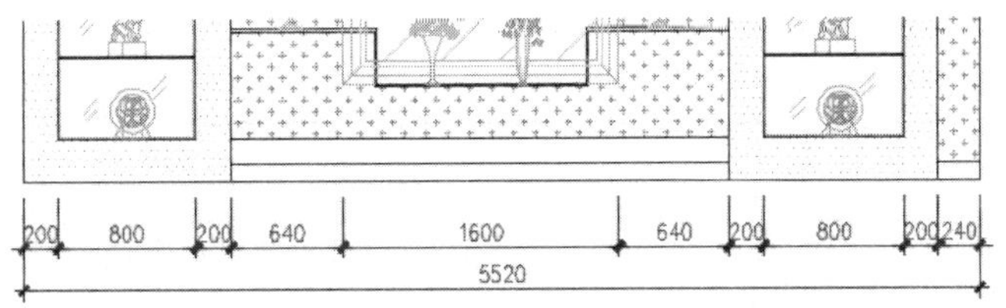

图 8-152　标注总尺寸

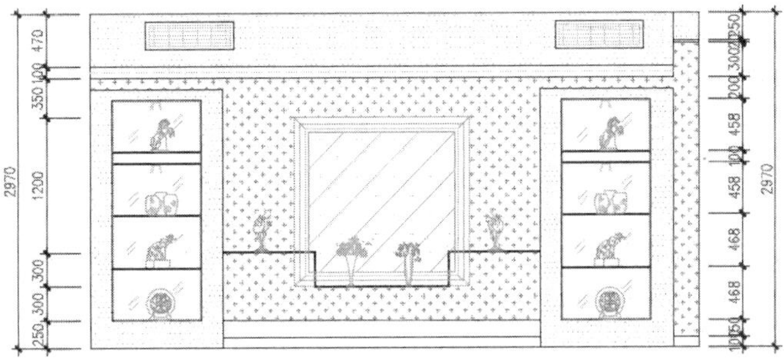

图 8-153　标注结果

（11）在无命令执行的前提下单击标注文字为 150 和 20 的对象，使其呈现夹点显示状态，如图 8-154 所示。

（12）将光标放在标注文字夹点上，然后从弹出的快捷菜单中选择“仅移动文字”选项。

（13）在命令行“** 仅移动文字 **指定目标点:”提示下，在适当位置指定文字的位置，并按 Esc 键取消尺寸的夹点，调整结果如图 8-155 所示。

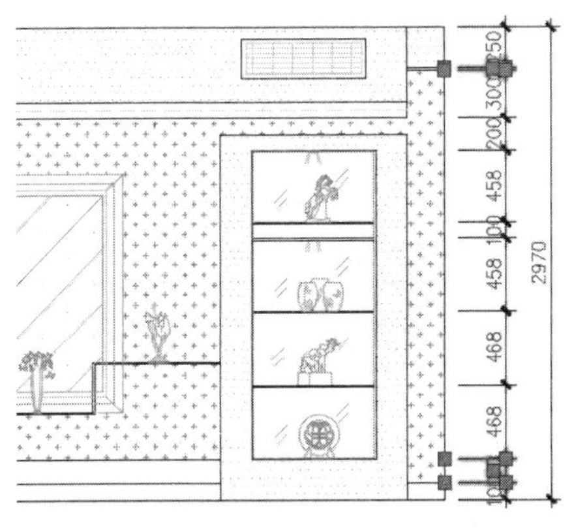

图 8-154　夹点显示尺寸

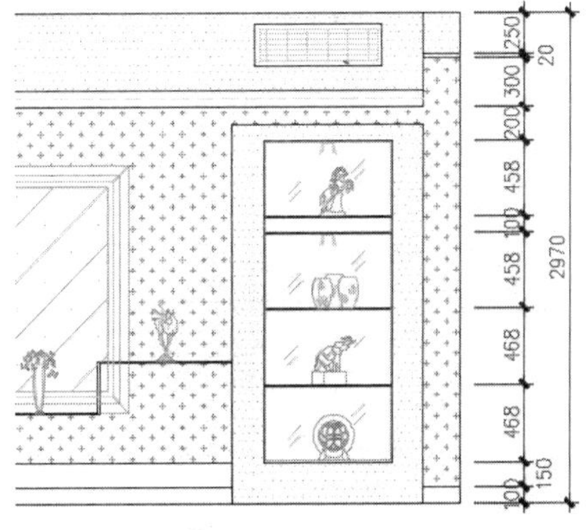

图 8-155　调整结果

8.8.5　标注立面图装修材质

（1）继续上节操作。

（2）展开“默认”选项卡→“图层”面板→“图层”下拉列表，将“文本层”设置为当前图层。

（3）展开“默认”选项卡→“注释”面板→“文字样式”下拉列表，将“仿宋体”设置为当前文字样式。

（4）使用快捷键“PL”激活“多段线”命令，绘制如图 8-156 所示的直线作为文本注释的指示线。

（5）单击“默认”选项卡→“特性”面板→“对象颜色”列表，将当前颜色设置为红色。

（6）使用快捷键“DT”激活“单行文字”命令，在命令行“指定文字的起点或 [对正（J）/样式（S）]：”提示下输入 J 并按 Eenter 键。

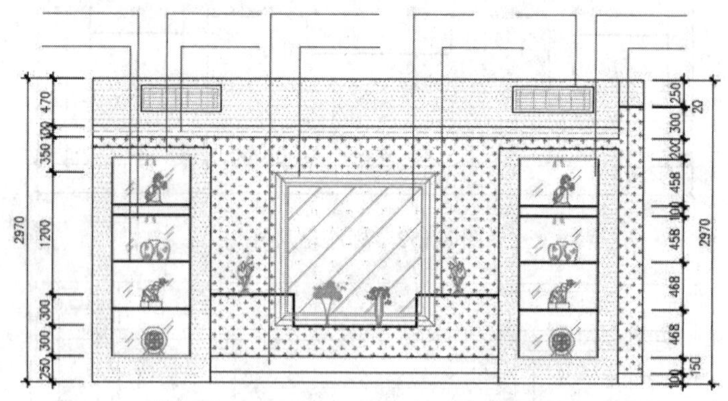

图 8-156　绘制指示线

（7）在“输入选项 [左（L）/居中（C）/右（R）/对齐（A）/中间（M）/布满（F）/左上（TL）/中上（TC）/右上（TR）/左中（ML）/正中（MC）/右中（MR）/左下（BL）/中下（BC）/右下（BR）]:”提示下输入 BL 并按 Eenter 键，设置文字的对正方式。

（8）在“指定文字的左下点：”提示下捕捉左侧指示线的端点。

（9）在“指定高度 <3>：”提示下输入 130 并敲击 Enter 键，将文字高度设置为 130 个单位。

（10）在“指定文字的旋转角度 <0.00>”提示下按 Enter 键，然后输入“胡桃木夹板清漆”并结束命令，标注如图 8-157 所示文字注释。

（11）使用快捷键“M”激活“移动”命令，将标注的文字垂直上移 30 个单位，结果如图 8-158 所示。

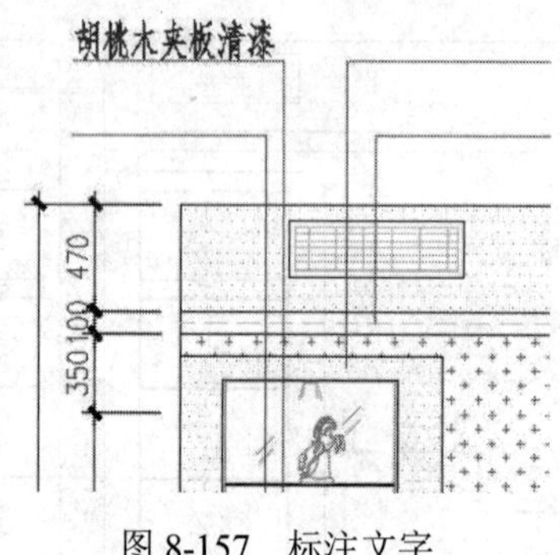

图 8-157　标注文字

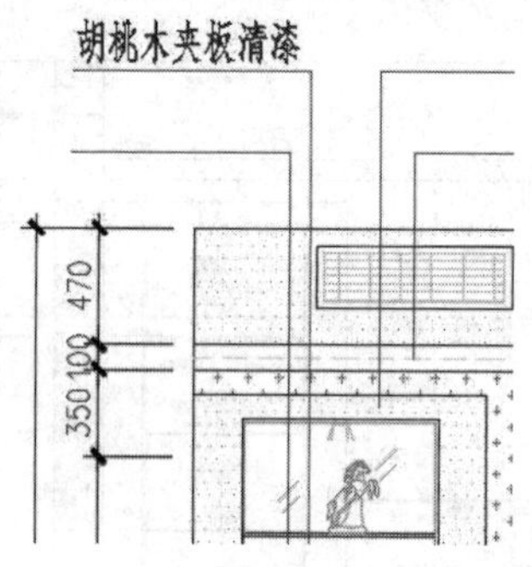

图 8-158　移动文字

（12）接下来参照上述操作，综合使用“单行文字”和“移动”命令，分别标注其他位置的文字注释，结果如图 8-159 所示。

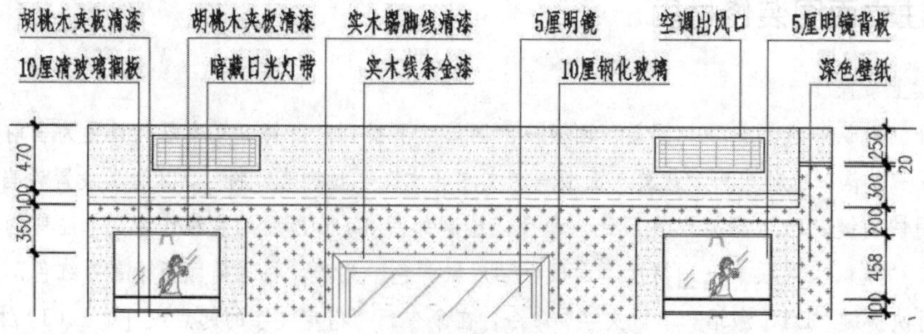

图 8-159　标注其他文字

（13）使用快捷键“Z”激活“范围缩放”命令，将图形最大化全部显示在绘图区内，结果如图 8-126 所示。

（14）最后执行“保存”命令，将图形命名存储为“绘制别墅一层装修立面图.dwg”。

8.9 本章小结

本章在概述别墅装修设计理念的前提下，以绘制某别墅底层装修设计方案为例，按照实际的流程，详细而系统地讲述了别墅一层装修的设计方法、设计思路、绘图过程以及绘图技巧。具体分为“绘制别墅一层墙体结构图、绘制别墅一层装修布置图、标注别墅一层装修布置图、绘制别墅一层装修吊顶图、绘制一层客厅装修立面图”等操作案例。

希望读者通过本章的学习，对别墅装修知识能有所了解和认知，通过本章装修案例的系统学习，能掌握相关的设计流程、设计方法和具体的绘图技能。

第 9 章　高档住宅别墅二层装修设计

上一章学习了高档住宅别墅底层装修方案图的具体设计过程和相关绘图技能，本章将学习高档住宅别墅二层装修方案图的相关设计流程、设计方法和具体的绘图技能。

高档住宅别墅二层空间功能主要划分为家庭室、卧室、餐厅、厨房、卫生间、洗衣房等区域，在具体进行各空间区域的装修设计时，要合理划分区域，并根据各区域功能布置相应家具及饰品。在方案具体设计时可以参照如下思路。

（1）首先根据事先测量的数据绘制二层墙体平面图，包括墙、窗、门等内容。

（2）在二层墙体平面图基础上，合理、科学的规划空间，绘制空间布置图。

（3）在空间布置图的基础上，绘制地面材质图，以体现地面的装修概况。

（4）为二层布置图标注必要尺寸、装修材质文字注释及墙面投影。

（5）根据布置图绘制天花图，包括吊顶轮廓的绘制及灯具、灯带等的布置等。

（6）最后根据布置图绘制墙面立面图，并标注立面尺寸及墙面材质说明。

■ 本章内容

✧ 绘制高档住宅别墅二层墙体图
✧ 绘制高档住宅二层家具布置图
✧ 标注高档住宅二层装修布置图
✧ 绘制高档住宅别墅二层吊顶图
✧ 标注高档住宅别墅二层吊顶图
✧ 绘制高档住宅二层餐厅立面图

9.1　绘制高档住宅别墅二层墙体图

本例主要学习高档住宅别墅二层墙体结构平面图的具体绘制过程和绘制技巧。别墅二层墙体平面图的最终绘制效果，如图 9-1 所示。

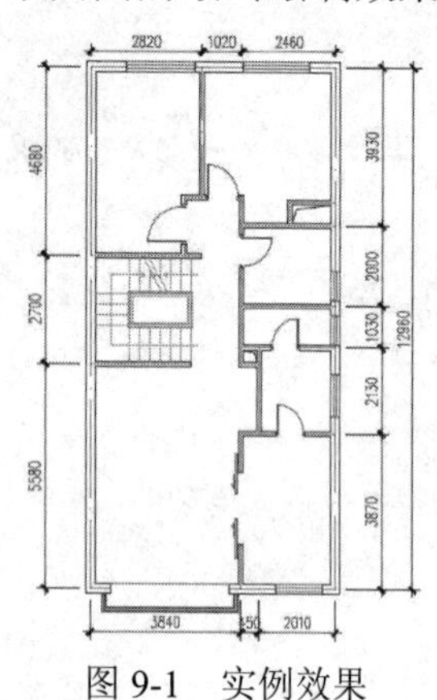

图 9-1　实例效果

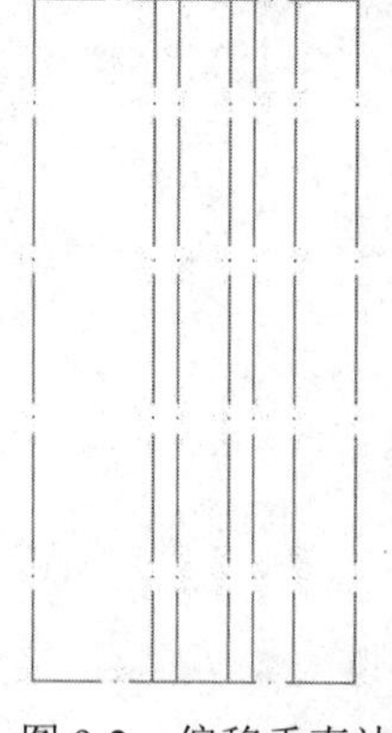

图 9-2　偏移垂直边

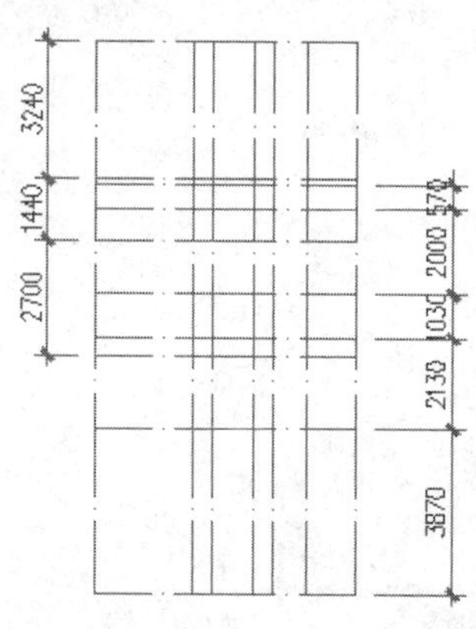

图 9-3　偏移水平边

9.1.1 绘制纵横轴线

（1）单击“快速访问”工具栏→“新建”按钮，调用随书光盘中的“\样板文件\室内绘图样板.dwt”。

（2）展开“默认”选项卡→“图层”面板→“图层”下拉列表，设置“轴线层”为当前操作层。

（3）单击“默认”选项卡→“绘图”面板→“矩形”按钮，绘制长度为6300、宽度为12960的矩形。

（4）分解矩形，然后单击“默认”选项卡→“修改”面板→“偏移”按钮，将左侧的垂直边向右偏移2370、2820、3840个单位；将右侧的垂直边向左偏移1210和2010个单位，结果如图9-2所示。

（5）重复执行“偏移”命令，将上侧的水平边向下偏移，间距分别为3240、1440、2700；将下侧的水平边向上偏移，间距分别为3870、2130、1030、2000和570，结果如图9-3所示。

（6）在无命令执行的前提下，夹点显示如图9-4所示的水平轴线。

（7）单击左侧的夹点，然后在命令行“指定拉伸点或 [基点(B)/复制(C)/放弃(U)/退出(X)]:”提示下捕捉如图9-5所示的交点，作为目标点，对其进行夹点编辑。

（8）按下键盘上的Esc键，取消对象的夹点显示状态，编辑结果如图9-6所示。

（9）参照6～8步骤，使用夹点编辑功能分别对其他轴线进行夹点编辑，编辑结果如图9-7所示。

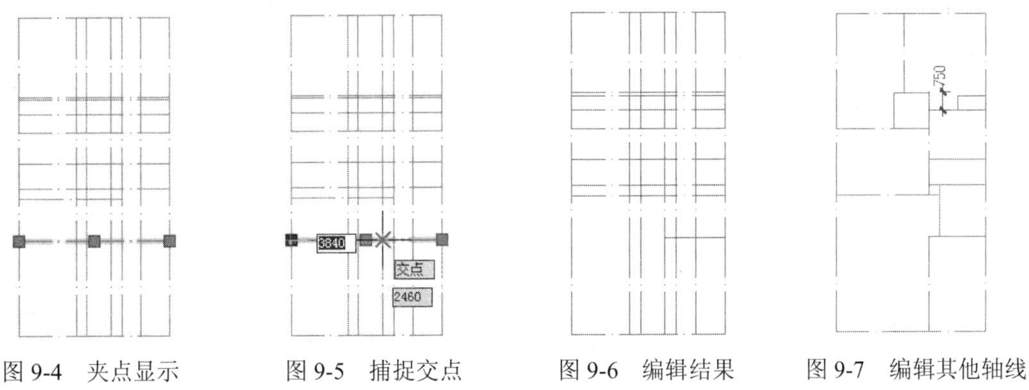

图9-4 夹点显示　　图9-5 捕捉交点　　图9-6 编辑结果　　图9-7 编辑其他轴线

9.1.2 绘制门窗洞口

（1）继续上节操作。

（2）单击“默认”选项卡→“修改”面板→“偏移”按钮，将最左侧的垂直轴线向右偏移540和3540个单位，如图9-8所示。

（3）单击“默认”选项卡→“修改”面板→“修剪”按钮，以偏移出的垂直轴线作为边界，对下侧水平轴线进行修剪，创建宽度为3000的窗洞，结果如图9-9所示。

（4）使用快捷键“E”激活“删除”命令，将偏移出的两条垂直轴线删除，结果如图9-10所示。

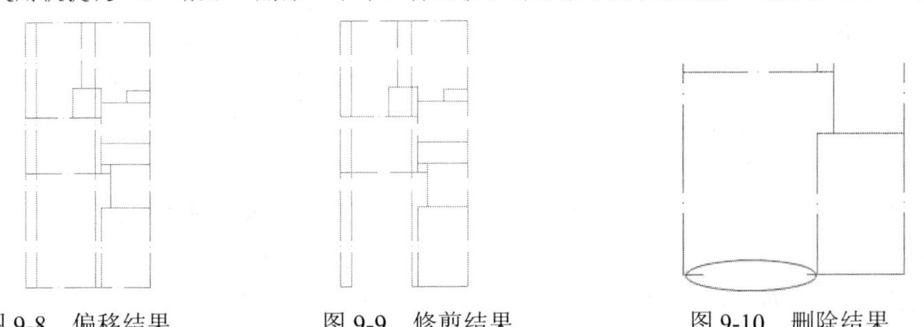

图9-8 偏移结果　　图9-9 修剪结果　　图9-10 删除结果

（5）单击“默认”选项卡→“修改”面板→“打断”按钮，在上侧的水平轴线上创建宽度为1750的窗洞，命令行操作如下。

```
命令：_break
选择对象：                              //选择最上侧的水平轴线
指定第二个打断点 或 [第一点(F)]：         //F按Enter，重新指定第一断点
指定第一个打断点：                        //激活“捕捉自”功能
_from 基点：                             //捕捉上侧水平轴线的左端点
<偏移>：                                 //@890,0 Enter
指定第二个打断点：                        //@1750,0Enter，结果如图9-11所示
```

（6）重复执行“打断”命令，配合延伸捕捉功能继续创建洞口，命令行操作如下。

```
命令：_break
选择对象：                          //选择最上侧的水平轴线
指定第二个打断点 或 [第一点(F)]：     //FEnter，重新指定第一断点
指定第一个打断点：                    //向左引出图9-12所示的延伸矢量，输入700Enter
指定第二个打断点：                    //@-1750，0Enter，结果如图9-13的所示
```

（7）参照第2~5操作步骤，分别对其他位置的轴线进行打断和修剪操作，以创建各位置的门、窗洞口，结果如图9-14所示。

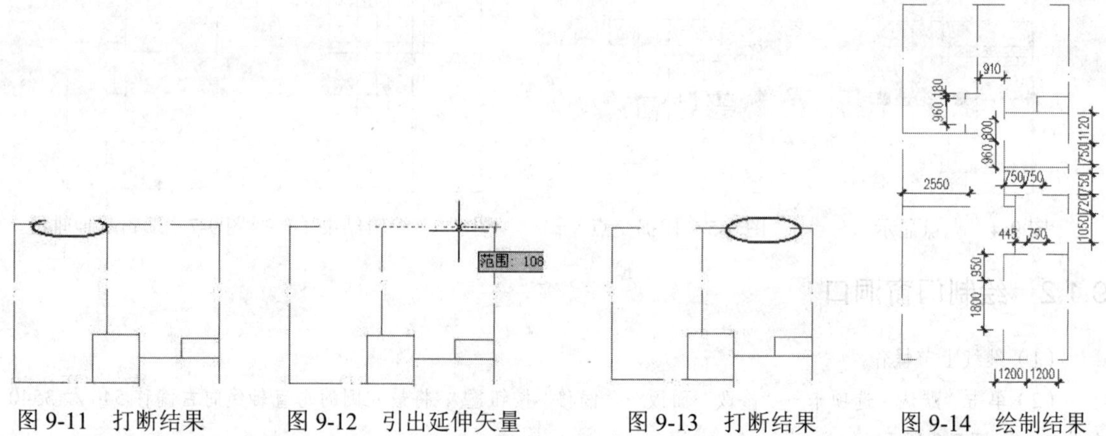

图9-11　打断结果　　图9-12　引出延伸矢量　　图9-13　打断结果　　图9-14　绘制结果

9.1.3　绘制主次墙线

（1）继续上节操作。

（2）展开“默认”选项卡→“图层”面板→“图层”下拉列表，将“墙线层”设置为当前图层。

（3）在命令行输入命令MLSTYLE，打开“多线样式”对话框，然后设置“墙线样式”为当前样式。

（4）使用快捷键“ML”激活“多线”命令，设置对正方式为无，然后配合端点捕捉功能绘制宽度为240的承重墙体，结果如图9-15所示。

（5）重复执行“多线”命令，设置多线对正方式不变，绘制宽度为120的非承重墙线，如图9-16所示。

（6）展开“默认”选项卡→“图层”面板→“图层”下拉列表，关闭“轴线层”。

（7）在墙线上双击左键，打开“多线编辑工具”对话框，然后单击“T形合并”按钮。

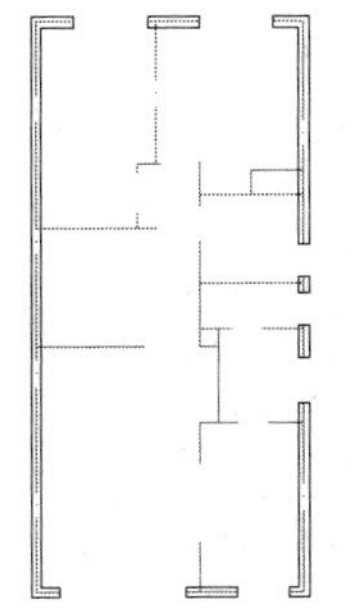

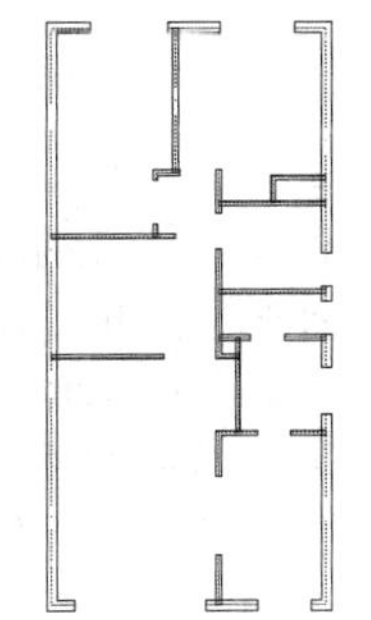

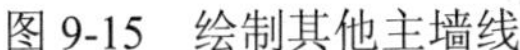

图 9-15　绘制其他主墙线　　　图 9-16　图绘制次墙线

（8）返回绘图区在命令行的“选择第一条多线：”提示下单击如图 9-17 所示的墙线。

（9）在“选择第二条多线：”提示下选择如图 9-18 所示的墙线，结果这两条多线被合并，如图 9-19 所示。

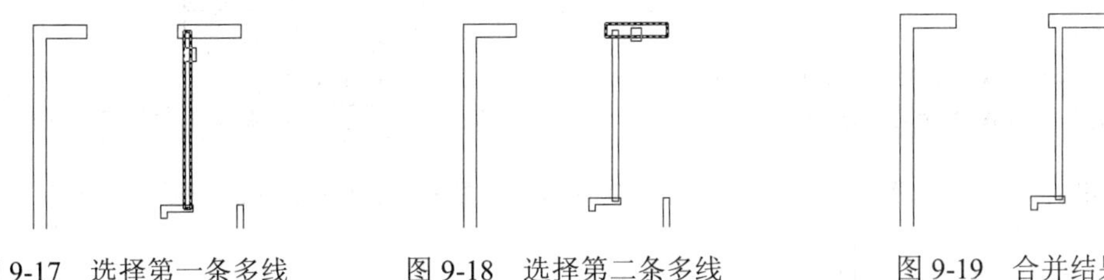

图 9-17　选择第一条多线　　图 9-18　选择第二条多线　　图 9-19　合并结果

（10）继续在“选择第一条多线或 [放弃（U）]：”提示下，分别选择其它位置 T 形墙线进行合并，合并结果如图 9-20 所示。

（11）使用快捷键“PL”激活“多段线”命令，绘制如图 9-21 所示的多段线作为示意线。

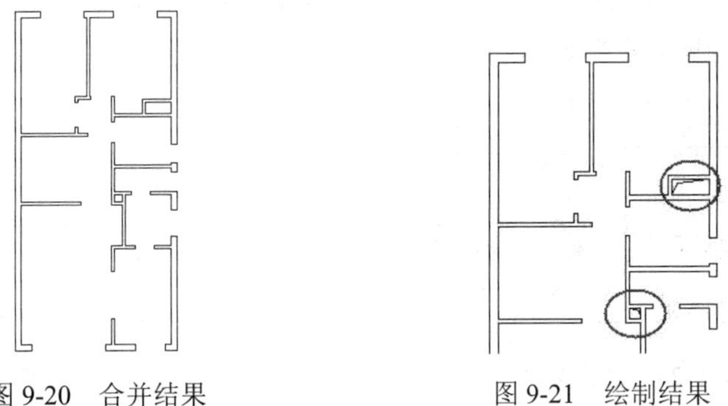

图 9-20　合并结果　　　图 9-21　绘制结果

9.1.4　绘制门窗构件

（1）继续上节操作。

（2）展开“默认”选项卡→“图层”面板→“图层”下拉列表，将“门窗层”设置为当前图层。

（3）在命令行输入命令 MLSTYLE，打开“多线样式”对话框，然后设置“窗线样式”为当前样式。

（4）使用快捷键“ML”激活“多线”命令，将对正方式设置为无，多线比例设置为 240，配合中点捕捉功能绘制如图 9-22 所示窗线。

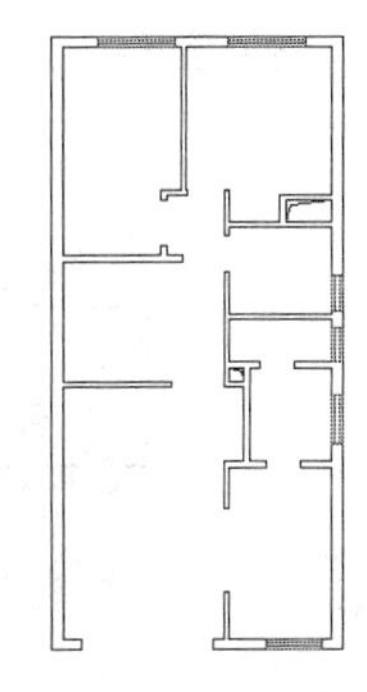

图 9-22　绘制窗线

（5）重复执行“多线”命令，配合“捕捉自”功能绘制下侧的凸窗轮廓线，命令行操作如下：

```
命令: _mline
当前设置: 对正 = 无，比例 = 240.00，样式 = 窗线样式
指定起点或 [对正(J)/比例(S)/样式(ST)]:          //j Enter
输入对正类型 [上(T)/无(Z)/下(B)] <无>:          //b Enter
当前设置: 对正 = 下，比例 = 240.00，样式 = 窗线样式
指定起点或 [对正(J)/比例(S)/样式(ST)]:          //s Enter
输入多线比例 <240.00>: 120 Enter
当前设置: 对正 = 下，比例 = 120.00，样式 = 窗线样式
指定起点或 [对正(J)/比例(S)/样式(ST)]:          //激活“捕捉自”功能
_from 基点:                                     //捕捉如图 9-23 所示的端点
<偏移>:                                         //@-240,0 Enter
指定下一点:                                     //@0,-450 Enter
指定下一点或 [放弃(U)]:                         //@3480,0 Enter
指定下一点或 [闭合(C)/放弃(U)]:                 //@0,450 Enter
指定下一点或 [闭合(C)/放弃(U)]:                 //Enter，绘制结果如图 9-24 所示
```

（6）使用快捷键“L”激活“直线”命令，绘制内侧水平图线，结果如图 9-25 所示。

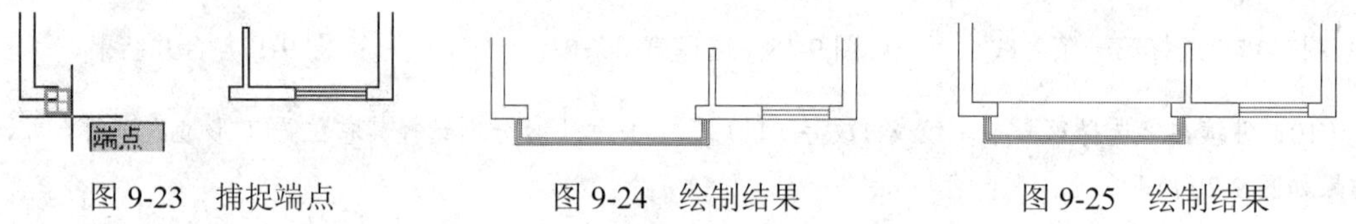

图 9-23　捕捉端点　　图 9-24　绘制结果　　图 9-25　绘制结果

（7）使用快捷键“I”激活“插入块”命令，插入随书光盘中的“\图块文件\单开门.dwg”，块参数设置如图 9-26 所示，插入点如图 9-27 所示。

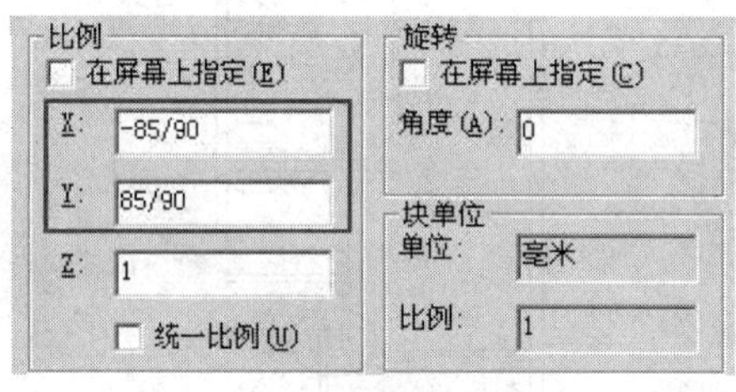

图 9-26　设置参数

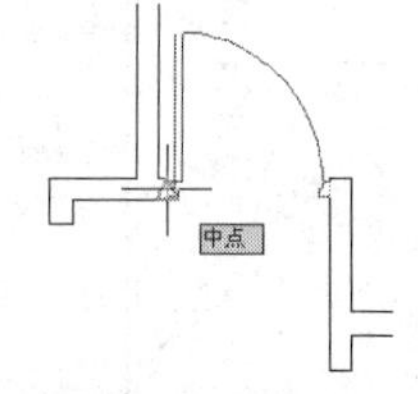

图 9-27　定位插入点

（8）重复执行“插入块”命令，继续插入单开门图块，设置插入参数如图 9-28 所示，插入点如图 9-29 所示。

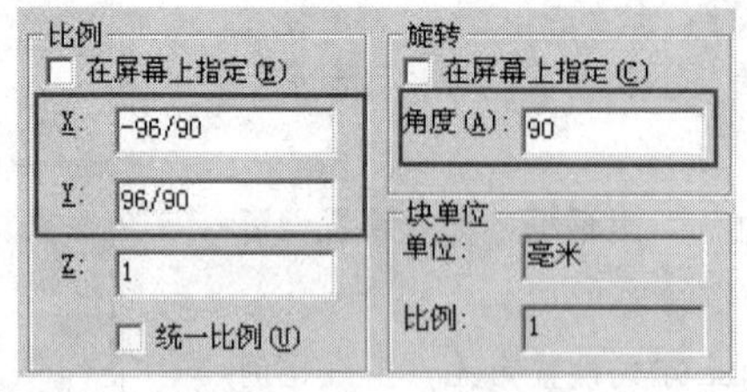

图 9-28　设置参数

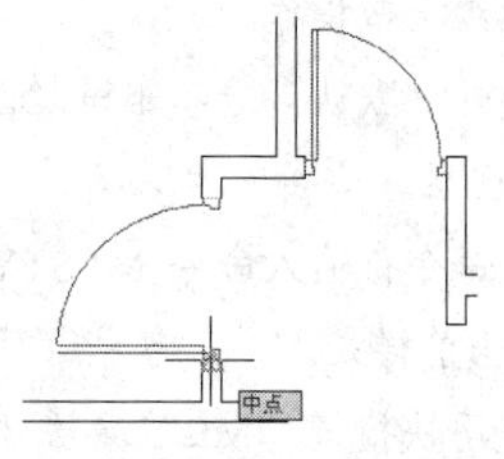

图 9-29　定位插入点

（9）重复执行“插入块”命令，继续插入单开门图块，设置插入参数如图 9-30 所示，插入点如图 9-31 所示。

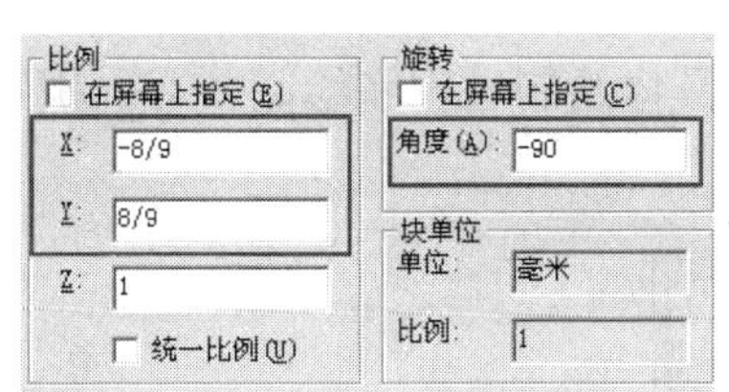

图 9-30　设置参数

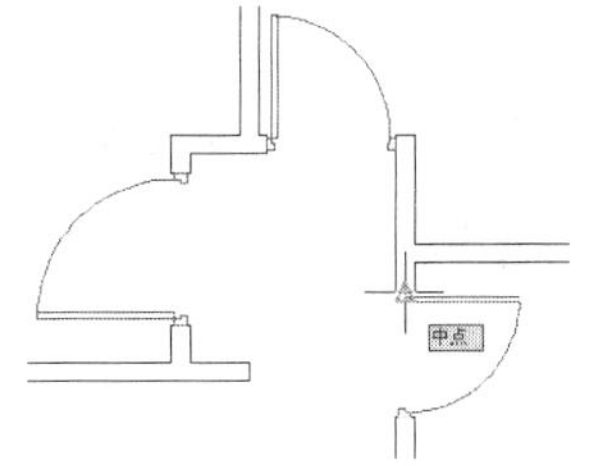

图 9-31　定位插入点

（10）重复执行“插入块”命令，继续插入单开门图块，设置插入参数如图 9-32 所示，插入点如图 9-33 所示。

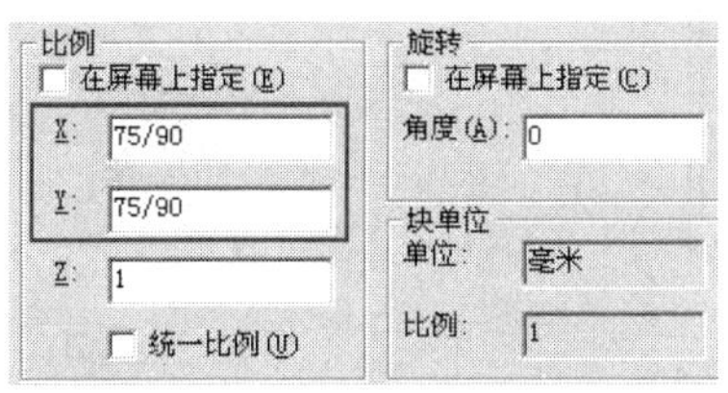

图 9-32　设置参数

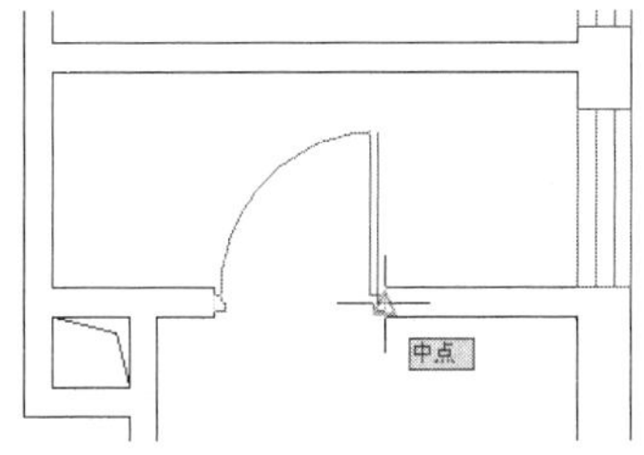

图 9-33　定位插入点

（11）重复执行“插入块”命令，继续插入单开门图块，设置插入参数如图 9-34 所示，插入点如图 9-35 所示。

（12）重复执行“插入块”命令，采用默认参数，插入随书光盘“\图块文件\推拉门.dwg”，插入点如图 9-36 所示。

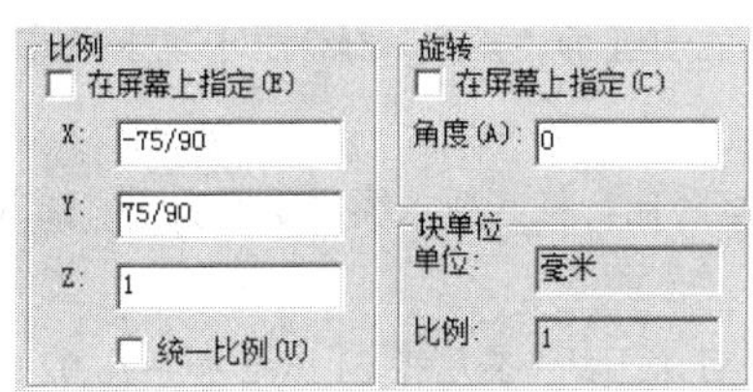

图 9-34　设置参数

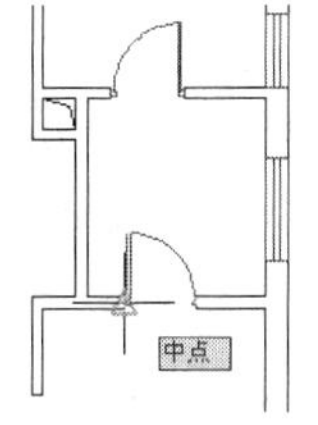

图 9-35　定位插入点

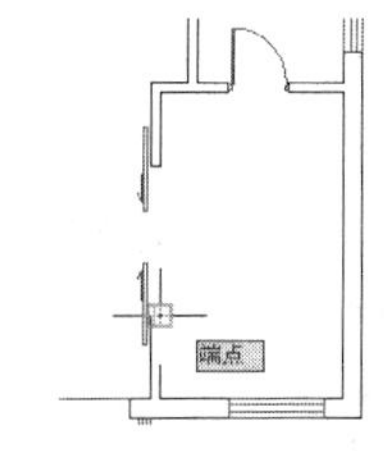

图 9-36　定位插入点

（13）重复执行“插入块”命令，采用默认参数插入随书光盘“\图块文件\楼梯 02.dwg”，插入点如图 9-37 所示。

（14）最后执行“保存”命令，将图形命名存储为“绘制别墅二层墙体图.dwg”。

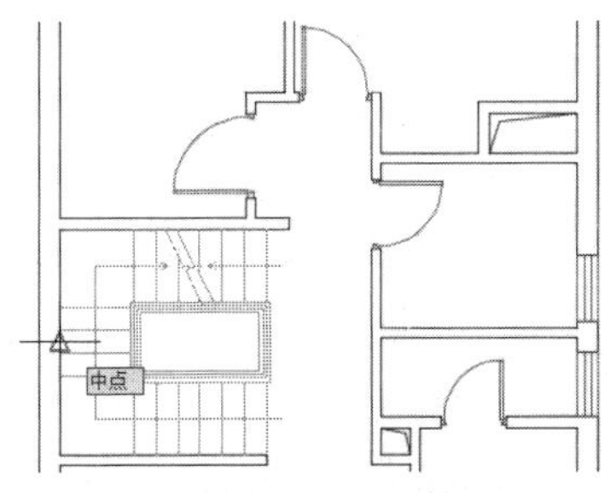

图 9-37　定位插入点

9.2 绘制高档住宅二层装修布置图

本例主要学习高档住宅别墅二层家具布置图的具体绘制过程和绘制技巧。别墅二层布置图的最终绘制效果，如图 9-38 所示。

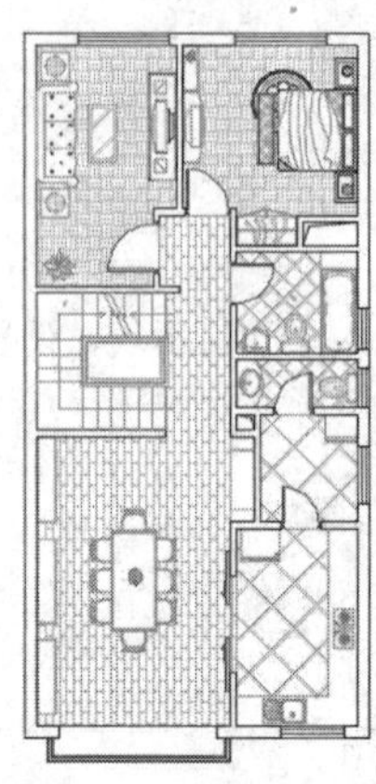

图 9-38 实例效果

9.2.1 绘制房间家具布置图

（1）打开上例存储的“绘制别墅二层墙体图.dwg”，或直接从随书光盘中的“\效果文件\第 9 章\”目录下调用此文件。

（2）展开“默认”选项卡→“图层”面板→“图层”下拉列表，将“家具层”设置为当前图层。

（3）单击“默认”选项卡→“块”面板→“插入块”按钮，在打开的“插入”对话框中单击 浏览(B)... 按钮，然后选择随书光盘中的“\图块文件\沙发 01.dwg”。

（4）返回“插入”对话框，然后采用默认参数，配合对象追踪功能，将其插入客厅平面图中，插入结果如图 9-39 所示。

（5）重复执行“插入块”命令，插入配书光盘中的“\图块文件\”目录下的“茶几柜 01.dwg 和茶几 02.dwg”，结果如图 9-40 所示。

（6）使用快捷键“MI”激活“镜像”命令，配合中点捕捉功能，将茶几柜进行镜像，结果如图 9-41 所示。

（7）重复执行“插入块”命令，以默认参数插入随书光盘中的“\图块文件\电视及电视柜 01.dwg”，插入点为图 9-42 所示的中点。

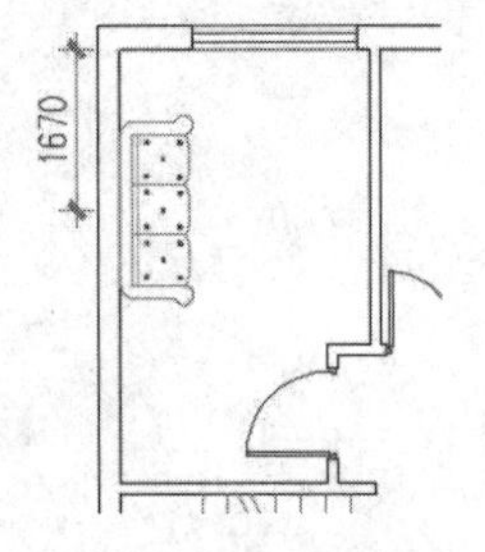

图 9-39 插入结果

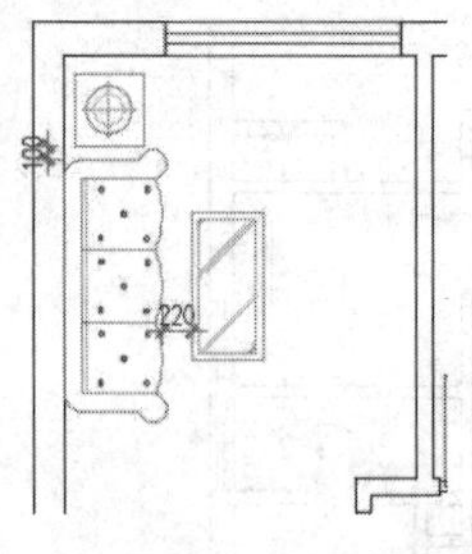

图 9-40 插入结果

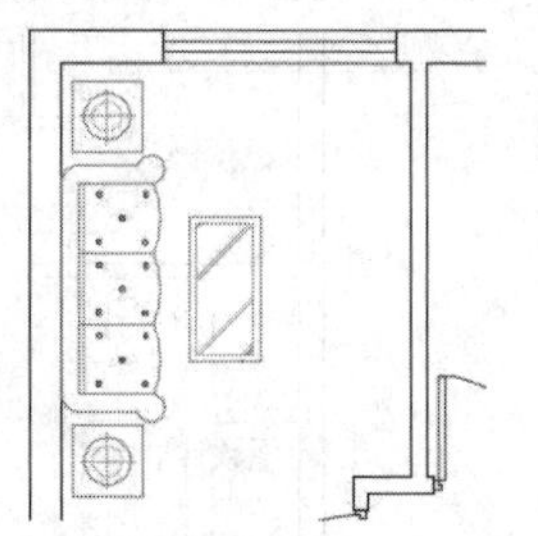

图 9-41 镜像结果

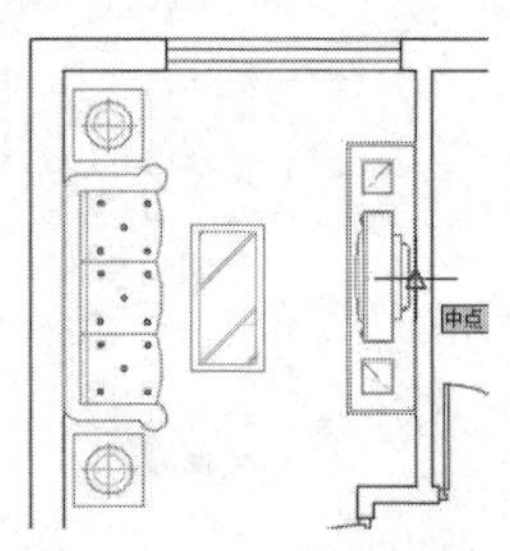

图 9-42 捕捉中点

（8）重复执行“插入块”命令，插入随书光盘中的“\图块文件\绿化植物 03.dwg”，将其以默认参数插入平面图中，插入结果如图 9-43 所示。

（9）参照上述操作，重复使用“插入块”命令，分别插入其他位置的家具图块，结果如图 9-44 所示。

（10）接下来使用快捷键“PL”激活“多段线”命令，绘制操作台轮廓线，效果如图 9-45 所示。

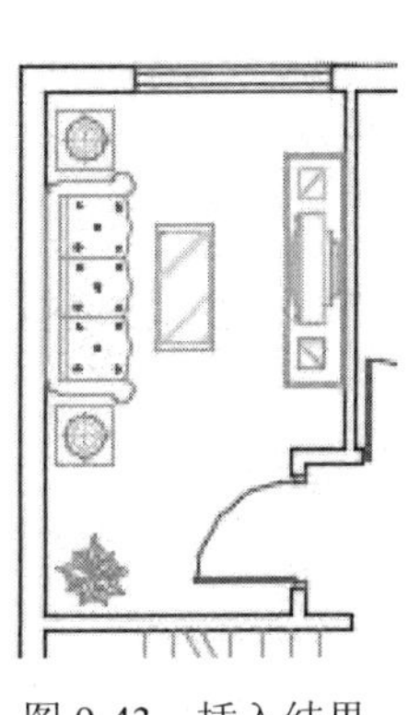

图 9-43　插入结果

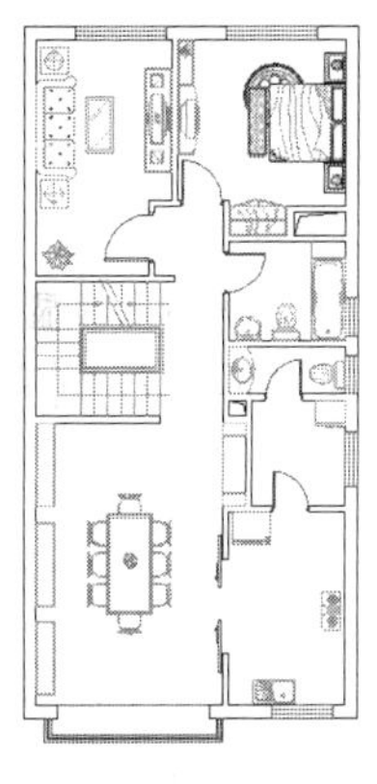

图 9-44　绘制结果

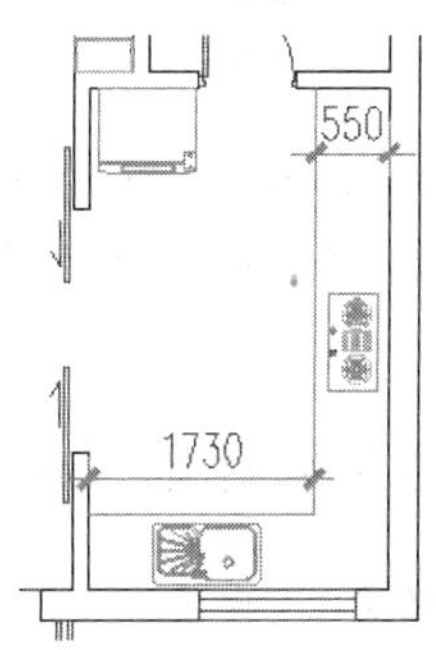

图 9-45　绘制结果

9.2.2　绘制家庭室地毯材质

（1）继续上节操作。

（2）展开“默认”选项卡→“图层”面板→“图层”下拉列表，将“填充层”设置为当前图层。

（3）使用快捷键“L”激活“直线”命令，配合捕捉功能分别将各房间两侧门洞连接起来，以形成封闭区域，如图 9-46 所示。

（4）使用快捷键“H”激活“图案填充”命令，在命令行“拾取内部点或 [选择对象(S)/设置(T)]:”提示下，激活“设置”选项，打开“图案填充和渐变色”对话框。

（5）在“图案填充和渐变色”对话框中选择图案并设置填充比例、角度、关联特性等，如图 9-47 所示。

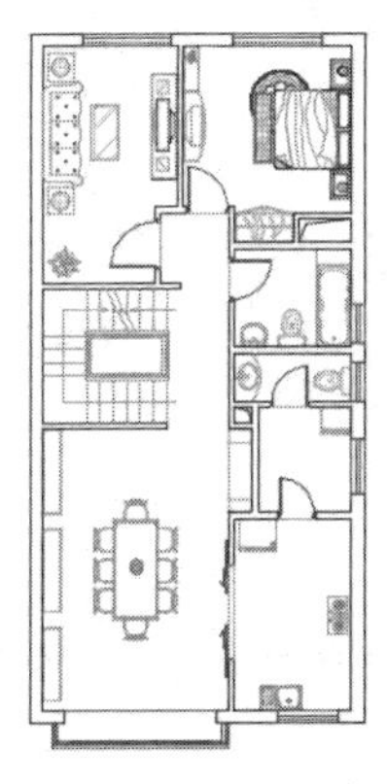

图 9-46　绘制结果

图 9-47　设置填充图案与参数

（6）单击“添加：拾取点”按钮，返回绘图区在所需区域单击左键，系统自动分析出填充边界并按当前设置进行填充，如图 9-48 所示。

（7）按 Enter 键结束命令，为家庭室和卧室填充地毯材质图案，填充结果如图 9-49 所示。

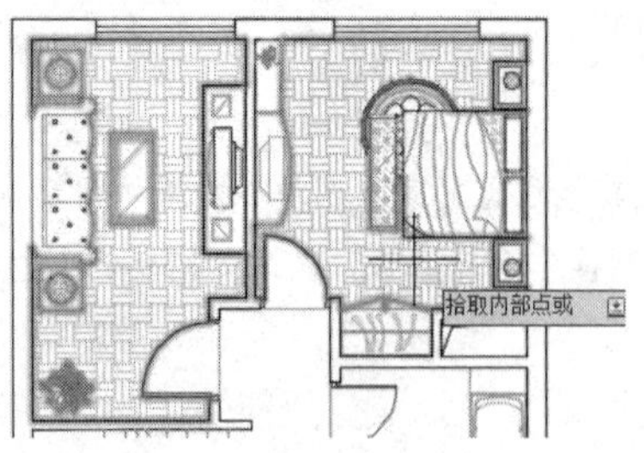

图 9-48　拾取填充边界

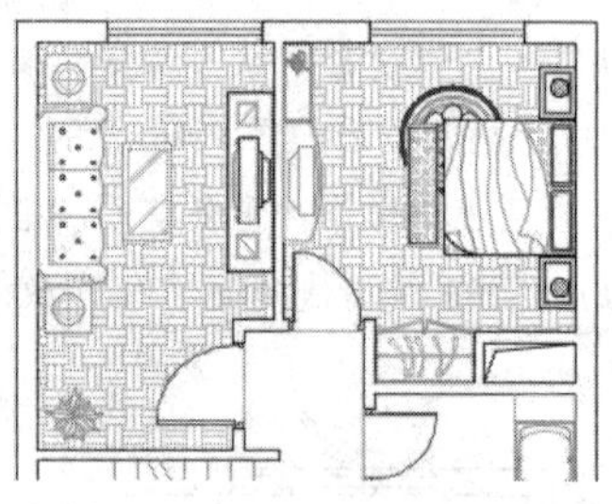

图 9-49　填充结果

（8）单击状态栏上的“透明度”按钮，开启透明度的显示功能。

至此，家庭室、卧室及过道内的地毯材质图绘制完毕，下一小节学习餐厅地板材质图的绘制过程。

9.2.3　绘制餐厅地板材质图

（1）继续上节操作。

（2）使用快捷键“H”激活“图案填充”命令，在命令行“拾取内部点或 [选择对象(S)/设置(T)]:”提示下，激活“设置”选项，打开“图案填充和渐变色”对话框。

（3）在“图案填充和渐变色”对话框中选择图案并设置填充比例、角度、关联特性等，如图 9-50 所示。

（4）单击“添加：拾取点”按钮，返回绘图区在所需区域单击左键，系统自动分析出如图 9-51 所示的填充边界，并按照当前设置进行填充。

（5）按 Enter 键结束命令，为家庭室和卧室填充地毯材质图案，填充结果如图 9-52 所示。

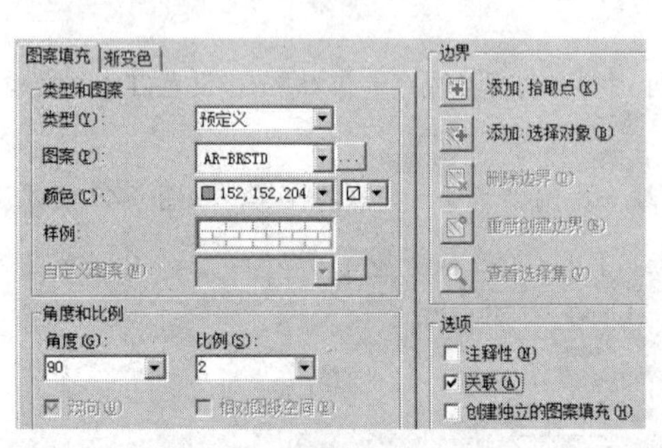

图 9-50　设置填充图案与参数

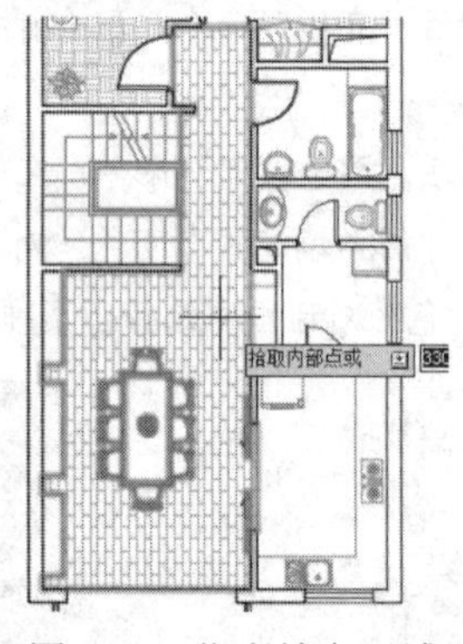

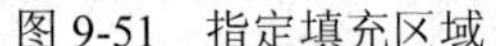

图 9-51　指定填充区域

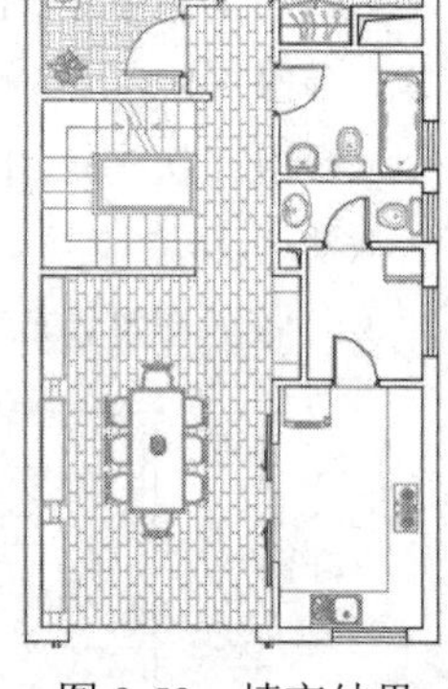

图 9-52　填充结果

9.2.4　绘制 600×600 地砖材质

（1）继续上节操作。

（2）单击“默认”选项卡→“绘图”面板→“图案填充”按钮，根据命令行的提示激活“设置”选项，打开“图案填充和渐变色”对话框。

（3）在“图案填充和渐变色”对话框中选择填充图案并设置填充比例、角度、关联特性等，如图 9-53 所示。

（4）单击“添加：拾取点”按钮，返回绘图区在厨房、洗衣间等空白区域内单击左键，系统自动分析出填充边界，如图 9-54 所示图案。

（5）按 Enter 键结束命令，填充结果如图 9-55 所示。

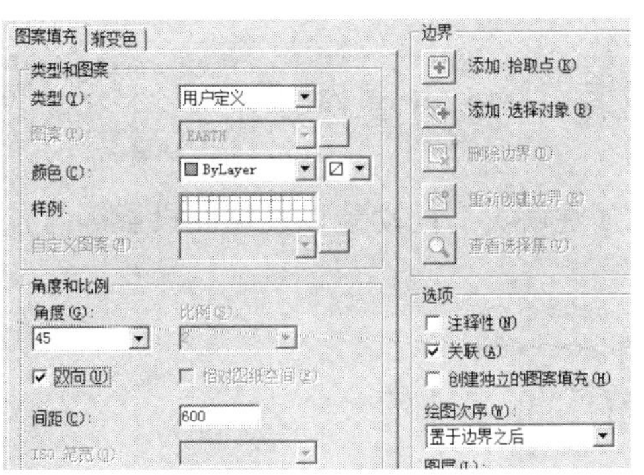

图 9-53 设置填充图案与参数

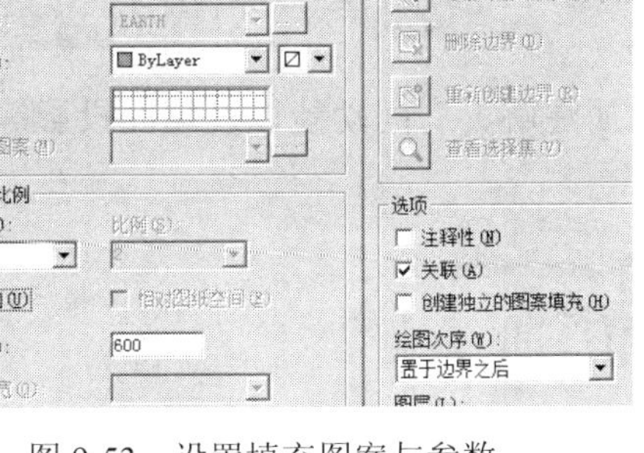

图 9-54 指定填充区域

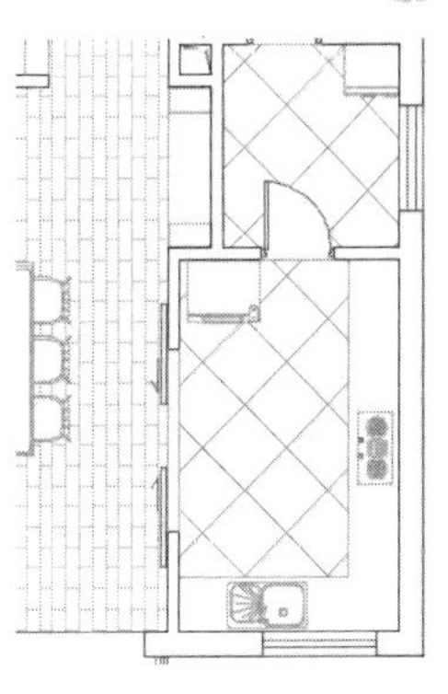

图 9-55 填充结果

（6）使用快捷键“CO”激活“复制”命令，选择刚填充的图案在原位置复制一份。

（7）使用快捷键“M”激活“移动”命令，单击复制出的图案，垂直向下移动 50 个单位，位移后的效果如图 9-56 所示。

（8）单击位移后的填充图案，打开“特性”窗口，修改图案颜色为 91 号色，结果如图 9-57 所示。

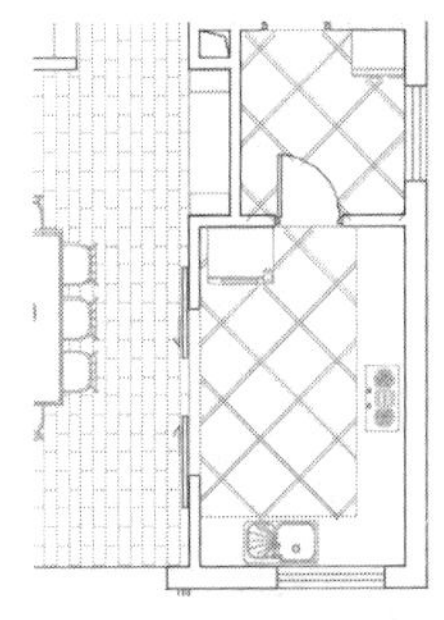

图 9-56 位移结果

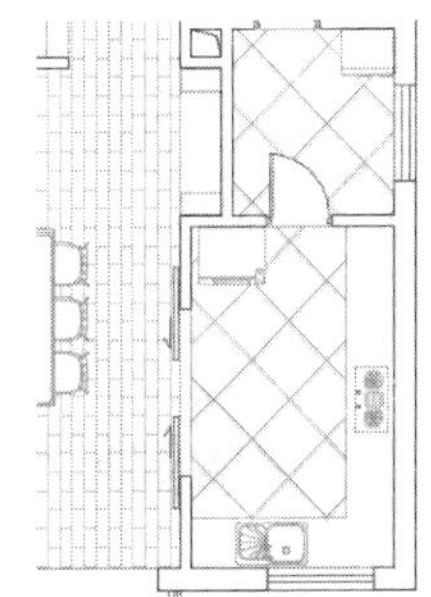

图 9-57 更改颜色特性

9.2.5 绘制 300×300 地砖材质

接下来参照上节操作步骤，为卫生间填充 300x300 地砖材质。首先使用“图案填充”命令，设置填充图案与填充参数如图 9-58 所示，为卫生间填充如图 9-59 所示的地砖图案。然后将填充的图案垂直原位置复制一份，选择复制出的地砖图案垂直下移 50 个单位，并修改其颜色为 91 号色，结果如图 9-60 所示。最后执行“另存为“命令，将图形命名存储为“绘制别墅二层装修布置图.dwg”。

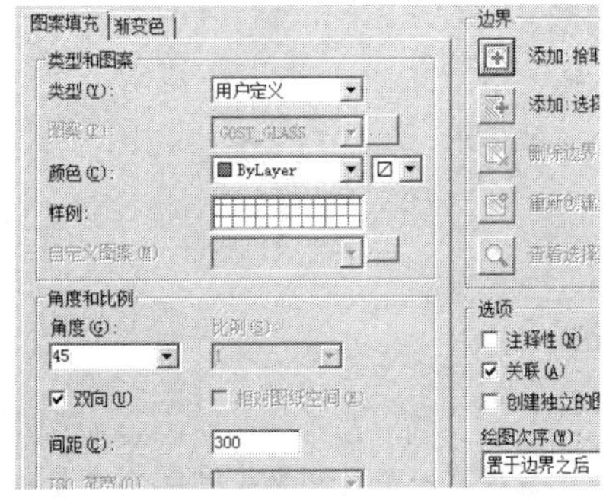

图 9-58 设置填充图案与参数

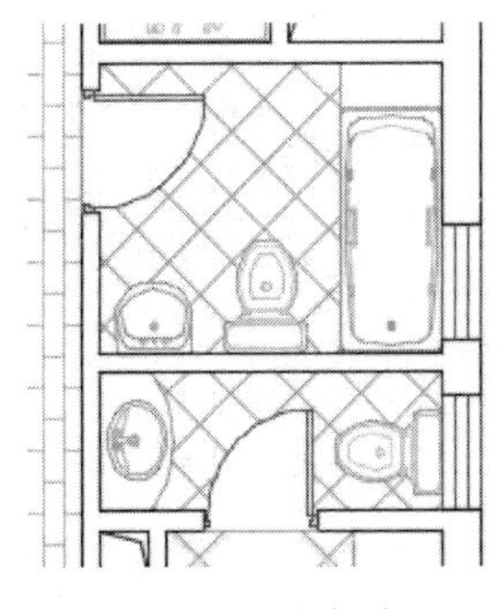

图 9-59 填充结果

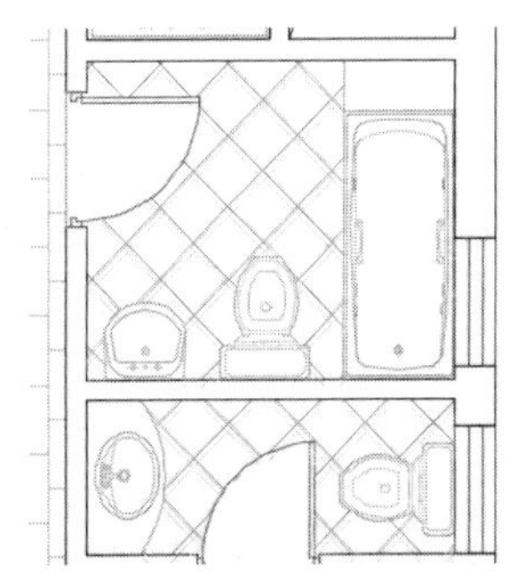

图 9-60 位移结果

9.3 标注高档住宅二层装修布置图

本例主要为别墅二层装修布置图标注尺寸、材质注解、房间功能以及墙面投影等内容。别墅二层布置图的最终标注效果，如图 9-61 所示。

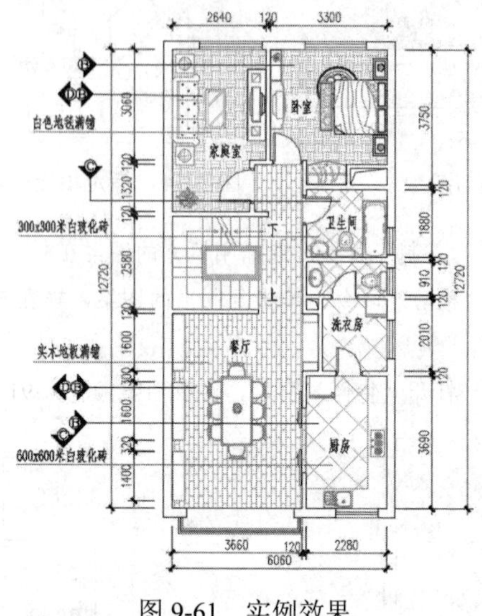

图 9-61 实例效果

9.3.1 标注别墅二层布置图尺寸

（1）打开上例存储的“绘制别墅二层装修布置图.dwg”，或直接从随书光盘中的“\效果文件\第 9 章\”目录下调用此文件。

（2）展开“默认”选项卡→“图层”面板→“图层”下拉列表，将“尺寸层”设置为当前图层。

（3）使用快捷键“D”激活“标注样式”命令，打开“标注样式管理器”对话框中设置“建筑标注”为当前样式，并修改标注比例如图 9-62 所示。

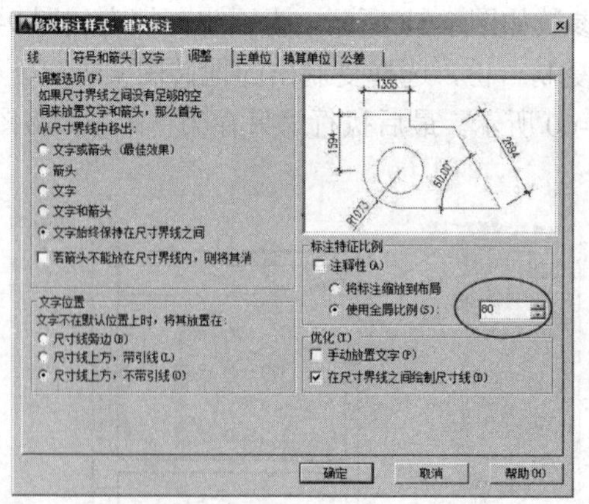

图 9-62 修改标注比例

（4）使用命令简写“*dimlin*”激活“线性”标注命令，在命令行“指定第一个尺寸界线原点或 <选择对象>：”提示下，捕捉如图 9-63 所示的追踪虚线与墙线交点作为第一个尺寸界线的原点。

（5）在“指定第二条尺寸界线原点:”提示下，捕捉如图 9-64 所示的交点作为第二条标注界线的原点。

（6）在“指定尺寸线位置或 [多行文字(M)/文字(T)/角度(A)/水平(H)/垂直(V)/旋转(R)]：”提示下在适当位置指定尺寸线位置，标注结果如图 9-65 所示。

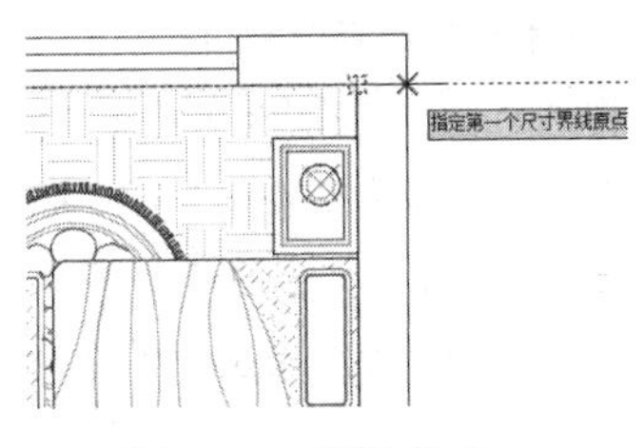

图 9-63 捕捉交点

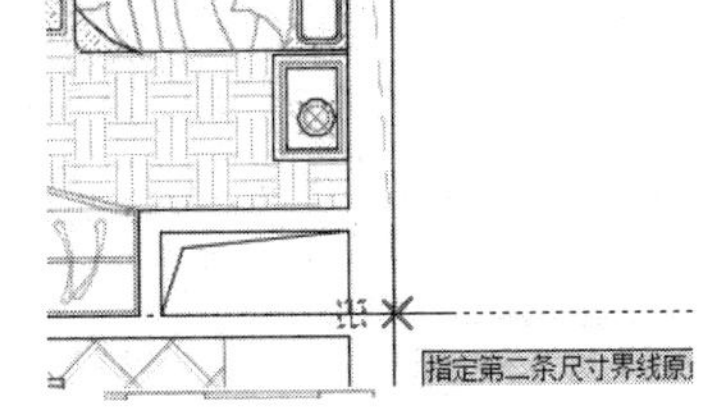

图 9-64 定位第二原点

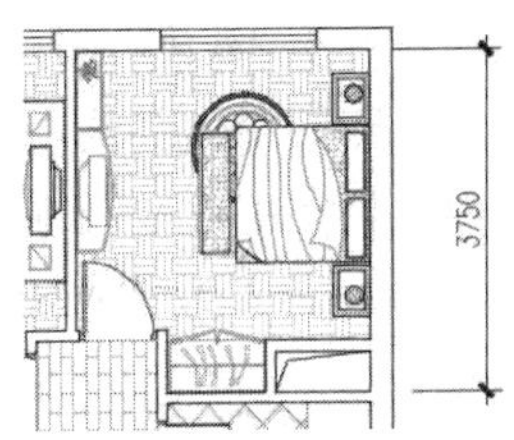

图 9-65 标注结果

（7）单击“注释”选项卡→“标注”面板→“连续”按钮，以刚标注的尺寸作为基准尺寸，配合追踪与捕捉功能标注如图 9-66 所示的细部尺寸。

（8）在无命令执行的前提下单击标注文字为 120 的对象，使其呈现夹点显示状态，如图 9-67 所示。

（9）按住 shift 键分别单击标注文字位置的夹点，使其转换为夹基点。

（10）在任一夹基点上单击左键，然后根据命令行的提示，在适当位置指定标注文字的位置，如图 9-68 所示。

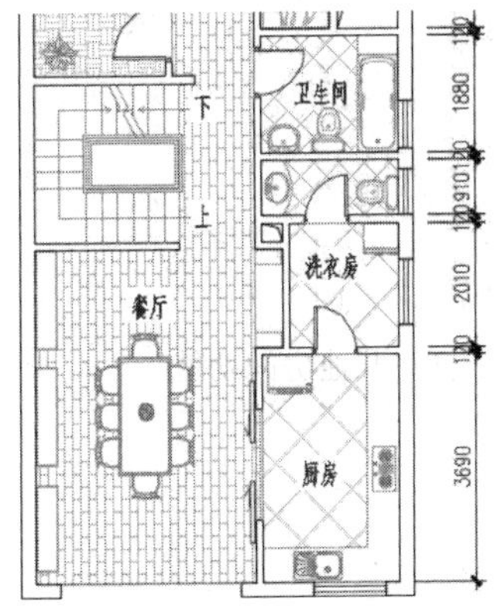

图 9-66 标注细部尺寸

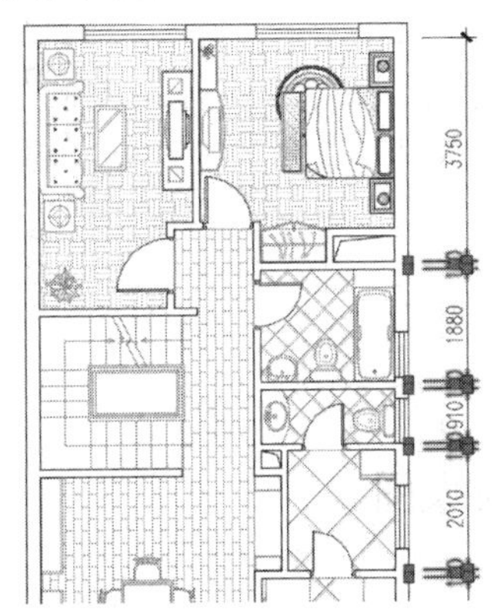

图 9-67 夹点显示

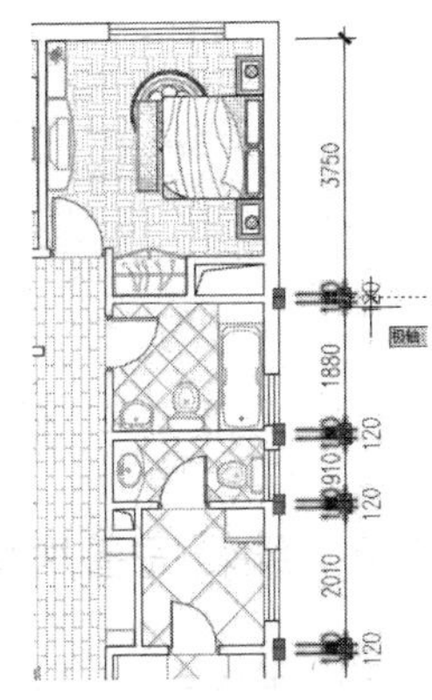

图 9-68 指定位置

（11）按 Esc 键取消尺寸的夹点显示，调整结果如图 9-69 所示。

（12）单击“默认”选项卡→“注释”面板→“线性”按钮，标注平面图右侧的总尺寸，结果如图 9-70 所示。

（13）参照第 4～12 操作步骤，分别标注平面图其侧的尺寸，标注结果如图 9-71 所示。

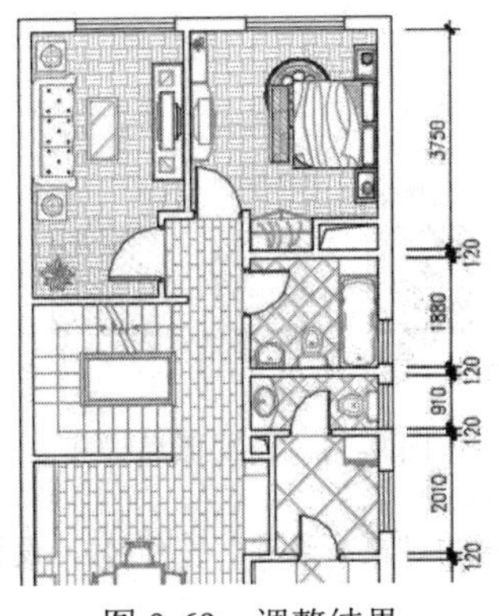

图 9-69 调整结果

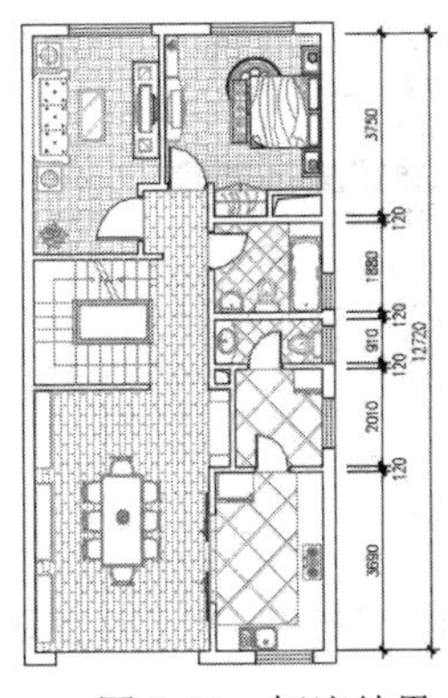

图 9-70 标注结果

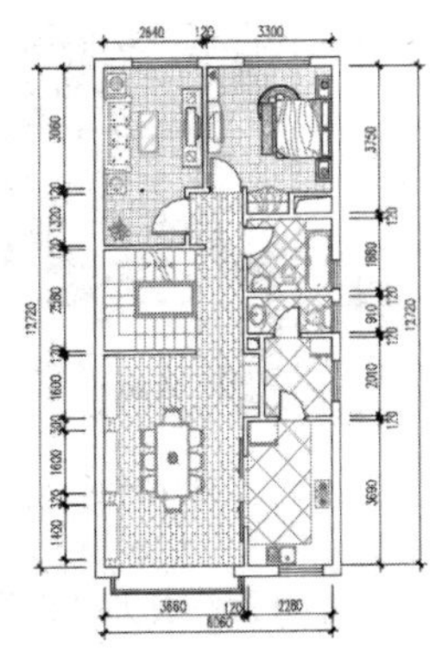

图 9-71 标注其他尺寸

9.3.2 标注二层布置图房间功能

（1）继续上节操作。

（2）展开“默认”选项卡→“图层”面板→“图层”下拉列表，将“文本层”设置为当前图层。

（3）展开“默认”选项卡→“注释”面板→“文字样式”下拉列表，将“仿宋体”设置为当前文字样式。

（4）暂时关闭“对象捕捉”功能，然后使用快捷键“DT”激活“单行文字”命令，在命令行“指定文字的起点或 [对正(J)/样式(S)]: ”提示下，在餐厅适当位置上单击左键，拾取一点作为文字的起点。

（5）继续在命令行“指定高度 <2.5>: ”提示下，输入 300 并按 Enter 键，将文字的高度设置为 300 个单位。

（6）在“指定文字的旋转角度<0.00>: ”提示下按 Enter 键，然后输入“厨房”，如图 9-72 所示。

（7）分别将光标移至其他房间内，标注各房间的功能性文字注释，然后连续两次按 Enter 键，结束“单行文字”命令，标注结果如图 9-73 所示。

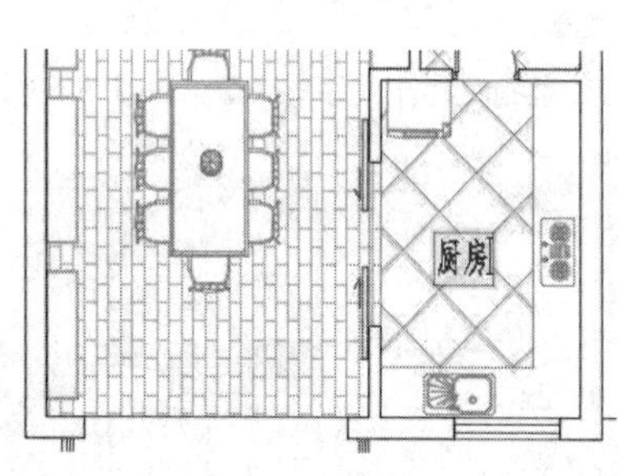

图 9-72 标注结果

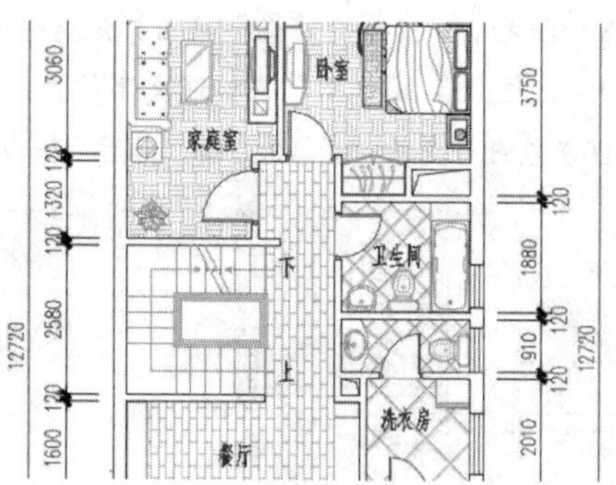

图 9-73 标注其他房间功能

9.3.3 编辑完善房间地面材质图

（1）继续上节操作。

（2）在无命令执行的前提下夹点显示家庭室房间内的地毯填充图案。

（3）然后在夹点图案上单击右键，在弹出的夹点图案右键菜单中选择“图案填充编辑”选项，如图 9-74 所示。

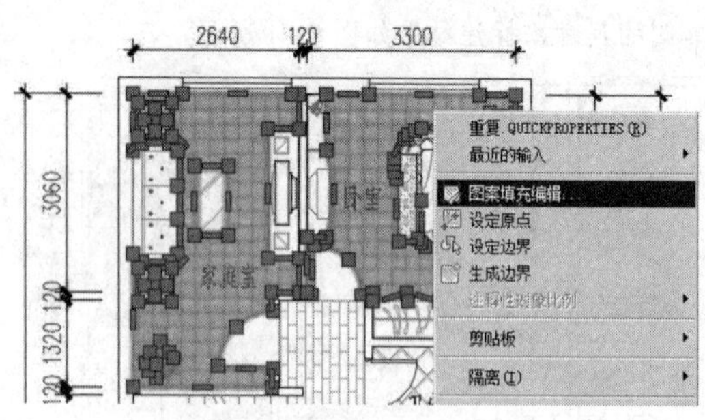

图 9-74 夹点图案右键菜单

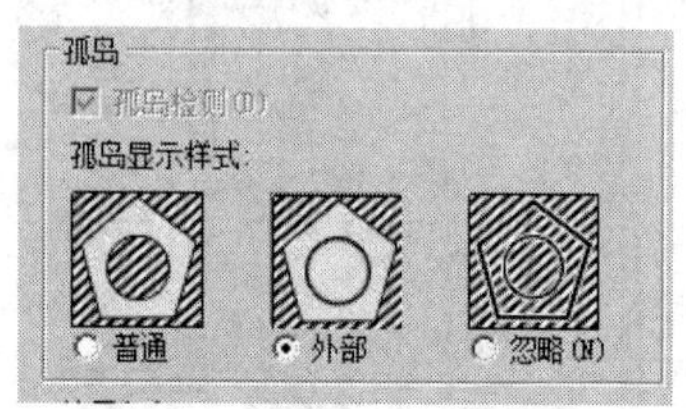

图 9-75 设置孤岛样式

（4）此时系统打开“图案填充编辑”对话框，然后单击对话框右下角的“更多选项”按钮，设置孤岛的显示样式，如图 9-75 所示。

（5）在“图案填充编辑”对话框中单击“添加：选择对象”按钮，返回绘图区，在命令行“选择对象或 [拾取内部点(K)/删除边界(B)]:”提示下，选择“家庭室”文字对象，如图 9-76 所示。

（6）继续在命令行“选择对象或 [拾取内部点(K)/删除边界(B)]:”提示下，选择“卧室”文字，如图 9-77 所示。

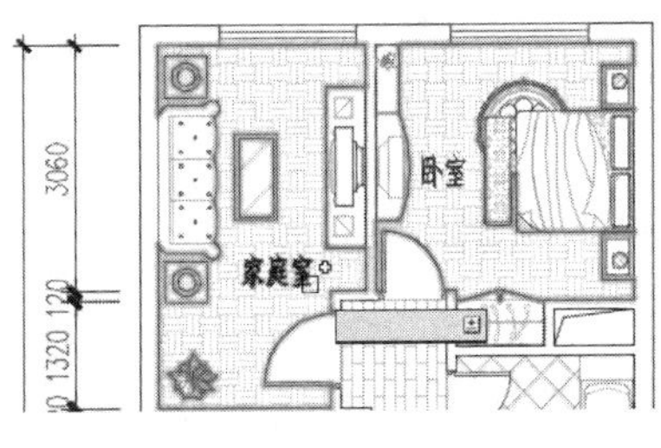

图 9-76 选择文字

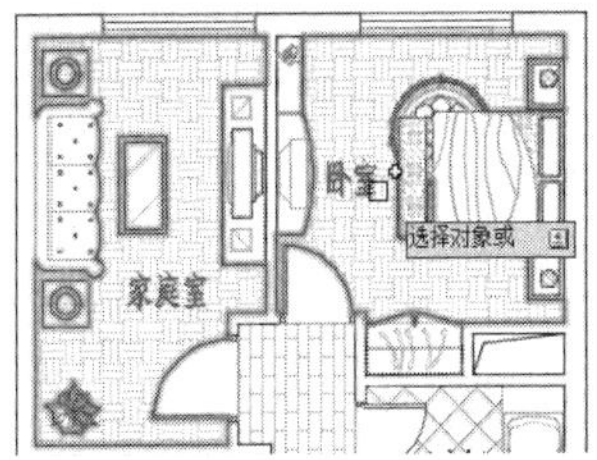

图 9-77 选择文字

（7）按 Enter 键返回“图案填充编辑”对话框，单击 确定 按钮结束命令，结果文字区域被排除在填充图案外，如图 9-78 所示。

（8）参照 2～7 操作步骤，分别修改餐厅、卫生间和厨房内的填充图案，修改结果如图 9-79 所示。

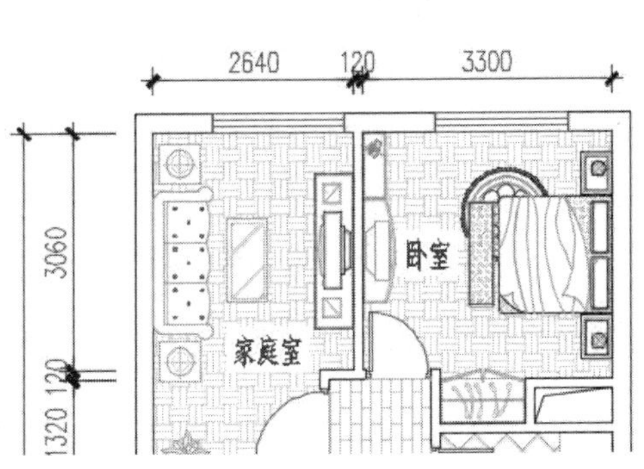

图 9-78 编辑结果

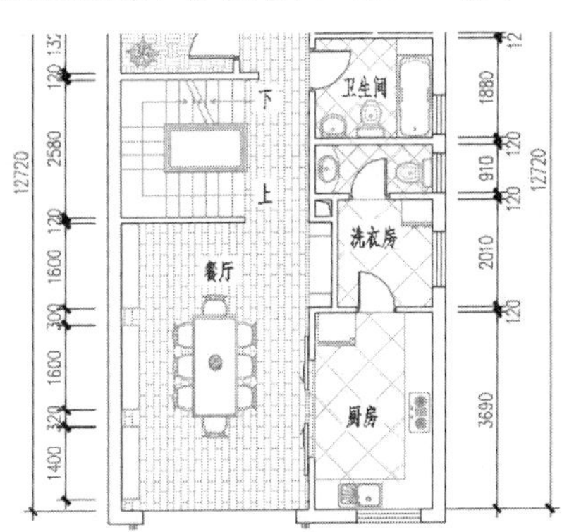

图 9-79 编辑其他图案

9.3.4 标注二层布置图材质注解

（1）继续上节操作。

（2）使用快捷键“L”激活“直线”命令，绘制如图 9-80 所示的文字指示线。

（3）使用快捷键“DT”激活“单行文字”命令，在命令行“指定文字的起点或 [对正(J)/样式(S)]: ”提示下输入 J 并按 Eenter 键。

（4）在“输入选项 [左(L)/居中(C)/右(R)/对齐(A)/中间(M)/布满(F)/左上(TL)/中上(TC)/右上(TR)/左中(ML)/正中(MC)/右中(MR)/左下(BL)/中下(BC)/右下(BR)]:”提示下输入 BL 并按 Eenter 键，设置文字的对正方式。

（5）在“指定文字的左下点：”提示下捕捉如图 9-81 所示的端点。

（6）在“指定高度 <3>: ”提示下输入 300 并按 Enter 键。

（7）在“指定文字的旋转角度 <0.00>”提示下按 Enter，然后输入“白色地毯满铺”并按 Enter 键，标注如图 9-82 所示文字注释。

（8）使用快捷键“M”激活“移动”命令，将标注的文字垂直上移 60 个单位，结果如图 9-83 所示。

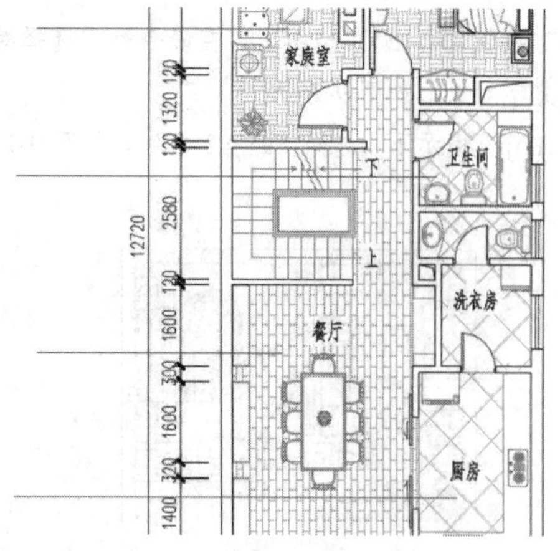

图 9-80　绘制结果

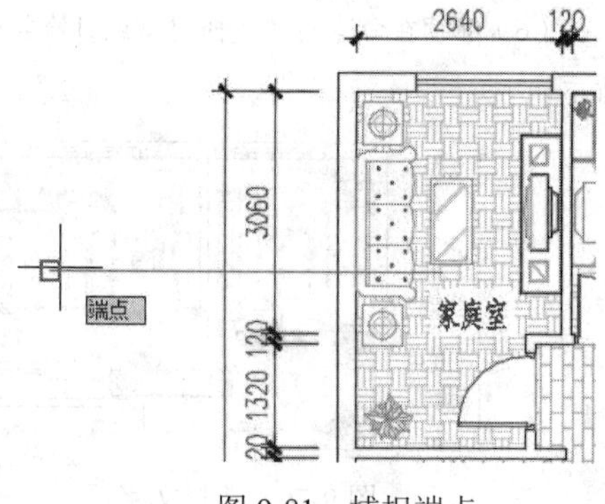

图 9-81　捕捉端点

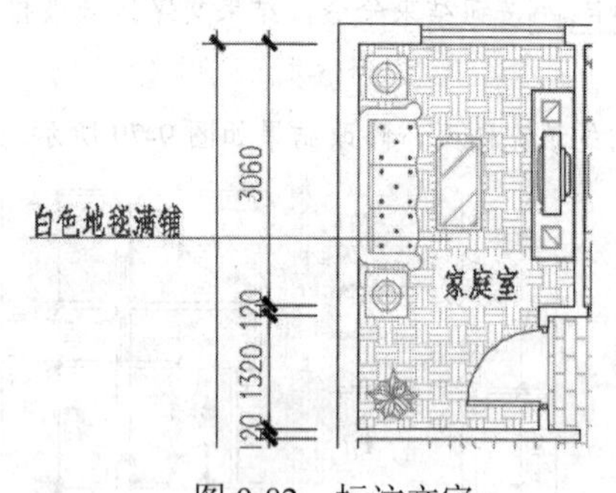

图 9-82　标注文字

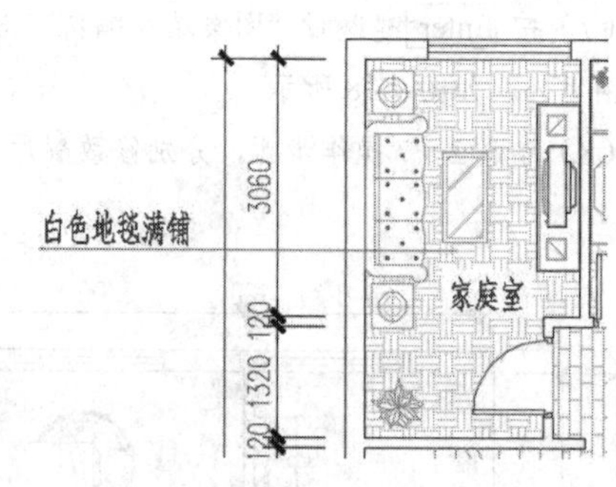

图 9-83　移动文字

（9）接下来参照上述操作，综合使用“单行文字”和“移动”命令，分别标注其他位置的文字注释，结果如图 9-84 所示。

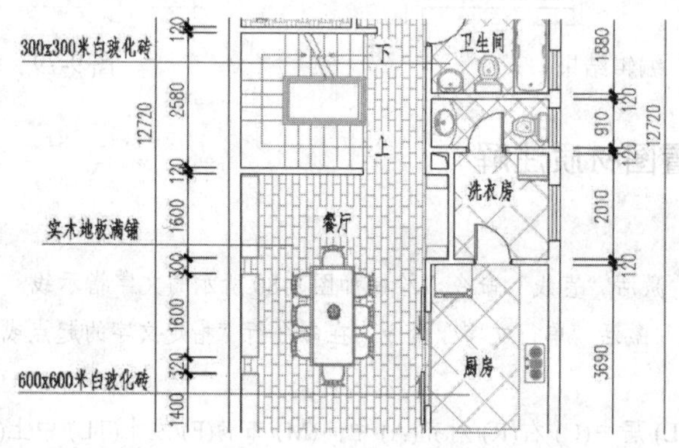

图 9-84　标注其他文字

9.3.5　标注二层别墅的墙面投影

（1）继续上节操作。

（2）展开“默认”选项卡→“图层”面板→“图层”下拉列表，将“其他层”设置为当前图层。

（3）使用快捷键“L”激活“直线”命令，绘制如图 9-85 所示的水平直线作为投影符号指示线。

（4）使用快捷键“I”激活“插入块”命令，插入随书光盘“\图块文件\投影符号.dwg”属性块，设置块参数如图 9-86 所示，插入点为上侧指示线的左端点。

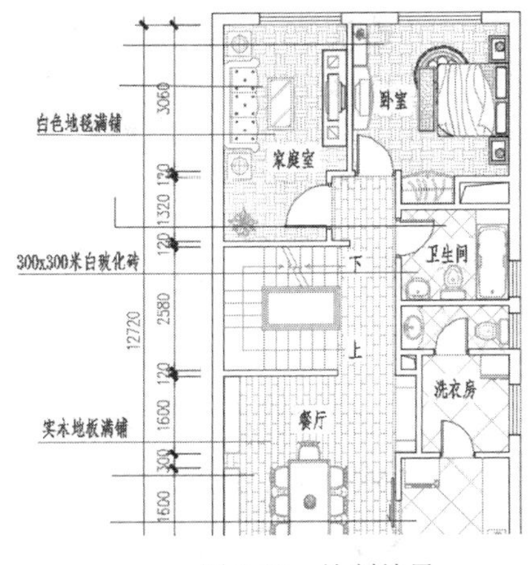

图 9-85　绘制结果

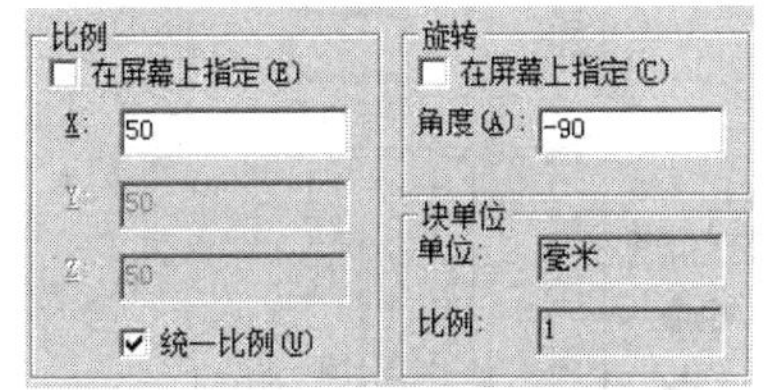

图 9-86　设置块参数

（5）当系统变量 ATTDIA 的值为 1 时，指定插入点后会弹出“编辑属性”对话框，然后修改正确的属性值即可，如图 9-87 所示，插入后的结果如图 9-88 所示。

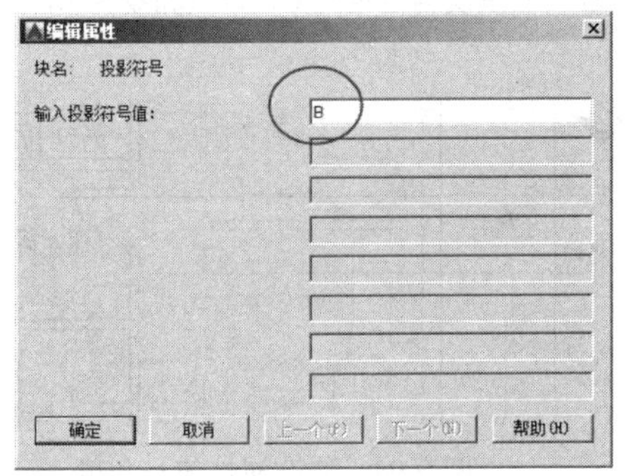

图 9-87　输入属性值

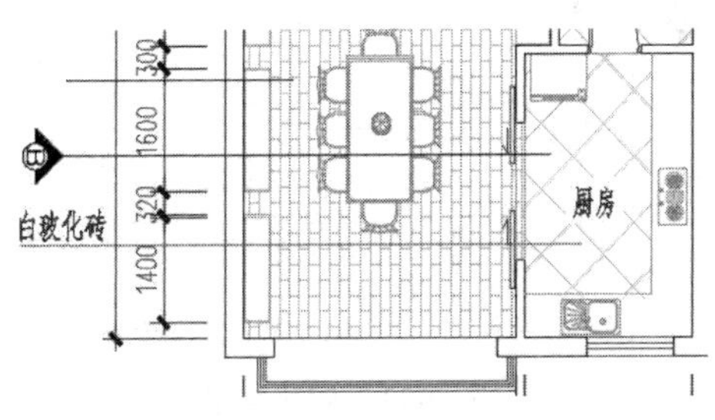

图 9-88　插入结果

（6）在插入的属性块上双击左键，打开“增强属性编辑器”，然后展开“文字选项”修改属性角度，如图 9-89 所示，修改后的结果如图 9-90 所示。

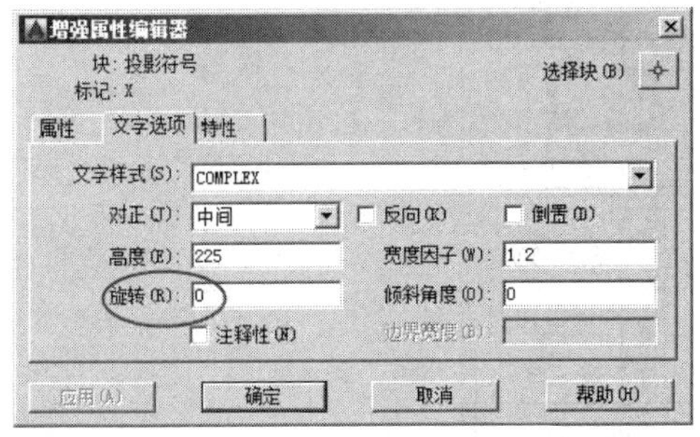

图 9-89　修改属性值

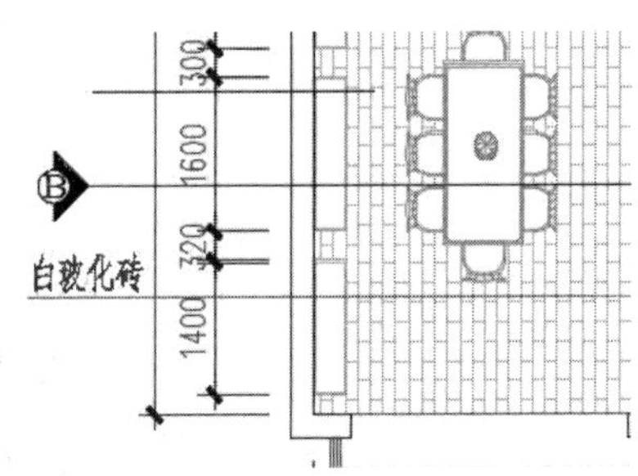

图 9-90　修改结果

（7）使用快捷键“CO”激活“复制”命令，配合端点捕捉功能将投影符号复制到其他位置，并对家庭室和餐厅处的投影符号镜像，结果如图 9-91 所示。

（8）使用快捷键“EA”激活“编辑属性”命令，分别对镜像出的两个投影符号进行编辑，修改属性值为 D，结果如图 9-92 所示。

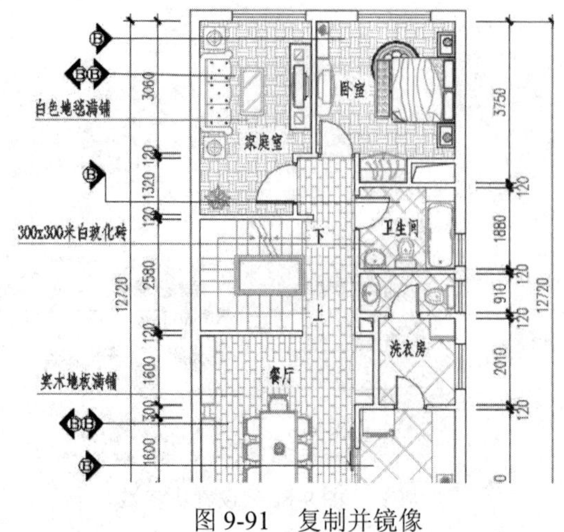

图 9-91　复制并镜像

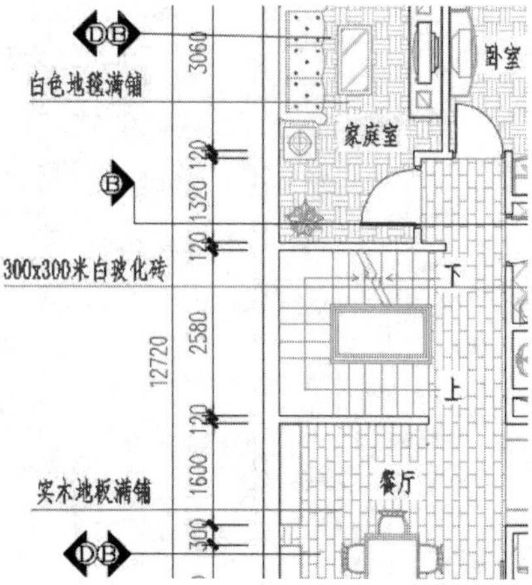

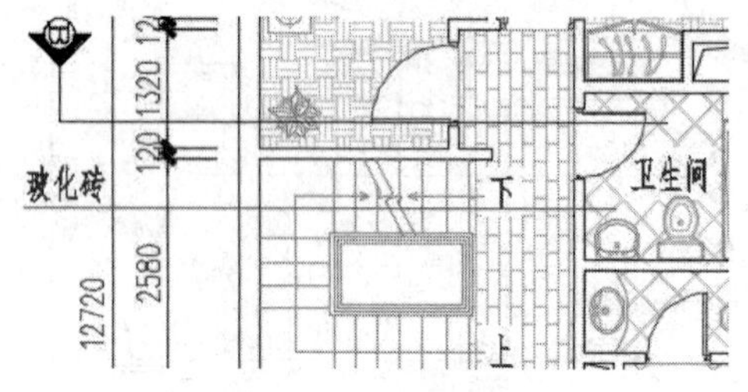

图 9-92　修改结果

（9）使用快捷键“RO”激活“旋转”命令，将卫生间投影符号旋转-90，结果如图 9-93 所示。

（10）双击旋转出的投影符号，在打开的““增强属性编辑器”中修改属性值为 C、修改角度为 0，结果如图 9-94 所示。

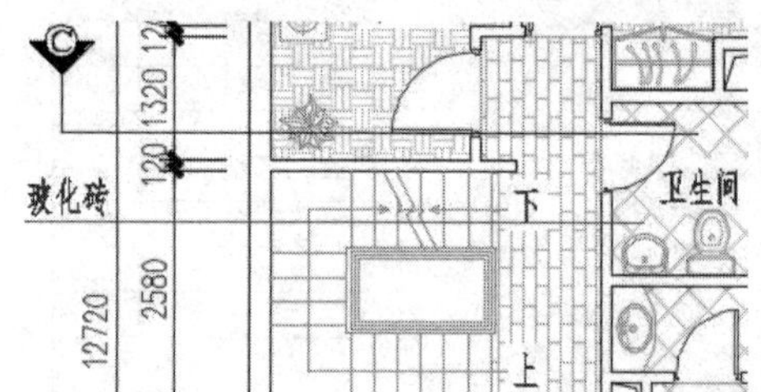

图 9-93　旋转结果

图 9-94　修改属性值与角度

（11）使用快捷键“CO”激活“复制”命令，将卫生间投影符号复制，结果如图 9-95 所示。

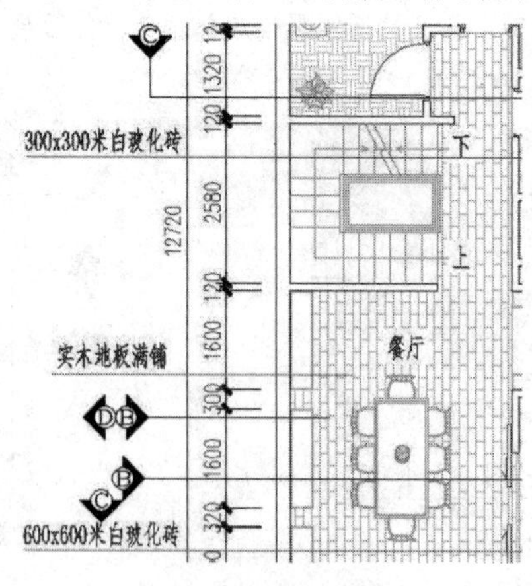

图 9-95　复制结果

（12）最后执行“另存为”命令，将图形另名存储为“标注别墅二层装修布置图.dwg”。

9.4 绘制高档住宅二层吊顶装修图

本例主要学习高档住宅别墅二层吊顶平面图的具体绘制过程和绘制技巧。别墅二层吊顶平面图的最终绘制效果，如图 9-96 所示。

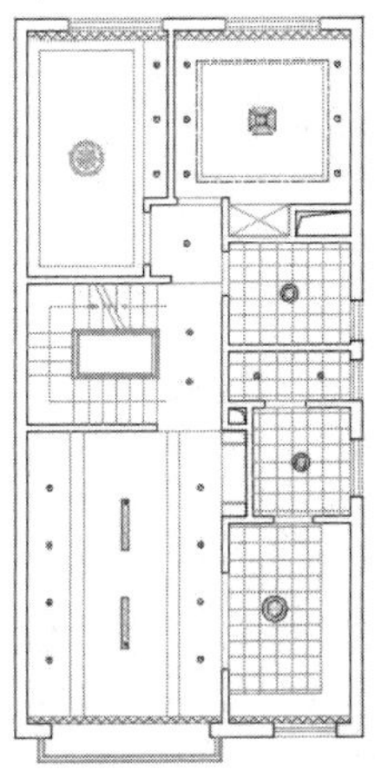

图 9-96 实例效果

9.4.1 绘制二层吊顶轮廓图

（1）打开上例存储的“标注别墅二层装修布置图.dwg”，或直接从随书光盘中的“\效果文件\第 9 章\”目录下调用此文件。

（2）展开“默认”选项卡→“图层”面板→“图层”下拉列表，冻结“尺寸层、文本层、其他层”和填充层，并将“吊顶层”设置为当前图层。

（3）在无命令执行的前提下夹点显示如图 9-97 所示的窗、餐厅柜等对象，然后展开“图层控制”列表，将其放到“吊顶层”上。

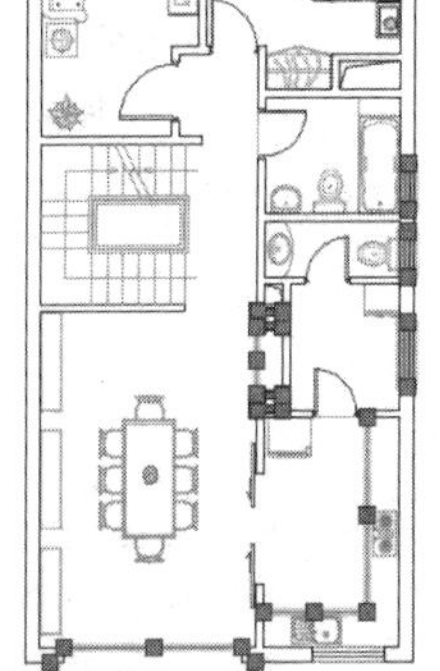

图 9-97 夹点效果

（4）使用快捷键“X”激活“分解”命令，将夹点对象分解。

（5）展开“默认”选项卡→“图层”面板→“图层”下拉列表，冻结“家具层、墙线层、门窗层”，此时平面图的显示效果如图 9-98 所示。

（6）夹点显示图 9-98 所示的所有对象，然后打开“特性”窗口，修改颜色特性为随层、修改图层为“吊顶层”，如图 9-99 所示。

（7）接下来关闭“特性”窗口，并按 Esc 键取消尺寸的夹点显示。

（8）展开“图层控制”下拉列表，解冻“墙线层”，然后使用快捷键“L”激活“直线”命令，配合端点捕捉功能绘制门洞位置的轮廓线，结果如图 9-100 所示。

（9）使用快捷键“H”激活“图案填充”命令，在命令行“拾取内部点或 [选择对象(S)/设置(T)]:”提示下，激活“设置”选项，打开“图案填充和渐变色”对话框。

（10）在“图案填充和渐变色”对话框中选择图案并设置填充比例、角度、关联特性等，如图 9-101 所示。

（11）单击“添加：拾取点”按钮，返回绘图区在厨房、卫生间等区域单击左键，填充如图 9-102 所示的图案作为吊顶图案。

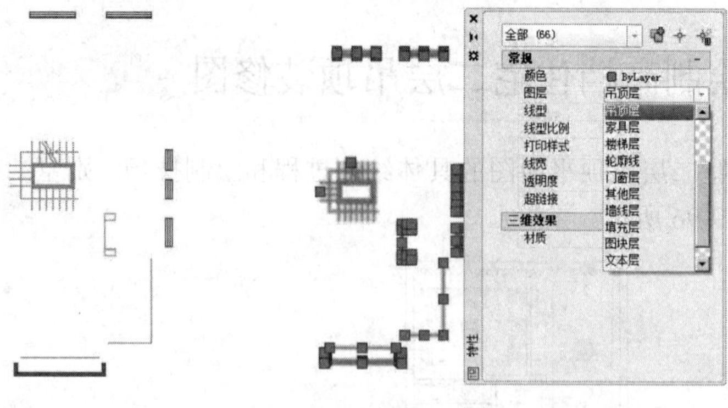

图 9-98 图形的显示　　图 9-99 夹点编辑

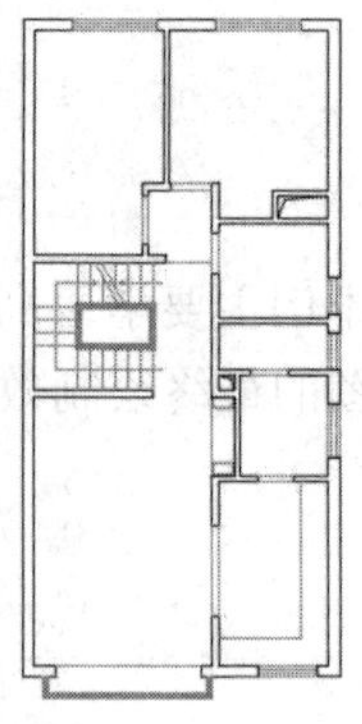

图 9-100 封闭门洞

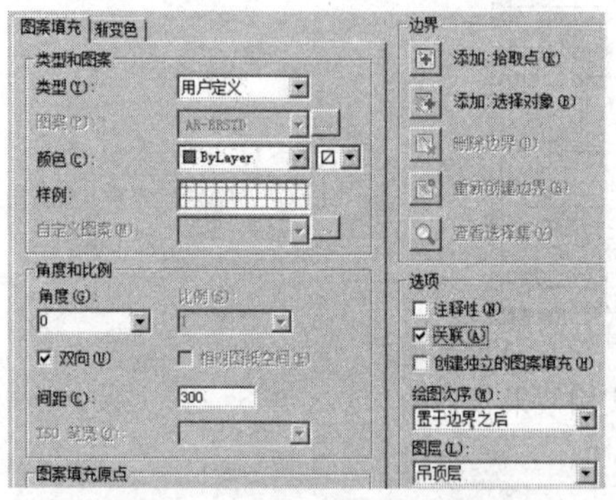

图 9-101 设置填充图案与参数

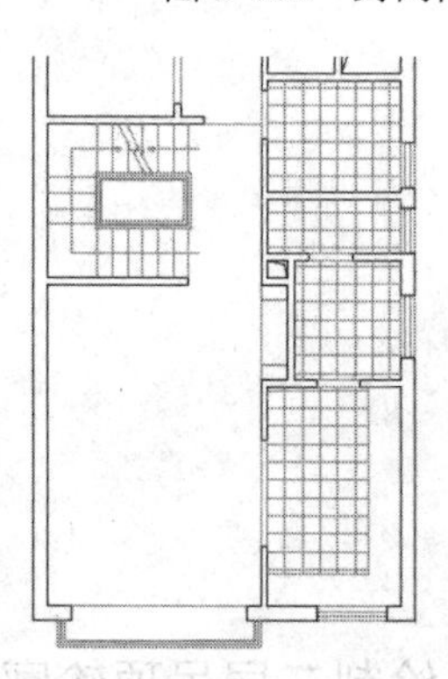

图 9-102 填充结果

9.4.2 绘制二层吊顶构件图

（1）继续上节操作。

（2）使用快捷键“REC”激活“矩形”命令，以端点 A 和端点 B 作为对角点，绘制图 9-103 所示的矩形。

（3）使用快捷键“L”激活“直线”命令，配合端点捕捉功能绘制矩形对角线，作为柜子示意图，如图 9-104 所示。

（4）单击“默认”选项卡→“绘图”面板→“构造线”，绘制水平构造线作为窗帘盒轮廓线，命令行操作如下。

```
命令: _xline
指定点或 [水平(H)/垂直(V)/角度(A)/二等分(B)/偏移(O)]: // O Enter
指定偏移距离或 [通过(T)] <0.0>:        //150 Enter
选择直线对象:                          //选择如图 9-105 所示的窗线
指定向哪侧偏移 :                        //在所选择对象的上侧拾取点
选择直线对象:                          //Enter，绘制结果如图 9-106 所示
```

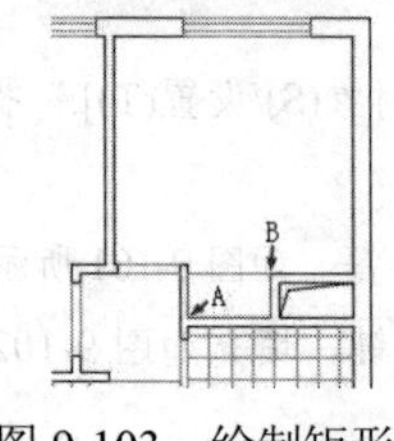

图 9-103 绘制矩形

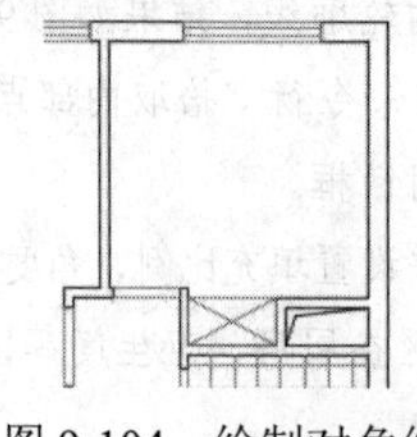

图 9-104 绘制对角线

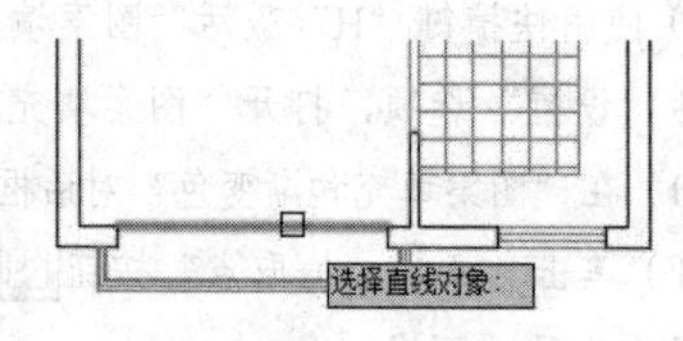

图 9-105 选择对象

（5）使用快捷键“O”激活“偏移”命令，将水平构造线向下偏移 75，作为窗帘轮廓线，结果如图 9-107 所示。

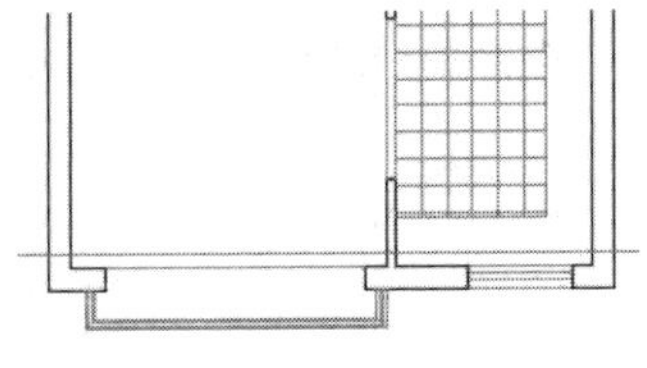

图 9-106 绘制结果

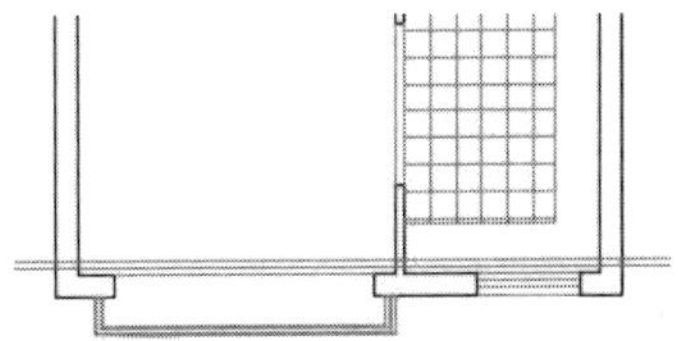

图 9-107 偏移结果

（6）使用快捷键“TR”激活“修剪”命令，对窗帘及窗帘盒轮廓线进行修剪，结果如图 9-108 所示。

（7）使用快捷键“LT”激活“线型”命令，在打开的“线型管理器”对话框中加载线型并设置线型比例如图 9-109 所示。

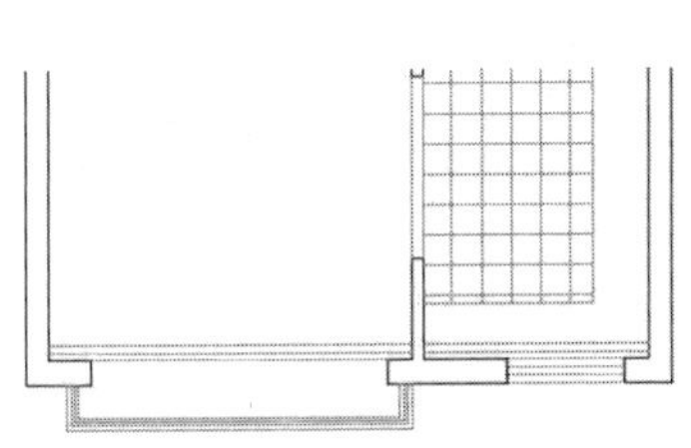

图 9-108 修剪结果

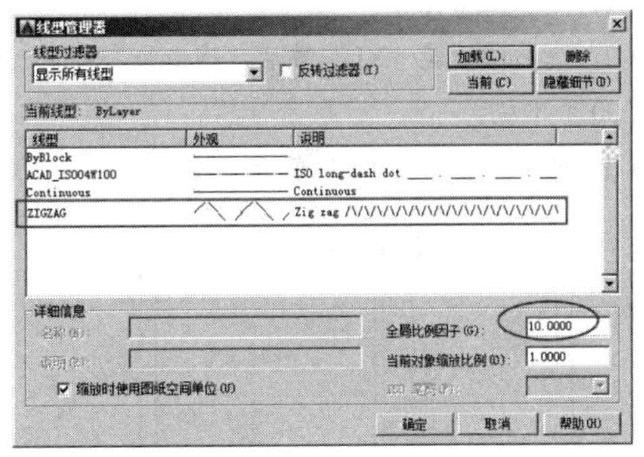

图 9-109 设置线型与比例

（8）在无命令执行的前提下夹点显示窗帘轮廓线，如图 9-110 所示。

（9）按下 Ctrl+1 组合键，执行“特性”命令，在打开的“特性”窗口中修改窗帘轮廓线的线型及颜色，如图 9-111 所示。

（10）关闭“特性”窗口，并按 Esc 键取消对象的夹点显示，观看操作后的效果，如图 9-112 所示。

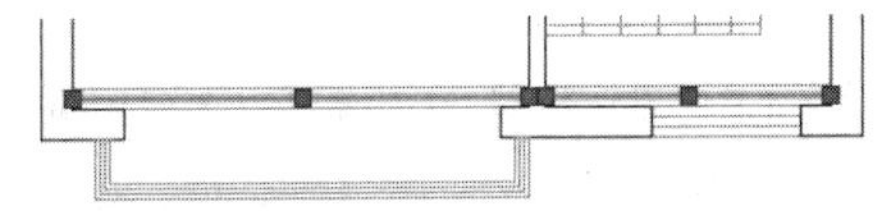

图 9-110 夹点效果

（11）使用快捷键“MI”激活“镜像”命令，选择下侧的窗帘及窗帘盒轮廓线镜像到上侧，捕捉如图 9-113 所示的中点作为镜像线上的点，镜像结果如图 9-114 所示。

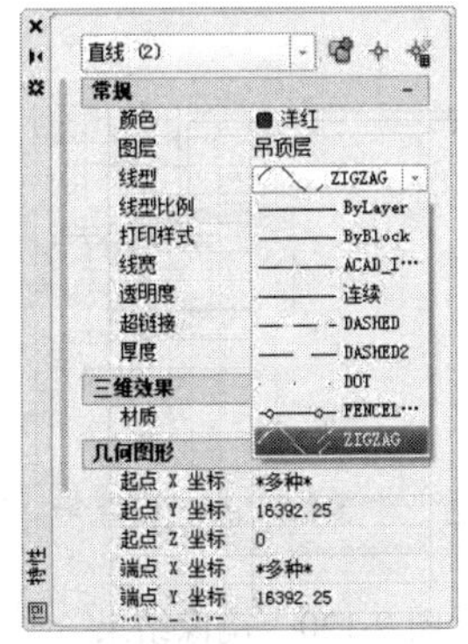

图 9-111 修改特性

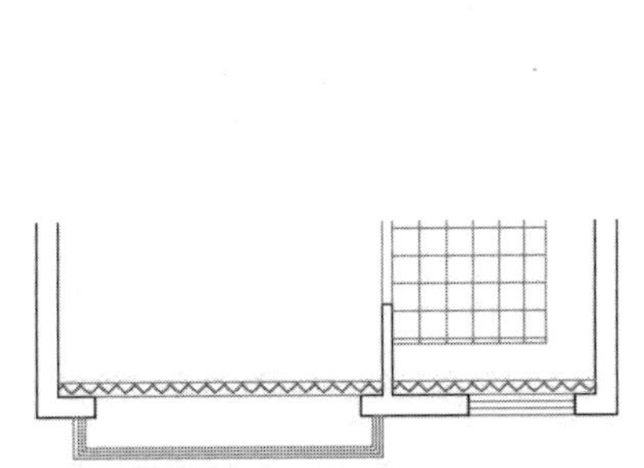

图 9-112 修改结果

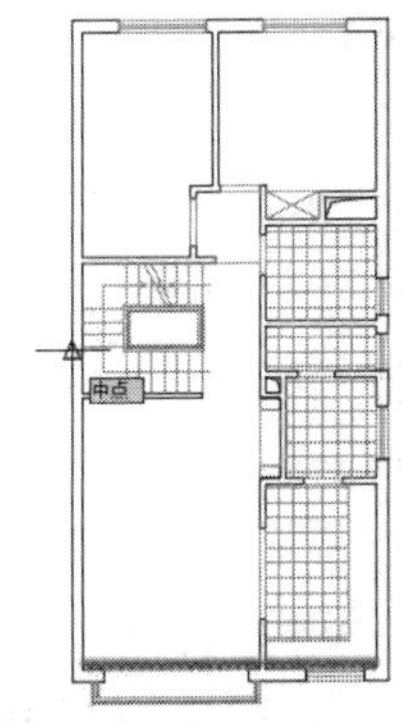

图 9-113 捕捉中点

（12）使用快捷键“tr”激活“修剪”命令，对镜像出的窗帘及窗帘盒进行修剪和延伸，结果如图 9-115 所示。

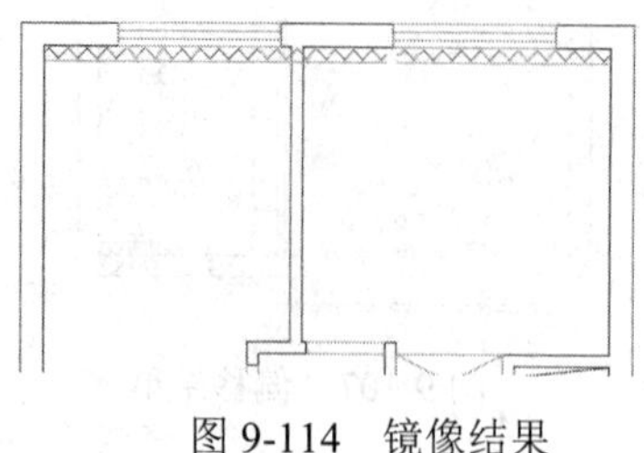
图 9-114　镜像结果

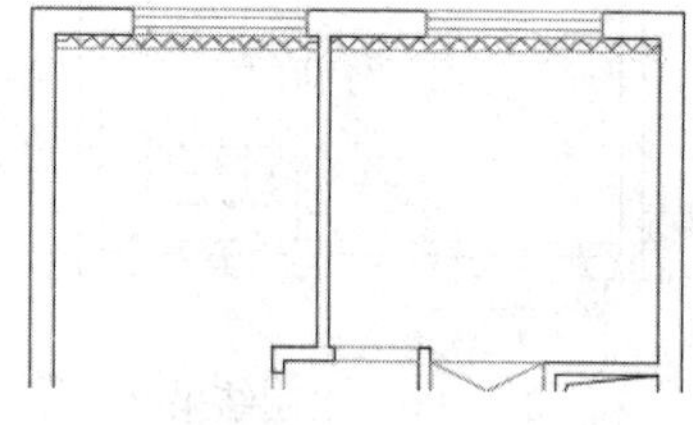
图 9-115　编辑结果

9.4.3　绘制吊顶灯池与灯带

（1）继续上节操作。

（2）使用快捷键“XL”激活“构造线”命令，绘制如图 9-116 所示的五条构造线，其中构造线距离内墙线为 200 个单位。

（3）使用快捷键“TR”激活“修剪”命令，对构造线进行修剪，结果如图 9-117 所示。

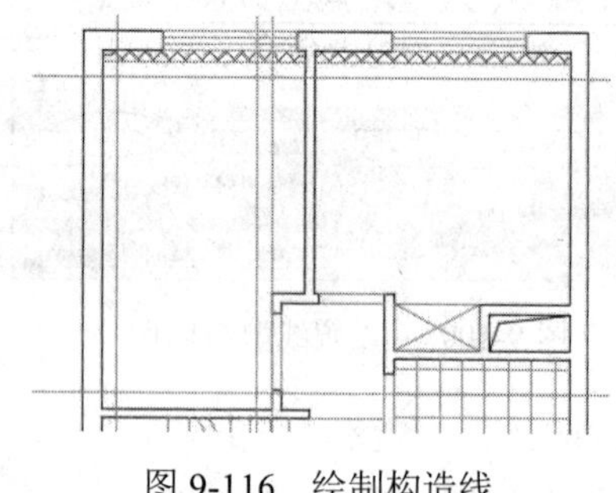
图 9-116　绘制构造线

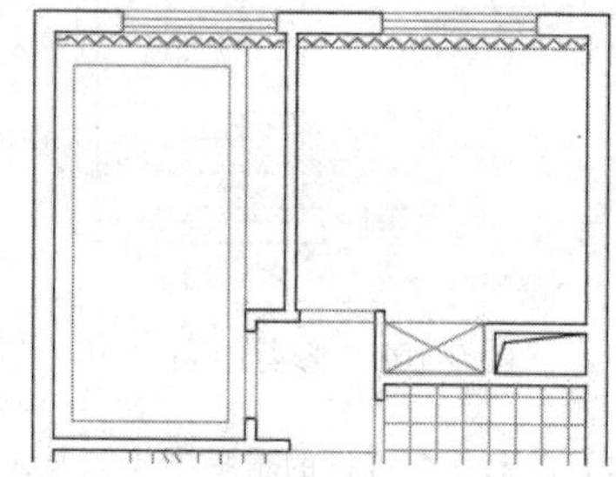
图 9-117　修剪构造线

（4）使用快捷键“L”激活“直线”命令，配合捕捉或追踪功能，绘制如图 9-118 所示的水平轮廓线和垂直轮廓线。

（5）使用快捷键“O”激活“偏移”命令，将刚绘制的垂直吊顶轮廓线向右偏移 250，偏移结果如图 9-119 所示。

（6）使用快捷键“MI”激活“镜像”命令，捕捉“中点捕捉”功能对两条垂直轮廓线进行镜像，结果如图 9-120 所示。

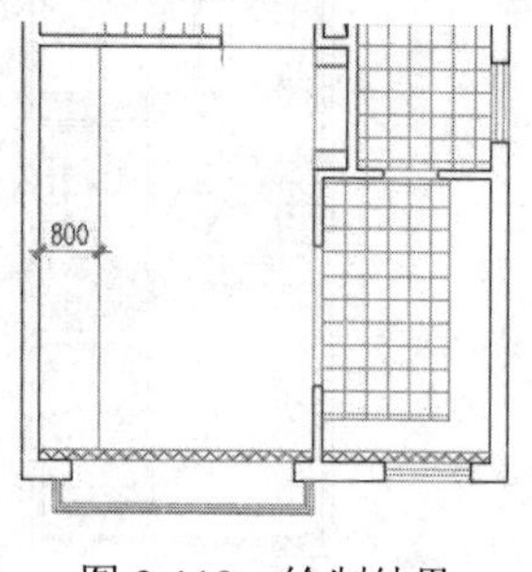

图 9-118　绘制结果

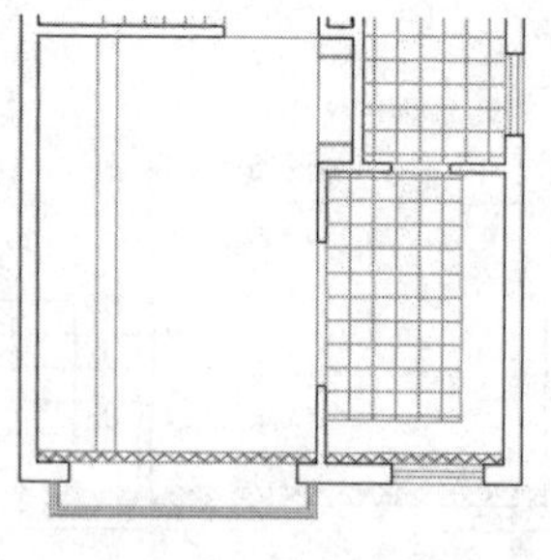
图 9-119　偏移结果

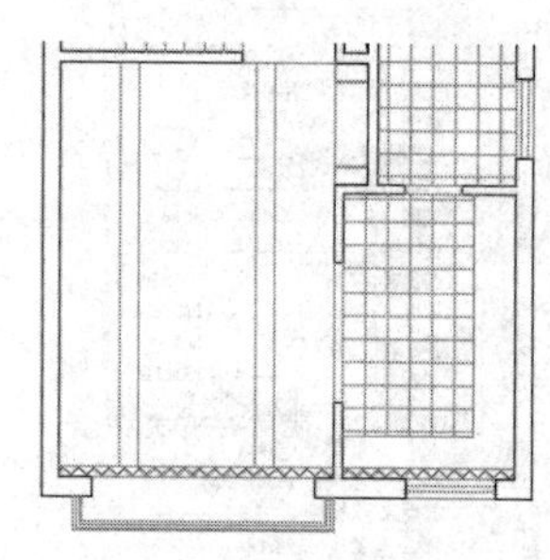
图 9-120　镜像结果

（7）单击“默认”选项卡→“绘图”面板→“矩形”按钮□，配合“捕捉自”功能绘制主卧室矩形吊顶，命令行操作如下。

```
命令: _rectang
指定第一个角点或 [倒角(C)/标高(E)/圆角(F)/厚度(T)/宽度(W)]:
                        //激活“捕捉自”功能
_from 基点:             //捕捉如图 9-121 所示的端点
<偏移>:                 //@-500,520 Enter
指定另一个角点或 [面积(A)/尺寸(D)/旋转(R)]:
                        //@-2300,2060 Enter，绘制结果如图 9-122 所示
```

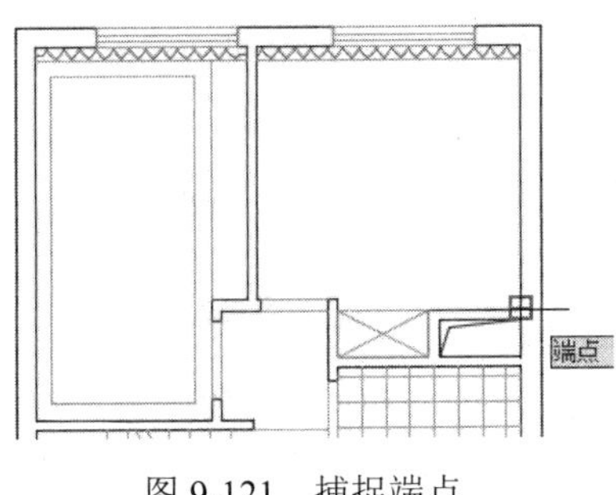

图 9-121 捕捉端点

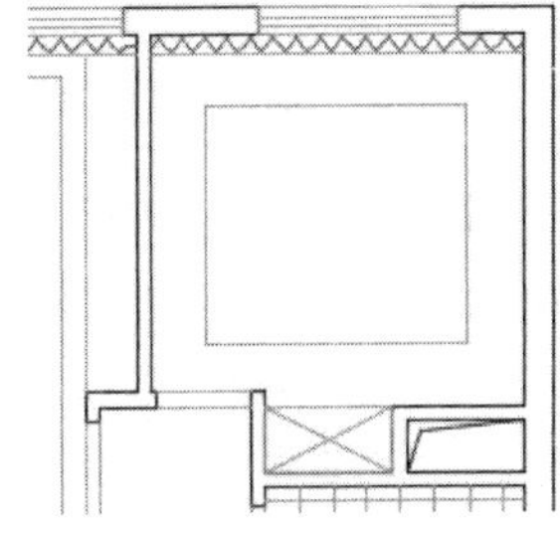

图 9-122 绘制结果

（8）使用快捷键“O”激活“偏移”命令，将刚绘制的矩形向外侧偏移 80 个单位，作为灯带，结果如图 9-123 所示。

（9）使用快捷键“LT”激活“线型”命令，在打开的“线型管理器”对话框中加载名为 DASHED 线型。

（10）在无命令执行的前提下夹点显示偏移出的矩形，然后按下 Ctrl+1 组合键，在打开的“特性”窗口中修改灯带的线型、线型比例及颜色特性，如图 9-124 所示。

（11）关闭“特性”窗口，并按 Esc 键取消对象的夹点显示，观看操作后的效果，如图 9-125 所示。

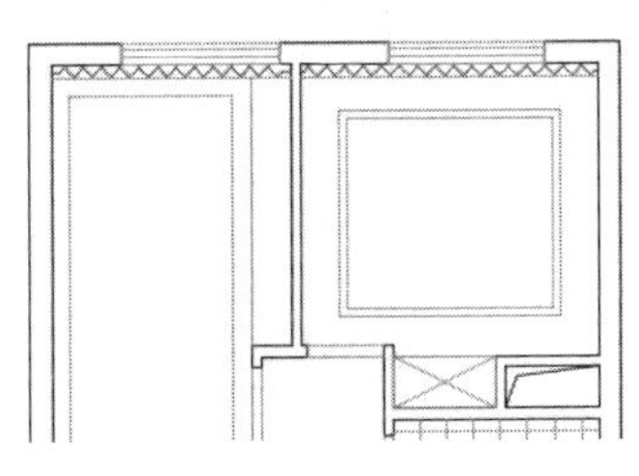

图 9-123 偏移结果

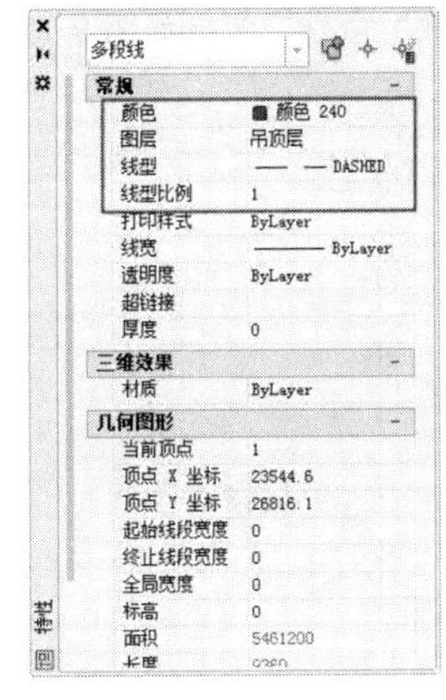

图 9-124 修改特性

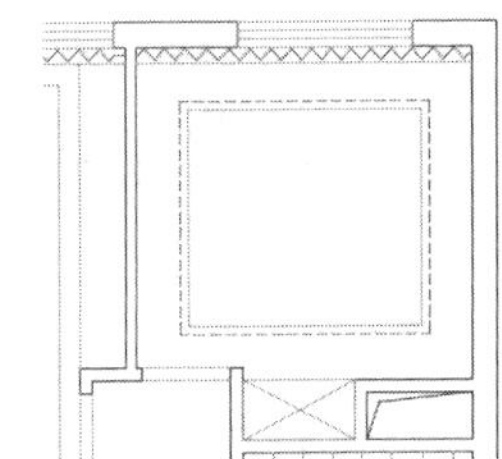

图 9-125 修改后的效果

9.4.4 绘制二层吊顶灯具图

（1）继续上例操作。

（2）展开“图层”面板→“图层”下拉列表，将“灯具层”设置为当前图层。

（3）使用快捷键“I”激活“插入块”命令，插入随书光盘中的“\图块文件\造型灯具 01.dwg”，块参数设置如图 9-126 所示。

（4）返回绘图区，在命令行“指定插入点或 [基点(B)/比例(S)/旋转(R)]:”提示下捕捉如图 9-127 所示的中点追踪虚线的交点作为插入点。

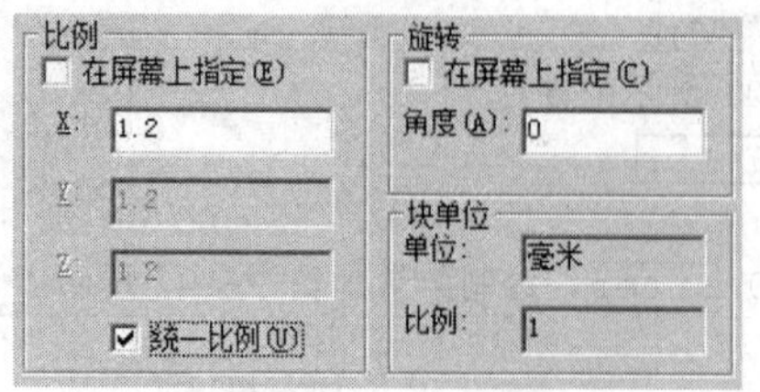

图 9-126　设置参数

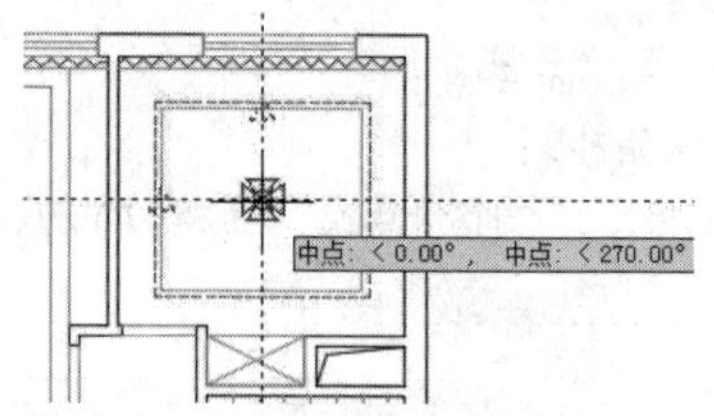

图 9-127　定位插入点

（5）重复执行“插入块”命令，插入光盘“\图块文件\造型灯具 02.dwg”，块的缩放比例为 1.2，插入点为图 9-128 所示的两条中点追踪虚线的交点。

（6）重复执行“插入块”命令，以默认参数插入随书光盘“\图块文件\艺术吊灯 03.dwg”。

（7）返回绘图区在命令行“指定插入点或 [基点(B)/比例(S)/X/Y/Z/旋转(R)]:”提示下激活“捕捉自”功能，捕捉如图 9-129 所示的中点作为偏移基点，输入插入点坐标“@0,1725”，插入结果如图 9-130 所示。

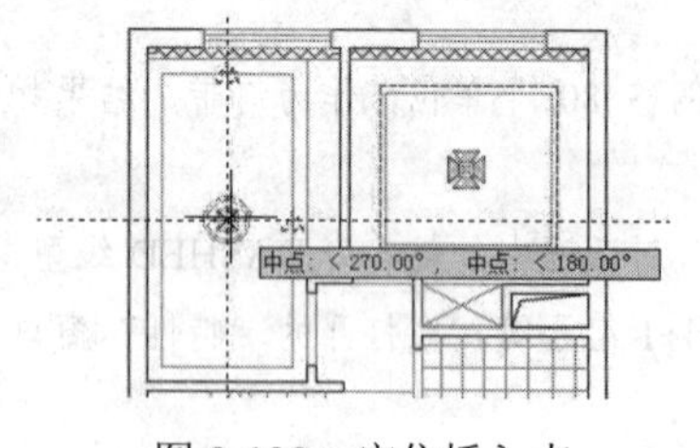

图 9-128　定位插入点

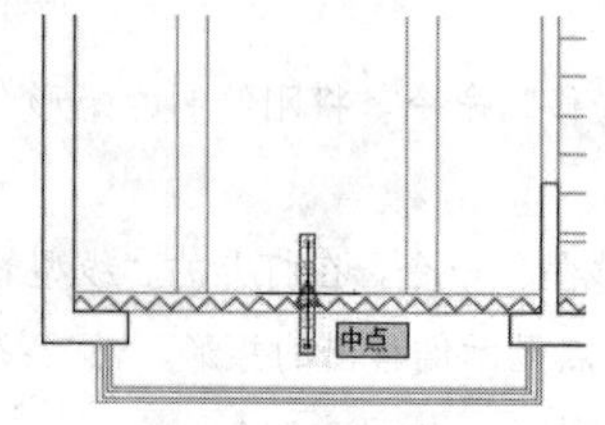

图 9-129　捕捉中点

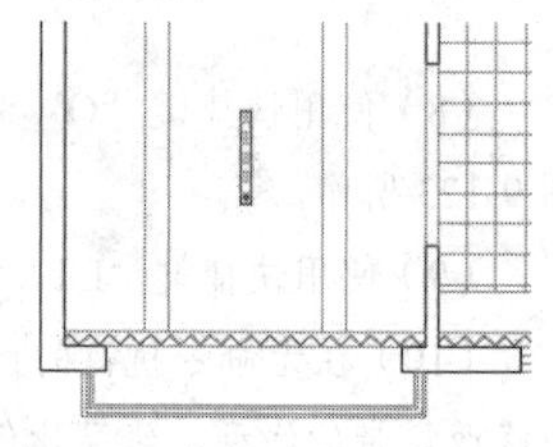

图 9-130　插入结果

（8）使用快捷键“MI”激活“镜像”命令，捕捉如图 9-131 所示中点作为镜像线上的点，选择刚插入的吊顶进行镜像，结果如图 9-132 所示。

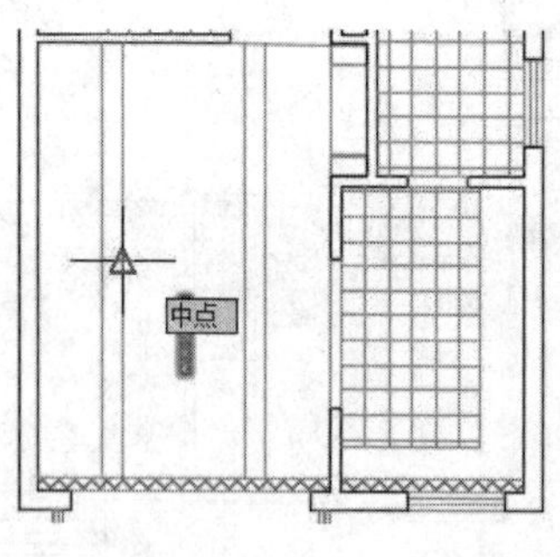

图 9-131　捕捉中点

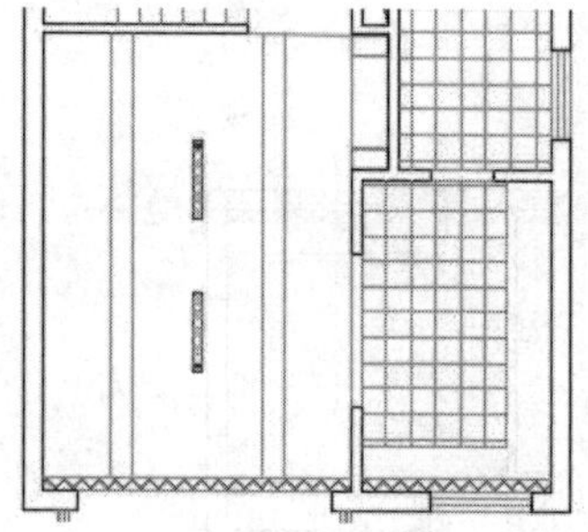

图 9-132　镜像结果

（9）使用快捷键“I”激活“插入块”命令，以默认参数插入随书光盘“\图块文件\吸顶灯.dwg”，插入点为图 9-133 所示中点追踪虚线的交点。

（10）重复执行“插入块”命令，插入插入随书光盘中的“\图块文件\吸顶灯.dwg”，块参数设置如图 9-134 所示。

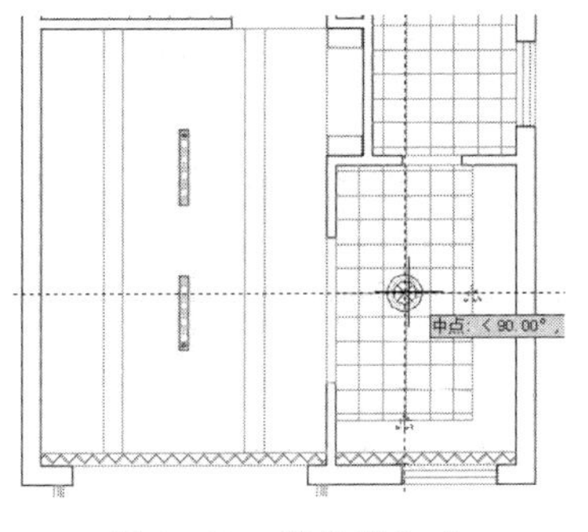

图 9-133　定位插入点

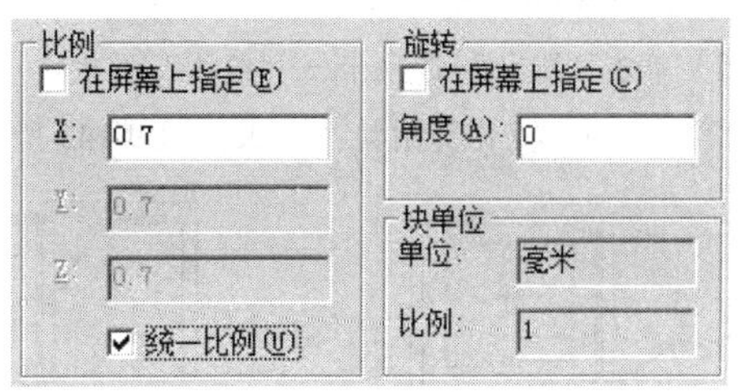

图 9-134　设置插入参数

（11）返回绘图区，在命令行“指定插入点或 [基点(B)/比例(S)/X/Y/Z/旋转(R)]:”提示下，按住 shift 键单击右键，激活“两点之间的中点”功能。

（12）在命令行“_m2p 中点的第一点:”提示下捕捉如图 9-135 中点。

（13）在“中点的第二点: ”提示下捕捉图 9-136 所示中点，插入结果如图 9-137 所示。

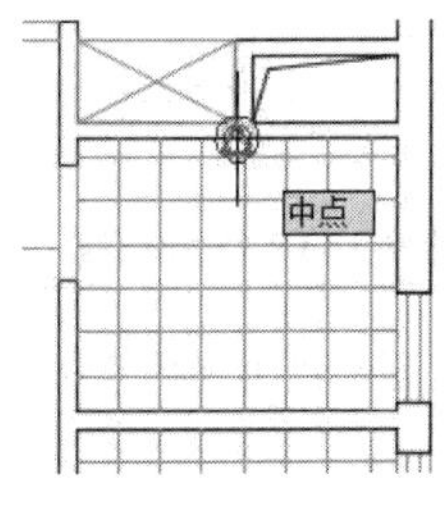

图 9-135　捕捉中点

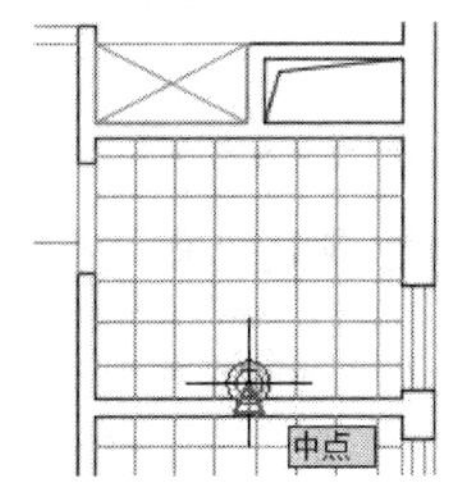

图 9-136　捕捉中点

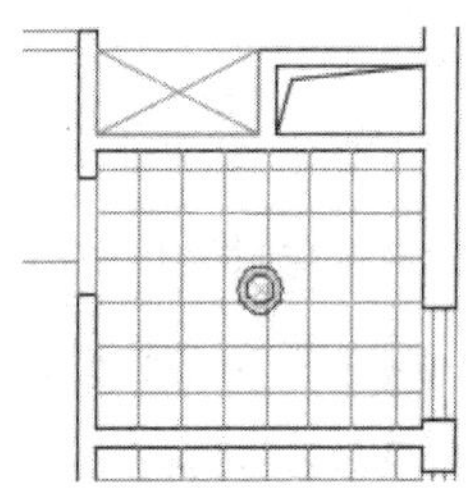
图 9-137　插入结果

（14）重复执行“插入块”命令，设置参数如图 9-134 所示，配合“两点之间的中点”功能再次插入吸顶灯图块，捕捉如图 9-138 所示端点作为中点的第一点，捕捉如图 9-139 所示的端点作为中点的第二点，插入结果如图 9-140 所示。

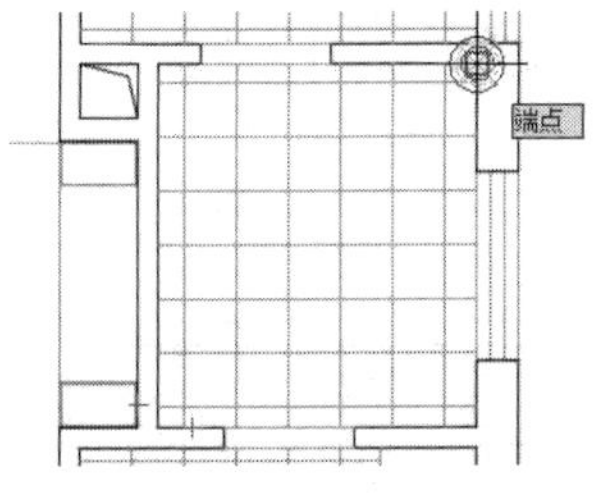

图 9-138　捕捉端点

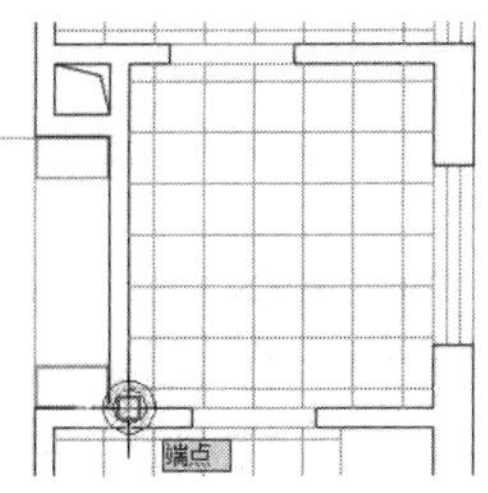

图 9-139　捕捉端点

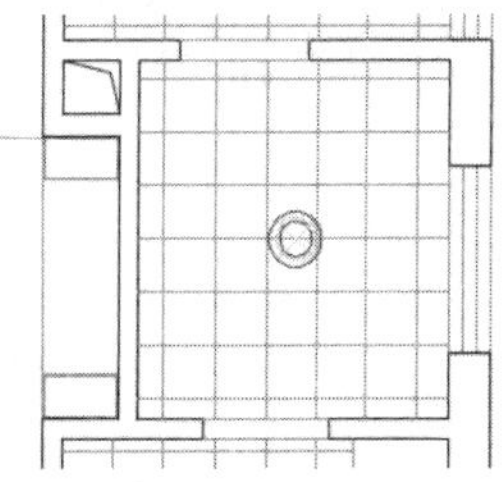
图 9-140　插入结果

9.4.5　绘制二层吊顶辅助灯具

（1）继续上节操作。

（2）单击“默认”选项卡→“点样式”面板→“点样式”按钮，在打开的“点样式”对话框中设置当前点的样式为“⊙”，点的大小为 100 个单位。

（3）单击“默认”选项卡→“绘图”面板→“直线”按钮，配合端点、交点和中点捕捉功能绘制如图 9-141 所示的四条辅助线。

（4）单击“默认”选项卡→“修改”面板→“偏移”按钮，将轮廓线A向左偏移400个单位，将轮廓线B向右偏移400个单位，结果如图9-142所示。

（5）单击“默认”选项卡→“绘图”面板→“定数等分”按钮，将辅助线5和辅助线6定数等分5份，以等分位置的点作为射灯，结果如图9-143所示。

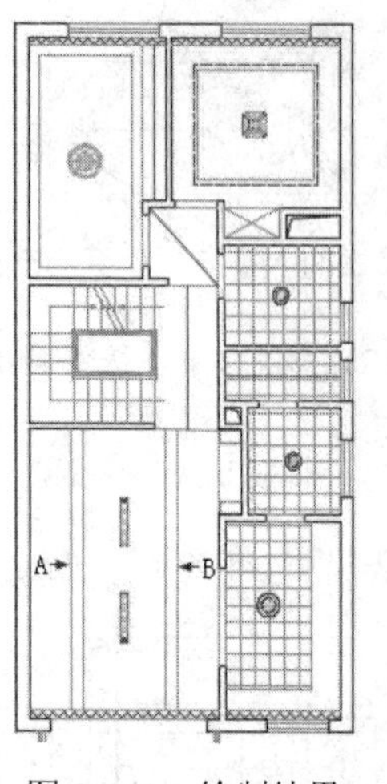

图9-141　绘制结果

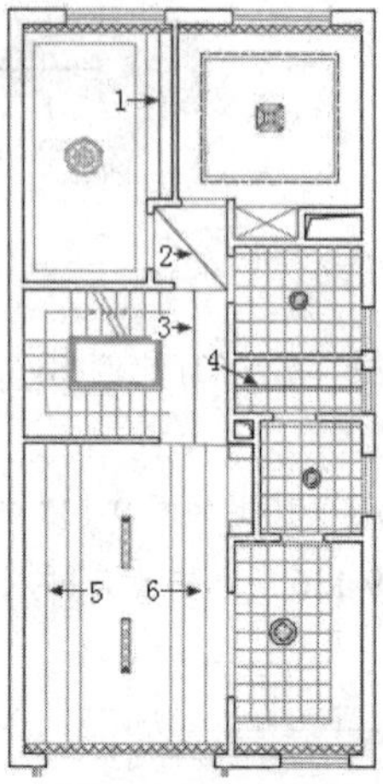

图9-142　偏移结果

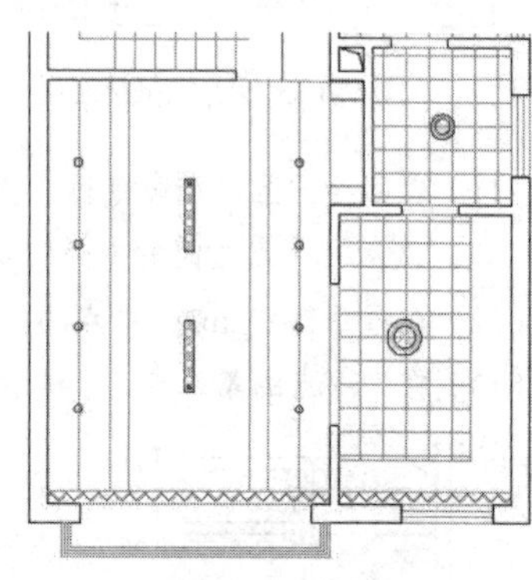
图9-143　等分结果

（6）重复执行“定数等分”命令，将辅助线3和辅助线4定数等分3份，将辅助线1定数等分4份，作为筒灯，结果如图9-144所示。

（7）单击“默认”选项卡→“绘图”面板→“多点” 按钮，在辅助线2的中点处绘制点作为筒灯，结果如图9-145所示。

（8）单击“默认”选项卡→“修改”面板→“移动”按钮，选择卫生间位置的两个筒灯，分别向外侧移动220个单位，结果如图9-146所示。

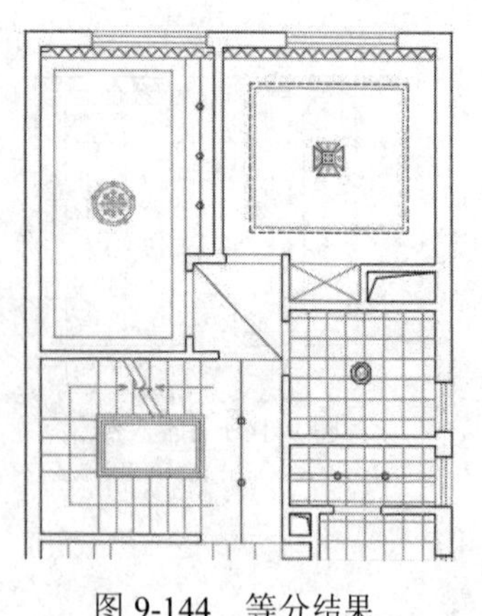
图9-144　等分结果

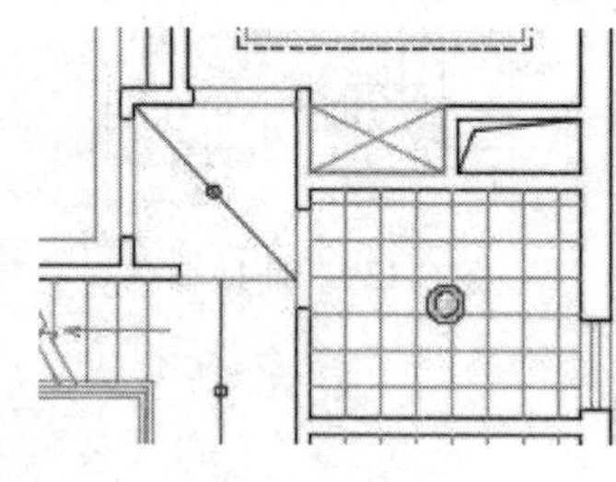
图9-145　绘制结果

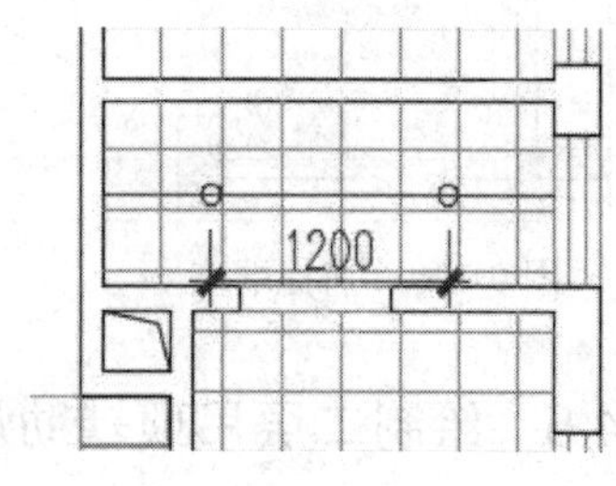

图9-146　位移结果

（9）重复执行“移动”命令，选择如图9-147所示的筒灯向上侧移动272.5个单位，选择如图9-148所示的筒灯向下侧移动272.5个单位，结果如图9-149所示。

（10）在无命令执行的前提下夹点显示如图9-150所示的对象，然后按Delete键进行删除，删除结果如图9-151所示。

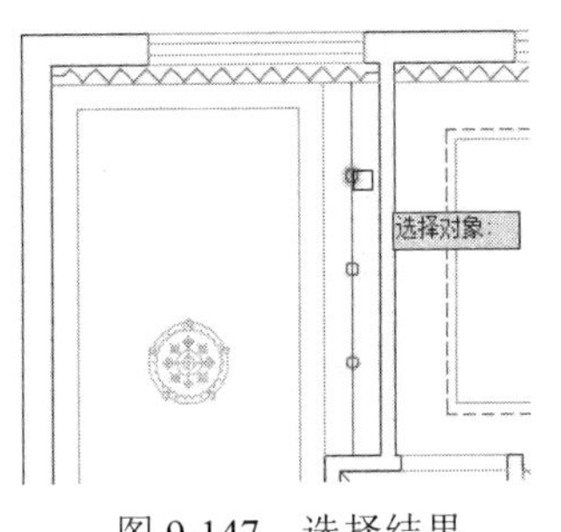

图 9-147 选择结果

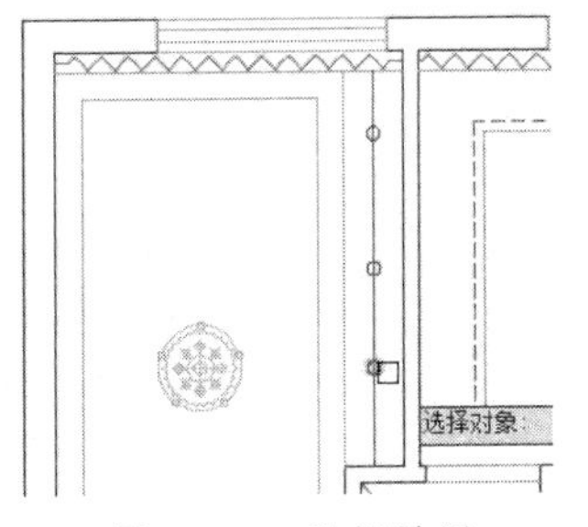

图 9-148 选择结果

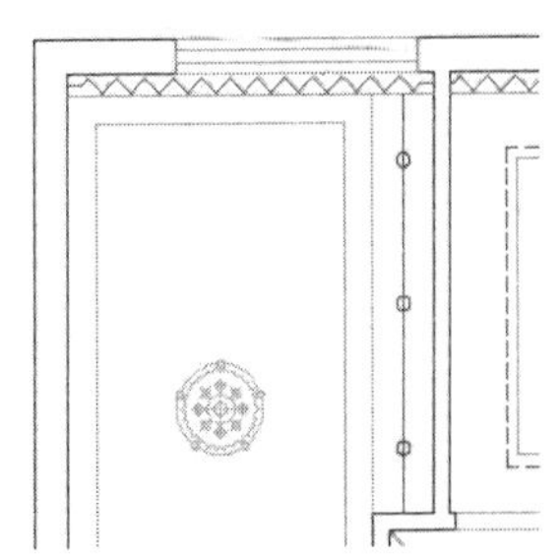
图 9-149 移动结果

（11）单击“默认”选项卡→“修改”面板→“复制”按钮，窗口选择图 9-152 所示的三个筒灯，水平向右复制 570 个单位，结果如图 9-153 所示。

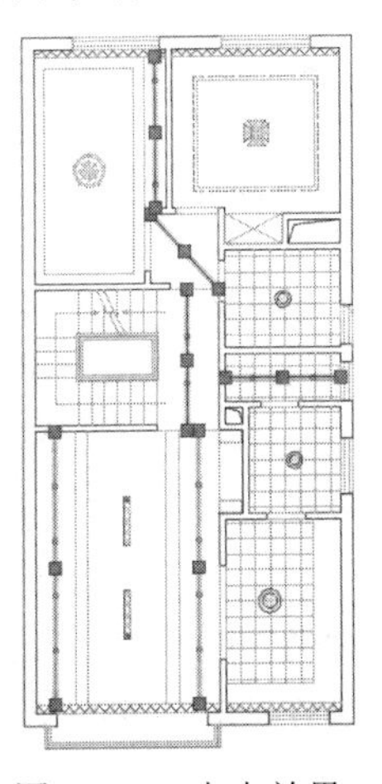
图 9-150 夹点效果

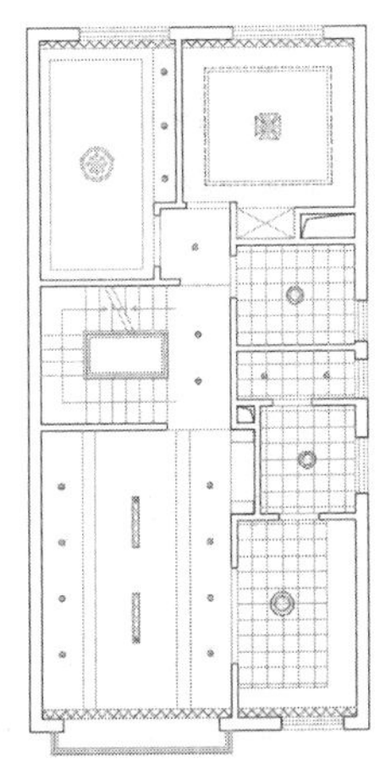
图 9-151 删除结果

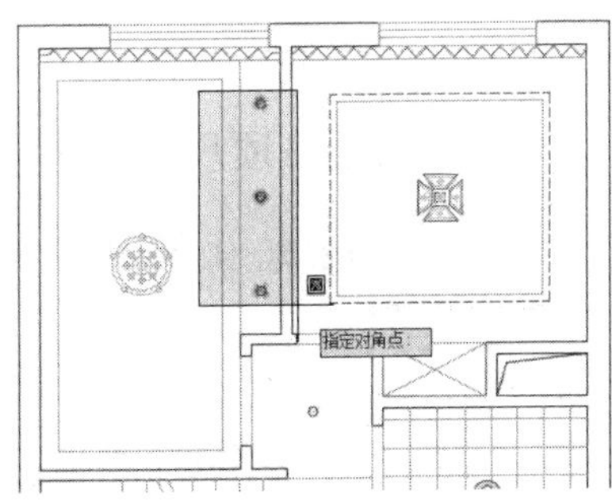

图 9-152 窗口选择

（12）单击“默认”选项卡→“修改”面板→“镜像”按钮，选择复制出的三个筒灯进行镜像，镜像线上的点为图 9-154 所示的中点，镜像结果如图 9-155 所示。

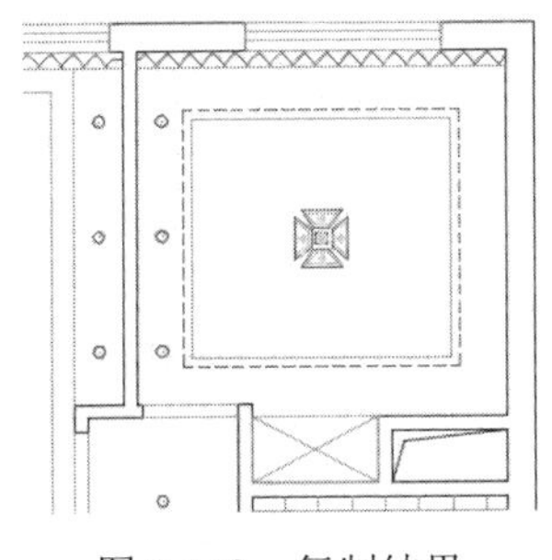
图 9-153 复制结果

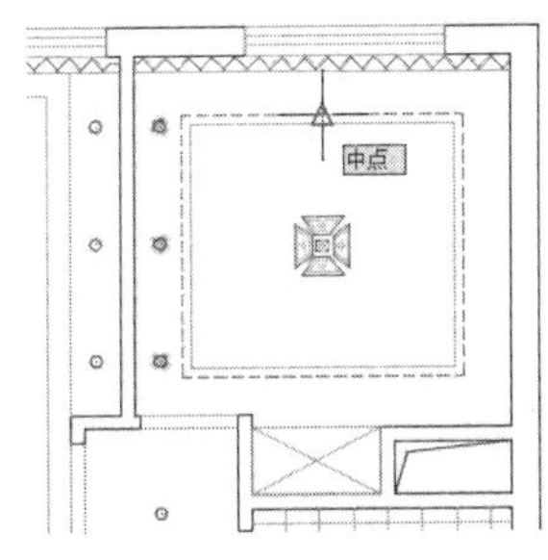

图 9-154 捕捉中点

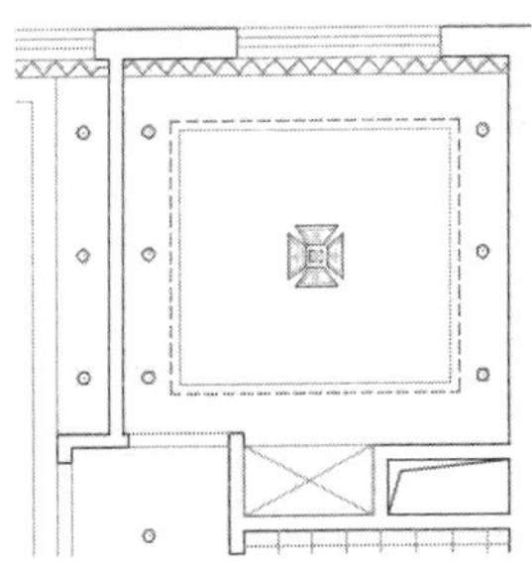
图 9-155 镜像结果

（13）最后执行“另存为”命令，将图形命名存储为“绘制别墅二层吊顶图.dwg”。

9.5 标注高档住宅二层吊顶图

本例主要为别墅二层吊顶装修平面图标注尺寸、材质注解等内容。别墅二层吊顶平面图的最终标注效果，如图 9-156 所示。

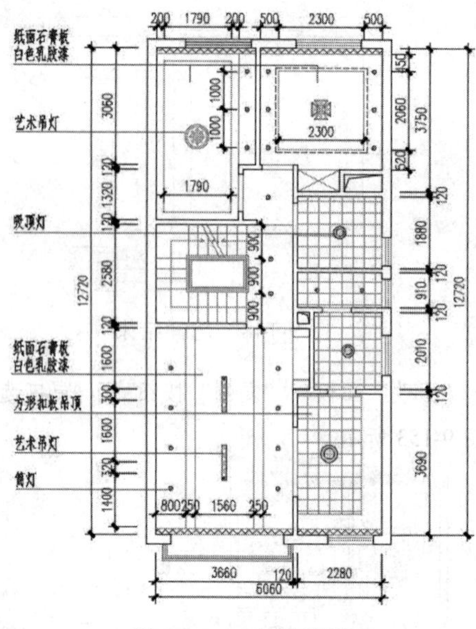

图 9-156　实例效果

9.5.1　标注二层吊顶尺寸注释

（1）打开上例存储的“绘制别墅二层吊顶图.dwg”，或直接从随书光盘中的“\效果文件\第 9 章\”目录下调用此文件。

（2）展开“默认”选项卡→“图层”面板→“图层”下拉列表，解结“尺寸层”，并将其设置为当前图层。

（3）使用快捷键“E”激活“删除”命令，删除平面图上侧的尺寸，结果如图 9-157 所示。

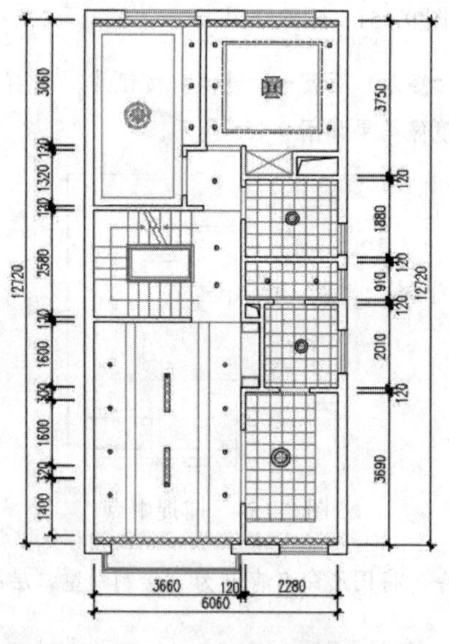

图 9-157　删除结果

（4）单击“默认”选项卡→“注释”面板→“线性”按钮，在命令行“指定第一个尺寸界线原点或 <选择对象>：”提示下，捕捉如图 9-158 所示最近点作为第一个尺寸界线的原点。

（5）在“指定第二条尺寸界线原点:”提示下，捕捉如图 9-159 所示的交点作为第二条界线的原点。

（6）在“指定尺寸线位置或 [多行文 字(M)/文字(T)/角度(A)/水平(H)/垂直(V)/旋转(R)]: ”提示下指定尺寸线位置，标注结果如图 9-160 所示。

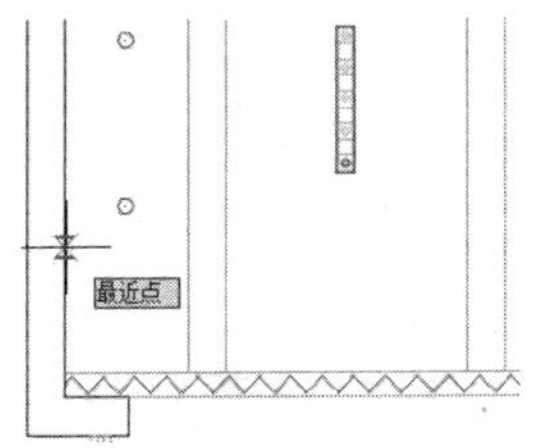

图 9-158 捕捉最近点

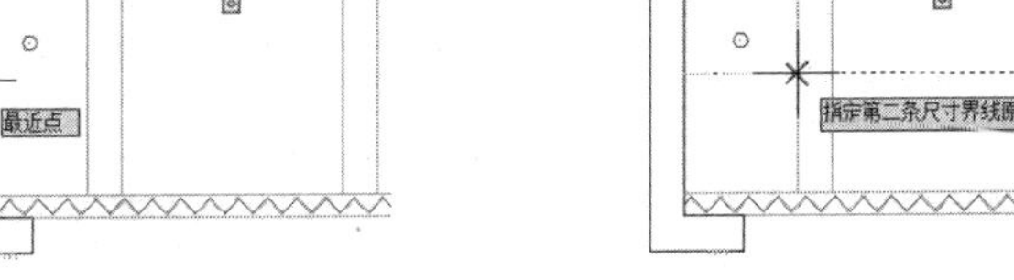

图 9-159 捕捉交点

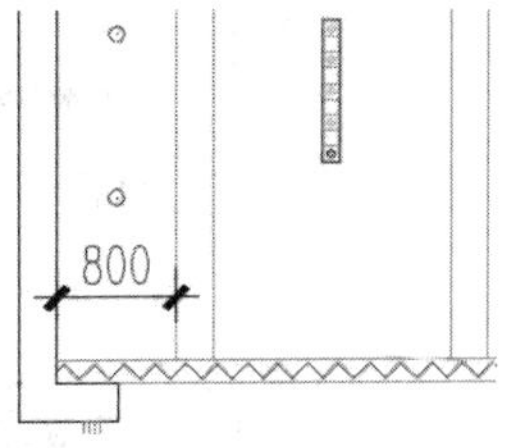

图 9-160 标注结果

（7）单击“注释”选项卡→“标注”面板→“连续”按钮，以刚标注的尺寸作为基准尺寸，配合“极轴追踪”与交点捕捉功能标注如图 9-161 所示的定位尺寸。

（8）参照 4～7 操作步骤，综合使用“线性”和“连续”命令，分别标注其他位置的定位尺寸，结果如图 9-162 所示。

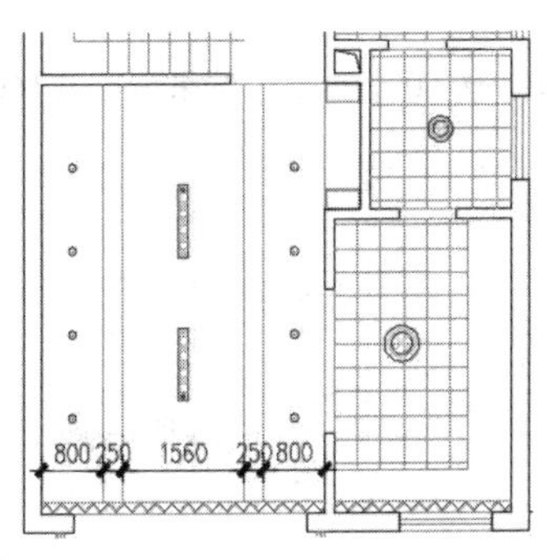

图 9-161 标注结果

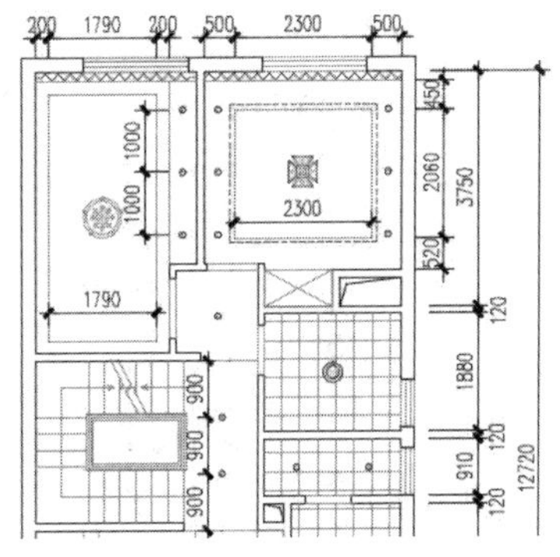

图 9-162 标注其他尺寸

9.5.2 标注二层吊顶文字注释

（1）继续上节操作。

（2）展开“默认”选项卡→“图层”面板→“图层”下拉列表，解冻“文本层”，并将其设置为当前图层。

（3）单击“默认”选项卡→“实用工具”面板→“快速选择”按钮，打开“快速选择”对话框，设置过滤参数如图 9-163 所示，选择文本层上的所有对象进行删除。

（4）暂时关闭“对象捕捉”功能，然后使用快捷键“L”激活“直线”命令，绘制如图 9-164 所示的文字指示线。

（5）使用快捷键“col”激活“颜色”命令，在打开的“选择颜色”对话框中将当前颜色设置为红色。

（6）使用快捷键“DT”激活“单行文字”命令，在命令行“指定文字的起点或 [对正(J)/样式(S)]: ”提示下输入 J 并按 Eenter 键。

（7）在“输入选项 [左(L)/居中(C)/右(R)/对齐(A)/中间(M)/布满(F)/左上(TL)/中上(TC)/右上(TR)/左中(ML)/正中(MC)/右中(MR)/左下(BL)/中下(BC)/右下(BR)]:”提示下输入 BL 并按 Eenter 键，设置文字的对正方式。

（8）在“指定文字的左下点：”提示下捕捉下侧指示线的左端点。

（9）在“指定高度 <3>: ”提示下输入 300 并敲击 Enter 键，将文字高度设置为 300 个单位。

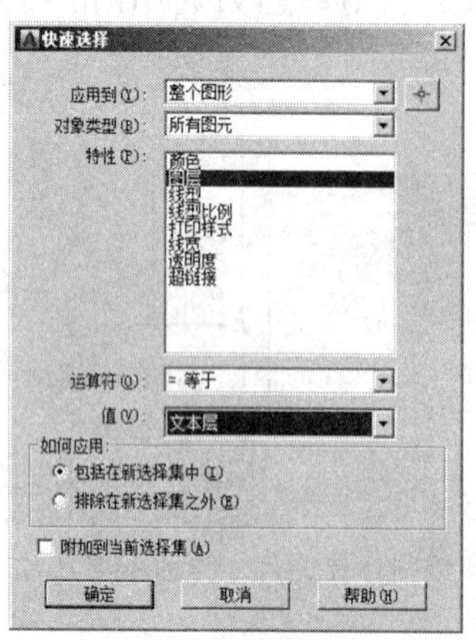

图 9-163 设置过滤参数

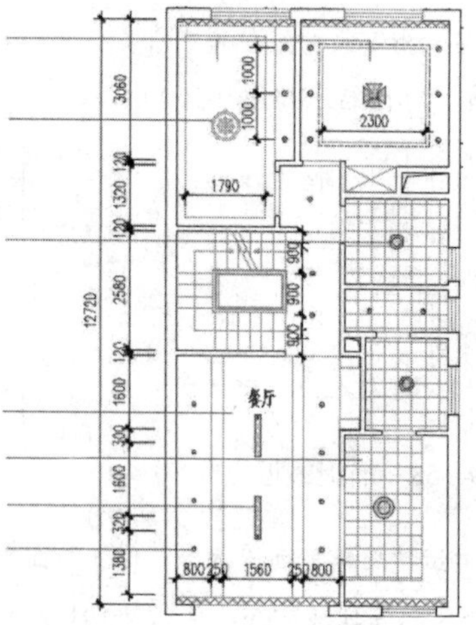

图 9-164 绘制指示线

（10）在“指定文字的旋转角度 <0.00>”提示下按 Enter，然后输入“筒灯”并按 Enter 键，标注如图 9-165 所示文字注释。

（11）使用快捷键“M”激活“移动”命令，将标注的文字垂直上移 60 个单位，结果如图 9-166 所示。

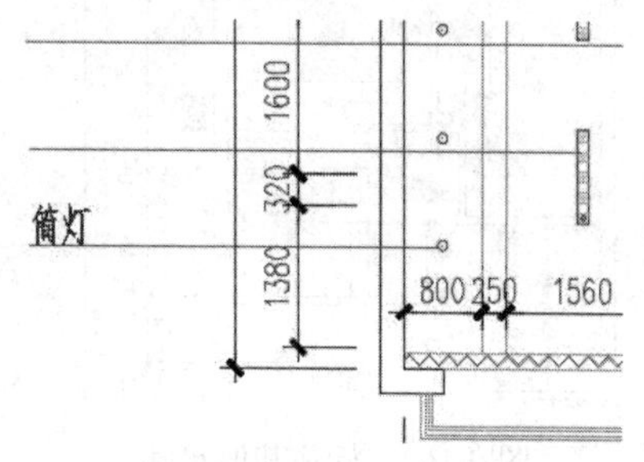

图 9-165 标注文字

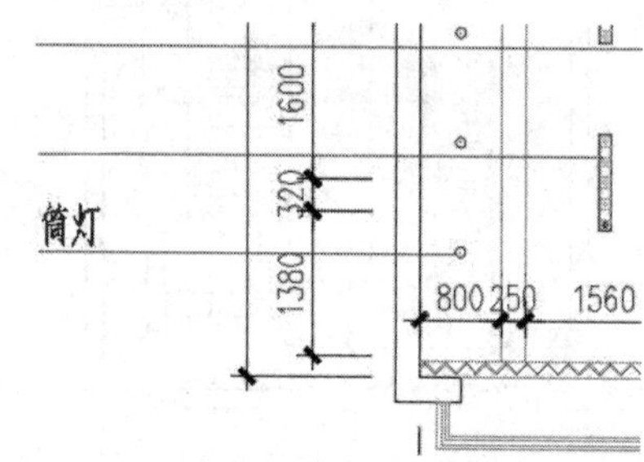

图 9-166 移动文字

（12）接下来参照上述操作，综合使用“单行文字”和“移动”命令，分别标注其他位置的文字注释，结果如图 9-167 所示。

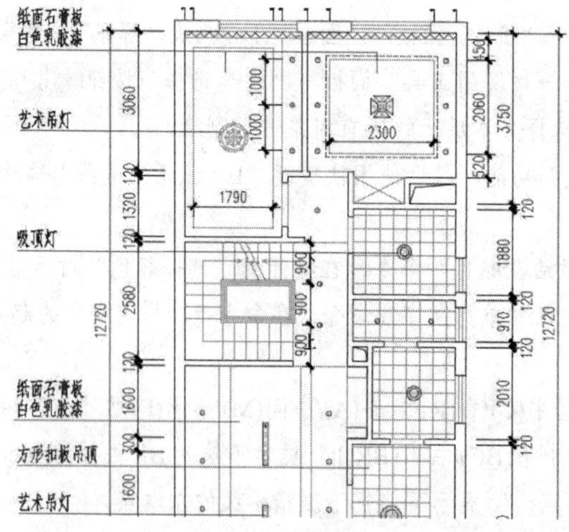

图 9-167 标注其他文字

9.5.3 编辑与完善二层吊顶图

（1）继续上节操作。

（2）在无命令执行的前提下单击厨房卫生间等房间内的吊顶填充图案，使其呈现夹点显示状态，如图 9-168 所示。

（3）在夹点图案上单击右键，在弹出的夹点图案右键菜单中选择“图案填充编辑”选项。

（4）此时系统打开“图案填充编辑”对话框，单击对话框右下角“更多选项”按钮，设置孤岛显示样式为“外部”。

（5）在“图案填充原点”选项组中勾选“指定原点”单选项和“默认为边界范围”复选项，如图 9-169 所示。

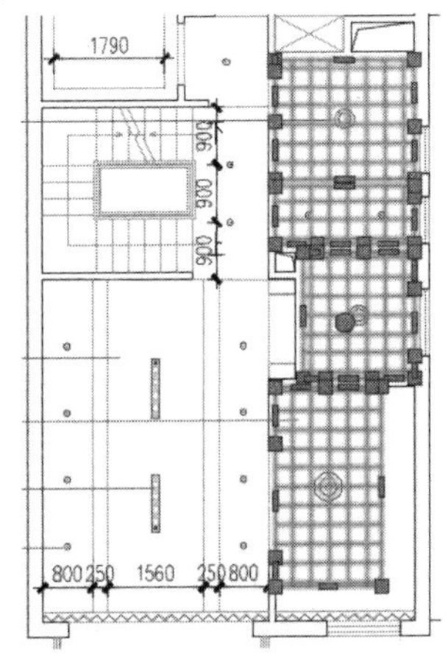

图 9-168 夹点效果

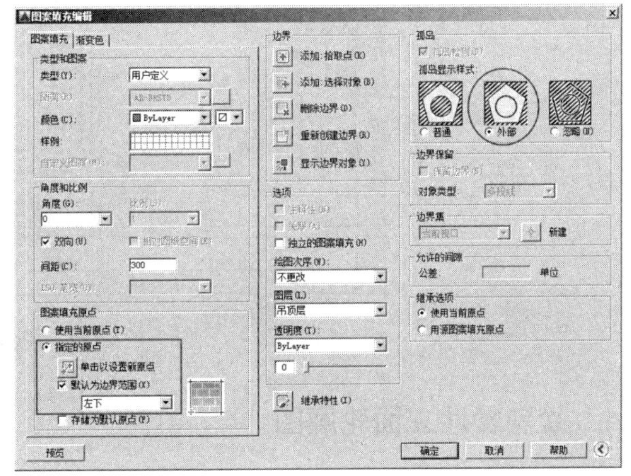

图 9-169 设置原点及孤岛样式

（6）在“图案填充编辑”对话框中单击“添加：选择对象”按钮，返回绘图区在命令行“选择对象或 [拾取内部点(K)/删除边界(B)]:”提示下选择如图 9-170 所示吸顶灯图块。

（7）继续在命令行“选择对象或 [拾取内部点(K)/删除边界(B)]:”提示下分别选择洗衣房和卫生间内的吸顶灯图块，如图 9-171 所示。

（8）按 Enter 键返回“图案填充编辑”对话框，单击 确定 按钮结束命令，结果灯具图块区域被排除在填充图案外，如图 9-172 所示。

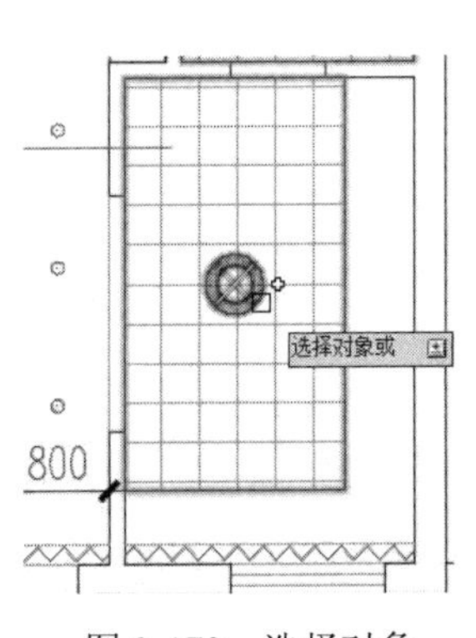

图 9-170 选择对象

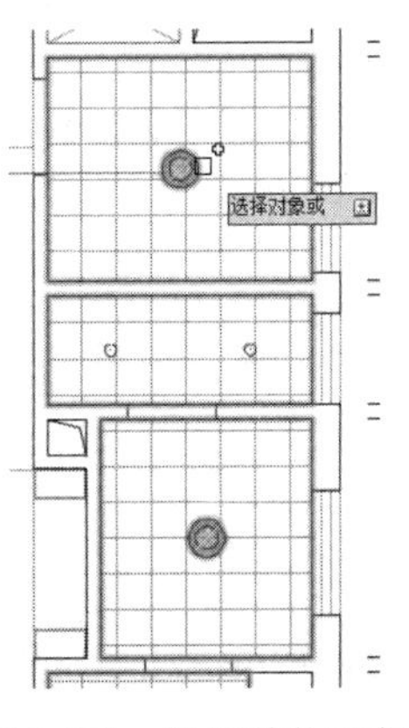

图 9-171 选择其他对象

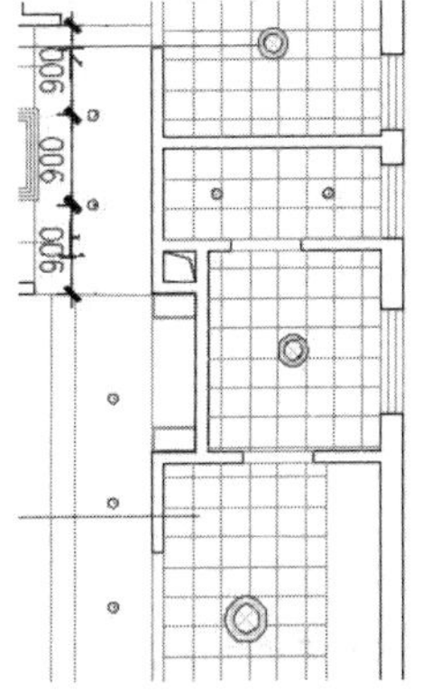

图 9-172 编辑结果

（9）最后执行“另存为”命令，将图形命名存储为“标注别墅二层吊顶装修图.dwg”。

9.6 绘制高档住宅餐厅立面图

本例主要学习高档住宅别墅二层餐厅装修立面图的具体绘制过程和绘制技巧。别墅二层餐厅装修立面图的最终绘制效果，如图 9-173 所示。

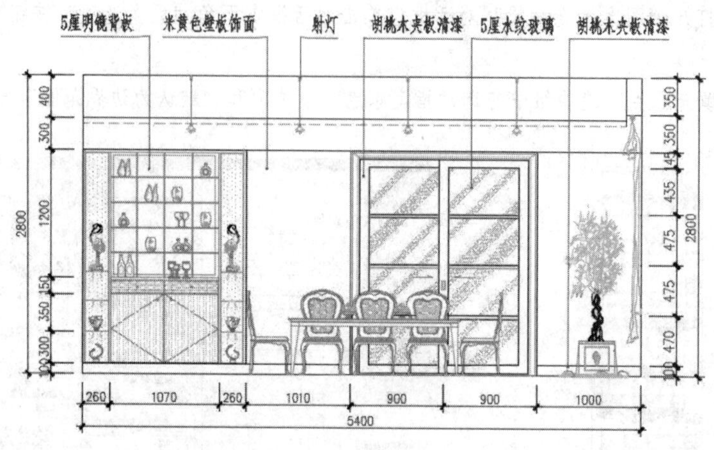

图 9-173　实例效果

9.6.1　绘制餐厅立面轮廓图

（1）单击“快速访问”工具栏→“新建”按钮，调用随书光盘“\样板文件\室内绘图样板.dwt”。

（2）展开“图层”面板→“图层”下拉列表，将“轮廓线”设置为当前图层。

（3）单击“默认”选项卡→“绘图”面板→“矩形”按钮，绘制长度为 5400、宽度为 2800 的立面外轮廓线。

（4）单击“默认”选项卡→“修改”面板→“分解”按钮，选择刚绘制的矩形分解为四条独立的线段。

（5）单击“默认”选项卡→“修改”面板→“偏移”按钮，将分解后的矩形左侧垂直边向右偏移 1590 和 2600 个单位；将矩形右侧垂直边向左偏移 150、1000 个单位。

（6）重复执行“偏移”命令，将上侧水边向下偏移 350 和 400 个单位，将矩形下侧水平边向上偏移 100、2100 和 2350 个单位，结果如图 9-174 所示。

（7）单击“默认”选项卡→“修改”面板→“修剪”按钮，对偏移出的图线进行修剪编辑，结果如图 9-175 所示。

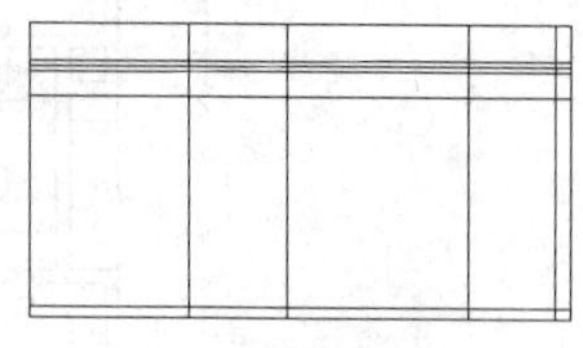

图 9-174　偏移结果

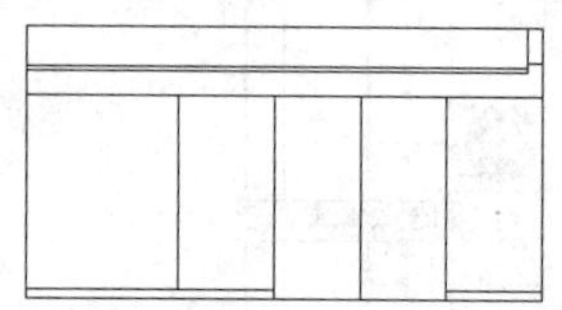

图 9-175　修剪结果

（8）使用快捷键“LT”激活“线型”命令，在打开的“线型管理器”对话框中加载 DASHED 线型并设置线型比例为 8。

（9）在无命令执行的前提下夹点显示如图 9-176 所示的水平轮廓线。

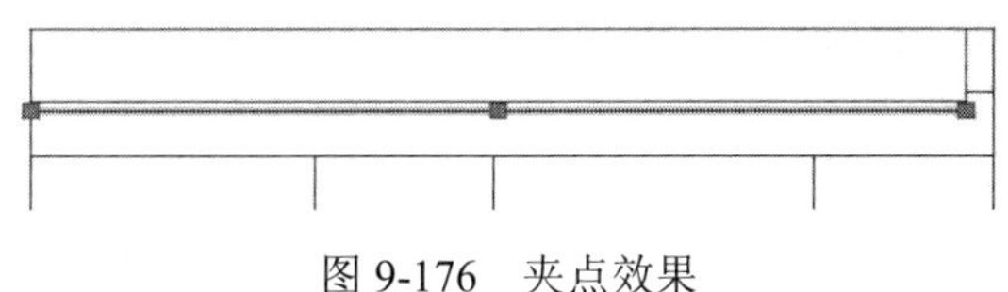

图 9-176　夹点效果

（10）按下 Ctrl+1 组合键，执行“特性”命令，在打开的“特性”窗口中修改窗帘轮廓线的线型及颜色，如图 9-177 所示。

（11）关闭“特性”窗口，并按 Esc 键取消对象的夹点显示，观看操作后的效果，如图 9-178 所示。

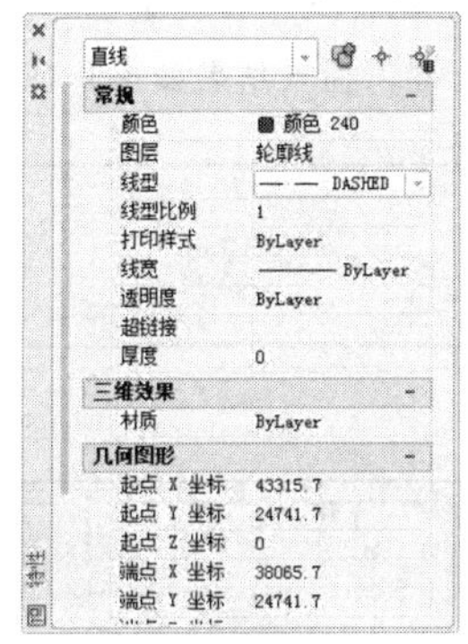

图 9-177　修改特性

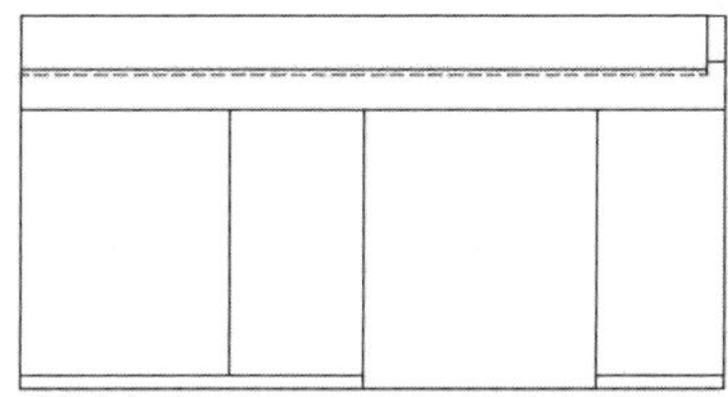

图 9-178　修改结果

9.6.2　绘制餐厅立面构件图

（1）继续上节操作。

（2）展开“默认”选项卡→“图层”面板→“图层”下拉列表，将“家具层”设置为当前图层。

（3）使用快捷键“I”激活“插入块”命令，插入随书光盘中的“\图块文件\酒水柜.dwg”，块参数设置如图 9-179 所示。

（4）返回绘图区，在命令行“指定插入点或 [基点(B)/比例(S)/旋转(R)]:”提示下捕捉如图 9-180 所示的端点作为插入点。

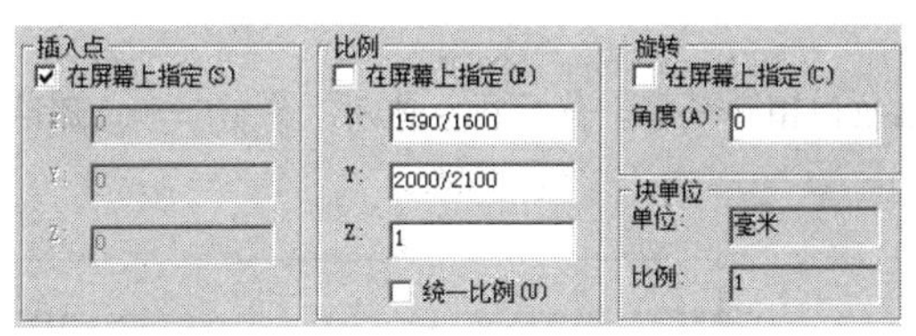

图 9-179　设置块参数

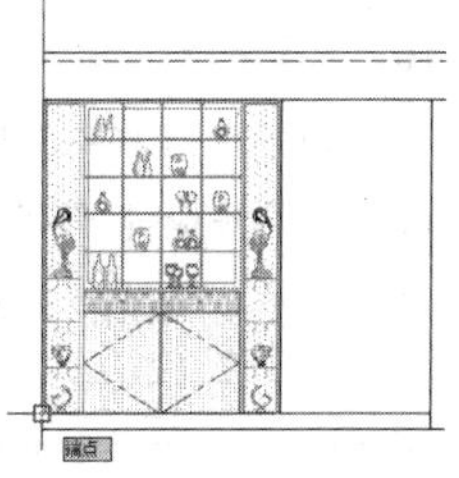

图 9-180　定位插入点

（5）重复执行“插入块”命令，插入随书光盘中的“\图块文件\立面推拉门.dwg”，块参数设置如图 9-181 所示。

（6）返回绘图区，在命令行“指定插入点或 [基点(B)/比例(S)/X/Y/Z/旋转(R)]:”提示下激活“捕捉自”功能，捕捉最右侧垂直轮廓线的下端点作为偏移基点，输入插入点坐标“@-2800,0”，插入结果如图 9-182 所示。

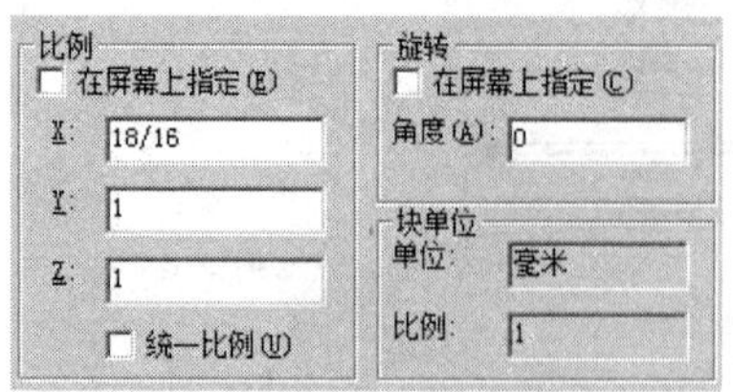

图 9-181　设置块参数

图 9-182　插入结果

（7）使用快捷键“I”激活“插入块”命令，以默认参数插入随书光盘中的“\图块文件\射灯.dwg”。

（8）返回绘图区在命令行“指定插入点或 [基点(B)/比例(S)/X/Y/Z/旋转(R)]:”提示下水平向右引出如图 9-183 所示的端点追踪虚线，然后输入坐标“@1050，0”并按 Enter 键，插入结果如图 9-184 所示。

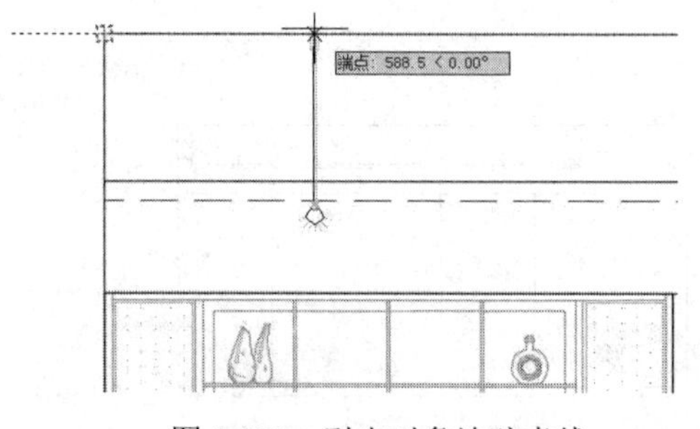

图 9-183　引出对象追踪虚线

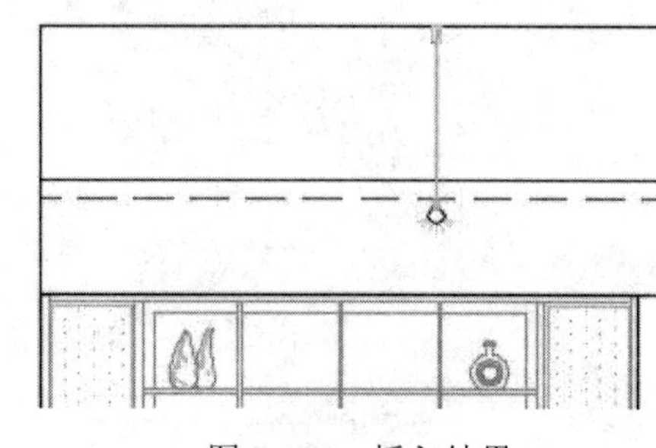

图 9-184　插入结果

（9）单击“默认”选项卡→“修改”面板→“矩形阵列”按钮，将插入的射灯图块向右阵列 4 份，列间距为 1050，阵列结果如图 9-185 所示。

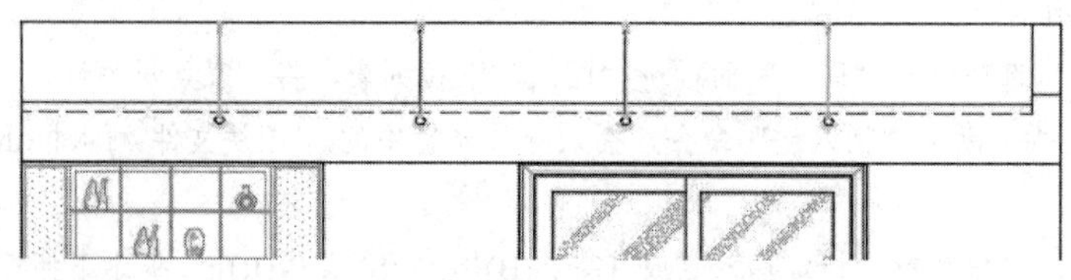

图 9-185　阵列结果

（10）重复执行“插入块”命令，插入随书光盘“\图块文件\”目录下的“窗帘.dwg、绿化盆景 01 和立面餐桌椅.dwg”，结果如图 9-186 所示。

（11）使用快捷键“X”激活“分解”命令，将推拉门图块分解，然后综合使用“修剪”和“删除”命令，对立面图进行修整和完善，结果如图 9-187 所示。

图 9-186　插入结果

图 9-187　修整结果

9.6.3 标注餐厅立面图尺寸

（1）继续上例操作。

（2）展开“默认”选项卡→“图层”面板→“图层”下拉列表，将“尺寸层”设置为当前图层。

（3）展开“默认”选项卡→“图层”面板→“图层”下拉列表，将“尺寸层”设置为当前图层。

（4）使用快捷键“D”激活“标注样式”命令，打开“标注样式管理器”对话框中设置“建筑标注”为当前样式，并修改标注比例为30。

（5）单击“默认”选项卡→“注释”面板→“线性”按钮，配合“对象捕捉”与“对象追踪”功能标注如图9-188所示的线性尺寸。

（6）单击“注释”选项卡→“标注”面板→“连续”按钮，以刚标注的尺寸作为基准尺寸，标注如图9-189所示的细部尺寸。

图9-188 标注结果

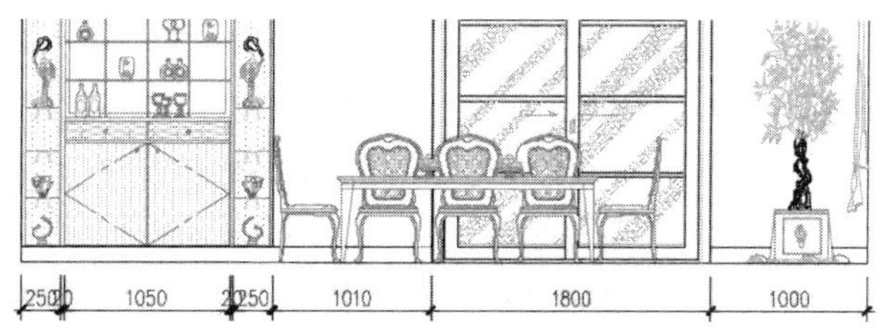

图9-189 标注细部尺寸

（7）在无命令执行的前提下单击标注文字为20的对象，使其呈现夹点显示状态，如图9-190所示。

（8）按住Shift键分别单击标注文字处的两个夹点，将其转化为基点。

（9）在其中一个夹基点上单击左键，然后根据命令行的提示，在适当位置指定文字的位置，并按Esc键取消尺寸的夹点，调整结果如图9-191所示。

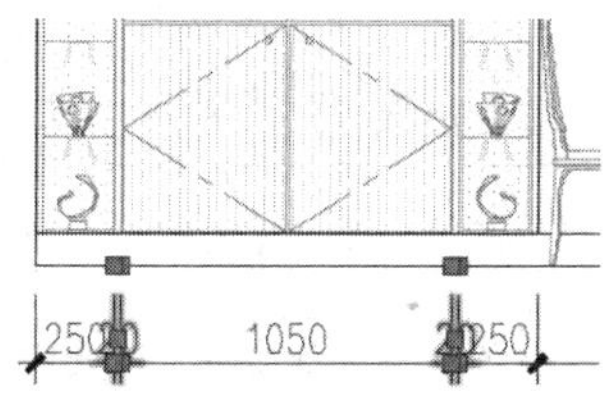

图9-190 夹点显示尺寸

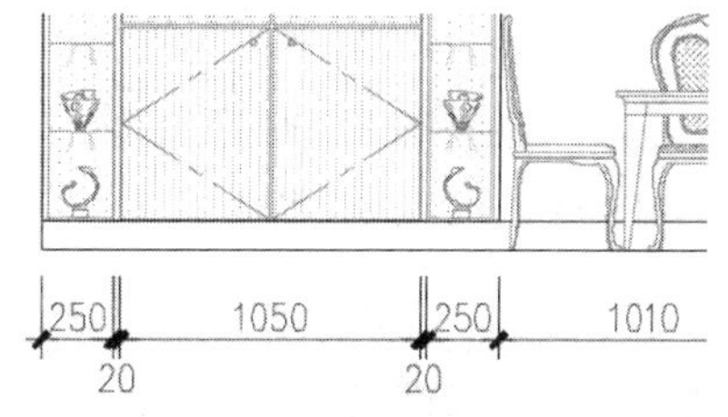

图9-191 调整结果

（10）使用命令简写“*dimlin*”激活“线性”标注命令，配合端点捕捉标注如图9-192所示的总尺寸。

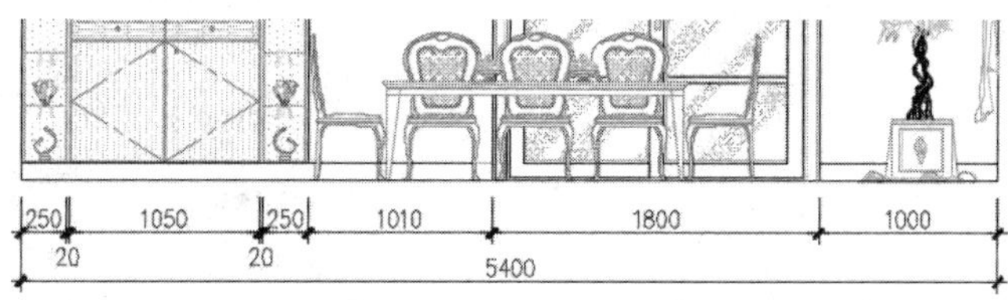

图9-192 标注总尺寸

（11）接下来参照上述操作，综合使用“线性”和“连续”命令，分别标注立面图其他位置的尺寸，标注结果如图9-193所示。

图 9-193　标注其他尺寸

9.6.4　标注餐厅装修材质说明

（1）继续上节操作。

（2）展开“默认”选项卡→“图层”面板→“图层”下拉列表，选择“文本层”设置为当前图层。

（3）暂时关闭“对象捕捉”功能，然后使用快捷键“D”激活“标注样式”命令，在打开的“标注样式管理器”对话框内单击 替代(O)... 按钮，替代当前标注样式如图 9-194 和图 9-195 所示。

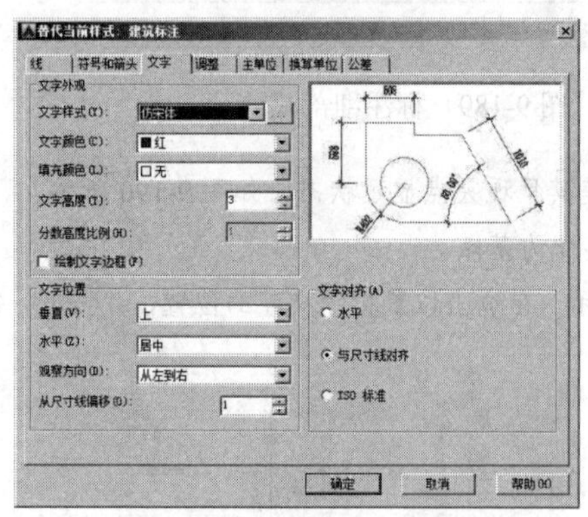

图 9-194　替代文字参数

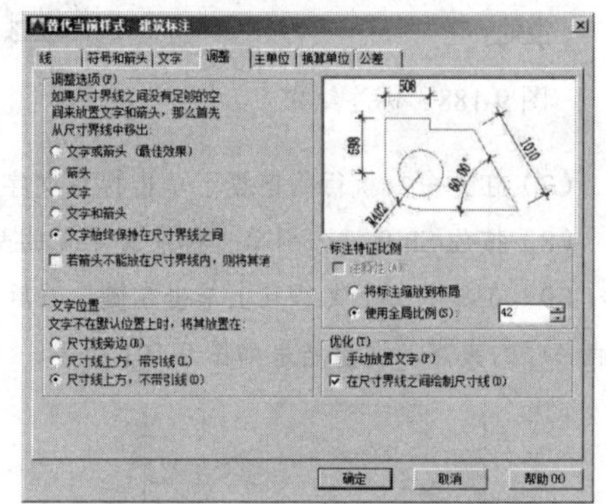

图 9-195　替代调整选项

（4）单击 确定 按钮返回“标注样式管理器”对话框，标注样式的替代效果如图 9-196 所示。

（5）使用快捷键“LE”激活“快速引线”命令，激活命令中的“设置”选项，打开“引线设置”对话框，设置引线和箭头参数如图 9-197 所示。

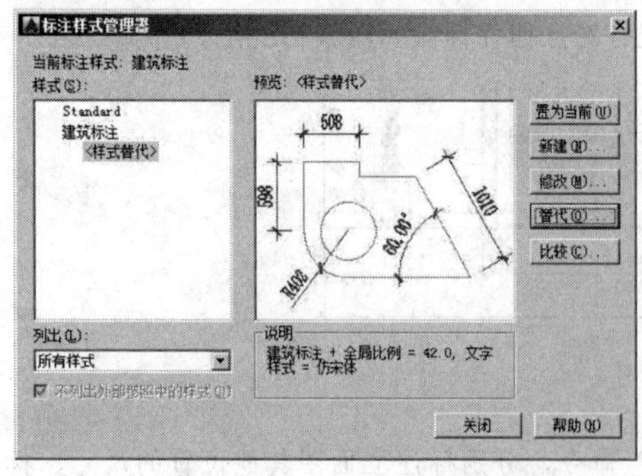

图 9-196　替代效果

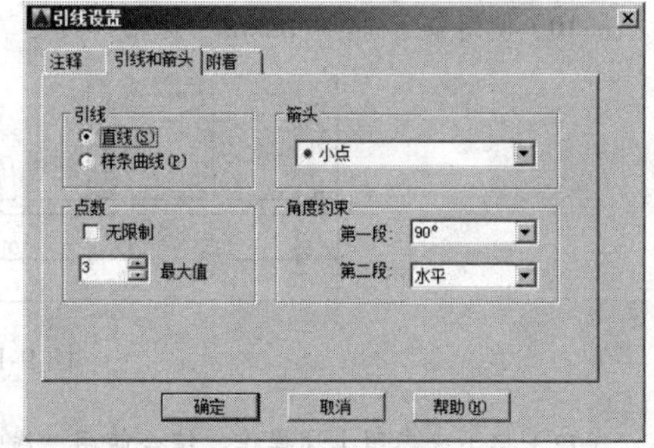

图 9-197　设置引线与箭头

（6）在“引线设置”对话框中展开“附着”选项卡，设置引线注释的附着位置，如图 9-198 所示。

（7）返回绘图区根据命令行的提示在适当位置指定引线点，并设置文字宽度为 0，然后输入“5 厘明镜背板”。

（8）连续两次按 Enter 键结束命令，标注结果如图 9-199 所示。

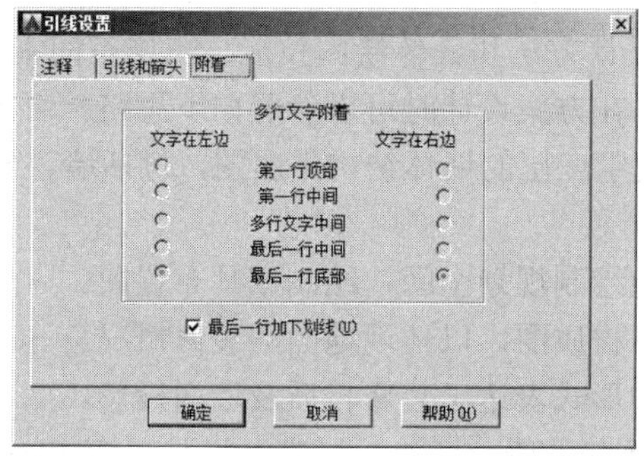

图 9-198　设置附着方式

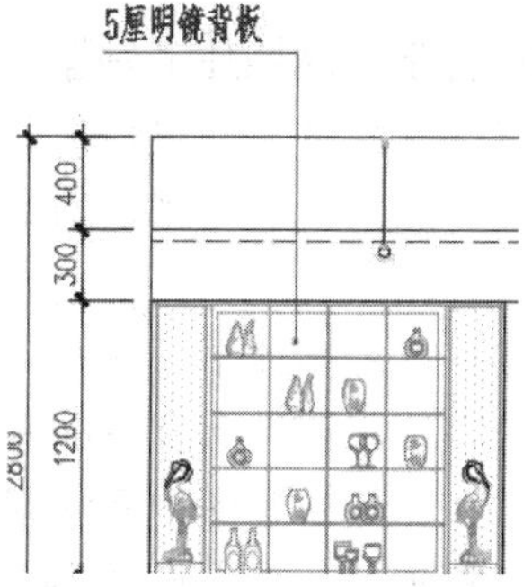

图 9-199　输入引线注释

（9）重复执行“快速引线”命令，按照当前的引线设置，分别标注其他位置的引线注释，结果如图 9-200 所示。

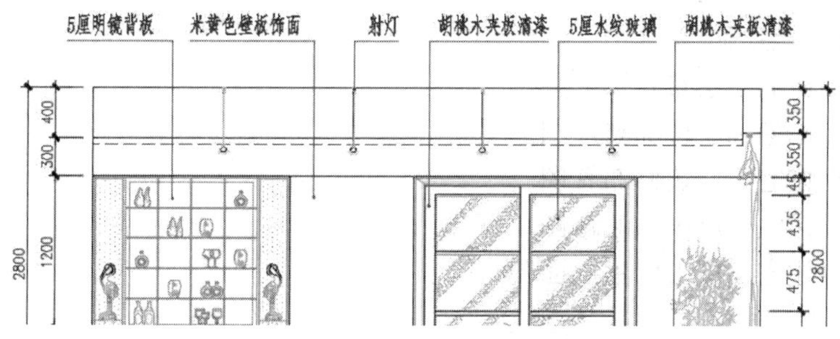

图 9-200　标注其他引线注释

（10）调整视图，使图形全部显示在绘图区内，结果如图 9-173 所示。

（11）最后执行“保存”命令，将图形命名存储为“绘制二层餐厅立面图.dwg”。

9.7　本 章 小 结

本章主要按照实际的设计流程，详细讲述了别墅二层装修方案图的设计方法、设计思路、绘图过程以及绘图技巧。具体分为“绘制别墅二层墙体结构图、绘制别墅二层布置图、绘制别墅二层地面材质图、标注别墅二层布置图、绘制别墅二层吊顶图以及绘制别墅餐厅立面图”等操作案例。

在绘制二层墙体结构图时，由于纵横墙体交错，其宽度不一，在绘制此类墙体图时，最好事先绘制出墙体的定位轴线，然后再使用“多线”及“多线编辑工具”等命令快速绘制。

在绘制地面材质图时，使用频率最高的命令就是“图案填充”命令，不过有时需要使用“图层”命令中的状态控制功能，以加快图案的填充速度。

另外，在绘制吊顶图时，要注意窗帘及窗帘盒的快速表达技巧以及吊顶灯具的布置技巧。

第 10 章　高档住宅别墅三层装修设计

本章将学习高档住宅别墅三层装修方案的设计方法和具体绘图技能。三层空间主要划分为主卧室、次卧室、书房、更衣室、卫生间等，在方案设计时可以参照如下思路。

（1）首先根据事先测量的数据，初步准备别墅三层的墙体结构平面图，包括墙、窗、门、楼梯等内容。

（2）在三层墙体平面图基础上合理、科学地绘制规划空间，绘制家具布置图。

（3）在三层家具布置图的基础上绘制其地面材质图，以体现地面的装修概况。

（4）在三层布置图中标注尺寸，并以文字的形式表达出装修材质及墙面投影。

（5）根据三层布置图绘制三层天花图，具体有吊顶、灯池、灯带、灯具、窗帘等构件的布置等。

（6）最后根据布置图绘制墙面立面图，并标注立面尺寸及材质说明。

■ **本章内容**

✧ 绘制高档住宅三层墙体图
✧ 绘制高档住宅三层布置图
✧ 标注高档住宅三层地面材质图
✧ 标注高档住宅三层装修布置图
✧ 标注高档住宅三层吊顶装修图
✧ 绘制高档住宅三层主卧室立面图

10.1　绘制高档住宅三层墙体图

本例主要学习高档住宅别墅三层墙体结构平面图的具体绘制过程和绘制技巧。别墅三层墙体平面图的最终绘制效果，如图 10-1 所示。

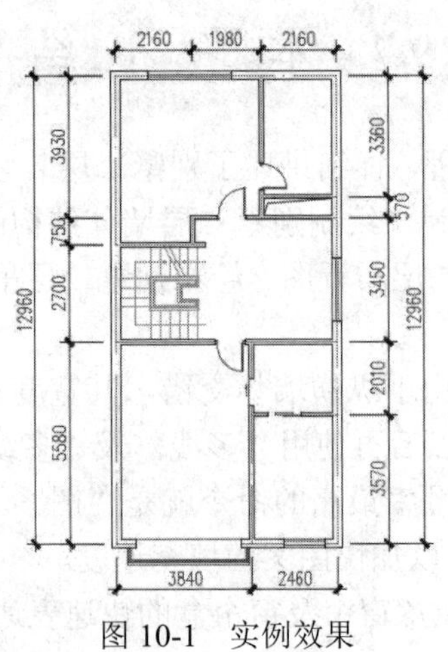

图 10-1　实例效果

10.1.1 绘制定位轴线图

（1）单击“快速访问”工具栏→“新建”按钮，调用随书光盘“\样板文件\室内绘图样板.dwt”。

（2）展开“默认”选项卡→“图层”面板→“图层”下拉列表，设置“轴线层”为当前操作层。

（3）单击“默认”选项卡→“绘图”面板→“矩形”按钮，绘制长度为 6300、宽度为 12960 的矩形作为基准轴线。

（4）单击“默认”选项卡→“修改”面板→“分解”按钮，将矩形分解。

（5）单击“默认”选项卡→“修改”面板→“偏移”按钮，将左侧的垂直边向右偏移 2160、3840 和 4140 个单位，将下侧的水平边向上偏移 3570、5580 和 8280，结果如图 10-2 所示。

（6）重复执行“偏移”命令，将上侧的水平边向下偏移 3360 和 3930，结果如图 10-3 所示。

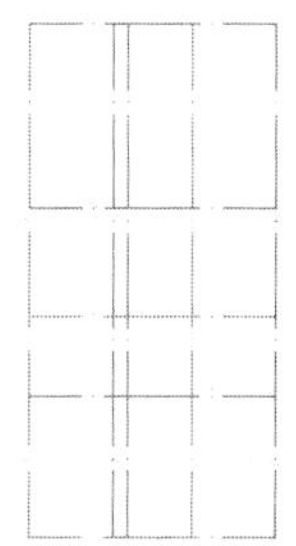

图 10-2 偏移结果

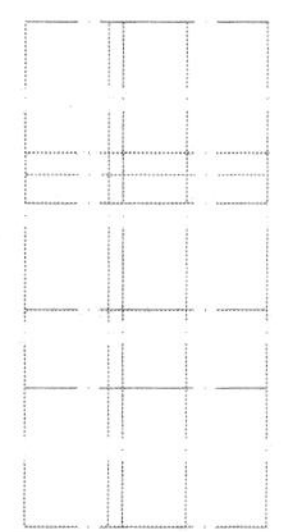

图 10-3 偏移其他边

（7）在无命令执行的前提下，夹点显示如图 10-4 所示的水平轴线。

（8）单击左侧的夹点，然后在命令行“指定拉伸点或 [基点(B)/复制(C)/放弃(U)/退出(X)]:”提示下捕捉如图 10-5 所示的交点作为拉伸目标点。

（9）按下键盘上的 Esc 键，取消对象的夹点显示状态，编辑结果如图 10-6 所示。

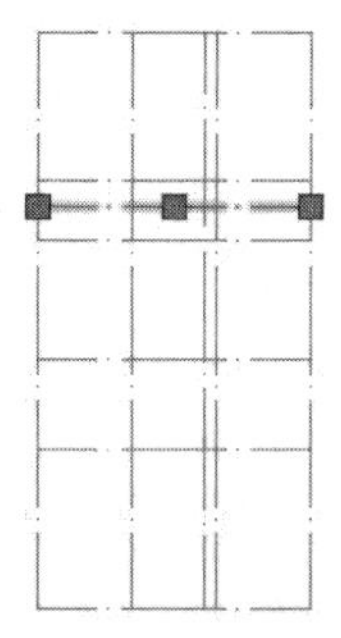

图 10-4 夹点显示

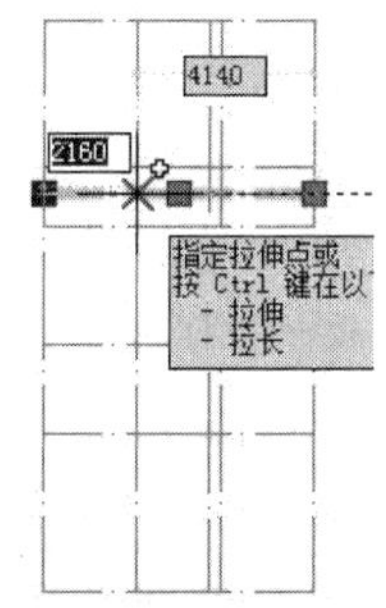

图 10-5 捕捉交点

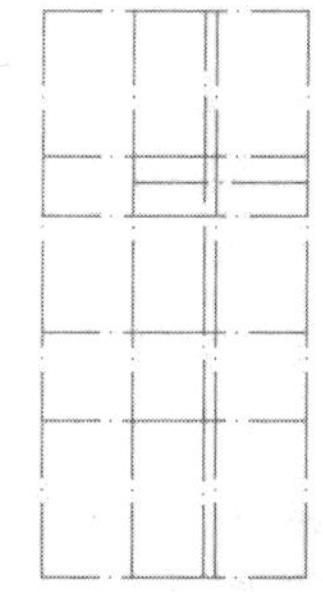

图 10-6 编辑结果

（10）参照 7～9 步骤，使用夹点编辑功能分别对其他轴线进行夹点编辑，编辑结果如图 10-7 所示。

（11）使用快捷键“LEN”激活“拉长”命令，在命令行“选择要测量的对象或 [增量(DE)/百分比(P)/总计(T)/动态(DY)] <增量(DE)>:”提示下输入 t 按 Enter 键，激活“总计”选项。

（12）在“指定总长度或 [角度(A)] <1.0>:”提示下输入 2520，并按 Enter 键，设置总长度。

（13）在“选择要修改的对象或 [放弃(U)]:”提示下，在水平轴线 L 的右端单击左键，结果该轴线被缩短为 2520 个单位，结果如图 10-8 所示。

（14）继续在“选择要修改的对象或 [放弃(U)]:”提示下按 Enter 键结束命令。

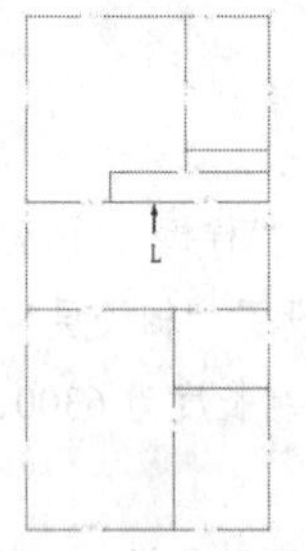

图 10-7　编辑其他轴线

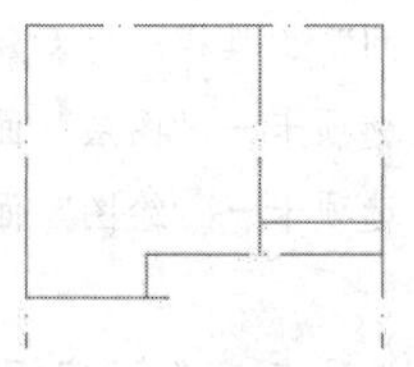
图 10-8　编辑结果

10.1.2　绘制门窗位置图

（1）继续上节操作。

（2）在命令行暂时设置系统变量 LTSCALE 的值为 1。

（3）单击“默认”选项卡→“修改”面板→“偏移”按钮，将最左侧的垂直轴线向右偏移 900 和 3300 个单位，如图 10-9 所示。

（4）单击“默认”选项卡→“修改”面板→“修剪”按钮，选择偏移出的两条垂直轴线作为边界，如图 10-10 所示，对最上侧水平轴线进行修剪，创建宽度为 2400 的窗洞，结果如图 10-11 所示。

（5）使用快捷键“E”激活“删除”命令，将偏移出的两条垂直轴线删除，结果如图 10-12 所示。

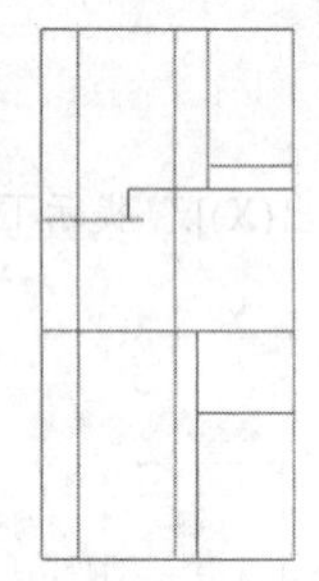
图 10-9　偏移结果

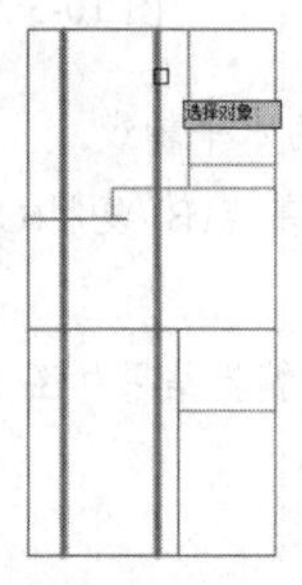

图 10-10　选择边界

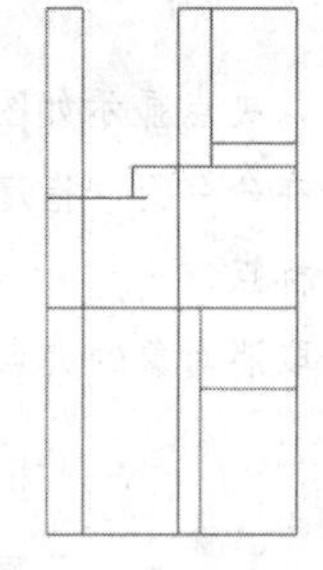
图 10-11　修剪结果

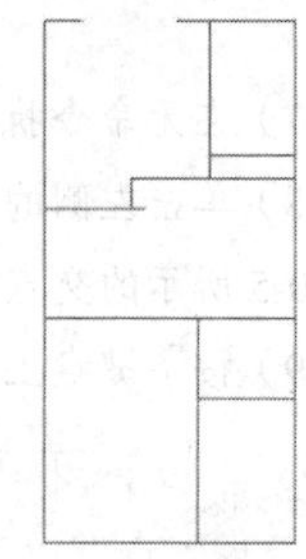
图 10-12　删除结果

（6）单击“默认”选项卡→“修改”面板→“打断”按钮，绘制宽度为 750 的门洞，命令行操作如下。

```
命令: _break
选择对象:                              //选择如图 10-13 所示的垂直轴线
指定第二个打断点 或 [第一点(F)]:        //F 按 Enter，重新指定第一断点
指定第一个打断点:                       //激活“捕捉自”功能
 _from 基点:                           //捕捉如图 10-14 所示的端点
 <偏移>:                               //@0,-2430 Enter
指定第二个打断点:                       //@0,-750Enter，结果如图 10-15 所示
```

（7）参照第 2～6 操作步骤，分别对其他位置的轴线进行打断和修剪操作，以创建各位置的门、窗洞口，结果如图 10-16 所示。

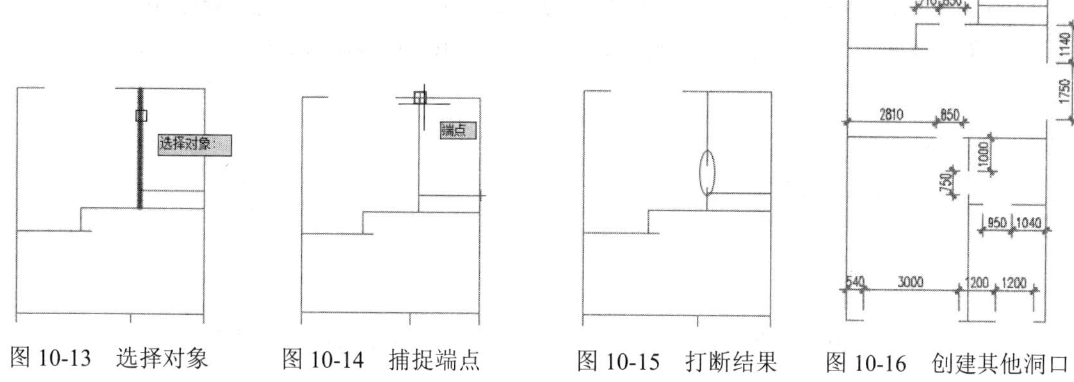

图 10-13　选择对象　　图 10-14　捕捉端点　　图 10-15　打断结果　　图 10-16　创建其他洞口

10.1.3　绘制墙体布置图

（1）继续上节操作。

（2）展开“默认”选项卡→“图层”面板→“图层”下拉列表，将“墙线层”设置为当前图层。

（3）使用快捷键“Mlstyle”激活“多线样式”命令，在打开的“多线样式”对话框中设置“墙线样式”为当前样式。

（4）使用快捷键“ML”激活“多线”命令，设置对正方式为无，然后配合端点捕捉功能绘制宽度为 240 的承重墙体，结果如图 10-17 所示。

（5）重复执行“多线”命令，设置多线对正方式不变，绘制宽度为 120 的非承重墙线，如图 10-18 所示。

（6）展开“默认”选项卡→“图层”面板→“图层”下拉列表，关闭“轴线层”，结果如图 10-19 所示。

图 10-17　绘制主墙　　图 10-18　绘制次墙　　图 10-19　关闭轴线

（7）在墙线上双击左键，打开“多线编辑工具”对话框，然后单击“T 形合并”按钮。

（8）返回绘图区在命令行的“选择第一条多线：”提示下单击如图 10-20 所示的墙线。

（9）在“选择第二条多线：”提示下选择如图 10-21 所示的墙线，结果这两条多线被合并，如图 10-22 所示。

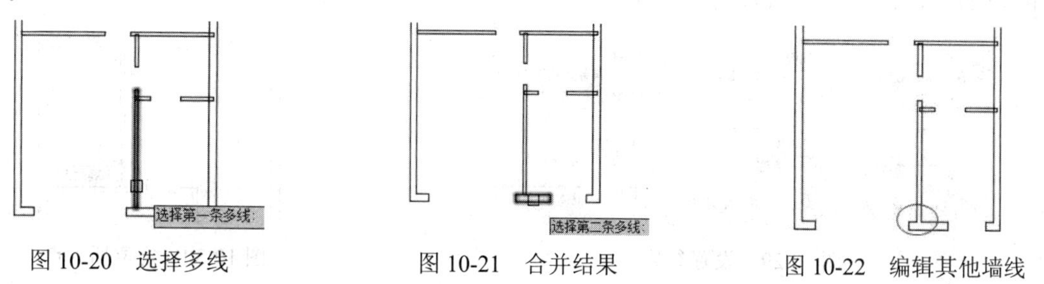

图 10-20　选择多线　　图 10-21　合并结果　　图 10-22　编辑其他墙线

(10) 继续根据命令行的提示，分别选择其他位置T形墙线进行合并，合并结果如图10-23所示。

(11) 使用快捷键“PL”激活“多段线”命令，绘制如图10-24所示的多段线作为示意线。

图10-23　合并结果　　图10-24　绘制结果

10.1.4　绘制建筑构件图

(1) 继续上节操作。

(2) 展开“默认”选项卡→“图层”面板→“图层”下拉列表，将“门窗层”设置为当前图层。

(3) 在命令行输入命令MLSTYLE，打开“多线样式”对话框，然后设置“窗线样式”为当前样式。

(4) 使用快捷键“ML”激活“多线”命令，将对正方式设置为无，多线比例设置为240，配合中点捕捉功能绘制如图10-25所示的窗线。

(5) 参照二层平面图中的凸窗绘制过程，使用“多线”命令为三层平面图绘制凸窗，凸窗的侧面宽度为450、总长度为3480，绘制结果如图10-26所示。

(6) 使用快捷键“PL”激活“多段线”命令，配合端点捕捉功能，绘制如图10-27所示的门轮廓线及示意线。

(7) 使用快捷键“REC”激活“矩形”命令，绘制长度为500、宽度为40的两个矩形，作为推拉门，如图10-28所示。

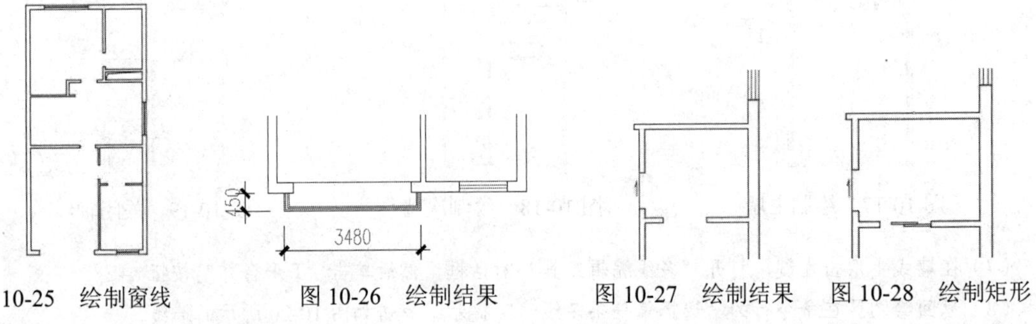

图10-25　绘制窗线　　图10-26　绘制结果　　图10-27　绘制结果　　图10-28　绘制矩形

(8) 使用快捷键“I”激活“插入块”命令，插入随书光盘中的“\图块文件\单开门.dwg”，块参数设置如图10-29示，插入点为图10-30所示的中点。

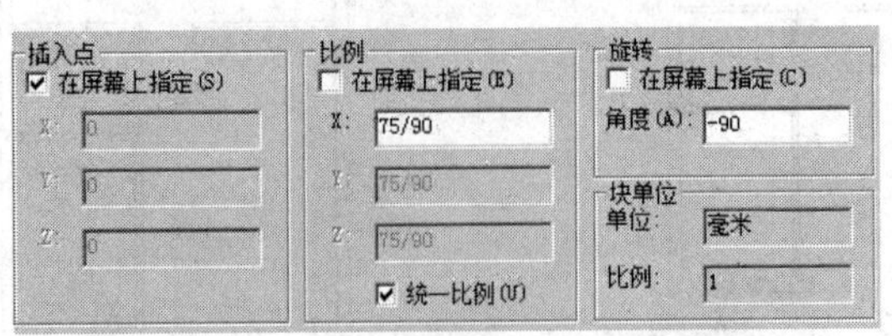

图10-29　设置参数

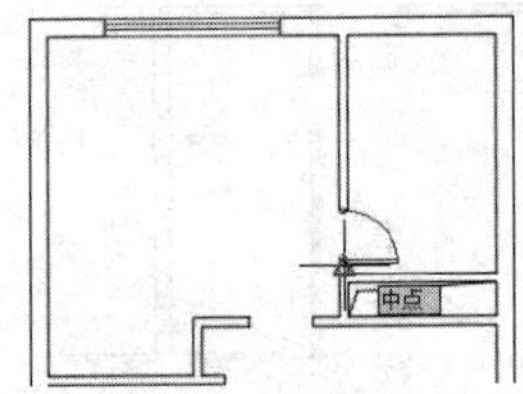

图10-30　定位插入点

（9）重复执行“插入块”命令，设置块参数如图 10-31 所示，继续插入单开门图块，插入点为图 10-32 所示中点。

图 10-31　设置参数

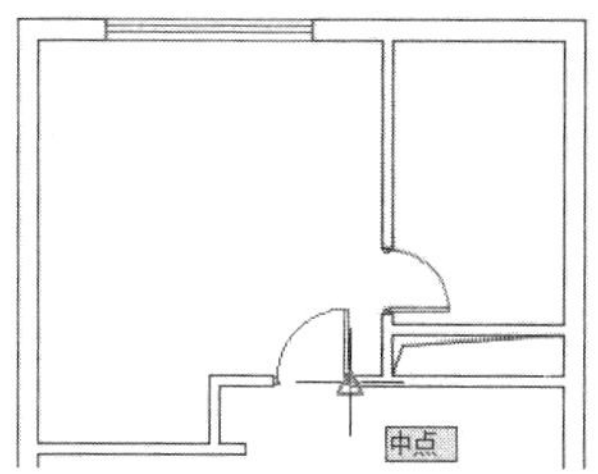

图 10-32　定位插入点

（10）重复执行“插入块”命令，设置块参数如图 10-33 所示，继续插入单开门图块，插入点为图 10-34 所示中点。

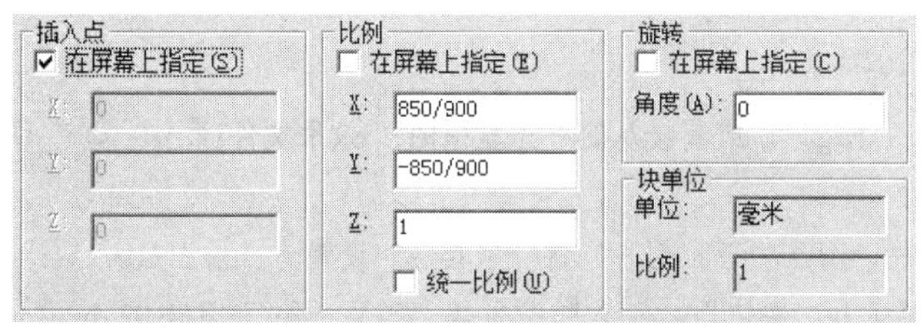

图 10-33　设置参数

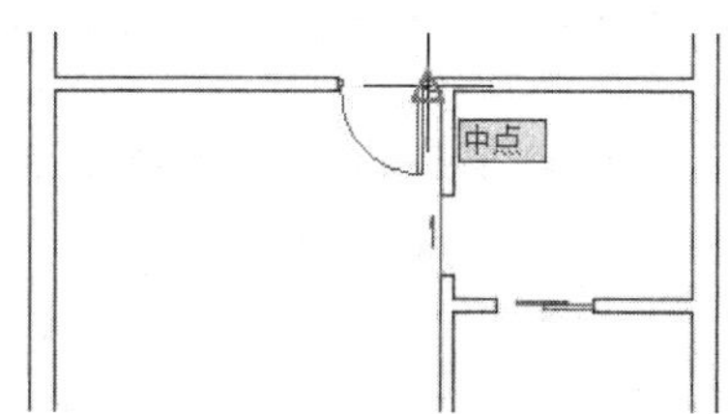

图 10-34　定位插入点

（11）展开“默认”选项卡→“图层”面板→“图层”下拉列表，将“楼梯层”设置为当前图层。

（12）使用快捷键“I”激活“插入块”命令，以默认参数插入“\图块文件\楼梯 3.dwg”，插入点为图 10-35 所示的中点，插入结果如图 10-36 所示。

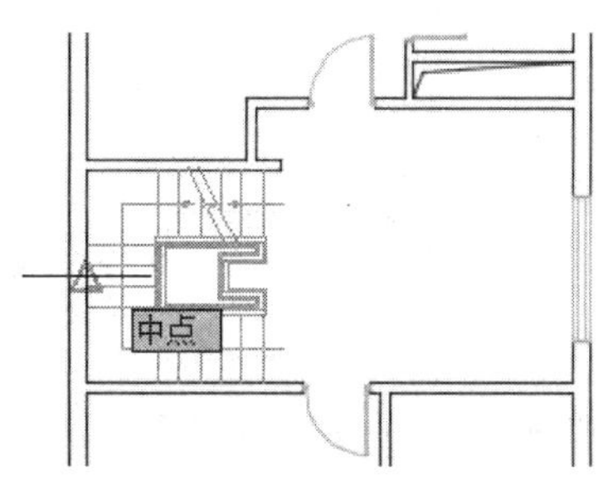

图 10-35　定位插入点

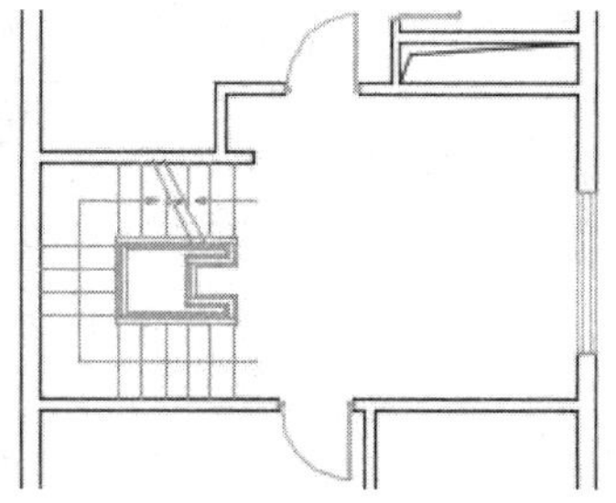

图 10-36　插入结果

（13）最后执行“保存”命令，将图形命名存储为“绘制别墅三层墙体图.dwg”。

10.2　绘制高档住宅三层布置图

本例主要学习高档住宅别墅三层装修家具布置图的具体绘制过程和绘制技巧。别墅三层装修布置图的最终绘制效果，如图 10-37 所示。

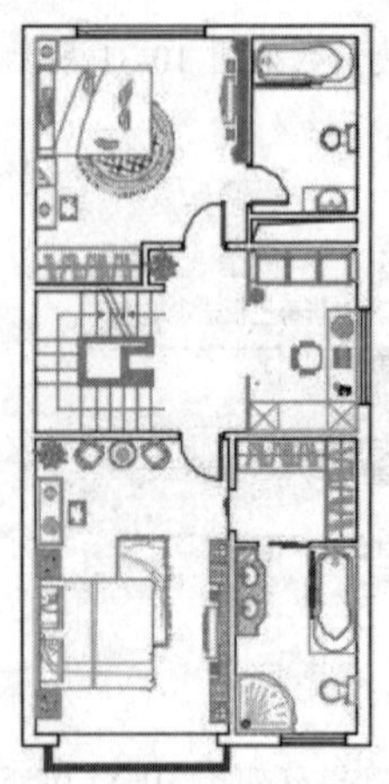

图 10-37　实例效果

10.2.1　绘制主卧室家具布置图

（1）打开上例存储的“绘制别墅二层墙体图.dwg”，或直接从随书光盘中的“\效果文件\第 10 章\”目录下调用此文件。

（2）展开“默认”选项卡→“图层”面板→“图层”下拉列表，将“家具层”设置为当前图层。

（3）单击“默认”选项卡→“块”面板→“插入块”按钮，插入随书光盘“\图块文件\平面床 02.dwg”，设置块参数如图 10-38 所示。

（4）返回绘图区，在命令行“指定插入点或 [基点(B)/比例(S)/旋转(R)]:”提示下垂直向上引出如图 10-39 所示的端点追踪虚线，然后输入 300 并按 Enter 键，定位插入点。

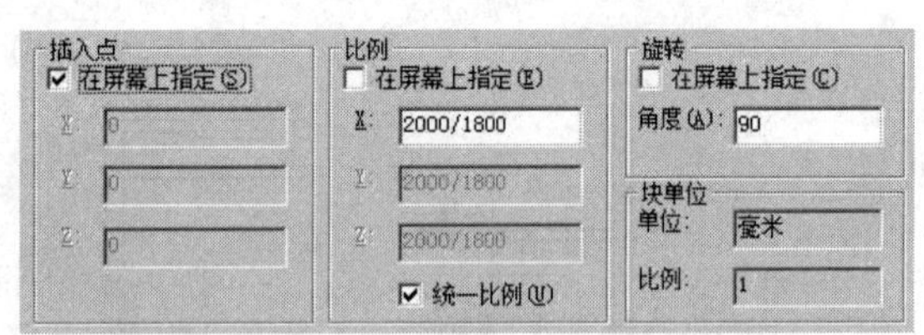

图 10-38　设置块参数

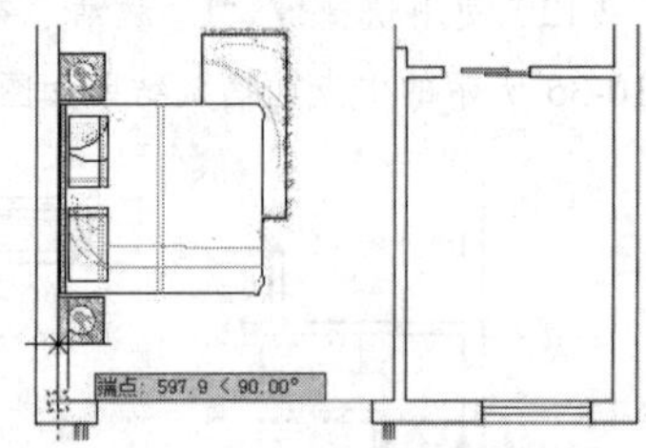

图 10-39　引出对象追踪虚线

（5）重复执行“插入块”命令，插入随书光盘中的“\图块文件\电视柜 1.dwg”，块参数设置如图 10-40 所示。

（6）返回绘图区，在命令行“指定插入点或 [基点(B)/比例(S)/旋转(R)]:”提示下捕捉如图 10-41 所示的中点作为插入点。

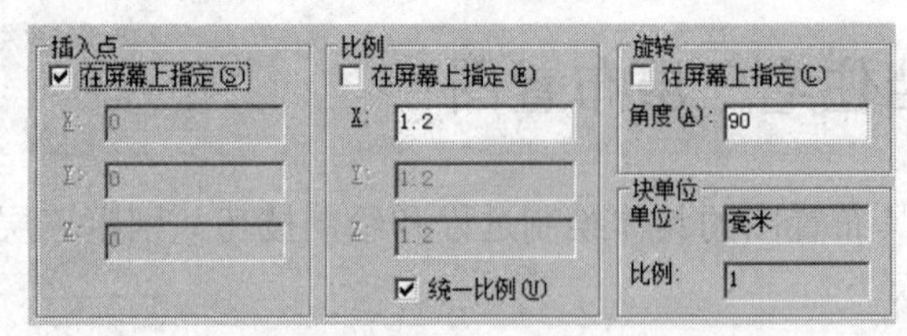

图 10-40　设置块参数

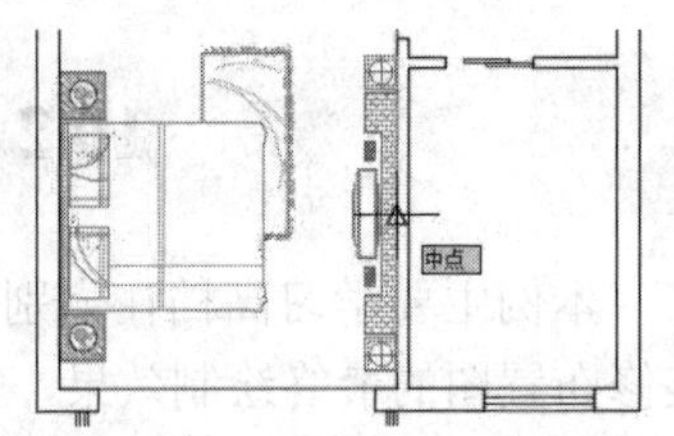

图 10-41　捕捉中点

（7）重复执行“插入块”命令，插入随书光盘中的“\图块文件\休闲桌椅 02.dwg”，块参数设置如图 10-42 所示。

（8）返回绘图区在命令行“指定插入点或 [基点(B)/比例(S)/旋转(R)]:”提示下，在适当位置指定插入点，如图 10-43 所示。

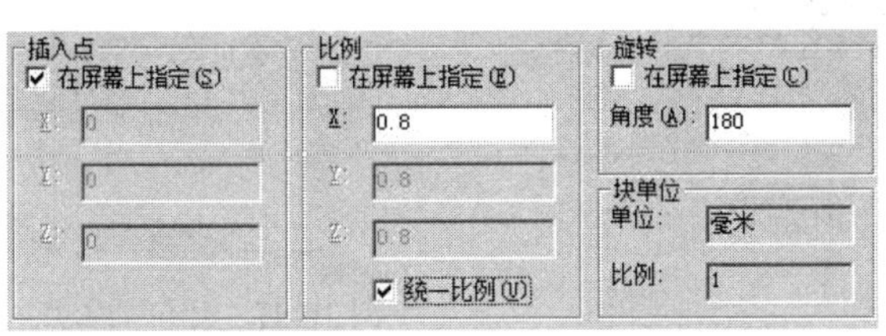

图 10-42　设置块参数

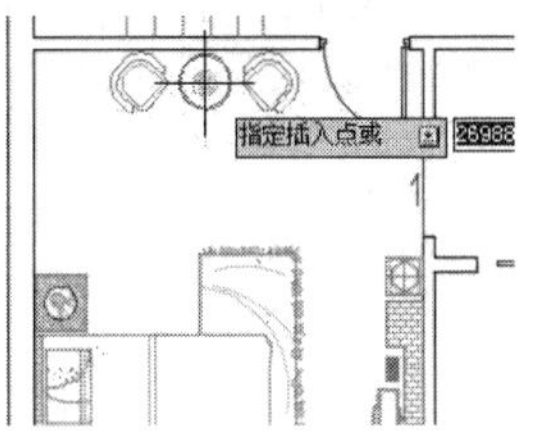

图 10-43　定位插入点

（9）重复执行“插入块”命令，以默认参数插入随书光盘“\图块文件\”目录下的“化盆景 03.dwg”和“梳妆台 1.dwg”，插入结果如图 10-44 所示。

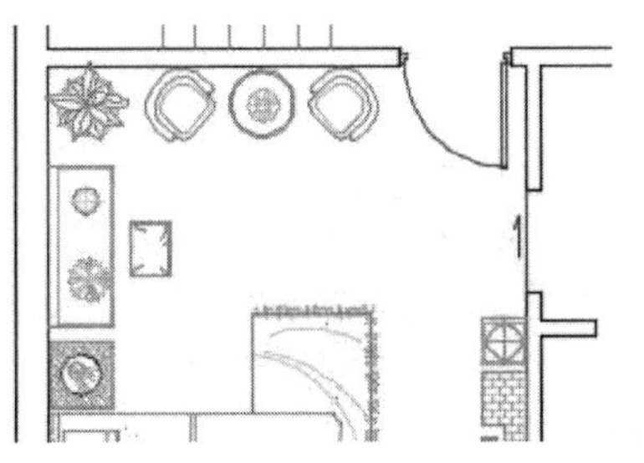

图 10-44　插入结果

10.2.2　绘制主卫家具布置图

（1）继续上节操作。

（2）单击“视图”选项卡→“选项板”面板→“设计中心”按钮，定位随书光盘中的“图块文件”文件夹。

（3）在右侧的窗口中选择“双人面盆 2.dwg”文件，然后单击右键，选择“插入为块”选项，如图 10-45 所示，将此图形以块的形式共享到平面图中。

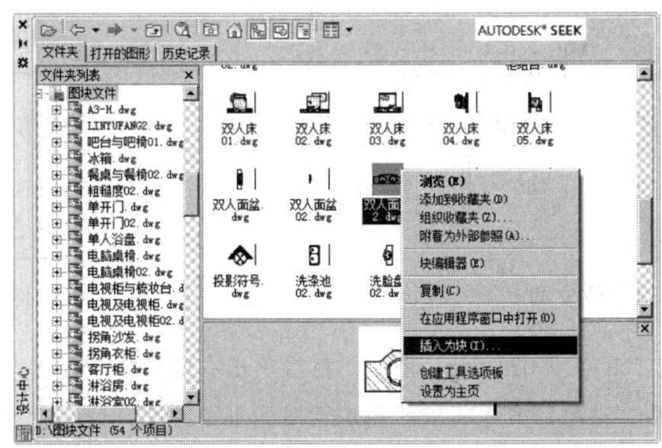

图 10-45　选择文件

（4）此时系统打开“插入”对话框，设置参数如图 10-46 所示，然后配合端点捕捉功能将该图块插入平面图中，插入点如图 10-47 所示的端点。

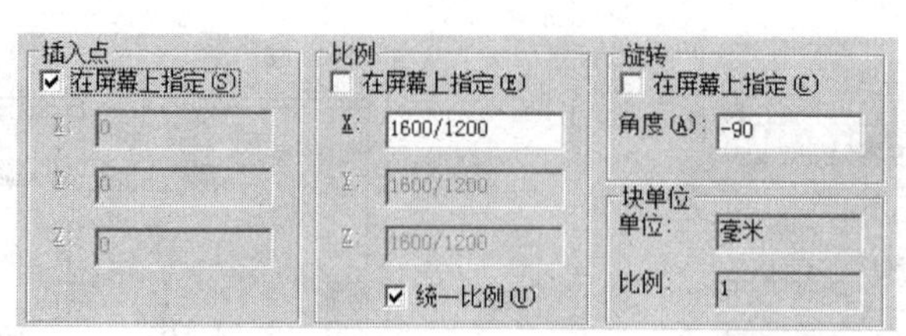

图 10-46　设置参数

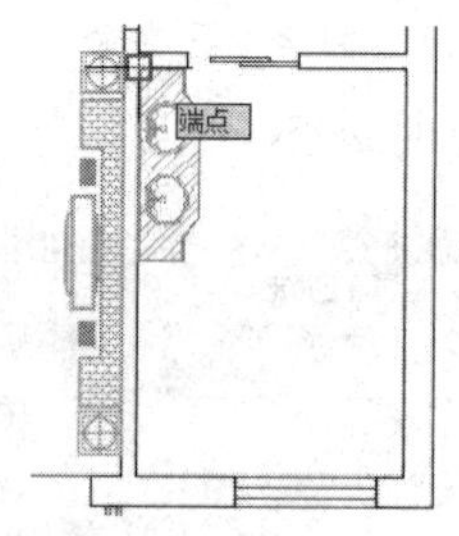

图 10-47　定位插入点

（5）在“设计中心”右侧的窗口中向下移动滑块，找到“浴盆 03.dwg”，然后单击右键选择“插入为块”选项，将此图形以块的形式共享到平面图中。

（6）此时打开“插入”对话框，设置参数如图 10-48 所示，然后配合端点捕捉功能将该图块插入平面图中，插入点如图 10-49 所示的端点。

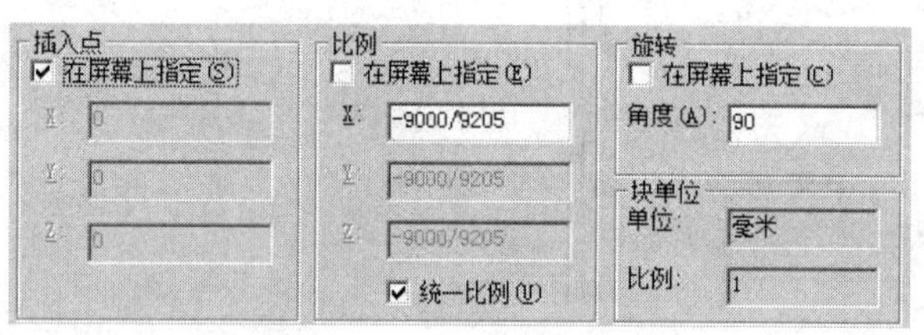

图 10-48　设置参数

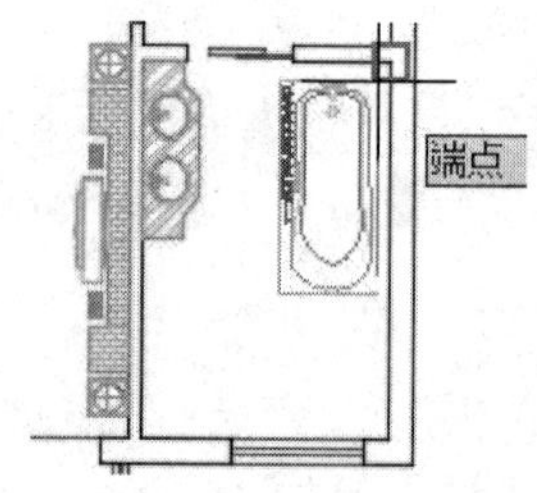

图 10-49　定位插入点

（7）在“设计中心”右侧的窗口中向下移动滑块，找到“马桶 04.dwg”文件并选择，如图 10-50 所示。

（8）按住左键不放将其拖曳至平面图中，然后根据命令行的提示，以默认参数将图块插入平面图中，插入结果如图 10-51 所示的端点。

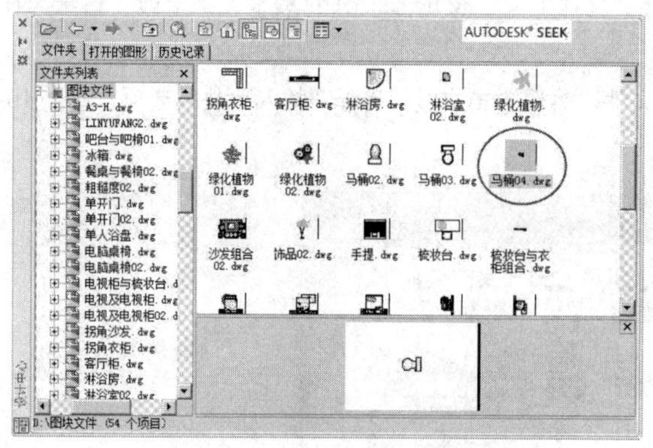

图 10-50　定位文件

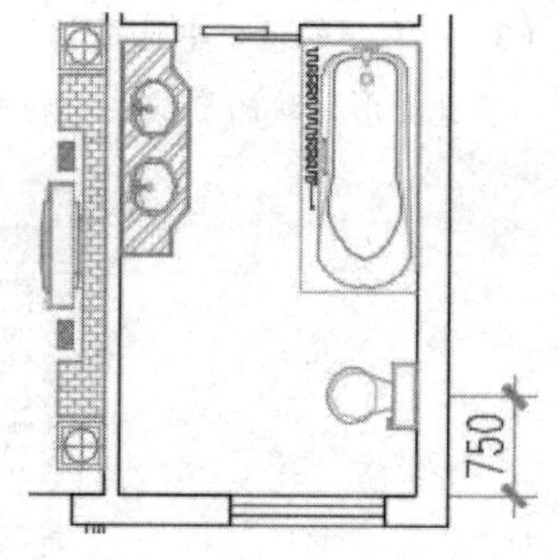

图 10-51　捕捉端点

（9）在右侧窗口中定位“淋浴室 02 .dwg”图块，然后单击右键选择“复制”选项，如图 10-52 所示。

（10）返回绘图区，使用“粘贴”命令将衣柜图块粘贴到平面图中，命令行操作如下。

```
命令: _pasteclip
```

```
命令: _-INSERT 输入块名或 [?] "D:\素材\图块文件\淋浴室 04.dwg"
指定插入点或 [基点(B)/比例(S)/X/Y/Z/旋转(R)]:        //捕捉如图 10-53 所示的端点
输入 X 比例因子，指定对角点，或 [角点(C)/XYZ(XYZ)] <1>:    //1050/900Enter
输入 Y 比例因子或 <使用 X 比例因子>:                  //Enter
指定旋转角度 <0.0>:                                  //Enter，结果如图 10-54 所示
```

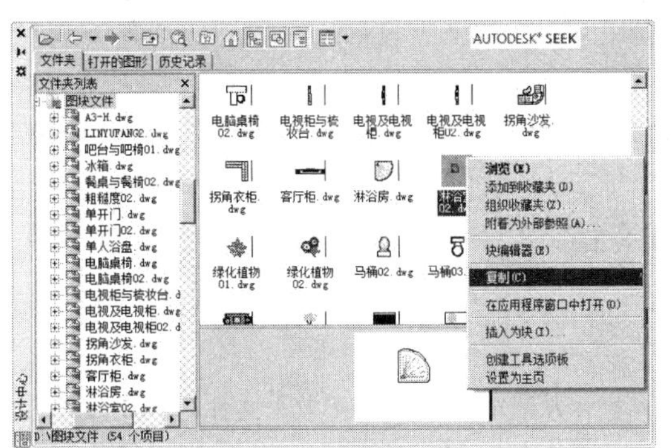

图 10-52　定位并复制文件

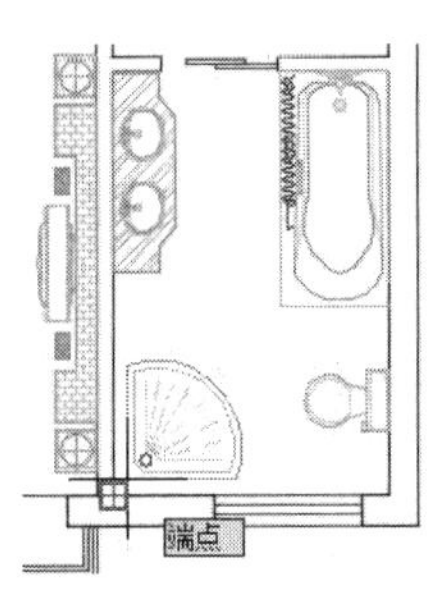

图 10-53　捕捉端点

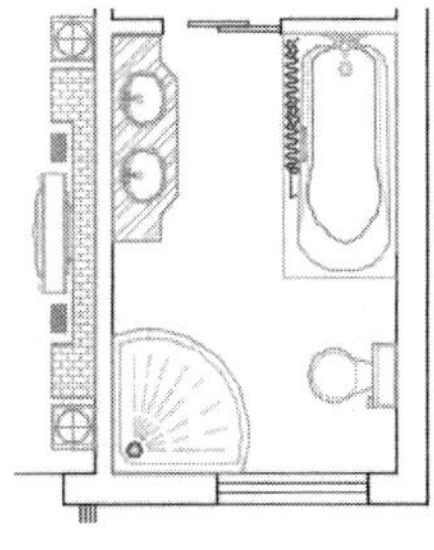

图 10-54　粘贴结果

10.2.3　绘制其他房间布置图

参照第 10.2.1 和 10.2.2 小节中的操作方法，综合使用”插入块”和”设计中心”的资源共享功能，为次卧室布置“平面床 01.dwg、梳妆台 3.dwg、平面衣柜 01.dwg、电视柜 2” .dwg；为主卧室布置“拐角衣柜.dwg”；为次卧卫生间布置“浴盆 03 .dwg、马桶 03.dwg、洗手盆.dwg”；为书房布置 “沙发平面.dwg 和办公组合.dwg”，其中办公组合图块的旋转角度为 180，结果如图 10-55 所示。

接下来使用“矩形”等命令绘制如图 10-56 所示的书房玻璃隔断，并将平面图另名存储为“绘制三层家具布置图.dwg”。

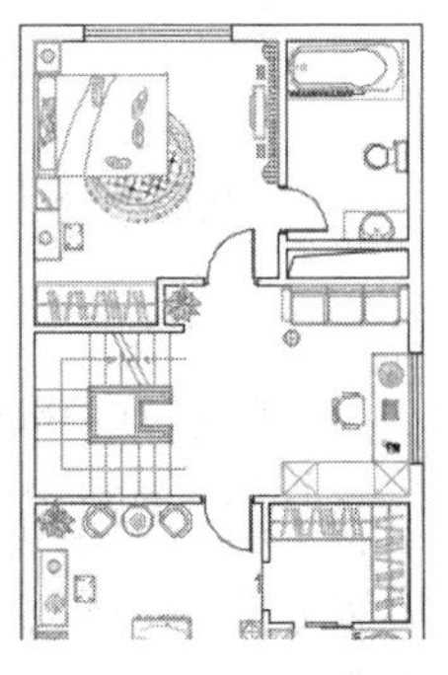

图 10-55　布置其他图块

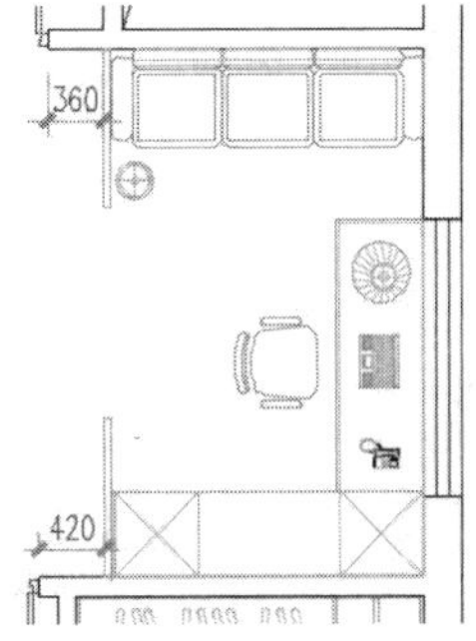

图 10-56　绘制隔断

10.3　绘制高档住宅三层地面材质图

本例主要学习高档住宅别墅三层地面材质图的具体绘制过程和绘制技巧。别墅三层地面材质图的最终绘制效果，如图 10-57 所示。

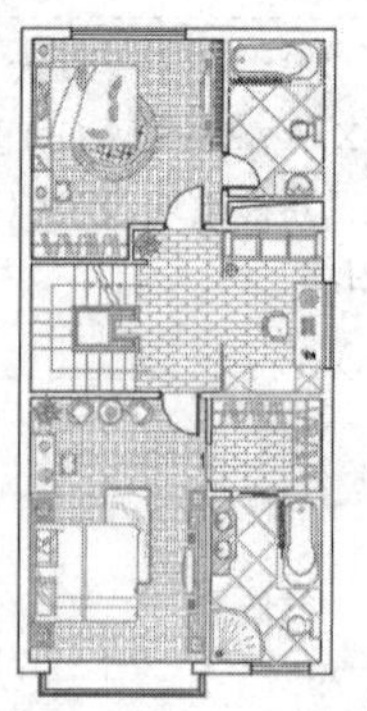

图 10-57　实例效果

10.3.1　绘制主次卧室地毯材质

（1）打开上例存储的"绘制三层家具布置图.dwg"，或直接从随书光盘中的"\效果文件\第 10 章\"目录下调用此文件。

（2）展开"默认"选项卡→"图层"面板→"图层"下拉列表，将"填充层"设置为当前图层。

（3）使用快捷键"L"激活"直线"命令，配合捕捉功能分别将各房间两侧门洞连接起来，以形成封闭区域，如图 10-58 所示。

（4）在无命令执行的前提下夹点显示主次卧内的家具图块，如图 10-59 所示。

（5）展开"默认"选项卡→"图层"面板→"图层"下拉列表，将夹点对象暂时放到"0 图层"上，同时冻结"家具层"，结果如图 10-60 所示。

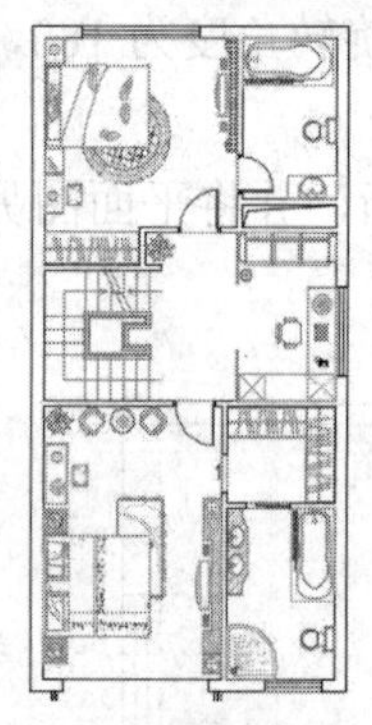

图 10-58　绘制结果

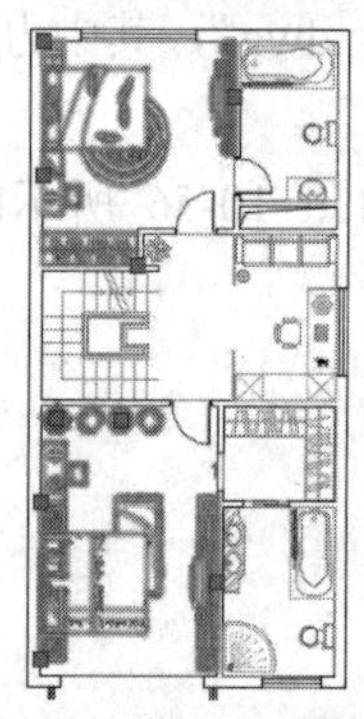

图 10-59　夹点效果

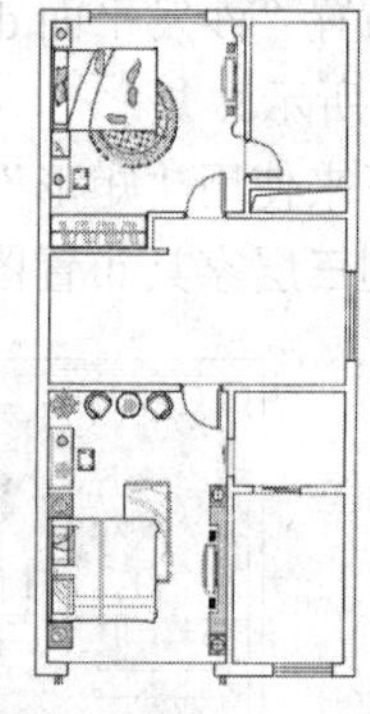

图 10-60　操作结果

（6）关闭"楼梯层"，然后使用快捷键"H"激活"图案填充"命令，使用命令中的"设置"选项，打开"图案填充和渐变色"对话框，设置填充图案及填充比例、角度、关联特性等，如图 10-61 所示。

（7）单击"添加：拾取点"按钮，返回绘图区在主卧和次卧室空白处单击左键，系统自动分析出填充边界并按当前设置进行填充，如图 10-62 所示。

（8）按 Enter 键结束命令，填充结果如图 10-63 所示。

（9）使用快捷键"qse"激活"快速选择"命令，在打开的"快速选择"对话框中设置过滤参数如图 10-64 所示，选择 0 图层上的所有对象，选择结果如图 10-65 所示。

（10）展开"默认"选项卡→"图层"面板→"图层"下拉列表，将选择的对象放到"家具层"上，并解冻"家具层"和"楼梯层"，平面图的显示结果如图 10-66 所示。

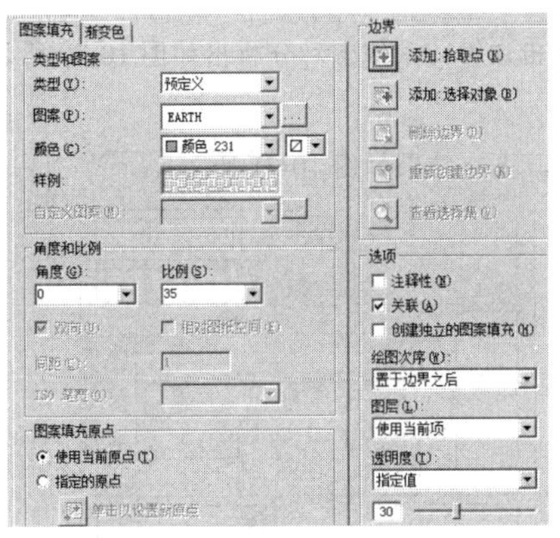

图 10-61　设置填充图案与参数

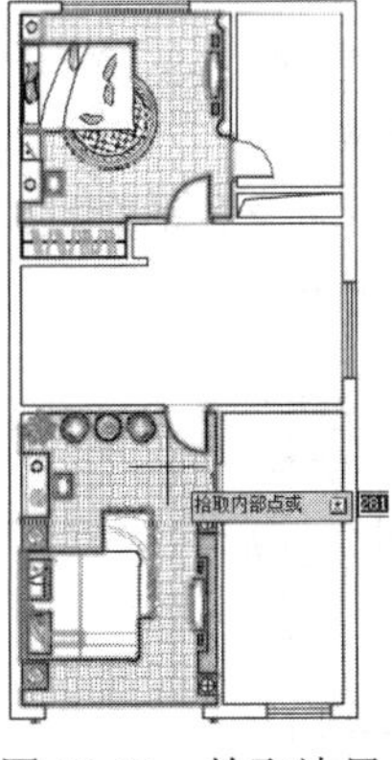

图 10-62　拾取边界

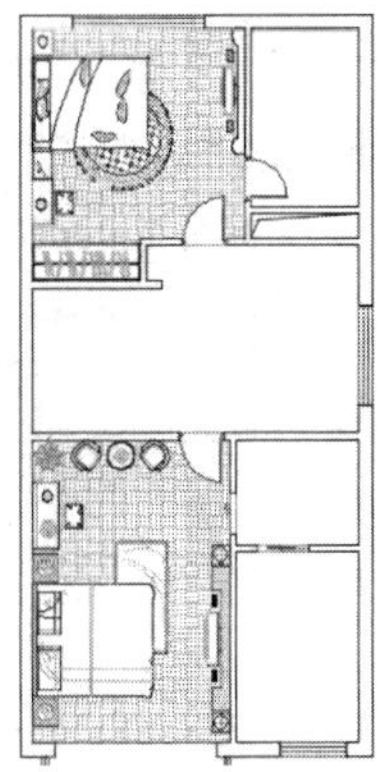

图 10-63　填充结果

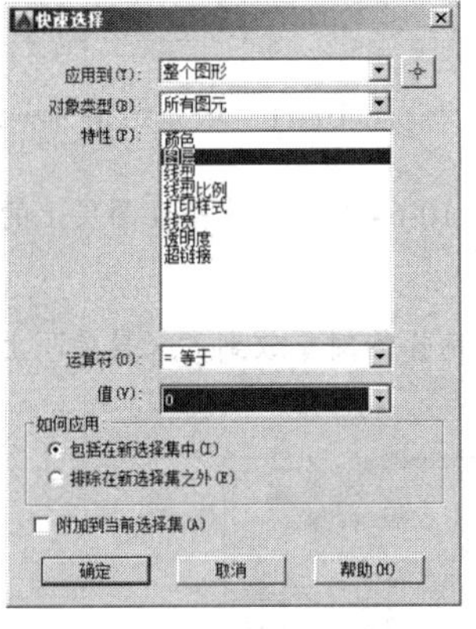

图 10-64　设置过滤参数

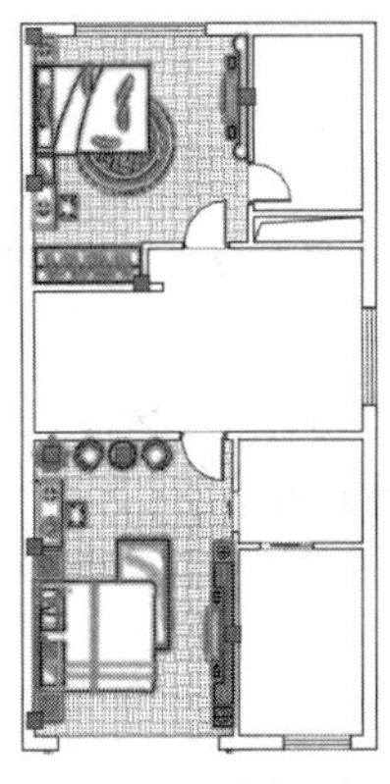

图 10-65　选择结果

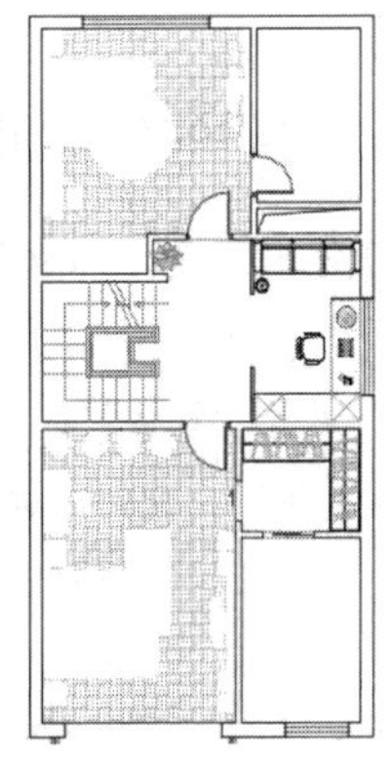

图 10-66　操作结果

（11）单击状态栏上的“透明度”按钮，开启透明度的显示功能。

10.3.2　绘制书房实木地板材质

（1）继续上节操作。

（2）在无命令执行的前提下夹点显示书房和更衣室内的家具图块，如图 10-67 所示。

（3）展开“默认”选项卡→“图层”面板→“图层”下拉列表，将夹点对象暂时放到“0 图层”上，同时冻结“家具层”，结果如图 10-68 所示。

（4）使用快捷键“H”激活“图案填充”命令，打开“图案填充和渐变色”对话框，设置填充图案与参数如图 10-69 所示。

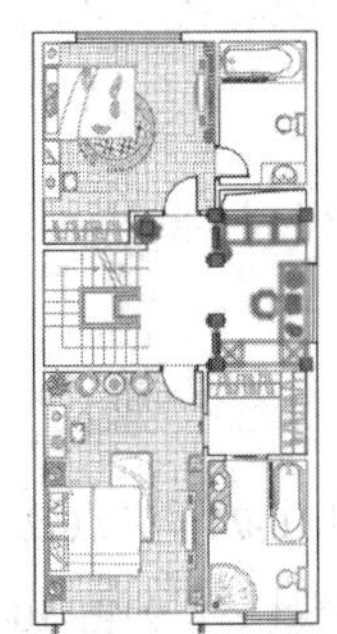

图 10-67　夹点效果

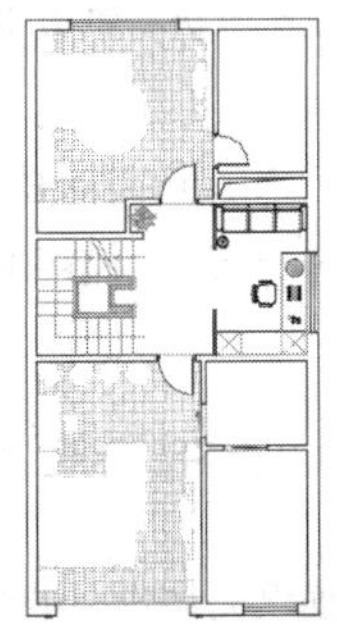

图 10-68　冻结层后的效果

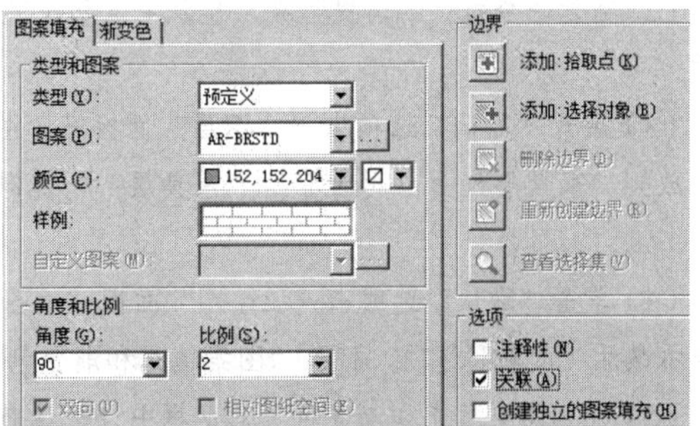

图 10-69　设置填充图案与参数

（5）单击“添加：拾取点”按钮，返回绘图区在所需区域单击左键，系统自动分析出如图 10-70 所示的填充边界，并按照当前设置进行填充。

（6）按 Enter 键结束命令，为家庭室和卧室填充地毯材质图案，填充结果如图 10-71 所示。

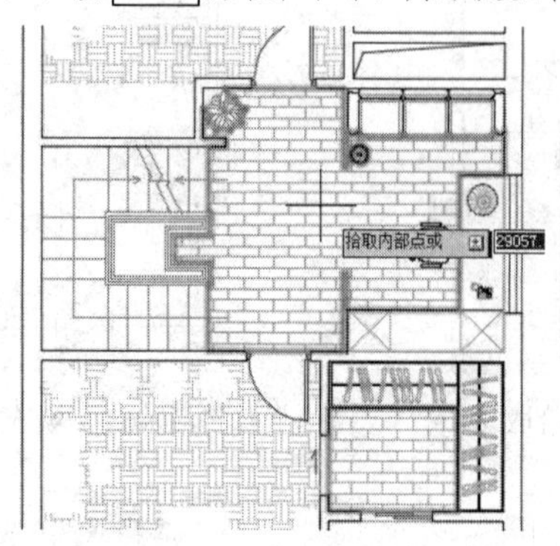

图 10-70　指定填充区域

图 10-71　填充结果

（7）使用快捷键“qse”激活“快速选择”命令，设置过滤参数如图 10-64 所示，选择 0 图层上的所有对象，选择结果如图 10-72 所示。

（8）展开“默认”选项卡→“图层”面板→“图层”下拉列表，将选择的对象放到“家具层”上，同时解冻“家具层”，此时平面图的显示结果如图 10-73 所示。

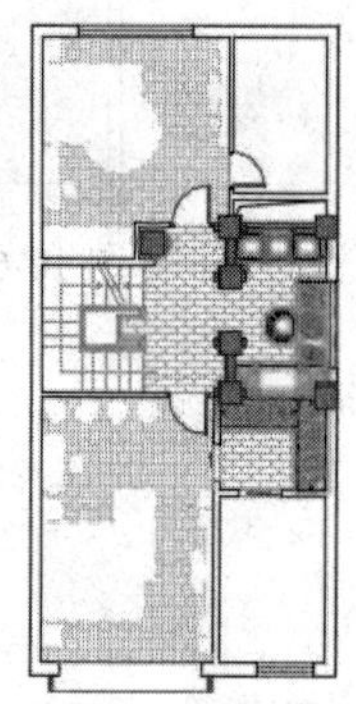

图 10-72　选择结果

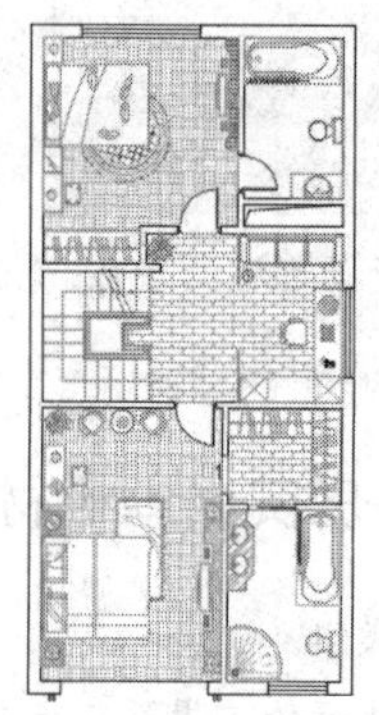

图 10-73　解冻图层后的效果

10.3.3　绘制卫生间玻化地砖材质

（1）继续上节操作。

（2）在无命令执行的前提下夹点显示主卫和次卫房间内的用具图块，如图 10-74 所示。

（3）展开“默认”选项卡→“图层”面板→“图层”下拉列表，将夹点显示的对象放到“家具层”上，同时冻结“家具层”，此时平面图的显示结果如图 10-75 所示。

（4）单击“默认”选项卡→“绘图”面板→“图案填充”按钮，根据命令行的提示激活“设置”选项，打开“图案填充和渐变色”对话框。

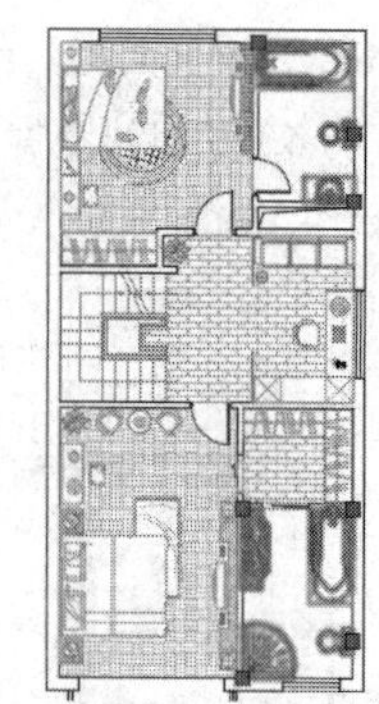

图 10-74　夹点效果

（5）在“图案填充和渐变色”对话框中选择填充图案并设置填充比例、角度、关联特性等，如图 10-76 所示。

（6）单击“添加：拾取点”按钮，返回绘图区在厨房、洗衣间等空白区域内单击左键，系统自动分析出填充边界，如图 10-77 所示图案。

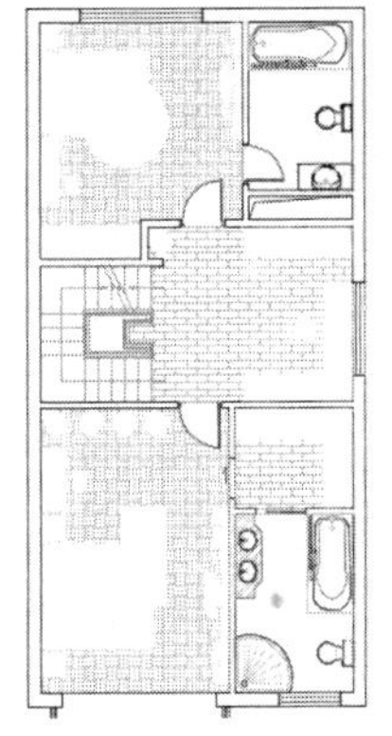

图 10-75 显示效果

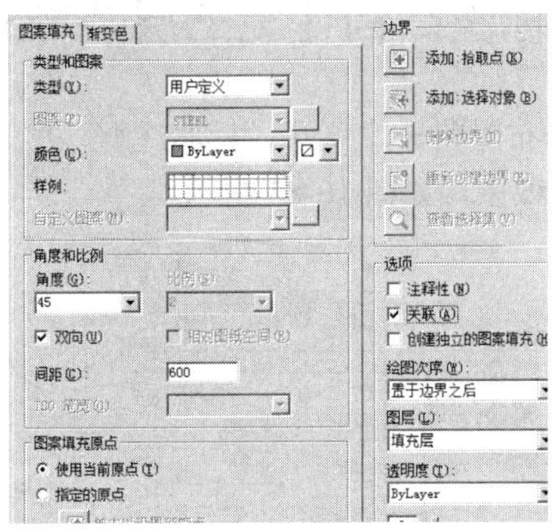

图 10-76 设置填充图案与参数

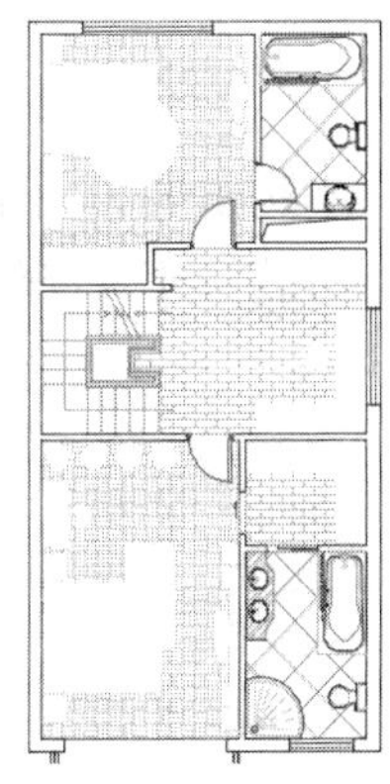
图 10-77 指定填充区域

（7）按 Enter 键结束命令，填充结果如图 10-78 所示。

（8）使用快捷键“qse”激活“快速选择”命令，选择 0 图层上的所有对象，如图 10-79 所示。

（9）展开“默认”选项卡→“图层”面板→“图层”下拉列表，将选择的对象放到“家具层”上，同时解冻“家具层”，此时平面图的显示结果如图 10-80 所示。

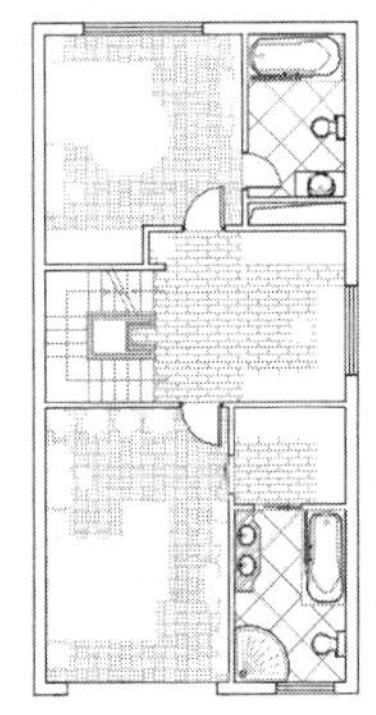
图 10-78 填充结果

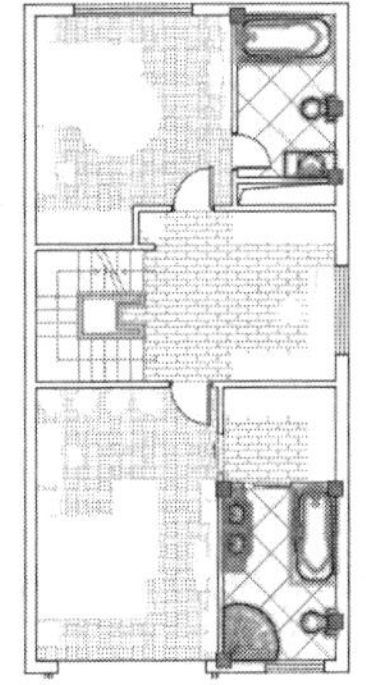
图 10-79 选择结果

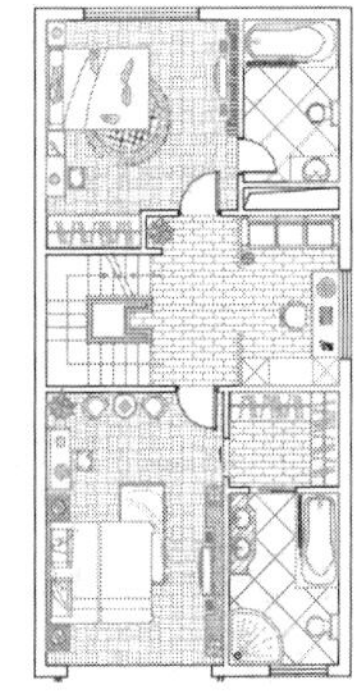
图 10-80 显示结果

（10）使用快捷键“CO”激活“复制”命令，选择刚填充的图案在原位置复制一份。

（11）使用快捷键“M”激活“移动”命令，单击复制出的图案，垂直向下移动 50 个单位，位移后的局部效果如图 10-81 所示。

（12）单击位移后的填充图案，打开“特性”窗口，修改图案颜色为 91 号色，局部效果如图 10-82 所示。

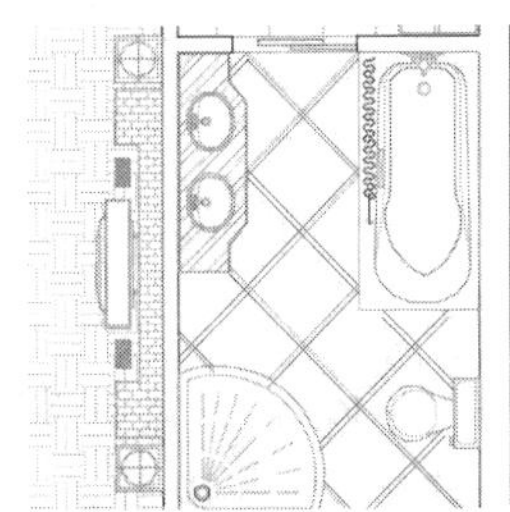
图 10-81 移动结果

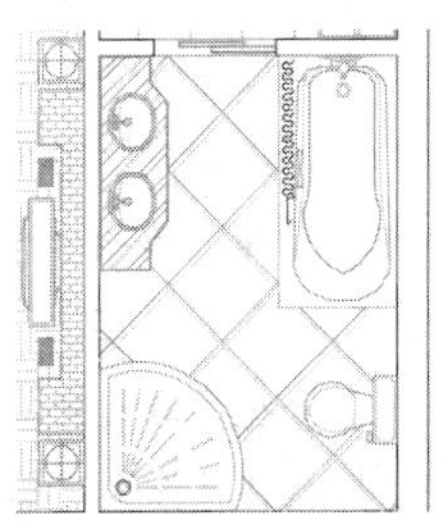
图 10-82 更改颜色

（13）最后执行“另存为”命令，将图形命名存储为“绘制三层地面材质图.dwg”。

10.4 标注高档住宅三层装修布置图

本例主要为别墅三层装修布置图标注尺寸、材质注解、房间功能及墙面投影等内容。别墅三层装修布置图的最终标注效果，如图 10-83 所示。

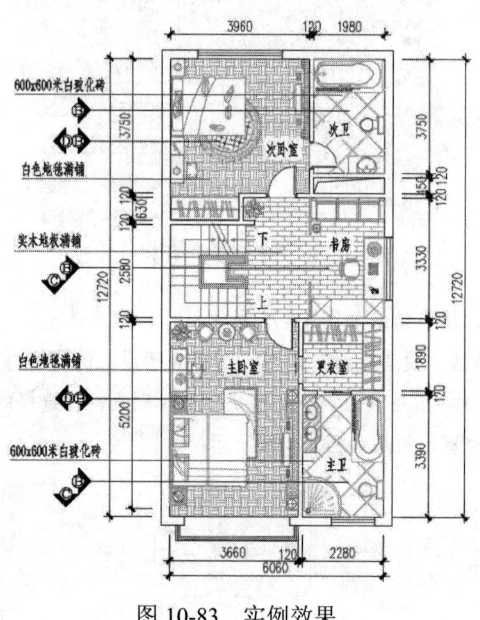

图 10-83　实例效果

10.4.1 标注三层布置图尺寸

（1）打开上例存储的“绘制三层地面材质图.dwg”，或直接从随书光盘中的“\效果文件\第 10 章\”目录下调用此文件。

（2）展开“默认”选项卡→“图层”面板→“图层”下拉列表，将“尺寸层”设置为当前图层。

（3）使用快捷键“D”激活“标注样式”命令，打开“标注样式管理器”对话框中设置“建筑标注”为当前样式，并修改标注比例为 85。

（4）使用命令简写“dimln”激活“线性”标注命令，在命令行“指定第一个尺寸界线原点或 <选择对象>:”提示下，捕捉如图 10-84 所示的追踪虚线与墙线交点作为第一个尺寸界线的原点。

（5）在“指定第二条尺寸界线原点:”提示下，捕捉如图 10-85 所示的交点作为第二条标注界线的原点。

（6）在“指定尺寸线位置或 [多行文字(M)/文字(T)/角度(A)/水平(H)/垂直(V)/旋转(R)]:”提示下在适当位置指定尺寸线，结果如图 10-86 所示。

（7）单击“注释”选项卡→“标注”面板→“连续”按钮，以刚标注的尺寸作为基准尺寸，配合追踪与捕捉功能标注如图 10-87 所示的细部尺寸。

（8）在无命令执行的前提下单击标注文字为 630 的对象，使其呈现夹点显示状态，如图 10-88 所示。

（9）将光标放在标注文字的夹点上，选择夹点菜单中的“仅移动文字”选项，如图 10-89 所示。

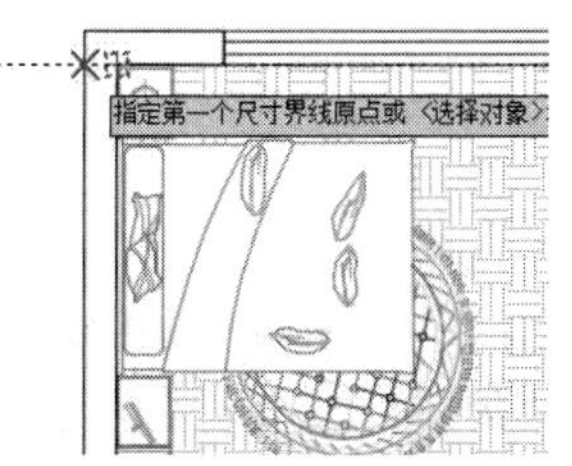

图 10-84 捕捉交点

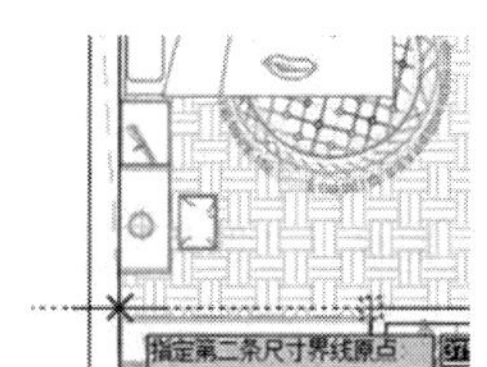

图 10-85 定位第二原点

图 10-86 标注结果

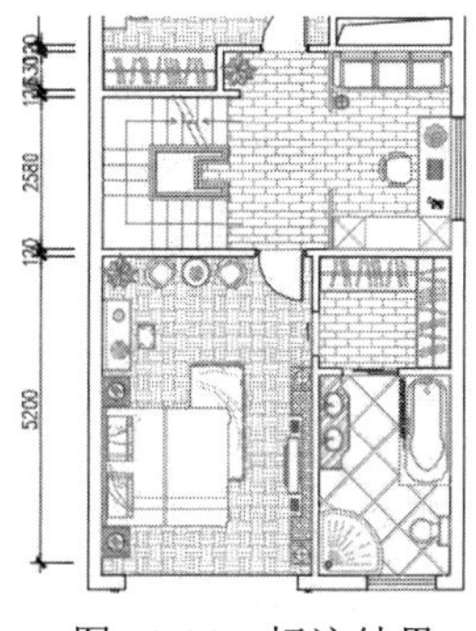

图 10-87 标注结果

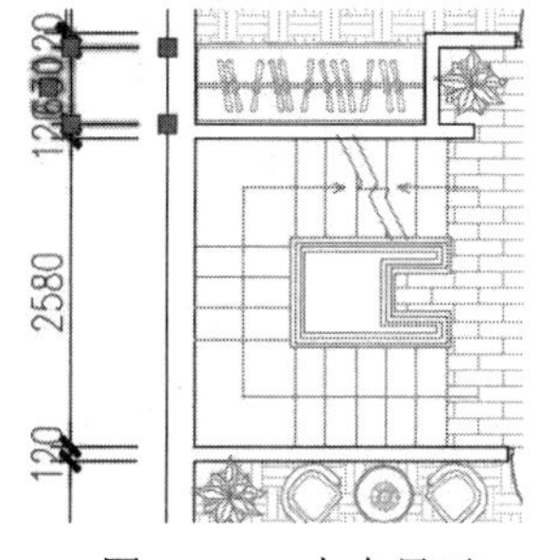

图 10-88 夹点显示

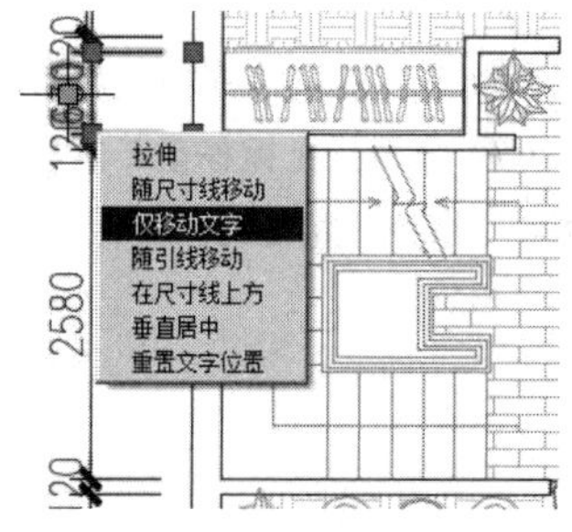

图 10-89 夹点菜单

（10）在命令行“指定目标点：”提示下，在适当位置指定标注文字的位置，结果如图 10-90 所示。

（11）按 Esc 键取消尺寸的夹点显示，调整结果如图 10-91 所示。

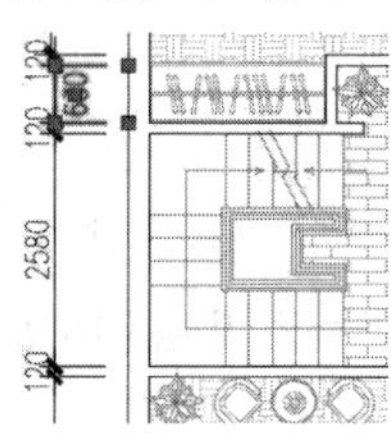

图 10-90 调整结果

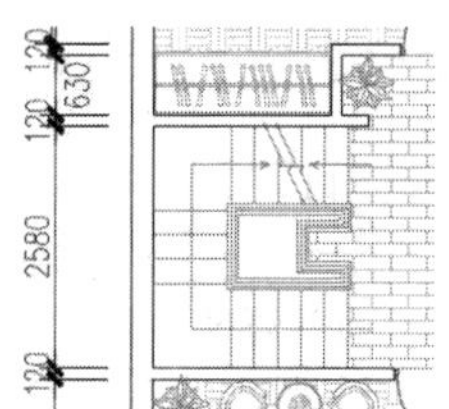

图 10-91 取消夹点后的效果

（12）单击“默认”选项卡→“注释”面板→“线性”按钮，标注平面图左侧的总尺寸，结果如图 10-92 所示。

（13）参照第 4～12 操作步骤，分别标注平面图其侧的尺寸，标注结果如图 10-93 所示。

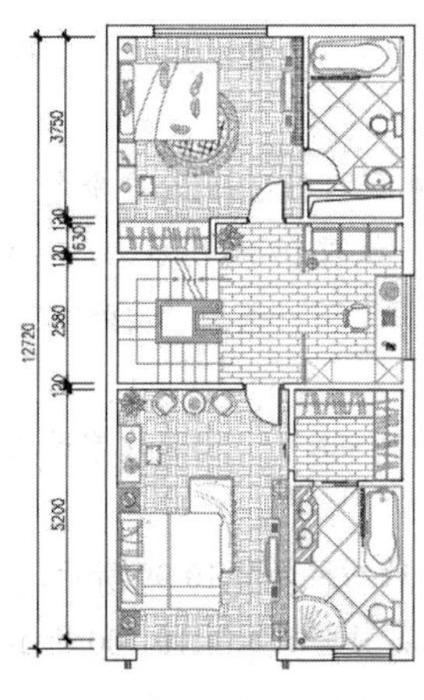

图 10-92 标注结果

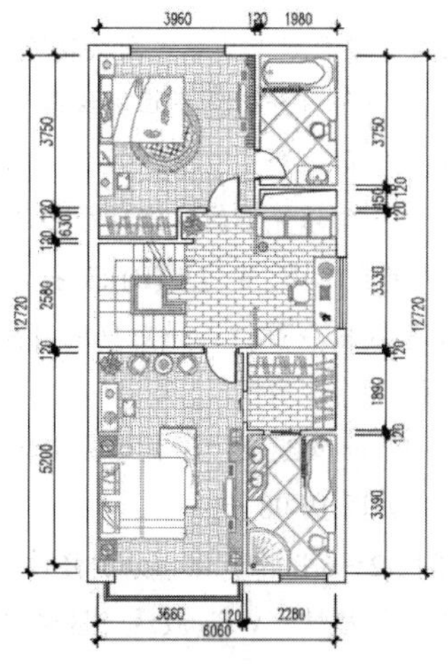

图 10-93 标注其他尺寸

10.4.2 标注三层房间功能

（1）继续上节操作。

（2）展开“默认”选项卡→“图层”面板→“图层”下拉列表，将“文本层”设置为当前图层。

（3）展开“默认”选项卡→“注释”面板→“文字样式”下拉列表，将“仿宋体”设置为当前文字样式。

（4）暂时关闭“对象捕捉”功能，然后使用快捷键“DT”激活“单行文字”命令，在命令行“指定文字的起点或 [对正(J)/样式(S)]：”提示下，在餐厅适当位置上单击左键，拾取一点作为文字的起点。

（5）继续在命令行“指定高度<2.5>：”提示下输入300按Enter键，将文字的高度设置为300个单位。

（6）在“指定文字的旋转角度<0.00>：”提示下按Enter键，然后输入“主卫”，如图10-94所示。

（7）分别将光标移至其他房间内，标注各房间的功能性文字注释，然后连续两次按Enter键，结束“单行文字”命令，标注结果如图10-95所示。

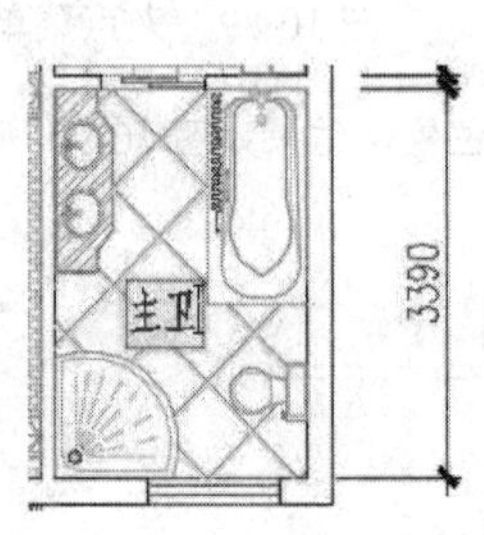

图10-94　标注结果

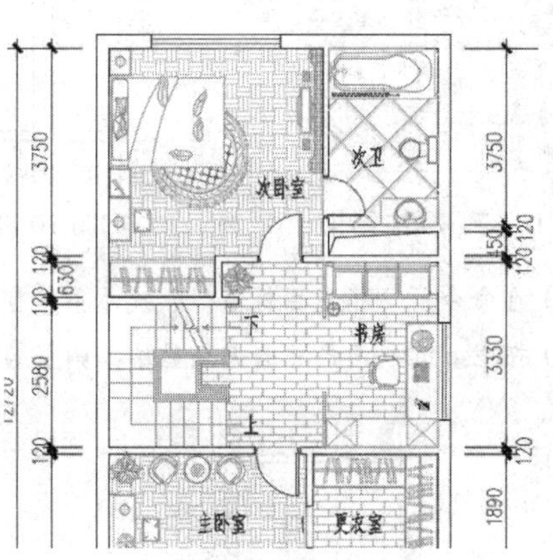

图10-95　标注其他房间功能

10.4.3 完善三层地面材质图

（1）继续上节操作。

（2）在无命令执行的前提下夹点显示主卧室房间内的地毯填充图案，然后在夹点图案上单击右键，在弹出的夹点图案右键菜单中选择“图案填充编辑”选项。

（3）此时系统打开“图案填充编辑”对话框，单击对话框右下角的“更多选项”按钮，设置孤岛的显示样式为“外部”。

（4）在“图案填充编辑”对话框中单击“添加：选择对象”按钮，返回绘图区，在命令行“选择对象或 [拾取内部点(K)/删除边界(B)]:”提示下，选择“主卧室”文字对象，如图10-96所示。

（5）继续在命令行“选择对象或 [拾取内部点(K)/删除边界(B)]:”提示下，选择“次卧室”文字，如图10-97所示。

（6）按Enter键返回“图案填充编辑”对话框，单击 确定 按钮结束命令，结果文字区域被排除在填充图案外，如图10-98所示。

（7）参照2～6操作步骤，分别修改书房和更衣室内的填充图案，修改结果如图10-99所示。

（8）使用快捷键“WI”激活“区域覆盖”命令，在次卫和主卫文字周围绘制如图10-100所示的两个矩形区域，此时文字被区域覆盖。

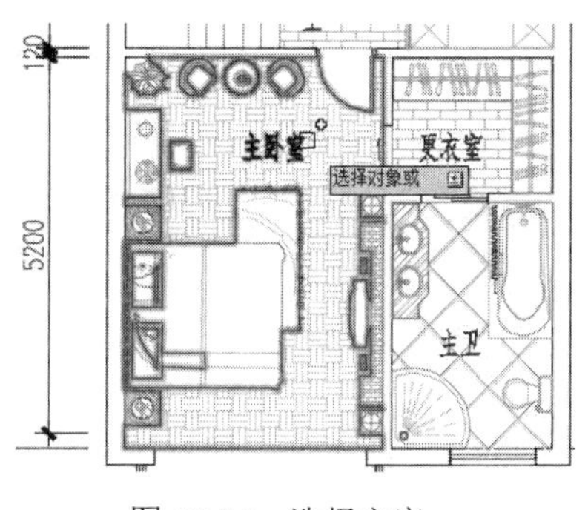

图 10-96 选择文字

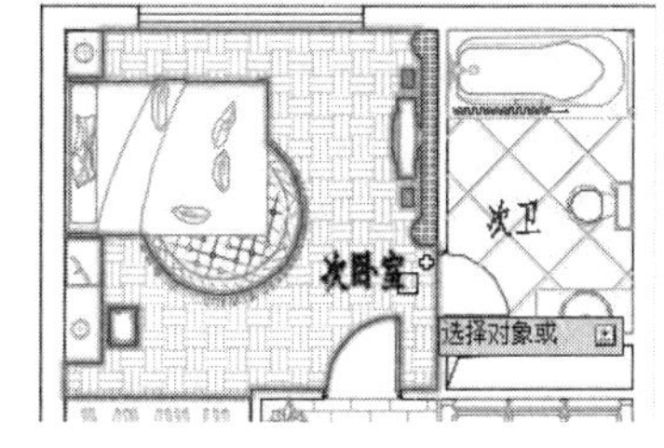

图 10-97 选择文字

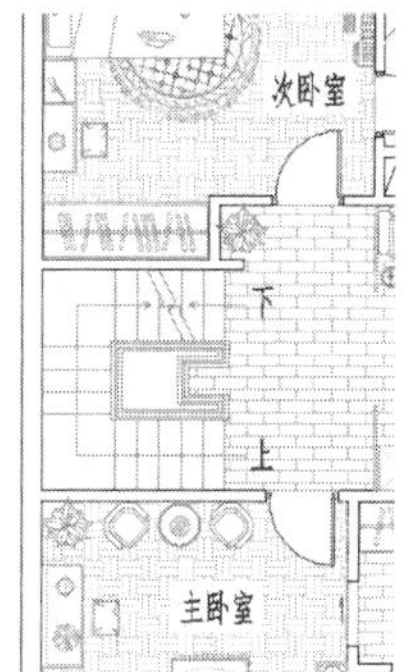

图 10-98 编辑结果

（9）夹点显示两个矩形区域覆盖，然后单击右键选择“置于对象之下”命令，如图 10-101 所示。

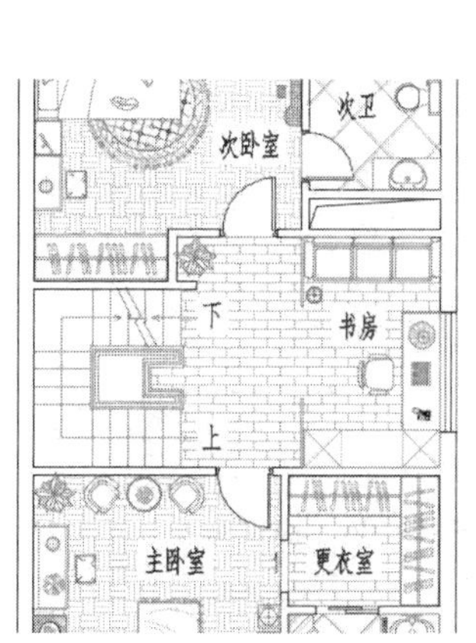

图 10-99 编辑其他图案

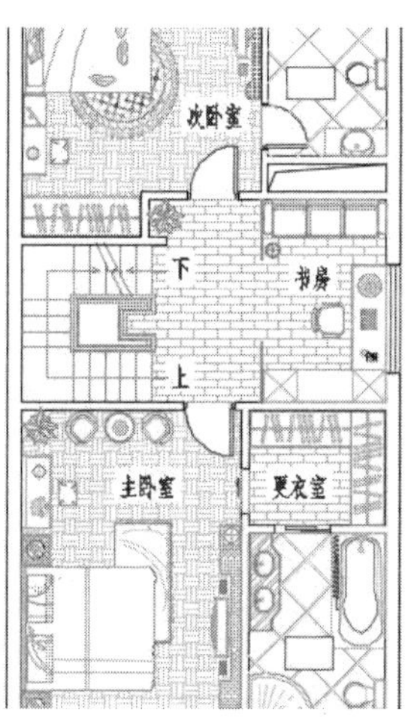

图 10-100 绘制区域

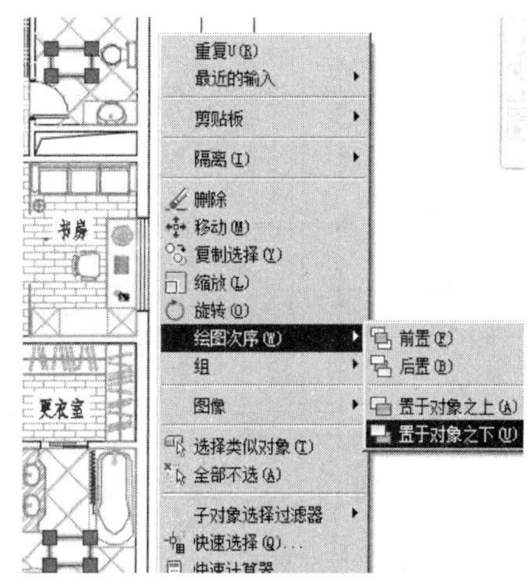

图 10-101 选择绘图次序

（10）在命令行“选择参照对象：”提示下，分别单击区域覆盖内的两个文字对象，将区域覆盖置于文字之下，结果如图 10-102 所示。

（11）重复执行“区域覆盖”命令，使用命令中的“边框”选项，将区域边框关闭，结果如图 10-103 和图 10-104 所示。

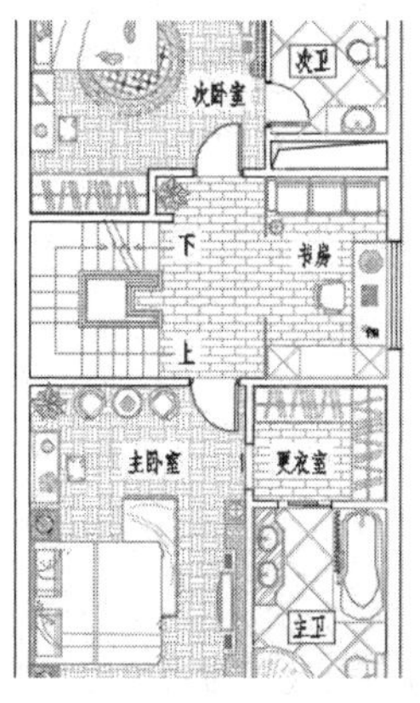

图 10-102 更改结果

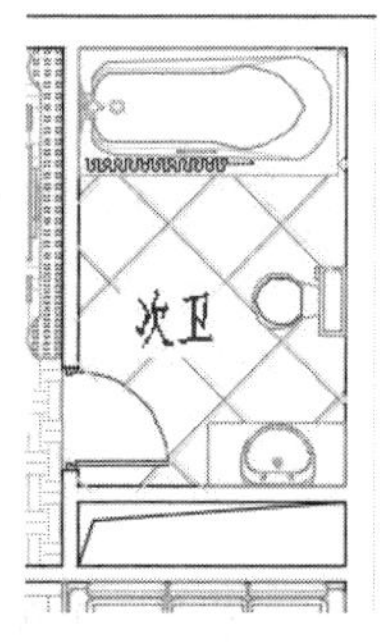

图 10-103 关闭区域边框

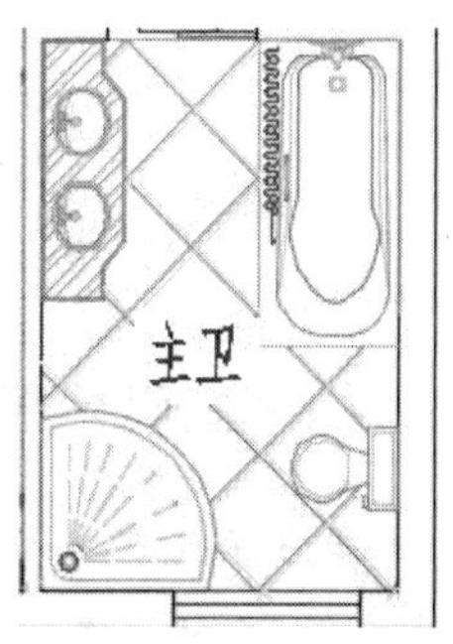

图 10-104 关闭区域边框

10.4.4 标注三层装修材质

（1）继续上节操作。

（2）暂时关闭“对象捕捉”功能，然后使用快捷键“L”激活“直线”命令，绘制如图 10-105 所示的文字指示线。

（3）使用快捷键“DT”激活“单行文字”命令，在命令行“指定文字的起点或 [对正(J)/样式(S)]: ”提示下输入 J 并按 Eenter 键。

（4）接下来根据命令行的提示，设置文字的对正方式为左下对正。

（5）在“指定文字的左下点：”提示下捕捉如图 10-106 所示的端点。

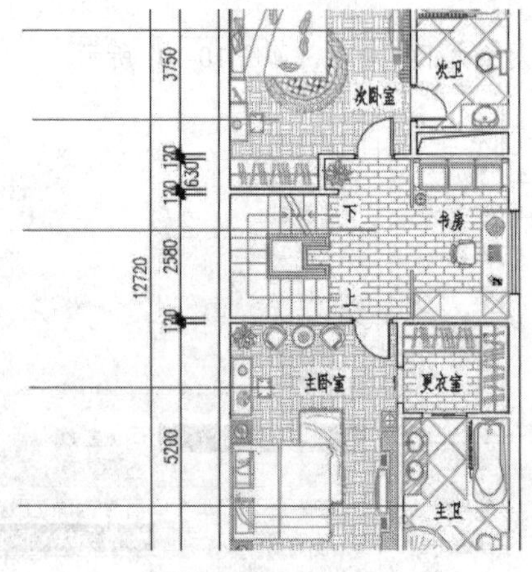

图 10-105 绘制结果

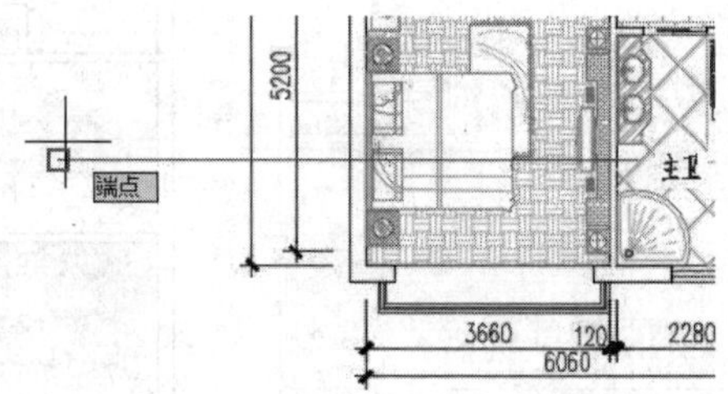

图 10-106 捕捉端点

（6）在“指定高度 <3>: ”提示下输入 300 并按 Enter 键。

（7）在“指定文字的旋转角度 <0.00>”提示下按 Enter，然后输入“600x600 米白玻化砖”并按 Enter 键，标注如图 10-107 所示文字注释。

（8）使用快捷键“M”激活“移动”命令，将标注的文字垂直上移 60 个单位，结果如图 10-108 所示。

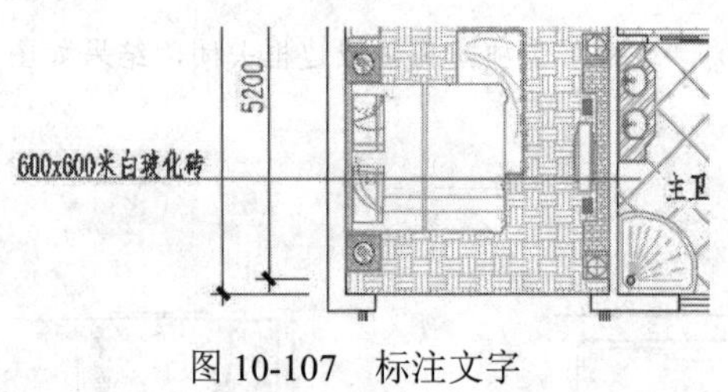

图 10-107 标注文字

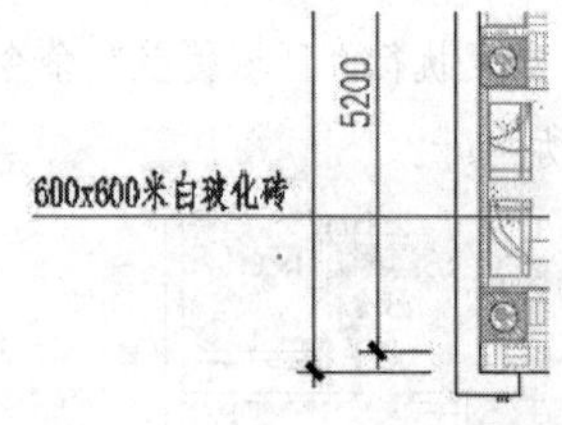

图 10-108 移动文字

（9）接下来参照上述操作，综合使用“单行文字”和“移动”命令，分别标注其他位置的文字注释，结果如图 10-109 所示。

10.4.5 标注三层投影符号

（1）继续上节操作。

（2）展开“默认”选项卡→“图层”面板→“图层”下拉列表，将“其他层”设置为当前图层。

（3）使用快捷键“L”激活“直线”命令，绘制如图 10-110 所示的水平直线作为投影符号指示线。

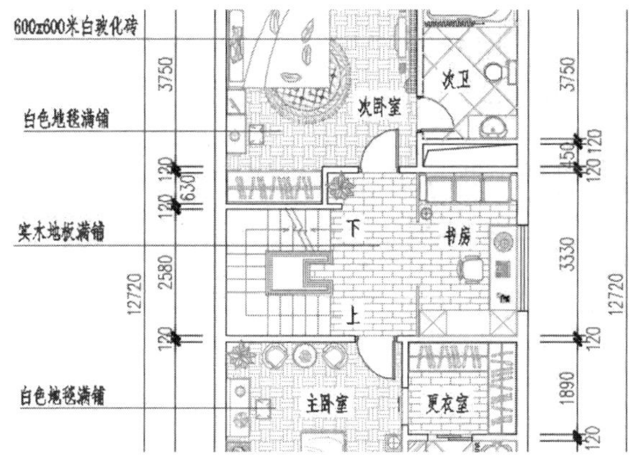

图 10-109　标注其他文字

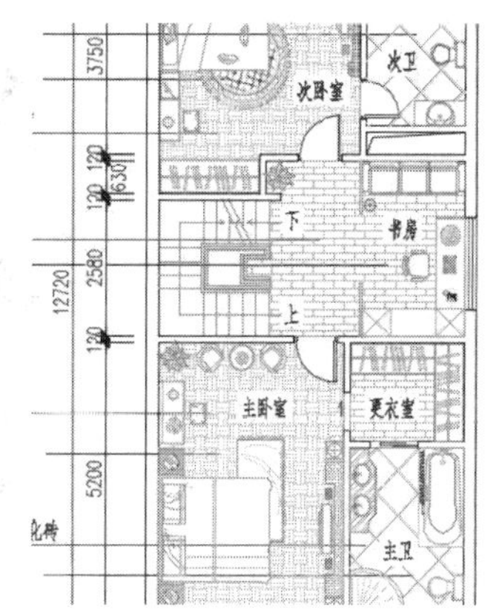

图 10-110　绘制结果

（4）使用快捷键“I”激活“插入块”命令，插入随书光盘“\图块文件\投影符号.dwg”属性块，设置块参数如图 10-111 所示，插入点为下侧指示线的左端点，插入结果如图 10-112 所示。

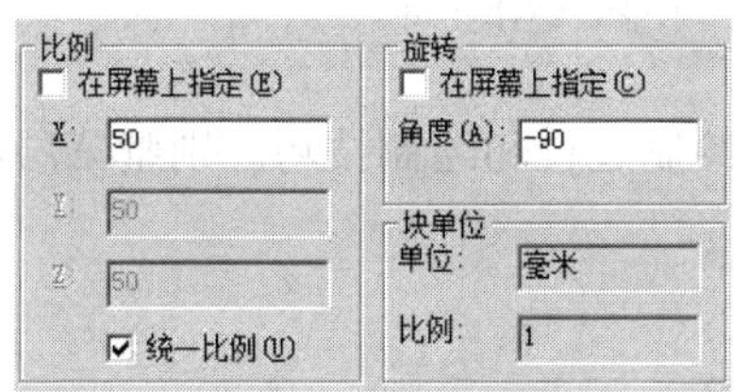

图 10-111　设置块参数

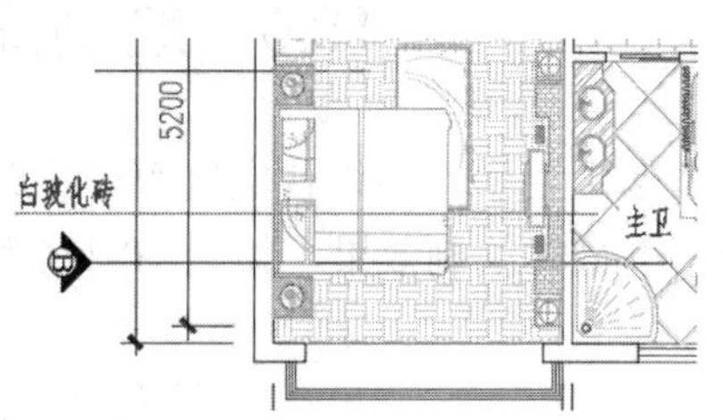

图 10-112　插入结果

（5）综合使用“镜像”、“旋转”和“移动”命令，对插入的投影符号进行编辑，结果如图 10-113 所示。

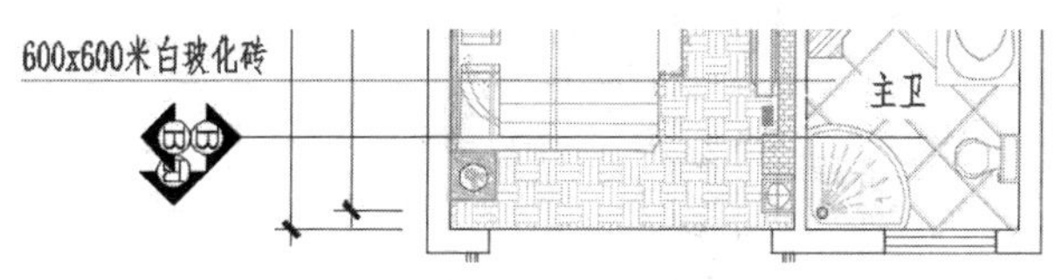

图 10-113　操作结果

（6）使用快捷键“EA”激活“编辑属性”命令，将三个投影符号的属性文字的旋转角度设置为 0，并依次修改属性值，结果如图 10-114 所示。

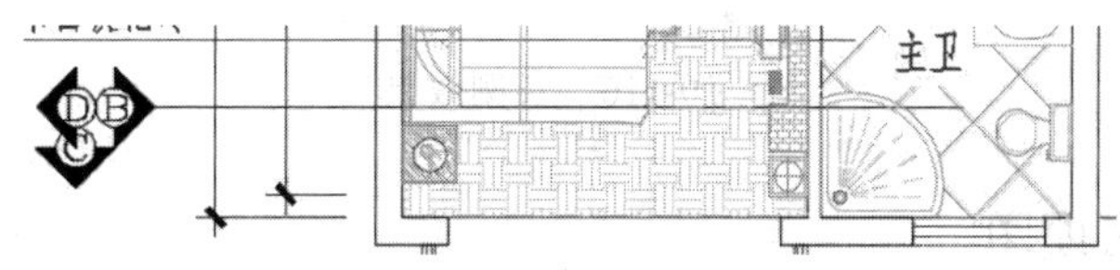

图 10-114　编辑结果

（7）接下来使用“复制”命令，将投影符号复制到其他位置，并删除多余符号，结果图 10-115 所示。

（8）最后执行“另存为”命令，将图形命名存储为“标注三层装修布置图.dwg”。

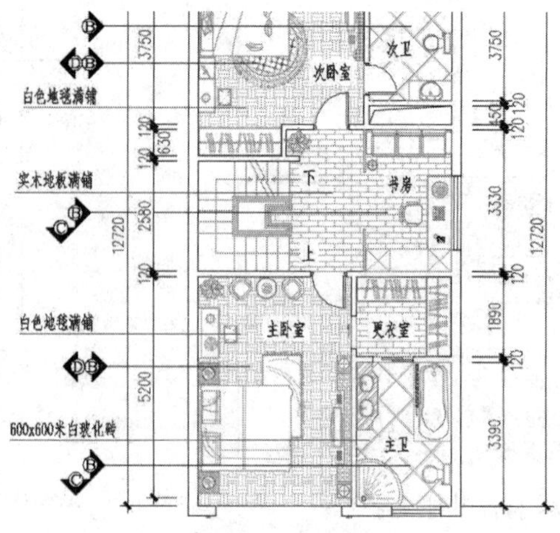

图 10-115　复制结果

10.5　绘制高档住宅三层吊顶装修图

本例主要学习高档住宅别墅三层吊顶装修图的具体绘制过程和绘制技巧。别墅三层吊顶装修图的最终绘制效果，如图 10-116 所示。

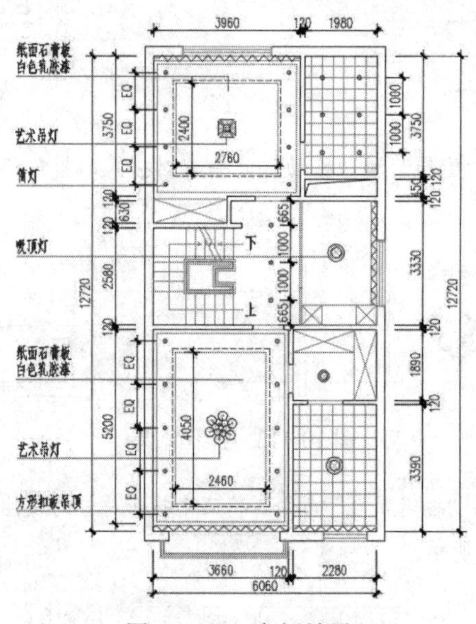

图 10-116　实例效果

10.5.1　绘制三层吊顶图

（1）打开上例存储的“标注三层装修布置图.dwg”，或直接从随书光盘中的“\效果文件\第 10 章\”目录下调用此文件。

（2）展开“图层”下拉列表，冻结“尺寸层、文本层、其他层和填充层”，并将“吊顶层”设置为当前图层，结果如图 10-117 所示。

（3）单击“默认”选项卡→“绘图”面板→“多段线”按钮，配合端点捕捉功能，分别沿着更衣室和卧室内衣柜图块的边缘，绘制衣柜的示意图，并冻结“家具层”，结果如图 10-118 所示。

（4）单击“默认”选项卡→“修改”面板→“复制”按钮，将窗子构件原位置复制一份，将复制出的窗子构件放在“吊顶层”上，并冻结“门窗层”，结果如图 10-119 所示。

（5）单击“默认”选项卡→“修改”面板→“分解”按钮，分解窗子构件，并修改窗子轮廓线的颜色为随层。

（6）单击“默认”选项卡→“绘图”面板→“直线”按钮，配合端点捕捉功能绘制门洞位置的轮廓线，结果如图 10-120 所示。

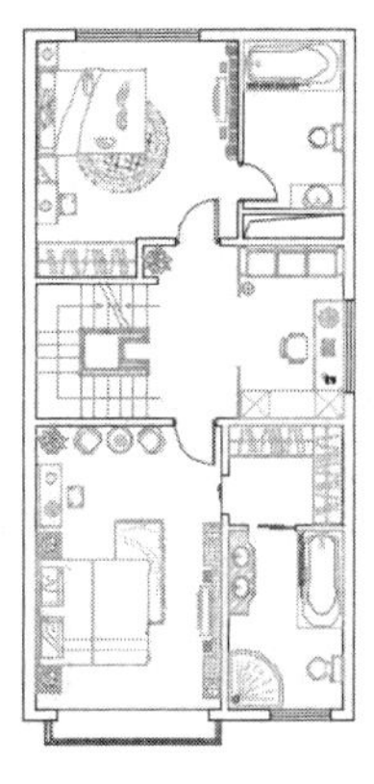
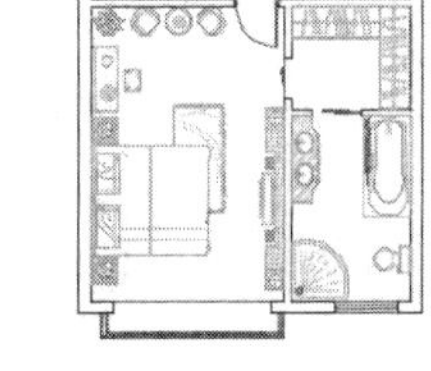

图 10-117 显示结果

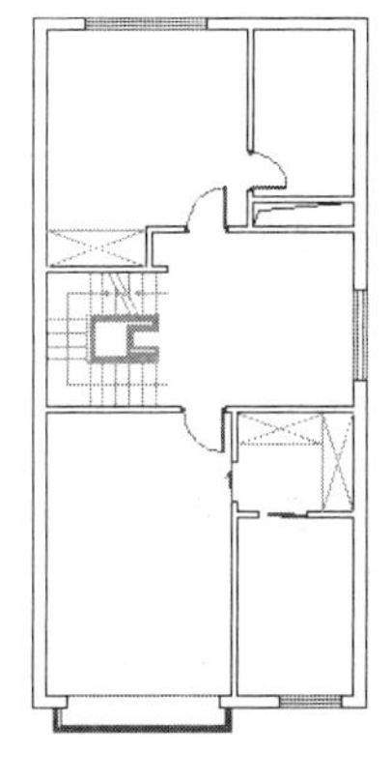

图 10-118 绘制结果

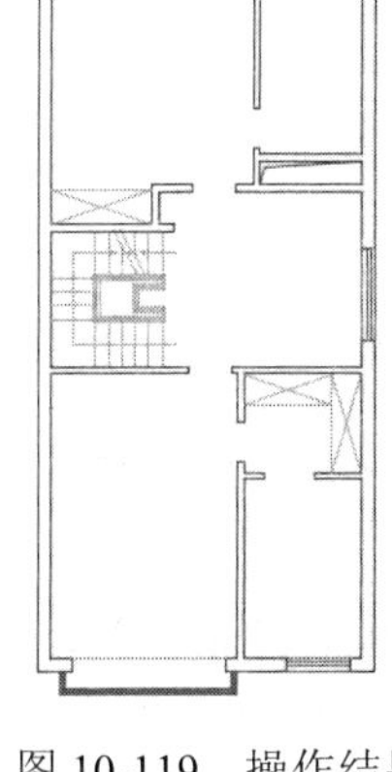

图 10-119 操作结果

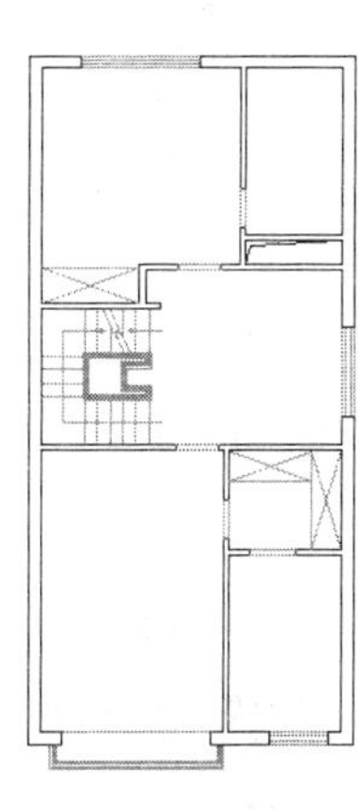

图 10-120 封闭门洞

（7）解冻“家具层”，然后夹点显示书房位置的隔断如图 10-121 所示，修改其图层为“吊顶层”，颜色为随层，并按 Esc 键取消对象的夹点效果。

（8）单击“默认”选项卡→“绘图”面板→“多段线”按钮，配合端点捕捉功能绘制书柜等轮廓线，并冻结“家具层”，此时平面图的显示结果如图 10-122 所示。

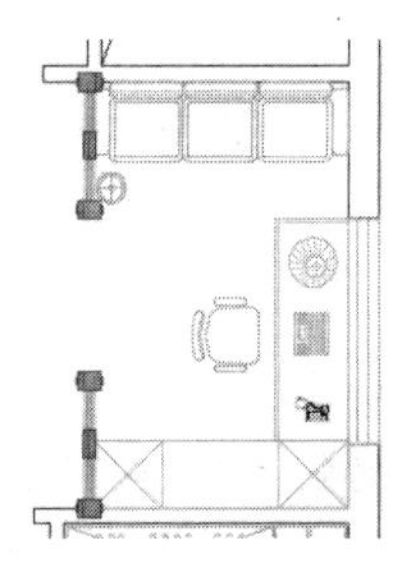

图 10-121 夹点效果

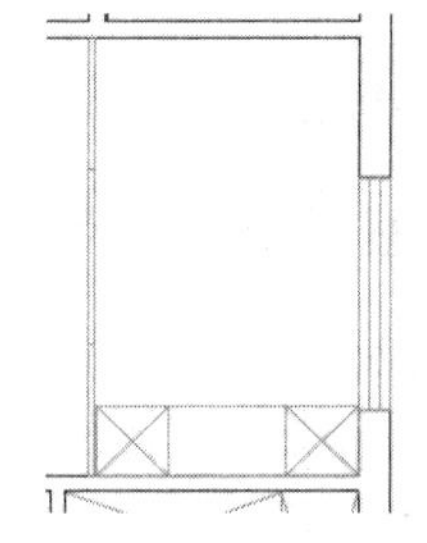

图 10-122 绘制结果

10.5.2 绘制三层吊顶构件

（1）继续上节操作。

（2）使用快捷键“LT”激活“线型“命令，在打开的”线型管理器“对话框中加载 ZIGZAG 线型，并设置线型比例为 15。

（3）打开二层吊顶图，然后使用文档间的数据共享功能，将二层吊顶图中的窗帘轮廓线复制到三层吊顶中，结果如图 10-123 所示。

（4）单击“默认”选项卡→“修改”面板→“延伸”按钮，对上侧的窗帘及窗帘盒轮廓线延长，结果如图 10-124 所示。

（5）单击“默认”选项卡→“绘图”面板→“直线”按钮，配合捕捉与追踪功能绘制如图 10-125 所示的窗帘盒轮廓线。

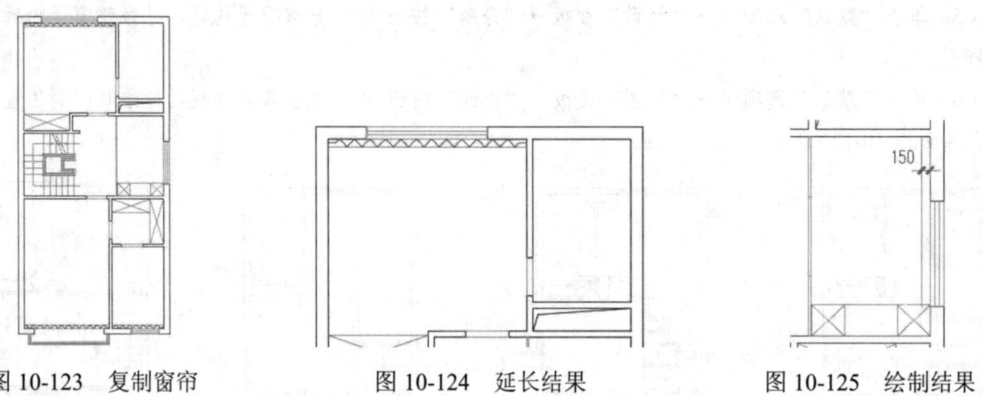

图 10-123　复制窗帘　　图 10-124　延长结果　　图 10-125　绘制结果

（6）单击“默认”选项卡→“修改”面板→“偏移”按钮，将窗帘盒向右偏移 75 个单位，作为窗帘，如图 10-126 所示。

（7）使用快捷键“MA”激活“特性匹配”命令，选择如图 10-127 所示的窗帘作为源对象，将其线型及颜色特性匹配给书房位置的窗帘轮廓线，如图 10-128 所示。

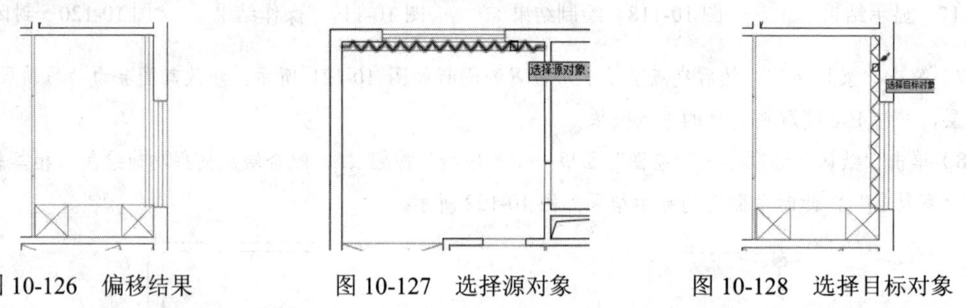

图 10-126　偏移结果　　图 10-127　选择源对象　　图 10-128　选择目标对象

10.5.3　绘制卧室灯池与灯带

（1）继续上节操作。

（2）单击“默认”选项卡→“绘图”面板→“矩形”按钮，配合“捕捉自”功能绘制主卧室吊顶轮廓线，命令行操作如下。

```
命令: _rectang
指定第一个角点或 [倒角(C)/标高(E)/圆角(F)/厚度(T)/宽度(W)]: //激活“捕捉自”功能
_from 基点:              //捕捉如图 10-129 所示的端点
<偏移>:                  //@100,-100 Enter
指定另一个角点或 [面积(A)/尺寸(D)/旋转(R)]:
                         //@3460,-5050 Enter，绘制结果如图 10-130 所示
```

（3）单击“默认”选项卡→“修改”面板→“偏移”按钮，将矩形向内侧偏移 420 和 500 个单位作为主卧室灯池及灯带，结果如图 10-131 所示。

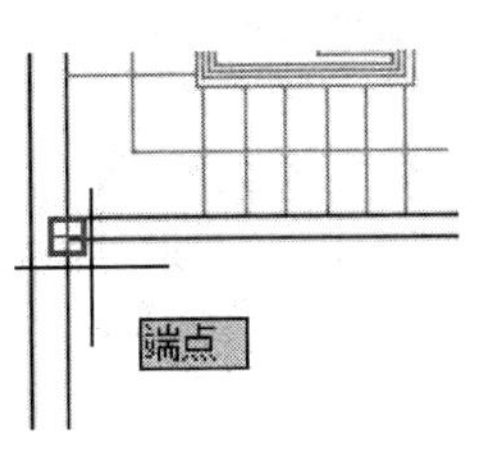

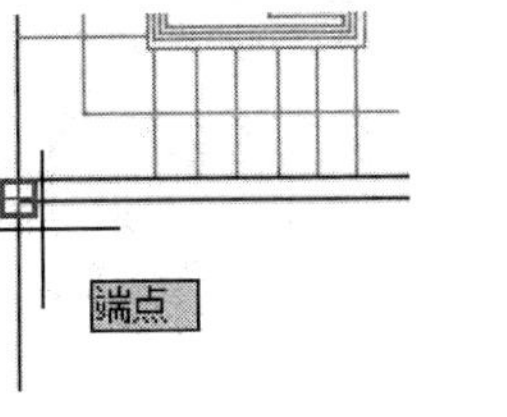

图 10-129 捕捉端点

图 10-130 绘制结果

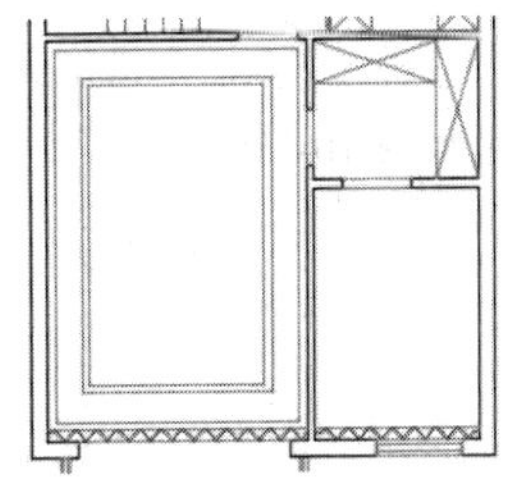

图 10-131 偏移结果

（4）单击“默认”选项卡→“绘图”面板→“矩形”按钮，配合“捕捉自”功能绘制次卧室吊顶轮廓线，命令行操作如下。

```
命令: _rectang
指定第一个角点或 [倒角(C)/标高(E)/圆角(F)/厚度(T)/宽度(W)]: //激活“捕捉自”功能
_from 基点:                      //捕捉如图 10-132 所示的端点
<偏移>:                          //@100,-100 Enter
指定另一个角点或 [面积(A)/尺寸(D)/旋转(R)]:
                                 //@3760,-3400 Enter，绘制结果如图 10-133 所示
```

（5）单击“默认”选项卡→“修改”面板→“偏移”按钮，将矩形向内侧偏移 420 和 500 个单位，分别作为灯带与灯池，结果如图 10-134 所示。

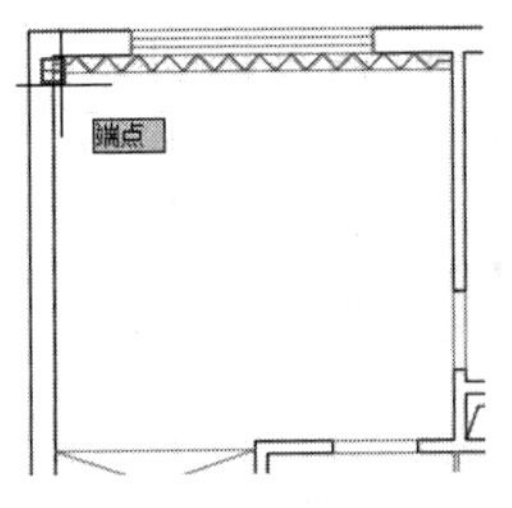

图 10-132 捕捉端点

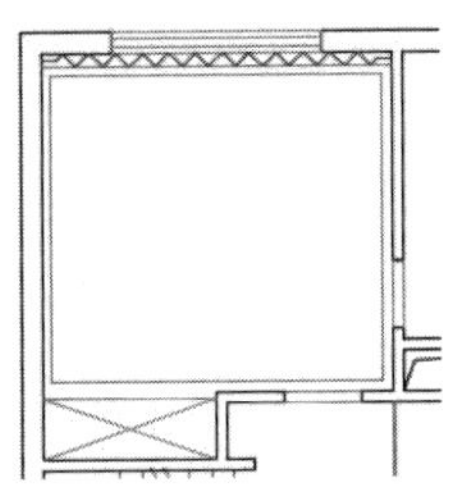

图 10-133 绘制结果

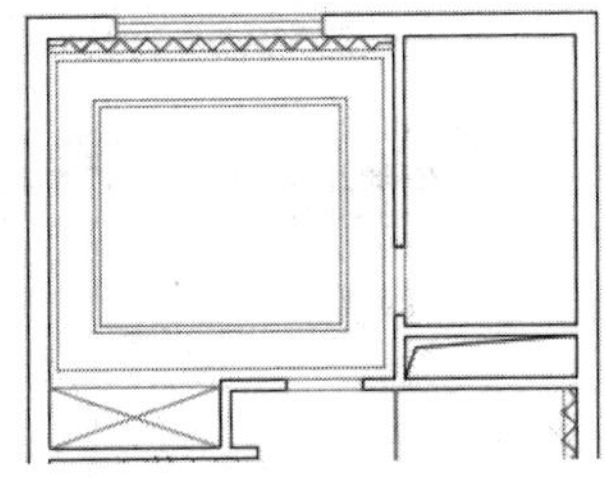

图 10-134 偏移结果

（6）使用快捷键“LT”激活“线型”命令，在打开的“线型管理器”对话框中加载名为 DASHED 线型。

（7）在无命令执行的前提下夹点显示如图 10-135 所示的灯带，然后按下 Ctrl+1 组合键，在打开的“特性”窗口中修改灯带的线型、线型比例及颜色特性，如图 10-136 所示。

（8）关闭“特性”窗口，并按 Esc 键取消对象的夹点显示，观看操作后的效果，如图 10-137 所示。

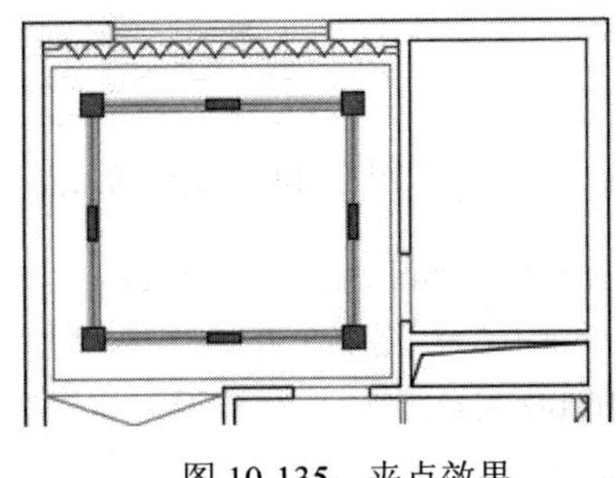

图 10-135 夹点效果

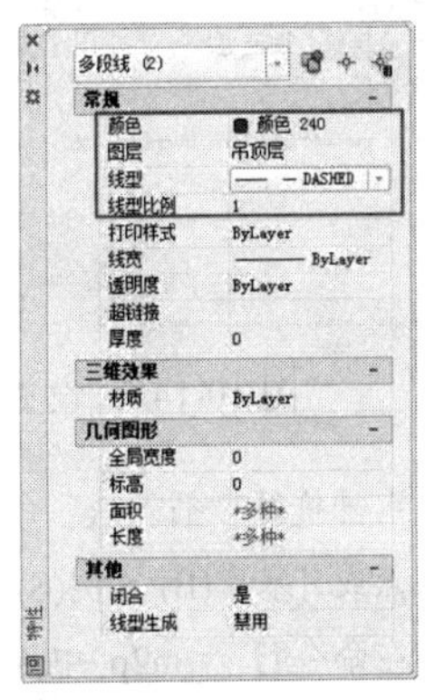

图 10-136 修改特性

（9）参照 7、8 两个操作步骤，修改主卧室灯带轮廓线的线型、颜色和线型比例如图 10-136 所示，修改后的结果如图 10-138 所示。

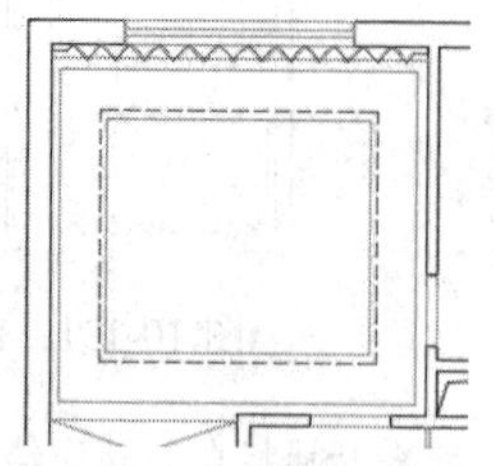
图 10-137　修改后的效果

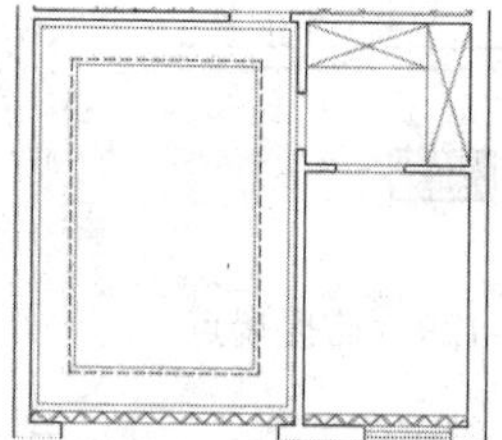
图 10-138　修改结果

10.5.4　绘制三层吊顶灯具图

（1）继续上例操作。

（2）展开“图层”面板→“图层”下拉列表，将“灯具层”设置为当前图层。

（3）使用快捷键“I”激活“插入块”命令，插入随书光盘中的“\图块文件\艺术吊灯 01.dwg”，块参数设置如图 10-139 所示。

（4）返回绘图区，在命令行“指定插入点或 [基点(B)/比例(S)/旋转(R)]:”提示下捕捉如图 10-140 所示的中点追踪虚线的交点作为插入点。

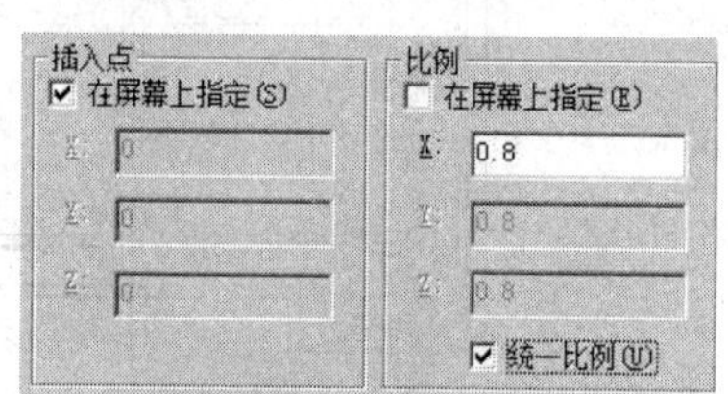

图 10-139　设置参数

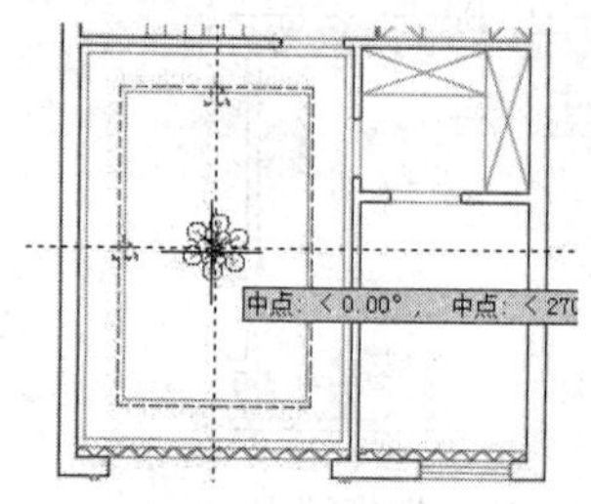

图 10-140　定位插入点

（5）重复执行“插入块”命令，插入光盘“\图块文件\造型灯具 01.dwg”，块参数设置如图 10-141 所示。

（6）返回绘图区，在命令行“指定插入点或 [基点(B)/比例(S)/旋转(R)]:”提示下捕捉如图 10-142 所示的中点追踪虚线的交点作为插入点。

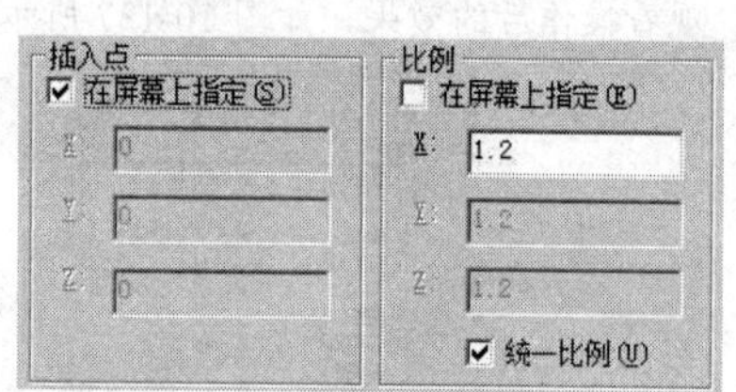

图 10-141　设置参数

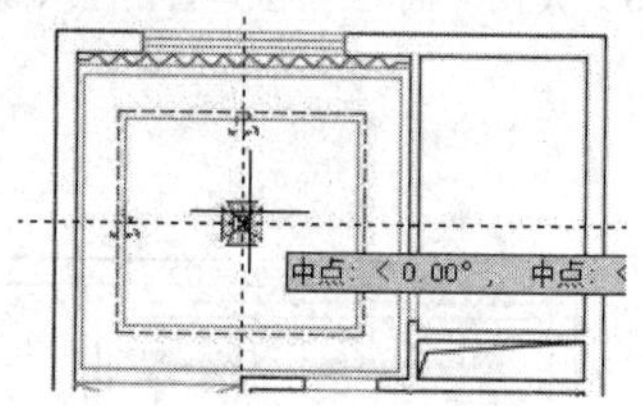

图 10-142　定位插入点

（7）重复执行“插入块”命令，以默认参数插入插入随书光盘中的“\图块文件\吸顶灯.dwg”，在命令行“指定插入点或 [基点(B)/比例(S)/旋转(R)]:”提示下，按住 shift 键单击右键，激活“两点之间的中点”功能。

（8）在命令行“_m2p 中点的第一点:”提示下捕捉如图 10-143 端点。

（9）在“中点的第二点:”提示下捕捉图 10-144 所示端点，插入结果如图 10-145 所示。

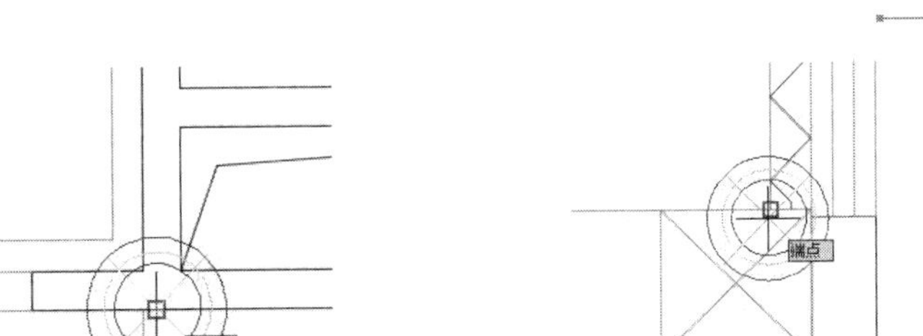

图 10-143　捕捉端点

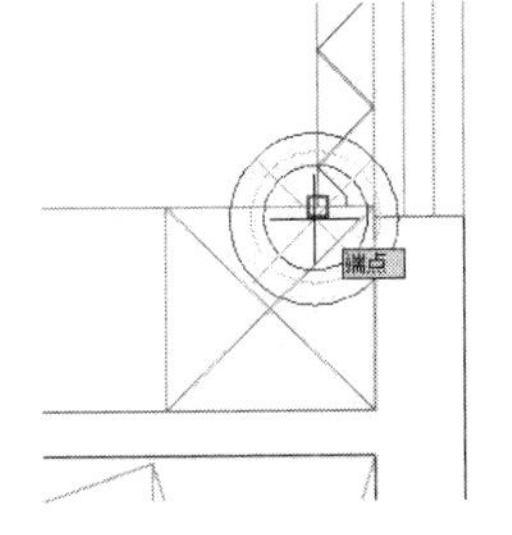

图 10-144　捕捉端点

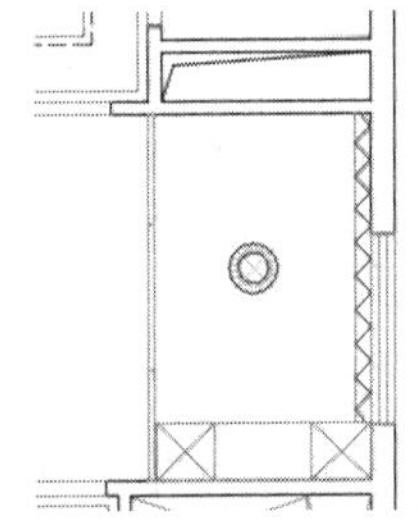

图 10-145　插入结果

（10）重复执行“插入块”命令，设置块的缩放比例为 0.7，配合“两点之间的中点”功能再次插入吸顶灯，捕捉图 10-146 所示端点作为中点的第一点，捕捉图 10-147 所示的交点作为中点的第二点，插入结果如图 10-148 所示。

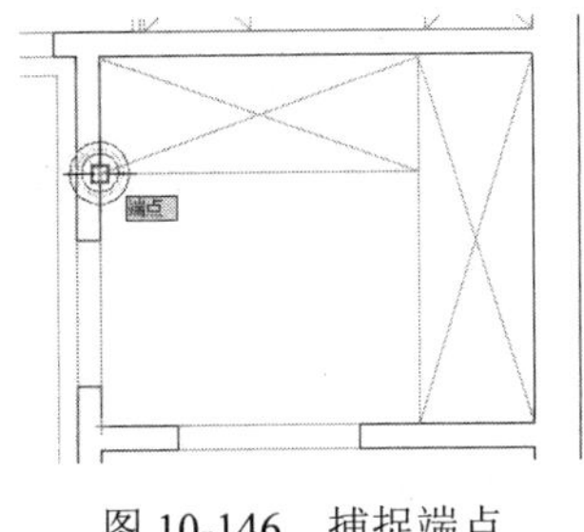

图 10-146　捕捉端点

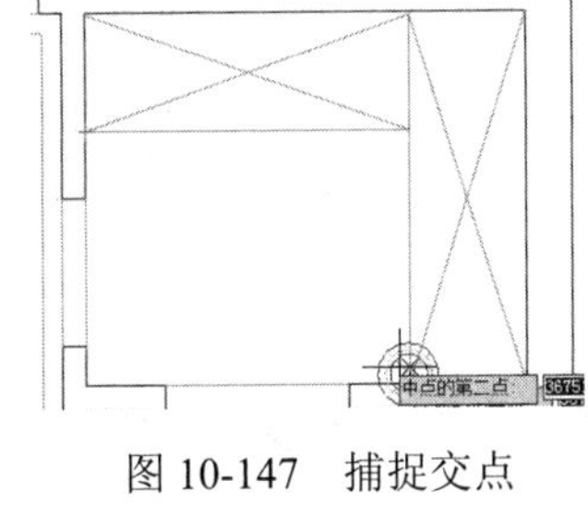

图 10-147　捕捉交点

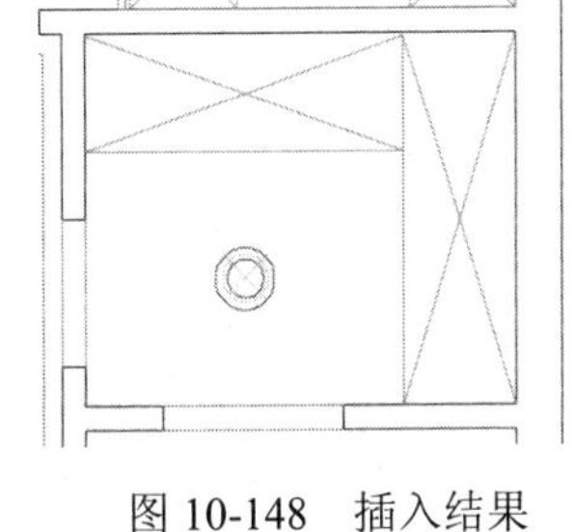

图 10-148　插入结果

（11）重复执行“插入块”命令，以默认参数再次插入吸顶灯图块，配合“两点之间的中点”功能，捕捉如图 10-149 所示端点作为中点的第一点，捕捉如图 10-150 所示的端点作为中点的第二点，插入结果如图 10-151 所示。

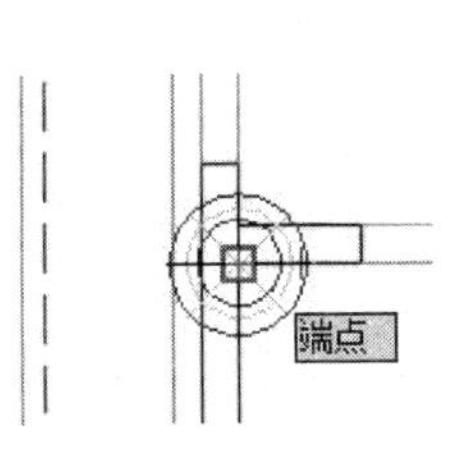

图 10-149　捕捉端点

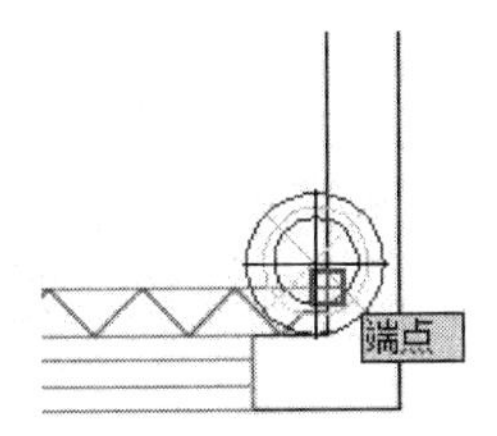

图 10-150　捕捉端点

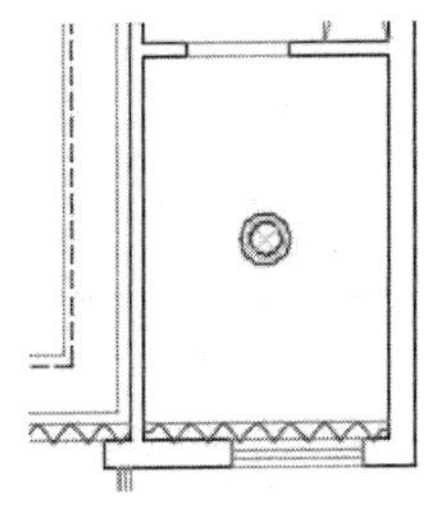

图 10-151　插入结果

10.5.5　绘制三层辅助灯具图

（1）继续上节操作。

（2）单击“默认”选项卡→“实用工具”面板→“点样式”按钮，在打开的“点样式”对话框中设置点的样式为“○”，点的大小为 100 个单位。

（3）单击“默认”选项卡→“绘图”面板→“直线”按钮，配合中点捕捉功能绘制如图 10-152 所示的垂直辅助线。

（4）单击“默认”选项卡→“修改”面板→“偏移”按钮，将主卧和次卧室吊顶灯带向外侧偏移 210 个单位，结果如图 10-153 所示。

（5）单击“默认”选项卡→“修改”面板→“分解”按钮，将偏移出的两个矩形分解，并删除多余图线，结果如图 10-154 所示。

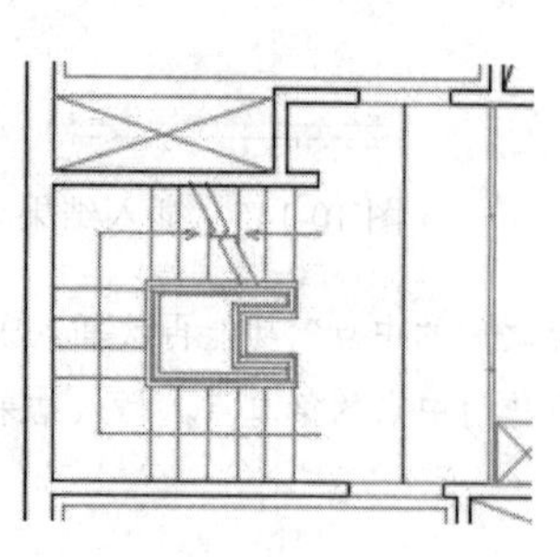
图 10-152　绘制结果

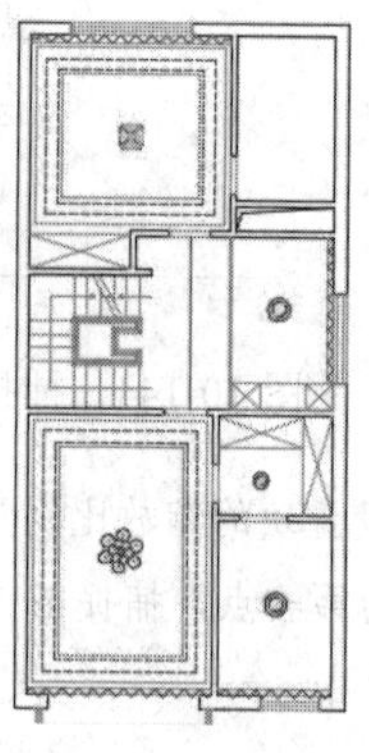
图 10-153　偏移结果

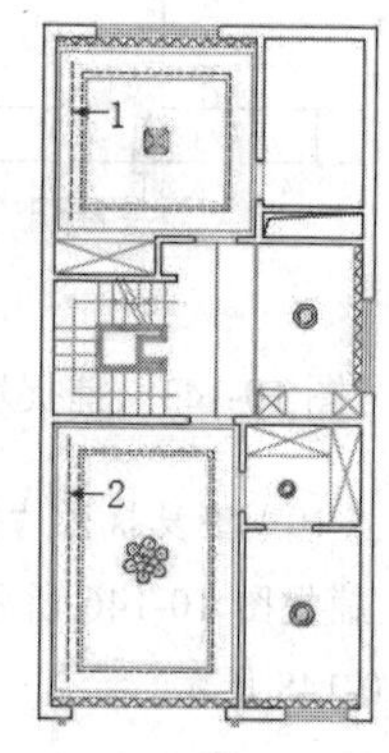

图 10-154　删除结果

（6）单击“默认”选项卡→“绘图”面板→“定数等分”按钮，将辅助线 1 定数等分 3 份，将辅助线 2 等分 4 份，以等分位置的点作为筒灯，结果如图 10-155 所示。

（7）单击“默认”选项卡→“绘图”面板→“多点”按钮，在辅助线 1 和 2 的两端绘制筒灯，在楼梯间垂直辅助线的中点作绘制点作为筒灯，结果如图 10-156 所示。

（8）单击“默认”选项卡→“修改”面板→“镜像”按钮，配合中点捕捉功能，分别镜像主卧和次卧室吊顶筒灯，结果如图 10-157 所示。

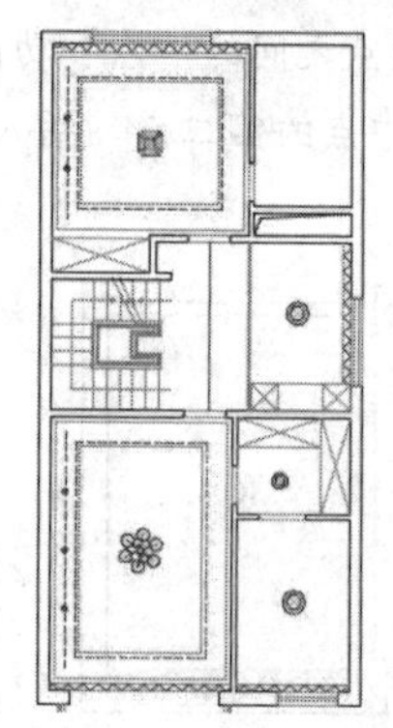
图 10-155　等分结果

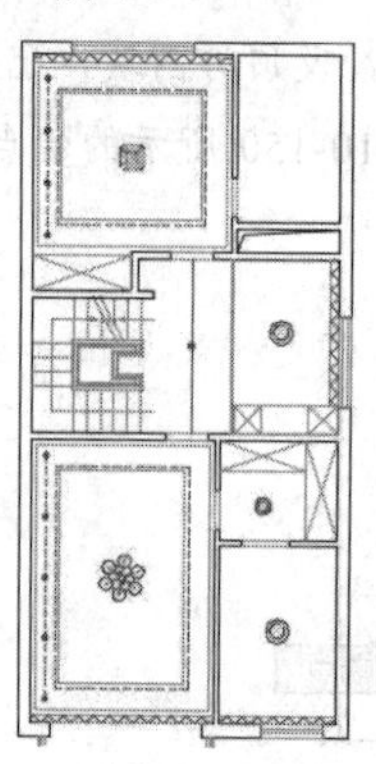
图 10-156　绘制结果

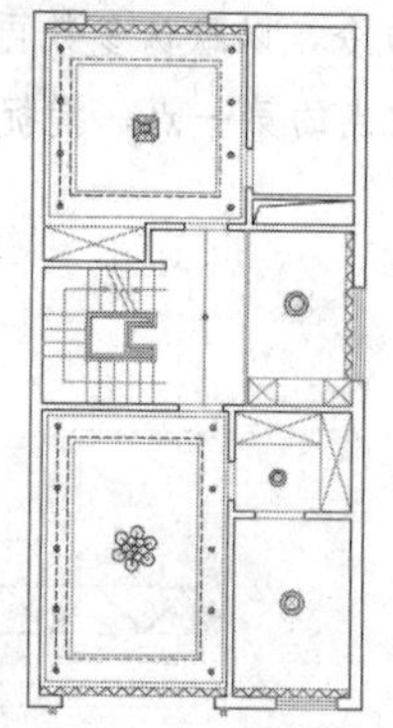
图 10-157　镜像结果

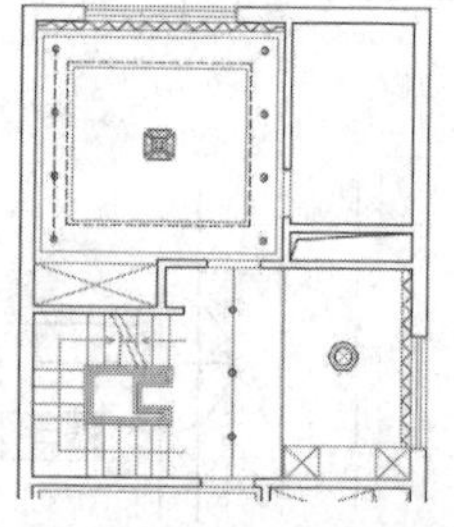
图 10-158　复制结果

（9）单击“默认”选项卡→“修改”面板→“复制”按钮，选择楼梯间位置的筒灯，上下对称复制 1000 个单位，结果如图 10-158 所示。

（10）单击“默认”选项卡→“绘图”面板→“矩形”按钮，配合“捕捉自”功能绘制辅助矩形，命令行操作如下。

```
命令： _rectang
指定第一个角点或 [倒角(C)/标高(E)/圆角(F)/厚度(T)/宽度(W)]： //激活“捕捉自”功能
_from 基点：                        //捕捉如图 10-159 所示的端点
<偏移>：                            //@-490,-590Enter
指定另一个角点或 [面积(A)/尺寸(D)/旋转(R)]：
                                    //@-1000,-2000Enter，绘制结果如图 10-160 所示
```

（1）单击“默认”选项卡→“绘图”面板→“多点”按钮，在辅助矩形端点和中点位置上绘制如图 10-161 所示的筒灯。

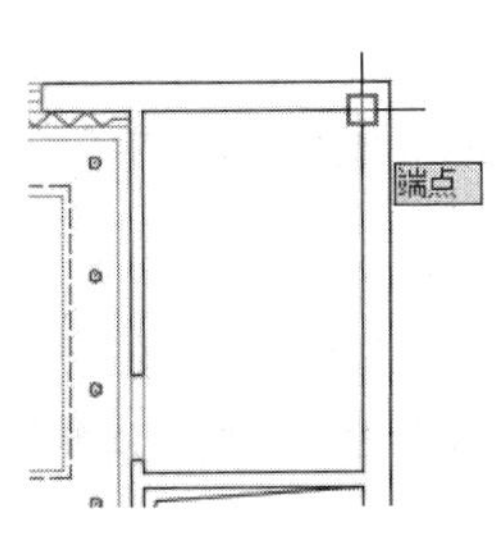

图 10-159 捕捉端点

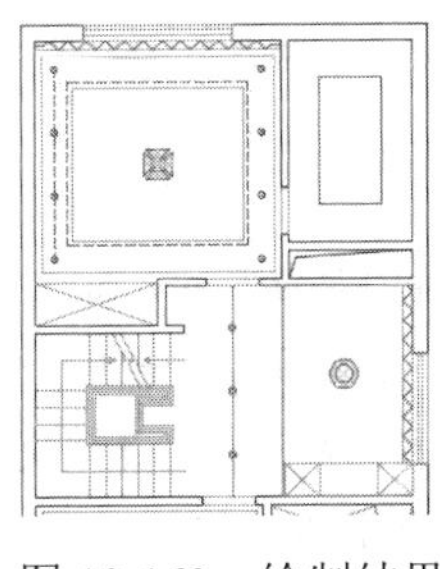
图 10-160 绘制结果

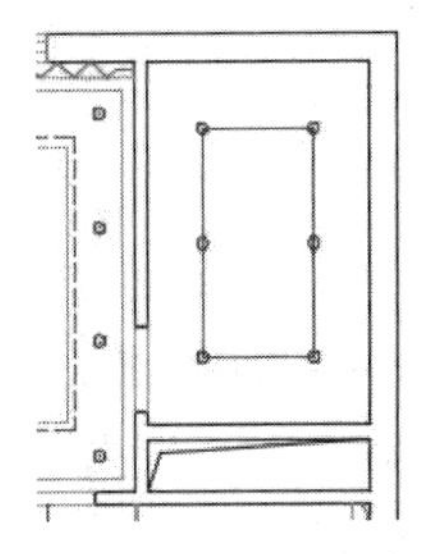
图 10-161 绘制结果

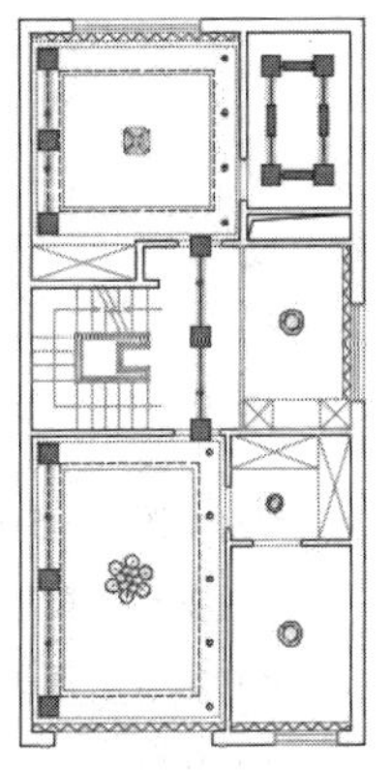
图 10-162 夹点效果

（2）在无命令执行的前提下夹点显示如图 10-162 所示的辅助线和辅助矩形，然后按 Delete 键进行删除，删除结果如图 10-163 所示。

（3）使用快捷键“H”激活“图案填充”命令，激活命令行中的“设置”选项，打开“图案填充和渐变色”对话框，然后设置填充图案与填充参数如图 10-164 所示，为卫生间填充如图 10-165 所示的吊顶图案。

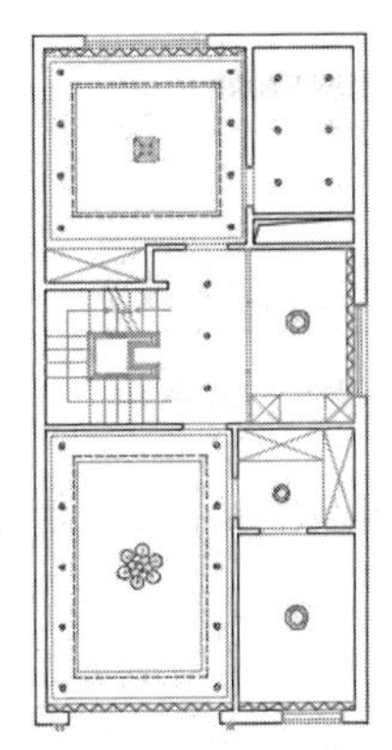
图 10-163 删除结果

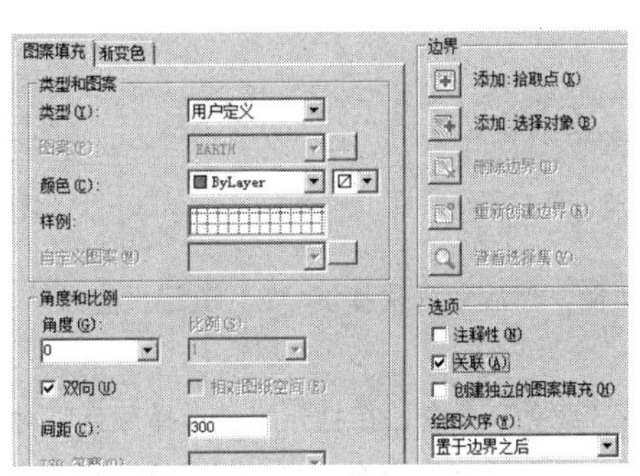

图 10-164 设置填充图案与参数

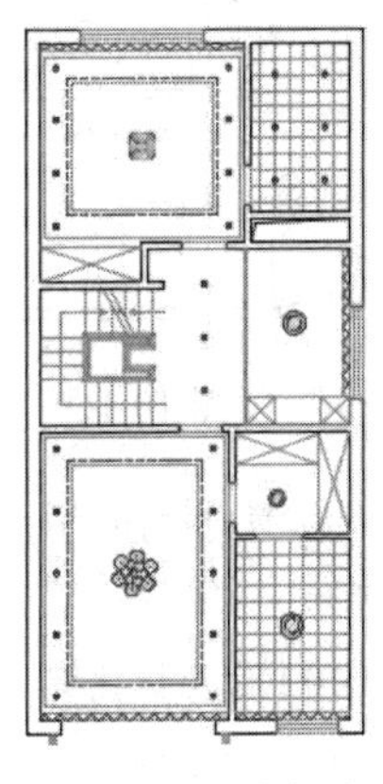
图 10-165 填充结果

10.5.6 标注吊顶尺寸和文字

（1）继续上节操作。

（2）展开“默认”选项卡→“图层”面板→“图层”下拉列表，解结“尺寸层”，并将其设置为当前图层。

（3）单击“默认”选项卡→“注释”面板→“线性”按钮，配合节点捕捉功能标注如图 10-166 所示的定位尺寸。

（4）单击“注释”选项卡→“标注”面板→“连续”按钮，配合节点捕捉功能标注如图 10-167 所示的定位尺寸。

（5）接下来分别在标注的尺寸上双击左键，修改各尺寸的标注文字如图 10-168 所示。

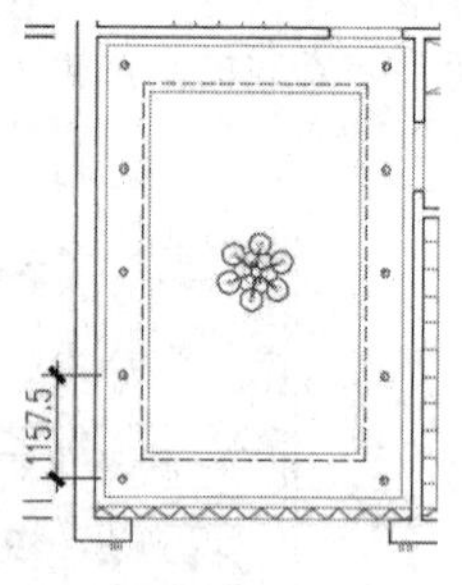
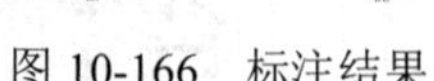
图 10-166　标注结果

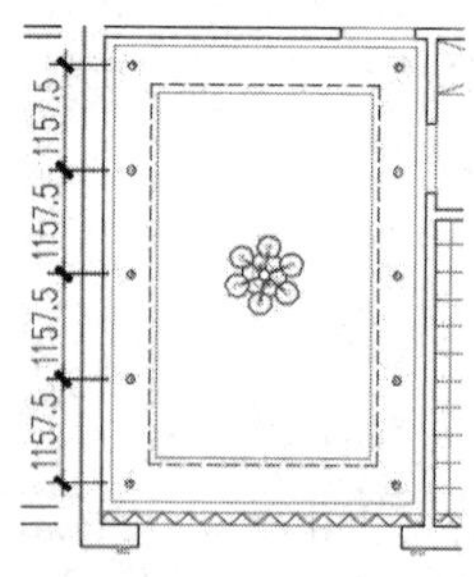
图 10-167　标注连续尺寸

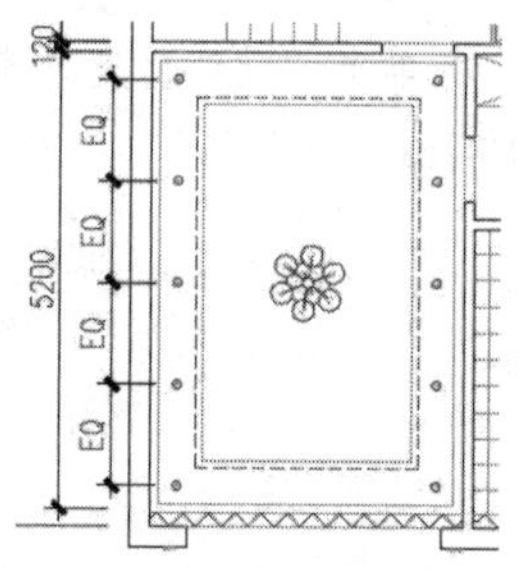
图 10-168　修改标注文字

（6）参照 3～5 操作步骤，分别标注吊顶图其他位置的定位尺寸，标注结果如图 10-169 所示。

（7）展开“默认”选项卡→“图层”面板→“图层”下拉列表，解冻“文本层”，并将其设为当前图层。

（8）在绘图区单击右键选择右键菜单中的“快速选择”命令，打开“快速选择”对话框，设置过滤参数如图 10-170 所示，选择“文本层”上的所有对象，然后按 Delete 键删除。

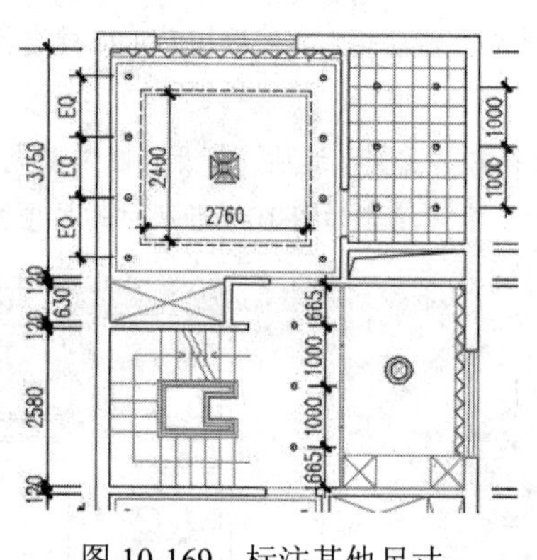
图 10-169　标注其他尺寸

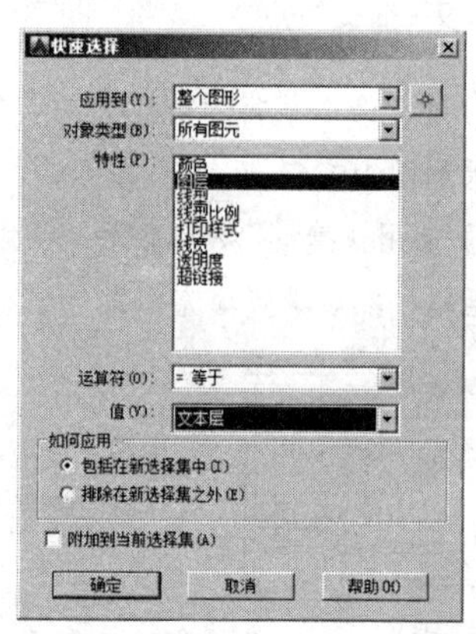

图 10-170　设置过滤参数

（9）暂时关闭“对象捕捉”功能，然后使用快捷键“L”激活“直线”命令，绘制如图 10-171 所示的文字指示线。

（10）使用快捷键“col”激活“颜色”命令，在打开的“选择颜色”对话框中将当前颜色设置为红色。

（11）使用快捷键“DT”激活“单行文字”命令，在“指定文字的起点或 [对正(J)/样式(S)]: ”提示下输入 J 并按 Eenter 键。

（12）根据命令行的提示，将文字对正方式设为左下，然后捕捉指示线的左端点作为起点。

（13）在“指定高度<3>: ”提示下输入 300 并按 Enter 键。

（14）在“指定文字的旋转角度<0.0>”提示下按 Enter，然后输入“纸面石膏板”和“白色乳胶漆”两行文字，如图 10-172 所示。

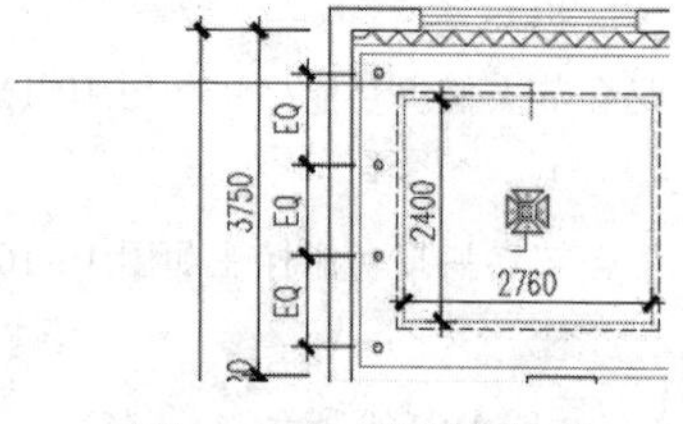
图 10-171　绘制指示线

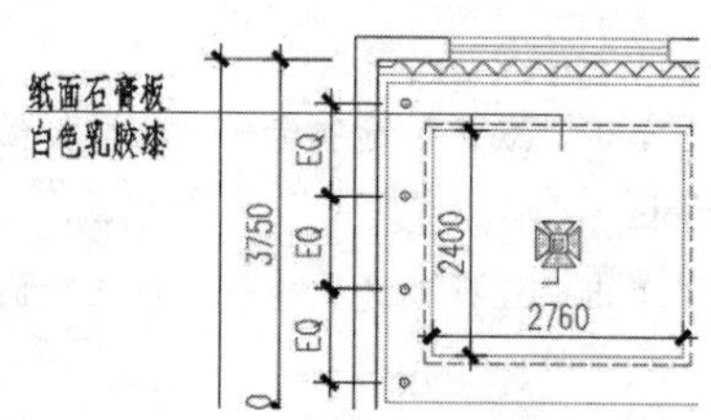

图 10-172　标注结果

（15）使用快捷键“M”激活“移动”命令，选择两行文字垂直上移 60 个单位，结果如图 10-173 所示。

（16）参照上述操作，综合使用“直线”、“单行文字”和“移动”命令，分别标注其他位置的文字注释，结果如图 10-174 所示。

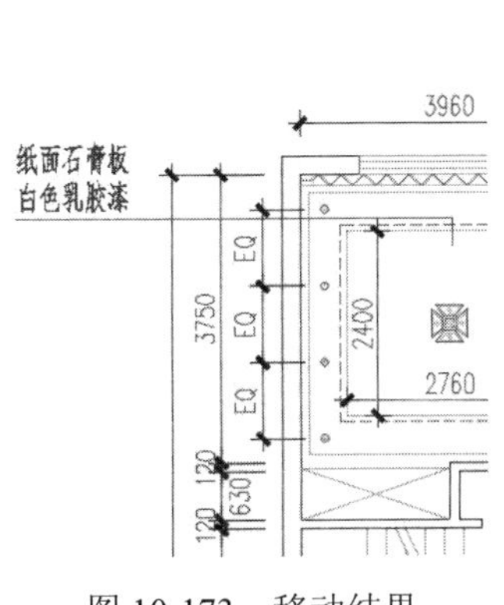

图 10-173 移动结果

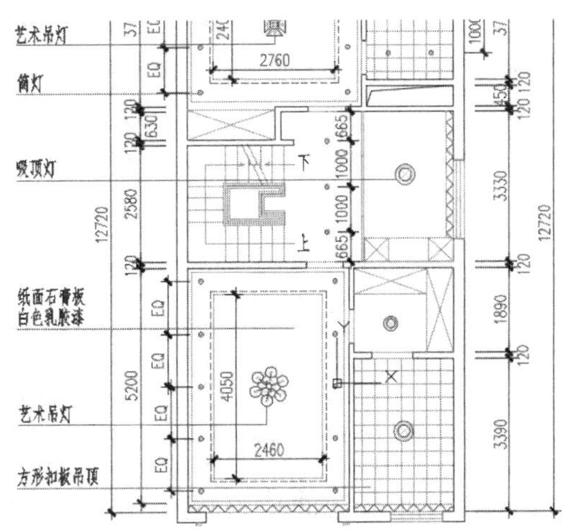

图 10-174 标注其他文字

（17）最后执行“另存为”命令，将图形命名存储为“绘制三层吊顶装修图.dwg”。

10.6 绘制高档住宅主卧室立面图

本例主要学习高档住宅别墅三层主卧装修立面图的具体绘制过程和绘制技巧。别墅三层主卧立面图的最终绘制效果，如图 10-175 所示。

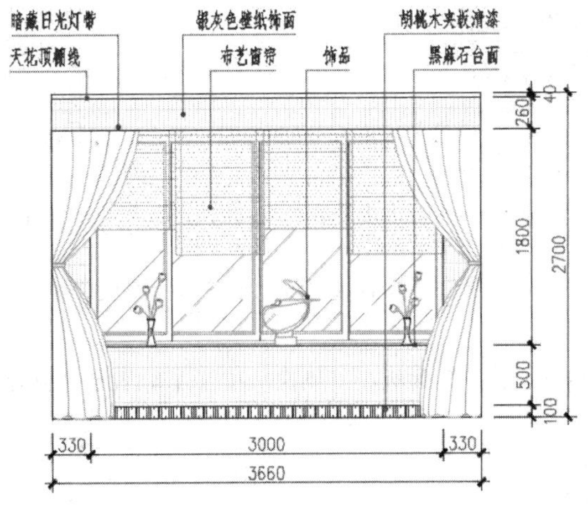

图 10-175 实例效果

10.6.1 绘制卧室立面轮廓图

（1）单击“快速访问”工具栏→“新建”按钮，调用随书光盘“\样板文件\室内绘图样板.dwt”。

（2）展开“图层”面板→“图层”下拉列表，将“轮廓线”设置为当前图层。

（3）单击“默认”选项卡→“绘图”面板→“矩形”按钮，绘制长度为3660、宽度为2700的立面外轮廓线。

（4）单击“默认”选项卡→“修改”面板→“分解”按钮，选择刚绘制的矩形分解为四条独立的线段。

（5）单击“默认”选项卡→“修改”面板→“偏移”按钮，将矩形下侧水平边向上偏移100和600个单位；将上侧水平边向下偏移40和300个单位，将矩形两侧垂直边向内偏移330个单位，结果如图10-176所示。

（6）单击“默认”选项卡→“修改”面板→“修剪”按钮，对偏移图线进行修剪，结果如图10-177所示。

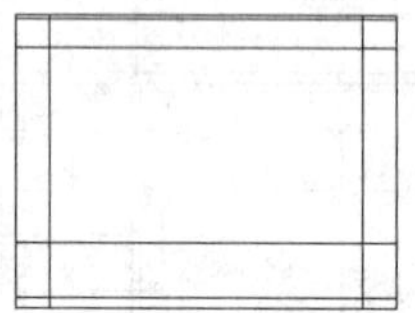
图10-176　偏移结果

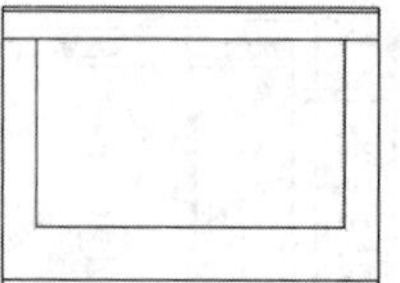
图10-177　修剪结果

10.6.2　绘制卧室立面构件图

（1）继续上节操作。

（2）展开“默认”选项卡→“图层”面板→“图层”下拉列表，选择“家具轴线层”设置为当前图层。

（3）使用快捷键“I”激活“插入块”命令，插入随书光盘中的“/图块文件/立面窗01.dwg”，块参数设置如图10-178所示。

（4）在命令行“指定插入点或 [基点(B)/比例(S)/X/Y/Z/旋转(R)]:”提示下捕捉如图所示的端点作为插入点，插入结果如图10-179所示。

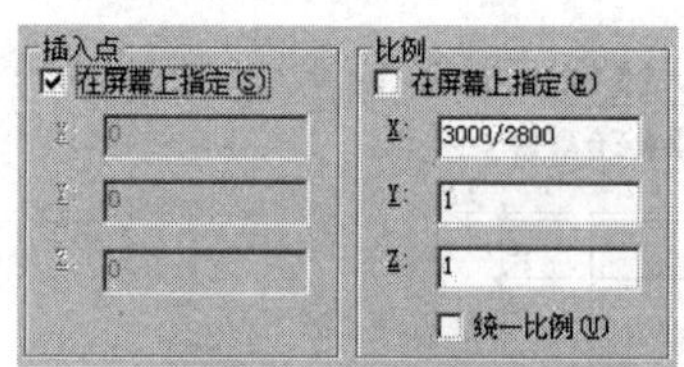

图10-178　设置块参数

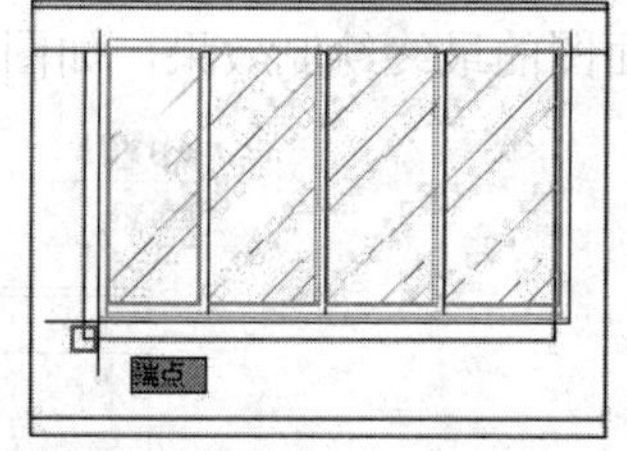

图10-179　捕捉端点

（5）重复执行“插入块”命令，以默认参数插入随书光盘中的“/图块文件/帷幔.dwg”，插入点为图10-180所示的端点。

（6）单击“默认”选项卡→“修改”面板→“镜像”按钮，配合中点捕捉功能，选择刚插入的帷幔进行镜像，结果如图10-181所示。

图10-180　定位插入点

图10-181　镜像结果

（7）使用快捷键“I”激活“插入块”命令，以默认参数插入随书光盘中的“/图块文件/窗帘 02.dwg”，插入点为图 10-182 所示中点。

（8）重复执行“插入块”命令，以默认参数插入随书光盘“/图块文件/”目录下的“花瓶.dwg”和“装饰品 03.dwg”，结果如图 10-183 所示。

（9）单击“默认”选项卡→“修改”面板→“分解”按钮，选择立面窗和帐幔图块进行分解。

（10）接下来综合使用“修剪”和“删除”命令，对立面图进行修整，删除被视线遮挡的图线，结果如图 10-184 所示。

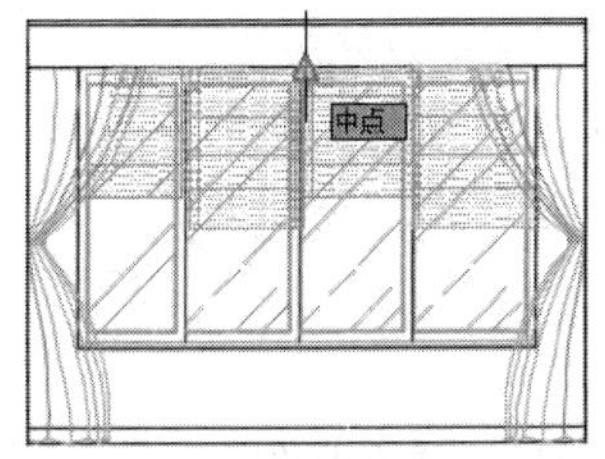

图 10-182 捕捉中点

图 10-183 插入结果

图 10-184 修整结果

10.6.3 绘制卧室墙面壁纸

（1）继续上节操作。

（2）展开“默认”选项卡→“图层”面板→“图层”下拉列表，选择“填充层”设置为当前图层。

（3）使用快捷键“H”激活“图案填充”命令，在“拾取内部点或 [选择对象(S)/设置(T)]:”提示下激活“设置”选项，打开“图案填充和渐变色”对话框，然后设置填充图案、比例、角度等，如图 10-185 所示。

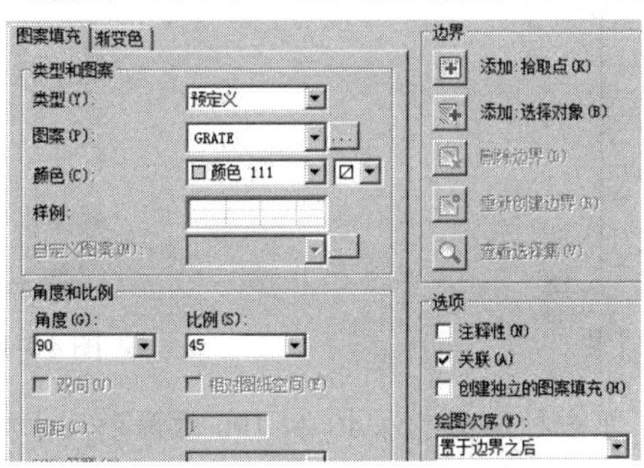

图 10-185 设置填充图案与参数

（4）单击“添加：拾取点”按钮，返回绘图区在所需区域单击左键，系统自动分析出如图 10-186 所示的填充边界。

（5）按 Enter 键结束命令，为立面图填充壁纸图案，结果如图 10-187 所示。

图 10-186 指定填充区域

图 10-187 填充结果

（6）重复执行“图案填充”命令，设置填充图案与参数如图10-188所示，为立面图填充如图10-189所示的图案。

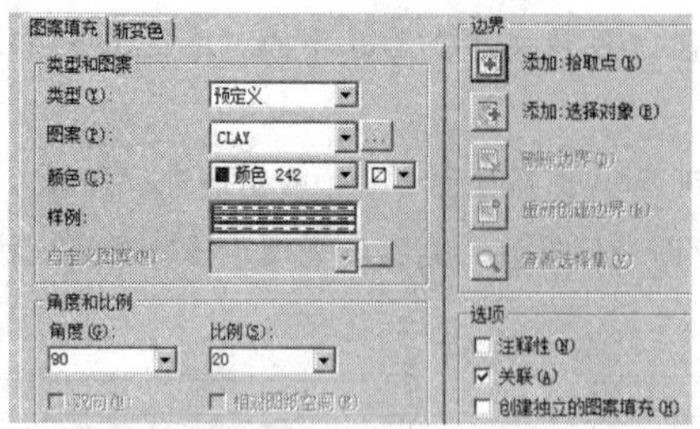

图10-188 设置填充图案与参数

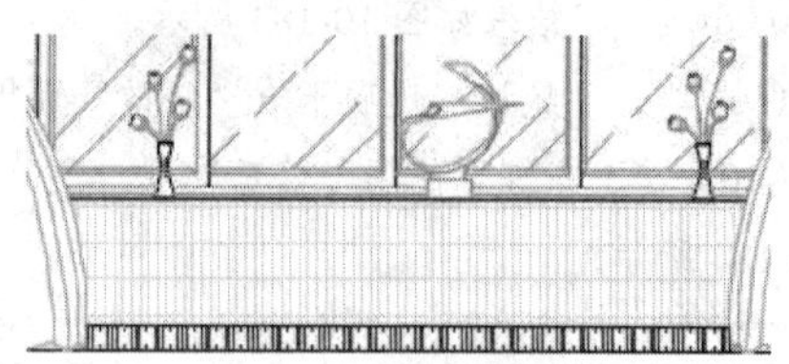

图10-189 填充结果

10.6.4 标注卧室立面图尺寸

（1）继续上节操作。

（2）展开“默认”选项卡→“图层”面板→“图层”下拉列表，将“尺寸层”设置为当前图层。

（3）使用快捷键“D”激活“标注样式”命令，打开“标注样式管理器”对话框中设置“建筑标注”为当前样式，并修改标注比例为35。

（4）单击“默认”选项卡→“注释”面板→“线性”按钮，配合“对象捕捉”与“对象追踪”功能标注如图10-190所示的线性尺寸。

（5）单击“注释”选项卡→“标注”面板→“连续”按钮，以刚标注的尺寸作为基准尺寸，标注如图10-191所示的细部尺寸。

图10-190 标注结果

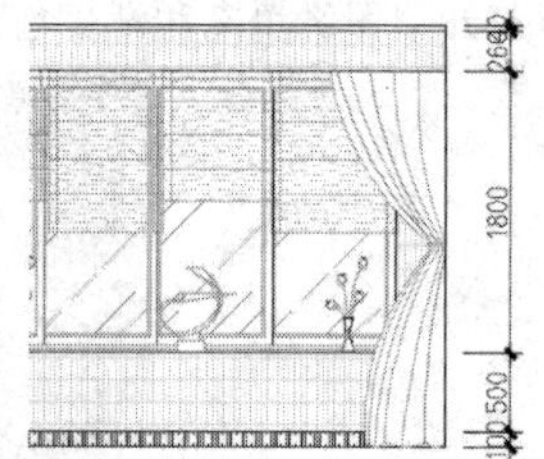

图10-191 标注细部尺寸

（6）在无命令执行的前提下单击标注文字为40和100的两个尺寸对象，使其呈现夹点显示状态，如图10-192所示。

（7）按住Shift键分别单击标注文字处的两个夹点，将其转化为基点。

（8）在其中一个夹基点上单击左键，然后根据命令行的提示，在适当位置指定文字的位置，并按Esc键取消尺寸的夹点，调整结果如图10-193所示。

（9）使用命令简写“*dimlin*”激活“线性”标注命令，配合端点捕捉标注如图10-194所示的总尺寸。

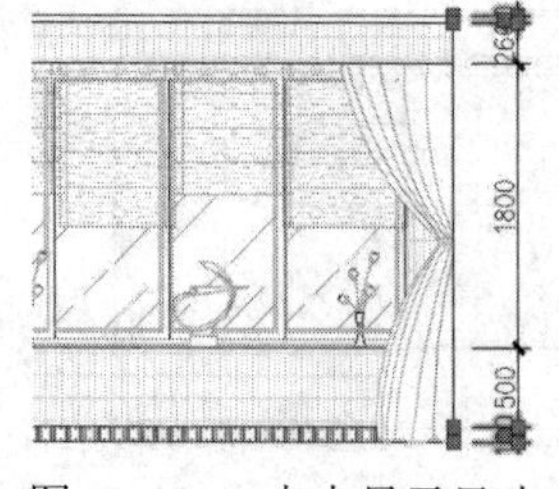

图10-192 夹点显示尺寸

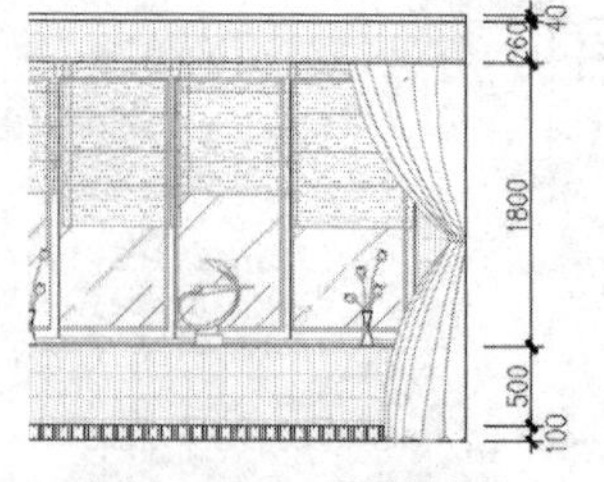

图10-193 调整结果

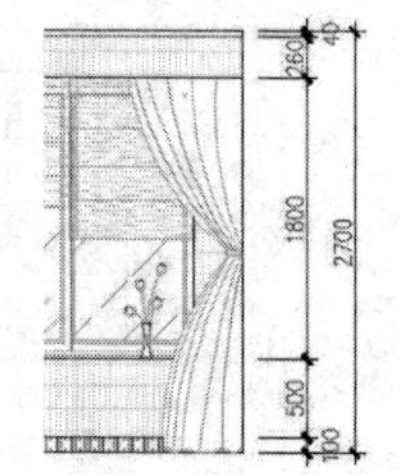

图10-194 标注总尺寸

（10）接下来参照上述操作，综合使用“线性”和“连续”命令，标注立面图其他位置的尺寸，标注结果如图 10-195 所示。

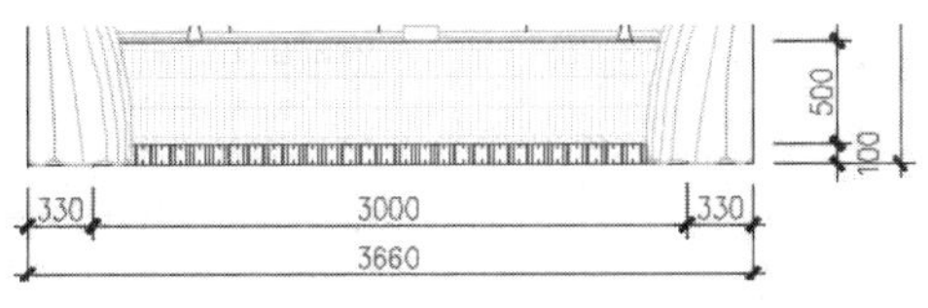

图 10-195 标注其他尺寸

10.6.5 标注立面图材质说明

（1）继续上节操作。

（2）展开“默认”选项卡→“图层”面板→“图层”下拉列表，选择“文本层”设置为当前图层。

（3）使用快捷键“D”激活“标注样式”命令，替代当前尺寸样式，并修改引线箭头、大小、文字样式等参数如图 10-196 和图 10-197 所示。

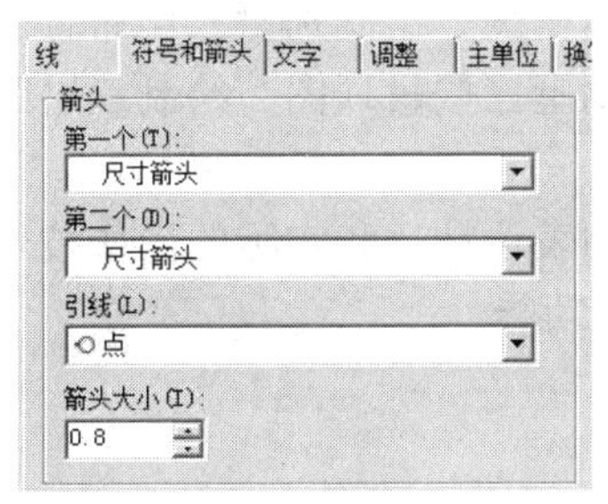

图 10-196 修改箭头和大小

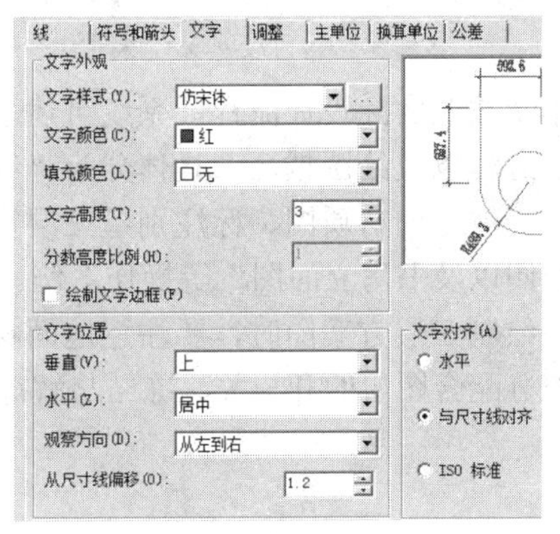

图 10-197 修改文字样式

（4）展开“调整”选项卡，修改标注比例为 40。

（5）使用快捷键“LE”激活“快速引线”命令，使用命令中的“设置”选项，设置引线参数如图 10-198 和图 10-199 所示。

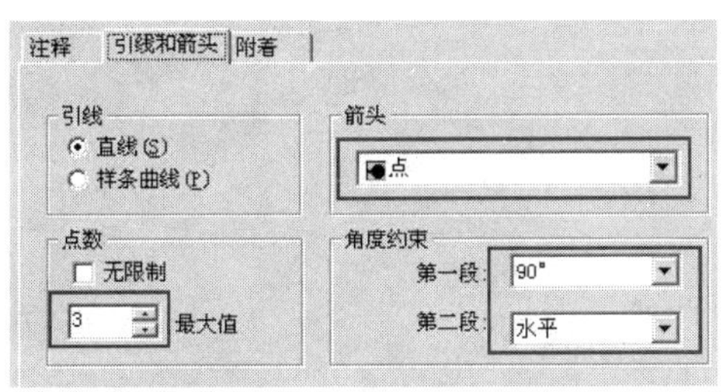

图 10-198 设置引线和箭头

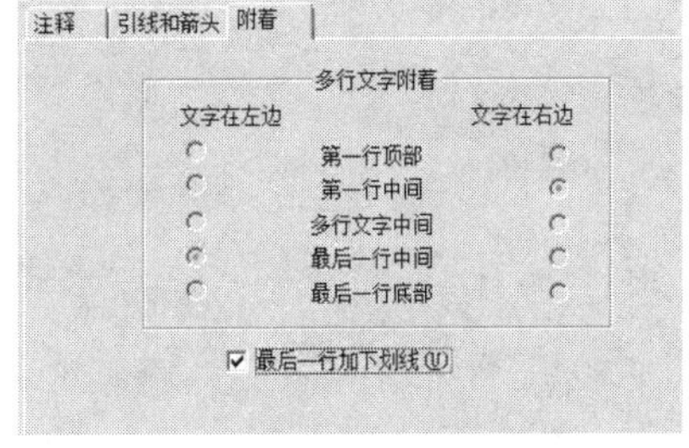

图 10-199 设置附着位置

（6）单击“引线设置”对话框中的 确定 按钮，返回绘图区根据命令行的提示，指定三个引线点绘制引线，并输入引线注释，标注结果如图 10-200 所示。

（7）重复执行“快速引线”命令，按照当前的引线参数设置，标注其他引线注释，结果如图 10-201 所示。

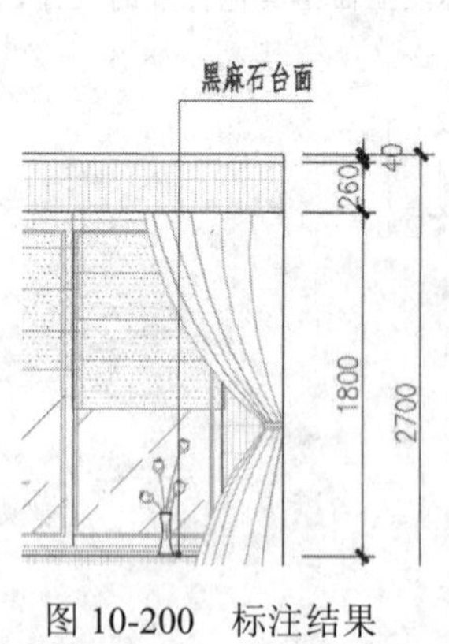

图 10-200　标注结果

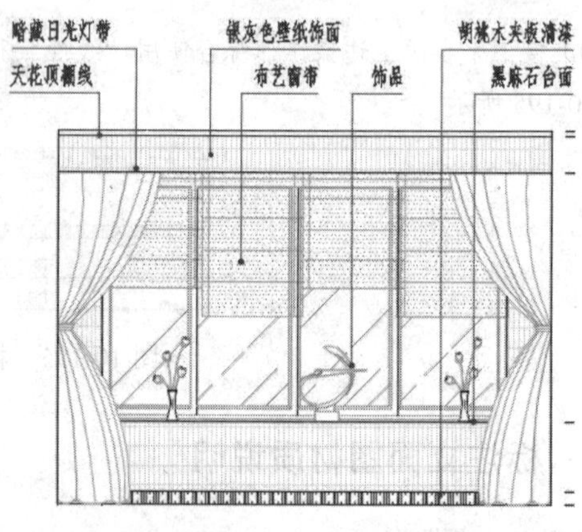

图 10-201　标注其他注释

（8）最后执行“保存”命令，将图形命名存储为“绘制主卧室立面图.dwg”。

10.7　本 章 小 结

本章按照实际设计流程，系统讲述了别墅三层装修方案图的设计方法、设计思路、完整的绘图过程以及绘图技巧。具体分为“绘制别墅三层墙体结构图、绘制别墅三层布置图、绘制别墅三层地面材质图、标注别墅三层室内布置图、绘制别墅三层吊顶图、绘制三层卧室装修立面图以及书房立面图”等操作案例。

在绘制三层方案图时，要注意地面材质以及墙面壁纸的表达技巧和实际的操作技巧、要注意充分配合图层的开与关、冻结与解冻等重要的状态控制功能。

第三部分　公　装　篇

第 11 章　星级大酒店包间设计

星级酒店设计是一个复杂的系统工程，星级酒店设计的目的是为投资者和经营者实现持久利润服务，要实现经营利润，就需要通过满足客人的需求来实现，而星级酒店包间在国内星级酒店众多餐饮项目中则占有最重要、最核心的位置，其经营的水平实际上决定了星级酒店整个餐饮的走势，而设计和装修对经营则有很大的影响。本章主要学习星级酒店包间装修设计。

■ 本章内容

- ✧ 星级酒店包间设计理念
- ✧ 星级酒店包间设计思路
- ✧ 绘制酒店包间地面布置图
- ✧ 标注酒店包间装修布置图
- ✧ 绘制酒店包间天花装修图
- ✧ 绘制酒店包间吊顶灯具图
- ✧ 绘制酒店包间装修立面图

11.1　星级酒店包间设计理念

随着社会经济的飞速发展，星级酒店设计日益成为一门新兴的专业学科。它不同于单纯的工业与民用建筑设计和规划，是包括星级酒店整体规划、室内装饰设计、星级酒店形象识别、星级酒店设备和用品顾问、星级酒店发展趋势研究等工作内容在内的专业体系，而酒店包间则是星级酒店所不可缺少的一个重要装修单元，在设计装修时要特别注意以下几点。

（1）包间设计应围绕经营而进行，以顾客为中心。首先对目标市场的容量及星级酒店中餐饮需求的趋势进行分析，同时还需考虑星级酒店的整体风格、餐饮的整体规划、星评标准的要求以及装修的投入和产出等相关要素。

（2）星级酒店餐厅与包间应分设入口，服务流线避免与客人通道交叉。许多星级酒店将贵宾包间设在星级酒店餐厅中，这很不科学，一方面进出包间的客人会影响星级酒店餐厅客人的就餐，另一方面对包间客人也无私密性可言。所以分设包间及星级酒店餐厅的入口非常有必要。

（3）尽可能减少包间区域地平高低的变化，包间门不要相对，应尽可能错开。

（4）包间的桌子不要正对包间门，否则，其他客人从走道过一眼就可将包间内的情况看得一清二楚。

（5）一些高档包间内设备餐间，备餐间的入口最好要与包间的主入口分开，同时，备餐间的出口也不要正对餐桌。除备餐台外，高档的包间还应设置会客区、衣帽间等，最好设计成嵌墙式的。

（6）重视灯光设计。桌面的重点照明可有效地增进食欲，而其他区域则应相对暗一些，有艺术品的地方可用灯光突出，灯光的明暗结合可使整个环境富有层次。

（7）在包间内应尽量避免彩色光源的使用，显得俗气，也会使客人感到烦躁。

（8）营造文化氛围。结合当地的人文景观，通过艺术的加工与提炼，创造富于地方特色的就餐环境。

（9）在装修设计中还需考虑分包间的多功能性，通过使用隔音效果好的活动隔断，使包间可分可合，满足多桌客人在一相对独立的场所就餐的需求，增加包间使用的灵活性，提高包间的使用率。

（10）星级酒店包间内不应设卡拉 0K 设施，这样不仅会破坏高雅的就餐氛围，降低档次，还会影响其他包间的客人。

11.2　星级酒店包间设计思路

在设计与绘制星级酒店包间方案图时可参照如下思路。

（1）首先根据原有建筑空间和要求，科学规划包间数量、位置、大小等，并绘制出设计草图。

（2）根据设计草图，绘制星级酒店包间装修布置图，重在室内用具的选用、布置及地面材质的表达、室内空间的规划方面下功夫。

（3）根据绘制的星级酒店包间布置图，绘制包间天花装修图，主要是天花吊顶的绘制、灯具的布置、色彩的运用等方面。

（4）根据星级酒店包间布置图，绘制出相应的墙面投影图，即墙面装饰立面图，重在立面饰线的分布、立面构件的体现以及墙面材质、色彩和表达等方面。

11.3　绘制酒店包间地面布置图

本例主要学习酒店包间装修布置图的绘制方法和具体绘制过程。酒店装修布置图的最终绘制效果如图 11-1 所示。

图 11-1　实例效果

11.3.1 绘制酒店包间轴线图

（1）单击“快速访问”工具栏→“新建”按钮，调用随书光盘“\样板文件\室内绘图样板.dwt”。

（2）展开“默认”选项卡→“图层”面板→“图层”下拉列表，设置“轴线层”为当前操作层。

（3）使用快捷键“LT”激活“线型”命令，在打开的“线型管理器”对话框中设置线型比例为25。

（4）单击“默认”选项卡→“绘图”面板→“矩形”按钮，绘制长度为3800、宽度为6800的矩形作为基准轴线。

（5）单击“默认”选项卡→“修改”面板→“分解”按钮，将矩形分解为4条独立的线段。

（6）单击“默认”选项卡→“修改”面板“偏移”按钮，将矩形左侧垂直边向右偏移700和3100；将矩形右侧的垂直边向左偏移100和900个单位，结果如图11-2所示。

（7）单击“默认”选项卡→“修改”面板→“修剪”按钮，以偏移出的图线作为边界，对矩形进行修剪，以创建窗洞和门洞，结果如图11-3所示。

（8）使用快捷键“E”激活“删除”命令，删除偏移出的4条垂直轴线。

（9）使用快捷键“LEN”激活“拉长”命令，将两侧的水平轴线水平向右拉长400个单位，结果如图11-4所示。

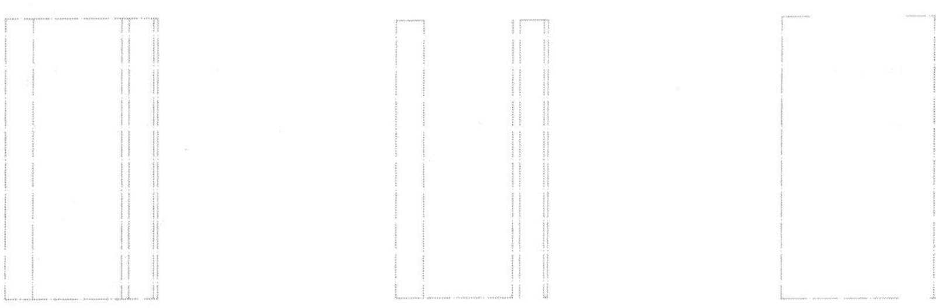

图11-2　偏移结果　　图11-3　修剪结果图　　图11-4　拉长结果

11.3.2 绘制酒店包间墙体图

（1）继续上节操作。

（2）展开“默认”选项卡→“图层”面板→“图层”下拉列表，将“墙线层”设置为当前图层。

（3）使用快捷键“ML”激活“多线”命令，设置对正方式为无，然后配合端点捕捉功能绘制宽度为200的承重墙，结果如图11-5所示。

（4）重复执行“多线”命令，设置多线对正方式不变，绘制宽度为100的非重重墙，如图11-6所示。

（5）展开“默认”选项卡→“图层”面板→“图层”下拉列表，关闭“轴线层”，此时图形的显示效果如图11-7所示。

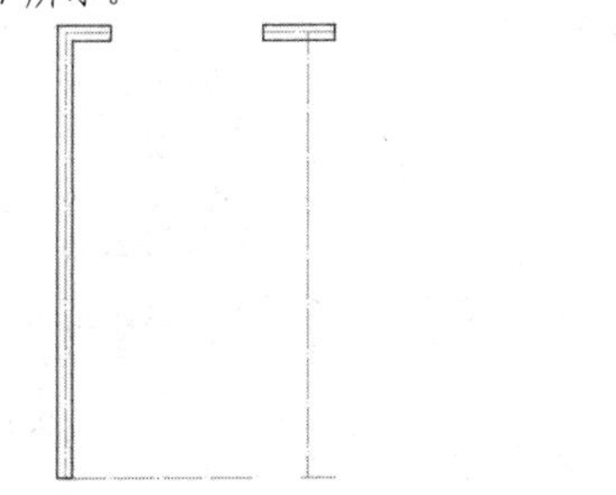

图11-5　绘制主墙体

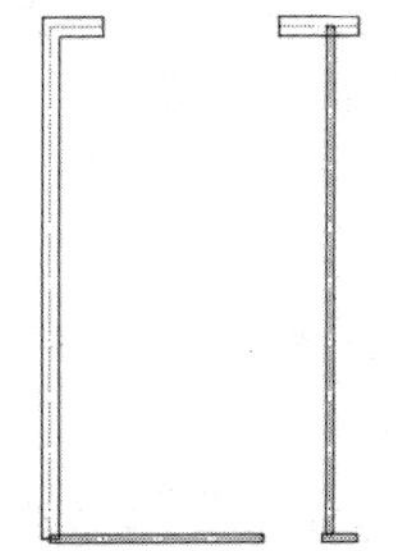

图11-6　绘制次墙体

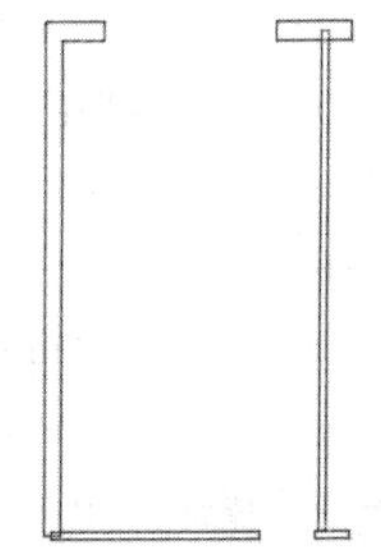

图11-7　关闭轴线后的效果

（6）在墙线上双击左键，打开“多线编辑工具”对话框，然后单击“T形合并”按钮。

（7）返回绘图区根据命令行的提示，对右侧的三条墙线进行合并，结果发图 11-8 所示。

（8）继续双击左侧的垂直墙线，在打开的“多线编辑工具”对话框中单击“角点合并”按钮。

（9）返回绘图区根据命令行的提示，分别选择左侧的垂直墙线和下侧的水平墙线，对垂直相交的两条墙线进行角点结合，结果如图 11-9 所示。

（10）在无命令执行的前提下夹点显示如图 11-10 所示的墙线，然后单击“默认”选项卡→“修改”面板→“分解”按钮，将其分解。

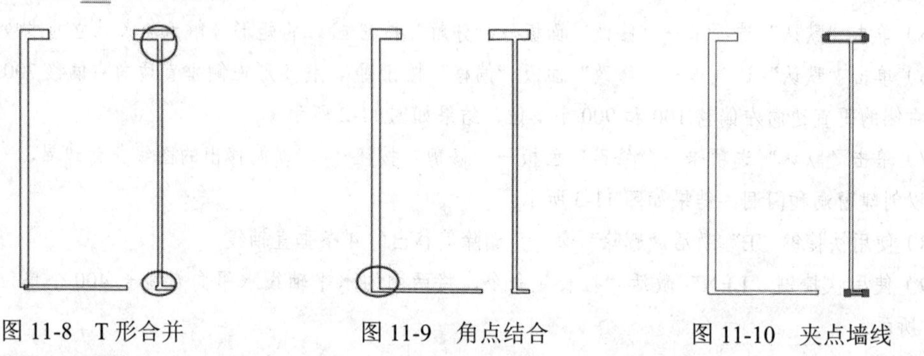

图 11-8　T形合并　　图 11-9　角点结合　　图 11-10　夹点墙线

（11）使用快捷键“E”激活“删除”命令，将分解后的两条垂直墙线删除，结果如图 11-11 所示。

（12）单击“默认”选项卡→“绘图”面板→“直线”按钮，配合“对象捕捉”功能绘制如图 11-12 所示的两条折断线。

图 11-11　删除结果　　图 11-12　绘制结果

11.3.3　绘制酒店包间门窗构件

（1）继续上节操作。

（2）展开“默认”选项卡→“图层”面板→“图层”下拉列表，将“门窗层”设置为当前图层。

（3）使用快捷键“I”激活“插入块”命令，配合中点捕捉功能插入随书光盘“\图块文件\单开门.dwg”，设置参数如图 11-13 所示。

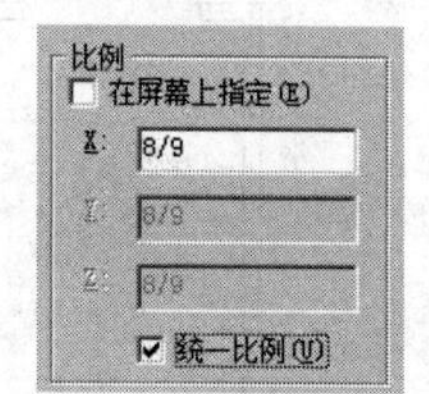

图 11-13　设置块参数

（4）返回绘图区根据命令行的提示，配合中点捕捉功能定位插入点，插入结果如图 11-14 所示。

（5）在命令行输入“mlstyle”后按 Enter 键，在打开的“多线样式”对话框中设置当前样式为“窗线样式”。

（6）使用快捷键“ML”激活“多线”命令，设置对正方式为无，设置多线比例为 200，然后配合中点捕捉功能绘制如图 11-15 所示的窗线。

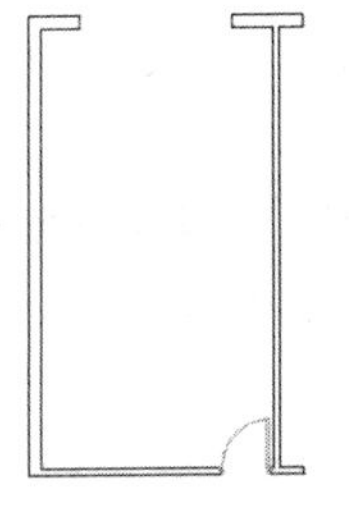
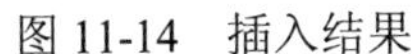
图 11-14　插入结果

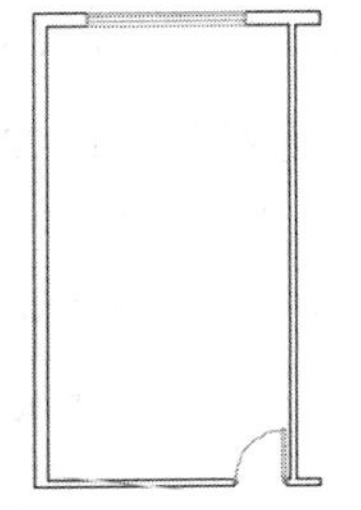
图 11-15　绘制窗线

11.3.4　绘制酒店包间家具图

（1）继续上节操作。

（2）展开“默认”选项卡→“图层”面板→“图层”下拉列表，将“家具层”设置为当前图层。

（3）使用快捷键“I”激活“插入块”命令，插入随书光盘中的“\图块文件\沙发组合 03.dwg”，块参数设置如图 11-16 所示。

（4）返回绘图区，在命令行“指定插入点或 [基点(B)/比例(S)/X/Y/Z/旋转(R)]:”提示下捕捉如图 11-17 所示的中点作为插入点，插入沙发组合构件，结果如图 11-18 所示。

（5）重复执行“插入块”命令，插入随书光盘中“\图块文件\”目录下的“绿化植物 02.dwg、衣柜 08.dwg 和矮柜 01.dwg”，如图 11-19 所示。

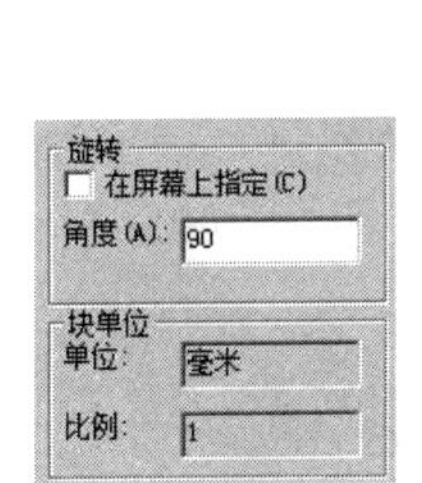

图 11-16　设置旋转参数

图 11-17　定位插入点

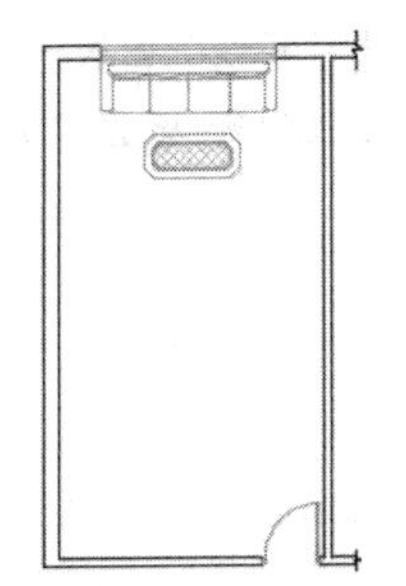
图 11-18　插入结果

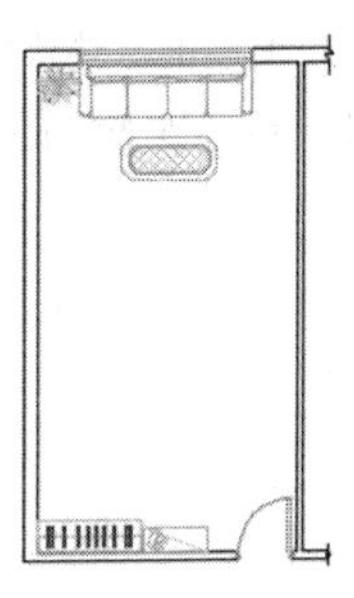
图 11-19　插入结果

（6）单击“默认”选项卡→“修改”面板→“镜像”按钮，配合中点捕捉功能，选择插入的绿化植物进行镜像，结果如图 11-20 所示。

（7）单击“默认”选项卡→“绘图”面板→“构造线”，配合捕捉或追踪功能绘制如图 11-21 所示的两条构造线作为辅助线。

（8）使用快捷键“C”激活“圆”命令，以辅助线交点为圆心，绘制半径为 650 和 450 的同心圆，结果如图 11-22 所示。

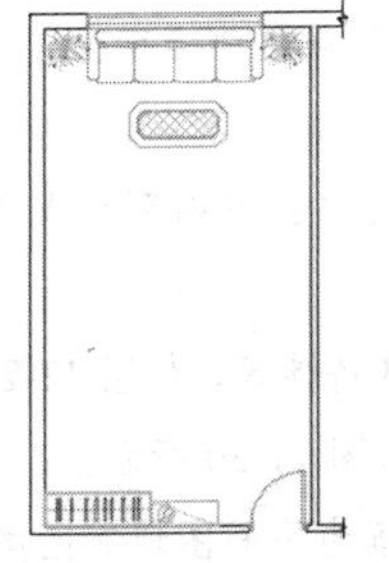
图 11-20　镜像结果

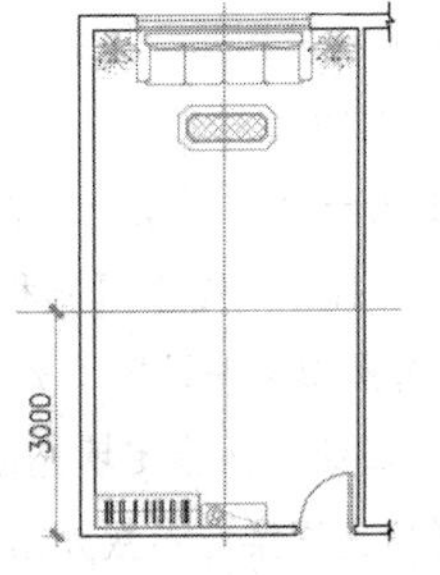

图 11-21　绘制辅助线

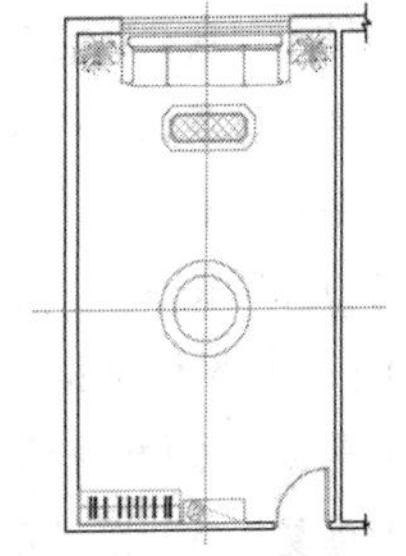
图 11-22　绘制同心圆

（9）删除两条辅助线，然后单击“默认”选项卡→“修改”面板→“偏移”按钮，分别将两个同心圆向外侧偏移25个单位，结果如图11-23所示。

（10）单击“默认”选项卡→“绘图”面板→“图案填充”按钮，激活命令中的“设置”选项，设置填充图案及参数如图11-24所示，为内侧的圆填充如图11-25所示的图案。

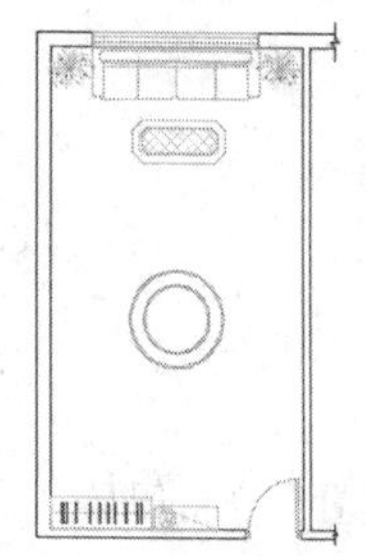
图11-23　偏移结果

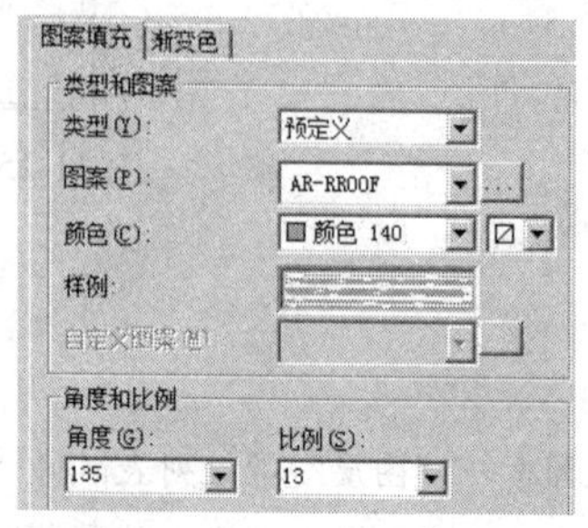

图11-24　设置填充参数

图11-25　填充结果

（11）单击“默认”选项卡→“修改”面板→“偏移”按钮，将最外侧的大圆向外偏移150单位，作为辅助圆，结果如图11-26所示。

（12）使用快捷键“I”激活“插入块”命令，插入随书光盘“\图块文件\餐椅01.dwg”，插入点为辅助圆的下象限点，结果如图11-27所示。

（13）单击“默认”选项卡→“修改”面板→“环形阵列”按钮，选择刚插入的椅子图块进行阵列10份，阵列中心点为同心圆的圆心，阵列结果如图11-28所示。

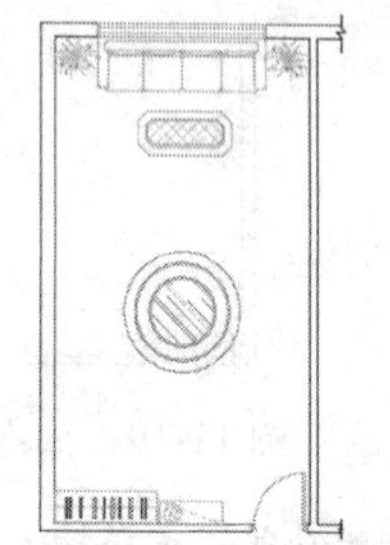
图11-26　偏移结果

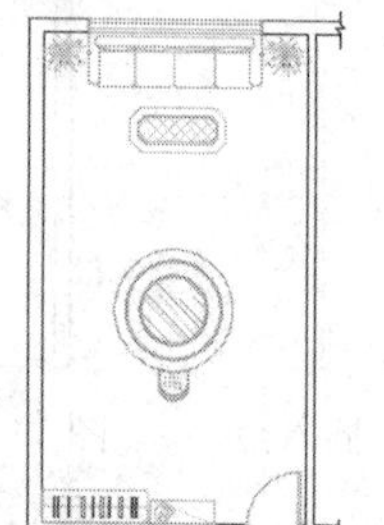
图11-27　插入餐椅

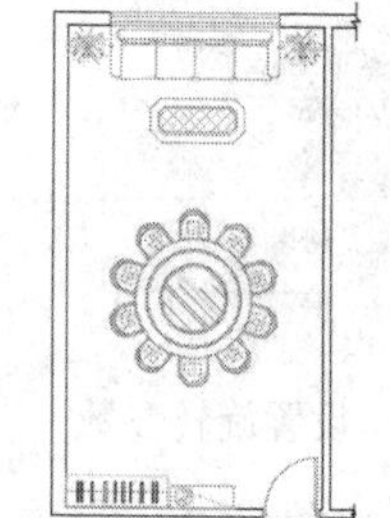
图11-28　阵列结果

（14）使用快捷键“E”激活“删除”命令，删除偏移出的辅助圆。

11.3.5　绘制包间地面材质图

（1）继续上节操作。

（2）展开“默认”选项卡→“图层”面板→“图层”下拉列表，将“填充层”设置为当前操作层。

（3）单击状态栏上的按钮，打开透明度特性。

（4）单击“默认”选项卡→“绘图”面板→“图案填充”按钮，在命令行“拾取内部点或 [选择对象(S)/设置(T)]:”提示下，激活“设置”选项，打开“图案填充和渐变色”对话框。

（5）在“图案填充和渐变色”对话框中选择图案并设置填充比例、角度、关联特性等，如图11-29所示。

（6）单击“添加：拾取点”按钮，返回绘图区指定填充区域，填充结果如图11-30所示。

（7）重复执行“图案填充”命令，设置填充图案与参数如图11-31所示，继续为平面图填充图案，结果如图11-32所示。

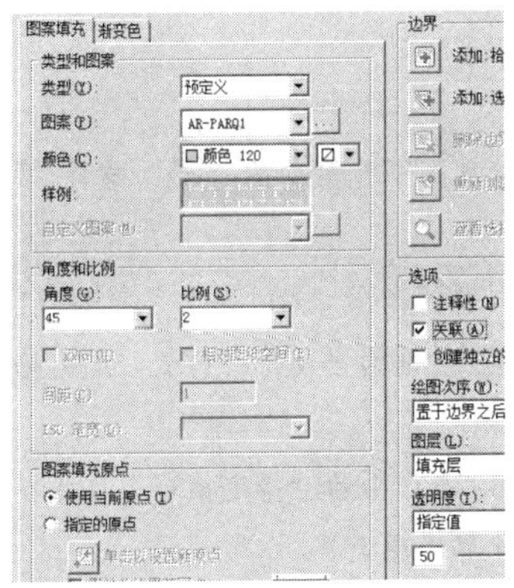

图 11-29 设置填充图案与参数

图 11-30 填充结果

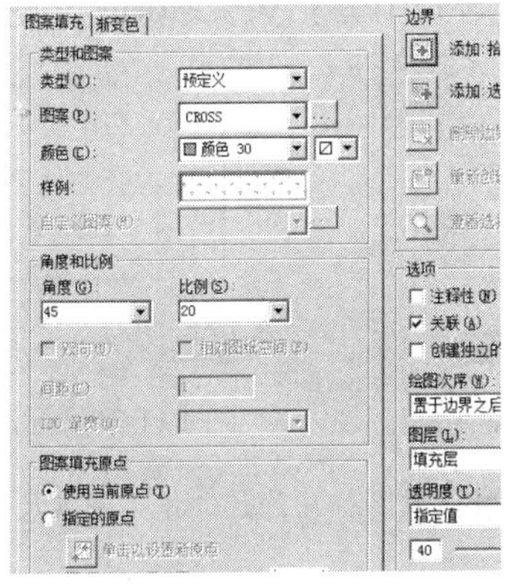

图 11-31 设置填充图案与参数

图 11-32 填充结果

（8）最后执行“保存”命令，将图形命名存储为“绘制酒店包间布置图.dwg”。

11.4 标注酒店包间装修布置图

本例主要学习星级酒店包间平面布置图尺寸、文字、符号等内容的标注方法和具体标注过程。酒店包间布置图的最终标注效果如图 11-33 所示。

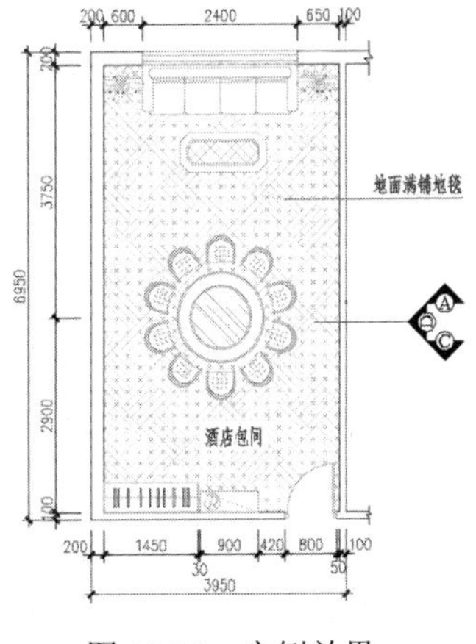

图 11-33 实例效果

11.4.1 标注包间布置图尺寸

（1）打开上例存储的“绘制酒店包间布置图.dwg”，或直接从随书光盘中的“\效果文件\第 11 章\”目录下调用此文件。

（2）展开“默认”选项卡→“图层”面板→“图层”下拉列表，选择“尺寸层”设置为当前图层。

（3）使用快捷键“D”激活“标注样式”命令，将“建筑标注”设为当前标注样式，同时修改标注比例为 55。

（4）单击“默认”选项卡→“注释”面板→“线性”按钮，在命令行“指定第一个尺寸界线原点或 <选择对象>: ”提示下，捕捉如图 11-34 所示端点作为第一个尺寸界线原点。

（5）在“指定第二条尺寸界线原点:”提示下，捕捉如图 11-35 所示的交点作为第二条标注界线原点。

（6）在“指定尺寸线位置或 [多行文字(M)/文字(T)/角度(A)/水平(H)/垂直(V)/旋转(R)]: ”提示下指定尺寸线位置，标注结果如图 11-36 所示。

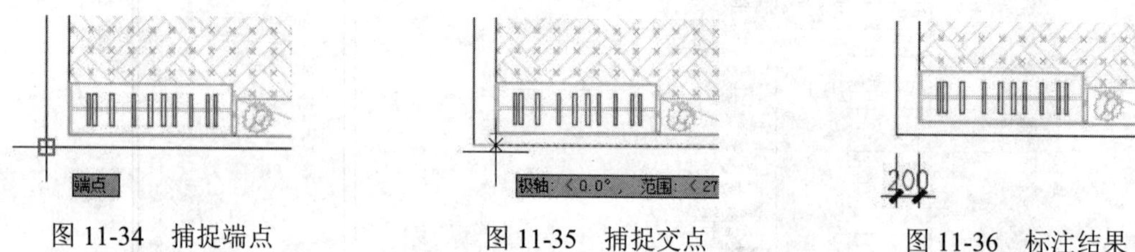

图 11-34　捕捉端点　　图 11-35　捕捉交点　　图 11-36　标注结果

（7）单击“注释”选项卡→“标注”面板→“连续”按钮，以刚标注的尺寸作为基准尺寸，配合追踪与捕捉功能标注如图 11-37 所示的细部尺寸。

（8）在无命令执行的前提下夹点显示如图 11-38 所示的尺寸对象，将光标放在标注文字夹点上，从弹出的快捷菜单中选择“仅移动文字”选项。

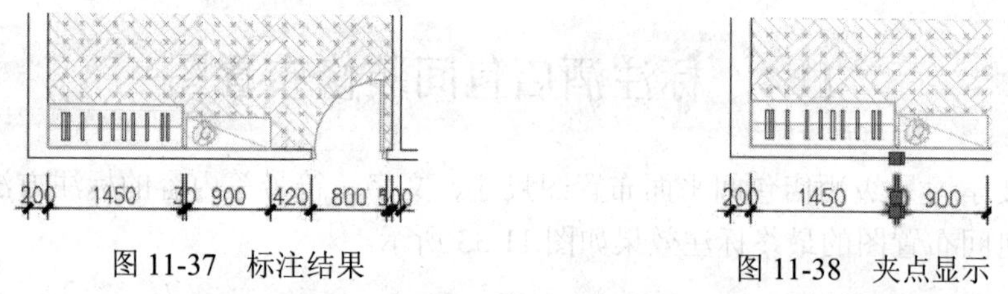

图 11-37　标注结果　　图 11-38　夹点显示

（9）在命令行“** 仅移动文字 **指定目标点:”提示下，在适当位置指定文字的位置，并按 Esc 键取消夹点，调整结果如图 11-39 所示。

（10）重复 8、9 操作步骤，修改其他标注文字的位置，结果如图 11-40 所示。

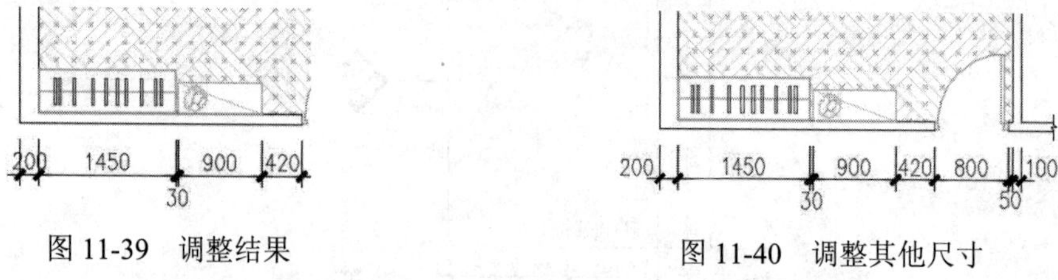

图 11-39　调整结果　　图 11-40　调整其他尺寸

（11）接下来参照上述步骤，综合使用“线性”和“连续”命令，分别标注其他位置的尺寸，并适当调整重叠标注文字的位置，结果如图 11-41 所示。

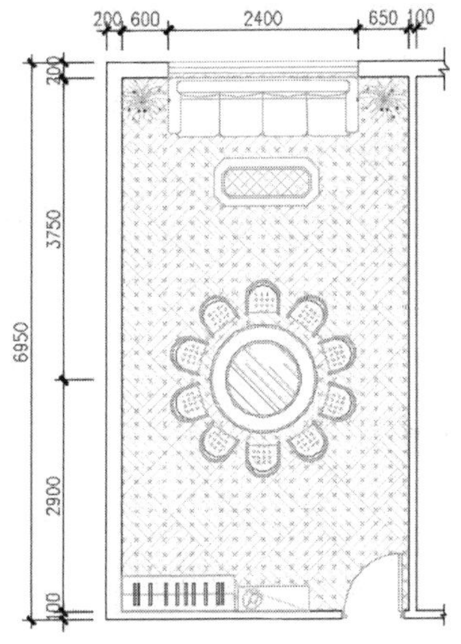

图 11-41 标注其他尺寸

11.4.2 标注包间布置图文字

（1）继续上节操作。

（2）单击“默认”选项卡→“注释”面板→“文字样式”按钮，将“仿宋体”设置为当前样式。

（3）展开“默认”选项卡→“图层”面板→“图层”下拉列表，将“文本层”设置为当前图层。

（4）单击“默认”选项卡→“注释”面板→“单行文字”按钮，设置字高为 225，然后标注如图 11-42 所示的文字注释。

（5）在无命令执行的前提下夹点显示地板填充图案，然后单击右键选择“案填充编辑”命令。

（6）此时打开“图案填充编辑”对话框，单击“添加：选择对象”按钮，然后返回绘图区，选择“酒店包间”，将此文字区域排除在填充区外，结果如图 11-43 所示。

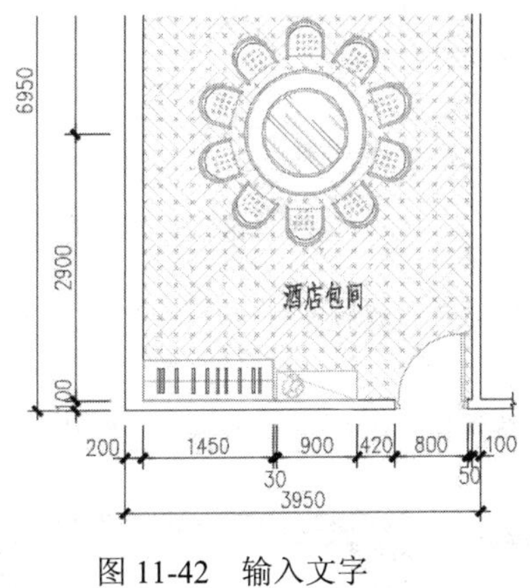

图 11-42 输入文字

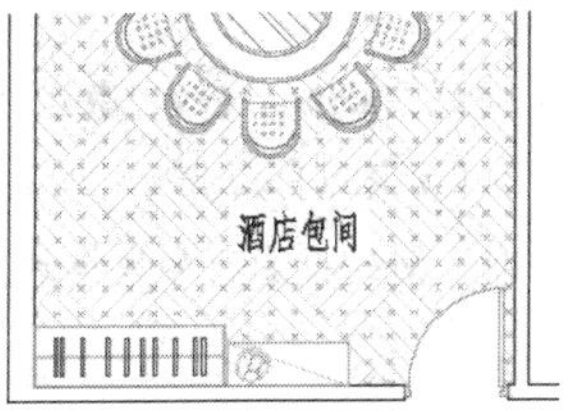

图 11-43 修改结果

（7）参照 5～6 操作步骤，编辑另一种填充图案，将文字排除在填充区外。

（8）使用快捷键“L”激活“直线”命令，绘制如图 11-44 所示的文字指示线。

（9）使用快捷键“DT”激活“单行文字”命令，设置文字高度为 225 为平面图标注如图 11-45 所示的地面装修材质注释。

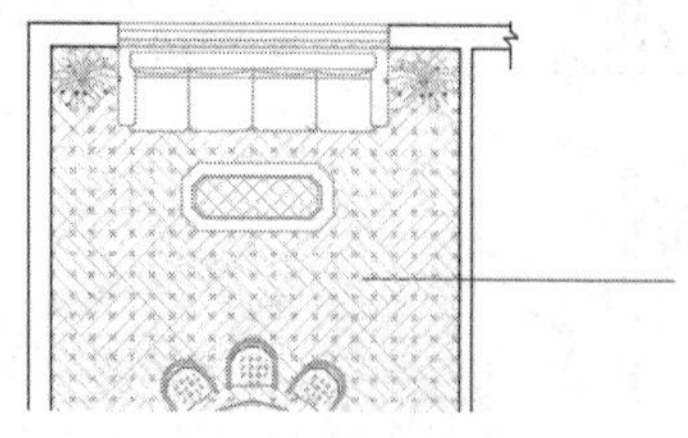

图 11-44　绘制指示线

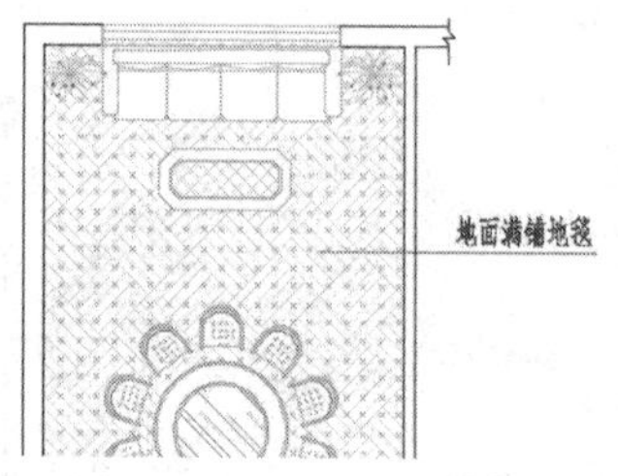

图 11-45　标注结果

11.4.3　为包间布置图标注投影

（1）继续上节操作。

（2）展开“默认”选项卡→“图层”面板→“图层”下拉列表，将“其他层”设置为当前图层。

（3）使用快捷键“L”激活“直线”命令，配合“极轴追踪”功能绘制如图 11-46 所示的墙面投影指示线。

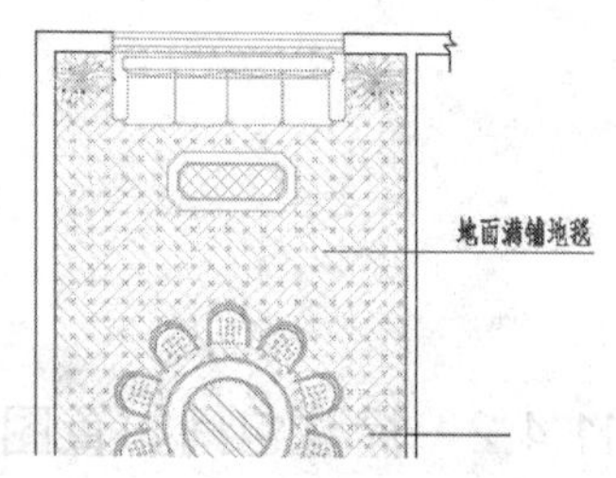

图 11-46　绘制指示线

（4）使用快捷键“I”激活“插入块”命令，设置块参数如图 11-47 所示，插入光盘中的“\图块文件\投影符号.dwg”，命令行操作如下。

```
命令：I                                          // Enter
INSERT
指定插入点或 [基点(B)/比例(S)/旋转(R)]:           //捕捉指示线的右端点
输入属性值
输入投影符号值:  <A>:                             //D Enter，插入结果如图 11-48 所示
正在重生成模型。
```

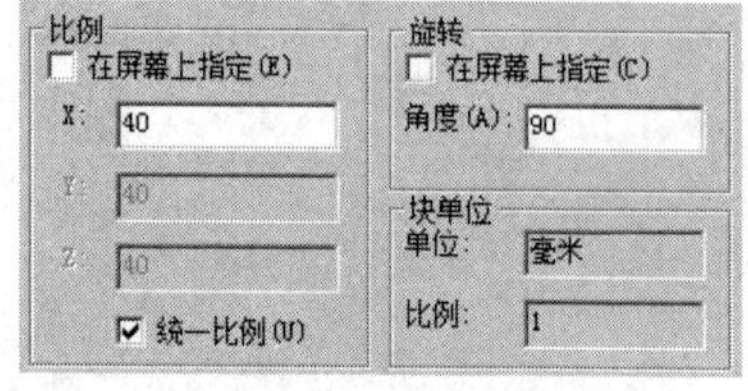

图 11-47　设置块参数

图 11-48　插入结果

（5）使用快捷键“RO”激活“旋转”命令，将投影符号属性块进行旋转复制 90°和–90°，并适当调整其位置，结果如图 11-49 所示。

（6）在下侧的投影符号属性块上双击左键，打开“增强属性编辑器”对话框，然后修改属性值如图 11-50 所示。

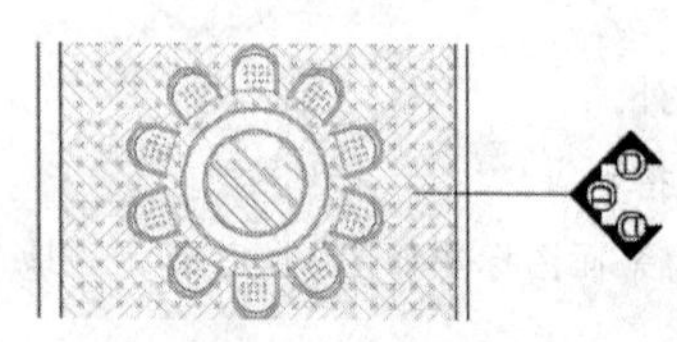

图 11-49　旋转并复制

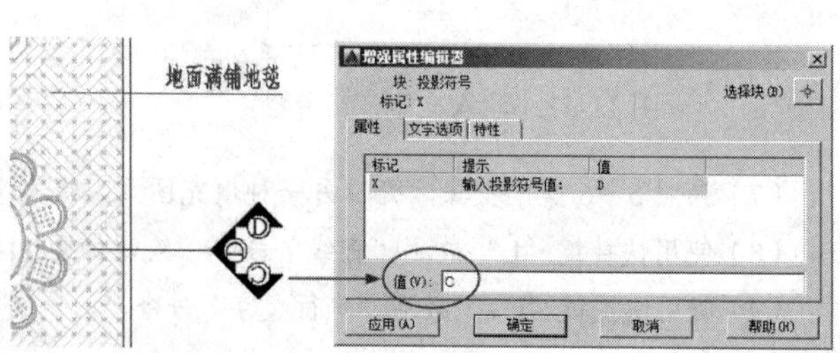

图 11-50　修改属性值

（7）在“增强属性编辑器”对话框中展开“文字选项”选项卡，修改属性的旋转角度如图 11-51 所示。

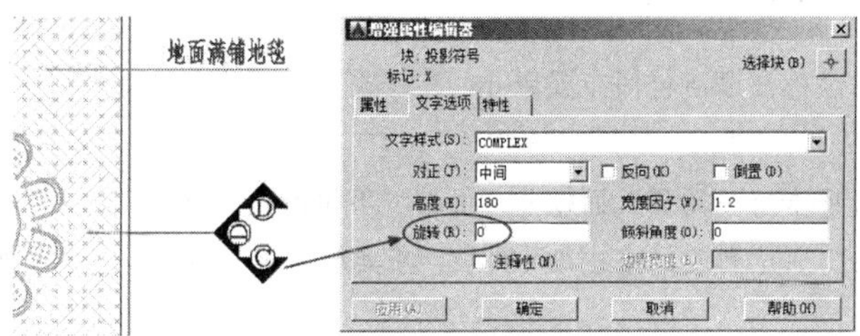

图 11-51 修改属性角度

（8）接下来在上侧的投影符号属性块上双击左键，打开“增强属性编辑器”对话框，然后修改属性值如图 11-52 所示。

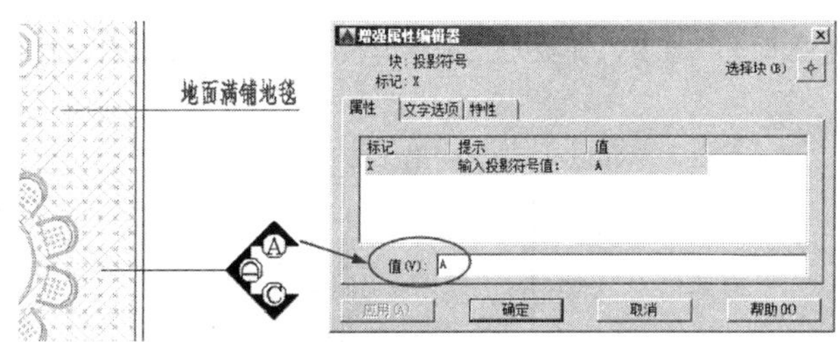

图 11-52 修改属性角度

（9）调整视图，使平面图完全显示，最终结果如图 11-33 所示。

（10）最后执行“另存为”命令，将图形命名存储为“标注酒店包间布置图.dwg”。

11.5 绘制酒店包间天花装修图

本例主要学习星级酒店包间天花装修图的绘制方法和具体绘制过程。本例最终绘制效果，如图 11-53 所示。

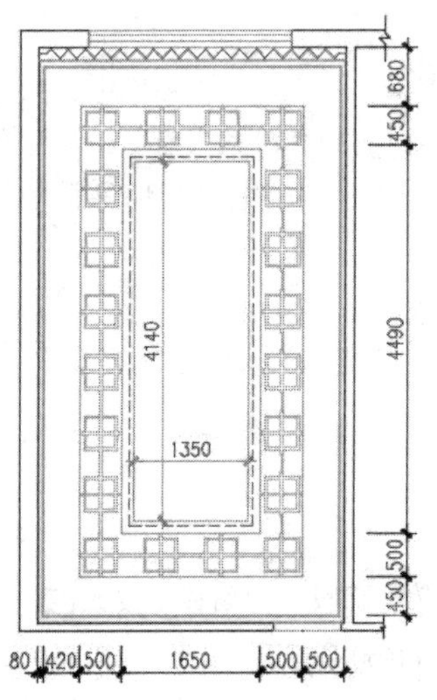

图 11-53 实例效果

11.5.1 绘制酒店包间墙体结构图

（1）打开上例存储的“标注酒店包间布置图.dwg”，或直接从随书光盘中的“\效果文件\第 11 章\”目录下调用此文件。

（2）展开“默认”选项卡→“图层”面板→“图层”下拉列表，将“吊顶层”设置为当前图层。

（3）再次展开“图层”下拉列表，冻结“尺寸层、家具层、填充层、其他层和文本层”，此时平面图的显示如图 11-54 所示。

（4）在无命令执行的前提下单击平面窗，使其夹点显示。

（5）展开“默认”选项卡→“图层”面板→“图层”下拉列表，将平面窗放置到“吊顶层”上。

（6）使用快捷键“E”激活“删除”命令，选择单形门图形进行删除，结果如图所示，结果如图 11-55 所示。

（7）单击“默认”选项卡→“绘图”面板→“直线”按钮，配合端点捕捉功能绘制门洞位置的轮廓线，结果如图 11-56 所示。

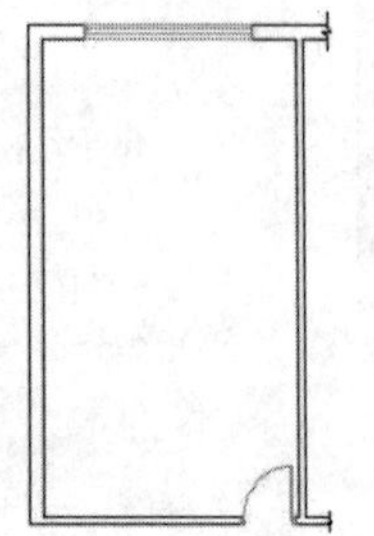
图 11-54　图形的显示结果

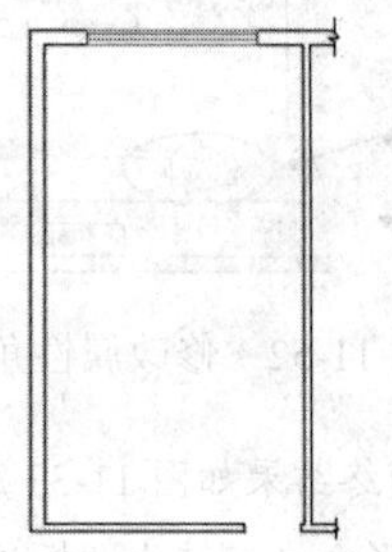
图 11-55　操作结果

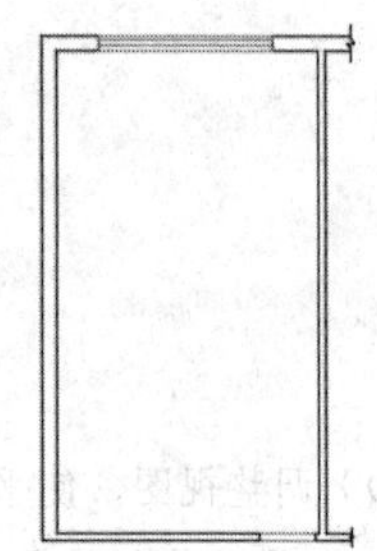
图 11-56　封闭门洞

11.5.2 绘制包间窗帘和跌级吊顶

（1）继续上节操作。

（2）重复执行“直线”命令，配合“对象追踪”和“极轴追踪”功能绘制窗帘盒轮廓线，命令行操作如下。

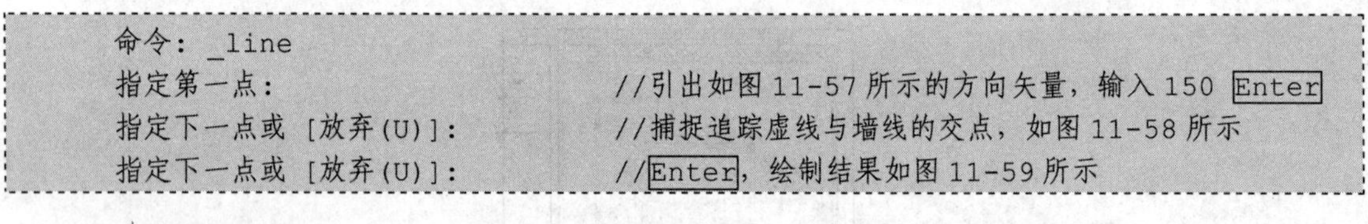

```
命令：_line
指定第一点：                      //引出如图 11-57 所示的方向矢量，输入 150 Enter
指定下一点或 [放弃(U)]：          //捕捉追踪虚线与墙线的交点，如图 11-58 所示
指定下一点或 [放弃(U)]：          //Enter，绘制结果如图 11-59 所示
```

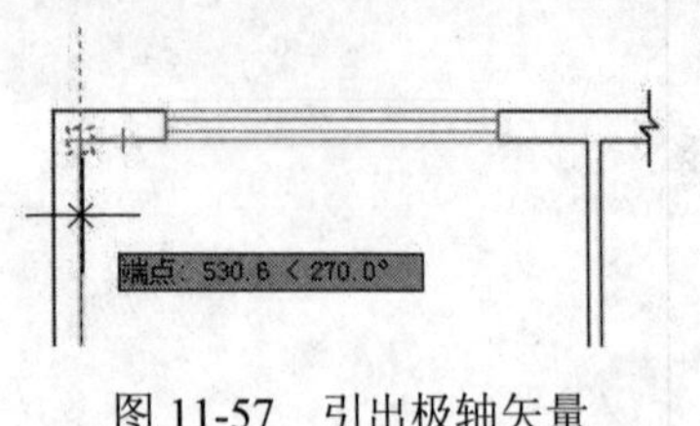

图 11-57　引出极轴矢量

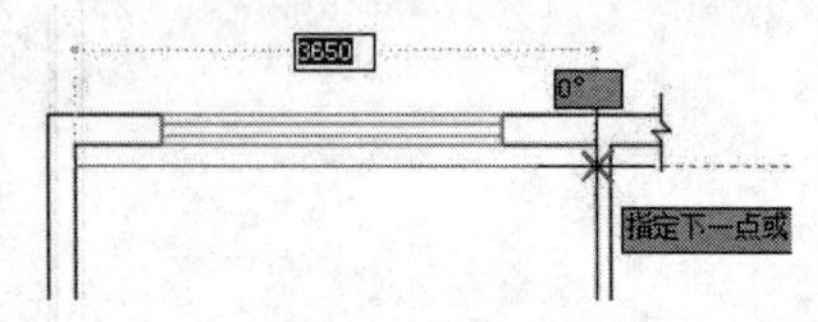

图 11-58　捕捉交点

（3）单击“默认”选项卡→“修改”面板→“偏移”按钮，选择刚绘制的窗帘盒轮廓线，将其向右偏移 75 个单位作为窗帘轮廓线，如图 11-60 所示。

（4）使用快捷键“LT”激活“线型”命令，加载名为“ZIGZAG”的线型，并设置线型比例为 10。

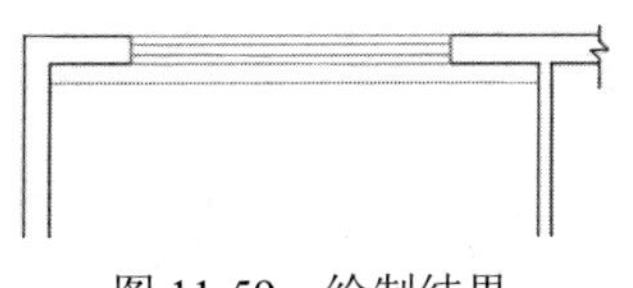

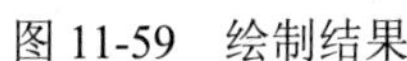

图 11-59 绘制结果

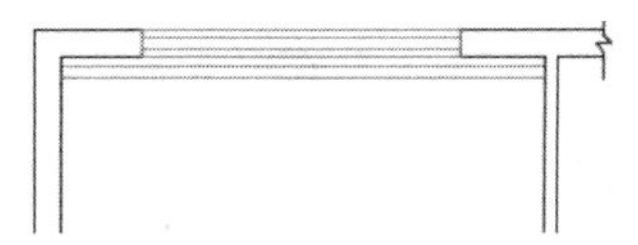

图 11-60 偏移结果

（5）在无命令执行的前提下夹点显示窗帘轮廓线，然后打开“特性”窗口，修改窗帘轮廓线的线型和颜色，如图 11-61 所示。

（6）关闭“特性”窗口，取消对象的夹点显示状态，观看线型特性修改后的效果，如图 11-62 所示。

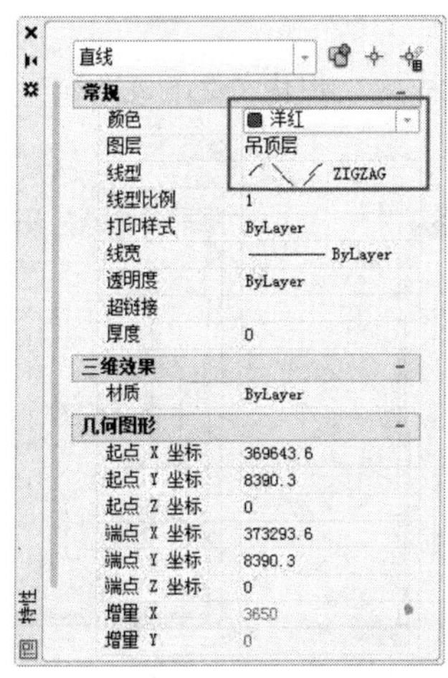

图 11-61 修改特性

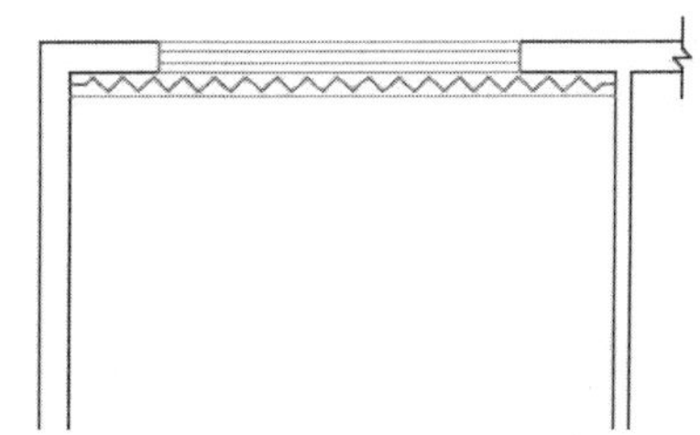

图 11-62 修改结果

（7）使用快捷键“BO”激活“边界”命令，在打开的“边界创建”对话框中设置对象类型为“多段线”。

（8）单击“拾取点”按钮，返回绘图区在包间内部单击左键，提取边界，边界创建后的突显效果如图 11-63 所示。

（9）默认”选项卡→“修改”面板→“偏移”按钮，将创建的边界分别向内侧偏移 20、60 和 80 个单位，并删除提取的边界，结果如图 11-64 所示。

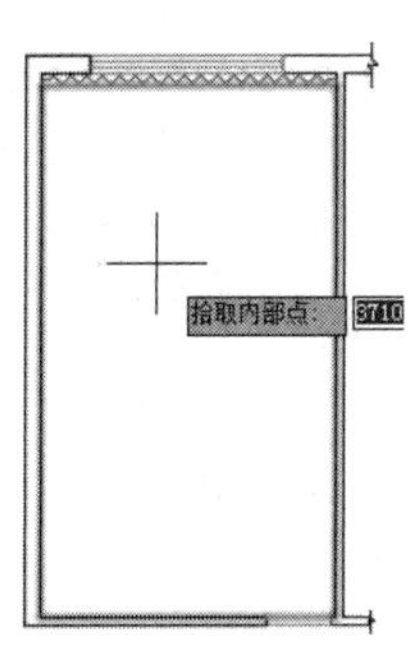

图 11-63 提取边界

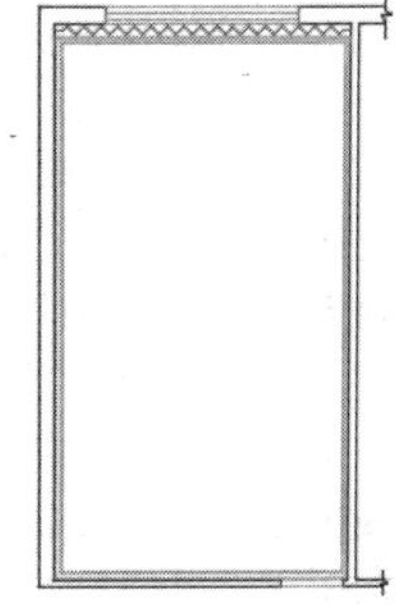

图 11-64 偏移结果

11.5.3 绘制包间矩形灯池和窗花

（1）继续上节操作。

（2）单击“默认”选项卡→“绘图”面板→“构造线”，使用命令中的“偏移”选项功能绘制如图 11-65 所示的两条辅助线。

（3）单击“默认”选项卡→“绘图”面板→“矩形”按钮，绘制吊顶灯池，命令行操作如下。

```
命令: _rectang
指定第一个角点或 [倒角(C)/标高(E)/圆角(F)/厚度(T)/宽度(W)]:
                                        //激活两条构造线的交点
指定另一个角点或 [面积(A)/尺寸(D)/旋转(R)]:
                                        //2650,5440 Enter，绘制结果如图 11-66 所示
```

（4）删除两条构造线，然后单击“默认”选项卡→“修改”面板→“偏移”按钮，将矩形向内侧偏移 500 和 650 个单位，结果如图 11-67 所示。

（5）使用快捷键“I”激活“插入块”命令，采用默认参数插入光盘中的“\图块文件\窗花.dwg”，插入点为图 11-67 所示的端点 A，插入结果如图 11-68 所示。

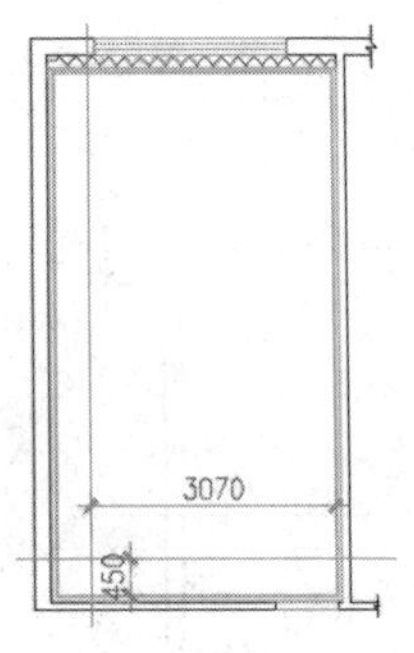

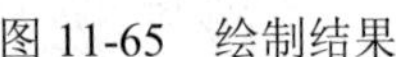
图 11-65　绘制结果

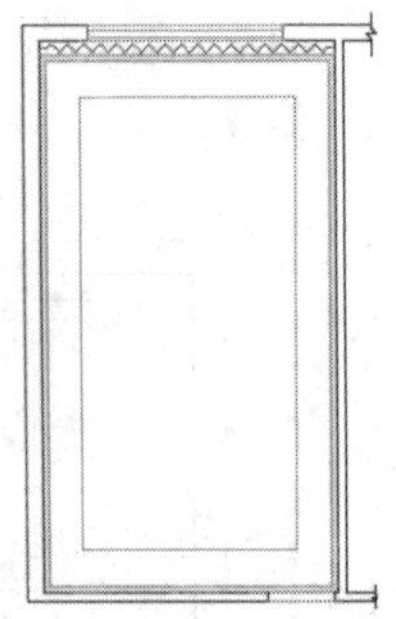
图 11-66　绘制结果

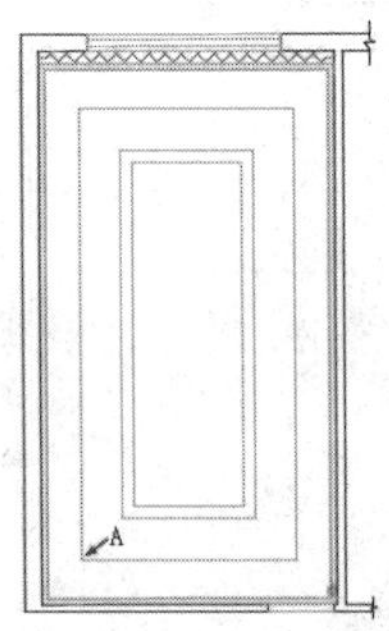

图 11-67　偏移结果

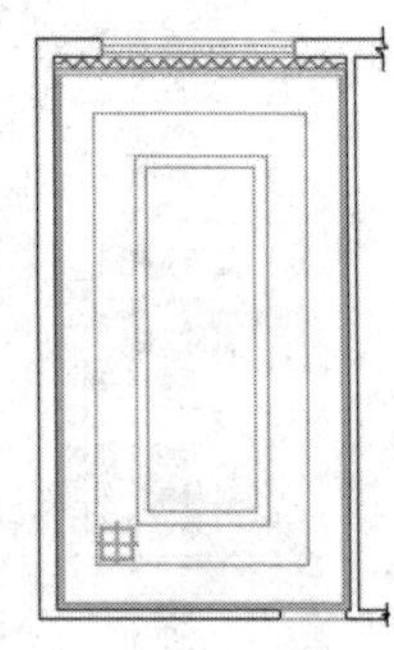
图 11-68　插入结果

（6）单击“默认”选项卡→“修改”面板→“矩形阵列”按钮，选择窗花图块进行阵列，命令行操作如下。

```
命令: _arrayrect
选择对象:                                    //选择窗花图块
选择对象:                                    //Enter
类型 = 矩形  关联 = 是
选择夹点以编辑阵列或 [关联(AS)/基点(B)/计数(COU)/间距(S)/列数(COL)/行数(R)/层数
(L)/退出(X)] <退出>:                         //R Enter
输入行数数或 [表达式(E)] <3>:                //Enter 8
指定 行数 之间的距离或 [总计(T)/表达式(E)] <750>:  //t Enter
输入起点和端点 行数 之间的总距离 <5250>:    //捕捉如图 11-69 所示的追踪虚线交点
指定第二点:       //捕捉如图 11-70 所示的端点
指定 行数 之间的标高增量或 [表达式(E)] <0>:            //Enter
选择夹点以编辑阵列或 [关联(AS)/基点(B)/计数(COU)/间距(S)/列数(COL)/行数(R)/层数
(L)/退出(X)] <退出>:                         //COL Enter
输入列数数或 [表达式(E)] <4>:  //Enter
指定 列数 之间的距离或 [总计(T)/表达式(E)] <780>:        //t Enter
输入起点和端点 列数 之间的总距离 <2340>:    //捕捉如图 11-71 所示的追踪虚线交点
指定第二点:                                  //捕捉如图 11-72 所示的交点
选择夹点以编辑阵列或 [关联(AS)/基点(B)/计数(COU)/间距(S)/列数(COL)/行数(R)/层数
(L)/退出(X)] <退出>:                         //as Enter
创建关联阵列 [是(Y)/否(N)] <是>:             //N Enter
```

```
选择夹点以编辑阵列或 [关联(AS)/基点(B)/计数(COU)/间距(S)/列数(COL)/行数(R)/层数(L)/退出(X)] <退出>:            //X Enter，阵列结果如图 11-73 所示
```

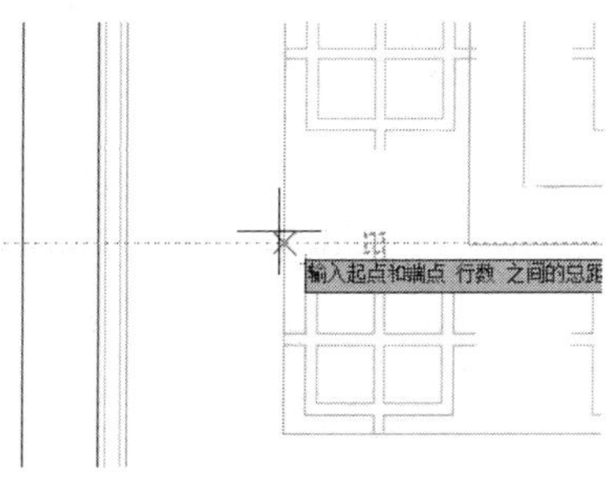

图 11-69　捕捉交点

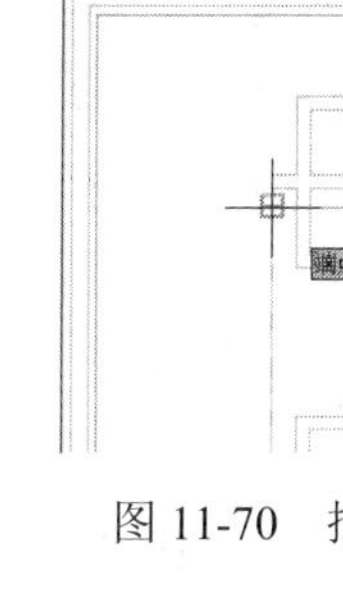

图 11-70　捕捉端点

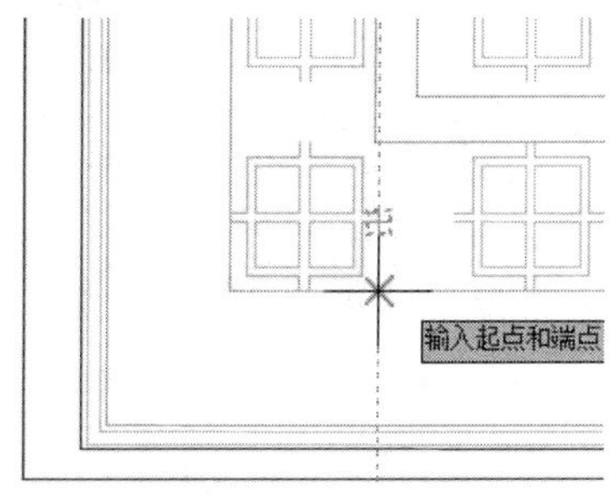

图 11-71　捕捉交点

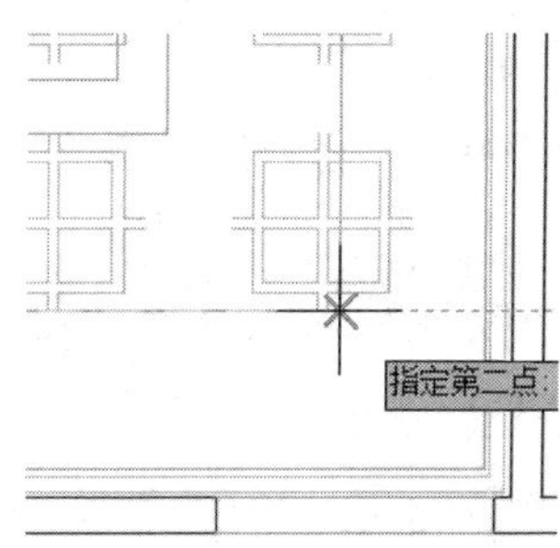

图 11-72　捕捉交点

（7）使用快捷键“E”激活“删除”命令，窗交选择如图 11-74 所示的图块进行删除，结果如图 11-75 所示。

图 11-73　阵列结果

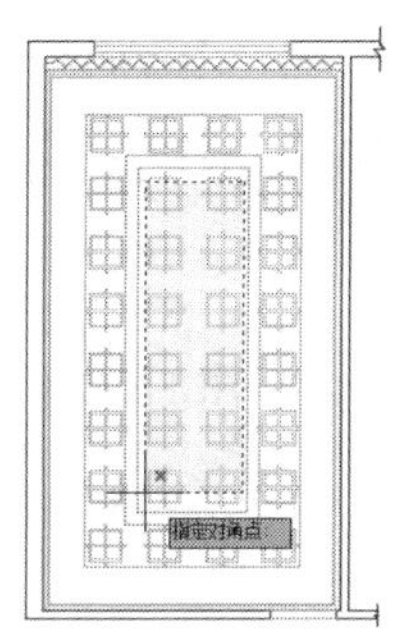

图 11-74　窗交选择

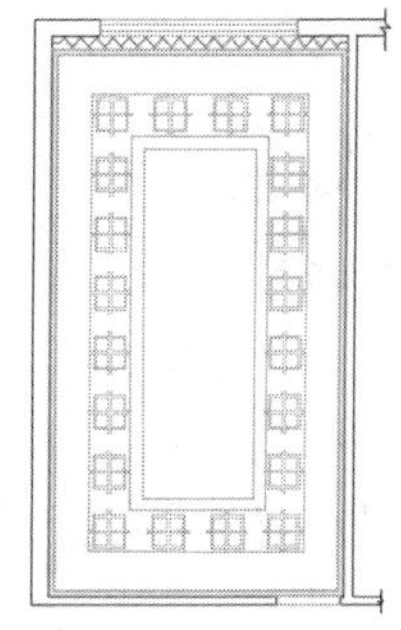

图 11-75　删除结果

（8）将当前颜色设置为 30 号色，然后使用“直线”命令配合端点捕捉功能绘制如图 11-76 所示 4 条连接线。

（9）接下来参照第 7 操作步骤，使用“矩形阵列”命令将刚绘制的 4 条连接线阵列 8 行 4 列，命令行操作如下。

```
命令: _arrayrect
选择对象:                    //选择 4 条连接线
选择对象:                    //Enter
```

```
类型 = 矩形  关联 = 是
选择夹点以编辑阵列或 [关联(AS)/基点(B)/计数(COU)/间距(S)/列数(COL)/行数(R)/层数
(L)/退出(X)] <退出>:                                //R Enter
输入行数数或 [表达式(E)] <3>:                       // Enter 8
指定 行数 之间的距离或 [总计(T)/表达式(E)] <750>: //t Enter
输入起点和端点 行数 之间的总距离 <5250>:            //捕捉图 11-69 所示的追踪虚线交点
指定第二点:                                         //捕捉如图 11-70 所示的端点
指定 行数 之间的标高增量或 [表达式(E)] <0>:         // Enter
选择夹点以编辑阵列或 [关联(AS)/基点(B)/计数(COU)/间距(S)/列数(COL)/行数(R)/层数
(L)/退出(X)] <退出>:                                //COL Enter
输入列数数或 [表达式(E)] <4>:                       //Enter
指定 列数 之间的距离或 [总计(T)/表达式(E)] <780>: //t Enter
输入起点和端点 列数 之间的总距离 <2340>:            //捕捉图 11-71 所示的追踪虚线交点
指定第二点:                                         //捕捉图 11-72 所示的交点
选择夹点以编辑阵列或 [关联(AS)/基点(B)/计数(COU)/间距(S)/列数(COL)/行数(R)/层数
(L)/退出(X)] <退出>:                                //as Enter
创建关联阵列 [是(Y)/否(N)] <是>:                    //N Enter
选择夹点以编辑阵列或 [关联(AS)/基点(B)/计数(COU)/间距(S)/列数(COL)/行数(R)/层数
(L)/退出(X)] <退出>:                       //X Enter，阵列结果如图 11-77 所示
```

（10）使用快捷键“E”激活“删除”命令，选择多余连接线，删除结果如图 11-78 所示。

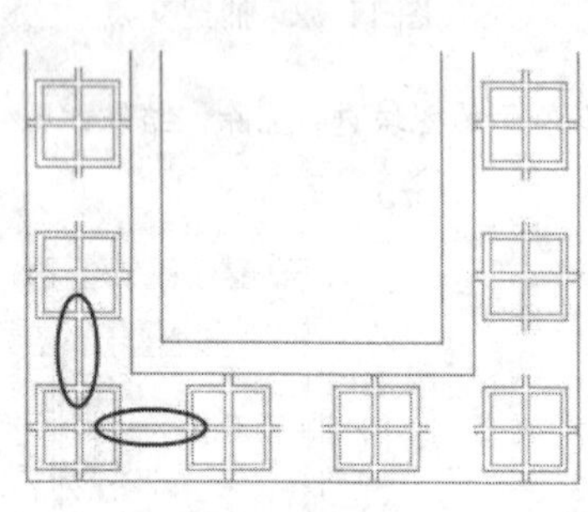

图 11-76　绘制结果

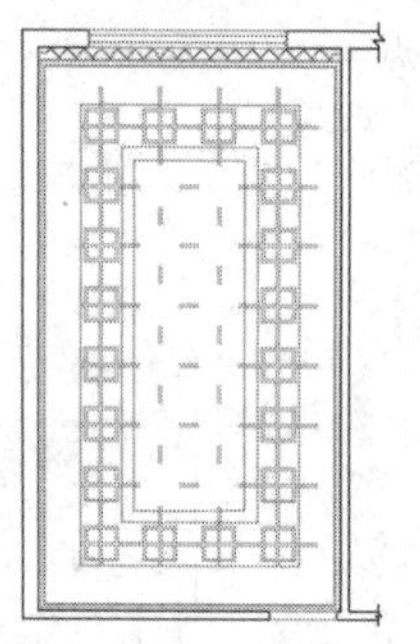

图 11-77　阵列结果

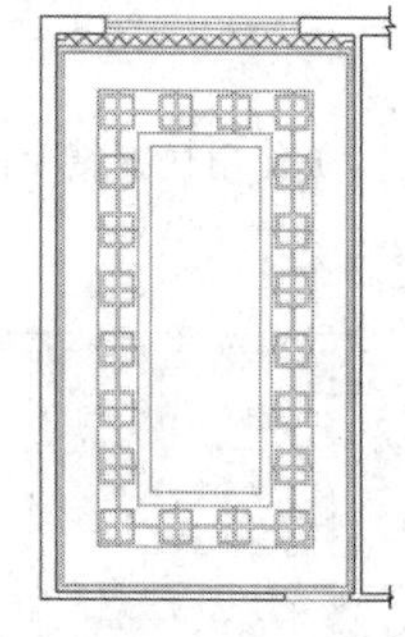

图 11-78　删除结果

11.5.4　绘制酒店包间吊顶灯带

（1）继续上节操作。

（2）单击“默认”选项卡→“修改”面板→“偏移”按钮，将内部的矩形向外侧偏移 60 个单位，作为灯带轮廓线，结果如图 11-79 所示。

（3）使用快捷键“LT”激活“线型”命令，在打开的“线型管理器”对话框中加载 DASHED 线型。

（4）在无命令执行的前提下，夹点显示偏移出的灯带轮廓线，如图 11-80 所示。

（5）按下 Ctrl+1 组合键，执行“特性”命令，在打开的“特性”窗口中修改灯带的线型、颜色及线型比例，如图 11-81 所示。

（6）关闭“特性”窗口，并按 Esc 键取消对象的夹点显示，观看操作后的效果，如图 11-82 所示。

（7）最后执行“另存为”命令，将图形命名存储为“绘制酒店包间天花装修图.dwg”。

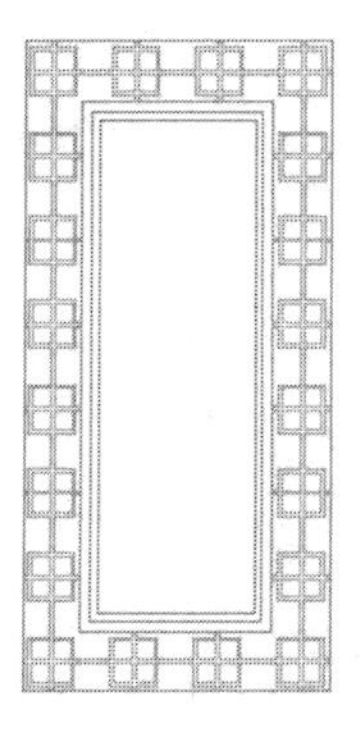

图 11-79 偏移结果

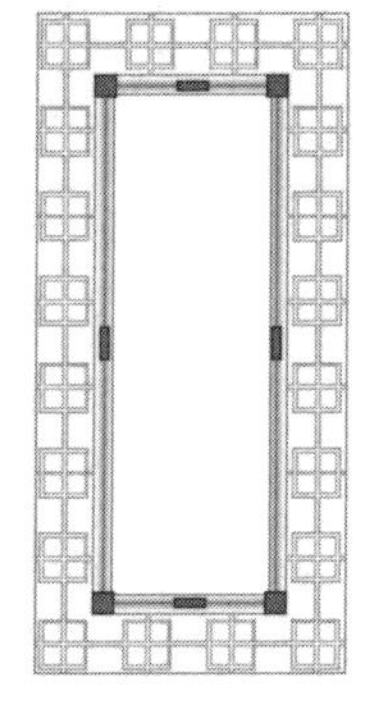

图 11-80 夹点效果

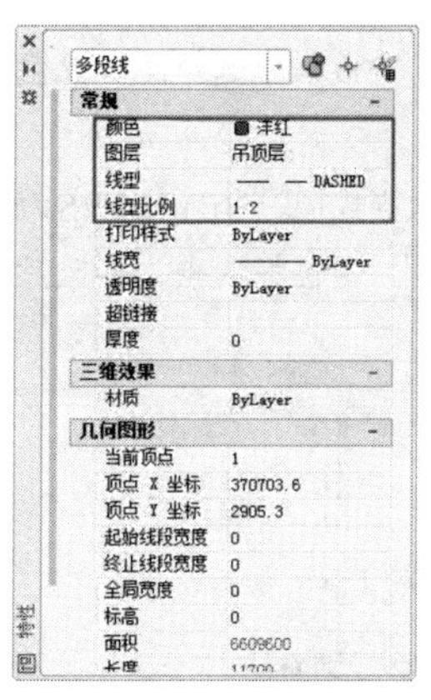

图 11-81 修改灯带特性

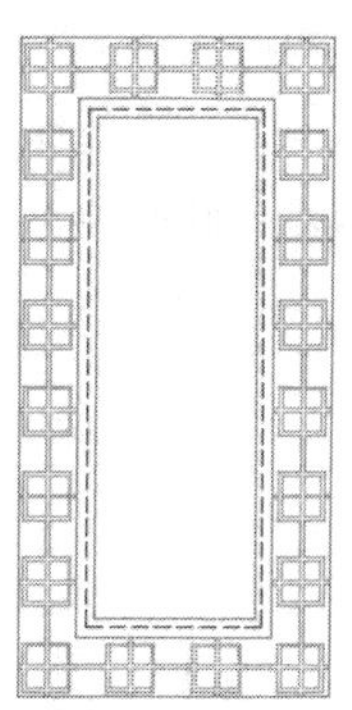

图 11-82 修改结果

11.6 绘制酒店包间吊顶灯具图

本例主要学习酒店包间吊顶灯具图的绘制方法以及尺寸文字的标注技巧。酒店包间吊顶灯具图的最终绘制效果，如图 11-83 所示。

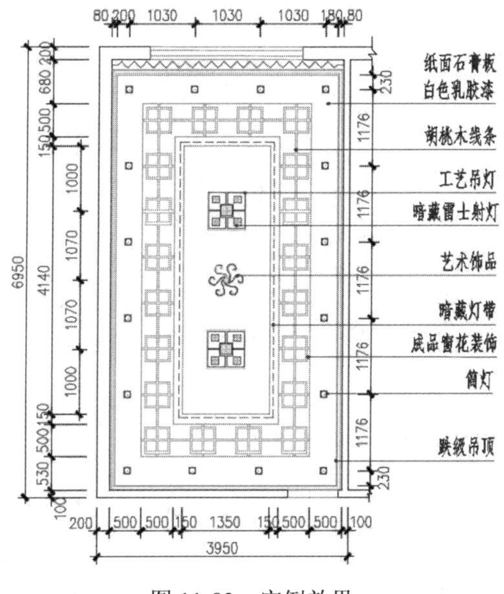

图 11-83 实例效果

11.6.1 绘制工艺灯具和饰品

（1）打开上例存储的“绘制酒店包间天花装修图.dwg”，或直接从随书光盘中的“\效果文件\第 11 章\”目录下调用此文件。

（2）展开“默认”选项卡→“图层”面板→“图层”下拉列表，选择“灯具 层”设置为当前图层。

（3）使用快捷键“I”激活“插入块”命令，在打开的“插入”对话框中单击 浏览(B)... 按钮，打开“选择图形文件”对话框。

（4）在“选择图形文件”对话框中选择随书光盘中的“\图块文件\工艺灯具 02.dwg”，以默认参数插入吊顶图中。

（5）在命令行“指定插入点或[基点(B)/比例(S)/旋转(R)]: ”提示下，向下引出如图 11-84 所示的中点追踪虚线，输入 1000 按 Enter 键，定位插入点，插入结果如图 11-85 所示。

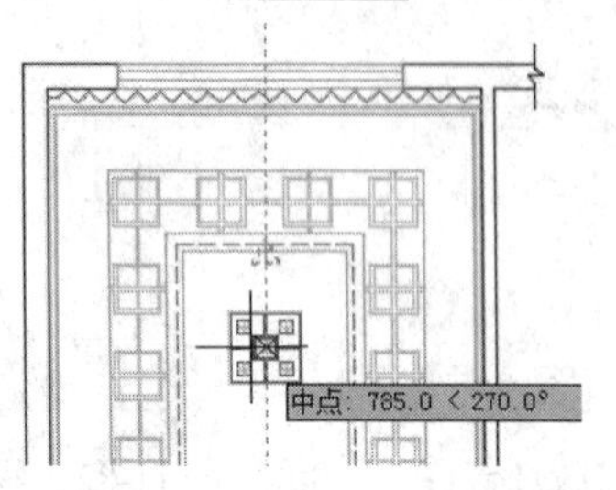

图 11-84　引出中点追踪虚线

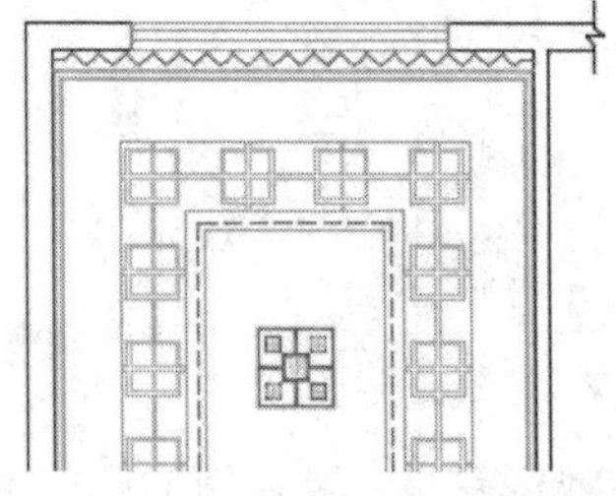

图 11-85　插入结果

（6）单击“默认”选项卡→“修改”面板→“镜像”按钮，配合中点捕捉功能选择刚插入的灯具进行镜像，结果如图 11-86 所示。

（7）使用快捷键“I”激活“插入块”命令，以默认参数插入随书光盘中的“\图块文件\艺术饰品.dwg”，插入点为图 11-87 所示的对象追踪虚线的交点，插入结果如图 11-88 所示。

图 11-86　镜像结果

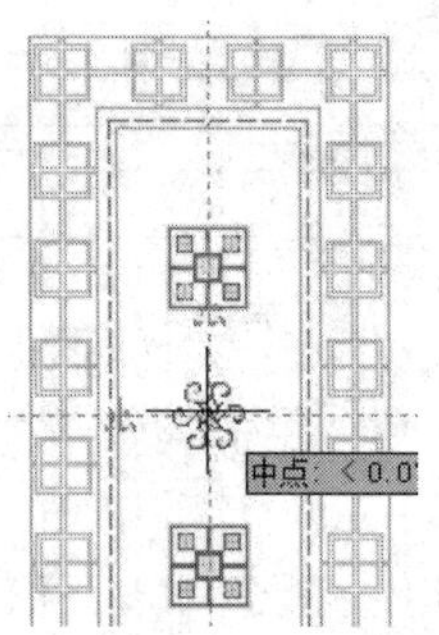

图 11-87　引出中点追踪虚线

图 11-88　插入结果

11.6.2　绘制包间辅助灯具图

（1）继续上节操作。

（2）单击“默认”选项卡→“实用工具”面板→“点样式”按钮，在打开的“点样式”对话框中设置点的样式为“⊡”，点的大小为 100 个单位。

（3）使用快捷键“col”激活“颜色”命令，在打开的“选择颜色”对话框中将当前颜色设置为 230 号色。

（4）单击“默认”选项卡→“修改”面板→“偏移”按钮，选择矩形灯池外轮廓线，向外偏移 220 个单位作为辅助图形，结果如图 11-89 所示。

（5）单击“默认”选项卡→“修改”面板→“分解”按钮，将偏移出的矩形分解为四条独立的线段。

（6）单击“默认”选项卡→“绘图”面板→“定数等分”按钮，根据命令行的提示，将矩形的两条水平边等为五份，将两条垂直边等分三份，结果如图 11-90 所示。

（7）单击“默认”选项卡→“绘图”面板→“多点”　按钮，配合端点捕捉功能，在辅助矩形的四角位置绘制四个点，作为辅助灯具，结果如图 11-91 所示。

（8）使用快捷键“E”激活“删除”命令，删除偏移出的辅助矩形。

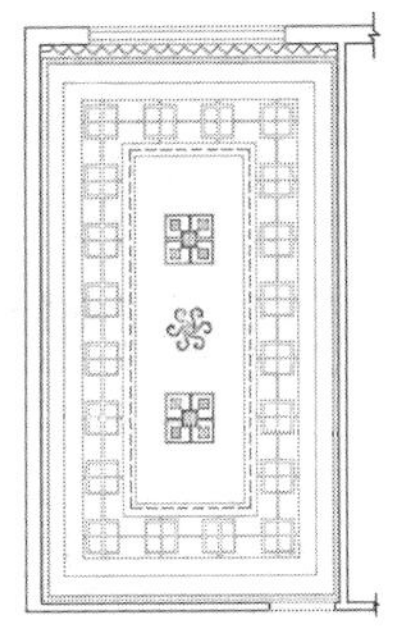
图 11-89 偏移结果

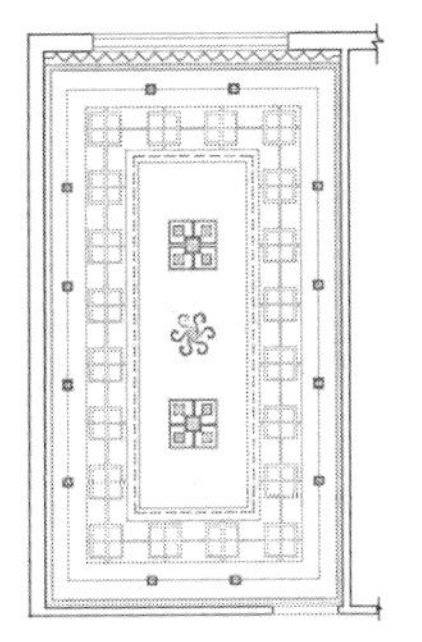
图 11-90 等分结果

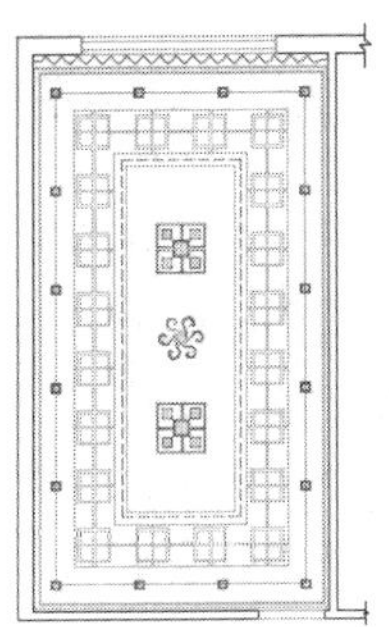
图 11-91 绘制结果

11.6.3 标注包间天花图尺寸

（1）继续上节操作。

（2）展开“默认”选项卡→“图层”面板→“图层”下拉列表，解冻“尺寸层”，并将其设置为当前图层。

（3）单击“默认”选项卡→“特性”面板→“对象颜色”列表，将当前颜色设置为随层。

（4）使用快捷键“E”激活“删除”命令，删除原有尺寸标注。

（5）单击“默认”选项卡→“注释”面板→“线性”按钮，标注如图 11-92 所示的定位尺寸。

（6）单击“注释”选项卡→“标注”面板→“连续”按钮，标注如图 11-93 所示的长度尺寸。

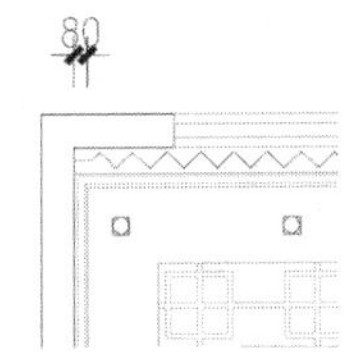

图 11-92 标注线性尺寸

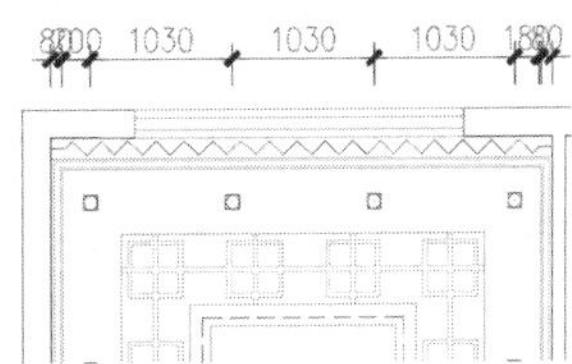

图 11-93 标注连续尺寸

（7）在无命令执行的前提下单击标注文字为 80 的对象，使其呈现夹点显示。

（8）单击标注文字夹点，在适当位置指定文字的位置，并按 Esc 键取消尺寸的夹点，调整标注文字的位置，结果如图 11-94 所示。

（9）参照 5～8 操作步骤，综合使用“线性”和“连续”标注命令，标注其他位置的尺寸，并适当调整重叠标注文字的位置，结果如图 11-95 所示。

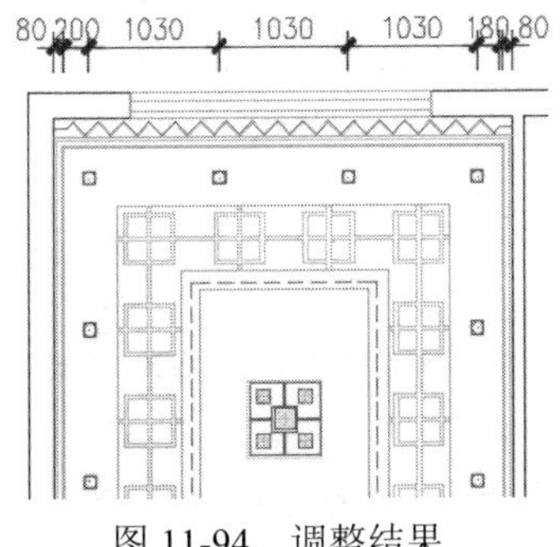

图 11-94 调整结果

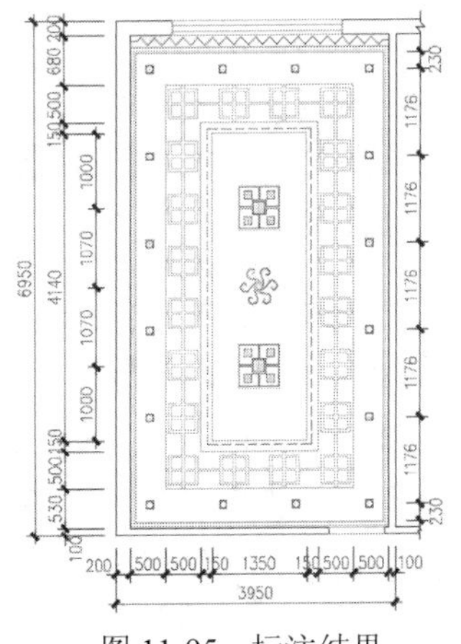

图 11-95 标注结果

11.6.4 标注包间天花引线注释

（1）继续上节操作。

（2）展开“默认”选项卡→“图层”面板→“图层”下拉列表，解冻“文本层”，并将“文本层”设置为当前图层。

（3）使用快捷键“E”激活“删除”命令，删除“文本层”上的所有对象。

（4）使用快捷键“D”激活“标注样式”命令，替代当前标注样式如图11-96和图11-97所示。

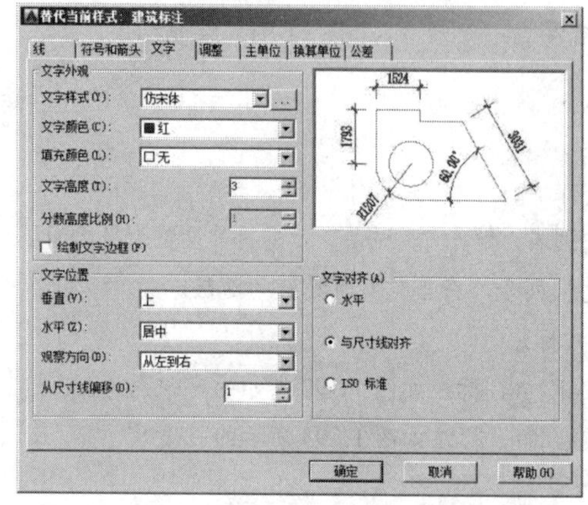

图11-96 替代文字样式

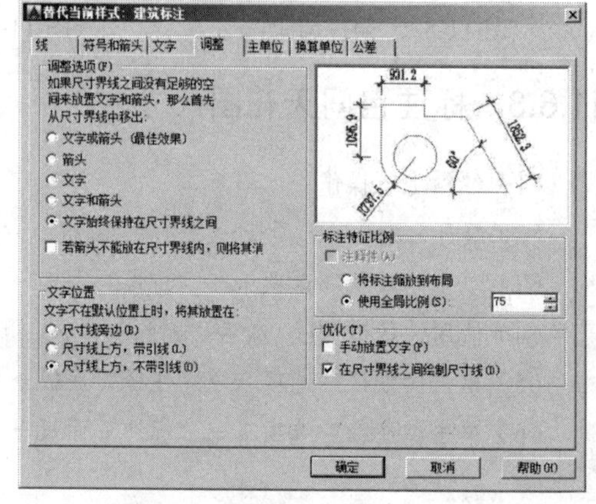

图11-97 替代标注比例

（5）使用快捷键“LE”激活“快速引线”命令，激活命令中的“设置”选项，设置引线和箭头参数如图11-98所示。

（6）在“引线设置”对话框中展开“附着”选项卡，设置引线注释的附着位置，如图11-99所示。

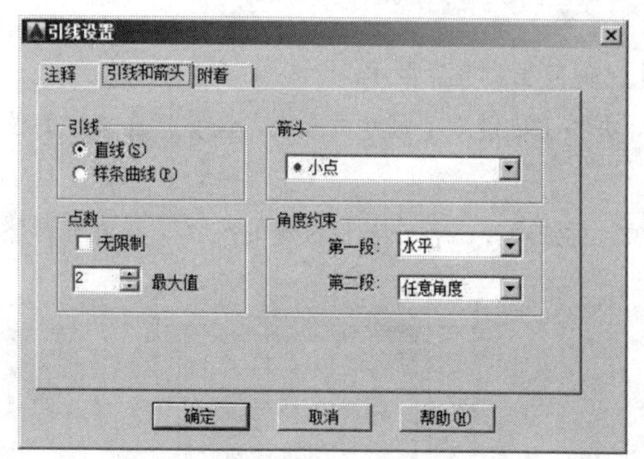

图11-98 设置引线和箭头

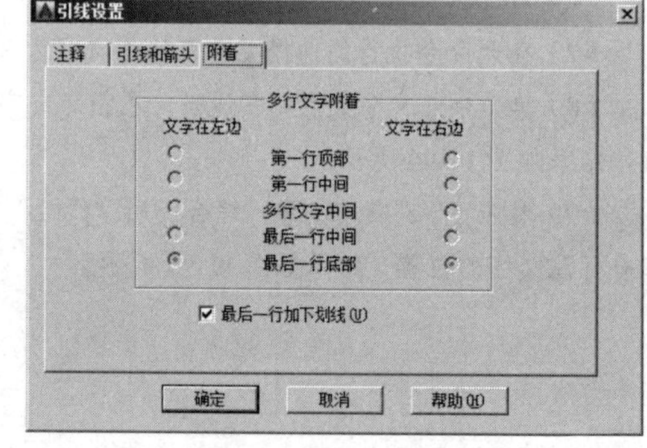

图11-99 设置注释位置

（7）返回绘图区根据命令行的提示在适当位置指定引线点绘制引线。

（8）接下来按Enter键，将文字宽度设为0，然后输入“跌级吊顶”。

（9）连续两次按Enter键结束命令，标注结果如图11-100所示。

（10）重复执行“快速引线”命令，按照当前的引线设置，分别标注其他位置的引线注释，结果如图11-101所示。

（11）最后执行“另存为”命令，将图形另名存储为“绘制酒店包间天花灯具图.dwg”。

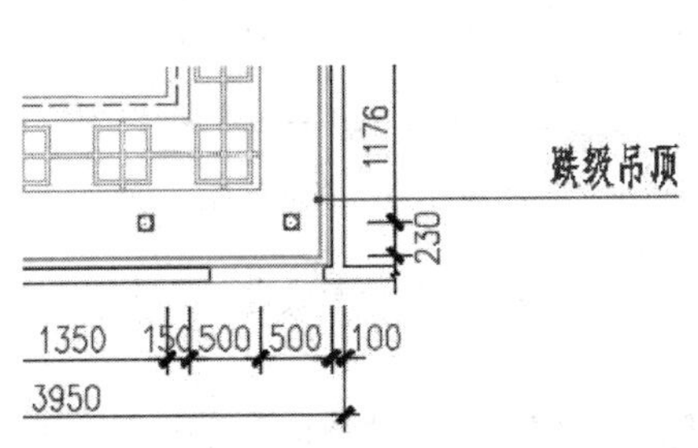

图 11-100 标注引线注释

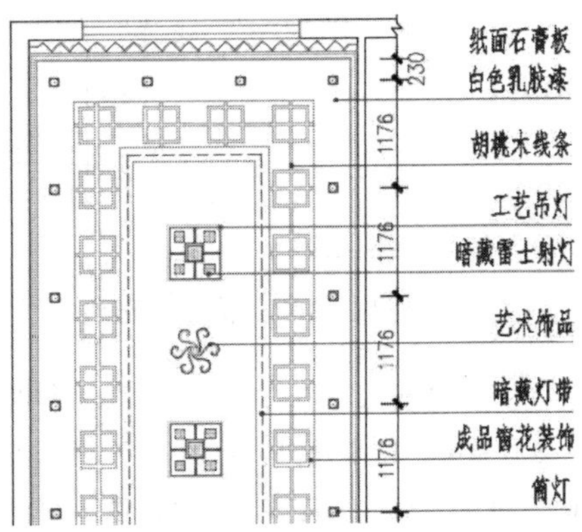

图 11-101 标注其他注释

11.7 绘制酒店包间装修立面图

本例主要学习星级酒店包间 A 向装修立面图的具体绘制过程和绘制技巧。包厢 A 向立面图的最终绘制效果，如图 11-102 所示。

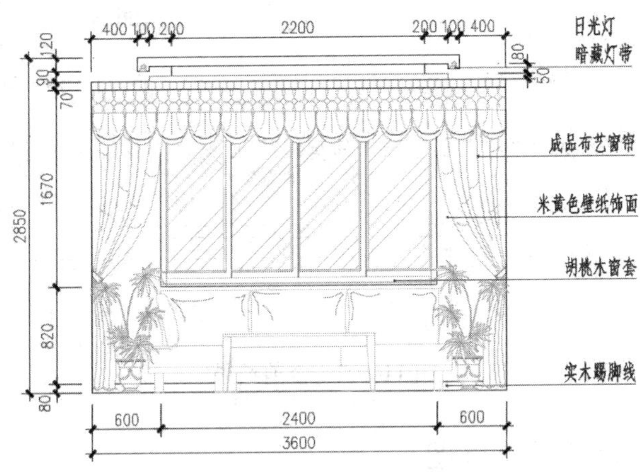

图 11-102 实例效果

11.7.1 绘制酒店包间墙面轮廓图

（1）单击“快速访问”工具栏→“新建”按钮，调用随书光盘“\样板文件\室内绘图样板.dwt”。

（2）展开“默认”选项卡→“图层”面板→“图层”下拉列表，设置“轮廓线”为当前图层。

（3）单击“默认”选项卡→“绘图”面板→“矩形”按钮，绘制长度为 3600、宽度为 2640 的矩形作为墙面外轮廓线。

（4）单击“默认”选项卡→“修改”面板→“分解”按钮，将矩形分解为四条独立的线段。

（5）单击“默认”选项卡→“修改”面板→“偏移”按钮，将矩形下侧水平边向上偏移 80 和 910，将矩形上侧水平边向下偏移 70，将矩形左侧垂直边向右偏移 600，将右侧垂直边向左偏移 650 个单位，偏移结果如图 11-103 所示。

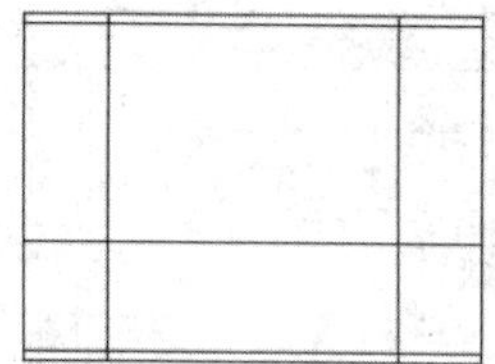

图 11-103 偏移垂直边

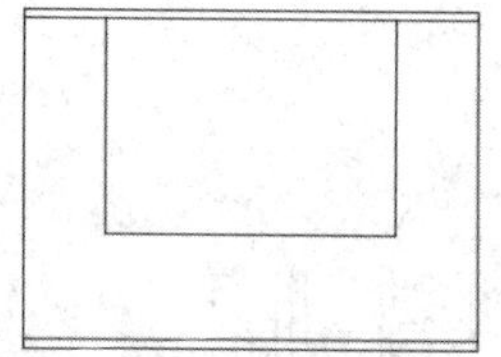

图 11-104 修剪结果

（6）单击“默认”选项卡→“修改”面板→“修剪”按钮，对偏移出的轮廓线进行修修剪，编辑出墙面的轮廓结构，结果如图 11-104 所示。

（7）单击“默认”选项卡→“修改”面板→“偏移”按钮，将最上侧水平边向上偏移 50、90、130 和 210，将两侧垂直边向中间偏移 400、500 和 700，结果如图 11-105 所示。

（8）单击“默认”选项卡→“修改”面板→“延伸”按钮，将偏移出的垂直图线向上延伸，结果如图 11-106 所示。

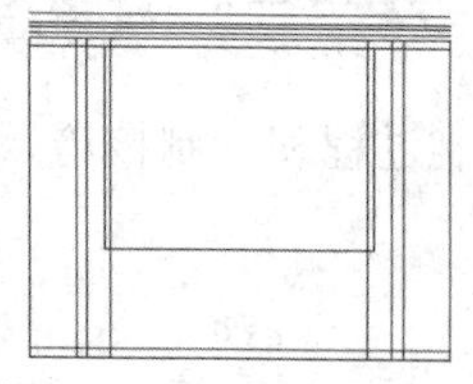

图 11-105 偏移结果

图 11-106 延伸结果

（9）单击“默认”选项卡→“修改”面板→“修剪”按钮，对轮廓线进行修修剪，结果如图 11-107 所示。

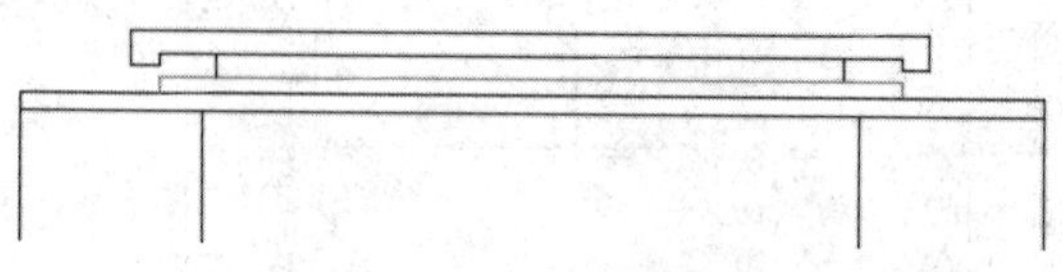

图 11-107 修剪结果

11.7.2 绘制酒店包间墙面构件图

（1）继续上节操作。

（2）展开“默认”选项卡→“图层”面板→“图层”下拉列表，将“图块层”设置为当前图层。

（3）使用快捷键“I”激活“插入块”命令，插入随书光盘中的“\图块文件\立面沙发组与茶几.dwg”，块参数设置如图 11-108 所示。

（4）返回绘图区，根据命令行的提示捕捉如图 11-109 所示的中点作为插入点位，将图块插入立面图中。

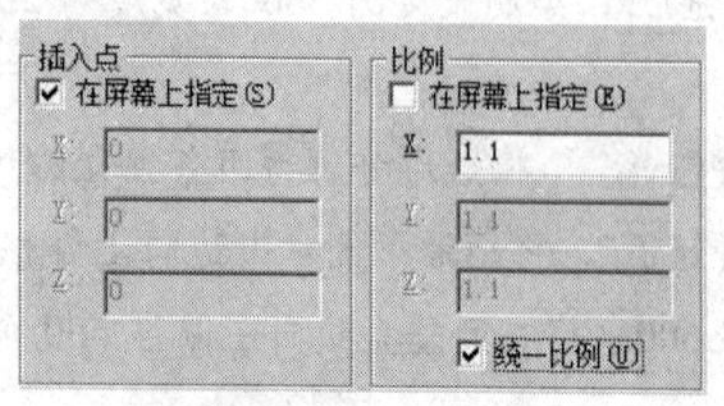

图 11-108 定位插入点

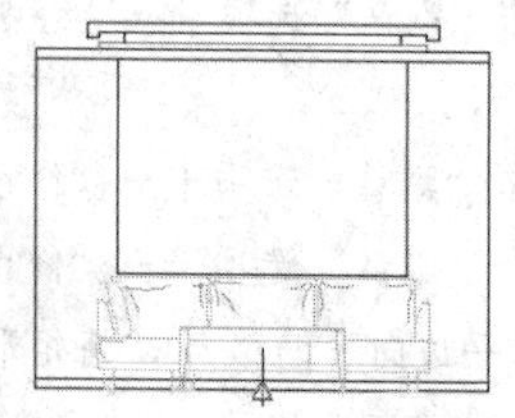

图 11-109 插入结果

（5）重复执行“插入块”命令，以默认参数插入随书光盘中的“\图块文件\立面窗 02.dwg”，插入点为图 11-110 所示中点。

（6）重复执行“插入块”命令，以默认参数插入光盘中的“\图块文件\窗幔 01.dwg”，插入点为图 11-111 所示端点。

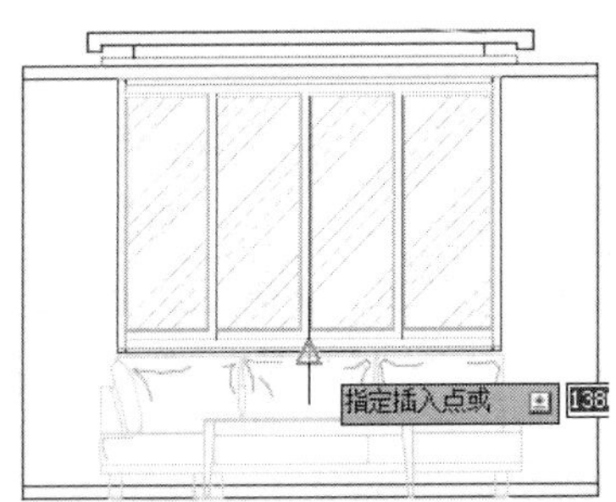

图 11-110　捕捉中点

图 11-111　捕捉端点

（7）重复执行“插入块”命令，以默认参数插入光盘中的“\图块文件\”目录下的“立面窗帘 01.dwg、立面植物 03.dwg 和日光灯.dwg”，结果如图 11-112 所示。

（8）使用快捷键“MI”激活“镜像”命令，对刚插入的窗帘、日光灯和植物图例进行镜像，结果如图 11-113 所示。

图 11-112　插入其他图块

图 11-113　镜像结果

（9）接下来综合使用“分解”、“删除”和“修剪”命令，对立面图进行修整和完善，删除被遮挡住的图线，结果如图 11-114 所示。

图 11-114　编辑结果

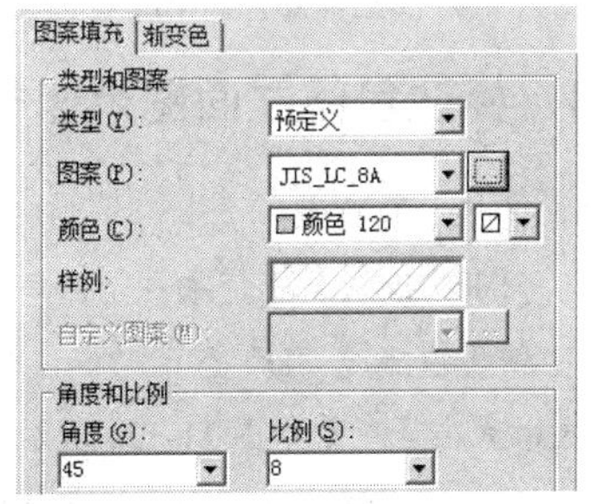

图 11-115　设置填充参数

（10）单击“默认”选项卡→“绘图”面板→“图案填充”按钮，设置填充图案与参数如图 11-115 所示，为立面图填充 JIS_LC_8A 图案，填充结果如图 11-116 所示。

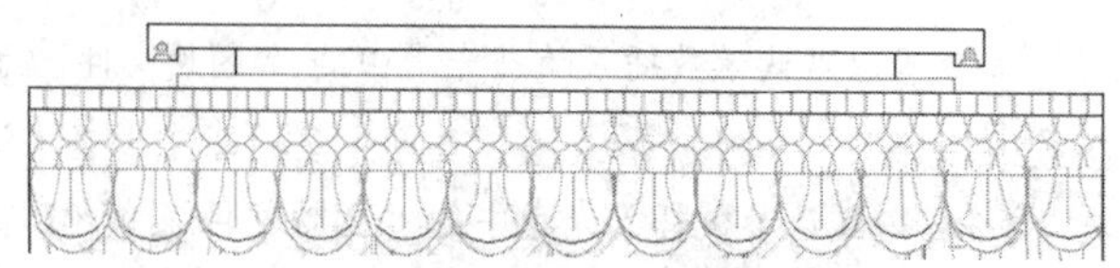

图 11-116　填充结果

11.7.3　标注酒店包间立面图尺寸

（1）继续上节操作。

（2）展开“默认”选项卡→“图层”面板→“图层”下拉列表，选择“尺寸层”设置为当前图层。

（3）使用快捷键“D”激活“标注样式”命令，将“建筑标注”设置为当前标注样式，并修改标注比例为 32。

（4）单击“默认”选项卡→“注释”面板→“线性”按钮，标注如图 11-117 所示的尺寸。

（5）单击“注释”选项卡→“标注”面板→“连续”按钮，标注如图 11-118 所示的细部尺寸。

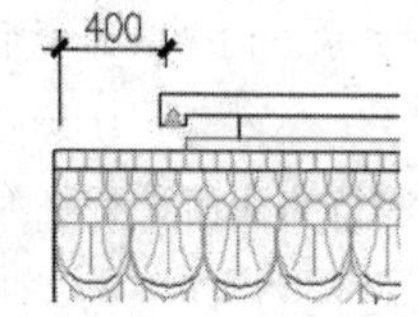

图 11-117　标注线性尺寸

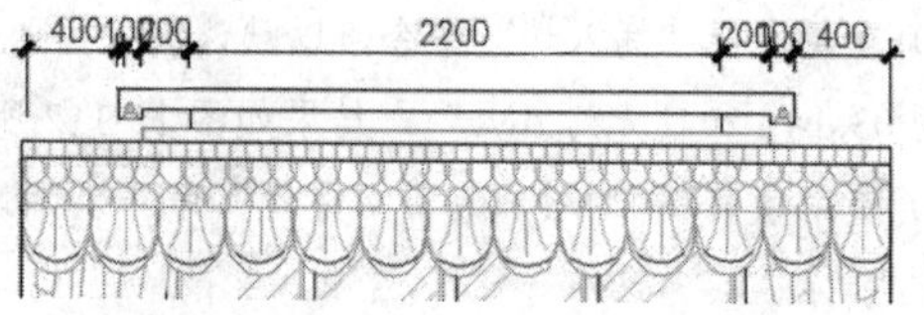

图 11-118　标注连续尺寸

（6）在无命令执行的前提下单击标注文字为 100 的对象，使其呈现夹点显示。

（7）单击标注文字夹点，在适当位置指定文字的位置，调整标注文字的位置，结果如图 11-119 所示。

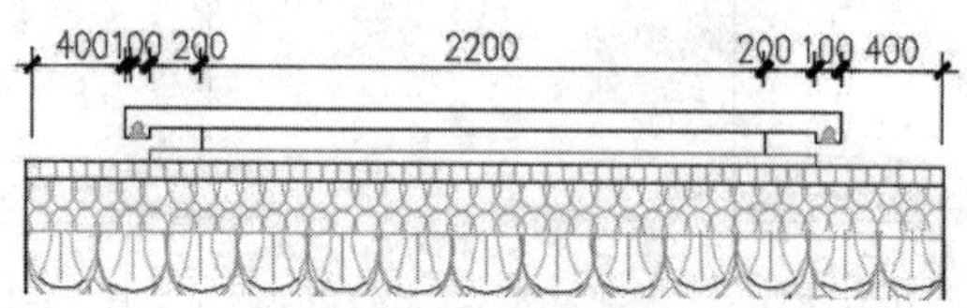

图 11-119　调整结果

（8）参照 4～7 操作步骤，综合使用“线性”和“连续”标注命令，标注其他位置的尺寸，并适当调整重叠标注文字的位置，结果如图 11-120 所示。

11.7.4　标注包间立面图装修材质

（1）继续上节操作。

（2）展开“默认”选项卡→“图层”面板→“图层”下拉列表，并将“文本层”设置为当前图层。

（3）使用快捷键“D”激活“标注样式”命令，在打开的“标注样式管理器”对话框中替代当前标注文字的样式、大小等参数如图 11-121 所示。

（4）展开“调整”选项卡，设置替代样式的标注比例如图 11-122 所示。

（5）使用快捷键“LE”激活“快速引线”命令，激活命令中的“设置”选项，设置引线和箭头参数如图 11-123 所示。

（6）在“引线设置”对话框中展开“附着”选项卡，设置引线注释的附着位置，如图 11-124 所示。

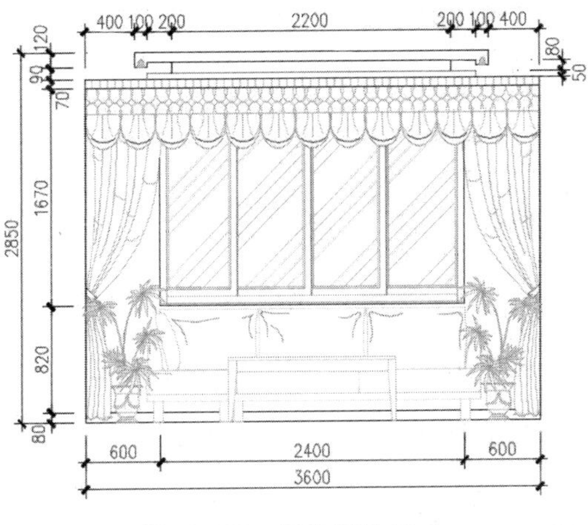

图 11-120　标注其他尺寸

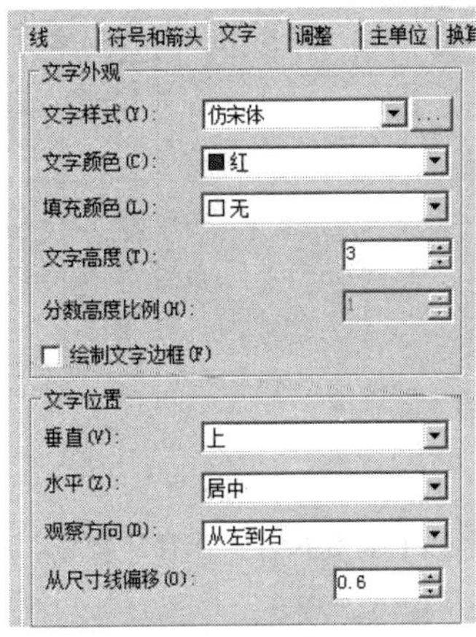

图 11-121　替代文字样式

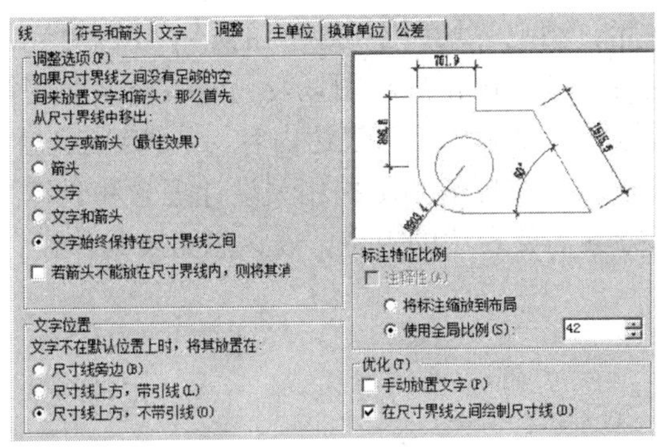

图 11-122　替代标注比例

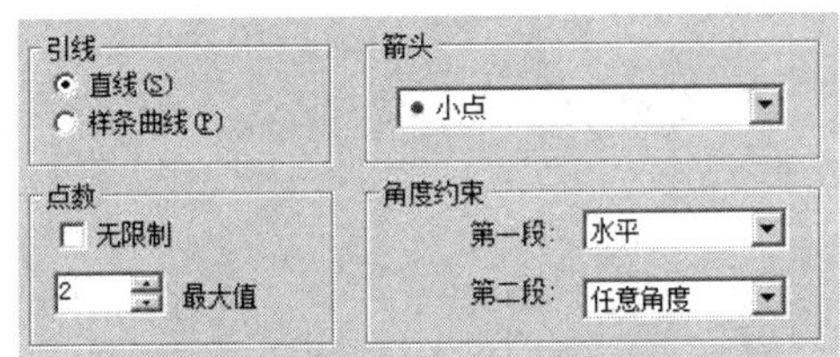

图 11-123　设置引线和箭头

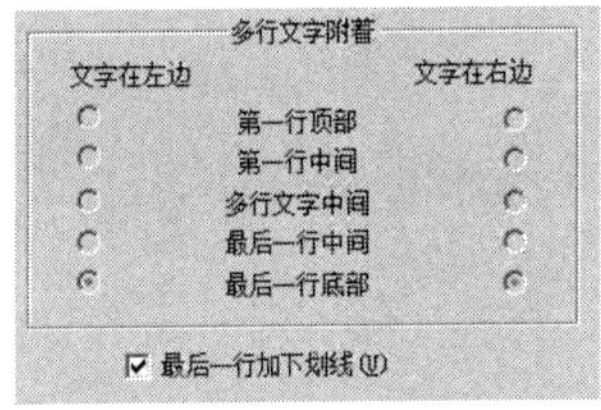

图 11-124　设置注释位置

（7）返回绘图区根据命令行的提示在适当位置指定引线点绘制引线，标注如图 11-125 所示的引线注释。

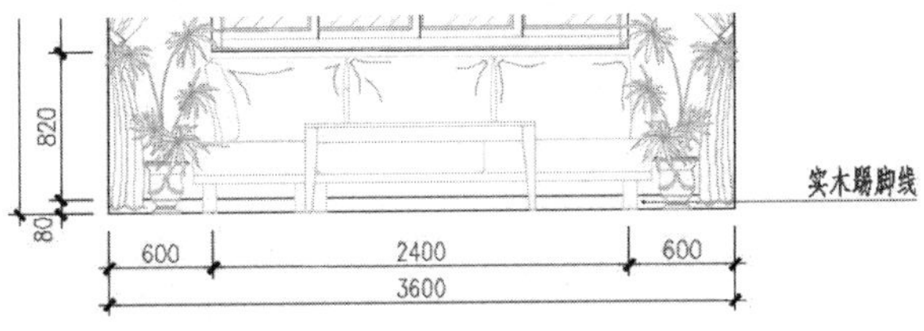

图 11-125　标注结果

（8）重复执行“快速引线”命令，按照当前的引线设置，分别标注其他位置的引线注释，结果如图 11-126 所示。

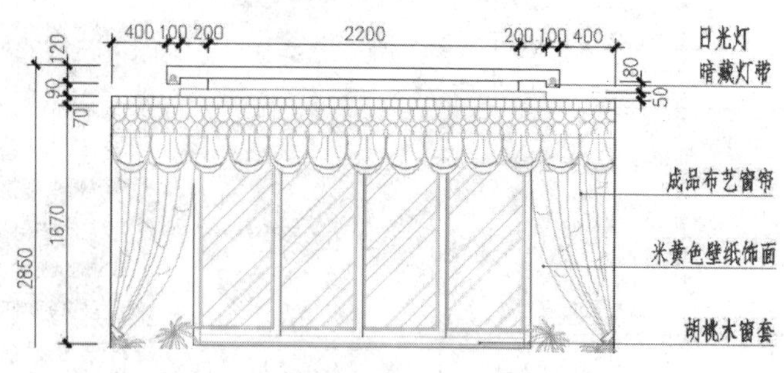

图 11-126　标注其他注释

（9）最后执行“保存”命令，将图形命名存储为“绘制酒店包间装修立面图.dwg”。

11.8　本 章 小 结

包间是星级酒店、餐厅、酒吧等场所不可缺少的一个装修单元，本章通过绘制某星级酒店包间地面布置图、天花装修图、吊枯灯具图以及包间装修立面图等典型实例，完整而系统地讲述了星级酒店包间装修图的绘制思路、表达内容、具体绘制过程以及绘制技巧。

希望读者通过本章的学习，在理解和掌握相关设计理念和设计技巧的前提下，能够了解和掌握星级酒店包间设计方案需要表达的内容、表达思路及具体设计过程等。

第 12 章　阶梯教室设计方案

近年来，阶梯教室已经成为大中院校的一道风景线，这种教室面积大，容纳人数多，但其最大特点在于地板是阶梯状逐渐升高的，离讲台越远，地面越高，从而座椅就越高，这样就使得远离讲台、座位靠后的学生能够清楚地看见黑板和讲台，而不会被前排学生挡住视线。本章主要学习阶梯教室室内方案图的表达内容和绘制过程。

■ 本章内容

✧ 阶梯教室设计理念
✧ 阶梯教室室内设计尺寸
✧ 阶梯教室方案设计思路
✧ 绘制阶梯教室平面布置图
✧ 标注阶梯教室平面布置图
✧ 绘制阶梯教室天花装修图
✧ 绘制阶梯教室立面装修图

12.1　阶梯教室设计理念

阶梯教室经过合理的布置，并按所需增添各种功能，增设相应的设备和采取相应的技术措施，就能够达到多种功能的使用目的，实现现代化的会议、教学、培训和学术讨论，因此，此种空间可具备多种功用，也可以称之为多功能厅。在空间设计的过程中，必须对空间分割的合理性和科学性进行不断的分析，尽量利用开阔的空间，进行合理布局，使其具有较强的序列、秩序和变化，突出开阔、简洁、大方和朴素的设计理念。

另外，在规划与设计内部功能时时，还需要兼顾以下几要点。

- 阶梯教室的大小并没有统一规定，而是各学校建设时自己决定，小的能容 3～4 个班级百余人，大的能容千人左右，不但可以作为教学使用，同时也可以作为报告厅，学术讨论厅，培训厅等使用。
- 室内应装备有电教教学手段，宜设置投影器、幻灯机、电视机、录放机、录音机及小型电影放映机等，一般在讲授公开课时使用。
- 电教设备的布置不应影响室内人流的活动及造成电教手段在工作时的相互干扰；应装备可同时使用两种以上教学手段的教学设备。
- 多媒体显示系统由高亮度、高分辨率的液晶投影机和电动屏幕构成，完成对各种图文信息的大屏幕显示，以让各个位置的人都能够更清楚的观看。另外，为使映播画面清晰，室内各表面应以反射率低的色调为主，以减少光对各表面的反射作用。
- 室内应具有适宜的采光与照明，并注意解决室内的通风与换气。室内还应有良好的声环境，在 100～200 人教室的内的混响时间不宜超过 1.0 s。
- 阶梯教室应开间合理，结构简单，缩短最远视距，便于设置电教设施；座位布置应紧凑、排列合理，还应考虑就座方便、宜于书写；地面升高标准以不使后排座位受前排的遮挡为佳，保证出入口的数量及合的分布，以利于使用及安全疏散。

12.2 阶梯教室室内设计尺寸

- 教室第一排课桌前沿与黑板的水平距离不宜小于 2500mm；教室最后一排课桌后沿与黑板的水平距离不应大于 18 000mm。
- 排边座的学生与黑板远端形成的水平视角不应小于 30°。
- 座位排距。小学不应小于 800mm,中学、中师、幼师不应小于 850mm。
- 纵、横向走道的净宽度不应小于 900mm；当同时设有中间和靠墙纵向走道时,其靠墙纵向走道宽度不应小于 700mm。
- 教室的课桌椅宜采用固定式,并宜设置为有书写功能的座椅,每个座椅的最少宽度不应小于 500 mm, 550mm 为宜。
- 阶梯教室梯级高度依据视线升高值确定。阶梯教室的设计视点应定位于黑板底边缘的中点处。前后排座位错位布置时，视线的隔排升高值宜为 0.12m。
- 合理配置座席升高。为了便于疏散及简化构造，对于容纳人数较少的教室，前几排可以做成平地面，后面可做成阶梯状逐步升高，阶梯的宽度不宜小于 1.35m。

12.3 阶梯教室方案设计思路

在绘制并设计阶梯教室方案图时，可以参照如下思路。

第一，首先根据提供的测量数据，绘制出阶梯教室的建筑结构平面图。

第二，根据绘制的阶梯教室建筑结构图以及需要发挥的多种使用功能，进行建筑空间的规划与布置，科学合理的绘制出阶梯教室的平面布置图。

第三，根据绘制的阶梯教室平面布置图，在其基础上快速绘制其天花装修图，重点在天花吊顶的表达以及天花灯具定位和布局。

第四，根据实际情况及需要，绘制出阶梯教室的墙面装饰投影图，必要时附着文字说明。

12.4 绘制阶梯教室平面布置图

本例主要学习阶梯教室平面布置图的具体绘制过程和绘制技巧。阶梯教室布置图的最终绘制效果，如图 12-1 所示。

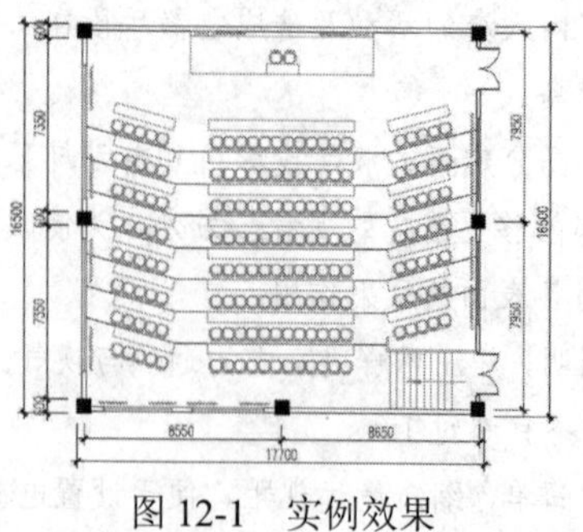

图 12-1 实例效果

12.4.1 绘制教室墙柱平面图

（1）单击“快速访问”工具栏→“新建”按钮，调用随书光盘“\样板文件\室内绘图样板.dwt”。

（2）展开“默认”选项卡→“图层”面板→“图层”下拉列表，设置“墙线层”为当前操作层。

（3）单击“默认”选项卡→“绘图”面板→“矩形”按钮，绘制长度为16900、宽度为15900的矩形作为内墙线。

（4）单击“默认”选项卡→“修改”面板→“偏移”按钮，将绘制的矩形向外偏移200个单位，结果如图12-2所示。

（5）单击“默认”选项卡→“绘图”面板→“矩形”按钮，配合“捕捉自”功能绘制柱子外轮廓线，命令行操作如下。

```
命令: _rectang
指定第一个角点或 [倒角(C)/标高(E)/圆角(F)/厚度(T)/宽度(W)]: //激活“捕捉自”功能
_from 基点:                                    //捕捉内侧矩形的左下角端点
<偏移>:                                        //@200,300 Enter
指定另一个角点或 [面积(A)/尺寸(D)/旋转(R)]: //@-600,-600 Enter，结果如图 12-3 所示
```

（6）单击“默认”选项卡→“绘图”面板→“图案填充”按钮，为柱子填充实体图案，填充结果如图12-4所示。

图12-2 偏移结果

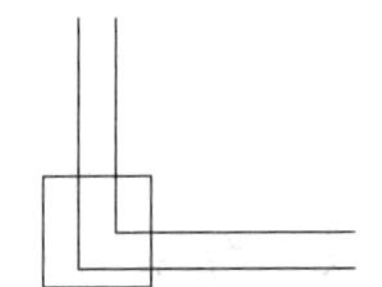

图12-3 绘制结果

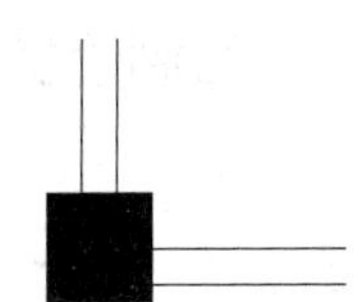

图12-4 填充结果

（7）单击“默认”选项卡→“修改”面板→“矩形阵列”按钮，选择矩形柱进行阵列3行3列，行间距为7950、列间距为8550，阵列结果如图12-5所示。

（8）单击“默认”选项卡→“修改”面板→“分解”按钮，选择阵列集合和两个矩形进行分解，并删除多余柱子，结果发图12-6所示。

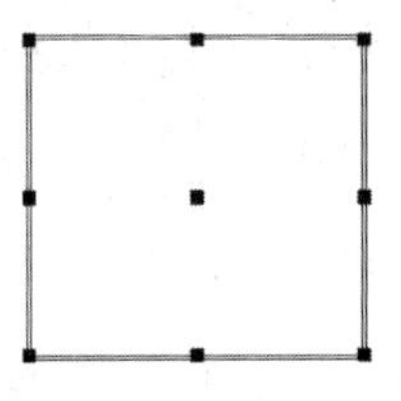

图12-5 阵列结果

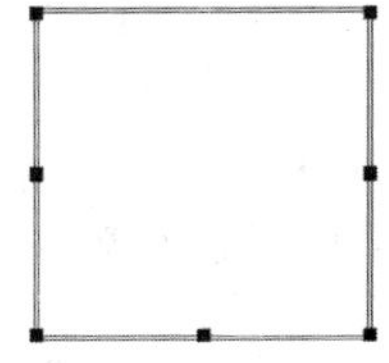

图12-6 删除结果

（9）单击“默认”选项卡→“修改”面板→“偏移”按钮，将外侧矩形的两条水平边作为首次偏移对象向内侧偏移，间距分别为800、1800、1200和3500；将外侧矩形左侧的垂直边作为首次偏移对象向右偏移950、3000、900和3000，结果如图12-7所示。

（10）单击“默认”选项卡→“修改”面板→“修剪”按钮，对偏移出的图线和内外墙线进行修剪，结果如图12-8所示。

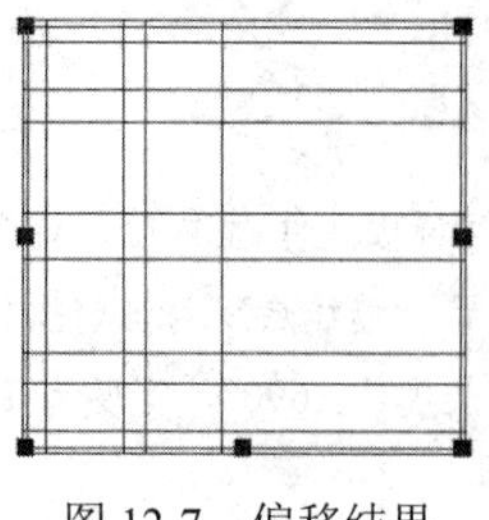
图 12-7　偏移结果

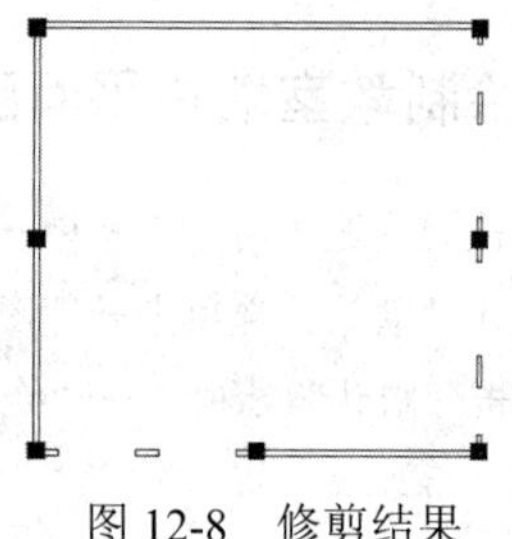
图 12-8　修剪结果

（11）重复执行“偏移”命令，将最上侧的和最下侧的两条水平墙线分别向内侧偏移，间距为 1700 和 5600，结果如图 12-9 所示。

（12）单击“默认”选项卡→“修改”面板→“修剪”按钮，以偏移出的两条水平图线作为边界，对墙线进行修剪，创建窗洞，结果如图 12-10 所示。

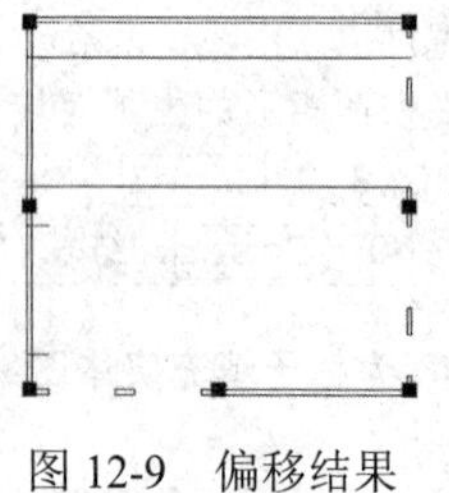
图 12-9　偏移结果

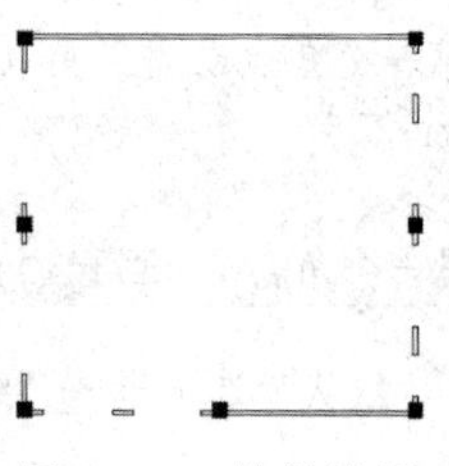
图 12-10　修剪结果

12.4.2　绘制阶梯教室构件图

（1）继续上节操作。

（2）展开“默认”选项卡→“图层”面板→“图层”下拉列表，将“门窗层”设置为当前图层。

（3）单击“默认”选项卡→“绘图”面板→“直线”按钮，配合端点捕捉和中点捕捉功能绘制如图 12-11 所示的窗线。

（4）使用快捷键“I”激活“插入块”命令，插入随书光盘中的“/图块文件/双开门.dwg”，块参数设置如图 12-12 所示，插入结果如图 12-13 所示。

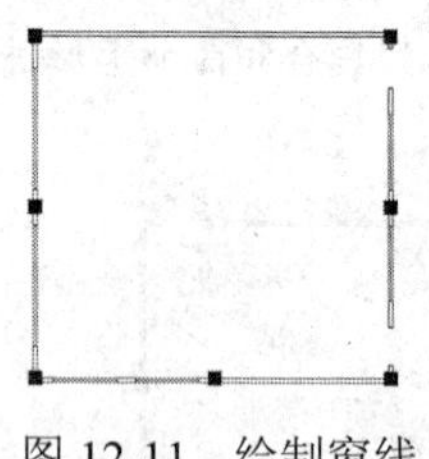
图 12-11　绘制窗线

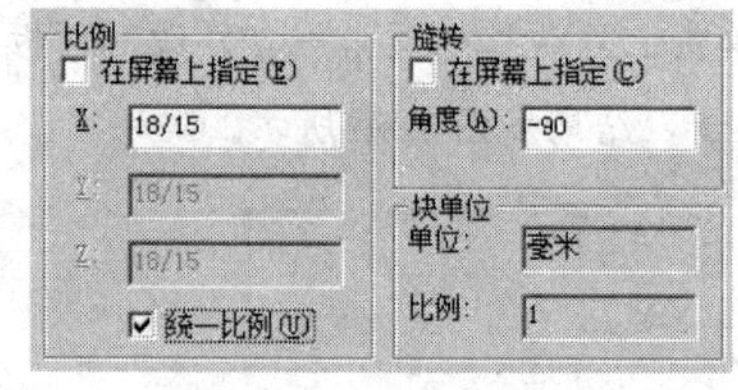

图 12-12　设置块参数

（5）单击“默认”选项卡→“修改”面板→“镜像”按钮，对双开门图块进行镜像，结果如图 12-14 所示。

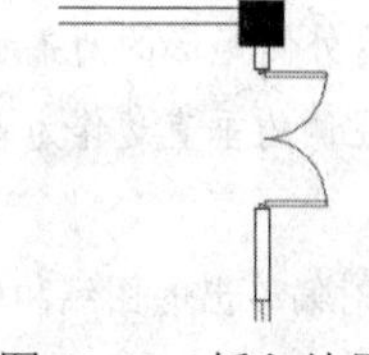
图 12-13　插入结果

图 12-14　镜像结果

（6）将“楼梯层”设置为当前图层，然后使用快捷键“ML”激活“多线”命令，配合端点捕捉功能，绘制楼梯扶手轮廓线。

```
命令: ml                                    //Enter
MLINE
当前设置: 对正 = 下, 比例 = 20.00, 样式 = 墙线样式
指定起点或 [对正(J)/比例(S)/样式(ST)]:      //s Enter
输入多线比例 <20.00>:                       //100 Enter
当前设置: 对正 = 上, 比例 = 100.00, 样式 = 墙线样式
指定起点或 [对正(J)/比例(S)/样式(ST)]:      //捕捉如图 12-15 所示的端点
指定下一点:                                 //-3900,0 Enter
指定下一点或 [放弃(U)]:                     //@0,400 Enter
指定下一点或 [闭合(C)/放弃(U)]:             //Enter，绘制结果如图 12-16 所示
```

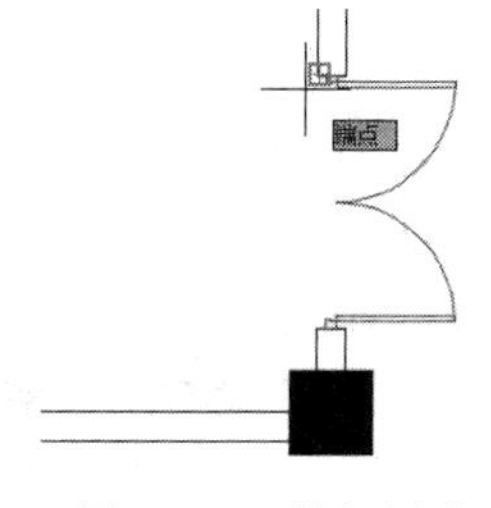

图 12-15　捕捉端点

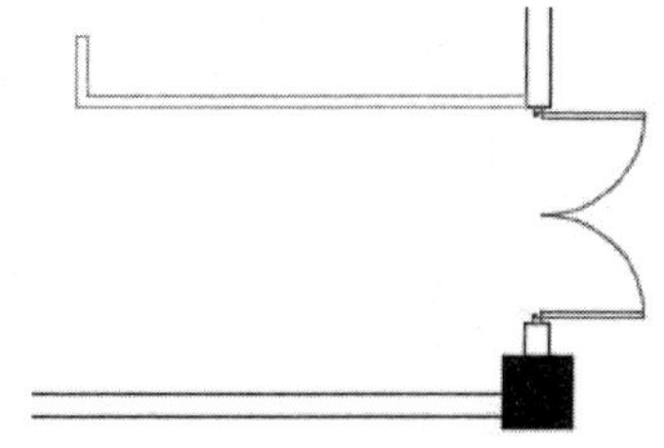

图 12-16　绘制结果

（7）单击“默认”选项卡→“绘图”面板→“直线”按钮，配合捕捉与追踪功能绘制如图 12-17 所示的楼梯台阶轮廓线。

（8）单击“默认”选项卡→“修改”面板→“矩形阵列”按钮，对台阶轮廓线进行阵列 10 份，列间距为 300，阵列结果如图 12-18 所示。

（9）使用快捷键“PL”激活“多段线”命令，配合捕捉与追踪功能绘制如图 12-19 所示的方向箭头示意线。

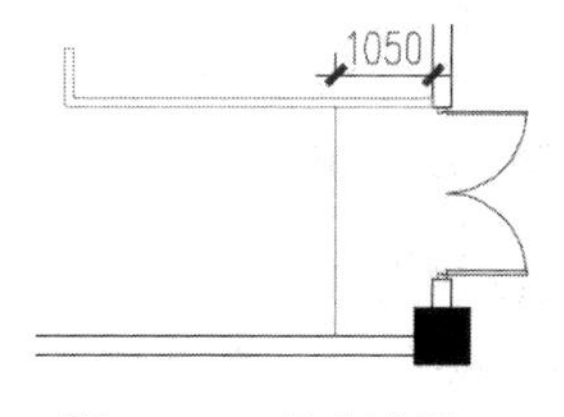

图 12-17　绘制台阶

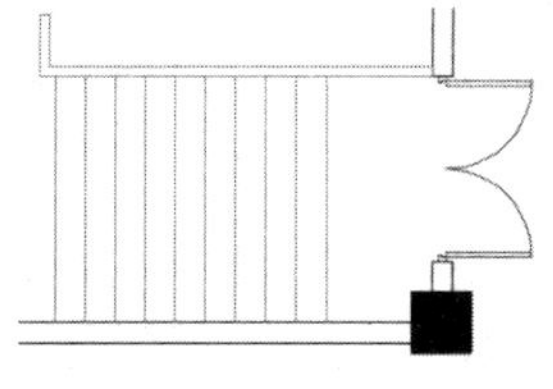

图 12-18　设置阵列参数

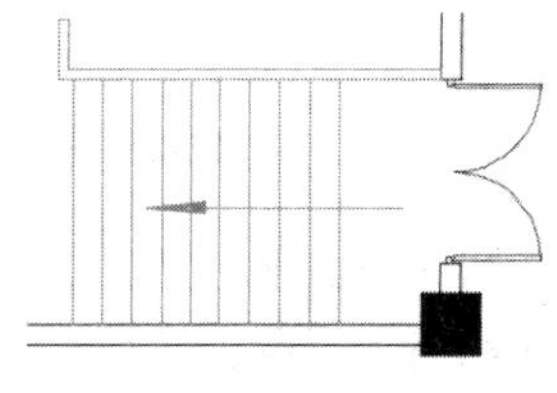

图 12-19　绘制结果

12.4.3　绘制阶梯平面布置图

（1）继续上节操作。

（2）展开“默认”选项卡→“图层”面板→“图层”下拉列表，选择“轮廓线”设置为当前图层。

（3）单击“默认”选项卡→“绘图”面板→“构造线”按钮，通过教室内墙线，绘制如图 12-20 所示的三条构造线。

（4）单击“默认”选项卡→“修改”面板→“偏移”按钮，将水平构造线向上侧偏移 2700 个单位，将两条垂直的构造线向中间偏移 3900 个单位，并删除源构造线，结果如图 12-21 所示。

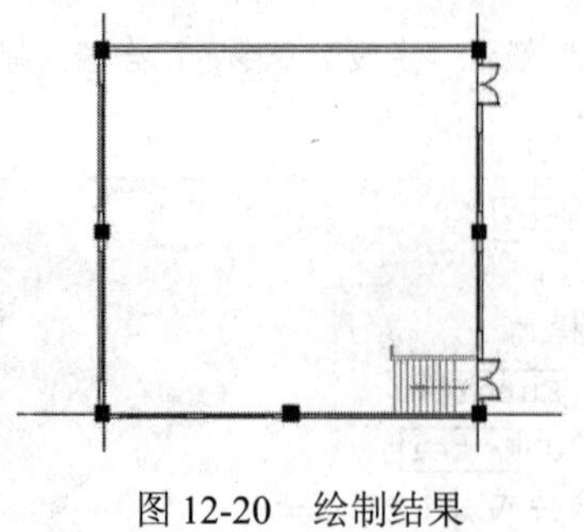

图 12-20　绘制结果

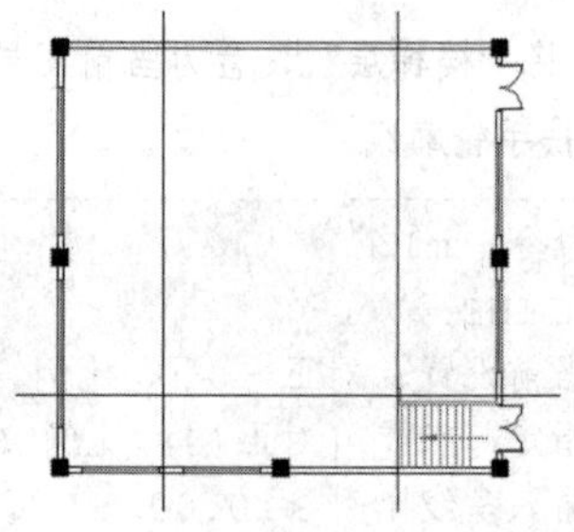

图 12-21　偏移结果

（5）开启状态栏上的“极轴追踪”功能，并设置极轴角为 15 度，如图 12-22 所示。

（6）单击“默认”选项卡→“绘图”面板→“直线”按钮，捕捉如图 12-23 所示的交点作为第一点，然后引出如图 12-24 所示的极轴追踪虚线。

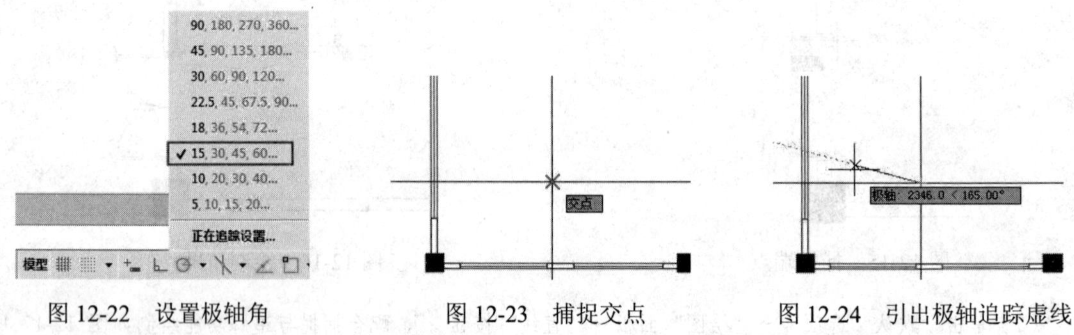

图 12-22　设置极轴角　　图 12-23　捕捉交点　　图 12-24　引出极轴追踪虚线

（7）根据命令行的提示捕捉如图 12-25 所示的交点，绘制倾斜的阶梯台阶线，结果如图 12-26 所示。

图 12-25　捕捉交点　　图 12-26　绘制结果

（8）接下来使用“修剪”和“删除”命令，对构造线进行编辑，结果如图 12-27 所示。

（9）单击“默认”选项卡→“修改”面板→“复制”按钮，选择阶梯轮廓线垂直向上复制 1350 个单位，结果如图 12-28 所示。

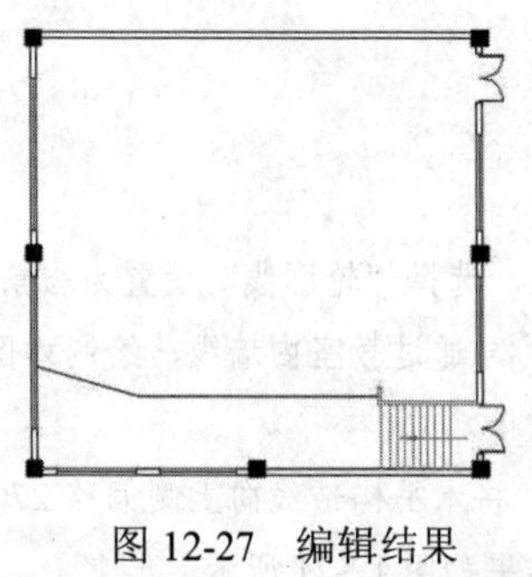

图 12-27　编辑结果

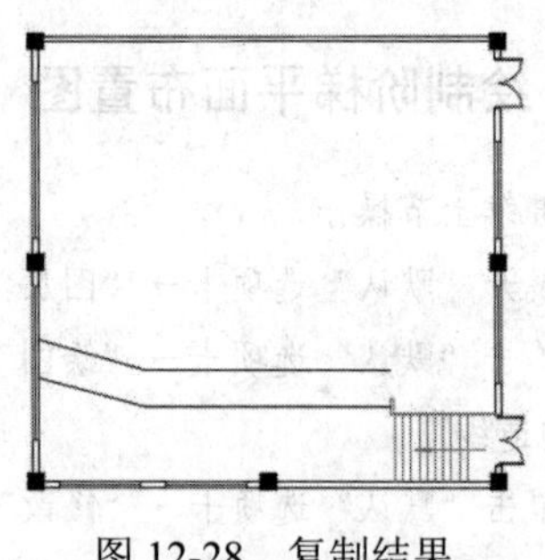

图 12-28　复制结果

（10）单击“默认”选项卡→“修改”面板→“镜像”按钮，对复制出的倾斜阶梯线进行镜像，结果如图 12-29 所示。

（11）单击“默认”选项卡→“修改”面板→“矩形阵列”按钮，选择上侧的阶梯轮廓线进行阵列 6 行，其中行间距为 1350，阵列结果如图 12-30 所示。

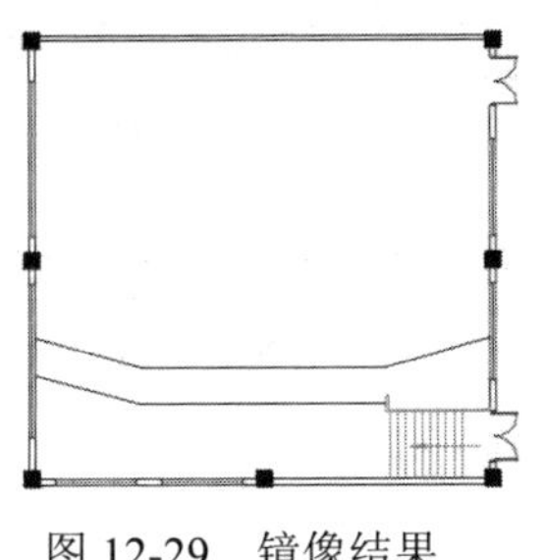
图 12-29 镜像结果

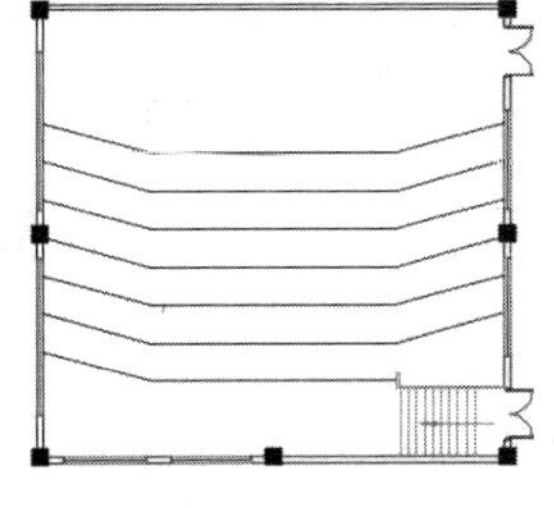
图 12-30 阵列结果

12.4.4 绘制教室桌椅布置图

（1）继续上节操作。

（2）展开“默认”选项卡→“图层”面板→“图层”下拉列表，选择“家具层”设置为当前图层。

（3）单击“默认”选项卡→“绘图”面板→“矩形”按钮，根据命令行的提示引出图 12-31 所示的端点追踪虚线，输入 1400 定位矩形的右上角点。

（4）在“指定另一个角点或 [面积(A)/尺寸(D)/旋转(R)]:”提示下输入“@-6300,-450”并按 Enter 键，绘制如图 12-32 所示的条形桌。

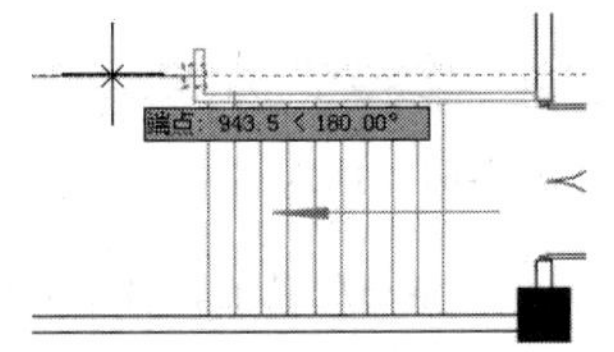

图 12-31 引出端点追踪虚线

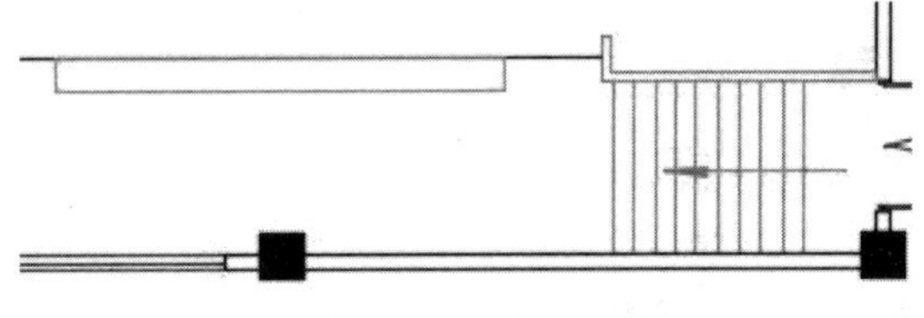
图 12-32 绘制结果

（5）重复执行“矩形”命令，捕捉如图 12-33 所示的端点，绘制长度为 2730、宽度为 450 的条形桌，结果如图 12-34 所示。

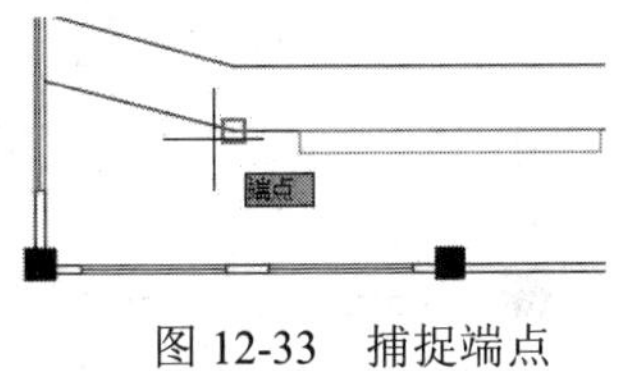

图 12-33 捕捉端点

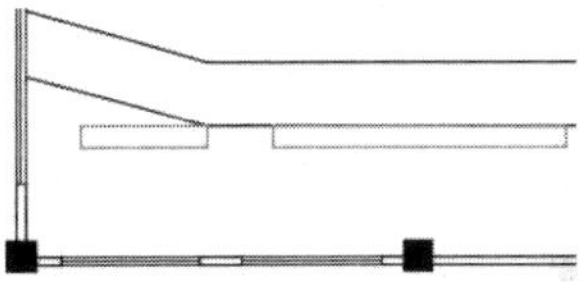

图 12-34 绘制结果

（6）单击“默认”选项卡→“修改”面板→“旋转”按钮，捕捉如图 12-35 所示的端点作为旋转基点，将矩形旋转-15 度，结果如图 12-36 所示。

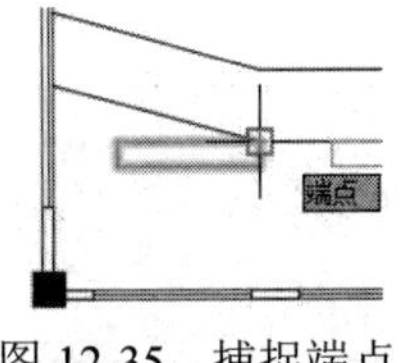

图 12-35 捕捉端点

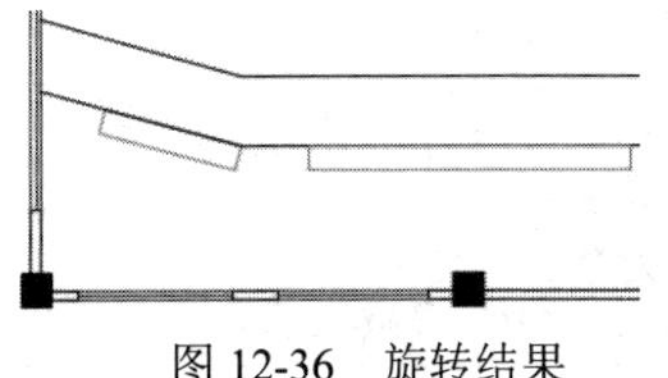
图 12-36 旋转结果

（7）使用快捷键“I”激活“插入块”命令，以默认参数插入随书光盘中的“\图块文件\平面椅03.dwg”。

（8）返回绘图区在命令行“指定插入点或 [基点(B)/比例(S)/X/Y/Z/旋转(R)]:”提示下激活“捕捉自”功能，捕捉如图12-37所示的端点作为偏移基点，输入插入点坐标“@346,-250”，插入结果如图12-38所示。

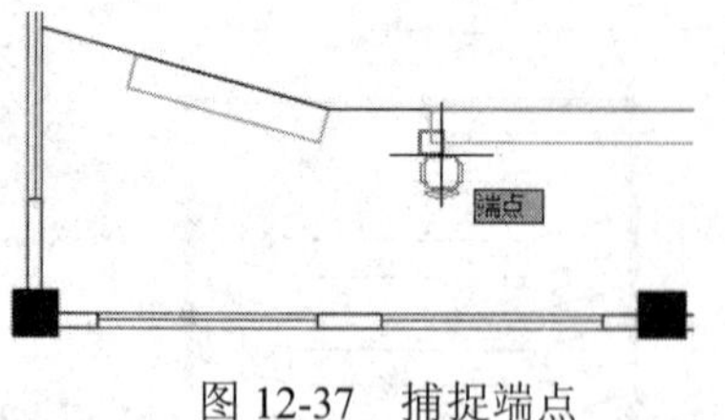

图12-37　捕捉端点

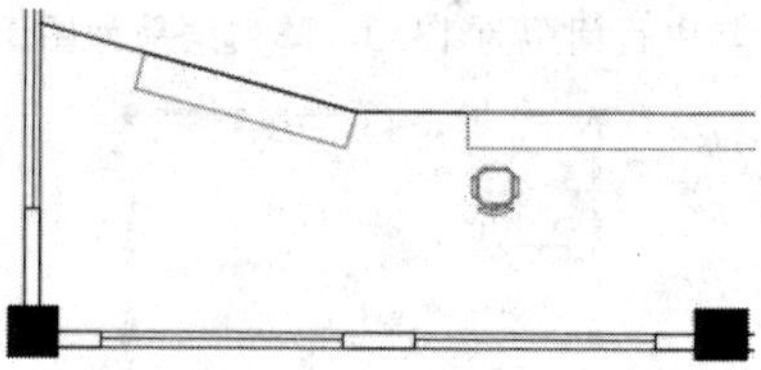

图12-38　插入结果

（9）单击“默认”选项卡→“修改”面板→“矩形阵列”按钮，选择平面椅阵列12列，列间距为510，阵列结果如图12-39所示。

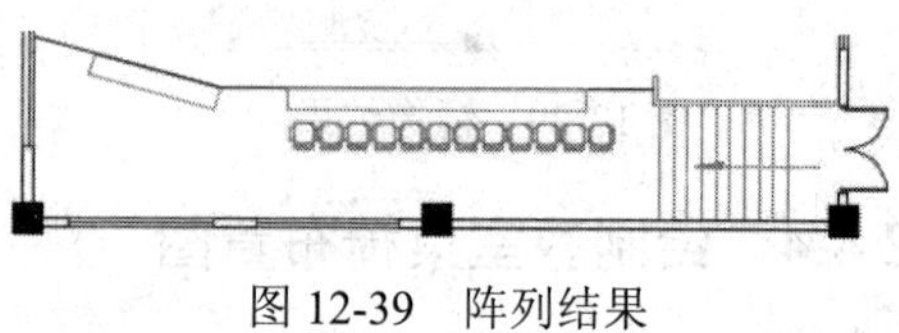

图12-39　阵列结果

（10）单击“默认”选项卡→“绘图”面板→“构造线”，绘制如图12-40所示的两条构造线作为辅助线。

（11）使用快捷键“I”激活“插入块”命令，以默认参数插入随书光盘中的“\图块文件\平面椅03.dwg”，插入点为两条构造线的交点，结果如图12-41所示。

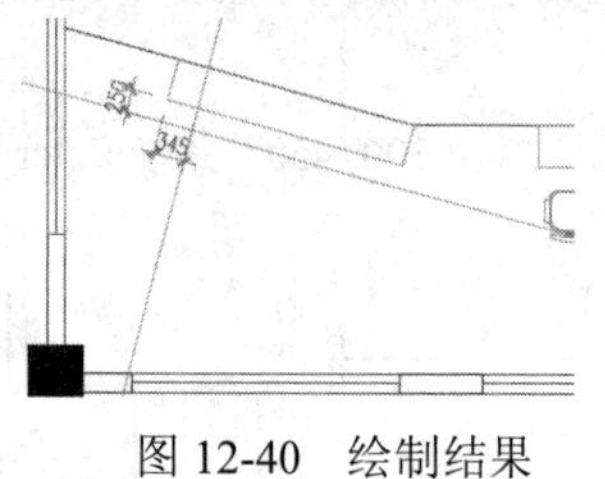

图12-40　绘制结果

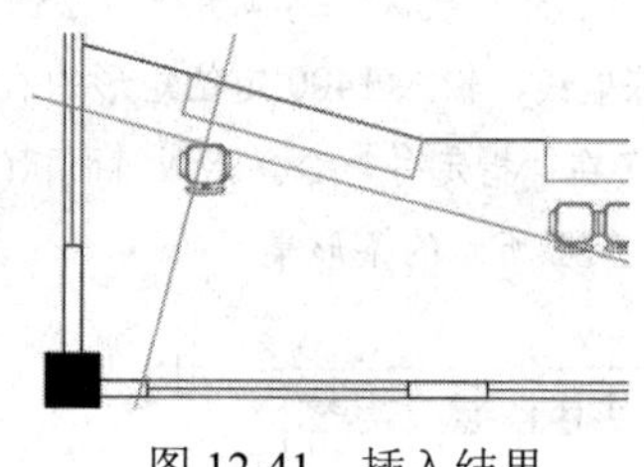

图12-41　插入结果

（12）单击“默认”选项卡→“修改”面板→“旋转”按钮，以插入点作为旋转的基点，将平面椅旋转-15°，结果如图12-42所示。

（13）删除两条构造线，然后使用“直线”命令，分别连接条形桌两侧的中点，绘制如图12-43所示的辅助线。

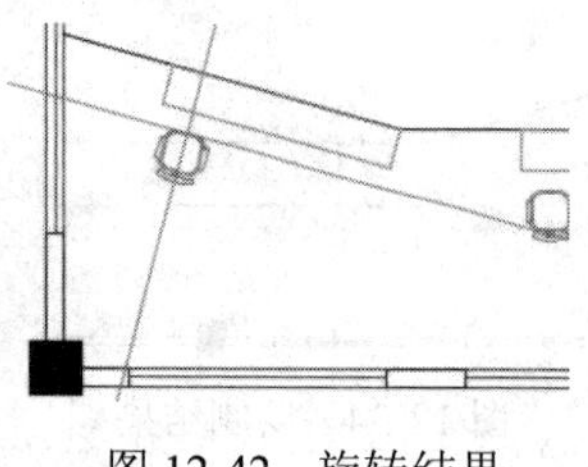

图12-42　旋转结果

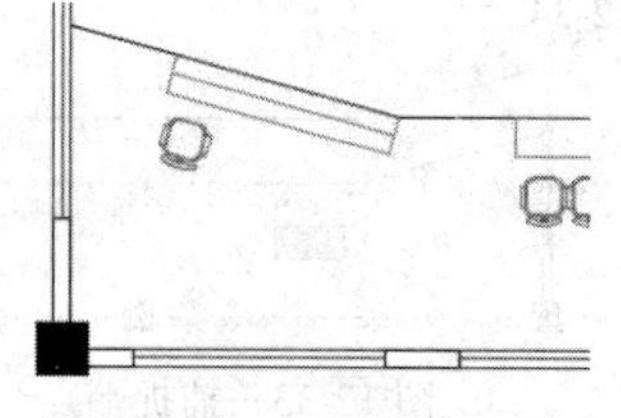

图12-43　绘制结果

（14）单击“默认”选项卡→“修改”面板→“路径阵列”按钮，以刚绘制的辅助线作为路径，对椅子图块进行阵列，命令行操作如下。

```
命令: _arraypath
选择对象:                                  //选择旋转后的椅子图块
选择对象:                                  //Enter
类型 = 路径  关联 = 是
```

```
    选择路径曲线:                          //选择刚绘制的辅助线
    选择夹点以编辑阵列或 [关联(AS)/方法(M)/基点(B)/切向(T)/项目(I)/行(R)/层(L)/
    对齐项目(A)/z 方向(Z)/退出(X)] <退出>:           //I Enter
    指定沿路径的项目之间的距离或 [表达式(E)] <1042.4>: //510Enter
    最大项目数 = 6
    指定项目数或 [填写完整路径(F)/表达式(E)] <6>:    //5Enter
    选择夹点以编辑阵列或 [关联(AS)/方法(M)/基点(B)/切向(T)/项目(I)/行(R)/层(L)/对齐
项目(A)/z 方向(Z)/退出(X)] <退出>:          //Enter，阵列结果如图 12-44 所示
```

（15）使用快捷键“E”激活“删除”命令，删除辅助线，结果如图 12-45 所示。

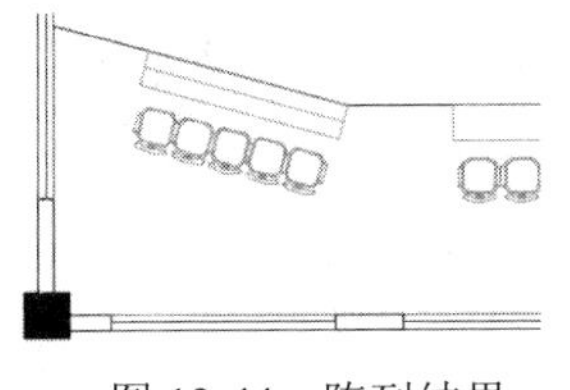
图 12-44　阵列结果

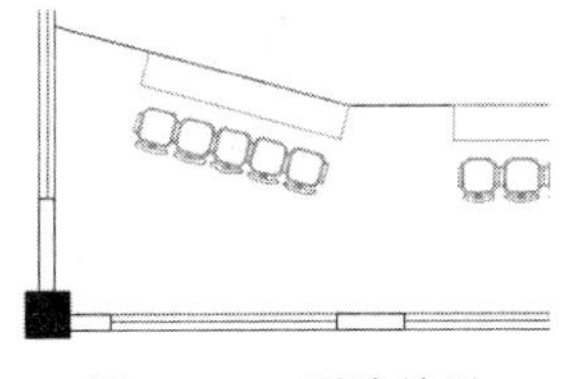
图 12-45　删除结果

（16）单击“默认”选项卡→“修改”面板→“复制”按钮，选择条形课桌椅垂直向上复制 1350 个单位，结果如图 12-46 所示。

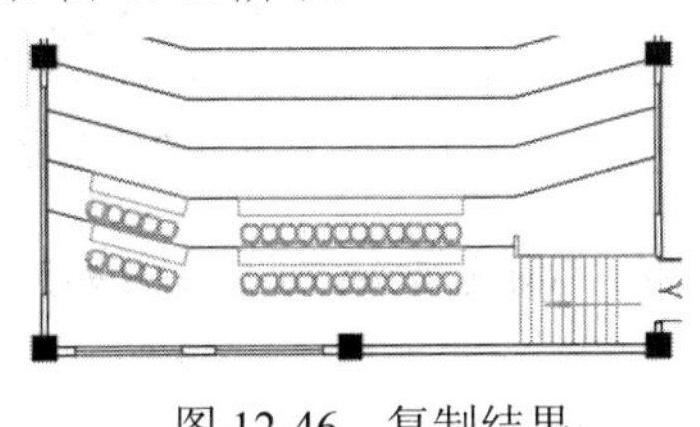
图 12-46　复制结果

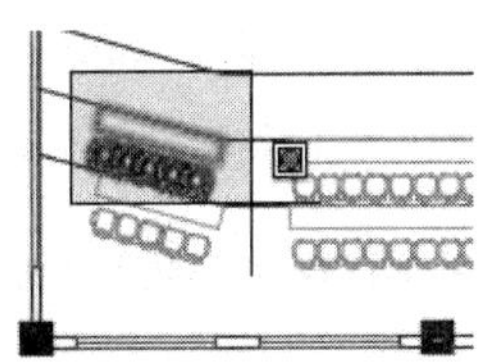
图 12-47　窗口选择

（17）单击“默认”选项卡→“修改”面板→“镜像”按钮，窗口选择如图 12-47 所示对象进行镜像，结果如图 12-48 所示。

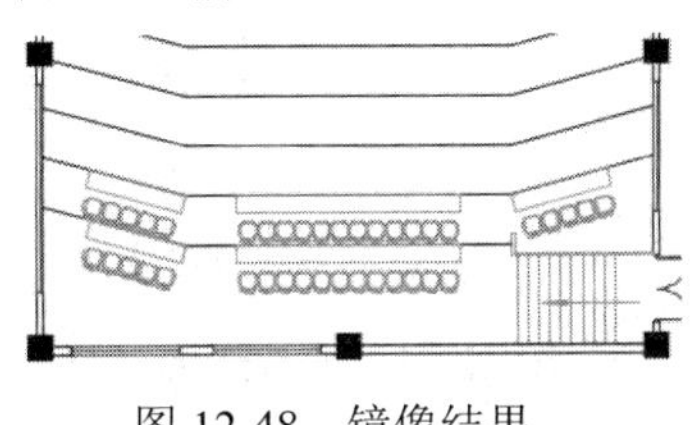
图 12-48　镜像结果

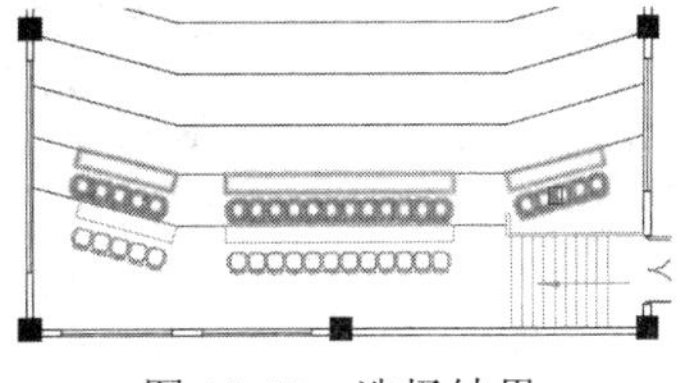
图 12-49　选择结果

（18）单击“默认”选项卡→“修改”面板→“矩形阵列”按钮，选择如图 12-49 所示的桌椅阵列 7 行，行偏移为 1350，结果如图 12-50 所示。

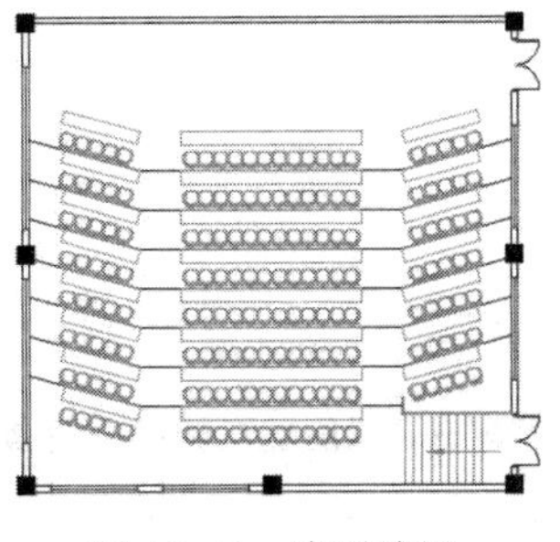
图 12-50　阵列结果

12.4.5 绘制讲台讲桌布置图

（1）继续上节操作。

（2）单击“默认”选项卡→“绘图”面板→“构造线”，使用命令中的“偏移”功能绘制如图 12-51 所示的三条构造线。

（3）单击“默认”选项卡→“修改”面板→“修剪”按钮，对构造线进行修剪，结果如图 12-52 所示。

（4）单击“默认”选项卡→“修改”面板→“偏移”按钮，将修剪后的两条垂直轮廓线向中间偏移 3250，将水平轮廓线向上偏移 450 个单位，并对偏移出的图线进行修剪，结果如图 12-53 所示。

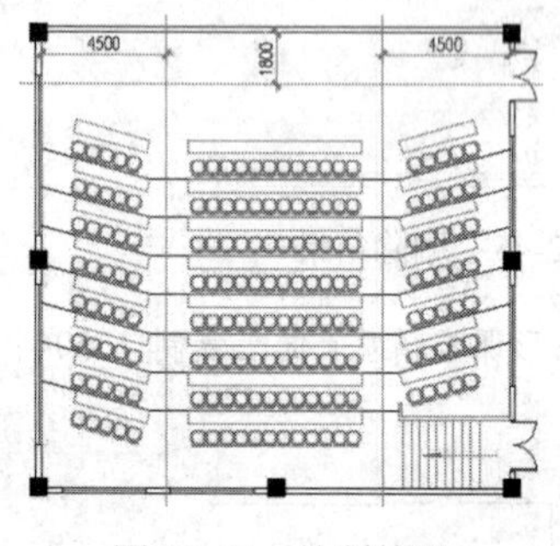

图 12-51 绘制结果

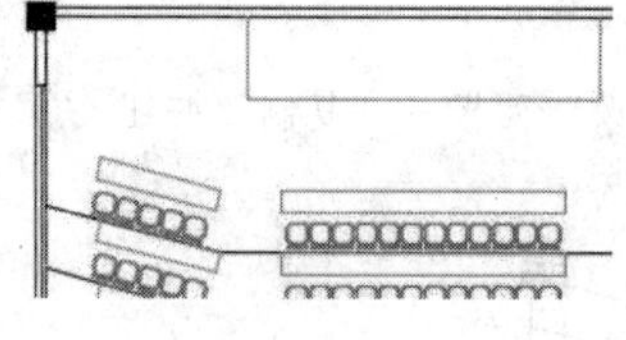
图 12-52 修剪结果

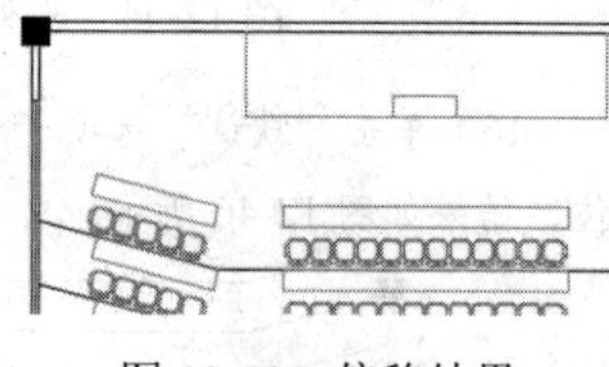
图 12-53 偏移结果

（5）使用快捷键“I”激活“插入块”命令，插入随书光盘中的“\图块文件\平面椅 03.dwg”，块参数设置如图 12-54 所示。

（6）返回绘图区，在“指定插入点或 [基点(B)/比例(S)/X/Y/Z/旋转(R)]:”提示下激活“捕捉自”功能，捕捉如图 12-55 所示的端点作为偏移基点，输入插入点坐标“@400,0”，插入结果如图 12-56 所示。

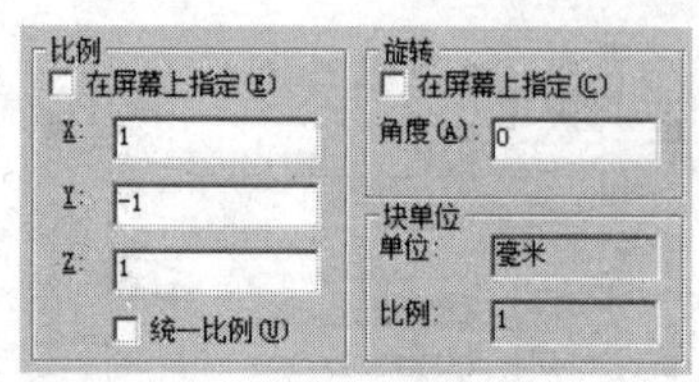

图 12-54 设置参数

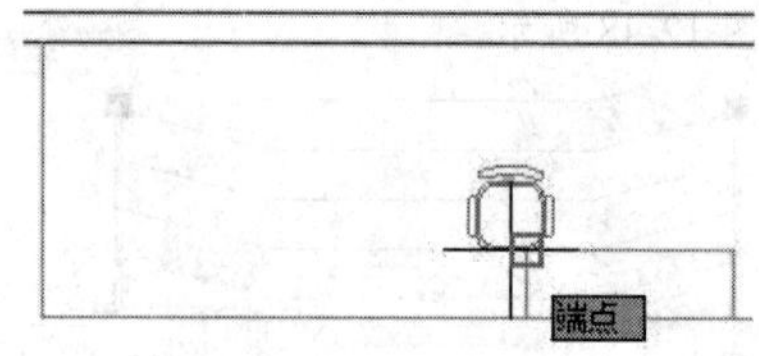

图 12-55 插入结果

（7）单击“默认”选项卡→“修改”面板→“镜像”按钮，将插入的椅子图块进行镜像，结果如图 12-57 所示。

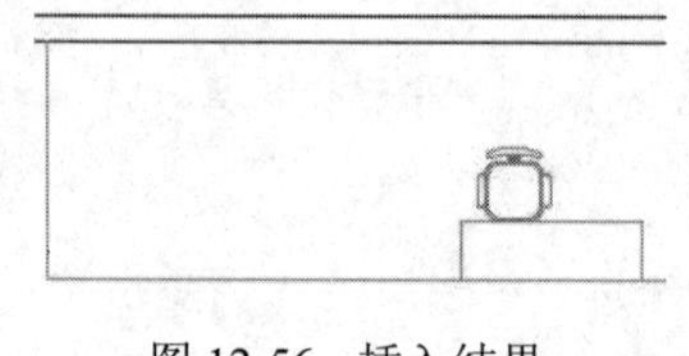
图 12-56 插入结果

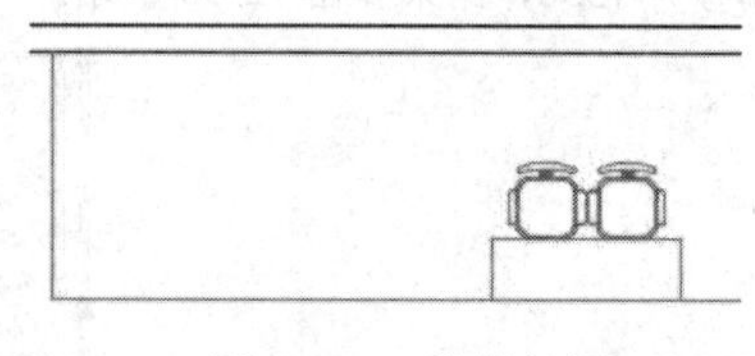
图 12-57 镜像结果

（8）使用快捷键“I”激活“插入块”命令，以默认参数插入随书光盘中的“\图块文件\电子屏幕.dwg”，插入点为图 12-58 所示的端点。

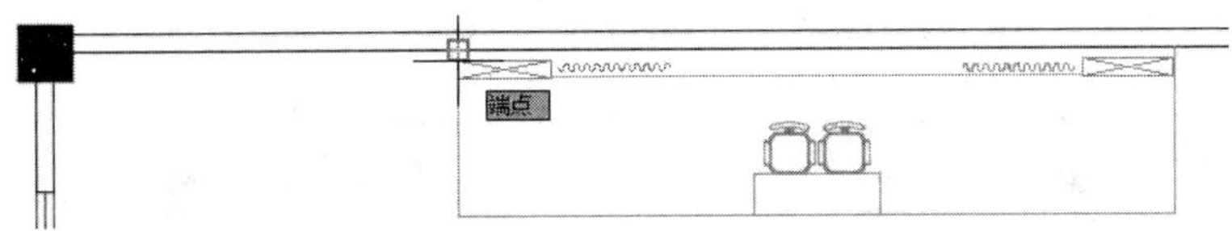

图 12-58　定位插入点

（9）使用快捷键“I”激活“插入块”命令，插入随书光盘中的“\图块文件\窗帘 1.dwg”，块参数设置如图 12-59 所示，插入结果如图 12-60 所示。

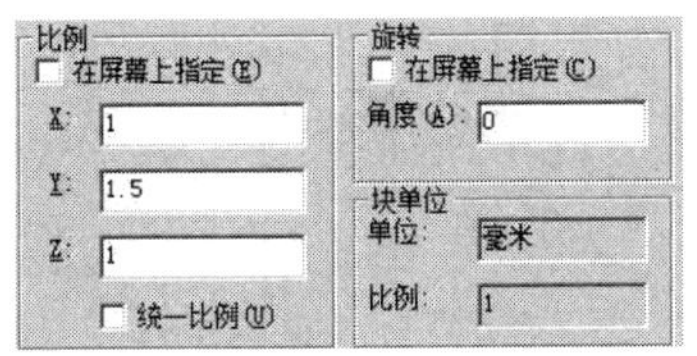

图 12-59　设置参数

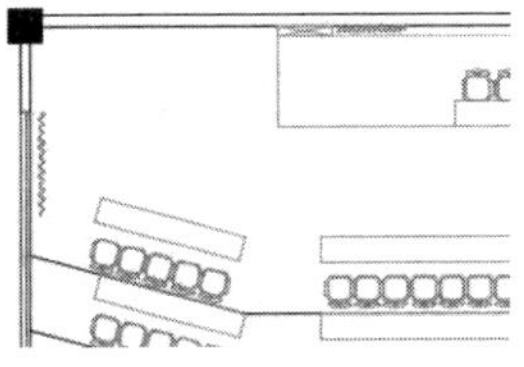

图 12-60　插入结果

（10）单击“默认”选项卡→“修改”面板→“复制”按钮，将窗帘复制到其他位置上，结果如图 12-61 所示。

（11）重复执行“插入块”命令，插入随书光盘中的“\图块文件\窗帘 1.dwg”，块参数设置如图 12-62 所示，插入结果如图 12-63 所示。

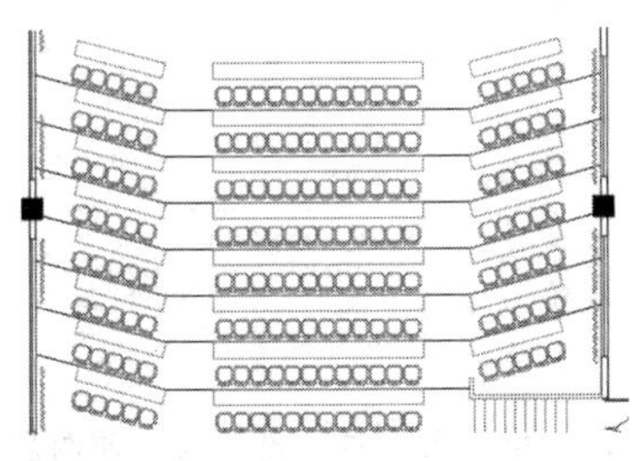

图 12-61　复制结果

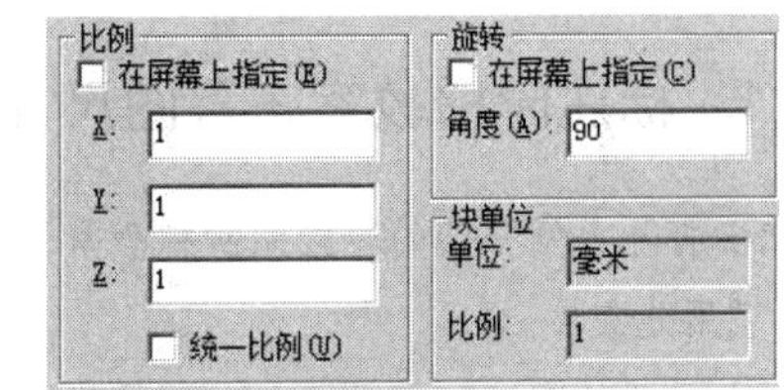

图 12-62　设置参数

（12）单击“默认”选项卡→“修改”面板→“镜像”按钮，将刚插入的窗帘进行镜像，结果如图 12-64 所示。

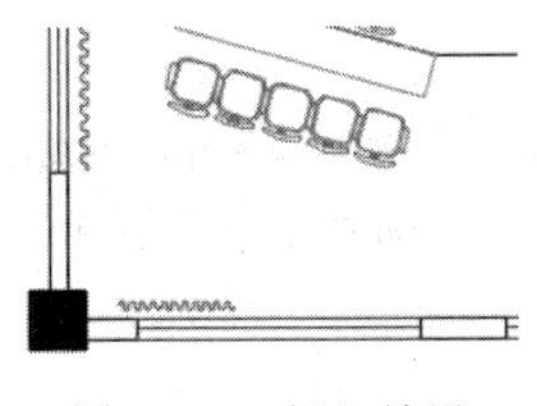

图 12-63　插入结果

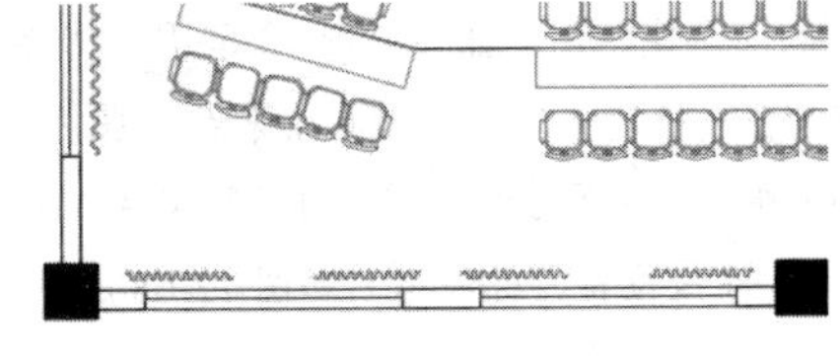

图 12-64　镜像结果

（13）最后执行“保存”命令，将图形命名存储为“绘制阶梯教室平面布置.dwg”。

12.5　标注阶梯教室平面布置图

本例主要学习阶梯教室平面布置图的后期标注过程和标注技巧，具体有尺寸、标高、文字和墙面投影等标注内容。阶梯教室布置图的最终标注效果，如图 12-65 所示。

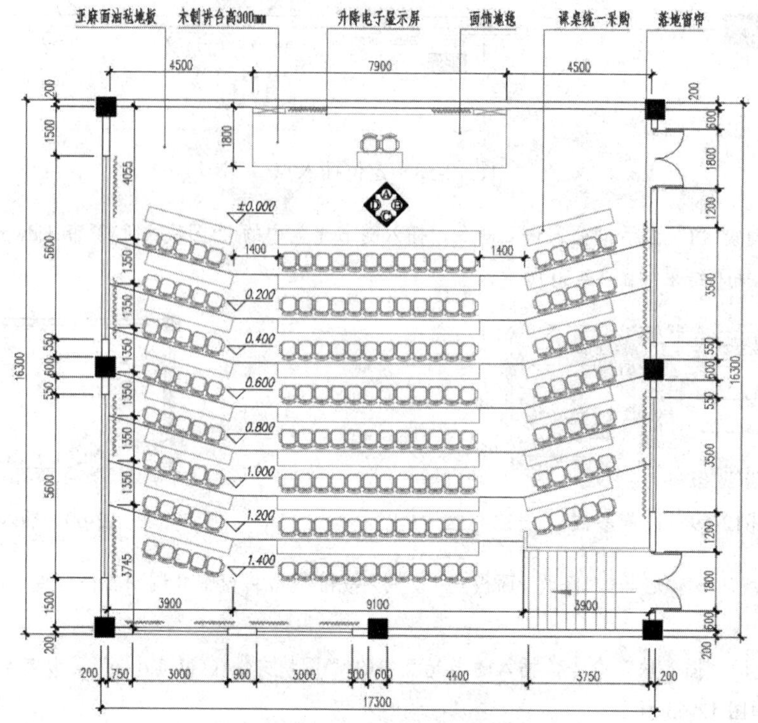

图 12-65　实例效果

12.5.1　标注阶梯教室布置图尺寸

（1）打开上例存储的“绘制阶梯教室平面布置.dwg”，或直接从随书光盘中的“\效果文件\第 12 章\”目录下调用此文件。

（2）展开“默认”选项卡→“图层”面板→“图层”下拉列表，选择“尺寸层”设置为当前图层。

（3）使用快捷键“D”激活“标注样式”命令，将“建筑标注”设为当前标注样式，同时修改标注比例为 90。

（4）单击“默认”选项卡→“注释”面板→“线性”按钮，在命令行“指定第一个尺寸界线原点或 <选择对象>：”提示下，捕捉如图 12-66 所示交点作为第一个尺寸界线原点。

（5）在“指定第二条尺寸界线原点:”提示下，捕捉如图 12-67 所示的端点作为第二条标注界线原点。

（6）在“指定尺寸线位置或 [多行文字(M)/文字(T)/角度(A)/水平(H)/垂直(V)/旋转(R)]：”提示下在适当位置指定尺寸线位置，标注结果如图 12-68 所示。

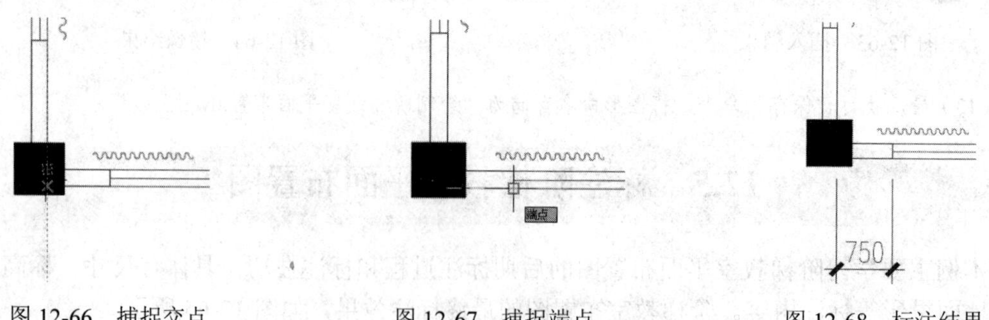

图 12-66　捕捉交点　　图 12-67　捕捉端点　　图 12-68　标注结果

（7）单击“注释”选项卡→“标注”面板→“连续”按钮，以刚标注的尺寸作为基准尺寸，配合追踪与捕捉功能标注如图 12-69 所示的细部尺寸。

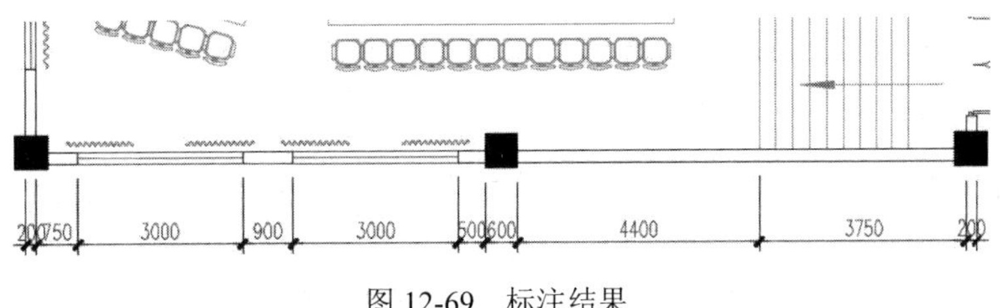

图 12-69　标注结果

（8）在无命令执行的前提下单击标注文字为 200 的对象，使其呈现夹点显示状态，然后将光标放在标注文字夹点上，然后从弹出的快捷菜单中选择“仅移动文字”选项。

（9）在命令行“** 仅移动文字 **指定目标点:”提示下，在适当位置指定文字 0 的位置，并按 Esc 键取消尺寸的夹点，调整结果如图 12-70 所示。

（10）重复 8、9 操作步骤，分别修改其他标注文字的位置，并取消尺寸的夹点显示，结果如图 12-71 所示。

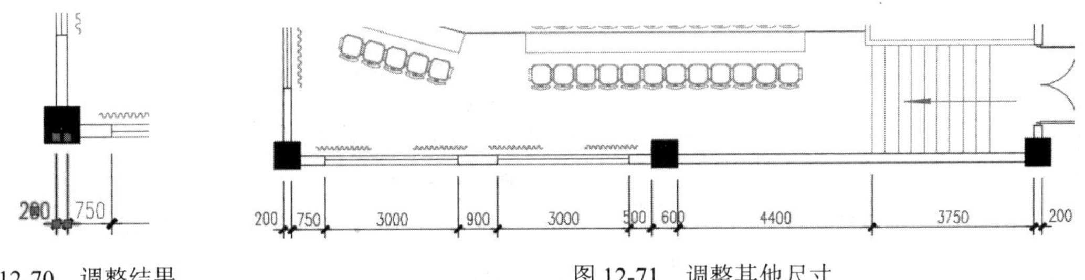

图 12-70　调整结果

图 12-71　调整其他尺寸

（11）接下来参照上述步骤，综合使用“线性”和“连续”命令，分别标注其他位置的尺寸，并适当调整重叠标注文字的位置，结果如图 12-72 所示。

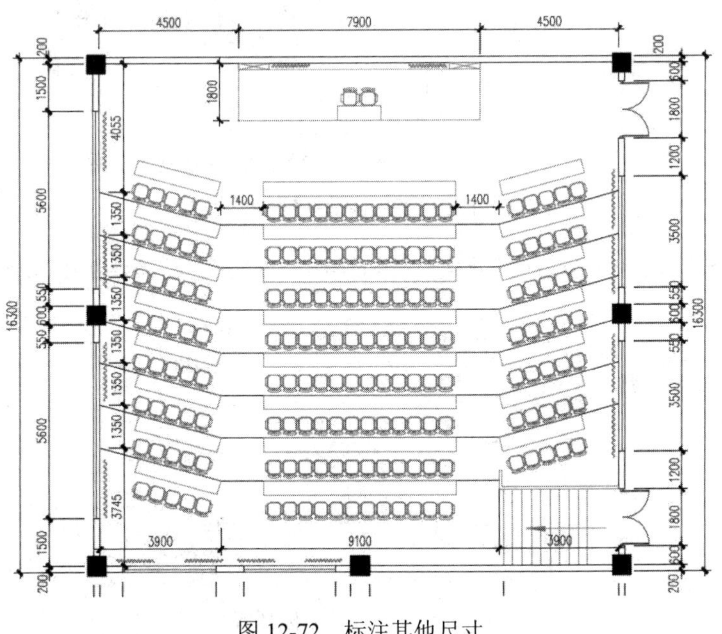

图 12-72　标注其他尺寸

至此，阶梯教室布置图尺寸标注完毕，下一小节学习阶梯教室布置图标高尺寸的标注过程和标注技巧。

12.5.2 标注阶梯教室布置图标高

（1）继续上节操作。

（2）展开“默认”选项卡→“图层”面板→“图层”下拉列表，将“其他层”设置为当前图层，并暂时关闭“尺寸层”。

（3）使用快捷键“I”激活“插入块”命令，采用默认参数和属性值插入随书光盘中的“\图块文件\标高符号 02.dwg”，结果如图 12-73 所示。

（4）使用快捷键“CO”激活“复制”命令，将标高符号分别复制到其他位置上，结果如图 12-74 所示。

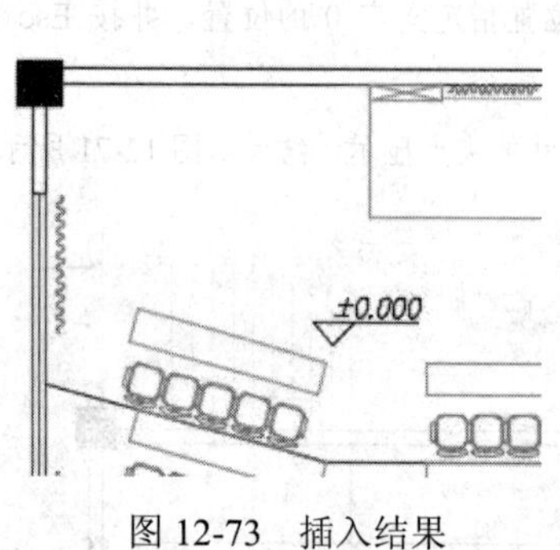

图 12-73 插入结果

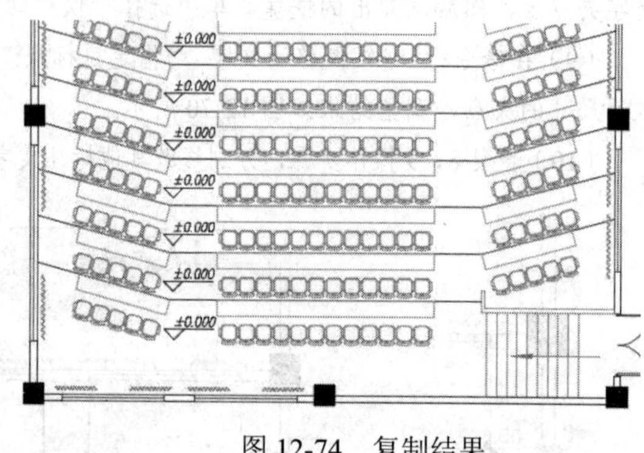

图 12-74 复制结果

（5）在复制出如标高符号上双击左键，打开“增强属性编辑器”对话框，修改标高属性值如图 12-75 所示。

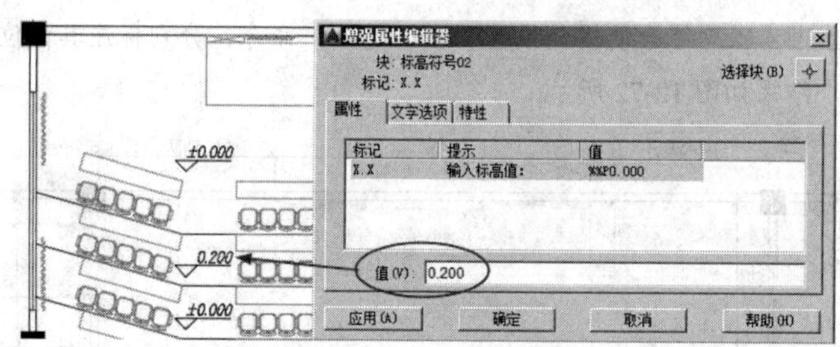

图 12-75 修改属性值

（6）接下来分别修改其他位置的标高属性块，修改标高的属性值，结果如图 12-76 所示。

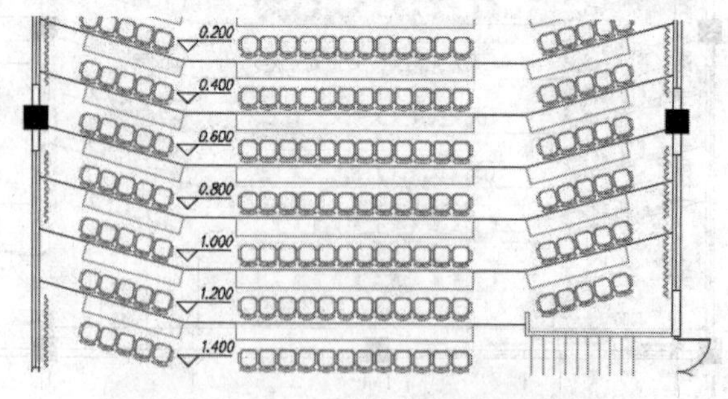

图 12-76 修改其他标高值

12.5.3 标注阶梯教室文字和投影

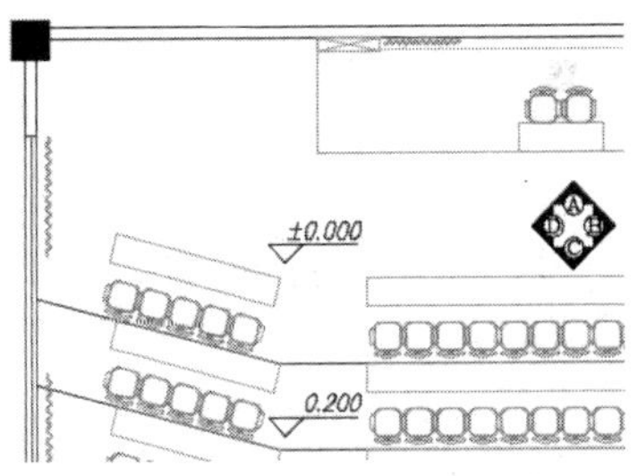

图 12-77 插入投影

（1）继续上节操作。

（2）使用快捷键“I”激活“插入块”命令，采用默认参数及属性值，插入随书光盘“\图块文件\四面投影.dwg”，插入结果如图 12-77 所示。

（3）展开“默认”选项卡→“图层”面板→“图层”下拉列表，选择“文本层”设置为当前图层。

（4）使用快捷键“D”激活“标注样式”命令，替代当前标注样式如图 12-78 和图 12-79 所示。

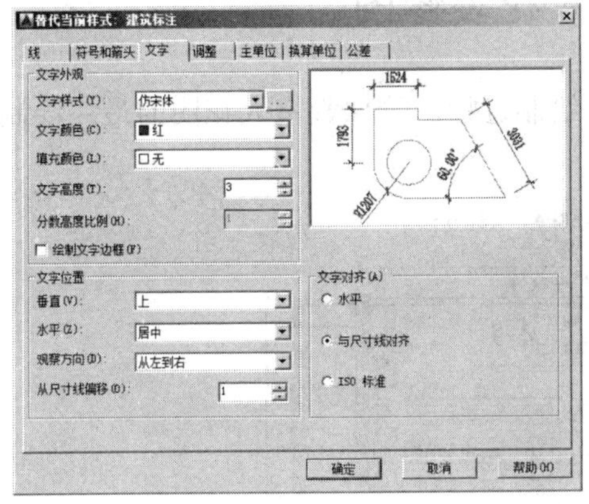

图 12-78 替代文字样式

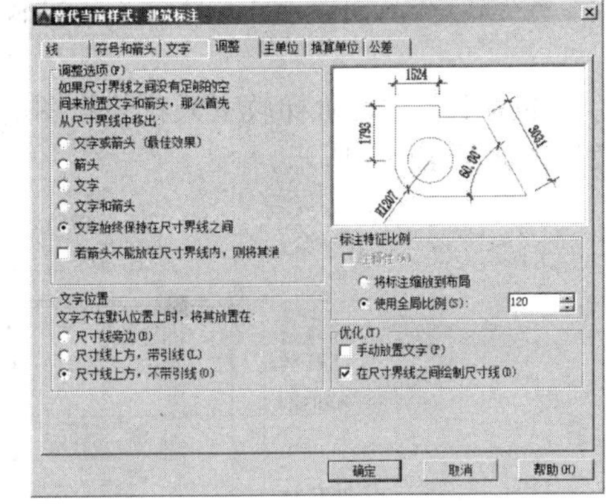

图 12-79 替代标注比例

（5）使用快捷键“LE”激活“快速引线”命令，激活命令中的“设置”选项，打开“引线设置”对话框，设置引线和箭头参数如图 12-80 所示。

（6）在“引线设置”对话框中展开“附着”选项卡，设置引线注释的附着位置，如图 12-81 所示。

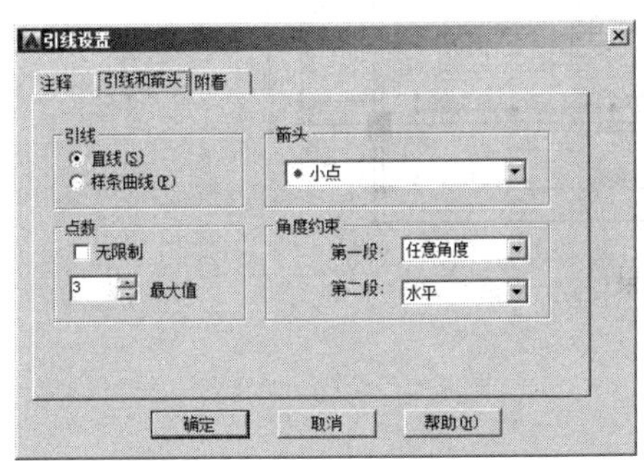

图 12-80 设置引线和箭头

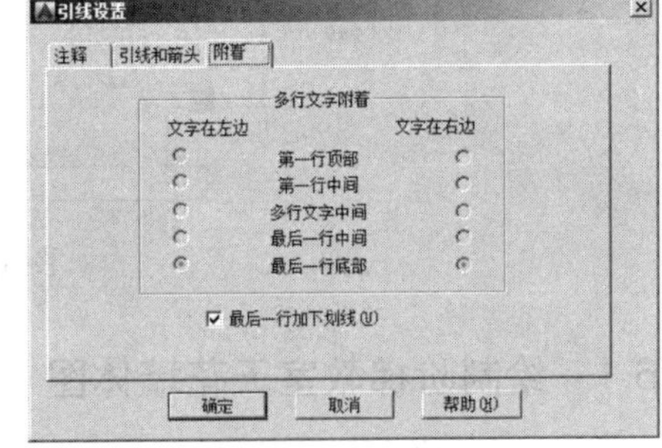

图 12-81 设置注释位置

（7）返回绘图区根据命令行的提示在适当位置指定引线点绘制引线，标注如图 12-82 所示的引线注释。

（8）重复执行“快速引线”命令，按照当前的引线设置，分别标注其他位置的引线注释，结果如图 12-83 所示。

（9）展开“图层控制”下拉列表，打开被关闭的“尺寸层”，并全部显示平面图，结果如图 12-65 所示。

（10）最后执行“另存为”命令，将图形命名存储为“标注阶梯教室平面布置图.dwg”。

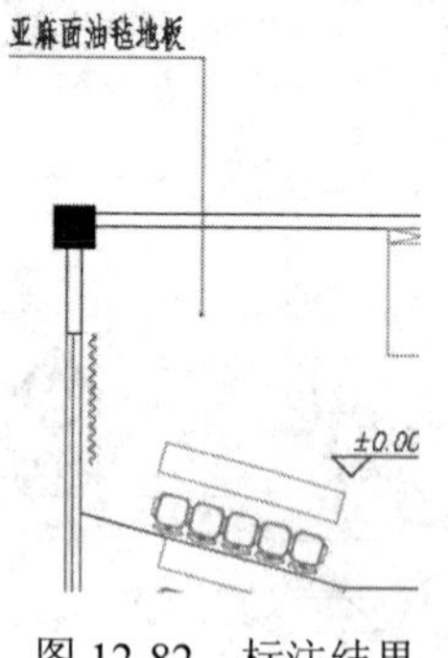

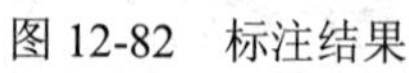
图 12-82　标注结果

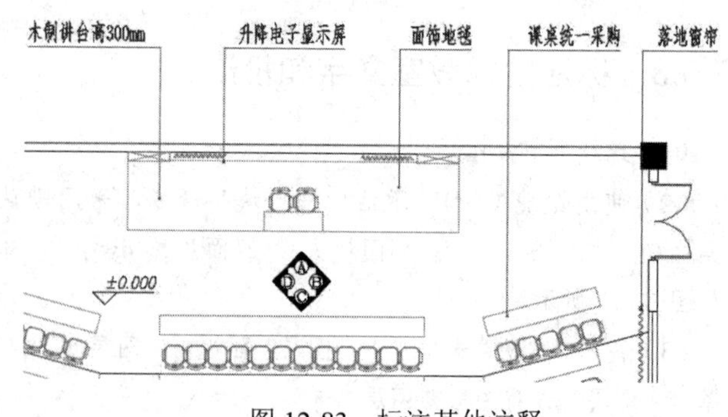

图 12-83　标注其他注释

12.6　绘制阶梯教室天花装修图

本例主要学习阶梯教室天花装修图的绘制方法和绘制过程。阶梯教室天花图的最终绘制效果，如图 12-84 所示。

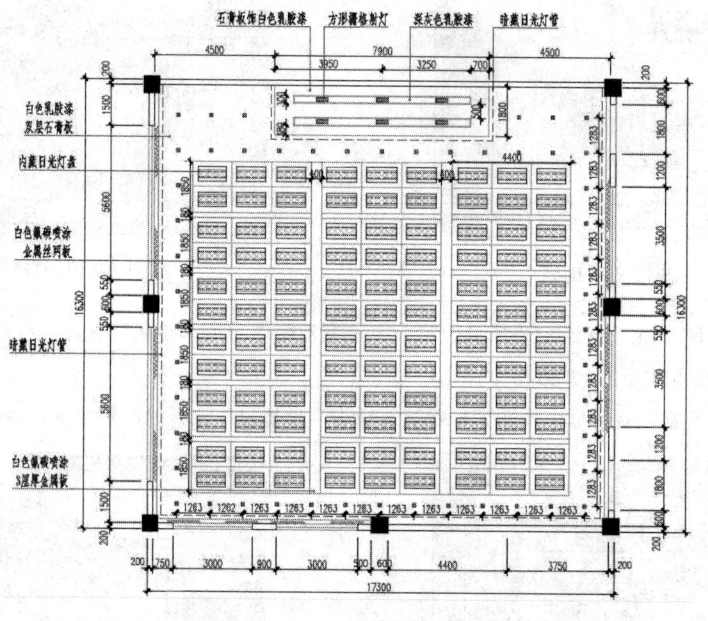

图 12-84　实例效果

12.6.1　绘制阶梯教室天花墙体图

（1）打开上例存储的"标注阶梯教室平面布置图.dwg"，或直接从随书光盘中的"\效果文件\第 12 章\"目录下调用此文件。

（2）展开"默认"选项卡→"图层"面板→"图层"下拉列表，关闭"尺寸层"，并设置"吊顶层"为当前图层。

（3）使用快捷键"E"激活"删除"命令，删除不需要的一些对象，结果如图 12-85 所示。

（4）在无命令执行的前提下夹点显示窗、窗帘、讲台等，如图 12-86 所示。

（5）展开“默认”选项卡→“图层”面板→“图层”下拉列表，将夹点对象放到“吊顶层”上，并取消夹点。

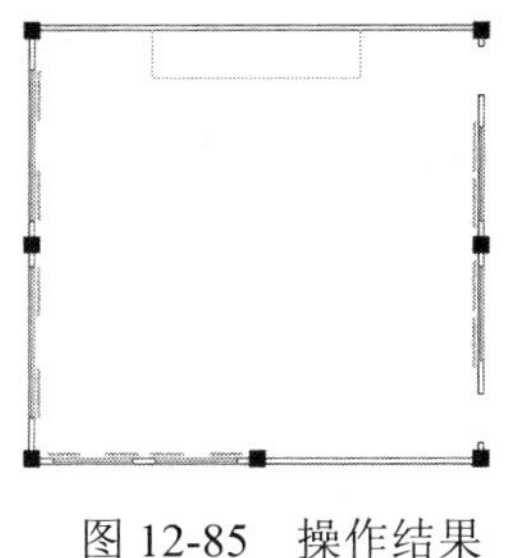

图 12-85 操作结果

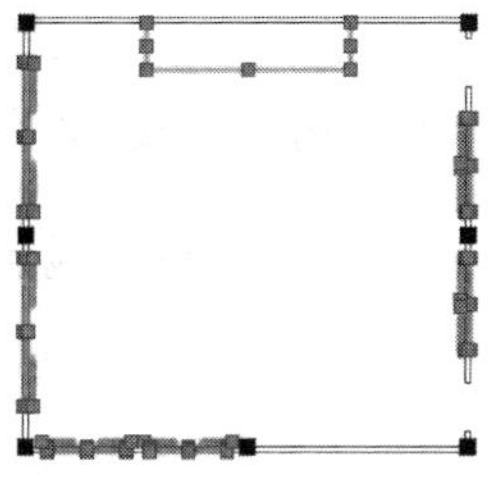

图 12-86 夹点效果

（6）使用快捷键“L”激活“直线”命令，配合端点捕捉功能绘制门洞位置的轮廓线，如图 12-87 所示。

（7）单击“默认”选项卡→“修改”面板→“偏移”按钮，将内侧的窗线分别向内侧偏移 150 个单位，作为窗帘盒轮廓线，如图 12-88 所示。

（8）单击“默认”选项卡→“修改”面板→“延伸”按钮，将偏移出的 5 条图线向两端延伸，结果如图 12-89 所示。

技巧提示：在执行“延伸”命令后，不要选择延伸边界，而是按回 Enter 键，然后再直接单击延伸图线即可。

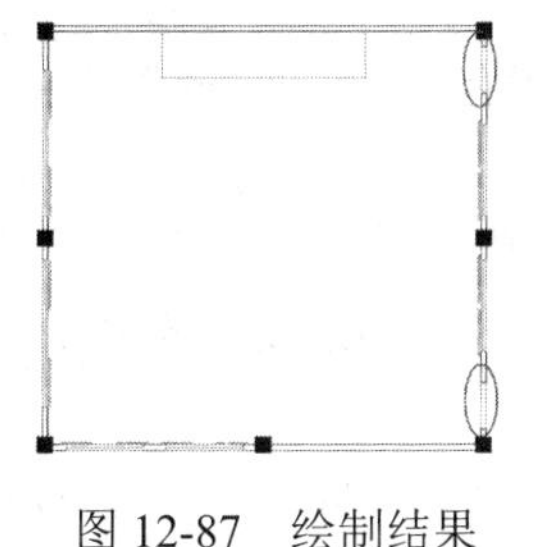

图 12-87 绘制结果

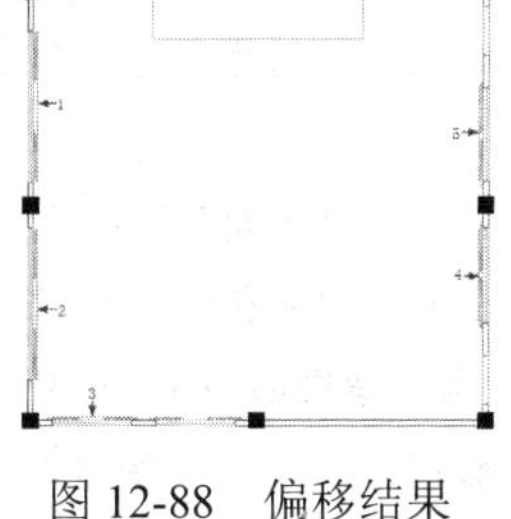

图 12-88 偏移结果

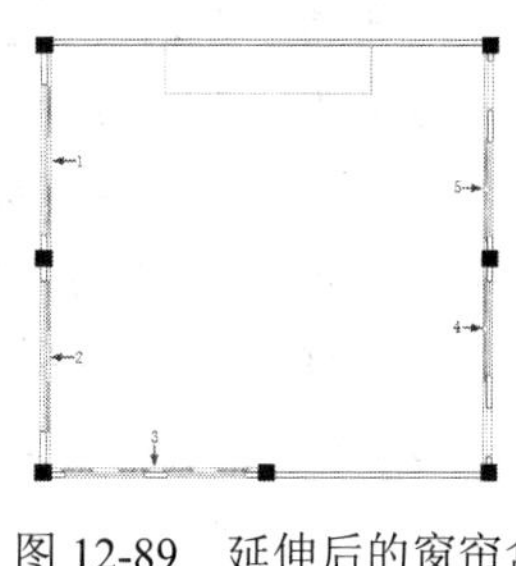

图 12-89 延伸后的窗帘盒

12.6.2 绘制阶梯教室天花灯带图

（1）继续上节操作。

（2）使用快捷键“LT”激活“线型”命令，加载名为 DASHED 线型，将其设为当前线型，并设置线型比例为 20。

（3）使用快捷键“col”激活“颜色”命令，在打开的“选择颜色”对话框中将当前颜色设置为洋红。

（4）执行“直线”命令配合捕捉与追踪功能，在平面图内侧绘制灯带轮廓线，灯带轮廓线距离窗帘盒为 150 个单位，结果如图 12-90 所示。

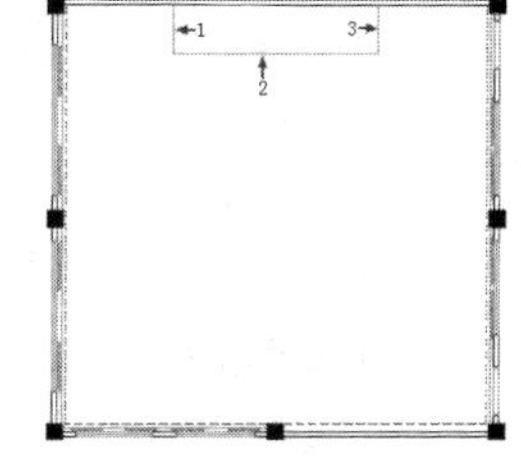

图 12-90 绘制结果

（5）单击“默认”选项卡→“修改”面板→“偏移”按钮，将讲演台位置的轮廓线向外偏移 150 个单位，作为灯带轮廓线，结果如图 12-91 所示。

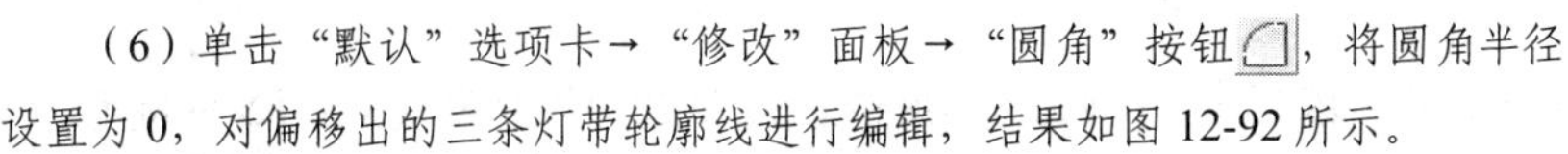

（6）单击“默认”选项卡→“修改”面板→“圆角”按钮，将圆角半径设置为 0，对偏移出的三条灯带轮廓线进行编辑，结果如图 12-92 所示。

（7）夹点显示圆角后的灯带，执行“特性”命令，打开“特性”窗口，修改灯带轮廓线的线型为 DASHED 线型，修改颜色为洋红，如图 12-93 所示。

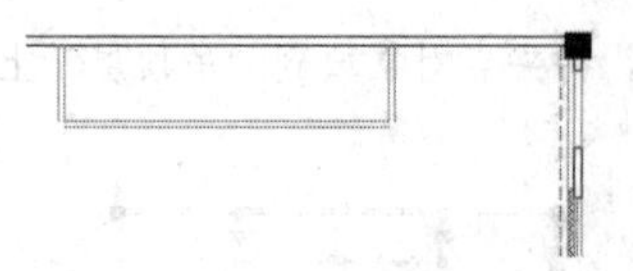

图 12-91　偏移结果

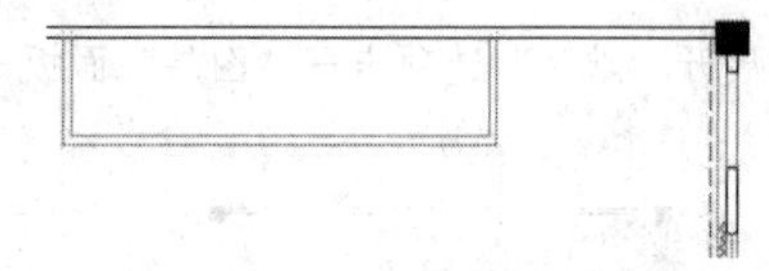

图 12-92　圆角结果

（8）按 Esc 键取消图线的夹点显示，并关闭“特性”窗口，灯带线型及颜色修改后的效果如图 12-94 所示。

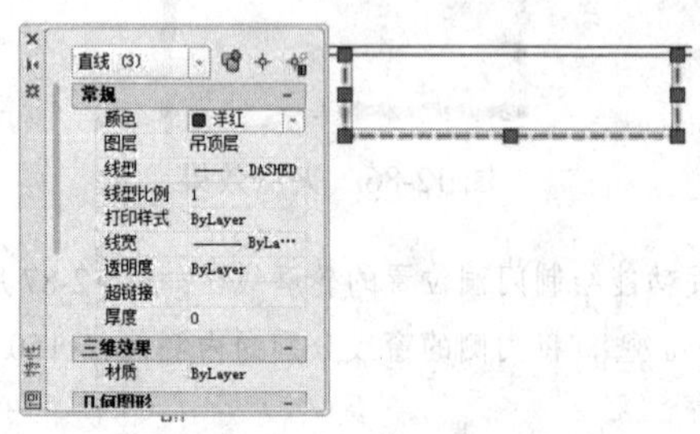

图 12-93　特性窗口

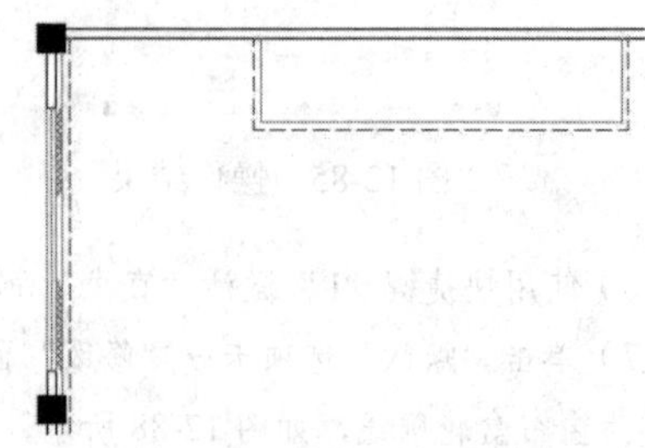

图 12-94　修改线型后的效果

12.6.3　绘制阶梯教室天花分隔线

（1）继续上节操作。

（2）单击“默认”选项卡→“特性”面板→“对象颜色”列表 →“更多颜色”，打开“选择颜色”对话框，将当前颜色设置为随层。

（3）单击“默认”选项卡→“特性”面板→“线型”下拉列表，将当前线型设置为随层。

（4）单击“默认”选项卡→“修改”面板→“偏移”按钮，将左侧的灯带轮廓线向右侧偏移 1150，将下侧的灯带向上侧偏移 825，作为辅助图线，结果如图 12-95 所示。

（5）单击“默认”选项卡→“绘图”面板→“矩形”按钮，捕捉偏移出的图线的交点作为矩形左下角点，绘制长度为 14000、宽度为 12000 的矩形吊顶轮廓线，如图 12-96 所示。

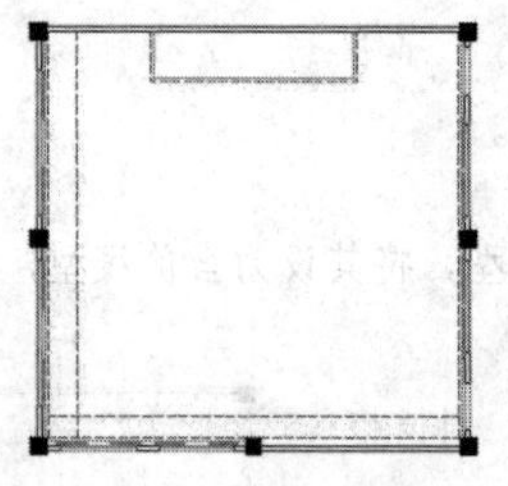

图 12-95　偏移结果

图 12-96　绘制结果

（6）单击“默认”选项卡→“修改”面板→“分解”按钮，将矩形分解为四作独立的图线。

（7）使用快捷键“E”激活“删除”命令，删除偏移出的两条辅助图线，结果如图 12-97 所示。

（8）单击“默认”选项卡→“修改”面板→“偏移”按钮，将矩形两侧的垂直边分别向内侧偏移 4400 和 4800 个单位，结果如图 12-98 所示。

（9）重复执行“偏移”命令，将矩形下侧水平边向上侧偏移 1850 和 2030 个单位，如图 12-99 所示。

（10）单击“默认”选项卡→“修改”面板→“矩形阵列”按钮，将偏移出的两条水平图线向上侧阵列 5 份，行间距为 2030，结果如图 12-100 所示。

图 12-97 绘制结果

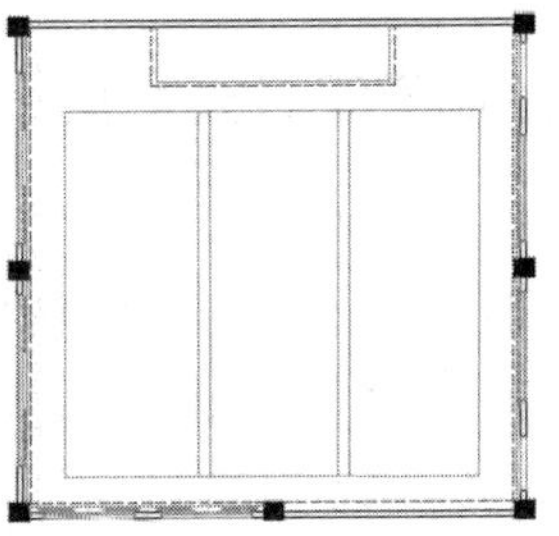
图 12-98 偏移结果

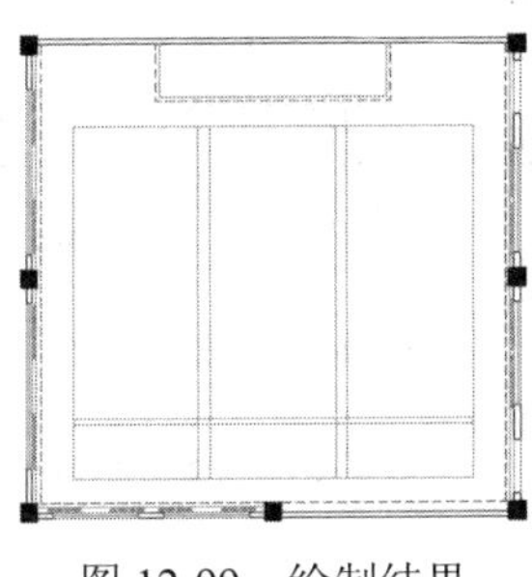
图 12-99 绘制结果

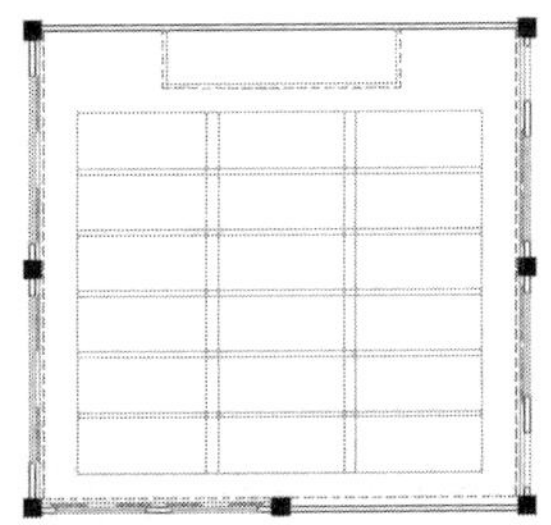
图 12-100 偏移结果

（11）单击“默认”选项卡→“修改”面板→“分解”按钮，分解阵列集合。

（12）单击“默认”选项卡→“修改”面板→“修剪”按钮，对偏移出的轮廓线进行修剪，结果如图 12-101 所示。

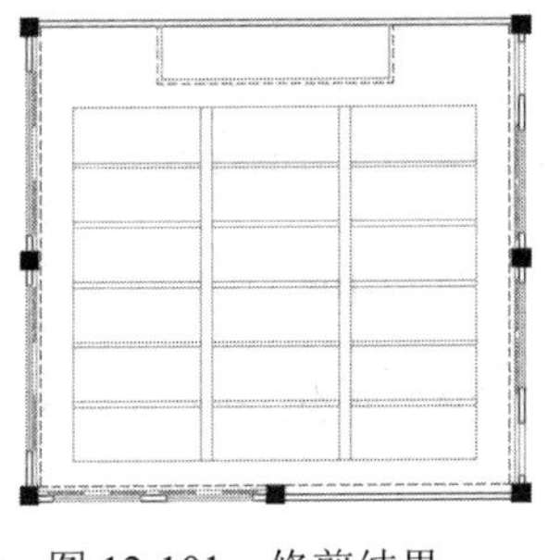
图 12-101 修剪结果

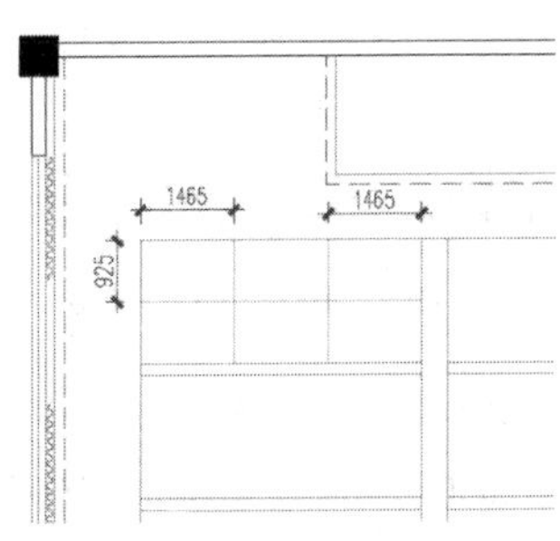

图 12-102 绘制结果

（13）使用快捷键“L”激活“直线”命令，配合“延伸捕捉、交点捕捉、极轴追踪”等功能绘制如图 12-102 所示的分隔线，分隔线颜色为 191 号色。

（14）单击“默认”选项卡→“修改”面板→“矩形阵列”按钮，窗交选择图 12-103 所示的 3 条分隔线，阵列 3 列 6 行，其中列间距为 4800、行间距为–2030，阵列结果如图 12-104 所示。

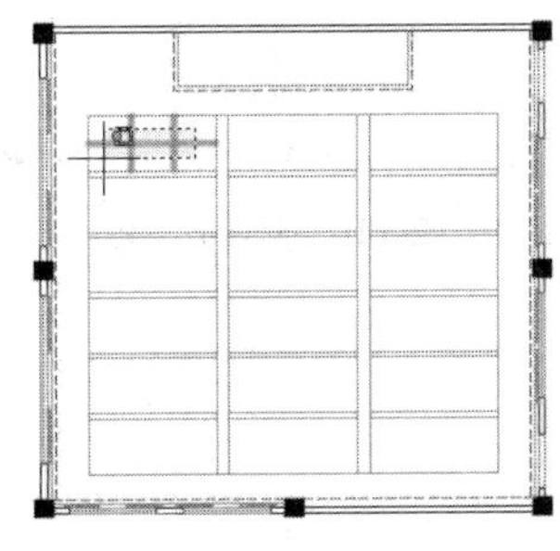
图 12-103 窗交选择

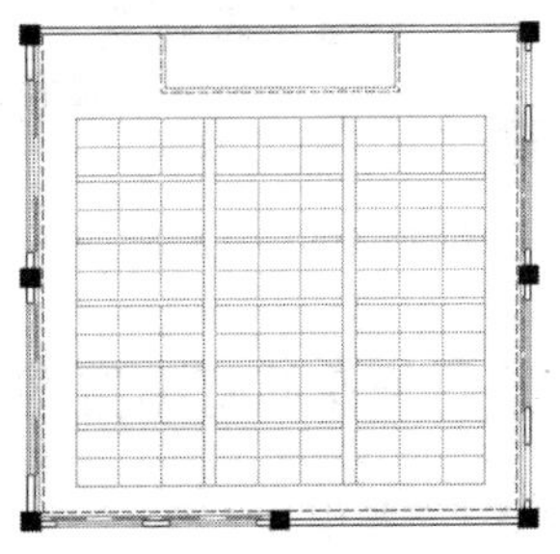
图 12-104 阵列结果

12.6.4 绘制天花日光灯盘

（1）继续上节操作。

（2）使用快捷键“L”激活“直线”命令，配合端点捕捉和交点捕捉功能绘制如图 12-105 所示的辅助线。

（3）使用快捷键“I”激活“插入块”命令，插入随书光盘中的“\图块文件\日光灯盘.dwg”，块参数如图 12-106 所示。

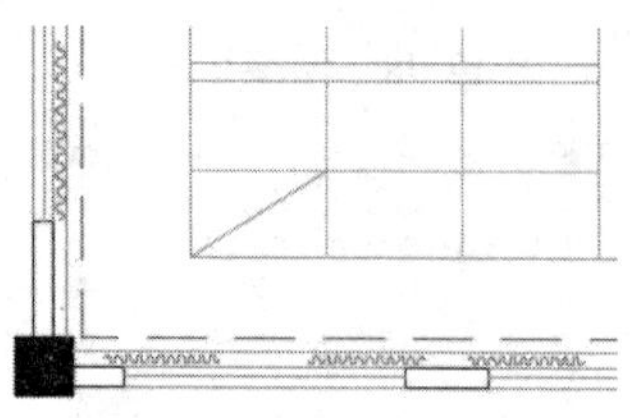

图 12-105 绘制结果

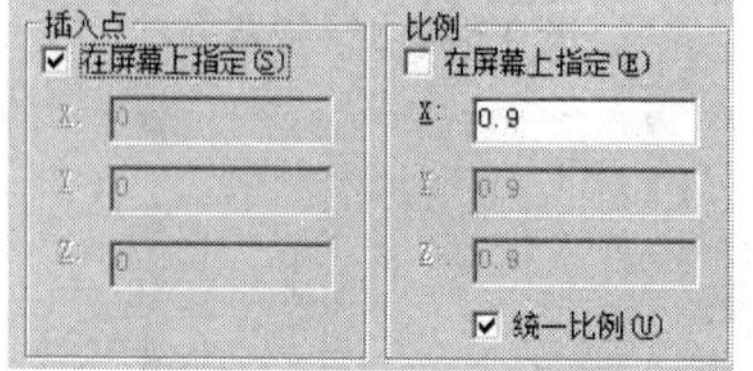

图 12-106 设置块参数

（4）返回绘图区，捕捉辅助线的中点作为插入点，插入日光灯灯盘，结果如图 12-107 所示。

（5）使用快捷键“E”激活“删除”命令，删除灯盘的定位辅助线。

（6）单击“默认”选项卡→“修改”面板→“矩形阵列”按钮，将刚插入的日光灯盘阵列 2 行 3 列，其中行间距为 925、列间距为 1468，阵列结果如图 12-108 所示。

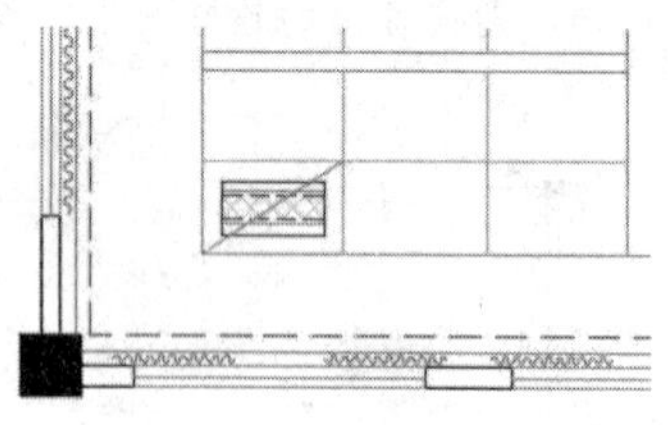

图 12-107 插入结果

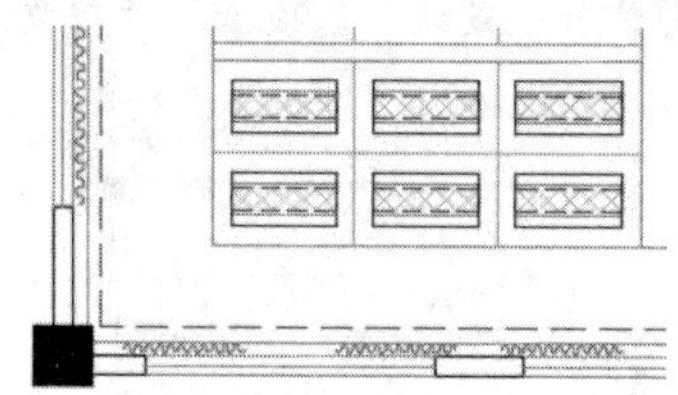

图 12-108 阵列结果

（7）重复执行“矩形阵列”命令，选择如图 12-109 所示的日光灯盘阵列集合，进行阵列 6 行 3 列，其中行间距为 2030、列间距为 4800，阵列结果如图 12-110 所示。

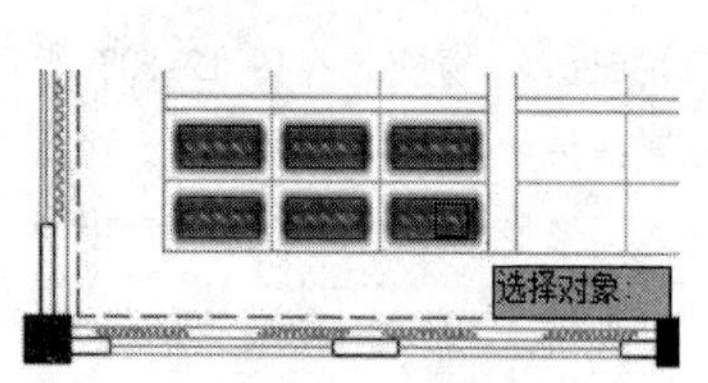

图 12-109 选择阵列集合

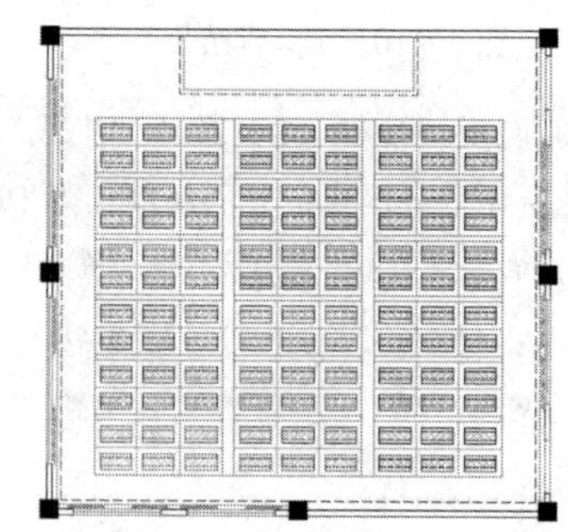

图 12-110 阵列结果

12.6.5 绘制天花筒灯布置图

（1）继续上节操作。

（2）使用快捷键“col”激活“颜色”命令，在打开的“选择颜色”对话框中将当前颜色设置为“洋红”。

（3）单击“默认”选项卡→“修改”面板→“偏移”按钮，将平面图两侧的垂直灯带向内偏移575，将两侧的水平灯带向内偏移412.5，作为灯具定位辅助线，结果如图12-111所示。

（4）单击“默认”选项卡→“修改”面板→“圆角”按钮，将圆角半径设为0，对偏移出的4条灯带进行编辑，结果如图12-112所示。

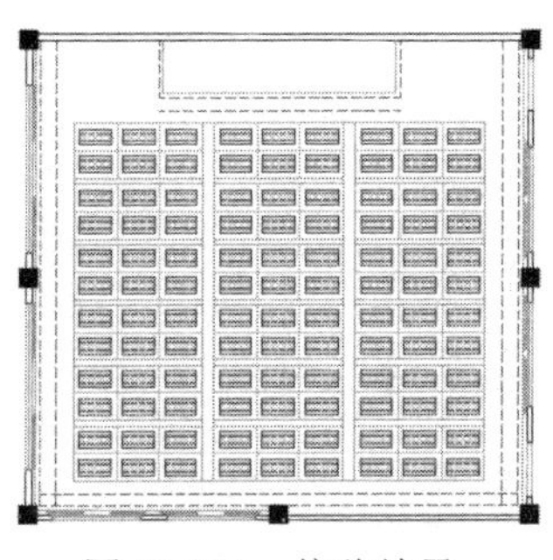

图12-111 偏移结果

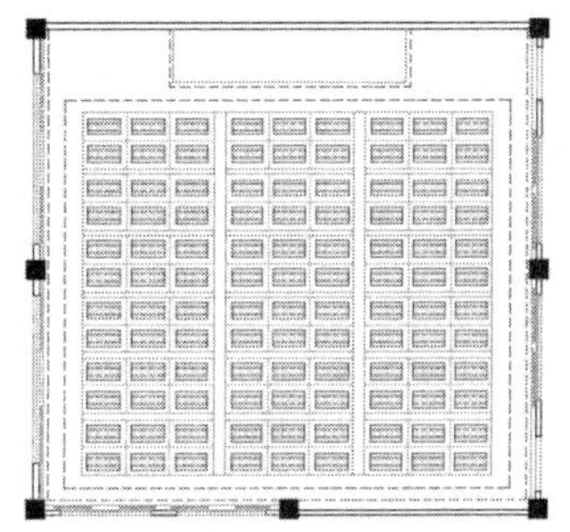

图12-112 圆角结果

（5）单击“默认”选项卡→“实用工具”面板→“点样式”按钮，在打开的“点样式”对话框中设置点的样式为“”，点的大小为120个单位。

（6）单击“默认”选项卡→“绘图”面板→“定数等分”按钮，将两条水平定位辅助线等分12份；将两条垂直的定位辅助线等分10份，结果如图12-113所示。

（7）单击“默认”选项卡→“绘图”面板→“多点”按钮，分别在两条水平辅助线的两端绘制点作为筒灯，结果如图12-114所示。

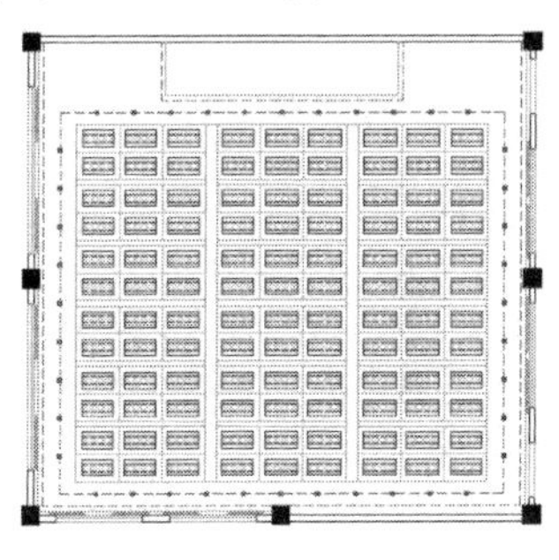

图12-113 等分结果

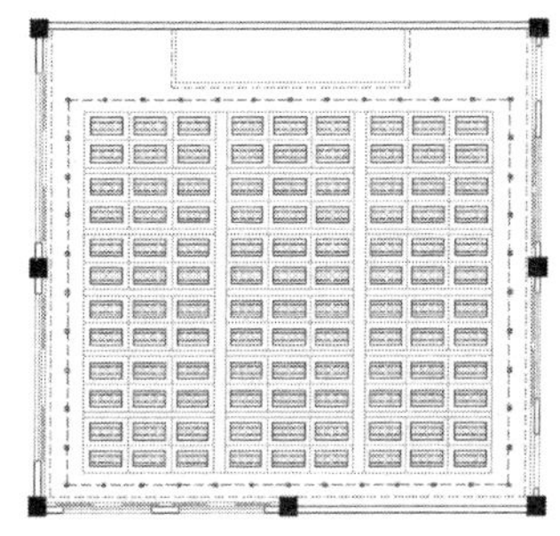

图12-114 绘制结果

（8）使用快捷键“CO”激活“复制”命令，配合节点捕捉功能选择1～6个筒灯垂直向上复制，结果如图12-115所示。

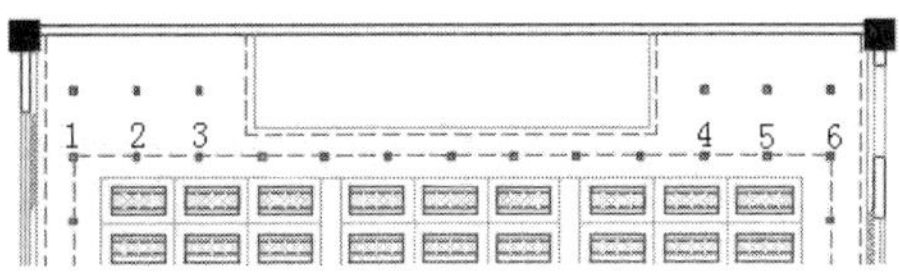

图12-115 复制结果

12.6.6 绘制天花方形隔栅射灯

（1）继续上节操作。

（2）单击“默认”选项卡→“特性”面板→“对象颜色”列表→“更多颜色”，打开“选择颜色”对话框，将当前颜色设置为随层。

（3）单击“默认”选项卡→“绘图”面板→“矩形”按钮命令，配合“捕捉自”功能绘制矩形吊顶，命令行操作如下。

```
命令: _rectang
指定第一个角点或 [倒角(C)/标高(E)/圆角(F)/厚度(T)/宽度(W)]:
                          //激活“捕捉自”功能
_from 基点:               //捕捉如图 12-116 所示的端点
<偏移>:                   //@700,-350 Enter
指定另一个角点或 [面积(A)/尺寸(D)/旋转(R)]:
                          //@6500,-300 Enter，绘制结果如图 12-117 所示
```

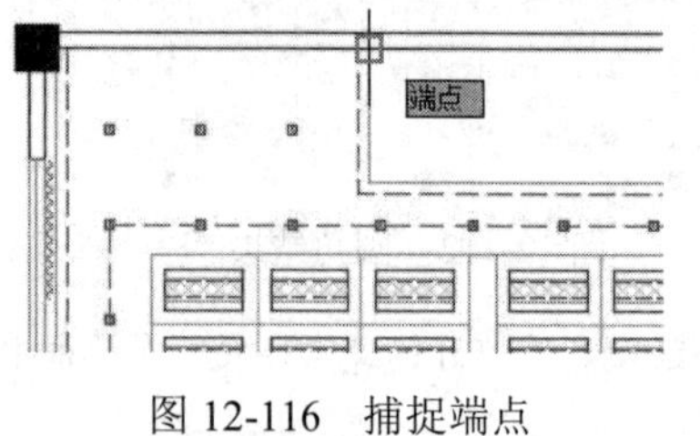

图 12-116　捕捉端点

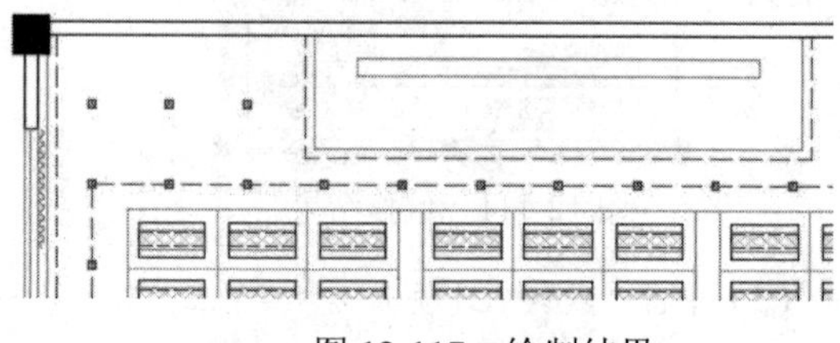
图 12-117　绘制结果

（4）将刚绘制的矩形向内偏移 20 个单位，并修改其颜色为 21 号色，结果如图 12-118 所示。

（5）使用快捷键“CO”激活“复制”命令，将两个矩形沿 Y 轴负方向复制 800 个单位，结果如图 12-119 所示。

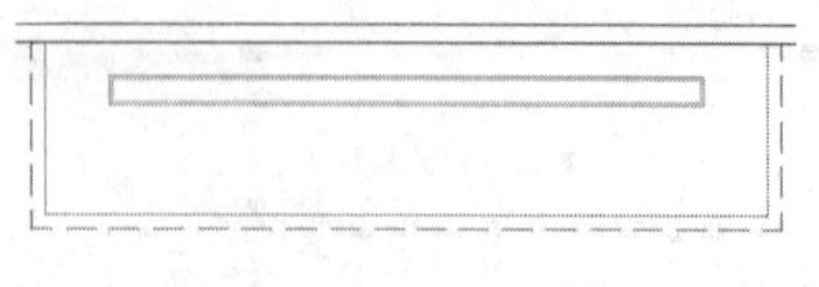
图 12-118　偏移结果

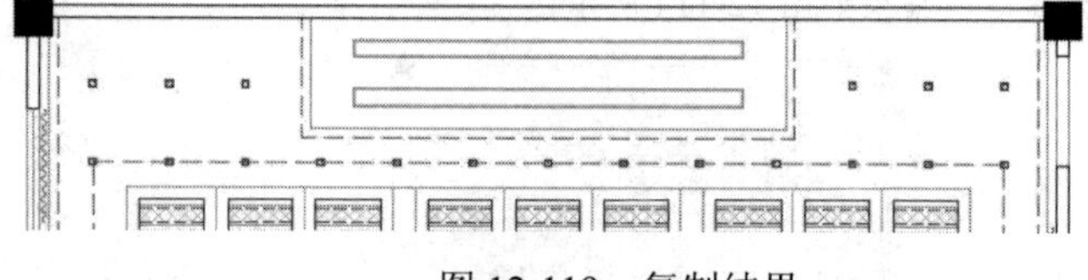
图 12-119　复制结果

（6）使用快捷键“I”激活“插入块”命令，采用默认参数插入随书光盘中的“\图块文件\栅格灯.dwg”，插入点为矩形的几何中心点，插入结果如图 12-120 所示。

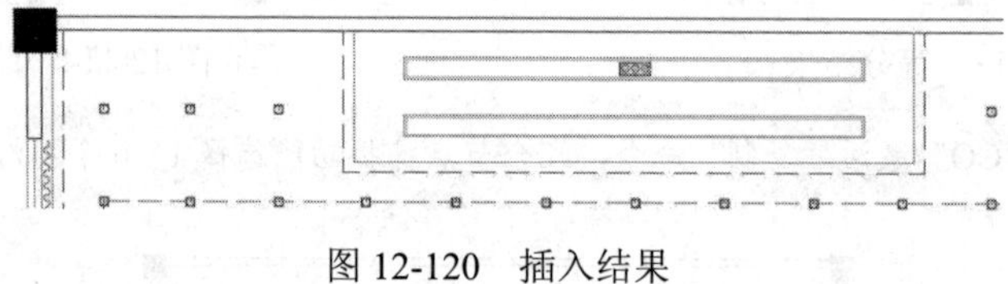
图 12-120　插入结果

（7）单击“默认”选项卡→“修改”面板→“复制”按钮，将刚插入的栅格灯对称复制 2200 个单位，结果如图 12-121 所示。

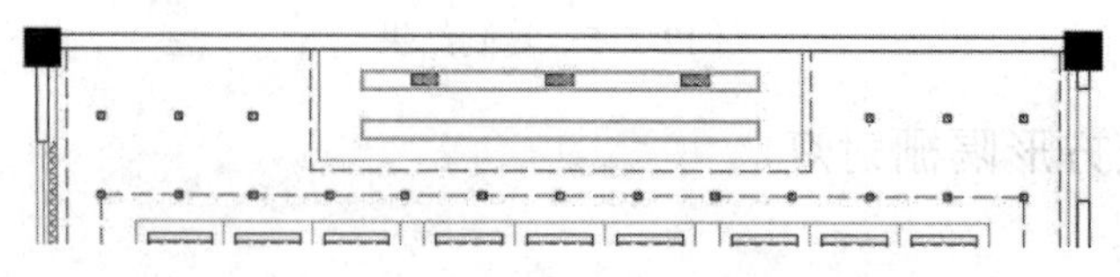
图 12-121　复制结果

（8）重复执行“复制”命令，将三个栅格灯垂直向下复制 800，结果如图 12-122 所示。

（9）使用快捷键“E”激活“删除”命令，删除定位辅助线，结果如图 12-123 所示。

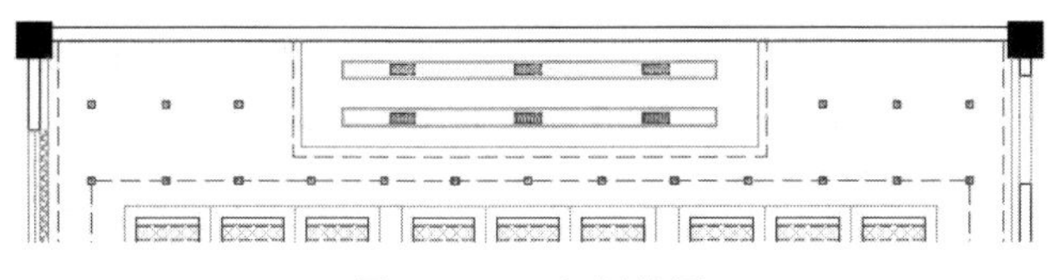

图 12-122 复制结果

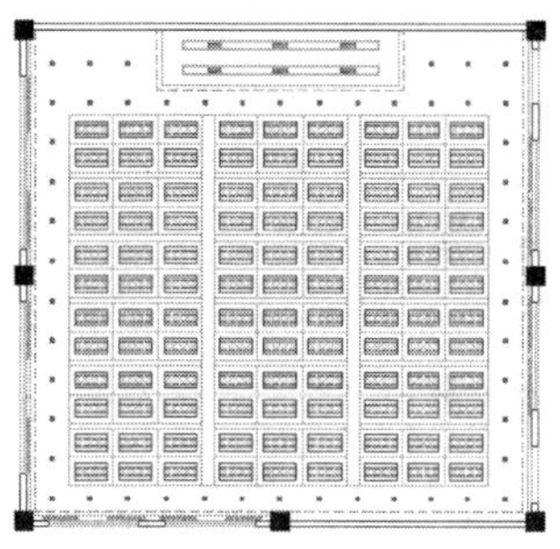

图 12-123 删除结果

12.6.7 标注阶梯教室天花图文字

（1）继续上节操作。

（2）展开“默认”选项卡→“图层”面板→“图层”下拉列表，选择“文本层”设置为当前图层。

（3）按 F3 功能键，暂时关闭“对象捕捉”功能。

（4）使用快捷键“LE”激活“快速引线”命令，按照当前的设置，在适当位置指定引线点绘制引线，标注如图 12-124 所示的引线注释。

（5）重复执行“快速引线”命令，修改当前的引线设置如图 12-125 所示，然后返回绘图区绘制引线，标注如图 12-126 所示的引线注释。

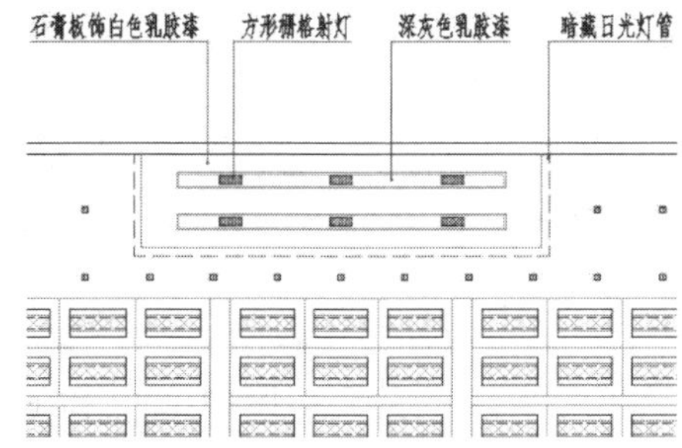

图 12-124 标注结果

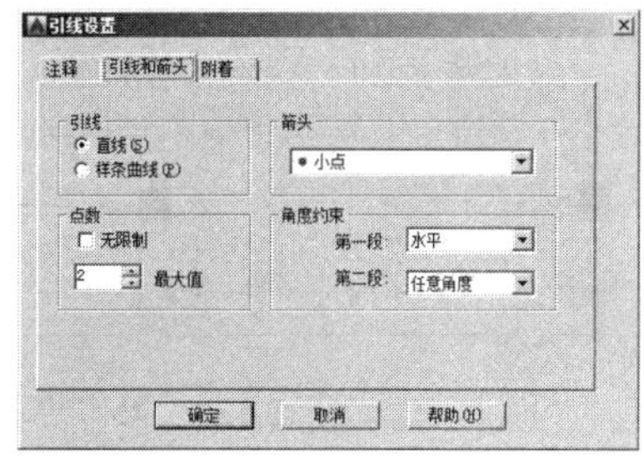

图 12-125 修改引线参数

（6）接下来多次执行“快速引线”命令，按照上述设置，分别标注其他位置的引线注释，结果如图 12-127 所示。

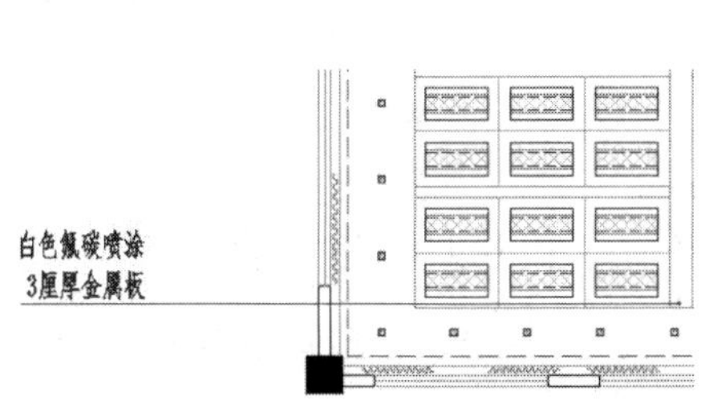

图 12-126 标注结果

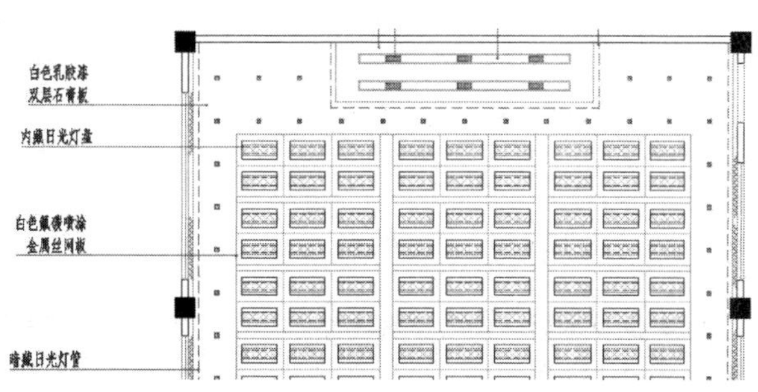

图 12-127 标注其他注释

12.6.8 标注阶梯教室天花图尺寸

（1）继续上节操作。

（2）使用快捷键“D”激活“标注样式”命令，将“建筑标注”设置为当前标注样式，并修改线性标注的精度为0。

（3）展开“默认”选项卡→“图层”面板→“图层”下拉列表，打开被关闭的“尺寸层”，并将该图层设为当前层，将当前颜色设置为随层，同时删除不必要的一些尺寸，结果如图12-128所示。

（4）单击“默认”选项卡→“注释”面板→“快速标注”，窗口选择天花图最右侧的一排筒灯，标注其定位尺寸，结果如图12-129所示。

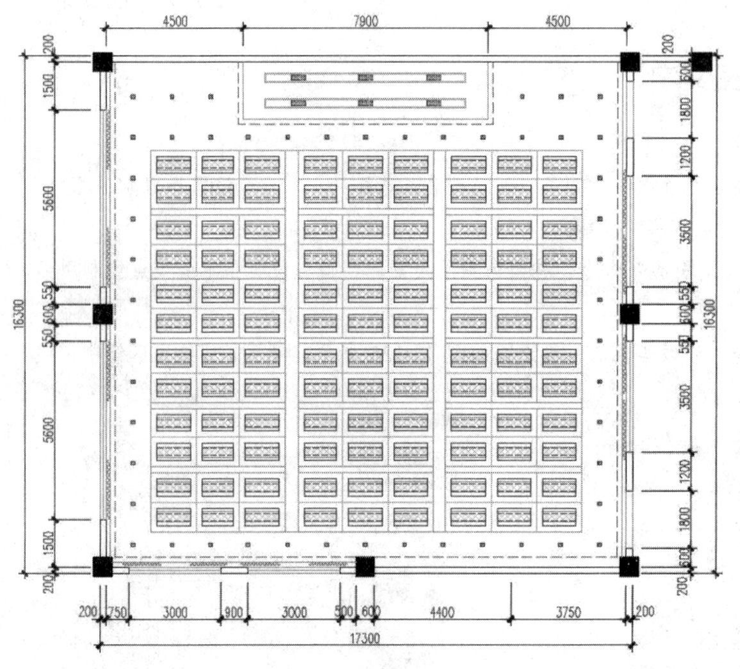

图12-128　操作结果

图12-129　标注结果

（5）单击“默认”选项卡→“注释”面板→“线性”按钮，标注如图12-130所示的定位尺寸。

（6）单击“注释”选项卡→“标注”面板→“连续”按钮，标注如图12-131所示的长度尺寸。

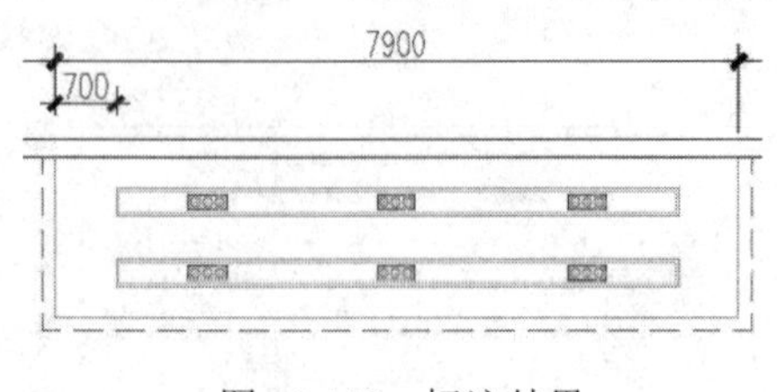

图12-130　标注结果

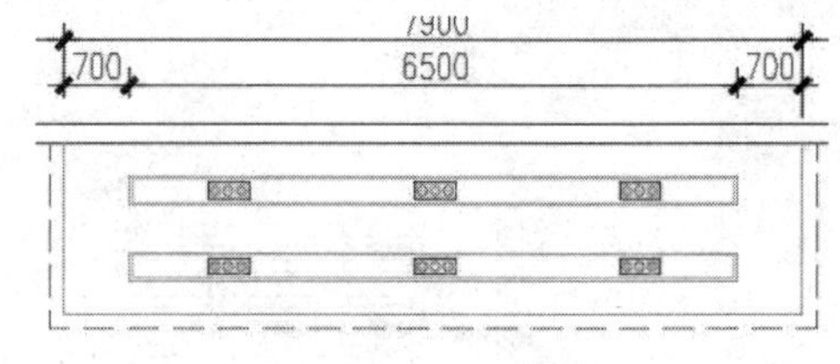

图12-131　标注结果

（7）接下来综合使用“快速标注”、“线性”和“连续”标注命令，分别标注天花图其他位置的尺寸，结果如图12-132所示。

（8）最后执行“另存为”命令，将图形命名存储为“绘制阶梯教室天花图.dwg”。

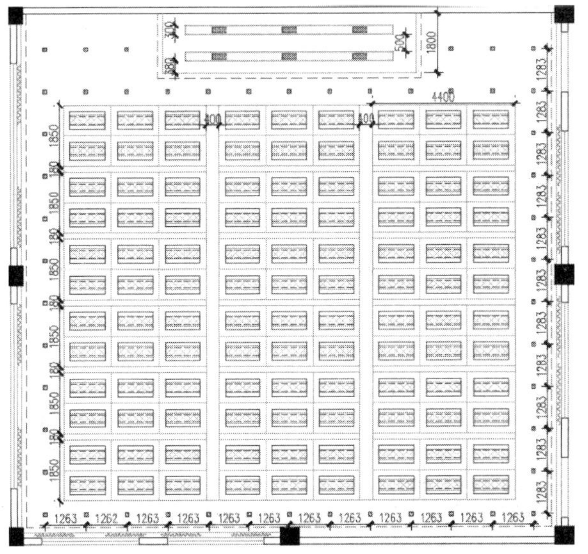

图 12-132 标注其他尺寸

12.7 绘制阶梯教室装修立面图

本节主要学习阶梯教室 D 向装修立面图的具体绘制过程和绘制技巧。阶梯教室 D 向立面图的最终绘制效果，如图 12-133 所示。

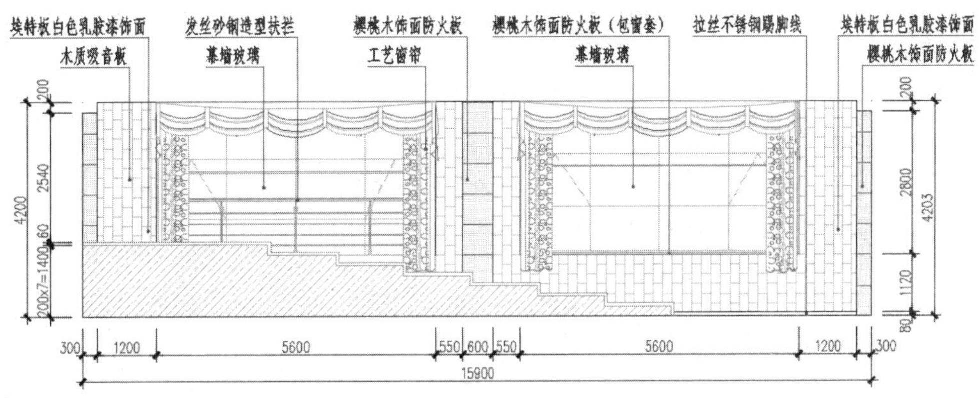

图 12-133 实例效果

12.7.1 绘制阶梯教室墙面轮廓图

（1）单击“快速访问”工具栏→“新建”按钮，调用随书光盘“\样板文件\室内绘图样板.dwt”。

（2）展开“默认”选项卡→“图层”面板→“图层”下拉列表，设置“轮廓线”为当前操作层。

（3）单击“默认”选项卡→“绘图”面板→“矩形”按钮，绘制长度为 15900、宽度为 4200 的立面外轮廓线。

（4）单击“默认”选项卡→“修改”面板→“分解”按钮，将绘制的矩形分解为四条独立的线段。

（5）单击“默认”选项卡→“修改”面板→“偏移”按钮，将矩形两侧的垂直边向内侧偏移300、1500、7100和7650，将上侧的水平边向下偏移200和3000，结果如图12-134所示。

（6）单击“默认”选项卡→“修改”面板→“修剪”按钮，对偏移出的图线进行编辑，结果如图12-135所示。

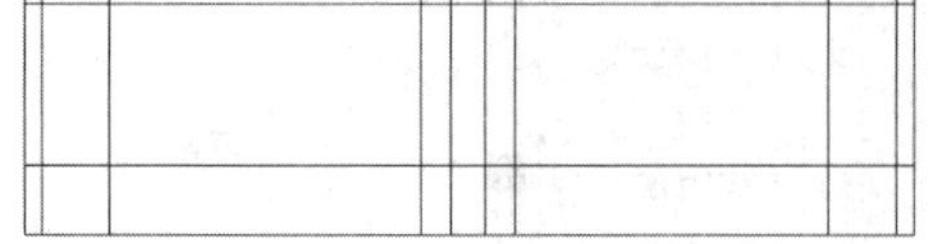
图 12-134　偏移垂直边

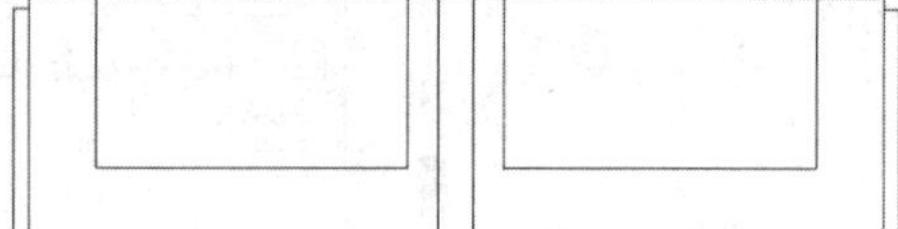
图 12-135　修剪结果

（7）单击“默认”选项卡→“修改”面板→“偏移”按钮，将下侧的水平轮廓线向上偏移80个单位作为踢脚线。

12.7.2　绘制阶梯教室地台截面图

（1）继续上节操作。

（2）展开“默认”选项卡→“图层”面板→“图层”下拉列表，选择“家具层”设置为当前图层。

（3）单击“默认”选项卡→“修改”面板→“偏移”按钮，将最下侧的水平轮廓线向上偏移1400个单位作为辅助线。

（4）单击“默认”选项卡→“绘图”面板→“多段线”按钮，配合坐标输入功能绘制阶梯台阶轮廓线，命令行操作如下。

```
命令: _pline
指定起点:                                        //捕捉刚偏移出的辅助线的左端点
当前线宽为 0.0
指定下一个点或 [圆弧(A)/半宽(H)/长度(L)/放弃(U)/宽度(W)]:      //@3745,0 Enter
指定下一点或 [圆弧(A)/闭合(C)/半宽(H)/长度(L)/放弃(U)/宽度(W)]: //@0,-200 Enter
指定下一点或 [圆弧(A)/闭合(C)/半宽(H)/长度(L)/放弃(U)/宽度(W)]: //@1350,0 Enter
指定下一点或 [圆弧(A)/闭合(C)/半宽(H)/长度(L)/放弃(U)/宽度(W)]: //@0,-200 Enter
指定下一点或 [圆弧(A)/闭合(C)/半宽(H)/长度(L)/放弃(U)/宽度(W)]: //@1350,0 Enter
指定下一点或 [圆弧(A)/闭合(C)/半宽(H)/长度(L)/放弃(U)/宽度(W)]: //@0,-200 Enter
指定下一点或 [圆弧(A)/闭合(C)/半宽(H)/长度(L)/放弃(U)/宽度(W)]: //@1350,0 Enter
指定下一点或 [圆弧(A)/闭合(C)/半宽(H)/长度(L)/放弃(U)/宽度(W)]: //@0,-200 Enter
指定下一点或 [圆弧(A)/闭合(C)/半宽(H)/长度(L)/放弃(U)/宽度(W)]: //@1350,0 Enter
指定下一点或 [圆弧(A)/闭合(C)/半宽(H)/长度(L)/放弃(U)/宽度(W)]: //@0,-200 Enter
指定下一点或 [圆弧(A)/闭合(C)/半宽(H)/长度(L)/放弃(U)/宽度(W)]: //@1350,0 Enter
指定下一点或 [圆弧(A)/闭合(C)/半宽(H)/长度(L)/放弃(U)/宽度(W)]: //@0,-200 Enter
指定下一点或 [圆弧(A)/闭合(C)/半宽(H)/长度(L)/放弃(U)/宽度(W)]: //@1350,0 Enter
指定下一点或 [圆弧(A)/闭合(C)/半宽(H)/长度(L)/放弃(U)/宽度(W)]: //@0,-200 Enter
指定下一点或 [圆弧(A)/闭合(C)/半宽(H)/长度(L)/放弃(U)/宽度(W)]:
                                          //Enter, 绘制结果如图 12-136 所示
```

（5）单击“默认”选项卡→“修改”面板→“偏移”按钮，将绘制的多段线向上偏移60个单位。

（6）综合使用“删除”和“修剪”命令，对图形进行修剪编辑，结果如图12-137所示。

（7）使用快捷键“H”激活“图案填充”命令，在命令行“拾取内部点或 [选择对象(S)/设置(T)]:”提示下，激活“设置”选项，打开“图案填充和渐变色”对话框。

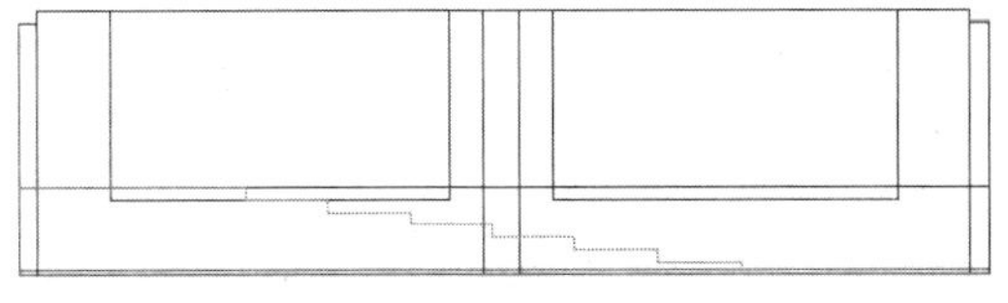
图 12-136　绘制结果

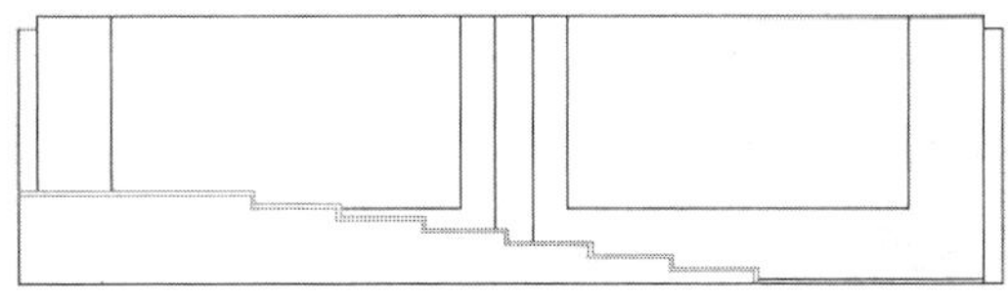
图 12-137　编辑结果

（8）在“图案填充和渐变色”对话框中选择图案并设置填充比例、角度、关联特性等，如图 12-138 所示。

（9）单击“添加：拾取点”按钮，返回绘图区为台阶截面区域进行填充，结果如图 12-139 所示。

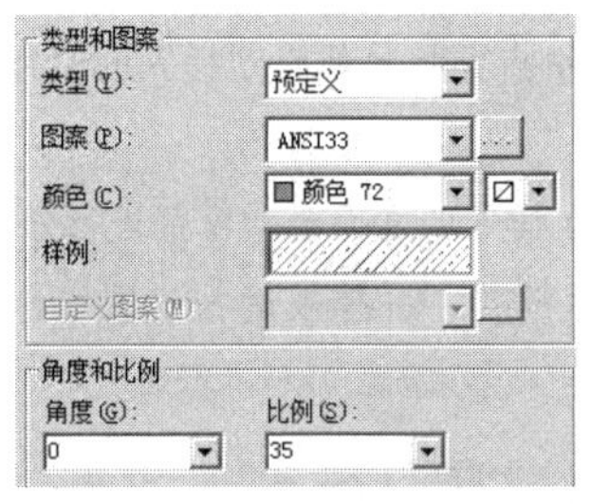

图 12-138　设置填充图案与参数

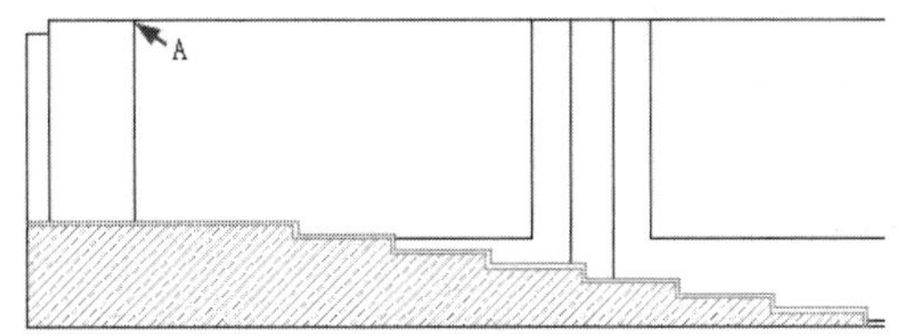

图 12-139　填充结果

12.7.3　绘制阶梯教室墙面构件图

（1）继续上节操作。

（2）使用快捷键“I”激活“插入块”命令，插入随书光盘中的“\图块文件\立面窗 03.dwg”，块参数设置如图 12-140 所示。

（3）返回绘图区在“指定插入点或 [基点(B)/比例(S)/X/Y/Z/旋转(R)]:”提示下捕捉图 12-139 所示的端点作为插入点，插入结果如图 12-141 所示。

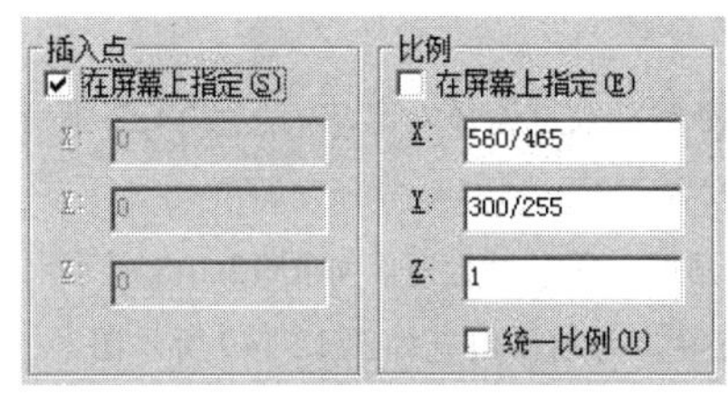

图 12-140　设置块参数

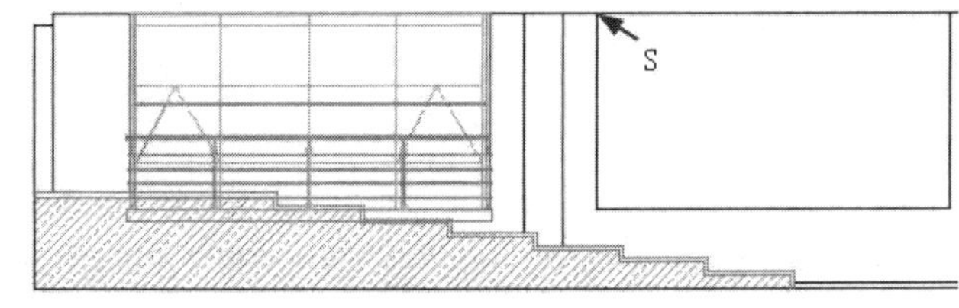

图 12-141　插入结果

（4）重复执行“插入块”命令，插入随书光盘中的“\图块文件\立面窗 04.dwg”，插入点为图 12-141 所示的端点 S，设置块参数如图 12-142 所示，插入结果如图 12-143 所示。

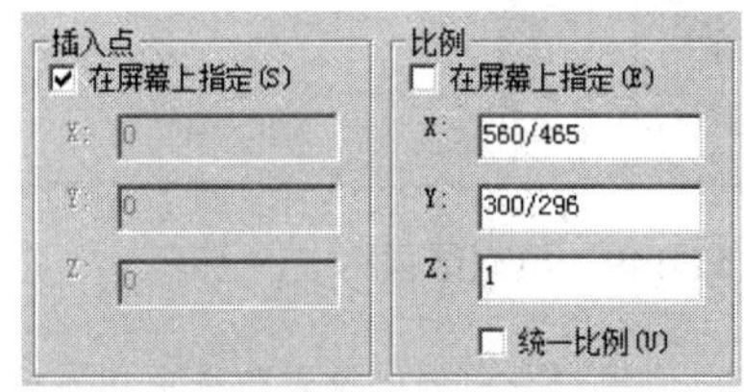

图 12-142　设置块参数

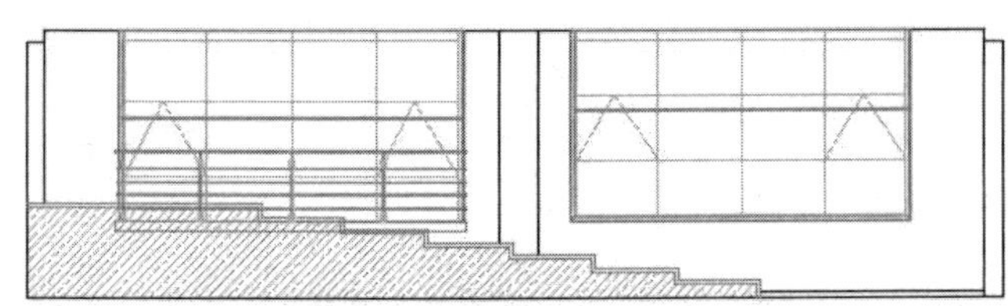
图 12-143　插入结果

（5）重复执行“插入块”命令，插入随书光盘中的“\图块文件\工艺窗帘.dwg”，插入点为图 12-141 所示的端点 S，设置块参数如图 12-144 所示，插入结果如图 12-145 所示。

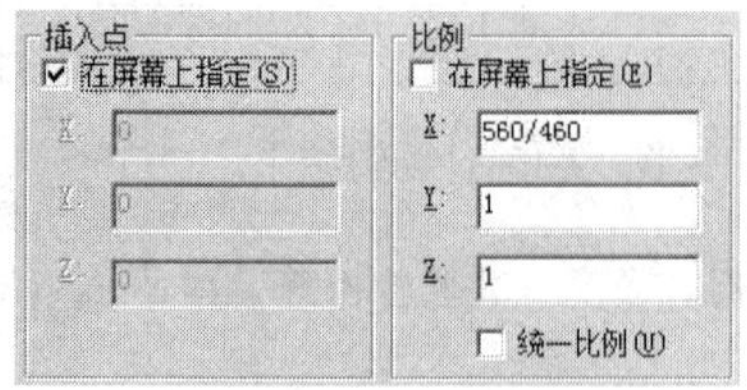

图 12-144　设置块参数

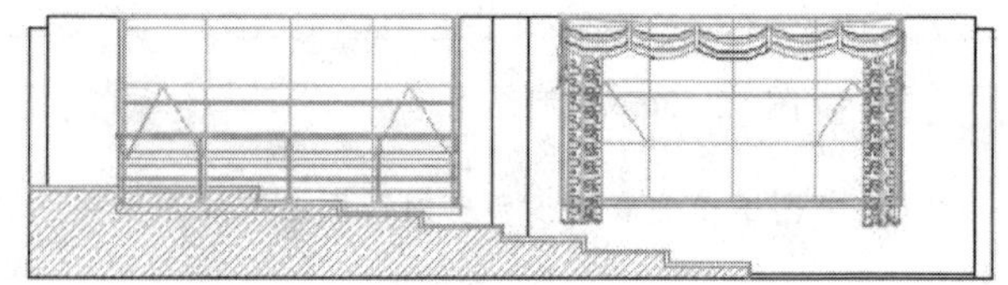

图 12-145　插入结果

（6）单击“默认”选项卡→“修改”面板→“镜像”按钮，配合中点捕捉功能将刚插入的窗帘图块进行镜像，结果如图 12-146 所示。

（7）单击“默认”选项卡→“修改”面板→“分解”按钮，选择刚插入的立面窗和窗帘进行分解。

（8）接下来综合使用“修剪”和“删除”命令，对立在图进行编辑修整，去掉被遮挡的图线，结果如图 12-147 所示。

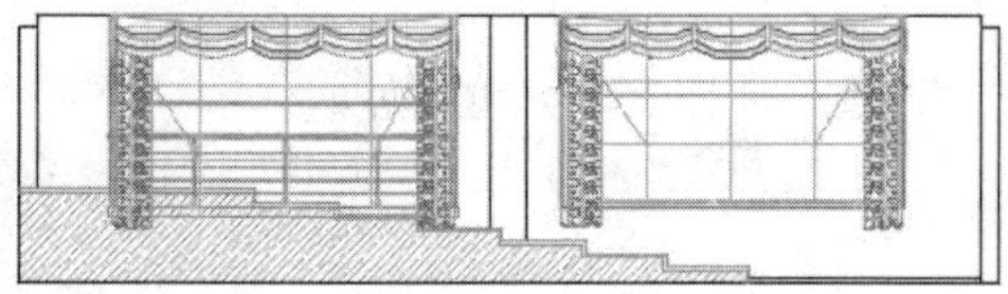

图 12-146　镜像结果

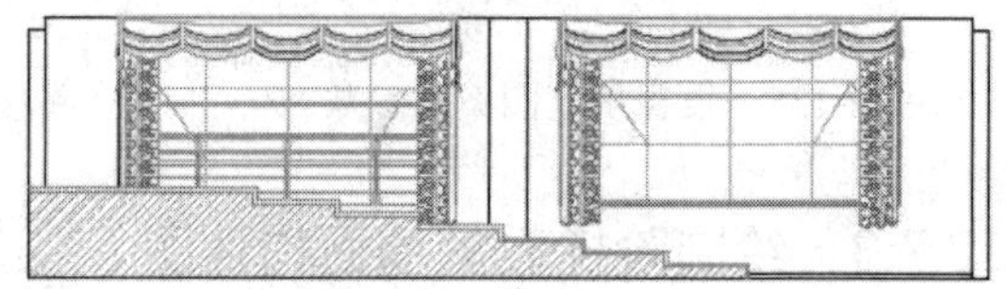

图 12-147　编辑结果

12.7.4　绘制阶梯教室墙面装饰线

（1）继续上节操作。

（2）使用快捷键“LA”激活“图层”命令，在打开的“图层特性管理器”对话框中选择“填充层”为当前图层。

（3）使用快捷键“H”激活“图案填充”命令，在命令行“拾取内部点或 [选择对象(S)/设置(T)]:”提示下，激活“设置”选项，打开“图案填充和渐变色”对话框。

（4）在“图案填充和渐变色”对话框中选择图案并设置填充比例、角度、关联特性等，如图 12-148 所示。

（5）单击“添加: 拾取点”按钮，返回绘图区在所需区域单击左键，为墙面填充如图 12-149 所示图案。

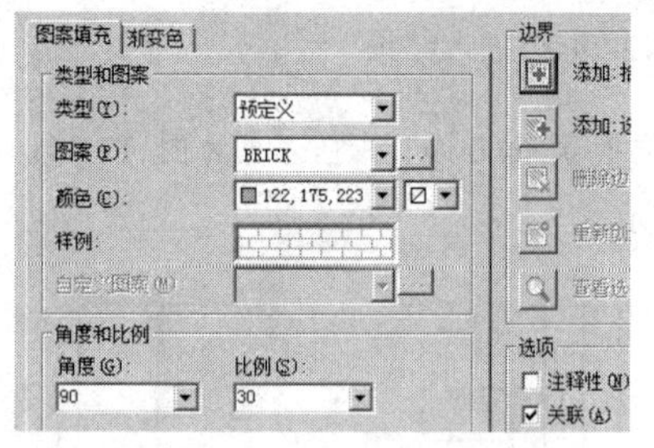

图 12-148　设置填充图案与参数

图 12-149　填充结果

（6）单击“默认”选项卡→“绘图”面板→“图案填充”按钮，使用命令中的“设置”选项功能设置填充图案与参数如图 12-150 所示的，为柱子填充如图 12-151 所示的图案。

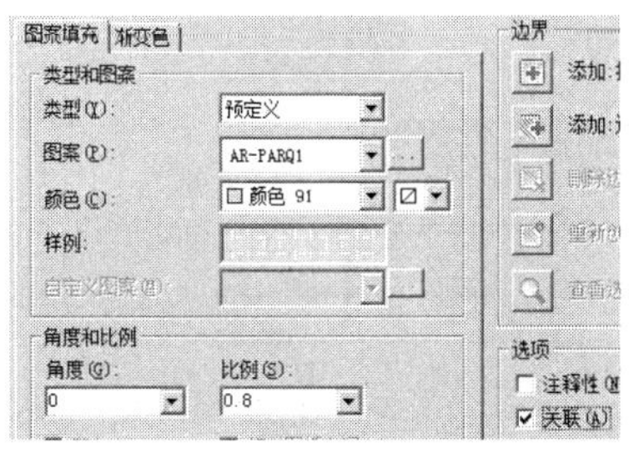

图 12-150　设置填充图案及参数

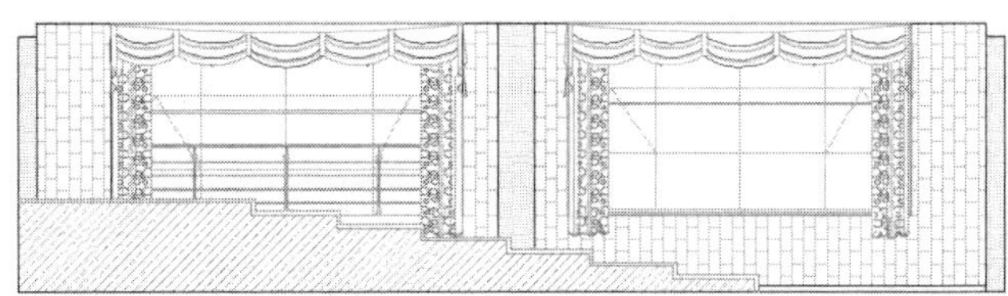

图 12-151　填充结果

（7）单击“默认”选项卡→“绘图”面板→“图案填充”按钮，设置填充图案与参数如图 12-152 所示的，为柱子填充如图 12-153 所示的图案。

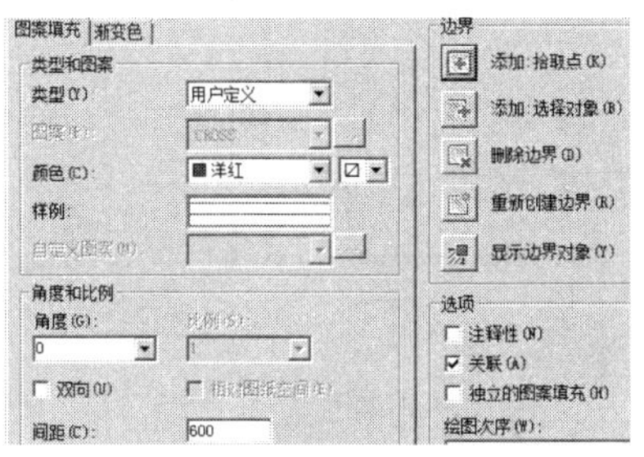

图 12-152　设置填充图案及参数

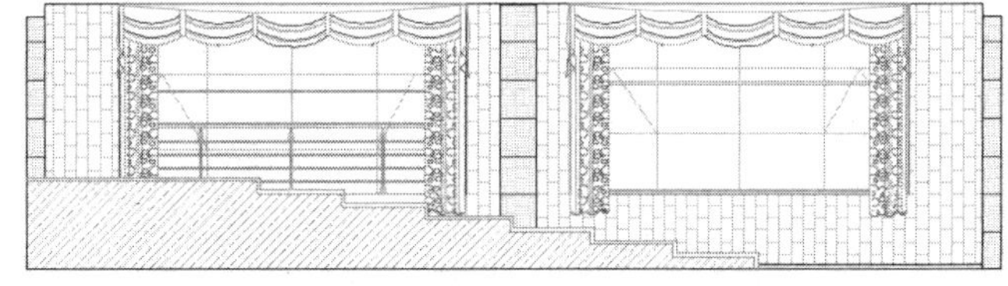

图 12-153　填充结果

12.7.5　标注阶梯教室立面图尺寸

（1）继续上节操作。

（2）展开“默认”选项卡→“图层”面板→“图层”下拉列表，选择“尺寸层”设置为当前图层。

（3）使用快捷键“D”激活“标注样式”命令，将“建筑标注”设为当前标注样式，同时修改标注比例为 70。

（4）单击“默认”选项卡→“注释”面板→“线性”按钮，配合“对象捕捉”和“极轴追踪”标注如图 12-154 所示的线性尺寸作为基准尺寸。

（5）单击“注释”选项卡→“标注”面板→“连续”按钮，以刚标注的尺寸作为基准尺寸，配合追踪与捕捉功能标注如图 12-155 所示的细部尺寸。

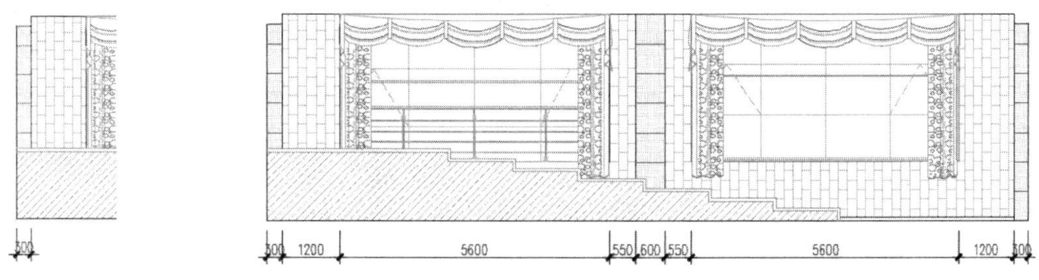

图 12-154　标注线性尺寸　　图 12-155　标注连续尺寸

（6）单击“默认”选项卡→“注释”面板→“线性”按钮，配合端点捕捉功能标注下侧的总尺寸，结果如图 12-156 所示。

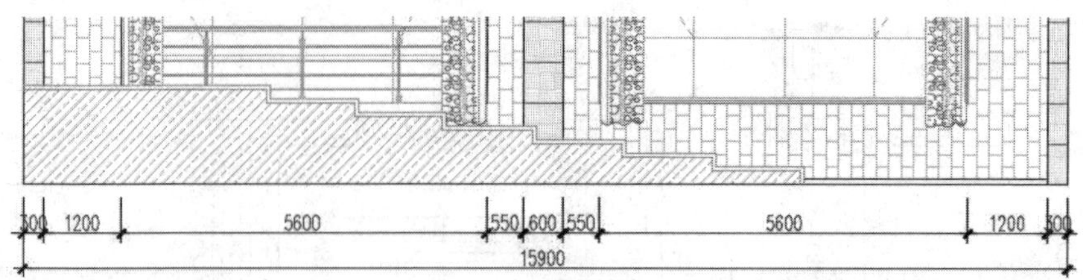

图 12-156　标注总尺寸

（7）参照～操作步骤，综合使用“线性”和“连续”命令，分别标注其他位置的尺寸，结果如图 12-157 所示。

图 12-157　标注其他尺寸

12.7.6　编辑阶梯教室立面图尺寸

（1）继续上节操作。

（2）使用快捷键“ED”激活“编辑文字”命令，根据命令行的提示单击文字为 1400 的对象，打开“文字编辑器”面板，然后修改标注文字如图 12-158 所示。

（3）关闭“文字编辑器”面板，修改后的结果如图 12-159 所示。

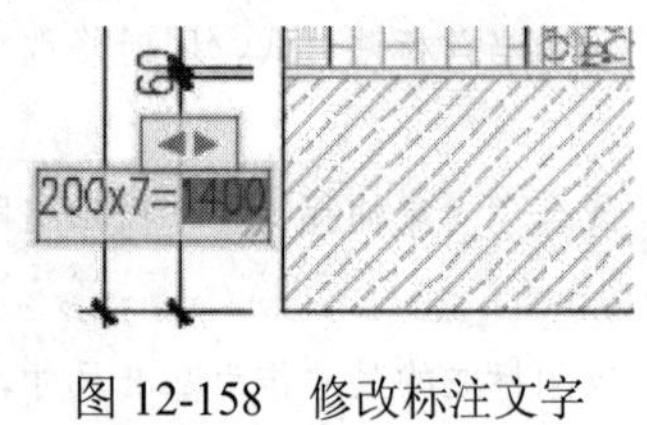

图 12-158　修改标注文字

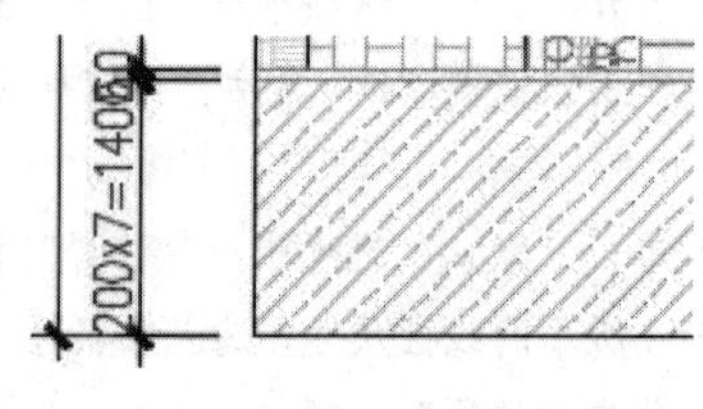

图 12-159　修改结果

（4）在无命令执行的前提下单击标注文字为 60 的对象，使其呈现夹点显示状态，如图 12-160 所示。

（5）将光标放在标注文字夹点上，然后从弹出的快捷菜单中选择“仅移动文字”选项。

（6）在命令行“** 仅移动文字 **指定目标点:”提示下，在适当位置指定文字的位置，并按 Esc 键取消尺寸的夹点，调整结果如图 12-161 所示。

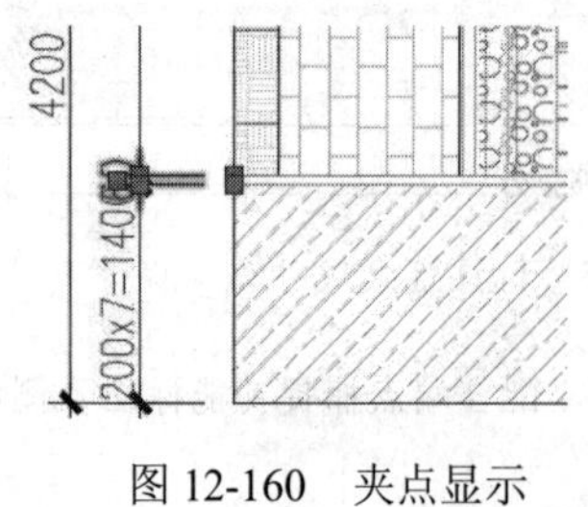

图 12-160　夹点显示

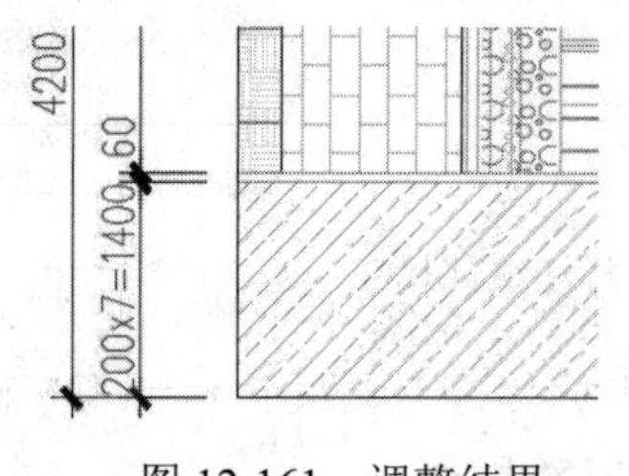

图 12-161　调整结果

（7）参照第 10～12 操作步骤，分别调整其他标注文字的位置，结果如图 12-162 所示。

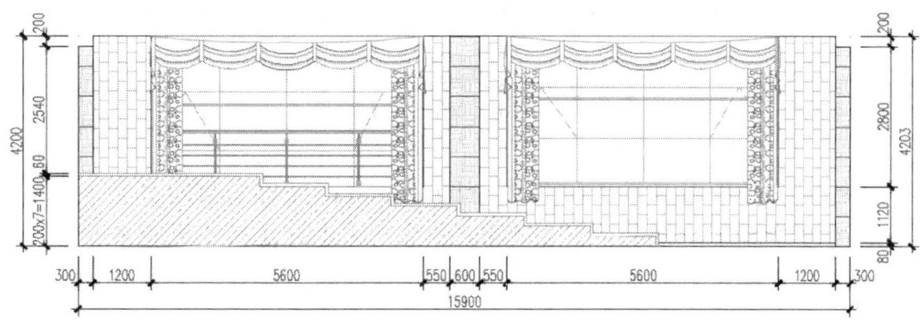

图 12-162 调整其他标注文字

12.7.7 标注阶梯教室墙面材质注解

（1）继续上节操作。

（2）展开“默认”选项卡→“图层”面板→“图层”下拉列表，选择“文本层”设置为当前图层。

（3）使用快捷键“D”激活“标注样式”命令，打开“标注样式管理器”对话框，替代当前尺寸样式的引线箭头为小点，大小为 0.8、文字样式为“仿宋体”、尺寸比例为 90。

（4）使用快捷键“LE”激活“快速引线”命令，使用命令中的“设置”选项功能设置引线参数如图 12-163 所示和图 12-164 所示。

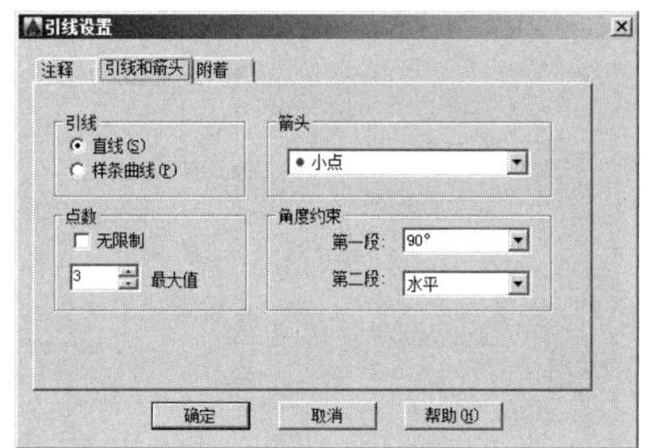

图 12-163 设置引线和箭头

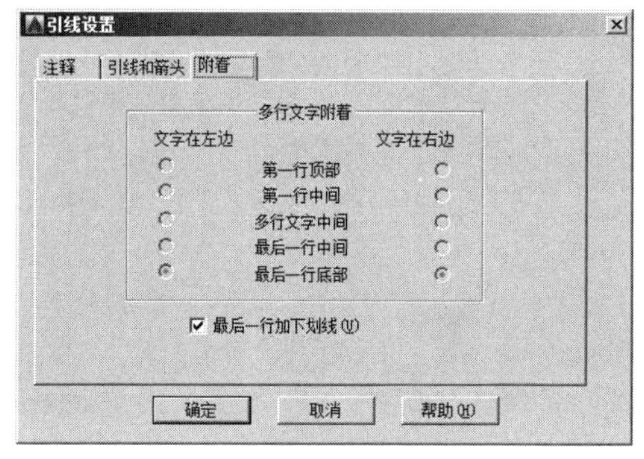

图 12-164 设置注释位置

（5）返回绘图区根据命令行的提示在适当位置指定引线点绘制引线，标注如图 12-165 所示的引线注释。

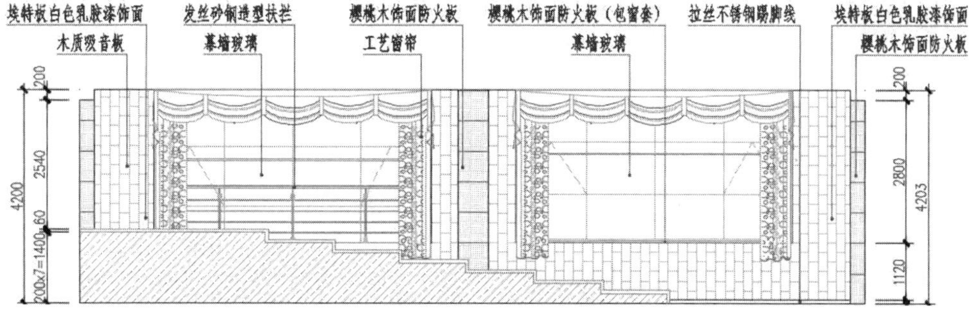

图 12-165 标注结果

（6）调整视图，使立面图全部显示，最终结果如图 12-133 所示。

（7）最后执行“保存”命令，将图形命名存储为“绘制阶梯教室装修立面图.dwg”。

12.8 本 章 小 结

阶梯教室是各学院必不可少的一种使用空间，本章在简单了解阶梯教室功能特点等理论知识的前提下，通过绘制某阶梯教室的装修布置图、标注阶梯教室装修布置图、绘制阶梯教室天花装修图、绘制阶梯教室立面装修图等四个典型实例，完整而系统地讲述了阶梯教室装修方案图的绘制思路、表达内容、具体绘制过程以及绘制技巧。

希望读者通过本章的学习，在理解和掌握相关设计理念和设计技巧的前提下，能够了解和掌握阶梯教室设计方案需要表达的内容、表达思路及具体设计过程等。

第 13 章　夜总会 KTV 包厢设计

KTV 包厢是为了满足顾客团体的需要，应为客人提供一个以围为主，围中有透的空间，提供一个相对独立、无拘无束、畅饮畅叙的环境。KTV 包厢的空间是以 KTV 经营内容为基础，一般分为小包厢、中包厢、大包厢三种类型，必要时可提供特大包厢。小包房设计面积一般在 8～12 平米，中包房设计一般在 15～20 平米，大包房一般在 24～30 平米，特大包房在一般 55 平米以上为宜。本章主要学习夜总会 KTV 包厢装修图的表达内容和具体绘制过程。

■ 本章内容

✧ 夜总会 KTV 包厢设计要点
✧ 夜总会 KTV 包厢设计思路
✧ 绘制夜总会 KTV 包厢布置图
✧ 标注夜总会 KTV 包厢布置图
✧ 绘制夜总会 KTV 包厢天花图
✧ 绘制夜总会 KTV 包厢灯具图
✧ 标注夜总会 KTV 包厢天花图
✧ 绘制夜总会 KTV 包厢立面图

13.1　夜总会 KTV 包厢设计要点

KTV 包厢的装修不仅涉及建筑、结构、声学、通风、暖气、照明、音响、视频等多种方面，而且还涉及安全、实用、环保、文化等多方面问题。在装修设计时，一般要兼顾以下几点。

（1）房间结构。根据建筑学和声学原理，人体工程学和舒适度来考虑，KTV 房间的长和宽的黄金比例为 0.618，即是说如果设计为长度 1 米，宽度至少应考虑在 0.6 米偏上。

（2）房间家具。在 KYV 包厢内除包含电视、电视柜、点歌器，麦克风等视听设备外，还应配置沙发、茶几等基本家具，若 KTV 包厢内设有舞池，还应提供舞台和灯光空间。

（3）房间陈设。除包厢必备家具之外，在家具本身上面需要放置的东西有点歌本、摆放的花瓶和花、话筒托盘、宣传广告等陈设品。这些东西对有些是吸音的，有些是反射的，而有些又是扩散的，这种不规则的东西对于声音而言是起到了很好的帮助作用。

（4）空间尺寸。在装修设计 KTV 时，还应考虑客人座位与电视荧幕的最短距离，一般最小不得小于 3 到 4 米。

（5）房间的隔音。隔音是解决“串音”的最好办法，从理论上讲材料的硬度越高隔音效果就越好。最常见的装修方法是轻钢龙骨石膏板隔断墙，在石膏板的外面附加一层硬度比较高的水泥板；或 2/4 红砖墙，两边水泥墙面。

除此之外，在装修 KTV 时，还要兼顾到房间的混响、房间的装修材料以及房间的声学要求等。总之，KTV 的空间应具有封闭、隐密、温馨的特征。

13.2　夜总会 KTV 包厢设计思路

在绘制并设计 KTV 包厢方案图时，可以参照如下思路。

（1）首先根据原有建筑平面图或测量数据，绘制并规划 KTV 包厢墙体平面图。

（2）根据绘制出的 KTV 包厢墙体平面图，绘制 KTV 包厢布置图和地面材质图。

（3）根据 KTV 包厢布置图绘制 KTV 包厢的吊顶方案图，要注意吊顶轮廓线的表达以及吊顶各灯具的布局。

（4）根据 KTV 包厢的平面布置图，绘制包厢墙面的投影图，重点是 KTV 包厢有墙面装饰轮廓图案的表达以及装修材料的说明等。

13.3　绘制夜总会 KTV 包厢布置图

本例主要学习夜总会 KTV 包厢平面布置图的绘制方法和具体绘制过程。KTV 包厢布置图的最终绘制效果如图 13-1 所示。

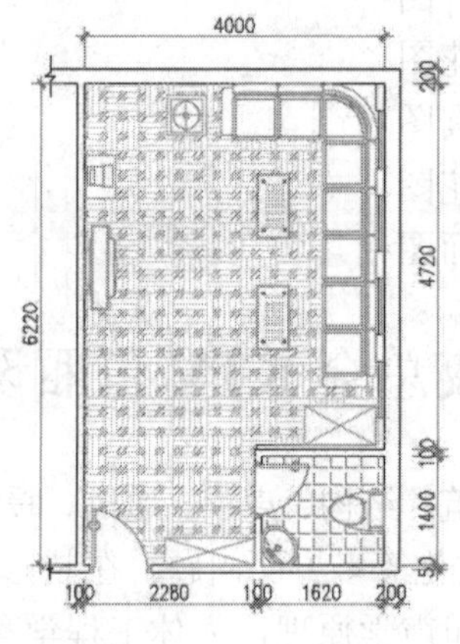

图 13-1　实例效果

13.3.1　绘制包厢轴线图

（1）单击“快速访问”工具栏→“新建”按钮，调用随书光盘“\样板文件\室内绘图样板.dwt”。

（2）展开“默认”选项卡→“图层”面板→“图层”下拉列表，设置“轴线层”为当前操作层。

（3）使用快捷键“LT”激活“线型”命令，在打开的“线型管理器”对话框中设置线型比例为 20。

（4）单击“默认”选项卡→“绘图”面板→“矩形”按钮，绘制长度为 4150、宽度为 6370 的矩形作为基准轴线。

（5）单击“默认”选项卡→“修改”面板→“分解”按钮，将矩形分解。

（6）单击“默认”选项卡→“修改”面板“偏移”按钮，将矩形右侧垂直边向左偏移 1770；将矩形上侧的水平边向下偏移 4870 个单位，结果如图 13-2 所示。

（7）单击“默认”选项卡→“修改”面板→“修剪”按钮，以偏移出的图线作为边界，对矩形进行修剪，结果如图 13-3 所示。

（8）单击“默认”选项卡→“修改”面板“偏移”按钮，将最左侧垂直轴线向右偏移 130 和 930，将中间的水平轴线向下偏移 130 和 830，结果如图 13-4 所示。

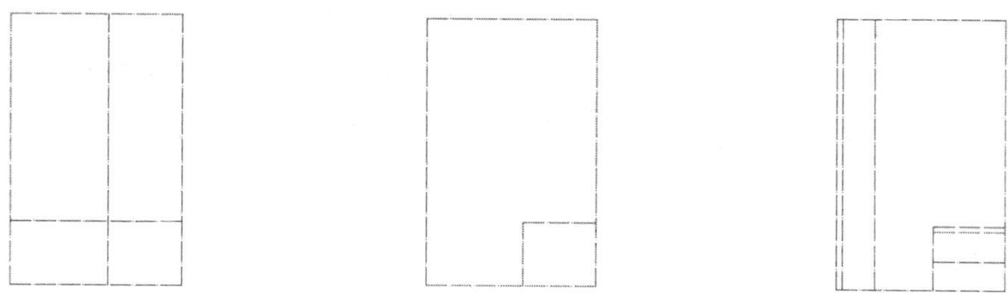

图 13-2 偏移结果　　图 13-3 修剪结果　　图 13-4 偏移结果

（9）单击“默认”选项卡→“修改”面板→“修剪”按钮，以偏移出的图线作为边界，对矩形进行修剪，以创建门洞，结果如图 13-5 所示。

（10）使用快捷键“E”激活“删除”命令，删除偏移出的 4 条垂直轴线，如图 13-6 所示。

（11）使用快捷键“LEN”激活“拉长”命令，将两侧的水平轴线水平向左拉长 400 个单位，结果如图 13-7 所示。

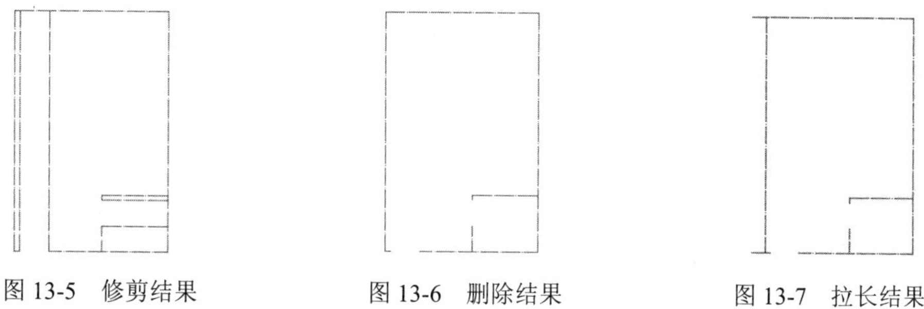

图 13-5 修剪结果　　图 13-6 删除结果　　图 13-7 拉长结果

13.3.2 绘制包厢墙体图

（1）继续上节操作。

（2）展开“默认”选项卡→“图层”面板→“图层”下拉列表，将“墙线层”设置为当前图层。

（3）使用快捷键“ML”激活“多线”命令，设置对正方式为无，然后配合端点捕捉功能绘制宽度为 200 的墙体，如图 13-8 所示。

（4）重复执行“多线”命令，设置多线对正方式不变，绘制宽度为 100 的墙体，如图 13-9 所示。

（5）展开“默认”选项卡→“图层”面板→“图层”下拉列表，关闭“轴线层”，结果如图 13-10 所示。

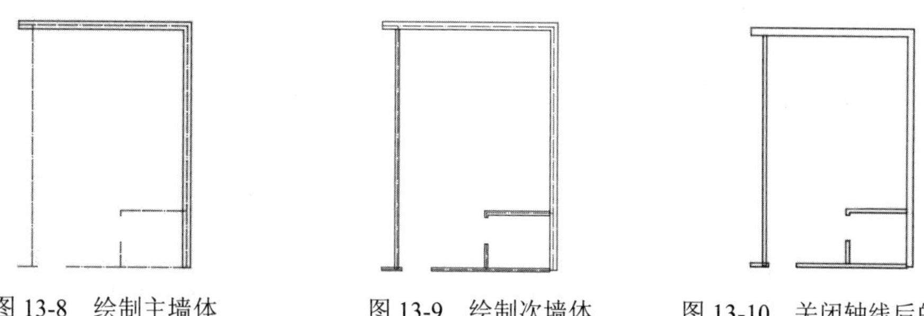

图 13-8 绘制主墙体　　图 13-9 绘制次墙体　　图 13-10 关闭轴线后的效果

（6）在墙线上双击左键，打开“多线编辑工具”对话框，然后单击“T形合并”按钮。

（7）返回绘图区根据命令行的提示，对T形墙的墙线进行合并，结果如图13-11所示。

（8）继续双击右侧的垂直墙线，在打开的“多线编辑工具”对话框中单击“角点合并”按钮。

（9）返回绘图区根分别选择右侧的垂直墙线和下侧的水平墙线，进行角点结合，结果如图13-12所示。

（10）在无命令执行的前提下夹点显示如图13-13所示的墙线，然后单击“默认”选项卡→“修改”面板→“分解”按钮，将其分解。

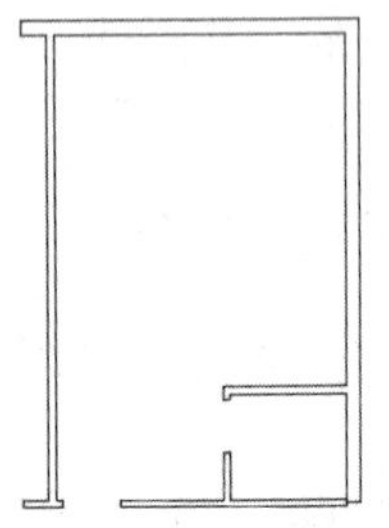

图13-11　T形合并

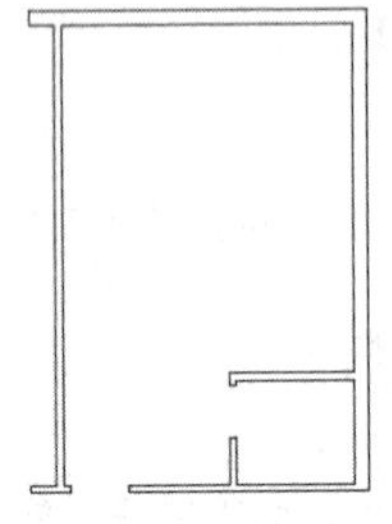

图13-12　角点结合

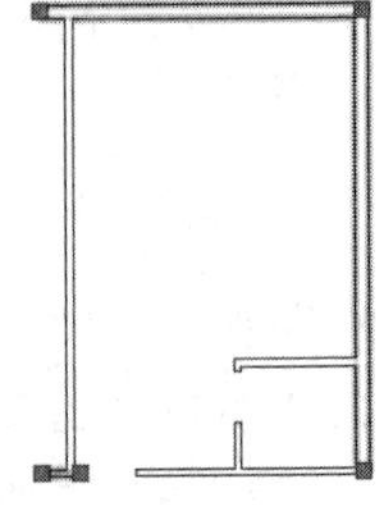

图13-13　夹点墙线

（11）使用快捷键“E”激活“删除”命令，将分解后的两条垂直墙线删除，结果如图13-14所示。

（12）单击“默认”选项卡→“绘图”面板→“直线”按钮，配合“对象捕捉”功能绘制如图13-15所示的两条折断线。

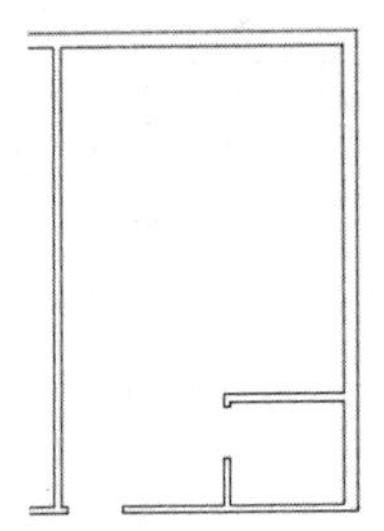

图13-14　删除结果

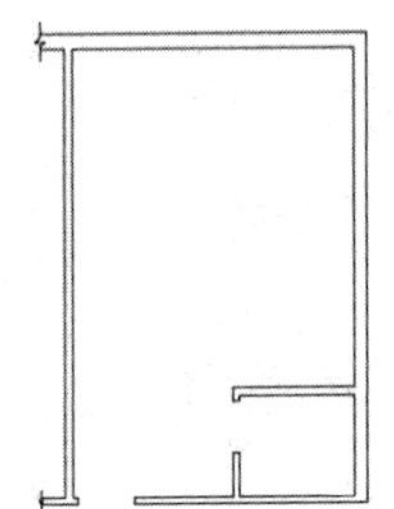

图13-15　绘制结果

13.3.3　绘制包厢家具图

（1）继续上节操作。

（2）展开“默认”选项卡→“图层”面板→“图层”下拉列表，将“门窗层”设置为当前图层。

（3）使用快捷键“I”激活“插入块”命令，配合中点捕捉功能插入随书光盘“\图块文件\单开门02.dwg”，设置参数如图13-16所示，插入点为图13-17所示的中点。

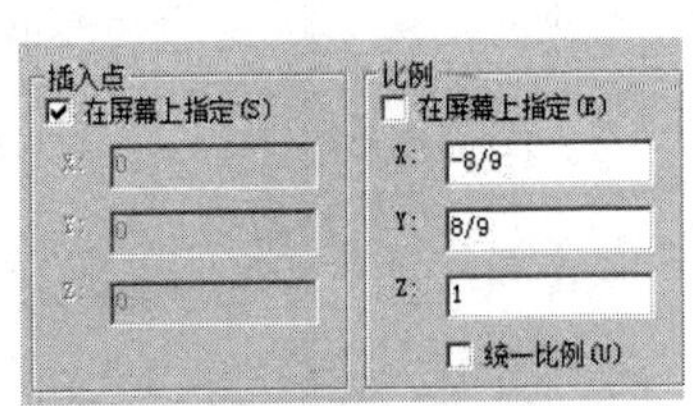

图13-16　设置块参数

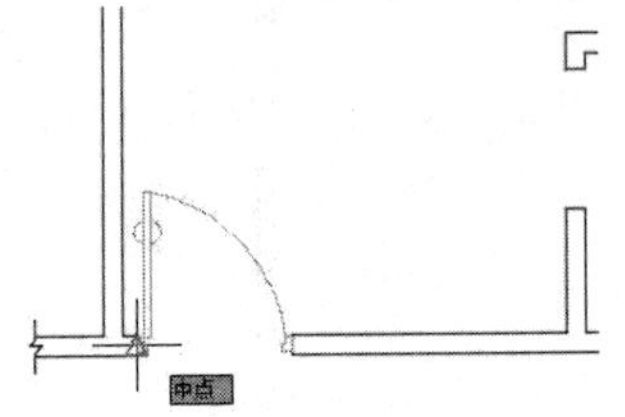

图13-17　插入结果

（4）重复执行“插入块”命令，设置参数如图 13-18 所示，配合中点捕捉功能为卫生间布置单开门，插入点为图 13-19 所示的中点。

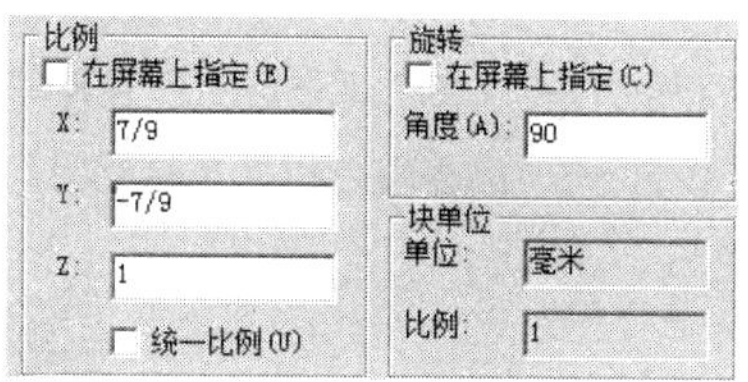

图 13-18　设置参数

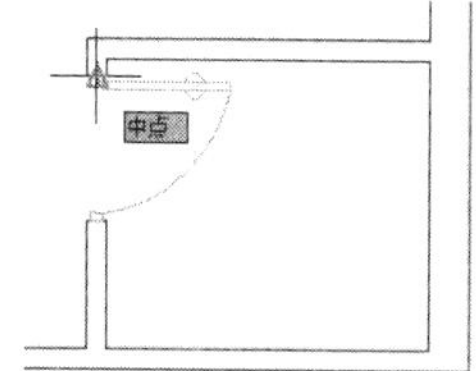

图 13-19　插入结果

（5）展开“默认”选项卡→“图层”面板→“图层”下拉列表，将“家具层”设置为当前图层。

（6）使用快捷键“I”激活“插入块”命令，以默认参数插入随书光盘中的“\图块文件\墙面装饰架 02 .dwg”，插入点为图 13-20 所示的端点。

（7）重复执行“插入块”命令，插入随书光盘中的“\图块文件\拐角沙发 03.dwg”，设置块参数如图 13-21 所示。

（8）返回绘图区配合端点捕捉功能，将拐角沙发插入平面图中，插入点如图 13-22 所示的端点。

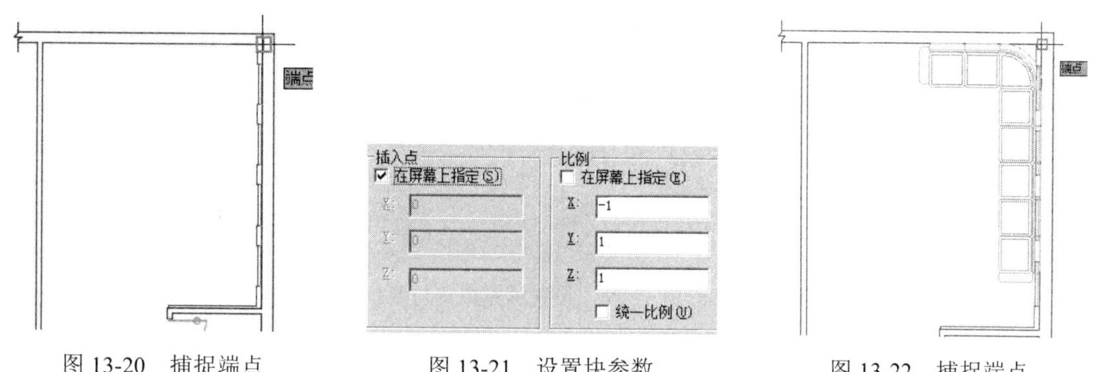

图 13-20　捕捉端点　　图 13-21　设置块参数　　图 13-22　捕捉端点

（9）重复执行“插入块”命令，分别插入随书光盘“\图块文件\”目录下的“玻璃茶几 02.dwg”“角形洗手盆.dwg”、“马桶 02”、“block52.dwg～block54.dwg”，结果如图 13-23 所示。

（10）单击“默认”选项卡→“绘图”面板→“多段线”按钮，绘制如图 13-24 所示的鞋柜和衣柜平面图。

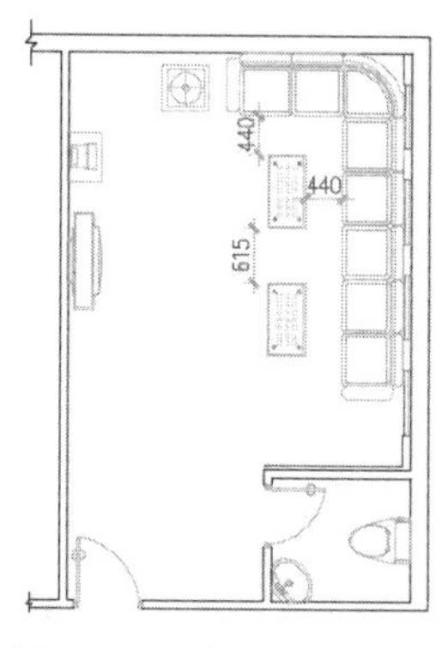

图 13-23　插入其他图例

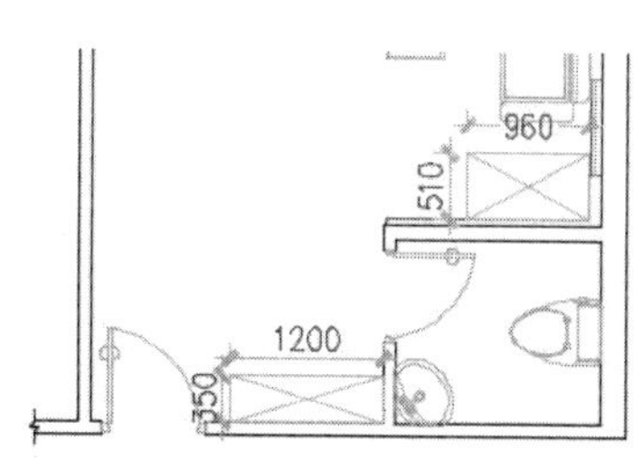

图 13-24　绘制结果

13.3.4 绘制包厢材质图

（1）继续上节操作。

（2）展开“默认”选项卡→“图层”面板→“图层”下拉列表，将“填充层”设置为当前图层。

（3）单击“默认”选项卡→“绘图”面板→“直线”按钮，配合端点捕捉功能封闭门洞，如图 13-25 所示。

（4）单击状态栏上的按钮，打开透明度特性。

（5）单击“默认”选项卡→“绘图”面板→“图案填充”按钮，在命令行“拾取内部点或 [选择对象(S)/设置(T)]:”提示下，激活“设置”选项，打开“图案填充和渐变色”对话框。

（6）在“图案填充和渐变色”对话框中选择图案并设置填充比例、角度、关联特性等，如图 13-26 所示。

（7）单击“添加：拾取点”按钮，返回绘图区指定填充区域，填充结果如图 13-27 所示。

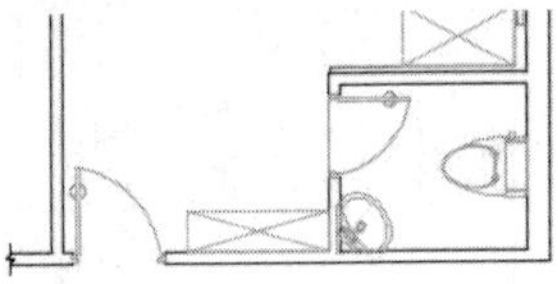

图 13-25 绘制结果

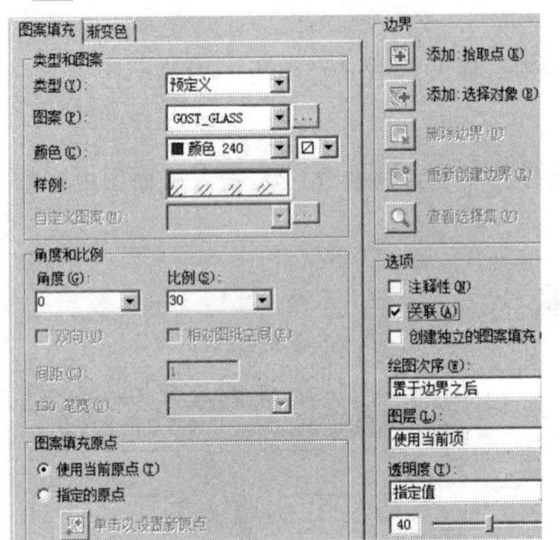

图 13-26 设置填充图案与参数

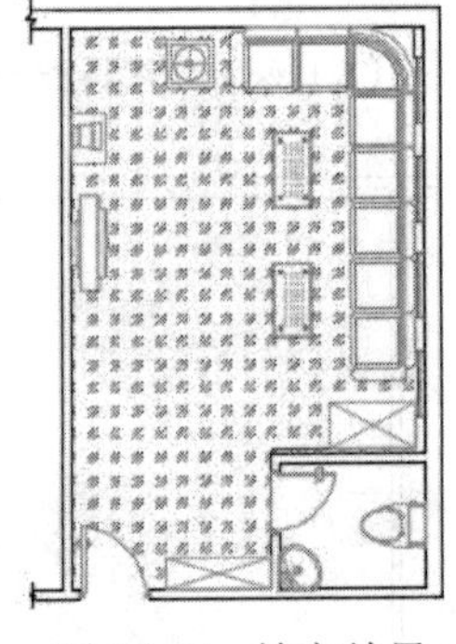

图 13-27 填充结果

（8）重复执行“图案填充”命令，设置填充图案与参数如图 13-28 所示，继续为平面图填充图案，结果如图 13-29 所示。

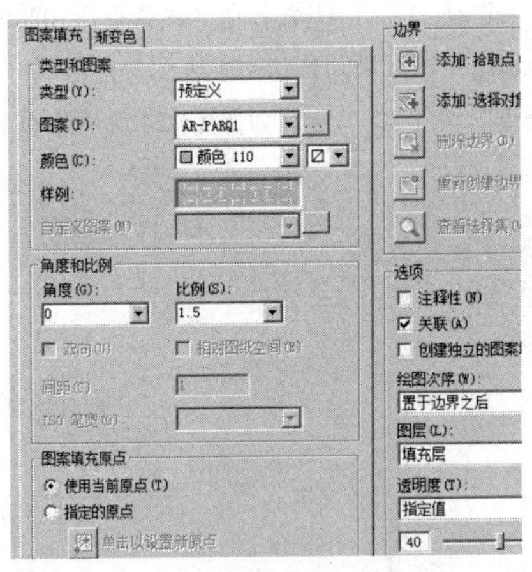

图 13-28 设置填充图案与参数

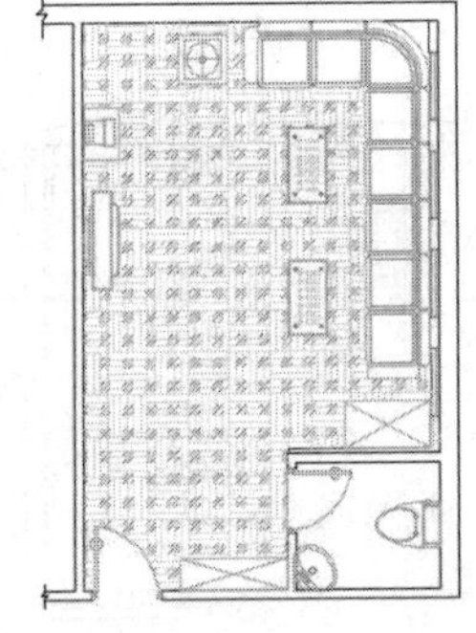

图 13-29 填充结果

（9）重复执行“图案填充”命令，设置填充图案与参数如图 13-30 所示，为卫生间填充如图 13-31 所示的地砖图案。

图 13-30　设置填充图案与参数

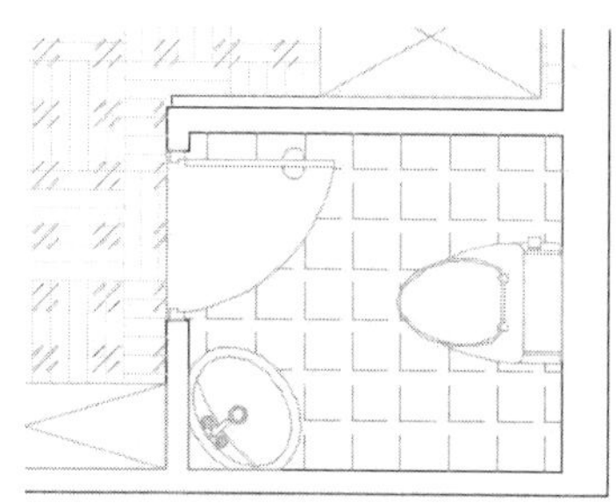

图 13-31　填充结果

（10）最后执行“保存”命令，将图形命名存储为“绘制 KTV 包厢布置图.dwg”。

13.4　标注夜总会 KTV 包厢布置图

本例主要学习夜总会 KTV 包厢布置图尺寸、文字、符号等内容的标注方法和具体标注过程。包厢布置图的最终标注效果如图 13-32 所示。

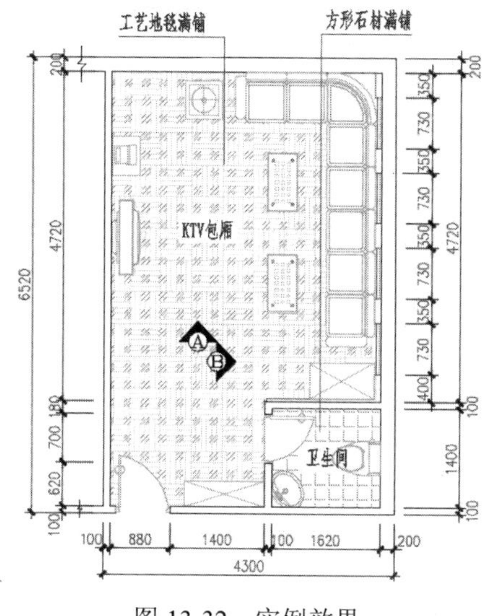

图 13-32　实例效果

13.4.1　标注包厢布置图尺寸注释

（1）打开上例存储的“绘制 KTV 包厢布置图.dwg”，或直接从随书光盘中的“\效果文件\第 13 章\”目录下调用此文件。

（2）展开“默认”选项卡→“图层”面板→“图层”下拉列表，选择“尺寸层”设置为当前图层。

（3）使用快捷键“D”激活“标注样式”命令，将“建筑标注”设为当前标注样式，同时修改标注比例为 50。

（4）单击“默认”选项卡→“注释”面板→“线性”按钮，配合捕捉追踪功能标注如图 13-33 所示的墙体宽度尺寸。

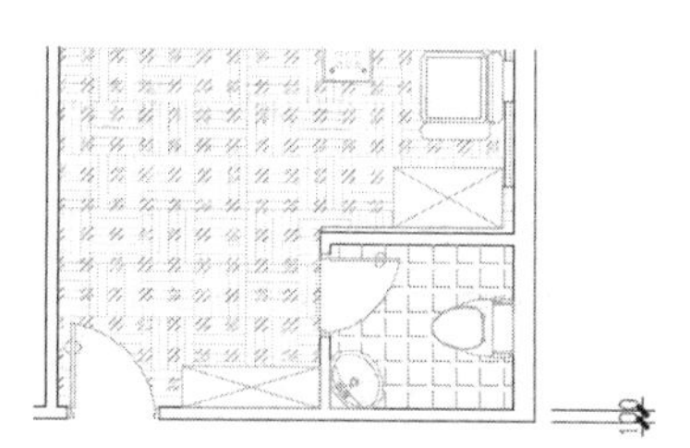

图 13-33　标注结果

（5）单击“注释”选项卡→“标注”面板→“连续”按钮，以刚标注的尺寸作为基准尺寸，配合追踪与捕捉功能标注如图 13-34 所示的细部尺寸。

（6）在无命令执行的前提下夹点显示标注为 100 的尺寸对象，将光标放在标注文字夹点上，从弹出的快捷菜单中选择“仅移动文字”选项。

（7）根据命令行的提示在适当位置指定标注文字的位置，调整结果如图 13-35 所示。

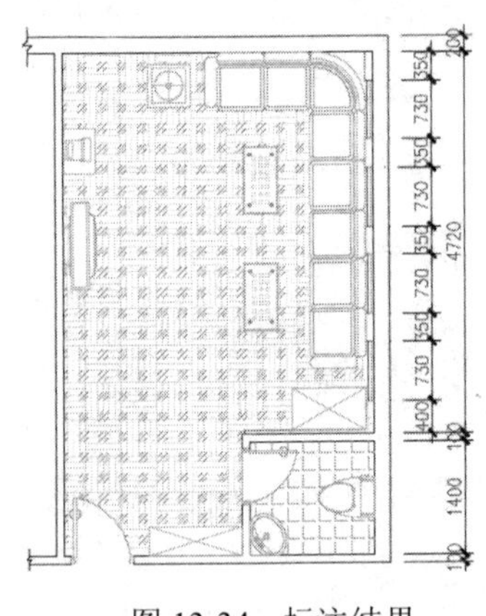

图 13-34　标注结果

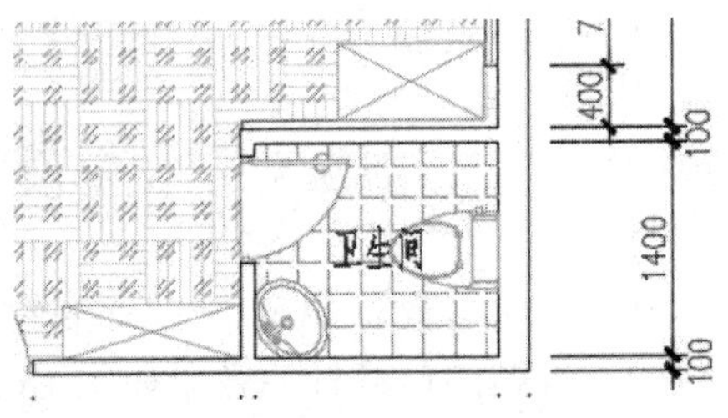

图 13-35　调整结果

（8）参照 4～7 操作步骤，综合使用“线性”和“连续”命令，分别标注其他位置的尺寸，并适当调整重叠标注文字的位置，结果如图 13-36 所示。

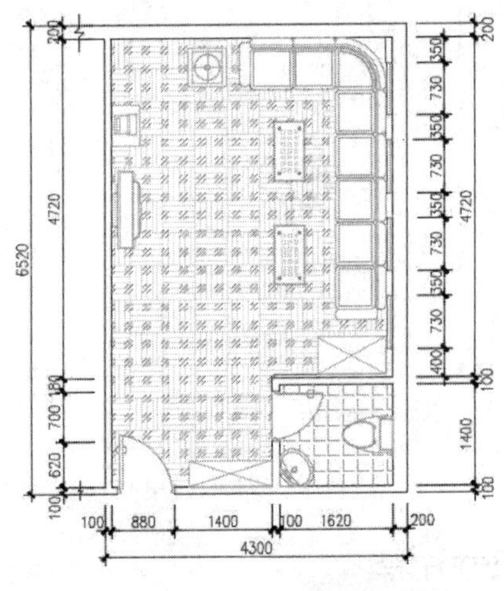

图 13-36　标注其他侧尺寸

13.4.2　标注包厢布置图文字注释

（1）继续上节操作。

（2）展开“默认”选项卡→“图层”面板→“图层”下拉列表，将“文本层”设置为当前图层。

（3）单击“默认”选项卡→“注释”面板→“单行文字”按钮，设置字高为 210，然后输入如图 13-37 所示的文字注释。

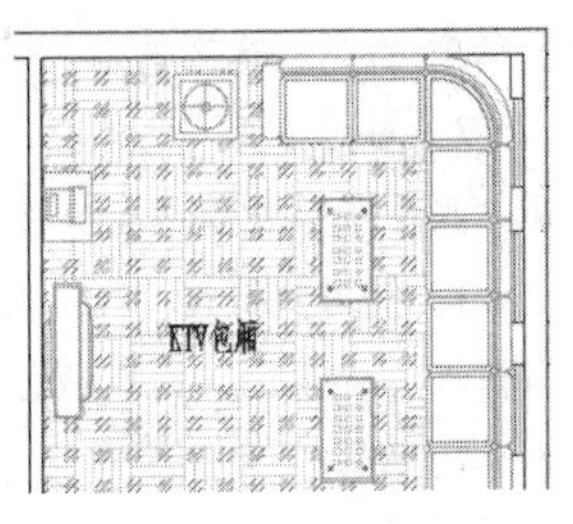

图 13-37　标注文字

（4）移动光标至卫生间，然后单击左键指定文字的位置，输入如图 13-38 所示的文字注释。

（5）在无命令执行的前提下夹点显示地板填充图案，然后单击右键，选择如图“图案填充编辑”命令。

（6）此时打开“图案填充编辑”对话框，单击“添加：选择对象”按钮，返回绘图区选择“KTV 包厢”，结果文字区域被排除在填充区外，如图 13-39 所示。

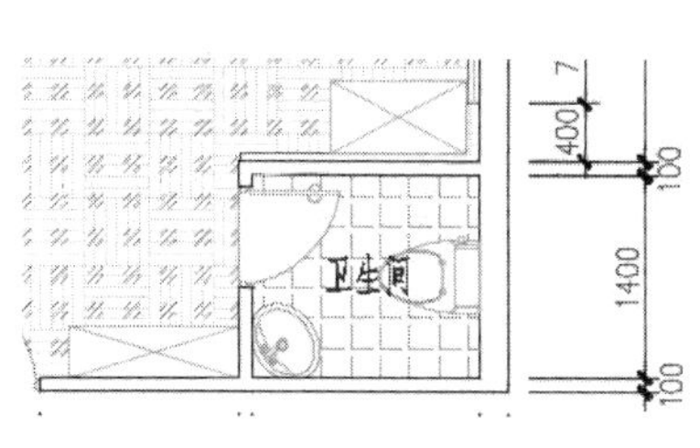

图 13-38 标注结果

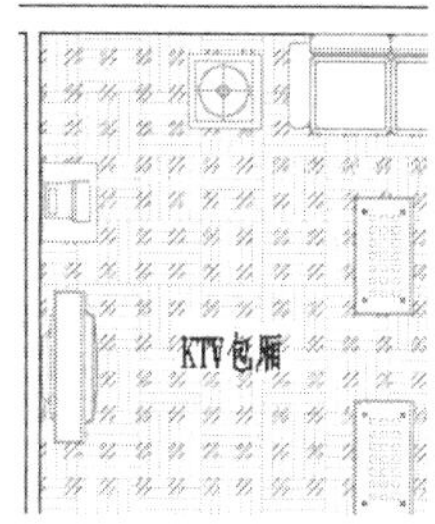

图 13-39 编辑结果

（7）接下来参照 5～6 操作步骤，修改卫生间内的填充图案，修改结果如图 13-40 所示。

（8）单击“默认”选项卡→“绘图”面板→“多段线”按钮，绘制如图 13-41 所示的两条文字指示线。

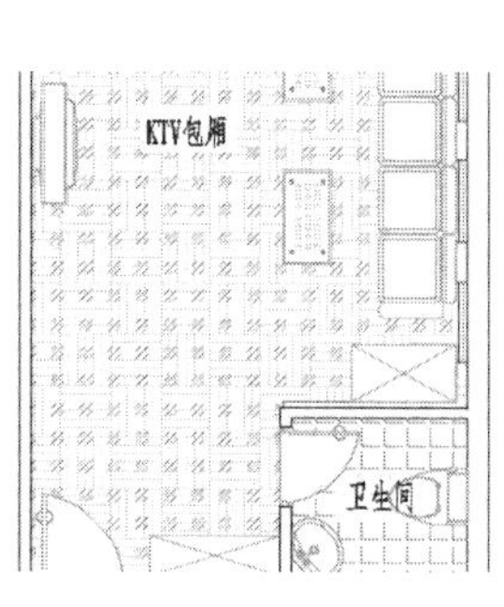

图 13-40 修改结果

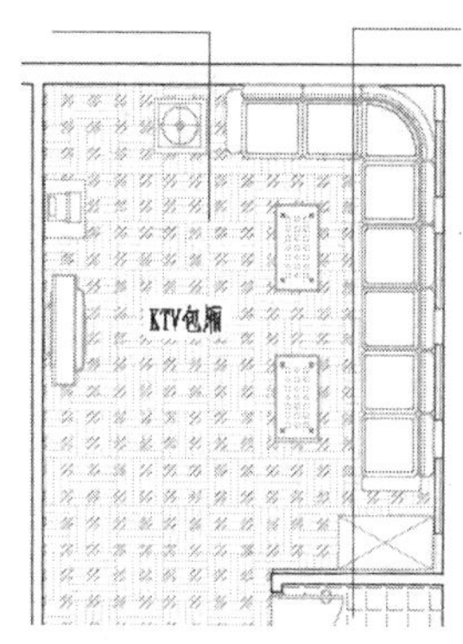

图 13-41 绘制指示线

（9）使用快捷键“DT”激活“单行文字”命令，设置文字高度为 210，为平面图标注如图 13-42 所示的材质注释。

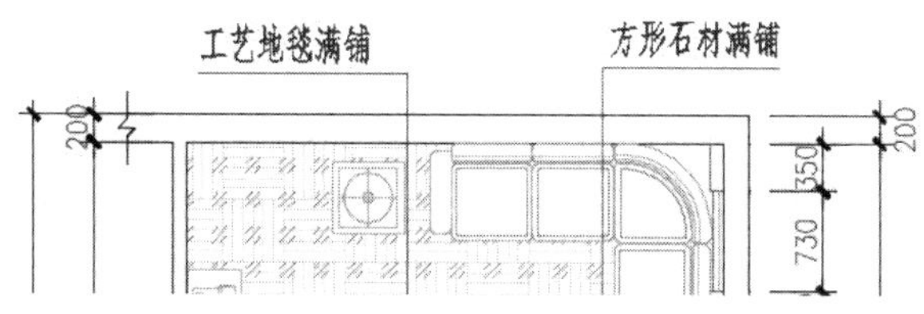

图 13-42 标注结果

13.4.3 标注包厢墙面投影符号

（1）继续上节操作。

（2）展开“默认”选项卡→“图层”面板→“图层”下拉列表，将“其他层”设置为当前图层。

（3）使用快捷键“I”激活“插入块”命令，，插入光盘中的“\图块文件\投影符号.dwg ”， 设置块参数如图 13-43 所示。

（4）返回绘图区，根据命令行的提示指定插入点，插入投影符号，结果如图 13-44 所示。

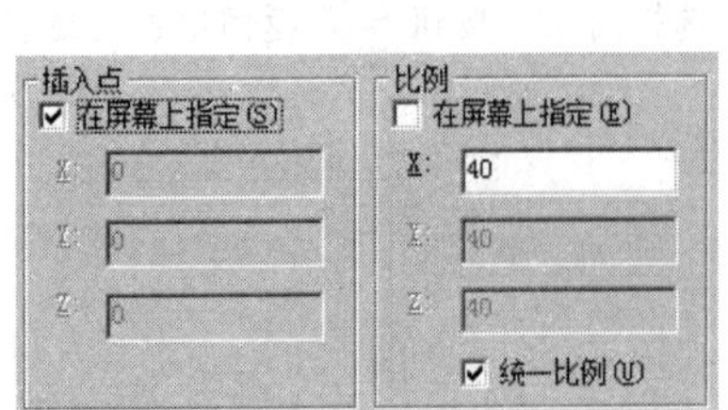

图 13-43　设置块参数

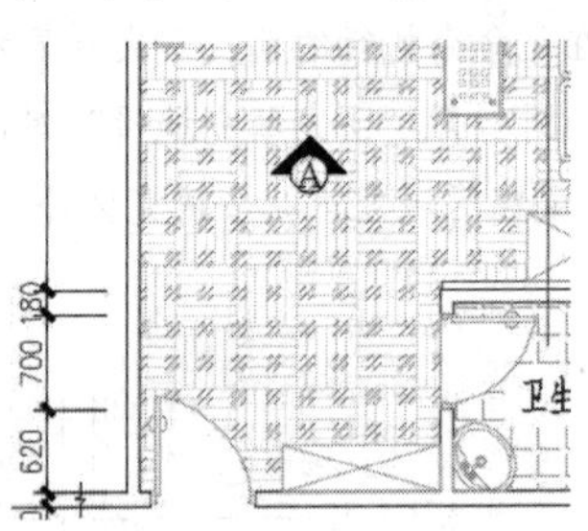

图 13-44　插入结果

（5）重复执行“插入块”命令，继续插入投影符号图块，并适当设置位置，设置块参数如图 13-45 所示，插入结果如图 13-46 所示。

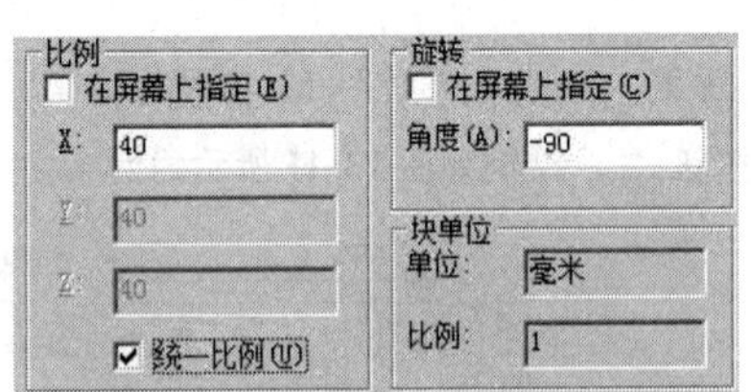

图 13-45　设置块参数

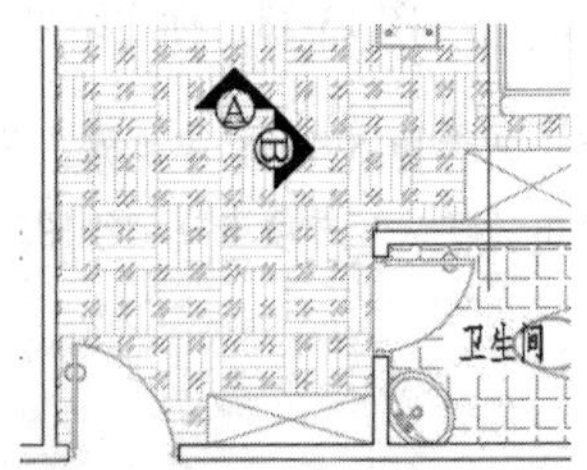

图 13-46　插入结果

（6）在投影符号 B 属性块上双击左键，打开”增强属性编辑器”对话框，然后修改属性文字的旋转角度，如图 13-47 所示。

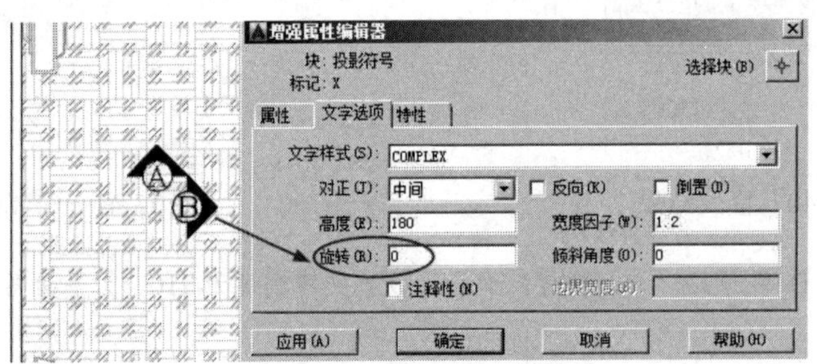

图 13-47　修改属性角度

（7）在无命令执行的前提下夹点显示地板填充图案，然后单击右键选择如图“图案填充编辑”命令。

（8）在打开的“图案填充编辑”对话框，单击“添加：选择对象”按钮，返回绘图区选择投影符号块，结果块的区域被排除在填充区外，如图 13-48 所示。

（9）参照 7～8 操作步骤，修改另一种填充图案，修改结果如图 13-49 所示。

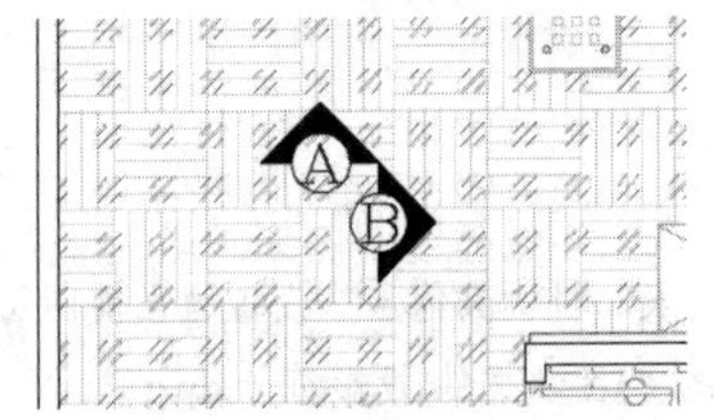

图 13-48　修改结果

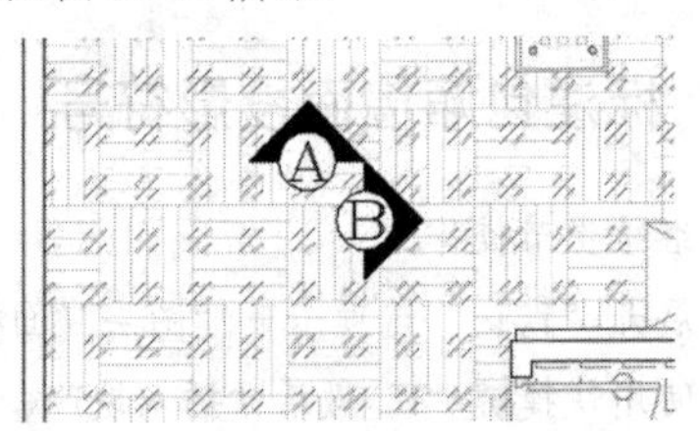

图 13-49　修改结果

（10）最后执行“另存为”命令，将当前图形命名存储为“标注 KTV 包厢布置图.dwg”。

13.5 绘制夜总会 KTV 包厢天花图

本例主要学习夜总会 KTV 包厢天花图的绘制方法和具体绘制过程。KTV 包厢天花图的最终绘制效果如图 13-50 所示。

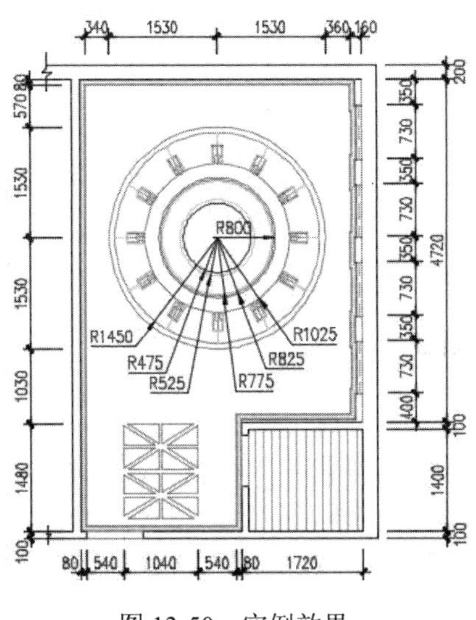

图 13-50 实例效果

13.5.1 绘制包厢吊顶墙体图

（1）打开上例存储的“标注 KTV 包厢布置图.dwg”，或直接从随书光盘中的“\效果文件\第 13 章\”目录下调用此文件。

（2）展开“默认”选项卡→“图层”面板→“图层”下拉列表，冻结“尺寸层”，同时将“吊顶层”设置为当前图层。

（3）使用快捷键“E”激活“删除”命令，删除不需要的图形对象，结果如图 13-51 所示。

（4）单击“默认”选项卡→“绘图”面板→“直线”按钮，配合端点捕捉功能绘制门洞位置的轮廓线，结果如图 13-52 所示。

（5）在无命令执行的前提下夹点显示如图 13-53 所示的图块进行分解，然后将分解后的图线放到“吊顶层”上。

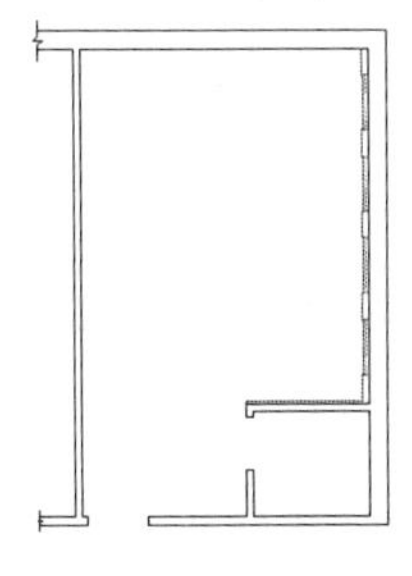

图 13-51 删除结果

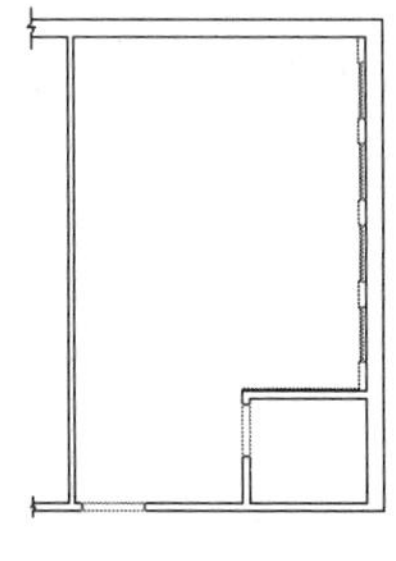

图 13-52 绘制结果

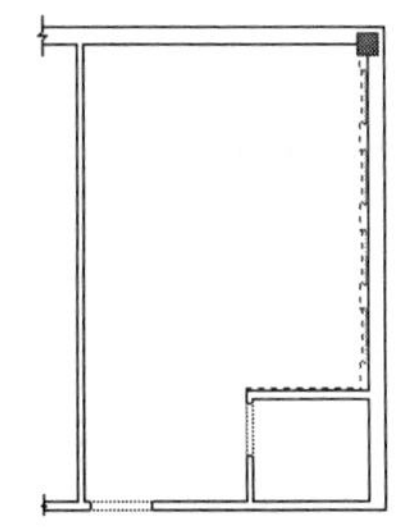

图 13-53 夹点效果

（6）使用快捷键“BO”激活“边界”，在包厢内部单击左键，创建边界，边界创建后的突显效果如图 13-54 所示。

（7）单击“默认”选项卡→“修改”面板→“偏移”按钮，将刚创建的边界向内偏移 20、60 和 80 个单位，作为吊顶轮廓线，并删除源边界，偏移结果如图 13-55 所示。

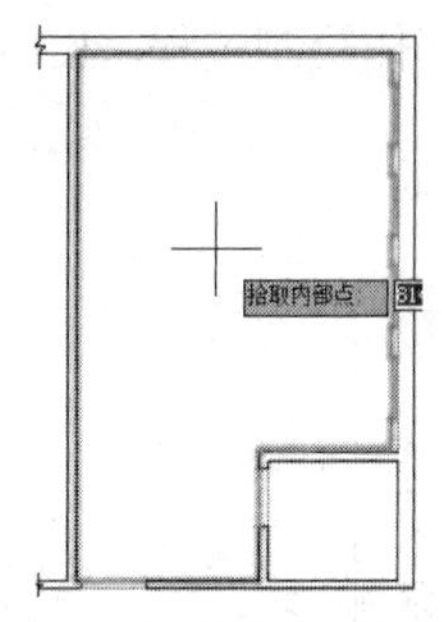

图 13-54　边界的突显效果

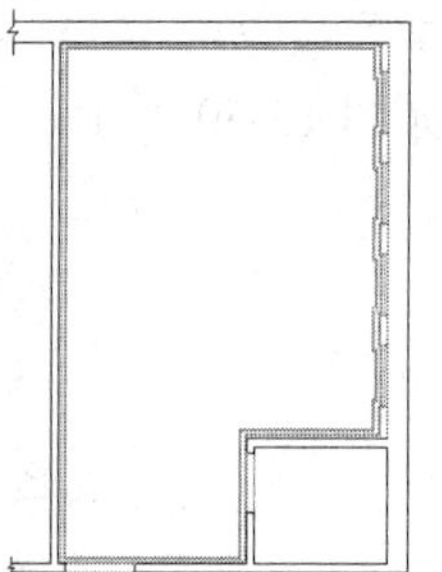
图 13-55　偏移结果

13.5.2　绘制包厢圆形吊顶图

（1）继续上节操作。

（2）单击“默认”选项卡→“绘图”面板→“构造线”，使用命令中的“偏移”功能绘制如图 13-56 所示的两条构造线。

（3）使用快捷键“C”激活“圆”命令，以构造线的交点为圆心，绘制半径为 525、800 和 1450 的同心圆，结果如图 13-57 所示。

（4）单击“默认”选项卡→“修改”面板→“偏移”按钮，将外侧的大圆向外侧偏移 80、向内侧偏移 425 个单位；将中间的圆对称偏移 50 个单位；将内侧的圆向内侧偏移 50，结果如图 13-58 所示。

（5）使用快捷键“E”激活“删除”命令，选择两条构造线进行删除。

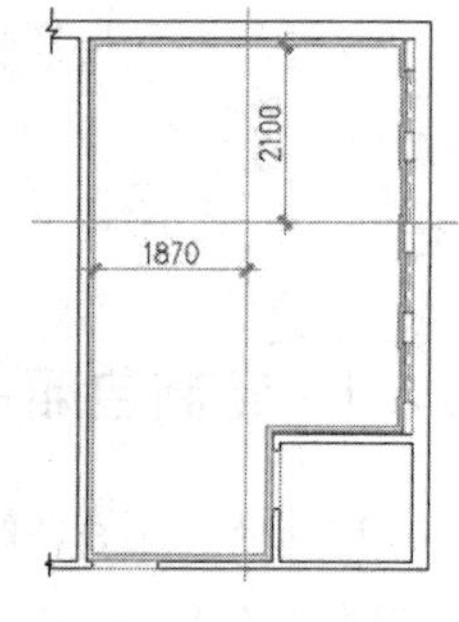

图 13-56　绘制结果

（6）使用快捷键“I”激活“插入块”命令，以默认参数插入随书光盘中的“\图块文件\block51.dwg”，插入点为图 13-59 所示的象限点。

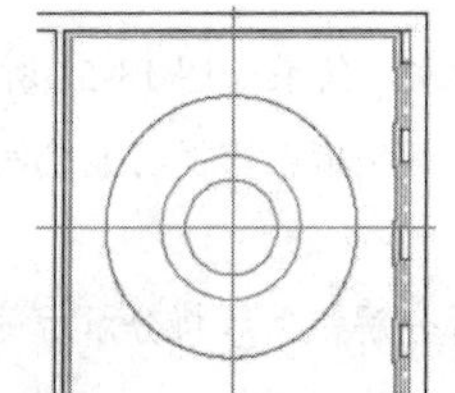
图 13-57　绘制同心圆

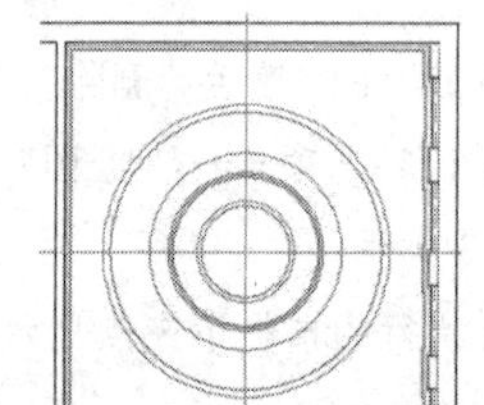
图 13-58　偏移同心圆

（7）单击“默认”选项卡→“修改”面板→“环形阵列”按钮，选择刚插入的图块环形阵列 12 份，结果如图 13-60 所示。

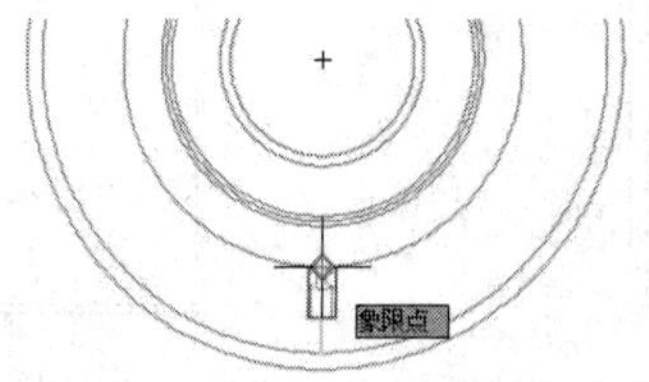

图 13-59　定位插入点

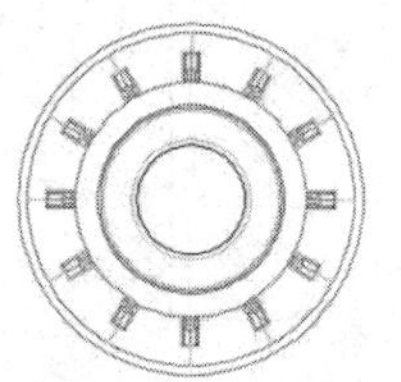
图 13-60　阵列结果

13.5.3 绘制包厢卫生间吊顶

（1）继续上节操作。

（2）使用快捷键"H"激活"图案填充"命令，在命令行"拾取内部点或 [选择对象(S)/设置(T)]:"提示下，激活"设置"选项，打开"图案填充和渐变色"对话框。

（3）在"图案填充和渐变色"对话框中设置填充图案填充角度、间距等参数，如图 13-61 所示。

（4）单击"添加：拾取点"按钮，返回绘图区在卫生间单击左键，指定填充区域，结果如图 13-62 所示。

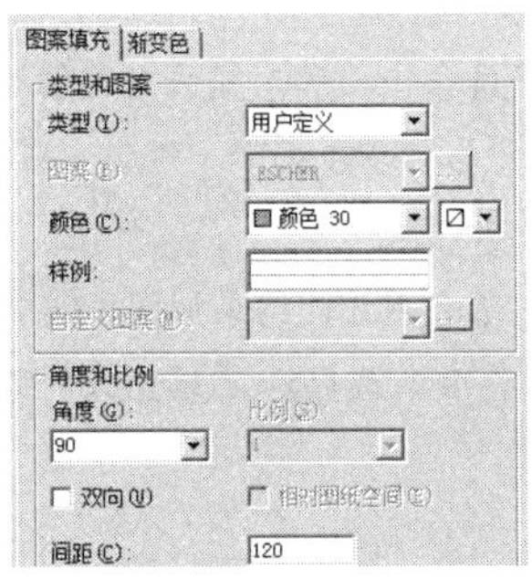

图 13-61 设置填充图案与参数

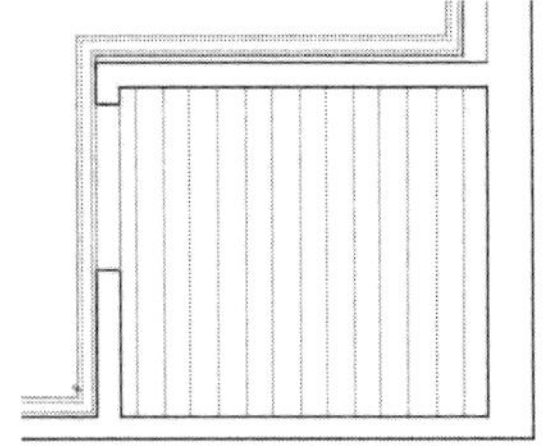

图 13-62 填充结果

（5）接下来在卫生间吊顶填充图案上单击右键，选择"设定原点"命令，如图 13-63 所示。

（6）返回绘图区在命令行"选择新的图案填充原点:"提示下，捕捉如图 13-64 所示的中点作为新的填充原点，结果如图 13-65 所示。

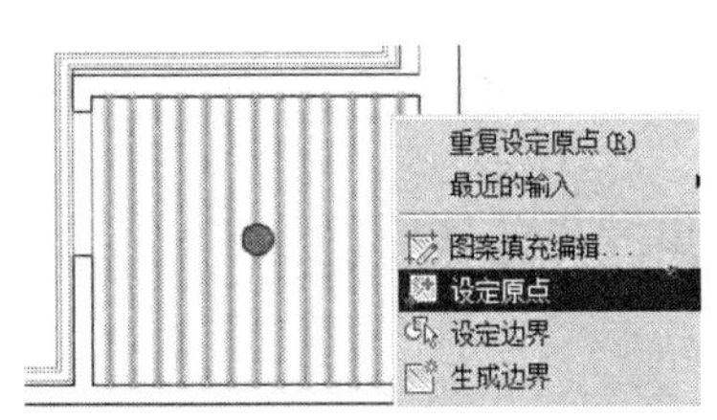

图 13-63 图案填充右键菜单

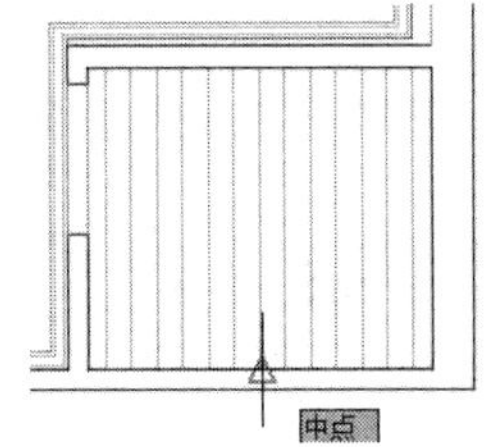

图 13-64 捕捉中点

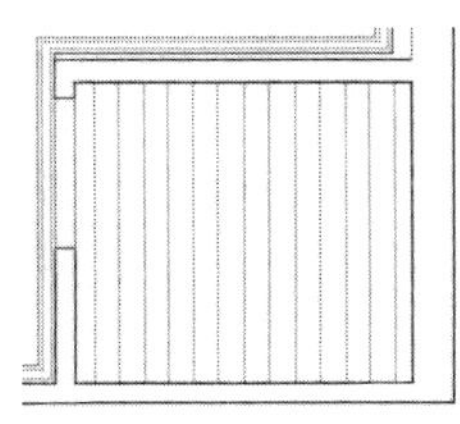

图 13-65 填充结果

13.5.4 绘制包厢过道吊顶图

（1）继续上节操作。

（2）单击"默认"选项卡→"绘图"面板→"矩形"按钮，配合"捕捉自"功能绘制过道位置的矩形吊顶，命令行操作如下。

```
命令: _rectang
指定第一个角点或 [倒角(C)/标高(E)/圆角(F)/厚度(T)/宽度(W)]: //激活"捕捉自"功能
_from 基点:                              //捕捉如图 13-66 所示的端点 A
<偏移>:                                  //@540,100 Enter
指定另一个角点或 [面积(A)/尺寸(D)/旋转(R)]:    //@1040,625 Enter
```

（3）单击“默认”选项卡→“绘图”面板→“直线”按钮，配合端点和中点捕捉功能绘制矩形中线和对角线，结果如图 13-67 所示。

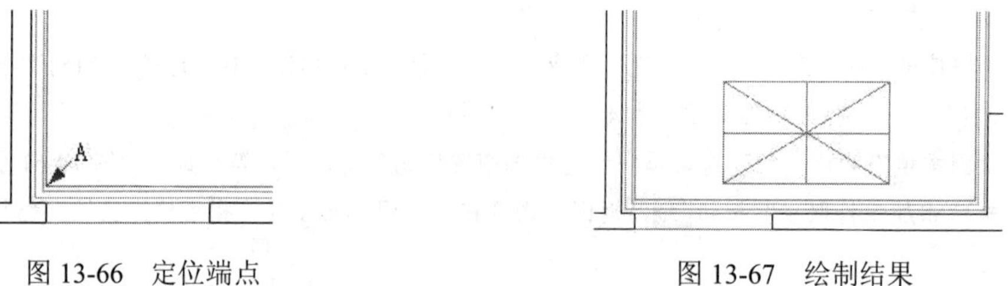

图 13-66　定位端点　　　　图 13-67　绘制结果

（4）单击“默认”选项卡→“修改”面板→“偏移”按钮，将两条中心和对角线对称偏移 25 个单位。

（5）使用快捷键“BO”激活“边界”命令，将“对象类型”设置为“多段线”，然后分别在如图 13-68 所示的 1、2、3、4、5、6、7、8 个区域拾取点，创建 8 个边界。

（6）使用快捷键“E”激活“删除”命令，删除除 8 条边界外的所有图线，结果如图 13-69 所示。

（7）单击“默认”选项卡→“修改”面板→“复制”按钮，将 8 条边界沿 Y 轴正方向复制 675 个单位，结果如图 13-70 所示。

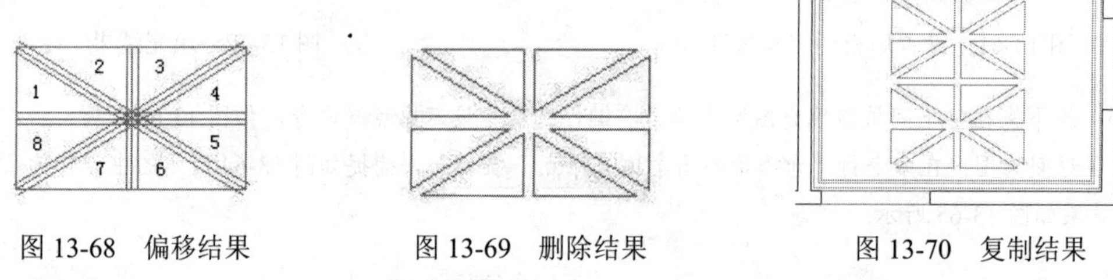

图 13-68　偏移结果　　　　图 13-69　删除结果　　　　图 13-70　复制结果

（8）最后执行“另存为”命令，将图形命名存储为“绘制 KTV 包厢天花图.dwg”。

13.6　绘制夜总会 KTV 包厢灯具图

本例主要学习夜总会 KTV 包厢吊顶灯带、灯具图的绘制方法和绘制技巧。KTV 包厢灯具图的最终绘制效果如图 13-71 所示。

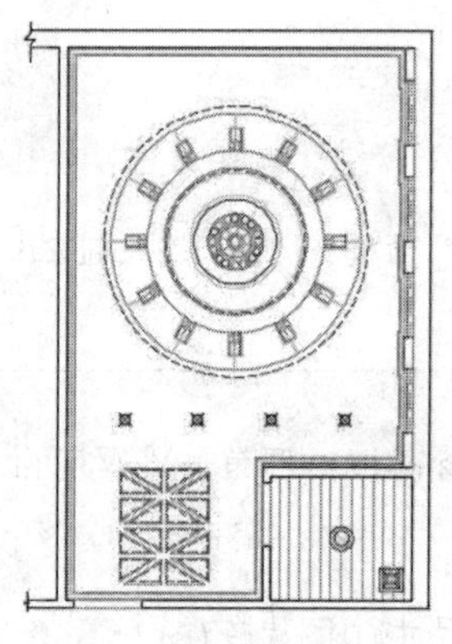

图 13-71　实例效果

13.6.1 绘制包厢吊顶灯带图

（1）打开上例存储的“绘制 KTV 包厢天花图.dwg”，或直接从随书光盘中的“\效果文件\第 13 章\”目录下调用此文件。

（2）展开“默认”选项卡→“图层”面板→“图层”下拉列表，将“灯具层”设置为当前图层。

（3）使用快捷键“LT”激活“线型”命令，在打开的“线型管理器”对话框中加载 DASHED 线型，并设置线型比例为 10。

（4）在无命令执行的前提下，夹点显示半径为 800 的圆和最外侧的大圆，如图 13-72 所示。

（5）展开“默认”选项卡→“特性”面板→“线型”下拉列表，修改线型为 DASHED。

（6）展开“默认”选项卡→“特性”面板→“对象颜色”列表，修改图线的颜色为洋红。

（7）接下来按下 Esc 键取消对象的夹点显示，线型和颜色修改后的效果如图 13-73 所示。

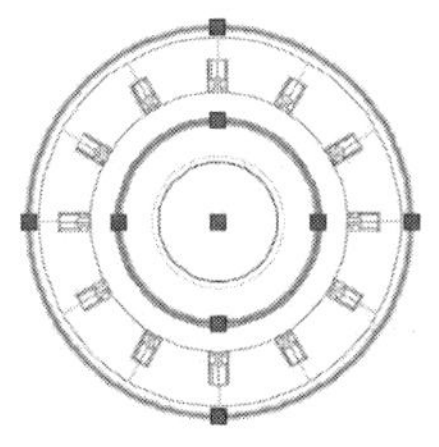

图 13-72 夹点效果

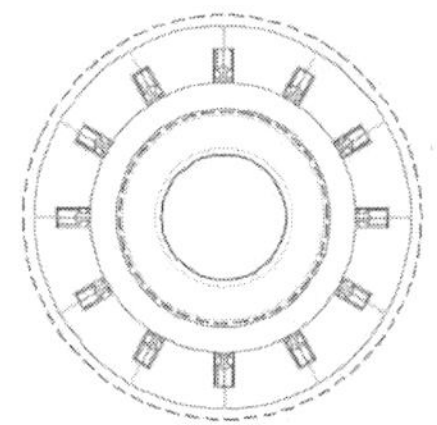

图 13-73 修改结果

13.6.2 绘制包厢过道灯带图

（1）继续上节操作。

（2）单击“默认”选项卡→“修改”面板→“偏移”按钮，分别将图 13-74 所示的四条吊顶轮廓线向内偏移 20 个单位，作为灯带轮廓线，偏移结果如图 13-75 所示。

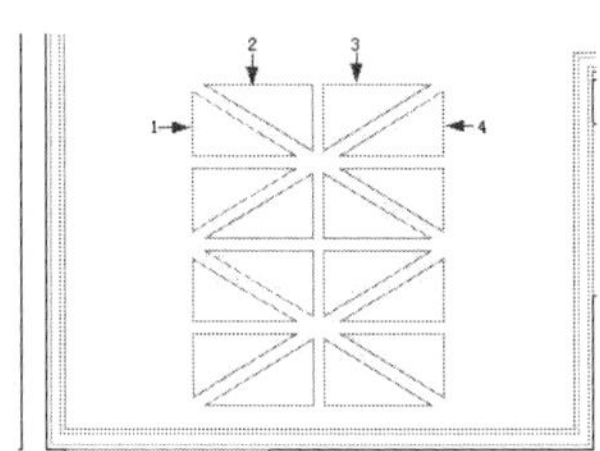

图 13-74 定位偏移对象

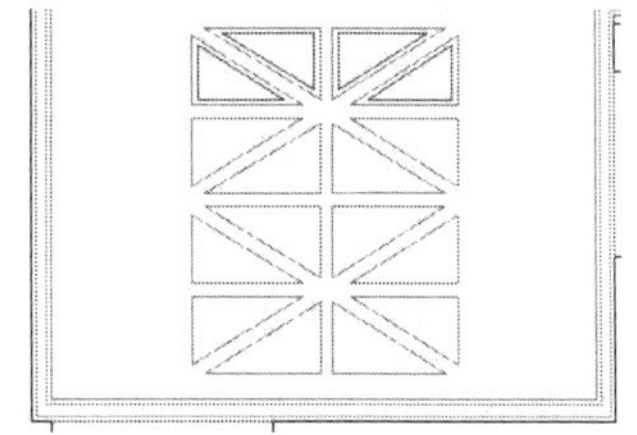

图 13-75 偏移结果

（3）使用快捷键“MA”激活“特性匹配”命令，选择如图 13-76 所示的对象作为源对象，将其线型和颜色属性匹配刚偏移出的 4 条多段线，匹配结果如图 13-77 所示。

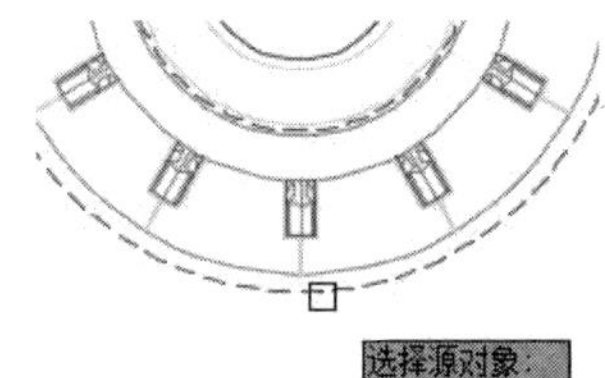

图 13-76 选择源对象

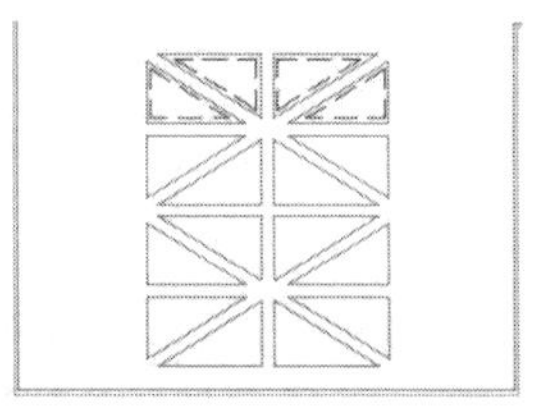

图 13-77 匹配结果

（4）单击“默认”选项卡→“修改”面板→“镜像”按钮，配合“两点之间的中点”功能，将匹配后的灯带进行镜像，结果如图 13-78 所示。

（5）单击“默认”选项卡→“修改”面板→“复制”按钮，选择匹配和镜像后的 8 条灯带，沿 Y 轴负方向复制 675 个单位，结果如图 13-79 所示。

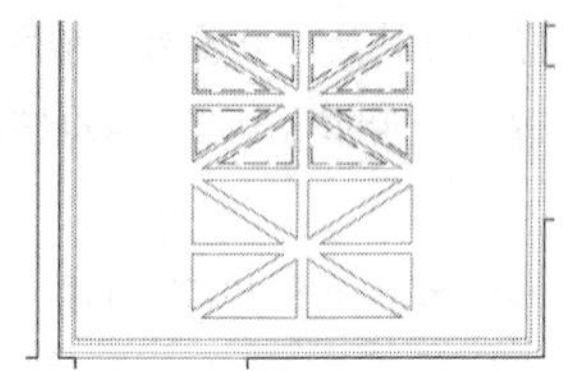
图 13-78　镜像结果

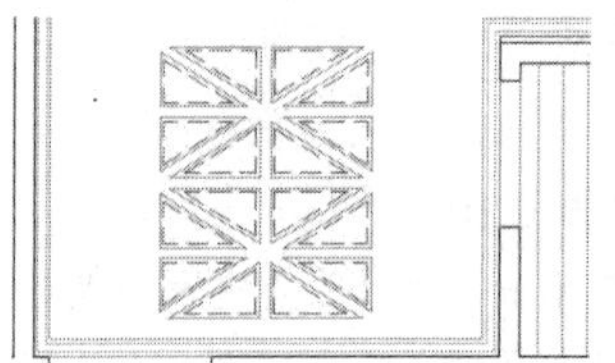
图 13-79　复制结果

13.6.3　绘制包厢吊顶主灯具

（1）继续上节操作。

（2）使用快捷键“I”激活“插入块”命令，在打开的“插入”对话框中单击浏览(B)...按钮，选择随书光盘中的“\图块文件\造型灯具.dwg”。

（3）返回绘图区，在命令行“指定插入点或 [基点(B)/比例(S)/旋转(R)]:”提示下捕捉如图 13-80 所示的圆心作为插入点。

（4）重复执行“插入块”命令，插入随书光盘中的“\图块文件\吸顶灯 02.dwg”，块参数设置如图 13-81 所示。

（5）返回绘图区配合“中点捕捉”和“对象追踪”功能，根据命令行的提示，捕捉如图 13-82 所示的中点追踪虚线的交点作为插入点，插入吸顶灯。

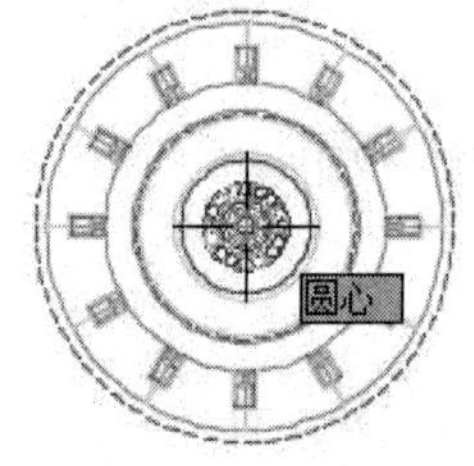

图 13-80　定位插入点

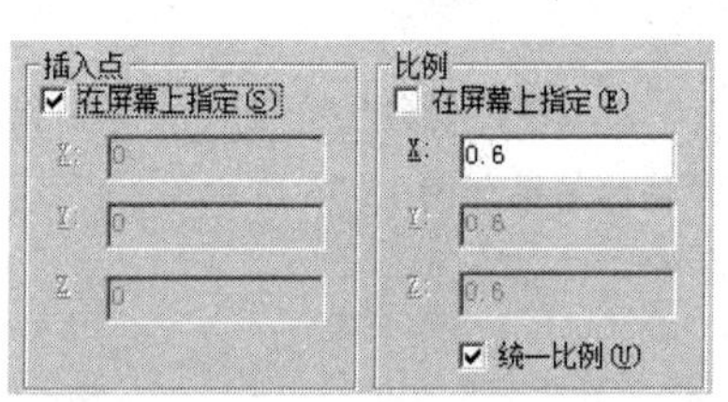

图 13-81　设置块参数

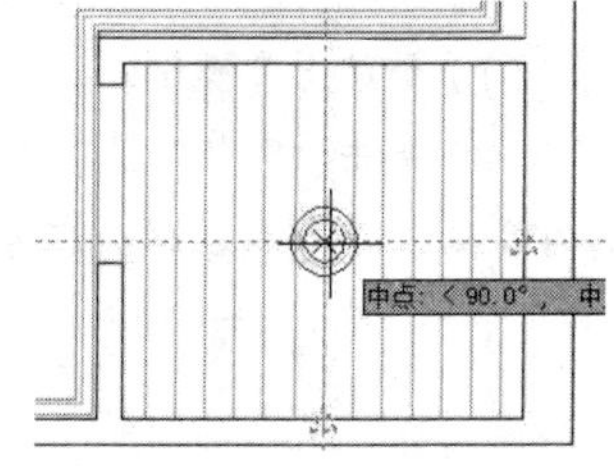

图 13-82　定位插入点

（6）使用快捷键“I”激活“插入块”命令，配合“捕捉自”功能插入光盘中的“\图块文件\排气扇.dwg”，命令行操作如下。

```
命令: I                    //Enter
INSERT 指定插入点或 [基点(B)/比例(S)/旋转(R)]:  //激活“捕捉自”功能
_from 基点:                //捕捉如图 13-83 所示的端点
<偏移>:                    //@-240,240 Enter，结果如图 13-84 所示
```

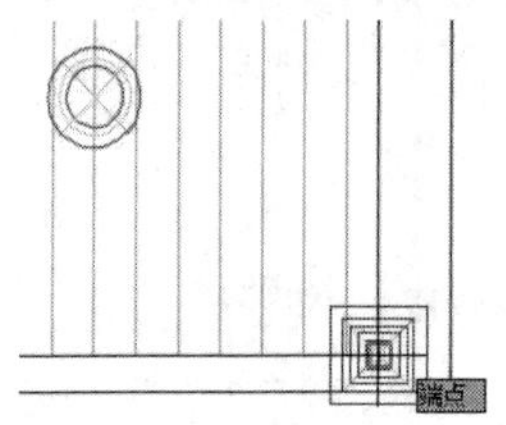

图 13-83　捕捉端点

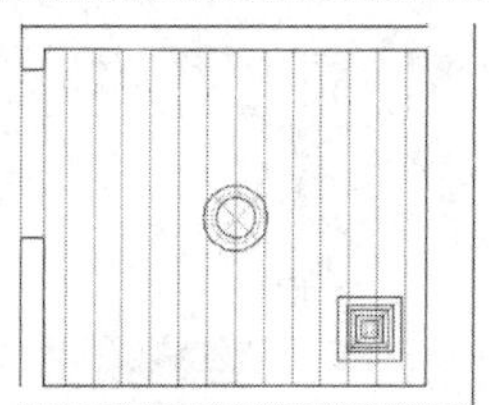
图 13-84　插入结果

（7）在无命令执行的前提下夹点显示地板填充图案，然后单击右键，选择如图“图案填充编辑”命令，如图 13-85 所示。

（8）此时打开“图案填充编辑”对话框，单击“添加：选择对象”按钮，返回绘图区选择刚插入的吸顶灯和排气扇，将其被排除在填充区外，结果如图 13-86 所示。

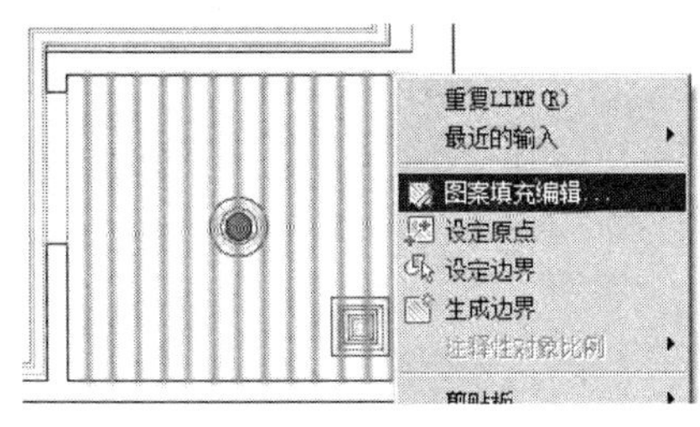

图 13-85　图案右键菜单

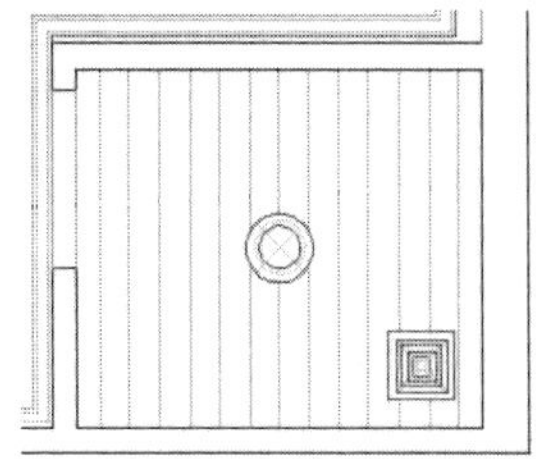
图 13-86　编辑结果

13.6.4　绘制包厢辅助灯具

（1）继续上节操作。

（2）单击“默认”选项卡→“实用工具”面板→“点样式”按钮，在打开的“点样式”对话框中设置点的样式为“⊠”，点的大小为 100 个单位。

（3）单击“默认”选项卡→“绘图”面板→“构造线”，使用命令中的“偏移”选项功能，绘制如图 13-87 所示的构造线作为灯具定位辅助线。

（4）单击“默认”选项卡→“修改”面板→“修剪”按钮，以内侧的吊顶轮廓线作为边界，对构造线进行修剪，结果如图 13-88 所示。

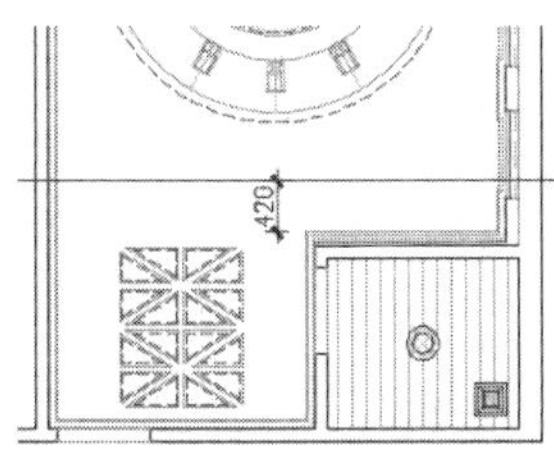

图 13-87　绘制结果

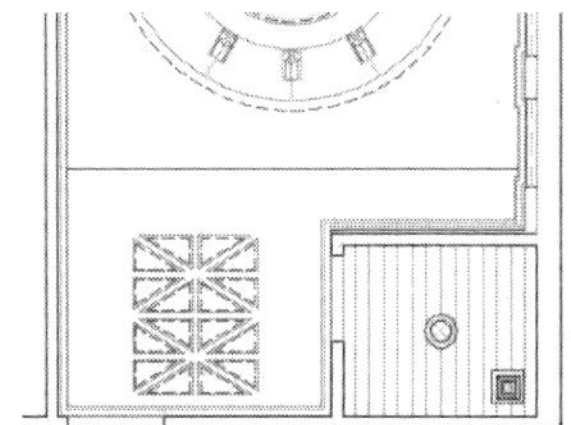
图 13-88　修剪结果

（5）使用快捷键“ME”激活“定距等分”命令，将辅助线进行定距等分，将等分点作为辅助灯具，命令行操作如下。

```
命令: _measure
MEASURE 选择要定距等分的对象:      //在辅助线左端单击，如图 13-89 所示
指定线段长度或 [块(B)]:            //850 Enter，等分结果如图 13-90 所示
```

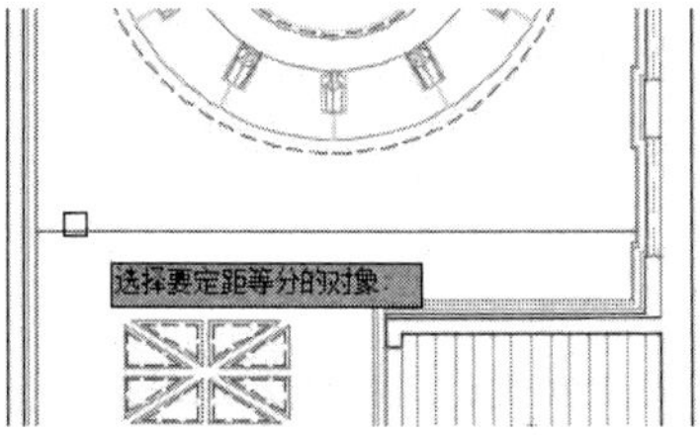

图 13-89　选择等分对象

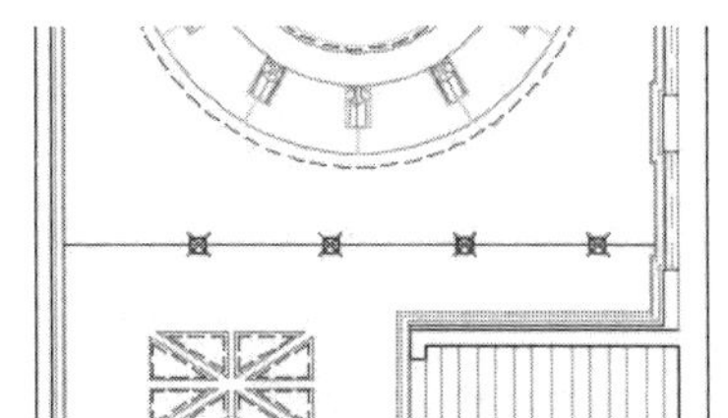
图 13-90　等分结果

（6）单击“默认”选项卡→“修改”面板→“移动”按钮，窗口选择如图 13-91 所示的四个等分点，水平左移 255 个单位，结果如图 13-92 所示。

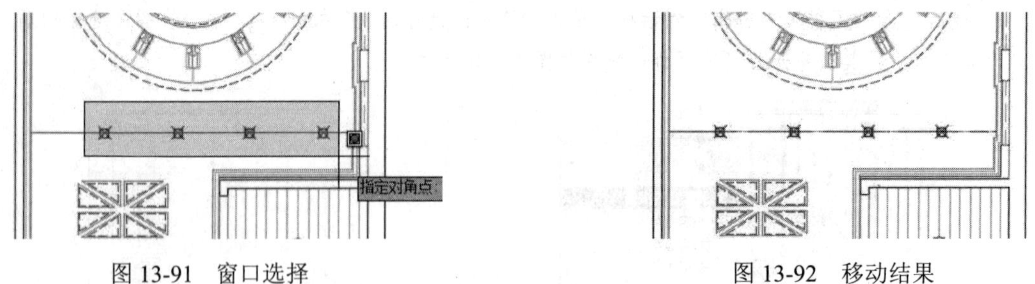

图 13-91　窗口选择　　　　图 13-92　移动结果

（7）使用快捷键“E”激活“删除”命令，选择构造线进行删除。

（8）最后执行“另存为”命令，将图形命名存储为“绘制夜总会包厢灯具图.dwg”。

13.7　标注夜总会 KTV 包厢天花图

本例主为夜总会 KTV 包厢天花图标注天花尺寸、灯池尺寸以及装修材质注释等内容，本例最终的标注效果，如图 13-93 所示。

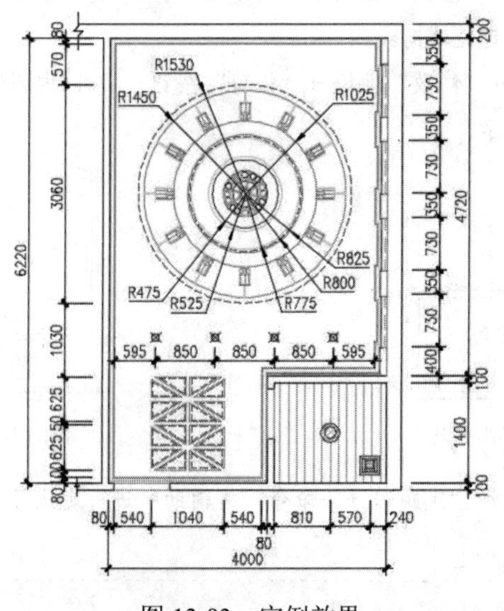

图 13-93　实例效果

13.7.1　标注包厢吊顶尺寸

（1）打开上例存储的“绘制夜总会包厢灯具图 dwg”，或直接从随书光盘中的“\效果文件\第 13 章\”目录下调用此文件。

（2）展开“默认”选项卡→“图层”面板→“图层”下拉列表，选择“尺寸层”设置为当前图层。

（3）使用快捷键“E”激活“删除”命令，删除平面图左侧和下侧的尺寸。

（4）单击“默认”选项卡→“注释”面板→“线性”按钮，配合捕捉追踪功能标注如图 13-94 所示的线角尺寸。

（5）单击“注释”选项卡→“标注”面板→“连续”按钮，以刚标注的尺寸作为基准尺寸，配合追踪与捕捉功能标注如图 13-95 所示的细部尺寸。

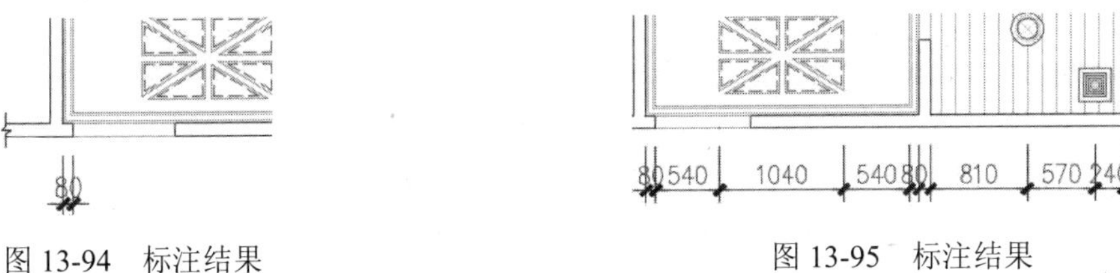

图 13-94　标注结果　　　　图 13-95　标注结果

（6）在无命令执行的前提下夹点显示如图 13-96 所示的尺寸对象，将光标放在标注文字夹点上，从弹出的快捷菜单中选择“仅移动文字”选项。

（7）根据命令行的提示在适当位置分别调整注文字的位置，并取消尺寸的夹点，调整结果如图 13-97 所示。

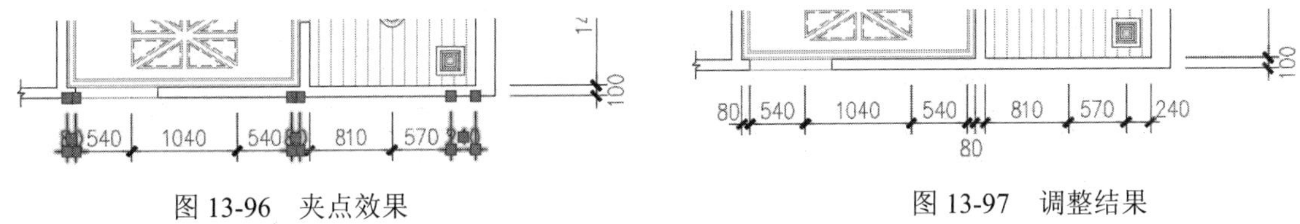

图 13-96　夹点效果　　　　图 13-97　调整结果

（8）单击“默认”选项卡→“注释”面板→“线性”按钮，标注天花图下侧的总尺寸，结果如图 13-98 所示。

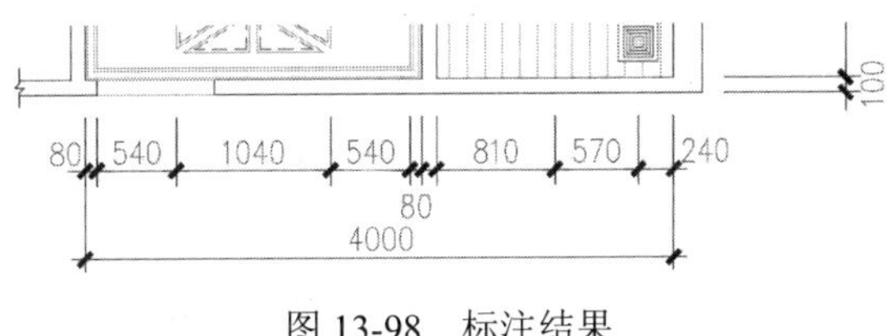

图 13-98　标注结果

（9）参照 4～8 操作步骤，综合使用“线性”和“连续”命令，分别标注其他位置的尺寸，并适当调整重叠标注文字的位置，结果如图 13-99 所示。

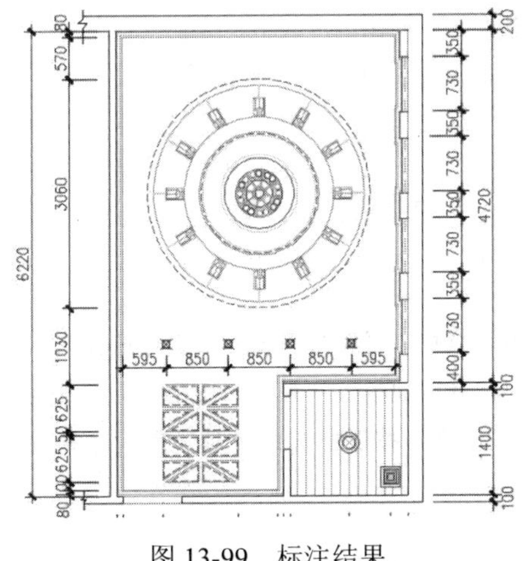

图 13-99　标注结果

13.7.2 标注圆形灯池尺寸

（1）继续上节操作。

（2）使用快捷键“D”激活“标注样式”命令，以“建筑标注”作为基础样式，新建名为“建筑标注 2”的新样式。

（3）展开“符号和箭头”选项卡，设置新样式的尺寸箭头和大小，如图 13-100 所示。

（4）展开“文字”选项卡，设置文字的样式、位置及对齐方式等参数，如图 13-101 所示。

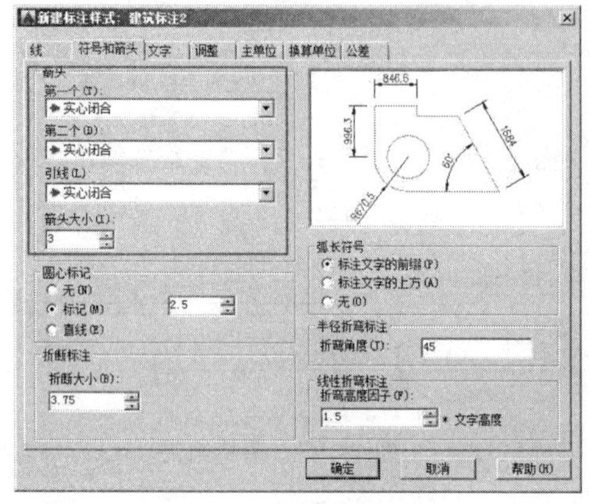

图 13-100 设置箭头及大小

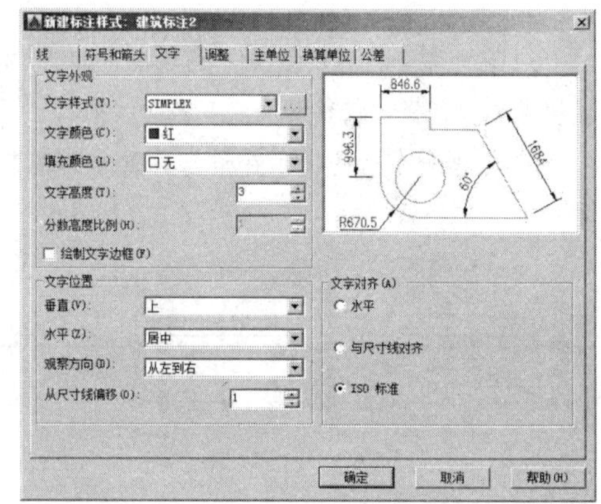

图 13-101 设置对齐方式

（5）展开“调整”选项卡，设置调整选项、文字位置及标注比例等，如图 13-102 所示。

（6）其他参数继续沿用基础标注样式中的设置，返回“标注样式管理器”，新样式的预览效果，如图 13-103 所示。

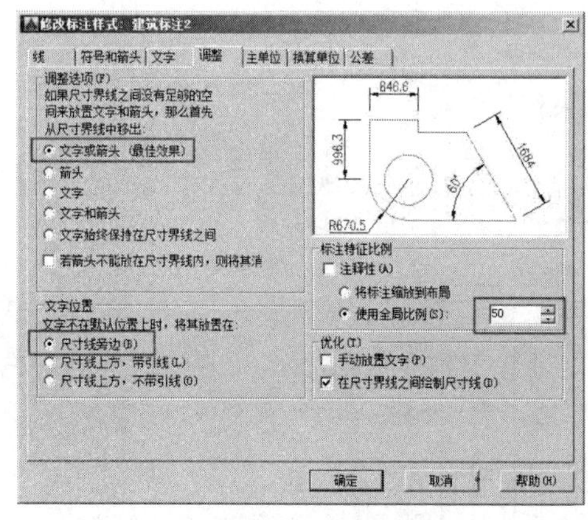

图 13-102 设置“调整”参数

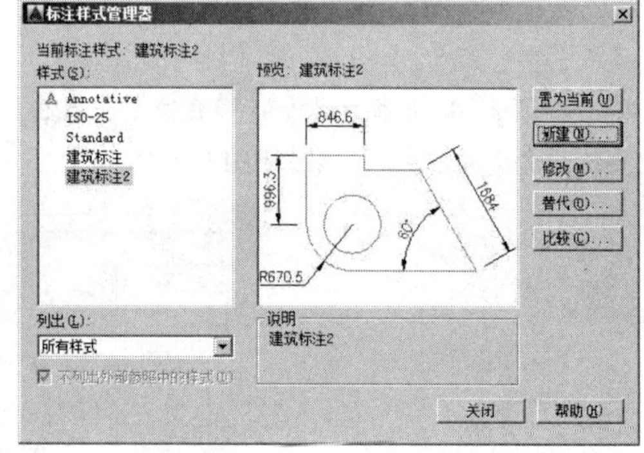

图 13-103 设置效果

（7）在“标注样式管理器”对话框中，将新样式设为当前标注样式，然后关闭对话框。

（8）单击“默认”选项卡→“注释”面板→“半径”按钮，选择标注如图 13-104 所示的半径尺寸。

（9）接下来重复执行“半径”命令，按照当前的参数设置，分别标注其他位置的半径尺寸，结果如图 13-105 所示。

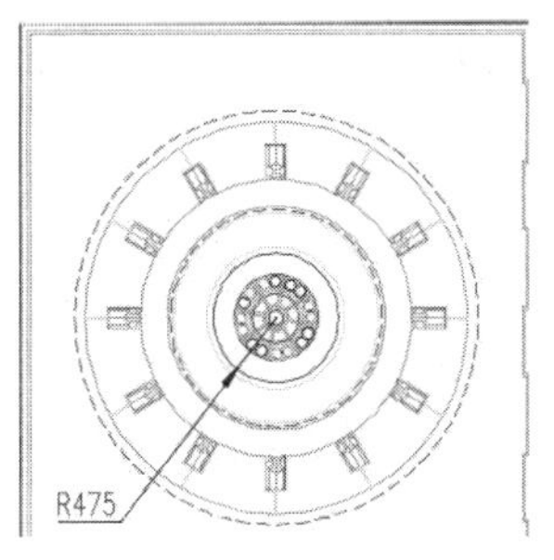

图 13-104　标注结果

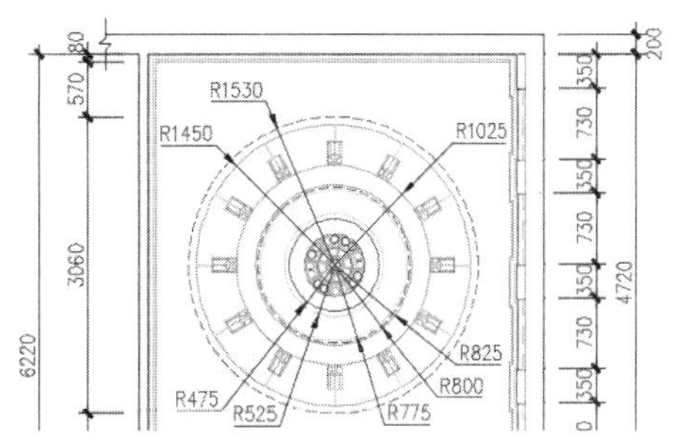

图 13-105　标注其他尺寸

13.7.3　标注包厢吊顶装修材质

（1）继续上节操作。

（2）展开“默认”选项卡→“图层”面板→“图层”下拉列表，将“文本层”设置为当前图层。

（3）展开“默认”选项卡→“图层”面板→“图层”下拉列表，将“仿宋体”设置为当前文字样式。

（4）暂时关闭状态栏上的“对象捕捉”功能，单击“默认”选项卡→“绘图”面板→“直线”按钮，绘制如图 13-106 所示的文字指示线。

（5）使用快捷键“col”激活“颜色”命令，在打开的“选择颜色”对话框中将当前颜色设置为红色。

（6）单击“默认”选项卡→“注释”面板→“单行文字”按钮，设置字体高度为 210，标注如图 13-107 所示的文字注释。

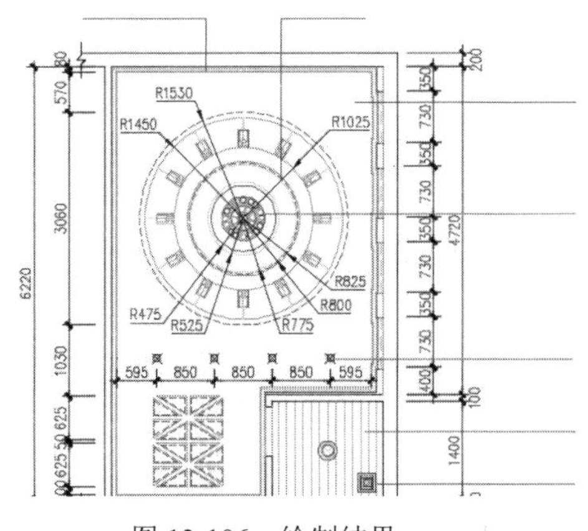

图 13-106　绘制结果

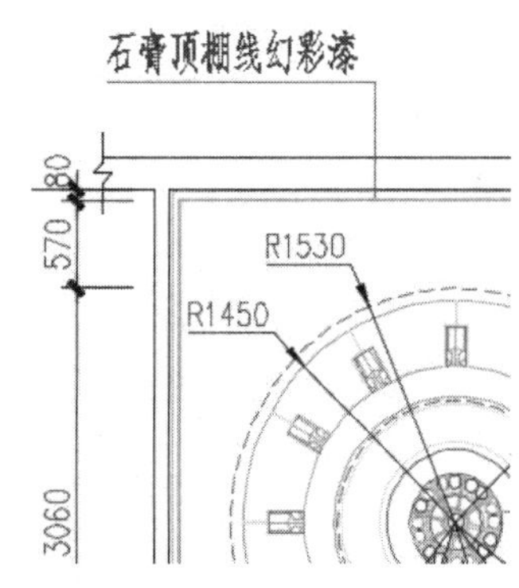

图 13-107　标注结果

（7）单击“默认”选项卡→“修改”面板→“复制”按钮，将标注的单行文字分别复制到其他指示线上。

（8）使用快捷键“ED”激活“编辑文字”命令，选择复制出的文字进行编辑，输入正确的文字内容，如图 13-108 所示。

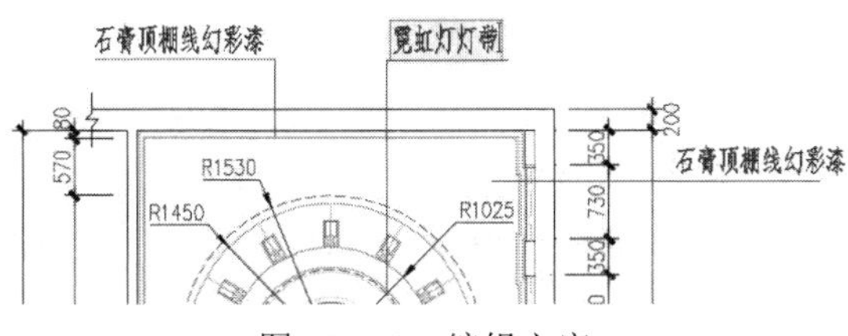

图 13-108　编辑文字

（9）接下来重复使用“编辑文字”命令，分别对其他位置的文字注释进行编辑，结果如图 13-109 所示。

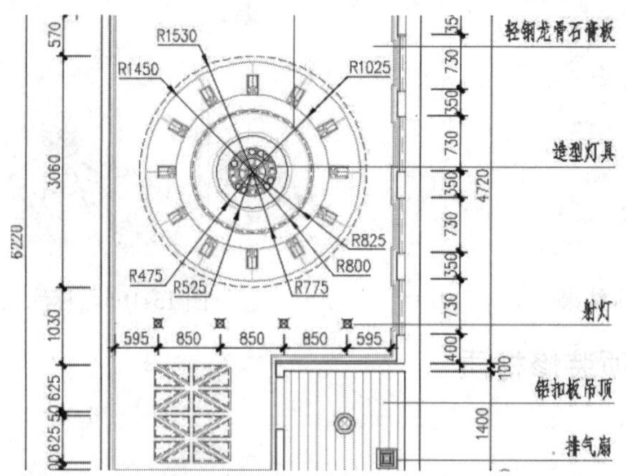

图 13-109　修改其他文字

（10）最后执行“另存为”命令，将图形命名存储为“标注 KTV 包厢天花图.dwg”。

13.8　绘制夜总会 KTV 包厢立面图

本例通过绘制包厢 B 向立面图，主要学习 KTV 包厢装修立面图的具体绘制过程和绘制技巧。本例最终绘制效果如图 13-110 所示。

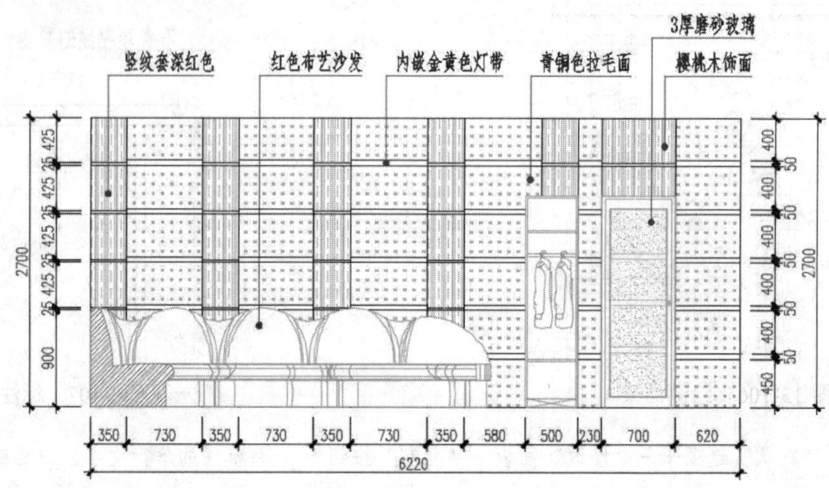

图 13-110　实例效果

13.8.1　绘制包厢 B 向轮廓图

（1）单击“快速访问”工具栏→“新建”按钮，调用随书光盘“\样板文件\室内绘图样板.dwt”。

（2）展开“默认”选项卡→“图层”面板→“图层”下拉列表，设置“轮廓线”为当前图层。

（3）单击“默认”选项卡→“绘图”面板→“矩形”按钮，绘制长度为 6220、宽度为 2700 的墙面外轮廓线。

（4）单击“默认”选项卡→“修改”面板→“分解”按钮，将矩形分解。

（5）单击“默认”选项卡→“修改”面板→“矩形阵列”按钮，将下侧的水平边向上阵列 6 份，行偏移为 450，结果如图 13-111 所示。

（6）单击“默认”选项卡→“修改”面板→“偏移”按钮，偏移矩形垂直边，结果如图 13-112 所示。

图 13-111　阵列结果

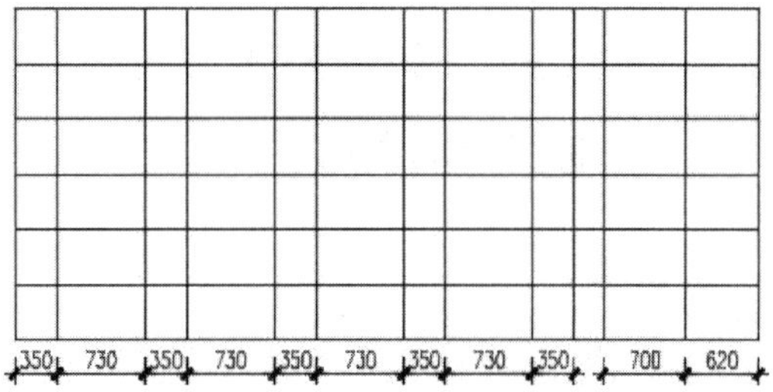

图 13-112　偏移结果

（7）单击“默认”选项卡→“修改”面板→“分解”按钮，将刚创建的阵列集合进行分解。

（8）单击“默认”选项卡→“修改”面板→“复制”按钮，选择下侧第 2 条水平图线，沿 Y 轴的正方向复制 25 和 50 个单位，复制结果如图 13-113 所示。

（9）单击“默认”选项卡→“修改”面板→“修剪”按钮，修剪复制的两条图线，结果如图 13-114 所示。

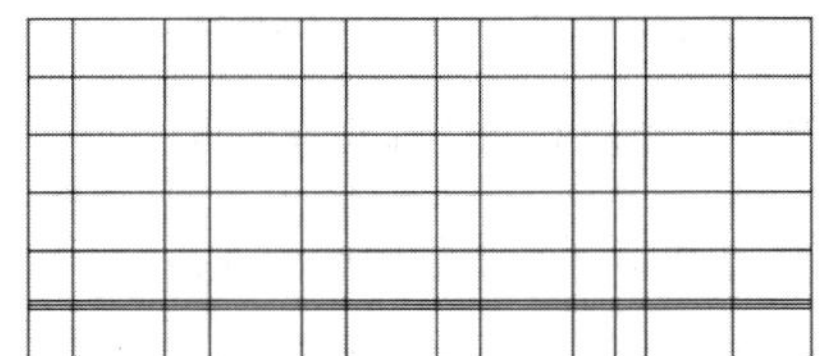

图 13-113　复制结果

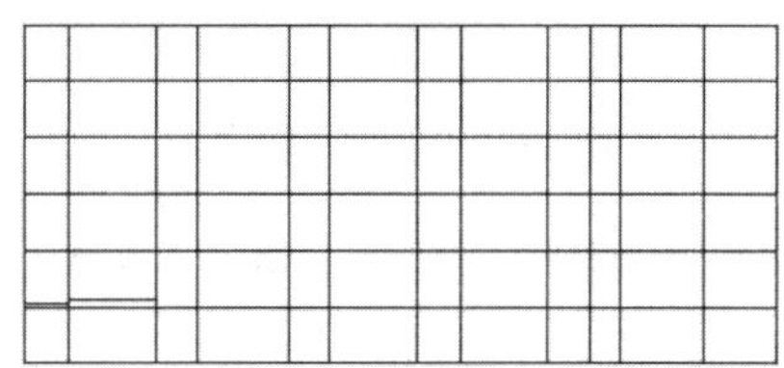

图 13-114　修剪结果

（10）单击“默认”选项卡→“修改”面板→“矩形阵列”按钮，将修剪后的左侧水平图线阵列 5 列、5 行，其中列偏移为 1080、偏移为 450，结果如图 13-115 所示。

（11）重复执行“矩形阵列”命令，将修剪后另一条水平图线阵列 4 列 5 行，其中列偏移为 1080、行偏移为 450，结果如图 13-116 所示。

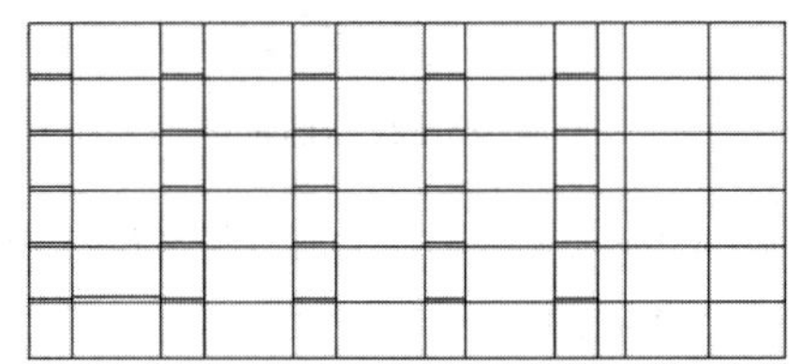

图 13-115　阵列结果

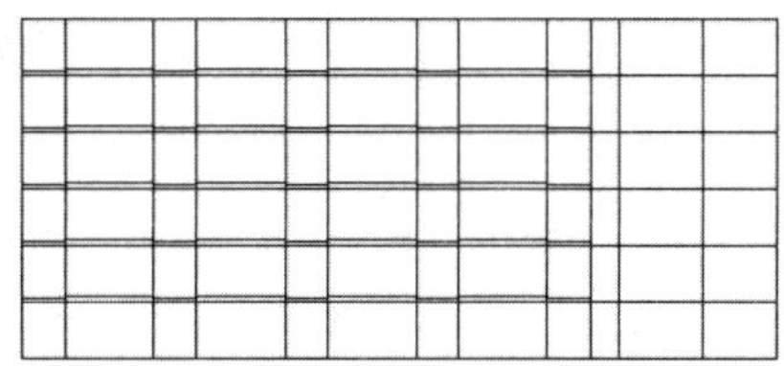

图 13-116　阵列结果

（12）单击“默认”选项卡→“绘图”面板→“直线”按钮，配合延伸捕捉和交点捕捉功能绘制如图 13-117 所示的 3 条水平图线。

（13）单击“默认”选项卡→“修改”面板→“矩形阵列”按钮，将水平图线 1 和 2 向上阵列 5 行，行偏移为 450，阵列结果如图 13-118 所示。

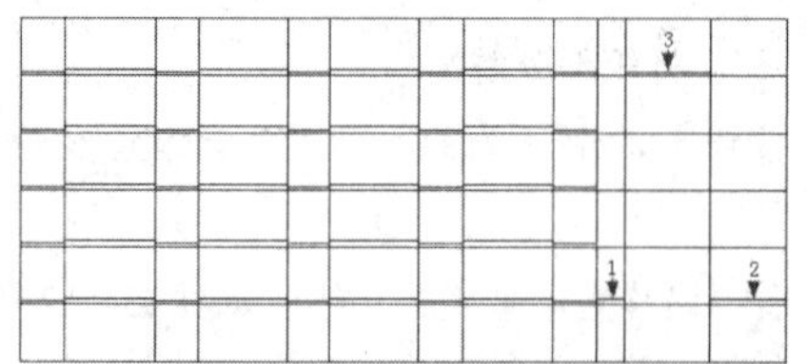

图 13-117　绘制结果

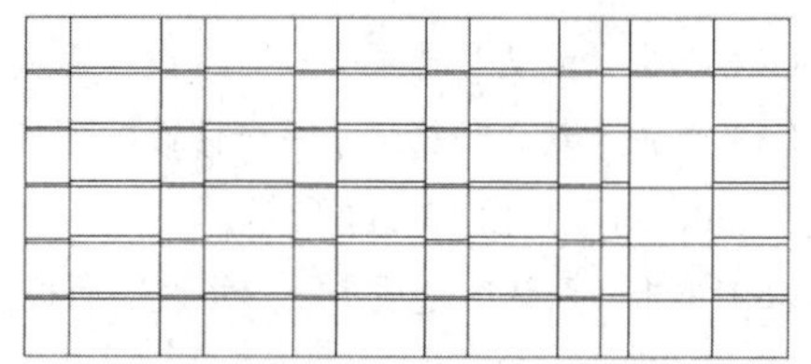
图 13-118　阵列结果

13.8.2　绘制包厢墙面构件图

（1）继续上节操作。

（2）展开“默认”选项卡→“图层”面板→“图层”下拉列表，将“图块层”设置为当前图层。

（3）使用快捷键“I”激活“插入块”命令，插入随书光盘中的“\图块文件\立面沙发 03.dwg”，块参数设置如图 13-119 所示。

（4）返回绘图区，在命令行“指定插入点或 [基点(B)/比例(S)/旋转(R)]:”提示下捕捉如图 13-120 所示的端点作为插入点。

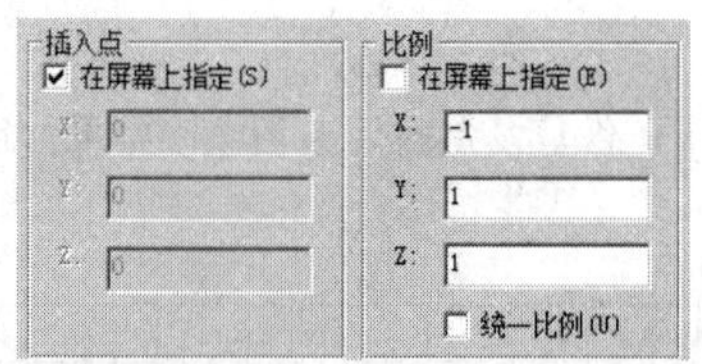

图 13-119　设置块参数

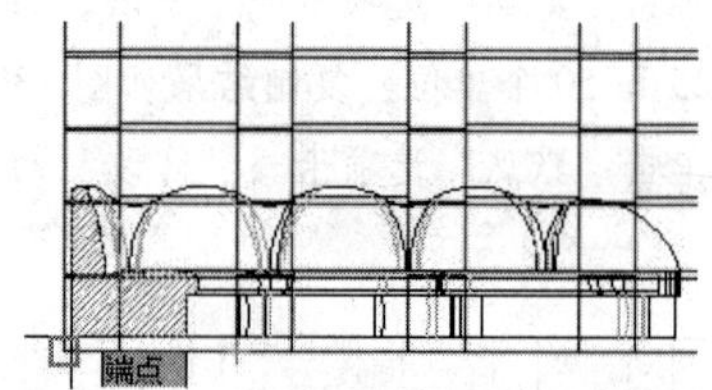

图 13-120　定位插入点

（5）重复执行“插入块”命令，以默认参数插入随书光盘中的“\图块文件\立面衣柜 03.dwg”，插入点为图 13-121 所示的交点。

（6）重复执行“插入块”命令，以默认参数插入随书光盘中的“\图块文件\立面门 05.dwg”，插入点为图 13-122 所示的交点。

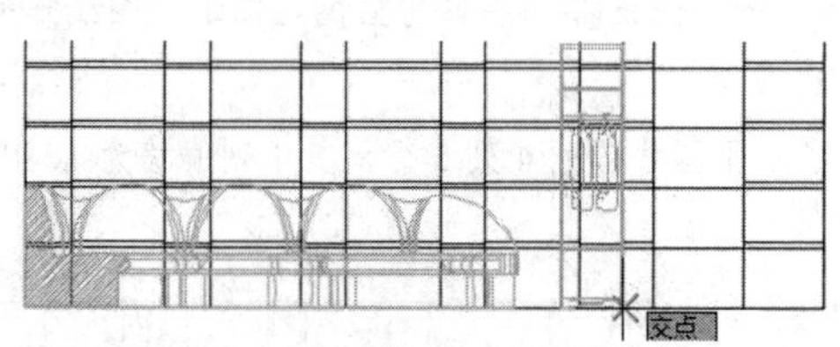

图 13-121　捕捉交点

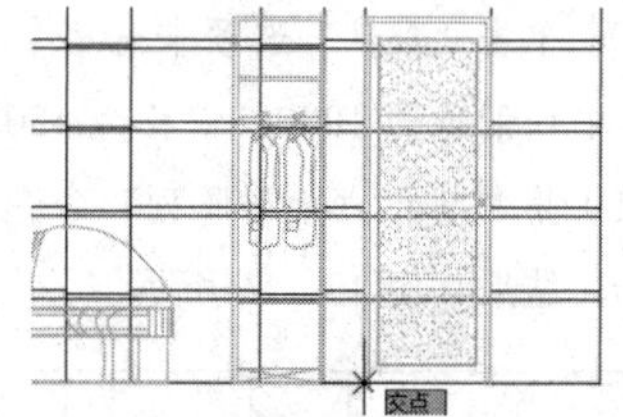

图 13-122　捕捉交点

（7）单击“默认”选项卡→“修改”面板→“修剪”按钮-/--，以沙发、衣柜、立面门等家具外轮廓边作为修剪边界，对墙面轮廓线进行修剪，并删除多余图线，结果如图 13-123 所示。

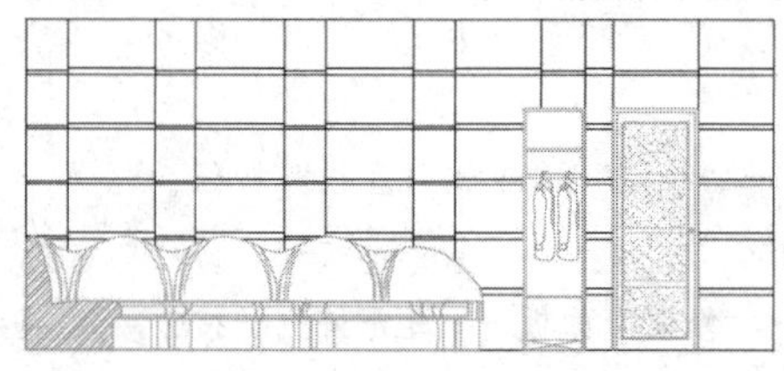
图 13-123　编辑结果

13.8.3 绘制包厢墙面装饰线

（1）继续上节操作。

（2）展开“默认”选项卡→“图层”面板→“图层”下拉列表，将“填充层”的图层设置为当前图层。

（3）单击状态栏上的按钮▩，打开透明度特性。

（4）使用快捷键“H”激活“图案填充”命令，在命令行“拾取内部点或 [选择对象(S)/设置(T)]:”提示下，激活“设置”选项，打开“图案填充和渐变色”对话框。

（5）在“图案填充和渐变色”对话框中选择图案并设置填充比例、角度、关联特性等，如图 13-124 所示。

（6）单击“添加：拾取点”按钮▣，返回绘图区在所需区域单击左键，为立面图填充如图 13-125 所示的图案。

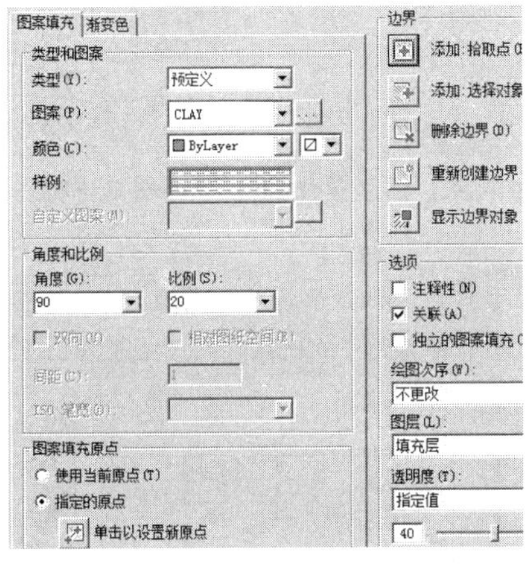

图 13-124 设置填充图案与参数

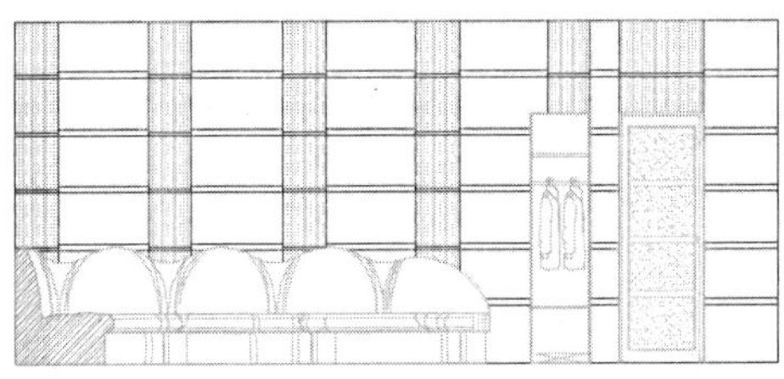

图 13-125 填充结果

（7）重复执行“图案填充”命令，配合命令中的“设置”选项功能，设置填充图案与参数如图 13-126 所示。

（8）单击“添加：拾取点”按钮▣，返回绘图区在所需区域单击左键，为立面图填充如图 13-127 所示的图案。

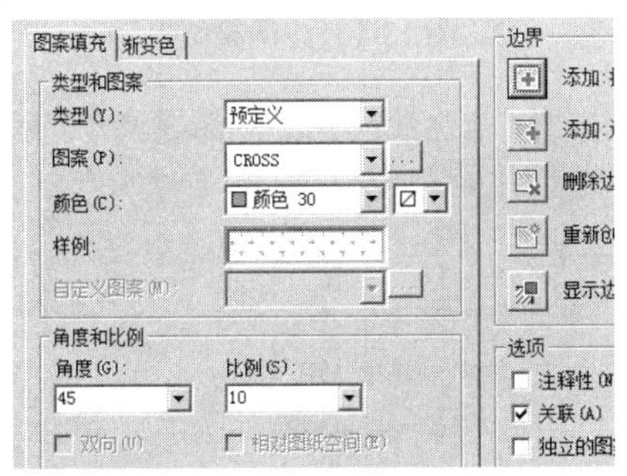

图 13-126 设置填充图案与参数

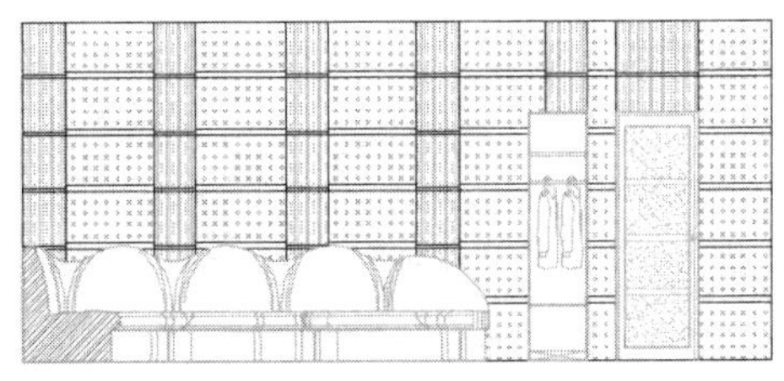

图 13-127 填充结果

13.8.4 标注包厢立面图尺寸

（1）继续上节操作。

（2）展开“默认”选项卡→“图层”面板→“图层”下拉列表，选择“尺寸层”设置为当前图层。

（3）使用快捷键“D”激活“标注样式”命令，将“建筑标注”设为当前样式，并修改标注比例为 35。

（4）单击“默认”选项卡→“注释”面板→“线性”按钮，标注如图 13-128 所示的墙面尺寸。

（5）单击“注释”选项卡→“标注”面板→“连续”按钮，以刚标注的尺寸作为基准尺寸，继续标注墙面细部尺寸，结果如图 13-129 所示。

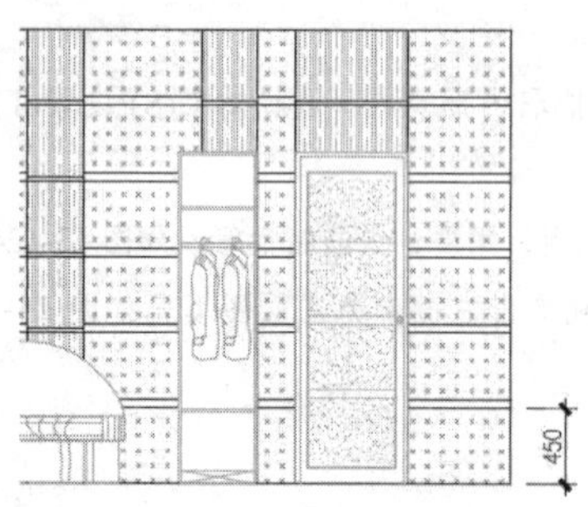

图 13-128　标注结果

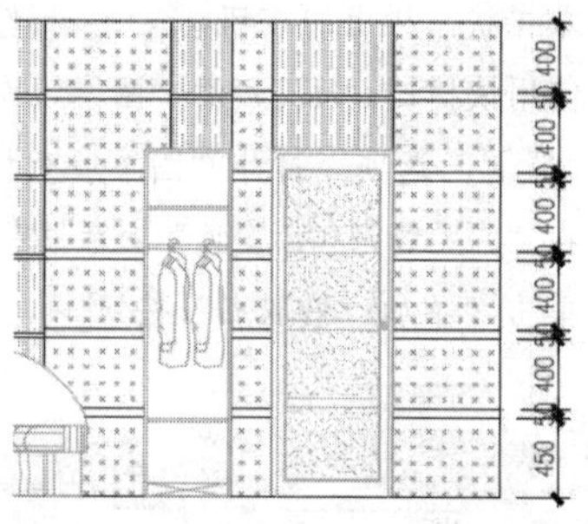

图 13-129　标注结果

（6）在无命令执行的前提下夹点显示如图 13-130 所示的尺寸对象，然后按住 Shift 键分别单击标注文字的夹点，将其转为夹基点。

（7）接下来将光标放在标注文字夹点上，从弹出的快捷菜单中选择“仅移动文字”选项。

（8）根据命令行的提示在适当位置分别调整标注文字的位置，并取消尺寸的夹点，调整结果如图 13-131 所示。

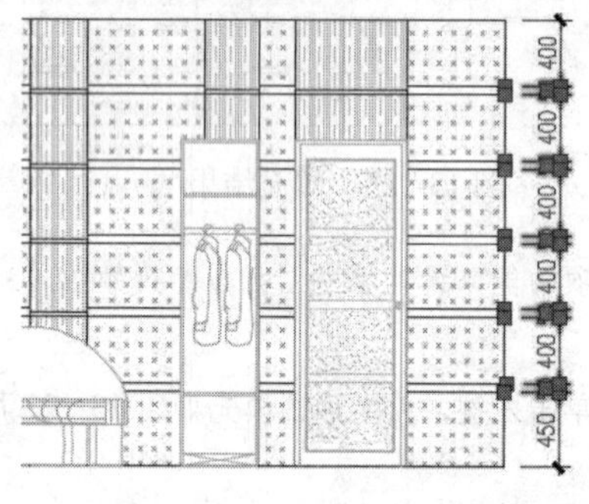

图 13-130　夹点效果

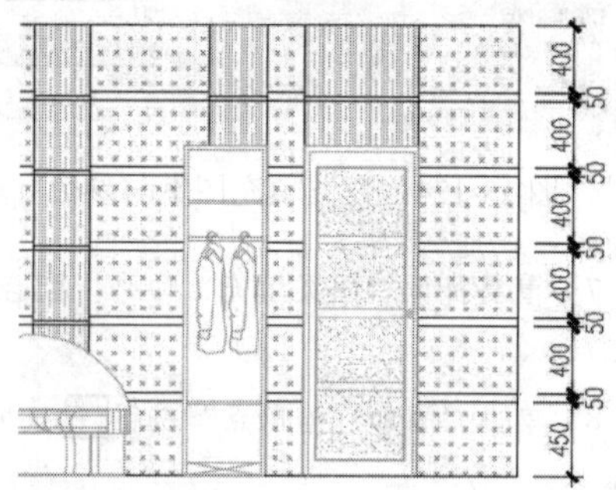

图 13-131　调整结果

（9）接下来综合使用“线性”和“连续”命令，分别标注立面图其他位置的细部尺寸和总尺寸，结果如图 13-132 所示。

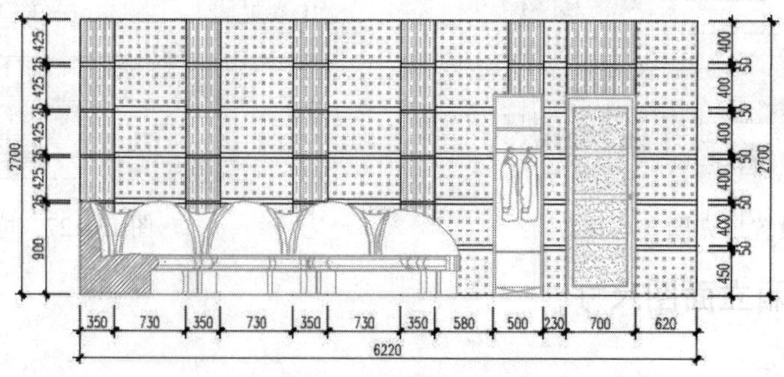

图 13-132　标注其他尺寸

13.8.5 标注包厢墙面材质注释

（1）继续上节操作。

（2）展开“默认”选项卡→“图层”面板→“图层”下拉列表，将“文本层”设置为当前图层。

（3）关闭状态栏上的“对象捕捉”功能，然后使用快捷键“D”激活“标注样式”命令，替代当前标注样式如图 13-133 和图 13-134 所示。

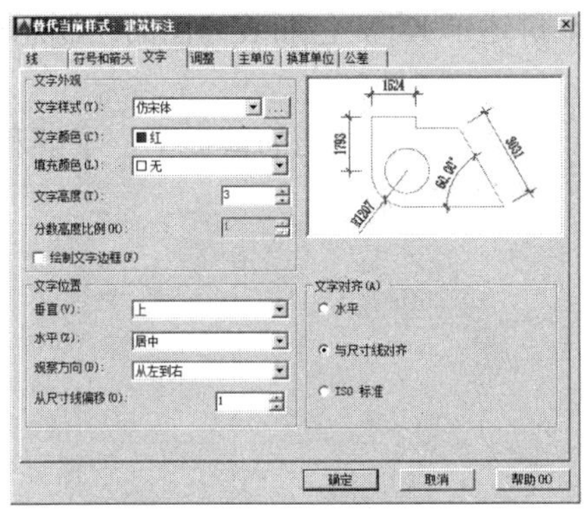

图 13-133 替代文字样式

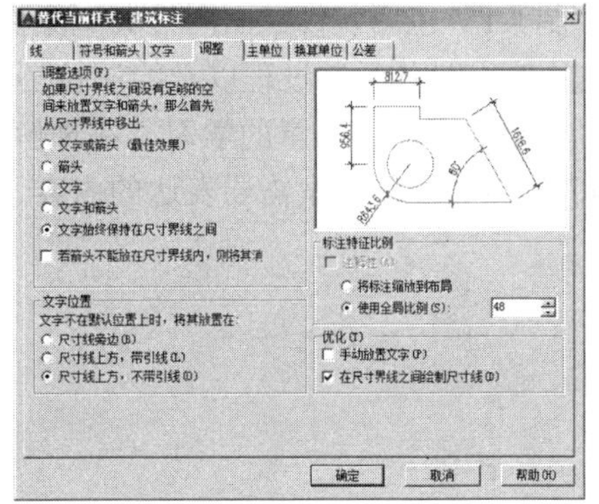

图 13-134 替代标注比例

（4）使用快捷键“LE”激活“快速引线”命令，激活命令中的“设置”选项，设置引线和箭头参数如图 13-135 所示。

（5）在“引线设置”对话框中展开“附着”选项卡，设置引线注释的附着位置，如图 13-136 所示。

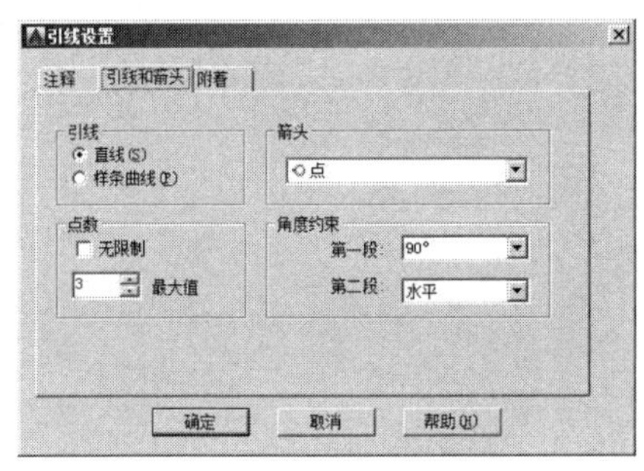

图 13-135 设置引线和箭头

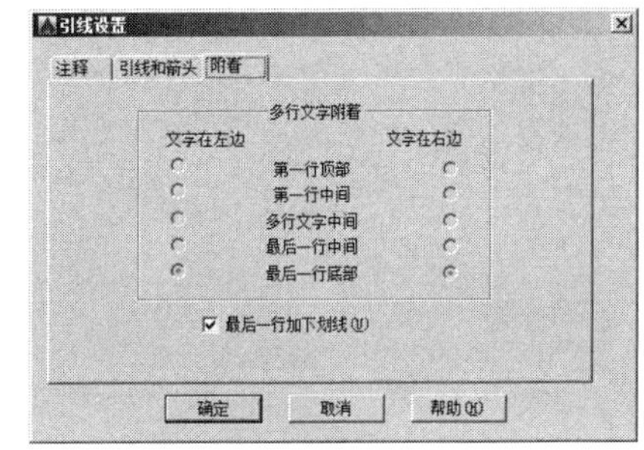

图 13-136 设置注释位置

（6）返回绘图区根据命令行的提示在适当位置指定引线点绘制引线，然后标注如图 13-137 所示的引线注释。

（7）重复执行“快速引线”命令，按照当前的引线设置，分别标注其他位置的引线注释，结果如图 13-138 所示。

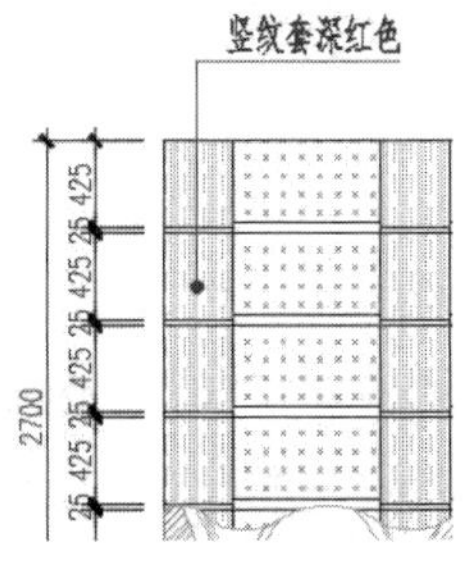

图 13-137 标注引线注释

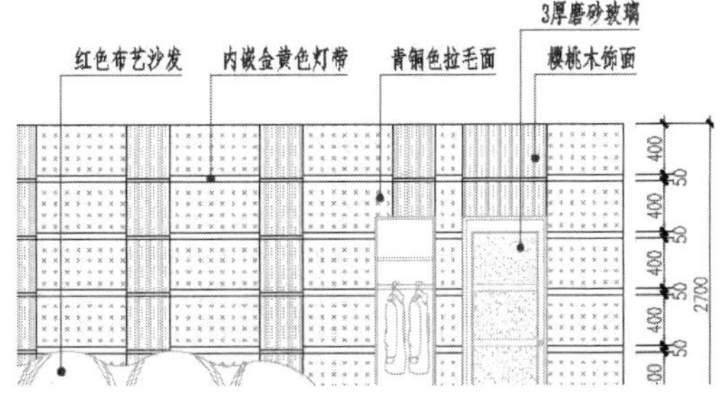

图 13-138 标注其他注释

（8）最后执行“保存”命令，将图形命名存储为“绘制夜总会KTV包厢立面图.dwg”。

13.9 本章小结

本章在概述夜总会KTV装修理论知识的前提下，通过绘制某夜总会KTV包厢布置图、标注夜总会KTV包厢布置图、绘制夜总会KTV包厢天花图、绘制夜总会KTV包厢灯具图以及绘制KTV包厢装修立面图等典型案例，详细而系统地讲述了KTV包厢装修图的绘制思路、表达内容、具体绘制过程以及绘制技巧。

希望读者通过本章的学习，在理解和掌握相关设计理念和设计技巧的前提下，了解和掌握KTV包厢装修方案需要表达的内容、表达思路及具体的设计过程等。

第 14 章　星级宾馆客房装修设计

宾馆和酒店的性质是一样的，都提供完整的食宿，而酒店一般规模较大、设备好、综合服务质量高，除了有客房之外，还需要设有酒吧、商店、商务中心、会议室等，宾馆却不见得具备这一系列的设备，宾馆基本上只能解决住宿问题，吃的方面只是顺便的。宾馆、旅店、招待所的区别则在于注册资金不同，宾馆最高，旅店其次，然后是招待所。

本章主要学习星级宾馆客房的装修设计。

■ 本章内容

✧ 宾馆客房设计理念
✧ 宾馆客房设计思路
✧ 绘制宾馆客房装修布置图
✧ 标注宾馆客房装修布置图
✧ 绘制宾馆客房吊顶装修图
✧ 绘制宾馆客房卧室 A 向立面图
✧ 绘制宾馆客房卧室 C 向立面图

14.1　宾馆客房设计理念

宾馆客房的装修不同于家庭装修那么功能齐全，宾馆客房的功能分区一般包括几个部分，即入口通道区、客厅区、就寝区、卫生间等，这些功能分区可视客房空间的实际大小单独安排或者交叉安排。在进行宾馆客房的装修设计时，要兼顾以下几点。

（1）客房设计的人性化

宾馆客房设计如何才能使顾客有宾至如归的感觉呢？这要靠客房环境来实现，在进行客房设计时除了考虑大的功能以外，还必须注意细节上的详细和周到，具体体现在以下方面。

◆ 入口通道。一般情况下，入口通道部分都设有衣柜、酒柜、穿衣镜等，在设计时要注意，柜门选配高质量、低噪音的滑道或合页，降低噪音对客人的影响；保险箱在衣柜里不宜设计得太高，以方便客人使用为宜；天花上的灯最好选用带磨砂玻璃罩的节能筒灯，这样不会产生眩光。

◆ 卫生间设计。最好选用抽水力大的静音马桶，淋浴的设施不要太复杂；淋浴房要选用安全玻璃；镜子要防雾，且镜面要大，因为卫生间一般较小，由于镜面反射的缘故会使空间显得宽敞；卫生间地砖要防滑、耐污；镜前灯要有防眩光的装置，天花中间的筒灯最好选用有磨砂玻璃罩的；淋浴房的地面要做防滑设计，还可选择有防滑设计的浴缸，防滑垫等。

◆ 房间内设计。客房家具的角最好都是钝角或圆角的，这样不会给年龄小、个子不高的客人带来伤害；电视机应下设可旋转的隔板，因为很多客人看电视时需要调整电视角度；床头灯的选择要精心，要防眩光；电脑上网线路的布置要考虑周到，其插座的位置不要离写字台太远。

◆ 客房走廊应便捷地通向楼梯、电梯，并按规定指明安全疏散方向和疏散口。

◆ 宾馆客房大小取决于宾馆等级和家具陈设标准，按床位设置分为单床间、双床间、套房间、高级套间等，最常用的是双床间客房的净居室面积（除去卫生间和通道）一般为20平方米左右，可根据实际情况增减。

（2）客房设计的文化性

客房空间设计、色彩设计、材质设计、布艺设计、家具设计、灯具设计及陈设设计，均可产生一定的文化内涵，达到其一定的隐喻性、暗示性及叙述性。其中，陈设设计是最具表达性和感染力的。陈设主要是指墙壁上悬挂的书画、图片、壁挂等，或者家具上陈设和摆设的瓷器、陶罐、青铜、玻璃器皿、木雕等。这类陈设品从视觉形象上最具有完整性，既可表达一定的民族性、地域性、历史性，又有极好的审美价值。

（3）客房设计的风格处理

有人认为，宾馆客房一般都是标准大小，很难做出各种风格的造型，这种观念是不对的。风格可以体现在有代表性的装饰构件上；有明显风格的灯具、家具以及图案、色彩上等。从风格的从属性上讲，由于宾馆客房既是宾馆整体的一个重要的组成部分，又具有相对的独立性，所以在风格的选择上就有很大的余地。既可以延续整体宾馆的风格，又可以创造属于客房本身的风格，这样还有助于接待来自不同国家和地区的客户。

总而言之，客房设计是一个比较精细而复杂的工程，只有用心体会，就会有所创新。

14.2 宾馆客房设计思路

在绘制并设计宾馆客房方案图时，可以参照如下思路。

第一，首先根据原有建筑平面图或测量数据，绘制并规划客房各功能区平面图。

第二，根据绘制出的客房平面图，绘制各功能区的平面布置图和地面材质图。

第三，根据客房平面布置图绘制各功能区的吊顶方案图，要注意各功能区的协调。

第四，根据客房的平面布置图，绘制墙面的投影图，具体有墙面装饰轮廓的表达、立面构件的配置以及文字尺寸的标注等内容。

14.3 绘制宾馆客房装修布置图

本例主要学习某宾馆客房装修布置图的绘制方法和具体绘制过程。客房装修布置图的最终绘制效果，如图14-1所示。

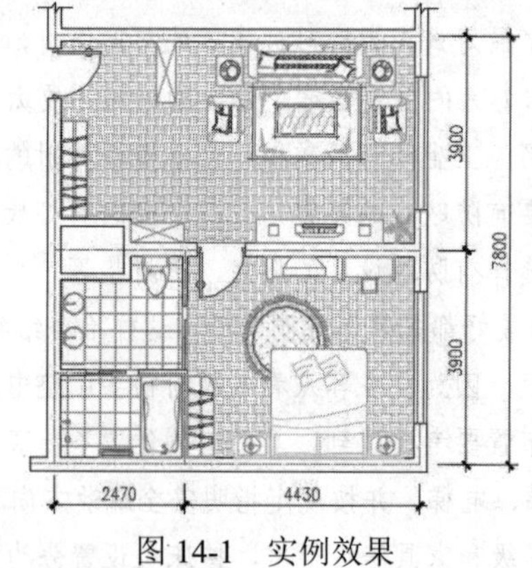

图14-1　实例效果

14.3.1 绘制客房墙体轴线

（1）单击“快速访问”工具栏→“新建”按钮，调用随书光盘“\样板文件\室内绘图样板.dwt”。

（2）展开“默认”选项卡→“图层”面板→“图层”下拉列表，设置“轴线层”为当前操作层。

（3）使用快捷键“LT”激活“线型”命令，在打开的“线型管理器”对话框中设置线型比例为20。

（4）单击“默认”选项卡→“绘图”面板→“矩形”按钮，绘制长度为7350、宽度为8300的基准轴线。

（5）单击“默认”选项卡→“修改”面板→“分解”按钮，将刚绘制的矩形分解。

（6）单击“默认”选项卡→“修改”面板→“偏移”按钮，将右侧垂直边向左偏移4430；将左侧垂直边向右偏移450；将上侧水平边向下偏移500；将下侧水平边向上偏移1670和3900，结果如图14-2所示。

（7）使用快捷键“E”激活“删除”命令，删除最上侧和最左侧的两条轴线，结果如图14-3所示。

（8）在无命令执行的前提下夹点显示内部的轴线，使用夹点拉伸功能进行编辑，结果如图14-4所示。

（9）单击“默认”选项卡→“修改”面板→“偏移”按钮，，将最上侧的水平轴线向下偏移750和3150个单位，作为辅助轴线。

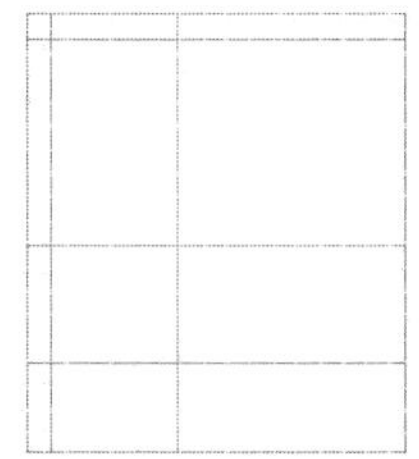
图14-2　偏移结果

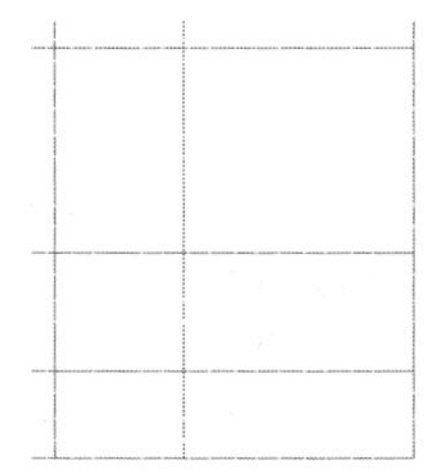
图14-3　删除结果

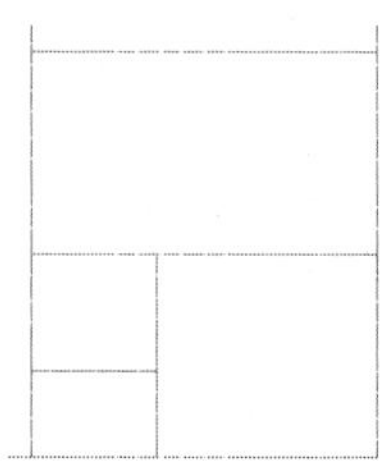
图14-4　编辑结果

（10）单击“默认”选项卡→“修改”面板→“修剪”按钮，以偏移出的轴线作为边界，对右侧垂直轴线进行修剪，创建窗洞，结果如图14-5所示。

（11）使用快捷键“E”激活“删除”命令，删除偏移出的两条辅助轴线。

（12）接下来参照9～11操作步骤，综合使用“修剪”和“偏移”、“删除”等命令，分别创建其他位置的洞口，结果如图14-6所示。

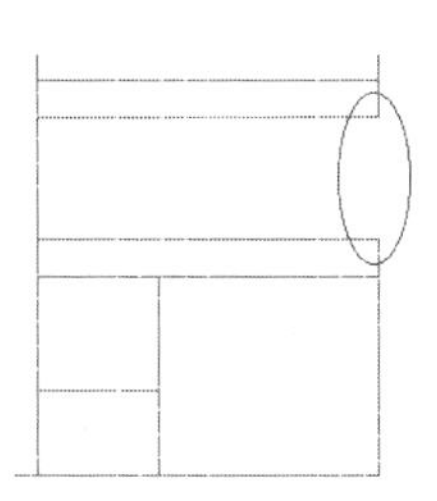
图14-5　修剪结果

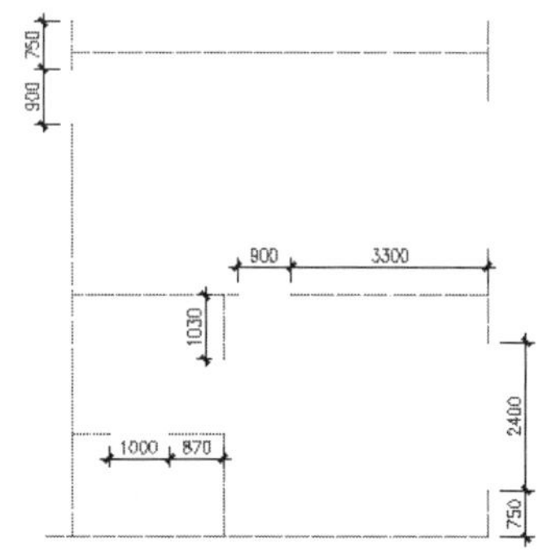

图14-6　创建其他洞口

14.3.2 绘制宾馆客房墙线

（1）继续上节操作。

（2）展开“默认”选项卡→“图层”面板→“图层”下拉列表，将“墙线层”设为当前图层。

（3）使用快捷键“ML”激活“多线”命令，设置对正方式为无，然后配合端点捕捉功能绘制宽度为 240 的主墙体，结果如图 14-7 所示。

（4）重复执行“多线”命令，设置多线对正方式不变，绘制宽度为 100 的次墙体，结果如图 14-8 所示。

图 14-7　绘制主墙线　　　　图 14-8　绘制次墙线

（5）使用快捷键“ML”激活“多线”命令，配合“捕捉自”功能绘制内部轮廓线，命令行操作如下。

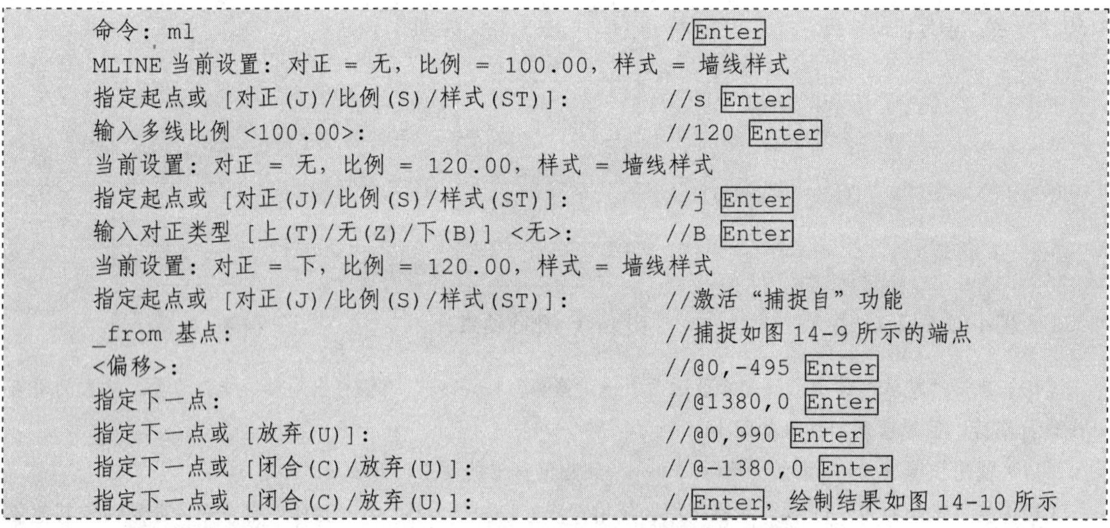

```
命令: ml                                          //Enter
MLINE 当前设置: 对正 = 无, 比例 = 100.00, 样式 = 墙线样式
指定起点或 [对正(J)/比例(S)/样式(ST)]:              //s Enter
输入多线比例 <100.00>:                             //120 Enter
当前设置: 对正 = 无, 比例 = 120.00, 样式 = 墙线样式
指定起点或 [对正(J)/比例(S)/样式(ST)]:              //j Enter
输入对正类型 [上(T)/无(Z)/下(B)] <无>:              //B Enter
当前设置: 对正 = 下, 比例 = 120.00, 样式 = 墙线样式
指定起点或 [对正(J)/比例(S)/样式(ST)]:              //激活“捕捉自”功能
_from 基点:                                        //捕捉如图 14-9 所示的端点
<偏移>:                                            //@0,-495 Enter
指定下一点:                                        //@1380,0 Enter
指定下一点或 [放弃(U)]:                            //@0,990 Enter
指定下一点或 [闭合(C)/放弃(U)]:                    //@-1380,0 Enter
指定下一点或 [闭合(C)/放弃(U)]:                    //Enter, 绘制结果如图 14-10 所示
```

（6）展开“默认”选项卡→“图层”面板→“图层”下拉列表，关闭“轴线层”。

（7）在墙线上双击左键，打开“多线编辑工具”对话框，然后单击“T 形合并”按钮，对 T 形相交的墙线进行合并，结果如图 14-11 所示。

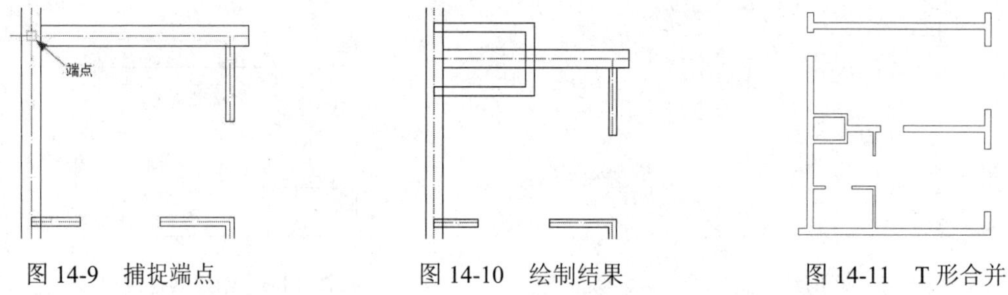

图 14-9　捕捉端点　　　　图 14-10　绘制结果　　　　图 14-11　T 形合并

14.3.3　绘制客房门窗构件

（1）继续上节操作。

（2）展开“默认”选项卡→“图层”面板→“图层”下拉列表，将“门窗层”设置为当前图层。

（3）使用快捷键“ML”激活“多线”命令，将“窗线样式”设为当前样式，对正方式设为无，配合中点捕捉功能绘制如图 14-12 所示的窗线。

（4）使用快捷键“I”激活“插入块”命令，配合中点捕捉功能插入随书光盘“\图块文件\单开门 03.dwg”，设置参数如图 14-13 所示，插入点为图 14-14 所示的中点。

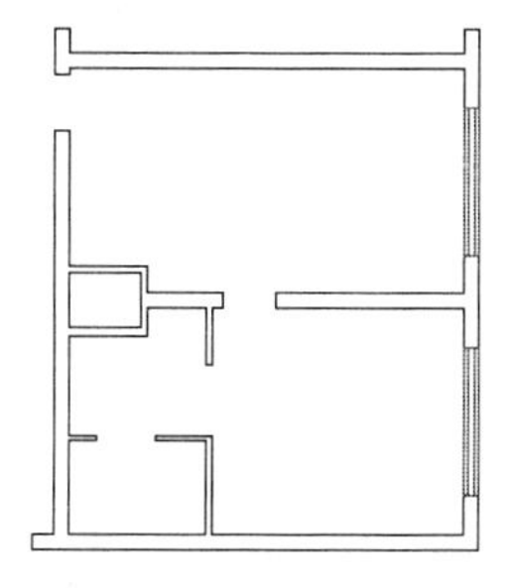

图 14-12　绘制窗线

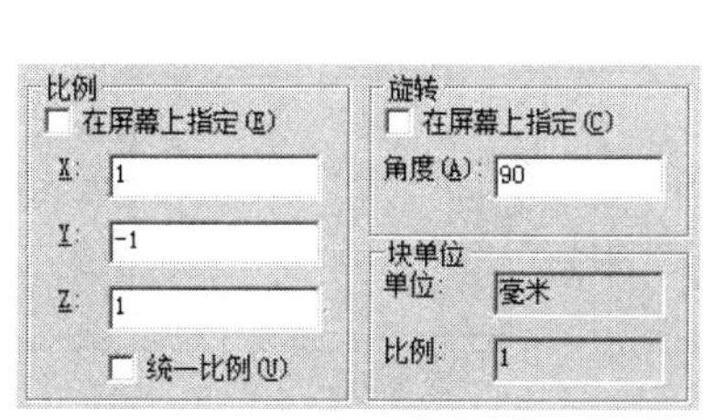

图 14-13　设置参数

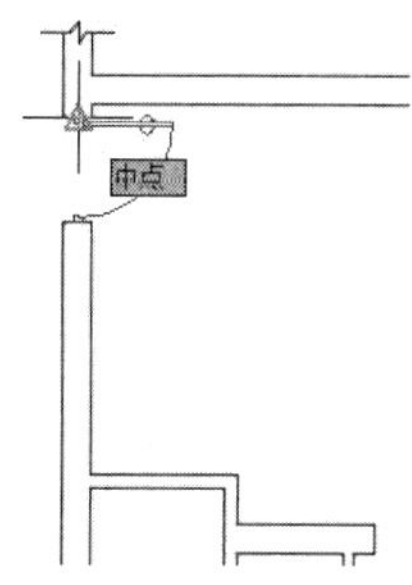

图 14-14　捕捉中点

（5）重复执行“插入块”命令，设置插入参数如图 14-15 所示，插入点为图 14-16 所示的中点。

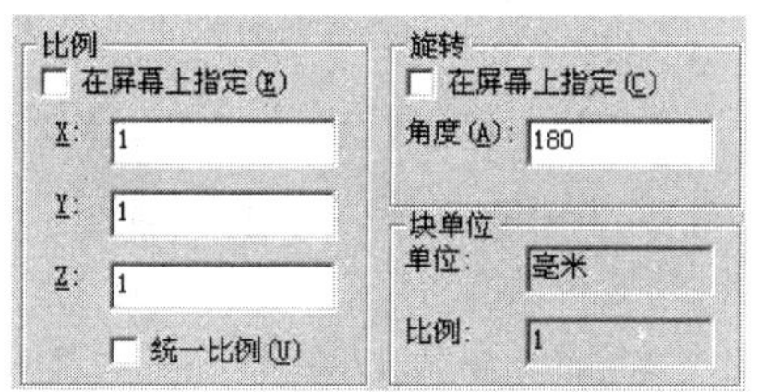

图 14-15　设置参数

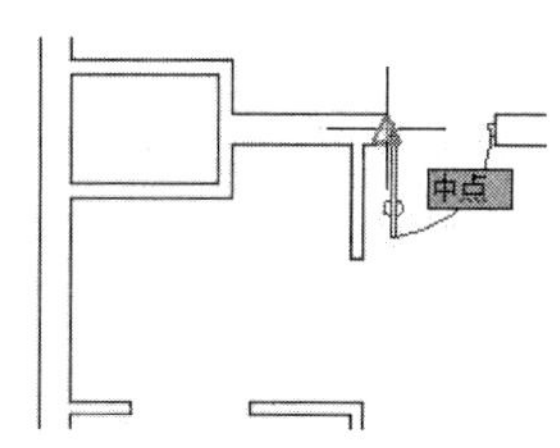

图 14-16　定位插入点

（6）单击“默认”选项卡→“绘图”面板→“矩形”按钮，配合捕捉与追踪功能绘制推拉门，命令行操作如下。

```
命令: _rectang
指定第一个角点或 [倒角(C)/标高(E)/圆角(F)/厚度(T)/宽度(W)]:
                    //水平向左引出如图 14-17 所示的追踪虚线，输入 90Enter
指定另一个角点或 [面积(A)/尺寸(D)/旋转(R)]:  //@40,600 Enter
命令:RECTANG
指定第一个角点或 [倒角(C)/标高(E)/圆角(F)/厚度(T)/宽度(W)]:
                    //捕捉刚绘制矩形右侧垂直边的中点
指定另一个角点或 [面积(A)/尺寸(D)/旋转(R)]: //@40,600 Enter，结果如图 14-18 所示
```

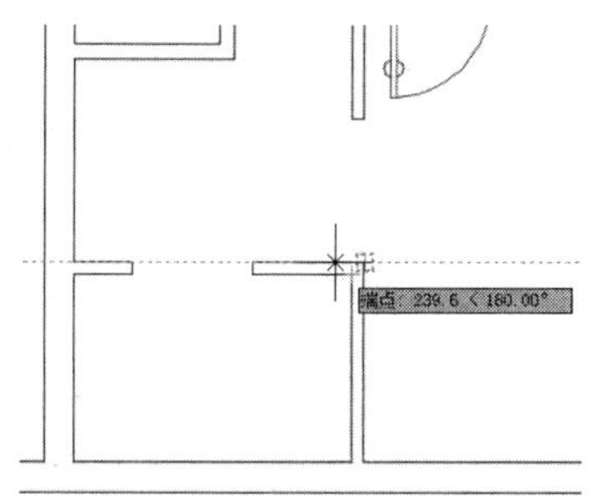

图 14-17　引出端点追踪虚线

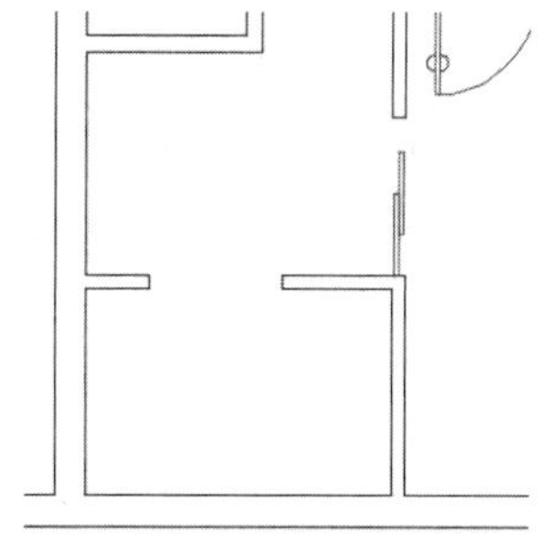

图 14-18　绘制结果

（7）重复执行“矩形”命令，配合中点捕捉功能绘制下侧的推拉门轮廓线，结果如图14-19所示。

（8）单击“默认”选项卡→“修改”面板→“分解”按钮，分解上侧的两条垂直墙线。

（9）使用快捷键“E”激活“删除”命令，将分解后的两条垂直墙线删除，结果如图14-20所示。

（10）单击“默认”选项卡→“绘图”面板→“直线”按钮，配合“对象捕捉”功能绘制如图14-21所示的两条折断线。

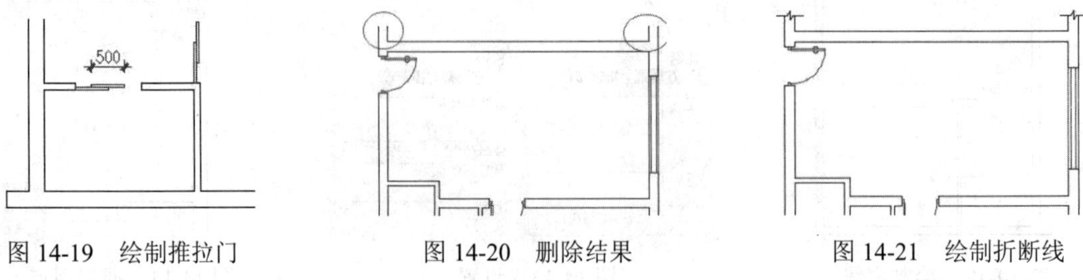

图14-19　绘制推拉门　　图14-20　删除结果　　图14-21　绘制折断线

14.3.4　绘制宾馆客房家具图

（1）继续上节操作。

（2）展开“默认”选项卡→“图层”面板→“图层”下拉列表，将“家具层”设置为当前图层。

（3）使用快捷键“I”激活“插入块”命令，插入随书光盘“\图块文件\双人床06.dwg”，设置参数如图14-22所示。

（4）返回绘图区水平向左引出如图14-23所示的端点追踪虚线，输入1780Enter，定位插入点，将此双人床图块插入平面图中，结果如图14-24所示。

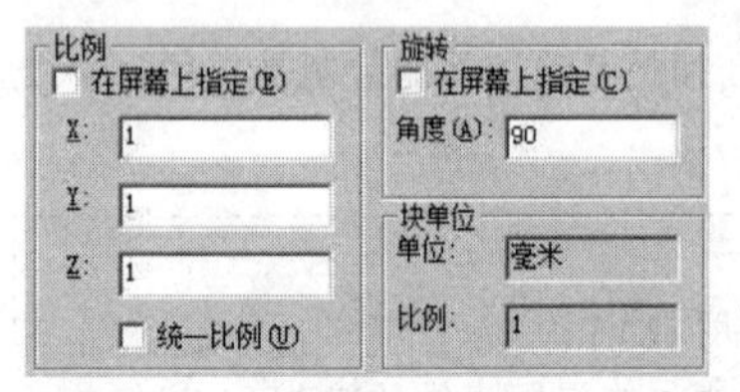

图14-22　设置块参数

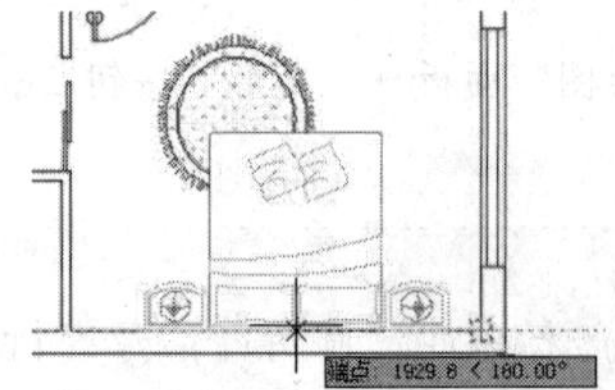

图14-23　引出端点追踪虚线

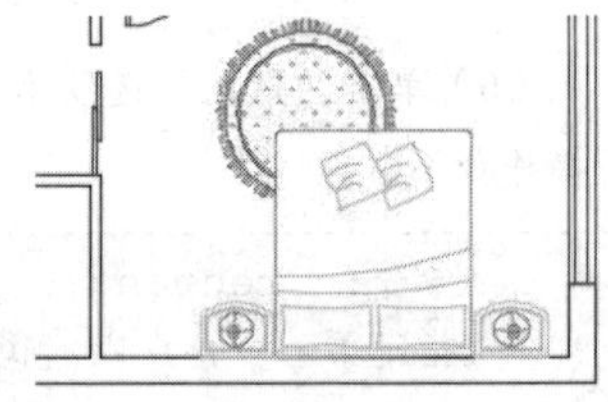

图14-24　插入双人床

（5）重复执行“插入块”命令，以默认参数插入随书光盘中的“\图块文件\沙发组合02.dwg”。

（6）返回绘图区水平向左引出如图14-25所示的端点追踪虚线，输入2050Enter，定位插入点，将沙发插入平面图中，插入结果如图14-26所示。

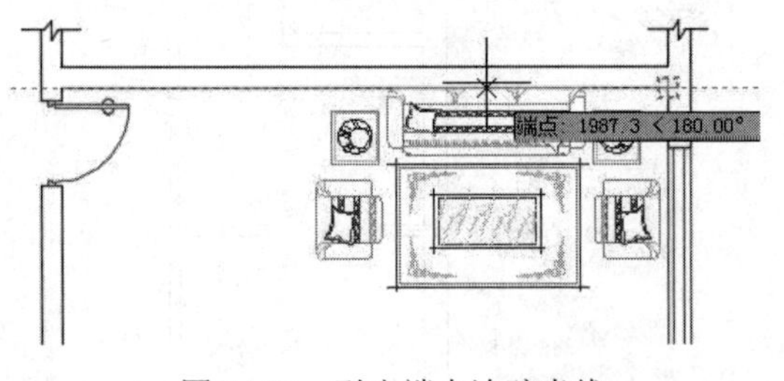

图14-25　引出端点追踪虚线

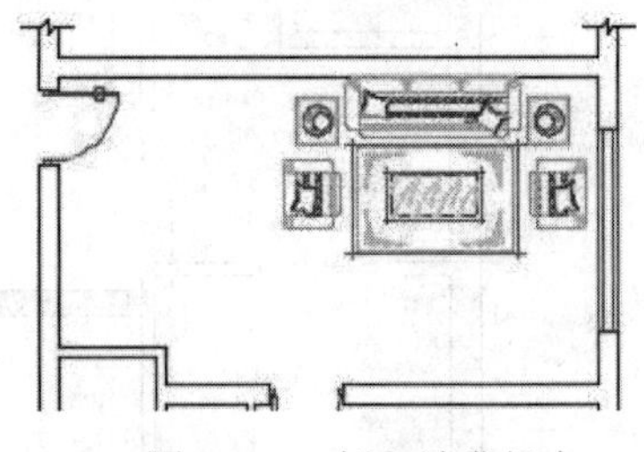

图14-26　插入沙发组合

（7）参照3～6操作操作，使用“插入块”命令，分别绘制其他房间的布置图，结果如图14-27所示。

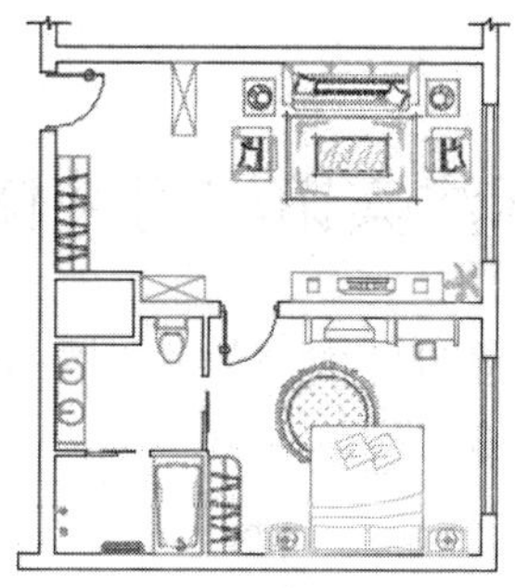

图 14-27 插入其他家具

14.3.5 绘制客房地面材质图

（1）继续上节操作。

（2）展开“默认”选项卡→“图层”面板→“图层”下拉列表，将“填充层”设置为当前图层。

（3）单击“默认”选项卡→“绘图”面板→“直线”按钮，配合端点捕捉功能封闭门洞，如图 14-28 所示。

（4）单击状态栏上的按钮，打开透明度特性。

（5）单击“默认”选项卡→“绘图”面板→“图案填充”按钮，在命令行“拾取内部点或 [选择对象(S)/设置(T)]:”提示下，激活“设置”选项，打开“图案填充和渐变色”对话框。

（6）在“图案填充和渐变色”对话框中选择图案并设置填充比例、角度、关联特性等，如图 14-29 所示。

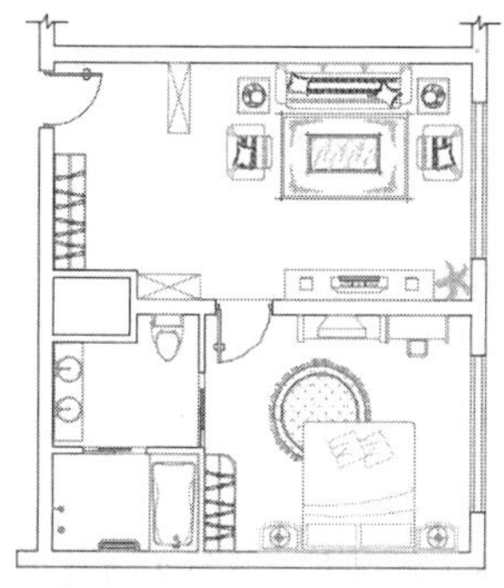

图 14-28 封闭门洞

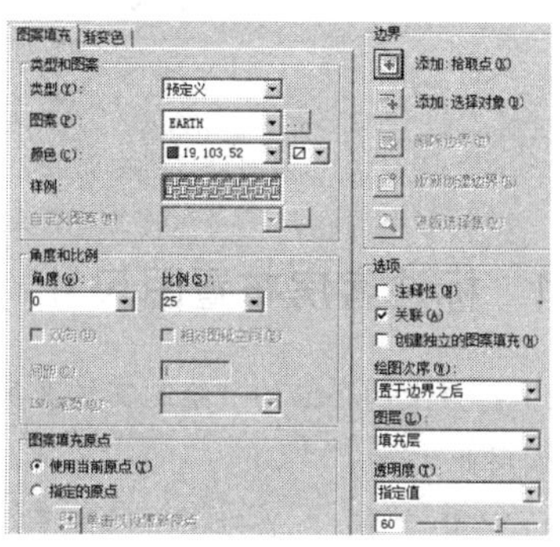

图 14-29 设置填充图案与参数

（7）单击“添加：拾取点”按钮，返回绘图区指定填充区域，填充结果如图 14-30 所示。

（8）重复执行“图案填充”命令，设置填充图案与参数如图 14-31 所示，继续为平面图填充图案，结果如图 14-32 所示。

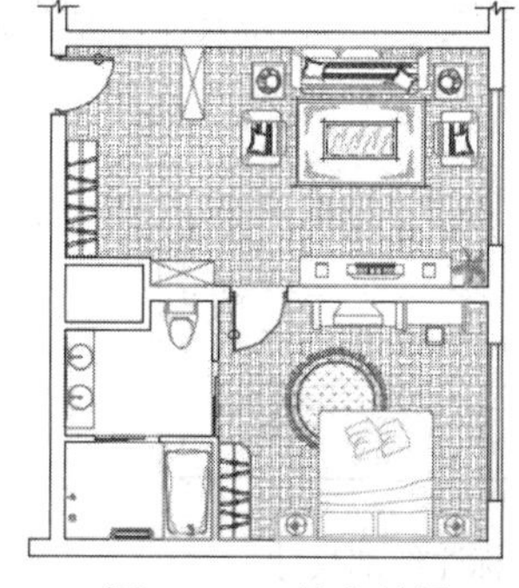

图 14-30 填充结果

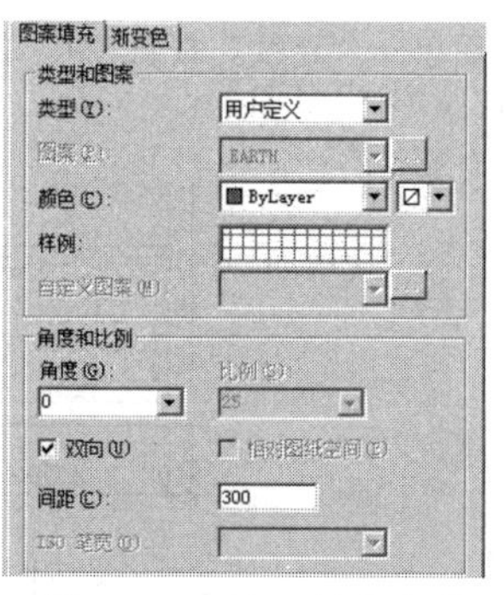

图 14-31 设置填充参数

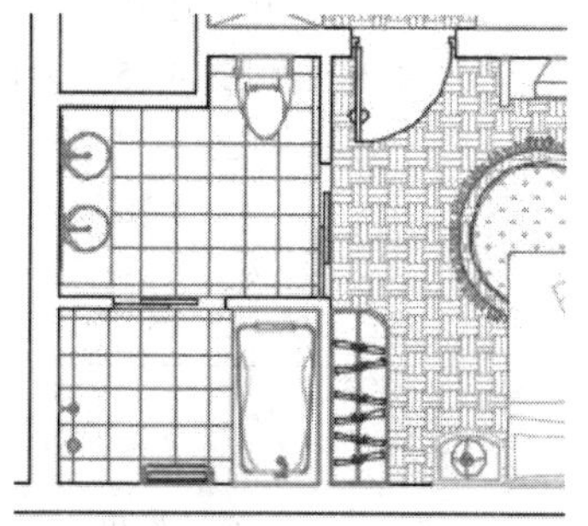

图 14-32 填充结果

（9）最后执行“保存”命令，将图形命名存储为“绘制宾馆客房装修布置图.dwg”。

14.4 标注宾馆客房装修布置图

本例主要学习宾馆客房装修布置图尺寸、文字和墙面投影符号等内容的标注方法和标注过程。本例最终的标注效果如图 14-33 所示。

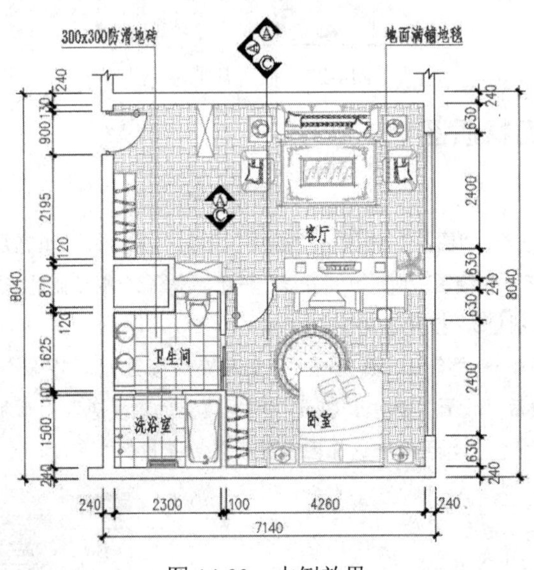

图 14-33 本例效果

14.4.1 标注客房布置图尺寸

（1）打开上例存储的“绘制宾馆客房装修布置图.dwg”，或直接从随书光盘中的“\效果文件\第 14 章\”目录下调用此文件。

（2）展开“默认”选项卡→“图层”面板→“图层”下拉列表，选择“尺寸层”设置为当前图层。

（3）使用快捷键“D”激活“标注样式”命令，将“建筑标注”设为当前标注样式，同时修改标注比例为 60。

（4）单击“默认”选项卡→“注释”面板→“线性”按钮，配合捕捉追踪功能标注如图 14-34 所示的墙体尺寸。

（5）单击“注释”选项卡→“标注”面板→“连续”按钮，以刚标注的尺寸作为基准尺寸，配合追踪与捕捉功能标注如图 14-35 所示的细部尺寸。

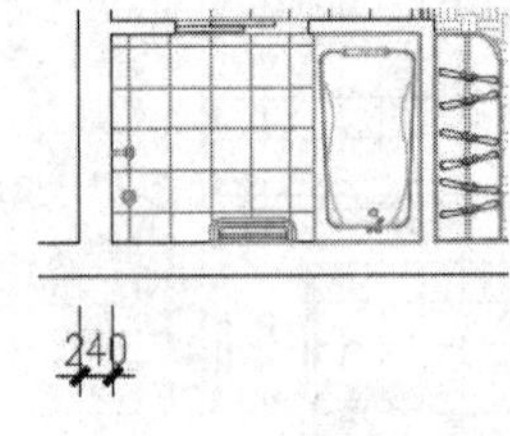

图 14-34 标注结果

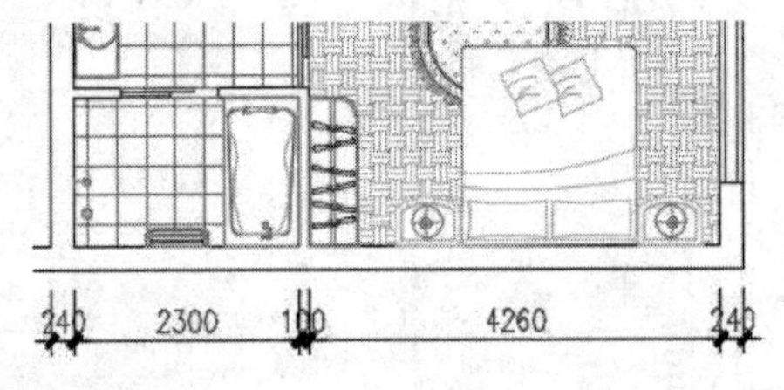

图 14-35 标注细部尺寸

（6）在无命令执行的前提下夹点显示标注为 240 和 100 的尺寸对象，将光标放在标注文字夹点上，从弹出的快捷菜单中选择“仅移动文字”选项。

（7）根据命令行的提示在适当位置指定标注文字的位置，调整结果如图 14-36 所示。

（8）单击“默认”选项卡→“注释”面板→“线性”按钮，标注下侧的总尺寸，结果如图 14-37 所示。

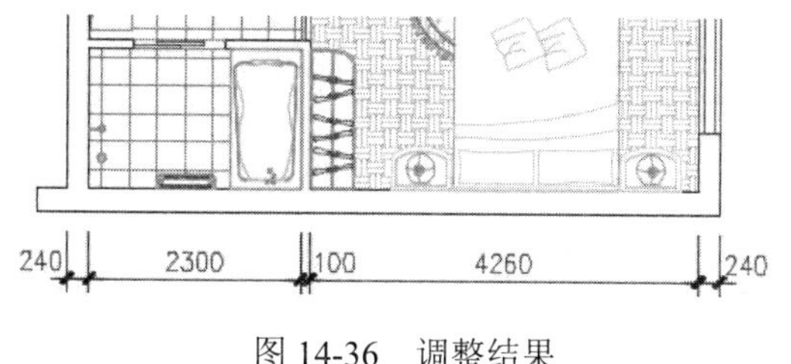

图 14-36 调整结果

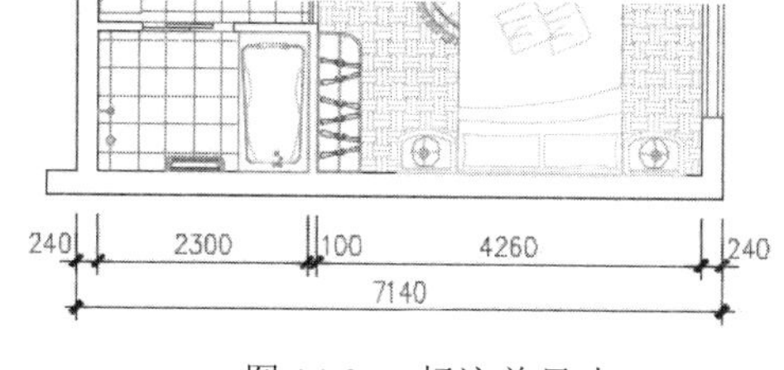

图 14-37 标注总尺寸

（9）参照 4～8 操作步骤，综合使用“线性”和“连续”命令，分别标注其他位置的尺寸，并适当调整重叠标注文字的位置，结果如图 14-38 所示。

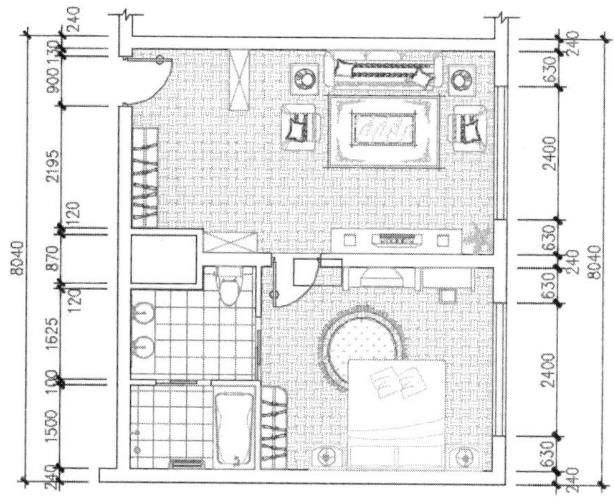

图 14-38 标注其他尺寸

14.4.2 标注客房布置图文字

（1）继续上节操作。

（2）展开“默认”选项卡→“图层”面板→“图层”下拉列表，将“文本层”设置为当前图层。

（3）使用快捷键“st”激活“文字样式”命令，将“仿宋体”设置为当前文字样式。

（4）关闭状态栏上的“对象捕捉”功能。

（5）单击“默认”选项卡→“绘图”面板→“直线”按钮，绘制如图 14-39 所示的文字指示线。

（6）单击“默认”选项卡→“注释”面板→“单行文字”按钮，设置字高为 270，标注如图 14-40 所示的文字注释。

（7）重复执行“单行文字”命令，按照当前的参数设置，分别标注其他位置的文字注释，结果如图 14-41 所示。

（8）在无命令执行的前提下夹点显示地毯填充图案，然后单击右键，选择如图“图案填充编辑”命令。

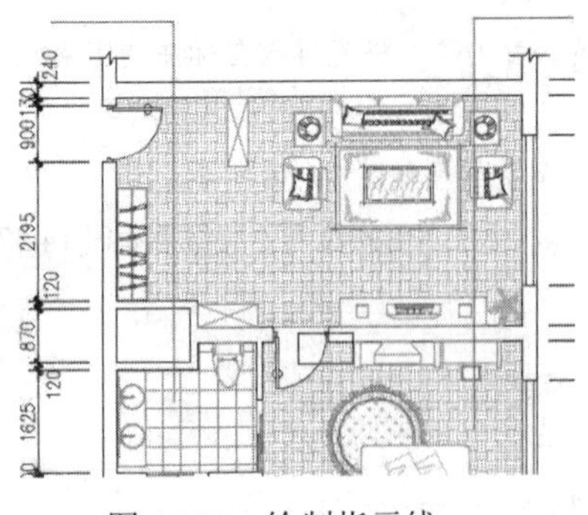

图 14-39　绘制指示线

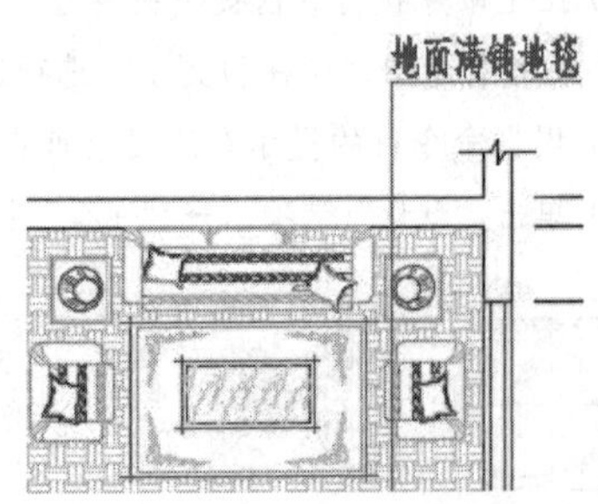

图 14-40　标注结果

（9）此时打开“图案填充编辑”对话框，单击“添加：选择对象”按钮，返回绘图区选择如图 14-42 所示的“客厅”对象，结果文字区域被排除在填充区外，如图 14-43 所示。

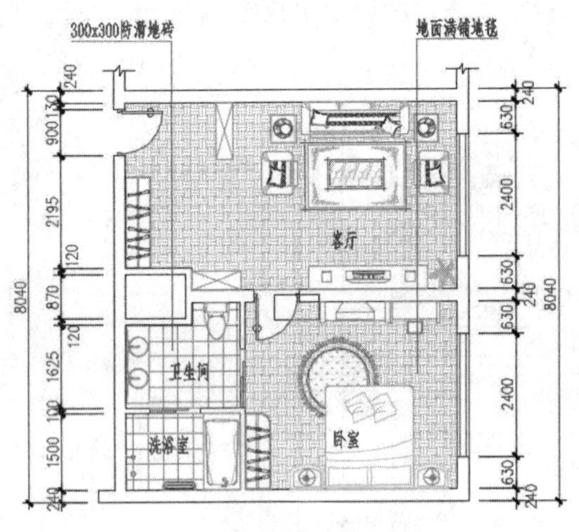

图 14-41　标注其他文字

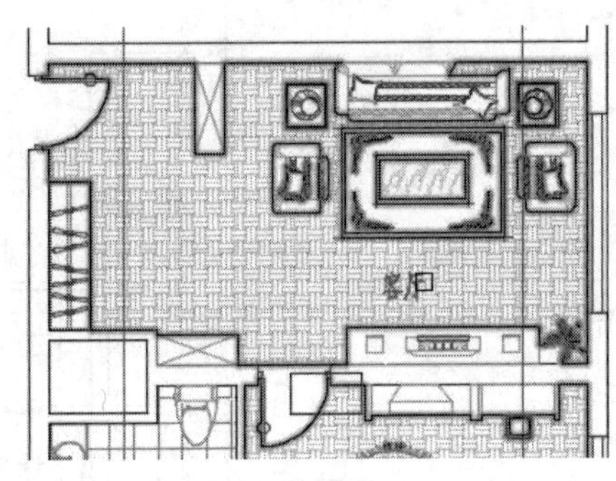

图 14-42　选择文字

（10）参照 8～9 操作步骤，分别修改平面图其他位置的填充图案，将文字区域排除在填充区之外，结果如图 14-44 所示。

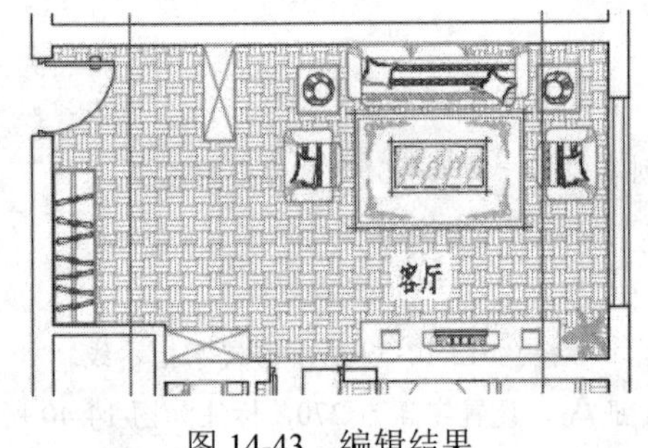

图 14-43　编辑结果

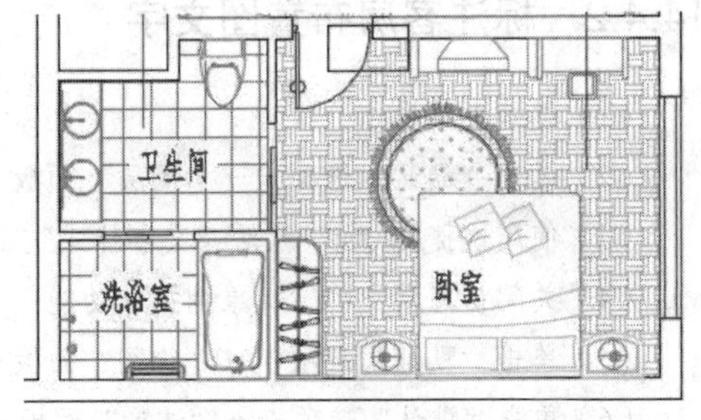

图 14-44　编辑其他图案

14.4.3　标注客房布置图墙面投影

（1）继续上节操作。

（2）展开“默认”选项卡→“图层”面板→“图层”下拉列表，将“其他层”设置为当前图层。

（3）使用快捷键“I”激活“插入块”命令，，插入光盘中的“\图块文件\投影符号.dwg ”， 设置块参数如图 14-45 所示。

（4）返回绘图区，根据命令行的提示指定插入点，插入投影符号，结果如图 14-46 所示。

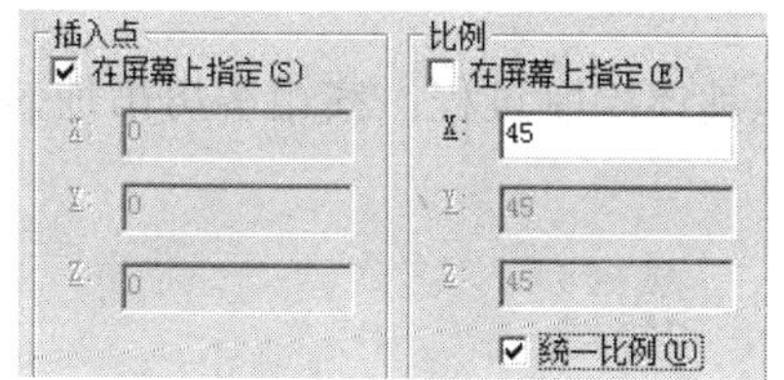

图 14-45 设置块参数

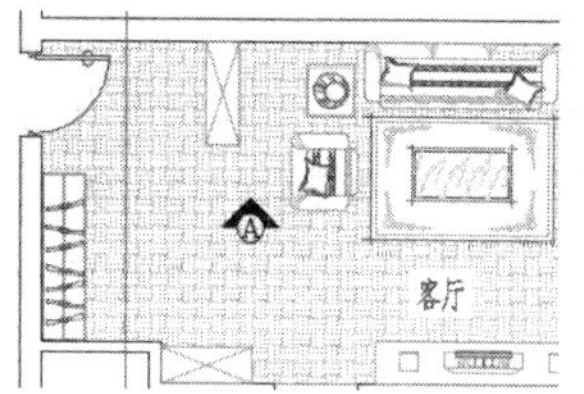

图 14-46 插入结果

（5）重复执行“插入块”命令，继续插入投影符号图块，并适当设置位置，设置块参数如图 14-47 所示，插入结果如图 14-48 所示。

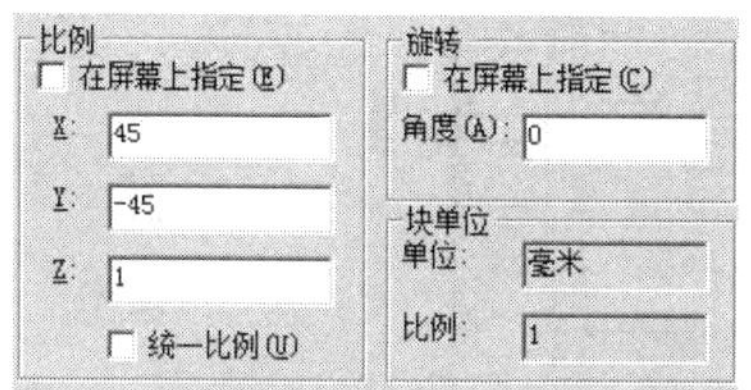

图 14-47 设置块参数

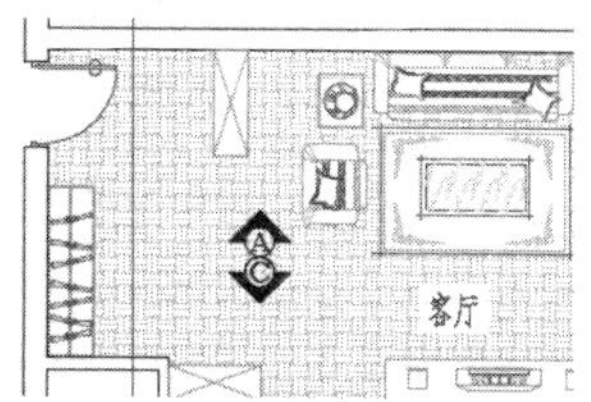

图 14-48 插入结果

（6）在无命令执行的前提下夹点显示地毯填充图案，然后单击右键选择如图“图案填充编辑”命令。

（7）在打开的“图案填充编辑”对话框中单击“添加：选择对象”按钮，返回绘图区选择投影符号，将其被排除在填充区外，如图 14-49 所示。

（8）单击“默认”选项卡→“绘图”面板→“直线”按钮，绘制如图 14-50 所示的投影符号指示线。

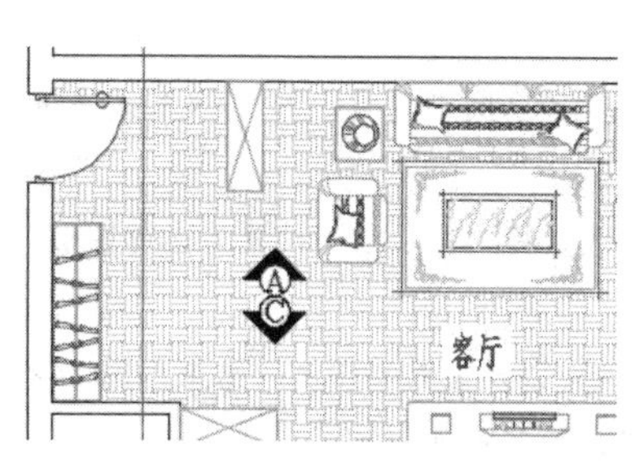

图 14-49 修改结果

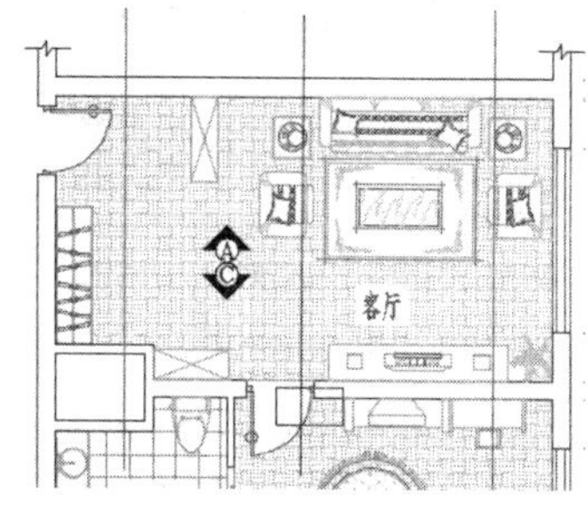

图 14-50 绘制结果

（9）接下来综合使用“插入块”和“移动”命令，继续为平面图标注投影符号，结果如图 14-51 所示。

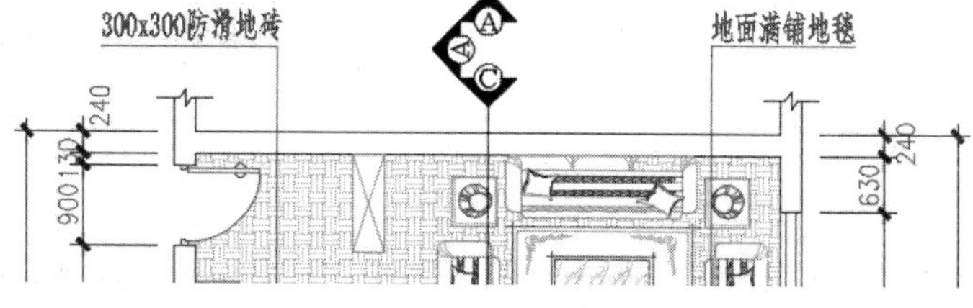

图 14-51 标注结果

（10）最后执行“另存为”命令，将图形另名存储为“标注宾馆客房装修布置图.dwg”。

14.5 绘制宾馆客房吊顶装修图

本例主要学习宾馆客房吊顶装修图的绘制方法和具体绘制过程。宾馆客房吊顶装修图的最终绘制效果，如图 14-52 所示。

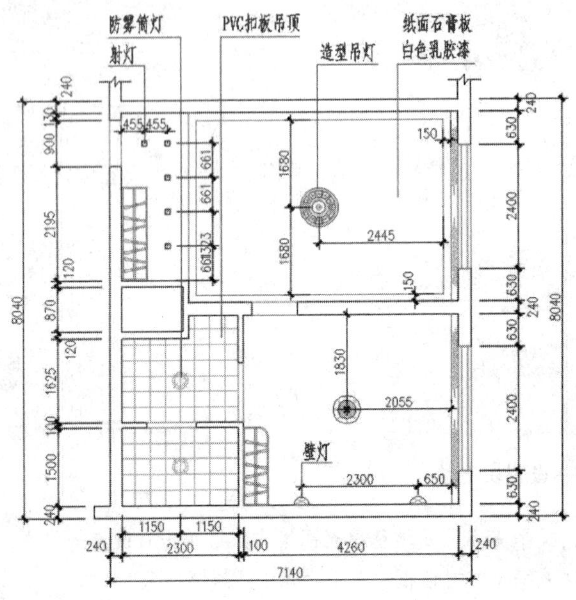

图 14-52　实例效果

14.5.1　绘制宾馆客房天花图

（1）打开上例存储的“标注宾馆客房装修布置图.dwg”，或直接从随书光盘中的“\效果文件\第 14 章\”目录下调用此文件。

（2）展开“默认”选项卡→“图层”面板→“图层”下拉列表，将“吊顶层”设置为当前图层，然后冻结“尺寸层、其他 层、填充层”。

（3）使用快捷键“E”激活“删除”命令，选择文字、平面门、以及家具等图例，结果如图 14-53 所示。

（4）在无命令执行的前提下夹点显示图 14-54 所示的柱、柜、窗等构件。

（5）展开“默认”选项卡→“图层”面板→“图层”下拉列表，将其放置到“吊顶层”上。

（6）展开“默认”选项卡→“特性”面板→“对象颜色”下拉列表，修改夹点对象的颜色为随层，并取消对象的夹点显示。

（7）单击“默认”选项卡→“绘图”面板→“直线”按钮，配合端点捕捉功能绘制门洞位置的轮廓线，结果如图 14-55 所示。

（8）单击“默认”选项卡→“绘图”面板→“构造线”，使用命令中的“偏移”选项，绘制如图 14-56 所示的垂直构造线。

（9）单击“默认”选项卡→“修改”面板→“修剪”按钮，以墙线作为边界，修剪构造线，将其编辑为窗帘盒轮廓线，结果如图 14-57 所示。

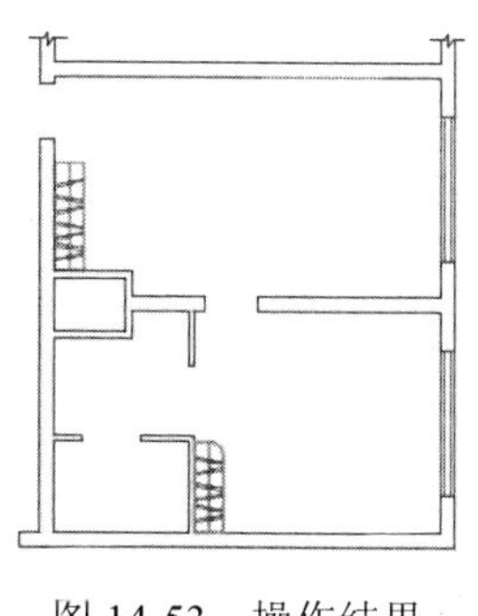

图 14-53 操作结果

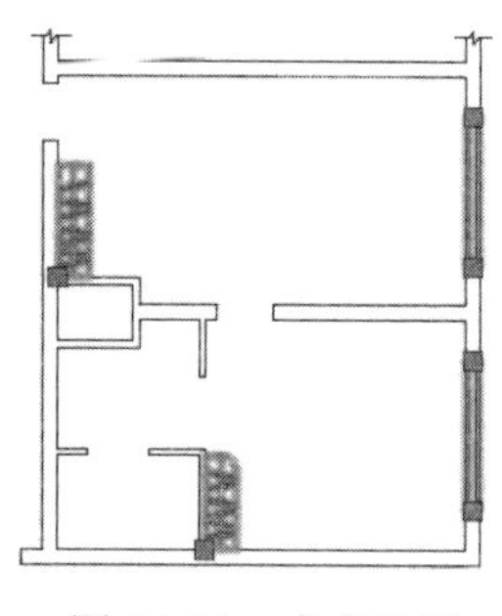

图 14-54 夹点显示

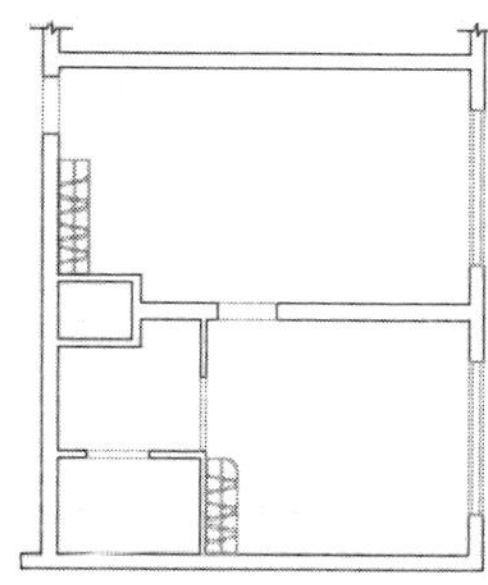

图 14-55 绘制结果

（10）单击“默认”选项卡→“块”面板→“插入”按钮，以默认参数插入随书光盘中的“\图块文件\窗帘 04.dwg”，结果如图 14-58 所示。

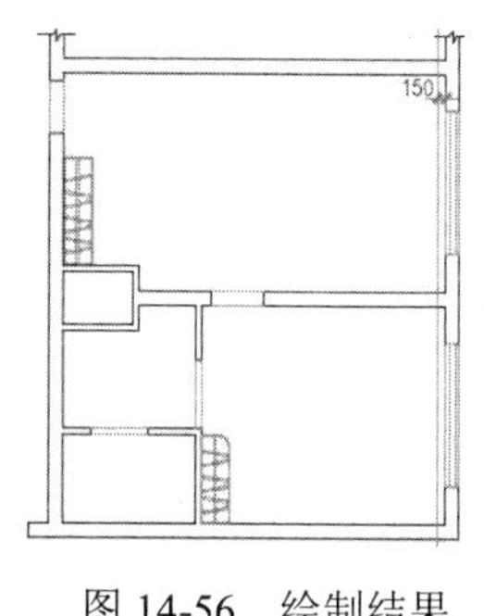

图 14-56 绘制结果

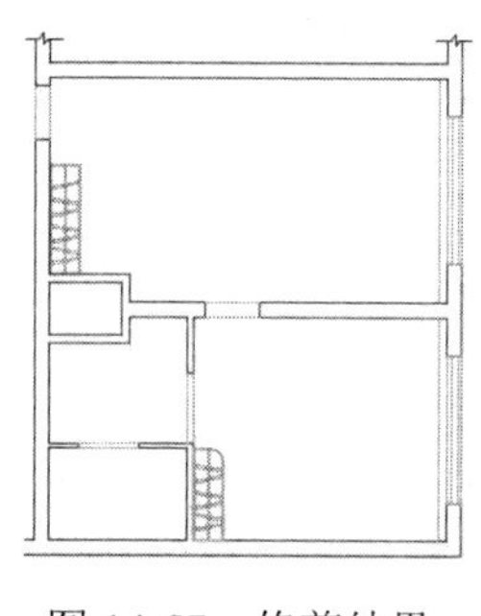

图 14-57 修剪结果

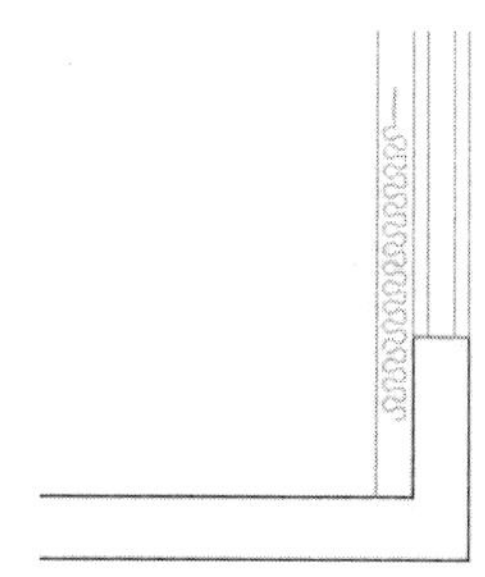

图 14-58 插入结果

（11）单击“默认”选项卡→“修改”面板→“镜像”按钮，配合中点捕捉功能对刚插入的窗帘进行镜像，结果如图 14-59 所示。

（12）单击“默认”选项卡→“修改”面板→“复制”按钮，配合端点捕捉功能将窗帘向上复制，结果如图 14-60 所示。

（13）单击“默认”选项卡→“绘图”面板→“直线”按钮，配合延伸捕捉和交点捕捉功能，捕捉如图 14-61 所示的垂直轮廓线。

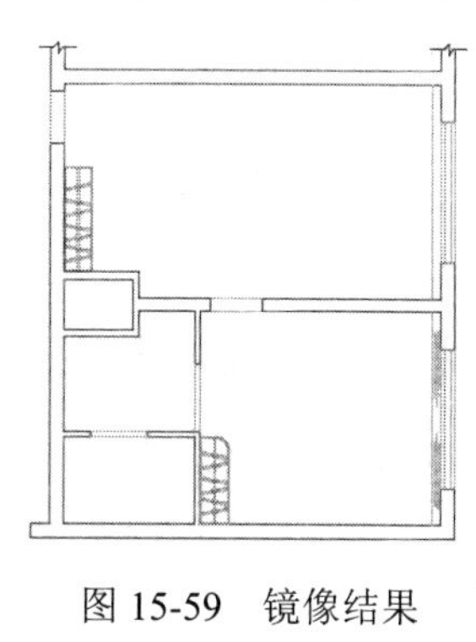

图 15-59 镜像结果

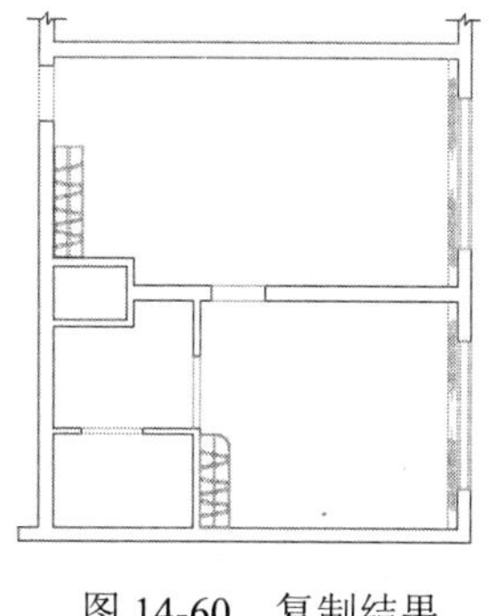

图 14-60 复制结果

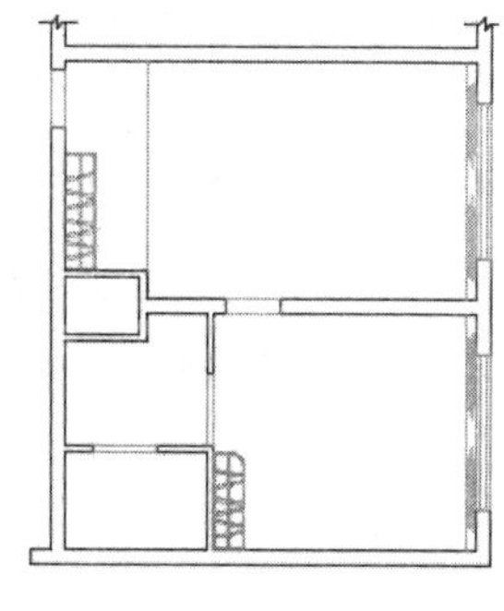

图 14-61 绘制结果

（14）使用快捷键“BO”激活“边界”命令，将“对象类型”设置为“多段线”，然后提取如图 14-62 所示的虚线边界。

（15）单击“默认”选项卡→“修改”面板“偏移”按钮，将提取的边界向内偏移 150 个单位，并删除源对象，结果如图 14-63 所示。

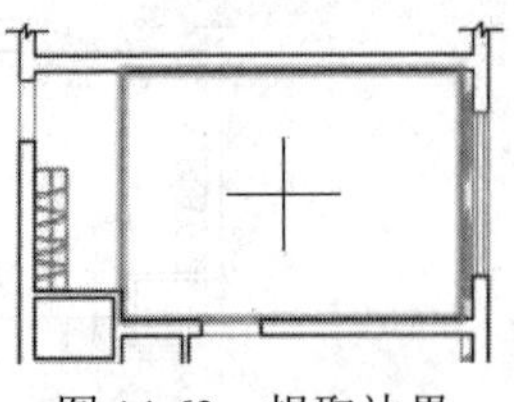
图 14-62　提取边界

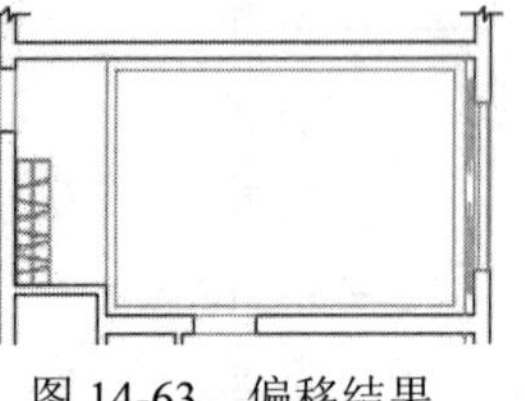
图 14-63　偏移结果

14.5.2　绘制卫生间扣板吊顶

（1）继续上节操作。

（2）使用快捷键“H”激活“图案填充”命令，在命令行“拾取内部点或 [选择对象(S)/设置(T)]:”提示下，激活“设置”选项，打开“图案填充和渐变色”对话框。

（3）在“图案填充和渐变色”对话框中选择图案并设置填充比例、角度、关联特性等，如图 14-64 所示。

（4）单击“添加：拾取点”按钮，返回绘图区在所需区域单击左键，为卫生间和洗浴室填充吊顶图案，填充结果如图 14-65 所示。

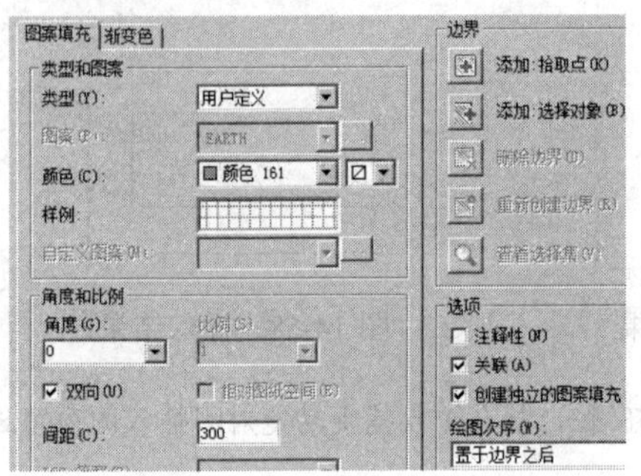

图 14-64　设置填充图案与参数

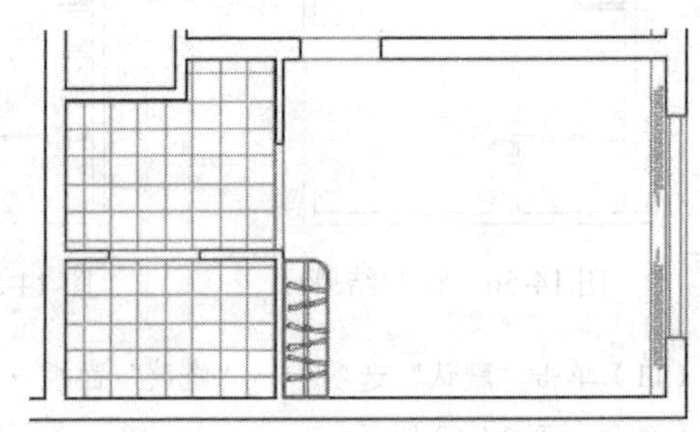
图 14-65　填充结果

（5）在无命令执行的前提下夹点显示洗浴室吊顶填充图案，然后在夹点图案上单击右键，选择右键菜单中的“设定原点”选项。

（6）返回绘图区在命令行“选择新的图案填充原点:”提示下，捕捉如图 14-66 所示的中点，作为图案的填充原点，结果如图 14-67 所示。

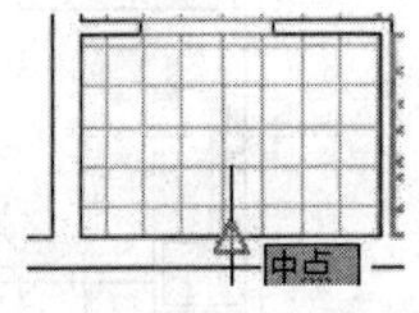

图 14-66　捕捉中点

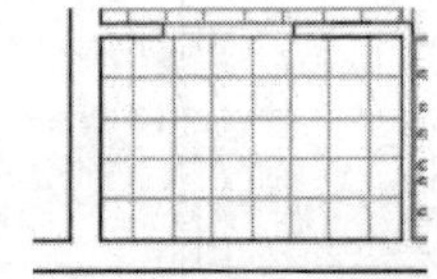
图 14-67　指定新原点后的效果

（7）参照第 5、6 操作步骤，配合“两点之间的中点”功能更改卫生间吊顶填充图案的原点，新原点为图 14-68 所示端点 1、2 连线的中点，原点更改后的效果如图 14-69 所示。

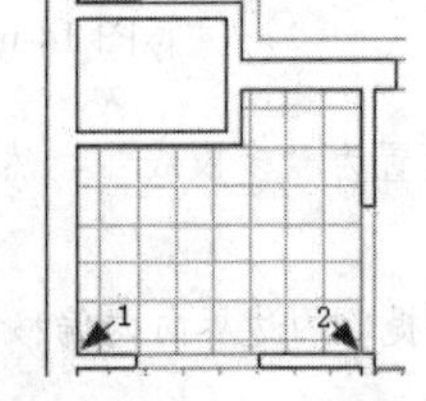

图 14-68　更改填充原点

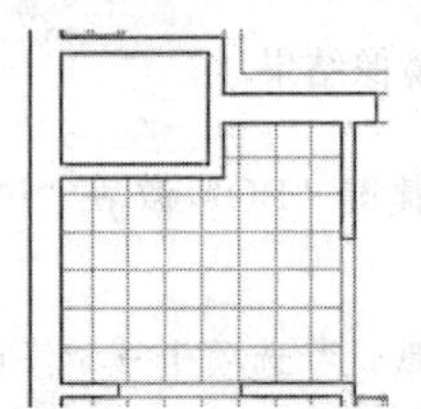
图 14-69　更改后的效果

14.5.3 绘制宾馆客房灯具图

（1）继续上例操作。

（2）展开“默认”选项卡→“图层”面板→“图层”下拉列表，选择“灯具层”设置为当前图层。

（3）单击“默认”选项卡→“块”面板→“插入”按钮，以默认参数插入随书光盘“\图块文件\造型灯具 1.dwg”，插入点为图 14-70 所示的中点追踪虚线的交点，插入结果如图 14-71 所示。

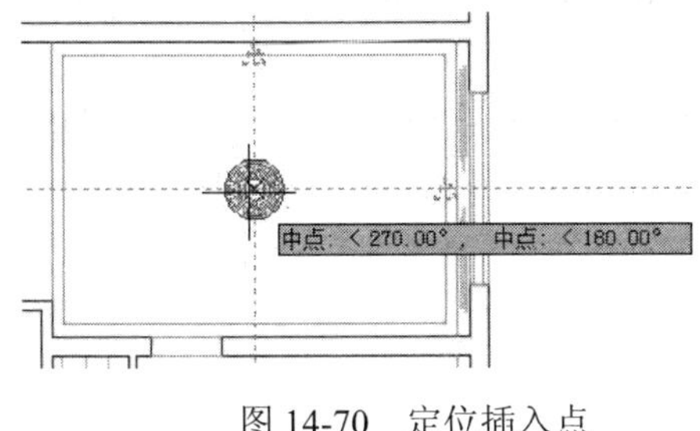

图 14-70 定位插入点

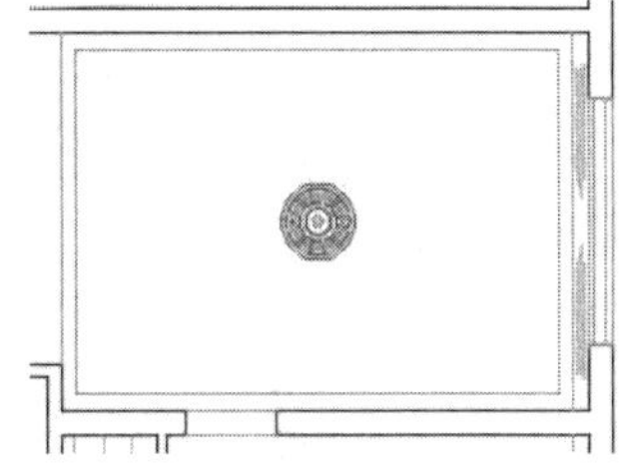

图 14-71 插入结果

（4）单击“默认”选项卡→“绘图”面板→“直线”按钮，配合端点捕捉功能绘制如图 14-72 所示的辅助线。

（5）重复执行“插入块”命令，插入随书光盘中的“\图块文件\造型灯具 2.dwg”，块参数设置如图 14-73 所示。

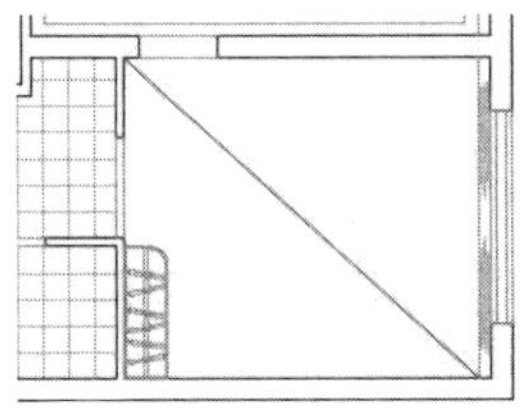

图 14-72 绘制结果

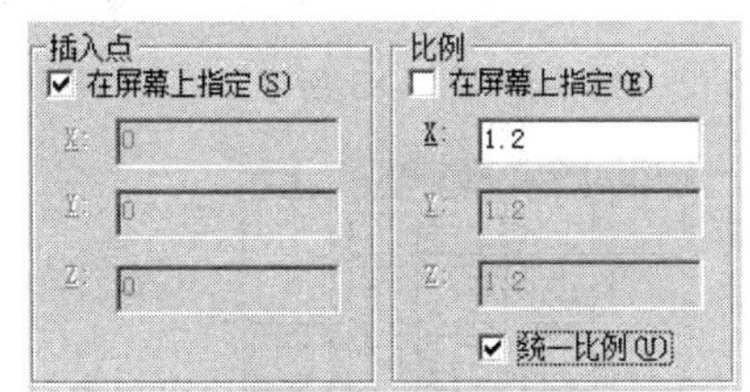

图 14-73 设置块参数

（6）返回绘图区，在命令行“指定插入点或 [基点(B)/比例(S)/旋转(R)]:”提示下捕捉辅助线的中点作为插入点，插入结果如图 14-74 所示。

（7）重复执行“插入块”命令，插入随书光盘中的“\图块文件\壁灯.dwg”，块参数设置如图 14-75 所示。

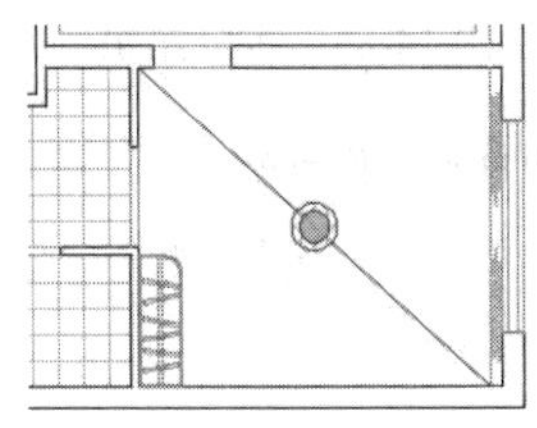

图 14-74 插入结果

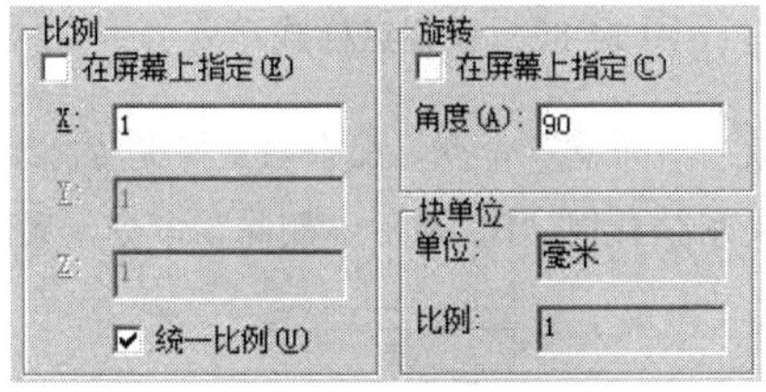

图 14-75 设置参数

（8）返回绘图区，在命令行“指定插入点或 [基点(B)/比例(S)/旋转(R)]:”提示下激活“捕捉自”功能，捕捉如图 14-76 所示的端点作为偏移基点，输入插入点坐标“@-650,0”，插入结果如图 14-77 所示。

（9）单击“默认”选项卡→“修改”面板→“复制”按钮，将插入的壁灯水平向左复制 2300 个单位，结果如图 14-78 所示。

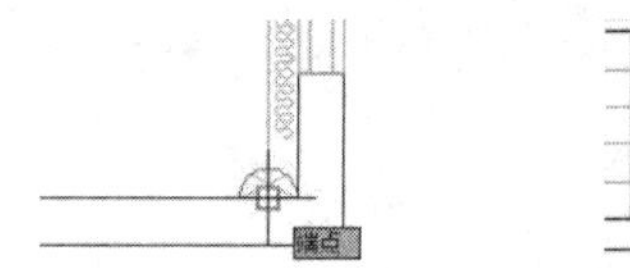

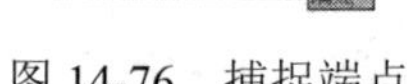

图 14-76　捕捉端点

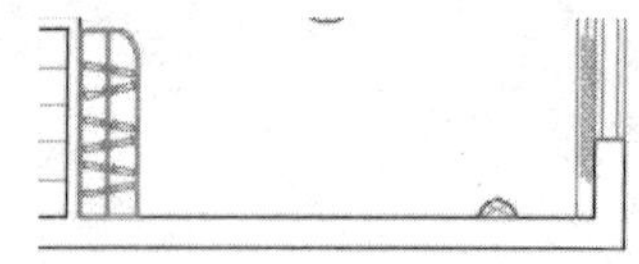

图 14-77　插入结果

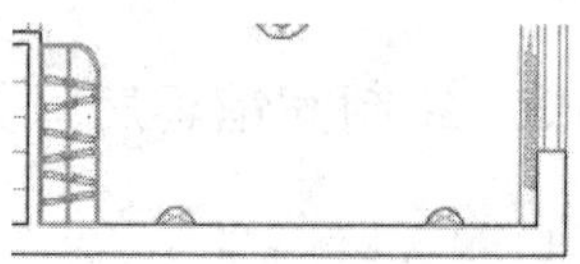

图 14-78　复制结果

（10）单击“默认”选项卡→“绘图”面板→“直线”按钮，绘制如图 14-79 所示的两条辅助线。

（11）使用快捷键“I”激活“插入块”命令，以默认参数插入随书光盘中的“\图块文件\防雾筒灯 01.dwg”，插入点为辅助线的中点，插入结果如图 14-80 所示。

（12）修改当前颜色为红色，然后单击“默认”选项卡→“绘图”面板→“直线”按钮，绘制如图 14-81 所示的辅助线。

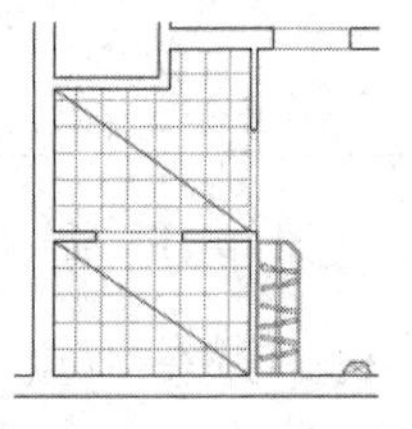

图 14-79　绘制结果

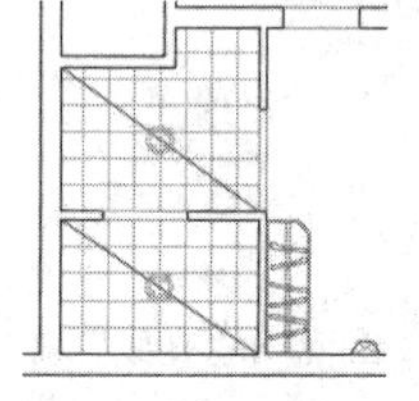

图 14-80　插入结果

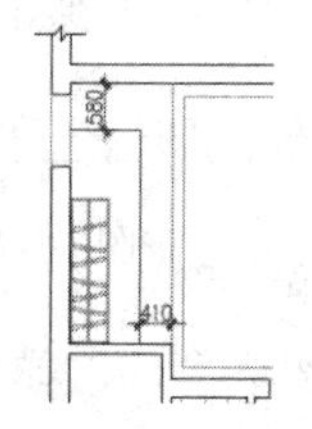

图 14-81　绘制结果

（13）单击“默认”选项卡→“实用工具”面板→“点样式”按钮，设置点样式及大小如图 14-82 所示。

（14）单击“默认”选项卡→“绘图”面板→“定数等分”按钮，将水平辅助线等分 2 份，将垂直辅助线 3 等分 4 份，结果如图 14-83 所示。

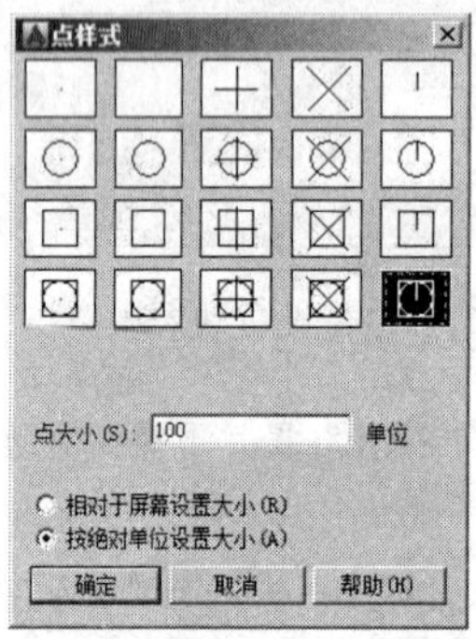

图 14-82　设置点样式

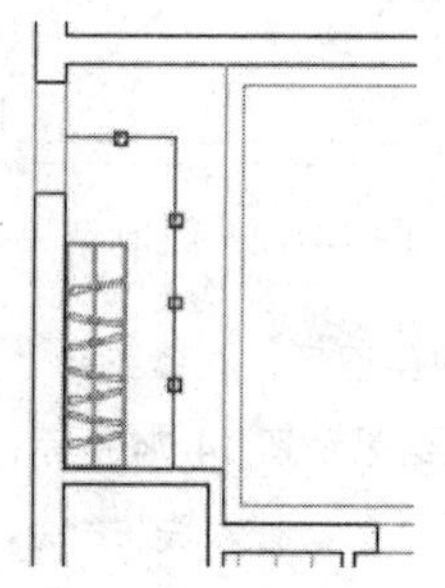

图 14-83　等分结果

（15）执行“单点”命令，配合端点捕捉功能绘制如图 14-84 所示的单点，作为射灯。

（16）使用快捷键“E”激活“删除”命令，删除灯具定位辅助线，结果如图 14-85 所示。

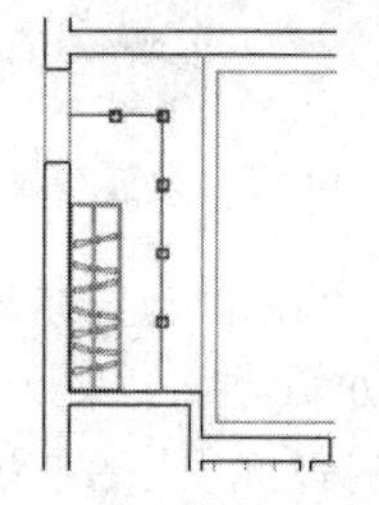

图 14-84　绘制结果

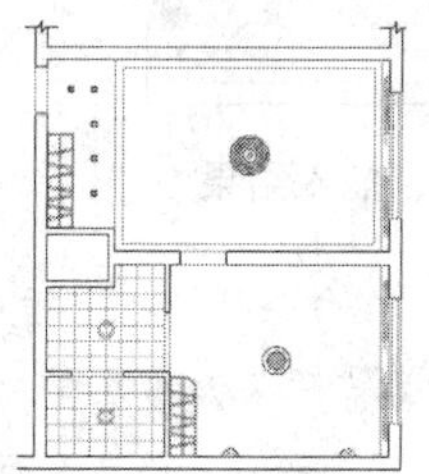

图 14-85　删除结果

14.5.4 标注客房天花图尺寸

（1）继续上节操作。

（2）展开“默认”选项卡→“图层”面板→“图层”下拉列表，解冻“尺寸层”，并将其设置为当前图层。

（3）单击“默认”选项卡→“注释”面板→“线性”按钮，配合端点捕捉和节点捕捉功能标注如图 14-86 所示的尺寸。

（4）单击“注释”选项卡→“标注”面板→“连续”按钮，配合节点捕捉功能标注如图 14-87 所示的连续尺寸。

（5）重复使用“线性”和“连续”命令，配合“对象捕捉”、“极轴追踪”功能分别标注其他位置的尺寸，结果如图 14-88 所示。

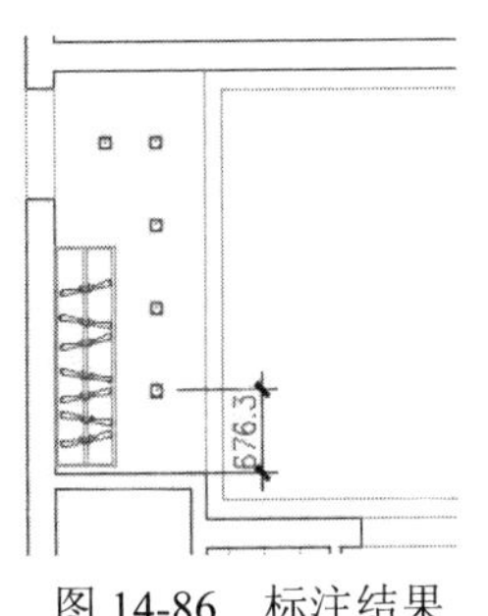

图 14-86　标注结果

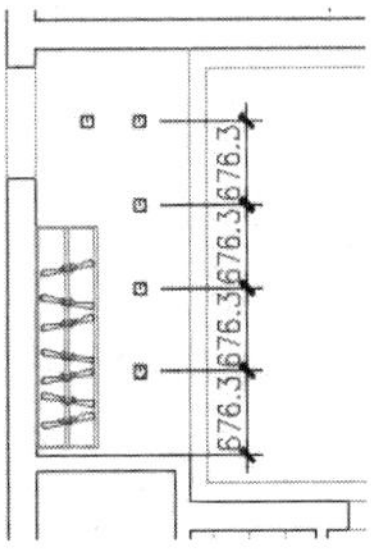

图 14-87　标注连续尺寸

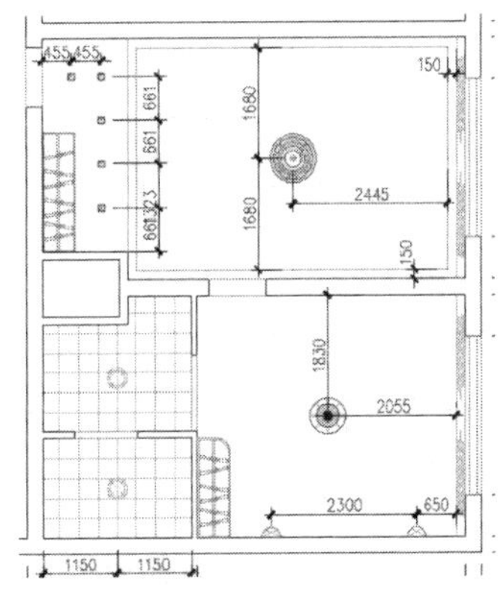

图 14-88　标注其他尺寸

14.5.5 标注客房天花图文字

（1）继续上节操作。

（2）展开“默认”选项卡→“图层”面板→“图层”下拉列表，将“文本层”设置为当前图层。

（3）展开“默认”选项卡→“特性”面板→“对象颜色”下拉列表，将对象颜色设置为随层，然后关闭状态栏上的“对象捕捉”功能。

（4）单击“默认”选项卡→“绘图”面板→“直线”按钮，绘制如图 14-89 所示的直线作为文字注释指示线。

（5）单击“默认”选项卡→“注释”面板→“单行文字”按钮，设置字高为 270，标注如图 14-90 所示的文字注释。

（6）单击“默认”选项卡→“注释”面板→“多行文字”按钮，设置字高为 270，标注如图 14-91 所示的文字注释。

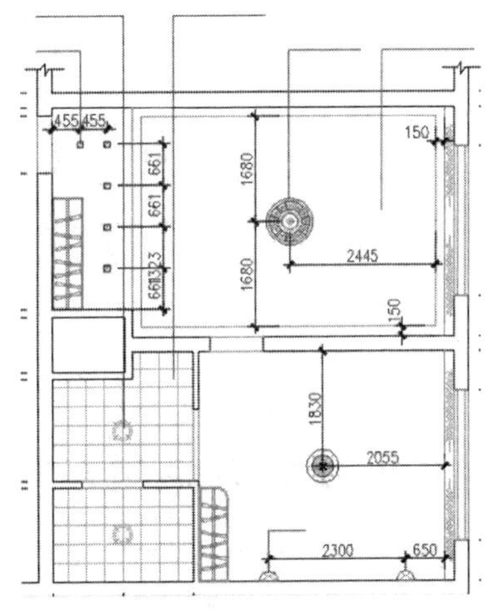

图 14-89　绘制指示线

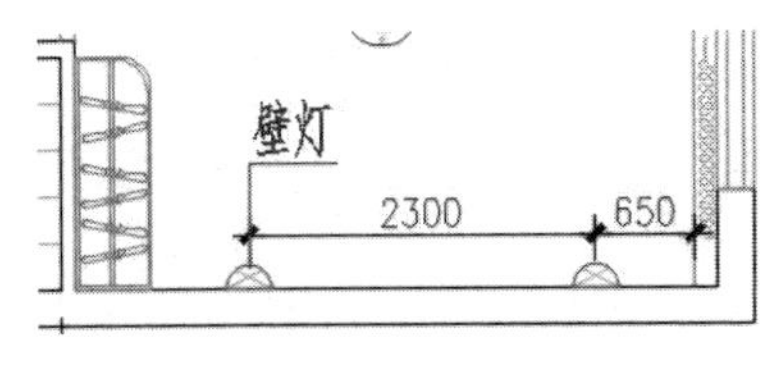

图 14-90　标注结果

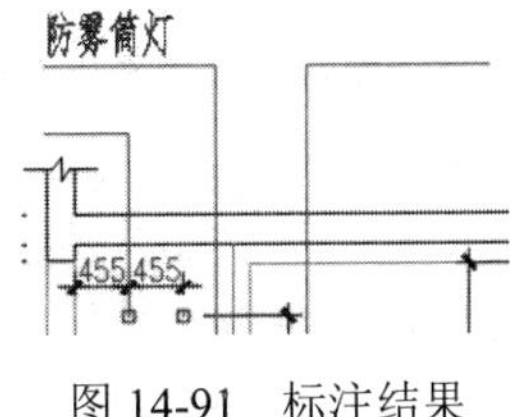

图 14-91　标注结果

（7）接下来综合使用“单行文字”或“多行文字”命令，分别标注其他位置的文字注释，结果如图 14-92 所示。

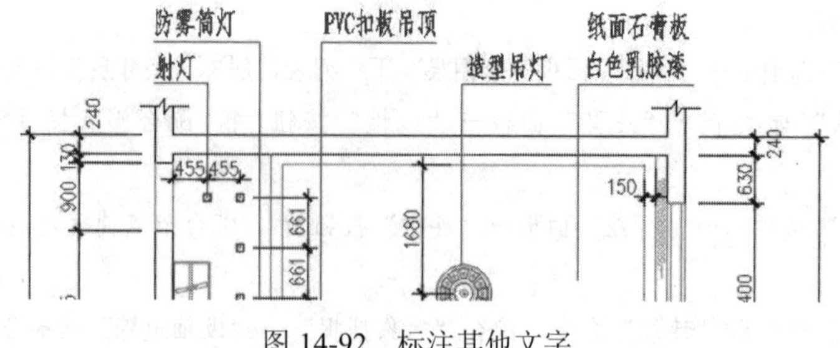

图 14-92　标注其他文字

（8）最后执行“另存为”命令，将当前图形命名存储为“绘制宾馆客房吊顶装修图.dwg”。

14.6　绘制宾馆客房卧室 A 向立面图

本例主要学习宾馆客房卧室 A 向装修立面图的具体绘制过程和绘制技巧。客房卧室 A 向立面图的最终绘制效果，如图 14-93 所示。

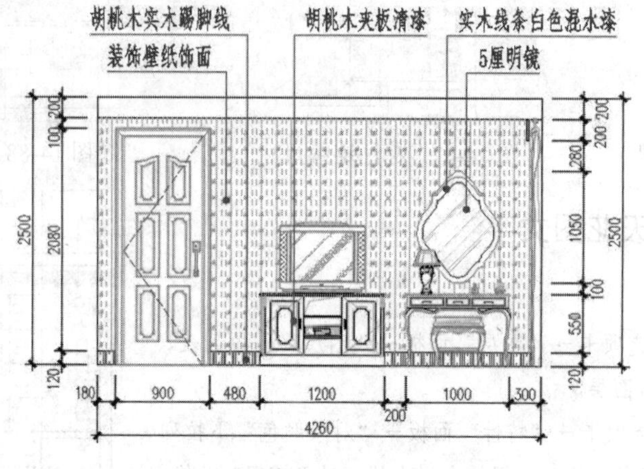

图 14-93　实例效果

14.6.1　绘制客房卧室 A 向墙面轮廓

（1）单击“快速访问”工具栏→“新建”按钮，调用随书光盘“\样板文件\室内绘图样板.dwt”。

（2）展开“默认”选项卡→“图层”面板→“图层”下拉列表，设置“轮廓线”为当前图层。

（3）单击“默认”选项卡→“绘图”面板→“矩形”按钮，绘制长度为 4260、宽度为 2500 的墙面外轮廓线。

（4）单击“默认”选项卡→“修改”面板→“分解”按钮，选择刚绘制的矩形进行分解。

（5）单击“默认”选项卡→“修改”面板→“偏移”按钮，将矩形上侧水平边向下偏移 200、300 和 400 个单位。

（6）重复执行“偏移”命令，将下侧水平边向上偏移 120；将左侧垂直边向右偏移 180 和 1080；将右侧垂直边向左偏移 130 和 150，偏移结果如图 14-94 所示。

（7）单击“默认”选项卡→“修改”面板→“修剪”按钮，修剪复制的两条图线，结果如图 14-95 所示。

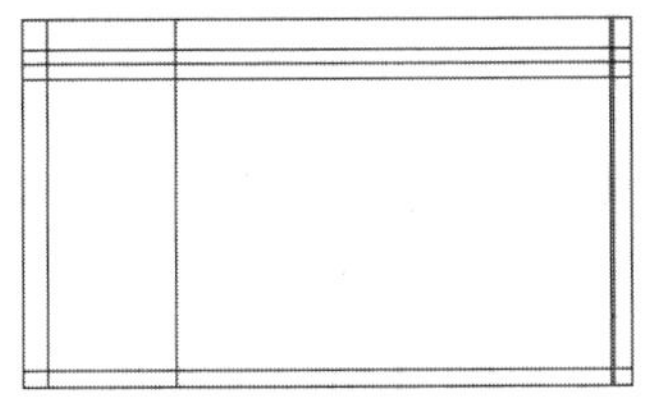

图 14-94 偏移结果

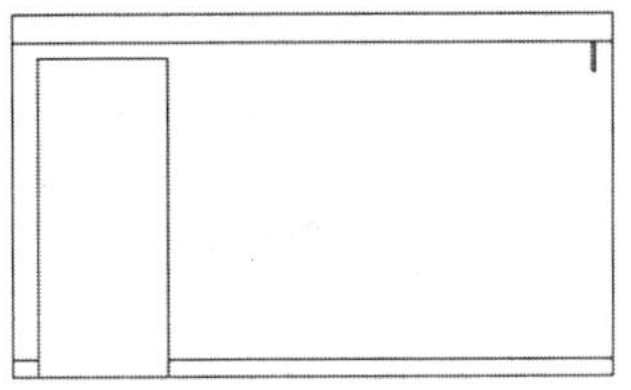

图 14-95 修剪结果

14.6.2 绘制客房卧室 A 墙面构件

（1）继续上节操作。

（2）展开“默认”选项卡→“图层”面板→“图层”下拉列表，将“图块层”设置为当前图层。

（3）使用快捷键“I”激活“插入块”命令，以默认参数插入随书光盘中的“\图块文件\立面门 03.dwg”。

（4）返回绘图区在命令行“指定插入点或 [基点(B)/比例(S)/旋转(R)]:”提示下捕捉如图 14-96 所示的端点作为插入点，插入结果如图 14-97 所示。

图 14-96 设置块参数

图 14-97 定位插入点

（5）重复执行“插入块”命令，以默认参数插入随书光盘中的“\图块文件\电视与电视柜 02.dwg”。

（6）返回绘图区，在命令行“指定插入点或 [基点(B)/比例(S)/旋转(R)]:”提示下激活“捕捉自”功能，捕捉端点 A 作为偏移基点，输入插入点坐标“@1080,0”，插入结果如图 14-98 所示。

（7）重复执行“插入块”命令，以默认参数插入随书光盘中的“\图块文件\立面梳妆台与梳妆镜.dwg”。

（8）返回绘图区，在命令行“指定插入点或 [基点(B)/比例(S)/X/Y/Z/旋转(R)]:”提示下水平向右引出如图 14-99 所示的追踪虚线，然后输入 200 输入并按 Enter 键，定位插入点，插入结果如图 14-100 所示。

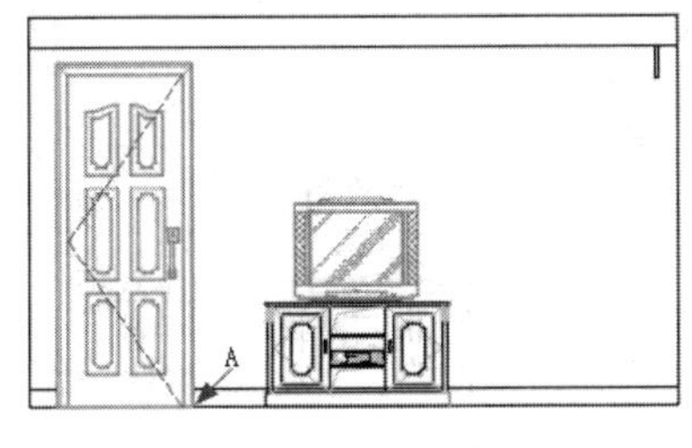

图 14-98 插入结果

图 14-99 引出端点追踪虚线

（9）重复执行“插入块”命令，以默认参数插入随书光盘中的“\图块文件\窗帘 05.dwg”，配合“两点之间的中点”和“端点捕捉”功能定位插入点，插入结果如图 14-101 所示。

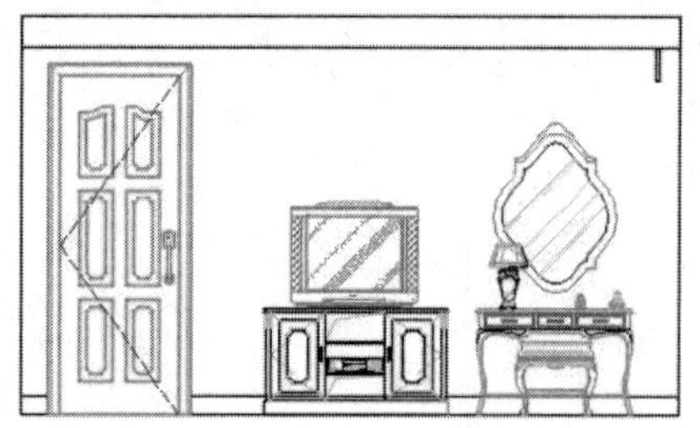

图 14-100　插入梳妆镜

图 14-101　插入窗帘

（10）单击“默认”选项卡→“修改”面板→“修剪”按钮-/--，修剪被电视柜、梳妆台挡住的踢脚线，结果如图 14-102 所示。

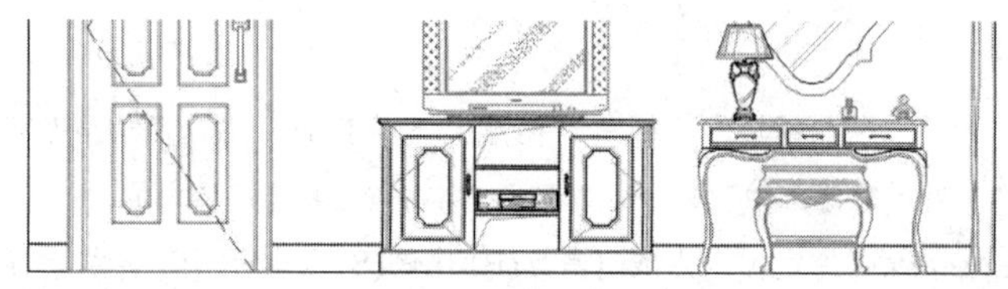

图 14-102　修剪结果

14.6.3　绘制客房卧室 A 墙面材质

（1）继续上节操作。

（2）展开“默认”选项卡→“图层”面板→“图层”下拉列表，将“填充层”的图层设置为当前图层。

（3）使用快捷键“H”激活“图案填充”命令，在命令行“拾取内部点或 [选择对象(S)/设置(T)]:”提示下，激活“设置”选项，打开“图案填充和渐变色”对话框。

（4）在“图案填充和渐变色”对话框中选择图案并设置填充比例、角度、关联特性等，如图 14-103 所示。

（5）单击“添加：拾取点”按钮，返回绘图区在所需区域单击左键，为立面图填充如图 14-104 所示的图案。

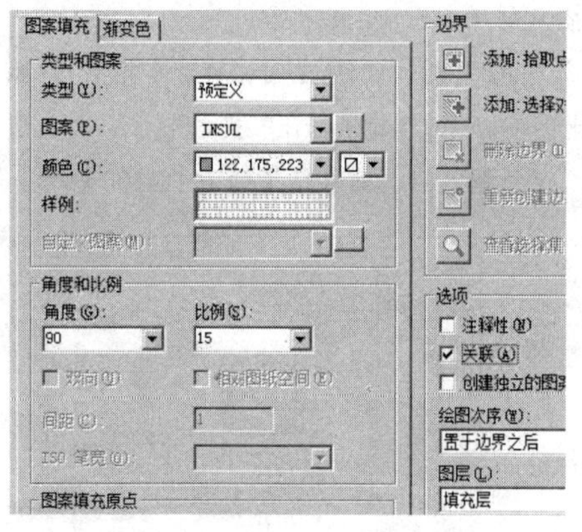

图 14-103　设置填充图案与参数

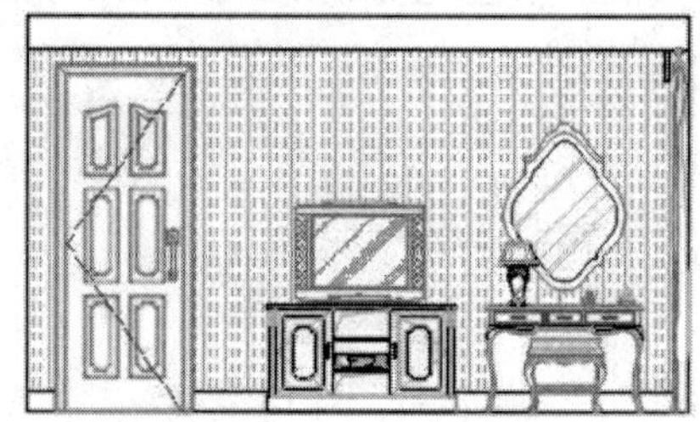

图 14-104　填充结果

（6）重复执行“图案填充”命令，设置填充图案与参数如图 14-105 所示，继续为立面图填充图案，填充结果如图 14-106 所示。

图 14-105　设置填充图案与参数

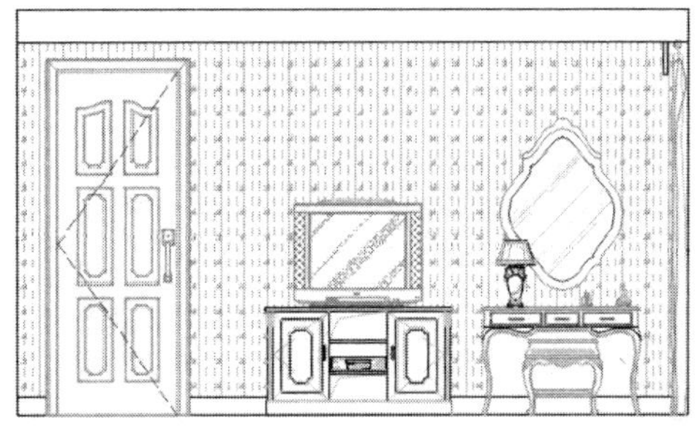

图 14-106　填充结果

（7）重复执行“图案填充”命令，设置填充图案与参数如图 14-107 所示，继续为立面图填充图案，填充结果如图 14-108 所示。

图 14-107　设置填充图案与参数

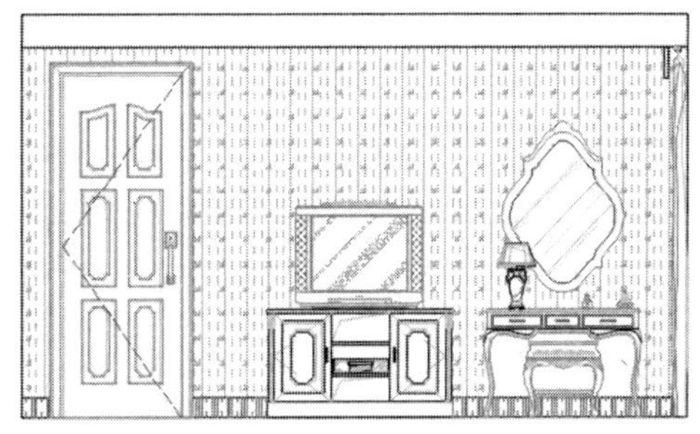

图 14-108　填充结果

14.6.4　标注客房卧室 A 墙面尺寸

（1）继续上节操作。

（2）展开“默认”选项卡→“图层”面板→“图层”下拉列表，选择“尺寸层”设置为当前图层。

（3）使用快捷键“D”激活“标注样式”命令，将“建筑标注”设为当前样式，并修改标注比例为 35。

（4）单击“默认”选项卡→“注释”面板→“线性”按钮，标注如图 14-109 所示的墙面尺寸。

（5）单击“注释”选项卡→“标注”面板→“连续”按钮，以刚标注的尺寸作为基准尺寸，继续标注墙面细部尺寸，结果如图 14-110 所示。

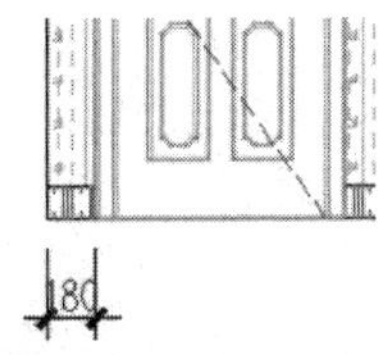

图 14-109　标注结果

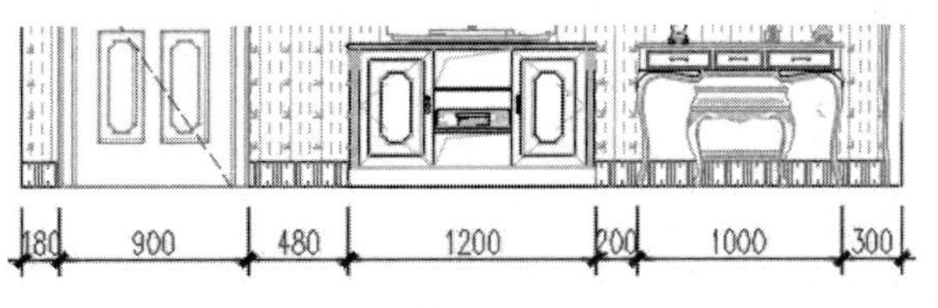

图 14-110　标注细部尺寸

（6）在无命令执行的前提下夹点显示如图 14-111 所示的尺寸对象，然后按住 Shift 键分别单击标注文字的夹点，将其转为夹基点。

（7）接下来将光标放在标注文字夹点上，从弹出的快捷菜单中选择“仅移动文字”选项。

（8）根据命令行的提示在适当位置分别调整标注文字的位置，并取消尺寸的夹点，调整结果如图 14-112 所示。

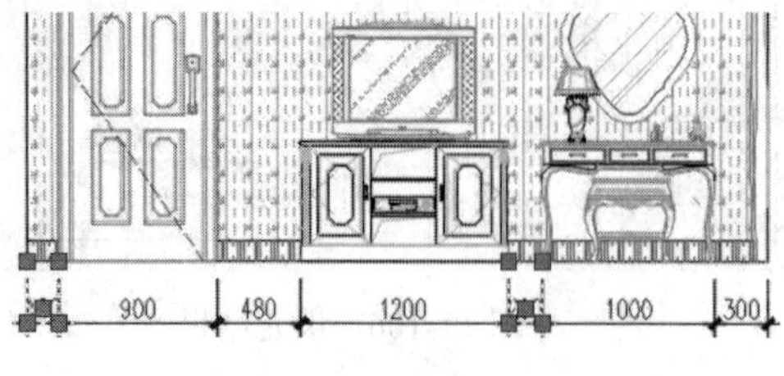

图 14-111　夹点效果

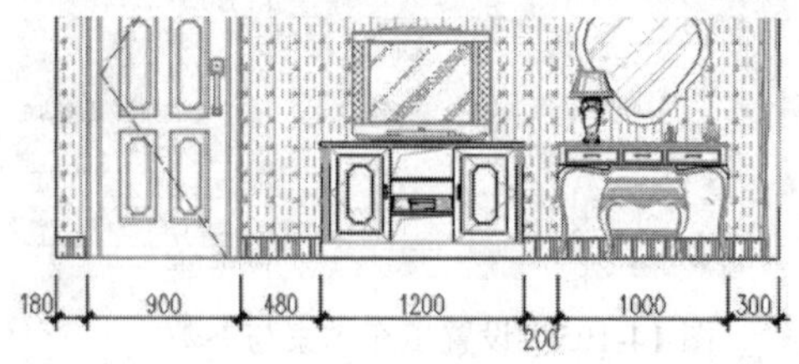

图 14-112　调整结果

（9）单击“默认”选项卡→“注释”面板→“线性”按钮，标注如图 14-113 所示的总尺寸。

（10）接下来参照上述操作，综合使用“线性”和“连续”命令，分别标注立面图两侧的细部尺寸和总尺寸，并对重叠尺寸进行协调位置，结果如图 14-114 所示。

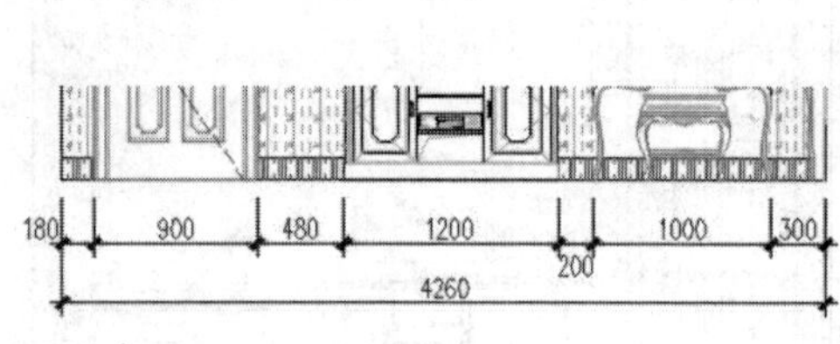

图 14-113　标注总尺寸

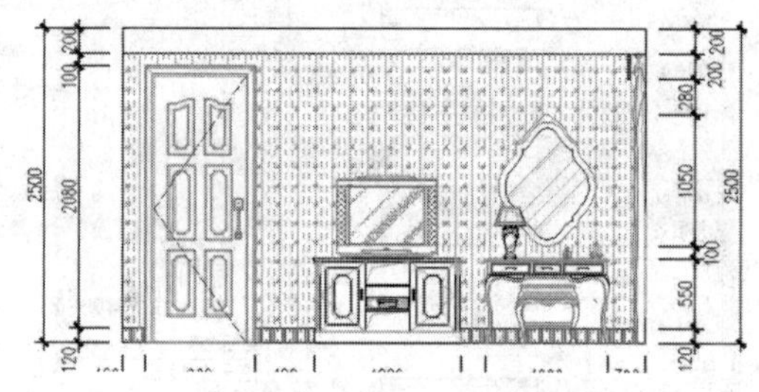

图 14-114　标注其他尺寸

14.6.5　标注客房卧室 A 墙面材质注释

（1）继续上节操作。

（2）展开“默认”选项卡→“图层”面板→“图层”下拉列表，将“文本层”设置为当前图层。

（3）关闭状态栏上的“对象捕捉”功能，然后使用快捷键“D”激活“标注样式”命令，替代当前标注样式如图 14-115 和图 14-116 所示。

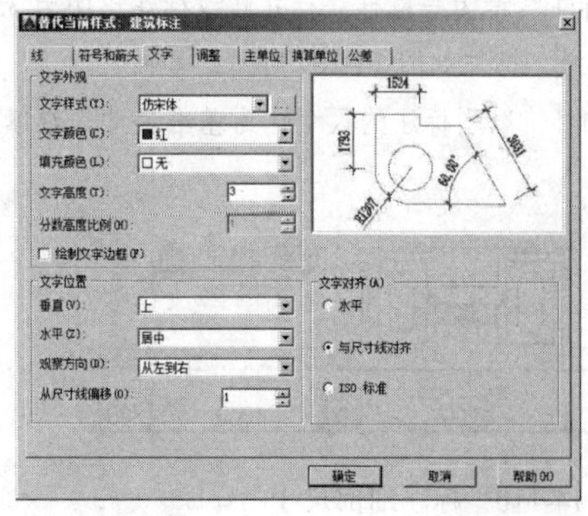

图 14-115　替代文字样式

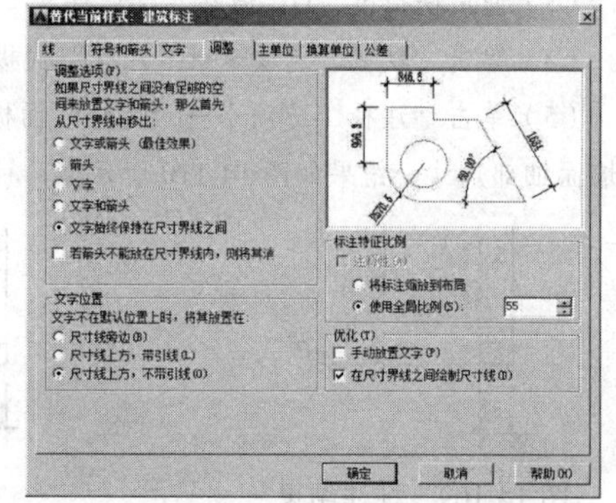

图 14-116　替代标注比例

（4）使用快捷键“LE”激活“快速引线”命令，激活命令中的“设置”选项，设置引线和箭头参数如图 14-117 所示。

（5）在“引线设置”对话框中展开“附着”选项卡，设置引线注释的附着位置，如图 14-118 所示。

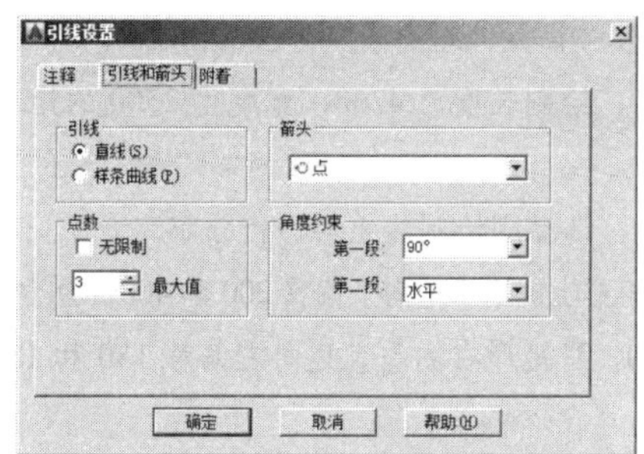

图 14-117 设置引线和箭头

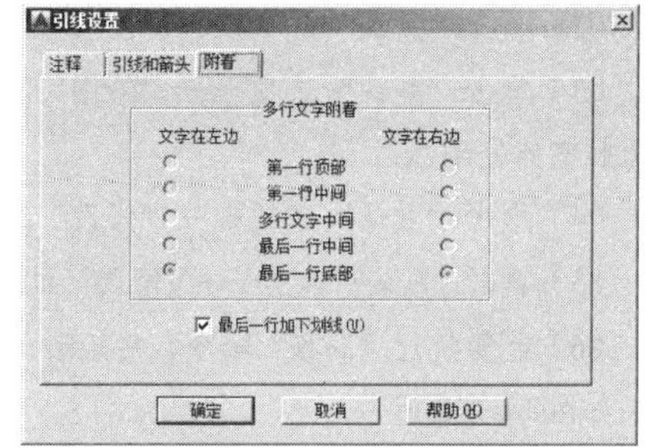

图 14-118 设置注释位置

（6）返回绘图区根据命令行的提示在适当位置指定引线点绘制引线，然后标注如图 14-119 所示的引线注释。

（7）重复执行“快速引线”命令，按照当前的引线设置，分别标注其他位置的引线注释，结果如图 14-120 所示。

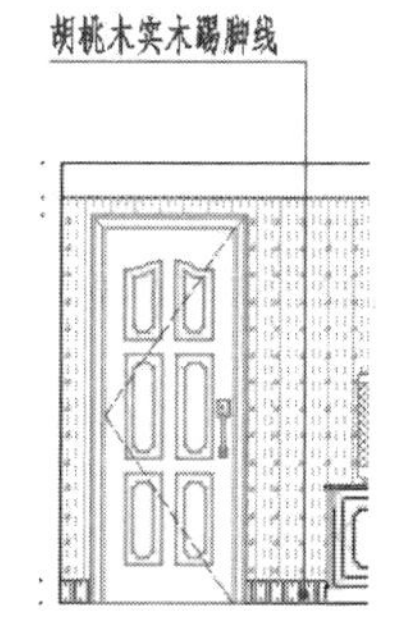

图 14-119 标注引线注释

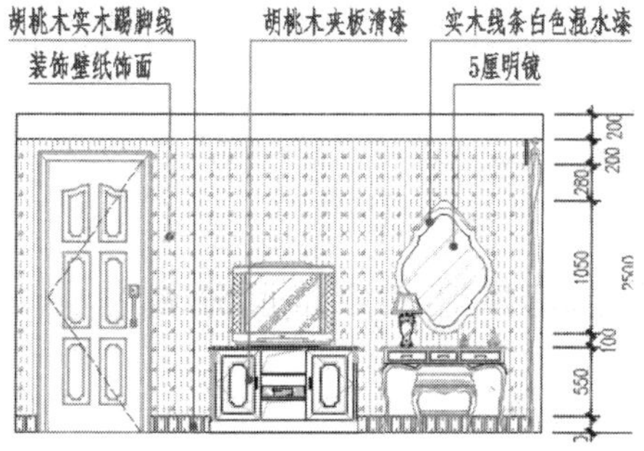

图 14-120 标注其他注释

（8）最后执行“保存”命令，将图形命名存储为“绘制宾馆客房 A 向装修立面图.dwg”。

14.7 绘制宾馆客房卧室 C 向立面图

本例主要学习宾馆客房卧室 C 向装修立面图的具体绘制过程和绘制技巧。客房卧室 C 向立面图的最终绘制效果，如图 14-121 所示。

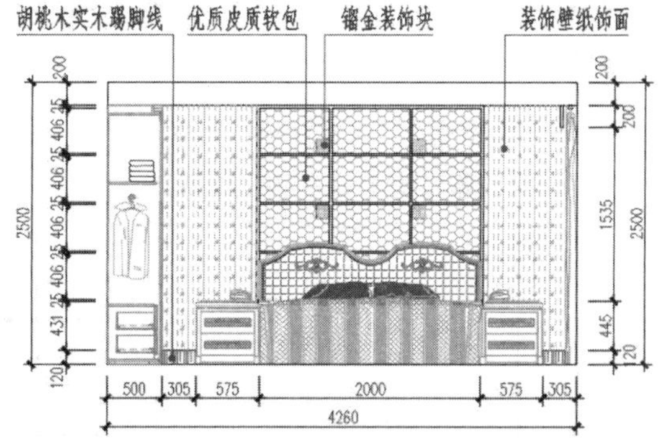

图 14-121 实例效果

14.7.1　绘制客房卧室 C 墙面轮廓

（1）单击“快速访问”工具栏→“新建”按钮，调用随书光盘“\样板文件\室内绘图样板.dwt”。

（2）展开“默认”选项卡→“图层”面板→“图层”下拉列表，设置“轮廓线”为当前图层。

（3）单击“默认”选项卡→“绘图”面板→“矩形”按钮，绘制长度为 4260、宽度为 2500 的矩形，作为卧室外轮廓线。

（4）单击“默认”选项卡→“修改”面板→“分解”按钮，选择刚绘制的矩形进行分解。

（5）单击“默认”选项卡→“修改”面板“偏移”按钮，将矩形上侧水平边向下偏移 200 和 400 个单位。

（6）重复执行“偏移”命令，将矩形下侧水平边向上偏移 120，将矩形右侧垂直边向左偏移 130 和 150，结果如图 14-122 所示。

（7）单击“默认”选项卡→“修改”面板→“修剪”按钮，对偏移出的图线进行修剪，结果如图 14-123 所示。

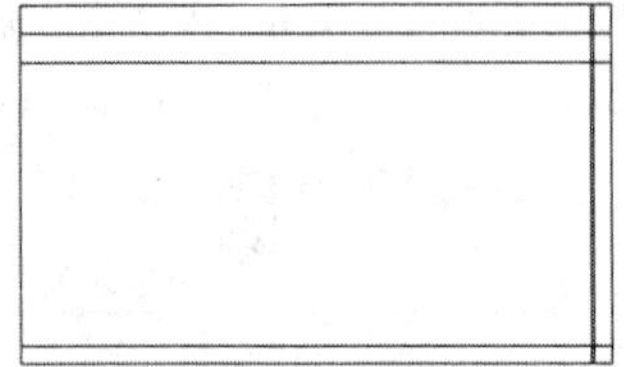

图 14-122　偏移结果

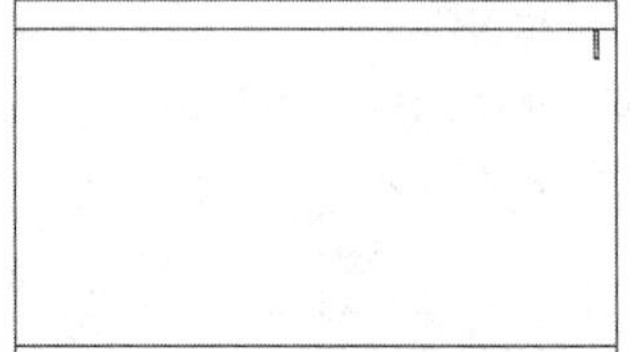

图 14-123　修剪结果

14.7.2　绘制客房卧室 C 墙面分隔线

（1）继续上节操作。

（2）单击“默认”选项卡→“修改”面板→“偏移”按钮，将最左侧垂直轮廓线向右偏移 1355 和 1380 个单位，将最下侧水平轮廓线向上偏移 145 个单位，结果如图 14-124 所示。

（3）单击“默认”选项卡→“修改”面板→“复制”按钮，将偏移出的两条垂直轮廓线向右复制 650、1375 和 2025 个单位，结果如图 14-125 所示。

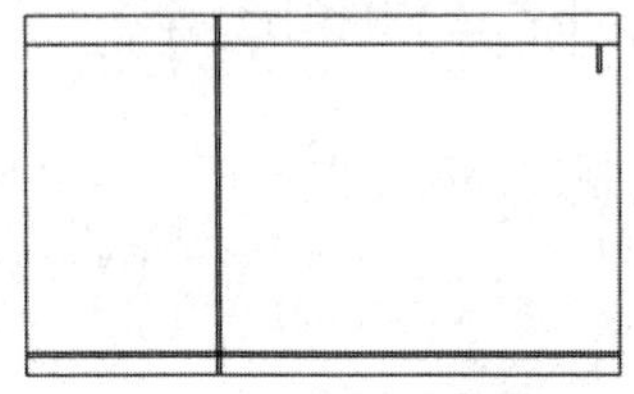

图 14-124　偏移结果

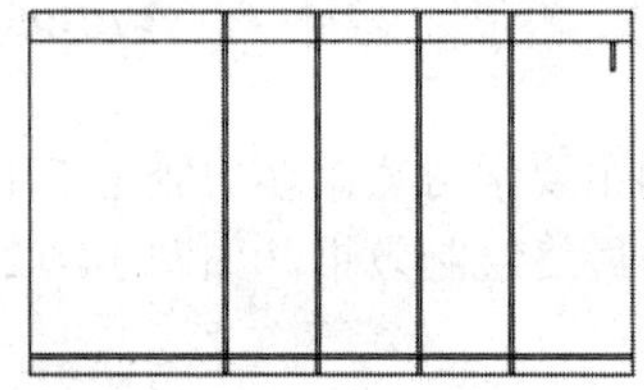

图 14-125　复制结果

（4）单击“默认”选项卡→“修改”面板→“矩形阵列”按钮，窗交选择如图 14-126 所示的两条水平轮廓线，向上阵列 6 行、行间距为 431，阵列结果如图 14-127 所示。

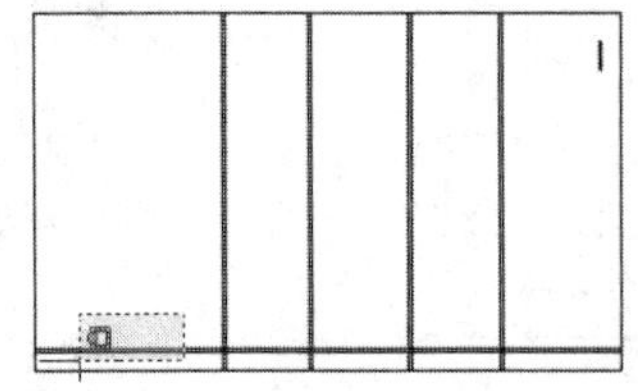

图 14-126　窗交选择

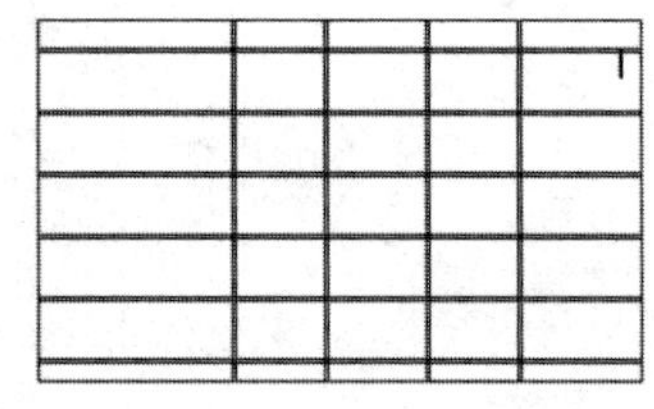

图 14-127　阵列结果

（5）单击“默认”选项卡→“修改”面板→“修剪”按钮，对立面图进行修剪，结果如图 14-128 所示。

（6）重复执行“修剪”命令，继续对分隔线进行编辑完善，结果如图 14-129 所示。

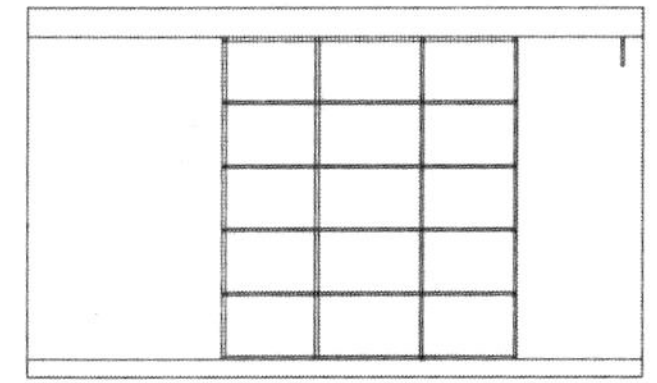

图 14-128 修剪结果

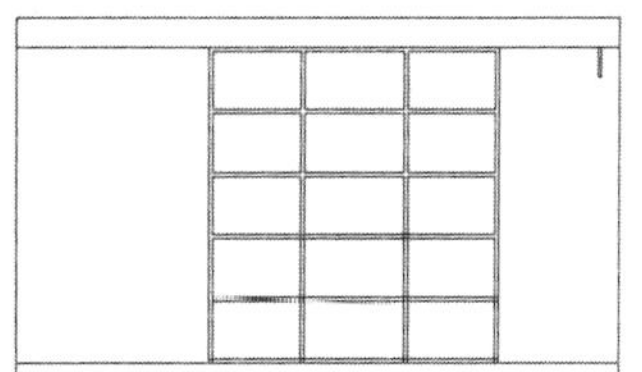

图 14-129 完善结果

（7）单击“默认”选项卡→“绘图”面板→“矩形”按钮，配合端点捕捉功能绘制边长为 120 的正四边形，如图 14-130 所示。

（8）单击“默认”选项卡→“修改”面板→“复制”按钮，将正四边形复制，结果如图 14-131 所示。

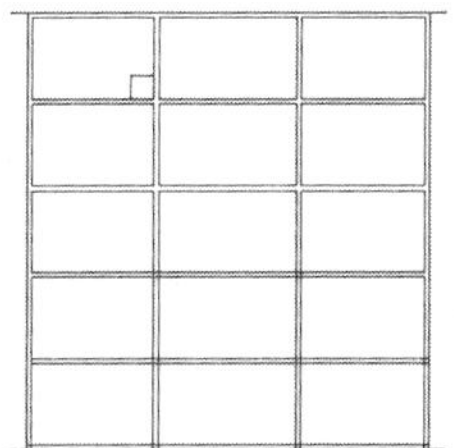

图 14-130 绘制结果

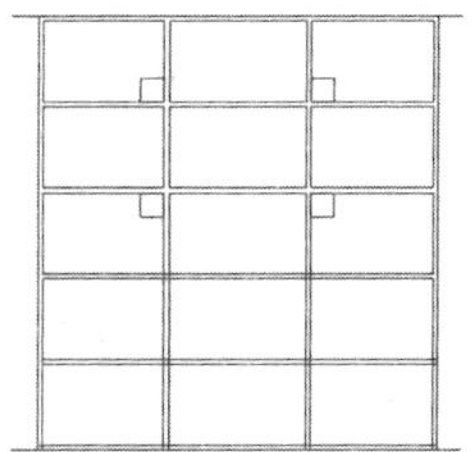

图 14-131 复制结果

14.7.3 绘制客房卧室 C 墙面构件

（1）继续上节操作。

（2）展开“默认”选项卡→“图层”面板→“图层”下拉列表，将“家具层”设置为当前图层。

（3）单击“默认”选项卡→“块”面板→“插入”按钮，采用默认参数，插入随书光盘中的“\图块文件\衣柜剖面图.dwg”。

（4）返回绘图区根据命令行的提示，水平向右引出如图 14-132 所示的端点追踪虚线，然后输入 500 并按 Enter 键，定位插入点，插入结果如图 14-133 所示。

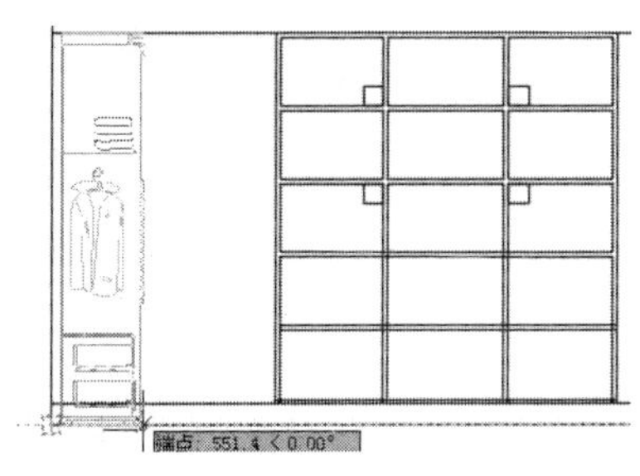

图 14-132 设置块参数

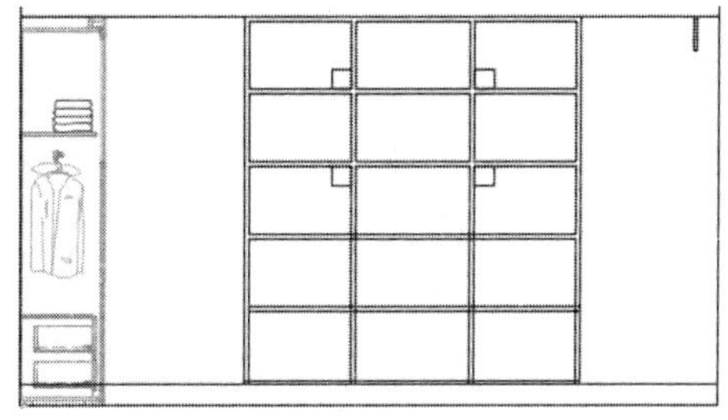

图 14-133 定位插入点

（5）重复执行“插入块”命令，以默认参数插入随书光盘中的“\图块文件\床柜立面组合.dwg”。

（6）返回绘图区根据命令行的提示，配合“捕捉自”功能，捕捉最左侧垂直轮廓线的下端点作为偏移基点，输入插入点坐标“@805,0”，定位插入点，插入结果如图 14-134 所示。

（7）重复执行“插入块”命令，以默认参数插入随书光盘中的“\图块文件\窗帘 05.dwg”，结果如图 14-135 所示。

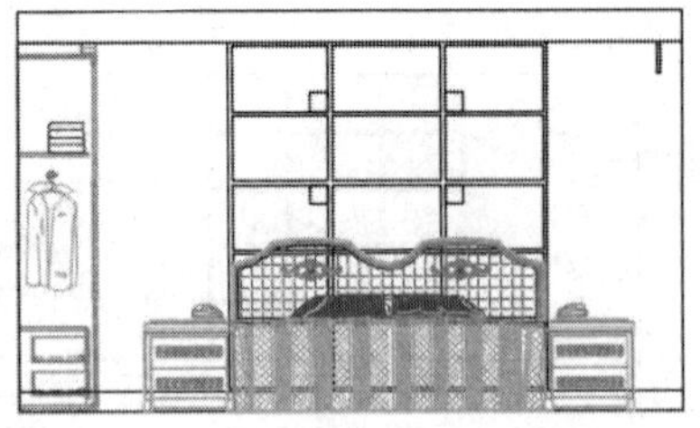

图 14-134　插入床柜组合

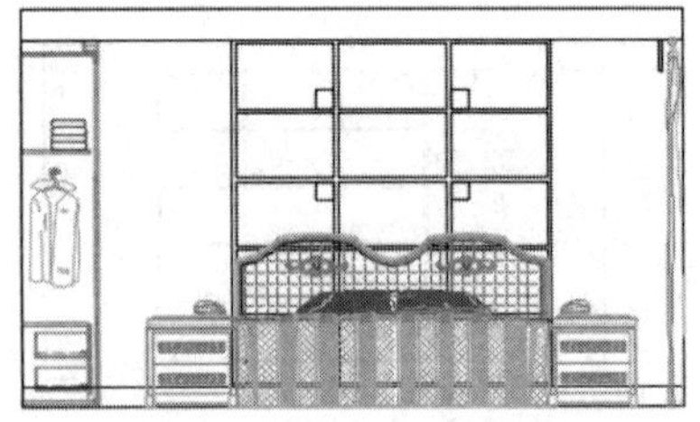

图 14-135　插入窗帘

（8）单击“默认”选项卡→“修改”面板→“修剪”按钮-/--，以插入的图块外边缘作为边界，对墙面分隔线进行修剪，结果如图 14-136 所示。

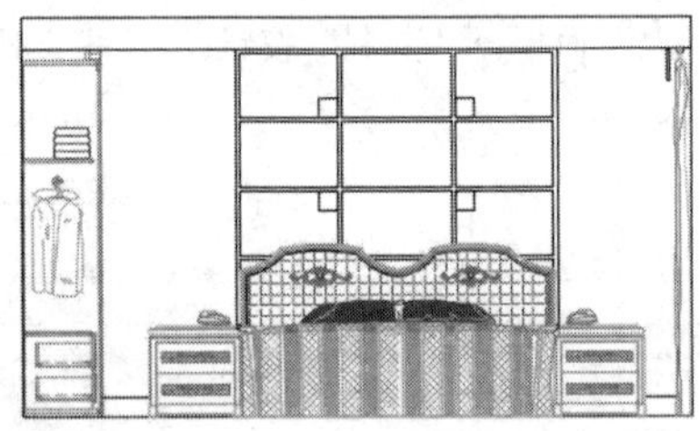

图 14-136　修剪结果

14.7.4　绘制客房卧室 C 墙面材质

（1）继续上节操作。

（2）展开“默认”选项卡→“图层”面板→“图层”下拉列表，将“填充层”的图层设置为当前图层。

（3）使用快捷键“H”激活“图案填充”命令，在命令行“拾取内部点或 [选择对象(S)/设置(T)]:”提示下，激活“设置”选项，打开“图案填充和渐变色”对话框。

（4）在“图案填充和渐变色”对话框中选择图案并设置填充比例、角度、关联特性等，如图 14-103 所示。

（5）单击“添加: 拾取点”按钮，返回绘图区在所需区域单击左键，为立面图填充如图 14-137 所示的图案。

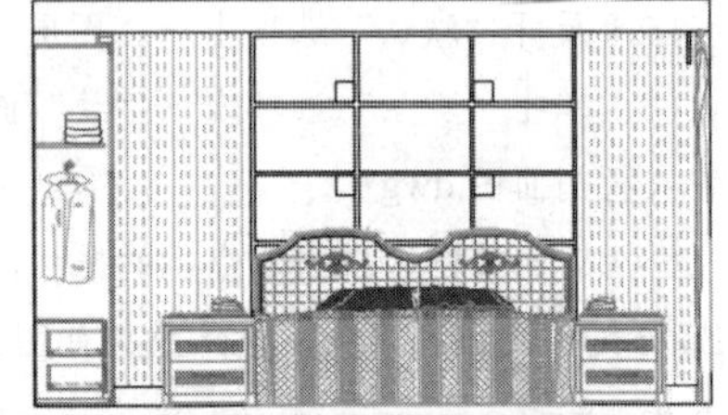

图 14-137　填充结果

（6）重复执行“图案填充”命令，设置填充图案与参数如图 14-105 所示，继续为立面图填充图案，填充结果如图 14-138 所示。

（7）重复执行“图案填充”命令，设置填充图案与参数如图 14-107 所示，继续为立面图填充图案，填充结果如图 14-139 所示。

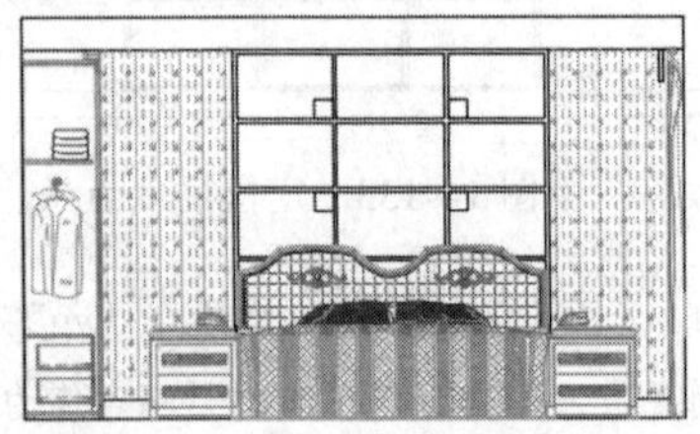

图 14-138　填充结果

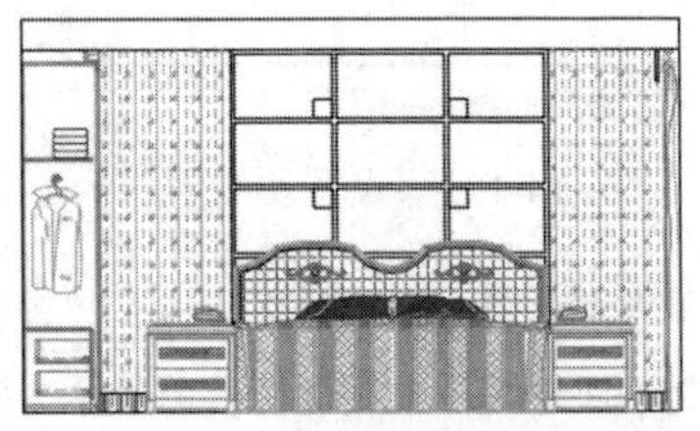

图 14-139　填充结果

（8）重复执行“图案填充”命令，设置填充图案与参数如图 14-140 所示，继续为立面图填充图案，填充结果如图 14-141 所示。

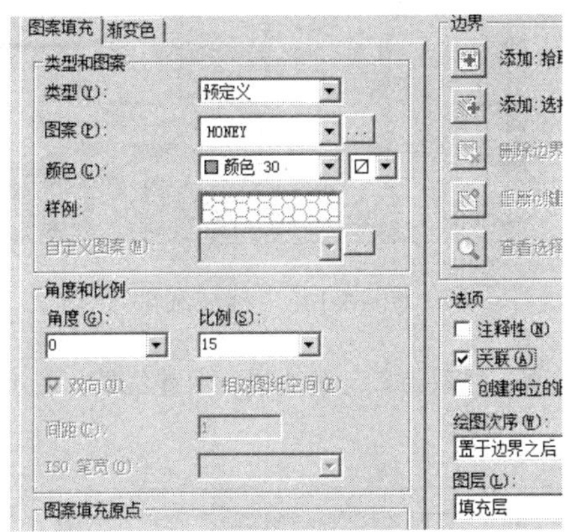

图 14-140　设置填充图案与参数

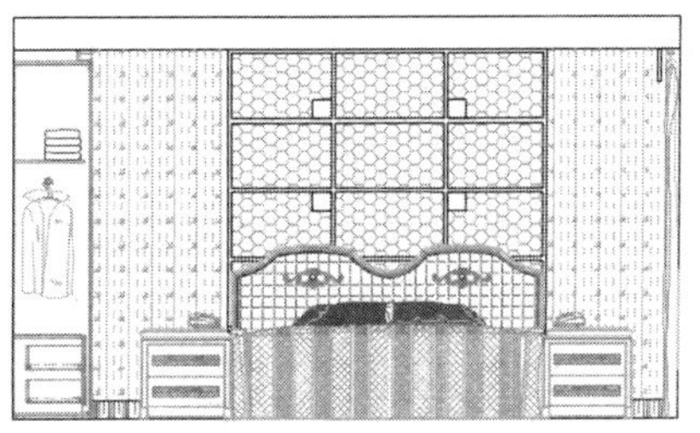

图 14-141　填充结果

（9）重复执行“图案填充”命令，设置填充图案与参数如图 14-142 所示，继续为立面图填充图案，填充结果如图 14-143 所示。

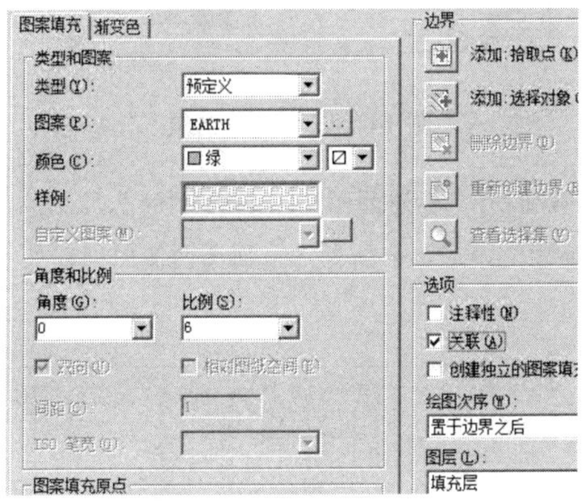

图 14-142　设置填充图案与参数

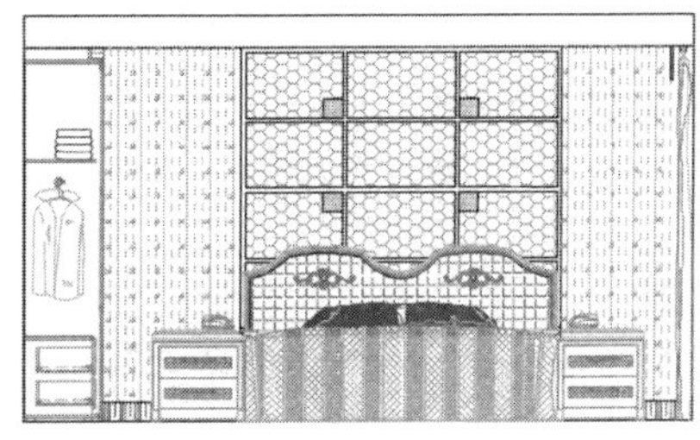

图 14-143　填充结果

14.7.5　标注客房卧室 C 墙面尺寸

（1）继续上节操作。

（2）展开“默认”选项卡→“图层”面板→“图层”下拉列表，选择“尺寸层”设置为当前图层。

（3）使用快捷键“D”激活“标注样式”命令，将“建筑标注”设为当前样式，并修改标注比例为 35。

（4）单击“默认”选项卡→“注释”面板→“线性”按钮，标注如图 14-144 所示的墙面尺寸。

（5）单击“注释”选项卡→“标注”面板→“连续”按钮，以刚标注的尺寸作为基准尺寸，继续标注墙面细部尺寸，结果如图 14-145 所示。

（6）在无命令执行的前提下夹点显示如图 14-146 所示的尺寸对象，然后按住 Shift 键分别单击标注文字的夹点，将其转为夹基点。

（7）接下来将光标放在标注文字夹点上，从弹出的快捷菜单中选择“仅移动文字”选项。

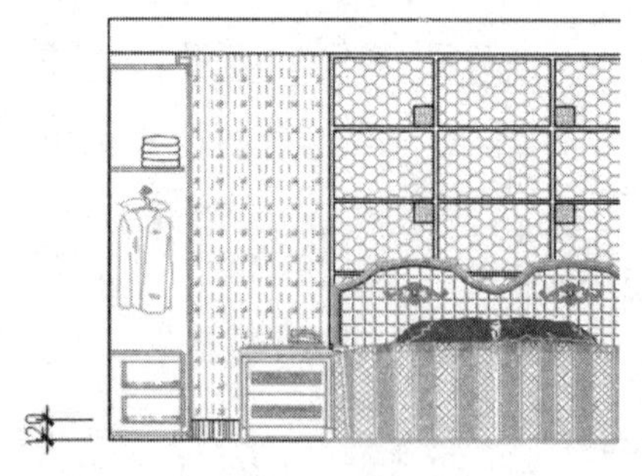
图 14-144　标注结果

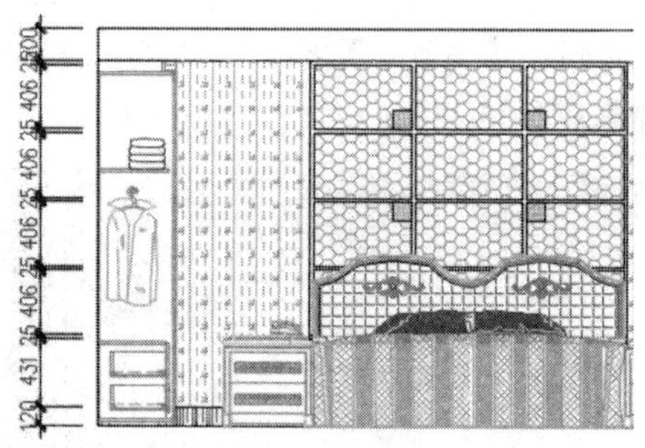
图 14-145　标注细部尺寸

（8）根据命令行的提示在适当位置分别调整标注文字的位置，并取消尺寸的夹点，调整结果如图 14-147 所示。

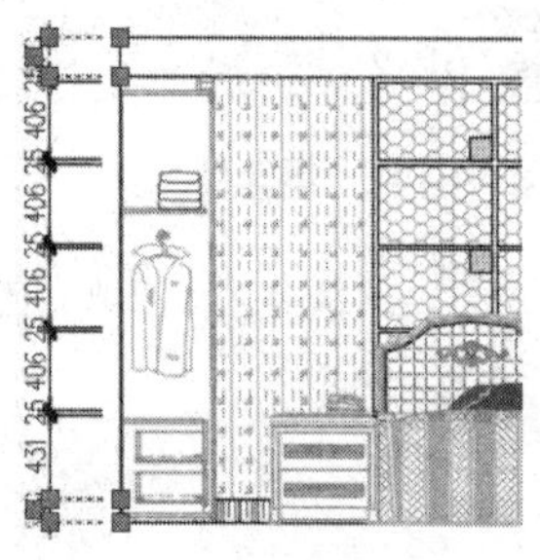
图 14-146　夹点效果

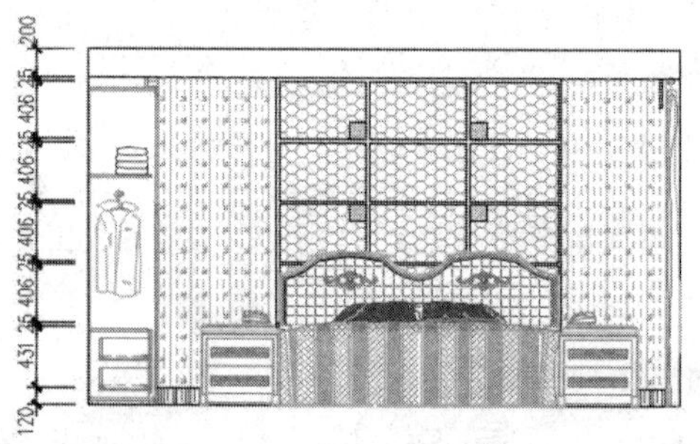
图 14-147　调整结果

（9）单击“默认”选项卡→“注释”面板→“线性”按钮，标注如图 14-148 所示的总尺寸。

（10）接下来参照上述操作，综合使用“线性”和“连续”命令，分别标注立面图两侧的细部尺寸和总尺寸，并对重叠尺寸进行协调位置，结果如图 14-149 所示。

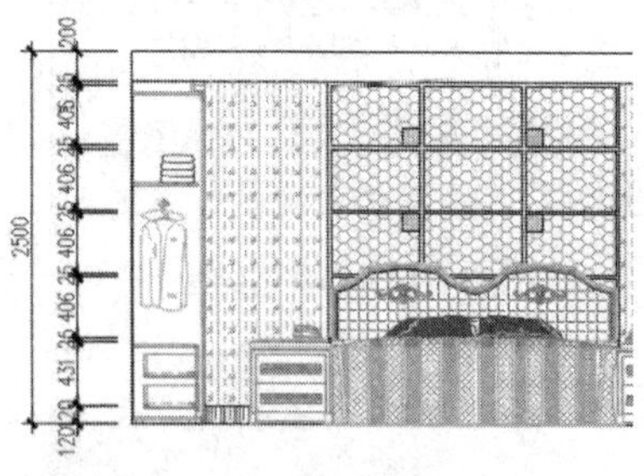
图 14-148　标注总尺寸

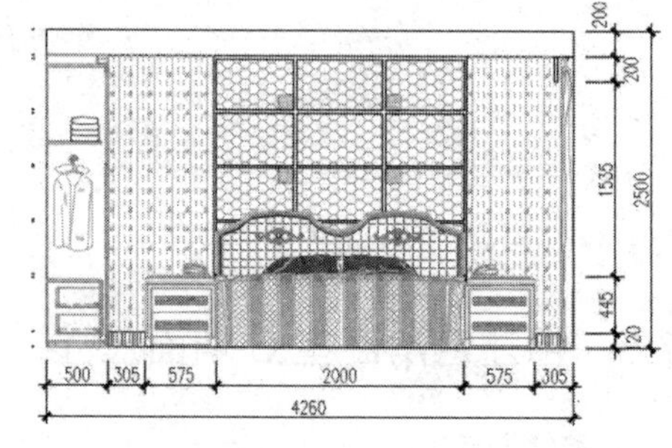

图 14-149　标注其他尺寸

14.7.6　标注客房卧室 C 墙面材质注释

（1）继续上节操作。

（2）展开“默认”选项卡→“图层”面板→“图层”下拉列表，将“文本层”设置为当前图层。

（3）关闭状态栏上的“对象捕捉”功能，然后使用快捷键“D”激活“标注样式”命令，替代当前标注样式如图 14-115 和图 14-116 所示。

（4）使用快捷键“LE”激活“快速引线”命令，激活命令中的“设置”选项，设置引线和箭头参数如图 14-117 和图 14-118 所示。

（5）返回绘图区根据命令行的提示在适当位置指定引线点绘制引线，然后标注如图 14-150 所示的引线注释。

（6）重复执行“快速引线”命令，按照当前的引线设置，分别标注其他位置的引线注释，结果如图 14-151 所示。

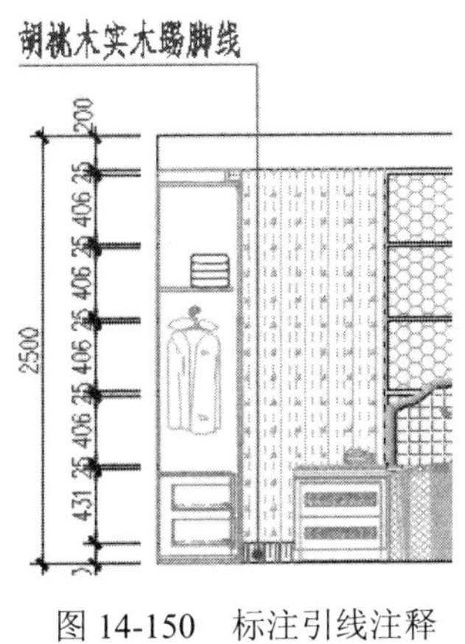

图 14-150 标注引线注释

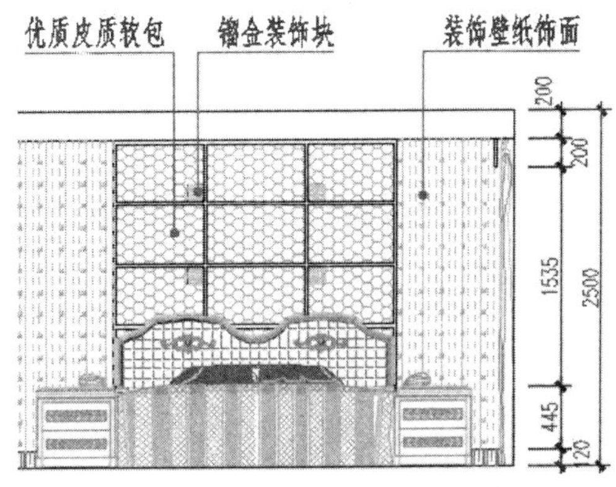

图 14-151 标注其他注释

（7）最后执行“保存”命令，将图形命名存储为“绘制宾馆客房 C 向装修立面图.dwg”。

14.8 本章小结

宾馆是接待客人或供旅行者休息、住宿的地方，客房则是宾馆的主体，在设计时要做到安静、舒适、安全、设施齐全。本章在概述宾馆客房装修理论知识的前提下，通过绘制宾馆客房装修布置图、标注宾馆客房装修布置图、绘制宾馆客房吊顶装修图、绘制宾馆客房卧室向立面图、绘制宾馆客房卧室 C 向装修立面图等五个典型实例，系统地讲述了宾馆套房装修图的绘制思路、表达内容、具体绘制过程以及绘制技巧。

希望读者通过本章的学习，在理解和掌握相关设计理念和设计技巧的前提下，了解和掌握宾馆客房装修方案需要表达的内容、表达思路及具体的设计过程等。

第四部分　输　出　篇

第 15 章　室内施工图的后期打印

AutoCAD 为用户提供了两种操作空间，即模型空间和布局空间。“模型空间”是图形的设计空间，主要用于设计和修改图形，但是它在打印方面有一定的缺陷，只能进行简单的打印操作；而“布局空间”则是 AutoCAD 的主要打印空间，打印功能比较完善。本章将学习这两种空间下的图纸打印技巧以及与其他软件间的数据转换技巧。

■ 本章内容

- ✧ 配置打印设备与打印样式
- ✧ 快速打印某阶梯教室天花装修图
- ✧ 精确打印多居室户型装修布置图
- ✧ 多比例同时打印宾馆套房装修图

15.1　配置打印设备与打印样式

在打印图形之前，首先需要配置打印设备，本例通过配置光栅文字格式的打印设备和添加命名打印样式表，主要学习打印设备的配置和打印样式的添加技能。

15.1.1　配置打印机

（1）单击“输出”选项卡→“打印”面板→“绘图仪管理器”按钮，或选择菜单栏“文件”→“绘图仪管理器”命令，打开如图 15-1 所示的“Plotters”窗口。

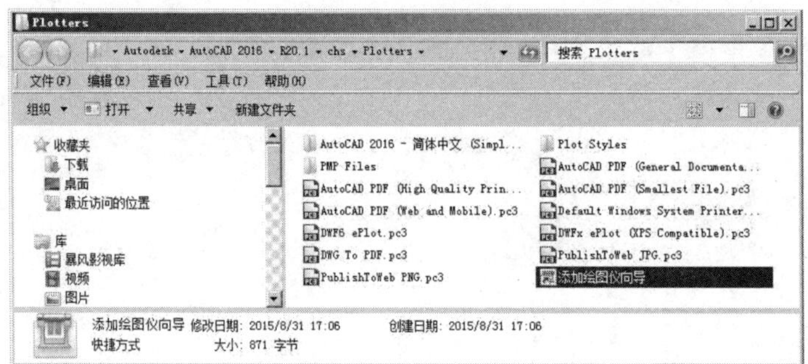

图 15-1　“Plotters”窗口

（2）双击“添加绘图仪向导”图标，打开如图 15-2 所示的“添加绘图仪-简介”对话框。

（3）依次单击 下一步(N) > 按钮，打开“添加绘图仪 – 绘图仪型号”对话框，设置绘图仪型号及其生产商，如图 15-3 所示。

（4）依次单击 下一步(N) > 按钮，打开如图 15-4 所示的“添加绘图仪–绘图仪名称”对话框，设置绘图仪名称。

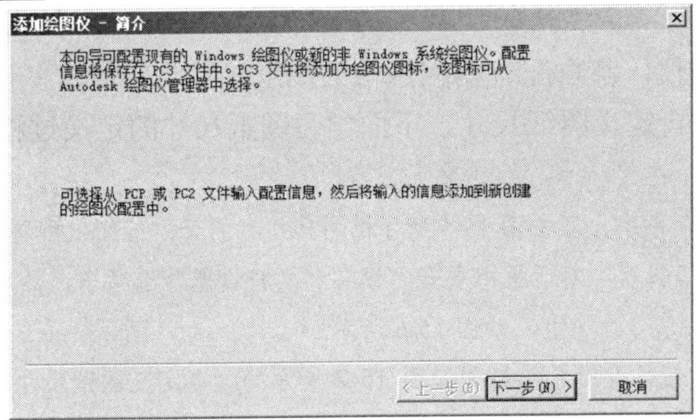

图 15-2 “添加绘图仪-简介”对话框

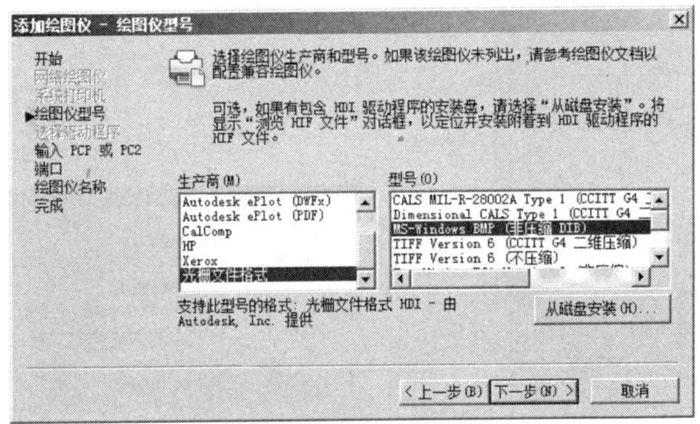

图 15-3 绘图仪型号

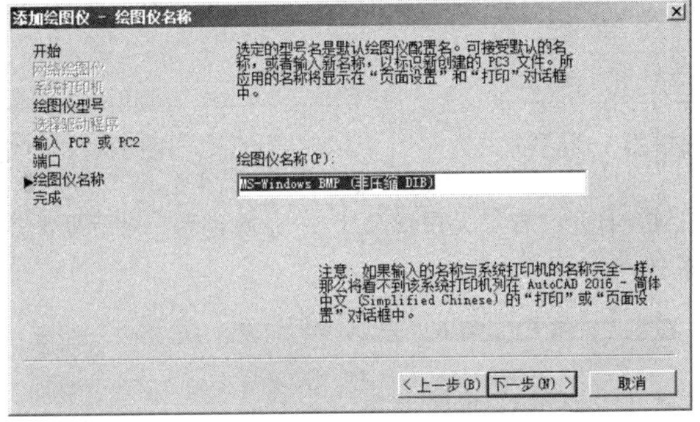

图 15-4 “添加绘图仪–绘图仪名称”对话框

（5）单击 下一步(N) > 按钮，在打开的“添加绘图仪 – 完成”对话框中单击 完成(F) 按钮，绘图仪的添加结果如图 15-5 所示。

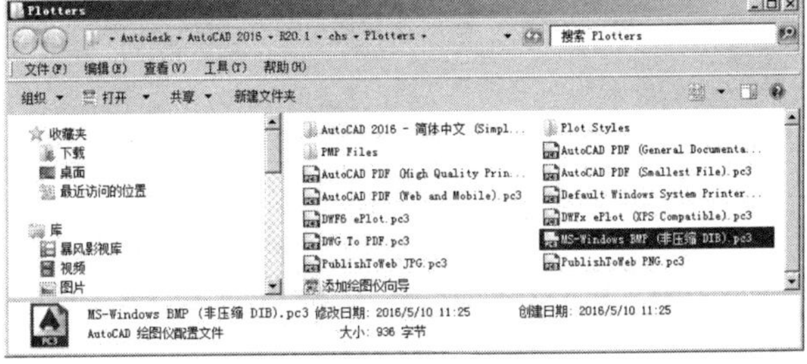

图 15-5 添加绘图仪

15.1.2 自定义图纸尺寸

每一款型号的绘图仪，都自配有相应规格的图纸尺寸，有时这些图纸尺寸与打印图形很难相匹配，需要用户重新定义图纸尺寸，下面学习图纸尺寸的定义过程。

（1）继续上述操作。

（2）在“Plotters”对话框中，双击图15-5所示的打印机，打开“绘图仪配置编辑器”对话框。

（3）在“绘图仪配置编辑器”对话框中展开“设备和文档设置”选项卡，然后单击“自定义图纸尺寸”选项，打开“自定义图纸尺寸”选项组，如图15-6所示。

（4）单击 添加(A)... 按钮，此时系统打开如图15-7所示的“自定义图纸尺寸 - 开始”对话框，开始自定义图纸的尺寸。

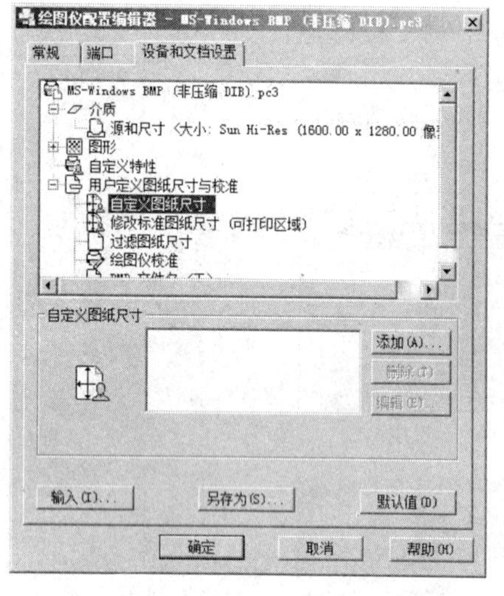

图15-6 “绘图仪配置编辑器”对话框

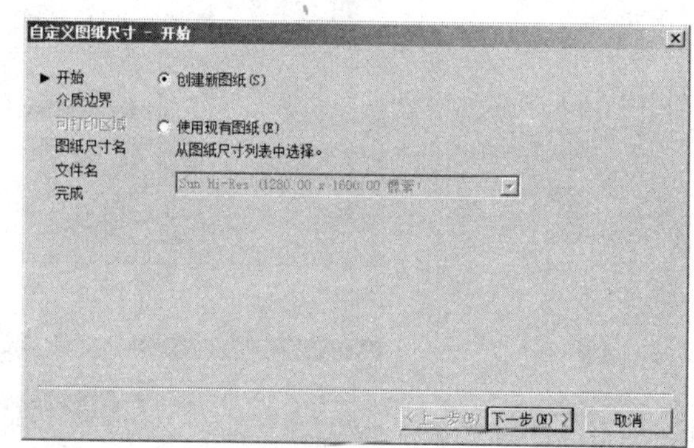

图15-7 自定义图纸尺寸

（5）单击 下一步(N) > 按钮，打开“自定义图纸尺寸 - 介质边界”对话框，然后分别设置图纸的宽度、高度以及单位，如图15-8所示。

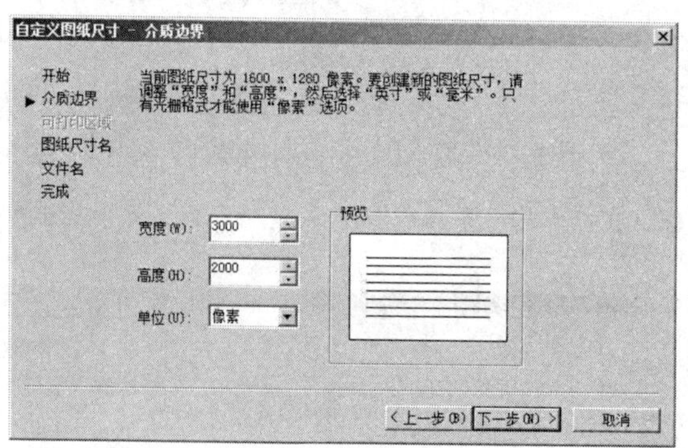

图15-8 设置图纸尺寸

（6）单击 下一步(N) > 按钮，打开“自定义图纸尺寸 - 图纸尺寸名”对话框，设置自定义图纸尺寸名，如图15-9所示。

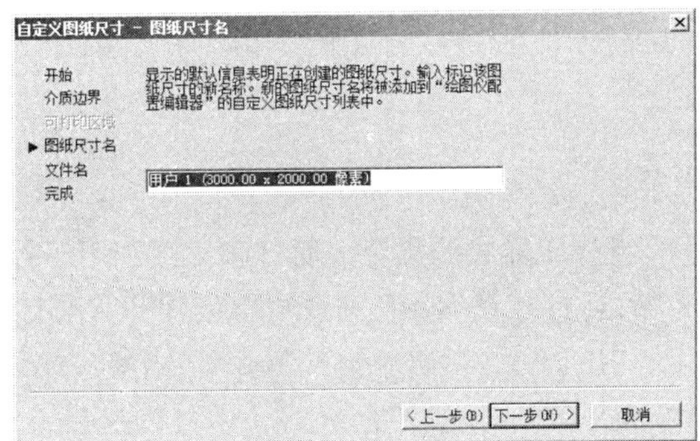

图 15-9 设置图纸尺寸名

（7）单击下一步(N) >按钮，打开“自定义图纸尺寸 – 文件名”对话框，设置图纸可打印区域，如图 15-10 所示。

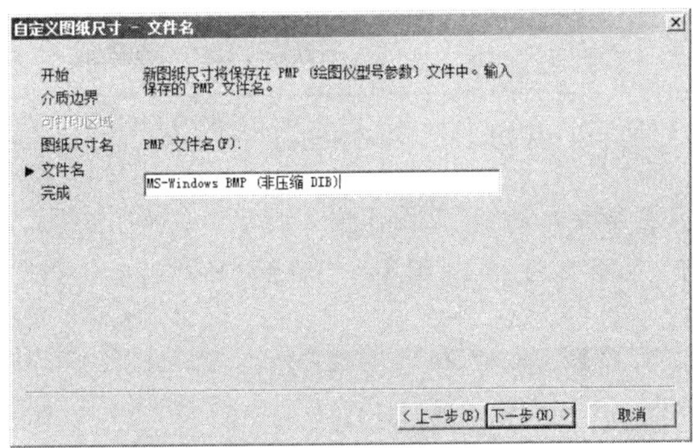

图 15-10 设置文件名

（8）依次单击下一步(N) >按钮，直至打开如图 15-11 所示的“自定义图纸尺寸–完成”对话框，完成图纸尺寸的自定义过程。

（9）单击 完成(F) 按钮，结果新定义的图纸尺寸自动出现在图纸尺寸选项组中，如图 15-12 所示。

图 15-11 “自定义图纸尺寸–完成”对话框

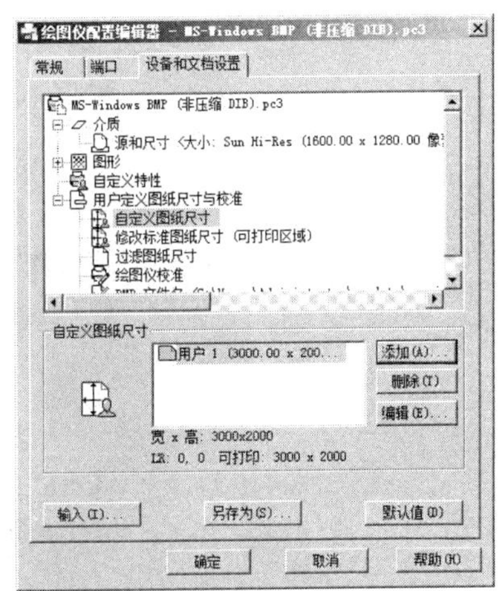

图 15-12 图纸尺寸的定义结果

（10）如果用户需要将此图纸尺寸进行保存，可以单击 另存为(S)... 按钮；如果用户仅在当前使用一次，可以单击 确定 按钮即可。

15.1.3 配置打印样式表

打印样式表其实就是一组打印样式的集合，而打印样式则用于控制图形的打印效果，修改打印图形的外观。使用“打印样式管理器”命令可以创建和管理打印样式表，操作如下。

（1）选择菜单栏“文件”→“打印样式管理器”命令，或在命令行输入 Stylesmanager 按 Enter 键，打开如图 15-13 所示的“Plot Styles”窗口。

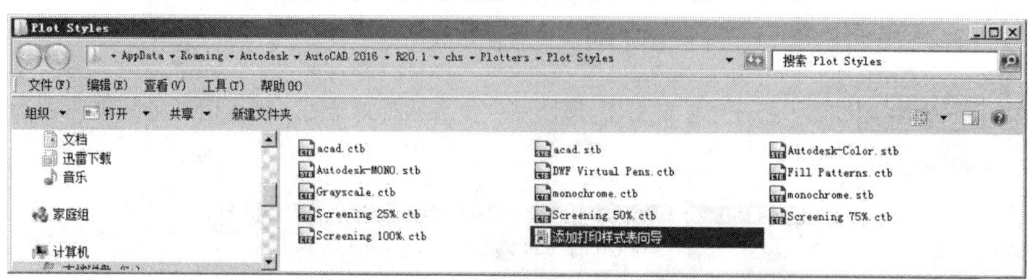

图 15-13 “Plot Styles”对话框

（2）双击窗口中的“添加打印样式表向导”图标，打开“添加打印样式表”对话框。

（3）单击 下一步(N) > 按钮，打开如图 15-14 所示的“添加打印样式表-开始”对话框，开始配置打印样式表的操作。

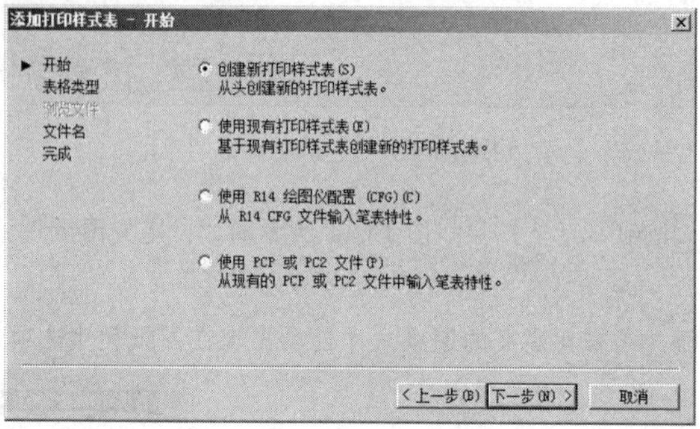

图 15-14 “添加打印样式表－开始”对话框

（4）单击 下一步(N) > 按钮，打开“添加打印样式表 - 选择打印样式表”对话框，选择打印样表的类型，如图 15-15 所示。

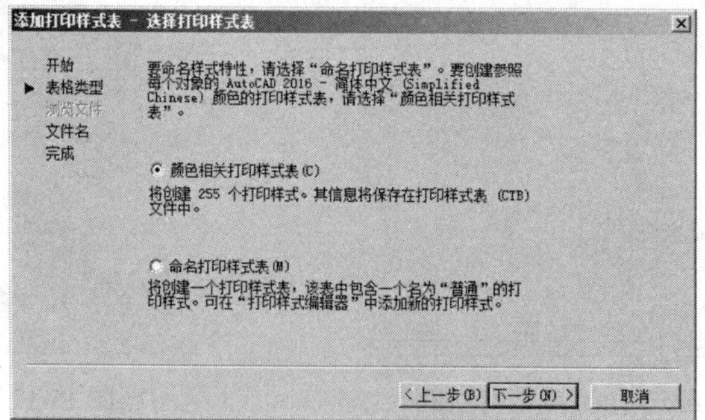

图 15-15 “添加打印样式表－选择打印样式表”对话框

（5）单击 下一步(N) > 按钮，打开“添加打印样式表-文件名”对话框，为打印样式表命名，如图 15-16 所示。

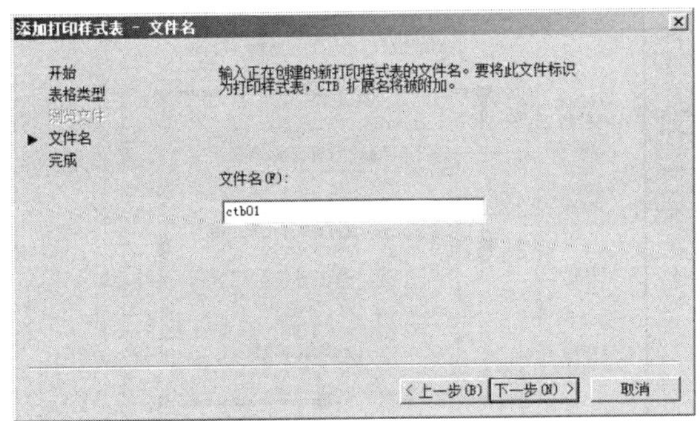

图 15-16 “添加打印样式表－文件名”对话框

（6）单击 下一步(N) > 按钮，打开如图 15-17 示的“添加打印样式表-完成”对话框，成打印样式表各参数的设置。

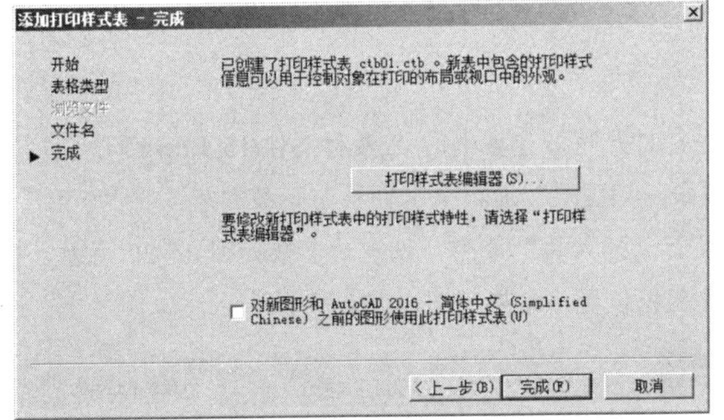

图 15-17 “添加打印样式表－完成”对话框

（7）单击 完成(F) 按钮，即可添加设置的打印样式表，新建的打印样式表文件图标显示在“Plot Styles”窗口中，如图 15-18 所示。

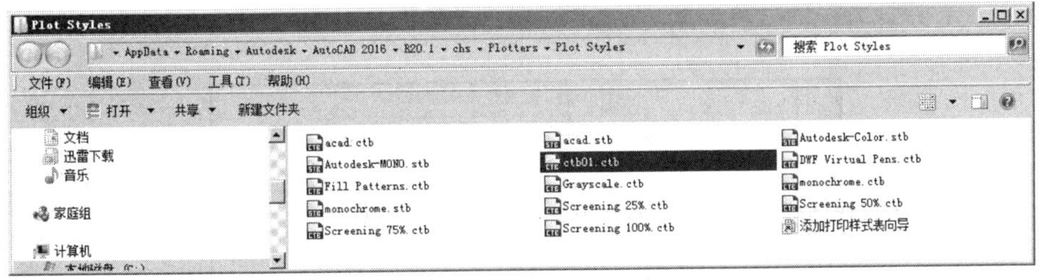

图 15-18 “Plot Styles”窗口

小技巧：一种打印样式只控制图形某一方面的打印效果，要让打印样式控制一张图纸的打印效果，就需要有一组打印样式。

15.2 快速打印某阶梯教室天花装修图

本例通过打印某学院多功能厅天花装修平面图，主要学习模型空间内的快速出图的方法和相关打印技能。阶梯教室天花装修图的打印预览效果，如图 15-19 所示。

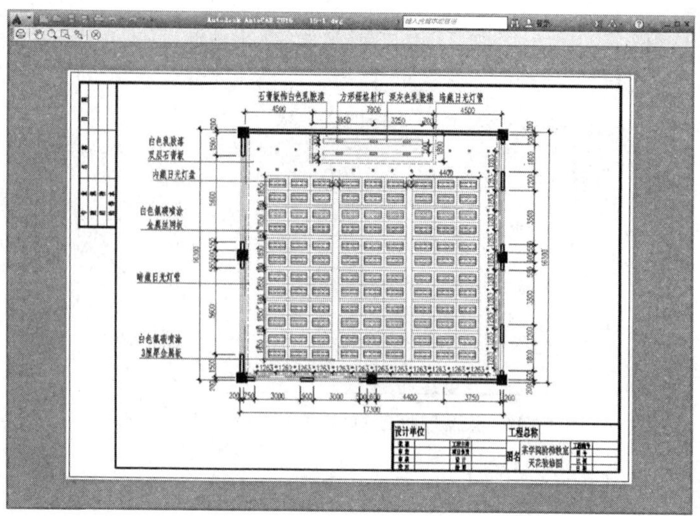

图 15-19　打印效果

操作步骤

（1）执行“打开”命令，打开随书光盘中的“/素材文件/15-1.dwg”。

（2）展开“默认”选项卡→“图层”面板→“图层”下拉列表，将“0 图层”设置为当前图层。

（3）使用快捷键“I”执行“插入块”命令，设置块参数如图 15-20 所示，插入随书光盘中的“\图块文件\A4-H.dwg”，并适当调整图框位置，结果如图 15-21 所示。

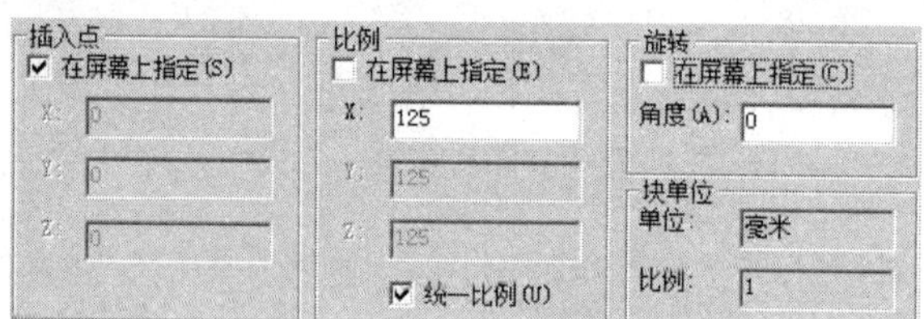

图 15-20　设置块参数

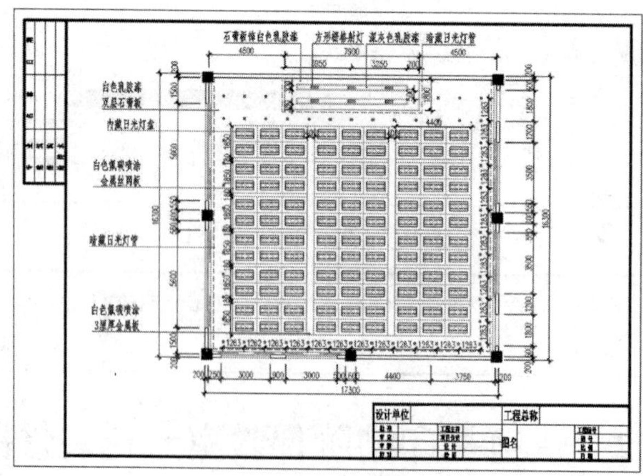

图 15-21　插入结果

（4）展开“默认”选项卡→“图层”面板→“图层”下拉列表，将“文本层”设置为当前图层。

（5）使用快捷键“ST”激活“文字样式”命令，将“宋体”设置为当前文字样式，并修改文字样式的字高为450。

（6）使用快捷键“T”执行“多行文字”命令，根据命令行的提示分别捕捉“图名”右侧方格的对角点，打开“文字编辑器”。

（7）在“文字编辑器”内设置文字样式为“宋体”、对正方式为正中，为标题栏填充图名，如图15-22所示。

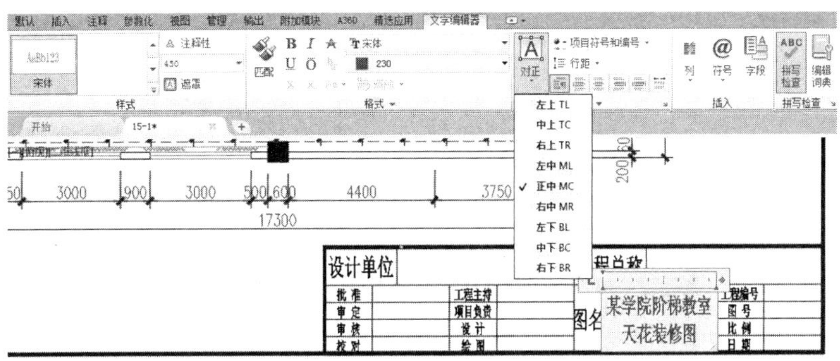

图15-22　输入图名

（8）修改图纸的可打印区域。单击“输出”选项卡→“打印”面板→“绘图仪管理器”按钮，在打开的对话框中双击如图15-23所示的“DWF6 ePlot”图标，打开“绘图仪配置编辑器- DWF6 ePlot.pc3”对话框。

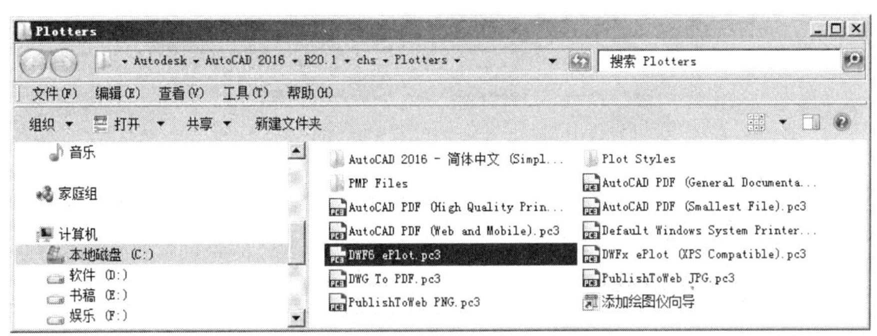

图15-23　“Plotters”对话框

（9）展开“设备和文档设置”选项卡，选择“修改标准图纸尺寸可打印区域”选项，如图15-24所示。

（10）在“修改标准图纸尺寸”组合框内选择如图15-25所示的图纸尺寸，单击 修改(M)... 按钮，打开“自定义图纸尺寸—可打印区域”对话框。

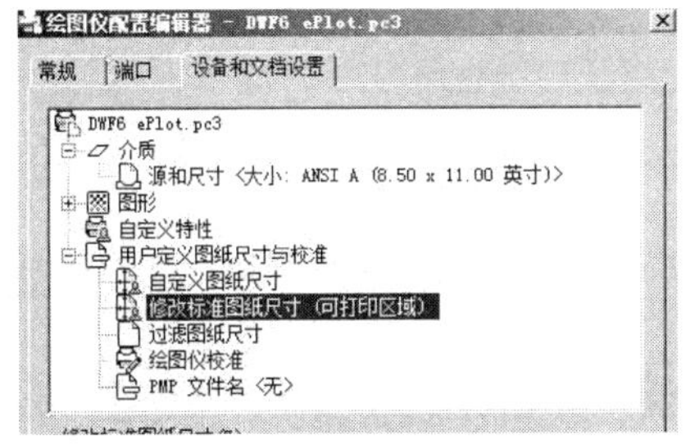

图15-24　展开“设备和文档设置”选项卡

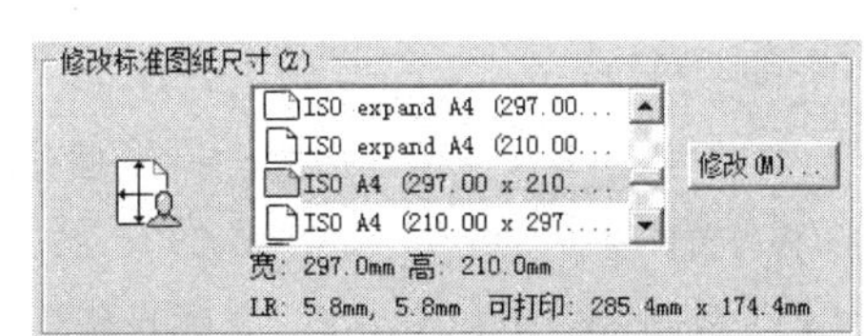

图15-25　选择图纸尺寸

（11）在打开的“自定义图纸尺寸—可打印区域”对话框中设置参数如图 15-26 所示。

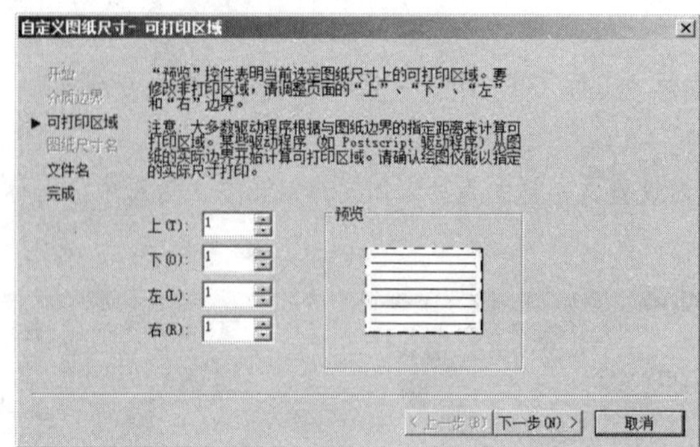

图 15-26　修改图纸打印区域

（12）单击下一步(N) >按钮，在打开的“自定义图纸尺寸-文件名”对话框中设置文件名，如图 15-27 所示。

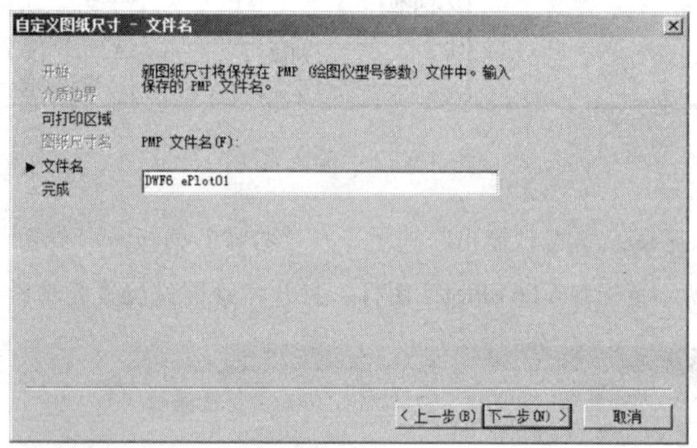

图 15-27　“自定义图纸尺寸-文件名”对话框

（13）单击下一步(N) >按钮，在打开的“自定义图纸尺寸—完成”对话框中，列出了所修改后的标准图纸的尺寸，如图 15-28 所示。

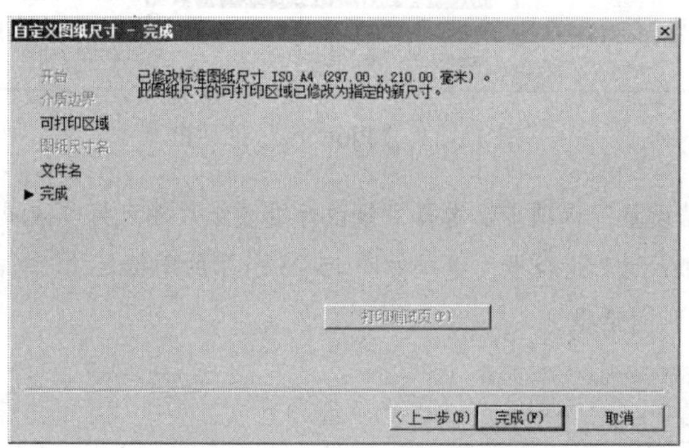

图 15-28　“自定义图纸尺寸—完成”对话框

（14）单击 完成(F) 按钮系统返回“绘图仪配置编辑器- DWF6 ePlot.pc3”对话框，然后单击 另存为(S)... 按钮，将当前配置进行保存，如图 15-29 所示。

（15）单击 保存(S) 按钮返回“绘图仪配置编辑器- DWF6 ePlot.pc3”对话框，然后单击 确定 按钮，结束命令。

设置打印页面。

（16）单击“输出”选项卡→“打印”面板→“页面设置管理器”按钮，在打开的“页面设置管理器”对话框中单击 新建(N)... 按钮，为新页面命名，如图 15-30 所示。

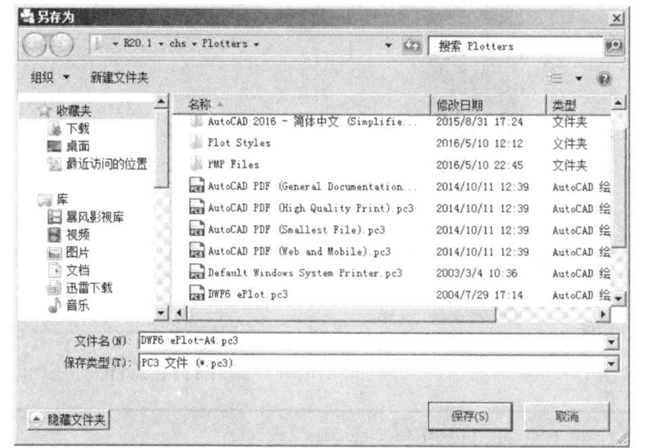

图 15-29　另存打印设备

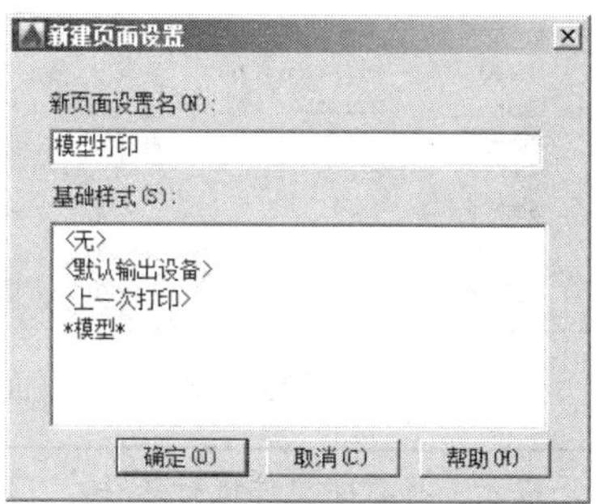

图 15-30　为新页面命名

（17）单击 确定(O) 按钮，打开“页面设置-模型”对话框，配置打印设备、设置图纸尺寸、打印偏移、打印比例和图形方向等参数，如图 15-31 所示。

（18）单击“打印范围”下拉列表框，在展开的下拉列表内选择“窗口”选项，如图 15-32 所示。

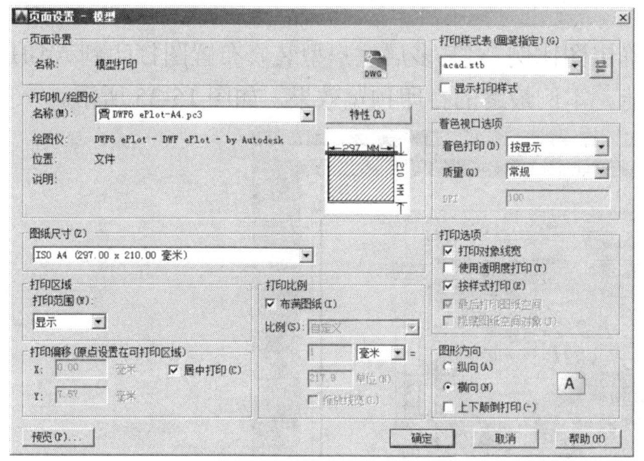

图 15-31　设置页面参数

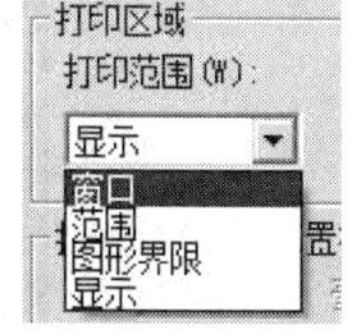

图 15-32 ”打印范围”下拉列表

（19）返回绘图区根据命令行的操作提示，分别捕捉图框的两个对角点，指定打印区域。

（20）返回“页面设置-模型”对话框，单击 确定 按钮返回“页面设置管理器”对话框，将刚创建的新页面置为当前，如图 15-33 所示。

（21）使用快捷键“LA”激活“图层”命令，修改“墙线层”的线宽为 0.5mm。

（22）单击“输出”选项卡→“打印”面板→“预览”按钮，对图形进行打印预览，预览结果如图 15-19 所示。

（23）单击右键，选择“打印”选项，打开 “浏览打印文件”对话框，设置打印文件的保存路径及文件名如图 15-34 所示。

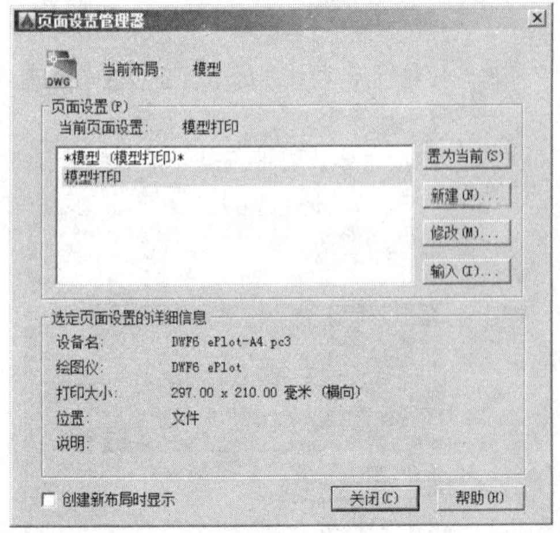

图 15-33　设置当前页面

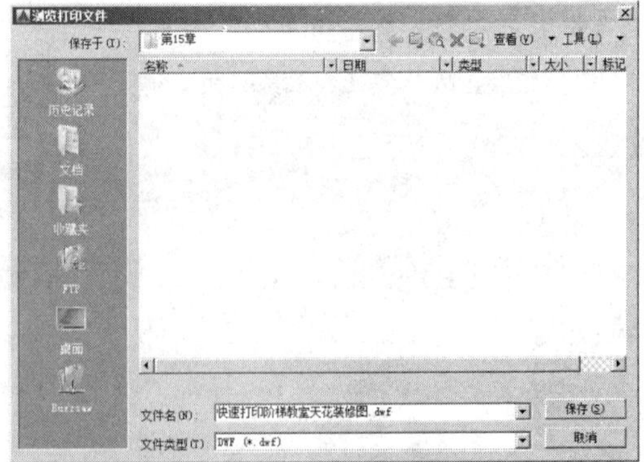

图 15-34　保存打印文件

技巧提示：将打印文件进行保存，可以方便用户进行网上发布、使用和共享。

（24）单击 保存(S) 按钮，系统弹出“打印作业进度”对话框，等此对话框关闭后，打印过程即可结束。

（25）最后执行“另存为”命令，将图形命名存储为“快速打印阶梯教室天花装修图.dwg”。

15.3　精确打印多居室户型装修布置图

本例将在布局空间内按照 1:120 的精确出图比例，将某多居室户型装修布置图打印到 A4-H 图纸上，主要学习布局空间的精确打印技能。本例最终的打印预览效果，如图 15-35 所示。

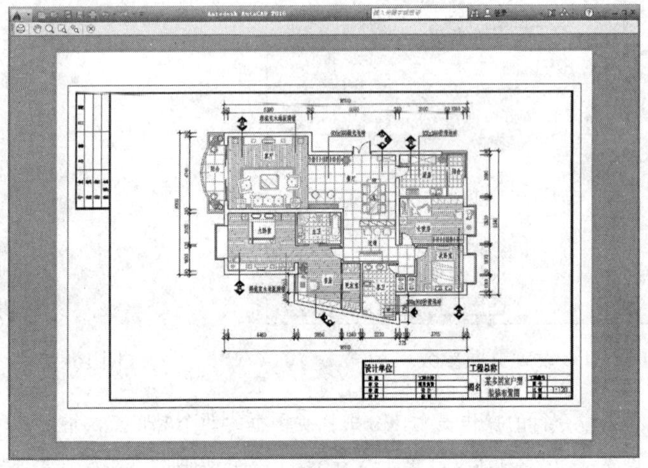

图 15-35　打印效果

操作步骤

（1）单击“快速访问”工具栏→“打开”按钮，打开随书光盘中的“/素材文件/15-2.dwg”。

（2）展开“默认”选项卡→“图层”面板→“图层”下拉列表，选择“0 图层”设置为当前图层。

（3）单击绘图区下方的“布局2”标签，进入“布局 2”操作空间，如图 15-36 所示。

（4）使用快捷键“E”激活“删除”命令，单击图 15-36 所示的矩形视口，将其删除。

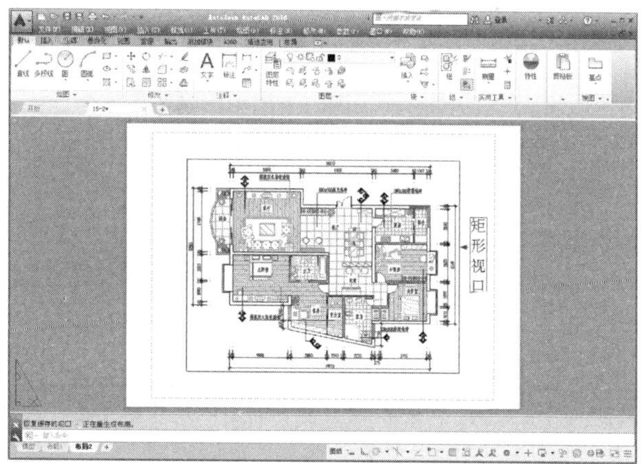

图 15-36 进入布局 2 空间

（5）单击“输出”选项卡→“打印”面板→“页面设置管理器”按钮，在打开的“页面设置管理器”对话框中单击 修改(M)... 按钮，修改布局 2 页面设置，如图 15-37 所示。

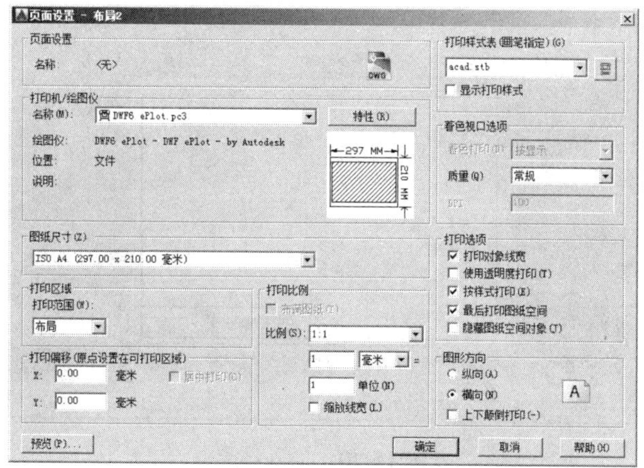

图 15-37 修改打印页面

（6）单击 确定 按钮返回“页面设置管理器”话框，并关闭该对话框，页面设置后的效果如图 15-38 所示。

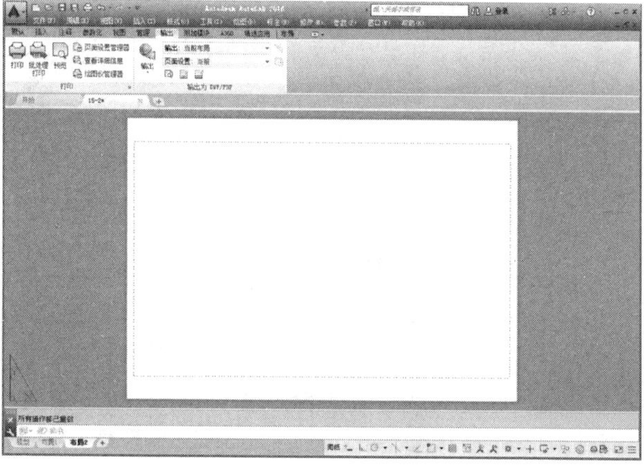

图 15-38 修改后的效果

（7）单击“默认”选项卡→“绘图”面板→“插入块”按钮，插入随书光盘中的“\图块文件\A4-H”，块参数设置如图 15-39 所示。

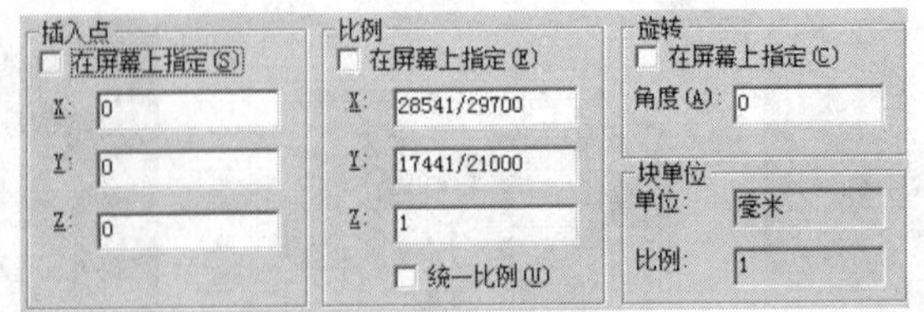

图 15-39　设置块参数

技巧提示： 注意此处图框比例的设置技巧，需要根据当前页面图纸尺寸的可打印区域与实际图框尺寸的比值，作为图框的缩放比例。

（8）单击 确定 按钮，结果 A4-H 图框插入当前页面布局中的原点位置上，如图 15-40 所示。

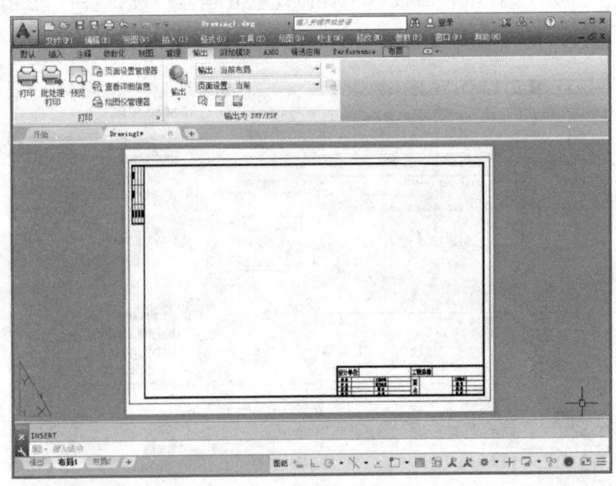

图 15-40　插入结果

（9）单击“布局”选项卡→“布局视口”面板→“多边形”按钮，分别捕捉图框内边框的角点，创建多边形视口，将平面图从模型空间添加到布局空间，如图 15-41 所示。

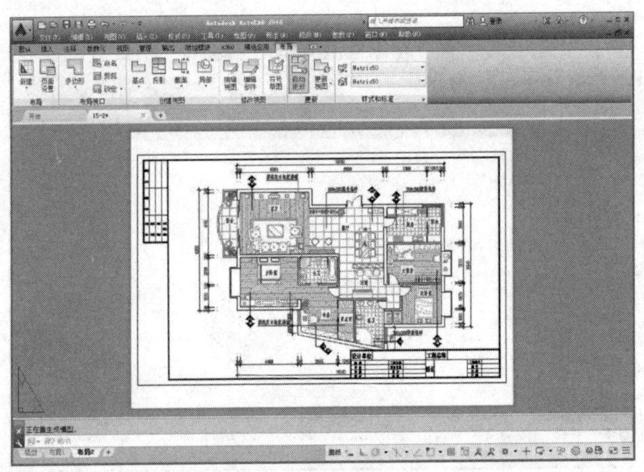

图 15-41　创建多边形视口

（10）单击状态栏上的图纸按钮，激活刚创建的多边形视口，然后单击“选定视口的比例”下三角，在弹出的快捷菜单中选择“自定义”选项，如图 15-42 所示。

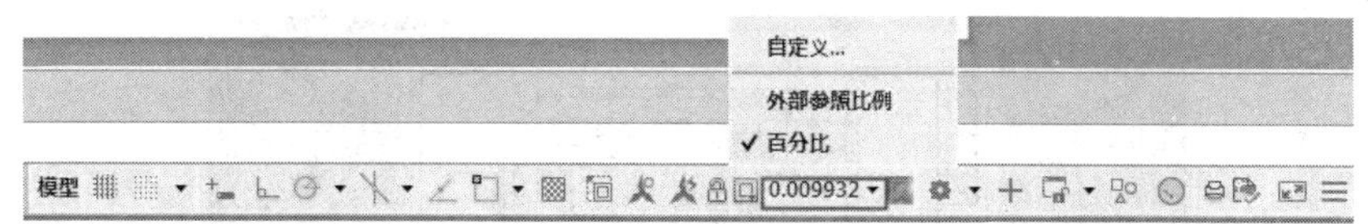

图 15-42 自定义视口比例

（11）此时打开“编辑图形比例”对话框，然后单击 添加(A)... 按钮，自定义视口的比例，如图 15-43 所示，添加后的结果如图 15-44 所示。

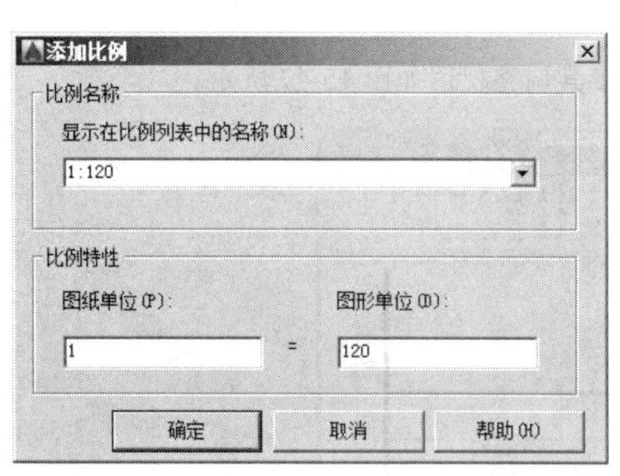

图 15-43 添加比例

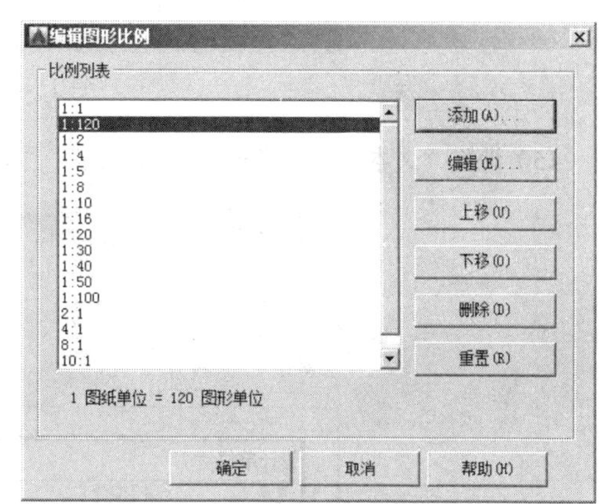

图 15-44 添加结果

（12）再次单击状态栏上的“选定视口的比例”下三角，在弹出的快捷菜单中选择刚添加的视口比例，作为出图比例，此时视口内图形的显示效果如图 15-45 所示。

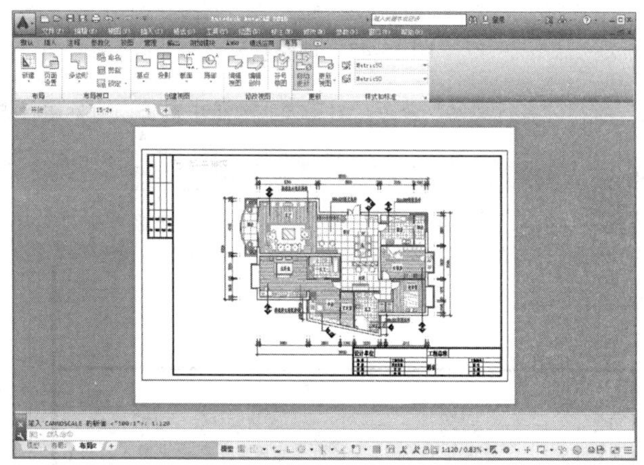

图 15-45 调整比例后的效果

（13）使用“实时平移”工具调整图形的出图位置，调整结果如图 15-46 所示。

（14）单击 模型 按钮返回图纸空间，使用快捷键“st”激活“文字样式”命令，将“宋体”设为当前样式，并修改字高为 3.5、宽度比例为 0.7。

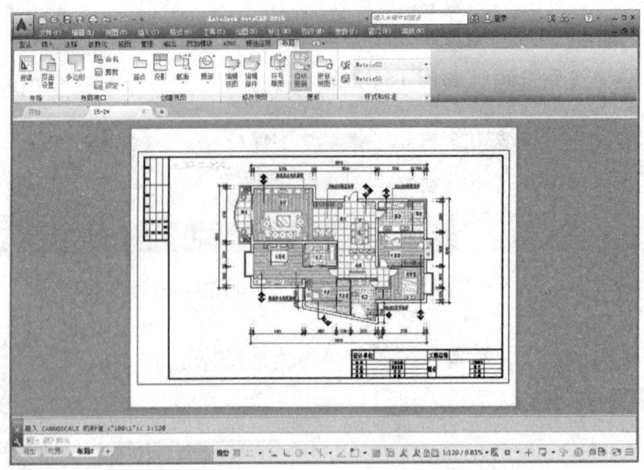

图 15-46　平移视图

（15）设置“文本层”为当前层，然后使用“窗口缩放”工具调整视图如图 15-47 所示。

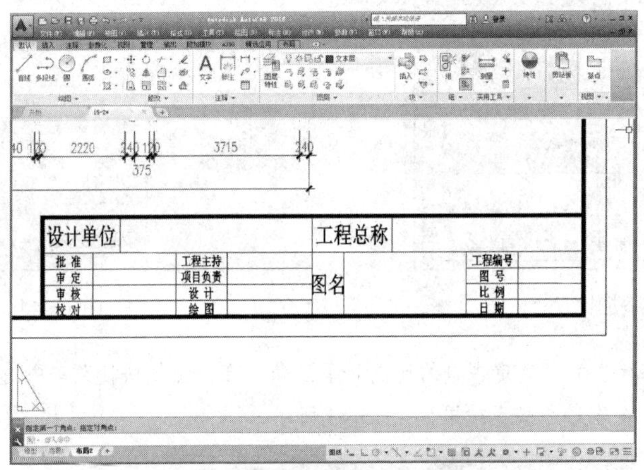

图 15-47　调整视图

（16）使用快捷键“T”执行“多行文字”命令，对正方式为正中对正，为标题栏填充图名，如图 15-48 示。

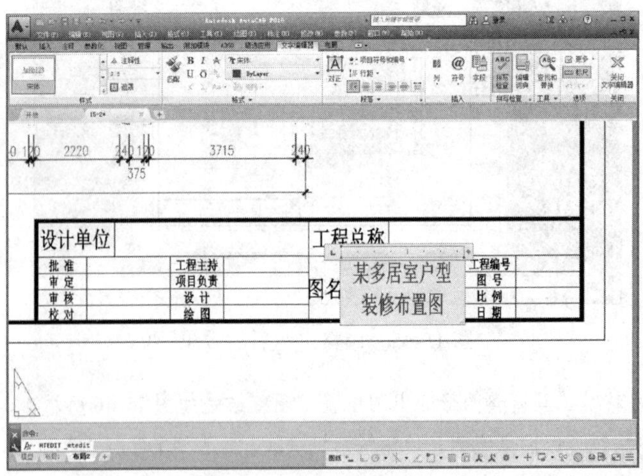

图 15-48　填充图名

（17）重复执行“多行文字”命令，设置文字样式和对正方式不变，为标题栏填充出图比例，如图 15-49 所示。

图 15-49 填充比例

（18）使用快捷键“LA”激活“图层”命令，修改“墙线层”的线宽为 0.50mm，然后使用“全部缩放”工具调视图。

（19）单击“输出”选项卡→“打印”面板→“预览”按钮，对图形进行打印预览，预览结果如图 15-35 所示。

（20）单击右键，选择“打印”选项，在打开的“浏览打印文件”对话框中设置打印文件的保存路径及文件名如图 15-50 所示。

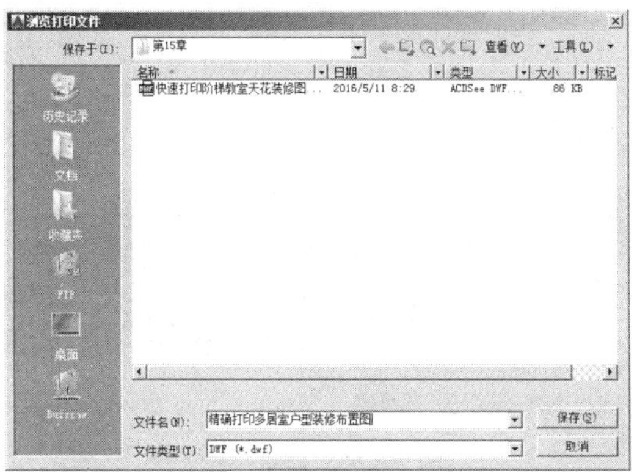

图 15-50 保存打印文件

（21）单击 保存(S) 按钮，系统弹出“打印作业进度”对话框，等此对话框关闭后，打印过程即可结束。

（22）最后执行“另存为”命令，将图形命名存储为“精确打印多居室户型装修布置图.dwg”。

15.4 多比例同时打印宾馆套房装修图

本例通过将某某星级宾馆套房装修布置图和套房卧室立面图，以不同比例并列打印输出到同一张图纸上，主要学习多种比例并列打印的布局方法和打印技巧。本例最终打印预览效果，如图 15-51 所示。

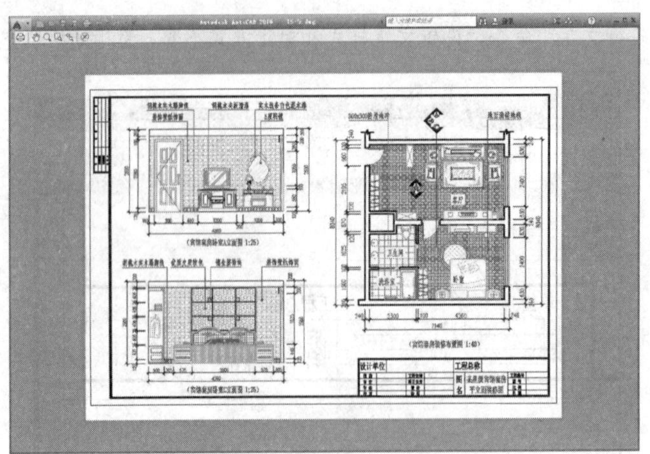

图 15-51　打印效果

操作步骤

（1）单击“快速访问”工具栏→“打开”按钮，打开随书光盘“/素材文件/”目录下的“15-3.dwg”、“15-4.dwg”和“15-5.dwg”三个文件。

（2）单击“视图”选项卡→“界面”面板→“垂直平铺”按钮，将各文件进行垂直平铺，结果如图 15-52 所示。

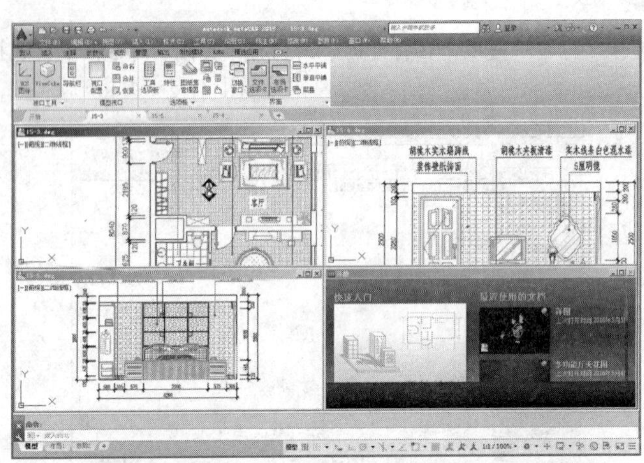

图 15-52　垂直平铺

（3）使用视图的调整工具分别调整每个文件内的视图，使每个文件内的图形完全显示，结果如图 15-53 所示。

（4）接下来使用多文档间的数据共享功能，分别将其他两个文件中的图形以块的方式共享到一个文件中。

（5）将其他三个文件关闭，然后将共享后的图形文件最大化显示，结果如图 15-54 所示。

（6）单击绘图区底部的 布局1 标签，进入“布局 1”空间。

（7）在“默认”选项卡→“图层”面板中设置“0 图层”为当前操作层。

（8）单击“默认”选项卡→“绘图”面板→“矩形”按钮，配合“端点捕捉”和“中点捕捉”功能绘制如图 15-55 所示的三个矩形。

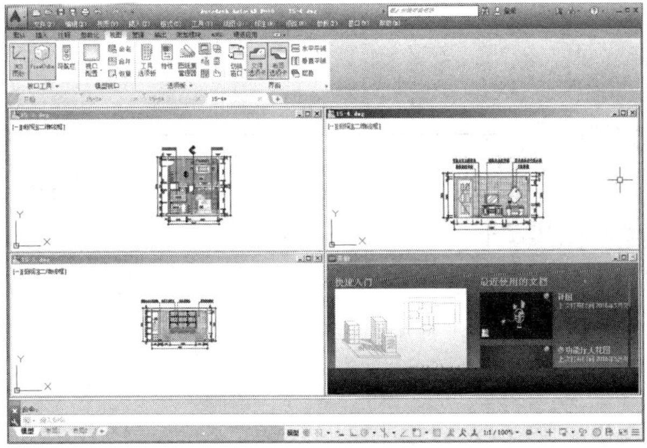

图 15-53 调整视图

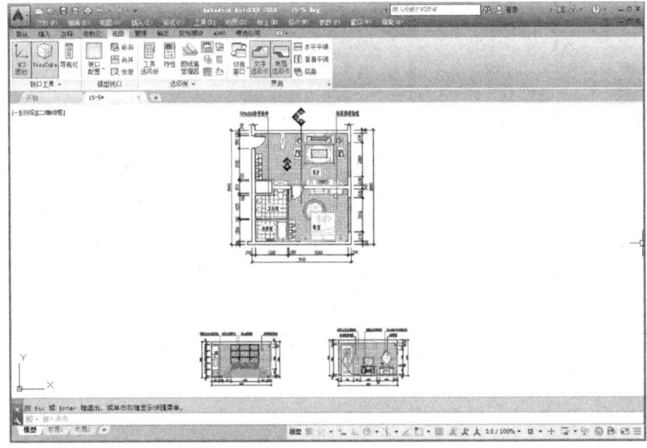

图 15-54 共享结果

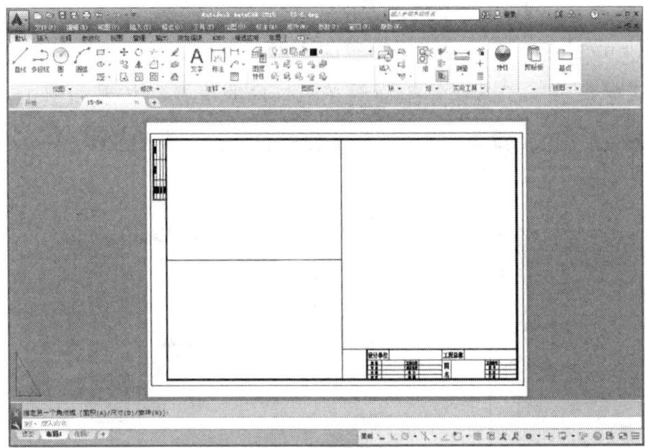

图 15-55 绘制矩形

(9) 单击“布局”选项卡→“布局视口”面板→“对象”按钮，根据命令行的提示选择左上侧的矩形，将其转化为矩形视口，结果如图 15-56 所示。

(10) 重复执行“对象视口”命令，分别将另外两个矩形转化为矩形视口，结果如图 15-57 所示。

(11) 单击状态栏中的图纸按钮，然后单击左上侧的视口，激活此视口，此时视口边框粗显。

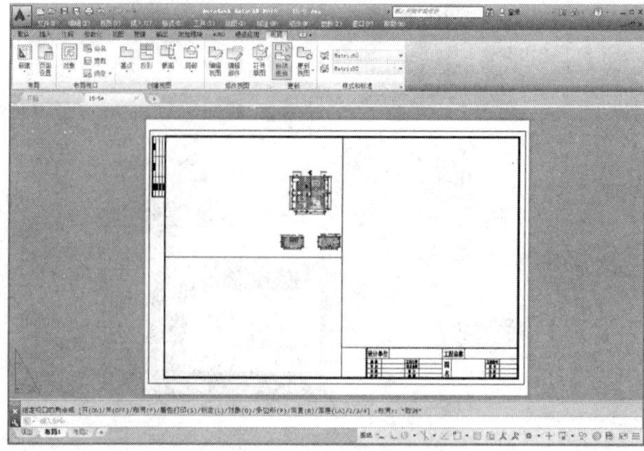

图 15-56　创建对象视口

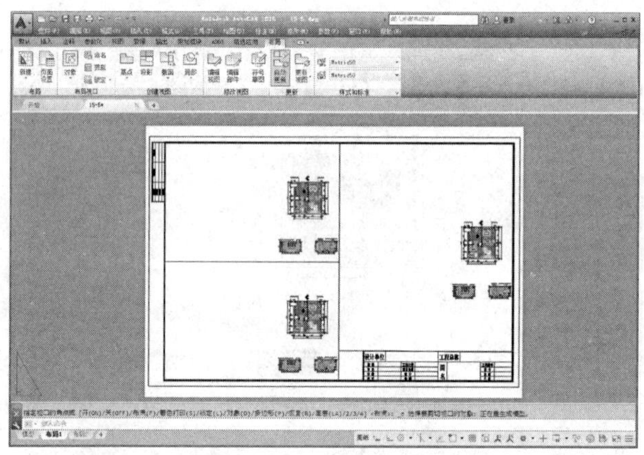

图 15-57　创建矩形视口

（12）单击“视图”选项卡→“导航”面板→“缩放”按钮，在命令行“输入比例因子 (nX 或 nXP): ”提示下，输入 1/25xp 后按 Enter 键，将出图比例调整为 1:25。

（13）接下来使用“实时平移”工具调整平面图在视口内的位置，结果如图 15-58 所示。

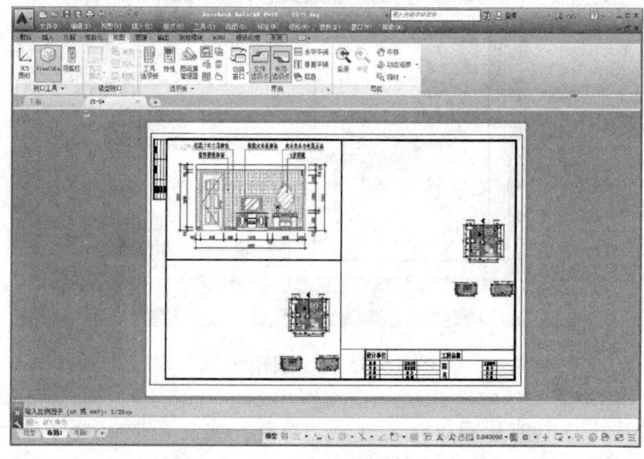

图 15-58　调整出图比例及位置

（14）接下来参照 12 和 13 两步操作，激活左下侧的矩形视口，将出图比例也设置为 1:25 设置出图比例，并使用“实时平移”工具调整出图位置，结果如图 15-59 所示。

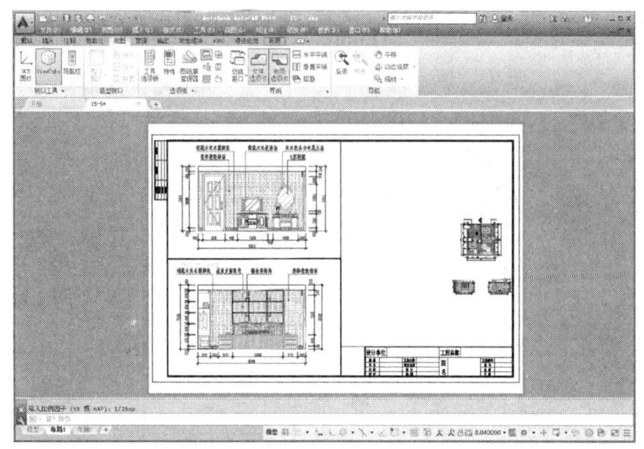

图 15-59 调整出图比例及位置

（15）参照（12）和（13）两步操作，激活右侧的矩形视口，将出图比例调整为 1:40，并调整出图位置，结果如图 15-60 所示。

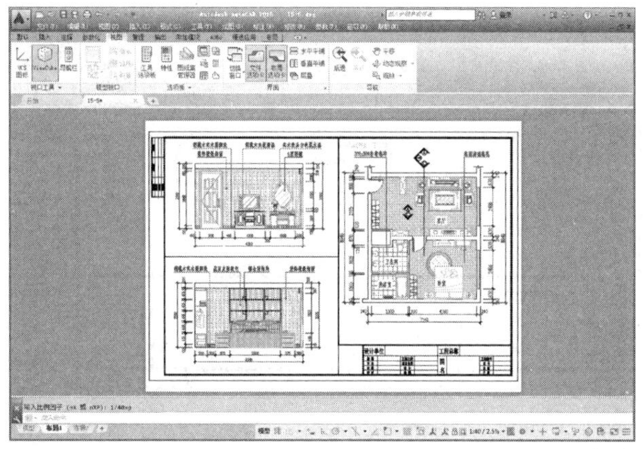

图 15-60 调整出图位置

（16）返回图纸空间，然后在“默认”选项卡→“图层”面板中设置“文本层”为当前操作层。

（17）在“默认”选项卡→“注释”面板中设置“宋体”为当前文字样式。

（18）使用快捷键“DT”执行“单行文字”命令，设置文字高度为 7，标注图 15-61 所示的图名及比例。

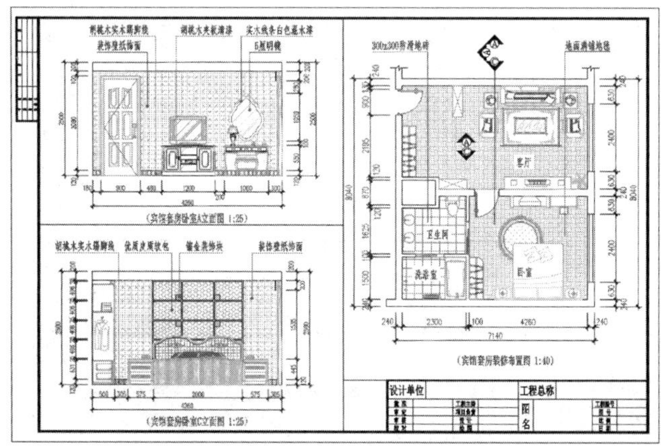

图 15-61 标注文字

（19）选择三个矩形视口边框线，将其放到 Defpoints 图层上，并将此图层关闭，结果如图 15-62 所示。

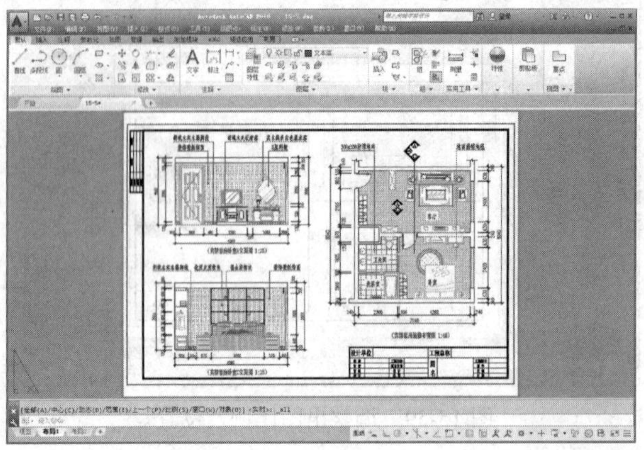

图 15-62　隐藏视口边框

（20）单击“视图”选项卡→“导航”面板→“窗口缩放”按钮，调整视图，结果如图 15-63 所示。

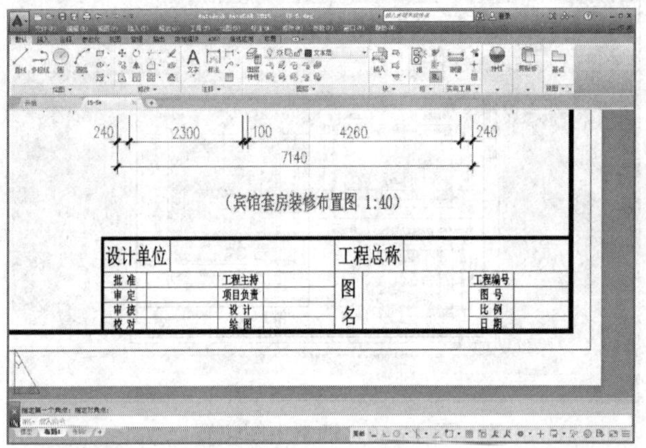

图 15-63　调整视图

（21）使用快捷键“T”执行“多行文字”命令，在打开的“文字格式编辑器”选项卡功能区面板中设置文字高度为 7、对正方式为“正中”，然后输入如图 15-64 所示的图名。

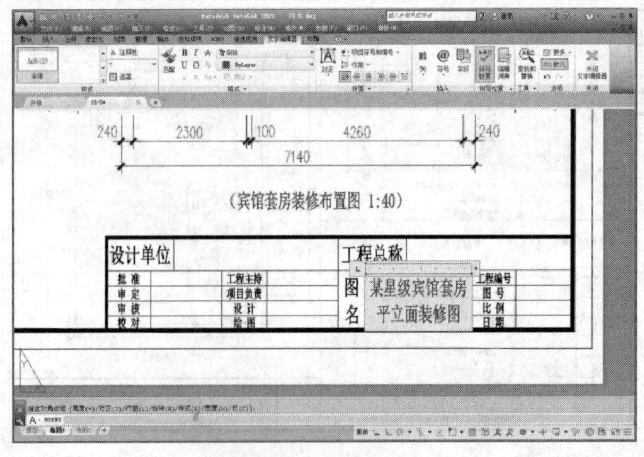

图 15-64　输入文字

（22）关闭“文字格式编辑器”选项卡，然后单击“视图”选项卡→“导航”面板→“全部缩放”按钮，调整视图，结果如图 15-65 所示。

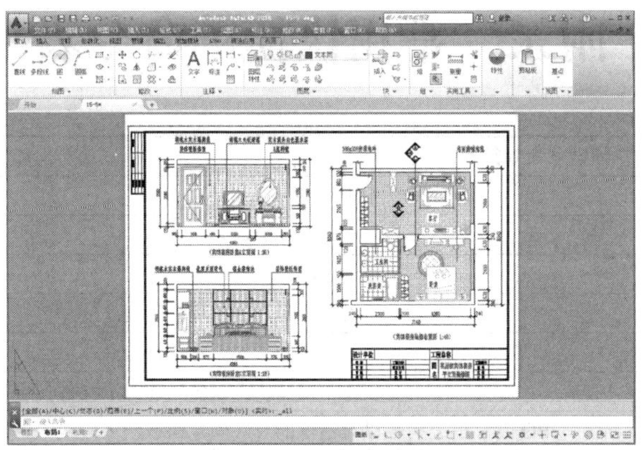

图 15-65 调整视图

（23）单击“输出”选项卡→“打印”面板→“预览”按钮，对图形进行打印预览，预览结果如图 15-51 所示。

（24）单击右键，选择“打印”选项，在打开的“浏览打印文件”对话框中设置打印文件的保存路径及文件名如图 15-66 所示。

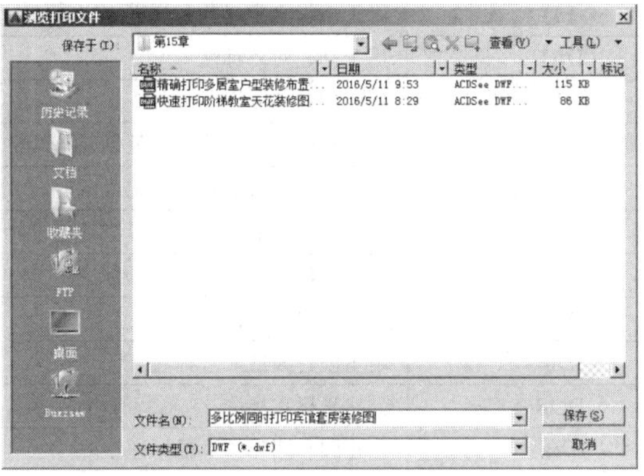

图 15-66 保存打印文件

（25）单击 保存(S) 按钮，系统弹出“打印作业进度”对话框，等此对话框关闭后，打印过程即可结束。

（26）最后执行“另存为”命令，将图形命名存储为“多比例同时打印宾馆套房装修图.dwg”。

15.5 本章小结

打印输出是施工图设计的最后一个操作环节，只有将设计成果打印输出到图纸上，才算完成了整个绘图的流程。本章主要针对这一环节，通过模型快速打印、布局精确打印、多比例同时打印等典型操作实例，学习了 AutoCAD 的后期打印输出功能，使打印出的图纸能够完整准确地表达出设计结果，让设计与生产实践紧密结合起来。

通过本章的学习，希望读者重点掌握打印的基本参数设置、图纸的布图技巧以及出图比例的调整等技能，灵活使用相关的出图方法精确打印施工图，使其完整准确地表达出图纸的意图和效果。

附录　常用快捷键命令表

命　　令	快捷键（命令简写）	功　　能
圆弧	A	用于绘制圆弧
对齐	AL	用于对齐图形对象
设计中心	ADC	设计中心资源管理器
阵列	AR	将对象矩形阵列或环形阵列
定义属性	ATT	以对话框的形式创建属性定义
创建块	B	创建内部图块，以供当前图形文件使用
边界	BO	以对话框的形式创建面域或多段线
打断	BR	删除图形一部分或把图形打断为两部分
倒角	CHA	给图形对象的边进行倒角
特性	CH	特性管理窗口
圆	C	用于绘制圆
颜色	COL	定义图形对象的颜色
复制	CO、CP	用于复制图形对象
编辑文字	ED	用于编辑文本对象和属性定义
对齐标注	DAL	用于创建对齐标注
角度标注	DAN	用于创建角度标注
基线标注	DBA	从上一或选定标注基线处创建基线标注
圆心标注	DCE	创建圆和圆弧的圆心标记或中心线
连续标注	DCO	从基准标注的第二尺寸界线处创建标注
直径标注	DDI	用于创建圆或圆弧的直径标注
编辑标注	DED	用于编辑尺寸标注
线性标注	Dli	用于创建线性尺寸标注
坐标标注	DOR	创建坐标点标注
半径标注	Dra	创建圆和圆弧的半径标注
标注样式	D	创建或修改标注样式
单行文字	DT	创建单行文字
距离	DI	用于测量两点之间的距离和角度
定数等分	DIV	按照指定的等分数目等分对象
圆环	DO	绘制填充圆或圆环
绘图顺序	DR	修改图像和其他对象的显示顺序
草图设置	DS	用于设置或修改状态栏上的辅助绘图功能
鸟瞰视图	AV	打开“鸟瞰视图”窗口
椭圆	EL	创建椭圆或椭圆弧
删除	E	用于删除图形对象
分解	X	将组合对象分解为独立对象
输出	EXP	以其他文件格式保存对象
延伸	EX	用于根据指定的边界延伸或修剪对象
拉伸	EXT	用于拉伸或放样二维对象以创建三维模型
圆角	F	用于为两对象进行圆角

续表

命　　令	快捷键（命令简写）	功　　能
编组	G	用于为对象进行编组，以创建选择集
图案填充	H、BH	以对话框的形式为封闭区域填充图案
编辑图案填充	HE	修改现有的图案填充对象
消隐	HI	用于对三维模型进行消隐显示
导入	IMP	向 AutoCAD 输入多种文件格式
插入	I	用于插入已定义的图块或外部文件
交集	IN	用于创建交两对象的公共部分
图层	LA	用于设置或管理图层及图层特性
拉长	LEN	用于拉长或缩短图形对象
直线	L	创建直线
线型	LT	用于创建、加载或设置线型
列表	LI、LS	显示选定对象的数据库信息
线型比例	LTS	用于设置或修改线型的比例
线宽	LW	用于设置线宽的类型、显示及单位
特性匹配	MA	把某一对象的特性复制给其它对象
定距等分	ME	按照指定的间距等分对象
镜像	MI	根据指定的镜像轴对图形进行对称复制
多线	ML	用于绘制多线
移动	M	将图形对象从原位置移动到所指定的位置
多行文字	T、MT	创建多行文字
表格	TB	创建表格
表格样式	TS	设置和修改表格样式
偏移	O	按照指定的偏移间距对图形进行偏移复制
选项	OP	自定义 AutoCAD 设置
对象捕捉	OS	设置对象捕捉模式
实时平移	P	用于调整图形在当前视口内的显示位置
编辑多段线	PE	编辑多段线和三维多边形网格
多段线	PL	创建二维多段线
点	PO	创建点对象
正多边形	POL	用于绘制正多边形
特性	CH、PR	控制现有对象的特性
快速引线	LE	快速创建引线和引线注释
矩形	REC	绘制矩形
重画	R	刷新显示当前视口
全部重画	RA	刷新显示所有视口
重生成	RE	重生成图形并刷新显示当前视口
全部重生成	REA	重新生成图形并刷新所有视口
面域	REG	创建面域
重命名	REN	对象重新命名
渲染	RR	创建具有真实感的着色渲染
旋转实体	REV	绕轴旋转二维对象以创建对象
旋转	RO	绕基点移动对象
比例	SC	在 X、Y 和 Z 方向等比例放大或缩小对象

续表

命　　令	快捷键（命令简写）	功　　能
切割	SEC	用剖切平面和对象的交集创建面域
剖切	SL	用平面剖切一组实体对象
捕捉	SN	用于设置捕捉模式
二维填充	SO	用于创建二维填充多边形
样条曲线	SPL	创建二次或三次(NURBS)样条曲线
编辑样条曲线	SPE	用于对样条曲线进行编辑
拉伸	S	用于移动或拉伸图形对象
样式	ST	用于设置或修改文字样式
差集	SU	用差集创建组合面域或实体对象
公差	TOL	创建形位公差标注
圆环	TOR	创建圆环形对象
修剪	TR	用其他对象定义的剪切边修剪对象
并集	UNI	用于创建并集对象
单位	UN	用于设置图形的单位及精度
视图	V	保存和恢复或修改视图
写块	W	创建外部块或将内部块转变为外部块
楔体	WE	用于创建三维楔体模型
分解	X	将组合对象分解为组建对象
外部参照管理	XR	控制图形中的外部参照
外部参照	XA	用于向当前图形中附着外部参照
外部参照绑定	XB	将外部参照依赖符号绑定到图形中
构造线	XL	创建无限长的直线（即参照线）
缩放	Z	放大或缩小当前视口对象的显示